国家社会科学基金重大招标项目结项成果

首席专家　卜宪群

中国历史研究院学术出版资助项目

地图学史

（第三卷第二分册·上）

欧洲文艺复兴时期的地图学史

[美]戴维·伍德沃德　主编

孙靖国　译　　卜宪群　审译

中国社会科学出版社

审图号：GS（2021）5538 号

图字：01－2014－1770 号

图书在版编目（CIP）数据

地图学史. 第三卷. 第二分册，欧洲文艺复兴时期的地图学史：上、下／（美）戴维·伍德沃德主编；孙靖国译. —北京：中国社会科学出版社，2021.12

书名原文：The History of Cartography, Vol. 3 : Cartography in the European Renaissance, Part 2

ISBN 978－7－5203－9398－0

Ⅰ.①地…　Ⅱ.①戴…②孙…　Ⅲ.①地图—地理学史—欧洲—中世纪

Ⅳ.①P28－091

中国版本图书馆 CIP 数据核字（2021）第 248704 号

出 版 人	赵剑英
责任编辑	张 浩
责任校对	李 剑
责任印制	李寡寡

出　　版	中国社会科学出版社
社　　址	北京鼓楼西大街甲 158 号
邮　　编	100720
网　　址	http：//www.csspw.cn
发 行 部	010－84083685
门 市 部	010－84029450
经　　销	新华书店及其他书店

印刷装订	北京君升印刷有限公司
版　　次	2021 年 12 月第 1 版
印　　次	2021 年 12 月第 1 次印刷

开　　本	880×1230　1/16
印　　张	83
字　　数	2110 千字
定　　价	698.00 元（上、下）

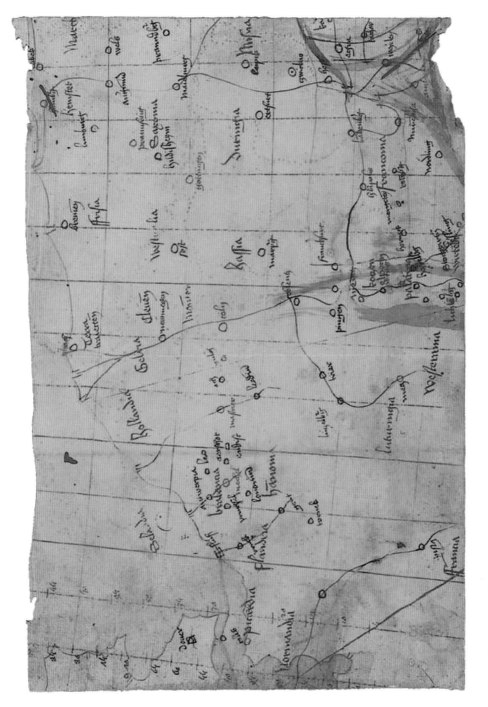

图版 43　科布伦茨（Koblenz）地图残片。（请参阅 p. 1179）。一幅已经亡佚的地图的这块残片保存在一个旧的装订中，显示了巴黎和纽伦堡以北，诺曼底和勃兰登堡之间的欧洲中部地区。

这块残片的日期可以追溯到 15 世纪下半叶，在德意志南部绘制而成。是用红色和黑色墨水在羊皮纸上书写文字注记

原图尺寸：19.5×29 厘米。由 Landeshauptarchiv, Koblenz (Best. 117, nr. 621) 提供照片。

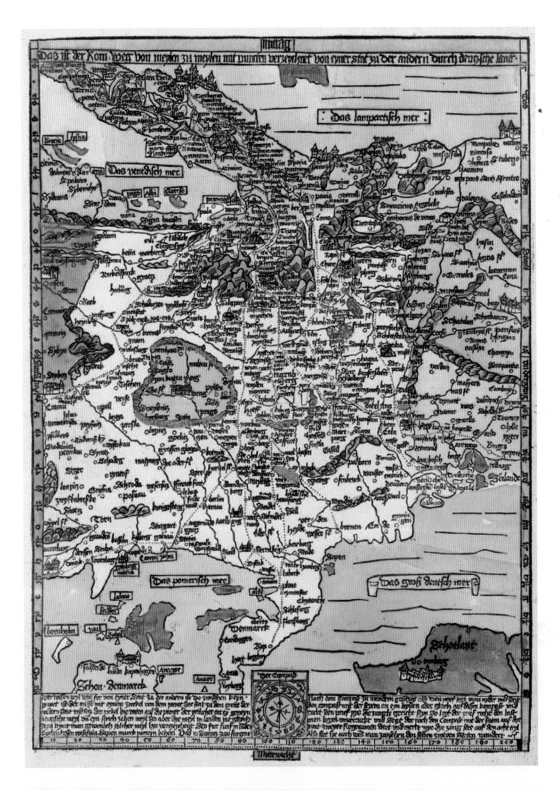

图版 44　埃哈德·埃茨劳布（Erhard Etzlaub）的游历罗马地图（Rom Weg map）。（请参阅 p. 1194）。埃茨劳布的第一幅路线图问世于圣年 1500 年之际。虚线显示了朝圣者从欧洲北部和中部到罗马的路线

原图尺寸：40.5×29.5 厘米。由 BayerischeStaatsbibliothek, Munich (Rar. 287, fol. 331ar) 提供照片。

图版45 罗腾堡的土地地图（Landtafel），1537年。（请参阅 p. 1222）。"陶伯河畔罗腾堡的城市图像"，当地画家威廉·齐格勒（Wilhelm Ziegler）绘制的帝国城市陶伯河畔罗腾堡（Rothenburgob der Tauber）辖区的一幅鸟瞰景观图。它是早期地理景观绘画的直接传统中非测量土地地图的一个早期例子。用墨水和不透明的水彩在亚麻布上绘画

原图尺寸：161×163 厘米。由 GermanischesNationalmuseum, Nuremberg (La 4040) 提供照片。

图版 46　阿诺尔德斯·墨卡托（ARNOLDUS MERCATOR）的特里尔（Trier）地图。（请参阅 p. 1225）。用墨水和油彩在彩色纸张上绘制

原图尺寸：85×130 厘米。由 Landeshauptarchiv, Koblenz (Best. 702, nr. 2a) 提供照片。

图版 47　克里斯蒂安·斯格罗滕（CHRISTIAAN SGROOTEN）的下莱茵兰地图的细部。（请参阅 p. 1234）。这部所谓的
马德里地图集（1592 年完成）是斯格罗滕生平作品的集合。这一例展示了第 32 号地图（下莱茵兰和威斯特伐利亚）的一部分，
地图的精确度和绘画风格近乎完美地共存。几乎所有单独设计的城镇缩微图像都非常逼真。用墨水和水彩绘于纸上

完整原图尺寸：73.5×115 厘米。由 Biblioteca Nacional, Madrid (MS. Res. 266, p. 196) 提供照片。

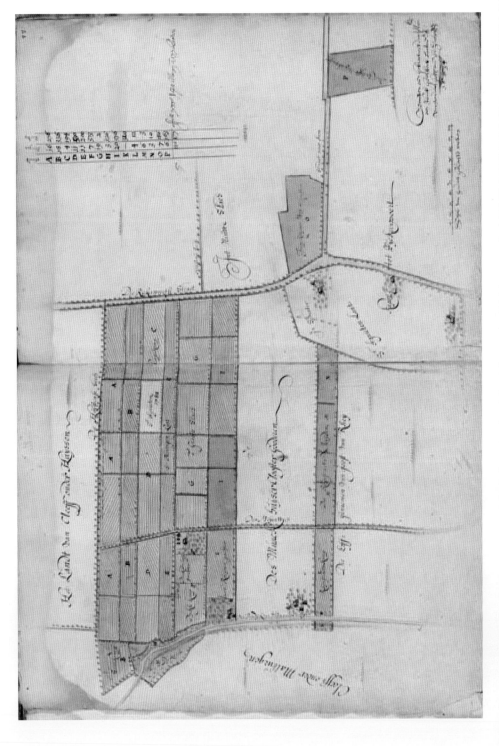

图版 48　尼古拉斯·范吉尔科肯（Nicolaas van Geelkercken）绘制的《圣凯瑟琳家族地产图集》，1635 年。（请参阅 p. 1255）。这幅地图显示了位于埃尔登（Elden）和里克斯武尔特（Rikerswoert）的德里克·罗利弗斯（Derrick Roeliſs）(P) 和雅各布·赖嫩（Jacob Reinen）(O) 的地块由 GeldersArchief, Arnhem（Gedeponeerdearchieven inv. nr. 558, fols. 43v-44r）提供照片。

图版 49　雅各布·范德芬特（JACOB VAN DEVENTER）：吕伐登（Leeuwarden）绘本城市平面图，1560 年左右。（请参阅 p. 1274）

原图尺寸：29.9 × 42.6 厘米。由 Historisch Centrum Leeuwarden (inv. nr. D.20) 提供照片。

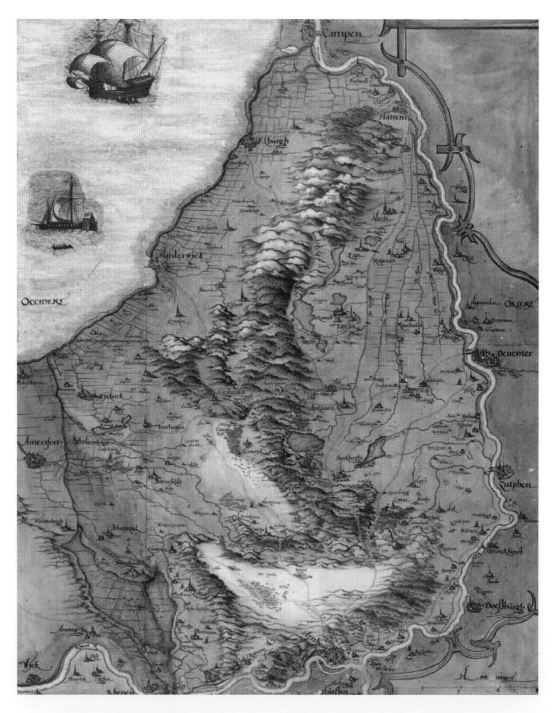

图版 50　克里斯蒂安·斯格罗滕：费吕沃（Veluwe）区域地图，约 1568—1573 年。（请参阅 p. 1276）

原图尺寸：59.5×48 厘米。由 Royal Library of Belgium, Brussels (MS. 21596, fol. 30r) 提供照片。

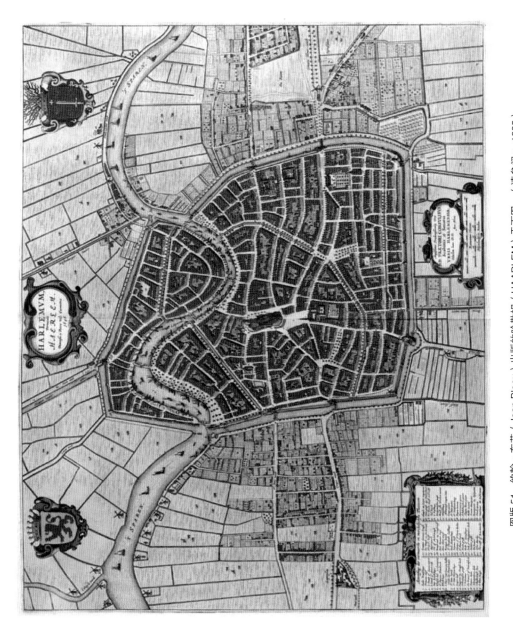

图版 51 约翰·布劳（Joan Blaeu）出版的哈勒姆（HAARLEM）平面图。（请参阅 p. 1335）

原图尺寸：46×56.6 厘米。Joan Blaeu, Novum acmagnumtheatrumurbiumBelgicaeliberae ac foederatae (Amsterdam: I. Blaeu, 1649)。由 Universiteitsbibliotheek Amsterdam (1800 A 9) 提供照片。

图版 52　扬·弗美尔：《军官和露出笑容的女孩》（OFFICER AND LAUGHING GIRL），1658 年左右。（请参阅 p. 1342）

原图尺寸：50.5×46 厘米。由 Frick Collection, New York (acc. no. 11.1.127) 提供照片。

图版 53 威廉·扬松·布劳：地球仪和天球仪，1616 年。（请参阅 p. 1367）

球仪直径：68 厘米。由 AmsterdamsHistorisch Museum (inv. no. KA 14781 and KA 14782) 提供照片。

图版 54　卢卡斯・扬松・瓦赫纳的《航海之镜》（SPIEGHEL DER ZEEVAERDT）中的海图，1584 年。（请参阅 p. 1393）

原图尺寸：33×52 厘米。由 Maritiem Museum, Rotterdam (WAE 104, following fol. 21) 提供照片。

图版 55 埃弗特·海斯贝尔松（EVERT GIJSBERTSZ.）：中美洲和南部非洲的绘本海图，1596 年之前。（请参阅 p. 1419）

原图尺寸：112×88 厘米。由 KoninklijkeBibliotheek, The Hague (78 B 28) 提供照片。

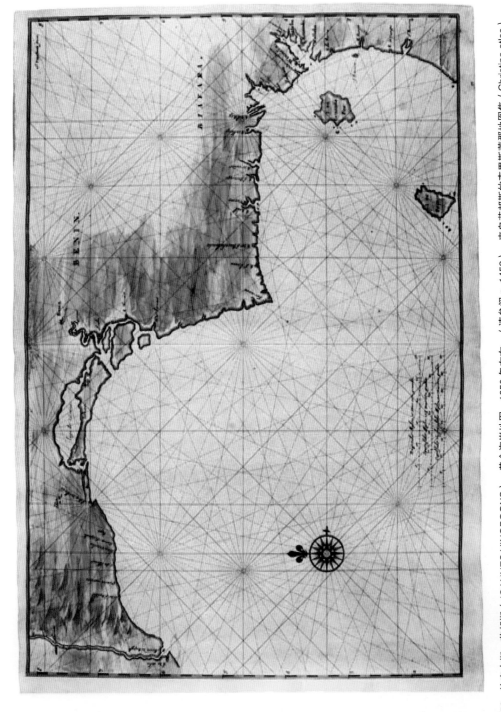

图版 56　约安内斯·芬邦斯（JOANNES VINGBOONS）：黄金海岸地图，1650 年左右。（请参阅 p. 1452）。来自芬邦斯的克里斯蒂那地图集（Christina atlas）

照片版权：BibliotecaApostolicaVaticana, Vatican City (Reg. Lat. 2107, fol. 13r)。

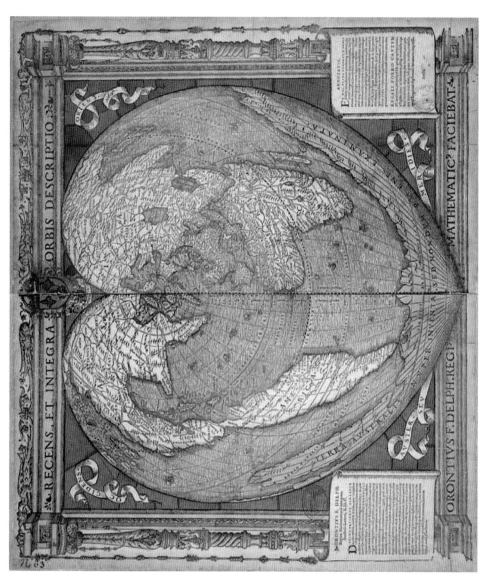

图版 57　奥龙斯·菲内：《最新世界全图》（RECENS ET INTEGRA ORBIS DESCRIPTIO），1534/1536 年。（请参阅 p. 1465）。木雕版，水彩（Paris, Jérôme de Gourmont）

原图尺寸：51×57 厘米。由 BNF（Cartes et Plans, Rés. Ge DD 2987 [63]）提供照片。

图版 58　安德烈·特韦（ANDRÉ THEVET）：雕版和着色的书名页。（请参阅 p. 1472）。用于《大岛与导航》，在糊上的新标题下，可以看到最初的标题——"海洋世界或海洋和航海的总体描绘"

由 BNF (Estampes, Vx 1 P. 453 [collection Lallemant de Betz]) 提供照片。

图版 59　让·若利韦（JEAN JOLIVET）:《诺曼底总图》，1545 年。（请参阅图 p. 1484）。绘在两张羊皮纸图幅上的绘本地图。图上的旋涡纹是空着的，其边框装饰有科学仪器，座右铭"寡欲则致平和（Moyns et Paix）"，以及四幅着色的萨提尔图画。这幅地图有意大利风格的装饰边框、风的名称、日期和作者的签名

原图尺寸：92×137 厘米。由 BNF (Cartes et Plans, R é s. Ge A 79) 提供照片。

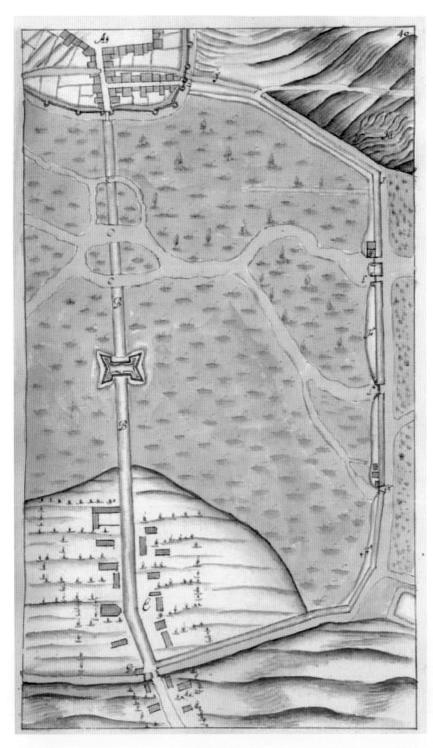

图版 60　摘自"索姆河流路和路线平面图集"（LIVRE DES PLANS, DES PASSAGES ET CHAUSSÉES DE LA RIVIERE DE SOMME），约 1644 年。（请参阅 p. 1515）。这幅地图是由国王工程师莱宁（Lenin）阁下绘制的，显示了索姆河的众多津渡之一，在堤道中央有一个小堡垒。它展示了这一时期的工程师是如何设计地图来解决特定的军事问题的

原图尺寸：33.5×20 厘米。由 Newberry Library, Chicago (Case MS. 5004) 提供照片。

图版 61 表现阿河（Aa）流路地图图的细部，15 世纪末。（请参阅 p.1523）。水彩绘制。这是圣奥梅尔（Saint-Omer）城市的地形和结构的一份详细的艺术化的透视景观图的绝佳范例，用来解决法律纠纷。整幅地图从圣奥梅尔一直延伸到布朗代克（Blendecques）的西多会教堂的磨坊

完整原图尺寸：31×325 厘米；细部尺寸：约 31×99.3 厘米。由 Biblioth è que de l' Agglom é ration de Saint-Omer (MS. 1489) 提供照片。

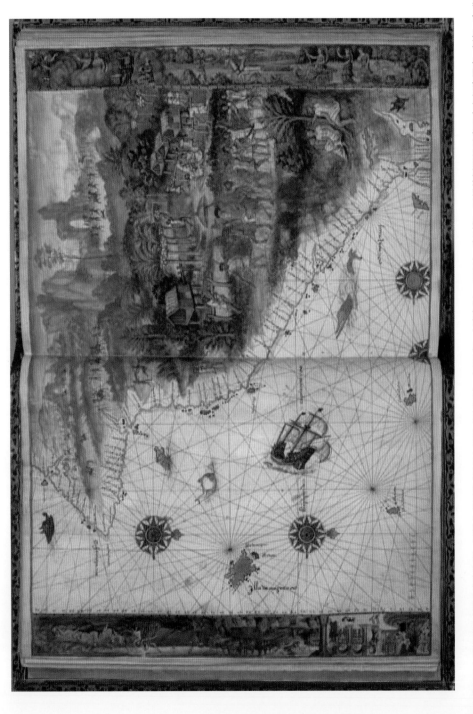

图版 62 未知的南方大陆（爪哇大陆）迤东海图，瓦拉尔地图集（VALLARD ATLAS），1547 年。（请参阅 p.1555）。有时候，同样的插图似乎出现在多幅海图中。例如，在"未知的南方大陆"的这一部分出现的阵列让人回想起让·罗茨（Jean Rotz）在其 1542 年地图集中对苏门答腊岛的表现所进行描绘：它包括相同的成群的房屋、相同的骑在马背上的武士、相同的骑在马背上的重要人士，他们被遮阴伞妥善地遮阴。这一场景的精确渲染，不仅仅是一个目击者的描述，也许是另一个口头或书面的叙述，甚至是那些伴随这些探险队的某位艺术家所绘制的草图。

绘在羊皮纸上的绘本地图

原图尺寸：39 × 57 厘米。由 Huntington Library, San Marino (MS. HM 29, fols. 5v-6) 提供照片。

图版 63 《坐落在勃艮第、多菲内和萨伏依交界处的富饶的里昂城》（LYON CITÉ OPULENTE, SITUÉE ES CONFINS DE BOURGONGNE, DAULPHINÉ, & SAUOYE），由尼古拉·勒菲弗（NICOLAS LEFEBVRE）出版，1555 年。（请参阅 p.1572）。在巴黎的蒙托格伊街的一个图像制作师（imagiers）的工作室里，一份罕有的单独册叶保存下来。这份图例将人们的关注吸引到里昂排字印刷的重要元素上，比如主要的宗教建筑、索恩河（Saône）和罗讷河（Rhône）上的桥梁，以及富维耶山（Fourvière）。这幅平面图是从纪尧姆·盖鲁（Guillaume Guéroult）的《欧洲地图缩影》（Epitome de la corographie de l'Europe）（Lyons: B. Arnoullet, 1553）的第二版中复制而来。使用相同的图框，这幅图像在安托万·杜·皮内（Antoine Du Pinet）的《诸城市和要塞的平面图、肖像图和地图……》（Plantz, povrtraitz et descriptions de plvsievrsvilles et forteresses . . .）（Lyons: Ian d'Ogerolles, 1564）中再次出现。木刻版地图，用蓝色和朱红色相对照

原图尺寸：26×34.5 厘米。由 BNF (Cartes et Plans, Rés. Ge D 25714) 提供照片。

图版 64 安东尼·安东尼（ANTHONY ANTHONY）：攻打布赖顿（ANTHONY ANTHONY）的平面图，约 1539—1549 年。（请参阅 p.1605）

原图尺寸：61×91 厘米。由 BL (Cotton MS. Aug. I.i.18) 提供照片。

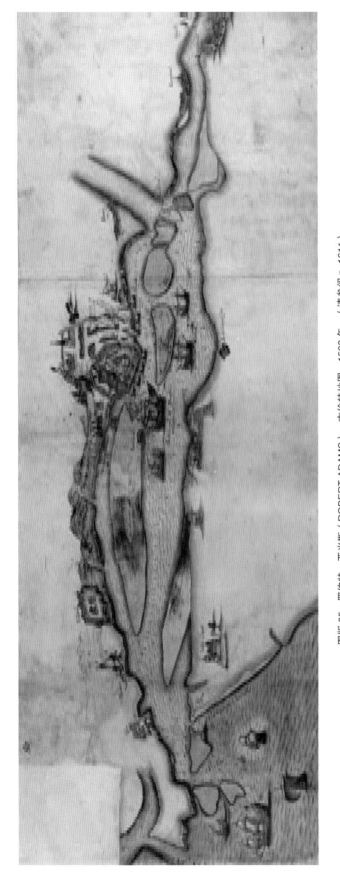

图版 65　罗伯特·亚当斯（ROBERT ADAMS）：吉伦特地图，1593 年。（请参阅 p. 1611）

原图尺寸：22×58 厘米。由 BL (Cotton MS Aug. I.ii.80) 提供照片。

图版 66　克里斯托弗尔·萨克斯顿（CHRISTOPHER SAXTON）：肯特、萨里、萨塞克斯和米德尔塞克斯地图，1575 年。（请参阅 p.1626）
由 BL（O.R. LIB 18.D.III, map 24）提供照片。

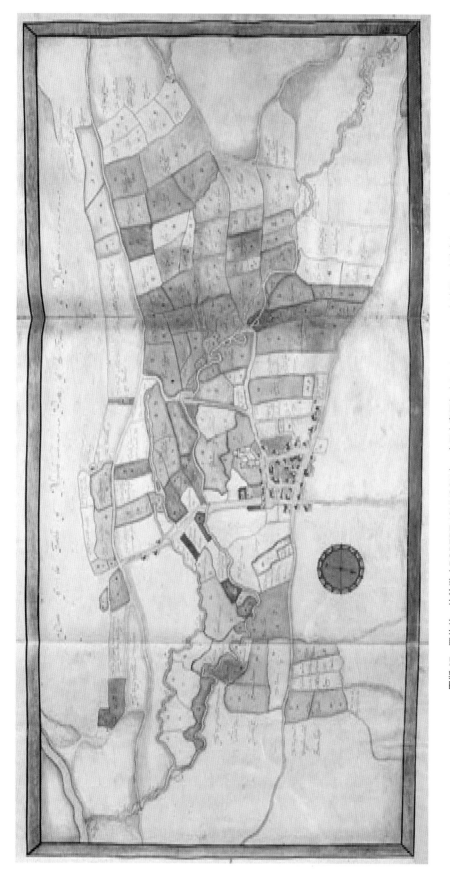

图版 67 罗伯特·约翰逊（ROBERT JOHNSON）：克里克豪厄尔（CRICKHOWELL）地图。（请参阅 p.1646）

Llyfrgell Genedlaethol Cymru / The National Library of Wales, Aberystwyth (Badminton vol. 3, fols. 68v– 69r) 许可使用。

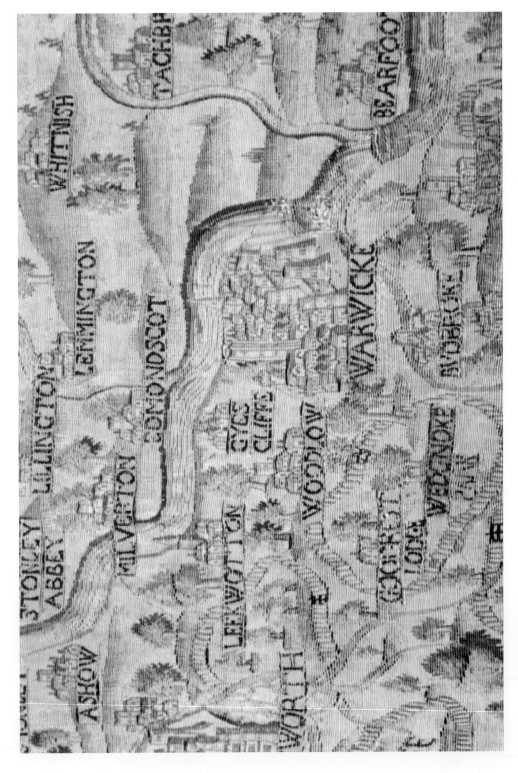

图版 68　拉尔夫·谢尔登（RALPH SHELDON）：沃里克郡（WARWICKSHIRE）挂毯地图，约 1590 年。沃里克周围局部。（请参阅 p.1659）

由 Warwickshire Museum 提供照片。

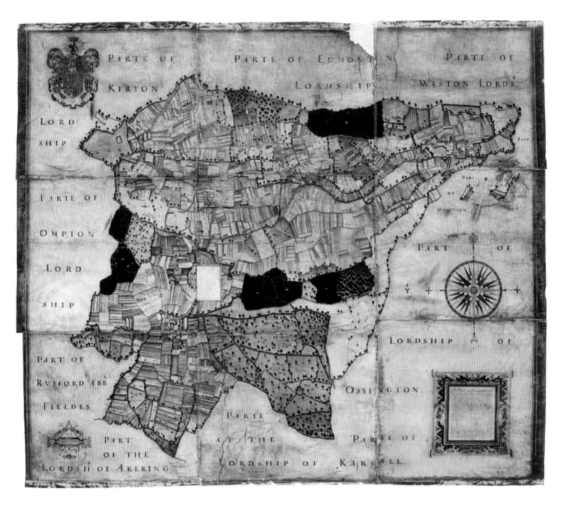

图版 69　马克・皮尔斯（MARK PIERSE）：拉克斯顿（LAXTON）绘本地图，1639 年。（请参阅 p.1662）

由 Bodleian Library, University of Oxford (MS. C 17:48) 提供照片。

图版 70　理查德·巴特利特（RICHARD BARTLETT）：阿尔斯特（ULSTER）东南部地图细部，约 1602 年。（请参阅 p.1682）。在巴特利特所绘制的关于伊丽莎白女王的最后一次爱尔兰战争中芒乔伊（Mountjoy）勋爵击败休·奥尼尔（Hugh O' Neill）的战役地图中，将自然、政治、历史等因素结合在一起。完整原图尺寸：42.9×55.6 厘米。细部图尺寸：约 26.7×36 厘米。由 National Archives of the UK (TNA), Kew (MPF 1/36) 提供照片。

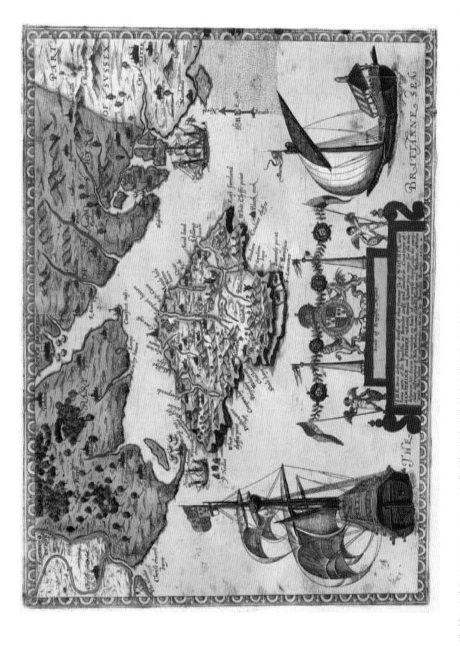

图版 71 巴普蒂斯塔·博阿齐奥（BAPTISTA BOAZIO）：《对著名的怀特岛的真实描述或绘图》（THE TRUE DESCRIPTION OR DRAFFTE OF THAT FAMOUS ILE OF WIGHTE），1591 年。（请参阅 p.1705）。线雕，并用手工上原色。这幅地图是此岛已知最早的印本地图的唯一副本，可能是由巴普蒂斯塔·博阿齐奥所进行的军事防御调查而催生的。它是 16 世纪晚期伦敦出版的一些令人费解的地图之一，没有任何迹象表明谁可能出版过这些地图，尽管雕版地图是一份很漂亮又令人信服的作品，有时会认为是老约翰·斯皮德的作品，但也有人认为是出自墨卡托的孙子米夏埃尔（米歇尔）·墨卡托之手，当时他在伦敦，负责雕刻一份庆祝德雷克（Drake）的巡游的银质勋章。据描述他因 "为巴普蒂斯塔服务" 而在 1590 年获得了一份津贴。

原图尺寸：25.5×34.2 厘米。由 BL（Maps C.2.a.11）提供照片。

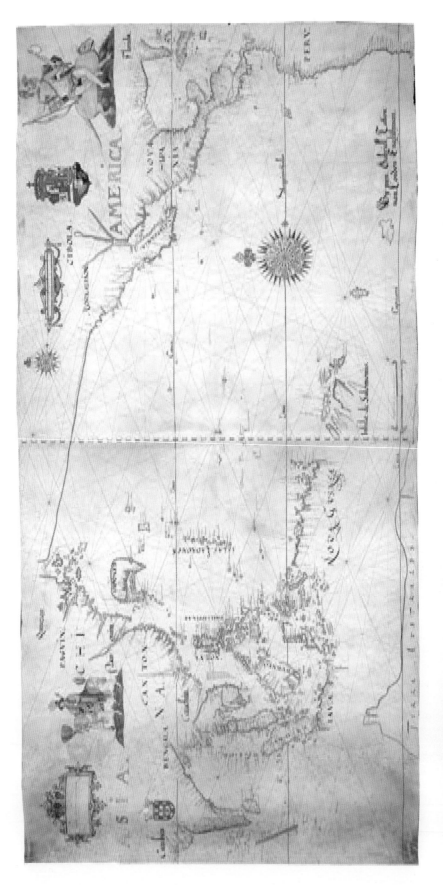

图版 72　加布里埃尔·塔顿（GABRIEL TATTON）:《太平洋海图》,约 1600 年。（请参阅 p.1742）。绘制于低地国家,带有尼德兰文的签名,以及荷兰制图师使用的美洲"犹徐上的女士"图案。（请参阅图 58.12 和 58.13）

原图尺寸: 72×147 厘米。Biblioteca Nazionale Centrale, Florence (Port. 33). 由 Ministero per i Beni e le Attivit à Culturalidella Repubblica Italiana 许可使用。

图版 73　威廉·唐（WILLIAM DOWNE）：《圭亚那奥里诺科地图》，1596 年。（请参阅 p.1767）

私人收藏。由 BL 提供照片。

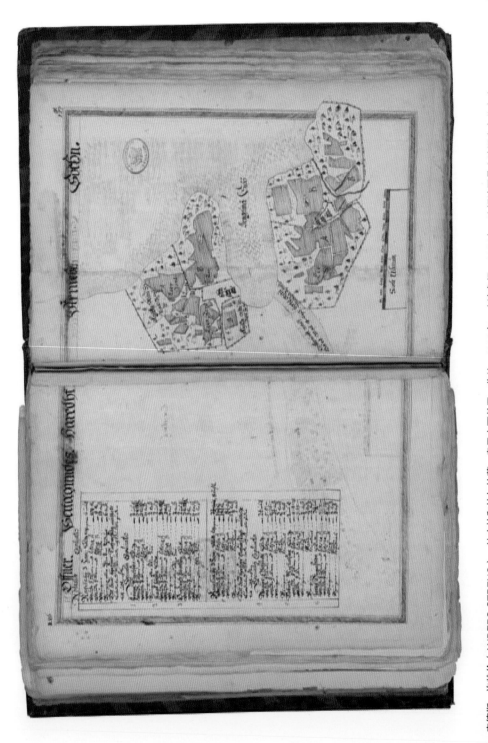

图版 74　安德斯·施特伦（ANDERS STRENG）：纳皮拉和拉加蒂、奥里韦西教区，芬兰，1634 年。（请参阅 p.1804）。这幅地图是土地调查办公室（Landmäterikontoret）所绘制的第一代几何地图（geometriskakartor）中的一个范例。比例尺采用瑞典的厄尔（alnar）（1:15000），也进行了着色。为了税收目的，《标注详解》（Notarumexplicatio）确认了每个农庄的确切庄园切特征

原图尺寸：46×58 厘米。由 Kansallisarkisto（National Archives of Finland），Helsinki（A1, pp. 226–27）提供照片。

图版 75 约翰内斯·洪特的木刻图版，约 1541–1542 年。（请参阅 p.1831）。1541–1542 年，洪特将《宇宙学基础》（*Rudimenta cosmographica*）中的地图镂刻成木刻版。一些最初的木刻图版还收藏在布拉索夫（Braşov）。德意志和法国地图的一半，与洪特工场的印刷机设备也都保留下来。布拉索夫，罗马尼亚

由 ZsoltTörök 提供照片。

图版 76　尼科洛·安吉利尼（NICOLO ANGIELINI）：匈牙利地图，约 1570 年。（请参阅 p.1837）。这幅引人瞩目的匈牙利总图被认为是意大利军事建筑师尼科洛·安吉利尼绘制的。将这幅《匈牙利地图》（Vngarialocaprecipvadescripa . . .）与桑布库斯的 1571 年地图（图 61.14）相比较的话，辄显示出它们有共同的来源。在一部绘本军事地图集中，将安吉利尼的地图列为地理参考，这部地图集很有 51 幅哈布斯堡王朝在匈牙利的防御区的城堡和要塞的平面图和景观图。尽管作者的名字在地图上已经注明，但在德累斯顿、维也纳和卡尔斯鲁厄等地所收藏的类似的安吉利尼地图集很可能是汇编而成。

原图尺寸：约 55.8 × 86.4 厘米。由 Hauptstaatsarchiv Dresden (Schr. 26, F. 96, Nr. 11, Bl. 1) 提供照片。

图版 77 马丁·施蒂尔：施蒂里亚边境的绘本地图，1657 年。（请参阅 p.1850）。对哈布斯堡军事防御区的东南部分进行了表现。左上角是施蒂里亚（Styria）的首府格拉茨（Grätz，今属奥地利 [Graz]）。穆尔河沿东南方向流往堪尼沙（Canischa，今匈牙利瑙吉考尼饶 [Nagykanizsa]）。在左下角线显示了特拉河（Trah，即德拉瓦河 [Drava]）的一部分。右上方装饰的巴洛克风格的漩涡纹显示了地图的军事重要性。

原图尺寸：约 37.1×50.3 厘米。由 Bildarchiv, Österreichische Nationalbibliothek, Vienna (Handschriftensammlung, Cod. 8608, fol. 4) 提供照片。

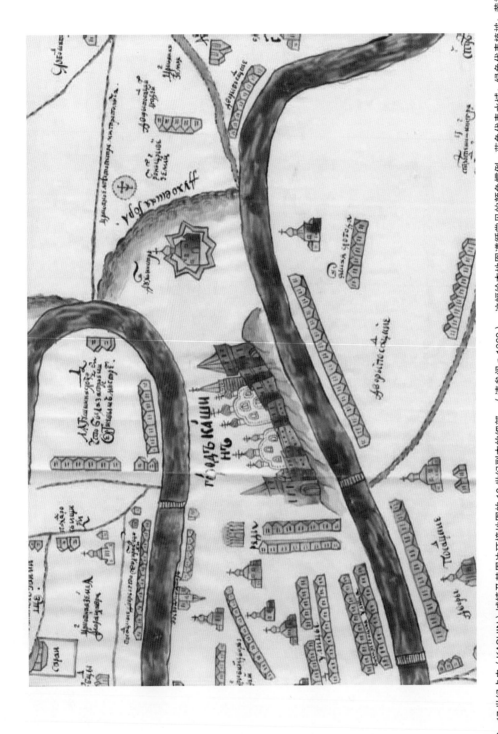

图版 78　17世纪卡申 (KASHIN) 城镇及其周边环境地图的19世纪副本的细部。（请参阅 p.1869）。这幅绘本地图遵循常见的颜色惯例：蓝色代表水域；绿色代表植被；黄褐色代表道路；红色代表建筑物

完整原图尺寸：约 62×80 厘米；细部尺寸：约 31×42 厘米。RossiyskayaGosudarstvennayaBiblioteka, Moscow。由 Alexey Postnikov 提供照片。

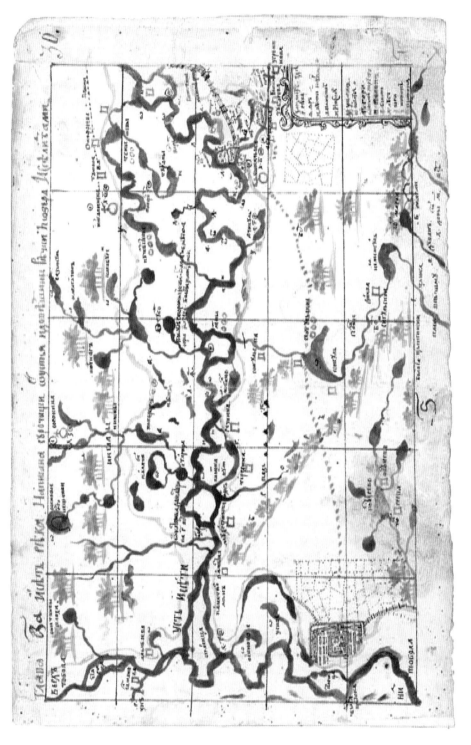

图版 79 谢苗·乌里扬诺维奇·列梅佐夫：伊谢季河（ISET）地图。（请参阅 p.1888）。在上部图框的上面是标题："第 21 章。绘出了伊谢季河从河口到上游的轨迹、溪流、湖泊和定居点。"

在右下角，是一个带有标准缩写列表的旋涡纹。

原图尺寸：16.5×25.3 厘米。摘自 Remezov's "Khorograficheskayachertëzhnayakniga," p. 30。Houghton Library, Harvard University 许可使用。

图版 80　谢苗·乌里扬诺维奇·列梅佐夫：西伯利亚民族志地图。（请参阅 p.1900）。地图的标题是 "描绘西伯利亚土地、托博尔斯克城市、乡村、草原以及各地居民地图"（Chertëzhisk hodsvonalichiezemel' vseySibiri, Tobol' skogogcrodaivsekhroznykhgradovizhiiichistepi）。为了编辑这幅总地图，列梅佐夫使用了 1673 年地图作为底图，但他改进了其地理内容。在地图的特征中，应该注意到勘察加半岛被描绘为一个半岛，而不是一个岛屿，就像列梅佐夫其他总图一样。所有的文字注记并不是西伯利亚民族志的术语，更大程度上非常古老，因为作者对研究西伯利亚人民和部落的 "土著" 边界非常感兴趣。摘自 Remezov's "ChertëzhnayaknigaSibiri," sheets 47v–48 由 RossiyskayaGosudarstvennayaBiblioteka, Moscow（Manuscript Division, stock 256, no. 346) 提供照片。

原图尺寸：42.2×62.8 厘米。

审译者简介

卜宪群　男，安徽南陵人。历史学博士，研究方向为秦汉史。现任中国社会科学院古代史研究所研究员、所长，国务院政府特殊津贴专家。中国社会科学院大学研究生院历史系主任、博士生导师。兼任国务院学位委员会历史学科评议组成员、国家社会科学基金学科评审组专家、中国史学会副会长、中国秦汉史研究会会长等。出版《秦汉官僚制度》《中国魏晋南北朝教育史》（合著）、《与领导干部谈历史》《简明中国历史读本》（主持）、《中国历史上的腐败与反腐败》（主编）、百集纪录片《中国通史》及五卷本《中国通史》总撰稿等。在《中国社会科学》《历史研究》《中国史研究》《文史哲》《求是》《人民日报》《光明日报》等报刊发表论文百余篇。

译者简介

孙靖国 男，吉林省吉林市人，北京师范大学历史学学士、硕士，北京大学历史学博士，中国社会科学院古代史研究所副研究员、历史地理研究室主任。中国地理学会历史地理专业委员会委员、《中国历史地理论丛》编委。主要研究领域：历史城市地理、地图学史。出版专著《舆图指要：中国科学院图书馆藏中国古地图叙录》（中国地图出版社 2012 年版）、《桑干河流域历史城市地理研究》（中国社会科学出版社 2015 年版），在《中国史研究》《中国历史地理论丛》等刊物上发表论文数十篇。主持国家社会科学基金青年项目"明清沿海地图研究"（已结项）、国家社会科学基金冷门绝学项目"明代边海防地图整理与研究"。获得第八届"胡绳青年学术奖"、第五届"郭沫若中国历史学奖"提名奖、第十届"中国社会科学院优秀科研成果奖"三等奖等。

中译本总序

经过翻译和出版团队多年的艰苦努力，《地图学史》中译本即将由中国社会科学出版社出版，这是一件值得庆贺的事情。作为这个项目的首席专家和各册的审译，在本书出版之际，我有责任和义务将这个项目的来龙去脉及其学术价值、翻译体例等问题，向读者作一简要汇报。

一 项目缘起与艰苦历程

中国社会科学院古代史研究所（原历史研究所）的历史地理研究室成立于1960年，是一个有着优秀传统和深厚学科基础的研究室，曾经承担过《中国历史地图集》《中国史稿地图集》《中国历史地名大辞典》等许多国家、院、所级重大课题，是中国历史地理学研究的重镇之一。但由于各种原因，这个研究室一度出现人才青黄不接、学科萎缩的局面。为改变这种局面，2005年之后，所里陆续引进了一些优秀的年轻学者充实这个研究室，成一农、孙靖国就是其中的两位优秀代表。但是，多年的经验告诉我，人才培养和学科建设要有具体抓手，就是要有能够推动研究室走向学科前沿的具体项目，围绕这些问题，我和他们经常讨论。大约在2013年，成一农（后调往云南大学历史与档案学院）和孙靖国向我推荐了《地图学史》这部丛书，多次向我介绍这部丛书极高的学术价值，强烈主张由我出面主持这一翻译工作，将这部优秀著作引入国内学术界。虽然我并不从事古地图研究，但我对古地图也一直有着浓厚的兴趣，另外当时成一农和孙靖国都还比较年轻，主持这样一个大的项目可能还缺乏经验，也难以获得翻译工作所需要的各方面支持，因此我也就同意了。

从事这样一套大部头丛书的翻译工作，获得对方出版机构的授权是重要的，但更为重要的是要在国内找到愿意支持这一工作的出版社。《地图学史》虽有极高的学术价值，但肯定不是畅销书，也不是教材，赢利的可能几乎没有。丛书收录有数千幅彩色地图，必然极大增加印制成本。再加上地图出版的审批程序复杂，凡此种种，都给这套丛书的出版增添了很多困难。我们先后找到了商务印书馆和中国地图出版社，他们都对这项工作给予积极肯定与支持，想方设法寻找资金，但结果都不理想。2014年，就在几乎要放弃这个计划的时候，机缘巧合，我们遇到了中国社会科学出版社副总编辑郭沂纹女士。郭沂纹女士在认真听取了我们对这套丛书的价值和意义的介绍之后，当即表示支持，并很快向赵剑英社长做了汇报。赵剑英社长很快向我们正式表示，出版如此具有学术价值的著作，不需要考虑成本和经济效益，中国社会科学出版社将全力给予支持。不仅出版的问题迎刃而解了，而且在赵剑英社长和郭沂纹副总编辑的积极努力下，也很快从芝加哥大学出版社获得了翻译的版权许可。

版权和出版问题的解决只是万里长征的第一步，接下来就是翻译团队的组织。大家知道，在目前的科研评价体制下，要找到高水平并愿意从事这项工作的学者是十分困难的。再加上为了保持文风和体例上的统一，我们希望每册尽量只由一名译者负责，这更加大了选择译者的难度。经过反复讨论和相互协商，我们确定了候选名单，出乎意料的是，这些译者在听到丛书选题介绍后，都义无反顾地接受了我们的邀请，其中部分译者并不从事地图学史研究，甚至也不是历史研究者，但他们都以极大的热情、时间和精力投入这项艰苦的工作中来。虽然有个别人因为各种原因没有坚持到底，但这个团队自始至终保持了相当好的完整性，在今天的集体项目中是难能可贵的。他们分别是：成一农、孙靖国、包甦、黄义军、刘夙。他们个人的经历与学业成就在相关分卷中都有介绍，在此我就不一一列举了。但我想说的是，他们都是非常优秀敬业的中青年学者，为这部丛书的翻译呕心沥血、百折不挠。特别是成一农同志，无论是在所里担任研究室主任期间，还是调至云南大学后，都把这项工作视为首要任务，除担当繁重的翻译任务外，更花费了大量时间承担项目的组织协调工作，为丛书的顺利完成做出了不可磨灭的贡献。包甦同志为了全心全意完成这一任务，竟然辞掉了原本收入颇丰的工作，而项目的这一点点经费，是远远不够维持她生活的。黄义军同志为完成这项工作，多年没有时间写核心期刊论文，忍受着学校考核所带来的痛苦。孙靖国、刘夙同志同样克服了年轻人上有老下有小，单位工作任务重的巨大压力，不仅完成了自己承担的部分，还勇于超额承担任务。每每想起这些，我都为他们的奉献精神由衷感动！为我们这个团队感到由衷的骄傲！没有这种精神，《地图学史》是难以按时按期按质出版的。

翻译团队组成后，我们很快与中国社会科学出版社签订了出版合同，翻译工作开始走向正轨。随后，又由我组织牵头，于2014年申报国家社科基金重大招标项目，在学界同仁的关心和帮助下获得成功。在国家社科基金和中国社会科学出版社的双重支持下，我们团队有了相对稳定的资金保障，翻译工作顺利开展。2019年，翻译工作基本结束。为了保证翻译质量，在云南大学党委书记林文勋教授的鼎力支持下，2019年8月，由中国社会科学院古代史研究所和云南大学主办，云南大学历史地理研究所承办的"地图学史前沿论坛暨'《地图学史》翻译工程'国际学术研讨会"在昆明召开。除翻译团队外，会议专门邀请了参加这套丛书撰写的各国学者，以及国内在地图学史研究领域卓有成就的专家。会议除讨论地图学史领域的相关学术问题之外，还安排专门场次讨论我们团队在翻译过程中所遇到的问题。作者与译者同场讨论，这大概在翻译史上也是一段佳话，会议解答了我们翻译过程中的许多困惑，大大提高了翻译质量。

2019年12月14日，国家社科基金重大项目"《地图学史》翻译工程"结项会在北京召开。中国社会科学院科研局金朝霞处长主持会议，清华大学刘北成教授、中国人民大学华林甫教授、上海师范大学钟翀教授、北京市社会科学院孙冬虎研究员、中国国家图书馆白鸿叶研究馆员、中国社会科学院中国历史研究院郭子林研究员、上海师范大学黄艳红研究员组成了评审委员会，刘北成教授担任组长。项目顺利结项，评审专家对项目给予很高评价，同时也提出了许多宝贵意见。随后，针对专家们提出的意见，翻译团队对译稿进一步修改润色，最终于2020年12月向中国社会科学出版社提交了定稿。在赵剑英社长及王茵副总编辑的亲自关心下，在中国社会科学出版社历史与考古出版中心宋燕鹏副主任的具体安排下，在耿晓明、刘芳、吴丽平、刘志兵、安芳、张湉编辑的努力下，在短短一年的时间里，完成了这部浩大丛书的编辑、排版、审查、审校等工作，最终于 2021 年年底至 2022 年陆续出版。

我们深知，《地图学史》的翻译与出版，除了我们团队的努力外，如果没有来自各方面的关心支持，顺利完成翻译与出版工作也是难以想象的。这里我要代表项目组，向给予我们帮助的各位表达由衷的谢意！

我们要感谢赵剑英社长，在他的直接关心下，这套丛书被列为社重点图书，调动了社内各方面的力量全力配合，使出版能够顺利完成。我们要感谢历史与考古出版中心的编辑团队与翻译团队密切耐心合作，付出了辛勤劳动，使这套丛书以如此之快的速度，如此之高的出版质量放在我们眼前。

我们要感谢那些在百忙之中帮助我们审定译稿的专家，他们是上海复旦大学的丁雁南副教授、北京大学的张雄副教授、北京师范大学的刘林海教授、莱顿大学的徐冠勉博士候选人、上海师范大学的黄艳红教授、中国社会科学院世界历史研究所的张炜副研究员、中国社会科学院世界历史研究所的邢媛媛副研究员、暨南大学的马建春教授、中国社会科学院亚太与全球战略研究院的刘建研究员、中国科学院大学人文学院的孙小淳教授、复旦大学的王妙发教授、广西师范大学的秦爱玲老师、中央民族大学的严赛老师、参与《地图学史》写作的余定国教授、中国科学院大学的汪前进教授、中国社会科学院考古研究所已故的丁晓雷博士、北京理工大学讲师朱然博士、越南河内大学阮玉千金女士、马来西亚拉曼大学助理教授陈爱梅博士等。译校，并不比翻译工作轻松，除了要核对原文之外，还要帮助我们调整字句，这一工作枯燥和辛劳，他们的无私付出，保证了这套译著的质量。

我们要感谢那些从项目开始，一直从各方面给予我们鼓励和支持的许多著名专家学者，他们是李孝聪教授、唐晓峰教授、汪前进研究员、郭小凌教授、刘北成教授、晏绍祥教授、王献华教授等。他们的鼓励和支持，不仅给予我们许多学术上的关心和帮助，也经常将我们从苦闷和绝望中挽救出来。

我们要感谢云南大学党委书记林文勋以及相关职能部门的支持，项目后期的众多活动和会议都是在他们的支持下开展的。每当遇到困难，我向文勋书记请求支援时，他总是那么爽快地答应了我，令我十分感动。云南大学历史与档案学院的办公室主任顾玥女士甘于奉献，默默为本项目付出了许多辛勤劳动，解决了我们后勤方面的许多后顾之忧，我向她表示深深的谢意！

最后，我们还要感谢各位译者家属的默默付出，没有他们的理解与支持，我们这个团队也无法能够顺利完成这项工作。

二　《地图学史》的基本情况与学术价值

阅读这套书的肯定有不少非专业出身的读者，他们对《地图学史》的了解肯定不会像专业研究者那么多，这里我们有必要向大家对这套书的基本情况和学术价值作一些简要介绍。

这套由约翰·布莱恩·哈利（John Brian Harley，1932—1991）和戴维·伍德沃德（David Woodward，1942—2004）主编，芝加哥大学出版社出版的《地图学史》（*The History of Cartography*）丛书，是已经持续了近 40 年的"地图学史项目"的主要成果。

按照"地图学史项目"网站的介绍①，戴维·伍德沃德和约翰·布莱恩·哈利早在 1977 年就构思了《地图学史》这一宏大项目。1981 年，戴维·伍德沃德在威斯康星—麦迪逊大学确立了"地图学史项目"。这一项目最初的目标是鼓励地图的鉴赏家、地图学史的研究者以及致力于鉴定和描述早期地图的专家去考虑人们如何以及为什么制作和使用地图，从多元的和多学科的视角来看待和研究地图，由此希望地图和地图绘制的历史能得到国际学术界的关注。这一项目的最终成果就是多卷本的《地图学史》丛书，这套丛书希望能达成如下目的：1. 成为地图学史研究领域的标志性著作，而这一领域不仅仅局限于地图以及地图学史本身，而是一个由艺术、科学和人文等众多学科的学者参与，且研究范畴不断扩展的、学科日益交叉的研究领域；2. 为研究者以及普通读者欣赏和分析各个时期和文化的地图提供一些解释性的框架；3. 由于地图可以被认为是某种类型的文献记录，因此这套丛书是研究那些从史前时期至现代制作和消费地图的民族、文化和社会时的综合性的以及可靠的参考著作；4. 这套丛书希望成为那些对地理、艺术史或者科技史等主题感兴趣的人以及学者、教师、学生、图书管理员和普通大众的首要的参考著作。为了达成上述目的，丛书的各卷整合了现存的学术成果与最新的研究，考察了所有地图的类目，且对"地图"给予了一个宽泛的具有包容性的界定。从目前出版的各卷册来看，这套丛书基本达成了上述目标，被评价为"一代学人最为彻底的学术成就之一"。

最初，这套丛书设计为 4 卷，但在项目启动后，随着学术界日益将地图作为一种档案对待，由此产生了众多新的视角，因此丛书扩充为内容更为丰富的 6 卷。其中前三卷按照区域和国别编排，某些卷册也涉及一些专题；后三卷则为大型的、多层次的、解释性的百科全书。

截至 2018 年年底，丛书已经出版了 5 卷 8 册，即出版于 1987 年的第一卷《史前、古代、中世纪欧洲和地中海的地图学史》（*Cartography in Prehistoric，Ancient，and Medieval Europe and the Mediterranean*）、出版于 1992 年的第二卷第一分册《伊斯兰与南亚传统社会的地图学史》（*Cartography in the Traditional Islamic and South Asian Societies*）、出版于 1994 年的第二卷第二分册《东亚与东南亚传统社会的地图学史》（*Cartography in the Traditional East and Southeast Asian Societies*）、出版于 1998 年的第二卷第三分册《非洲、美洲、北极圈、澳大利亚与太平洋传统社会的地图学史》（*Cartography in the Traditional African，American，Arctic，Australian，and Pacific Societies*）②、2007 年出版的第三卷《欧洲文艺复兴时期的地图学史》（第一、第二分册，*Cartography in the European Renaissance*）③，2015 年出版的第六卷《20 世纪的地图学史》（*Cartography in the Twentieth Century*）④，以及 2019 年出版的第四卷《科学、启蒙和扩张时代的地图学史》（*Cartography in the European Enlightenment*）⑤。第五卷

---

①　https：//geography. wisc. edu/histcart/.

②　约翰·布莱恩·哈利去世后主编改为戴维·伍德沃德和 G. Malcolm Lewis。

③　主编为戴维·伍德沃德。

④　主编为 Mark Monmonier。

⑤　主编为 Matthew Edney 和 Mary Pedley。

《19 世纪的地图学史》（*Cartography in the Nineteenth Century*）[1] 正在撰写中。已经出版的各卷册可以从该项目的网站上下载[2]。

从已经出版的 5 卷来看，这套丛书确实规模宏大，包含的内容极为丰富，如我们翻译的前三卷共有近三千幅插图、5060 页、16023 个脚注，总共一千万字；再如第六卷，共有 529 个按照字母顺序编排的条目，有 1906 页、85 万字、5115 条参考文献、1153 幅插图，且有一个全面的索引。

需要说明的是，在 1991 年哈利以及 2004 年戴维去世之后，马修·爱德尼（Matthew Edney）担任项目主任。

在"地图学史项目"网站上，各卷主编对各卷的撰写目的进行了简要介绍，下面以此为基础，并结合各卷的章节对《地图学史》各卷的主要内容进行简要介绍。

第一卷《史前、古代、中世纪欧洲和地中海的地图学史》，全书分为如下几个部分：哈利撰写的作为全丛书综论性质的第一章"地图和地图学史的发展"（The Map and the Development of the History of Cartography）；第一部分，史前欧洲和地中海的地图学，共 3 章；第二部分，古代欧洲和地中海的地图学，共 12 章；第三部分，中世纪欧洲和地中海的地图学，共 4 章；最后的第 21 章作为结论讨论了欧洲地图发展中的断裂、认知的转型以及社会背景。本卷关注的主题包括：强调欧洲史前民族的空间认知能力，以及通过岩画等媒介传播地图学概念的能力；强调古埃及和近东地区制图学中的测量、大地测量以及建筑平面图；在希腊—罗马世界中出现的理论和实践的制图学知识；以及多样化的绘图传统在中世纪时期的并存。在内容方面，通过对宇宙志地图和天体地图的研究，强调"地图"定义的包容性，并为该丛书的后续研究奠定了一个广阔的范围。

第二卷，聚焦于传统上被西方学者所忽视的众多区域中的非西方文化的地图。由于涉及的是大量长期被忽视的领域，因此这一卷进行了大量原创性的研究，其目的除了填补空白之外，更希望能将这些非西方的地图学史纳入地图学史研究的主流之中。第二卷按照区域分为三册。

第一分册《伊斯兰与南亚传统社会的地图学史》，对伊斯兰世界和南亚的地图、地图绘制和地图学家进行了综合性的分析，分为如下几个部分：第一部分，伊斯兰地图学，其中第 1 章作为导论介绍了伊斯兰世界地图学的发展沿革，然后用了 8 章的篇幅介绍了天体地图和宇宙志图示、早期的地理制图，3 章的篇幅介绍了前现代时期奥斯曼的地理制图，航海制图学则有 2 章的篇幅；第二部分则是南亚地区的地图学，共 5 章，内容涉及对南亚地图学的总体性介绍，宇宙志地图、地理地图和航海图；第三部分，即作为总结的第 20 章，谈及了比较地图学、地图学和社会以及对未来研究的展望。

第二分册《东亚与东南亚传统社会的地图学史》，聚焦于东亚和东南亚地区的地图绘制传统，主要包括中国、朝鲜半岛、日本、越南、缅甸、泰国、老挝、马来西亚、印度尼西亚，并且对这些地区的地图学史通过对考古、文献和图像史料的新的研究和解读提供了一些新的认识。全书分为以下部分：前两章是总论性的介绍，即"亚洲的史前地图学"和"东

---

① 主编为 Roger J. P. Kain。

② https：//geography. wisc. edu/histcart/#resources。

亚地图学导论"；第二部分为中国的地图学，包括 7 章；第三部分为朝鲜半岛、日本和越南的地图学，共 3 章；第四部分为东亚的天文图，共 2 章；第五部分为东南亚的地图学，共 5 章。此外，作为结论的最后一章，对亚洲和欧洲的地图学进行的对比，讨论了地图与文本、对物质和形而上的世界的呈现的地图、地图的类型学以及迈向新的制图历史主义等问题。本卷的编辑者认为，虽然东亚地区没有形成一个同质的文化区，但东亚依然应当被认为是建立在政治（官僚世袭君主制）、语言（精英对古典汉语的使用）和哲学（新儒学）共同基础上的文化区域，且中国、朝鲜半岛、日本和越南之间的相互联系在地图中表达得非常明显。与传统的从"科学"层面看待地图不同，本卷强调东亚地区地图绘制的美学原则，将地图制作与绘画、诗歌、科学和技术，以及与地图存在密切联系的强大文本传统联系起来，主要从政治、测量、艺术、宇宙志和西方影响等角度来考察东亚地图学。

第三分册《非洲、美洲、北极圈、澳大利亚与太平洋传统社会的地图学史》，讨论了非洲、美洲、北极地区、澳大利亚和太平洋岛屿的传统地图绘制的实践。全书分为以下部分：第一部分，即第 1 章为导言；第二部分为非洲的传统制图学，2 章；第三部分为美洲的传统制图学，4 章；第四部分为北极地区和欧亚大陆北极地区的传统制图学，1 章；第五部分为澳大利亚的传统制图学，2 章；第六部分为太平洋海盆的传统制图学，4 章；最后一章，即第 15 章是总结性的评论，讨论了世俗和神圣、景观与活动以及今后的发展方向等问题。由于涉及的地域广大，同时文化存在极大的差异性，因此这一册很好地阐释了丛书第一卷提出的关于"地图"涵盖广泛的定义。尽管地理环境和文化实践有着惊人差异，但本书清楚表明了这些传统社会的制图实践之间存在强烈的相似之处，且所有文化中的地图在表现和编纂各种文化的空间知识方面都起着至关重要的作用。正是如此，书中讨论的地图为人类学、考古学、艺术史、历史、地理、心理学和社会学等领域的研究提供了丰富的材料。

第三卷《欧洲文艺复兴时期的地图学史》，分为第一、第二两分册，本卷涉及的时间为1450 年至 1650 年，这一时期在欧洲地图绘制史中长期以来被认为是一个极为重要的时期。全书分为以下几个部分：第一部分，戴维撰写的前言；第二部分，即第 1 和第 2 章，对文艺复兴的概念，以及地图自身与中世纪的延续性和断裂进行了细致剖析，还介绍了地图在中世纪晚期社会中的作用；第三部分的标题为"文艺复兴时期的地图学史：解释性论文"，包括了对地图与文艺复兴的文化、宇宙志和天体地图绘制、航海图的绘制、用于地图绘制的视觉、数学和文本模型、文学与地图、技术的生产与消费、地图以及他们在文艺复兴时期国家治理中的作用等主题的讨论，共 28 章；第三部分，"文艺复兴时期地图绘制的国家背景"，介绍了意大利诸国、葡萄牙、西班牙、德意志诸地、低地国家、法国、不列颠群岛、斯堪的纳维亚、东—中欧和俄罗斯等的地图学史，共 32 章。这一时期科学的进步、经典绘图技术的使用、新兴贸易路线的出现，以及政治、社会的巨大的变化，推动了地图制作和使用的爆炸式增长，因此与其他各卷不同，本卷花费了大量篇幅将地图放置在各种背景和联系下进行讨论，由此也产生了一些具有创新性的解释性的专题论文。

第四卷至第六卷虽然是百科全书式的，但并不意味着这三卷是冰冷的、毫无价值取向的字母列表，这三卷依然有着各自强调的重点。

第四卷《科学、启蒙和扩张时代的地图学史》，涉及的时间大约从 1650 年至 1800 年，通过强调 18 世纪作为一个地图的制造者和使用者在真理、精确和权威问题上挣扎的时期，本卷突破了对 18 世纪的传统理解，即制图变得"科学"，并探索了这一时期所有地区的广泛的绘图实践，它们的连续性和变化，以及对社会的影响。

尚未出版的第五卷《19 世纪的地图学史》，提出 19 世纪是制图学的时代，这一世纪中，地图制作如此迅速的制度化、专业化和专业化，以至于 19 世纪 20 年代创造了一种新词——"制图学"。从 19 世纪 50 年代开始，这种形式化的制图的机制和实践变得越来越国际化，跨越欧洲和大西洋，并开始影响到了传统的亚洲社会。不仅如此，欧洲各国政府和行政部门的重组，工业化国家投入大量资源建立永久性的制图组织，以便在国内和海外帝国中维持日益激烈的领土控制。由于经济增长，民族热情的蓬勃发展，旅游业的增加，规定课程的大众教育，廉价印刷技术的引入以及新的城市和城市间基础设施的大规模创建，都导致了广泛存在的制图认知能力、地图的使用的增长，以及企业地图制作者的增加。而且，19 世纪的工业化也影响到了地图的美学设计，如新的印刷技术和彩色印刷的最终使用，以及使用新铸造厂开发的大量字体。

第六卷《20 世纪的地图学史》，编辑者认为 20 世纪是地图学史的转折期，地图在这一时期从纸本转向数字化，由此产生了之前无法想象的动态的和交互的地图。同时，地理信息系统从根本上改变了制图学的机制，降低了制作地图所需的技能。卫星定位和移动通信彻底改变了寻路的方式。作为一种重要的工具，地图绘制被用于应对全球各地和社会各阶层，以组织知识和影响公众舆论。这一卷全面介绍了这些变化，同时彻底展示了地图对科学、技术和社会的深远影响——以及相反的情况。

《地图学史》的学术价值具体体现在以下四个方面。

一是，参与撰写的多是世界各国地图学史以及相关领域的优秀学者，两位主编都是在世界地图学史领域具有广泛影响力的学者。就两位主编而言，约翰·布莱恩·哈利在地理学和社会学中都有着广泛影响力，是伯明翰大学、利物浦大学、埃克塞特大学和威斯康星—密尔沃基大学的地理学家、地图学家和地图史学者，出版了大量与地图学和地图学史有关的著作，如《地方历史学家的地图：英国资料指南》(*Maps for the Local Historian：A Guide to the British Sources*)等大约 150 种论文和论著，涵盖了英国和美洲地图绘制的许多方面。而且除了具体研究之外，还撰写了一系列涉及地图学史研究的开创性的方法论和认识论方面的论文。戴维·伍德沃德，于 1970 年获得地理学博士学位之后，在芝加哥纽贝里图书馆担任地图学专家和地图策展人。1974 年至 1980 年，还担任图书馆赫尔蒙·邓拉普·史密斯历史中心主任。1980 年，伍德沃德回到威斯康星大学麦迪逊分校任教职，于 1995 年被任命为亚瑟·罗宾逊地理学教授。与哈利主要关注于地图学以及地图学史不同，伍德沃德关注的领域更为广泛，出版有大量著作，如《地图印刷的五个世纪》(*Five Centuries of Map Printing*)、《艺术和地图学：六篇历史学论文》(*Art and Cartography：Six Historical Essays*)、《意大利地图上的水印的目录，约 1540 年至 1600 年》(*Catalogue of Watermarks in Italian Maps, ca. 1540 – 1600*)以及《全世界地图学史中的方法和挑战》(*Approaches and Challenges in a Worldwide History of Cartography*)。其去世后，地图学史领域的顶级期刊 *Imago Mundi* 上刊载了他的生平和作品目录[①]。

---

① "David Alfred Woodward (1942 – 2004)", *Imago Mundi：The International Journal for the History of Cartography* 57. 1 (2005)：75 – 83.

　　除了地图学者之外，如前文所述，由于这套丛书希望将地图作为一种工具，从而研究其对文化、社会和知识等众多领域的影响，而这方面的研究超出了传统地图学史的研究范畴，因此丛书的撰写邀请了众多相关领域的优秀研究者。如在第三卷的"序言"中戴维·伍德沃德提到："我们因而在本书前半部分的三大部分中计划了一系列涉及跨国主题的论文：地图和文艺复兴的文化（其中包括宇宙志和天体测绘；航海图的绘制；地图绘制的视觉、数学和文本模式；以及文献和地图）；技术的产生和应用；以及地图和它们在文艺复兴时期国家管理中的使用。这些大的部分，由28篇论文构成，描述了地图通过成为一种工具和视觉符号而获得的文化、社会和知识影响力。其中大部分论文是由那些通常不被认为是研究关注地图本身的地图学史的研究者撰写的，但他们的兴趣和工作与地图的史学研究存在密切的交叉。他们包括顶尖的艺术史学家、科技史学家、社会和政治史学家。他们的目的是描述地图成为构造和理解世界核心方法的诸多层面，以及描述地图如何为清晰地表达对国家的一种文化和政治理解提供了方法。"

　　二是，覆盖范围广阔。在地理空间上，除了西方传统的古典世界地图学史外，该丛书涉及古代和中世纪时期世界上几乎所有地区的地图学史。除了我们还算熟知的欧洲地图学史（第一卷和第三卷）和中国的地图学史（包括在第二卷第二分册中）之外，在第二卷的第一分册和第二册中还详细介绍和研究了我们以往了解相对较少的伊斯兰世界、南亚、东南亚地区的地图及其发展史，而在第二卷第三分册中则介绍了我们以往几乎一无所知的非洲古代文明，美洲玛雅人、阿兹特克人、印加人，北极的爱斯基摩人以及澳大利亚、太平洋地图各个原始文明等的地理观念和绘图实践。因此，虽然书名中没有用"世界"一词，但这套丛书是名副其实的"世界地图学史"。

　　除了是"世界地图学史"之外，如前文所述，这套丛书除了古代地图及其地图学史之外，还非常关注地图与古人的世界观、地图与社会文化、艺术、宗教、历史进程、文本文献等众多因素之间的联系和互动。因此，丛书中充斥着对于各个相关研究领域最新理论、方法和成果的介绍，如在第三卷第一章"地图学和文艺复兴：延续和变革"中，戴维·伍德沃德中就花费了一定篇幅分析了近几十年来各学术领域对"文艺复兴"的讨论和批判，介绍了一些最新的研究成果，并认为至少在地图学中，"文艺复兴"并不是一种"断裂"和"突变"，而是一个"延续"与"变化"并存的时期，以往的研究过多地强调了"变化"，而忽略了大量存在的"延续"。同时在第三卷中还设有以"文学和地图"为标题的包含有七章的一个部分，从多个方面讨论了文艺复兴时期地图与文学之间的关系。因此，就学科和知识层面而言，其已经超越了地图和地图学史本身的研究，在研究领域上有着相当高的涵盖面。

　　三是，丛书中收录了大量古地图。随着学术资料的数字化，目前国际上的一些图书馆和收藏机构逐渐将其收藏的古地图数字化且在网站上公布，但目前进行这些工作的图书馆数量依然有限，且一些珍贵的，甚至孤本的古地图收藏在私人手中，因此时至今日，对于一些古地图的研究者而言，找到相应的地图依然是困难重重。对于不太熟悉世界地图学史以及藏图机构的国内研究者而言更是如此。且在国际上地图的出版通常都需要藏图机构的授权，手续复杂，这更加大了研究者搜集、阅览地图的困难。《地图学史》丛书一方面附带有大量地图的图影，仅前三卷中就有多达近三千幅插图，其中绝大部分是古地图，且附带有收藏地点，其中大部分是国内研究者不太熟悉的；另一方面，其中一些针对某类地图或者某一时期地图的研究通常都附带有作者搜集到的相关全部地图的基本信息以及收藏地，如第一卷第十五章"拜占庭帝国的地图学"的附录中，列出了收藏在各图书馆中的托勒密《地理学指南》的近50种希腊语稿本以及它们的年代、开本和页数，这对于《地理学指南》及其地图的研究而言，是非常重要的基础资料。由此使得学界对于各类古代地图的留存情况以及收藏地有着更为全面的了解。

四是，虽然这套丛书已经出版的三卷主要采用的是专题论文的形式，但不仅涵盖了地图学史几乎所有重要的方面，而且对问题的探讨极为深入。丛书作者多关注于地图学史的前沿问题，很多论文在注释中详细评述了某些前沿问题的最新研究成果和不同观点，以至于某些论文注释的篇幅甚至要多于正文；而且书后附有众多的参考书目。如第二卷第三分册原文541页，而参考文献有35页，这一部分是关于非洲、南美、北极、澳大利亚与太平洋地区地图学的，而这一领域无论是在世界范围内还是在国内都属于研究的"冷门"，因此这些参考文献的价值就显得无与伦比。又如第三卷第一、第二两分册正文共1904页，而参考文献有152页。因此这套丛书不仅代表了目前世界地图学史的最新研究成果，而且也成为今后这一领域研究必不可少的出发点和参考书。

总体而言，《地图学史》一书是世界地图学史研究领域迄今为止最为全面、详尽的著作，其学术价值不容置疑。

虽然《地图学史》丛书具有极高的学术价值，但目前仅有第二卷第二分册中余定国（Cordell D. K. Yee）撰写的关于中国的部分内容被中国台湾学者姜道章节译为《中国地图学史》一书（只占到该册篇幅的1/4）[①]，其他章节均没有中文翻译，且国内至今也未曾发表过对这套丛书的介绍或者评价，因此中国学术界对这套丛书的了解应当非常有限。

我主持的"《地图学史》翻译工程"于2014年获得国家社科基金重大招标项目立项，主要进行该丛书前三卷的翻译工作。我认为，这套丛书的翻译将会对中国古代地图学史、科技史以及历史学等学科的发展起到如下推动作用。

首先，直至今日，我国的地图学史的研究基本上只关注中国古代地图，对于世界其他地区的地图学史关注极少，至今未曾出版过系统的著作，相关的研究论文也是凤毛麟角，仅见的一些研究大都集中于那些体现了中西交流的西方地图，因此我国世界地图学史的研究基本上是一个空白领域。因此《地图学史》的翻译必将在国内促进相关学科的迅速发展。这套丛书本身在未来很长时间内都将会是国内地图学史研究方面不可或缺的参考资料，也会成为大学相关学科的教科书或重要教学参考书，因而具有很高的应用价值。

其次，目前对于中国古代地图的研究大都局限于讨论地图的绘制技术，对地图的文化内涵关注的不多，这些研究视角与《地图学史》所体现的现代世界地图学领域的研究理论、方法和视角相比存在一定的差距。另外，由于缺乏对世界地图学史的掌握，因此以往的研究无法将中国古代地图放置在世界地图学史背景下进行分析，这使得当前国内对于中国古代地图学史的研究游离于世界学术研究之外，在国际学术领域缺乏发言权。因此《地图学史》的翻译出版必然会对我国地图学史的研究理论和方法产生极大的冲击，将会迅速提高国内地

[①]　［美］余定国：《中国地图学史》，姜道章译，北京大学出版社2006年版。

图学史研究的水平。这套丛书第二卷中关于中国地图学史的部分翻译出版后立刻对国内相关领域的研究产生了极大的冲击，即是明证①。

最后，目前国内地图学史的研究多注重地图绘制技术、绘制者以及地图谱系的讨论，但就《地图学史》丛书来看，上述这些内容只是地图学史研究的最为基础的部分，更多的则关注于以地图为史料，从事历史学、文学、社会学、思想史、宗教等领域的研究，而这方面是国内地图学史研究所缺乏的。当然，国内地图学史的研究也开始强调将地图作为材料运用于其他领域的研究，但目前还基本局限于就图面内容的分析，尚未进入图面背后，因此这套丛书的翻译，将会在今后推动这方面研究的展开，拓展地图学史的研究领域。不仅如此，由于这套丛书涉及面广阔，其中一些领域是国内学术界的空白，或者了解甚少，如非洲、拉丁美洲古代的地理知识，欧洲和中国之外其他区域的天文学知识等，因此这套丛书翻译出版后也会成为我国相关研究领域的参考书，并促进这些研究领域的发展。

三　《地图学史》的翻译体例

作为一套篇幅巨大的丛书译著，为了尽量对全书体例进行统一以及翻译的规范，翻译小组在翻译之初就对体例进行了规范，此后随着翻译工作的展开，也对翻译体例进行了一些相应调整。为了便于读者使用这套丛书，下面对这套译著的体例进行介绍。

第一，为了阅读的顺利以及习惯，对正文中所有的词汇和术语，包括人名、地名、书名、地图名以及各种语言的词汇都进行了翻译，且在各册第一次出现的时候括注了原文。

第二，为了翻译的规范，丛书中的人名和地名的翻译使用的分别是新华通讯社译名室编的《世界人名翻译大辞典》（中国对外翻译出版公司1993年版）和周定国编的《世界地名翻译大辞典》（中国对外翻译出版公司2008年版）。此外，还使用了可检索的新华社多媒体数据（http://info.xinhuanews.com/cn/welcome.jsp），而这一数据库中也收录了《世界人名翻译大辞典》和《世界地名翻译大辞典》；翻译时还参考了《剑桥古代史》《新编剑桥中世纪史》等一些已经出版的专业翻译著作。同时，对于一些有着约定俗成的人名和地名则尽量使用这些约定俗成的译法。

第三，对于除了人名和地名之外的，如地理学、测绘学、天文学等学科的专业术语，翻译时主要参考了全国科学技术名词审定委员会发布的"术语在线"（http://termonline.cn|index.htm）。

第四，本丛书由于涉及面非常广泛，因此存在大量未收录在上述工具书和专业著作中的名词和术语，对于这些名词术语的翻译，通常由翻译小组商量决定，并参考了一些专业人士提出的意见。

第五，按照翻译小组的理解，丛书中的注释、附录，图说中对于地图来源、藏图机构的说明，以及参考文献等的作用，是为了便于阅读者查找原文、地图以及其他参考资料，将这些内容翻译为中文反而会影响阅读者的使用，因此本套译著对于注释、附录以及图说中出现

---

① 对其书评参见成一农《评余定国的〈中国地图学史〉》，《"非科学"的中国传统舆图——中国传统舆图绘制研究》，中国社会科学出版社2016年版，第335页。

的人名、地名、书名、地图名以及各种语言的词汇，还有藏图机构，在不影响阅读和理解的情况下，没有进行翻译；但这些部分中的叙述性和解释性的文字则进行了翻译。所谓不影响阅读和理解，以注释中出现的地图名为例，如果仅仅是作为一种说明而列出的，那么不进行翻译；如果地图名中蕴含了用于证明前后文某种观点的含义的，则会进行翻译。当然，对此学界没有确定的标准，各卷译者对于所谓"不影响阅读和理解"的认知也必然存在些许差异，因此本丛书各册之间在这方面可能存在一些差异。

第六，丛书中存在大量英语之外的其他语言（尤其是东亚地区的语言），尤其是人名、地名、书名和地图名，如果这些名词在原文中被音译、意译为英文，同时又包括了这些语言的原始写法的，那么只翻译英文，而保留其他语言的原始写法；但原文中如果只有英文，而没有其他语言的原始写法的，在翻译时则基于具体情况决定。大致而言，除了东亚地区之外，通常只是将英文翻译为中文；东亚地区的，则尽量查找原始写法，毕竟原来都是汉字圈，有些人名、文献是常见的；但在一些情况下，确实难以查找，尤其是人名，比如日语名词音译为英语的，很难忠实的对照回去，因此保留了英文，但译者会尽量去找到准确的原始写法。

第七，作为一套篇幅巨大的丛书，原书中不可避免地存在的一些错误，如拼写错误，以及同一人名、地名、书名和地图名前后不一致等，对此我们会尽量以译者注的形式加以说明；此外对一些不常见的术语的解释，也会通过译者注的形式给出。不过，这并不是一项强制性的规定，因此这方面各册存在一些差异。还需要注意的是，原书的体例也存在一些变化，最为需要注意的就是，在第一卷以及第二卷的某些分册中，在注释中有时会出现（note ＊＊），如"British Museum, Cuneiform Texts, pt. 22, pl. 49, BM 73319（note 9）"，其中的（note 9）实际上指的是这一章的注释9；注释中"参见 pp……"，其中 pp 后的数字通常指的是原书的页码。

第八，本丛书各册篇幅巨大，仅仅在人名、地名、书名、地图名以及各种语言的词汇第一次出现的时候括注英文，显然并不能满足读者的需要。对此，本丛书在翻译时，制作了词汇对照表，包括跨册统一的名词术语表和各册的词汇对照表，词条约 2 万条。目前各册之后皆附有本册中文和原文（主要是英语，但也有拉丁语、意大利语以及各种东亚语言等）对照的词汇对照表，由此读者在阅读丛书过程中如果需要核对或查找名词术语的原文时可以使用这一工具。在未来经过修订，本丛书的名词术语表可能会以工具书的形式出版。

第九，丛书中在不同部分都引用了书中其他部分的内容，通常使用章节、页码和注释编号的形式，对此我们在页边空白处标注了原书相应的页码，以便读者查阅，且章节和注释编号基本都保持不变。

还需要说明的是，本丛书篇幅巨大，涉及地理学、历史学、宗教学、艺术、文学、航海、天文等众多领域，这远远超出了本丛书译者的知识结构，且其中一些领域国内缺乏深入研究。虽然我们在翻译过程中，尽量请教了相关领域的学者，也查阅了众多专业书籍，但依然不可避免地会存在一些误译之处。还需要强调的是，芝加哥大学出版社，最初的授权是要求我们在 2018 年年底完成翻译出版工作，此后经过协调，且在中国社会科学出版社支付了额外的版权费用之后，芝加哥大学出版社同意延续授权。不仅如此，这套丛书中收录有数千幅地图，按照目前我国的规定，这些地图在出版之前必须要经过审查。因此，在短短六七年的时间内，完成翻译、出版、校对、审查等一系列工作，显然是较为仓促的。而且翻译工作本身不可避免的也是一种基于理解之上的再创作。基于上述原因，这套丛书的翻译中不可避免地存在一些"硬伤"以及不规范、不统一之处，尤其是在短短几个月中重新翻译的第一卷，在此我代表翻译小组向读者表示真诚的歉意。希望读者能提出善意的批评，帮助我们提高译稿的质量，我们将会在基于汇总各方面意见的基础上，对译稿继续进行修订和完善，以飨学界。

卜宪群

中国社会科学院古代史研究所研究员

国家社科基金重大招标项目"《地图学史》翻译工程"首席专家

译 者 序

本册为《地图学史》第三卷《欧洲文艺复兴时期的地图学史》的第二册，即具体的地区研究的一部分，分别为：德意志诸地、低地国家、法国、英格兰、爱尔兰、苏格兰、斯堪的纳维亚、东－中欧以及俄罗斯等地区的地图学史，与第一册中的意大利、葡萄牙、西班牙等地区共同构成了欧洲文艺复兴时期地图学史的完整图景。

与第一卷和第三卷第一册中诸多的理论思考、探讨不同，这一册所研讨的是各地区具体的地图绘制、地图使用，各地区地图学发展的社会基础、推动因素，以及地图学发展对于不同社会的作用等内容。各地区之间篇幅并不均一，如果按原书页数来简单计算排序的话，低地国家（216）、英格兰（193）、法国（126）是篇幅最多的三个区域，之后依次为德意志诸地（74）、俄罗斯（53）、东—中欧（46）、斯堪的纳维亚（25）、爱尔兰（14）和苏格兰（9），从中也可一窥不同地区在欧洲文艺复兴时期地图学发展的状况及其地图学史研究积累情况。

与第一册相同，本册的主编依然是已故的威斯康星大学大学麦迪逊分校亚瑟·罗宾逊地理学教授戴维·伍德沃德（David Woodward，1942－2004），他的事迹和成就详见总序，本册不再赘述。由于本册覆盖了欧洲的多个地区，关心的问题也突破了单纯的地理学和地图学发展历史，所以作者的职业背景也颇为多元化，既有在高校或科研机构供职的学者，也有在各收藏单位供职的管理、研究人员，还有若干独立研究人员。作者的专业研究领域既有地理学、地图学、地图史，也包括了文学等学科。其工作地点也覆盖了中欧、西欧和东欧诸多地区。多元化的学科交融与地域背景，催生出内容非常丰富的这一分册。

本册的内容，对于当代中国地图学史学科更好地了解欧洲近代地图学发展历程，更好地了解当代欧洲地图学史学科发展情况，从而更好地把握中国传统地图发展历史及其近代转型，有着重要的意义。具体的内容，我想读者完全可以通过阅读本书，以及书中所附的数量众多的注释和地图来了解，下面我从三个方面来谈一下我从本书的翻译工作所得到的启发和认识，以及中国传统地图与本册所讨论的欧洲文艺复兴时期地图发展情况比较研究的若干前景。

一　内容的丰富性

本书内容的丰富性，体现在以下三个方面。

首先，第三卷的两册是此次所翻译的《地图学史》三卷中卷帙最为浩繁的部分，正因为有如此丰富的甚至是细致入微的具体内容与研究成果，我们才能更清晰地了解到欧洲地图

学史上的重要人物、地图作品（包括地图、海图、球仪、地图集等）和地图绘制活动，廓
清以往蒙在欧洲地图学史上空的迷雾，改变只了解少数制图师和地图作品的节点式认识，全
面把握欧洲地图学发展的图景。即使是我们以往所知的马丁·瓦尔德泽米勒、赫拉尔杜斯·
墨卡托、亚伯拉罕·奥特柳斯、洪迪厄斯家族、布劳家族、尼古拉斯·桑松等著名制图师，
其作品和工作细节也比以往引介入中文世界的要丰富得多，而这些制图师之间的合作、联姻
与竞争更是我们以往所不了解的。

　　第二，在本书地图学史的叙事中，并非单纯的以制图师和地图作品为内容，而是广泛地
触及影响地图制作发展的诸多因素，既有科学技术方面的变化，也有政治、军事等社会演
进，以及水利建设、城市规划、航海等方面的推动因素，视野非常广阔。

　　第三，中国学术界以往对欧洲文艺复兴时期地图学成就的引介，大多集中于南欧德意志
地区、低地国家、法国以及英格兰的制图师和地图作品，对其他地区的地图学发展脉络则相
对隔膜。而本卷则尽可能详细地表现了以往鲜少进入中文世界视野的爱尔兰、苏格兰、丹
麦、瑞典、匈牙利、波兰、俄罗斯等地的地图绘制与使用历史。我们通读全书，一方面可以
看到欧洲的地图学发展历史有其共同背景，如托勒密等古典传统的影响，以及文艺复兴时期
各地区之间地理知识和地图绘制的互相影响。但从另一方面来看，地图制作工作在各个不同
国家、地区发展并不同步，同一时期，既有利用三角测量进行小区域的精确制图，利用经纬
线和投影法制作大区域地图，也依然存在利用地物相对位置关系进行较粗略的地图绘制。这
种地区之间的发展差异，有助于我们更好地认识地图学发展的不平衡性，以及在科学测绘方
法推广前的地图绘制情况，从而有助于理解人类各地区地图绘制与地理知识建构、传递、接
受方面的共性与特性。

二　地图所呈现的地理知识形成

　　我本人主要从事中国地图学史研究工作，但在研究过程中，常常因只就中国传统地图及
其近代转型而论而深感困惑，在总结中国地图发展的"规律"或"特点"时往往不敢遽断。
在翻译本书的过程中，我深刻感受到，我们对世界各地地图学发展的脉络和细节越清楚，就
越有助于我们更清晰地把握中国传统地图和地图学史的特点，究竟哪些是中国传统地图的独
特之处，哪些属于人类地图学发展的共性。虽然衡量中国地图学史，应该是在包括欧洲等全
世界各地区地图学史的背景下进行（这也是本套丛书的重要价值所在），但仅就欧洲近代地
图学史而言，就已经足以说明很多问题，尤其是本书所提供的欧洲地图学发展的丰富细节，
通过与我所研究的中国古代地图互相印证，对于我们了解地图所呈现的地理知识的形成与不
同使用群体，有着非常重要的启发意义。

　　以往的历史叙事，无论是中国地图学史，还是对西方地图学史的介绍，大多是以地图或
者制图师为内容与单位的，其中大多介绍某些重要地图对于地图学史的价值与意义，尤其是
在推动地图制作与测绘、地理知识的积累以及地理环境的认知方面的贡献（自然也是其制
图师的贡献与历史重要性），当然这种线性的联系的历史叙事体系在今天已经日益受到学术
界的质疑，因为历史发展未必是直线发展，而且现存的地图决不能等同于历史上曾经出现
过、流通过、被人使用过的地图全貌，我们认为重要的、代表进步方向的地图在当时未必是

最受时人重视，甚至未必是流传甚广的地图。现存地图彼此之间未必存在继承关系，即使是非常相似的地图，彼此之间也未必存在直接的继承关系。

但对地图的制作过程，现在谈论依然不多，在进行地图叙述与研究时，往往会将其标注的作者等同于地图的绘制者，甚至会等同于地理信息的收集者，也很少会仔细分析地图制作的程序与环节，仿佛这些地图都是由其标注的作者独自绘制而成，比如著名的明代图籍《筹海图编》，究竟其作者是胡宗宪还是郑若曾，著作权的纷争一直延续到 20 世纪 80 年代，才最后确定为郑若曾，但郑若曾本人亦非制图师，其编撰《江南经略》的经历是"携二子应龙、一鸾，分方祗役，更互往复，各操小舟，遨游于三江五湖间。所至辨其道里、通塞，录而识之。形势险阻、斥堠要津，令工图之"。也就是说，地图是由"画工"所绘，而非他自己绘制。当然，《江南经略》所表现的苏州、松江、常州和镇江四府之地，郑若曾父子可以在短期内分别进行踏勘、记录，但《筹海图编》所记延袤的沿海七边信息，绝非郑若曾短期内可以勘测搜集、绘制。事实上，《筹海图编》中所附录的大量"参过图籍"就能证明此书为郑若曾所主持的团队（所以胡宗宪的功劳亦不应埋没，因为没有他就不可能在短时期内搜集这么多资料）参考各种图籍资料综合而成，而郑若曾所依据的资料来源的形成与编绘取舍，应该是围绕其系列地图所进行研究的重点问题。

而这些地图，与水手实际航行所使用的地图，在形式与描绘重点方面，存在较大不同，但后者存世数量较少，传播范围狭窄，所以往往甚少进入后世研究视野。正如黄叔璥在《台海使槎录》中所指出的一样："舟子各洋皆有秘本"，中国的水手所使用的是可能很简陋的"山形水势地图"（如章巽《古地图集》中海图和近年发现的耶鲁大学所藏古海图）或者更路簿，而非士人所喜爱的长卷式海图。将不同绘制、使用群体的地图作品混为一谈，导致我们忽略了传统时代或者转型时期地图绘制的"个别性"与"不一致性"。

中国地图学史的这一问题，在欧洲地图学史中完全可以找到相应的大量案例。比如，十六、十七世纪的低地国家是欧洲商业制图、海图绘制的重要中心，其官方主导的地方调查和测绘也非常发达，涌现出诸多的著名制图师和地图作品，如著名的墨卡托家族、亚伯拉罕·奥特柳斯、科内利斯·安东尼松、德约德家族、范多特屈姆家族、洪迪厄斯家族、扬松尼乌斯家族、卢卡斯·杨松·瓦赫纳、布劳家族等制图师，以及《墨卡托地图集》、《世界之镜》（*Speculum orbis terrarum*）、《寰宇概观》（*Theatrum orbis terrarum*）、《航海之镜》（*Spieghel der zeevaerdt*）、《大地图集》（*Atlas maior*）等著名的卷帙浩繁的地图作品，成为后世地图学史叙事所描绘的重点内容。

但是，我们知道，这些著名制图师（包括不同国家的著名制图师，如法国的尼古拉·桑松等），很多是"扶手椅地理学家"（arm‐chair geographer），本身并未从事大规模的实地测绘工作，更不用说远洋航行了，他们的区域地图、大型壁挂地图、世界地图乃至地图集，都是根据不同来源的地图或者文字描述综合编绘而成，其中就有来自第一线的实地测绘成果，与中国古代地图情况相似，这些实地测绘成果往往是绘本，保存与传播情况都远逊于上文所述的著名印本地图，今日难得一见，但不应先验地认为这些存世数量较多的著名地图代表了当时地图绘制与使用的全部图景。

很多欧洲地图会标明资料来源，这种资料汇集的过程就相对清晰一些，比如本册中所述及的 1592 年科内利斯·克拉松和约翰·巴普蒂斯塔·弗林茨出版的普兰齐乌斯地图（这是低地国家北部出现的第一部大型世界地图）中，就在说明中提到了："在比较西班牙人和葡萄牙人在向美洲和印度航行中所使用的水文地图时，我们最仔细地并最精确地比较他们在航行到美国和印度时使用的地图，彼此之间比较，并与其他地图比较。我们已经获得了一份非常精确的葡萄牙来源的航海地图，以及 14 幅详细的水文地图……我们根据地理学家和经验丰富的船长的观察，对陆地、大洋和海进行精确的测量和定位"。

上文所述的情况，说明了无论是一些著名制图师，还是地图绘制机构，都有意识地搜集来自第一线的测绘资料及其信息，以便整合，绘制到地图上。如十七世纪尼德兰海洋地图制作的一位代表性人物科内利斯·克拉松在其 1609 年出版的《技艺与地图登记》一书中，提供了其信息来源，其中就包括他从已故领航员的家庭中购买到的手稿资料。欧洲以外海域的航海地图的传递、汇总及其地理信息的总结更能说明问题，同样以低地国家为例，尼德兰共和国时期，成立了荷兰东印度公司（VOC）和荷兰西印度公司（WIC），出于航海安全和探索的需要，特别重视征集船长、领航员和水手的资料，荷兰西印度公司甚至规定，"船长和导航员受命制作锚地、海岸和港口的地图，并将这些地图交给公司的十九绅士董事会，否则将被处以 3 个月工资的罚款"。都充分说明了地理知识汇集与整合的复杂过程。

三 基于不同需要而产生的地图绘制、使用的不同群体

如前所述，我们不能先入为主地认为在近代以前，存在统一的地图绘制与使用规范，也不宜一厢情愿地认为越精准、越科学、越美观的地图，就一定会在所有场合下取代那些看起来简单粗略的地图，正如前面所提到的中国水手更依赖看似稚拙的山形水势地图，而非绘制精美的青绿山水海域地图。这种情况在本册所讲述的文艺复兴时期的欧洲同样存在。

前面提到，荷兰东印度公司和西印度公司都聘请著名制图师来绘制海图，代表人物有黑塞尔·赫里松和布劳家族等，但是需要注意的是，这些图集的购买者和收藏者通常是陆地上的富裕市民、科学家和图书馆，而非实际航海的船长、领航员、水手。尽管《大地图集》里面的地图绘制精美，而且使用了最新的投影、经纬度等技术，但对于水手来说并不一定实用。而且著名制图师专门制作的海图在实际航海中的应用情况也并不一定非常乐观，比如《东方地图》（*Caerte van Oostlant*）的制图师科内利斯·安东尼松在 1558 年谈到，"我们来自荷兰和泽兰的尼德兰人没有对北海、丹麦和东方（波罗的海）海域的水域进行描述"，这是"因为大多数导航员都蔑视这些地区的海图，而且仍然有许多人拒绝它们"。当然，后来的发展使得这一情况有所概观，但不能先验地认为地图绘制的精美程度与科学成份和实际航海中的实用性成正比关系。

很多水手并不能理解或者熟练掌握具有科学背景的制图师所制作的海图，如书中提到，老派水手阿尔贝特·哈延（Albert Haeyen）对从来没有去过大海的普兰齐乌斯的海图相当蔑视和不信任，他批评了普兰齐乌斯在 1595 年第二次探索东北通道时给领航员的海图材料。哈延显然不理解海图的平行线之间宽度逐渐增加是怎么回事，他指责普兰齐乌斯故意伪造海图，使东北海域的航行看起来比实际要近得多。布劳也曾经指出了这一认识上的差异，他的领航员指南《航海之光》（1608 年）和《海洋之镜》（1623 年）在海员中得到了广泛使用，但他也清楚地了解到"普通平面海图很多时候在一些地方是不真实的，尤其是那些远离赤

道的重大航程：但这里经常使用的东方和西方的航海所使用的海图，它们是很真实的，或者说它们的错误很小，以至于它们不会造成任何阻滞：它们是海上使用的最适合的仪器"。布劳指出，领航员们普遍更愿意接受手绘的地图，船员们经常在上面修改，他激烈地批评了这种习惯。尼德兰制图师科内利斯·克拉松在其出版的《旧风格定位手册》（*Graetboeck nae den ouden stijl*）中，也提到当时很先进的瓦赫纳的《航海之镜》（*Spieghel der zeevaerdt*），实际上并没有得到水手的普遍接受和使用："我听说，在这段时间，关于著名的领航员和舵手卢卡斯·扬松·瓦赫纳的领航员指南中所出版的纠正过的'手册'，并不是所有的海员都理解，也是因为他们星盘并没有全部纠正，舵手还遵循同样的老方法"。

甚至直到 16 世纪中后期，很多水手更愿意使用铅垂线这样传统的导航工具，而不是海图。英格兰的埃德蒙·哈利（Edmond Halley）试图劝说水手，墨卡托海图有很多优点：1696 年，他满怀绝望地写信给佩皮斯，抱怨他们固执地使用"普通的平面海图，好像地球是平的"和他们"依靠平面海图来进行估算，这方法实在太荒谬了。"船员对平面海图的偏好，在欧洲其他地区依然如此，书中提到，法国的"制图师似乎在这两种类型的投影之间犹豫不定：他们很清楚地意识到对墨卡托投影的兴趣，但是也知道水手们更喜欢平面海图，因为这样令他们测量距离更加容易"。

在欧洲附近海域的航行中，沿岸的侧面图（profile）对于水手来说更加实用，瓦赫纳在其《航海之镜》中广泛使用这种方法，其"最初贡献是在一系列连续的沿岸海图中一致地应用这一原则。一个水手一眼就能看出他要对付的是什么样的海岸（如：沙丘还是悬崖）。此外，沿着海岸的引人注目的建筑物，以及向内陆延伸的地平线（教堂塔、城堡、风车、树木和灯塔）都被绘入"。这种侧面图与中国航海中所使用的山形水势地图，虽然绘制与表现方法上存在明显差异，但视角与出发点明显是有相通之处的。

以上都提醒我们，统一的科学规范的形成，是比较晚的事情，无论是欧洲还是中国，地理知识、地图绘制还处于多线并存的状态。不同层级、不同来源和不同使用场合的地图存在相当程度的差异。但因为在实践中所使用的地图大多因其过时，或者载体并不经久耐用而损耗或者被废弃，而保留下来的更多可能是知识分子根据实用地图或者其他地理信息绘制而成，不能代表当时地图绘制与所呈现的地理知识的普遍面貌。

这种地图的综合、转绘和地理知识的传递、整合，应该是下一步地图学史研究的重要方向之一。

近三十年以来，随着《中国古代地图集》《欧洲收藏部分中文古地图叙录》《美国国会图书馆藏中文古地图叙录》等地图图录的陆续公布，中国地图学史和古旧地图研究发展日益兴旺，但依然存在就图论图、关注重点局限于中国古旧地图等问题，限制了古旧地图这一独特文献的史料价值的发挥。期待包括本人工作在内的《地图学史》的翻译，能够对中国地图学史的研究起到促进作用，也期待着中国地图学史研究的深入与广泛，其成果能更好地丰富与推动世界地图学史的进一步发展。期待着古旧地图能够在历史学、地理学、科技史、文化、思想等广阔学术领域发挥其独有的文献价值，从诸多维度为读者提供启迪。

孙靖国

2021 年 10 月

目　录

（上）

彩版目录

（本书插图系原文插附地图）

图表目录

（本书插图系原文插附地图）

缩　　写

下面的缩写适用于本卷。适用于某一章的特定缩写已经被列在该章第一个无编号的脚注中。

BL 代表 British Library, London

BNF 代表 Bibliotheque Nationale de France, Paris

HC 1 代表 *The History of Cartography*, vol. 1, *Cartography in Prehistoric, Ancient, and Medieval Europe and the Mediterranean*, ed. J. B. Harley and David Woodward (Chicago: University of Chicago Press, 1987)

HC 2.1 代表 *The History of Cartography*, vol. 2, bk. 1, *Cartography in the Traditional Islamic and South Asian Societies*, ed. J. B. Harley and David Woodward (Chicago: University of Chicago Press, 1992)

HC 2.2 代表 *The History of Cartography*, vol. 2, bk. 2, *Cartography in the Traditional East and Southeast Asian Societies*, ed. J. B. Harley and David Woodward (Chicago: University of Chicago Press, 1994)

HC 2.3 代表 *The History of Cartography*, vol. 2, bk. 3, *Cartography in the Traditional African, American, Arctic, Australian, and Pacific Societies*, ed. David Woodward and G. Malcolm Lewis (Chicago: University of Chicago Press, 1998)

德意志地区

第四十二章　德意志诸地的地图制作，1450—1650 年

彼得·H. 莫伊雷尔（Peter H. Meurer）
审读人：刘林海

提　要

中欧核心地区的政治结构由一群互不统属的地区组成，在某些情况下，这些地区在政治和文化上是非常独立的。此外，从 1450 年前后到 1650 年这动荡的两个多世纪内，诸多发展变动对这些地区产生了不同的影响。在地图绘制历史上，这种高度复杂的情况得到了非同一般的清晰反映。[1] 只有通过少数情况，我们才能确认空间、时间上的平行事件和连续性。作为一个整体，该地区文艺复兴时期的地图制作像一块马赛克，每个独立的组成部分的类型和重要性都有所不同，而且应用于此的系统结构只是若干逻辑上的可能性之一。

在踏入近代大门之时，"德意志"是由六百多个小邦组成的联合体，这种小邦林立的局面已经维持了七百多年的时间。[2] 它覆盖了今天的德国、奥地利、瑞士、比利时、卢森堡和荷兰，以及法国、波兰、意大利和捷克的部分地区。在中世纪，用拉丁语表述为阿勒曼尼亚

---

* 本章所使用的缩写包括：*Karten hüten* 代表 Joachim Neumann, ed., *Karten hüten und bewahren*: *Festgabe für Lothar Zögner*（Gotha：Perthes, 1995）；*Lexikon* 代表 Ingrid Kretschmer, Johannes Dörflinger, and Franz Wawrik, eds., *Lexikon zur Geschichte der Kartographie*, 2 vols.（Vienna：Franz Deuticke, 1986）；*Mercator* 代表 Wolfgang Scharfe, ed., *Gerhard Mercator und seine Zeit*（Duisburg：W. Braun, 1996）；*Wandlungen* 代表 Manfred Büttner, ed., *Wandlungen im geographischen Denken von Aristoteles bis Kant*（Paderborn：Schoningh, 1979）。

① 这一贡献的第一个版本在 1990 年完成。目前，完全改写的文本是基于作者 1992—1997 年在特里尔大学执行的一个研究项目。请参阅 Peter H. Meurer, *Corpus der älteren Germania-Karten*: *Ein annotierter Katalog der gedruckten Gesamtkarten des deutschen Raumes von den Anfangen bis um* 1650, text and portfolio（Alphen aan den Rijn：Canaletto, 2001）。

② 关于这一主题的概述性文献数不胜数。Peter H. Wilson 提供了一部简单易懂的英文介绍：*The Holy Roman Empire*, 1495‐1806（Houndsmills, Eng.：Macmillan, 1999）。近期用德文出版的关于这一时期主要部分的有用的专著，是 Horst Rabe, *Deutsche Geschichte*, 1500‐1600：*Das Jahrhundert der Glaubensspaltung*（Munich：C. H. Beck, 1991）。对单一疆域历史的总结，见 Georg Wilhelm Sante and A. G. Ploetz-Verlag, eds., *Geschichte der deutschen Länder*：*"Territorien-Ploetz,"* vol. 1, *Die Territorien bis zum Ende des alten Reiches*（Würzburg：A. G. Ploetz, 1964），和 Gerhard Köbler, *Historisches Lexikon der deutschen Länder*：*Die deutschen Territorien vom Mittelalter bis zur Gegenwart*（Munich：C. H. Beck, 1988）。关于一部流传广泛的科学地图集，请参阅 Manfred Scheuch, *Historischer Atlas Deutschland*：*Vom Frankenreich bis zur Wiedervereinigung*（Vienna：C. Brandstatter, 1997）。

（Alemania）、日耳曼尼亚（Germania）和条顿托尼亚（Teutonia），而德语的通用专名"德意志"（Teutschlandt）则只是在 15 世纪的最后几十年才出现。所有早期的方言资料都使用复数形式"德意志诸地"（teutsche lant）。这反映了德意志民族把自身看作一个由共同的语言和文化联结而成的共同体的非政治性方式。到 1450 年，史料中使用"德意志民族和国度"这样的习语，强调一种介于王国和民族之间的精神区别。

政权结构

存在于 15 世纪末的德意志的这种国家政治结构是很难定义的（图 42.1）。其宪法的基础是德意志王国（Regnum Teutonicum）。德意志王权在法律上不能世袭；每个候选人必须由七位选侯（Kurfürsten）组成的委员会选出。[③] 这一王国是由服从于国王的采邑按等级组合而成的联合体。这些帝国领地（Reichsstände）的具体等级、形式和对王权的服从程度差别很大。这些领地包括作为直接和间接采邑的世俗领地（公爵领地、伯爵领地和男爵领地）、某种程度上脱离于直接封建结构的教会领地（教区和皇家修道院）、帝国城市，以及作为特例的波西米亚王国，它从 1198 年开始隶属于德意志王权，但其王室并非德意志裔。是否有权参加联合帝国议会（Reichstag）会议，是判断其是否归属德意志王国的主要标准。

在德意志诸地附近，是两个"边地"（Nebenländer），它们从中世纪以来就与德意志王权联系紧密：一个是意大利王国，1454 年之后，由萨伏依（Savoy）、皮埃蒙特（Piedmont）、米兰（Milan）、托斯卡纳（Tuscany）以及一些城市共和国，一直延伸到南部的锡耶纳（Siena）。另一个是在 15 世纪只统治弗朗什孔泰（Franche-Comté）的勃艮第王国。这三个地区组成了真正的神圣罗马帝国（德文表述为：Heiliges Römisches Reich 或 Römisch-Deutsches Reich；拉丁文表述为：Sacrum Imperium Romanum）。部分皇权精神尊严在原则上包括对全部西方基督教的主权。这一地位在中世纪后期发生了变化。罗马—德意志国王有权由教皇加冕为皇帝（但未宣称）。引申的头衔"德意志民族的神圣罗马帝国"作为一种政治宣传的工具，由哈布斯堡（Habsburg）家族提出，他们于 1452 年取得德意志王位。

第一个未经教皇加冕、自封为"当选罗马皇帝"（从 1508 年开始）的，是马克西米利安一世（Maximilian I），他从 1486 年开始担任罗马—德意志国王，是第一个举足轻重的人物。[④] 他通过王室通婚的方法成功地获得了勃艮第和西班牙，建立了一个哈布斯堡统治下的有形的欧洲帝国。马克西米利安对帝国进行改革，内容包括引进帝国税收制度和建立帝国法院（Reichskammergericht），这是通向宪法和政治整合的重要步骤。一种新的地域结构导致将德意志核心地带细分为 10 个帝国政区（Reichskreise），第一次带来一种确定的德意志民族帝国领土认同。瑞士各州仍自外于这一结构，它们于 1499 年宣布脱离德意志王权统治而独立。

---

③　中世纪以降，执行委员会的成员包括科隆、美因茨和特里尔三地的大主教，波西米亚国王，莱茵王权伯爵，勃兰登堡侯爵，以及萨克森公爵。

④　请参阅 Hermann Wiesflecker, Maximilian I.: *Das Reich, Österreich und Europa an der Wende zur Neuzeit*, 5 vols. (Munich: Oldenbourg, 1971–1986)，以及 Gerhard Benecke, *Maximilian I. (1459–1519): An Analytical Biography* (London: Routledge and Kegan Paul, 1982)。

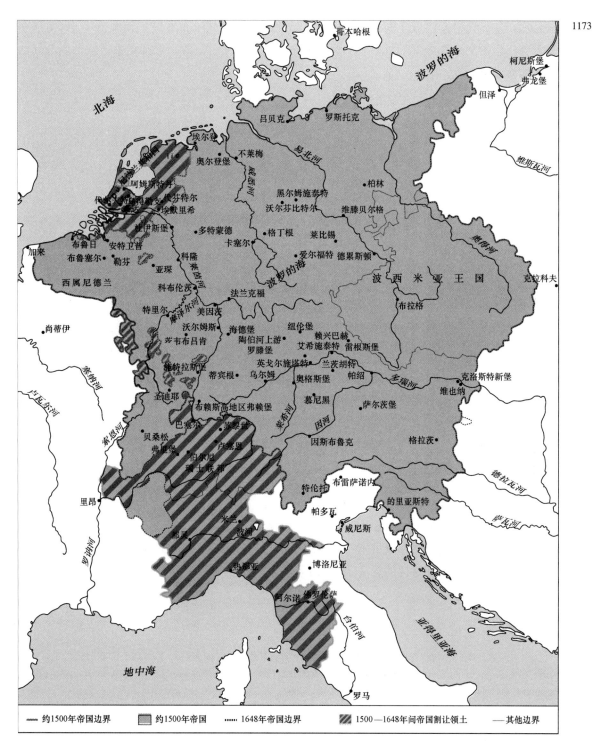

图 42.1 16、17 世纪德意志诸地政治结构参考地图

根据 Peter H. Meurer, *Corpus der älteren GermaniaKarten： Ein annotierter Katalog der gedruckten Gesamtkarten des deutschen Raumes von den Anfängen bis um 1650*, text and portfolio (Alphen aan den Rijn：Canaletto, 2001), 4 (fig. 0 - 1)。

马克西米利安的继承者们做了很多破坏这一认同的事情。他的孙子——皇帝查理五世（Charles V）凭借其西班牙国王的身份将尼德兰诸省纳入其哈布斯堡王朝统治下。[⑤] 他还将意大利王国的剩余部分置于西班牙王国的统治之下。总之，他的兴趣都集中在欧洲南部和西班牙的海外财产上。

查理在德意志诸地的统治以惨败而告终。在宗教改革思想的刺激下，从 1523 年开始，农民和骑士的起义一直动摇着帝国的稳定。众多领地的统治者——包括全部三名世俗选侯——和他们的臣民一起接受了新的信仰。1531 年，新教诸侯组建了施马尔卡尔登（Schmalkalden）联盟，几次试图与法国结盟对抗皇帝。1555 年的奥格斯堡（Augsburg）宗教和约结束了这种教派和政治上的分裂局面，该和约宣布新旧教派拥有同等权利。

一年之后，查理退位。他把权力和财富分配给弟弟斐迪南一世（Ferdinand I）和儿子腓力二世（Philip II），这一分配方式具有深远的影响。统治德意志诸地的皇位传给斐迪南，后者在 1531 年就已当选为德意志国王。腓力则即位西班牙国王，并获得哈布斯堡家族在勃艮第的财富，包括尼德兰（Netherlands）。腓力是一个坚定的天主教徒，他在自己的统治区域内推行反对动乱和异端的政策，其反宗教改革的程度远比帝国的其他地区要严格得多。结果导致了 1568 年开始的尼德兰反抗西班牙王权统治的八十年战争，战争起因包括宗教、政治和经济等因素。[⑥] 1579 年，北部的七个省份宣布建立"乌得勒支（Utrecht）联盟"，宣告尼德兰共和国从西班牙独立。

历史学的梳理

18 世纪在地图档案领域的研究，是德语地区地图制作历史上第一次常规化的研究。[⑦] 继 1711 年卡斯帕·戈特施林（Caspar Gottschling）和 1713 年约翰·戈特弗里德·格雷戈里（Johann Gottfried Gregorii）的先驱作品之后，1724 年，施瓦本（Swabia）地区的神学家、地理学家埃伯哈德·达维德·豪贝尔（Eberhard David Hauber）编写出古代与当时地图带注释的目录，此目录具有划时代的意义。[⑧] 豪贝尔的著作按主题和地区编排，至今仍是丰富的资

---

⑤ 较早的文献在一些纪念查理诞生 500 周年的出版物中得到了总结：Alfred Kohler, Karl V., 1500 – 1558: *Eine Biographie* (Munich: C. H. Beck, 1999); *Kaiser Karl V. (1500 – 1558): Macht und Ohnmacht Europas*, exhibition catalog (Bonn: Kunst-und Ausstellungshalle der Bundesrepublik Deutschland, 2000); 以及 Hugo Soly and Johan van de Wiele, comps., *Carolus: Charles Quint*, 1500 – 1558 (Ghent: Snoeck-Ducaju & Zoon, 1999).

⑥ Geoffrey Parker, *The Dutch Revolt* (Harmondsworth, Eng.: Penguin Books, 1977).

⑦ Lothar Zögner, *Bibliographie zur Geschichte der deutschen Kartographie* (Munich: Saur, 1984) 也很有用。

⑧ Caspar Gottschling, *Versuch von einer Historie der Land-Charten* (Halle: Renger, 1711); Johann Gottfried Gregorii, *Curieuse Gedancken von den vornehmsten und accuratesten Alt-und Neuen Land Charten nach ihrem ersten Ursprunge, Erfindung, Auctoribus und Sculptoribus, Gebrauch und Nutzen entworffen* (Frankfurt: Ritschel, 1713); and Eberhard David Hauber, *Versuch einer umständlichen Historie der Land-Charten: Sowohl von denen Land-Charten insgemein, derselben ersten Ursprung, ihrer Beschaffenheit, unterschiedlichen Gattungen…als auch von denen Land-Charten eines jeden Landes insonderheit, deren Gute und Vorzüge* (Ulm: Bartholomäi, 1724; reprinted Karlsruhe: Fachhochschule Karlsruhe, 1988).

料。18 世纪末，瑞士的冯·哈勒尔（von Haller）以特殊的形式继承了这一传统。⑨

现代学科在 19 世纪中期形成，在其中，德意志学者扮演了重要的角色，尤其是通过新 1175
大陆早期地图的研究和原始材料版本。⑩ 在地理学史的更大框架中，一个清晰明显的学术—
科学专业环境稍后在德国发展起来。莱比锡地理学教授奥斯卡·佩舍尔（Oscar Peschel）于
1865 年出版的《地理学史》（*Geschichte der Erdkunde*）是一座里程碑。⑪ 之后，德意志各大
学很快确立了非常广泛的研究范围，包括数学科目、⑫ 传记专著，以及整个学科的初步概
述。这个阶段，通过整理材料，对学科进行了定义，一直持续到 1900 年前后。在第一代学
术研究人员和教师中，有慕尼黑的西格蒙德·贡特尔（Siegmund Günther）、柏林的康拉德·
克雷奇默（Konrad Kretschmer）、维也纳的欧根·奥伯胡默（Eugen Oberhummer）、格丁根
（Göttingen）的赫尔曼·瓦格纳（Hermann Wagner）等地理学教授，以及一位早期的博学
者，不来梅（Bremen）的航海教师威廉·沃尔肯豪尔（Wilhelm Wolkenhauer）。⑬ 在这一阶
段，对地图进行历史研究的，已经不仅限于大学。受过地理学和语言学训练的神学家，比如
约瑟夫·菲舍尔（Joseph Fischer）和康拉德·米勒（Konrad Miller），在编辑方面也有杰出

---

⑨ Gottlieb Emanuel von Haller 关于地图文献学的主要著作是 *Verzeichniss derjenigen Landcharten，welche über Helvetien und dessen Theile bis hieher verfertigt worden sind*（Bern，1771）；同时，他的六卷本 *Bibliothek der Schweizer-Geschichte und aller Theile so dahin Bezug haben，systematisch-chronologisch geordnet*（Bern，1785 – 1787）中有很多关于地图的参考文献。这一瑞士传统一直持续到 20 世纪，见 Walter Blumer 的 *Bibliographie der Gesamtkarten der Schweiz von Anfang bis 1802*（Bern：Kommis sionsver-lag Kümmerly und Frey，1957），以及 Franchino Giudicetti，*Eine Erganzung der Bibliographie der Gesamtkarten der Schweiz von Mercator bis 1802*（Murten：Cartographica Helvetica，1996）中的补充。关于更详细的调查，请参阅 Hans-Peter Höhener，"Zur Geschichte der Kartendokumentation in der Schweiz," in *Karten hüten*，pp. 57 – 66。

⑩ 例如，请参阅 Alexander von Humboldt，*Examen critique de l'histoire de la géographie du nouveau continent et des progrès de l'astronomie nautique aux quinzième et seizième siècles*，5 vols.（Paris：Gide，1836 – 1839）；Friedrich Kunstmann，*Die Entdeckung Amerikas：Nach den ältesten Quellen geschichtlich dargestellt*（Munich，1859），附有十三幅重新印刷的地图，以及 J. G. Kohl，*Die beiden ältesten General karten von Amerika：Ausgeführt in den Jahren 1527 und 1529 auf Befehl Kaiser Karl's V.*（Weimar：Geographisches Institut，1860），Diego Ribeiro 在魏玛保存的两幅世界地图的一种版本。

⑪ Oscar Peschel，Geschichte der Erdkunde bis auf A. v. Humboldt und Carl Ritter（Munich：Cotta，1865）.

⑫ 在一些较早的文章的重印本中，给出了很好的调查：*Das rechte Fundament der Seefahrt：Deutsche Beiträge zur Geschichte der Navigation*，ed. Wolfgang Köberer（Hamburg：Hoffmann und Campe，1982）。

⑬ 在西格蒙德·贡特尔广泛但却高质量的著作中，有一批其传记研究，其中包括 *Peter und Philipp Apian，zwei deutsche Mathematiker und Kartographen：Ein Beitrag zur Gelehrten-Geschichte des 16. Jahrhunderts*（Prague，1882）；*Martin Behaim*（Bamberg：Buchnersche Verlagsbuchhandlung，1890）；*Jakob Ziegler，ein bayerischer Geograph und Mathematiker*（Ansbach：M. Eichinger，1896）。康拉德·克雷奇默的主要著作有 *Die Entdeckung Amerikas in ihrer Bedeutung für die Geschichte des Weltbildes*（Berlin：W. W. Kuhl，1892），附有四十幅重新绘制的地图，以及 *Die italienischen Portolane des Mittelalters：Ein Beitrag zur Geschichte der Kartographie und Nautik*（Berlin：Mittler，1909）。欧根·奥伯胡默撰写了 16 世纪初期的许多专题，其中——与 Franz Ritter von Wieser 合作——包括 Wolfgang Lazius，*Karten der österreichischen Lande und des Königreichs Ungarn aus den Jahren 1545 – 1563*，ed. Eugen Oberhummer and Franz Ritter von Wieser（Innsbruck：Wagner，1906）的基础版本。赫尔曼·瓦格纳是一位特别重要的学术教师。他主要从事数学地图学和航海科学历史领域的研究。威廉·沃尔肯豪尔最重要的著作是其不断修订的通用地图学史，它是首次出现，对德意志有着特殊的关注，见论文 "Zeittafel zur Geschichte der Kartographie mit erläuternden Zusätzen und mit Hinweis auf die Quellenlitteratur unter besonderer Berücksichtigung Deütschlands," Deutsche Geographische Blatter 16（1893）：319 – 348，重印于 Acta Cartographica 9（1970）：469 – 498。接踵而来的是一部扩充了的专著版本，*Leitfaden zur Geschichte der Kartographie in tabellarischer Darstellung*（Breslau：Hirt，1895），以及一系列论文，"Aus der Geschichte der Kartographie," Deutsche Geographische Blätter 27（1904）：95 – 116；33（1910）：239 – 264；34（1911）：120 – 129；35（1912）：29 – 47；36（1913）：136 – 158；and 38（1917）：157 – 201，重新印刷于 Acta Cartographica 18（1974）：332 – 504。

的成就。⑭

  格丁根的地理学家奥古斯特·沃尔肯豪尔（August Wolkenhauer）很可能会成为 20 世纪地图学史领域举足轻重的人物，可惜他很年轻就在第一次世界大战中去世了。⑮ 亚琛（Aachen）的地理学教授马克斯·埃克特（Max Eckert）应该得到这份迟来的声望，他的著作《地图科学》（*Die Kartenwissenschaft*）（1921—1922 年间出版）使得地图学成为一门独立的学科。⑯ 20 世纪初，我们也看到了撰写个别地区地图学史的初次尝试，很多是博士论文。⑰ 大约在同一时间，图书馆员对地图制作兴趣增加，比如维克托·汉奇（Viktor Hantzsch），他编写了前德累斯顿（Dresden）皇家图书馆的旧地图目录。⑱ 另外，瓦尔特·鲁格（Walther Ruge）在德意志收藏的 1600 年以前地图学资料目录方面的杰出工作很值得注意。⑲ 非专业人士，教师康斯坦丁·赛布里安（Constantin Cebrian）第一次尝试编写地图学

1176

---

⑭ 菲舍尔的第一项伟大成就——与冯威塞尔（von Wieser）合作——是 Martin Waldseemüller, *Die älteste Karte mit dem Namen Amerika aus dem Jahre 1507 und die Carta Marina aus dem Jahre 1516*, ed. Joseph Fischer and Franz Ritter von Wieser（Innsbruck：Wagner, 1903；reprinted Amsterdam：Theatrum Orbis Terrarum, 1968）的版本。后来，菲舍尔成为托勒密科学研究的耆宿；其巅峰是注释版本，Joseph Fischer, ed., Claudii Ptolemai Geographiae, Codex Urbinas Graecus 82, 2 vols. in 4（Leiden：E. J. Brill and O. Harrassowitz, 1932）。

  康拉德·米勒是地图史上最早的原始资料编辑之一。他的主要作品是：*Die Weltkarte des Castorius, genannt die Peutingersche Tafel*（Ravensburg：O. Maier, 1887）；*Mappaemundi：Die ältesten Weltkarten*, 6 vols.（Stuttgart：Roth, 1895 – 1898）；*Itineraria Romana：Römische Reisenwege an der Hand der Tabula Peutingeriana*（Stuttgart：Strecker und Schröder, 1916）；以及 *Mappae arabicae：Arabische Welt-und Landerkarten des 9. – 13. Jahrhunderts*, 6 vols.（Stuttgart, 1926 – 1931）。

 ⑮ 在奥古斯特·沃尔肯豪尔的预备作品中，有 "Über die ältesten Reisekarten von Deutschland aus dem Ende des 15. und dem Anfange des 16. Jahrhunderts," *Deutsche Geographische Blätter* 26（1903）：120 – 138，重印于 *Acta Cartographica* 8（1970）：480 – 498；*Beiträge zur Geschichte der Kartographie und Nautik des 15. bis 17. Jahrhunderts*（Munich：Straub, 1904），重印于 *Acta Cartographica* 13（1972）：392 – 498；"Seb. Münsters verschollene Karte von Deutschland von 1525," *Globus* 94（1908）：1—6 重印于 *Acta Cartographica* 9（1970）：461 – 468；*Sebastian Münsters handschriftliches Kollegienbuch aus den Jahren 1515 – 1518 und seine Karten*（Berlin：Weidmann, 1909），重印于 *Acta Cartographica* 6（1969）：427 – 498；"Die Koblenzer Fragmente zweier handschriftlichen Karten von Deutschland aus dem 15. Jahrhundert," *Nachrichten von der Koniglichen Gesellschaft der Wissenschaften zu Göttingen, Philologisch-historische Klasse*, 1910, 17 – 47, 重印于 *Acta Cartographica* 12（1971）：472 – 505。另请参阅 Ruthardt Oehme, "August Wolkenhauer：Ein Wegbereiter deutscher kartenhistorischer Forschung," *Kartographische Nachrichten* 35（1985）：217 – 224。

 ⑯ Max Eckert, *Die Kartenwissenschaft：Forschungen und Grundlagen zu einer Kartographie als Wissenschaft*, 2 vols.（Berlin：W. De Gruyter, 1921 – 1925）. 另请参阅 Wolfgang Scharfe, "Max Eckert's Kartenwissenschaft：The Turning Point in German Cartography," *Imago Mundi* 38（1986）：61 – 66。

 ⑰ 例如，请参阅 Alfons Heyer, *Geschichte der Kartographie Schlesiens bis zur preussischen Besitzergreifung*（Breslau：Nischkowsky, 1891），重印于 *Acta Cartographica* 13（1972）：55 – 171；Max Gasser, *Studien zu Philipp Apians Landesaufnahme*（Munich：Straub, 1903），重印于 *Acta Cartographica* 16（1973）：153 – 208；Eduard Moritz, *Die Entwickelung des Kartenbildes der Nord-und Ostseelander bis auf Mercator*（Halle：Kaemmerer, 1908；reprinted Amsterdam：Meridian, 1967）；Johannes Werner, *Die Entwicklung der Kartographie Sudbadens im 16. und 17. Jahrhundert*（Karlsruhe, 1913）。

 ⑱ Viktor Hantzsch, ed., *Die Landkartenbestände der Königlichen öffentlichen Bibliothek zu Dresden：Nebst Bemerkungen über Einrichtung und Verwaltung von Kartensammlungen*（Leipzig：Harrassowitz, 1904）. 汉奇也是一名重要的学者，请参阅他的 *Sebastian Münster：Leben, Werk, wissenschaftliche Bedeutung*（Leipzig：Teubner, 1898；reprinted Nieuwkoop：B. de Graaf, 1965），和 *Die ältesten gedruckten Karten der sächsisch-thüringischen Länder*（1550 – 1593）（Leipzig：Teubner, 1905）。

 ⑲ 它催生了一系列的文章：Walther Ruge, "Aelteres kartographisches Material in deutschen Bibliotheken," *Nachrichten von der Königlichen Gesellschaft der Wissenschaften zu Göttingen, philologisch-historische Klasse*, 1904, 1 – 69；1906, 1 – 39；1911, 35 – 166；1916, Beiheft, 1 – 128；重印于 *Acta Cartographica* 17（1973）：105 – 472。

通史，但他只完成了第一卷。[20] 1918 年以后居住在柏林的俄罗斯人列奥·巴格罗（Leo Bagrow）成为德意志专业图景杰出的博学者。他编撰的亚伯拉罕·奥特柳斯（Abraham Ortelius）的制图师名录是地图学史著作中一部杰出的经典之作。[21] 1935 年，他与出版商汉斯·韦特海姆（Hans Wertheim）共同创办了《国际地图史杂志》（Imago Mundi）。其直到 1951 年才问世的世界地图学史，在几十年内都具有开创性意义。[22]

第二次世界大战后，德国各州、奥地利和瑞士等地纷纷成立地图学史学术团体，主要是作为地图学社团的组成部分，而奥地利发挥了主导作用。只有在维也纳，大学的传统得到了延续，由地理学家恩斯特·贝恩莱特纳（Ernst Bernleithner）和著名的地图学史派别学术之父历史学家冈特·哈曼（Günter Hamann），在 1952 年创立的旧球仪和相关仪器研究社团——科罗内利协会（Coronelli-Gesellschaft）凸显出奥地利在球仪制作的地图学史领域的领先地位。[23] 一部地图学史基础辞典（1986 年）和一部奥地利地图集目录（1995 年）是该国近来仅有的两项成果。[24]

非常著名的瑞士地图学史学者弗朗茨·格雷纳希尔（Franz Grenacher），是一位来自巴塞尔（Basel）的商人。[25] 专业教育则是由伯尔尼大学的地理学家乔治斯·格罗让（Georges Grosjean）建立起来的。而高质量摹写版本的出版则成为瑞士的一项优势产业。

1945 年以后，德国大学的地图学史研究出现了一个时期的中断。研究医学的阿伦德·

---

[20]　Konstantin Cebrian, *Geschichte der Kartographie：Ein Beitrag zur Entwicklung des Kartenbildes und Kartenwesens*, pt. 1, vol. 1, *Von den ersten Versuchen der Länderabbildung bis auf Marinos und Ptolemaios* (Gotha：Perthes, 1923)；未有卷帙再行出版。请参阅 Wilhelm Bonacker, "Eine unvollendet gebliebene Geschichte der Kartographie von Konstantin Cebrian," *Die Erde* 3 (1951－1952)：44－57。

[21]　Leo Bagrow, "A. Ortelii catalogus cartographorum," *Petermanns Mitteilungen*, *Ergänzungsheft* 199 (1928)：1－137 and 210 (1930)：1－135，重印于 *Acta Cartographica* 27 (1981)：65－357。列奥·巴格罗的生平和工作在长篇讣告 "Leo Bagrow, Historian of Cartography and Founder of Imago Mundi, 1881－1957" 中得以描述, *Imago Mundi* 14 (1959)：5－12；另请参阅 J. B. Harley, "The Map and the Development of the History of Cartography," in *HC* 1：1－42, esp. 24－26。

[22]　第一期是 Leo Bagrow, *Geschichte der Kartographie* (Berlin：Safari, 1951)。一部稍后的译本的再版, *History of Cartography*, rev. and enl. R. A. Skelton, trans. D. L. Paisey (Cambridge：Harvard University Press；London：C. A. Watts, 1964；reprinted and enlarged, Chicago：Precedent Publishing, 1985)，现在还在市场上出售。

[23]　早期的名字是 Coronelli-Weltbund der Globusfreunde。该学会的期刊是 *Der Globusfreund* (1952 年)，从第 42 卷（1994 年）开始，用德语和英语出版；截至 2002 年（第 49—50 卷），英文版以《全球研究》（*Globe Studies*）标题发行。该协会帮助建立了国家图书馆的全球博物馆（the globe museum in the Österreichische Nationalbibliothek）；请参阅 FranzWawrik and Helga Huhnel, "Das Globenmuseum der Österreichischen Nationalbibliothek," *Der Globusfreund* 42 (1994)：3－188。2005 年，它搬到了自己位于维也纳的大楼。

[24]　*Lexikon* and Ingrid Kretschmer and Johannes Dörflinger, eds., *Atlantes Austriaci：Kommentierter Katalog der österreichischen Atlanten von 1561 bis 1994*, 2 vols. in 3 (Vienna：Böhlau, 1995). 另请参阅 Ingo Nebehay and Robert Wagner, *Bibliographie altösterreichischer Ansichtenwerke aus fünf Jahrhunderten*, 5 vols. (Graz：Akademische Druck-und Verlagsanstalt, 1981－1984, with later supplements)；Franz Wawrik and Elisabeth Zeilinger, eds., Austria Picta：*Österreich auf alten Karten und Ansichten*, exhibition catalog (Graz：Akademische Druck-und Verlagsanstalt, 1989)；Peter E. Allmayer-Beck, ed., *Modelle der Welt：Erd-und Himmelsgloben* (Vienna：Brandstätter, 1997)；and Ingrid Kretschmer, Johannes Dörflinger, and Franz Wawrik, eds., *Österreichische kartographie von den Anfängen im 15. Jahrhundert bis zum 21. Jahrhundert* (Vienna：Institut für Geographie und Regionalforschung der Universität Wien, 2004)。

[25]　格雷纳希尔撰写了大量关于瑞士和德意志南部地图学史的文章；请参阅 Arthur Durst 撰写的讣告："Franz Grenacher (1900－1977)," *Imago Mundi* 30 (1978)：98－99。

W. 朗（Arend W. Lang）在格丁根和柏林举办了 20 世纪五六十年代仅有的讲席。[26] 作为新兴

1177 学科，它的承担者来自截然不同的行业。其中，除了朗，还有制图师威廉·博纳克（Wilhelm Bonacker）、图书馆员鲁特哈特·厄梅（Ruthardt Oehme），以及天文学家恩斯特·青纳（Ernst Zinner）。[27] 德国日报《世界镜报》（*Speculum Orbis*，1985—1987 年）发行五期后停刊，取而代之的是 1990 年创刊的《瑞士地图学》（*Cartographica Helvetica*）。高度创新的"IKAR 数据库"，是一个 1985 年开始使用的关于德国图书馆所藏 1850 年之前的地图目录学数据库。[28] 但是尽管授课和课程很突出，但德国大学的地图学史在战后所获得的学术支持要少于 20 世纪早期。

在德语区，阿图尔·杜尔斯特（Arthur Durst，苏黎世）、英格丽德·克雷奇默（Ingrid Kretschmer，维也纳），以及沃尔夫冈·沙尔夫（Wolfgang Scharfe，柏林）在过去的 20 年内从事地图学史研究。他们密切的合作催生了系列的"地图学史研讨会"（Kartographiehistorisches Colloquium），从 1982 年开始，这一研讨会每两年在不同的城市举办，也是关于德语国家地区出版的首部地图学史的调查。[29] 1996 年，D-A-CH 工作组成立，关注德国、奥地利和瑞士地图学家的共同兴趣。

近代地图学早期的黎明

在 15 世纪下半叶，是否采用托勒密技术和数据，并不能作为界定近代早期德国地图学的唯一标准。这个国家还有来源各异的其他传统。目前所知，至少到 12 世纪，已经开始对特定地点纬度进行测定，其主要目的是占星术计算。从 13 世纪早期开始，就有关于小块土地选择性测量的持续记录，一个世纪以后，这种工作变得司空见惯。例如，莱茵河下游地区的盖尔登（Geldern）公爵在 1346—1356 年间派遣了永久服务的宣誓测量员（*ghesworen landmeter*）约翰·瓦尔德利文（Johann Werderlieven）。他的一项工作是 1349 年的"戈彻尔地籍册"（Gocher Landrolle），对新开垦土地进行测量并将其精确细分为均等的地段，将这

㉖ 朗主要研究海洋地图学。请参阅 Arend W. Lang, *Seekarten der südlichen Nord-und Ostsee：Ihre Entwicklung von den Anfangen bis zum Ende des 18. Jahrhunderts* (Hamburg：Deutsches Hydrographisches Institut, 1968)；未完成的复写版本，*Historisches Seekartenwerk der Deutschen Bucht*, vol. 1 (Neumünster：Wachholtz, 1969)；其身后出版的 *Die "Caerte van Oostlant" des Cornelis Anthonisz. 1543：Die älteste gedruckte Seekarte Nordeuropas und ihre Segelanweisung* (Hamburg：Ernst Kabel, 1986)。另请参阅 Lothar Zögner 所撰写的讣告："Arend W. Lang (1909 – 1981)," *Imago Mundi* 35 (1983)：98 – 99。

㉗ 威廉·博纳克撰写了以下参考著作：*Das Schrifttum zur Globenkunde* (Leiden：Brill, 1960)；*Kartenmacher aller Länder und Zeiten* (Stuttgart：Hiersemann, 1966)；在其身后出版的 *Bibliographie der Straßenkarte* (Bonn-Bad Godesberg：Kirschbaum, 1973)。另请参阅 Karl-Heinz Meine, ed., *Kartengeschichte und Kartenbearbeitung：Festschrift zum 80. Geburtstag von Wilhelm Bonacker* (Bad Godesberg：Kirschbaum, 1968)，以及 Karl-Heinz Meine 撰写的讣告："Wilhelm Bonacker," *Imago Mundi* 24 (1970)：139 – 144。鲁特哈特·厄梅最重要的作品是 *Die Geschichte der Kartographie des deutschen Südwestens* (Constance：Thorbecke, 1961)，关于一部完整的文献目录，请参阅 Lothar Zogner 撰写的讣告："Ruthardt Oehme (1901 – 1987)," *Imago Mundi* 40 (1988)：126 – 129。恩斯特·青纳关于地图学史的论著包括 *Geschichte und Bibliographie der astronomischen Literatur in Deutschland zur Zeit der Renaissance* (Leipzig：Hiersemann, 1941) 和 *Deutsche und niederländische astronomische Instrumente des 11. – 18. Jahrhunderts*, 2d ed. (Munich：C. H. Beck, 1967)。

㉘ 请参阅 http：//ikar. sbb. spk-berlin. de/。

㉙ *La cartografia dels països de parla alemanya：Alemanya, Àustria i Suïssa* (Barcelona：Institut Cartografic de Catalunya, 1997)，撰写者为 Wolfgang Scharfe, Ingrid Kretschmer, and Hans-Uli Feldmann；用英语写作。

一工作登记在册。㉚ 这份记录可能附有图像描绘，但是很不幸的是，它亡佚了。在荷兰，一份类似的同时代地产地图一直保存至今。㉛

保存至今最早的早期大比例尺地图制作的样本同样来自这一地区，包括 1357 年马斯河（Maas）和莱茵河下游支流地区土地草图，以及最新发现的 1452 年佛兰德（Flanders）地区地图。㉜ 无论是草图还是地图都很少基于准确的测量数据，而更多地凭借对各自地区的观测见闻和一般知识。然后，它们引发了 15 世纪中期已经很丰富的制作地图传统和经验；而且，也留下了那些已经失去的东西的一些模糊印象。应用更精确的天文和地面测量来制作更大地区的地图的时间和地点，现在已经很难可靠地表述。从大约 1421 年开始，维也纳及其周边地区有阿尔贝廷（Albertinische）平面图，这是阿尔卑斯山以北现存最早的城市平面图，但并不是像比例尺所显示的那样准确，而且比例尺很可能是后来加上去的。㉝

美国历史学家达纳·本内特·杜兰德（Dana Bennett Durand）详细阐述了德意志诸地早期的地图学知识和制图活动。他研究了一批收藏手稿中关于天文学和地理学的文本和表格，该手稿被称为"克洛斯特新堡文集"（*klosterneuburg corpus*）。它于 1447—1455 年由一位雷根斯堡（Regensburg）圣埃梅兰（Saint Emnieran）修道院的修士弗里德里库斯（Fridericus）编撰而成。弗里德里库斯谦虚地称自己是一个"不熟练的天文学家"（astronomunculus）。㉞ 最近的研究已经确定了此人是弗雷德里克·格哈特（Friedrich Gerhart，死于 1463 年），他是一位非常多产的作家，后来成为圣埃梅兰修道院院长。㉟

1178

维也纳最早的数学学派

14 世纪末，维也纳大学的文学院形成了早期的宇宙志科学中心。㊱ 天文学和数学的课程

㉚ Dieter Kastner, *Die Gocher Landrolle*：*Ein Landerschließungsprojekt des 14. Jahrhunderts*（Kleve：Boss, 1988）．

㉛ C. Koeman, *Geschiedenis van der kartografie van Nederland*：*Zes eeuwen land-en zeekarten en stadsplattegronden*（Alphen aan den Rijn：Canaletto, 1983），29；另请参阅 H. C. Pouls, *De landmeter*：*Inleiding in de geschiedenis van de Nederlandse landmeetkunde van de Romeinse tot de Franse tijd*（Alphen aan den Rijn：Canaletto/Repro-Holland, 1997）．

㉜ Koeman, *Geschiedenis van der kartografie*, 28 – 29, and Jozef Bossu, "Pieter van der Beke's Map of Flanders：Before and After," in *Von Flandern zum Niederrhein*：*Wirtschaft und Kultur überwinden Grenzen*, ed. Heike Frosien-Leinz, exhibition catalog（Duisburg：Kultur-und Stadthistorisches Museum, 2000），35 – 40.

㉝ Max Kratochwill, "Zur Frage der Echtheit des 'Albertinischen Planes' von Wien," *Jahrbuch des Vereines für Geschichte der Stadt Wien* 29（1973）：7 – 36, and Reinhard Härtel, "Inhalt und Bedeutung des 'Albertinischen Planes' von Wien：Ein Beitrag zur Kartographie des Mittelalters," *Mitteilungen des Instituts für Österreichische Geschichtsforschung* 87（1979）：337 – 362. 另请参阅 P. D. A. Harvey, "Local and Regional Cartography in Medieval Europe," in *HC* 1：464 – 501, esp. 473 – 474 and fig. 20. 8。

㉞ Dana Bennett Durand, *The Vienna-Klosterneuburg Map Corpus of the Fifteenth Century*：*A Study in the Transition from Medieval to Modern Science*（Leiden：E. J. Brill, 1952），esp. 75. 这部书基于杜兰德的博士论文，Harvard University, 1934。

㉟ Paul Lehmann, *Mittelalterliche Bibliothekskataloge Deutschlands und der Schweiz*, 4 vols.（Munich：C. H. Beck, 1918 – 1962），vol. 4, pt. 1, 120 – 121.

㊱ Helmuth Grössing, *Humanistische Naturwissenschaft*：*Zur Geschichte der Wiener mathematischen Schulen des 15. und 16. Jahrhunderts*（Baden-Baden：V. Koerner, 1983）．Supplementary information is found in Günther Hamann and Helmuth Grössing, eds. , *Der Weg der Naturwissenschaft von Johannes von Gmunden zu Johannes Kepler*（Vienna：Österreichische Akademie der Wissenschaften, 1988）．

由最早的两位校长阿尔贝特·冯·萨克森南德（Albert von Sachsenand）和海因里希·冯·朗根施泰因（Heinrich von Langenstein）所讲授。波西米亚的天文学家和数学家约翰·申德尔（Johann Schindel）1407—1409 年避难于此，他在学术上非常活跃，后来又在布拉格大学讲授过托勒密的《天文学大成》（Almagest）。[37] 他的奥地利学生约翰内斯·冯·格蒙登（Johannes von Gmunden）1420—1433 年在维也纳从事教学，并介绍了托莱多（Toledo）天文表的用法。[38] 博学的格奥尔格·冯·波伊尔巴赫（Georg von Peuerbach，又作 Georg Aunpeck）是冯·格蒙登的继承者，1448—1451 年曾旅居意大利，在博洛尼亚（Bologna）和帕多瓦（Padua）的大学里授课。[39] 波伊尔巴赫回到维也纳后，接触到了以埃内亚·西尔维奥·德皮科洛米尼（Enea Silvio de Piccolomini）为核心的维也纳人文学者圈子，并成为翻译和讲授行星活动（基于托勒密学说）与日晷领域的活跃分子。1457 年，波伊尔巴赫被皇帝腓特烈三世（Friedrich Ⅲ）任命为宫廷天文学家。

　　波伊尔巴赫的得意门生是约翰内斯·雷吉奥蒙塔努斯（Johannes Regiomontanus），他曾在莱比锡城（从 1447 年开始）和维也纳（从 1450 年开始）从事研究。[40] 1460 年，希腊的人文主义者、红衣主教约翰内斯·贝萨里翁（Johannes Bessarion）以教皇使者的身份造访维也纳，雷吉奥蒙塔努斯跟随他回到意大利，在罗马、威尼斯、帕多瓦继续其研究。从 1468—1471 年，雷吉奥蒙塔努斯作为天文学家和数学家，在布达佩斯为博学的匈牙利国王马提亚一世（Matthias Corvinus）的宫廷工作。接下来的四年，在爱好天文学的商人伯恩哈德·瓦尔特（Bernhard Walther）的资助下，雷吉奥蒙塔努斯以学者的身份在纽伦堡（Nuremberg）度过了四年的时光，在这四年中，他著作颇丰。[41] 雷吉奥蒙塔努斯发表了一些天文日历，以及他那划时代的《星历表》［（Ephemerides）纽伦堡，1474 年］，他还列出了 1475—1506 年间每年的星象位置。[42] 这些星表对于航海导航有极重大的意义，哥伦布在他的第一次航行中，就是使用了这些星表的 1481 年威尼斯翻印版。[43] 雷吉奥蒙塔努斯用自己在

[37]　1423—1438 年，申德尔在纽伦堡也是一名活跃的医生和天文学家。请参阅 kurt pilz, 600 Jahre Astronomie in Nürnberg（Nuremberg：Carl, 1977），47－48。

[38]　请参阅 Grössing, Humanistische Naturwissenschaft, 73－78, and Paul Uiblein, "Johannes von Gmunden：Seine Tätigkeit an der Wiener Universität," in Der Weg der Naturwissenschaft von Johannes von Gmunden zu Johannes Kepler, ed. Günter Hamann and Helmuth Grössing（Vienna：Österreichische Akademie der Wissenschaften, 1988），11－64。

[39]　关于 Peuerbach，请参阅 Grössing, Humanistische Naturwissenschaft, 79－107；Friedrich Samhaber, Der Kaiser und sein Astronom：Friedrich Ⅲ. und Georg Aunpekh von Peuerbach（Peuerbach：Stadtgemeinde Peuerbach, 1999）；and Friedrich Samhaber, Höhepunkte mittelalterlicher Astronomie：Begleitbuch zur Ausstellung Georg von Peuerbach und die Folgen im Schloss Peuerbach（Peuerbach：Stadtgemeinde Peuerbach, 2000）。

[40]　Ernst Zinner, Leben und Wirken des Joh. Müller von Königsberg, genannt Regiomontanus, 2d ed.（Osnabrück：Zeller, 1968）；idem, Regiomontanus：His Life and Work, trans. Ezra Brown（Amsterdam：North-Holland, 1990）；Günther Hamann, ed., Regiomontanus-Studien（Vienna：Österreichische Akademie der Wissenschaften, 1980）；and the collection of reprints in Felix Schmeidler, ed., Joannis Regiomontani opera collectanea（Osnabrück：Zeller, 1949, 1972）。

[41]　Pilz, Astronomie in Nürnberg, 58－100.

[42]　Ernst Glowatzki and Helmut Göttsche, Die Tafeln des Regiomontanus：Ein Jahrhundertwerk（Munich：Institut für Geschichte der Naturwissenschaften, 1990）.

[43]　Rudolf Mett, "Regiomontanus und die Entdeckungsfahrten im 15. Jahrhundert," Mitteilungen der Österreichischen Gesellschaft für Wissenschaftsgeschichte 13（1993）：157－174.

纽伦堡经营的出版社，印刷了自己的著作。⑭ 全套的出版计划里，本应包含自 1474 年以来他本人的 22 部著作，以及应该是由他的出版社制作的其他人的 29 部著作。⑮ 但是雷吉奥蒙塔努斯的计划并没有全部实现。1475 年，他被罗马教皇西克斯图斯四世（Sixtus Ⅳ）传召去罗马参与改革历法工作，次年他因瘟疫死于罗马。

克洛斯特新堡附近的奥古斯丁修士团是维也纳最早的数学学派的某种科学前哨。从 1418 年开始，它成了一个学术中心，且拥有一所中学（Gy mnasium）和一间在博学的长老格奥尔格·米斯廷格尔（Georg Müstinger）领导下的缮写室。⑯ 1421 年，米斯廷格尔获得了一些意大利古代作品的副本，其中可能就有托勒密的《地理学指南》（Geography）。由克洛斯特新堡缮写室分别于 1437 年和 1442 年制作的两部副本保存至今，但很不幸的是，没有地图。⑰

克洛斯特新堡的弗里德里库斯地图

克洛斯特新堡文集包括未标明日期的地图注释，包含有 703 处标有极坐标的地点和 6 页附有河流草图的图幅。⑱ 这些数据构成了一个独特的地图制作表示方式的基础，在一部名为克洛斯特新堡弗里德里库斯地图（*Klosterneuburg Fridericus map*）的文献中，这一表示法流传下来。这些材料经过重组，形成了一幅半圆的地图，以南方为正方向，以哈莱因（Hallein，奥地利）为中心。⑲ 这幅地图描绘了介于洛林（西）、科隆（北）、西里西亚（东）和米兰（南）之间的欧洲中部地区；进一步的计算表明其半径大约为 110 厘米，比例尺至少为 1∶500000 左右。⑳ 这张地图有一个显著特征，就是把相当精确的描绘地形，与表现形式、地图制作技术的中世纪传统结合起来。因为没有体现出托勒密的影响，这就促使我们推测它的编撰日期应该很早。这与克洛斯特新堡修道院 1420—1423 年的账簿中的注释相符，里面提到支付酬劳给一位名叫"弗里德里库斯"的僧侣，让他绘制一幅地图（mappa）；支付酬劳给一位名叫"乌达拉里库斯"（Udalricus）的金属工人，让他制作一个框子。㉑ 很有可能这位抄写员就是前面提到过的那位雷根斯堡的弗里德里克·格哈特，但没有得到绝对的证实。这部慕尼黑抄本的目录和草图可能被视为一种基本材料的便携性副本，这样不用绘制大尺寸地图就能制作副本了。

1179

赖因哈德·根斯费尔德

德意志南部地区的另一个学术中心是本笃会的赖兴巴赫（Reichenbach）修道院［位于上普法尔茨（Palatinate）地区］，这座修道院创建于 1118 年，经过 1440 年的一次改革后重

---

⑭ Angelika Wingen-Trennhaus，"Regiomontanus als Frühdrucker in Nürnberg，" *Mitteilungen des Vereins für Geschichte der Stadt Nürnberg* 78 （1991）：17 – 87.

⑮ 另请参阅本章的第 1182 页，第 73 条注释。

⑯ Grössing，*Humanistische Naturwissenschaft*，76 – 78.

⑰ Vienna，Österreichische Staatsbibliothek （Cod. Vind. 5266 and Cod. Vind. 3162）.

⑱ Munich，Staatsbibliothek （Clm 14583），and Durand，*Map Corpus*，486 – 501 and pl. ⅩⅩ.

⑲ Durand，*Map Corpus*，174 and pl. ⅩⅨ，and Ernst Bernleithner，"Die Klosterneuburger Fridericuskarte von etwa 1421，" *Mitteilungen der Geographischen Gesellschaft Wien* 98 （1956）：199 – 203.

⑳ 关于新的分析，请参阅 Meurer，*Germania-Karten*，26 – 29。

㉑ Durand，*Map Corpus*，123 – 124，and Hugo Hassinger，"Über die Anfänge der Kartographie in Österreich，" *Mitteilungen der Geographischen Gesellschaft Wien* 91 （1949）：7 – 9.

新繁荣兴盛起来。(52) 作为尼古劳斯·格尔曼努斯（Nicolaus Germanus）的家庭修道院，它在地图学史上非常著名，但另一个有趣的人物是天文学家赖因哈德·根斯费尔德（Reinhard Gensfelder）。(53) 根斯费尔德于大约1380—1385年出生于纽伦堡，1400—1408年，他在布拉格从事研究，随后去了意大利。1427年，他住在纽伦堡，1433年前后，居住在维也纳，1434—1436年，居住在萨尔茨堡。1436年，他加入了赖兴巴赫修道院，于是他再次前往维也纳和克洛斯特新堡进行研究。1444年，他成为泰根海姆（Tegernheim）附近村庄堂区的神父，并于15世纪50年代早期在那里去世。

正因为根斯费尔德的生活漂泊不定，有许多著作被认为是他创作的，包括对日晷的描述、一部纽伦堡编年史（1433年）、一架天文地动仪，以及一部被称为“赖因哈德表”的清单：表A，包含中欧地区80个城镇的坐标和多瑙河航线的11个方位点；表B，包含欧洲中部和西部的213个城镇及33个地区的坐标。(54) 这份表单目前已知有8种版本，其中克洛斯特新堡文集中收藏的版本上有作者的标识“再版自赖因哈德大师”。

弗里德里库斯和根斯费尔德的数据的本质区别在于，根斯费尔德使用了坐标，这昭示出托勒密理论的影响力。由列表清单向制图的形式转变，揭示出最早的绘制中欧地区的“现代”地图。(55) 进一步的分析表明，尽管根斯费尔德的大部分坐标仍然基于当时的测量和计算水平，但他显然已经接受了托勒密地理学的基本价值观。(56)

科布伦茨地图

所谓的“特里尔（Trier）—科布伦茨（Koblenz）残片”是由五张羊皮碎片拼成的两幅地图：一张完整的图幅（56×40厘米），表现的是西班牙（右侧）和高卢（左侧的托勒密地图）；另一张是由一张4开的和两张8开的羊皮纸拼成的对开图（约55×80厘米），右侧绘制的是圆锥投影的中欧地图，左侧绘制的是梯形投影的欧洲全图，但字迹已几乎难以辨认（图版43）。(57) 于是，我们似乎有了两幅很有趣的托勒密地理学样式的地图手稿。关于科布伦茨图的来源，有很多种猜测，从克洛斯特新堡到尼古劳斯·库萨努斯（Nicolaus Cusanus）。然而，迄今为止，这些猜测都没有得到确凿证据的支持。

那幅圆锥投影的中欧地图，在德意志诸地地图学史上，具有非同一般的地位。尽管弗里德里库斯和根斯费尔德保存下来的作品只是一些坐标的清单，但这是现存的德意志部分地区最早的地图。虽然它带有托勒密式的方格，有经线和纬线，但图上的地形条目和坐标与《地理学指南》里的数据没有任何共同之处。此外，详细的计算表明，它的数学基础来自埃

(52) Wolfgang Kaunzner, “Zum Stand von Astronomie und Naturwissenschaften im Kloster Reichenbach,” in875 *Jahre Kloster Reichenbach am Regen*, 1118 - 1993 (Munich: Johannes von Gott, 1993), 24 - 45.

(53) Durand, *Map Corpus*, 44 - 48, and Pilz, *Astronomie in Nürnberg*, 50 - 51.

(54) Durand, *Map Corpus*, 128 - 144 and 346 - 362.

(55) Durand, *Map Corpus*, pl. Ⅳ.

(56) Meurer, *Germania-Karten*, 29 - 32.

(57) 20世纪初，在摩泽尔地区的某个地方，人们发现了特里尔—科布伦茨的残片。在这里讨论和说明的中欧的残片最初是由沃尔肯豪尔在《科布伦茨残片》(*Die Koblenzer Fragmente*) 中所描述的。其他四块残片分别是在特里尔、市图书馆（Stadtbibliothek, Fragmente, Mappe 5）。它们是由杜兰德编辑的，在 *Map Corpus*, 145 - 159 and pls. Ⅷ and Ⅸ中。最近的一项分析，请参阅 Meurer, *Germania-Karten*, 33 - 38。

拉托色尼（Eratosthenes）所计算的地球周长［250000 斯塔德（stades）］——这比托勒密计算的（180000 斯塔德）要精确得多。

因为地图太过粗浅，导致很难进行进一步的分析。从语言上的细节看，它可能绘制于法兰克尼亚地区。图上一连串的城镇，从科隆（Cologne）到布鲁日（Bruges），可以证明这些是用于编制地图的旅行路线。如霍内克（Horneck）和梅尔根泰姆（Mergentheim）这样细微地方的列入，说明该图的作者与条顿骑士团有一定关系。标注出来的一些较小领土，如卡岑埃尔恩博根（Katzenelnbogen，黑森）和利希滕贝格（Lichtenberg，阿尔萨斯），其土地的领主在 1479—1480 年间均有变化，这能为确定制图时间提供一些线索。但图上有一些不同手迹的修改和补充，说明该地图在 1500 年前后有过修订。

1180

持久的中世纪传统

本笃会的修士安德烈亚斯·瓦尔斯波格（Andreas Walsperger）制作了一幅绘本世界地图，是一份传统元素和革新方法完美结合的范例。[58] 这幅地图于 1448 年在瓦尔斯波格的出生地——奥地利的巴特拉德克斯堡（Radkersburg）绘制，1434—1442 年，他生活在萨尔茨堡（Salzburg）圣彼得修道院。瓦尔斯波格的工作及其他背景均不明确，但在地图材料上，与维也纳—克洛斯特新堡地图集有一些相似之处。[59] 在一份托勒密《地理学指南》的手抄稿——1470 年的"蔡茨抄本"（Codex Zeitz）中，发现了一幅与瓦尔斯波格相关性极强的地图，可以称为《现代地图》（tabula moderna）。[60] 瓦尔斯波格的地图作品至少有四个影响：第一，它的外观显示出中世纪制图的功能和特点，例如以耶路撒冷为中心的圆球格式，外边界由 7 个球形构成，以远东的一个城镇的形式来描绘天堂；第二，空白处有 360°刻度，还有一个表示 1800 英里的刻度条，这表明此地图是以极坐标系统来构造的，这一点与弗里德里库斯的地图非常相似；第三，尽管下方图廓的文本中提到了托勒密，但并没有关于托勒密制图技术的痕迹，只是暗示使用了托勒密的数据；第四，图中对非洲的描述，体现了葡萄牙第一次航海发现的结果。一个有趣的细节是，地图还区分了基督教城镇（红点）和异教城镇（黑点）。

1475 年，卢卡斯·布兰迪斯（Lucas Brandis）在吕贝克（Lübeck）出版了一部历史百科全书，名为《初学者手册》（Rudimentum novitorum），该书中有两幅地图。[61] 如文中所述，这两幅

　　58　Vatican City, Biblioteca Apostolica Vaticana（Pal. Lat. 1362b）. 请参阅 Konrad Kretschmer,"Eine neue mittelalterliche Weltkarte der vatikanischen Bibliothek," *Zeitschrift der Gesellschaft für Erdkunde zu Berlin* 26（1891）: 371 – 406，重印于 *Acta Cartographica* 6（1969）: 237 – 272。1983 年，一份复写版出版，Belser AG, Zurich，但从未有所附的文字注释。请参阅 Karl-Heinz Meine, "Zur Weltkarte des Andreas Walsperger, Konstanz 1448," in *Kartenhistorisches Colloquium Bayreuth '82*, ed. Wolfgang Scharfe, Hans Vollet, and Erwin Herrmann（Berlin: Reimer, 1983）, 17 – 30。

　　59　Durand, *Map Corpus*, 209 – 213.

　　60　现收藏于 the Stiftsbibliothek Zeitz；请参阅 Heinrich Winter, "A Circular Map in a Ptolemaic MS," *Imago Mundi* 10（1953）: 15 – 22。

　　61　Tony Campbell, *The Earliest Printed Maps*, 1472 – 1500（London: British Library, 1987）, 144 – 145；Anna-Dorothee von den Brincken, "Universalkartographie und geographische Schulkenntnisse im Inkunabelzeitalter（Unter besonderer Berücksichtigung des 'Rudimentum noviciorum' und Hartmann Schedels）," in *Studien zum städtischen Bildungswesen des späten Mittelalters und der frühen Neuzeit*, ed. Bernd Moeller, Hans Patze, and Karl Stackmann（Göttingen: Vandenhoeck und Ruprecht, 1983）, 398 – 429；and Wesley A. Brown, *The World Image Expressed in the* Rudimentum novitiorum（Washington, D. C.: Geography and Map Division, Library of Congress, 2000）.

图仍完全根植于中世纪传统。圆形的世界地图以东为正方向。[62] T-O（将世界分成三部分）的格局清晰可辨，四条来自天堂的河流由东方流入人类居住的世界。诸多国家以山丘的形式呈现，并有微缩的城市画在国家上面，"文兰"（vinland）就在其中的西北部。矩形的圣地地图，描绘了从大马士革到红海的区域。[63] 关于中世纪后期朝圣的报道，使该地图无法隐藏它的起源，其中一份报道就在该书的一节附录中，附录的作者是德意志的多明我会修士布尔夏德·冯·蒙特·西翁（Burchard de Monte Sion，又作 Burkhard von Balby）。有一个细节非常引人注目，文中非常精确地强调了阿科（Acre）附近的海湾，那是大多数欧洲朝圣者从海上抵达圣地的港口。地名旁边写下的数字表示此处到阿科的距离。在世界地图中，地区和主要城镇被表述为山丘形状及其上的缩影。耶路撒冷在它的中心，并且用透视图夸张地强调出来。另外，主要道路上标注了描述行人的数字，以及一些圣经中重大事件的发生地，同样用微缩图的方式呈现。比如，摩西受到神的启示燃烧灌木丛之地，移交刻有十诫的石板之地，以及耶稣洗礼、受难之地。

《初学者手册》一书以拉丁语出版，本来是仅面向学术界的。但有两幅相似的世界地图却是以完全不同的目的来绘制的。它们由德意志南部的印刷商汉斯·鲁斯特（Hans Rüst）和木刻师汉斯·施波雷尔（Hans Sporer）在大约 1480—1500 年制作出来，两幅地图均是单页木刻版印刷而成。[64] 天堂的四条河流和 T-O 结构依然清晰可辨。但是众多的国家、岛屿和单个城市的名称太多，给 T-O 结构造成了一些破坏。就像《初学者手册》中的地图一样，这两幅地图对真实地形的描述并不算接近，但因为鲁斯特和施波雷尔的工作，使该地图得以出版在德意志，让更多普通人能够了解这些图形符号，了解怎样阅读这样的地图。

1181

《上德意志联邦图》（*Superioris Germaniae Confoederationis descriptio*）中有一个关于中世界传统的出色例证，四幅系列的分级圆形地图草图，内容为描述瑞士联邦：一份宇宙志草图，附有一个以地球为心脏的巨人阿特拉斯；一份描绘亚洲、欧洲、非洲的经典 T-O 地图；一份欧洲区域的 T-O 地图，描绘的是被莱茵河、利马特河（Limmat）、阿尔卑斯山分隔开的高卢、日耳曼尼亚、意大利地区；一份瑞士的分区地图，以里吉山（Mount Rigi）为中心，周边标注了各州名字。[65] 这些地图的作者是瑞士人文主义者阿尔布雷希特·冯·邦施泰滕（Albrecht von Bonstetten），他是艾因西德伦（Einsiedeln）修道院的修士，于 1471—1474 年在帕多瓦大学修习教会法。

《圣地朝圣》（*Peregrinatio in Terram Sanctam*）可作为本次列举的结尾，这是第一部得以出版的插图游记。它描述了美因茨（Mainz）的牧师贝尔纳德·冯·布赖登巴赫（Bernard

62　Rodney W. Shirley, *The Mapping of the World*: *Early Printed World Maps*, 1472 – 1700, 4th ed. (Riverside, Conn.: Early World, 2001), 1 – 2 (no. 2).

63　Campbell, *Earliest Printed Maps*, 146; Eran Laor, comp., *Maps of the Holy Land*: *Cartobibliography of Printed Maps*, 1475 – 1900 (New York: Alan R. Liss; Amsterdam: Meridian, 1986), 17 (no. 128); and Kenneth Nebenzahl, *Maps of the Holy Land*: *Images of Terra Sancta through Two Millennia* (New York: Abbeville Press, 1986), 60 – 62.

64　Campbell, *Earliest Printed Maps*, 79 – 84; Shirley, *Mapping of the World*, 5 – 8 (nos. 6 – 7); Leo Bagrow, "Rüst's and Sporer's World Maps," *Imago Mundi* 7 (1950): 32 – 36; and Klaus Stopp, "The Relation between the Circular Maps of Hans Rüst and Hans Sporer," *Imago Mundi* 18 (1964): 81.

65　Claudius Sieber-Lehmann, "Albrecht von Bonstettens geographische Darstellung der Schweiz von 1479," *Cartographica Helvetica* 16 (1997): 39 – 46.

von Breydenbach）前往巴勒斯坦的旅程。最初的版本于 1486 年发表于美因茨。[66] 来自低地国家的艺术家埃哈德·罗伊维希（Erhard Reuwich）是本书的木刻版插图的作者，他也是布赖登巴赫的旅伴。除了 6 幅黎凡特（Levant）港口的风景画之外，还有一幅绘画式的圣经之地的地图，揭示出其作者是一位画家。[67] 该图以非测量的绘制方式，以面向东方的视角，展现大马士革、亚历山大和麦加。朝圣者在阿科离开桨帆船，然后步行一小段距离去耶路撒冷，描绘这一场景的巨大透视图，占据了整张地图的 1/3。就城市的角度来讲，图中一些细节的描绘是非常现实主义的，例如，表现圆顶清真寺（所罗门神庙）。它被印在两张图幅上，组成一幅地图。因为希赖登巴赫和罗伊维希没有去过加利利（Galilee），所以对此地的表现，是从其他资料上编译过来的。以大尺寸画幅、极具细节地表现开罗、亚历山大和西奈（Sinai）地块，这可能是出自罗伊维希的素描写生。

地图印刷的开端

最晚在 15 世纪中叶，德意志南部的木刻版印刷业建立起来。在 1450 年前后，约翰内斯·谷登堡（Johannes Gutenberg）在美因茨建立了第一间活铅字印刷工作坊。[68] 所以，在德意志诸地出现早期的地图印刷，就并不令人惊讶了。例如：冈特·蔡纳（Günter Zainer）于 1472 年出版的小幅木刻版 T-O 世界地图、[69] 分别由鲁斯特和施波雷尔在《初学者手册》（1475 年）中绘制的两幅木刻版地图、林哈特·霍尔（Lienhart Holl）印刷厂在 1482 年出版了乌尔姆版的托勒密《地理学指南》。[70] 最后一份是在意大利之外出版的第一版本：它的世界地图是第一幅由艺术家约翰·施尼策尔（Johann Schnitzer）署名的世界地图印本；[71] 其第一版附有《现代地图》（tabulae modernae）（关于意大利、高卢、伊比利亚半岛、北欧和巴勒斯坦），同年在佛罗伦萨出版的其他几个版本也是如此。借助乌尔姆版，德意志学术界很容易获取这些标志着近代地图学革命的新技术和数据。1462 年，在罗马海港的海关，一个德意志商人的报关单有："50 张彩绘图幅，组成 15 幅世界地图"。[72] 50 张

[66]　Hugh Wm. Davies, comp. , *Bernhard von Breydenbach and His Journey to the Holy Land*, 1483 – 1484: *A Bibliography* (London: J. and J. Leighton, 1911).

[67]　Ruthardt Oehme, "Die Palästinakarte aus Bernhard von Breitenbachs Reise in das Heilige Land 1486," in *Aus der Welt des Buches*: *Festgabe zum* 70. *Geburtstag von Georg Leyh*, dargebracht von Freunden und Fachgenossen (Leipzig: O. Harrassowitz, 1950), 70 – 83; Campbell, *Earliest Printed Maps*, 93 – 95; Laor, *Cartobibliography*, 17 (no. 129); and Nebenzahl, *Maps of the Holy Land*, 63 – 66.

[68]　Albert Kapr, *Johannes Gutenberg*: *Persönlichkeit und Leistung* (Munich: C. H. Beck, 1987), and idem, *Johann Gutenberg*: *The Man and His Invention*, trans. Douglas Martin (Aldershot: Scolar Press, 1996).

[69]　Campbell, *Earliest Printed Maps*, 108; Shirley, *Mapping of the World*, 1 (no. 1); 另请参阅 David Woodward, "Medieval *Mappaemundi*," in *HC* 1: 286 – 370, esp. 301 – 302。

[70]　Campbell, *Earliest Printed Maps*, 135 – 138; Claudius Ptolemy, *Cosmographia* (Ulm, 1482), 带有一份参考书目注释的复写版本是由 R. A. Skelton (Amsterdam: Theatrum Orbis Terrarum, 1963) 制作的; Karl-Heinz Meine, *Die Ulmer Geographia des Ptolemäus von 1482*: *Zur 500. Wiederkehr der ersten Atlasdrucklegung nördlich der Alpen*, exhibition catalog (Weissenhorn: A. H. Konrad, 1982)。

[71]　Campbell, *Earliest Printed Maps*, 135 (no. 179), and Shirley, *Mapping of the World*, 9 – 11 (no. 10).

[72]　Arnold Esch and Doris Esch, "Die Grabplatte Martins V. und andere Importstücke in den römischen Zollregistern der Frührenaissance," *Römisches Jahrbuch für Kunstgeschichte* 17 (1978): 209 – 217, quotation on 217.

和 15 幅世界地图如何组合，令人困惑，但是装载方式明确显示它们属于木刻版。

约翰内斯·雷吉奥蒙塔努斯在纽伦堡的时候成立了他的第一家出版社。1474 年他出版制作了一套作品。除了托勒密《地理学指南》的两个不同注释版本以外，其他地图中全都提到："有一种是描述所有已知的人类居住区域，一般被称之为'世界地图'（Mappam mundi），还有一种是关于德国，甚至是意大利、西班牙、法国和整个希腊的专门地图。"[73]

所以结论很清晰：在 1477 年博洛尼亚版《地理学指南》出版前的至少三年，雷吉奥蒙塔努斯显然已经具备了印制这类大幅地图所需要的全部技术知识和设备——尽管这套《现代地图》并未出现过。有一个在注解里的有趣细节：描述世界地图时，用"一般地被称作"mappaemundi（世界地图）来表达。这说明尽管并没有大量的保存下来的例证来使我们确信，但世界地图在当时已经成为科学生活的常见媒介。

还值得注意的是，单张木刻版地图的出现，表明了与中世纪圆形世界地图的分割界限。[74] 环绕地图的四周，画了一个有三栏日历的圆环，上面标出了日期，从 3 月 5 日到 3 月 31 日。地图的残片表明，在中世纪神话中，遥远的北方和东方有岛屿和部分大陆，居住着外国的部落和传说中的人们（图 42.2）。通过十分小心的复原，可见这幅图的直径是 80—90 厘米，即需要使用 20—24 块木版。毫无疑问，这幅图是以印刷品的形式存在，并且很可能是 14 世纪最大尺寸的地图印刷品。据日历上的名字显示，此图于 1470 年出版于德意志南部。

图 42.2　一幅 15 世纪的多图幅印本壁挂世界地图的残片

一幅 1470 年前后（可能在德意志南部）制作的多图幅圆形世界地图（其外环境一部日历）中保存下来的唯一一块木刻版的现代抽页。地图所描绘的土地显示为由神话中的部落所居住，同时代的科学将这些部落定位于欧洲和亚洲的北部地区。

残片尺寸：11.5 × 20 厘米。摘自 Hans Albrecht Derschau, Holzschnitte alter deutscher Meister in den Originalplatten, 3 vols., ed. Rudolph Zacharias Becker (Gotha: R. Z. Becker, 1808 – 1816), vol. 1, entry a2。由 Art Department, Free Library of Philadelphia 提供照片。

---

[73] Ferdinand Geldner 复制了原本，见其 Die deutschen Inkunabeldrucker: Ein Handbuch der deutschen Buchdrucker des XV. Jahrhunderts nach Druckorten, 2 vols. (Stuttgart: Hiersemann, 1968 – 1970), 1: 171 (no. 68)。在 Zinner, Geschichte und Bibliographie, 4 – 7 中，给出了一份现代的摹绘本。另请参阅 Campbell, Earliest Printed Maps, 215 (A6)，和 Leo Bagrow, "The Maps of Regiomontanus," Imago Mundi 4 (1947): 31 – 32。

[74] 请参阅 Campbell, Earliest Printed Maps, 216 (B2)，来自同一印版的第二个例子，其地址为 http://www.maphist.nl/ill/1997626.htm。

一个意大利插曲

阿尔卑斯山两麓的文化交流是双向的。德意志对早期意大利文艺复兴的一项重大贡献，是活字印刷术。它由莱茵兰地区的两个教士引介过去，他们是康拉德·斯韦因黑伊姆（Konrad Sweynheym）和阿诺尔德·潘纳茨（Arnold Pannartz）。[75] 也许是谷登堡在美因茨的富思特—朔费尔（Fust-Schöffer）工作坊的继承者们，于 1465 年，在苏比亚科（Subiaco，罗马东部）的本笃会圣斯科拉斯蒂卡（Santa, Scholastica）修道院建立了一家出版社。1467 年，他们迁往罗马，在那里一起工作到 1473 年。斯韦因黑伊姆也尝试了铜版印刷，造就了杰出的 1478 年罗马版托勒密《地理学指南》中的地图。

尼古劳斯·格尔曼努斯

关于尼古劳斯修士最早出现在赖兴巴赫修道院的记载，是在 1442 年以前。[76] 1460 年前后，已受过宇宙志科学训练的他前往意大利，并将自己命名为尼古劳斯·格尔曼努斯。[77] 他先是居住在佛罗伦萨，在那里编制星表（1464 年前后），并第一次修订了托勒密《地理学指南》中过时的数例。几年以后，他进入了罗马教皇的宫廷，制作了星象图（1471 年）、一对球仪，并为梵蒂冈图书馆制作了一张世界地图（1477 年）。他最晚的活动痕迹是在 1488 年，康拉德·策尔蒂斯（Conrad Celtis）于佛罗伦萨谈到他与尼古劳斯的会面："来自赖兴巴赫的本笃会修士尼古劳斯"。[78] 在策尔蒂斯的记录中，那个老人痛苦地控诉，他著作的荣耀和利益被别人攫取了。[79]

1451—1475 年，尼古劳斯·格尔曼努斯是接受托勒密理论的代表人物。是他揭示出了《地理学指南》的全貌，使我们能将托勒密与欧洲人文主义联系起来。使用点和圆来标记地点的位置，以及 26 个地区地图的梯形投影，是他的两项重要创新。现存的总共 15 份《地理学指南》手绘稿，要么是尼古劳斯亲手画的，要么是他人在尼古劳斯画完后紧接着复制的。

1183

---

[75] Geldner, *Die deutschen Inkunabeldrucker*, 2：23。另请参阅 Gabriele Paolo Carosi, *Da Magonza a Subiaco：L'introduzione della stampa in Italia*（Busto Arsizio：Bramante, 1982）。

[76] 尼古劳斯·格尔曼努斯的传记写起来有些困难，因为在同一时期，有多个叫尼古劳斯的德意志人活跃于意大利。这些来源的总结被发现于 Józef Babicz, "Donnus Nicolaus Germanus—Probleme seiner Biographie und sein Platz in der Rezeption der ptolemäischen Geographie," in *Land-und Seekarten im Mittelalter und in der frühen Neuzeit*, ed. C. Koeman（Munich：Kraus International, 1980）：9 - 42；另请参阅 Robert W. Karrow, *Mapmakers of the Sixteenth Century and Their Maps：Bio-Bibliographies of the Cartographers of Abraham Ortelius*, 1570（Chicago：Published for the Newberry Library by Speculum Orbis Press, 1993）, 255 - 265。在 Meurer, *Germania-Karten*, 13 - 14 中，给出了一份修订过的传记，使用了德意志本笃会教士 Romuald Bauerreis 的研究，而被地图史文献所忽视（例如，Romuald Bauerreiß, "War der Kosmograph Nikolaus de 'Donis' Benediktiner?" *Studien und Mitteilungen zur Geschichte des Benediktiner-Ordens und seiner Zweige* 55［1937］：265 - 273）。

[77] 确定的名字形式，例如 "Donis（或 'Donnus'）Nicolaus Germanus" 或 "Nicolaus Donis" 是不合常理的。"Donis"／"donnus" 是拉丁文 *dominus* 的缩写，在这一语境中，是一位受任的修士的意思。

[78] 请参阅 Romuald Bauerreiß, "Ein Quellenverzeichnis der Schriften Aventins," *Studien und Mitteilungen zur Geschichte des Benediktiner-Ordens und seiner Zweige* 50（1932）：54 - 77 and 315 - 335, esp. 66 n. 144。

[79] 这就排除了尼古劳斯·格尔曼努斯是佛罗伦萨印刷商 Niccolò Tedesco（Nicolaus Laurentii, Nicolas Diocesis Vratislavienses）的可能以及其西里西亚的血统，后者的作品包括《地理学指南》1482 年的佛罗伦萨版。第二种观点是，这个佛罗伦萨的版本并没有遵循尼古劳斯·格尔曼努斯的修订版。

它们可以细分为三种校订版：校订版 A（约 1460—1466 年），有 27 幅托勒密式的古代地图（*tabulae antiquae*）；校订版 B（1466—1468 年），有 27 幅托勒密式的古代地图（*tabulae antiquae*）和三幅现代地图（*tabulae modernae*）（北欧、西班牙和法国）；校订版 C（1468—1482 年），有 27 幅托勒密式的古代地图（*tabulae antiquae*）和 5 幅现代地图（*tabulae modernae*）（北欧、西班牙、法国、意大利和巴勒斯坦）。除了 1482 年佛罗伦萨版，整个 15 世纪印刷的《地理学指南》全部直接以尼古劳斯·格尔曼努斯的手绘稿为基准。

亨里克斯·马特鲁斯（Henricus Martellus）

我们没有很多关于亨里克斯·马特鲁斯具体的信息。[80] 他有德意志血统，原名可能是海因里克·哈默（Heinrich Hammer）。在 1480—1496 年间，他是佛罗伦萨一名活跃的制图师，他的手绘图稿可以分成三组：两个版本的托勒密《地理学指南》，现在有两份副本留存［1496 年以前的手绘版，含有 12 幅非常重要的现代地图（*tabulae modernae*），现存佛罗伦萨，还有一幅手绘图的制图日期不明确，现存梵蒂冈图书馆］；[81]《图解岛屿》（*Insularium illustratum*），是一套爱琴海地图集，有些副本里还含有增补的各地区地图；[82] 一幅 1490 年（？）的壁挂世界地图。[83]

在文艺复兴早期地图史中，亨里克斯·马特鲁斯始终是位被低估的人物。他创作的革新性世界地图，结合了西班牙和葡萄牙航海探险的最新数据。在欧洲的区域制图方面，他的重要性基于这样的事实：一些我们今天已经丢失的原始地图上的信息，因在他的作品中被使用，而得以保存至今。马特鲁斯的很多地图设计，成为佛罗伦萨地图出版商弗朗切斯科·罗塞利（Francesco Rosselli）的印刷模板。马丁·瓦尔德泽米勒（Martin Waldseemüller）在 1507 年制作了一幅世界地图，而马特鲁斯亲手绘制的一份手稿，被认为是这幅划时代作品的主要来源。

尼古劳斯·库萨努斯和他的中欧地图

尼古劳斯·库萨努斯［Nicolaus Cusanus，又作库斯的尼古劳斯（Nikolaus of Kues），库萨的尼古劳斯（Nicolaus de Cusa）］，他的原名是尼古劳斯·克里夫茨（Nicolaus Kryffts），

---

⑧⓪　关于新的总结，请参阅 Meurer, *Germania-Karten*, 78 – 80。

⑧①　Florence, Biblioteca Nazionale（Cod. Magliab. Lat. CI. XIII . 16），and Vatican City, Biblioteca Apostolica Vaticana（Cod. Vat. Lat. 7289）.

⑧②　"Insularium" 的稿本，只保存在 BL（Cod. Add. 15750）和 Florence, Biblioteca Laurenziana（Plut. XXIX. Cod. 25）。增加了 "Supplementum" 的稿本，收藏在 Chantilly, Bibliothèque du Musée Condé（MS. 698/483）和 Leiden, Universiteitsbibliotheek（Cod. Voss. Lat. F. 23）。带有文本的副本，只保存在 Bern, Burgerbibliothek（MS. 144/2）。

⑧③　New Haven, Yale University Library. 于这幅重要地图的详尽的文献，请参阅 Ilaria Luzzana Caraci, "Il planisfero di Enrico Martello della Yale University Library e i fratelli Colombo," *Rivista Geografica Italiana* 85（1978）：132 – 143；Carlos Sanz, "Un mapa del mundo verdaderamente importante en la famosa Universidad de Yale," *Boletín de la Real Sociedad Geográfica* 102（1966）：7 – 46；and Alexander O. Vietor, "A Pre-Columbian Map of the World, circa 1489," *Imago Mundi* 17（1963）：95 – 96。

于 1401 年出生在摩泽尔河（Mosel）畔的库斯（Kues）。[84] 他早期在共同生活兄弟会的学校里接受教育，可能是在代芬特尔（Deventer）。1416 年，他在海德堡研究哲学。1417—1423 年，他在帕多瓦研究教会法规，[85] 1425 年，他在科隆研究神学，并且被授予神职。1432 年，他成了巴塞尔议会的成员，1436 年，他开始为罗马教廷服务。[86] 他担任教皇特使，积极参与了罗马教廷与拜占庭皇帝、德意志君主之间的艰难谈判。他在 1448 年被任命为红衣主教，1450 年被任命为布雷萨诺内［Bressanone，位于蒂罗尔（Tyrol）］的大主教，但仍然继续他在外交上的事业。1464 年，库萨努斯逝世于托迪［Tody，位于翁布里亚（Umbria）］；他的遗体安葬在罗马，心脏保存在库斯的圣灵（Heilig-Geisty）医院。

1184

　　除了他的神职工作之外，尼古劳斯·库萨努斯还是一位博识者，从哲学到天文学，从政治学到伊斯兰研究，他积极而广泛地学习人文主义。他的主要哲学著作，1440 年出版的《论有学识的无知》（De docta ignorantia），其核心理论是：分歧无限大的结合就是统一，即神。[87] 而这个终极真理对人类认识来讲是不可知的。举例来讲，他的推论是革命性的宇宙概念。因为宇宙是无限的，那么除了神，它不可能有中心，因此地球不可能是宇宙的中心。然而，这种哥白尼理论的预言，是基于对形而上学的沉思，而非更多的基于天文观测和数学计算。[88]

　　库萨努斯对自然科学也有很全面的了解。[89] 在 1434 年，他向巴塞尔议会提交了一份关

---

[84] 在库萨努斯的大量文献中，介绍性作品包括 Gerd Heinz-Mohr and Willehad Paul Eckert, eds. , *Das Werk des Nicolaus Cusanus*: *Eine bibliophile Einführung*, 3d ed. （Cologne: Wienand, 1981）; Anton Lubke, *Nikolaus von Kues*: *Kirchenfürst zwischen Mittelalter und Neuzeit*（Munich: D. W. Callwey, 1968）; Nikolaus Grass, ed. , *Cusanus Gedächtnisschrift*（Innsbruck: Wagner, 1970）; Erich Meuthen, *Nikolaus von Kues*: *Profil einer geschichtlichen Persönlichkeit*（Trier: Paulinus, 1994）; Karl-Hermann Kandler, *Nikolaus von Kues*: *Denker zwischen Mittelalter und Neuzeit*（Göttingen: Vandenhoeck und Ruprecht, 1997）; and Klaus Kremer, *Nikolaus von Kues*（1401 - 1464）: *Einer der größten Deutschen des 15. Jahrhunderts*, 2d ed. （Trier: Paulinus, 2002）。关于英文的总结，请参阅 Henry Bett, *Nicholas of Cusa*（London: Methuen, 1932），以及更近期的 F. Edward Cranz, *Nicholas of Cusa and the Renaissance*, ed. Thomas M. Izbicki and Gerald Christianson（Aldershot: Ashgate/Variorum, 2000）。特里尔大学（Trier University）的库萨努斯研究所（the Cusanus Institute）编撰了每年出版一期的刊物 *Mitteilungen und Forschungsbeiträge der Cusanus-Gesellschaft*（1961 - ）。

[85] 库萨努斯在帕多瓦的同学是佛罗伦萨医生和制图师 Paolo dal Pozzo Toscanelli，他是哥伦布使用过的一幅现在已经亡佚的地图的作者。这是终其一生的友谊；Toscanelli 在库萨努斯临终前照顾了他。

[86] 在巴塞尔，库萨努斯开始了他与 Enea Silvio de' Piccolomini 的终生友谊，后者就是后来的教皇庇护二世（Pius Ⅱ）。

[87] 关于库萨努斯哲学的总体介绍，请参阅 Kurt Flasch, *Nikolaus von Kues*, *Geschichte einer Entwicklung*: *Vorlesungen zur Einführung in seine Philosophie*（Frankfurt am Main: V. Klostermann, 1998）和 Pauline MoffittWatts, *Nicolaus Cusanus*: *A Fifteenth-Century Vision of Man*（Leiden: Brill, 1982）。在某些领域的标准著作中，有 Kurt Flasch, *Die Metaphysik des Einen bei Nikolaus von Kues*: *Problemgeschichtliche Stellung und systematische Bedeutung*（Leiden: Brill, 1973）; Hermann Schnarr, *Modi essendi*: *Interpretationen zu den Schriften De docta ignorantia, De coniecturis und De venatione sapientiae von Nikolaus von Kues*（Münster: Aschendorff, 1973）; Paul E. Sigmund, *Nicholas of Cusa and Medieval Political Thought*（Cambridge: Harvard University Press, 1963）和 Morimichi Watanabe, *The Political Ideas of Nicholas of Cusa*（Geneva: Droz, 1963）。

[88] Joseph Meurers, "Nikolaus von Kues und die Entwicklung des astronomischen Weltbildes," *Mitteilungen und Forschungsbeiträge der Cusanus-Gesellschaft* 4（1964）: 395 - 419, and Kurt Goldammer, "Nicolaus von Cues und die Überwindung des geozentrischen Weltbildes," *Beiträge zur Geschichte der Wissenschaft und Technik* 5（1965）: 25 - 41。关于这一问题，库萨努斯还有另外一篇有些神秘而且鲜为人知的论文。它包括了托勒密体系的改进形式，在其中，地球绕着极轴旋转，另外，还绕着赤道轴旋转。

[89] Nicolaus Cusanus, *Die mathematischen Schriften*, trans. Josepha Hofmann, intro. and notes Joseph Ehrenfried Hofmann（Hamburg: Meiner, 1952）; Rudolf Haubst, *Nikolaus von Kues und die moderne Wissenschaft*（Trier: Paulinus, 1963）; Werner Schulze, *Zahl, Proportion, Analogie*: *Eine Untersuchung zur Metaphysik und Wissenschaftshaltung des Nikolaus von Kues*（Münster: Aschendorff, 1978）; and Fritz Nagel, *Nicolaus Cusanus und die Entstehung der exakten Wissenschaften*（Münster: Aschendorff, 1984）.

于改良儒略历的巧妙建议。[90] 1444 年，当他访问纽伦堡帝国议会时，他带去了一些天文学手稿和三件可能是在布拉格制造的天文仪器。[91] 他的文库也包含了托勒密《地理学指南》和《安东尼旅行记》（*Itinerarium Antoninum*）的手稿。[92] 他的亲笔专著，约 1463 年出版的《世界图景》（*De figura mundi*），不幸已经亡佚。他的另一部主要著作，1450 年出版的《白痴对话》（*Idiota* dialogs），在物理学方法论的历史上占有重要地位。例如，它描述了在特定的重量和大气湿度下，观测羊毛球热度和跳动的试验。在该对话的结尾，库萨努斯提出系统地收集各个国家的物理度量衡，并且认为应该将其"合而为一"，可使很多疑云变得清晰。[93]

库萨努斯在西方地图史上，也具有令人瞩目的地位，他是第一幅中欧现代地图的作者。库萨努斯地图的特点是，描绘了佛兰德和多瑙河口之间、日德兰半岛（Jutland）和波河（Po）之间的整个区域。这种区域观念可能是受到了希腊地理学家斯特拉博（Strabo）的影响，他曾写道："凯尔特人的部落曾定居在多瑙河北部，从莱茵河到第聂伯河（Dniepr）的地区。"而更有可能的是，库萨努斯拥有那部分地区的地理学新资料，所以他的地图中才包含了波兰和乌克兰的土地。[94]

无论是库萨努斯的地图原本还是他的其他史料，现在都已不可考了。但是对地图内容的具体分析，以及其他相关的资料，仍然能为我们带来确定的结论。如果认同以下 A 和 B 两个中欧地图原始版本的存在，则可以让欧洲中部地图的相关谱系变得清晰起来：修订本 A（或称马特鲁斯版，图 42.3），来源于三幅由亨里克斯·马特鲁斯修订的托勒密手绘稿，这三幅图之间有细微的差别，被收录于佛罗伦萨版的《现代地图》和马特鲁斯的"图解岛屿"［出版于尚蒂伊（Chantilly）和莱顿（Leiden）］；修订本 B（或称格尔曼努斯版），由已亡佚的绘本地图组成，而这些地图曾被作为"艾希施泰特（Eichstätt）地图"的模板（图 42.4）。

排除马特鲁斯的一些增补，修订版 A 的年代要稍微早一点。[95] 库萨努斯可能最晚在 1450

⑨⓪　Nicolaus Cusanus, *Die Kalenderverbesserung*: *De correctione kalendarii*, ed. and trans. Viktor Stegemann and Bernhard Bischoff（Heidelberg：F. H. Kerle，1955）. 库萨努斯的提议包括在 1439 年 5 月中省略掉 7 天，并减少月相周期。议会没有通过由此产生的法令。

⑨①　这些仪器与库萨努斯图书馆的其余部分，保存在位于库斯的圣灵医院。在纽伦堡，库萨努斯购买了三种仪器：一块黄铜星盘、一架黄道仪以及一架 14 世纪早期的木制天球仪（直径为 27 厘米），这是现存的最古老的西方基督教文化的非古董球仪。在库斯的收藏还包括一个黄铜的天球仪（直径 16.5 厘米），很可能是库萨努斯在意大利获得的。详细的研究，请参阅 Johannes Hartmann, *Die astronomischen Instrumente des Kardinals Nikolaus Cusanus*（Berlin：Weidmann，1919），and Alois Krchnak, "Die Herkunft der astronomischen Handschriften und Instrumente des Nikolaus von Kues," *Mitteilungen und Forschungsbeiträge der Cusanus-Gesellschaft* 3（1963）：109–180。

⑨②　大约一个世纪后，赫拉尔杜斯·墨卡托使用了这两份手稿。关于托勒密，它似乎是一份《地理学指南》的手稿（没有地图），今天收藏 the Vossius Collection of the Universiteitsbibliotheek in Leiden（Cod. Voss. Lat. 57）。请参阅 Meurer, *Germania-Karten*, 76 and n. 35。

⑨③　作者译自 Nicolaus Cusanus, *Der Laie über Versuche mit der Waage*, ed. and trans. Hildegund Menzel-Rogner（Leipzig：Meiner，1942），45。

⑨④　Meurer, *Germania-Karten*, 6. 关于库萨努斯的更早期文献和研究的调查，请参阅 Campbell, *Earliest Printed Maps*, 35–55，and Karrow, *Mapmakers of the Sixteenth Century*, 129–137. 接下来的几乎完全是基于 Meurer, *Germania-Karten*, 71–131 中的新研究。

⑨⑤　这些包括在托勒密的同时代版本中的《现代地图》之后，在佛兰德、丹麦和意大利增补的部分，以及来自威尼斯大使安布罗西奥·孔塔里尼的一份旅行报告（1473–1477；printed in Venice，1487）的很多波兰和乌克兰的条目。请参阅 Karol Buczek, *The History of Polish Cartography from the 15th to the 18th Century*, trans. Andrzej Potocki（1966；reprinted with new intro., notes, and bibliography Amsterdam：Meridian，1982），28。

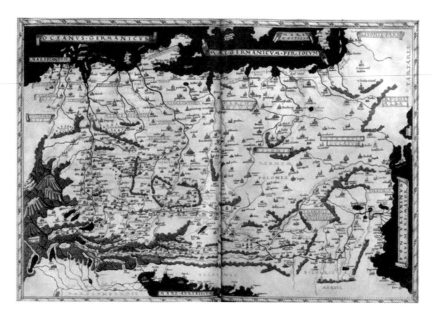

图 42.3　亨里克斯·马特鲁斯绘制的库萨努斯地图，修订本 A

尼古劳斯·库萨努斯绘制的具有划时代意义的中欧地图的较旧版本，通过亨里克斯·马特鲁斯在他的《图解岛屿》（*Insularium illustratum*）（佛罗伦萨，约 1490 年）中的改编版本保存下来。用墨水和水彩画在羊皮纸上。

原图尺寸：33.5×51 厘米。Musée Condé, Chantilly（MS. 698/483, fols. 127v – 128r）. 由 Réunion des Musées Nationaux / Art Resource, New York 提供照片。

年前后开始汇编，地点大概是在罗马。有证据表明，对波兰地区的描绘主要是基于人文学者扬·德乌戈什（Jan Diugosz）记录的信息，他曾于 1449 年访问教廷。[96] 库萨努斯绘制此图，很可能是受教廷之命，于 1450 年 12 月到 1452 年 4 月巡视上下德意志诸地所用。地图对荷尔斯泰因（Holsatia）和波罗的海的描绘相当出色，可能是出自吕贝克的海因里希·波梅尔特（Heinrich Pomert）之手，他在此次巡视期间担任了库萨努斯的秘书。[97] 这幅地图包括勃兰登堡的"圣血的维尔斯纳克"（Wilsnack ad sanctum sanguinem），1453 年，维尔斯纳克（Wilsnack）的流血的"圣饼"的奇迹得到了教皇的承认。还有语言学方面的证据：图上的首字母用"b"取代"w"（如用"bormatia"和"bestfalia"来表示"Worms"和"Westphalia"），这种现象在巴伐利亚和蒂罗尔方言中最常见。1452 年以后，库萨努斯居住在蒂罗尔，一位当地抄写员可能在 1455—1460 年完成了修订版 A 的最初绘制工作。[98] 具体地形的主要部分无疑是基于曾在神圣罗马帝国旅行过的库萨努斯的个人知识。他的出生地摩泽尔河畔的库萨和圣神大殿（海德堡大学圣灵学院所在地）都直接和他的传记联系起来，在那里的圣神大殿，尼古拉获准免修他大学课程的第一学年。

1186

---

[96]　Buczek, *Polish Cartography*, 26.

[97]　第一次尝试对库萨努斯圈子进行研究，是在 Erich Meuthen 的附录（"Nachrichten uber Familiaren des Nikolaus von Kues"）中找到的，见 Erich Meuthen, *Die letzten Jahre des Nikolaus von Kues*（Cologne：Westdeutscher, 1958），307 – 314。

[98]　这一设计肯定不是由库萨努斯自己画的。证据不多，但包含了重大错误，如将 Luneburger Heath（Merica）和 Dreieich Forest（Hagen）作为城镇条目。

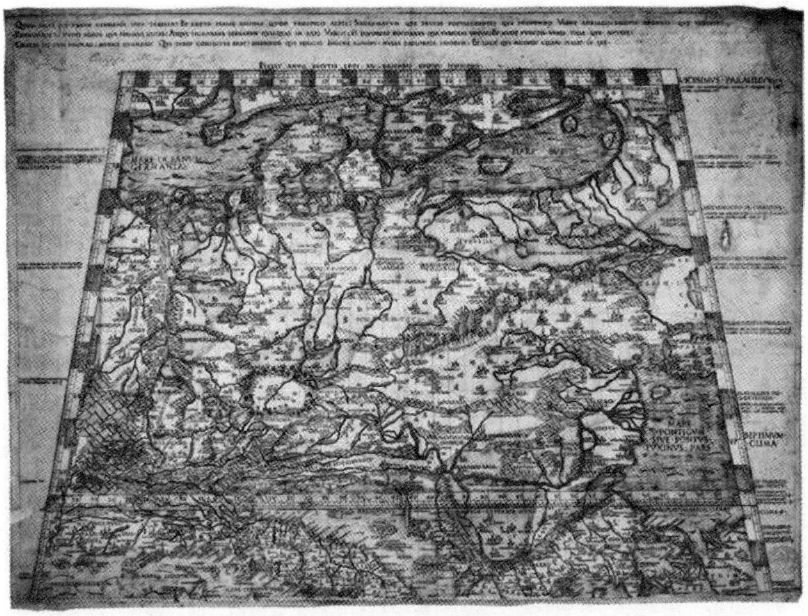

图 42.4 尼古劳斯·格尔曼努斯绘制的库萨努斯地图，修订本 B（艾希施泰特地图）

库萨努斯的中欧地图的第二版，也是最终的版本。它由尼古劳斯·格尔曼努斯进行了修订，并根据红衣主教的随行人员的信息进行了订正（特别是在北方地区）。铜版的雕刻（刻上了所有的铭文）始于17世纪70年代的罗马，有几个后续阶段（见图 42.6）。现存的副本从1530年开始在巴塞尔印刷。

原图版尺寸：约 40.3×55.2 厘米。由 BL（Maps C. 2. a. 1）提供照片。

修订版 B 也是由其他资料汇编而成。在第一维也纳学派的地图并没有具体的相似之处，但是格奥尔格·冯·波伊尔巴赫在 1448—1451 年间旅居于意大利，在他访问罗马的时候，可能提供了关于奥地利地区的信息。主要的地理信息可能来自其他，例如，豪达（Gouda）的一位名叫瓦尔特（Walter）的人被提及曾于 1451 年在库萨努斯身边活动，他可能提供了关于低地国家的非常精细的信息。[99] 关于条顿骑士团领地的详细甚至有些过于详细的描述，使得人们推测库萨努斯可能拥有该地区的地图并加以利用。[100] 其他证据是使用罕见的教会职能而不是地名（比如，Königsberg 被标记为“Sambiensis ecclesia”）。库萨努斯关于多瑙河下游和黑海地区的图像与同一时期的意大利波特兰海图相似。一个变形的表格表明，这一可能是由于不相关的来源组成的汇编是相当成功的（图 42.5）。

1187 1490 年前后，亨里克斯·马特鲁斯把他的《图解岛屿》中的地图版本送到佛罗伦萨出版商弗朗切斯科·罗塞利处印刷。[101] 这一罗塞利版本是舍德尔（Schedel）地图和 17 世纪印

(99) Meuthen, *Die letzten Jahre*, 308.

(100) 1413 年和 1421 年的文献来源证实了这类地图绘制的存在。请参阅 Eckhard Jäger, *Prussia-Karten*, 1542－1810: *Geschichte der kartographischen Darstellung Ostpreussens vom* 16. *bis* 19. *Jahrhunderts*（Weissenhorn: A. H. Konrad, 1982）, 28－34。

(101) Meurer, *Germania-Karten*, 105－106.

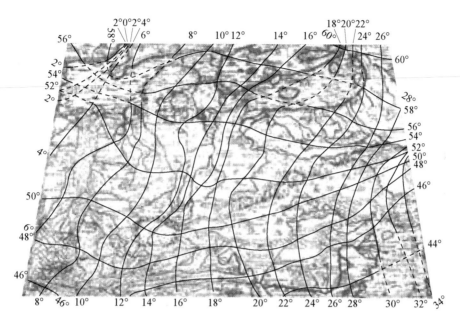

图 42.5　变形网格，库萨努斯地图的修订本 B

在艾希施泰特地图的地形图像中标记现代经线和纬线，可以用来了解库萨努斯地图的不同精度。理想的形式是直的经线和规则弯曲的纬线。特别是在西部和东部地区发现了严重的变形。这是由不同来源组成地图的证据。

根据 Peter H. Meurer，Corpus der？lteren Germania-Karten：Ein annotierter Katalog der gedruckten Gesamtkarten des deutschen Raumes vondenAnf？ngenbisum 1650，text and portfolio（Alphen aan den Rijn：Canaletto，2001），85（fig.1 – 7）提供照片。

刷的几种意大利版本的典范。[102] 其重要的衍生物是马尔科·贝内文塔诺（Marco Beneventano）的托勒密《地理学指南》1507 年罗马版中的《现代地图》，其东部部分由杰出的波兰制图师贝纳德·瓦多夫斯基（Bernard Wapowski）进行校订。[103]

　　修订版 B 只以艾希施泰特地图的印刷形式保存下来。如梯形投影和方格线等特征显示出其原型设计受到尼古劳斯·格尔曼努斯的影响，我们可以很容易想象其与库萨努斯在意大利［或者可能就是在赖兴巴赫（Reichenbach）］的个人接触。修订版 B 是修订版 A 的发展，曾使用了原始信息。其中大部分也许是库萨努斯在其 1450—1452 年间的旅途中所收集得来的。其他来源一定包括他的周围环境。[104] 对斯堪的纳维亚的扩展描述受到《现代地图》的影响，后者基于克劳迪乌斯·克拉武斯（Claudius Clavus）在格尔曼努斯对《地理学指南》的修订。海因里希·波默特可能添加了更多的细节。图上所描绘的苏格兰部分地区与邓凯尔德（Dunkeld）教区相符合，而且，当选的邓凯尔德主教托马斯·莱温斯通（Thomas Levingston），于 1451—1459 年一直跟随在库萨努斯身边。一张维斯图拉河（Vistula）河口地区经

---

　　[102]　Meurer，*Germania-Karten*，107 – 111 and 118 – 120（包括 G. A. Remondini 在 1670 年前后再版的 1562 年 Bevtelli 图版）。

　　[103]　Meurer，*Germania-Karten*，115 – 117. 关于最新的副本的详细研究表明，这幅马尔科·贝内文塔诺地图最初是作为罗塞利地图的非常如实的副本二雕刻的。来自贝纳德·瓦波夫斯基的数据对铜版进行了彻底的重新制作，以此补充了其基本修订。

　　[104]　请参阅 Meuthen，*Die letzten Jahre*。

过修正的很详细的图像，可能来自索波特（Zoppot）的瓦尔特（Walter），他曾任德皇腓特烈三世的秘书，据记载曾担任库萨努斯手下的牧师。在莱茵河的下游，有一个小镇，名叫埃克伦茨（Erkelenz），1450—1464 年，库萨努斯的私人秘书彼得·维玛斯（Peter Wymars）就住在那里。修订版 B 的完成可以追溯到 15 世纪 60 年代上半叶。

神秘的艾希施泰特地图长期以来一直被认为是德意志古地图印刷的标志。[105] 只有最近的研究才澄清了铜版真实而又非常复杂的历史，它由以下 5 个部分组成：（1）注记表明，来自奥格斯堡的学者康拉德·波伊廷格（konrad Peutinger）买下了图版，并委托汉斯·布克迈尔（Hans Burgkmair）进行印刷；（2）一篇六步格的文字对此地图进行描述，其从北部地区延伸至罗纳河（Rhone）河口和伯罗奔尼撒半岛，并陈述库萨努斯本人已命令雕刻此图版；[106]（3）一则 1491 年 7 月 21 日的标注，关于"艾希施泰特的尽善尽美"；[107]（4）方格内的地图很正确；（5）地图表面延伸到图版的下方边缘（图 42.6）。

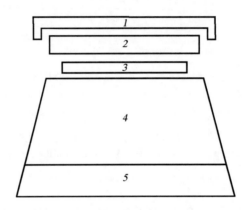

图 42.6　艾希施泰特地图的组成部分

说明：可以将艾希施泰特地图（图 42.4）区分为 4 或 5 个雕版阶段：原始梯形地图（15 世纪 70 年代）（4）；地图的图像向南延伸，超出了刻度（15 世纪 70 年代）（5）；一篇六韵步的诗作，暗示着库萨努斯是地图的绘制者（连同 4）（2）；关于 1491 年"艾希施泰特的完美作品"的铭文（3）；提到波伊廷格购买该图版的铭文（约 1507 年），这段铭文在 1530 年的最后图像中删除（1）。

根据 Peter H. Meurer, *Corpus der älteren Germania-Karten*: *Ein annotierter Katalog der gedruckten Gesamtkarten des deutschen Raumes von den Anfängen bis um 1650*, text and portfolio（Alphen aan den Rijn：Canaletto, 2001），91（fig. 1–8）提供照片。

铜版的制作可能是 1475 年康拉德·斯韦因黑伊姆在罗马进行的试验的一部分。使用了与托勒密《地理学指南》1478 年罗马版的同样的地图技术：刻上了线性元素，城镇的名称

---

[105]　Campbell, *EarliestPrinted Maps*, 35–55, and Meurer, *Germania-Karten*, 90–105.

[106]　这是唯一的具体的参考资料，表明库萨努斯参与制作了这张地图。

[107]　原始的文本为："Eystat anno salvtis 1491, xii kalendis avgvsti perfectvm"。在一个多世纪中，其被翻译为"Completed at Eichstätt the 12th day before the Calends of August 1491"。然而，这种翻译需要将"Eichstätt"的位置格 = 属格形式，这显然是不可辨别的。如果把"Eystat"视作主格，那么译文应该是："艾希施泰特（主教区的疆域的描绘）完成于 1491 年 8 月元日之前的第 12 天"。这一半完成体包括了用小的大写字母添加到艾希施泰特周围的城镇符号的缩写，例如，her（Herrieden），gvncz（Gunzenhausen），pap（Pappenheim）以及 s（Schwabach）。详细的研究，请参阅 Meurer, *Germania-Karten*, 97–100。

和所有的题字都被压出。总之，五种版本形态可以被重建出来。[108] 第一种形态只显示了第 2
和第 4 部分，在向南延伸向希腊的部分的题字和在分度仪中的地图，那就是，只是向南向日
内瓦湖和亚得里亚海方向延伸。很多城镇符号的名字磨灭了。第二个版本加上了第 5 部分，
如果留意到 2 和 4 的区别，图上所描绘的地域向南大大延伸到科西嘉岛和达达尼尔海峡。[109]
1491 年，还是在罗马，形成第 3 部分的题字和在艾希施泰特地区的一些需要填地名的空白
线上的首字母，被加到第三个版本上。特别版本上的更深入的细节目前尚未得知。可能与艾
希施泰特地区的印刷工格奥尔格·赖赛尔（Georg Reyser），或艾希施泰特地区的主教威廉·
冯·赖歇瑙（Wilhelm von Reichenau）有关，后者是人文主义者及皇帝马克西米利安二世的
顾问。[110] 第四个版本大概问世于 1507 年，在 1491 年铜版被从意大利送到奥格斯堡之前，送
铜版的人可能是人文主义者康拉德·波伊廷格，也可能是艺术家汉斯·布克迈尔。[111] 在
1513—1514 年，波伊廷格和布克迈尔制作出最早的德意志版本，包括少数的印本，作为送
给人文主义者朋友们的礼物，他们的名字记载于 1514 年的史料中。在此，构成第 1 部分的
题字被加上。1530 年，第五个版本，即波伊廷格的版本（这一题字再次被除去），由巴塞尔
印刷商安德列亚斯·克拉坦德（Andrcas Cratander）重印。这一版本附在塞巴斯蒂安·明斯
特尔（Sebastian Münster）的一部文献《库萨的尼古拉的德意志及其他地区地图》（*Germani-
ae atque aliarum regionum ... descriptio ... pro tabula Nicolai Cusae intelligenda excerpta*）中。
1547 年，波伊廷格去世，之后这一铜版的经历不是很清楚。但有证据表明这幅地图在 1560
年前后仍在坊间销售。

1188

约翰内斯·勒伊斯

　　一个稍晚但著名的人物是约翰内斯·勒伊斯。[112] 他于 1470—1475 年间出生在乌得勒支
的一个贵族家庭，其家族是皮伊尔斯韦尔德（Pijlsweerd）地区的领主。1486—1489 年，他
在科隆大学学习。他担任神父之职，成为科隆大圣马丁本笃会修道院的一名僧侣，并于
1494 年回到那里。在那里，他成为一名活跃的作家和微型画画家。他最后一部为人所知的

---

　　[108]　前三个版本没有得到现存副本的证实。在慕尼黑的前陆军图书馆（Armeebibliothek），有一份唯一保存下来的版
本四的副本，但它在 1945 年就亡佚了。5 个已知的副本都是版本五；关于收藏的地点，请参阅 Campbell, *Earliest Printed
Maps*, 52, and Meurer, *Germania-Karten*, 103。

　　[109]　然而，在这一延伸之后，对伯罗奔尼撒半岛的描绘——也就是在顶部的六分仪中提到的——也仍然确实。这就
为一种理论提供了依据，也就是蹭一块小的第二铜板，现在已经亡佚了。这样在两图幅上印刷完整的地图将有助于解
释在当前印版的下方边界处的神秘字母"P P I"，它是 per parallelum incidere 的缩写（沿着平行线断开）。

　　[110]　Karrow 已经引起了人们对赖歇瑙纹章的雕刻的注意，它可能是用同样的压击造成的（*Mapmakers of the Sixteenth
Century*, 134）。Reyser 参与了这个版本——可能是作为联合出版人——是由一个旅行的人的微缩形象表示的（也就是德
语中的 *Reisender*）。

　　[111]　Tilman Falk, *Hans Burgkmair: Studien zu Leben und Werk des Augsburger Malers*（Munich: Bruckmann, 1968）.

　　[112]　最佳的传记来源是由当时的科隆僧侣 Hubert Holthuisen 撰写的讣告，发表于 Johann Hubert Kessel, *Antiquitates
Monasterii S. Martini maioris Coloniensis*（Cologne: J. M. Heberle, 1862），188 - 189。更多的最近总结，请参阅 A. J. van den
Hoven van Genderen, "Jan Ruysch（ca. 1473 - 1533），monnik, schilder en ontdekkingsreiziger," *Utrechtse biografieën*（Amster-
dam: Boom, 1994 - ），5: 161 - 166, and Peter H. Meurer, "Der Maler and Kartograph Johann Ruysch（†1533），" *Ge-
schichte in Köln* 49（2002）: 85 - 104。

手稿的年代是1500年。(113) 此后，勒伊斯离开科隆修道院。某些史料记载他成为罗马梵蒂冈的一名画家。他与拉斐尔共同装饰拉斐尔客房（Stanze della Segnatura）。1508年和1509年，勒伊斯受雇为教皇图书馆和其他房间绘制壁画。(114)

与此同时，托勒密《地理学指南》的1507年罗马版本的第二版出现在1508年，出自马尔科·贝内文塔诺（Marco Beneventano）之手。它在一个扇形的等距圆锥投影中添加了一幅世界地图，作为一幅改进的《现代地图》（*tabula moderna*）。(115) 在其创新的特征中，包括了首次绘制的北美东海岸的众多入口，如新大陆（Terra Nova）、巴卡留岛（Insula Baccalauras）以及洛卡斯湾（Baia de Roccas），它仍然显示为亚洲的一部分（图42.7）。根据书名，
1189 这张地图是由“约安内斯·勒伊斯·格尔曼努斯”（Joannes Ruysch Germanus）精心制作的。它包括了最近的英格兰人和葡萄牙人探险的结果，以及勒伊斯自己沿着53°纬线从英格兰到西方的旅程。

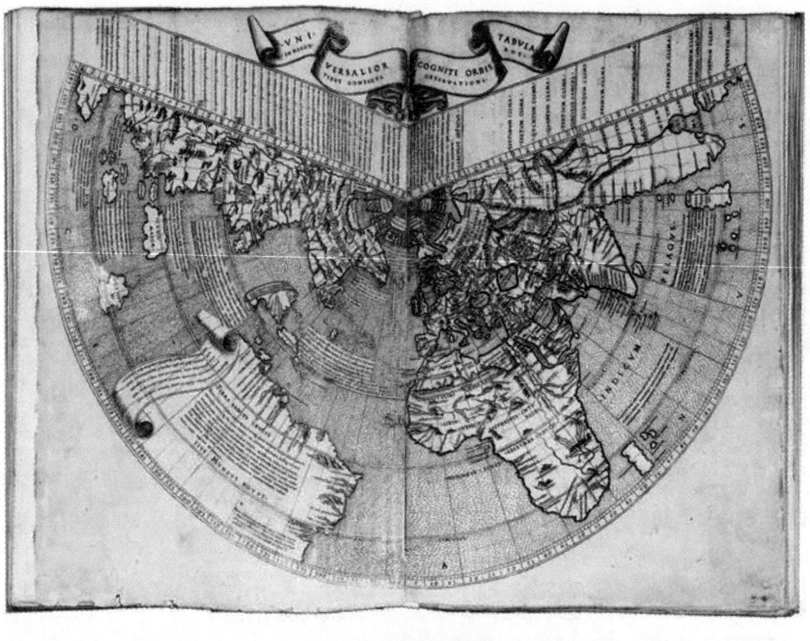

图42.7 勒伊斯地图

来自托勒密《地理学指南》的1508年罗马版本，这幅具有创新性的世界地图显示了葡萄牙在亚洲和南美洲的最新发现成果。对纽芬兰的相当详细的描绘是基于几年前作者自己的旅行。

原图尺寸：约41.7×54.1厘米。由BL（Maps C.1.d.6）提供照片。

(113) Klara H. Broekhuijsen and Anne S. Korteweg, “Twee boekverluchters uit de Noordelijke Nederlanden in Duitsland,” in *Annus quadriga mundi: Opstellen over Middeleeuwse Kunst Opgedragen aan Prof. Dr. Anna C. Esmeijer*, ed. J. B. Bedaux (Zutphen: Walburg Pers, 1989), 49–76.

(114) Bram Kempers, “Een pauselijke opdracht: Het proto-museum van Julius II op de derde verdieping van het Vaticaans paleis,” in *Kunstenaars en opdrachtgevers*, ed. Harald Hendrix and Jeroen Stumpel (Amsterdam: Amsterdam University Press, 1996), 7–48.

(115) Shirley, *Mapping of the World*, 25–27 (no. 25), and Carlos Sanz, *Bibliotheca Americana vetustissima: Últimas adiciones*, 2 vols. (Madrid: V. Suarez, 1960), 2: 655–671.

回想起来，勒伊斯一定是从科隆到英格兰。在那里他似乎参加了在北大西洋的一种神秘的布里斯托尔的探险活动，这一活动在 16 世纪的头几年里由英格兰和葡萄牙商人发起。[116] 在葡萄牙的短暂逗留可能给勒伊斯提供了在地图上收集更多信息的机会。

勒伊斯在意大利之后的经历尚不清楚。据说他又一次在葡萄牙生活，给航海家进行了天文学的指导。当他"厌倦了旅行"时，他回到乌得勒支，后来（1520—1525 年）去了科隆，在那里他重新进入了大圣马丁修道院。他太过虚弱，无法正常地生活，他建造了"许多艺术作品"，比如一个行星的钟表装置供修道院饭厅使用。[117] 勒伊斯于 1533 年去世。在科隆，他的"装有仪器的小屋"很长一段时间都还是"勒伊斯的房间"。18 世纪，他的世界地图的两份副本仍然由大圣马丁修道院管理。

德意志人文主义鼎盛时期的地图学

在博伊尔巴赫去世和雷吉奥蒙塔努斯离开之后，维也纳大学的天文工作出现了某种停滞。这所学校的德意志诸地学术研究中心的角色，被成立于 1472 年的英戈尔施塔特（Ingol-stadt）大学临时取代，并于 1489 年设立了德意志大学中第一个永久性的讲师职位。[118] 通过对入学考试数据的分析，我们可以把许多子中心的起源追溯到英戈尔施塔特。 1190

最重要的十年，是康拉德·策尔蒂斯（Conrad Celtis，又作 Konrad Pickel）在英戈尔施塔特任教的那段时间。[119] 策尔蒂斯在科隆和海德堡大学学习，并在爱尔福特（Erfurt）、罗斯托克（Rostock）和莱比锡（Leipzig）教授诗歌。1487 年，他是第一位获皇帝册封的德意志诗人。1487—1489 年，他前往意大利，后来，在克拉科夫大学完成了数学和天文方面的研究。在 1492 年，策尔蒂斯担任英戈尔施塔特大学的诗歌和修辞教授。他的就职演讲的印刷版本是德国思想史的杰出文献之一。[120] 他提出了一项全面的国家研究和教育计划，包括一份"图解德意志"（Germania illustrata）的大纲，这是一种历史地理描述，是弗拉维奥·比翁多（Flavio Biondo）的"图解意大利"的延续。[121] 这一计划的唯一成果，是在 1502 年出版、在纽伦堡的"策尔蒂斯社团"（Sodalitas Celtica）印刷的。它包括了对纽伦堡的诗意描述《纽伦堡》（Norimberga）；总结性的《德意志概况》（Germania generalis）；《爱之四书》（Qvatvor

⑯　James Alexander Williamson, *The Cabot Voyages and Bristol Discovery under Henry Ⅶ* (Cambridge：Published for the Hakluyt Society at Cambridge University Press，1962）.

⑰　这份报告由 Holthuisen 撰写，见 Kessel, *Antiquitates*，188－189，截至目前，葡萄牙方面的信息来源尚未对此报告进行证实。

⑱　Christoph Schöner, *Mathematik und Astronomie an der Universität Ingolstadt im 15. und 16. Jahrhundert* (Berlin：Duncker und Humblot，1994）.

⑲　Conrad Celtis, *Selections*, ed. and trans. and with commentary by Leonard Wilson Forster (Cambridge：Cambridge University Press，1948），and Lewis William Spitz, *Conrad Celtis, the German Arch-Humanist* (Cambridge：Harvard University Press，1957）.

⑳　Conrad Celtis, *Oratio in gymnasio in Ingelstadio publice recitata cum carminibus ad orationem pertinentibus*, ed. Hans Rupprich (Leizpig：Teubner，1932），and idem, *Selections*，36－65.

㉑　Paul Joachimsen, *Geschichtsauffassung und Geschichtsschreibung in Deutschland unter dem Einfluss des Humanismus* (Leipzig：Teubner，1910；reprinted Aalen：Scientia，1968），155－195，and Meurer, *Germania-Karten*，39－44.

libri amorvm)，包含了一种地理哲学的模式，并以四种欧洲中部的全景图（图 42.8）为例。(122) 这些残片使得重建“图解德意志”项目成为可能。它的主题是民族定义的“新德意志”，这是一个由德意志人民定居的地区。这个项目的目标是一个综合的历史、地形和民族志的描述，其四个部分按照罗盘的四个方位来安排。

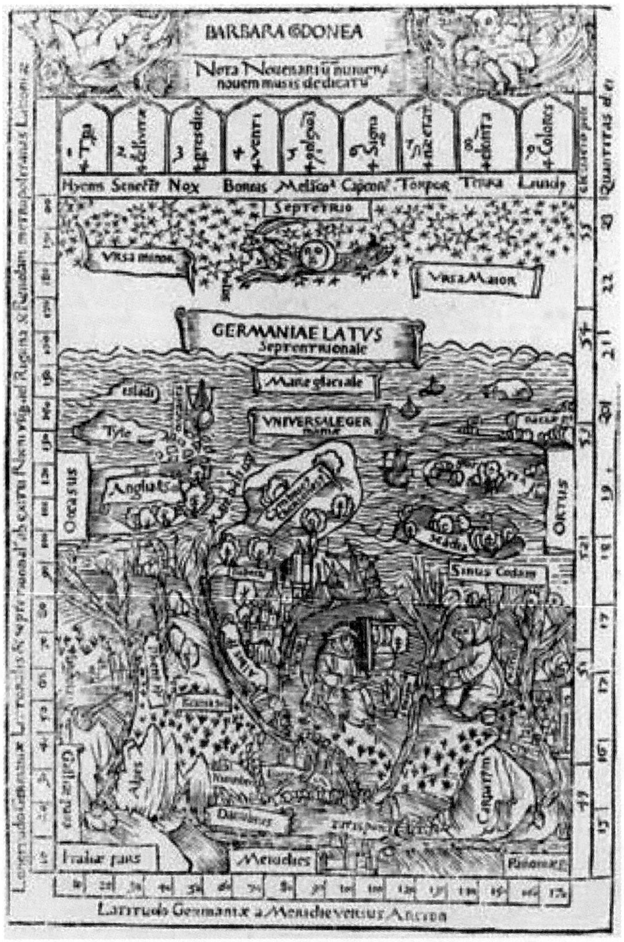

图 42.8 康拉德·策尔蒂斯爱诗集中的插页地图

这张木刻版素描图是他的《爱之四书》（纽伦堡，1502 年）中的插图，展示了从多瑙河（底部）到北冰洋（北部）的莱茵河（左）和维斯瓦河（右）之间区域的全景。

原图尺寸：22×15 厘米。由 Bildarchiv，Osterreichische Nationalbibliothek，Vienna（c. p. 2. c. 18，fol. 57）提供照片。

1495 年，继与其奥格斯堡的人文主义者朋友康拉德·波伊廷格成立的“奥格斯堡社团”（*Sodalitas Augustana*）之后，策尔蒂斯仿照佛罗伦萨学院，在海德堡成立了“文学社团”

(122) 现代版本，请参阅 Conrad Celtis，*Quattuor libri Amorum secundum quattuor latera Germaniae*：*Germania generalis*，ed. Felicitas Pindter（Leipzig：Teubner，1934）；Albert Werminghoff，*Conrad Celtis und sein Buch über Nürnberg*（Freiburg：Boltze，1921）；and Oswald Dreyer-Eimbcke，“Conrad Celtis：Humanist，Poet and Cosmographer，”*Map Collector* 74（1996）：18－21。

（*Sodalitas Litteraria*）。[123] 这两个学术社团和之后延伸的社团被认为是"德意志社团"（*Sodalitas Germaniae*）的一部分。[124] 在策尔蒂斯死后，"图解德意志"这一概念仍然存在于德意志人文主义中。教师约翰内斯·科赫洛伊斯（Johannes Cochlaeus，又作 Johann Dobneck）的《德意志简图》（*Brevis Germaniae descriptio*）（纽伦堡，1512 年），可以认为是一个高度浓缩的版本。[125] 这个理念和部分的概念被塞巴斯蒂安·明斯特尔完全采纳了。[126]

维也纳：洛奇乌什的第二个数学圈子

1497 年，策尔蒂斯被马克西米利安一世任命为维也纳大学的诗歌和修辞学教授。当他离开英戈尔施塔特时，他带走了一些最有能力的学生和合作者。其中有约翰内斯·斯塔比乌斯（Johannes Stabius），他在英戈尔施塔特上学（从 1482 年起）和任教，在 1503 年被任命为维也纳的数学教授；[127] 格奥尔格·坦恩施泰特（Georg Tannstetter，又作 Collimitius），是策尔蒂斯和斯塔比乌斯在英戈尔施塔特的学生（从 1497 年起），1503 年，成为维也纳大学的天文学教授；[128] 约翰内斯·阿文蒂努斯（Johannes Aventinus），曾在英戈尔施塔特（1495 年）和维也纳（1498 年）学习，后来成为巴伐利亚宫廷的历史学家，并绘制了第一幅巴伐利亚地图，而且塞巴斯蒂安·冯·罗滕汉（Sebastian von Rotenhan），曾在英戈尔施塔特（1502 年）和维也纳（1533 年）求学，成为一名法学家，并绘制了第一幅弗朗科尼亚（Franconia）的地图。[129]

1501 年，策尔蒂斯在大学建立了"诗学与数学学院"（Collegium Poetarum et Mathematicorum），这是德国第一所科学学院，也是第二维也纳数学学派的核心。[130] 斯塔比乌斯本人是语言学和诗歌课的负责人；数学课程是由策尔蒂斯指导的。历史学家约翰内斯·库斯皮尼阿努斯（Johannes Cuspinianus），作为一名学生（1491 年）和教授（1496 年），成为第三位志趣相投的领导人。[131] 1512 年，他被任命为马克西米利安一世的王室顾问和历史学家

---

[123]　Erich König, *Peutingerstudien*（Freiburg：Herder, 1914），and Heinrich Lutz, *Conrad Peutinger：Beiträge zu einer politischen Biographie*（Augsburg：Die Brigg, 1958）.

[124]　Tibor Klaniczay, "Celtis und die Sodalitas litteraria per Germaniam," in *Respublica Guelpherbytana：Wolfenbütteler Beiträge zur Renaissance-und Barockforschung*, *Festschrift für Paul Raabe*, ed. August Buck and Martin Bircher（Amsterdam：Rodopi, 1987），79 – 105.

[125]　Johannes Cochlaeus, *Brevis Germanie descriptio*（1512），*mit der Deutschlandkarte des Erhard Etzlaub von* 1512, ed., trans., and with commentary by Karl Langosch（Darmstadt：Wissenschaftliche Buchgesellschaft, 1960）.

[126]　请参阅本章 p1211，第 249 条注释。

[127]　Grössing, *Humanistische Naturwissenschaft*, 170 – 174, and Helmuth Grössing, "Johannes Stabius：Ein Oberösterreicher im Kreis der Humanisten um Kaiser Maximilian I.," *Mitteilungen des Oberösterreichischen Landesarchivs*, 9（1968）：239 – 264.

[128]　Grössing, *Humanistische Naturwissenschaft*, 181 – 185；Franz Stuhlhofer, "Georg Tannstetter（Collimitus）：Astronom, Astrologe und Leibarzt bei Maximilian I. und Ferdinand I.," *Jahrbuch des Vereins für Geschichte der Stadt Wien* 37（1981）：7 – 49；and idem, *Humanismus zwischen Hof und Universität：Georg Tannstetter（Collimitus）und sein wissenschaftliches Umfeld im Wien des frühen 16. Jahrhunderts*（Vienna：WUV, 1996）.

[129]　Walter M. Brod, "Frankens älteste Landkarte, ein Werk Sebastians von Rotenhan," *Mainfränkisches Jahrbuch für Geschichte und Kunst* 11（1959）：121 – 142；idem, "Opera geographica Sebastiani a Rotenhan," *Berichte zur deutschen Landeskunde* 28（1962）：95 – 122；and Karrow, *Mapmakers of the Sixteenth Century*, 453 – 456.

[130]　Grössing, *Humanistische Naturwissenschaft*, 145 – 170；总体的概述，请参阅 Kurt Mühlberger, "Die Universität Wien in der Zeit des Renaissance-Humanismus und der Reformation," *Mitteilungen der Österreichischen Gesellschaft für Wissenschaftsgeschichte* 15（1995）：13 – 42。

[131]　Hans Ankwicz-Kleehoven, *Der Wiener Humanist Johannes Cuspinian*, *Gelehrter und Diplomat zur Zeit Kaiser Maximilians I.*（Graz：H. Böhlau S. Nachf., 1959），and Karrow, *Mapmakers of the Sixteenth Century*, 138 – 141.

在16世纪的最初十年中，在维也纳，这个策尔蒂斯圈子的成员在地图绘制方面并不十分活跃。(132) 策尔蒂斯在国外度过了很多时间，斯塔比乌斯的重要作品只在他在纽伦堡的岁月中出现。但是其他的学生和学者主要是被坦恩施泰特的参与所吸引和教育的。进入维也纳大学求学的几名学生后来以制图师的身份获得声誉。1512年，洛佐鲁什·德施图尔韦森堡（Lazarus de Stuhlweissenburg）入学，他可能就是洛佐鲁什·谢茨赖塔里乌斯（Lazarus Secretarius），也就是第一个与库斯皮尼阿努斯和坦恩施泰特合作（1528年）的匈牙利地图的作者。1513年，约翰·朔伊贝尔（Johann Scheubel）加入他们的行列，从1549年开始，他担任蒂宾根（Tübingen）的数学教授，也是符腾堡（Württemberg）地图（蒂宾根，1559年）的作者。(133) 约翰内斯·洪特（Johannes Honter）于1515年进入特兰西诺斯学习，他是特兰西瓦尼亚（Transylvania）［巴塞尔（Basel），1532年］的第一张地图的作者，也撰写了经常出版的教科书《宇宙学基础》（*Rudimenta Cosmographica*），书中有13张地图［首版于克拉科夫（Cracow），1530年］。(134) 1519年，彼得·阿庇安（Peter Apian）获得了职位，他后来在英戈尔施塔特担任了印制师和数学教授。

第二维也纳学派的终结是很难确定的。如果其中一个包含了“由坦恩施泰特形成的圈子”（Societas Collimitiana），它的直接影响可以追溯到16世纪60年代。有四位制图师可以和下一代联系在一起。出生于蒂罗尔的约翰·普奇（Johann Putsch，又作Johannes Bucius），他曾在意大利学习，之后成为后来的皇帝斐迪南一世（Ferdinand Ⅰ）的秘书，他绘制了著名的女王形状的欧洲地图（1537年）（图42.9）。(135) 雕刻师和测量师奥古斯丁·希尔施福格
1192 尔（Augustin Hirschvogel）出生在纽伦堡，于1544年在维也纳定居。他的作品包括一幅上奥地利的地图（1542年，仅出版于1584年）、一幅维也纳城镇平面图（1547年，出版于1552年），还有一张匈牙利地图（在其1565年去世后出版）。(136) 匈牙利人约翰内斯·桑布库斯（Johannes Sambucus，又作Janos Zsámboki）于1543年在维也纳开始研究工作，在经历了几十年的漂泊之后，他在1564年回到了那里。他在维也纳出版了特里西瓦尼亚（1566年）和匈牙利（1566年和1571年）的地图，他的弗留利（Friuli）和伊利里亚（Illyria）的地图出现在亚伯拉罕·奥特柳斯的地图集中。(137) 保罗·法布里修斯（Paul Fabricius，又作Paul

(132) 这一时期，只有两名学生与地图学历史有关。1499年，帝国外交家西吉斯蒙德·冯·赫伯斯坦（Sigismund von Herberstein）被录取，他是一幅有影响力的俄罗斯地图（1546）的作者；1501年，瑞士语言学家和地理学家约阿希姆·瓦迪亚努斯（Joachim Vadianus）注册。

(133) 1549年，朔伊贝尔成为蒂宾根的数学教授。他的作品中有一部很有影响力的欧几里得《几何原本》的版本（1550年，第一次发表于奥格斯堡）；请参阅Ulrich Reich，“Johann Scheubel（1494－1570）：Geometer，Algebraiker und Kartograph，”in *Der“mathematicus”：Zur Entwicklung und Bedeutung einer neuen Berufsgruppe in der Zeit Gerhard Mercators*，ed. Irmgard Hantsche（Bochum：Brockmeyer，1996），151－182。

(134) 洪特在维也纳学习到1525年，之后，他在英戈尔施塔特、克拉科夫和巴塞尔学习。他回到了位于特兰西瓦尼亚（在今天罗马尼亚）的布拉索夫（Braşov），在那里，他担任了教师、改革家、印刷工和法学家。请参阅Gernot Nussbächer，*Johannes Honterus：Sein Leben und Werk im Bild*，3d ed.（Bucharest：Kriterion，1978），and Gerhard Engelmann，*Johannes Honter als Geograph*（Cologne：Böhlau，1982）。关于特兰西瓦尼亚地图的详细分析，请参阅Hans Meschendorfer and Otto Mittelstrass，*Siebenburgen auf alten Karten：Lazarus Tannstetter* 1528，*Johannes Honterus* 1532，*Wolfgang Lazius* 1552/1556（Gundelsheim：Arbeitskreis für Siebenbürgische Landeskunde Heidelberg，1996）。关于《宇宙学基础》的版本和地图，Meurer，*Germania-Karten*，209－216，and Karrow，*Mapmakers of the Sixteenth Century*，302－315。另请参阅本卷第61章。

(135) Karrow，*Mapmakers of the Sixteenth Century*，447－448。*Europa Regina* 地图的插绘和描述见H. A. M. van der Heijden in *De oudste gedrukte kaarten van Europa*（Alphen aan den Rijn：Canaletto，1992），118－135。

(136) Karrow，*Mapmakers of the Sixteenth Century*，294－301.

(137) Karrow，*Mapmakers of the Sixteenth Century*，457－463.

Schmid）来自卢萨蒂亚（Lusatia），在维也纳学习医学。1551 年在纽伦堡的投影地图集是他早期对地图学的兴趣。1553 年，法布里修斯被任命为维也纳大学的数学教授。在他后来的许多作品中，主要是天文学作品，是摩拉维亚（Moravia）的原型地图，最早于 1569 年在维也纳出版。(138)

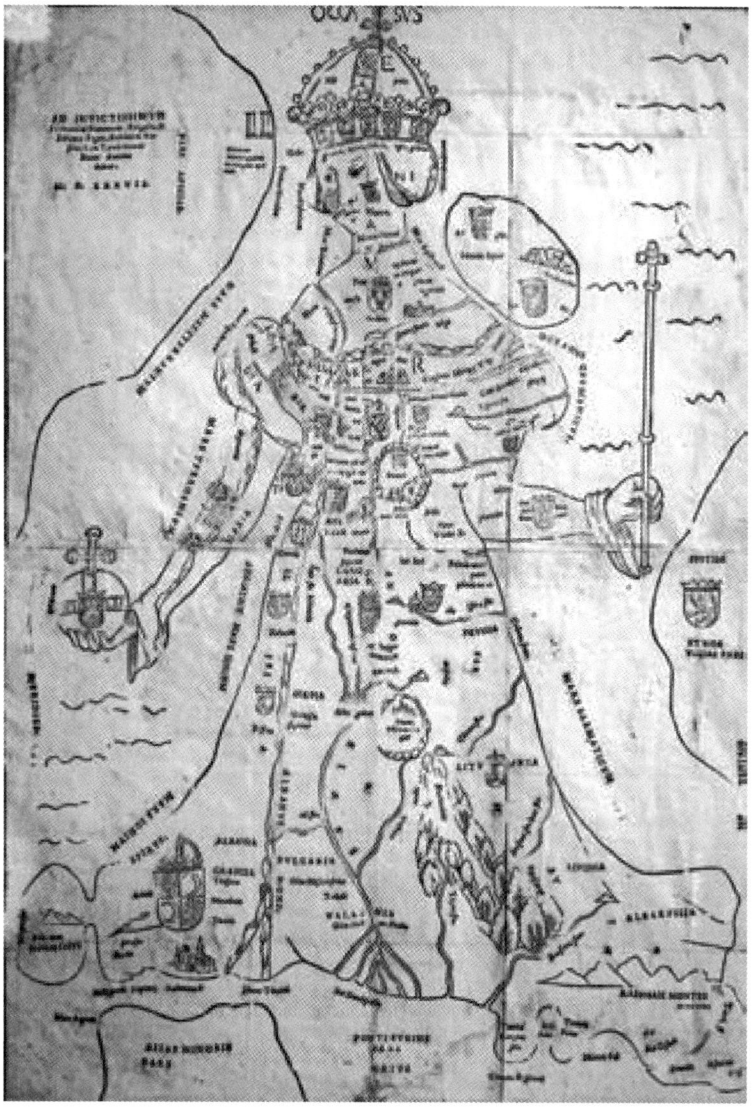

图 42.9　女王形状的欧洲地图，1537 年

约翰·普奇的这一不同寻常的地图设计可能具有教育方面的目的。这种拟人地图可以帮助学生记住不同国家的情况。西班牙（查理五世的故乡）形成了带着冠冕的头颅，意大利和丹麦这两个半岛是两条手臂，波希米亚（被群山环绕）是欧洲的心脏。

原图尺寸：63×42 厘米。由 Tiroler Landesmuseum Ferdinandeum，Innsbruck 提供照片。

(138) 关于法布里修斯，我们没有详细的研究。关于总结，请参阅 Peter H. Meurer，*Fontes cartographici Orteliani*：*Das* “*Theatrum orbis terrarum*” *von Abraham Ortelius und seine Kartenquellen*（Weinheim：VCH，Acta Humaniora，1991），142－143。

沃尔夫冈·洛齐乌什（Wolfgang Lazius，又作 Latz）于 1528 年在维也纳大学开始学习，并于 1538 年在英戈尔施塔特完成了医学博士的学业。[139] 1541 年，他被任命为维也纳的医学教授，几年后又成为斐迪南一世的私人医生。这些职位使他过着古典人文主义的生活，广泛地去收集材料，主要用于奥地利和哈布斯堡王朝领土的历史地理描绘。他绘制了一张 1545 年奥地利的地图，可能是一张由 8 张图幅构成的地图，[140] 之后是两张未注明日期的地图，显示松德高（Sundgau）和巴伐利亚（Bavaria）的哈布斯堡王室土地、[141] 一幅 1556 年的匈牙利地图。[142] 他的主要作品是：《其他类型的各省地理：奥地利》（*Typi chorographici Provinciarum：Austriae*）（维也纳，1561 年），这本地图集配有相应的书：《论奥地利》（*Commentarii rerum Austriacarum*），但尚未完成。[143] 这张地图包括了 11 张洛齐乌什本人蚀刻的地图。尽管它们是基于他自己的区域知识，但肯定不是精确调查的结果。绘画的风格仍然是非常形象化的。

地图绘制中心纽伦堡和埃茨劳布地图

1193

作为神圣罗马帝国的商业和文化大都市之一，纽伦堡并不是人文主义时代的学术中心。[144] 然而，这座城市在德国文艺复兴早期就成了一个伟大的地图中心，这有三个原因。[145] 首先，有资格的仪器制造者住在那里，实践着一种悠久而又高度发达的工匠传统。因此，人们有收集和计算天文数据的经验，例如确定纬度。自 14 世纪中叶以来，纽伦堡的天体观测资料已被记录在案。其次，由于纽伦堡作为一个商业中心的地位和联系，许多地理信息汇集到这个城市。这些商业活动也需要大量的信息和规划媒体。再次，富有的、受过教育的商人对人文科学感兴趣，并赞助艺术家和学者的作品。

因此，一种独立的地图制作环境，很大程度上是建立在纽伦堡当地传统的基础上的。当然，这并不是完全孤立的；1444 年，尼古劳斯·库萨努斯所购买的手稿和仪器，是中世纪

---

[139] Lazius, *Karten der österreichischen Lande*；Hans Kinzl，"Das kartographische und historische Werk des Wolfgang Lazius über die osterreichischen Lande des 16. Jahrhunderts," *Mitteilungen der Österreichischen Geographischen Gesellschaft* 116 （1974）：194 – 201；and Karrow, *Mapmakers of the Sixteenth Century*，334 – 343.

[140] 这一作品的历史是复杂的。据一份二手资料来源报告，1545 年，一幅洛奇乌什的奥地利和斯提里亚地图出版于纽伦堡。其他的消息来源提到了一幅奥地利地图，于同年在维也纳印刷。后者的残片可能是 BNF 的 3 份地图图幅；简短的描述，请参阅 Marcel Destombes，"Cartes，globes et instruments scientifiques allemands du XVIe siecle à la Bibliotheque Nationale de Paris," in *Land-und Seekarten im Mittelalter und in der frühen Neuzeit*，ed. C. Koeman （Munich：Kraus International，1980），43 – 68，esp. 50 – 51 （no. 26 and pls. 5 – 7）。1620 年，他去世之后，出生于奥地利的数学家 Matthias Bernegger 在斯特拉斯堡编辑了一份后来的版本 （*Austriae Chorographia autore Wolfg. Lazio*，3 sheets）；副本保存在 BL 和 Karlsruhe，Badische Landesbibliothek 中。

[141] 详细的研究，见 Florio Banfi in "Maps of Wolfgang Lazius in the Tall Tree Library in Jenkintown," *Imago Mundi* 15 （1960）：52 – 65。

[142] 请参阅图 61.13。

[143] Wolfgang Lazius, *Austria*, Vienna 1561，facsimile edition，intro. Ernst Bernleithner （Amsterdam：Theatrum Orbis Terrarum，1972）.

[144] 总体的概述，请参阅 *Gothic and Renaissance Art in Nuremberg*, 1300 – 1550, exhibition catalog （Munich：Prestel，1986）。1575 年，在附近的阿尔特多夫（Altdorf），纽伦堡的贵族阶级创建了 *schola nobilis*。在 1578 年，它变成一所学院；只有在 1623 年，成为一所大学。

[145] 基本的作品是 Pilz, *Astronomie in Nürnberg*。另请参阅 Fritz Schnelbögl, *Dokumente zur Nürnberger Kartographie*, exhibition catalog （Nuremberg：Stadtbibliothek，1966）。

晚期高水准和广泛传播的宇宙学研究的证据。例如，约翰内斯·雷吉奥蒙塔努斯与伯恩哈德·瓦尔特在 1471—1475 年间的逗留，证明了纽伦堡和维也纳之间的联系。16 世纪初，在西方，可能没有其他地方的研究和出版活动覆盖了整个当时地图绘制的范围。

纽伦堡对托勒密《地理学指南》的接受，最迟可以追溯到 1474 年由雷吉奥蒙塔努斯印刷的版本。稍晚一些的例子是相当神秘的"德意志托勒密"（纽伦堡，约 1493 年?），这是一组不同古典作家的摘录集。[146] 其中有一幅早期的现代地图作为插图，这是第一张根据球状投影印刷的地图。[147] 纽伦堡的神父和天文学家约翰内斯·维尔纳（Johannes Werner）在 1484—1492 年间在因戈尔施塔特学习，他发表了一部关于《地理学指南》的注释版本，其中没有地图，是一部文集的一部分 [纽伦堡：约翰内斯·斯图赫斯（Johannes Stuchs），1514 年]。[148] 纽伦堡的商人、博学的维利巴尔德·皮克海默（Willibald Pirckheimer）——他是阿尔布雷希特·丢勒（Albrecht Dürer）的赞助人之一——在希腊文的《地理学指南》的新译本方面做了大量的工作，这一译本是 1525 年斯特拉斯堡版本的基础。[149]

15 世纪晚期，在十年间，纽伦堡在对世界的描绘方面，做出了三项杰出的、创新性的贡献。商人马丁·贝海姆（Martin Behaim）是一个纽伦堡贵族家庭的儿子，从 1484 年起，他住在葡萄牙，在那里，他与数学家委员会建立了联系，他也参加了几次海上航行。[150] 1492—1494 年，他在家乡逗留期间，遵从纽伦堡议会的命令，制造了第一架保存下来的地球仪。这一插图是由画家、木刻工和出版商老格奥尔格·格洛肯东（Georg Glockendon the Elder）完成的。[151] 贝海姆的前哥伦布时代的世界基于一幅托勒密式的世界地图（可能是 1482 年的乌尔姆版本），并补充了更近期的资料。对中部欧洲的描绘遵循了库萨努斯的地图，亚洲的细节则来自马可·波罗和约翰·曼德维利（John Mandeville），而非洲西海岸的条目则反映了葡萄牙的第一手信息。

---

⑭　关于有注释的重印本，请参阅 Josef Fischer, ed., *Der "Deutsche Ptolemäus" aus dem Ende des XV. Jahrhunderts* (*um* 1490) (Strasbourg: Heitz, 1910)。关于日期的讨论，见 Walther Matthey, "Wurde der 'Deutsche Ptolemäus' vor 1492 gedruckt?" *Gutenberg Jahrbuch* 36 (1961): 77 – 87。

⑭　Figure 9. 8; Campbell, *Earliest Printed Maps*, 139 – 141; Shirley, *Mapping of the World*, XII and 14 (no. 16); and Erwin Rosenthal, "The German Ptolemy and Its World Map," *Bulletin of the New York Public Library* 48 (1944): 135 – 147.

⑭　Pilz, *Astronomie in Nürnberg*, 132 – 144, and Siegmund Günther, "Johann Werner aus Nürnberg und seine Beziehungen zur mathematischen und physische Erdkunde," in *Studien zur Geschichte der mathematischen und physikalischen Geographie* (Halle: L. Nebert, 1879), 277 – 332.

⑭　关于皮克海默的标准著作，是 Willehad Paul Eckert and Christoph von Imhoff, *Willibald Pirckheimer, Dürers Freund: Im Spiegel seines Lebens, seiner Werke und seiner Umwelt*, 2d ed. (Cologne: Wienand, 1982)。另请参阅 Max Weyrauther, *Konrad Peutinger und Wilibald Pirckheimer in ihren Beziehungen zur Geographie* (Munich: T. Ackermann, 1907)。

⑮　所有的文献都被 *Focus Behaim Globus*, 2 vols. (Nuremberg: Germanisches Nationalmuseum, 1992) 所取代。另请参阅 Ernest George Ravenstein, *Martin Behaim: His Life and His Globe* (London: George Philip and Son, 1908)。

⑮　波西米亚球仪今天保存在 Nuremberg, Germanisches Nationalmuseum （直径 51 厘米）；请参阅图。关于地球仪的复杂的物理构造——由不同层次的皮革、亚麻层压板、羊皮纸和纸组成——请参阅 Bernd Hering, "Zur Herstellungstechnik de Globus", 关于 Glockendon, 请参阅 Ursula Timann, "Der Illuminist Georg Glockendon, Bemaler des Behaim-Globus," both in *Focus Behaim Globus*, 2 vols. (Nuremberg: Germanisches Nationalmuseum, 1992), 1: 289 – 300 and 1: 273 – 278。一些关于 15 世纪早期球仪的线索，见 Philine Helas in "'Mundus in rotundo et pulcherrime depictus: Nunquam sistens sed continuo volvens': Ephemere Globen in den Festinszenierungen des italienischen Quattrocento," *Der Globusfreund* 45 – 46 (1998): 155 – 175。

1493 年,《纽伦堡编年史》（*Liber chronicarum*）出版,它被称为"丢勒时代最伟大的图书项目"。[152] 这是德国科学与印刷史上的一个里程碑,是世界上第一部对整个世界的历史地理描述,是人文主义时代进行的新的完善工作。它的资料来源从圣经延伸到当代的宣传单。版面和印刷方面的问题——结合了凸版印刷和在同一图幅上的木刻——第一次被克服了。在这些插图中,有 32 张双图幅的城镇景观图,这是相当写实的,另外还有 84 幅其他城镇的小景观图,这些景观图更棒。[153] 这一作品包括两份两图幅地图:一幅从波姆波尼乌斯·梅拉（Pomponius Mela）1482 年威尼斯版复制而来的托勒密世界地图,一幅欧洲中部的地图（图 42.10）,后者基于罗塞利地图,这幅地图系模仿自库萨努斯和马特鲁斯,在北部和西部放大,来自《地理学指南》的 1482 年乌尔姆版本中的《古代地图》（*tabulae antiquae*）和《现代地图》（*tabulae modernae*）。[154]

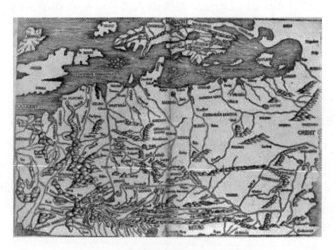

图 42.10　《纽伦堡编年史》中的中欧地图

　　哈特曼·舍德尔（Hartmann Schedel）的编年史中的这张木刻地图的作者被认为是希罗尼穆斯·闵采尔（Hieronymus Münzer）。这幅地图的中心区域是从库萨努斯地图修订本 A 的一个早期的意大利早期印本中复制而来的。其外部各区域是根据托勒密《地理学指南》的 1482 年乌尔姆版本的模本绘制的。

　　原图尺寸:约 39.4×58.4 厘米。由 Special Collections and Rare Books, Wilson Library, University of Minnesota, Minneapolis 提供照片。

《纽伦堡编年史》是一群志趣相投的纽伦堡人文主义者的集体成就。这个项目是由商人塞巴斯蒂安·卡默迈斯特（Sebastian Kammermeister）和泽巴尔德·施赖尔（Sebald Schrey-

---

[152]　Elisabeth Rücker, *Die Schedelsche Weltchronik: Das größte Buchunternehmen der Dürer-Zeit*（Munich: Prestel, 1973）, with a much enlarged edition under the same title（Munich: Prestel, 1988）, and Adrian Wilson, *The Making of the Nuremberg Chronicle*（Amsterdam: Israel, 1976）.

[153]　关于他们的注释的版本,请参阅 Werner Kreuer, ed., *Imago civitatis: Stadtbildsprache des Spätmittelalters*（Essen, 1993）。

[154]　请参阅 Campbell, *Earliest Printed Maps*, 152–159（nos. 219–220）; Shirley, *Mapping of the World*, 8 and 18–19（nos. 8 and 19）; and Meurer, *Germania-Karten*, 107–111。

er）资助的。这本书的总编辑和主要作者是内科医生和藏书家哈特曼·舍德尔（Hartmann Schedel），[155] 而游历广泛的医生希罗尼穆斯·闵采尔（Hieronymus Münzer）被认为是这两幅地图的作者。[156] 这些木刻版是在安东·科伯格尔（Anton Koberger）的工作室里制作的，很可能是与年轻的阿尔布雷希特·丢勒合作完成的，这幅作品在米夏埃尔·沃尔格穆特（Michael Wolgemut）的著名商店里印刷而成。这本奢华的书在同年发行了拉丁语和德语的版本。此外，1496 年之后，由奥格斯堡的印刷商约翰·雄斯佩格（Johann Schönsperger）发行了一些盗版的缩略版本。[157]

推动地图绘制普及的另一个重要步骤与埃哈德·埃茨劳布（Erhard Etzlaub）有关。[158] 埃茨劳布于 1460 年出生在爱尔福特（Erfurt），并在那里的大学接受了教育，从 1484 年开始，他居住在纽伦堡。埃茨劳布在许多行业都很活跃，他制作了便携式太阳罗盘，[159] 也是测量师和医生，还编撰了历法和占星术。只有二手资料提到了埃茨劳布，他是印刷商和出版商格奥尔格·格洛肯东发行的印刷路线图的地图作者。他们的合作始于一幅纽伦堡的地图，这是德意志地区第一部印刷的区域地图。[160] 然而，它对城镇的选择却与弗里德里库斯地图的数据惊人地相似。[161] 接下来是两幅创新的和有影响力的欧洲中部的地图：《罗马路线地图》（*Rom Weg map*），为 1500 年圣年而首次出版，表现了从欧洲中部到罗马的主要路线（图版 44），[162] 以及路线（Lantstrassen）地图，这幅地图首次出版于 1501 年，显示了中欧的主要贸易路线（图 42.11）。[163]

变形的网格显示，这两幅埃茨劳布地图都是基于一个等矩形的投影构建的（关于《罗马路线地图》，参见图 42.12）。[164] 此外，可以区分两种不同级别的精确度。意大利、法国和北欧都是根据托勒密《地理学指南》的 1482 年乌尔姆版本中各自相应的《现代地图》复制

---

[155]　Pilz, *Astronomie in Nürnberg*, 102 – 103；在 Béatrice Hernad, *Die Graphiksammlung des Humanisten Hartmann Schedel*, exhibition catalog（Münich：Prestel, 1990）中，其所涵盖的内容远远超出了标题所表示的。

[156]　Pilz, *Astronomie in Nürnberg*, 111 – 113, and Ernst Philip Goldschmidt, *Hieronymus Münzer und seine Bibliothek*（London：Warburg Institute, 1938）.

[157]　雄斯佩格版本在几篇文章中得到了谈论，见 Stephan Füssel, ed., 500 *Jahre Schedelsche Weltchronik*（Nuremberg：Carl, 1994）。另请参阅 Campbell, *Earliest Printed Maps*, 154 – 156（nos. 221 – 222）, and Meurer, *Germania-Karten*, 112 – 114。

[158]　请参阅 Campbell, *Earliest Printed Maps*, 56 – 69；Meurer, *Germania-Karten*, 133 – 229；Fritz Schnelbögl, "Life and Work of the Nuremberg Cartographer Erhard Etzlaub（†1532）," *Imago Mundi* 20（1966）：11 – 26; and Herbert Kruger, "Des Nürnberger Meisters Erhard Etzlaub älteste Straßenkarten von Deutschland," *Jahrbuch für fränkische Landesforschung* 18（1958）：1 – 286 and 379 – 407。

[159]　太阳罗盘（在拉丁语中，作 *horologium*）是一个日晷和一个普通磁罗盘的结合。1513 年由埃茨劳布制作的日晷，其盖子上面有一幅欧洲和非洲的地图，图中有越来越大的纬度分区，就像 1569 年墨卡托投影一样。要解释这种伪预期和它的数学基础，请参阅 Wilhelm Krücken, "Wissenschaftsgeschichtliche und-theoretische Überlegungen zur Entstehung der Mercator-Weltkarte 1569 ad usum navigantium," *Duisburger Forschungen* 41（1994）：1 – 92, esp. 22 – 24。

[160]　Campbell, *Earliest Printed Maps*, 56 – 58。

[161]　Alfred Höhn, "Franken in der Nürnberg-Karte Etzlaubs von 1492 und die Daten des Codex Latinus Monacensis 14583," *Speculum Orbis* 3（1987）：2 – 8.

[162]　Campbell, *Earliest Printed Maps*, 59 – 69（描述了可能同时使用的两种不同的木刻版）；Meurer, *Germania-Karten*, 143 – 147；Herbert Krüger, "Erhard Etzlaub's *Romweg* Map and Its Dating in the Holy Year of 1500," *Imago Mundi* 8（1951）：17 – 26。

[163]　Meurer, *Germania-Karten*, 148 – 150。

[164]　我怀疑 Brigitte Englisch 在 "Erhard Etzlaub's Projection and Methods of Mapping," *Imago Mundi* 48（1996）：103 – 123 中的断言。她的重建结果导致在一个非等距的投影上，有一个变化的比例尺，这对路线图来说是没有意义的。

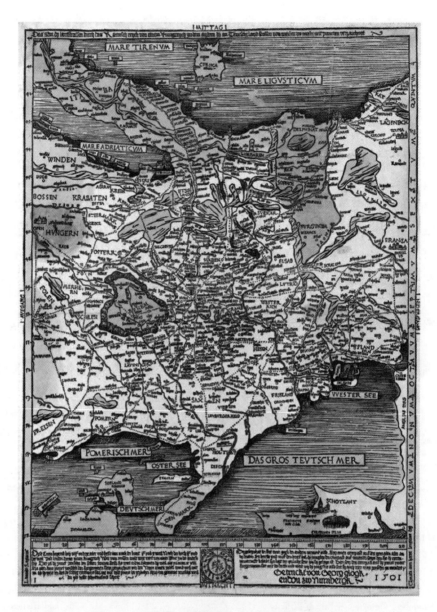

图 42.11　埃哈德·埃茨劳布的《路线》地图，1501 年

埃茨劳布的第二张路线图比罗马路程地图更广泛使用。它显示了中欧所有重要的贸易路线。德意志的地图绘制中，经常复制其地形图图像，一直到 16 世纪中叶。木刻本。

原图尺寸：55.5×41 厘米。Houghton Library, Harvard University (51–2478PF) 许可使用。

而来的。这两种地图的中心部分都是同一种基础材料的不同通行版本，而这些材料的来源是未知的。它们代表了多年来在纽伦堡贸易中心聚集的地形和道路知识的总和。纬度的横向尺度显示了在托勒密坐标和当代观察之间的有趣的插值。该地图是多功能的，在地图上的文字和单独的纸张上都可以解释多种功能。[165] 地图上有 700 多个位置是由圆圈标记的。附加的程

---

[165]　Meurer, *Germania-Karten*, 144 and 149（figs. 2–7 and 2–9）；另请参阅 Catherine Delano-Smith, "Cartographic Signs on European Maps and Their Explanation before 1700," *Imago Mundi* 37（1985）：9–29。

式化的剪影表明了首都和朝圣之旅（只是在《罗马路线地图》上）。道路的路线用虚线标出，在这两个点之间的每一段间隔代表一英里。公路系统之外的距离可以用除数和一英里的距离来测量。在太阳罗盘（涉及磁偏）和一个真正的太阳罗盘的帮助下，每一张地图都可以精确地指向南方，以确定旅行的方向。这种与太阳罗盘结合的用法，是埃茨劳布地图和一些其他 16 世纪早期的德国地图印刷品都以南为正方向的原因。右边的比例尺表示盛夏时候日照的持续时间。地图的着色遵循语言区域；而忽视了疆域边界。

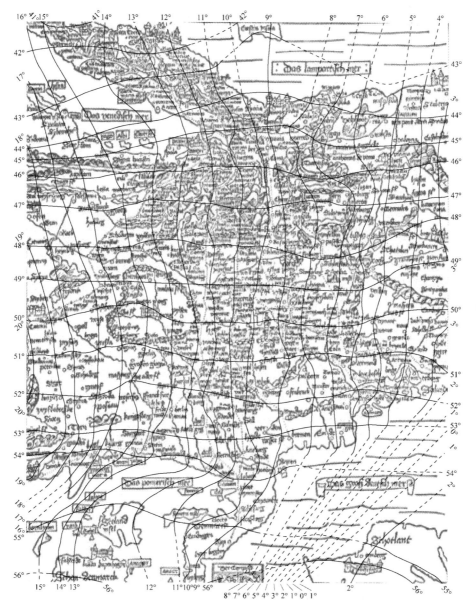

图 42.12　变形网格，埃茨劳布的罗马路程（ROM WEG）地图

　　以南为上方（请参阅图版 44）。不同的精度揭示了埃茨劳布的一部分编辑工作。中心区域的描绘基于相当好的原始数据（距离和纬度），而外部各区域主要是从托勒密《地理学指南》的 1482 年乌尔姆版本中的地图复制而来。

　　根据 Peter H. Meurer, *Corpus der älteren Germania-Karten：Ein annotierter Katalog der gedruckten Gesamtkarten des deutschen Raumes von den Anfängen bis um 1650*, text and portfolio（Alphen aan den Rijn：Canaletto, 2001），137（fig.2-4）提供照片。

原本的埃茨劳布地图完全没有政治色彩，这一特点被一些后来的制图师放弃了。例如，奥格斯堡的出版商和木刻师格奥尔格·埃林格（Georg Erlinger）发行了路线（Lantstrassen）地图，但其周围环绕着帝国地产的纹章。[166] 地图绘制的各种趋势有一个有趣的组合，是《地理学指南》的 1513 年瓦尔德泽米勒版本中的德文的《现代地图》。它的地形细节来自埃茨劳布，而纬度、以北为正方向和区域的严格划分［由北海和波罗的海、阿尔卑斯山和马斯河（Maas）及维斯瓦河（Vistula）进行划分都是托勒密之后的学院派人文主义地图学的元素］。

纽伦堡的科学工作在约翰内斯·斯塔比乌斯那里获得了新的推动力，他从 1512—1518 年期间住在纽伦堡，并与阿尔布雷希特·丢勒和约翰内斯·维尔纳合作。[167] 1515 年，丢勒和斯塔比乌斯出版了第一幅已知的西方印本天体地图。[168] 这两张图幅显示了极地立体投影中的北部和南部这两个黄道半球。这些模型是在 1503 年由纽伦堡神父和天文学家康拉德·海因福格尔（Conrad Heinfogel）绘制的，基于托勒密的《天文学大成》和各种 15 世纪的资料。[169] 同样是在 1515 年，丢勒和斯塔比乌斯发表了一幅附带的扭曲的球形水平投影世界地图，这幅地图的图像实质上是贝海姆球仪的副本。[170] 在 1514 年的一本选集中，维尔纳在他的著作《托勒密〈地理学指南〉第一版的最新译本》（*Noua translatio primi libri Geographiæ Cl. Ptolemæi…*）中发表了《在平面的世界上的四点》（*Libellus de quatuor terrarum orbis in plano figurationibus*），除方面的内容以外，它还包含了对三种不同形式的装饰用的心形的圆锥投影的描述。[171] 这些原则是斯塔比乌斯根据托勒密的二次投影法计算出来的。[172] 在 16 世纪上半叶，它被用于许多世界地图。[173]

纽伦堡制作球仪的传统是由约翰内斯·舍纳（Johannes Schöner）延续下来的。[174] 他原本是弗朗科尼亚（Franconia）的一名天主教神父。1515 年，他亲手雕刻和印刷出了自己的第一对球仪。其中地球仪基于瓦尔德泽米勒的地球观，但在环绕南极的大陆方面则丰富了很多。1526 年，舍纳皈依了新教，并在纽伦堡的高等中学担任数学教师。在那里，他编辑了

---

[166] Meurer, *Germania-Karten*, 163 – 166.

[167] Pilz, *Astronomie in Nürnberg*, 132 – 144.

[168] Deborah Jean Warner, *The Sky Explored*: *Celestial Cartography*, 1500 – 1800 (New York: Alan R. Liss, 1979), 71 – 75.

[169] W. Voss, "Eine Himmelskarte vom Jahre 1503 mit den Wahrzeichen des Wiener Poetenkollegiums als Vorlage Albrecht Dürers," *Jahrbuch der Preussischen Kunstsammlungen* 64 (1943): 89 – 150. 海因福格尔的两幅画作收藏在 Germanisches Nationalmuseum, Nuremberg (Hz. 5576). On Heinfogel, 请参阅 Pilz, *Astronomie in Nürnberg*, 148 – 155。

[170] Figure 10. 3; Shirley, *Mapping of the World*, 44 – 45 (no. 39); Gunther Hamann, "Die Stabius-Dürer-Karte von 1515," *Kartographische Nachrichten* 21 (1971): 212 – 223; and idem, "Der Behaim-Globus als Vorbild der Stabius-Dürer-Karte von 1515," *Der Globusfreund* 25 – 27 (1978): 135 – 147. 三幅丢勒地图的木刻版全部收藏在 Vienna, Graphische Sammlung Albertina。

[171] John Parr Snyder, *Flattening the Earth*: *Two Thousand Years of Map Projections* (Chicago: Chicago University Press, 1993), 33 – 38, and George Kish, "The Cosmographic Heart: Cordiform Maps of the 16th Century," *Imago Mundi* 19 (1965): 13 – 21.

[172] 为了将这些心形的地图与相似的托勒密的二次投影区分开来，请注意，在 Stab-Werner 的投影中，子午线在两极相交。

[173] 例如，Shirley, *Mapping of the World*, 51 – 53, 68 – 69, 72 – 73, 93 – 95, 97 – 98, 114 – 119, 123 and 126, and 129 – 133 (nos. 45, 63, 66, 82, 86, 101 – 103, 108, and 114)。

[174] Pilz, *Astronomie in Nürnberg*, 177 – 193, and Norbert Holst, *Mundus, Mirabilia, Mentalität*: *Weltbild und Quellen des Kartographen Johannes Schöner* (Frankfurt /Öder: Scripvaz, 1999). 另请参阅本卷第 6 章，尤其是图 6.6。

雷吉奥蒙塔努斯的尚未出版的作品，并可能继续出版球仪。[175] 格奥尔格·哈特曼的经历也与 1198
他类似。1526 年，离开天主教堂后，他以天文学家、机械技师、木刻师和印刷商的身份住
在纽伦堡。出自他手的许多仪器和印刷品都保存了下来，其中包括两架天球仪（1538 年和
1547 年）。[176] 几架未署名球仪的贴面条带是不是他的作品，目前尚不确定。[177] 一般也认为哈
特曼是第一个观察到磁针的倾角的人。

1518 年，纽伦堡的印刷商，也是宗教改革的早期支持者希罗尼穆斯·霍尔策尔（Hiero-
nymus Höltzel），制作了一份政治传单，其中包括波西米亚的第一张地图。[178] 它的作者是捷克
医生和人文主义者尼古劳斯·克劳迪阿努斯（Nicolaus Claudianus）［米科拉斯·库尔哈
（Mikolas Kulha）］，他是波西米亚兄弟会的成员。地形丰富而精确的地图完全是基于作者的
个人知识；地图以南为正方向，很明显是受到了埃茨劳布地图技术的影响。特别强调了皇室
与封建领地，天主教和圣杯派聚落之间的具体区别。[179]

同样在纽伦堡（1524 年）印刷的是埃尔南·科尔特斯（Hernán Cortés）的第二封信的
一个版本。这封信用一张木刻的墨西哥海湾和加勒比海的地图来做插图，这是新大陆这一区
域的第一幅区域地图。[180] 目前还没有确定它的绘本是如何在纽伦堡发现的。

英戈尔施塔特的彼得·阿庇安

彼得·阿庇安（Peter Apian，又作 Bienewitz）于 1495 年出生于萨克森（Saxony）的莱斯尼希
（Leisnig）。[181] 他在莱比锡（1516—1519 年）和维也纳学习，在那里他成为坦恩施泰特身边的群体
中一名年轻的成员。1522 年秋天，当瘟疫在维也纳暴发时，阿庇安去了雷根斯堡（Regensburg），
然后在 1523 年，带着他的兄弟印刷商和木刻工格奥尔格（Georg），一起去了兰茨胡特（Land-
shut）。1524 年，在兰茨胡特，阿庇安的第一版标准著作问世了：教科书《宇宙志》（Cos-
mographicus liber），书中特别强调了地图学，在附录中包含 1417 个地方最新确定的坐标。[182]

阿庇安的一个重要联系人是约翰内斯·阿文蒂努斯（Johannes Aventinus，又作 Johann Tur-
mair），他是策尔蒂斯在维也纳的学生。[183] 他（从 1508 年开始）已经成为巴伐利亚公爵的王

⑰　关于半推测地将未署名的球仪的著作权归于舍纳的总结，请参阅 "Schöner, Johannes," in *Lexikon*, 2：711 –712。

⑯　Pilz, *Astronomie in Nürnberg*, 169 –176, and Hans Gunther Klemm, *Georg Hartmann aus Eggolsheim*（1489 –1564）：
Leben und Werk eines fränkischen Mathematikers und Ingenieurs（Forchheim：Ehrenburg-Gymnasium, 1990）.

⑰　Shirley, *Mapping of the World*, 79 –82（nos. 71 and 72）.

⑱　Meurer, *Germania-Karten*, 50（fig. 0 –28）and 51, and Karel Kuchař, *Early Maps of Bohemia, Moravia and Silesia*,
trans. Zdeněk Š afařík（Prague：Ústřední Správa Geodézie a Kartografie, 1961）, 11 –15.

⑲　波西米亚兄弟会和圣杯派的宗教改革前教派是胡斯派的不同分支，胡斯派是扬·胡斯（Jan Hus）的追随者，而
胡斯则是在 1415 年被康斯坦茨大公会议（Council of Constance）烧死在火刑柱上。

⑳　例如，请参阅 Seymour Ⅰ. Schwartz and Ralph E. Ehrenberg, *The Mapping of America*（New York：Abrams, 1980），
36 –38 and pl. 11, 和 Barbara Mundy, "Mesoamerican Cartography," in *HC* 2. 3：183 –256, esp. 194 –195 and fig. 5. 7。

⑱　为庆祝阿庇安诞辰五百周年而编撰了选集：Karl Röttel, ed., *Peter Apian：Astronomie, Kosmographie und Mathematik
am Beginn der Neuzeit*（Buxheim：Polygon, 1995）。Günther, *Peter und Philipp Apian*, and Fernand van Ortroy, *Bibliographie de l'
oeuvre de Pierre Apian*（1902；reprinted Amsterdam：Meridian, 1963）仍然有用。另请参阅 Karrow, *Mapmakers of the Sixteenth
Century*, 49 –63。

⑫　在 16 世纪，大约有 30 部关于宇宙志的论著。后来的版本主要是基于鲁汶数学家杰玛·弗里西斯（Gemma Fris-
ius）的大幅修订和增补版本，这一版于 1529 年在安特卫普首次出版。

⑬　Eberhard Dünninger, *Johannes Aventinus, Leben und Werk des bayerischen Geschichtsschreibers*（Rosenheim：Rosenheimer
Verlagshaus, 1977）, and Karrow, *Mapmakers of the Sixteenth Century*, 71 –77.

子教师和宫廷历史学家（1517 年）。他的主要作品是编年体史著《巴伐利亚编年史》（*Annales Boiorum*），在其去世将近 20 年以后，该书于 1554 年以拉丁文印刷出版。他的《简明巴伐利亚编年史》（*Bayrischer Chronicon kurtzer Auszug*）（纽伦堡，1522 年）中附有巴伐利亚的第一幅地图，由格奥尔格·阿庇安雕刻木版，并于 1523 年在兰茨胡特印刷（图42.13）。[184] 这幅地图结合了几种影响。太阳罗盘的印记让人联想到埃哈德·埃茨劳布的地图。以北为正方向和梯形投影显示出了托勒密的影响。用黑点来描绘前罗马人定居点，揭示了作者的人文主义背景；现存的定居点用圆形或轮廓来描绘。这幅地图生动地描绘了阿尔卑斯山麓的丘陵地貌、多瑙河平原和阿尔卑斯高山地区之间的地形差异。湖泊和河流的表现相当不错，但所描绘的定居点数量相对较少。地图构建的一个基本要素是距离，这些距离可能是由阿文蒂努斯通过计算他旅行期间的步数收集而来的。另一方面，许多地方的坐标与之前在《宇宙志》中所列出的值相同，这意味着阿庇安在这张地图的精细描绘中起了作用。

图 42.13　约翰内斯·阿文蒂努斯的巴伐利亚地图，1523 年

　　地图表现了上、下巴伐利亚，此地在罗马时代命名为 Vindelicia。边缘包括了巴伐利亚各城镇的纹章。木刻与活版印刷（摹写本；原件在 1945 年被销毁）。

　　原图尺寸：40×48 厘米。由 Bayerische Staatsbibliothek, Munich（K2.4）提供照片。

　　[184]　Rüdiger Finsterwalder, "Die Genauigkeit der Kartierung Bayerns zur Zeit von Peter Apian（1495 – 1522）," in *Peter Apian：Astronomie, Kosmographie und Mathematik am Beginn der Neuzeit*, ed. Karl Rottel（Buxheim：Polygon, 1995）, 161 – 168, esp. 163, and Hans Wolff, ed., *Cartographia Bavariae：Bayern im Bild der Karte*, exhibition catalog（Weisenhorn：A. H. Konrad, 1988）, 32 – 38.

在阿文蒂努斯的推荐下，彼得·阿庇安于 1525 年被任命为英戈尔施塔特大学的印刷商，并在 1527 年担任数学教授。[185] 阿庇安的主要活动是出版地图，包括他自己和其他人的地图。在英戈尔施塔特制作的地图包括库斯皮尼阿努斯和坦恩施泰特于 1528 年在维也纳绘制的匈牙利地图，这幅地图的绘制是建立在这些工作的基础上的：洛佐鲁什的著作；阿庇安自己的绘制于 1530 年的心形投影世界地图（图 42.14）；所谓的英戈尔施塔特球仪贴面条带，它可能在大约同一时期完成；[186] 由塞巴斯蒂安·冯·罗滕汉（Sebastian von Rotenhan）于 1533 年绘制的弗朗科尼亚（Franconia）地图。1535 年，在兰茨胡特，格奥尔格·阿庇安印刷了一份修订后的巴伐利亚的地图。

彼得·阿庇安作为一名学术教师的重要性在某种程度上很难确定。他的年轻学生中只有几位是制图师，但有一些在自己的研究领域已经有所成就的人文主义学者来到英戈尔施塔特，向阿庇安学习。在那里学习的学生包括洛齐乌什，他于 1538 年入学，当时已经是他学术研究的末期；格奥尔格·加德纳（Georg Gadner），一幅重要的符腾堡地图（约 1572 年）的作者，1539 年注册成为法学专业的学生；马库斯·茨纳格尔塞（Marcus Secznagel），是萨尔茨堡大主教区第一幅地图（1554 年）的作者，他于 1542 年注册入学；约翰内斯·桑布库斯（Johannes Sambucus）于 1548 年注册入学；保罗·法布里修斯（Paul Fabricius），他在 1554 年被维也纳大学任命任职前几个月抵达此处。人们可能还会提到菲赫利于斯·范艾塔（Viglius van Aytta），他从 1537—1541 年在英戈尔施塔特担任法学教授，后来成为西班牙—哈布斯堡王朝所统治尼德兰的一名有影响力的政治家。他是一位重要的地图收藏家和制图师的赞助人，在地图学史上享有名声。[187]

阿庇安在英戈尔施塔特的 25 年里著述颇丰。其诸多著作包括：一本经常出版的关于商人算术的教科书［《商人的账单》（*Kaufmanns Rechnung*），1527 年］、波伊尔巴赫的《行星的新理论》（*Novae theoriae planetarum*）（1528 年）的一个版本、一本宇宙学教科书［《宇宙学简介》（*Cosmographiae introductio*），1528 年］，以及一部插图丰富的关于测量和制造天文观测的工具和方法的概述书——《仪器书》（*Instrument Buch*），1533 年。[188] 他的天文学著作介绍了恒星和星座的几个阿拉伯名称。[189] 他的出版活动的巅峰是于 1540 年在英戈尔施塔特出版的《皇帝的天文学》（*Astronomicum Caesareum*），并将该书献给皇帝查理五世和国王斐迪南。[190] 这本书是一种以对开本形式印刷的奇迹：大多数天文示意图和仪器都有多达六个可

1199

1201

⑱　关于阿庇安在英戈尔施塔特的工作，请参阅 Schöner, *Mathematik und Astronomie*, 358 – 426。

⑱　关于其绘制者与日期的新讨论，请参阅 Rüdiger Finsterwalder, "Peter Apian als Autor der sogenannten 'Ingolstädter Globusstreifen'?" *Der Globusfreund* 45 – 46（1998）：177 – 186。

⑱　[Leo Bagrow], "Old Inventories of Maps," *Imago Mundi* 5（1948）：18 – 20；E. H. Waterbolk, "Viglius of Aytta, Sixteenth Century Map Collector," *Imago Mundi* 29（1979）：45 – 48；and Meurer, *Germania-Karten*, 278.

⑱　关于重印本，请参阅 Peter Apian, *Instrument Buch*, 附有 Jürgen Hamel 所撰写后记（Leipzig：ZA-Reprint, 1990）。

⑱　Paul Kunitzsch, "Peter Apian and 'Azophi': Arabic Constellations in Renaissance Astronomy," *Journal for the History of Astronomy* 18（1987）：117 – 124.

⑲　关于附有 Diedrich Wattenberg 注释的 1540 年英戈尔施塔特版本的复写本，请参阅 *Peter Apianus und sein Astronomicum Caesareum = Peter Apianus and His Astronomicum Caesareum*（Leipzig：Edition Leipzig, 1967）。另请参阅 Owen Gingerich, "Apianus's *Astronomicum Caesareum* and Its Leipzig Facsimile," *Journal for the History of Astronomy* 2（1971）：168 – 177, and idem, "A Survey of Apian's Astronomicum Caesareum," in *Peter Apian：Astronomie, Kosmographie und Mathematik am Beginn der Neuzeit*, ed. Karl Rottel（Buxheim：Polygon, 1995），113 – 122。

图 42.14 阿庇安的心形投影世界地图，1530 年

阿庇安以装饰性的心形图形制作的地图是最早将北美洲和南美洲表现为一块大陆的地图之一。图上包括从欧洲到印度的葡萄牙航线，这一细节非常有趣。木刻凸版印刷。

原图尺寸：约 55×39.4 厘米。由 BL（Maps C. 7. c. 16）提供照片。

移动的部件。阿庇安从得到献词的人那里获得了 3000 枚金弗洛林，其本人被任命为宫廷数学家，而且他兄弟二人于 1541 年被授予神圣罗马帝国的骑士。在政治和科学世界的尊敬下，彼得·阿庇安于 1552 年在英戈尔施塔特去世。他的儿子菲利普·阿庇安（Philipp Apian）继他之后担任英戈尔施塔特的数学教授之职。

德意志西南部和瑞士

中世纪后期地图学的早期步伐也可以追溯到德意志诸地的西南部地区。海德堡（Heidelberg）大学的讲师康拉德·冯·迪芬巴赫（Conrad von Diefenbach）于 1426 年复制了一组天文学论文（附有坐标表），其中有一批保存至今的用不同的投影绘制的地球和天球地图的草图。这些草图可能是在 1397—1422 年，由约翰内斯·冯·瓦亨海姆（Johannes von

Wachenheim）编撰而成，他是一位来自布拉格（Prague）的学生（1377 年），1387 年，担任了新成立的海德堡大学的校长。[191] 但是，这些开端是孤立的。后来，在巴塞尔大学、弗赖堡（Freiburg）大学和蒂宾根大学的活动也有其他的资料来源。

区域地图制作的一个早期里程碑是一份瑞士的绘本地图（比例尺约为 1∶500000）（图 42.15），由康拉德·蒂尔斯特（Conrad Türst）在 1495—1497 年绘制。[192] 蒂尔斯特在巴塞尔（1470 年）、帕维亚（Pavia）（1482 年）和英戈尔施塔特（1484 年）学习。1498 年，他在苏黎世当了一名城镇医生，1499 年，他担任马克西米利安一世的私人医生，这幅地图是早期人文主义的经典产物。它是由蒂尔斯特在自己的旅行中收集的历史地理描述所编撰的《盟邦地理位置的描述》（De situ confœderatorum descriptio）的一部分。这一"描述"的文本包含蒂尔斯特所走路线的详细记录，以及他所到过的地点之间的距离。这张地图主要是根据这些距离绘制的。此外，蒂尔斯特还进行了天文观测，以确定地理位置；例如，他将伯尔尼（Bern）的纬度计算到 6 分之内。他还试图用数学方法来绘制地图。通过分级的边界，形成梯形投影（1°分为 9 段，每段为 6°40′），但是地图网格的正方向偏离北方大约 28°。定居点的标志和山脉的轮廓都是单独设计的，非常逼真。可以设想，蒂尔斯特使用了他在旅行中所完成的大量的详细草图。当时在德意志诸地还没有其他的描述可以与这幅地图相比较。蒂尔斯特可能使用了类似于列奥纳多·达·芬奇的地图作品的意大利模本。不幸的是，这张地图从来没有以这种形式印刷出来，尽管它是托勒密《地理学指南》的 1513 年斯特拉斯堡版本中《现代地图》的基础。然而，这个略带示意图式样的木刻版本并没有接近原始版本的丰富细节。

将蒂尔斯特的瑞士地图与当时的出版物——匿名大师 PPW 绘制的所谓的《博登湖地图》（Bodenseekarte）——进行对比，其高超的制图水平非常明显。[193]《博登湖地图》在 1500 年之后不久于纽伦堡问世，描绘了博登湖（Lake Constance）周围的地区。据推测，它可能是斯瓦比亚（Swabian War）战争的一种图像式的描述，或者是纪念地图，例如，纽伦堡的人文主义者维利巴尔德·皮克海默担任上尉参与了战争，他陪同在皇帝的身边，并就此撰写了一份报告。[194] 这幅地图由许多独立的场景和单独的微缩画组成，每一幅都有各自的地平线，而不是按照比例绘制的，更接近于风景画，而不是地图绘制。

西南地区的学术人文主义传统始于格雷戈尔·赖施（Gregor Reisch）。[195] 1487 年，他在弗赖

1202

⑲¹ Durand, *Map Corpus*, 49 – 50, 106 – 123, and pls. Ⅰ – Ⅲ。另请参阅 Richard Uhden, "An Equidistant and a Trapezoidal Projection of the Early Fifteenth Century," *Imago Mundi* 2 （1937）：8。

⑲² 1496—1497 年的拉丁文原本保存在 Vienna, Österreichische Nationalbibliothek；一份德文版本收藏在 Zurich, Zentralbibliothek。请参阅 Heinz Balmer, "Konrad Türst und seine Karte der Schweiz," *Gesnerus* 29 （1972）：79 – 102；Eduard Imhof, *Die ältesten Schweizerkarten* （Zurich：Füssli, 1939）, 6 – 14；and Theophil Ischer, *Die ältesten Karten der Eidgenossenschaft* （Bern：Schweizer Bibliophilen Gesellschaft, 1945）, 33 – 94。一份重印本则请参阅 Georges Grosjean and Madlena Cavelti ［Hammer］, 500 *Jahre Schweizer Landkarten* （Zurich：Orell Füssli, 1971）, pl. 1, and P. D. A. Harvey, *The History of Topographical Maps：Symbols, Pictures and Surveys* （London：Thames and Hudson, 1980）, 150 – 152。

⑲³ 木刻本，六图幅（51 × 112 厘米）；Wilhelm Bonacker, "Die sogenannte Bodenseekarte des Meisters PW bzw. PPW vom Jahre 1505," *Die Erde* 6 （1954）：1 – 29, and Harvey, *Topographical Maps*, 98 – 101。

⑲⁴ Eckert and Imhoff, *Pirckheimer*, 138 – 172。

⑲⁵ Gustav Münzel, *Der Kartäuserprior Gregor Reisch und die Margarita philosophica* （Freiburg im Br.：Waibel, 1938）, reprinted from *Zeitschrift des Freiburger Geschichtsvereins* 48 （1937）；Karl Hoheisel, "Gregorius Reisch （ca. 1470 – 1479. Mai 1525），" in *Wandlungen*, 59 – 67；and Lucia Andreini, *Gregor Reisch e la sua "Margarita philosophica"* （Salzburg：Institut fur Anglistik und Amerikanistik, Universität Salzburg, 1997）.

图 42.15　康拉德·蒂尔斯特的瑞士地图，约 1497 年

用墨水和水彩绘在羊皮纸上。

原图尺寸：42×57 厘米。由 Zentralbibliothek, Zurich (4 Hb O1：2) 提供照片。

堡大学学习和授课，1494 年，他作为年轻的索伦（Zollern）公爵的教师在英戈尔施塔特求学。大约在 1500 年，他成为弗赖堡的一名加尔都西会僧侣，但他仍继续自己的教学和学术工作。1510 年，他被任命为马克西米利安一世的顾问和私人神父。[195] 赖施的主要著作是《哲学撷珍》（*Margarita philosophica*），这是一本教科书，涵盖大学文学院的所有学科。[196] 这本书是在 1489—1494 年，以问答体的形式编撰的。书中相当重要的地理部分基于各种资料来源。用一些有趣的尝试将圣经—中世纪、古典和现代的思想结合在一起。例如，赖施的宇宙学将世界描述为一个在水球中游动的陆地球体。《哲学之珠》的第一版（弗赖堡，1503 年）用一张世界地图作为插图，其直接原型可在《地理学指南》的 1482 年乌尔姆版本中找到。[197] 然而，在下方的书页边缘处，有两条注释显示，赖施有更多的最新信息。他写到，非洲的南部越过了 40°，印度洋的南部没有大陆，而是拥有大量岛屿的海洋。后来的版本，从 1508 年开始，包括基于他们的编辑——瓦尔德泽米勒所制作的模本的新世界地图。[198] 1508 年的修订本还描绘了多位测量仪（polimetrum），它是经纬仪的前身，可以从一个固定的角度测量 360°的水平和垂直角度。

　　约翰内斯·施特夫勒（Johannes Stöffler）出自符腾堡所辖尤斯廷根（Justingen）的一个

1203

⑮　Robert Srbik, *Maximilian I. und Gregor Reisch*, ed. Alphons Lhotsky (Vienna, 1961).

⑯　Robert Srbik, "Die Margarita philosophica des Gregor Reisch (†1525): Ein Beitrag zur Geschichte der Naturwissenschaften in Deutschland," *Denkschriften der Akademie der Wissenschaften in Wien, mathematisch-naturwissenschaftliche Klasse* 104 (1941): 83 – 206, and John Ferguson, "The *Margarita philosophica* of Gregorius Reisch: A Bibliography," *Library*, 4th ser., 10 (1930): 194 – 216。这本书可以在 1517 年的巴塞尔重印本中看到：Gregor Reisch, *Margarita philosophica* (Düsseldorf: Stern, 1973)。

⑰　Shirley, *Mapping of the World*, 20 – 22 (nos. 22 and 23).

⑱　Shirley, *Mapping of the World*, 40 and 42, 44 and 46 (nos. 36 and 40).

贵族家庭，1472 年，他成为英戈尔施塔特大学的第一批学生。[200] 他的科学生涯的前三十年是在家乡度过的，担任一名神父和天文学、占星术方面的私人学者。在这段时期，他的主要作品是一份绘本的天球仪［由康斯坦茨（Constance）的主教于 1493 年制作］，[201] 以及继 1474 年雷吉奥蒙塔努斯《星历表》之后的《新历书》（Almanach nova）（乌尔姆，1499 年）；这部论著一处著名的细节，是预言 1524 年会发生一场新的世界范围的洪水。1507 年，斯特夫勒成为蒂宾根（Tübingen）的天文学教授。他后来的著作中最有影响力的是《星盘的构建与使用》（Elvcidatio fabricæ vsvsqve astrolabii），这是对星盘的构造和使用的介绍。这本书于 1513 年首次在奥彭海姆（Oppenheim）出版，在 1620 年之前，有 16 个版本。他的一些日历和天文作品可以作为印刷品出售和使用。斯特夫勒是一位著名的学术教师，在他的学生中，有菲利普·梅兰希通（Philipp Melanchthon）和塞巴斯蒂安·明斯特尔。有一份关于托勒密《地理学指南》的第一卷和第二卷的详尽的手稿评论（以课堂笔记的形式）保存了下来，其中包括一张地图草图，显示了从蒂宾根到罗马的道路。[202] 斯特夫勒演讲的其他内容也被明斯特尔的《大学指南》（Kollegienbuch）以及斯特夫勒在自己收集的数据基础上所绘制的西南德意志地图的残片所揭示，这些残片今天已经亡佚。

在德意志北部诸地，中世纪晚期和现代的地图绘制传统并不像南部各地那样丰富。与科学中心的情况相同，南方在与更大区域的地图绘制项目相关方面也处于领导地位。只有一幅 1540 年之前的地图聚焦在美因河以北的一个地区：由安特卫普的木刻师扬·范霍恩（Jan van Hoirne）在 1525 年出版的低地国家地图。[203] 在 1543 年首次出版的阿姆斯特丹艺术家和制图师科内利斯·安东尼松的作品《东方地图》（一幅关于北方和波罗的海一带地区的地图）中，发现了对北德意志的相当不错的描述。这些可能是早期地图的残片，没有原本的痕迹保存下来。[204]

南方与北方的这一对比的鲜明例子是，我们可以直接比较城市的两种大型形式的表现，它们几乎同时被当作城市的重要性和力量的装饰展示。1521 年，奥格斯堡的金匠约尔格·赛尔德（Jörg Seld）绘制了他的家乡的透视平面图（图 42.16），通过乌尔里希·富格尔（Ulrich Fugger）和马库斯·韦尔泽（Marcus Welser）的活动，这里已经成为与意大利进行商业贸易的中心。[205] 这幅地图是献给查理五世的，是作者出于"对祖国的非凡热爱"而创作

[200] 请参阅 Günther Oestmann, with contributions by Elly Dekker and Peter Schiller, *Schicksalsdeutung und Astronomie：Der Himmelsglobus des Johannes Stoeffler von* 1493, exhibition catalog（Stuttgart：Wurttembergisches Landesmuseum, 1993）, and Karl Hoheisel, "Johannes Stöffler（1452–1531）als Geograph," in *Wandlungen*, 69–82。

[201] Nuremberg, Germanisches Nationalmuseum（直径 49 厘米）。

[202] Tübingen, Universitätsbibliothek（Mc 28）；手稿仍然没有编辑。Ivan Kupčík, "Unbekannte Pilgerrouten-Karte aus der Universitätsbibliothek Tübingen," *Cartographica Helvetica* 9（1994）：39.

[203] Karrow, *Mapmakers of the Sixteenth Century*, 316. 这幅地图没有任何副本保存下来，但在 BL 发现了一幅绘本地图，可供重新构建；请参阅 Peter H. Meurer, "Op het spoor van de kaart der Nederlanden van Jan van Hoirne," *Caert-Thresoor* 21（2002）：33–40, and figure 54. 8 in this volume。

[204] 图 45.10 和 Karrow, *Mapmakers of the Sixteenth Century*, 42–48；详细的研究，请参阅 Lang, *Die "Caerte van Oostlant."* 关于类似的现象，请参阅 Arend W. Lang, "Traces of Lost European Sea Charts of the 15th Century," *Imago Mundi* 12（1955）：31–44。

[205] 关于作者，请参阅 Norbert Lieb, *Jörg Seld, Goldschmied und Bürger von Augsburg：Ein Meisterleben im Abend des Mittelalters*（Munich：Schnell und Steiner, 1947）。

的。它展示了这座城市的建筑和人群熙熙攘攘的街道。意大利的透视平面图的影响是显而易见的，比如雅各布·德巴尔巴里（Jacopo de'Barbari）的 1500 年威尼斯平面图。就在短短几年以后，这位木刻师安东·韦恩萨姆·冯·沃姆斯（Anton Woensam von Worms）在 1531年查理五世造访科隆时，向他进献了科隆的平面图。[206] 尽管附带的文字包含人文主义元素，但它的表现形式仍然完全植根于晚期哥特式的传统。它以平行的视角描绘了科隆的莱茵河岸地区的概况。它的表现非常详细；铭牌标示出主要建筑，尤其是教堂。城市的守护神在城市上空的云层中盘旋。

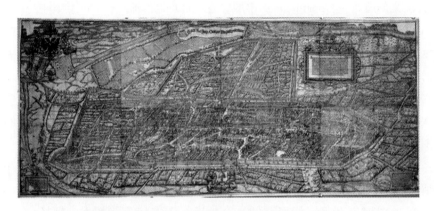

图 42.16　约尔格·赛尔德的奥格斯堡景观图，1521 年

这是基于更详细的调查，从西边俯瞰奥格斯堡商业中心的鸟瞰景观图。木刻版，12 块图版。

原图尺寸：82×191 厘米。由 BL［*Maps 30415（6）］提供照片。

伟大的博学者：马丁·瓦尔德泽米勒

尽管马丁·瓦尔德泽米勒（Martin Waldseemüller，Hylacomylus）在地图史上拥有显著的地位，但关于他的生平却很少有具体的数据。[207] 他出生在沃尔夫韦勒（Wolfenweiler），是一个屠夫的儿子，他父亲在 1480 年前后搬到了易北河畔弗赖堡。1490 年，瓦尔德泽米勒进入弗莱堡大学学习，格雷戈尔·赖施可能是对他最有影响力的老师。大约在 1500 年前后，在不明的情况下，瓦尔德泽米勒成为位于洛林（Lorraine）的圣迪耶（Saint-Dié）的沃萨根塞学院（Gymnasium Vosagense）的成员。[208] 这一人文学院是由洛林公爵勒内二世（René Ⅱ，于 1473—1508 年在位）赞助的，由他的秘书瓦尔特·卢德（Walter Lud，又作 Vautrien Lud）

㉖　木刻版，9 块印板（39×350 厘米）。关于一个版本，请参阅 Max Geisberg and Egid Beitz, *Anton Woensam*, *Ansicht der Stadt Koln*, 1531（Munich：Hugo Schmidt, 1929）；Wolfgang Braunfels 做出了一份精彩的分析，请参阅 "Anton Woensams Kölnprospekt von 1531 in der Geschichte des Sehens," *Wallraf-Richartz-Jahrbuch* 22（1960）：115 – 136。

㉗　M. d'Avezac, *Martin Hylacomylus Waltzemüller*, *ses ouvrages et ses collaborateurs*：*Voyage d'exploration et de découvertes à travers quelques épîtres dédicatoires*, *préfaces et opuscules en prose et en vers du commencement du XVIe siècle*（Paris：Challamel Aine, 1867；reprinted Amsterdam：Meridian, 1980）仍是经典。新的著作有 Hans Wolff, ed., *America*：*Das fruhe Bild der Neuen Welt*（Munich：Prestel, 1992），in English, *America*：*Early Maps of the New World*。另请参阅 Karrow, *Mapmakers of the Sixteenth Century*, 568 – 583。

㉘　G. Save, "Vautrin Lud et le Gymnase vosgien," *Bulletin de la Société philomatique vosgienne* 15（1889 – 1890）：253 – 298.

领导，其成员包括了语言学家马蒂亚斯·林格曼（Matthias Ringmann，又作 Philesius）。[209] 这个学术社团只繁荣了几年，当它的赞助者去世时，它就结束了。下一个确定的日期是 1514年，这一年，瓦尔德泽米勒成为圣迪耶教士团的成员。他死于 1522 年之前；在那一年的三月，他的圣职刚刚任满。

在沃萨根塞学院里，最强调的（也是唯一的）工作领域是基础的地理研究及其以地图和书籍的形式出现的文件。第一个项目是对整个世界的描述。它包括三个部分，于 1507 年全部出版：一为划时代的世界地图，根据其标题，是基于"托勒密传统以及亚美利哥·韦斯普奇（Amerigo Vespucci）和其他人的航行"，并根据托勒密的二次投影绘制（参见图 9.9）；[210] 二为第一架印刷地球仪（参见图 6.5）；[211] 三为一篇附加的文本：《宇宙学入门》（*Cosmographiae introductio*）。[212] 瓦尔特·卢德似乎是一名总管；他个人能力的证据是其 1507年印刷的《世界之镜》（*Speculi orbis*）。[213] 马蒂亚斯·林格曼被认为是这篇文本的主要作者，他可能和瓦尔德泽米勒一起，而后者担任制图师。[214] 这段文字是由卢德在圣迪耶所装备的印刷机上印刷出来的。[215] 到大约 1509 年，他的合作者可能是约翰内斯·肖特（Johannes Schott），他是斯特拉斯堡（Strasbourg）的古籍印刷商马丁·肖特（Martin Schott）的儿子。[216] 他在圣迪耶之外的合作伙伴是乌尔斯·格拉夫（Urs Graf）和斯特拉斯堡的印刷商和出版商约翰·格吕宁格尔（Johann Grüninger）。[217] 他们很可能在自己的工作室里制作了地图和球仪

1204

---

[209]　C. Schmidt，"Mathias Ringmann（Philesius），humaniste alsacien et lorrain，" *Mémoires de la Société d'Archeologié Lorraine*，3d ser.，3（1875）：165 – 233.

[210]　*Vniversalis cosmographia secundum Ptholomaei traditionem et Americi Vespucii aliorumque lustrationes*，木刻版，带有用凸版印刷的全部铭文和地名，印刷在 12 页上（总尺寸：128 × 233 厘米）；请参阅 Shirley，*Mapping of the World*，28 – 31（no. 26）。唯一一部副本收藏在华盛顿特区的美国国会图书馆。基本的版本见 Fischer and von Wieser，*Die älteste Karte mit dem Namen Amerika*。关于印刷的研究，请参阅 Elizabeth M. Harris，"The Waldseemüller World Map：A Typographic Appraisal，" *Imago Mundi* 37（1985）：30 – 53。

[211]　木刻版，一架十二条贴面条带（约 18 × 34.5 厘米）。请参阅 Shirley，*Mapping of the World*，28 – 29（no. 27）。副本收藏在 Minneapolis，University of Minnesota，James Ford Bell Collection，and Munich，Bayerische Staatsbibliothek；第三部副本最近发现于 Offenburg，Stadtbibliothek；第四部是 2005 年在拍卖会上售出的。

[212]　完整的标题是 *Cosmographiae introdvctio，cvm qvibvsdam geometriae ac astronomiae principiis ad eam rem necessariis：Insuper quatuor Americi Vespucii nauigationes. Uniuersalis cosmographi［ae］descriptio tam in solido q［uam］plano eis etiam insertis qu［ae］Ptholom［ae］o ignota a nuperis reperta sunt*。原始版本献给马克西米利安一世，由林格曼和瓦尔德泽米勒署名。在大约 1517 年之前，至少有 6 种发行物出现。关于带有英文译文的复写本，请参阅 *The Cosmographiæ Introductio of Martin Waldseemüller in Facsimile*，ed. Charles George Herbermann（1907；reprinted Freeport，N. Y.：Books for Libraries，1969）。

[213]　Walter Lud［Gualterius Ludd］，*Speculi orbis succinctissima sed neque poenitenda，neque inelegans declaratio et canon*（Strasbourg：Johannes Grüninger，1507）；请参阅 d'Avezac，*Waltzemuller*，60 – 67。这件仪器没有保留下来；很明显，它是一种星盘，印在纸上，在其中一个鼓膜上有一幅世界地图。

[214]　Franz Laubenberger，"Ringmann oder Waldseemüller？Eine kritische Untersuchung über den Urheber des Namens Amerika，" *Erdkunde* 13（1959）：163 – 179.

[215]　Albert Ronsin，"L'imprimerie humaniste à Saint-Dié au XVIᵉ siècle，" in *Refugium animae bibliotheca：Festschrift für Albert Kolb*，ed. Emile van der Vekene（Wiesbaden：Guido Pressler，1969），382 – 425.

[216]　关于他相当复杂的贡献的最新总结，请参阅 Meurer，*Germania-Karten*，152 – 153 and 160。

[217]　关于格拉夫，请参阅 Frank Hieronymus，*Basler Buchillustration*，1500 – 1545，exhibition catalog（Basel：Universitätsbibliothek，1984），571 – 583；关于格吕宁格尔，请参阅 Peter Amelung，"Grüninger，Johannes，" in *Lexikon des gesamten Buchwesens*，2d ed.，ed. Severin Corsten，Gunther Pflug，and Friedrich Adolf Schmidt-Künsemüller（Stuttgart：Hiersemann，1985 – ），3：288 – 289.

的印刷品。

　　瓦尔德泽米勒的世界地图，也是西方第一份印刷的壁挂地图，是各种不同资料来源的集合体。欧洲、近东和北非的表现主要是基于托勒密《地理学指南》的 1482 年乌尔姆版本中的《古代地图》和《现代地图》。对东亚和南亚的表现，并没有印刷模本可以参考。对它们来说，瓦尔德泽米勒最可能使用的是亨里克斯·马特鲁斯在 1490 年绘制的绘本地图——或者是相同的资料来源——的副本。其相似之处是显而易见的：第二种托勒密投影的修订版本的表示法；日本的轮廓和周围大量的小岛；把东南亚描绘成龙的尾巴的形状；（模仿托勒密）缺少印度半岛，并将锡兰（Ceylon）画得太大。瓦尔德泽米勒可能从另一个主要资料来源获得了改进的印度的表现方法，这一来源他十有八九也使用了：一份 15 世纪最初几年的绘本世界地图，这幅地图与阿尔贝托·坎蒂诺（Alberto Cantino）和尼科洛·德卡韦里奥（Nicolo de Caverio）的旋转星图是同一类型，它们可能起源于意大利。[218] 非洲沿海地区的轮廓和定居点，以及主要对新世界的描绘，都是从这个模本中获取的，在 1507 年的世界地图中得到了表现。

　　对于大西洋西部的那些新发现的国家，瓦尔德泽米勒展示了佛罗里达、加勒比群岛和南美洲东北海岸的地区。在东部，这片新的土地被山脉（在北美）和一条陡峭的直线（南美洲）包围，在每一种情况下，都有标注"未知的土地"（Terra ultra incognita）的文字。然而，很明显，瓦尔德泽米勒并没有假设这片新大陆与亚洲有联系。相比之下，瓦尔德泽米勒对南北美洲之间的联系并不确定。就像坎蒂诺和卡韦里奥的地图一样，瓦尔德泽米勒使用的模型可能没有显示出这一地区的任何地形特征；森特·亚涅斯·平松（Vicente Yáñez Pinzón）在 1507 年到达了尤卡坦（Yucatan）海岸。瓦尔德泽米勒以自己的方式没有回答这个问题。在大型主要地图上，南北美洲被一条小通道隔开。然而，在画有两大半球的附属地图上，他正确地描述了与一处地峡的联系。地图上最著名的细节可以在巴西找到，在南回归线的上方：第一次使用亚美利加这个地名。[219] 瓦尔德泽米勒通过阅读和研究亚美利哥·韦斯普奇的印本游记而获得灵感。瓦尔德泽米勒恰好给韦斯普奇所描述的国家起了"亚美利加"这个名称。而相对应地，帕里亚斯（Parias）这个名称，被用来表示北部大陆的碎片，在特立尼达（Trinidad）附近的一处旋涡纹中，也引用了哥伦布。在附属地图上，使用了不确定的术语"未知的土地"（Terra ultra incognita）。在瓦尔德泽米勒的地图上，亚美利加只是表示巴西的一个区域的名称。仅仅几年之后，在抄写员的笔下，成了整块大陆的名称。[220]

　　这张地图及其作者的重要性如何？1507 年的大型世界地图是来自不同资料来源的汇编，年轻的瓦尔德泽米勒是一位伏案工作的学者。研究中心圣迪耶的科学和学术组织，拥有非常好的资金支持和最新的来源材料（不幸的是，这些没有保存下来），这当然是令人钦佩的。作品和作者的真正重要性在于其出版的事实。瓦尔德泽米勒的世界地图出现在一种版本中，

　　[218]　Edward Luther Stevenson, "Martin Waldseemüller and the Early Lusitano-Germanic Cartography of the New World," *Bulletin of the American Geographical Society* 36 (1904)：193 – 215；重印于 *Acta Cartographica* 15 (1972)：315 – 337。

　　[219]　Albert Ronsin, *Découverte et baptême de l'Amérique* (Montreal：Le Pape, 1979), 126 – 189。

　　[220]　例如，请参阅彼得·阿庇安绘制的 1520 年世界地图，该图清晰地使用了亚美利加作为整块大陆的名称；Shirley, *Mapping of the World*, 51 – 53 (no. 45)。

这一版本有一千部副本。因此，第一次，有大量的学者了解到了突破性的地理知识，这些知识很可能也被用于教育。1507 年地球仪的图像是同年的世界地图的简化版本。它还使用了地理术语"亚美利加"，并将北部和南部大陆分开。

1206

瓦尔德泽米勒的第二份世界地图——《航海地图》（*Carta marina navigatoria*），于 1516 年在斯特拉斯堡问世。[21] 这张装饰性的壁挂地图是用波特兰海图（portolan chart）的风格设计的，用的是带有斜航线的矩形投影，尽管它可能不适合在海上的实际应用。这张地图比 1507 年的地图更接近于卡韦里奥地图。[22] 例如，印度部分得到改进，没有绘出日本，人们可以看出不同之处。对美洲中部和南部的西海岸的描绘更加详细，巴西处标有名称"新大陆"（Terra nova）。北美被命名为"古巴和亚洲部分地区"（Terra di Cuba Asie partis），也就是说，至少美洲大陆的北部被认为是亚洲的一部分，而"亚美利加"这个词就不再出现了。

1508 年，瓦尔德泽米勒发表了一篇关于格雷戈尔·赖施的《哲学撷珍》的修订版本的调查和观点的论文。[23] 接踵而来的是 1511 年的《欧洲路程图》（*Carta itineraria Europae*）（图 42.17），这是一幅除了极北地区之外的欧洲的路线图。[24] 此图是来自不同来源的汇编：《地理学指南》的两个版本（1482 年乌尔姆版本和 1507 年罗马版本）中的《现代地图》、埃茨劳布的路线地图，以及今天未知的许多主要资料来源。[25] 从欧洲中部到圣地亚哥—德孔波斯特拉（Santiago de Compostela）的朝圣路线，很明显是采用了德意志僧侣赫尔曼·库尼格（Hermann Kunig）的旅行指南《到圣雅各布的朝圣和路线（*Die walfart und straß zu sant Jacob*）》（斯特拉斯堡，约 1501 年?）。1520 年出版的第二版中唯一保存下来的版本是在查理五世的神圣罗马帝国皇帝加冕典礼之际发表的，装饰性的边界展示了 145 枚服从于德意志和西班牙王权统治的纹章。

沃萨根塞学院另一个长期的项目，是托勒密《地理学指南》的新版本。[26] 1505 年和 1508 年，林格曼前往意大利，寻找一份可靠的手稿。有两则 1507 年的资料表明，地图是瓦尔德泽米勒在当时绘制的。当勒内二世伯爵于 1508 年去世时，这项工作就停滞不前了。这本书于 1513 年出版，由约翰内斯·肖特在斯特拉斯堡印刷。它的编辑是雅各布·埃茨勒（Jacob Aeszler）和格奥尔格·乌贝林（Georg Übelin），他们两人是斯特拉斯堡的大主教府的

---

[21]　用活版印刷的木刻版画和命名，印在 12 张图幅上（总尺寸约 133×248 厘米）；请参阅 Shirley, *Mapping of the World*, 46–49（no. 42）。唯一的副本现在华盛顿特区的国会图书馆里。请参阅 Fischer and von Wieser, *Die älteste Karte mit dem Namen Amerika*。

[22]　Hildegard Binder Johnson, *Carta Marina*: *World Geography in Strassburg*, 1525（Minneapolis: University of Minnesota Press, 1963）.

[23]　后来的《哲学之珠》的版本包含了一个新的世界地图，它是从瓦尔德泽米勒的作品中衍生而来的，以及一篇关于多位测量仪的描述；请参阅 Shirley, *Mapping of the World*, 21, 40, and 42（no. 36）, and Karrow, *Mapmakers of the Sixteenth Century*, 573。

[24]　最初的 1511 年版（Strasbourg: Johannes Grüninger）以及 1527 年的第三版，只有凭借两本用拉丁文和德语写成的介绍小册子而为世所知。复写版本，请参阅 Karl-Heinz Meine, ed., *Erläuterungen zur ersten gedruckten（Straßen-）Wandkarte von Europa*, *der Carta itineraria Evropae der Jahre 1511 bzw. 1520 von MartinWaldseemüller*（Bonn: Kirschbaum, 1971）。

[25]　详细的分析，见 Meurer in *Germania-Karten*, 155–160。

[26]　Claudius Ptolemy, *Geographia*（Strasbourg, 1513）, facsimile edition, intro. R. A. Skelton（Amsterdam: Theatrum Orbis Terrarum, 1966）, and Meurer, *Germania-Karten*, 52–53。

图 42.17　摘自瓦尔德泽米勒《欧洲路程图》的德意志地区的细部

其地形基于埃茨劳布的路线地图（图 42.11），但根据其他来源进行了修正。此处摘自 1520 年的第二版，4 幅木刻图幅。

完整原图尺寸：79×116 厘米。由 Tiroler Landesmuseum Ferdinandeum，Innsbruck 提供照片。

拥护者。林格曼被任命为文字编辑，但在任何地方都没有提到瓦尔德泽米勒。只凭修道院的谦逊是不能解释这一点的。有证据表明，瓦尔德泽米勒和围绕在埃茨勒及肖特周围的团体之间存在某种分歧，这段时间内，在肖特看来，似乎已经无法获得这些材料。因此，瓦尔德泽米勒与约翰·格吕宁格尔合作出版了他后期的著作。

1207　　1513 年的这一斯特拉斯堡版本在托勒密地图集的历史上很重要。因为同时代的制图师充分认识到，由于新发现的原因，《地理学指南》已经过时了，所以他们将《现代地图》的数量增加到了 20 幅。此外，这些现代地图被合并到一个单独的附录《克劳迪乌斯·托勒密增补》（*Claudii Ptolemaei supplementem*）中，这是现代历史上的第一部地图集。出于几个原因，在《现代地图》中最有趣的是洛林的地图（图 42.18）。[㉒] 就像莱茵河上游地区的地图

㉒　Peter H. Köhl, "Martin Waldseemüllers Karte von Lothringen-Westrich als Dokument der Territorialpolitik," *Speculum Orbis* 4 (1988 – 1993): 74 – 83.

一样，这可能是基于瓦尔德泽米勒本人的调查。[28] 纹章边缘的混合表明，它的设计初衷是为了推进勒内二世的领土主张。诸如镜面玻璃、铜和盐的生产等经济细节都是用特殊的符号来表示的。这张地图最初印在一张单独的图幅上，显然是在 1513 年之前的几年，该图反映了印刷技术的实验。它是西方地图学中最早的多色木刻版印刷的例子之一（见图 15）。三种颜色是由三块不同的木版印刷的。[29]

图 42.18　托勒密《地理学指南》的瓦尔德泽米勒版本中的洛林地图

这幅粗略的地图以南为正方向，显示了萨尔河（Saar）、默尔特河（Meurthe）和摩泽尔河（Mosel）上游的区域。许多纹章反映了帝国与法国之间边境地区的复杂领土局势。

原图尺寸：36×26 厘米。由 Lessing J. Rosenwald Collection, Library of Congress, Washington, D. C. （G113. P7 1513）提供照片。

　　总的来说，这 20 幅《现代地图》是由许多一手和二手的资料来源编绘而成的。例如，瑞士联邦的第一幅地图，《瑞士边地新地图》（*Tabula nova Heremi Helvetiorum*），是由康拉

　　[28]　E. G. R. Taylor, "A Regional Map of the Early XVIth Century," *Geographical Journal* 71 (1928)：474 – 479.

　　[29]　在不列颠群岛的《古代地图》的试印刷本上，木刻版在上面印出了大海的颜色，请参阅 Rodney W. Shirley, "Karte der Britischen Inseln von 1513—Eine der ersten farbig gedruckten Karten," *Cartographica Helvetica* 20 (1999)：13 – 17。

德·蒂尔斯特绘制的地图的印刷版本。《现代德意志地图》（*Tabula moderna Germanie*）是各种各样的传统的完美结合。它以北为正方向，以及它局限于马斯河、维斯图拉河、海岸线和阿尔卑斯山之间的区域，都显示出托勒密的影响。地形的表现是埃茨劳布的路线地图的增强版本。[29]

1520 年，约翰内斯·肖特重新发行了 1513 年斯特拉斯堡版本的《地理学指南》。与此同时，格吕宁格尔和瓦尔德泽米勒的团队也制作了一份有竞争力的版本，现在以它的编辑、阿尔萨斯的医生和占星家洛伦茨·弗里斯（Lorenz Fries）的名字而知名。[30] 第一版于 1522 年出版，有 23 幅《现代地图》。这组新地图在 1518 年前后已经部分刻版了。它被绘制以展示瓦尔德泽米勒在 1517 年之前一直编写的《世界编年史》（*Chronica mundi*）。弗里斯的 1522 年版有很多错误。格吕宁格尔的第二部版本在 1525 年问世，其文字由纽伦堡的人文主义者维利巴尔德·皮克海默修订。这些木刻版后来被卖给了里昂（Lyons）的印刷家族特雷希塞尔（Trechsel），并在 1535 年和 1541 年被重新发行。

宗教改革时期的德意志地图学

1517 年，当马丁·路德（Martin Luther）把他的 95 条论纲张贴在威滕伯格（Wittenberg）教堂的门上时，他的动机完全是宗教的。但在短短几年内，宗教改革已经不再仅仅是一种宗教现象。在地下暗中燃烧的冲突几乎在所有地区爆发。然而，对于德意志的文化生活而言，宗教改革创造了一种富有成效的氛围。作为保守权威的天主教会的力量有所减弱。至少在最初的几十年里，自由主义思想、写作和教学都有所发展。

宗教改革的思想也为地理学及其相关学科带来了全新的自我形象。"新教"融合了尽可能多的资料来源，其地理学寻找着圣经的创世理论和从亚里士多德到托勒密的古典作家的教导之间的对应关系。其目的是在对自然的观察中解释神工与天意。对于普通人来说，要理解圣典，他需要很容易地理解关于宇宙的信息，包括整个宇宙及其功能、地球、各个不同的国家乃至各个城镇、自然条件、人民、他们的历史以及日常生活。在地理学理论的历史上，这是将"普通地理学"和"专业地理学"以及将自然地理和人文地理分离开，同时也是有目的地结合起来的根源。

这一改革思想对德意志同时代地图绘制的影响是巨大的。这在纯粹的制图技术问题上并不明显，比如测量和绘图的样式。这些几乎没有改变，如果有的话，那就是独立于新的思维方式。地图学改革的真正激进的创新是改变了对地图和地图绘制的态度。除了加强古典人文主义的学术研究，并为即时的实际应用提供指导，地图学发现了在这一新的学术氛围中的第三种用途：作为通识教育的工具。这样做的根本后果是地图绘制进一步世俗化，以及区域地

㉙ Meurer, *Germania-Karten*, 160 – 162.

㉚ Karrow, *Mapmakers of the Sixteenth Century*, 191—204；这一版本的历史和弗里斯的生平的最新修订，请参阅 Meurer, *Germania-Karten*, 170 – 174. 弗里斯还撰写了瓦尔德泽米勒的《航海地图》的 4 部新版本（1525 年、1527 年、1530 年和 1531 年）所附的说明的文字，这些版本都通过新的木刻版印刷出来。详细的分析和比较，请参阅 Meret Petzilka, *Die Karten des Laurent Fries von 1530 und 1531 und ihre Vorlage, die "Carta Marina" aus dem Jahre 1516 von Martin Waldseemüller* (Zurich: Neue Zürcher Zeitung, 1970).

图学蓬勃发展。

威滕伯格的菲利普·梅兰希通圈子

第一个也是最重要的基于宗教改革思想的学术教学中心，是在 1502 年创立的威滕伯格大学。[22] 其中心人物是菲利普·梅兰希通。[23] 他曾经在蒂宾根学习，约翰内斯·斯特夫勒是他的老师之一。1518 年，他在威滕伯格担任希伯来语和希腊语的教授，在路德的影响下，接受了新的宗教。作为"德意志教师"（Praeceptor Germaniae），即教育系统的改革者，梅兰希通在德国思想史上取得了卓越的地位。[24] 他在 1518 年的就职演讲中提出了其思想的大致轮廓，他的新地理概念在萨克罗博斯科（Sacrobosco）的《世界球体》（*Sphaera mundi*）1531 年版本的前言中得以阐释。[25]

然而，梅兰希通本人并不是一个自然科学家。[26] 为了保证威滕伯格的宇宙学学科的高水平教学，1536 年，他任命了两名志同道合的人：天文学家伊拉斯谟·赖因霍尔德（Erasmus

[22] Michael Beyer and Günther Wartenberg, eds., *Humanismus und Wittenberger Reformation: Festgabe anläßlich des 500. Geburtstages des Praeceptor Germaniae Philipp Melanchthon am 16. Februar 1997* (Leipzig: Evangelische Verlagsanstalt, 1996).

[23] 关于梅兰希通的文献是无可数计的。Wilhelm Hammer 列出了二手文献的参考书目，见其 *Die Melanchthonforschung im Wandel der Jahrhunderte: Ein beschreibendes Verzeichnis*, 4 vols. (Gutersloh: Mohn, 1967–1996)。在纪念他诞辰 500 周年而出版的新传记中，有 Heinz Scheible, *Melanchthon: Eine Biographie* (Munich: C. H. Beck, 1997)。另请参阅 Heinz Scheible et al., eds., *Melanchthons Briefwechsel: Kritische und kommentierte Gesamtausgabe* (Stuttgart: Frommann-Holzboog, 1977–); Ralph Keen, *A Checklist of Melanchthon Imprints through 1560* (St. Louis: Center for Reformation Research, 1988); Philipp Melanchthon, *A Melanchthon Reader*, trans. Ralph Keen (New York: Lang, 1988); Scott H. Hendrix and Timothy J. Wengert, eds., *Philip Melanchthon, Then and Now (1497–1997): Essays Celebrating the 500th Anniversary of the Birth of Philip Melanchthon, Theologian, Teacher and Reformer* (Columbia, S. C.: Lutheran Theological Southern Seminary, 1999); and Karin Maag, ed., *Melanchthon in Europe: His Work and Influence beyond Wittenberg* (Carlisle: Paternoster, 1999)。

[24] Karl Hartfelder, *Philipp Melanchthon als Praeceptor Germaniae* (Berlin: Hofmann, 1889, reprinted Nieuwkoop: B. de Graaf, 1964 and 1972), and Reinhard Golz and Wolfgang Mayrhofer, eds., *Luther and Melanchthon in the Educational Thought of Central and Eastern Europe* (Münster: Lit, 1998).

[25] Philipp Melanchthon, *Sermo habitus apud iurentutem Academiae Vuittenberg: De corrigendis adulescentiae studiis* (Wittenberg, 1518), and Johannes de Sacrobosco, *Sphaera mundi* (Wittenberg, 1531).

[26] 另请参阅 Manfred Buttner, "Philipp Melanchthon (1497–1560)," in *Wandlungen*, 93–110, and Uta Lindgren, "Die Bedeutung Philipp Melanchthons (1497–1560) für die Entwicklung einer naturwissenschaftlichen Geographie," in *Mercator*, 1—12。关于这一主题的新的标准是一部选集：Günter Frank and Stefan Rhein, eds., *Melanchthon und die Naturwissenschaften seiner Zeit* (Sigmaringen: Thorbecke, 1998)，其中包括了下列贡献：Eberhard Knobloch, "Melanchthon und Mercator: Kosmographie im 16. Jahrhundert" (pp. 253–272), and Uta Lindgren, "Philipp Melanchthon und die Geographie" (pp. 239–252)。

在德国人文主义的全盛时期，尤其是在宗教改革的影响之下，对地图学教学的研究很少。在黑尔姆施泰特（Helmstedt）的不伦瑞克（Braunschweig）境内的宗教改革大学的文学院的教学指导中，发现了一个罕见而又有趣的资料来源。请参阅 Ernst Pitz, *Landeskulturtechnik, Markscheide-und Vermessungswesen im Herzogtum Braunschweig bis zum Ende des 18. Jahrhunderts* (Göttingen: Vandenhoeck und Ruprecht, 1967), 14–18。地图学的教学是数学的一部分，设立了两个教授职位。"初等数学"必须教授代数和几何学，其目的是重新计算《旧约》中所定义年份的方式，计算日历和行星运行的日期，并灌输理解《圣经》和古典历史所必需的地理学基础知识。其所提倡的教科书有杰玛·弗里修斯的著作、托勒密的《地理学指南》和约翰内斯·洪特的教科书。蒂勒曼·施特拉（Tilemann Stella）的巴勒斯坦地图、尼古劳斯·索菲阿诺斯（Nikolaos Sophianos）的希腊地图，以及赫拉尔杜斯·墨卡托的欧洲地图都被用作教学辅助用图。此外，还建议学生学习古典文学，比如斯特拉博、保萨尼阿斯（Pausanias）以及庞波尼乌斯·麦拉；利奥·阿菲利加努斯（Leo Africanus）对非洲的描述；对美洲和"最新发现的岛屿"的描述（没有明确命名）。"高等数学"所教授的科目包括地图学，尤其是天文学—数学基础；所使用的教具是托勒密、波伊尔巴赫、雷吉奥蒙塔努斯和赖因霍尔德的著作。

1209 Reinhold）和数学家格奥尔格·约阿希姆·雷蒂库斯（Georg Joachim Rheticus）。[237] 他们对日心说世界观的发表的共同贡献，说明了其重要性，但更重要的是他们明显参与了自然科学的改革。[238] 1539—1541 年，雷蒂库斯住在弗拉姆博克（Frambork），离尼古劳斯·哥白尼（Nicolaus Copernicus）很近。日心说的提法似乎是在雷蒂库斯所撰写的《普鲁士颂》[Encomium Prussiae（但泽，1540 年）] 中首次出现的。哥白尼于 1543 年去世后，正是雷蒂库斯将哥白尼的完整手稿（1543 年）《天体运行论六卷》（De revolutionibus orbium coelestium libri VI）（纽伦堡，1543 年）印刷出来。赖因霍尔德确保了新理论得到进一步证实。他的主要作品的数字，是一组新的星历表 [Tabulae prutenicae（蒂宾根，1551 年）]，是在哥白尼的假设的基础上来计算的。在梅兰希通、赖因霍尔德和雷蒂库斯的领导下，威滕伯格大学在早期的时候就发展得像维也纳和英戈尔施塔特的学校一样重要。在 1560 年前后，许多学生组成了威滕伯格学派，他们在后来的职业生涯中也积极从事地图绘制活动。[239] 这些进入威滕伯格大学学习的人包括：1538 年，海因里希·策尔（Heinrich Zell）、海因里希·冯·兰曹（Heinrich von Rantzau）以及约翰内斯·克里金格（Johannes Criginger）；1539 年，希奥布·马格德博格（Hiob Magdeburg）和约翰内斯·霍梅尔（Johannes Hommel）；1542 年，蒂勒曼·施特拉（Tilemann Stella）；1544 年，托马斯·舍普夫（Thomas Schoepf）；1545 年，约翰内斯·桑布库斯；1546 年，马库斯·约尔达努斯（Marcus Jordanus）；1547 年，埃利亚斯·卡梅拉留斯（Elias Camerarius）；1549 年，卡罗吕斯·克卢西乌斯 [夏尔·德勒埃斯克吕斯（Charles de l Escluse）]；1555 年，约翰内斯·梅林格（Johannes Mellinger）；1557 年，巴尔托洛毛斯·斯库尔特图斯（Bartholomaus Scultetus）。[240]

威滕伯格的学生中，第一个活跃于地图制作领域的是海因里希·策尔。[241] 他出生于科

---

[237] Hans-Jochen Seidel and Christian Gastgeber, "Wittenberger Humanismus im Umkreis Martin Luthers und Philipp Melanchthons: Der Mathematiker Erasmus Reinhold d. Ä. , sein Wirken und seine Würdigung durch Zeitgenossen," Biblos 46 (1997): 19–51, and Karl Heinz Burmeister, Georg Joachim Rheticus, 1514–1574: Eine Bio-Bibliographie, 3 vols. (Wiesbaden: Pressler, 1967–1968).

[238] Ernst Zinner, Entstehung und Ausbreitung der copernicanischen Lehre, 2d ed. , expanded by Heribert M. Nobis and Felix Schmeidler (Munich: C. H. Beck, 1988); 另请参阅 450 Jahre Copernicus "De revolutionibus": Astronomische und mathematische Bücher aus Schweinfurter Bibliotheken, exhibition catalog (Schweinfurt: Stadtarchiv, 1993).

[239] Peter H. Meurer, "Die Wittenberger Universitätsmatrikel als kartographiegeschichtliche Quelle," in Geographie und ihre Didaktik: Festschrift für Walter Sperling, 2 vols. , ed. Heinz Peter Brogiato and Hans-Martin Clos (Trier: Geographische Gesellschaft Trier, 1992), 2: 201–212.

[240] 关于这些人的资料来源包括 Meurer, Fontes cartographici, 124–125, 127–129, 132–133, 178–179, 193–194, 221–222, 226–227, 232–234, 244–247, and 271–272; Karrow, Mapmakers of the Sixteenth Century, 125–128, 159–167, 324–326, 371–375, 464–471, 500–509, and 594–599; Marion Bejschowetz-Iserhoht et al. , Heinrich Rantzau (1526–1598): Koniglicher Statthalter in Schleswig und Holstein, Ein Humanist beschreibt sein Land, exhibition catalog (Schleswig: Landesarchiv, 1999); Wolfram Dolz, "Die 'Duringische und Meisnische Landtaffel' von Hiob Magdeburg aus dem Jahre 1566," Sächsische Heimatblätter 34 (1988): 12–14; and Eckhard Jäger, "Johannes Mellinger und die erste Landesvermessung des Fürstentums Luneburg," in Mercator, 121–136.

[241] Karrow, Mapmakers of the Sixteenth Century, 594–599. 他的生平和工作见 Meurer, Germania-Karten, 231–266. 有一张欧洲的木刻版壁挂地图，印在八图幅上（84×122 厘米），被认为是由海因里希·策尔在奥特柳斯 1570 年 "Catalogus auctorum"（唯一的，不完整的副本保存在 Staatsbibliothek zu Berlin）的条目的基础上所撰写的。然而，这张地图最早出现在 1533 年，当时海因里希·策尔是 15 岁。它是由他的亲戚——纽伦堡的出版商克里斯托弗·策尔（Christoph Zell）发行的。真正的作者还有待确认。

隆，于 1533 年在巴塞尔开始了研究，在那里他也找到了新教。在斯特拉斯堡工作了几年之后，他于 1538 年进入了威滕伯格大学。1539—1541 年，他陪同雷蒂库斯造访哥白尼。1542 年，第一幅极具影响力的普鲁士地图出现在纽伦堡。这幅四图幅的木刻版地图上有一份献词的署名是"科隆的亨里克斯·策里乌斯"（Henricus Cellius Coloniensis）。然而，策尔更有可能只是对此图做了编辑或修订的工作。真正的作者可能是雷蒂库斯，他有可能使用了其他人的早期作品（也许是哥白尼本人）。㉔ 在 1544 年前后，可能是在纽伦堡，策尔的德意志诸地地图问世了，这是 40 多年来这一地区首次新绘制的地图（图 42.19）。㉕ 它是根据 1542 年以前的印刷地图和原始资料来源编撰而成的。非常有意思的装饰使得这一木刻版成为同时代新教反对哈布斯堡王朝氛围的一份宏伟的文献。从 1543 年前后开始，策尔住在斯特拉斯堡，担任教师和印刷商。后来，他又回到普鲁士，从 1557 年前后开始，他一直是柯尼斯堡（Königsberg）的图书管理员，直到去世。

图 42.19　海因里希·策尔的德意志诸地地图，约 1544 年（1560 年）

这幅形象化的地图在装饰中充满了政治性的暗示。策尔在右边增加了第二只狮子，代表德意志国王（左边还有一只狮子象征皇帝），针对查理五世。在北方和波罗的海上骑着鱼的骑士代表英格兰和丹麦的国王，德意志的新教徒希望从他们那里获得军事帮助。这是一幅摹写本；1544 年出版的原版现在已经不存，1560 年第二版的唯一已知原本于 1945 年在德累斯顿被毁掉了。

原图尺寸：56 × 73 厘米。摘自 Albert Herrmann, *Die ältesten Karten von Deutschland bis Gerhard Mercator*（Leipzig: K. F. Koehler, 1940）。由 Newberry Library, Chicago 提供照片。

㉔　Jäger, *Prussia-Karten*, 44 – 47; Józef Babicz, "Nicolaus Copernicus und die Geographie," *Der Globusfreund* 21 – 23（1973）: 61 – 71; and Karl Heinz Burmeister, "Georg Joachim Rheticus as a Geographer and His Contribution to the First Map of Prussia," *Imago Mundi* 23（1969）: 73 – 76.

㉕　Meurer, *Germania-Karten*, 239 – 241.

塞巴斯蒂安·明斯特尔：他的角色和工作

塞巴斯蒂安·明斯特尔是这些变革时期德意志地理学和地图学的核心人物之一，他的重要性远远超出了国界。[244] 1488 年，他出生在美因茨附近的英格尔海姆（Ingelheim），1506 年前后，加入了方济各会，并于 1512 年担任圣职。他的早期教育（特别重视神学和希伯来语研究）是在海德堡、弗赖堡和鲁法克（Rouffach）的方济各会的学校中接受的。[245] 1514—1518 年，他在蒂宾根开设希伯来语课程。在那里，他还听了约翰内斯·斯特夫勒的地理和天文学课程；菲利普·梅兰希通是他的同学。明斯特尔在蒂宾根的学习用书包括 44 幅地图草图，这些草图都是根据埃茨劳布、瓦尔德泽米勒以及乌尔姆版托勒密《地理学指南》的模本复制而来的。[246] 紧接着他在巴塞尔担任了多年的希伯来语讲师（1518—1521 年），并担任亚当·彼得里（Adam Petri）的印刷办公室的校对员。[247] 他在大学中的希伯来语研究的教席位置上继续其教学生涯，从 1524 年开始，在海德堡；从 1529 年开始，在巴塞尔。1530 年，明斯特尔皈依了新教，并与彼得里的遗孀结婚。1542 年，他接任了巴塞尔的《旧约》神学教授职位。明斯特尔住在巴塞尔，是人文主义和改革运动的领军人物之一，直到 1552 年去世。

神学教学和希伯来语研究是明斯特尔的职业，但是宇宙科学是他一生的激情所在。[248] 到了 1524 年，他在这一领域享有盛誉，并与阿尔萨斯的人文主义者比亚图斯·雷纳努斯（Beatus Rhenanus）取得了联系，当时他负责"图解德意志"项目。[249] 该项目转给明斯特尔，并以最新的知识为基础，发展成为一种全新的宇宙志，主要强调用文字和插图来表现德意志地区。

明斯特尔的第一部地理出版物是 1525 年的"太阳仪器"。这张单幅印刷品是一幅基于埃茨劳布和瓦尔德泽米勒的德意志诸地的地图，它的地图是在一个日历环内，有四个环形刻度，用来计算角落里的天文数据。在拉丁语、希腊语、希伯来语和德语的主要方向上，有一个压印的太阳罗盘帮助指示方向。一份详细的解释文本——《新太阳仪器解释》（*Erklerung des newen Instruments der Sunnen*），于三年后问世。[250] 它有一个附录，其中包括呼吁学术界和

[244]　Karl Heinz Burmeister, *Sebastian Münster：Versuch eines biographischen Gesamtbildes*, 2d ed. （Basel：Helbing und Lichtenhahn, 1969）; idem, *Sebastian Münster：Eine Bibliographie*（Wiesbaden：Guido Pressler, 1964）; and Karrow, *Mapmakers of the Sixteenth Century*, 410–434.

[245]　明斯特尔是为数不多的达到人文主义理想的"三通"的学者之一，他们对拉丁语、希腊语和希伯来语达到了积极和完美的掌握。

[246]　Münich, Bayerische Staatsbibliothek（Cod. Lat. Monach. 10691）；请参阅 Wolkenhauer, *Münsters handschriftliches Kollegienbuch*。

[247]　对这一重要企业的历史的彻底研究，见 Frank Hieronymus in 1488 *Petri-Schwabe* 1988：*Eine traditionsreiche Basler Offizin im Spiegel ihrer frühen Drucke*（Basel：Schwabe, 1997）。

[248]　Manfred Buttner and Karl Heinz Burmeister, "Sebastian Münster（1488–1552），" in *Wandlungen*, 111–128；新的总结，请参阅 Meurer, *Germania-Karten*, 177–182。

[249]　斯特拉斯堡的出版商格吕宁格尔考虑修改其托勒密 1522 年版时，明斯特尔就是候选人之一。雷纳努斯住在塞莱斯塔（Sélestat, Schlettstadt），是一名私人学者。他的主要作品是历史地理描述：*Rerum germanicarum libri tres*（Basel, 1531），书中没有地图。关于雷纳努斯，请参阅选集 *Annuaire 1985：Spécial 500ᵉ anniversaire de la naissance de Beatus Rhenanus*, directed by Maurice Kubler（Selestat：Les Amies, 1985）。

[250]　Sebastian Münster, *Erklerung des newen Instruments der Suunnen nach allen seinen Scheyben und Circkeln：Item eyn Vermanung Sebastiani Münnster an alle Liebhaber der Künstenn im Hilff zu thun zu warer unnd rechter Beschreybung Teütscher Nation*（Oppenheim：Iacob Kobel, 1528）. 关于这一出版物的方方面面，请参阅复写版本 *Erklarung des neuen Sonnen-Instruments*, Oppenheim, 1528, 附有阿图尔·杜尔斯特撰写的一份文字, *Sebastian Münsters Sonneninstrument und die Deutschlandkarte von 1525*（Hochdorf：Kunst-Verlag Impuls SA, 1988）, and Meurer, *Germania-Karten*, 183–190。

感兴趣的人，为计划中的宇宙志，向明斯特尔发送插图和文字材料，特别是启动各个地区的地图绘制;[251] 一份简短的地形测绘技术的介绍;[252] 一个半圆形角度测量仪器［测角仪（goniometer）］的印模，读者可以将其切断，并粘贴到其纸板上;明斯特尔自己进行调查绘制的海德堡地区地图，作为工作样本（图 42.20）。[253]

图 42.20 塞巴斯蒂安·明斯特尔的海德堡地区图，1528 年

木刻版摘自明斯特尔的《新太阳仪器解释……》，作为通过测量距离和角度来绘制区域的示例而绘制。

原图尺寸: 14×13 厘米。Bayerische Staatsbibliothek, Munich (Hbks/Hbks R 1 c) 提供照片。

这个大项目花了二十多年的时间才完成。观察明斯特尔在古典—人文主义传统与新方法之间的交替是很有趣的。除了很多关于希伯来语和迦勒底语（Chaldaic）的研究，他还发表了以下地图学著作:[254] 尼古劳斯·库萨努斯的艾希施泰特地图的注释版（1530 年）、小册子《欧洲地图》（*Mappa Europae*）（1536 年）、[255] 黑高（Hegau）地区和黑森林（Black Forest）

---

[251] 请参阅 Gerard Strauss, *Sixteenth-Century Germany: Its Topography and Topographers* (Madison: University of Wisconsin Press, 1959), 423 - 424。

[252] 关于明斯特尔的一个简单的测量区域的方法，请参阅本卷第484—485 页。

[253] Ruthard Oehme, "Sebastian Münster und Heidelberg," *Geographische Rundschau* 15 (1963): 191 - 202.

[254] 关于明斯特尔地图上的标准著作仍然是 Hantzsch, *Sebastian Münster*。Hantzsch 也试图对明斯特尔的模本进行叙述，但这个主题需要修订版本。

[255] 其文本是德语;关于其摹写本，请参阅 Sebastian Münster, *Mappa Europae*, ed. Klaus Stopp (Wiesbaden: Pressler, 1965)。这一著作中有三幅地图，一幅是欧洲地图（约1:18000000），一幅是莱茵河上游地区地图（约1:1500000），另一幅是 1528 年的海德堡地图（约1:650000）。这可以被看作明斯特尔的工作样本，以演示不同比例尺下的地图绘制。

1212　地区的地图，为呼吁进一步合作而绘制（1537 年）、⑱ 庞波尼乌斯·麦拉的《地理学》（*De situ orbis*）的一个版本（1538 年）、⑲ 埃吉迪乌斯·楚迪（Aegidius Tschudi）的壁挂瑞士地图（1538 年，稍后讨论）、单图幅印刷的巴塞尔透视图和巴塞尔地区的地图（1538 年）、⑳ 其版本的托勒密《地理学指南》的第一次发行（1540 年）。㉑

和明斯特尔的大多数作品一样，这本《地理学指南》的巴塞尔版本是由他的继子海因里希·彼得里（Heinrich Petri）印刷的。它有 21 种 "现代地图"，其中有多达 10 种是德意志区域的地图。㉒ 木刻版是由巴塞尔艺术家康拉德·施尼特（Conrad Schnitt）制作的。所有的题字和名字都是用插入式印刷的；明斯特尔铅版的实验可以追溯到 1538 年前后。

1544 年，塞巴斯蒂安·明斯特尔的宇宙学的第一个版本问世——用拉丁文写就。该作品的最终形式是 1550 年的拉丁文和德文两个版本。㉓ 它包括一部带有双图幅地图的地图集，其后是 6 本文字书籍，㉔ 其中有较小的地图以及不同格式的城镇景观图（图 42.21）。总之，大约有 120 名信息提供者参与了主要文字、插图和地图资料来源的工作。明斯特尔呼吁的印刷品和个人信件中表达的要求鼓励了他们。㉕ 明斯特尔自己设计了地图，其中一些是德意志地区的第一批区域地图。其来源以及内容的质量有很大的差异。㉖

明斯特尔的宇宙学是 16 世纪伟大的出版成就之一。在他的诸位继任者的领导下，文字和插图不断地得到更新和完善。这项工作经受住了奥特柳斯、德约德和墨卡托的竞争。在地图集部分，1588 年，巴塞尔的编辑们用一套新的 26 种双图幅地图取代了明斯特尔过时的原版本，这套地图依然是木刻版，但是根据更现代的资料来源绘制的。㉗

---

⑱　Friedrich Schilling, "Sebastian Münsters Karte des Hegaus und Schwarzwaldes von 1537: Ein Einblattdruck aus der Bibliotheca Casimiriana zu Coburg," *Jahrbuch der Coburger Landesstiftung*, 1961, 117 – 138, and Alfred Höhn, "Die Karte des Hegaus und des Schwarzwaldes von Sebastian Münster, 1537," *Cartographica Helvetica* 3 （1991）: 15 – 21.

⑲　明斯特尔对这部作品的贡献是多瑙河源头周围地区的一幅小地图；请参阅 Ruthhardt Oehme, "Sebastian Münster und die Donauquelle," *Alemannisches Jahrbuch* （1957）: 159 – 165。

⑳　Frank Hieronymus, "Sebastian Münster, Conrad Schnitt und ihre Basel-Karte von 1538," *Speculum Orbis* 1, no. 2 （1985）: 3 – 38.

㉑　Claudius Ptolemy, *Geographia* （Basel, 1540）, facsimile edition with bibliographical note by R. A. Skelton （Amsterdam: Theatrum Orbis Terrarum, 1966）.

㉒　关于明斯特尔的书中对开本地图的参考书目，请参阅 Harold L. Ruland, "A Survey of the Double-Page Maps in Thirty-five Editions of the *Cosmographica Universalis* 1544 – 1628 of Sebastian Münster and His Editions of Ptolemy's *Geographia* 1540 – 1552," *Imago Mundi* 16 （1962）: 84 – 97。

㉓　Sebastian Münster, *Cosmographei*, *Basel*, 1550, facsimile ed., intro. Ruthardt Oehme （Amsterdam: Theatrum Orbis Terrarum, 1968）.

㉔　"前文字地图" 的数量是不同的；有关详细的清单，请参阅 Ruland, "Double-Page Maps"。教科书分为：第一册，宇宙学概论、几何学等；第二册，西班牙、英格兰、苏格兰、法兰西和意大利；第三册，德意志诸地；第四册，东欧和奥斯曼帝国；第五册，亚洲；第六册，非洲。一本关于美洲的单独书籍在所有版本中都不见踪影。

㉕　以特里尔为例，详细研究了明斯特尔的工作方式。请参阅 Peter H. Meurer, "Der kurtrierische Beitrag zum Kosmographie-Projekt Sebastian Münsters," *Kurtrierisches Jahrbuch* 35 （1995）: 189 – 225。

㉖　例如，西里西亚的地图是一个未知的作者的原创作品，萨克森的地图是皮拉米乌斯（Pyramius）的 1547 年神圣罗马帝国的地图的残片，法兰克尼亚地图是根据罗滕汉（Rotenhan）地图而摹绘的副本，莱茵河流路地图（3 到 5 个部分的两个版本）是明斯特尔自己的著作，不列颠群岛的地图非常类似于高夫地图的表示方法。

㉗　Peter H. Meurer, "Der neue Kartensatz von 1588 in der Kosmographie Sebastian Münsters," *Cartographica Helvetica* 7 （1993）: 11 – 20.

图 42.21　明斯特尔《宇宙学》(*COSMOGRAPHY*) 中的特里尔景观图

巴塞尔版《宇宙学》中的大多数地图和景观图基于主要资料来源,而明斯特尔通过他的广泛联系获得了这些资料来源。这幅从摩泽尔北部俯视的特里尔鸟瞰图即为一例。它是由当地一位不知名的艺术家绘制的,由特里尔大主教的博学的宫廷医生 Simon Reichwein 提供。木刻版附凸版印刷(铅版)。(对于同一作品中的仪器,请参阅图 19.4 和图 19.13。)

原图尺寸:19×32 厘米。Houghton Library, Harvard University (Typ 565.50.584 F) 许可使用。

　　如果捷克人、德意志人、法兰西人和意大利人能读懂他们本国的语言,就可以学会《宇宙学》。因此,这是第一次有更广泛的公众通过相对容易阅读的地图的方式认识到地球的样子。这与梅兰希通的教育理念和宗教改革的理念相符合。明斯特尔在地理学和地图学上实现了这一理想。

蒂勒曼·施特拉

　　在德国的宗教改革地图史中,有一个重要但不太出名的人物,是蒂勒曼·施特拉。[259] 从1542—1552 年,他在威滕伯格大学读书,是梅兰希通最喜欢的学生之一。1552 年,此二人提出了一个地图绘制的计划,来详细描述和出版 5 幅地图:《圣经》的一部分将会包括这些地图:巴勒斯坦、《出埃及记》的路线,以及圣保罗的旅程,而一个世俗的部分将会有欧洲和德意志的地图。不幸的是,这个伟大的愿景只是实现了一部分。巴勒斯坦的地图和《出埃及记》的路线地图问世于 1552 年和 1557 年(关于它们,稍后会说更多)。1560 年,一幅德意志的总图模仿了塞巴斯蒂安·明斯特尔 1525 年的《太阳仪器》,但其在更现代的基础上,对地形的描述进行了修改。[260] 圣保罗和欧洲旅行的地图则从未制作。

---

[259]　关于施特拉的新的履历,见 Meurer, *Germania-Karten*, 296 – 301;另参见 Karrow, *Mapmakers of the Sixteenth Century*, 500 – 509。

[260]　从地图的标题中可以看出对作为宗教改革地理学的标志人物的明斯特尔的尊重:*Die gemeine Landtaffel des Deutschen Landes, Etwan durch Herrn Sebastianum Münsterum geordnet, nun aber vernewert und gebessert, Durch Tilemannum Stellam von Sigen*。木刻版附有一本小册子:*Kurtzer und klarer Bericht vom Gebrauch und Nutz der newen Landtaffeln*。地图和文字有多个版本;请参阅 Meurer, *Germania-Karten*, 307 – 314。

图 42.22　蒂勒曼·施特拉的茨韦布吕肯—科克尔地图的细部，1564 年。用墨水和水彩绘在纸上（图幅 11 的一部分）

完整原图尺寸：162×160 厘米；细部尺寸：约 40.5×20 厘米。由 Kungliga Biblioteket, Sveriges Nationalbiblioteket, Stockholm（KoB H. vol. 1_ 11）提供照片。

从 1552 年开始，梅克伦堡—什未林（Mecklenburg-Schwerin）的约翰·阿尔布雷希特（Johann Albrecht）一世伯爵（1547—1576 年）对施特拉进行了赞助。直到 1560 年，他被聘为一名正式的宫廷数学家和公爵图书馆的负责人。他制作了球仪、[208] 运河地图、一幅梅克伦堡的绘本地图，[209] 以及几本关于测量[210]和家谱的绘本插图。但他也曾在其他地区工作过，比如曼斯费尔德（Mansfeld）县和卢森堡公国。[211] 1563—1564 年，他对茨韦布吕肯伯爵（pfalz-Zweibrücken）公国的茨韦布吕肯（Zweibrücken）和科克尔（Kirkel）等地区进行了调查。[212] 其成果是以 1∶25000 的比例绘制的 17 幅地图。其地形是相当精确和详细的，并有复杂的符号体系（图 42.22）。在接下来的几十年里，施特拉在多次旅行中，为不同的统治者工作过。

1560 年的德意志地图仅仅是施特拉生命下半部分的主要项目的开始：对神圣罗马帝国全境的调查。[213] 1560 年，施特拉获得了皇帝授予的出版特许权，并于 1569 年得到了延续。[214] 其申请把这个项目的目标描述为：赞美上帝和上帝的创造，赞美德

[208]　Alois Fauser, "Ein Tilmann Stella-Himmelsglobus in Weissenburg in Bayern," *Der Globusfreund* 21–23 (1973): 150–155.

[209]　1553 年地图以 1623 年制作的副本形式保存下来。一个版本已经亡佚；请参阅 Gyula Pápay, "Aufnahmemethodik und Kartierungsgenauigkeit der ersten Karte Mecklenburgs von Tilemann Stella (1525–1589) aus dem Jahre 1552 und sein Plan zur Kartierung der deutschen Länder," *Petermanns Geographische Mitteilungen* 132 (1988): 209–216.

[210]　Hans Brichzin 对其进行了描述，见 "Der Kartograph Tilemann Stella (1525–1589): Seine Beziehungen zu Sachsen und zu Kürfurst August anhand neuer Quellenfunde," *Archivmitteilungen* 42 (1993): 211–228。

[211]　1555 年和 1561 年在曼斯费尔德的调查于 1570 年印刷；请参阅 Helmut Arnhold, "Die Karten der Grafschaft Mansfeld," *Petermanns Geographische Mitteilungen* 120 (1976): 242–255。在卢森堡的测绘已经亡佚；请参阅 Brichzin, "Tilemann Stella," 225。

[212]　Tilemann Stella, *Landesaufnahme der Ämter Zweibrücken und Kirkel des Herzogtums Pfalz-Zweibrücken*, 1564, facsimile ed. with an accompanying monograph by Ruthardt Oehme and Lothar Zögner, *Tilemann Stella (1525–1589): Der Kartograph der Ämter Zweibrücken und Kirkel des Herzogtums Pfalz-Zweibrücken. Leben und Werk zwischen Wittenberg, Mecklenburg und Zweibrücken* (Lüneburg: Nordostdeutsches Kulturwerk, 1989)。其所附文本的注释文本，请参阅 Tilemann Stella, *Gründliche und wahrhaftige beschreibung der baider ambter Zweibrücken und Kirckel, wie dieselbigen gelegen*, 1564, ed. Eginhard Scharf (Zweibrücken: Historischer Verein, 1993)。

[213]　Meurer, *Germania-Karten*, 304–306。

[214]　该项目的特许权文本，"被我们的帝国当局所认可和取代"，印在 Meurer, *Germania-Karten*, 330–331 中。他们对当代版权有一个有趣的见解。这些特许权在神圣罗马帝国和其他所有的土地上都有 15 年的历史，他们禁止所有的印刷商、出版商和书商在没有施特拉的允许的情况下印刷或出售所制作的作品。对违法行为的惩罚，包括依法没收所有非法副本，并将 10 马克（约 2.34 公斤）的黄金支付给斯特拉和皇家金库。宫廷将收到每一份出版物的免费副本。否则，这种特许权就会失去法律效力。

意志作为基督教的领袖和许多英雄和工匠的家园，以及帮助理解德意志历史。更多的详细信 1214
息可以在一篇印刷的论文中找到。[275] 结合各种不同的资料来源，我们可以看到这个项目的后
续细节。该项目要求出版一幅总图，以及近 100 幅不同尺寸和不同比例尺的区域地图。地形
被描绘得如此之大，以至于所有的图画元素和文字都可以被区分出来。此外，所有的地图都
有精确的坐标和多重比例尺，可以用来比较不同种类的里程。不同的符号用于大城镇、小城
镇（对帝国城镇，汉萨城镇，统治者和主教的治所进行了进一步的说明）、村庄、城堡、浴
室和矿山。用线性的签名来标记世俗的和教会的分支区域，通过纹章的条目来进行识别。地
图增补了一个文本资料库，其中包含 9 个章节，包括旧地图及其价值，整个地区的"地理概
况"，不同部分的"特殊地理情况"，[276] 以及对该地区的山脉、河流与历史的专门检查。附录
中还包括军事历史和科学，德意志的专有名称和它们的词源，德语谚语和其他语言的相似之
处，以及来自希伯来语、希腊语、拉丁语和法语的德语单词。

　　和明斯特尔一样，施特拉与众多的贡献者合作开展其大型项目。但是任何内容都没有发
表。施特拉在他的赞助者去世后离开了梅克伦堡宫廷，回去为茨韦布吕肯伯爵服务。宫廷提
出给他津贴，但他从未答复。施特拉一直致力于这个项目，直到 1589 年去世。他的遗产中
有一份文件显示，这一项目从未接近完成。[277]

16 世纪早期瑞士的地图绘制

　　塞巴斯蒂安·明斯特尔的作品和努力只是同时代瑞士人文环境中相当大规模的地图绘制
活动的一部分，瑞士是宗教改革早期的据点。然而，尽管他们对新运动表示同情，但一些重 1215
要人物却没有改宗。例如，在宗教改革之后，亨里克斯·格拉雷亚努斯（Henricus Glarea-
nus，又作 Heinrich Loriti）于 1529 年离开了弗赖堡大学。[278] 他以一些绘本世界地图而闻名，
其中包括第一幅等距的极投影地图。[279] 他多次出版的《地理学指南》（1527 年首次在巴塞尔
出版），将托勒密和斯特拉博的理论概念与阿庇安、瓦尔德泽米勒以及其他人的新数据结合
起来。[280] 这项工作很有趣，因为它很早就对磁偏角和地球贴面条带的构造进行了描述。

　　埃吉迪乌斯·楚迪是改革家乌尔里希·茨温利（Ulrich Zwingli）的学生，也是塞巴斯蒂

　　[275]　*Tilemanni Stellae Sigensis methodus*，*quae in chorographica et historica totius Germaniae descriptione observabitur*（Rostock，
1564）；关于德文译本，请参阅 Meurer，*Germania-Karten*，332–333。

　　[276]　地图所表现的区域被定为加来（W）、柯灵（N）、柯尼希斯贝格和维也纳（E），以及威尼斯和特兰托（S）。有
趣的是施特拉将日耳曼总体分为下日耳曼尼亚（莱茵河以西、摩泽尔河以北）、上日耳曼尼亚（从摩泽尔河到喀尔巴阡
山脉一条线以南），以及萨克森尼亚（莱茵河以东、上面提到的那条线以北）。为了保持上下德意志之间的平衡，施特拉
在这个背景下创造了一个某种程度上是自造的萨克森地区。

　　[277]　请参阅 Oehme and Zögner，*Tilemann Stella*，91–92。施特拉的文章在 1676 年法国军队对茨韦布吕肯的征服中亡
佚了。

　　[278]　Rudolf Aschmann et al.，*Der Humanist Heinrich Loriti*，*genannt Glarean*，1488–1563：*Beiträge zu seinem Leben und
Werk*（Glarus：Baeschlin，1983），and Hans-Hubertus Mack，*Humanistische Geisteshaltung und Bildungsbemühungen*：*Am
Beispiel von Heinrich Loriti Glarean*（1488–1563）（Bad Heilbrunn：Klinkhardt，1992）.

　　[279]　Bonn，Universitätsbibliothek，and Munich，Universitätsbibliothek；请参阅 Edward Heawood，"Glareanus：His Geogra-
phy and Maps，"*Geographical Journal* 25（1905）：647–654。

　　[280]　关于作为地理学家的格拉雷亚努斯，请参阅 Karl Hoheisel，"Henricus Glareanus（1488–1563），"in *Wandlungen*，
83–90。

安·明斯特尔的朋友，还保持着天主教的信仰。[281] 他是一位政治家和富有的私人学者，于 1524 年开始搜集与瑞士有关的历史和地理资料。这一工作在地图绘制方面的成果，是 1538 年在明斯特尔的帮助下在巴塞尔发表的。《蒂罗尔和瑞士全境新图》（*Nova Rhaetia atque totius Helvetiae descriptio*），楚迪的九图幅壁挂地图成为 16 世纪瑞士联邦最具影响力的地图。[282] 它主要是建立在路线调查基础上，显然没有使用值得注意的三角测量和天文测量。因此，变形是巨大的。楚迪在他的余生中一直致力于撰写一个修订版本，但没有印刷出来。[283]

在这一时期，巴塞尔是欧洲地图印刷最重要的中心之一。除了明斯特尔和他的圈子之外，还出版了其他地图：约翰内斯·洪特的特兰西瓦尼亚地图（1532 年）、尼古劳斯·索菲阿诺斯（Nikolaos Sophianos）的希腊地图（1545 年），以及瓦茨瓦夫·格罗代基（Wacttaw Grodecki）的波兰—立陶宛地图（大约 1560 年）。[284] 然而，明斯特尔死后巴塞尔地图印刷业的衰落是不可忽视的。

瑞士的第二家地图出版中心是苏黎世，它的著名印刷机构是新教徒（老）克里斯托夫·弗罗绍尔（Christoph Froschauer）的印刷厂。[285] 他的出版物包括弗罗绍尔《圣经》、1525 年《旧约》的路德德文翻译版本以及第一部配有地图的印刷本《圣经》;[286] 《地球三部分的摘要》（*Epitome trium terrae partium*）（1534 年首次发布），由圣加伦（St. Gallen）的医生、改革者和人文主义者约阿希姆·瓦迪亚努斯（Joachim Vadianus，又作 Joachim von Watt）所做的对圣保罗的旅行进行解释的地理，此人曾在维也纳大学求学（从 1501 年开始），也是策尔蒂斯的后继者，后来担任诗歌和修辞学教席（1512—1518 年），[287] 以及附有约翰内斯·洪特所绘制的 13 幅地图的教科书《宇宙学基础》（*Rudimenta cosmographica*）的最重要

[281] Karrow, *Mapmakers of the Sixteenth Century*, 547 – 557, 新的标准著作是由 Katharina Koller-Weiss and Christian Sieber, eds., *Aegidius Tschudi und seine Zeit*（Basel: Krebs, 2002）编撰。

[282] 1538 年原始版本目前没有已知的副本；其存在是由德文（*Die uralt warhafftig Alpisch Rhetia*）和拉丁文（*De prisca ac vera Alpina Rhaetia*）的释文证明的，这两个文本都是 1538 年由 Michael Isingrin 在巴塞尔印刷的。1560 年和 1614 年的两个版本保存下来。关于此地图的基础研究，是 Heinz Balmer, "Die Schweizerkarte des Aegidius Tschudi von 1538," *Gesnerus* 30（1973）: 7 – 22; 复写本，请参阅 Aegidius Tschudi, *Nova Rhœtiœ atq [ue] totivs Helvetiœ descriptio*（Zurich: Matthieu, 1962）。早期的意大利重印本的参考文献，提供者为 Franchino Giudicetti in *Die italienischen Nachzeichnungen der Schweizer Karte des Aegidius Tschudi*, 1555 – 1598（Bern: Cartographica Helvetica, 1993）。

[283] 楚迪的绘本地图现在保存在 St. Gallen, Stiftsbibliothek; 请参阅 the exhibition catalog by Peter Ochsenbein and Kurt Schmuki, *Bibliophiles Sammeln und historisches Forschen: Der Schweizer Polyhistor Aegidius Tschudi*, 1505 – 1572, *und sein Nachlass in der Stiftsbibliothek St. Gallen*（St. Gallen: Verlag am Klosterhof, 1991），关于此图的概况，请参阅 Walter Blumer, "The Map Drawings of Aegidius Tschudi（1505 – 1572），" *Imago Mundi* 10（1953）: 57 – 60。

[284] Karrow, *Mapmakers of the Sixteenth Century*, 280 – 282, 302 – 315, and 495 – 499; 关于希腊地图出版历史的广泛处理，请参阅 Hieronymus, *Basler Buchillustration*, 541 – 547。

[285] Paul Leemann-Van Elck, *Die Offizin Froschauer, Zürichs beruhmte Druckerei im 16. Jahrhundert: Ein Beitrag zur Geschichte der Buchdruckerkunst anlasslich der Halbjahrtausendfeier ihrer Erfindung*（Zurich: Orell Füssli, 1940）.

[286] Catherine Delano-Smith and Elizabeth Morley Ingram, *Maps in Bibles, 1500 – 1600: An Illustrated Catalogue*（Geneva: Librairie Droz, 1991），no. 2.1。这幅地图是克拉纳赫地图的精简副本（图 42.24）。

[287] Werner Näf, *Vadian und seine Stadt St. Gallen*, 2 vols.（St. Gallen: Fehr, 1944 – 1957）. 最新的文献，请参阅 Ernst Gerhard Rusch, *Vadian 1484 – 1984: Drei Beiträge*（St. Gallen: VGS Verlagsgemeinschaft, 1985），and Peter Wegelin, ed., *Vadian und St. Gallen: Ausstellung zum 500. Geburtstag im Waaghaus St. Gallen*, exhibition catalog [St. Gallen: Kantonsbibliothek（Vadiana），1984]。

的版本，该书在 1546 年和 1602 年间发行了 16 次。[228] 弗罗绍尔的继任者，（小）克里斯托夫·弗罗绍尔，出版了若斯·米雷（Jos Murer）绘制的苏黎世州（1568 年）和苏黎世城市（1576 年）的大幅绘画地图。[229]

　　弗罗绍尔作品的另一位作者是历史学家和宗教改革派牧师约翰内斯·施通普夫（Johannes Stumpf），他是楚迪的朋友，也是明斯特尔的竞争对手。[230] 他的主要作品是编年史《瑞士联邦值得编年史记录的地区、州和人民》（*Gemeiner loblicher Eydgnoschafft Stetten*，*Landen vnd Völckeren Chronick*），于 1548 年第一次印刷。书中有 3000 多幅插图，是一幅罗马时期的瑞士地图——德意志地区最古老的考古地图——和其后的 12 幅对开页地图：欧洲地图、法兰西地图、德意志地图、瑞士地图以及瑞士地区的 8 幅地图（图 42.23），这些地图主要是基于明斯特尔和楚迪，并由施通普夫自己的知识进行补充。[231] 这 12 幅地图也出现在 1548 年的另一幅单独的印刷品中，标题是《土地地图》（*Landtafeln*）。[232] 考虑到瑞士与神圣罗马帝国在

1216

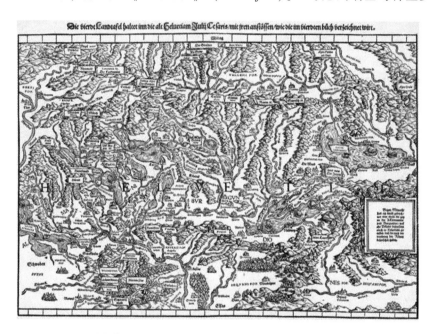

图 42.23　约翰内斯·施通普夫的《瑞士地图集》中的苏黎世地区图，1548 年

对苏黎世地区（Das Zürychgow）的描绘以南为正方向，给出了四森林州湖（Vierwaldstätter See）和苏黎世湖（Zürich See）周围湖泊区域的相当正确的地图图像。木刻凸版印刷。

原图尺寸：28×41 厘米。摘自施通普夫的 Gemeiner loblicher Eydgenoschafft Stetten，Landen vnd Völckeren Chronick（Zurich，1548）。由 Zentralbibliothek，Zurich（PAS 1064）提供照片。

---

[228]　关于对这些许多版本的调查，请参阅 Karrow，*Mapmakers of the Sixteenth Century*，307–313。

[229]　Meurer，*Fontes cartographici Orteliani*，205–206.

[230]　Attilio Bonomo，*Johannes Stumpf*：*Der Reformator und Geschichtsschreiber*（Genoa：Stab. Tipografico Angelo Pagano，1923）；Hans Müller，*Der Geschichtschreiber Johann Stumpf*：*Eine Untersuchung über sein Weltbild*（Zurich：Leemann，1945）；and Karrow，*Mapmakers of the Sixteenth Century*，510–516.

[231]　最初设计的两个版本保存在 Zurich，Zentralbibliothek（MSS. A67 and P128）；请参阅 Meurer，*Germania-Karten*，198–201。

[232]　复写版本：Johannes Stumpf，*Landtafeln*：*Der älteste Atlas der Schweiz*，附有一篇文字，作者为 Arthur Dürst，*Die Landkarten des Johannes Stumpf*（Langnau：Dorfpresse Gattikon，1975）。

实际上的分离状态，施通普夫的工作必须被视为一种原始意义的民族情感的表达。[⑳] 关于地图学历史的早期文献将《土地地图》看作第一部国家地图集，这是正确的。

早期的德意志圣地地图

研读《圣经》是改宗的基督教徒的日常生活的一部分，它的地位远比在曾经的信仰天主教时期重要。使用地图来辅助和阐释圣经阅读，带来了一种新的宗教主题地图的繁荣。在这一领域中，德意志的一个主流传统——也是许多旅行和朝圣的结果——可以追溯到古籍印刷时代。[㉔] 早期宗教题材的地图的三个例子是 1475 年《初学者手册》（*Rudimentum novitiorum*）中对巴勒斯坦的描述、托勒密《地理学指南》的 1482 年乌尔姆版本中的《现代地图》[马里诺·萨努托（Marino Sanuto）和彼得罗·维斯孔特（Pietro Vesconte）绘制地图的印刷版本]，以及由埃哈德·罗伊维希绘制的在布赖登巴赫的 1486 年《圣地朝圣》（Peregrinatio Terram Sanctam）中的巴基斯坦朝圣地图和耶路撒冷的景观地图。[㉕] 这三幅地图，虽然是示意图，但都是基于对圣地的个人知识而绘制的。

所谓的《克拉纳赫地图》（Cranach map），即一份六图幅壁挂地图（图 42.24），是绘制圣地和早期德国人文主义历史上的一个杰出的里程碑。[㉖] 这一地理信息可能是在 1493 年通过萨克森的选侯腓特烈三世（Friedrich Ⅲ）（1486—1525 年在位）的一次朝圣之旅收集的。木刻版的作者是老卢卡斯·克拉纳赫（Lucas Cranach the Elder），他于 1505 年进入了萨克森的宫廷为其服务。[㉗] 出版的确切日期——大约在 1510—1525 年的某个时间点——以及制图者的身份在很大程度上仍然是未知的。[㉘] 这幅图的表现范围仅限于西奈（Sinai）地区的全景，以及雅法（Jaffa）港口的航运交通。这一时期引人注目的是地形测量精度的程度。海岸线和约旦河的轴线上的明显的偏离，显然是来自托勒密的《地理学指南》中的《亚洲地图

㉓　读施通普夫在他的作品中加入神圣罗马帝国的总图是很有意思的。在这个问题上，他在其编年史的第二章的导言中写道："因为今天属于联邦的大部分瑞士土地和瑞士人使用德意志语言、习俗和生活方式，因为他们大多数源自德意志人，因为他们被德意志皇帝、国王、诸侯统治了很长一段时间，而且通常属于神圣罗马帝国；因此，我认为，将'德意志或德意志国家'放在首位，比欧洲其他省份更详细、更详尽地对待，是有益的。"（施通普夫，《土地地图》）

㉔　关于这一主题的标准著作，仍是 Titus Tobler, *Bibliographia geographica Palaestinae: Kritische Uebersicht gedruckter und ungedruckter Beschreibungen der Reisen ins Heilige Land*（1867；reprinted Amsterdam: Meridian, 1964）。

㉕　请参阅图 53.1；Nebenzahl, *Maps of the Holy Land*, 42 – 45（pl. 15），60 – 62（pl. 20），and 63 – 67（pl. 21）；and Laor, *Cartobibliography*, 17 – 19（nos. 128 and 129）and 86（no. 603）。

㉖　Laor, *Cartobibliography*, 28（no. 226），and Arthur Dürst, "Zur Wiederauffindung der Heiligland-Karte von ca. 1515 von Lucas Cranach dem Älteren," *Cartographica Helvetica* 3（1991）: 22 – 27。

㉗　Johannes Jahn, 1472 – 1552, *Lucas Cranach d. Ä.: Das gesamte graphische Werk*（Munich: Rogner und Bernhard, 1972），290 and 420 – 421, 只对上面两页插图描绘（现保存在 Cambridge, Harvard University, Houghton Library），与 Armin Kunz, "Zur Wiederauffindung der beiden verschollenen Fragmente aus der ehemaligen Hauslab-Liechtensteinischen Graphik-Sammlung," *Cartographica Helvetica* 9（1994）: 42。下面两页的副本收藏在 Amsterdam, Bibliotheek van de Vrije Universiteit；请参阅 Lida Ruitinga, "Die Heiligland-Karte von Lucas Cranach dem Älteren: Das älteste Kartenfragment aus der Kartensammlung der Bibliothek der Freien Universität in Amsterdam," *Cartographica Helvetica* 9（1994）: 40 – 41。

㉘　Armin Kunz 推测其日期在大约 1522—1523 年，见 "Cranach as Cartographer: The Rediscovered *Map of the Holy Land*," *Print Quarterly* 12（1995）: 123 – 144。关于地图资料来源的研究，请参阅 Peter H. Meurer, "Analysen zur sogenannten 'Cranach-Karte' des Heiligen Landes und die Frage nach ihrem Autor," in *Geographia spiritualis: Festschrift für Hanno Beck*, ed. Detlef Haberland（Frankfurt am Main: Peter Lang, 1993），165 – 175。我假设地图的作者是西里西亚的人文主义者巴特尔·施泰因（Barthel Stein）。在克拉科夫（从 1595 年开始）和维也纳（1505 – 1506 年）开展研究时期，他一定已经了解了托勒密。从 1509—1512 年，他在威滕伯格担任教授，可以被认为是德国高校的第一个地理学教授。施泰因对圣地的兴趣，也体现在他死后出版的论文 *Ducum, judicum, regum Israelitici populi cum ex sacris tum prophanis literis hystorica methodus*（Nuremberg, 1523）中。

1217

1218

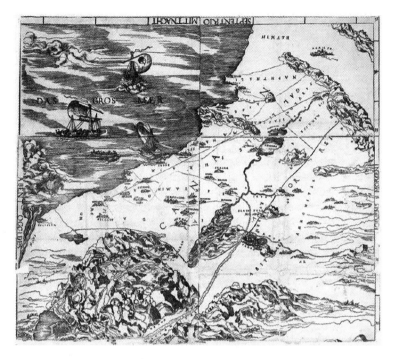

图 42.24　卢卡斯·克拉纳赫的圣地地图，约 1515 年

这是保存下来的唯一一幅完整副本。木刻本，六图幅。

原图尺寸：54×60.5 厘米。由 Eran Laor Cartographic Collection，Jewish National and University Library，Jerusalem（Pal 1059）提供照片。

四》（*Tabula Asiae* Ⅳ）：巴勒斯坦的地图。其中包括了边界、部落的名称，《出埃及记》的路线，而且坚决地没有强调耶路撒冷。

与宗教改革相关的圣地地图的第一位作者是地理学家雅各布·齐格勒（Jacob Ziegler），他是一个相当不安分的人。[299] 他的研究始于在英戈尔施塔特（1491 年）和维也纳（1504 年）的策尔蒂斯。在经历了二十年的流浪之后，他从 1531 年开始在宗教改革后的斯特拉斯堡生活。1532 年，他关于近东和北欧地理的作品选集问世。[300] 这是齐格勒一生伟大计划中唯一的印刷部分：一个从未完成的"新托勒密"。[301] 这部选集包括一系列的 7 幅地图，其中展示了圣地及其部分。[302] 它们的数学结构是以托勒密为基础的，其地形是以各种古典和圣经的资料

[299]　Günther, *Jakob Ziegler*；Karl Schottenloher, "Jakob Ziegler aus Landau an der Isar," *Reformationsgeschichtliche Studien und Texte*, vols. 8 – 10（1910）；and Karrow, *Mapmakers of the Sixteenth Century*, 603 – 611.

[300]　Jacob Ziegler, *Quae intvs continentvr. Syria, ad Ptolomaici operis rationem. Praeterea Strabone, Plinio, & Antonio auctoribus locupletata. Palestina, iisdem auctoribus. Praeterea historia sacra, & Iosepho, et diuo Hieronymo locupletata. Arabia Petreaea, siue, Itinera filiorum Israel per desertum, iidem auctoribus. Aegyptus, iisdem auctoribus. Praeterea Ioanne Leone arabe grammatico, secundum recentiorum locorum situm, illustrata. Schondia, tradita ab auctoribus, qui in eius operis prologe memorantur ···Regionum superiorum, singulae tabulae geographicae*（Strasbourg：Petrum Opilionem, 1532）. 关于这一主题和齐格勒的手稿，请参阅 Kristian Nissen, "Jacob Ziegler's Palestine Schondia Manuscript, University Library Oslo, MS 917 – 4°," *Imago Mundi* 13（1956）：45 – 52。

[301]　在此处，"托勒密"被用作一个表示带有地图的百科全书式的宇宙学的通用术语。

[302]　Laor, *Cartobibliography*, 117 – 118（nos. 866 – 870）, and Nebenzahl, *Maps of the Holy Land*, 70 – 71.

来源为基础。其独特的特征是死海的狗腿形状和表示从巴勒斯坦到欧洲和中东的各个城市的方向及距离的斜航线。然而，齐格勒与宗教改革决裂了，并在维也纳（1541—1543 年）生活，担任一名《旧约》神学教授，并成为帕绍（Passau）的主教法庭的一名私人学者。

在接下来的几十年里，齐格勒成为一些重要地图的资料来源。第一份是赫拉尔杜斯·墨卡托的《圣地每份圣约图》（*Amplissima Terrae Sanctae descriptio ad vtrivsqve testamenti intelligentiam*）。[303] 在这幅 1537 年的壁挂地图中，半新教的墨卡托将齐格勒的单独地图积累成一幅总图，并根据其他资料略做修正。由改革派的传教士和神学教授巴塞尔的沃尔夫冈·维森堡（Wolfgang Wissenburg）（他是格拉雷亚努斯的学生）绘制的壁挂地图《巴勒斯坦新图》（*Descriptio Palestinæ nova*）于 1538 年在斯特拉斯堡问世（图 42.25）。[304] 这一作品是由齐格勒的单独地图组装而成的，可能是在作者作为私人朋友的情况下知情与许可之下完成的。[305] 该图一项创新的元素是包含了许多道路。其他鲜明的特征是死海形状的调整，以及在一系列连续的营地场景中对《出埃及记》的描绘。这幅地图献给坎特伯雷（Canterbury）大主教和英国新宗教思想的推广者托马斯·克兰麦（Thomas Cranmer），这是欧洲宗教改革者之间密切联系的一个例证。作为梅兰希通和施特拉出版计划的一部分，《圣地》（1552 年）和《出埃及记》路线（1557 年）的壁挂地图维滕贝尔格问世。[306] 这两幅地图都采用了齐格勒的地形图，并利用书面材料做了修改。施特拉的设计的重要性体现在奥特柳斯和德约德早期的地图集中对其的应用。

从齐格勒到施特拉的所有地图都有一个共同的特点：它们不是基于任何第一手的经验或者是观察。事实上，16 世纪第一幅德国人文主义地图是在天主教的环境下绘制的，它可以充分使用原始信息。1570 年，安特卫普的出版商希罗尼穆斯·科克（Hieronymus Cock）出版了克里斯蒂安·斯格罗滕（Christiaan Sgrooten）的《圣地新大图》（*Nova descriptio amplissimae Terrae Sanctae*），他是统治尼德兰的西班牙国王腓力二世的宫廷地理学家。[307] 它主要基于一位相对不知名的"天文学家"彼得·拉克斯廷（Peter Laicksteen）在 1556 年的旅行中

1220

---

[303]   Nebenzahl, *Maps of the Holy Land*, 72 – 73.

[304]   Nebenzahl, *Maps of the Holy Land*, 74 – 75. 出版的地点和日期可以根据一份注释文本的两个版本而来，分别用拉丁文（*Declaratio tabulae quae descriptionem Terrae Sanctae continet*）和德文（*Erklerung der Tafel über das Heilig Land*），1538 年，由 Wendel Rihel 于斯特拉斯堡印刷。关于维森堡，请参阅 Karrow, *Mapmakers of the Sixteenth Century*, 587 – 590。

[305]   例如，齐格勒曾在巴塞尔待过几次，比如 1529 年和 1530 年。他之前提到的选集的第二版（斯特拉斯堡，1536 年）有一部由维森堡提供的《圣经》地名的附录（*Terrae Sanctae descriptio ordinem alphabeti*）。

[306]   虽然 1552 年约翰内斯·克拉托（Johannes Crato）在威滕伯格印刷了 600 份这幅圣地的地图，但至今仍没有找到完整的地图样本。最近发现的是一块迄今未经编辑的片段，可以识别其为施特拉地图的下半部分的一部分。重建的结果是一部八图幅地图（总尺寸约为 76×75 厘米）。最初的标题是 *Typus chorographicus celebriorum locorum in Regno Iuda et Regno Israel, ad lectionem sacrum librorum excusa*。这张地图表现了《出埃及记》的路线 *Itinera Israelitarum ex Aegypto loca et insignia miracula diversorum locorum et patefactionum divinorum descripta a Tilemanno Stella Sigensis ut lectio librorum propheticorum sit illustrior*，是一种用文字印刷的木刻本，印在九图幅上（整体尺寸为 86×101 厘米）。图上的铭文"因此，对先知书的解读可能会更清晰"，这反映了它作为《圣经》研究辅助读物的作用。最初的威滕伯格版本的唯一一副本是在 Basel, Universitatsbibliothek。有一部近乎完美的副本，是安特卫普的木刻师和出版商 Bernard van der Putte 于 1559 年制作的，收藏在 BNF；请参阅 Nebenzahl, *Maps of the Holy Land*, 76 – 77。

[307]   铜版雕刻，印在九图幅上（总尺寸为 103×108 厘米）。唯一的原始版本的副本保存在 BL 中；请参阅 Nebenzahl, *Maps of the Holy Land*, 82 – 83。

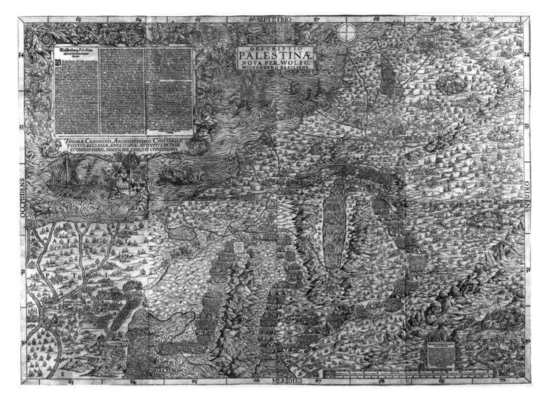

图 42.25　沃尔夫冈·维森堡的圣地地图

其标题为《巴勒斯坦新图》(*Descriptio Palestinænova*)。木刻版,印在八图幅上,并有用凸版印刷的插入的文字。

原图尺寸:74.5×105 厘米。由 BNF (Rés. Ge DD 2987 [10402] B) 提供照片。

所收集的材料。[308] 这张地图的突出特点是对许多同时代的地名和河流系统做了很好的描绘;然而,基尼烈 (Gennesaret) 湖和死海的规模被夸大了。《圣经》中的和古代的名称可能是由斯格罗滕加上去的。

宗教改革时期的 "天主教地图学"

虽然我们强调了宗教改革思想对同时代地图绘制的强烈和刺激性的影响,但这并不意味着在此期间,天主教徒在德意志土地上不活跃。然而,从整体来看,天主教徒学者似乎仍然植根于传统的人文主义传统,比他们的新教徒同行要长得多。也许最重要的区别是,许多新教的制图师彼此之间有着密切的私人关系。16 世纪晚期,在天主教的制图师中,没有像围绕明斯特尔和梅兰希通这样的人的活跃的圈子。天主教徒的地图绘制环境是由独立工作的不同学者组成的。

政治性的天主教地图学的一个亮点——以及海因里希·策尔在 1544 年出版的对应地图——是一幅 1547 年出版的标题为《日耳曼尼亚》(*Germania*) 的壁挂地图,最可能是在

---

[308]　Karrow, *Mapmakers of the Sixteenth Century*, 329–331;在其圣地地图上,他被称作天文学家。

安特卫普制作的，带有一份在布鲁塞尔署名的献词。[309] 它是根据 1545 年以前的印刷地图编制的，但也使用了绘本材料，特别是在西部和北部地区。总之，这张地图不过是对神圣罗马帝国和皇帝查理五世（1547 年，他获得了施马尔卡尔登战役的胜利，标志着他的权力到达巅峰）的颂扬。这并不奇怪，因为撰写了序言和献词的奥地利的克里斯托福鲁斯·皮拉米乌斯（Christophorus Pyramius，Christoph Kegel），在他年轻的时候就担任了查理的士兵和秘书。

在 16 世纪中期，德意志地图学一个完全独立的人物是卡斯帕·福佩尔（Caspar Vopel），他是天主教氛围浓厚的科隆大学文学院的一名数学教授。[310] 他在 1530 年之后不久就开始了自己的职业生涯，其作品是球仪和天文仪器。[311] 在接下来的一段时间里，他的传记中存在一些空白；我们知道他的岳父——来自科隆的印刷商阿伦德·范艾希（Arend van Aich），与宗教改革的圈子有一些联系。1545 年，福佩尔发表了一幅壁挂世界地图。[312] 它的内容是由不同的文本和地图资料来源所提供（并非总是特别仔细）。例如，福佩尔不确定美洲和亚洲是否有一个陆地桥，因此，我们在北美大陆上找到了诸如 "Sinarum R"、"Thebeth" 和 "Asia Magna" 这样的名称。其心形投影，尤其是装饰性的元素，比如托勒密和韦斯普奇的形象，清楚地表明它完全根植于瓦尔德泽米勒的 1507 年世界地图的人文主义传统。1555 年，福佩尔发表了一份欧洲的壁挂地图，该地图也是从二手资料中编制的。[313] 同样是在 1555 年，其莱茵地区的原型地图的第一个版本也问世了，这幅地图以西为正方向（图 42.26）。[314] 在这项工作中，福佩尔还使用了现有的地图，例如，可以识别出楚迪的瑞士地图和雅各布·范德芬

1221

---

[309] 铜版雕刻，印刷在十二图幅上（总尺寸为大约 127×143 厘米）。唯一的一份副本收藏在 Wolfenbüttel，Herzog August Bibliothek；请参阅 Karrow，*Mapmakers of the Sixteenth Century*，449–450，最新的研究，请参阅 Meurer，*Germania-Karten*，279–282。

[310] 标准的传记是 Herbert Koch，*Caspar Vopelius，Kartograph in Köln*，1511–1561（Jena：B. Vopelius，1937）。另请参阅 Karrow，*Mapmakers of the Sixteenth Century*，558–567（关于位置，有一些错误）。

[311] 关于福佩尔的球仪和浑仪，请参阅附录 6.1。最近，Kölnisches Stadtmuseum，Cologne 获得了印刷的星盘的唯一副本。一项新的福佩尔的普查正在制作中。

[312] *Nova et integra universalisque orbis totius iuxta germanam neotericorum traditionem descriptio*；请参阅 Walther Ruge，"Die Weltkarte des Kölner Kartographen Caspar Vopell," in *Zu Friedrich Ratzels Gedächtnis：Geplant als Festschrift zum 60. Geburtstage，nun als Grabspende dargebracht*（Leipzig，1904），303–318，重印于 *Acta Cartographica* 20（1975）：392–405。原本没有副本保存下来。我们了解到重印本，是通过 Giovanni Andrea Valvassore（Venice，1558）in Cambridge，Harvard University，Houghton Library［木刻本，印刷在十二图幅上，112×194 厘米；请参阅 Shirley，*Mapping of the World*，115，117–118（no. 102）］和 Bernard van den Putte（Antwerp，1570）in Wolfenbüttel，Herzog August Bibliothek 木刻本，印刷在十二图幅上，105×193 厘米；请参阅 Shirley，*Mapping of the World*，146 and 148–149（no. 123）］。

[313] *Europae primae et potentissimae tertiae terrae partis recens descriptio*（木刻版）。1555 年的原版没有任何一部副本可以找到。有一部 1597 年的重印本，使用了科隆印刷商 Wilhelm Lützenkirchen 制作的重印版，附在一本书中：*Supplementum Europae Vopelianae. Das ist：Ein weiter Zusatz und Erklärung der Tafel Europae …*，by Matthias Quad。这一版本的唯一一完整副本（木刻版，印刷在十二图幅上，大约 94×135 厘米）收藏在 Chicago，Newberry Library；3 幅单独的册页收藏在 Darmstadt，Hessischen Landesbibliothek。这幅福佩尔地图还由 Bernard van den Putte 复制于安特卫普（木刻版，印刷在十二图幅上，大约 93×134 厘米）。我们知道 1566 年（BNF）和 1572 年（Wolfenbüttel，Herzog August Bibliothek）版本。

[314] H. Michow，"Caspar Vopell und seine Rheinkarte vom Jahre 1558," *Mitteilungen der Geographischen Gesellschaft in Hamburg* 19（1903）：217–241，重印于 *Acta Cartographica* 6（1969）：311–335，以及 Caspar Vopel，*Recens et germana bicornis ac vvidi Rheni omnivm Germanae amnivm celeberrimi descriptio*，复写本，附在 Traudl Seifert，*Caspar Vopelius：Rheinkarte von 1555*（Stuttgart：Muller und Schindler，1982）。1555 年原版还有两部副本（例如图 42.26）和根据 1558 年（Schwerin，Landesbibliothek Mecklenburg-Vorpommern）和 1560 年（Bonn，Collection Fritz Hellwig）的木刻初刻版的重印本为人所知。

图 42.26　卡斯帕·福佩尔的莱茵河地图的细部，1555 年

标题为《德意志所有河流中最著名莱茵河最新全图，从其双河口始绘制》（*Recens et germana bicornis a vvidi Rheni omnium Germaniae amnium celeberrimi descriptio*）。木刻本，印在三图幅上。

完整原图尺寸：37.5×150 厘米。由 Herzog August Bibliothek，Wolfenbüttel（Map Collection R 9）提供照片。

特的低地国家地图的影响。然而，整个地图的中间部分都是基于原始资料，河流的表现特别好，而且非常详细。可以假定福佩尔做了自己的调查。这张福佩尔地图被多次复制——经过一些修改——直到 17 世纪末。[315]

---

[315]　Klaus Stopp, *Die monumentalen Rheinlaufkarten aus der Blutezeit der Kartographie*［Wiesbaden：Kalle Aktienges，(1969)］.

第一次调查时期

　　16 世纪中叶后不久，德意志地图史的一个新阶段开始了。虽然它可以被清楚地认识到，但它的结束却不能被精确地确定。在这个时代有三个决定性的因素：地区统治者的政治权力日益增强，从而导致神圣罗马帝国内各疆域的日益定型；区域行政管理部门对关于财政、法律和军事用途的财产问题的准确数据的日益增长的需要；那些受过专门训练的测量师越来越多地从事全职工作。正是在此基础上，在接下来的一段时间里，在几个德意志诸侯领地内进行了第一次或多或少可靠的地形调查，尽管并不是所有的地区统治者都认识到精确的地图和数据对其行政管理的价值。在其他领地，认为非地图形式的统计和描述性数据的收集是充分的。

　　大约在 1550 年，在德意志地区有足够的技术知识来绘制地图。到那时，已经有了足够多的用德语写作的测量教科书，写得相对简单。[316] 测量距离和角度的简单的几何程序，以及将所收集到的数据转换为图形，都是建筑师或画家等工匠教育的一部分。我们可以假定这些技能在当地的地图绘制中都是广为人知的；从 16 世纪中叶开始，在德意志的几乎所有地区都有记录在案的范例。[317] 然而，在这一时期，没有地产地图测绘的永久传统。在德意志地区，16 世纪的大比例尺绘本地图主要是用于解决法律纠纷或作为规划的基础而绘制的。[318] 城镇地图是一个例外，其中大部分被官方委托绘制来展示一个城镇的荣耀和重要性。[319] 三维世界被转换成二维的地图图像的方式也存在着巨大的变化。所有类型的表现方式——正交投影地图、透视表示法和斜向素描——都在继续共存。《土地地图》（*Landtafeln*）是一幅大尺寸

1222

---

　　[316]　除了阿尔布雷希特·丢勒和塞巴斯蒂安·明斯特尔的书籍之外，还有这些教科书：Jakob Köbel, *Geometrei, vonn künstlichem Messen vnnd Absehen allerhand Höhe . . .*（Frankfurt, 1536），and Walther Hermann Ryff（Gualterius Rivius），*Perspectiva*, 作为其 *Der furnembsten, notwendigsten, der gantzen Architectur. . .*（Nuremberg, 1547 年）的一部分发表。关于这一主题，Wolfram Dolz 做出了一个好的调查，见 "Vermessungsmethoden und Feldmesinstrumente zur Zeit Gerard Mercators," in *Mercator*, 13 – 38。关于参考书目，请参阅 Klaus Grewe, *Bibliographie zur Geschichte des Vermessungswesens*（Stuttgart：Wittwer, 1984）。

　　[317]　关于这一主题，不可能提供一份完整的处理。读者可以参考区域调查和展览目录，诸如 Oehme, *Kartographie des deutschen Südwestens*; Schnelbögl, *Nürnberger Kartographie*; Meinrad Pizzinini, *Tirol im Kartenbild bis 1800*（Innsbruck：Tiroler Landesmuseum Ferdinandeum, 1975）; Günter Tiggesbäumker, *Mittelfranken in alten Landkarten*: *Ausstellung der Staatlichen Bibliothek Ansbach*（Ansbach：Historischer Verein für Mittelfranken, 1984）; Heiko Leerhoff, *Niedersächsen in alten Karten*: *Eine Auswahl von Karten des 16. bis 18. Jahrhunderts aus den niedersächsischen Staatsarchiven*（NeuMünster：Wachholtz, 1985）; Hans-Joachim Behr and Franz-Josef Heyen, eds., *Geschichte in Karten*: *Historische Ansichten aus den Rheinlanden und Westfalen*（Düsseldorf：Schwann, 1985）; Jürgen Hagel, *Stuttgart im Spiegel alter Karten und Pläne*: *Ausstellung des Hauptstaatsarchivs Stuttgart*（Stuttgart：Hauptstaatsarchiv, 1984）; Heinz Musall et al., *Landkarten aus vier Jahrhunderten*: *Katalog zur Ausstellung des Generallandesarchivs Karlsruhe*, *Mai* 1986（Karlsruhe：Fachhochschule Karlsruhe, 1986）; Fritz Wolff, *Karten im Archiv*, exhibition catalog（Marburg：Archivschule Marburg, 1987），主要是关于黑森州的地图; Gerhard Leidel and Monika Ruth Franz, *Altbayerische Flußlandschaften an Donau*, *Lech*, *Isar und Inn*: *Handgezeichnete Karten des 16. bis 18. Jahrhunderts aus dem Bayerischen Hauptstaatsarchiv*（Weissenhorn：A. H. Konrad, 1998）。

　　[318]　一组有趣的法律地图资料来源是那些用于解决争端时参考的地图，收藏在 Reichskammergericht，即帝国法院中。今天，它们分散在许多地区档案馆中。

　　[319]　关于概述，请参阅其选集：Wolfgang Behringer and Bernd Roeck, eds., *Das Bild der Stadt in der Neuzeit*, 1400 – 1800（Munich：C. H. Beck, 1999）。

的图像式地图，主要是由相对较小的地区组成的（图版45），是由画家们在特定场合下以及出于纯粹的装饰目的而绘制的单独特定的作品。⑳

与此同时，制图师的专业形象也发生了变化。人文主义的博学者几乎完全从圈子中消失了。地方和区域调查成为具有非学术背景的专业人士的工作。1540 年在纽伦堡印刷的巴伐利亚领地地图，代表了学术地图绘制的人文主义传统和新的制图工艺之间的分界线。这幅地图是由埃哈德·赖希（Erhard Reich）绘制的，他是蒂罗尔的建筑大师，为艾希施泰特的主教和伯爵宫廷服务。㉑ 要对一个更大范围内的领土进行相当精确的调查，就要求专家可能除了其他相关的任务外，还可能要全职承担这一项目。因此，在德意志的宫廷中发展了早期的数学、几何学和宇宙学。蒂勒曼·施特拉可能是这一新流派的第一个制图师。

这些合适的专家的资格和实用性通常决定了是否在德意志疆域内进行地形调查。一个有说明性的例子是霍德弗里德·马斯科普（Godfried Mascop），他来自位于莱茵河下游河畔的埃默里希（Emmerich）。㉒ 他以一幅 1568 年的威斯特伐利亚（Westphalia）地图而闻名，于1572 年为位于沃尔芬比特尔（Wolfenbüttel）的不伦瑞克（Braunschweig）的尤利乌斯（Julius）公爵服务。㉓ 他承担许多职责，包括每天在位于甘德斯海姆（Gandersheim）的公爵学校授课两小时，为位于沃尔芬比特尔的公爵图书馆制作球仪和仪器，绘制一幅不伦瑞克公国

---

⑳　"Landtafeln" 这个术语是有问题的。在 16 世纪的当代用法中，Landtafel 是 Landkarte（map）最常用的同义词。对于今天的使用，我建议将这个术语的使用限制在满足两个条件的对象上：第一，它们是绘制或绘画的表现方式，作为一个更大的格式的规则，例如，用作代表性的墙壁装饰；第二，尽管这些作品可以调查为基础，但它的表现总是透视的，以一种全景的方式呈现出来。地图学史对于这一讨论贡献很少。从艺术史的角度来看，非常有趣的方面是由 Gustav Solar 提供的：*Das Panorama und seine Vorentwicklung bis zu Hans Conrad Escher von der Linth*（Zurich：Orell Füssli, 1979），68－75。对 Landtafeln（附有目录）的详尽研究将是以后研究的一个有趣领域。现存有相当数量的 Landtafeln，包括以下内容。

·Wilhelm Ziegler 绘制的帝国城市 Rothenburg ob der Tauber 的透视景观图（1537 年）；请参阅 Walter M. Brod, "Frankische Hof-und Stadtmaler als Kartographen," in *Kartengeschichte und Kartenbearbeitung：Festschrift zum 80. Geburtstag von Wilhelm Bonacker*, ed. Karl-Heinz Meine（Bad Godesberg：Kirschbaum, 1968），49－57。

·由 Melchior Lorichs 绘制的易北河下游支流地图（1568 年）（Hamburg, Staatsarchiv, 四十四图幅，总尺寸 109×1215 厘米）；请参阅 Jurgen Bolland, *Die Hamburger Elbkarte aus dem Jahre 1568, gezeichnet von Melchior Lorichs*, 3d ed.（Hamburg：H. Christians, 1985）。

·Daniel Frese 绘制的荷尔斯泰因地区平讷贝格（Pinneberg）的 Landtafel（1588 年）（Bückeburg, Schlosmuseum, 450×500厘米），请参阅 Lorenz Petersen, "Daniel Freses 'Landtafel' der Grafschaft Holstein（Pinneberg）aus dem Jahre 1588," *Zeitschrift der Gesellschaft für Schleswig-Holsteinische Geschichte* 70－71（1943）：224－246。

·Philipp Renlin the Elder 绘制的多瑙河上游区域地图（Stuttgart, Landesmuseum, 112×265 厘米）；请参阅 Oehme, *Kartographie des deutschen Südwestens*, 98－99 and pl. 111。

·德意志南部地区的 Landtafeln 最重要的作者是 Johann Andreas Rauch；请参阅 Oehme, *Kartographie des deutschen Südwestens*, 89－94, and Ruthardt Oehme, "Johann Andreas Rauch and His Plan of Rickenbach," *Imago Mundi* 9（1952）：105－107。

㉑　Karrow, *Mapmakers of the Sixteenth Century*, 451－452.

㉒　Peter H. Meurer, "Godfried Mascop：Ein deutscher Regionalkartograph des 16. Jahrhunder-ts," *Kartographische Nachrichten* 32（1982）：184－192, and Karrow, *Mapmakers of the Sixteenth Century*, 367－370.

㉓　关于马斯科普在沃尔芬比特尔的职责的详细信息是来自一部授权证书，由 Peter h. Meurer 编辑，在其 "Der Kartograph Godfried Mascop und die junge Wolfenbütteler Bibliothek," *Wolfenbütteler Notizen zur Buchgeschichte* 23（1998）：79－86。

的地图，以及完成他自己的项目《德意志描绘作品》（*Opus descriptionis Germaniae*）。[324] 然而，马斯科普在一年之后就离开了这个职位；第一次对不伦瑞克公国的精确调查，不得不留待将近五十年之后。[325] 从 1575—1577 年，马斯科普担任了为美因茨的大主教服务的宇宙志学者。可能是由于作者的死亡，他对那片土地进行调查的大比例尺地图仍是片段。[326] 直到一个世纪后，才完成了对美因茨大主教区的完整测绘制图。[327]

一般来说，地形测量的执行和质量取决于特定当局亲自参与的程度。当德意志统治者认识到地图学的价值和益处，并成为思想开放的赞助人时，优秀的作品就可能出现。一些最重要的项目会在接下来的章节中单独呈现。这些描述说明，官方执行的调查结果是执政当局所控制的知识的一部分。只有统治者来决定是否出版这类地图。

菲利普·阿庇安对巴伐利亚的调查

菲利普·阿庇安是彼得·阿庇安的儿子，他于 1542 年在英戈尔施塔特大学开始学习数学。[328] 他在斯特拉斯堡、巴黎和布鲁日学习法律和数学，完成了学业。1552 年回到英戈尔施塔特后，他接替父亲担任大学的数学教授。两年后，他接到了公爵阿尔布雷希特五世（Albrecht V）的一份命令，对巴伐利亚进行了全面的地形测量。阿庇安在 1554—1561 年的七个夏季期间和两个助理进行了实地考察。调查的比例尺约为 1∶45000。第一部作品是 1563 年的一份绘本，是一幅尺寸为大约 5×5 米的土地地图。[329] 借助公爵的汇票，阿庇安为印刷工作进行了准备。1566 年，完成了比例尺约为 1∶135000 的重新绘制。这些木版是由艺术家约斯特·安曼（Jost Amman）雕刻的，他是苏黎世本地人。[330] 1568 年，首次印刷的《巴伐利亚土地地图二十四幅》（*Bairische Landtafeln XXIV*）是在英戈尔施塔特的阿庇安的印刷厂进

---

[324] 作为公国地图绘制的一个特殊方面，公爵要求对自然资源进行详细的盘点：水文（用于建造磨坊）、森林（附有各种种类和年龄的树木的说明），以及矿物和土壤的种类和沉积。关于 *Opus descriptionis Germaniae*，请参阅 Meurer，*Germania-Karten*，272 – 273。这个项目和施特拉的项目非常相似。马斯科普把这个想法带到了沃尔芬比特尔；它呼吁创建一幅神圣罗马帝国的总地图、每个诸侯的区域地图以及所有阿姆特的特定地图（阿姆特是德意志行政划中最低的单位）。作为对他的赞助的回报，尤利乌斯公爵声称拥有对这个项目的所有权利，尤其是出版权，并预先对帝国宫廷作了献词。然而，这个雄心勃勃的地图项目并没有留下任何痕迹。

[325] 这幅地图是由不伦瑞克宫廷的测量员和建筑主管 Caspar Dauthendey 绘制的，大约在 1630 年前后出现；请参阅 Fritz Hellwig，"Caspar Dauthendey und seine Karte von Braunschweig，" *Speculum Orbis* 2（1986）：25 – 33。

[326] 一份包含 15 幅地区地图和 3 幅城镇地图的手稿被保存在 Staatsarchiv Würzburg（Mainzer Pläne，Wandgestell 10）；Gottfried Kneib 对它们进行了研究："Der Kurmainzer Kartograph Gottfried Mascop，" *Mainzer Zeitschrift* 87 – 88（1992 – 1993）：209 – 268。

[327] 1680 年前后，制图师、出版商和雕刻师 Nicolas Person 出版了地图集 *Novae Archiepiscopatus Moguntini tabulae*；请参阅 Helmut Häuser，"Zum kartographischen Werk des Mainzer Kupferstechers und Ingenieurs Nikolaus Person，" in *Festschrift für Josef Benzing zum sechzigsten Geburtstag*，ed. Elisabeth Geck and Guido Pressler（Wiesbaden：Pressler，1964），170 – 186，and idem，"Der Mainzer Atlas von Nikolaus Person，" *Lebendiges Rheinland-Pfalz* 13（1976）：21 – 25。

[328] 关于菲利普·阿庇安的基础性著作是 Hans Wolff et al.，*Philipp Apian und die Kartographie der Renaissance*，exhibition catalog（Weisenhorn：Anton H. Konrad，1989）。另参见 Karrow，*Mapmakers of the Sixteenth Century*，64 – 70。阿庇安进入大学的年龄是 17 岁，与其兄长 Theodor 和 Timotheus 一起。入学注册登记簿注明了阿庇安兄弟因为 "他们父亲的优秀"，所以免除了入学考试费用。

[329] 它在 1792 年被摧毁。1945 年，一份 1756 年制作的在四十图幅上的副本亡佚了。

[330] 这张阿庇安地图是在地图印刷中使用木刻和定型字母的标本之一。最初的印版被保存在慕尼黑的 Bayerisches Nationalmuseum。请参阅图 22.11 和 David Woodward，"The Woodcut Technique，" in *Five Centuries of Map Printing*，ed. David Woodward（Chicago：University of Chicago Press，1975），25 – 50，esp. 46 – 47 and fig. 2.5。

行的。它是一部包含书名页、总概览图的地图集，以及一幅由 24 个部分组成的主地图，这些部分可以组成一幅约 171×169 厘米（图 42.27）的壁挂地图。[531]

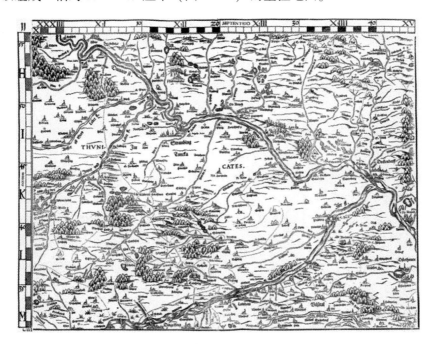

图 42.27　摘自菲利普·阿庇安的巴伐利亚调查报告的一页图幅，1568 年

纸页尺寸：39×51 厘米。由 Newberry Library，Chicago（Ayer ＊f7 A71 1568，sheet 11）提供照片。

菲利普·阿庇安的作品是这类工作第一次因官方需求而最后制作而成的任务。从数学和地图学角度来看，它比这一时期的任何区域地图都更准确。纬度的平均误差仅为 1.5′，而经度的平均误差约为 1.4′。这幅地图是地点的天文计算、角度的测量、运用行程测量距离以及详细的现场地图绘制的结果。它可能是德意志地区第一部使用了基于杰玛·弗里修斯的新技术的三角测量的地图作品，这对阿庇安家族来说应该是特别熟悉的。地图上的地形内容极其丰富。总共绘出了 1000 多个定居点。这幅地图的表现方式是严格的正交，用写实的设计来描绘定居点的轮廓，以及同样写实地描绘山脉、森林、河流草甸。即使是一些独特的元素，如盐田、温泉、道路交叉口和战斗地点，也被展示出来。然而，图中没有道路，哪怕是小路。

1224

菲利普·阿庇安对巴伐利亚的地形调查印刷出来了。显然，其他地区实行的保密措施——可能是出于军事上的原因——在巴伐利亚没有实行。公爵阿尔布雷希特五世是一位自由主义的、开明的文艺复兴诸侯。他认为该调查的广泛传播并在领地内所有地区开展实际应用是更大的资产。这幅地图也是一件艺术作品，由当时最优秀的一位木刻师精心设计，因此展示了该地区和公爵的伟大和财富。菲利普·阿庇安还撰写了一份相应的区域描述，《巴伐利亚的声明或描述》（*Declaratio sive descriptione Bavariae*）。它本应该作为一本附书出版，而

㉛　Wolff 的 *Philipp Apian* 包括所有地图的减缩复制品。有几幅由私人和公共出版社制作的原始尺寸的复写版本；一篇很好的评论，见 Philipp Apian，*Bairische Landtafeln ⅩⅣ*，with introductions by Gertrud Stetter and Alois Fauser（Munich：Süddeutscher，1966）。

约斯特·安曼也完成了那些打算被囊括在内的城镇景观图。但由于同情宗教改革，阿庇安与天主教宫廷发生冲突，所以此书并没有出版。1569 年，他被任命为经历了宗教改革的位于蒂宾根的符腾堡公国的区域大学的几何学和天文学教授，在那里度过了自己的余生。当他离开英戈尔施塔特的时候，他带上了自己的私人财产——包括土地地图的木刻版。为了在未来不再受阿庇安的影响，阿尔布雷希特五世在 1579 年制作了此地图的一个铜雕版。这两种版本都有很多衍生版本。直到 18 世纪末，几乎所有的巴伐利亚的地图都或多或少地基于阿庇安的杰出原型。

1225

符腾堡调查

可能是出于对巴伐利亚的阿尔布雷希特公爵的忠诚，菲利普·阿庇安并没有在符腾堡公国里担任过制图师。但即使没有他，这片土地也成为 16 世纪晚期德意志地图绘制得最好的地区之一。[32] 其推动力量主要是区域统治者有兴趣去获取可靠的地理数据，特别是为了商业目的。在这一背景下，制作了三部地图作品。第一幅是一部 1575 年的地图集，其中包括 51 幅分区地图，比例尺为 1 : 150000，是由公爵的公证人海因里希·施韦克（Heinrich Schweickher）制作的。[33] 第二幅是在 1572—1596 年，由彼得·阿庇安在英戈尔施塔特的一个学生——法学家和工程师格奥尔格·加德纳（Georg Gadner）所绘制的符腾堡的行政区域地图集《符滕堡公国图绘》（*Chorographia Ducatus Wirtenbergic*），包括 20 幅地图，比例尺为大约 1 : 80000（图 42.28）。[34] 第三幅是由测量师雅各布·拉明格（Jakob Ramminger）在 1596 年编制的一幅包含有符腾堡 30 个湖泊和池塘的地图。[35] 从技术角度看，这三部作品都比不上阿庇安的巴伐利亚地图。他们所依据的方法可能仅限于简单的步测和现场测绘。绘画的风格似乎也过时了；在正交透视的表现下，地图与山水画的密切关系仍然很明显。

这三个项目都没有正式出版。然而，从 1572 年以来，加德纳的材料成为亚伯拉罕·奥特柳斯在他的《寰宇概观》中所发表的一幅非常有影响力的符腾堡地图的基础。这是 16 世纪的德国地图学中一个盗版的例子，因为加德纳终其一生都在坚称，这本书是在未经他同意的情况下出版的。

阿诺尔德斯·墨卡托对特里尔大主教区的调查

赫拉尔杜斯·墨卡托的长子阿诺尔德斯·墨卡托（Arnoldus Mercator），在地图学历史上

---

[32]　关于其概述，请参阅 Oehme, Kartographie des deutschen Südwestens, and Hagel, Stuttgart.

[33]　Stuttgart, Württembergische Landesbibliothek（Cod. Hist. 4o102）；请参阅 Heinrich Schweickher, *Der Atlas des Herzogtums Wurttemberg vom Jahre* 1575, ed. Wolfgang Irtenkauf, facsimile with introduction（Stuttgart：Müller und Schindler, 1979）.

[34]　Oehme, *Kartographie des deutschen Südwestens*, 36 – 40 and pl. Ⅳ；Hagel, *Stuttgart*, no. 2；Margareta Bull-Reichenmiller et al., "*Beritten, beschriben und gerissen*"：*Georg Gadner und sein kartographisches Werk, 1559 – 1602*（Stuttgart：Hauptstaatsarchiv, 1996）；关于摹写本，请参阅 Roland Haberlein, ed., *Chorographia Ducatus Wirtembergici：Forstkartenwerk von Georg Gadner（1585 – 1596）und Johannes Oettinger（1609 – 1612）*（Stuttgart：Landesvermessungsamt Baden-Württemberg, 1992 – ）.

[35]　Stuttgart, Württembergische Landesbibliothek（Cod. Hist. Fol. 261）；请参阅 Hagel, *Stuttgart*, no. 3 with ill. 3, and Julius Hartmann, "Jakob Rammingers Seebuch," *Württembergische Jahrbucher für Statistik und Landeskunde*, 1895, 1 – 22。

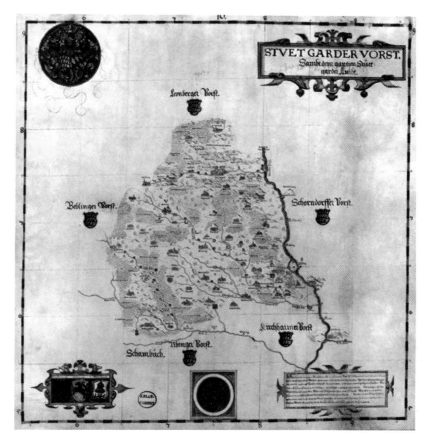

图 42.28　摘自格奥尔格·加德纳的符腾堡调查报告中的一页图幅

用墨水和水彩绘在羊皮纸上；图幅 14，标题为：《斯图加特图，附带斯图加特全部政府部门》（*Stvetgarder Vorst. Sambt dem gantzen Stuetgarder Ambt*）。

原图尺寸：40.5 × 41.5 厘米。由 Hauptstaatsarchiv Stuttgart（N 3 Nr.1，Blatt 14）提供照片。

是一个被低估的人物。[536] 其中一个原因是他的杰作是以一种非常复杂的方式保存下来的。1558 年，普吕姆（Prüm）修道院［位于艾费尔高原（Eifel）南部］的领土被纳入特里尔（Trier）大主教和选侯区。为了调查这一新的收获，大主教约翰·范德雷延（Johann von der Leyen）（1556—1567 年）雇用了年轻的阿诺尔德斯·墨卡托。当这项任务在 1560 年完成时，[537] 该命令被扩展到对整个特里尔地区的调查。不幸的是，这个项目几乎所有的辅助资料都亡佚了。我们必须假设，开明的选侯突然意识到详细的地图对于他的政府的各项目标来说都是有用的。其直接的背景可能是在加尔文主义的福音传道者卡斯帕·奥雷维安（Caspar Olevian）的努力下，在 1559 年之后开始尝试在特里尔推行宗教改革。这一任务的成功将会对神圣罗马帝国的平衡产生持久的影响。

536　以下是作者收集的关于阿诺尔德斯·墨卡托的专著的材料。关于初步的总结，请参阅 Peter H. Meurer, "Les fils et petits-fils de Mercator," in *Gérard Mercator cosmographe：Le temps et l'espace*, ed. Marcel Watelet（Antwerp：Fonds Mercator Paribas, 1994），370 – 385。

537　这一测绘以 1761 年由特里尔测量员 Stephan Haack（Stadtarchiv Trier, Kt 3/44）绘制的绘本副本（62 × 123.5 厘米）的形式保存下来。

　　阿诺尔德斯·墨卡托对特里尔的调查，比例尺在 1∶55000—1∶87000，大约在 1567 年完成。[338] 最初的 1567 年奥伯斯蒂夫特（Oberstift）（即特里尔的东北部分）绘本保存了下来（图版 46）；南部的地图只存在于一份 18 世纪的绘本中，这部绘本是由测量师彼得·巴尔塔扎（Peter Balthasar）在 1776 年根据 1566 年的墨卡托原本复制而来的，[339] 而在一幅带有尼古拉斯·佩尔松（Nicolas Person）于 1669 年的日期印记的雕版壁挂地图上，显示了尼德斯蒂夫特（Niederstift）（也就是东北部分）。[340] 研究显示，这幅雕版是受当选的大主教洛塔尔·冯·梅特涅（Lothar von Metternich）（1599—1623 年在位）之托，于 1602 年由科隆制图师马蒂亚斯·奎德（Matthias Quad）完成的。官方出版物从未发行过，但阿诺尔德斯·墨卡托的作品却得以印刷制图。一项详细的研究表明，它在 1570 年前后被用于编撰克里斯蒂安·斯格罗滕的第一部绘本地图集。可能也是斯格罗滕把这些材料交给了安特卫普的出版商赫拉德·德约德，他的 1578 年地图集中有特里尔大主教区的第一幅地图，无论出于什么原因，都是由工程师兼测量师扬·范席尔德（Jan van Schilde）签署的。[341]

1226

　　墨卡托七年的实地考察，其成果在各方面都可以与阿庇安的巴伐利亚地图媲美。其测量的精度很好，而且其测量结果肯定是基于现代三角测量的。用传统的标志区分城镇和村庄，有城堡、修道院、磨坊、熔铁炉以及执行死刑的地方等；在许多情况下，单独设计的微缩模型代表了当地的特色。不同的线性符号标志着地区的边界和主要的道路。虽然森林、河流和溪流都被详细地描绘出来，但山地要素几乎都被忽视了。

1227

　　在 1567 年的原本中，一个有趣的细节是对所谓的"伊格尔柱"（Column of Igel）的装饰性描绘，伊格尔柱是阿尔卑斯山以北最大的现存的罗马纪念碑。[342] 这说明，尽管阿诺尔德斯·墨卡托是一位受过技术教育的测量师，但他也深深植根于人文主义传统。这样的兴趣在他的下一项重大任务中变得更加明显：在科隆城的大比例尺地图绘制中，详细地等距表现了所有建筑，再次从广泛的调查中获得了成果。[343] 商业大都市的整个真实和理想化的规模，以及对其自身悠久历史的自豪，都在装饰的边缘显露出来。它们展示的是来自旧的科隆尼亚殖

---

　　[338] Fritz Hellwig, "Zur älteren Kartographie der Saargegend," *Jahrbuch für westdeutsche Landesgeschichte* 3 (1977)：193 – 228, and Jurgen Hartmann, "Die Moselaufnahme des Arnold Mercator：Anmerkungen zu zwei Karten des Landeshauptarchivs Koblenz," *Jahrbuch fur westdeutsche Landesgeschichte* 5 (1979)：91 – 102.

　　[339] 着色绘本（89 × 117 厘米），Staatsbibliothek zu Berlin（Kart N 35860）；请参阅 Roland Geiger, "Die Ämter des Erzbistums Trier zwischen Mosel und Blies：Eine Kartenaufnahme von Arnold Mercator aus dem Jahre 1566 in einer 'Kopie' von Peter Balthasar von 1776," *Heimatbuch des Landkreises St. Wendel* 26 (1994)：125 – 130.

　　[340] 雕刻版本，印在 8 张纸上（总尺寸为 92.5 × 132 厘米）。副本在 Staatsbibliothek zu Berlin；at the BL；and at the Landeshauptarchiv Koblenz（以及其他地方）。

　　[341] Peter H. Meurer, "Die 'Trevirensis Episcopatus exactissima descriptio' des Jan van Schilde：Analysen zur ältesten gedruckten Karte von Kurtrier," in *Aktuelle Forschungen aus dem Fachbereich Ⅵ Geographie/Geowissenschaften*, ed. Roland Baumhauer（Trier：Geographische Gesellschaft Trier, 1997）, 285 – 300.

　　[342] 关于这一不朽作品的许多描述，请参阅 Jacques Mersch, *La Colonne d' Igel：Essai historique et iconographique _ Das Denkmal von Igel：Historisch-ikonographische Studie*（Luxembourg：Publications Mosellanes, 1985）。

　　[343] 最初的 1570 年版本（108 × 170 厘米）现存于 Cologne, Historisches Archiv der Stadt Köln。铜雕版，印刷在十六图幅（113 × 175 厘米）上，由墨卡托在 1571 年和洪迪厄斯（Hondius）在 1642 年出版（根据原本的图版）于阿姆斯特丹。请参阅 Joseph Hansen, "Arnold Mercator und die wiederentdeckten Kölner Stadtpläne von 1571 und 1642," *Mitteilungen aus dem Stadtarchiv von Köln* 11 (1899)：141 – 158, and Reiner Dieckhoff, "Zu Arnold Mercators Ansicht der Stadt Köln aus der Vogelschau von 1570/1571," in *Die räumliche Entwicklung der Stadt Köln von der Römerzeit bis in unsere Tage：Die Vogelschauansicht des Arnold Mercator aus dem Jahre 1570/1571 und ein jemotlicher Verzall zum Stadtmodell im Kölnischen Stadtmuseum*, ed. Werner Schäfke（Cologne：Kölnisches Stadtmuseum, 1986）, 28 – 40。

民地（Kassel）城区的罗马古文物。阿诺尔德斯·墨卡托还研究了"银抄本"（Codex Argenteus），这是一种独特的哥特式《圣经》手稿，于 1554 年在杜伊斯堡附近的韦尔登（Werden）修道院发现。[344]

卡塞尔的黑森宫廷地图学

在位于卡塞尔（Kassel）的黑森宫廷中，很早就意识到了好的区域地图的价值。[345] 到 1528 年，伯爵领主菲利普（Philipp）已经为这一地区的概览地图的绘制支付了工具和材料的费用。[346] 在伯爵领主（智者）威廉四世（Wilhelm Ⅳ，1567—1592 年在位）的资助下，地图学和它的相关学科，如天文学和数学，在黑森取得了巨大的进步，他自己也曾接受过天文学家和建筑师的教育。1560 年，他在位于卡塞尔的城堡建立了一个天文台，在那里，第谷和其他学者进行了一次工作访问。[347] 出生于瑞士的约斯特·比尔吉（Jost Bürgi）是一位数学家、天文学家和仪器制造商，于 1579 年被任命为天文台的主管。比尔吉在卡塞尔制造了大量的天文仪器，其中包括机械天球仪。他开始创建一份卡塞尔星表，但从未完成。比尔吉也很重要，他是对数的共同发明人，是与约翰·纳皮耶（John Napier）同时分别独立发明的。

1567 年，在卡塞尔的宫廷中，永久雇用的测量师被记录在案。其中最多产的是约伊斯特·默尔斯（Joist Moers）。[348] 他绘制了许多黑森地区的绘本地图，除了瓦尔代克（Waldeck）地图外，这些地图从未印刷过。1585 年，威廉四世委托阿诺尔德斯·墨卡托对黑森地区全境进行了第一次完整的地形测量。[349] 在墨卡托死后，他的儿子约翰内斯·墨卡托（Johannes Mercator）一直继续其工作，直到 1592 年，但这个项目并未完成。只有黑森南部地区的地图被保存了下来；它的质量和墨卡托对特里尔所进行的调查一样。[350]

1593 年，伯爵领主莫里茨（Moritz）雇用了威廉·迪利希（Wilhelm Dilich），他是当时最具能力的区域制图师之一。1607 年，迪利希开始对黑森进行一项新的地形测量。该计划的目的是制作一份地图，共计 170 页，比例尺约在 1∶8000—1∶22000。然而，迪利希低估

---

[344] 它于 1648 年被带到瑞典，现在在 Uppsala Universitetsbibliothek。请参阅 R. van de Velde，"Mercator, Arnold, cartograaf, landmeter, bouwkundige, wiskundige en filoloog," in *Nationaal biografisch woordenboek*（Brussels：Paleis der Academiën，1964 –　），2：562 – 565，还有更多的文献。

[345] 我们并没有详尽地研究黑森的地图学史。最好的处理是 Wolff，*Karten im Archiv*。

[346] 这一作品没有保留下来。它的作者可能是马堡（Marburg）的医学教授 Johannes Dryander。他手中的手稿是在明斯特尔的宇宙志和奥特柳斯的地图集中的黑森的印刷地图的模型。

[347] Ludolf von Mackensen，*Die erste Sternwarte Europas mit ihren Instrumenten und Uhren*：400 *Jahre Jost Bürgi in Kassel*，2d enl. ed.（Munich：Callwey，1982）.

[348] Karl Schafer，"Leben und Werk des Korbacher Kartographen Joist Moers," *Geschichtsblätter für Waldeck* 67（1979）：123 – 177，and Werner Engel，"Joist Moers im Dienste des Landgrafen Moritz von Hessen," *Hessisches Jahrbuch für Landesgeschichte* 32（1982）：165 – 173.

[349] Kurt Köster，"Die Beziehungen der Geographenfamilie Mercator zu Hessen," *Hessisches Jahrbuch für Landesgeschichte* 1（1951）：171 – 192.

[350] 没有标题的彩色绘本（138 × 173.5 厘米，比例尺约为 1∶54000），马堡，Hessisches Staatsarchiv（Karten R Ⅱ Nr. 28）。

了这一任务的规模。他在 1617 年之前根据非常精确的三角测量，完成了 30 幅绘本地图。(351) 由于大比例尺的缘故，这种表现形式非常详细，而且是正交的，但其巧妙的着色仍然产生了一种真实的形象。在与莫里茨争吵之后，迪利希于 1627 年为萨克森的选侯服务。从他在那
1228 里的活动中保存了许多关于萨克森地区防御工事的城镇景观图和平面图。(352)

在领土局势相当复杂的黑森地区，广泛的测绘活动有其独特的背景。这个王朝的家族被分割成不同的分支，并且关于该地区各个地区的法律地位存在争议。因此，威廉四世可能在他所追求的地图项目背后只有一个意图：解决领土问题。将地图用于商业或军事目的可能没有起到显著的作用；因此，没有一个地图项目得以出版。

萨克森州选侯国的地形调查

德意志地区最广泛的测绘实体的起源，可以追溯到 16 世纪中叶，一直持续到 18 世纪中叶。(353) 在信奉新教的萨克森，在选侯奥古斯特一世（1553—1586 年在位）的统治下，地图学经历了巨大的进展。他可以依靠一种区域性的矿山调查传统；从 16 世纪早期开始，萨克森州就已经了解到采矿地图。奥古斯特自己发起了所有的倡议。他有测量师和制图师的经验；1575 年，他在一卷羊皮纸上画了一张自己赶赴雷根斯堡（Regensburg）参加选侯会议的旅行路线的草图，在羊皮纸上粘了一张铜版图。约翰内斯·霍梅尔是莱比锡大学的数学教授，也是在梅兰希通周围的威滕伯格圈子的另一名学生，1551 年，在奥古斯特的要求下，他对萨克森选侯国进行了一项地形调查。这部著作只有一些残片保存下来；它们是带有透视元素的平面地图。希奥布·马格德贝格（Hiob Magdeburg）是一位神学家和王室教育家，他在 1566 年绘制了一幅萨克森和图林根（Thuringia）的大地图。(354) 它的设计模式和风格都是“土地地图”（*Landtafel*）式的，并不是基于精确的调查。

萨克森的系统地形调查仅是在奥古斯特的继任者克里斯蒂安一世（Christian Ⅰ）（1586—1591 年在位）统治时期开始的。(355) 自 1560 年以来，矿业测量师格奥尔格·厄德尔（Georg Öder）和他的儿子马蒂亚斯（Matthias）一直在为选侯服务。从 1586 年开始，马蒂亚斯在他的外甥巴尔塔扎·齐默尔曼（Balthasar Zimmermann）的陪同下，按照官方的命令

---

(351) 原本收藏在几处机构；关于这些地图和迪利希的概况，请参阅 Edmund E. Stengel, ed. , *Wilhelm Dilichs Landtafeln hessischer Ämter zwischen Rhein und Weser*（Marburg：Elwert，1927）。有 21 幅黑森各地区的绘本地图，也可能是迪利希的作品，收藏在 otenburg an der Fulda，Heimatmuseum；关于初步描述，请参阅 Wolff，Karten im Archiv，61 –63。

(352) Paul Emil Richter and Christian Krollmann, eds. , *Wilhelm Dilichs Federzeichnungen kursächsischer und meißnischer Ortschaften aus den Jahren* 1626 –1629（Dresden，1907）.

(353) 萨克森地图学史上的标准著作是一部选集，见 Fritz Bonisch et al. , *Kursächsische Kartographie bis zum Dreißigjährigen Krieg*（Berlin：Deutscher Verlag der Wissenschaften，1990 –　），vol. 1。

(354) 钢笔墨绘并着水彩（119 ×151 厘米，约 1：220000）；严重受损的原件收藏在 Dresden，Sächsische Landesbibliothek（Sax. A 90）。请参阅 Rainer Gebhardt, ed. , *Hiob Magdeburg und die Anfänge der Kartographie in Sachsen*（Annaberg：Buchholz，1995），and Dolz，“Die ‘Duringische und Meisnische Landtaffel’”。

(355) Sophus Ruge, *Die erste Landesvermessung des Kurstaates Sachsen*, *auf Befehl des Kurfürsten Christian Ⅰ. ausgeführt von Matthias Öder*（1586 –1607）（Dresden：Stengel und Markert，1889），and Fritz Bönisch，*Genauigkeitsuntersuchungen am Öderschen Kartenwerk von Kursachsen*（Berlin：Akademie，1970）. 一份带有详细注释的复写版本：“Die erste Landesaufnahme des Kurfurstentums Sachsen，1586 –1633，”制作者是 the Sächsisches Hauptstaatsarchiv，Dresden。然而这一有价值的项目从 1990 年开始就暂停了。

对萨克森选侯国进行了调查。最初的调查地图以 1：13333 的比例尺绘制，副本削减到 1：53333，专门地图的比例在 1：3333 和 1：213000 之间。齐默尔曼和厄德尔的地图都是以南为正方向的；图幅的横向边缘沿着地磁北极。其测量是基于借助罗盘和测量绳进行的线性测量，没有大网格三角测量，也没有天文位置的确定。地图显示了定居点（在写实的缩微模型中）、道路、土地覆盖和土地使用、界址线、河流以及无数的地理特征，包括旅馆、矿山、砖厂、桥梁、磨坊（附有磨坊水渠的数量）和绞刑架（图 42.29）。文字中列出了地方和村庄的名称、定居点的居民数量、业主的名字等。

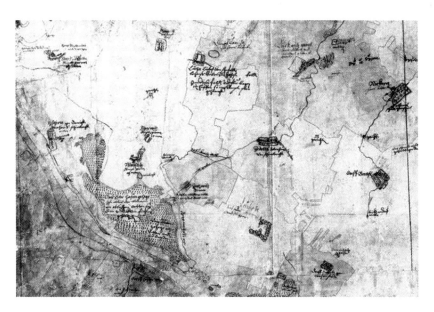

图 42.29　摘自厄德尔和齐默尔曼的萨克森调查报告中的德累斯顿周边地区

用墨水和水彩绘在纸上。

由 Hauptstaatsarchiv Dresden［Schr. R，F. 1，Nr. 803（Ur－？der）］提供照片。

在这段时间里，德意志地区没有任何东西可以与厄德尔和齐默尔曼对萨克森选侯国的地形调查相比。他们的整个设计完全不同于其他的作品，比如阿庇安的巴伐利亚地图或者墨卡托对特里尔和黑森的调查。它们是早期版本的地籍测绘，与地产地图非常接近。在他们的构想中，萨克森选侯国的地形调查地图从未打算出版，而是出于行政目的。它们被锁在德累斯顿，直到 18 世纪才得以使用。

佛兰德学派在德意志地区的影响

自中世纪以来，今天的比利时和荷兰地区的领土一直是神圣罗马帝国的一部分。在马克西米利安一世和查理五世的领导下，各种各样的公爵领地和郡都被哈布斯堡家族吞并了。宪法问题始于 1556 年西班牙哈布斯堡王朝的占领。菲利普二世的僵化政治导致了低地国家的分裂，以及它们与帝国的部分分离。地图史上的类似事件包括从 1525 年开始的鲁汶地图学学派的繁荣发展，从 1550 年起，安特卫普崛起，成为阿尔卑斯山以北地区地图主要的绘制中心，大约 1600 年，这一领导角色从安特卫普转移到阿姆斯特丹。然而，这些新中心与德意志其他地区在同时代地图学中的关系很接近。例如，彼得·阿庇安和约翰内斯·洪特的教科书的重印，以及施特拉和福佩尔的地图版本的出版都是在安特卫普。德意志的几个地区的地图的第一个版本，如符腾堡（1575 年）、黑森（1579 年）和奥尔登堡（Oldenburg）（1583 年），都出现在奥特柳斯的《寰宇概观》中。德意志其他地区地图的流通是通过奥特柳斯的著作的各种副本，而不可能通过它们的原始版本来实现。翻译的版本：《大地概观》（*Theatrum oder Schawplatz des Erdbodens*）（1572 年及以后），是第一部德语的现代世界地图集。[57]

佛兰德地图制作的进步对神圣罗马帝国的其他部分地区的地图学产生了影响。技术和出版的创新通过思想的传播和直接移民的方式间接地实现了。[58] 这对德意志西部来说尤其如此，它与地图历史上的三个重要人物有关：赫拉尔杜斯·墨卡托、克里斯蒂安·斯格罗滕和弗兰斯·霍亨贝赫（Frans Hogenberg）。

赫拉尔杜斯·墨卡托在杜伊斯堡

对国家遗产的过度主张，已经决定了一个世纪以来比利时和德意志对于赫拉尔杜斯·墨卡托（Gerhard Kremer）的研究。[59] 墨卡托作为一个制图师和工具制造师的训练和活动，完全扎根于佛兰德学派。他的首批作品出现在鲁汶：圣地的地图（1537 年）、世界地图（1538），佛兰德地图（1540 年）；一篇关于在地图上使用斜体字的论文（1540 年）；一对球仪（1541/1551 年）；以及一种用于天文计算的磁盘仪器（1552 年）。墨卡托是一位经验丰富、备受推崇的科学家，他于 1552 年离开鲁汶去杜伊斯堡。

1230

墨卡托离开天主教氛围浓重的鲁汶，迁徙到自由派的于利希—克莱沃—贝格（Jülich-Kleve-Berg）的威廉五世公爵（1539—1592 年在位）的土地，后来引起了诸多猜测。最近重新发现的他在 1554 年写给菲利普·梅兰希通的信，进一步证明了墨卡托暗中对宗教改革的同情。[59] 当时，克莱沃（Kleve）的宫廷正在为在杜伊斯堡创立一所宗教改革的大学做准备。[60] 在公爵的顾问中，有一些是墨卡托的朋友。可能有人会建议他改变住所，希望他能参与这一计划，并获得数学或宇宙学的教授职位。

㊄　最初的德文版来自安特卫普，与德意志的印刷版本竞争。1572 年，纽伦堡的印刷商 Johann Koler 出版了一本由奥特柳斯绘制的地图。他获得了拉丁文的安特卫普版本的常规副本，并添加了自己的德文说明。请参阅 Leo Bagrow, "The First German Ortelius," *Imago Mundi* 2（1937）：74, and Konrad Kratzsch, "Eine wiedergefundene Ortelius-Übersetzung von 1572," *Marginalien* 62（1976）：43 – 50。

㊄　笔者正在制作一份关于在德意志诸地工作的尼德兰制图者的参考资料。

㊄　现代对墨卡托的研究始于 1869 年出版的两本书：Jean van Raemdonck, *Gerard Mercator：Sa vie et ses oeuvres*（St. Nicolas：Dalschaert-Praet, 1869），以及 Arthur Breusing, *Gérhard Kremer, gen. Mercator, der deutsche Geograph*（Duisburg：F. H. Nieten, 1869）。最新的传记是 Nicholas Crane, *Mercator：The Man Who Mapped the Planet*（London：Weidenfeld and Nicolson, 2002）。关于一般的文献，请参阅本卷第 44 章对墨卡托的处理。下面的脚注仅限于有关特定主题的文献。

㊄　这封信主要是报告了 1554 年 5 月 3 日墨卡托的造访，当时他在布鲁塞尔向查理五世赠送一份绘本球仪。这是由来自 Cremona 的 Giovanni Gianelli（Gianello della Torre）制作的一个行星钟的一部分；请参阅 Peter H. Meurer, "Ein Mercator-Brief an Philipp Melanchthon uber seine Globuslieferung an Kaiser Karl V. im Jahre 1554," *Der Globusfreund* 45 – 46（1997 – 1998）：187 – 196。这封信也被印为一篇附录，见 Knobloch, "Melanchthon und Mercator," 271 – 272。

㊉　请参阅 Eckehart Stöve, "Ein gescheiterter Grundungsversuch im Spannungsfeld von Humanismus und Gegenreformation," in *Zur Geschichte der Universität：Das "Gelehrte Duisburg" im Rahmen der allgemeinen Universitätsentwicklung*, ed. Irmgard Hantsche（Bochum：Brockmeyer, 1997）, 23 – 46。

　　在杜伊斯堡并未成立大学，但墨卡托仍留在莱茵河下游地区。他在杜伊斯堡学院教数学。大约在 1560 年，公爵威廉五世任命他为宫廷的宇宙学家；这只是一个荣誉头衔，没有引人注目的收入或职责。在杜伊斯堡，赫拉尔杜斯·墨卡托像他在鲁汶一样，做一名独立的企业家来谋生。他是其地图的作者、设计师、雕刻师、印刷商和出版商。在杜伊斯堡的 20 年中，他的作品包括多图幅的欧洲地图（1554 年，于 1572 年重新发行）和不列颠群岛地图（1564 年）以及一幅划时代的世界航海壁挂地图（1569 年），墨卡托用圆柱投影绘制。[61] 他还在洛林（1563—1564 年）[62] 和于利希—克莱沃—贝格的几个地方担任测量员。

　　最晚从 16 世纪 60 年代早期开始，墨卡托就开始了他一生中的伟大事业：包括地理、历史、哲学和神学在内的包罗万象的宇宙志。《编年史》（Chronologia）（1569 年）和托勒密《地理学指南》的一个版本（1578 年）的出版，是早期的成果。在 1585 年，出版了关于现代地理学的第一部分，这一卷包括三个部分：《法兰西地理图》（Galliae tabulae geographicae）（16 幅地图），《低地地理图》（Belgii inferioris geographicae tabulae）（9 幅地图），以及《德意志地理图》（Germaniae tabulae geographicae）（26 幅地图）——第一套现代的神圣罗马帝国的地图。这些地图是来自众多来源的关键和创造性的汇编：印刷的地图、来自各个作者的未出版的材料、坐标表、历史书籍以及其他一手信息。其成果是具有高度创新性的。[63] 所有的地图都是用非图形的方式设计的，有标准化的符号和统一的坐标系统。借助这种风格，墨卡托设定了几十年的标准（图 42.30）。

　　总而言之，墨卡托关于全面的新宇宙论的思想与古典的德意志人文主义传统相接近。在他的基本概念中，其项目与塞巴斯蒂安·明斯特尔的项目没有什么不同之处。但墨卡托的工作是对学术的更充分的贡献，缺乏对普通人进行教育的意图。墨卡托的《地图集》是面向许多国家的来自受过教育的阶级的客户的精英产品；墨卡托本人可能从未打算用拉丁语以外的任何语言出版这套地图集。[64] 正如一些被保存下来的副本的出处所证明的那样，在这一时期的高等学校里，它也被用作教学辅助工具。由于地图中缺乏道路，所以只有在与行程表等附加工具一起使用时，它们才可以作为规划旅行的辅助工具。[65]

　　除了科学的重要性之外，赫拉尔杜斯·墨卡托在杜伊斯堡的研讨会是以传统贸易形式组织的。他的三个儿子也参与其中。多才多艺的阿诺尔德斯·墨卡托是按照他父亲的科学接班

　　[61] 请参阅图 10.12。关于详细的研究，请参阅 Krücken，"Wissenschaftsgeschichtliche und-theoretische Überlegungen"。这幅地图一份有用的尺寸缩减的注释重印本，发现于 Wilhelm Krücken and Joseph Milz, eds., Gerhard Mercator Weltkarte ad usum navigantium, Duisburg 1569（Duisburg：Mercator，1994）。

　　[62] Fritz Hellwig，"Gerhard Mercator und das Herzogtum Lothringen," Jahrbuch für westdeutsche Landesgeschichte 25（1999）：219-254.

　　[63] Meurer, Germania-Karten, 367-374, and Günter Schilder, Monumenta cartographica Neerlandica（Alphen aan den Rijn：Canaletto，1986- ），5：252-256。我们可以假定墨卡托自己也知道其地图集中地图的可变的真实性。最近的一项观察是，一些具有创新性的绘制地图的区域（如伦巴第、洛林、苏格兰、瑞士和威斯特伐利亚）被刻在了两、三或四图幅上，它们可以结合在一起。请参阅 Dirk de Vries，"Die Helvetia-Wandkarte von Gerhard Mercator," Cartographica Helvetica 5（1992）：3-10。这样的多图幅地图也可能单独出售；然而，没有追踪到一份旧的装裱好的副本。

　　[64] 在其他语言中，只有带有标题页（而不是文本）的独立版本的单独部分。

　　[65] 例如，出现了一种欧洲全境的详细行程：the Kronn und Außbundt aller Wegweiser（Cologne：Lambert Andreae，1597）。其标题和文字中的许多注释都明确地是指向由赫拉尔杜斯·墨卡托绘制的不同地图。请参阅 Peter H. Meurer, Atlantes Colonienses：Die Kölner Schule der Atlaskartographie，1570-1610（Bad Neustadt an der Saale：Pfaehler，1988），142-147。

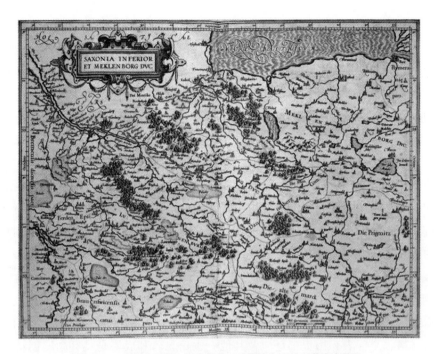

图 42.30　赫拉尔杜斯·墨卡托的《地图集》中的下萨克森地图

墨卡托地图集中地图的特征是它们在常规符号、坐标和比例尺方面的一致性和平衡性。《德意志地理图》（*Germaniae tabulae geographicae*）一卷首次出版于杜伊斯堡，1585 年，这是第一套以这种方式覆盖整个德意志地区的地图。此图表现了沿易北河下游两岸的地区，比例尺大约为 1∶750000。雕版。

原图尺寸：34×43.5 厘米。摘自 Gerardus Mercator, *Atlas sive Cosmographicæ meditationes de fabrica mvndi et fabricati figvra* (Duisburg, 1595)。Houghton Library, Harvard University (*42－1986 F) 许可使用。

人有意识地进行教育的。巴托罗缪·墨卡托（Bartholomäus Mercator）在杜伊斯堡担任数学 1231 教师，并在洛林担任测量师，协助他的父亲。他在海德堡开始学术研究后不久，就英年早逝了（1568 年）。⑥⑥ 鲁莫尔杜斯·墨卡托（Rumoldus Mercator）曾在科隆、安特卫普和伦敦接受过出版商和书商的培训。⑥⑦ 1587 年，巴托罗缪突然去世后，正是鲁莫尔杜斯接掌了墨卡托公司。第一部以他的名字命名的出版物是 1587 年的原型世界地图，绘以赤道立体投影的两个半球。1590 年，根据 1585 年出版的区域地图和进一步描绘北部和东部的绘本材料，绘制了一幅十二图幅的德意志诸地的壁挂地图。⑥⑧ 在 1595 年的春天，所有的墨卡托对开页地图的第一个累积版本已经制作好了，其标题为《地图集》（*Atlas*）。⑥⑨ 而就在几个月前，1594年 12 月 2 日，赫拉尔杜斯·墨卡托与世长辞。

---

⑥⑥　Rüdiger Thiele, "Breves in sphaeram meditatiunculae: Die Vorlesungsausarbeitung des Bartholomäus Mercator im Spiegel der zeitgenössischen kosmographischen Literatur," in *Gerhard Mercator und die geistigen Strömungen des 16. und 17. Jahrhunderts*, ed. Hans Heinrich Blotevogel and R. H. Vermij (Bochum: Brockmeyer, 1995), 147–174.

⑥⑦　关于新的总结，请参阅 Meurer, *Germania-Karten*, 413–416。

⑥⑧　Meurer, *Germania-Karten*, 416–419 and 422–433.

⑥⑨　完整的标题是 *Atlas sive Cosmographicae meditationes de fabrica mvndi et fabricati figvra*。墨卡托使用了"地图集"一词，以完成完整的作品，特别是在前面的介绍中；这篇文章的德语翻译，请参阅 Gerardus Mercator, *Atlas*；*üder, Kosmographische Gedanken über die Erschaffung der Welt und ihre kartographische Gestalt*, ed. Wilhelm Krücken (Duisburg: Mercator, 1994)。一组地图的标题"地图集"只有在没有这些从 1630 年之后出现在阿姆斯特丹的宇宙学介绍的补充和版本才开始使用。

在杜伊斯堡的伟大工程从未完成；关于西班牙和新世界的区域地图，更多的部分已经公布，但从未出版。对于书商鲁莫尔杜斯·墨卡托来说，这实在是太过分了，他是墨卡托家的科学家。此外，鲁莫尔杜斯似乎与阿诺尔德斯的三个儿子之间存在分歧，[570] 他们分别是：约翰内斯·墨卡托，一个熟练的测量师和雕刻师，他在 1595 年之后不久就去世了（或是离开了杜伊斯堡）；小赫拉尔杜斯·墨卡托（Gerardus Mercator Jr.），他后来成为一名商人；米哈埃尔·墨卡托（Michael Mercator），他试图建立自己的出版公司，在 1605 年之前，他一直是一名活跃的自由测量师，后来成为葡萄酒经销商。

1595 年之后，墨卡托家族唯一的新出版物是一幅单独的地图，上面只印着鲁莫尔杜斯·墨卡托的印记，并在 1599 年展示了威斯特伐利亚的区域战役的地点。[571] 这一版本有一个变体是把一张纸贴在拉丁文原文上，并盖上荷兰文的新标题，以及阿姆斯特丹的书商和出版商科内利斯·克拉松（Cornelis Claesz.）的第二个戳记。值得注意的是，这块图版不是在杜伊斯堡雕刻的，而是在阿姆斯特丹，由巴普蒂斯塔·范多特屈姆（Baptista van Doetecum）雕刻的。

1602 年，"墨卡托的继承人"（显然是小赫拉尔杜斯和米哈埃尔）出版了最后一期杜伊斯堡地图集；它与 1595 年的版本没有任何变化。从现实的角度看，他们既没有能力也没有可能保留祖父在杜伊斯堡的生意。1604 年春天，他们把所有的墨卡托铜版都卖给了科内利斯·克拉松。[572] 他与老约道库斯·洪迪厄斯（Jodocus Hondius）合作，在不断崛起的地图绘制中心——阿姆斯特丹发扬了墨卡托的遗产。

克里斯蒂安·斯格罗滕

克里斯蒂安·斯格罗滕（Christiaan Sgrooten，也作 s'Grooten、Sgroeth 或 Schrot）是莱茵河畔的松斯贝克（Sonsbeck）地方的人，从 1548 年开始，直到去世，他都住在克莱沃（Kleve）公国的卡尔卡尔（Kalkar）。[573] 关于他的教育和早期活动的细节非常稀少。他的地图的装饰设计表明他是当时卡尔卡尔盛极一时的绘画学校的学生。有一些证据表明他在 1540 年前后对地图学感兴趣。[574] 大概是在 16 世纪 50 年代的前半叶，他可能是在杜伊斯堡接受过墨卡托的调查和地图制图方面的训练。他的第一部作品是一幅现在已经亡佚的克莱沃公国和莱茵河下游沿岸国家的地图，在 1558 年由贝尔纳德·范登普特（Bernard van den Putte）出版。[575]

[570] 关于赫拉尔杜斯·墨卡托孙辈的新的总结，请参阅 Meurer, *Germania-Karten*, 361–362。

[571] Peter H. Meurer, "De kaart van Wesfalen van Mercators erven uit 1599," *Caert-Thresoor* 6 (1987)：11–14.

[572] 此前人们曾认为，约道库斯·洪迪厄斯在莱顿的拍卖会上获得了铜版，在那里，墨卡托的遗产于 1604 年夏天被出售。在这一转变中，科内利斯·克拉松的角色在法兰克福和莱比锡书展的同时代目录中清晰可见。更详细的文件，请参阅 Meurer, Germania-Karten, 375–377 和 Peter H. Meurer, "De verkoop van de koperplaten van Mercator naar Amsterdam in 1604," *Caert-Thresoor* 17 (1998)：61–66。

[573] 请参阅 Karrow, *Mapmakers of the Sixteenth Century*, 480–494, and Peter H. Meurer, *Die Manuskriptatlanten Christian Sgrootens* (Alphen an den Rijn：Canaletto, forthcoming)。

[574] 特里尔城市图书馆（Stadtbibliothek）有一些曾为斯格罗滕所有的书籍。其中一本是古代作家庞波尼乌斯·麦拉和凯乌斯·尤利乌斯·索林努（Caius Julius Solinus）的版本，于 1576 年在巴塞尔出版，其中包括一份大约 1540 年的球仪的绘本描绘；请参阅 Peter H. Meurer, "Ein frühes Landkarten-Autograph Christian Sgrothens in der Trierer Stadtbibliothek?" *Kurtrierisches Jahrbuch* 33 (1993)：123–134。

[575] 斯格罗滕对盖尔登（Geldern）的调查只有通过 1568 年由希罗尼穆斯·科克出版的第二版（雕版，六图幅，81 × 76.5 厘米）中才为人所知。原始版本的副本不为人知。一份 1601 年重新发行的副本收藏在 BNF。

　　1557 年 12 月，斯格罗滕被任命为西班牙国王菲利普二世的地理学家。这一直是一个报酬丰厚的职位，直到 1578 年西班牙国家破产。有关斯格罗滕职责的具体细节的文件丢失了。在他工作的第一个十年里，他的主要项目可能是绘制菲利普在尼德兰以及法国和德意志北部地区所拥有的地产的新地图。

　　斯格罗滕的调查结果第一次为世人所见，是一幅他绘制的日耳曼尼亚壁挂地图，这幅地图于 1566 年前后由希罗尼穆斯·科克第一次在安特卫普出版（图 42.31）。[⑦⑥] 这幅地图使用了圆锥投影，比例尺为大约 1∶1300000，其最新计算出来的坐标精度各不相同。它是根据 1560 年之前出现的许多印刷模本而绘制的。斯格罗滕的壁挂地图是两种重要区域地图的传统的一个基本来源，而这两种区域地图的原始版本今天已经亡佚了：贝尔纳德·瓦多夫斯基的 1526 年波兰地图和马库斯·约尔达努斯的 1552 年丹麦地图。[⑦⑦] 此外，德意志北部、勃兰登堡（Brandenburg）和萨克森州部分地区的形象，也遵循了斯格罗滕和其他不知名的作家的未发表的调查。总而言之，这幅壁挂地图是对神圣罗马帝国的颂扬。标题的旋涡纹饰中有一句格言："没有权柄不是出于神的。"引自圣保罗的这句话（罗马书 13∶1）必须被解读为反映了斯格罗滕对他的庇护者的党派偏见。没有继承德意志皇位的腓力二世，认为在自己的强大的天主教领导下，自己是这个古老帝国思想的唯一和真正的守护者。

　　在斯格罗滕的作品中有三幅《圣经》主题的地图。1570 年，他编辑了彼得·拉克斯廷收集的材料，并以一幅圣地地图的形式出版（1570 年），并画了一幅展示了古代和现代耶路撒冷的对开平面图（1572 年）。1572 年，还出现了一幅地中海地区的地图，这是为了显示 **1233** 《旧约》和《新约》中提到的地点。1572 年之后，斯格罗滕从根本上减少了他的出版活动。他为奥特柳斯和德约德的多部安特卫普地图集提供了一些地图，而且墨卡托在他的地图集中承认了斯格罗滕为他提供了很多材料（尤其是关于法国和德意志北部）供其使用。

　　斯格罗滕工作的巅峰之作是于 1568 年首次提到的一个项目，是"对各种各样的乡村和城镇的描绘"。1575 年，斯格罗滕交给位于布鲁塞尔的西班牙当局所谓的布鲁塞尔地图集，这是一套不完整的 37 份绘本地图，其绘制范围覆盖了神圣罗马帝国，比例尺在 1∶80000— 1∶800000。[⑦⑧] 展示了西班牙在尼德兰将近一半的领地，比例尺在 1∶80000—1∶240000。这 **1234** 些地图非常详细，被设计为军事规划的辅助工具；根据印刷的模型和斯格罗滕自己的调查，许多小地方第一次出现。代表定居点的微缩模型单独绘出，并是以写实风格描绘的。

　　由于在尼德兰和莱茵河下游地区的战争，在接下来的 15 年里，斯格罗滕的生活和工作的许多细节都不清楚。1592 年，他完成了布鲁塞尔地图集的第二版，标题为："地球地理与年代学地图"（Orbis terrestris tam geographica quam chorographica descriptio）。这张所谓的马德

　　⑦⑥　请参阅 Meurer, *Germania-Karten*, 344 – 348。

　　⑦⑦　瓦多夫斯基的波兰地图的残片保存了下来；请参阅图 61.6。马库斯·约尔达努斯的一份 1585 年的丹麦地图如图 60.9 所示。

　　⑦⑧　Brussels, Royal Library of Belgium（MS. 21596）. 布鲁塞尔地图集有两部较早的摹写版本：Hans Mortensen and Arend W. Lang, eds., *Die Karten deutscher Länder im Brüsseler Atlas des Christian s' Grooten*（1573）, 2 vols.（Göttingen：Vandenhoeck & Ruprecht, 1959）, 以及 Christiaan Sgrooten, *Christiaan Sgroten's kaarten van de Nederlanden*, intro. S. J. Fockema Andreae and Bert van't Hoff（Leiden：Brill, 1961）。

图 42.31　克里斯蒂安·斯格罗滕的神圣罗马帝国壁挂地图

这是一幅爱国主义的地图,标题为《新的德意志全境,我们国家的全新甜美描绘》(*Nova totivs Germaniæ, clarissimæ et dvlcissimæ nostræ patriæ descriptio*),相较于神圣罗马帝国,此图更集中于表现"德意志祖国"。两侧的皇帝列表是由不同的图版印刷的。这幅插图显示了唯一存世的严重损坏的第一版(安特卫普,约 1566)的副本。对于北部地区,斯格罗滕使用了自己的广泛调查的结果。雕刻 9 张地图图幅和边界(分切成 14 部分)。

裱好的版本尺寸:约 132.5×160 厘米。由 Universitätsbibliothek, Innsbruck 提供照片。

里地图包括 38 幅绘本地图:3 幅世界地图、2 幅近东地图以及 33 幅欧洲中部的地图(图版 47)。[579]它们再次建立在大量的资料来源基础上。与布鲁塞尔地图集中的地图上的地形进行详细对比后可以发现,斯格罗滕自 1575 年以来对很多地区进行了重新审视调查。马德里地图集中的地图有一个值得注意的特点,那就是它们的装饰图案非常华丽,色彩鲜艳。斯格罗滕的地图集从未出版过,几个世纪以来一直都不为人所知。

弗兰斯·霍亨贝赫和科隆学派

弗兰斯·霍亨贝赫于 1538 年前后出生在梅赫伦(Mechelen),接受了父亲——出生于慕尼黑的雕刻师尼克劳斯·霍亨贝赫(Nikolaus Hogenberg)的训练。[580]作为加尔文主义的追随者,弗兰斯离开了他在佛兰德的家乡,来到了莱茵兰。1562 年,他居住在威塞尔(Wesel),1565 年前后,在科隆定居。[581]他的兄弟雷米吉乌斯·霍亨贝赫(Remigius Hogenberg)先是

⑤⑦⑨　马德里地图集的编辑,见 Meurer, *Manuskriptatlanten Christian Sgrootens*。

⑤⑧⓪　关于霍亨贝赫家族的较早的总结,请参阅 Meurer, *Fontes cartographici Orteliani*, 169–170, and Frans Hogenberg and Abraham Hogenberg, *Geschichtsblätter*, ed. Fritz Hellwig (Nördlingen: Alfons Uhl, 1983)。

⑤⑧①　很多新的传记信息,见 Walter Stempel in "Franz Hogenberg (1538–1590) und die Stadt Wesel," in *Karten und Garten am Niederrhein: Beiträge zur klevischen Landesgeschichte*, ed. Jutta Prieur (Wesel: Stadtarchiv Wesel, 1995), 37–50。

在埃默里希（Emmerich）（1566—1570 年），后来在伦敦工作。[82] 弗兰斯·霍亨贝赫在科隆创建了一个兴旺的雕刻工作室和出版社；然而，他仍与佛兰德保持着密切的联系。[83] 在他去世后，他的第二任妻子仍在继续经营业务，直到她的儿子亚伯拉罕·霍亨贝赫在 1610 年接管了管理工作。弗兰斯第一次婚姻的儿子叫约翰，1591 年，他的继母给了他一笔钱，于是开始了自己的雕刻师事业。[84] 他最有趣的作品是 9 幅历史地图和平面图，是斯特凡·布罗埃尔曼（Stephan Broelmann）的《成就》（*Epideigma*）（下文讨论）的插图。

科隆的霍亨贝赫家族专门从事地图学和地形学研究，在区域市场之外扮演着重要的角色。除了单页地图和书籍插图地图之外，还制作一些大型和长期项目，如"史叶"（Geschichtsblätter），这是一个大约 470 幅同时代历史插图构成的系列（截至 1634 年）（图 42.32）；[85]《基督教世界行程》（*Itinerarium orbis christiani*）（1579 年），是一份八开纸的路线地图集，有 84 幅地图；[86] 一幅未注明日期、无标题的低地国家地图集（约 1588 年），有 20 幅对开本的地图。

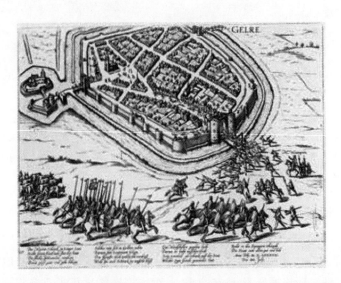

图 42.32 摘自霍亨贝赫的《史叶》中对攻占盖尔登（GELDERN）的描绘

与图 42.33 对比，展示了霍亨贝赫的两部主要作品的不同风格。地形细节来自同一资料来源，但这一来自《史叶》的版本绘画风格更加浓郁。用全景图取代了正投影地图。雕版。

原图尺寸：20×28 厘米。由 Bayerische Staatsbibliothek, Munich（4 Mapp. 54 – 214）提供照片。

[82] Arthur Mayger Hind, *Engraving in England in the Sixteenth & Seventeenth Centuries: A Descriptive Catalogue with Introductions*, 3 vols. （Cambridge: Cambridge University Press, 1952 – 1964），1: 64 – 78. 然而，弗朗斯·霍亨贝赫是否曾居住在英格兰，此事似乎值得怀疑。

[83] 从大约 1567 年开始，弗兰斯·霍亨贝赫为奥特柳斯的《寰宇概观》雕刻地图。

[84] Johann Jakob Merlo, *Kölnische Künstler in alter und neuer Zeit*, ed. Eduard Firmenich-Richartz（Düsseldorf: Schwann, 1895），377 – 381.

[85] 现代版本是 Hogenberg and Hogenberg, *Geschichtsblätter*. 关于一部带有注释的选集，请参阅 Karel Kinds, *Kroniek van de opstand in de Lage Landen, 1555 – 1609: Actuele oorlogsverslaggeving uit de zestiende eeuw met 228 gravures van Frans Hogenberg*, 2 vols. （［Wenum Wiesel］: Uitgeverij ALNU, 1999）。

[86] Meurer, *Atlantes Colonienses*, 116 – 141.

霍亨贝赫最著名和传播最广泛的出版物是《世界城市图》（*Civitates orbis terrarum*）（6卷，1572—1617 年），这是地图学史上第一部印刷的城镇地图集，它与奥特柳斯的安特卫普世界地图集《寰宇概观》构思相似。[87] 总的来说，《世界城市图》包含了 543 幅平面图和景观图（图 42.33），它们基于不同起源的印刷和绘本模型。这些文字的编辑和作者是科隆人文主义者和神学家格奥尔格·布劳恩（Georg Braun）。

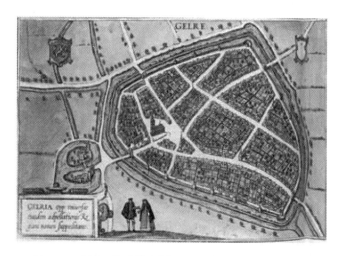

图 42.33　霍亨贝赫《世界城市图》中的盖尔登地图，1581 年

霍亨贝赫的城镇集中的许多地图和景观图都是从印刷模本中复制而来的；其他则基于未发表的主要资料来源。这幅盖尔登（位于下莱茵兰）的要塞雕刻图摘自第 3 卷（科隆，1581 年），使用了 16 世纪 60 年代由为菲利普二世国王服务的制图师雅各布·范德芬特（Jacob van Deventer）进行的一项调查的绘本地图。印刷版本在各方面都采用了模本的高等级地形精度。

原图尺寸：17×26.5 厘米。由 Beinecke Rare Book and Manuscript Library，Yale University，New Haven（1975，fol. 41）提供照片。

在亚伯拉罕·霍亨贝赫（Abraham Hogenberg）印刷的作品中，有一张科隆近郊地区的四图幅地图（1615 年），以及《普罗卓摩地理学》（*Prodromus geographicus*）（1620 年），一幅科隆大主教区（包括威斯特伐利亚）的地图，其中数学家和医生约翰内斯·米夏埃尔·吉加斯（Johannes Michael Gigas）提供了 7 幅地图。[88] 在 16 世纪 40 年代初，霍亨贝赫与阿姆斯特丹的布劳（Blaeu）家族进行了谈判，以出售《世界城市图》的铜版。[89] 然而，谈判失败了，几年后，这些铜版被卖给了布劳的竞争对手约翰内斯·扬松尼乌斯（Johannes Janssonius）。

围绕着霍亨贝赫的工作室，发展起来一个学派，被称作科隆地图学学派。[90] 它主要由逃

1235

[87]　请参阅 Georg Braun and Frans Hogenberg，*Civitates orbis terrarum*，1572 – 1618，3 vols.，intro. R. A. Skelton（Cleveland：World Publishing，1965）。

[88]　Hans Kleinn，"Johannes Gigas（Riese），der erste westfälische Kartograph und sein Kartenwerk，" *Westfälische Forschungen* 31（1981）：132 – 147，and *In memoriam Johannes Riese*，*Doktor der Medizin und Mathematik*，*Kartograph und Astronom*，1582 – 1637，with contributions by Reinhard Oldemeier et al.（Lügde，1992）．

[89]　这个新细节出现在莱比锡和法兰克福书展的目录中。

[90]　关于完整的研究，请参阅 Meurer，*Atlantes Colonienses*。

离了低地国家的宗教和政治动乱的艺术家和学者（包括天主教徒和新教徒）组成。德尔夫（Delf）出生的神父克里斯蒂安·范阿德里歇姆（Christiaan van Adrichem）是《圣地概观》（*Theatrum Terrae Sanctae*）（科隆，1590 年）的作者，这本书是圣地地名的历史词典。此书以耶路撒冷的平面图、巴勒斯坦的概览图和以色列各部落定居点的 10 幅详细地图作为插图进行阐释；它们组成了第一部以圣地为主要内容的地图集。[91] 米夏埃尔·冯·艾青（Michael von Eitzing，又作 Michael Eytzinger），是一位奥地利出生的法学家，为在尼德兰的不幸的哈布斯堡王朝服务，在 1581 年之后生活在科隆。[92] 他的许多历史著作包括定期出版的《关系》（*Relationes*）（1583 年），是现代期刊的前身。在他的地图作品中，有著名的《低地雄狮》（*Leo Belgicus*）（1587 年），这是一幅以狮子的形式出现的低地国家的讽喻地图。[93]

在 1590 年之后，霍亨贝赫印刷厂的暂时衰落，为约翰·布塞马歇尔（Johann Bussemacher）和彼得·奥费拉特（Peter Overadt）等一些小型地图出版商腾出了空间。[94] 在后来的环境中，地理学家和雕刻师马蒂亚斯·奎德是一个中心人物，他在尼德兰接受过训练，从 1587—1604 年在科隆生活。[95] 除了制作一系列的单页地图外，他还开启了一系列小型的袖珍地图集和配有插图的行程纪。它们被认为主要是旅行者的辅助工具，也代表了德约德、墨卡托、奥特柳斯等人制作的相对昂贵的对开本地图集的替代品，这些地图集都是这些科隆印刷品的模本。布塞马歇尔和奎德的一个地图集项目始于 1592 年的《欧洲地图……》（*Europae...descriptio*）；后来出版的《地理手册》（*Geographisch Handtbuch*）（1600 年）是第一部用德语撰写的地图集。[96]《美洲广阔景观的地理和历史描述》（*Geographische und historische Beschreibung der uberauß grosser Landschafft America*）（科隆，1598 年）的文本是《印度的自然和道德历史》（*Historia natural y moral de las India*）的德文译本，由何塞·德阿科斯塔（José de Acosta）［塞维利亚（Seville），1590 年］撰写。[97] 这本书配有 20 幅地图，这些地图基于《托勒密说明的扩充》（*Descriptionis Ptolemaicae augmentum*），这是一部由科内利斯·范维特弗利特（Cornelis van Wytfliet）编绘的美洲地图集（鲁汶，1597 年）。在意大利和比利时逗留了很长时间之后，出生于勃艮第的博学家让·马塔尔（Jean Matal，又作 Johannes Metel-

---

[91]　Laor, *Cartobibliography*, 1 – 2（nos. 7 – 18）and 137（no. 934）；Meurer, *Atlantes Colonienses*, 54 – 65；and Nebenzahl, *Maps of the Holy Land*, 90 – 91 and 94 – 97.

[92]　Meurer, *Atlantes Colonienses*, 105 – 115.

[93]　H. A. M. van der Heijden, *Leo Belgicus：An Illustrated and Annotated Carto-Bibliography*（Alphen aan den Rijn：Canaletto, 1990）.

[94]　Bernadette Schöller, *Kölner Druckgraphik der Gegenreformation：Ein Beitrag zur Geschichte religiöser Bildpropaganda zur Zeit der Glaubenskämpfe mit einem Katalog der Einblattdrucke des Verlages Johann Bussemacher*（Cologne：Kölnisches Stadtmuseum, 1992），and Peter H. Meurer, "The Cologne Map Publisher Peter Overadt（fl. 1590 – 1652），" *Imago Mundi* 53（2001）：28 – 45.

[95]　Meurer, *Atlantes Colonienses*, 197 – 235. 从 1600 年前后开始，奎德因自己的宗教改革信仰，而与科隆当局关系紧张。因此，他还以笔名 Cyprian Eichovius 通过美因河畔法兰克福和附近的上乌瑟尔（Oberursel）的印刷商出版。

[96]　Matthias Quad, *Geographisch Handtbuch*, Cologne 1600, facsimile, intro. Wilhelm Bonacker（Amsterdam：Theatrum Orbis Terrarum, 1969）.

[97]　Meurer, *Atlantes Colonienses*, 47 – 53. 这些地图重印于 Jose de Acosta, *Das Gold des Kondors：Berichte aus der Neuen Welt*, 1590, ed. Rudolf Kroboth and Peter H. Meurer（Stuttgart：Erdmann, 1991）.

lus）于 1563 年在科隆定居。[398] 他的四开本地图集是从 1594 年开始分别在不同的国家和大洲出版的。[399] 1602 年的完整版，拥有 261 张地图的《世界之镜》，是世界上最大的单卷地图集之一。

人文主义晚期的德意志地图学：概况

从大约 1570 年开始，德意志许多地区的公共和科学生活陷入了昏睡状态，这主要是由于新教和反宗教改革之间的持续冲突造成的。这一巨大的碎片化和德意志地图学在这一时期相对不重要，再加上缺乏现代研究，使得构建人文主义晚期的德意志地图学的历史变得困难重重。我在这里列出一个大纲，重点放在一些亮点上，在 30 年战争（1618—1648 年）的灾难之后的 1650 年前后结束。只有到了大约 1670 年，德意志地图学的新传统的根基才会出现。

若干帝国总图

有些人曾试图绘制神圣罗马帝国全境的地图。来自乌尔姆的数学教师达维德·塞尔茨林（David Seltzlin）计划绘制帝国所有 12 个地区的木刻版地图，但他的项目从未超出斯瓦比亚地区（1572 年）和法兰克尼亚地区（1576 年）的地图（图 42.34）。[400] 然而，这个项目因为财务和专业原因而失败，并不是一个巨大的损失。地图的准确性及其工艺最多可以算作平均水平，其图形设计是一个不成功的正交和图形表示的结合的例子。[401]

1236

继前面提到过的斯格罗滕和墨卡托绘制的壁挂帝国地图之后，是一幅有趣的壁挂地图，它是由马蒂亚斯·奎德设计的三图幅地图，标题为《德意志的荣耀》（*Gloriae Germanicae typus*），这幅地图于 1600 年由彼得·奥费拉特在科隆首次出版（图 42.35）。[402] 其丰富的装饰边框清楚地说明了神圣罗马帝国的等级结构以及它在 1600 年的样子。这些图像包括一系列肖像，其中有神话中的日耳曼祖先和从查理曼（Charlemagne）到鲁道夫二世（Rudolf II）的诸位皇帝、七名选侯（"帝国的支柱"）的肖像和纹章，以及所谓的帝国领地的四元组（"帝国的基础"）。具有煽动性的反哈布斯堡王朝的详细信息被一段文字所覆盖，这段文字颂扬了一种由在理论上并非世袭的统治者所领导的政治体制的优越性。

从 1630 年开始，由国王古斯塔夫斯·阿道弗斯二世（Gustavus Adolphus II）（1611—1632 年）领导的瑞典军队发起的新教徒党所取得的短暂的军事胜利之际，出现了一些"反

---

[398] 最近的一份非常好的传记是 Peter Arnold Heuser, *Jean Matal: Humanisticher Jurist und europäischer Friedensdenker*（*um* 1517 - 1597）（Cologne: Bohlau, 2003）。

[399] Meurer, *Atlantes Colonienses*, 162 - 196. 1597 年之后的部分是由马蒂亚斯·奎德编辑的。其中有第一部亚洲的专门地图集: Jean Matal, *Asia tabulis aeneis secundum rationes geographicas delineata*（Oberursel, 1600）。请参阅 Susan Gole, "An Early Atlas of Asia," *Map Collector* 45（1988）: 20 - 26。

[400] Meurer, *Fontes cartographici Orteliani*, 235 - 236, and Meurer, *Germania-Karten*, 274 - 275. 关于测量精确性的新的研究，请参阅 Kurt Brunner, "Zwei Regionalkarten Süddeutschlands von David Seltzlin," in *Karten hüten*, 33 - 47。

[401] 然而，塞尔茨林地图的两次印刷品在一个方面是值得注意的: 它们在角落里包含第一个已知的印刷的"距离三角形"，这是三角形的表格，可以很容易地读取，以获得不同位置之间的距离。关于早期德意志距离三角形的更详细的研究，请参阅 Peter h. Meurer, "Zur Frühgeschichte der Entfernungsdreiecke", *Cartographica Helvetica* 24（2001）: 9 - 19。

[402] Meurer, *Germania-Karten*, 396 - 399.

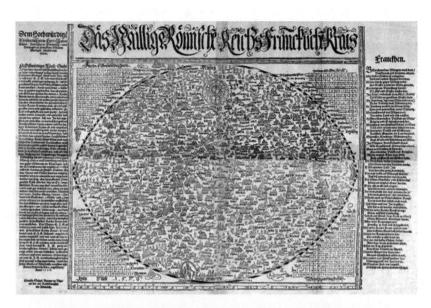

图 42.34　达维德·塞尔茨林的弗兰肯（FRANCONIA）地图，1576 年

　　这是塞尔茨林未完成的地图系列中的第二张，也是最后一张，展示了德意志帝国的所有地区。对于其他同时代的地图作品而言，其风格和地形质量相当旧式。有趣的细节是四个角落中的距离三角表。木刻（旁侧用凸版印刷文本），四图幅。

　　原图尺寸：38.5×51.1 厘米。由 Öffentliche Bibliothek der Universität, Basel (Kartensammlung AA 51) 提供照片。

图 42.35　马蒂亚斯·奎德的神圣罗马帝国地图，1600 年

　　这种极具装饰性地图——《德意志的荣耀》（*Gloriae Germanicae typvs*）——的目的，是传播帝国的荣耀和最理想的（非性的）结构。沿上边框两边都是君主的肖像，从神话中的日耳曼人祖先突伊斯科（Tuiscon）到凯撒和查理曼大帝再到鲁道夫二世（Rudolf Ⅱ）。在地图的侧边上则是七位选侯的肖像和纹章，在底部则是帝国庄园的纹章。雕刻在 3 张图幅上，文字在下，凸版印刷。

　　原图尺寸：64×112 厘米。由 Bildarchiv, Österreichische Nationalbibliothek, Vienna (NB 204.626) 提供照片。

哈布斯堡王朝"的地图宣传活动的引人注目的例子。1632 年，亨里克斯·洪迪厄斯（Henricus Hondius）在阿姆斯特丹出版的 1590 年的墨卡托壁挂地图再版了，其上有献给古斯塔夫斯·阿道弗斯的献词，称颂他是"德意志信仰的捍卫者和饱受压迫的自由的保护者"。[403] 1633 年，信奉新教的斯特拉斯堡的雕刻家伊萨克·布伦（Isaac Brun）出版了一幅 1600 年之后在德意志地区制作的为数不多的神圣罗马帝国地图（图 42.36）。[404] 在其图缘的城镇景观图中，包括法兰克福、纽伦堡、斯特拉斯堡和乌尔姆等信奉新教的帝国城市，而布拉格和维也纳的帝国居民区则被忽视了。诸选侯国的一系列首都包括海德堡，而不是慕尼黑，很明显是忽视了 1623 年皇帝斐迪南二世将在之前信奉新教的选侯国转给巴伐利亚之事。

　　在某种程度上，德意志地图制作的衰落从由约翰·格奥尔格·容（Johann Georg Jung）和格奥尔格·康拉德·容（Georg Conrad Jung）于 1641 年出版的神圣罗马帝国路线地图（图 42.37）即可见一斑。[405] 这张地图是同时代一次相当创新的由行程纪向地图的转换，但是它的工艺很差，出版也遇到困难。容家族尝试了一种早期的地图直销模式：他们为客户单独印刷特别版本。其中一个版本因献给纽伦堡参议院而闻名。

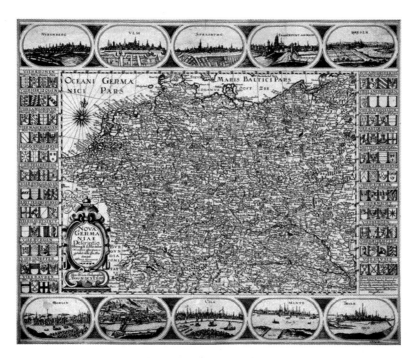

图 42.36　伊萨克·布伦的神圣罗马帝国地图，1633 年

这一在图缘处附有城镇景观图的地图类型，是 1600 年后不久在阿姆斯特丹产生的。这一雕版由斯特拉斯堡艺术家伊萨克·布伦制作，是在德意志地区制作的唯一样本。有趣的是其对城镇的选择，带有新教国家对资本的偏好。

原图尺寸：46×55.5 厘米。由 Staats-und Stadtbibliothek, Augsburg（Karte 6, 1）提供照片。

---

[403]　Meurer, *Germania-Karten*, 425 – 429, 引用于 425。

[404]　Meurer, *Germania-Karten*, 473 – 474.

[405]　Meurer, *Germania-Karten*, 484 – 486.

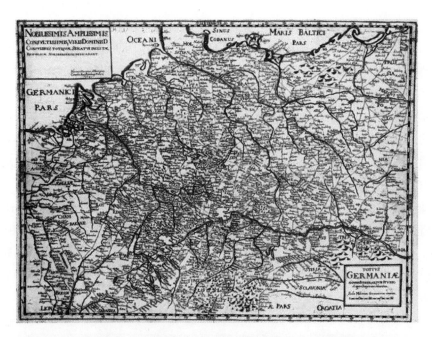

图 42.37　约翰·格奥尔格·容和格奥尔格·康拉德·容绘制的德意志地区的道路地图，1641 年

其道路的四通八达使这幅由罗滕堡（Rothenburg）的制图师容所绘制的《德意志全新路程图》（*Totivs Germaniæ novvm itinerarivs*），成为旅游规划的良好媒介。然而，较差的艺术素质导致 30 年战争期间德国地图制作的衰落。雕版。

原图尺寸：43.5 × 57.5 厘米。由 Germanisches Nationalmuseum，Nuremberg（LA 17）提供照片。

布拉格的帝国宫廷：一次错过的地图学机会

在 1600 年前后的德意志大地上，为数不多的研究中心是皇帝鲁道夫二世（1576—1612年）的帝国宫廷，他大多数时间居住在布拉格。鲁道夫符合文艺复兴时期统治者的经典形象，类似于早期人文主义者的赞助人马克西米利安一世。鲁道夫的慷慨和个人兴趣吸引了许多国家的学者和艺术家。[406] 1599 年，伟大的丹麦天文学家第谷成为布拉格天文台的创始人和第一任台长。[407] 在他死后，约翰内斯·开普勒（Johannes Kepler）接替他担任了宫廷天文学家（即宫廷占星家）。[408] 在布拉格，开普勒阐述了他的奠基性著作——《新天文学或天体物理学》（*Astronomia nova seu physica coelestis*）（乌尔姆，1609 年），其中包含他的行星运动定律的第一个公式。出生在安特卫普的风景画画家雅各布·赫夫纳格尔（Jakob Hoefnagel）在帝国宫廷工作，曾为布劳恩和霍亨贝赫所制作的《世界城市图》贡献了许多波西米亚、匈

[406]　关于对其的概述，请参阅 the catalog of an exhibition by the KulTürstiftung Ruhr in the Villa Hügel in Essen：*Prag um 1600：Kunst und Kultur am Hofe Kaiser Rudolfs Ⅱ.*，2 vols.，exhibition catalog（Freren：Luca，1988）。

[407]　请参阅 J. L. E. Dreyer，*Tycho Brahe：A Picture of Scientific Life and Work in the Sixteenth Century*（Edinburgh：Adam and Charles Black，1890；reprinted New York：Dover，1963），and，more recently，J. R. Christianson，*On Tycho's Island：Tycho Brahe and His Assistants*，1570 – 1601（Cambridge：Cambridge University Press，2000）。

[408]　这一结集工作的注释版本是 Johannes Kepler，*Gesammelte Werke*（Munich：C. H. Beck，1937 –　）. A standard work is Max Caspar，*Johannes Kepler*，4th ed.（Stuttgart：Verlag für Geschichte der Naturwissenschaften und der Technik，1995）；英文版请参阅 *Kepler*，trans. and ed. C. Doris Hellman（London：Abelard-Schuman，1959）。另请参阅 Rhonda Martens，*Kepler's Philosophy and the New Astronomy*（Princeton：Princeton University Press，2000），and James R. Voelkel，*Johannes Kepler and the New Astronomy*（New York：Oxford University Press，1999）。

牙利、波兰和奥地利的城镇景观图。[409] 在其他艺术家中，伊拉斯谟·哈贝尔梅尔（Erasmus Habermel）是他那个时代最重要的天文和测量仪器的制造商之一，他在此领域很活跃。[410] 然而，在 16 世纪后期开始的奥地利的反宗教改革的政治发展使得地图学的发展不再那么繁荣。其名义上的领袖是极端天主教徒——皇帝马蒂亚斯（Matthias，1612—1619 年在位），他是鲁道夫二世的弟弟，后来成为其继任者。皇帝对"哈布斯堡家族的兄弟倾轧"感到沮丧，而在宫廷生活的特点则是阴郁的昏睡。

随着鲁道夫二世的去世，布拉格作为人文主义晚期科学和艺术中心的繁荣发展结束了。　1239 总而言之，布拉格的这一环境对于地图学的历史来说是相对不重要的。显而易见，有四个原因。首先，唯一与鲁道夫二世的宫廷有直接联系的制图师是帝国秘书瓦尔蒙德·伊戈尔（Warmund Ygl）。然而，为他的蒂罗尔地图（布拉格，1604/1605 年）所进行的调查是在 1595 年完成的，当时伊戈尔还住在蒂罗尔。[411] 其次，一份姗姗来迟的波西米亚的哈布斯堡皇室土地的新地图，是由马蒂亚斯的追随者——教士保卢斯·阿莱提努斯（Paulus Aretinus）绘制的，直到 1619 年才出版。[412] 再次，还是在鲁道夫二世和马蒂亚斯的领导下，没有发起或支持整个神圣罗马帝国的地图制作的尝试。[413] 最后，天体制图学没有取得任何如同人们根据第谷和开普勒的活动所期待的实质性的进展。

约翰内斯·开普勒在布拉格工作的晚期作品——《鲁道夫星历表》（Tabulae Rudolfinae）（乌尔姆，1627 年），在他离开很久之后才出版。这份目录重新计算了 1440 颗恒星的位置，为未来的航海导航和数学制图提供了重要的基础。由开普勒的朋友纽伦堡商人和业余天文学　1240 家菲利普·埃克布雷希特（Philip Eckebrecht）所绘制的世界地图，尤其引人注目，因为它是根据经过计算的欧洲主要天文台的坐标编制而成的。[414]

德意志统治者和区域地图学

从 1560 年开始，只有单一的和孤立的区域调查项目是按照官方命令进行的，这一状况直到 1650 年才开始改变。只有几位德意志诸侯绘制了其国家的地图。由此而产生的地图包括内科医生约翰内斯·梅林格（Johannes Mellinger）对吕讷堡（Lüneburg）公国的调查（1593 年）、由艾尔哈德·卢比（Eilhard Lubi）对波美拉尼亚地区（Pomerania）的调查（1618 年），以及数学和诗学教授约翰尼斯·劳雷姆贝尔格（Johannes Lauremberg）对梅克

---

[409]　到目前为止，还没有关于他的地形研究的基础研究。

[410]　Wolfgang Eckhardt, "Erasmus und Josua Habermel—Kunstgeschichtliche Anmerkungen zu den Werken der beiden Instrumentenmacher," *Jahrbuch der Hamburger Kunstsammlungen* 22 （1977）：13 – 74.

[411]　Meurer, *Fontes cartographici Orteliani*, 269 – 270；复写版本请参阅 Warmund Ygl, *Neue Karte der sehr ausgedehnten Grafschaft Tirol und ihrer Nachbargebiete*, 附有 Hans Kinzl 撰写的评论：*Die Karte von Tirol des Warmund Ygl 1604/1605*（Innsbruck：Österreichischer Alpenverein, 1962）。

[412]　Kuchař, *Early Maps*, 19 – 22.

[413]　1583 年，奥格斯堡的仪器制造者 Christoph Schissler 获得了一项"instrumentum geometricum"的帝国特许权。他提议用这项发明来对帝国进行调查。然而，这个想法并没有被帝国当局采纳。

[414]　Shirley, *Mapping of the World*, 358 – 359（no. 335）；关于埃克布雷希特，请参阅 Pilz, *Astronomie in Nürnberg*, 268 – 269。尽管其日期为 1630 年，但这幅地图的出版时间不早于 1658 年。对这张有趣的地图没有详细的分析。

伦堡公爵领地的调查（1622 年）。[415] 在哈布斯堡王朝的辖区内，发起绘制大部分印刷地图的
不是帝国当局，而是各地的庄园。这一趋势始于马丁·黑尔维希（Martin Helwig）的"西里
西亚地图"，此图于 1561 年首次出版。[416] 后来的例子有建筑师丹尼尔·斯佩克林（Daniel
Specklin）绘制的阿尔萨斯（Alsace）地图（1576 年）、[417] 瓦尔蒙德·伊戈尔和马蒂亚斯·布
尔格克莱内尔（Matthias Burgklehner）绘制的蒂罗尔地图（1604 年和 1611 年）、[418] 工程师伊
斯雷尔·霍尔茨武尔姆（Israel Holzwurm）绘制的克恩滕（Carinthia）地图（1612 年），以及他
的兄弟亚伯拉罕·霍尔茨武尔姆（Abraham Holzwurm）绘制的上奥地利地图（1628 年）。[419]

　　很难解释的是，在半民主国家结构中，对地图的效用的兴趣显然更大。对一些帝国城市
的疆域进行了详细的测量，比如亚琛、[420] 科隆、[421] 多特蒙德、[422] 美茵河畔法兰克福[423]以及纽伦
堡。[424] 此外，对瑞士联邦的许多州也进行了调查。有一些大型的地图，包括伯尔尼、[425] 弗里

[415] Jäger, "Johannes Mellinger," and Alfred Haas, *Die große Lubinsche karte von Pommern aus dem Jahre* 1618, e-d. Eckhard Jäger and Röderich Schmidt（Luneburg：Nordostdeutsches Kulturwerk，1980）. 需要对劳雷姆贝尔格的地图进行详细的研究；关于作者，请参阅 J. Classen, *Ueber das Leben und die Schriften des Dichters Johann Laurenberg*（Lübeck：Borchers，1841）. 劳雷姆贝尔格还因其古希腊地图而闻名。其去世之后的最终版本是劳雷姆贝尔格稀见的地图集 *Græcia antiqua*（Amsterdam：Joannem Janssonium，1660）；关于摹写版本，请参阅 Johannes Lauremberg, *A Description of Ancient Greece*, intro. C. Broekema（Amsterdam：Hakkert，1969）。

[416] Karrow, *Mapmakers of the Sixteenth Century*, 288－292；一份新的版本，请参阅 Kurt Brunner and Heinz Musall, eds., *Martin Helwigs Karte von Schlesien aus dem Jahre* 1561（Karlsruhe：Fachhochschule，1996）。

[417] Meurer, *Fontes cartographici Orteliani*, 243－244；关于斯佩克林的标准著作，是 Albert Fischer, *Daniel Specklin aus Straßburg*（1536－1589）：*Festungsbaumeister，Ingenieur und Kartograph*（Sigmaringen：Thorbecke，1996）。

[418] Lukas Rangger, "Matthias Burgklehner：Beiträge zur Biographie und Untersuchung zu seinen historischen und kartographischen Arbeiten," *Forschungen und Mitteilungen zur Geschichte Tirols und Vorarlbergs* 3（1906）：185－221. 关于瓦尔蒙德·伊戈尔地图，请参阅注释 411。

[419] 关于总结，请参阅 Peter H. Meurer, "Die wieder äufgefundene Originalausgabe der Kärnten-Karte von Israel Holzwurm（Strassburg 1612）," *Cartographica Helvetica* 34（2006）：27－34。

[420] 关于在尼德兰出生的画家 Jansz. Fries 的一份绘本地图（Stadtmuseum，Aachen），请参阅 Heinrich Savelsberg, "Die älteste Landkarte des Aachener Reiches von 1569," *Zeitschrift des Aachener Geschichtsvereins* 23（1901）：290－305。

[421] 需要亚伯拉罕·霍亨贝赫雕刻的这一四图幅地图的专门文献（大约 1615 年）。

[422] 关于商人和业余历史学家 Detmar Mülher 的几幅地图，请参阅 Wilhelm Fox, "Ein Humanist als Dortmunder Geschichtsschreiber und Kartograph—Detmar Mülher（1567－1633）," *Beiträge zur Geschichte Dortmunds und der Grafschaft Mark* 52（1955）：109－275。

[423] 1582 年，画家 Elias Hoffmann 对法兰克福周边地区的一幅高度装饰的地图（结合了一幅城镇平面图），于 1598 年印刷；请参阅 Meurer, *Fontes cartographici Orteliani*, 168－169。

[424] 大规模地区地图绘制的一个亮点是纽伦堡地区的一部绘本地图集，有 28 幅地图，由纽伦堡商人和贵族 Paul Pfinzing 在 1594 年制作（Staatsarchiv，Nuremberg）。一份复写版本是 Paul Pfinzing, *Der Pfinzing-Atlas von* 1594, e-d. Staatsarchiv Nürnberg and AltNürnberger Landschaft（Nuremberg，1994）；详细的研究，请参阅 Peter Fleischmann, *Der Pfinzing-Atlas von* 1594：*Eine Ausstellung des Staatsarchivs Nürnberg anlässlich des 400 jährigen Jubiläums der Entstehung*, exhibition catalog（Munich：Generaldirektion der Staatlichen Archive Bayerns，1994）。

[425] 这张基本地图，*Inclitae Bernatvm vrbis*, 由内科医生 Thomas Schoepf 所著，于 1578 年在斯特拉斯堡出版。关于其摹写件，请参阅 Georges Grosjean, ed., *Karte des Bernischen Staatsgebietes von 1577/1578*（Dietikon-Zurich：Bibliophile Drucke von J. Stocker，1970）。艺术家和测量员 Joseph Plepp 的修订版于 1638 年出版；关于作者，请参阅 Johanna Strubin Rindisbacher, "Vermessungspläne von Joseph Plepp（1595－1642），dem bernischen Werkmeister，Maler und Kartenverfasser," *Cartographica Helvetica* 12（1995）：3－12。

堡（Fribourg）、㉖ 格劳宾登（Grisons）、㉗ 卢塞恩（Luzern）㉘ 和苏黎世等地。㉙ 1635 年，苏黎世画家和制图师汉斯·康拉德·居格（Hans Conrad Gyger）首次出版了瑞士基本总图，将此推向巅峰。㉚

根据现在所知，其他的区域地图只是出于其作者的主动倡议而绘制的。在许多例子中，有由教师约翰·格奥尔格·蒂比阿努斯（Johann Georg Tibianus）绘制的博登湖地区和黑森林地区的地图（约 1578 年）、㉛ 由流亡的尼德兰测量师科内利斯·阿德格鲁斯（Cornelis Adgerus）绘制的科隆大主教区的地图（1583 年）、㉜ 由数学家乌博·埃米乌斯（Ubbo Emmius）绘制的东弗里斯兰的地图（1595 年）、㉝ 由新教牧师阿多拉里乌斯·埃里希乌斯（Adolarius Erichius）绘制的图林根的地图（约 1605 年），㉞ 以及由教育家约翰·阿莫斯·夸美纽斯（Johann Amos Comenius）绘制的摩拉维亚（Moravia）的地图（1627 年）。㉟ 总而言之，从 1620 年开始，显而易见，在德意志诸地绘制的区域地图的数字下降了，这也是 30 年战争的结果。

1242

㉖　关于这幅绘本地图，请参阅 Jean Dubas and Hans-Uli Feldmann，"Die erste Karte des Kantons Freiburg von Wilhelm Techtermann，1578，" *Cartographica Helvetica* 10（1994）：33 – 40。

㉗　历史学家 Fortunat Sprecher von Bernegg 的地图《*Alpinae seu Foederatae Rhaetiae*》的第一次发行，是于 1618 年在莱顿；关于其摹写件，请参阅 Georges Grosjean，*Die Rätia-Karte von Fortunat Sprecher von Bernegg und Philipp Klüwer aus dem Jahre 1618*（Dietikon-Zurich：1976）。提供早期版本的参考目录的，是 Franchino Giudicetti in "Eine bisher unbekannte Ausgabe der Rhaetia-Karte von Fortunat Sprecher v. Bernegg und Philipp Klüwer，" *Cartographica Helvetica* 5（1992）：17 – 20。

㉘　关于自 1597 年以来由市镇秘书 Renward Cysat 和画家 Hans Heinrich Wägmann 进行的一项调查的各种绘本版本，请参阅 Thomas Kloti，"Die älteste Karte des Kantons Luzern von Hans Heinrich Wägmann und Renward Cysat，1597 – 1613，die Originalzeichnung und die Nachbildungen，" *Cartographica Helvetica* 2（1990）：20 – 26。

㉙　一部基本的著作是由苏黎世艺术家和诗人 Jos Murer 绘制的地图，第一次发表于 1566 年；请参阅 Meurer，*Fontes cartographici Orteliani*，205 – 206，and Arthur Dürst，"Das älteste bekannte Exemplar der Holzschnittkarte des Zürcher Gebiets 1566 von Jos Murer und deren spätere Auflagen，" *Mensuration*，*photogrammétrie*，*génie rural*：*Revue/ Vermessung*，*Photogrammetrie*，*Kulturtechnik*：*Fachblatt* 73（1975）：8 – 12。关于用原始木刻版重印的版本，请参阅 Jos Murer，*Karte des Kantons Zürich*（Zurich：Matthieu，1966）。Murer 还在 1576 年发表了一幅关于苏黎世的大型鸟瞰城镇图，请参阅 Arthur Durst，"Die Planvedute der Stadt Zurich von Jos Murer，1576，" *Cartographica Helvetica* 15（1997）：23 – 37。

㉚　*Helvetiæ*，*Rhaetiæ & Valesiæ ... tabula nova & exacta* 的一部重印本于 1979 年（Zofingen：Ringier）和 1982 年（Bern：Schweizerisches Gutenbergmuseum）发行。我们对居格和他的地图（其中有苏黎世州的基本绘本地图，1620—1667 年）没有研究；日期的总结在 "Gyger，Hans Conrad" 中，请参阅 *Lexikon*，1：284 – 285。

㉛　Ruthardt Oehme，*Joannes Georgius Tibianus*：*Ein Beitrag zur Kartographie und Landesbeschreibung Südwestdeutschlands im 16. Jahrhundert*（Remagen：Bundesanstalt für Landeskunde，1956）.

㉜　Peter H. Meurer，"Die Kurköln-Karte des Cornelius Adgerus（1583），" *Rheinische Vierteljahrsblätter* 48（1984）：123 – 137.

㉝　对研究的总结，见 Heinrich Schumacher，"Ubbo Emmius：Trigonometer，Topograph und Kartograph—Unter besonderer Berücksichtigung neuer Forschungsergebnisse，" *Jahrbuch der Gesellschaft fur bildende Kunst und väterlandischen Altertümer zu Emden* 73 – 74（1993 – 1994）：115 – 149。

㉞　关于希里埃乌斯的新的标准著作是 Gunter Görner，*Alte Thüringer Landkarten 1550 – 1750 und das Wirken des Kartographen Adolar Erich*（Bad Langensalza：Rockstuhl，2001）。

㉟　Kuchař，*Early Maps*，37 – 43，and Walter Sperling，*Comenius' Karte von Mähren 1627*（Karlsruhe：Fachhochschule，1994）.

然而，德意志当局对地图普遍抱有兴趣。在 16 世纪的第三个 25 年，在德累斯顿、[436] 慕尼黑[437]和沃尔芬比特尔的宫廷里，[438] 已经有了杰出的地图收藏。单一的资料来源也指出了次级统治者和地方政府所拥有的地图。[439] 当然，地图和地图集是许多市政和修道院图书馆馆藏的一部分。这是未来研究的一个广阔领域。

历史地图学的著作

更重要的是，墨卡托家族的作品表明，在 16 世纪末期，古典人文主义的特征依然强大。在此期间，历史地图学，即绘制过去的文化和物质现象的科学发展起来了。[440] 这一新学科的知识根源一定要归功于托勒密的《地理学指南》；所有的现代编辑都意识到，27 幅《古代地图》对世界的描述已经过时。近代早期的圣地地图，显示了圣经和古典著作中所描述的地形、地名和其他特征，是另一种先驱。最后，诸如 1523 年的阿文蒂努斯的巴伐利亚地图，其中也应该包括了一些考古遗址的条目。

德国历史地图学肇端的标志，是一幅罗马时期的瑞士地图《尤利乌斯·凯撒的瑞士》（*Helvetia Iulii Caesaris*），这幅地图收入约翰内斯·施通普夫的《普鲁士联邦的整体描述》（*Gemeiner loblicher Eydgenossenschaft ... beschreibung*）（苏黎世，1548 年）中。维也纳的人文主义者沃尔夫冈·洛齐乌什（Wolfgang Lazius）在其两卷《希腊志》（*Commentariorum rerum Graecorum libri duo*）（维也纳，1558 年）中绘制了两幅古希腊和伯罗奔尼撒的地图。人文主义者和路德教牧师卡斯帕·亨内贝格尔（Caspar Henneberger）用一幅古代普鲁士的地图作为其《精编普鲁士地区信史》（*Kurtze und warhafftige Beschreibung des Landes Preussen*）（柯尼斯堡，1584 年）的插图。[441] 亚伯拉罕·奥特柳斯是关于历史地图学的系统著作之父，他的历史地图集《附图》（*Parergon*）收录了 1590 年的《德意志古代风格》（*Germaniae veteris typus*），这是一幅根据古代作家而制作的德意志地区的影响力极大的总图。[442] 马库斯·韦尔泽（Marcus Welser）是一位来自奥格斯堡的人文主义者，他撰写了《奥格斯堡诸事记》（*Rerum Augustanorum vindelicorum*）（美因河畔法兰克福，1595 年），这是一部关于他的家乡的编年

---

[436] 对萨克森选侯的艺术收藏室的丰富的地图收藏的描述，见 Hantzsch, *Landkartenbestände*。一份 1595 年的清单列出了 55 幅镶有外框并进行显示的壁挂地图；请参阅 Walther Haupt, "Landkartenbestände in Dresden bis zum Dreisigjährigen Krieg," *Sächsische Heimatblätter* 34 (1988): 94 - 96。今天，在 Sächsische Landesbibliothek, Dresden，这一收藏只有一小部分可以被追踪到。

[437] 1577 年的慕尼黑宫廷图书馆的第一份清单列出了 40 幅壁挂地图。请参阅 Otto Hartig, *Die Gründung der Münchener Hofbibliothek durch Albrecht V. und Johann Jakob Fugger*（Munich: Königlich-Bayerische Akademie der Wissenschaften, 1917），353 - 356。这个宏伟的收藏今天完全亡佚了。

[438] 在 Herzog August Bibliothek at Wolfenbüttel 中没有这些地图的任何版本。关于出版的调查，请参阅 the exhibition catalog by Arend W. Lang et al., *Das Kartenbild der Renaissance*（Wolfenbüttel: Herzog August Bibliothek, 1977）。

[439] 关于对黑森诸侯所拥有地图的经典研究，请参阅 Fritz Wolff, "Karten und Atlanten in fürstlichen Bibliotheken des 16. und 17. Jahrhunderts: Beispiele aus Hessen," in Karten hüten, 221 - 231。

[440] 关于这一主题的介绍，请参阅 Peter H. Meurer, "Ortelius as the Father of Historical Cartography," in *Abraham Ortelius and the First Atlas: Essays Commemorating the Quadricentennial of His Death*, 1598 - 1998, ed. M. P. R. van den Broecke, Peter van der Krogt, and Peter H. Meurer ('t Goy-Houten: HES, 1998), 133 - 159。

[441] Jäger, *Prussia-Karten*, 293, and Hans Crome, "Kaspar Hennebergers Karte des alten Preusens, die älteste fruhgeschichtliche Karte Ostpreusens," *Alt-Preußen* 5 (1940): 10 - 15 and 27 - 32。

[442] Meurer, "Ortelius," 148 - 152。

史,其中包括罗马时期多瑙河（Danube）和亚得里亚海（Adriatic Sea）之间地区的地图《文德里齐旧地图》（*Vindeliciae veteris descriptio*）。[443] 奥地利语言学家和法学家耶奥尤斯·阿卡齐乌斯·埃嫩克尔（Georgius Acacius Enenckel）在他的书中展示了其《修昔底德》（*Thukydides*）的版本（蒂宾根，1596 年），并附有一幅他自己制作的古代希腊地图。[444] 奥特柳斯和韦尔泽的一个联合项目是波伊廷格地图的出版（安特卫普，1598 年）；这一版本可以被认为是今天被称为摹写版的最早的标本。[445]《历史的成就或理想……乌比的大城市……》（*Epideigma sive specimen historiae ... amplae Civitatis Ubiorum ...* ）（科隆，1608 年），是由科隆的人文主义者和法学家斯特凡·布罗埃尔曼所撰写的罗马时代莱茵兰的历史,包括欧洲和德意志的历史地图,以及斯特凡·布罗埃尔曼试图重建科隆在罗马时代的形象。[446] 关于德意志的历史,有一系列 5 幅地图,被收入莱顿大学历史学家彼得鲁斯·贝尔蒂乌斯（Petrus Bertius）的历史地理著作《三卷日耳曼志》（*Commentariorum rerum germanicarum libri tres*）中。[447] 紧随其后的是生活在莱顿的一位私人学者菲利普·克卢弗（Philipp Clüver）所撰写的《三卷抵日耳曼》（*Germania antiqua*）中的一系列 10 幅非常新颖的地图（莱顿，1616 年）（图42.38）。[448]

地图印刷和地图出版

占主导地位和专业的地图出版社,尤其是在安特卫普、阿姆斯特丹、科隆等地的佛兰德派的范围内发展起来的,以及在杜伊斯堡与墨卡托出版社合作,这是一个独特的特色。在神圣罗马帝国的其他地方,许多出版社和工作室都参与了地图绘制,但地图只是他们制作的一小部分,他们的活动经常只出版一幅地图。17 世纪末,一些具有创新精神的企业家进入了地图绘制领域,尤其是在纽伦堡和奥格斯堡。

除了直接营销之外,美因河畔法兰克福和莱比锡的书展是欧洲中部地区地图贸易的焦点。老牌书商主要位于大学城和商业中心。行商去每周一次的市场,也会参观帝国议会和和平会议等活动。

16 世纪中叶德意志地图出版的一个重要创新是越来越多地使用铜版雕刻作为首选的复制方法。发展的连续性和清晰的发展路线很难确定,因为变化经历得非常缓慢。直到 17 世纪,木刻仍然在德意志地区使用。德意志地区最早用铜雕或蚀刻来取代木刻的例子,除了在佛兰德之外,还可以在奥地利找到,例如,沃尔夫冈·洛齐乌什的 1545 年地图,或者奥古

---

[443] Meurer, *Fontes cartographici Orteliani*, 266 – 267；for a more exhaustive study of Welser, see Paul Joachimsen, *Marx Welser als bayerischer Geschichtsschreiber*（Munich：Kutzner, 1905）.

[444] Meurer, *Fontes cartographici Orteliani*, 141, and Ruthardt Oehme, "Georg Acacius Enenckel, Baron von Hoheneck, und seine Karte des alten Griechenlandes von 1596," *Zeitschrift für Württembergische Landesgeschichte* 44（1985）：165 – 179.

[445] Meurer, "Ortelius," 157 – 158. Conrad Celtis found a medieval copy of the Roman road map in a library in southwest Germany（possibly at Speyer）. 他把这份手稿遗赠给了波伊廷格,此图以其人之名而得名（the Peutinger map or Tabula Peutingeriana）.

[446] Meurer, *Atlantes Colonienses*, 90 – 95, and Bernadette Schöller, "Arbeitsteilung in der Druckgraphik um 1600：Die ‘Epideigma’ des Stephan Broelmann," *Zeitschrift für Kunstgeschichte* 54（1991）：406 – 411.

[447] Leonardus Johannes Marinus Bosch, *Petrus Bertius*, 1565 – 1629（Meppel：Krips Repro, 1979）.

[448] Stephen A. Bromberg 做出了一份总结,见 "Philipp Clüver and the ‘Incomparable’ Italia Antiqua," *Map Collector* 11（1980）：20 – 25。

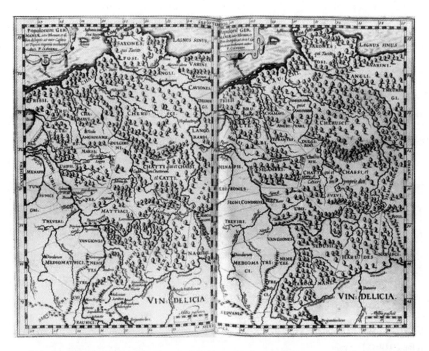

图 42.38　一幅历史地图的范例。来自菲利普·克卢弗的《三卷古日耳曼》（*Germaniae antiquae libri tres*）中的对开页地图（Leiden：Elzevirius，1616）

克卢弗从同时代地图中获取地形图像，重建了凯撒（大约公元前 50 年，左图）和图拉真（大约公元 100 年，右图）时的德意志地理。雕版。

原图尺寸：25×34 厘米。由 Herzog August Bibliothek，Wolfenbüttel（190 Hist. 2°）提供照片。

斯丁·希尔施福格尔的作品。在奥地利，铜雕版继续成为一种普遍使用的复制方法；更进一步的例子是洛齐乌什的奥地利地图集（1561 年），以及法布里修斯（Fabricius）的摩拉维亚地图（1568 年）。然而，我们也发现了由伊格尔（1605 年）和布尔格克莱内尔（1611 年）绘制的蒂罗尔地图所代表的明显的不连续的例子，这两种地图都是以木刻版的形式出版。

1244

在铜版雕刻的早期阶段，纽伦堡能够继续它作为地图制作中心的传统。一些较小的图形出版商除了偶尔制作各种主题的雕版图之外，还重点在制图和地形作品方面打下根基。这些都是早期的地图报道的例子，目的是向广大观众展示同时代战争的战场，尤其是西方列强与奥斯曼帝国之间的冲突。在纽伦堡的这些小出版商中，最重要的可能就是马蒂亚斯·聪特（Matthias Zundt）了。[49] 他是一名贸易金匠，可能还学过雕刻，在他金属雕刻学徒期间，这是学习的一部分。聪特的作品主要基于原始的图纸或者是他自己的印刷模型，看起来依然是原创的。值得注意的是在低地国家、匈牙利和地中海地区的同时代战争战场的地图。凭借其大约 25 幅地图和地形印本，巴尔塔扎·耶尼兴（Balthasar Jenichen）是最多产的纽伦堡地图绘制者之一；[50] 然而，他的作品几乎都是现存印刷版本（尤其是来自意大利）作品的纯粹的

[49]　Karrow，*Mapmakers of the Sixteenth Century*，617 – 621.

[50]　Peter H. Meurer，"Karten und Topographica des Nürnberger Kupferstechers Balthasar Jenichen," *Speculum Orbis* 4（1988 – 1993）：35 – 62.

复制品。

尽管在本土有了这样的努力，随着铜版雕刻的出现，佛兰德学派在整个德意志地区的影响力仍在继续增强。来自低地国家的移民不仅在莱茵河下游地区的墨卡托和霍亨贝赫的圈子里扮演了重要角色，而且在德意志地区的其他地方的地图出版中也同样如此。1590 年，特奥多尔·德布里（Theodor de Bry）在美因河畔法兰克福定居。除了附有同时代探索航行的插图报告的两部多卷系列之外，他和他的儿子约翰·特奥多尔（Johann Theodor）还一起出版了单幅地图。[51] 莱菲努斯·胡尔西努斯（Levinus Hulsius）在纽伦堡和美因河畔法兰克福，[52] 多米尼克斯·屈斯托斯（Dominicus Custos）在奥格斯堡，以及萨德莱尔（Sadeler）家族在慕尼黑、奥格斯堡和奥地利，都开展了工作。雅各布·范德海登（Jakob van der Heyden）的家族从大约 1620 年开始，在斯特拉斯堡经营着一家重要的德意志地图出版社，他们也是尼德兰人。[53] 这一时期的许多德意志区域地图的原始版本直接出现在尼德兰。

巴塞尔出生的老马陶斯·梅里安（Mattchaüs Merian）是雅各布·范德海登的学生，他也是约翰·特奥多尔·德布里的女婿。[54] 自 1625 年以来，他一直是德布里工作室的所有者，并在德国法兰克福建立了 17 世纪最具生产力的德国图形出版社。梅里安的特色是拥有丰富插图的多卷作品。至于地图学和地形方面，两部最重要的作品是《欧罗巴概观》（*Theatrum Europaeum*）（21 卷，1633—1738 年），这是一部关于同时代历史的纲要，配有许多地图、平面图、景观图和肖像，它们大多基于主要的资料来源，[55] 以及所谓的《德意志地形》（*Topographia Germaniae*）（16 卷，1641—1654 年），是关于神圣罗马帝国的描述，并有大约 1500 幅插图（图 42.39）。[56] 许多作家、雕刻师和其他贡献者为马特陶斯·梅里安和他的儿子们——小马特陶斯、卡斯帕（Caspar）和约阿希姆（Joachim）——工作。总的来说，这家公司一直繁荣到 1734 年。

这一时期结束时的一个重要里程碑也是梅里安的作品。1650 年，所谓的《热爱和平》（*Amore pacis*）的地图出现了，显示了 1632—1648 年间，瑞典军队及其盟友在德意志土地上的战斗和驻军状况。[57] 这张地图是由梅里安按照瑞典宫廷的命令绘制的，由为瑞典服务的两

1245

---

[51] John G. Garratt，"The Maps in De Bry，" *Map Collector* 9（1979）：3 – 11.

[52] Adolf Asher，*Bibliographical Essay on the Collection of Voyages and Travels*，*Edited and Published by Levinus Hulsius and His Successors at Nuremberg and Francfort from anno 1598 to 1660*（Berlin：Asher，1839；reprinted Amsterdam：Meridian，1962），and Josef Benzing，"Levinus Hulsius：Schriftsteller und Verleger，" *Mitteilungen aus der Stadtbibliothek Nürnberg* 7，no. 2（1958）：3 – 7.

[53] 我正在制作一份由雅各布·范德海登撰写的关于地图的研究，他已经发布了关于有关主题的大约 50 幅地图和其他印刷品的文章。

[54] 标准著作是 Lucas Heinrich Wüthrich，*Das druckgraphische Werk von Matthaeus Merian d. Ae*，4 vols.（Basel：Barenreiter，1966 – 1972；Hamburg：Hoffmann und Campe，1993 – 1996）。

[55] Wüthrich，*Matthaeus Merian*，3：113 – 272.

[56] Wüthrich，*Matthaeus Merian*，vol. 4. 梅里安的 *Topographia Germaniae*，16 vols 有一部摹写的版本（Kassel：Bärenreiter，1960 – 1967）。梅里安已经计划将这个项目扩大至一部"欧洲地形"（Topographiae Europae）。已经出现的有 *Topographia Galliae*（13 卷，1655 – 1661 年）、*Topographia urbis Romae*（1 卷，1681 年），以及 *Topographia Italiae* 的第一卷（1688 年）。在此之后，这一项目停顿了。

[57] Meurer，*Germania-Karten*，479 – 482，and Harald Köhlin，"A Map of Germany Made after the Swedish Campaign of 1630 – 1648，" *Imago Mundi* 8（1951）：50 – 51.

图 42.39 马托伊斯·梅里安的城镇集中的特里尔景观图，1646 年

梅里安多卷版本中的插图基于众多资料来源。本图显示了特里尔的鸟瞰图，见《美因茨、特里尔和科隆大主教区图》（*Topographia archiepiscopatuum Moguntinensis, Trevirensis et Coloniensis*），ed. Martin Zeiller（Frankfurt, 1646）。这是一种艺术性的改造，但地形不变，是对一个世纪前明斯特尔的描绘的改编（见图 42.21）。雕版。

原图尺寸：21×34 厘米。Houghton Library, Harvard University（Ger. 8138.6.6F, near page 32）许可使用。

名德国官员——利内利乌斯·冯·登博施（Cornelius von den Bosch）和卡尔·海因里希·冯·德奥斯滕（Carl Heinrich von der Osten）编辑。

结 论

在 1450—1650 年间，德意志地区的地图史反映了国家结构的政治分裂。神圣罗马帝国的领土百衲布状态催生了大量的地方——在某些情况下非常独立的——地图制作中心。缺乏中央权威是这一时期从未有由官方发起和赞助的对德意志帝国整个地区进行的地图调查的主要原因之一，而德意志的所有总图都是其作者的私人倡议的产物。由于这种政治分裂和不同的中心和场景的现代结果，许多德意志的土地和领地都有自己的地图绘制史。在大多数情况下，这仍有待于编写。

与此平行的现象是诸如瓦尔德泽米勒和福佩尔等一些独立学者的世界地图原型。但是无论是皇帝还是德国的地方君主都没有参与 16 世纪的地理大发现和世界殖民的航行。德意志地图绘制者没有参与海洋制图，甚至连在北海和波罗的海地区也没有。

领土统治者的强势地位反映在大量的区域地图上。它们的质量和功能相差很大。宗教改革的思想激发了德意志的地图学，给了许多制图师保护和新的视角，并为这一学科的学术地位做出了贡献。

在 16 世纪末期，如果没有北部低地国家与哈布斯堡王朝的分离，那么阿姆斯特丹制图环境的繁荣是不可能实现的。在帝国的其余部分，地图学的创新力量变得稀缺，在 30 年战争中，日益衰颓、死气沉沉，几乎达到了全军覆没的境地。

1245

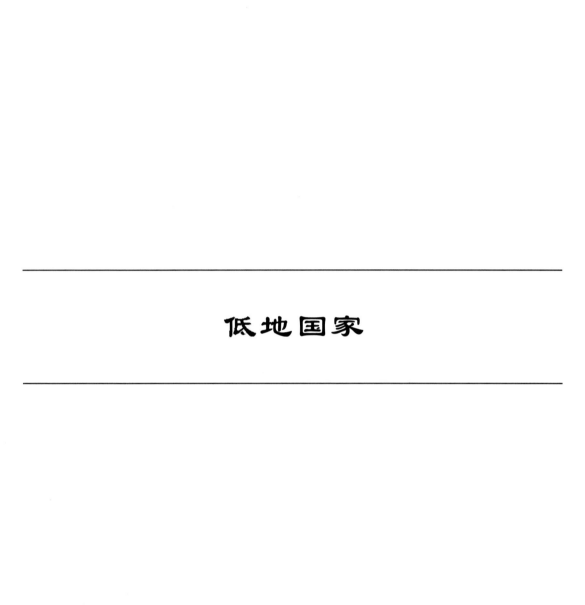

低地国家

第四十三章　低地国家的调查和官方地图绘制，1500—约1670年

科内利斯·肯曼（Cornelis Koeman）和

马尔科·范艾格蒙德（Marco van Egmond）

审读人：徐冠勉

低地国家早期的地图绘制和地图学发展的历史—政治背景

低地国家（Low Countries）的官方地图绘制的国际声誉一直处于其商业竞争对手的阴影之下。对这种现象的一种解释是，政府机构绘制的地图比商业出版商少得多。此外，在国内和国际上，官方制图材料的分布相对有限。非低地国家的历史地图学文献主要侧重于商业地图，并不强调低地国家的官方地图绘制。

然而，如果不考虑地图绘制产业的官方分支机构，那么低地国家绘制地图的历史就不完整了。[①] 事实上，与商业地图相比，官方地图往往提供关于起源、目的和功能的更多信息，这与地图绘制的过程有关。回顾16、17世纪的低地国家地图绘制历史，应该从对该地区的官方调查和地图绘制的描述开始。

不过，在不了解中世纪之后的低地国家复杂的历史—政治发展的情况下，这样的解释是很难令人理解的。16世纪后，低地国家的政治体制发生了翻天覆地的变革，导致负责地图出版的管理机构也发生了同样的全面改革。考虑到这种制度上的多样性，诸如"尼德兰"（the Netherlands，Nederland）、"低地国家"（Nederlanden 或 Lage Landen）、"十七省"（Zeventien Provinciën）、"七省"（Zeven Provinciën）和"荷兰"（Holland）等政治概念，往往会在低地国家之外引起相当大的混乱，甚至在荷兰语地区的人民中也会如此。因此，我们首先对16世纪和17世纪的低地国家的宪法背景进行研究，然后再讨论这个时期的官方地图绘制。

狭义的地理术语尼德兰，指的是现代的荷兰王国（kingdom of the Netherlands）。在中世纪晚期，这个术语被应用于更广泛的意义上，其区域包含现代荷兰王国（大致相当于北部

---

*　本章使用的缩写包括：MCN 代表 Günter Schilder，*Monumenta cartographica Neerlandica*（Alphen aan den Rijn：Canaletto，1986 –　）。

①　关于低地国家地图学史最详尽的著作是 C. Koeman 的 *Geschiedenis van de kartografie van Nederland：Zes eeuwen landen zeekaarten en stadsplattegronden*（Alphen aan den Rijn：Canaletto，1983）。关于低地国家地图资料的类型学，请参阅 Y. Marijke Donkersloot-De Vrij，*Topografische kaarten van Nederland uit de 16de tot en met de 19de eeuw：Een typologische toelichting ten behoeve van het gebruik van oude kaarten bij landschapsonderzoek*（Alphen aan den Rijn：Canaletto，1995）。

各省）全境、比利时、卢森堡大公国、法国北部和德国西部小部分地区（大致相当于南部各省）。这17个省组成了在勃艮第和哈布斯堡王朝统治下的所谓的"勃艮第圈"（Burgundischer Kreis）（图43.1）。

从地名学角度解释"the Netherlands"这个术语，指的是"neder"这个词，它是"neer"这个词的古代用法，意思是"低"（参见德语，nieder）。但是把"低地国家"这个词翻译成"尼德兰"（the Netherlands）是不正确的。为了避免在这一章中处理16世纪和17世纪时出现混淆，我们使用"低地国家"这个词，而不是"the Netherlands"，因为后面这个术语直到1815年才被使用。

另一个容易混淆的地名是"荷兰"（Holland）。今天许多人，主要是外国人，在指代"the Netherlands"（Nederland）的时候使用"Holland"这个词。从历史上来看，"Holland"被用来指代的区域只包括现在所称的北荷兰省和南荷兰省。

关于16世纪地图上所使用的低地国家的名称，塞巴斯蒂安·明斯特尔在他的《宇宙志》（1544年）中，在《莱茵河干流的第三幅图，包括下德意志地区》（Die drit Tafel des Rheinstroms, inhaltend das nider Teutschlandt）中包括了低地国家。赫拉尔杜斯·墨卡托在其《法兰西、低地尼德兰和德意志地理图》（*Tabula geographicae Galliae, Belgii Inferioris & Germaniae*）（其地图集的前身）中，将其行省地图的专门部分命名为"低地地理图"（Belgii Inferioris geographicœ tabul［a］e）。[2] "比利时"（Belgica）这个词在古典文献中被普遍接受，而且直到1585年，传播得更为广泛；有时会使用"低地德意志"（Germania Inferior），而"尼德兰"（Nederland）则很少使用。[3]

1247

在后来被称作荷兰王国的国家形成之前的几个世纪里，在勃艮第王朝和哈布斯堡王朝的努力下，低地国家的17个省份正要合并为一个统一的国家［最后一个省份，海尔德（Gelder），于1543年被低地国家控制］。但是，1567年西班牙内战的爆发，不仅阻止了其统一，而且以最后的分裂而结束。在西班牙国王腓力二世（Philip II）的统治下，所有省份都起来反抗西班牙的中央集权统治，导致了一场起义，而宗教改革运动在其中起了主导作用。

后来被称为"荷兰王国"的低地国家北部地区的国家历史，其根源在于1578年所谓的"宗教和平"（Religievrede），接着，缔结于1579年的乌得勒支（Utrecht）同盟对不再处于西班牙统治下的各省进行了政治上的整合。这一同盟联合了荷兰、泽兰（Zeeland）、乌得勒支、格罗宁根（Groningen）、弗里斯兰（Friesland）、海尔德兰（Gelderland）和上艾瑟尔（Overijssel），以抵御西班牙政府对新教强烈而残酷的迫害，[4] 1581年，他们宣布与腓力二世断绝关系。在与其他君主国家的试验失败后，七省联合共和国于1588年宣告成立。除了刚

---

② 请参阅 Peter van der Krogt, *Koeman's Atlantes Neerlandici* （'t GoyHouten：HES, 1997 - ），1：44 - 49（no. 1：001）。

③ 例如，Van der Heijden 提到了从16世纪保存下来的53幅地图，其中24幅包含了地名"Belgica"或它的一些变体（"Gallia Belgica," "Belgium," "Leo Belgicus"）。然而，低地国家至少有18次被称为"低地德意志"（Germania Inferior）。"Nederland"一词仅仅使用两次。请参阅 H. A. M. van der Heijden, *Oude kaarten der Nederlanden, 1548 - 1794：Historische beschouwing, kaartbeschrijving, afbeelding, commentaar/Old Maps of the Netherlands, 1548 - 1794：An Annotated and Illustrated Cartobibliography*, 2 vols. （Alphen aan den Rijn：Canaletto/Repro-Holland；Leuven：Universitaire Pers, 1998），1：67。

④ 请参阅 Jonathan Irvine Israel, *The Dutch Republic：Its Rise, Greatness, and Fall, 1477 - 1806*, 2d ed., rev. （Oxford：Clarendon, 1998）。

图 43.1　十七省, 1543—1567 年

　　这些数字与墨卡托地图册中地图的层次顺序一致。数字 1—4 代表各公国, 5—11 代表各县, 12 代表神圣罗马帝国的藩侯, 13—17 代表各领地。

　　根据 Peter Van der Krogt, "Dutch Atlas Cartography and the Peace of Munster", *in La Paz de Münster / The Peace of Munster*, 1648: *Actas del Congreso de Conmemoración organizado por la Katholieke Universiteit Nijmegen*, *Nijmegen – Cleve 28 – 30. Ⅷ. 1996*, ed. Hugo de Schepper, Christian Tümpel, and J. J. V. M. de Vet (Barcelona: Idea Books, 2000), 113 – 126, esp. 118。

　　刚提到的七个省份（其中荷兰是最强大的）以外, 这一同盟还包括了德伦特（Drenthe）——它有自己的政府，但不享有全面的投票权——和布拉班特（Brabant）、林堡（Limburg）以及佛兰德（Flanders）等被征服地区。在共和国内部，每个省的政府都拥有政治权力，而每个省都独立地管理着自己的领土。只有那些跨越边界的问题，如外交政策和国防问题，才能通过在海牙（The Hague）的国会共同解决，每个省的议会都有代表。

1648 年，通过《明斯特和约》，西班牙正式承认了七省联合共和国。从那时起，十七联合省的想法被放弃了。然而，这一想法在几张地图上被保留了下来，正如 1661 年之前出版的弗雷德里克·德威特（Frederik de Wit）的《低地十七省地图》（*Belgii XVII Provinciarum tabula*）的标题所示（图 43.2）。⑤ 16 世纪的每一幅总图都标示出了 17 个省份。1600 年之前，从来就没有出版过尼德兰北部或南部的单独地图，尽管在 1579 年以后，尼德兰北部在很大程度上就是独立的。直到 17 世纪，出版商才敢绘制和销售七省的地图，而十七省的总图直到 1800 年还在广泛传播。⑥

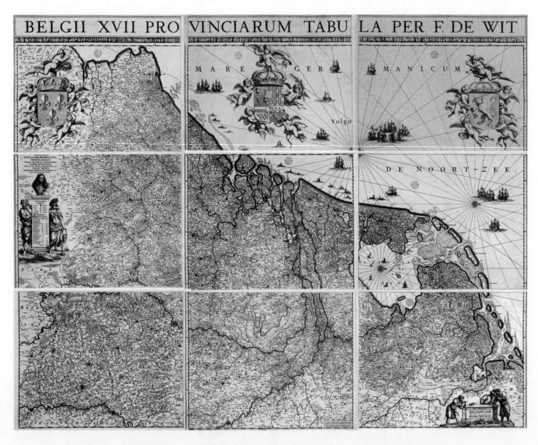

图 43.2　弗雷德里克·德威特的《低地十七省》地图，1661 年之前。绘在九图幅上

原图尺寸：132×168 厘米。由 Universiteitsbibliotheek Leiden（Ⅵ.10.66/75）提供照片。

---

⑤　关于这幅地图，请参阅 Van der Heijden, *Oude kaarten der Nederlanden*, 1：479。

⑥　请参阅 Van der Heijden, *Oude kaarten der Nederlanden*, 1：95 – 122.。

从图画到地图：现代地图学的诞生

最古老的国家、区域和地方地图

1249

低地国家地图学的出现，以及低地国家对地图科学和地图制作的贡献，与其早期地图绘制相一致。⑦ 直到最近，人们才认为第一幅完整的低地国家地图出现在托勒密《地理学指南》的1548 年意大利版（威尼斯）中。《佛兰德、布拉班特和荷兰新图》（*Flandria Barbantia E. Holanda Nov.*）提供了一幅相当完整的关于低地国家领土的景观图，尽管许多地名都拼错了，而外部的形状，尤其是须得海（Zuiderzee）和弗里斯兰的，仍有一些地方有待改进。⑧ 然而，最近，莫伊雷尔（Meurer）发现了一幅低地国家的旧绘本地图，他谨慎地将其作者归为伦敦的印刷商和出版商雷纳·沃尔夫（Reyner Wolfe）（见图版 54.8）。⑨ 这张地图大约绘制于 1539 年之后，根据安特卫普的扬·范霍恩［Jan van Hoirne，也被称为雕刻师扬（Jan de Beeldsnijder）］于大约 16 世纪 20 年代之后所绘制的地图。⑩ 从 1570 年开始，亚伯拉罕·奥特柳斯就在他的《寰宇概观》的"作者列表"中提到了这张地图，其标题是"《约翰内斯·阿霍恩：低地德意志地图：安特卫普》"（Ioannes à Horn，Germaniœ Inferioris Tabulam：Antverpiœ）。尽管奥特柳斯没有提供其日期，但范霍恩地图的英格兰"副本"毫无疑问地表明其是最古老的低地国家地图。沃尔夫的地图上的某些地区的精确表现，表明其是基于一项调查，但这一点无法得到证实。⑪

故此，目前还不清楚之前提到的地图是不是调查的结果，同样的不确定性也适用于最古老的印刷区域地图。在目前已知的低地国家区域地图中，只有两幅是在 1530 年之前绘制的。一幅是低地国家沿海地区的木刻版地图，延伸到德意志的海湾，并包括丹麦。这是由扬·范霍恩在安特卫普出售的，并没有标题。1525 年，范霍恩被授予一项特许权，得以印刷《东方海洋地图》（*Kaart Van de Oosterscher Zee*）；现在已经知道其中一张图幅的三块残片：一块带有旋涡装饰的一部分，其他两块描绘了低地国家与从霍伦（Hoorn）城镇放射出的一组罗盘线（图 43.3）。⑫ 关于这张地图是否被用作航海图，人们争论不休，因为它也包含了陆地

---

⑦　形容词"Dutch"用于尼德兰和比利时时，在此指代整个低地国家。

⑧　Van der Heijden 还提到了由扬·范霍恩制作的 1526 年木刻版东方海洋地图（Oude kaarten der Nederlanden，1：12 – 16）。

⑨　请参阅 Peter H. Meurer，"Op het spoor van de kaart der Nederlanden van Jan van Hoirne，" *Caert-Thresoor* 21（2002）：33 – 40。这幅地图是在 1539 年秋天根据克里夫斯的安妮（Anne of Cleves）去伦敦与亨利八世（Henry VIII）结婚的场合绘制的。

⑩　关于 Van Hoirne，请参阅 Robert W. Karrow，*Mapmakers of the Sixteenth Century and Their Maps：Bio-Bibliographies of the Cartographers of Abraham Ortelius*，1570（Chicago：For the Newberry Library by Speculum Orbis Press，1993），316。

⑪　Arend W. Lang 没有排除这种可能性，见 "Traces of Lost North European Sea Charts of the 15th Century，" *Imago Mundi* 12（1955）：31 – 44。

⑫　Van der Heijden，*Oude kaarten der Nederlanden*，1：137 – 138；Bert van ' t Hoff and L. J. Noordhoff，"Een kaart van de Nederlanden en de ' Oosterscherzee ' gedrukt door Jan de Beeldsnyder van Hoirne te Antwerpen in 1526，" *Het Boek* 31（1953）：151 – 156；and Bert van ' t Hoff，"Jan van Hoirne's Map of the Netherlands and the ' Oosterscher Zee ' Printed in Antwerp in 1526，" *Imago Mundi* 11（1954）：136. 残片收藏在 Gemeentearchief，Groningen。

旅行的价值信息。尽管佛兰德、荷兰、须得海和弗里斯兰的海岸线都描绘得很好，但此地图并不是基于调查，范霍恩一定依赖了现有的地图。[⑬]

1250

图 43.3   扬·范霍恩绘制的《东方海洋地图》，1526 年

原图尺寸：约 42×62 厘米。由 Regional Historical Center, Groningen Archieven, Groningen（THAG 6835）提供照片。

低地国家 1530 年以前的第二幅印刷区域地图由两块残片组成，残片来自一幅乌得勒支的主教辖区延伸区域的木刻版地图，大概是在 1524 年印刷而成的，发现于一本书的装帧处（图 43.4）。在其对这幅地图的分析中，范托夫（Van't Hoff）将它的起源与 1524 年乌得勒支新主教选举的政治结果联系在一起。[⑭] 乌得勒支省，当时是国王查理五世（Charles V）统治下的一个主教辖区，选择了一个外国人——巴伐利亚的亨德里克二世（Hendrik II）——作为其新主教。在主教辖区的记录中，提到了代表团从乌得勒支到巴伐利亚，邀请亨德里克二世迁居低地国家。主教辖区的木刻版地图大概是为了向新主教展示弗里斯兰和上艾瑟尔的人口稠密的延伸地区。因此，这位制图师把重点放在教堂和修道院上，把这些建筑描绘得非常逼真。这幅透视图展示了宗教的力量，并没有使用其他技巧。

---

⑬   请参阅 Van der Heijden, *Oude kaarten der Nederlanden*, 1：16 – 18。

⑭   Bert van't Hoff, "The Oldest Maps of the Netherlands：Dutch Map Fragments of about 1524," *Imago Mundi* 16（1962）：29 – 32, and Y. Marijke Donkersloot-De Vrij, *Topografische kaarten van Nederland vóór 1750：Handgetekende en gedrukte kaarten, aanwezig in de Nederlandse rijksarchieven*（Groningen：Wolters-Noordhoff and Bouma's Boekhuis, 1981）, 128（no. 646）. 格雷纳希尔认为这幅地图的木刻版是由雕刻了地图 "Tabvla Nova Heremi Helvetiorv" 的同一人雕刻的，后者收入托勒密《地理学指南》的马丁·瓦尔德泽米勒版本（斯特拉斯堡，1513 年），请参阅 Franz Grenacher, "The Woodcut Map：A Form-Cutter of Maps Wanders through Europe in the First Quarter of the Sixteenth Century," *Imago Mundi* 24（1970）：31 – 40。

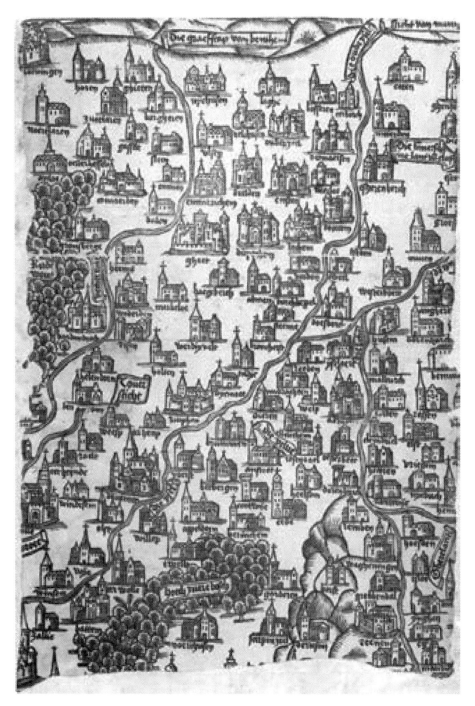

图 43.4　乌得勒支主教辖区图局部，约 1524 年

这是扩大的主教区的木刻版地图尚存的两块残片之一。地图描绘了艾瑟尔（IJssel）和费赫特（Vecht）地区

原图尺寸：34.5×21.5 厘米。由 Universiteitsbibliotheek Leiden［Collection B. N. 20071 M4（2）］提供照片。

据推测，这幅木刻地图的副本已经印刷，以便在巴伐利亚的宫廷中分发。其第二版或衍生地图的情况尚不清楚。这样一种以木刻版地图形式呈现的地形信息的特别展示方式是非常奢侈的，当时，在羊皮纸上画出一幅整齐的地图就已经足够了。[15]

地方地图绘制首先在南部各省发展起来，而在佛兰德的测量活动记录比北部各省的活动早了大约有一个世纪的时间。因此，多多少少，现存最古老的表现了佛兰德地区的一块土地的绘本地产地图，可以追溯到 1307 年，而现存最古老的北方省份的地图文献则只可以追溯到半个世纪后的 1357 年。[16] 这一时间顺序与低地国家的经济和文化发展是相一致的。与北部诸省的城市相比，安特卫普占据优势的时期大约早了一个世纪。一幅具有代表性的安特卫普占统治地位时期的地图，是一份长达 5 米的斯海尔德河（Scheldt）绘本地图，绘制于 1468 年，这条河流是低地国家商业和贸易的大动脉。[17]

低地国家地图学风格的发展

和中世纪的欧洲其他地方一样，低地国家很少绘制地图，人们对地图及其应用也不太熟悉；在 1500 年前，只有 15 幅地方地图和平面图保存下来。这些中世纪的地图——通常只是粗略的草图——是为了官方目的而绘制的，比如边界争端的解决或地产所在位置的确认。[18] 他们与丹维尔（Dainville）发现的 15 世纪法国的边界争端地图有着类似之处。[19]

早期荷兰地形地图的一个最引人注目的例子是由雅各布·范德芬特在 1555—1575 年间所调查绘制的一套绘本城镇平面图。只有在意大利，才有类似的城市地形正交表现法的早期风格，第一个例证是莱奥纳尔多·达芬奇的 1502 年的伊莫拉（Imola）绘本平面图。[20] 达芬

---

[15]　很有可能，在那些年代，经常在官方的邮件中附上这类"为这一场合"而绘制的绘本地图。在布鲁塞尔和维也纳的宫廷之间的 1524 年通信文件中发现的一例绘本地图，覆盖了海尔（Gelre，即海尔德兰）的河流地区，是国王查理五世的低地国家中最后一个"敌对"区域。这幅地图现在收藏在 Vienna, Österreichisches Staatsarchiv, Section Belgien, D. D. 237, fol. 387。请参阅 Koeman, Geschiedenis, 82，以及防尘套上的插图。

[16]　关于前者，请参阅 M. K. Elisabeth Gottschalk, *Historische geografie van westelijk Zeeuws-Vlaanderen*, 2 vols.（Assen：Van Gorcum, 1955 – 1958），1：148 – 149, and Antoine De Smet, "Oude landmeterskaarten, bronnen voor de historische geografie," in *Bronnen voor de historische geografie van België*：*Handelingen van het Colloquium te Brussel*, 25 – 27 April 1979（Brussels：A. R. -A. G. R., 1980），228 – 240, esp. 228 – 229。关于后者，请参阅 M. K. Elisabeth Gottschalk, "De oudste kartografische weergave van een deel van Zeeuwsch-Vlaanderen," *Archief*：*Vroegere en Latere Mededelingen Voornamelijk in Betrekking tot Zeeland Uitgegeven door het Zeeuwsch Genootschap der Wetenschappen*（1948）：29 – 39。另请参阅 P. D. A. Havey 的 1550 年以前的低地国家地方地图和平面图的年代列表，见其 "Local and Regional Cartography in Medieval Europe," *HC* 1：464 – 501, esp. 499 – 500。关于 1300—1500 年这一时期的低地国家的绘本地图的列表，另请参阅 Donkersloot-De Vrij, *Topografische kaarten ... 16de tot en met de 19^{de}w*, 9。

[17]　M. K. Elisabeth Gottschalk and W. S. Unger, "De oudste kaarten der waterwegen tussen Brabant, Vlaanderen en Zeeland," *Tijdschrift van het Koninklijk Nederlandsch Aardrijkskundig Genootschap*, 2d ser., 67（1950）：146 – 164, and Jan van der Stock, ed., *Antwerpen*：*Verhaal van een metropool* 16de – 17de *eeuw*（Ghent：Snoeck-Ducaju & Zoon, 1993），151（cat. 5）. 这幅地图现在收藏于 Brussels, Algemeen Rijksarchief, Kaarten en Plattegronden（inv. nr. 351）。除了 1468 年的副本，还有一幅斯海尔德河的 1505 年地图保存在 Antwerp, Stadsarchief。请参阅 Van der Stock, *Antwerpen*, 151（cat. 6）。

[18]　关于这些地图的图目，请参阅 Harvey, "Local and Regional Cartography," 499 – 500。

[19]　François de Dainville, "Cartes et contestations au XVe siècle," *Imago Mundi* 24（1970）：99 – 121；C. Koeman, "Die Darstellungsmethoden von Bauten auf alten Karten," in *Land-und Seekarten im Mittelalter und in der frühen Neuzeit*, ed. C. Koeman（Munich：Kraus International, 1980），147 – 192；以及 John A. Pinto, "Origins and Development of the Ichnographic City Plan," *Journal of the Society of Architectural Historians* 35, no. 1（1976）：35 – 50。另外，关于地图符号，请参阅本卷第 21 章。

[20]　伊莫拉的平面图，收藏于 Her Majesty Queen Elizabeth Ⅱ, Windsor Castle（MS. 12284）；请参阅图 27.1 和图 36.16，以及 Pinto, "Ichnographic City Plan," 37 – 42。

奇和范德芬特的风格的相似之处是显而易见的，因为在整个 16 世纪和 17 世纪，城镇平面图的正交视图在很大程度上是非常罕见的，而根据 15 世纪的意大利传统，则是盛行倾斜透视法。㉑

　　低地国家艺术家所青睐的另一种城镇的图像化表现模式是侧面图（profile）对近景中地形的更大比例的描绘进行补充。在低地国家，已知最早的印刷城镇侧面图是两米宽的安特卫普大型侧面图（约 1515 年），代表了 17 世纪早期典型的尼德兰风格。

　　画家安东·范登韦恩盖尔德 ［Antoon van den Wijngaerde（Antoin de la Vigne, Antonio de las Viñas）］ 在发展绘画的透视风格方面发挥了重要作用。㉒ 他在低地国家的南部地区和意大利开始绘画，然后搬到伦敦，最后于 1562 年在西班牙结束了漂泊。从他的低地国家/意大利时期开始，他绘制了几个城镇的图像（图 43.5）。㉓ 不同于雅各布·德巴尔巴里（Jacopo de'Barbari）（威尼斯，1500 年）和科内利斯·安东尼松（Cornelis Anthonisz.）的斜视景观图（阿姆斯特丹，1538 年），范登韦恩盖尔德的作品用大比例尺绘制近景，而用小比例尺绘制远景。㉔ 他的斜视景观图的令人印象深刻的尺寸使他能够绘出详细的地形，这对于研究历史地理非常有用。例如，他对瓦尔赫伦岛（Walcheren）和斯海尔德河（1550 年）的透视图由 23 份图幅组成，将这 23 份图幅放在一起，长度超过了 10 米。㉕ 虽然与绘制城镇平面图的艺术家属于不同的阶层，15 世纪和 16 世纪的地产或地籍测量员在他们的地图上也勾勒出很

1252

――――――――――――――――――

　　㉑　例如，由弗朗切斯科·罗塞利制作的大约 1485 年的佛罗伦萨斜视景观图的大型雕版 ［收入 Van der Stock, *Antwerpen*, 154（cat. 9）中并进行描述］ 是一个启发，显而易见的，它是来自大约 1515 年的安特卫普大型景观图（Antwerp, Stedelijk Prentenkabinet, inv. nr. 20. 839）。雅各布·德巴尔巴里制作的 1500 年的前所未有的不朽的斜视景观图激发了科内利斯·安东尼松的阿姆斯特丹平面图，此图绘制于 1538 年，印刷于 1544 年。请参阅 Giandomenico Romanelli, Susanna Biadene, and Camillo Tonini, eds., "*A volo d'uccello*": *Jacopo de'Barbari e le rappresentazioni di città nell'Europa del Rinascimento*, *exhibition catalog*（Venice：Arsenale Editrice, 1999）, esp. 168。关于 1538 年阿姆斯特丹绘制的平面图中的透视法的应用，请参阅 Maikel Niël, "De perspectivische ruimteweergave van het *Gezicht in vogelvlucht op Amsterdam* van Cornelis Anthonisz.," *Caert-Thresoor* 19（2000）：107 –113。

　　㉒　范登韦恩盖尔德的生平最近有了很好的文献研究；请参阅 Montserrat Galera, *Antoon van den Wijngaerde, pintor de ciutats i de fets d'armes a l'Europa del Cinc-cents: Cartobibliografía raonada dels dibuixos i gravats, i assaig de recontrucció documental de l'obra pictòrica*（［Madrid］：Institut Cartogràfic de Catalunya, 1998）, and Stefaan Hautekeete, "Van Stad en Land: Het beeld van Brabant in de vroege topografische tekenkunst," in *Met passer en penseel: Brussel en het oude hertogdom Brabant in beeld*（Koninklijke Musea voor Schone Kunsten van België, Brussel）（Brussels：Dexia Bank, 2000）, 49 –51。

　　㉓　范登韦恩盖尔德绘制了多座城镇的平面图：阿姆斯特丹（1550 年?）、布鲁塞尔（1558 年）、乌得勒支（1554—1558 年）、多德雷赫特（Dordrecht）（1544 年）、斯海尔托亨博斯（'s-Hertogenbosch）（约 1544 年）和斯勒伊斯（Sluis）（1557—1558 年）；请参阅 Galera, *Antoon van den Wijngaerde*, 207, 以及系列 *Historische plattegronden van Nederlandse steden*（Alphen aan den Rijn：Canaletto, 1978 – ）, esp. vol. 1, *Amsterdam*, 附有 W. Hofman 撰写的引介文章。阿姆斯特丹的城镇景观图（150×43 厘米）保存在市政档案馆。其他的低地国家城镇景观图收藏在牛津的阿什莫林博物馆（Ashmolean Museum），该馆还收藏了三米长的伦敦绘图，还保存在安特卫普的荷兰海事博物馆（Nationaal Scheepvaartmuseum）。一份乌得勒支城市景观图的复制件收入 *Historische plattegronden van Nederlandse steden*, 3：1。

　　㉔　为其透视景观图的使用，范登韦恩盖尔德运用了三种类型的预备性研究：（1）城镇周边地区的示意图；（2）要么从一种自然的高度或一座塔上审视得非常逼真，要么基于现有的模型来制作的整座城镇部分地区的景观图；（3）关于单体建筑或建筑群的详细研究。请参阅 Hautekeete, "Van Stad en Land," 50, 和 Bert van't Hoff, "Une vue panoramique inconnue de Bruxelles dessinée en 1558 par Anthonis van den Wyngaerde," *Annales de la Société Royale d'Archéologie de Bruxelles: Mémoires, Rapports et Documents* 48（1948 –1955）：145 –150。

　　㉕　请参阅 Galera, Antoon van den Wijngaerde, 192 –193。18 块有编号的残片的复制件收入 M. P. de Bruin, "*De Zelandiae Descriptio*": *Het panorama van Walcheren uit 1550*（Maastricht：Deltaboek, 1984）。

多图形化的细节，如教堂塔楼的尖塔、风车、运河上的闸坝，这是低地国家一马平川的大地上的丰富地标。

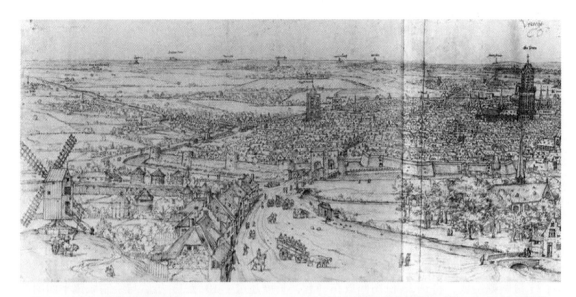

图 43.5　安东·范登韦恩盖尔德（Antoon van den Wijngaerde）绘制的乌得勒支透视景观图，约 1558。绘在三图幅上
完整原图尺寸：14.4×83.6 厘米。由 Ashmolean Museum, Oxford（acc. no. WA. C. Ⅳ. 105b）提供照片。

　　16 世纪的一些地图绘制者使用了更大的比例尺，绘制出了大量地图。皮埃尔·波尔伯斯（Pierre Pourbus）是一位制图师和画家，主要活跃于佛兰德地区，他被佛兰德的各个部门雇用为制图师，以绘制绘本河流地图、地产地图和城镇平面图。1561 年，他接受了布鲁日地区（Vrije van Brugge, Freedom of Bruges）政府的委托，绘制了该城镇及其管辖范围内 35×75 公里的区域的地图。[26] 这一项目要求他测量所有村庄、道路、河流、桥梁和个人房屋的管辖范围的界线，并根据高度精确的调查绘制出一份详细的地形图。在波尔伯斯的进展报告中，他描述了自己所使用的技术：在教堂塔楼和穿越道路之间的三角测量。[27] 他的作品在

1253　1571 年完成，是一幅非常大的地图，其比例尺大约有 1∶12000。它被涂上了油彩，准备挂在总督的宅邸中。不幸的是，原图已经损坏了，1601 年，用彼得·克莱埃森斯（Pieter Claeissens）的一份副本取而代之（图 43.6）。[28]

　　[26]　Antoine De Smet, "A Note on the Cartographic Work of Pierre Pourbus, Painter of Bruges," *Imago Mundi* 4（1947）：33 – 36；idem, "Oude landmeterskaarten, bronnen voor de historische geografie," 228 – 240；and Paul Huvenne, *Pieter Pourbus*：*Meester-schilder*, 1524 – 1584, 展览目录（［Brussels］：Gemeentekrediet, 1984）。

　　[27]　请参阅 Paul Huvenne, "De kaart van het Vrije in het kader van leven en werk van Pieter Pourbus," in *Het Brugse Vrije in beeld*：*Facsimileuitgave van de Grote Kaart geschilderd door Pieter Pourbus（1571）en gekopieerd door Pieter Claeissens（1601）*, ed. Bart van der Herten（Alphen aan den Rijn：Canaletto/Repro-Holland, 1998）, 21 – 25, esp. 21 – 23。

　　[28]　原图的一块残片和 1601 年的完整副本收藏在 Bruges, Stadsarchief。关于保存下来的残片的影印件、1601 年的副本以及 1852 年附有图幅编排摘要的石印本，请参阅 *Het Brugse Vrije in beeld*。除其他事项外，这一著作的内容包括对布鲁日地区地图的准确性的分析，该地图以历史地理角度进行排列，并附有一份地名列表。波尔伯斯的其他地图包括 *Kaart van de wateringen van Broucke en Moerkerke-Zuid-over-Leie*（1573）, Bruges, Rijksarchief；*Kaart van de watering van Romboutswerve*（1578）, private collection；*Kaart van het eiland Cadzand*（1578）, Bruges, Stadsarchief, 以及所谓的 Duinenabdij 平面图（1580）, Bruges, Stedelijke Musea, Arentshuis。

图 43.5　右半部分

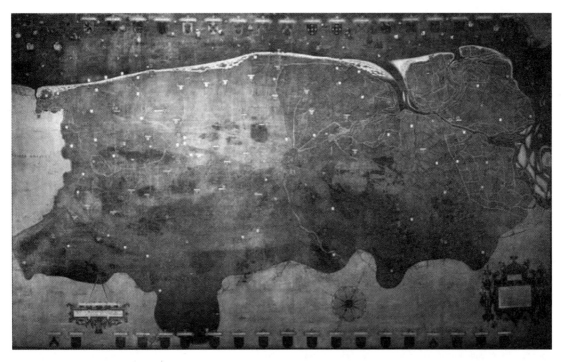

图 43.6　彼得·克莱埃森斯制作的皮埃尔·波尔伯斯的 1571 年布鲁日地区（Vrije van Brugge）地图的副本,1601 年

原图尺寸：361×614 厘米；副本尺寸：151×322.5 厘米。由 Stadsarchief, Bruges 提供照片。

土地测量员绘制的地图

在文献中，"测量员"一词的定义有时会被错误使用。通常来说，那些以某种方式进行测量的人被认定为测量员。然而，早期的测量员关心的是土地核算，他们进行与地产相关的测量，进行宣誓（"宣誓就职的土地测量员"，或者后来的"获准的土地测量员"），并且必须先证明他的能力之后才能得到任命。[29] 地理学家、要塞建造师、城市建筑师、僧侣和军事工程师在这一时期都进行了测量工作，但他们并不是专业意义上的测量员。

在荷兰语中，土地测量员（landmeter）这个词最早的使用记录，可以在布鲁日的城市档案中找到，时间可以追溯到 1282 年。[30] 1312 年，乌得勒支主教教区登记了与土地开垦有关的早期调查活动。[31] 在当时，地产的中央管理是由乌得勒支的主教在其领地与荷兰伯爵在其行省内进行的。一名被称为"测量员莫那凯"（Monekijn die Landmeter）的土地测量员，在 1300 - 1320 年间被荷兰伯爵永久雇用。[32]

1254 　　中世纪测量员的主要活动包括确定边界、地表面积测量和土地分配。此外，测量员还参与了有关地产和放牧权的纷争而进行的司法决策。并不存在培训土地测量员的学校：知识是从年龄更大、经验更丰富的测量员那里所获得的。

尽管早在 14 世纪，测量员在低地国家就很活跃，但在中世纪时期，他们不太可能参与地图制作。在大多数情况下，他们可能只是简单地画了一幅带有复杂形状的地块的现场绘图，勾勒出一个几何图形。他们更喜欢用文字报告作为处理调查数据的方式，而不是附上地图。[33] 这些记录向利益相关的各方当事人开放，供他们仔细查阅，在出现不同意见的情况下，则重新进行测量，或者最终启动司法程序。经过了逐步的过程，地图才开始在土地契据登记中使用，这种需求从西部省份开始，随后传播到更多的东部地区。

事实上，在 1500 年之后不久，人们开始意识到地图提供了无数的可能性，这种观点席卷了欧洲，而这种迅速发展的意识也引发了对低地国家地图信息需求的爆炸性增长。地图越来越多地用于土地核算、军事行动和水资源控制。与此同时，16 世纪宣誓就职的土地测量员也参与了地图绘制，而地理学家和堡垒的建造者也精通于测量地形。特别是在 16 世纪后半期，许多经过认证的测量员掌握了制作可靠地图所必需的测量技术。然而，这些活动仍然超出了他们职业的正常运作范围。因此，在测量员和他们的赞助人之间，也针对单独的合同进行了谈判。[34] 开始的时候，测量员用一个测量链和尼德兰环来对较小的地块进行测绘，[35] 而较大地块的地图则由地理学家来进行绘制。随着测量链和罗盘的使用越来越多，测量员逐

㉙　H. C. Pouls, *De landmeter: Inleiding in de geschiedenis van de Nederlandse landmeetkunde van de Romeinse tot de Franse tijd*（Alphen aan den Rijn：Canaletto/Repro-Holland, 1997）, 9, 以及 E. Muller and K. Zandvliet, eds., *Admissies als landmeter in Nederland voor 1811：Bronnen voor de geschiedenis van de landmeetkunde en haar toepassing in administratie, architectuur, kartografie en vesting-en waterbouwkunde*（Alphen aan den Rijn：Canaletto, 1987）, 10 - 19（15 世纪至 19 世纪低地国家各省法院录用的宣誓土地测量员的资料库）。

㉚　Antoine De Smet, "Landmeterstraditie en oudekaarten van Vlaanderen," *Verslagen en mededelingen van De Leiegouw：Vereniging voor de studie van de lokale geschiedenis, taal en folklore in het Kortrijkse* 8（1966）：209 - 218, esp. 210, and Muller and Zandvliet, *Admissies*, 7.

㉛　Jan Willem Berkelbach van der Sprenkel, *Regesten van oorkonden betreffende de bisschoppen van Utrecht, uit de jaren, 1301 - 1340*（Utrecht：Broekhoff n. v. v/h Kemink, 1937）, 91, 98, and 100.

㉜　C. Wijffels, "De oudste rekeningen der stad Aerdenberg（1309 - 1310）en de opstand van 1311," *Tijdschrift Archief van het Zeeuws Genootschap*, 1949 - 1950, 10. 关于最早期的测量员活动的更彻底的回顾，请参阅 Pouls, *De landmeter*, 36 - 40。

㉝　请参阅 Dirk de Vries, "Official Cartography in the Netherlands," in *La cartografia dels Països Baixos*（Barcelona：Institut Cartogràfic de Catalunya, 1995）, 19 - 69, esp. 21, 以及 Pouls, *De landmeter*, 55。

㉞　Pouls, *De landmeter*, 75 - 76.

㉟　关于对低地国家的测量员在整个历史时期曾使用过的仪器的回顾，请参阅 Pouls, *De landmeter*。

渐能够测量更大的区域，并对它们进行地图绘制，而不会产生太大的失真。尽管如此，测量地块与发展、维护及改善为传统雇主——水利委员会（waterschappen，也可以指由委员会控制的区域）和行省当局——所进行的登记，仍然是16世纪土地测量员的主要职责。此外，他们还参与了省一级边界纷争的解决，这比他们在中世纪的时候要频繁得多。

从16世纪中叶开始，低地国家的宗教机构和个人开始通过测量员进行测量并绘制他们地产的地图。㊱ 目前还不清楚，这是不是因为测量员已经参与了地图绘制，还是需求导致了他们活动的增加。导致地图绘制的目的是土地核算和地产管理而制作的地图册（kaartboeken，装订在一本书中的一套前地籍测量的绘本地图）。一部地图册通常由组装好的地图和装订在一起的注册簿组成（图版48）。它通常包括空白页，以便为后来的土地当局制作记号。有时在地图上也会有一些小的记号。尽管这些前地籍测量的地图的功能并不总是能够确定，但它们在很大程度上与管理机构土地所有权的管理有关。因此，他们为被录用的测量员提供了重要的收入来源。㊲

在16世纪的时候，鲁汶的数学教授杰玛·弗里修斯发表了三角测量的第一原理，他称之为"前方交会法"（voorwaartse snijding，参见边码第483页和第1297—1298页）。这种新方法不适于测量少量的地块。然而，借助前方交会法，可以可靠地测量较大的区域。因此，随着时间的推移，测量员越来越多地使用这种方法，而水利委员会则是他们最重要的客户。

到了17世纪初期，土地测量员终于在低地国家的社会秩序中为自己建立了明确的位置。尽管在中世纪，他主要是为君主服务，而现在已经发展成为一名独立的商人。各省允许个人在证明自己的能力后，作为测量员在这些省份从事测量工作。㊳ 测量员在地方建筑工程和大型土地开垦项目中发挥了重要作用，催生出了更多的土木工程和技术任务。从1600年开始，越来越多的地理学书籍开始出现在荷兰语中，这些书在对有抱负的测量员的理论和数学教育方面有相当大的帮助。17世纪的测量员最常做的任务仍然是为了购买、出售、出租或增税等目的，而对房地产进行测量。在此期间的其他调查活动与填海造田、边界确定和水利工程有关。㊴ 由于这些活动，对技术图纸、平面图和地图的需求不断增加。

㊱ 例如，请参阅拿骚（Nassau）王室家族的地图册，其中附有他们在韦斯特兰（Westland，在今天南荷兰省的西部）的地产的地图，它们已经在摹写本中，并有广泛的解释：A. P. van Vliet, G. Beijer, and A. F. Middelburg, *Kaartboek van het Westland*; *Kaartboek van de domeinen in het Westland vervaardigd door landmeter Floris Jacobszoon in de jaren* 1615 – 1634 （Naaldwijk：Stichting Stimulering Historische Publikaties Westland, 1999）。另请参阅 Peter van der Krogt and Ferjan Ormeling, "Een handleiding voor kaartgebruik met een legendalandje uit 1554," *CaertThresoor* 21 （2002）：41 – 46。在这方面，Donkersloot-De Vrij 提到了 57 本地图册和地图系列，这些地图册和地图系列收藏在荷兰的一座国家档案馆中。请参阅 *Topografische kaarten van Nederland vóór* 1750, 162 – 174。目前，M. Storms 和 E. Heere 正在乌得勒支大学（Universiteit Utrecht）开展这方面的工作，这将催生关于这一主题的历史地图学和地理学的论文研究。目前，已经知道了 350 册左右的这类地图册。

㊲ Pouls, *De landmeter*, 91, and Donkersloot-De Vrij, *Topografische kaarten van Nederland vóór* 1750, 39.

㊳ 对测量员的录用做一个区域性的考察，请参阅 Muller and Zandvliet, *Admissies*。

㊴ 例如，关于在荷兰省北部地区的测量员的活动的专著，请参阅 Chris Streefkerk, Jan W. H. Werner, and Frouke Wieringa, eds., *Perfect gemeten：Landmeters in Hollands Noorderkwartier ca.* 1550 – 1700 （Holland：Stichting Uitgeverij Noord-Holland, 1994）。

　　17 世纪的地理学书籍很少关注边远地区的仔细测量和地图绘制。这样的工作显然不属于测量员的日常职责，而测量员可能永远不会在水利委员会之外进行大规模的区域测绘。[40]进行调查并绘制了更大的区域地图的主要是军事工程师。

用于法律用途的地图和比例尺地图的引介

　　由于司法问题，低地国家绘制了许多地图。这些地图几乎都是在法律诉讼和边界调整工作中所使用的绘本。在少数情况下使用了印刷的地图，并在上面做了手写的笔记。低地国家最古老的地方和区域地图属于司法地图的范畴。

　　在低地国家法律中，关于地产边界的案件，根据惯例，法官本人不亲自去现场或亲自去了解。只根据目击者和文件来做出判决。为法律程序而制作的地图应提供对特定的、有争议的当地情况的深入洞察。例如，诉讼程序可能会涉及堤坝的修建、捕鱼权，或租赁安排，等等。在大多数情况下，几乎没有人注意到其所附的草绘地图的制作，这些地图可能是由一个经过训练的测量员绘制的，但通常不是这样。由于随着时间的推移，这些地图中的大多数都已亡佚，因为它们已经分别被拆开，分别归档到特殊的地图收藏中，所以很难判断它们可能与哪些司法问题有关。[41]

　　有清晰的记录表明，在 1508 年，至少有一项关于北荷兰省（仅仅是主要道路和堤坝）的简单调查。这一地区对该国抵御海洋侵袭的防御体系至关重要。这个省的两幅最早的绘本地图的绘制日期可以追溯到 1529 年，由多才多艺的城市建筑师、阿姆斯特丹的公共建筑委员会主任威廉·亨德里克松·克鲁克（Willem Hendricksz. Croock）绘制而成，在梅赫伦的高等法庭的诉讼中，这两份文件用来告知法官。[42] 克鲁克是在地图上使用比例尺的重要先驱，他的两幅荷兰北部的绘本地图从几何学角度来看是可靠的（图 43.7）。虽然这些地图看起来很粗糙，但它们提供了相当精确的距离和方位。

1256

　　[40]　Pouls, *De landmeter*, 227.

　　[41]　Donkersloot-De Vrij, *Topografische kaarten . . . 16de tot en met de 19de eeuw*, 13 – 14. 位于梅赫伦的西班牙属尼德兰高等法院的档案是关于边界纷争的地图插图信息的丰富资料来源。然而，表现低地国家的绘本地图的最大收藏是在海牙的国家档案馆（Nationaal Archief），那里收藏有超过 300 幅在 1472—1600 年间的地图。其中大多数是宫廷在荷兰省所管辖的地产测量的地图，以及对争议边界的阐释：Brussels, Algemeen Rijksarchief GRM（Groote Raad van Mechelen），dossiers 475 – 492，所谓的 Beroepen uit Holland（荷兰省的案例）。请参阅 P. J. Margry, "Drie proceskaarten（Geertruidenberg versus Standhazen）uit 1448," *Caert-Thresoor* 3（1984）：27 – 33, and A. H. Huussen, "Kartografie en rechterlijke archieven," *Nederlands Archievenblad* 82（1978）：7 – 15. 关于审讯档案中的地图的摘要和插图，请参阅 A. H. Huussen, *Jurisprudentie en kartografie in de XVe en XVIe eeuw*（Brussels：Algemeen Rijksarchief, 1974）。

　　[42]　图 43.7 中未显示的地图收藏在 Algemeen Rijksarchief, Brussels（GRM BH no. 610 sub ww 1529/1530）。克鲁克还绘制了一幅数学上可靠的阿姆斯特丹（Amstelland）地图，此图收藏于 Gemeentearchief, Amsterdam（Top. Atlas no. G 110 – 116）。关于这些地图，请参阅 Donkersloot-De Vrij, *Topografische kaarten van Nederland vóór 1750*, 129（no. 649 and no. 653）。另请参阅 A. H. Huussen, "Willem Hendricxz. Croock, Amsterdams stadsfabriekmeester, schilder en kartograaf in de eerste helft van de zestiende eeuw," *Jaarboek van het Genootschap Amstelodamum* 64（1972）：29 – 53，以及 De Vries, "Official Cartography," 24.

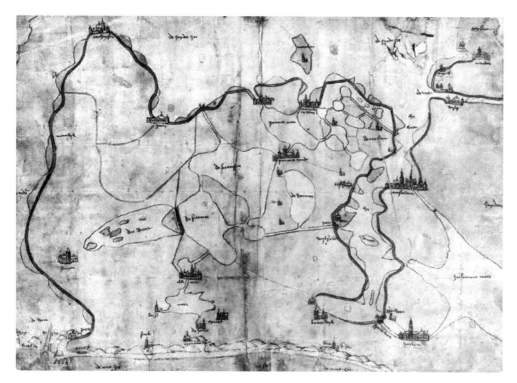

图43.7 威廉·亨德里克松·克鲁克绘制的荷兰北部地区的绘本地图,1529/1530 年

在这两幅地图中,有一幅是克鲁克绘制的,明显显示出对比例尺的关注。

原图尺寸:94×107 厘米。由 Nationaal Archief, The Hague(VTH 2460)提供照片。

低地国家的区域地形地图绘制

1257

甚至在北方各省统一之前,布拉班特、荷兰、海尔德兰、弗里斯兰和泽兰(1536—1547 年)的精确地图都是由省议会或执政的君主委托给雅各布·范德芬特制作的。它们不是出于战略目的,而是为了行政管理等普通的目标。这些印刷的地图标志着低地国家区域性地形地图绘制的丰富传统的肇始。从 16 世纪后半叶到 17 世纪末期,在七省联合共和国内,所有相对自治的地区都制作了多图幅的壁挂地图。这些壁挂地图都是基于水利委员会所做的大规模测量绘制而成的。在 16 世纪后半期,圩田和水利委员会的广泛测绘,部分是由于一些湖泊的围垦和相关的土地核算(参见水利委员会地图之后的部分)。各省的测绘和圩田委员会所做的测量是相互依存的。

大约1550 年之前的第一批省域地图

有赖于杰玛·弗里修斯提出的新的地图绘制方法,低地国家的官方地图绘制能够在查理五世时期的制图师——如北部诸省的雅各布·范德芬特和南部诸省的雅克·瑟洪(Jacques Surhon)

以及他的儿子让（Jean）——的手下展开，现在他们手头有了可靠测量所需的科学指南。[43]

雅各布·范德芬特的北方诸省地图

雅各布·范德芬特大约于 1505 年出生在汉萨地区的坎普（Kampen）市[44]，他在鲁汶学习，并且是第一个将三角测量法应用到省域地图上的人。尽管他留下了令人印象深刻的地图遗产，但他的生活和活动的信息仍然是非常有限的。[45] 从 16 世纪 30 年代开始，范德芬特受政府委托进行了调查，并绘制了低地国家 5 个北部省份的地图。[46] 第一个版本的五省地图涵盖了布拉班特（1536 年）、荷兰和乌得勒支（1542 年）、海尔德兰（1543 年）、泽兰（1547 年）、弗里斯兰、格罗宁根、上艾瑟尔和德伦特（1545 年），这些地图以 1∶180000 的比例尺进行雕刻（三幅为木刻版，两幅为铜版），可能是在梅赫伦印刷的（图 43.8 和附录 43.1），但是没有任何迹象表明这五幅地图保存了下来，它们只是通过档案记录和在奥特柳斯的"作者目录"中的注释才得以为人所知，奥特柳斯提到"布拉班特、荷兰、海尔德兰；弗里斯兰；泽兰地图由德文特的雅各布绘制与编辑于梅赫伦"（Iacobus à Dauentria, Brabantiae, Hollandiae, Gelriae; Frisiae; Zelandiae Tabulas descripsit & edidit, Mechliniae）。

1258　　在 1556—1560 年间，这 5 张省域地图的副本由各个不同的出版商发行，但是除了海尔德兰（图 43.9）和泽兰的地图外，在二战期间，他们的大部分图像都在布雷斯劳［Breslau，即弗里茨瓦夫（Wrocław）］摧毁了。幸运的是，其他的复制品于 1941 年出版。[47] 1994 年，肯曼发布了新的和改进过的复制品，并添加了相关的地图，如墨卡托的佛兰德地图（1540 年）和雅各布·博斯（Jakob Bos）雕刻，由米凯莱·特拉梅齐奥（Michele Tramezzino）在

---

[43]　Van der Heijden（*Oude kaarten der Nederlanden*, 1∶28-31）提供了关于 16 世纪低地国家各省份第一批地图的一次清晰的概观（1538—1581）。

[44]　请参阅 J. C. Visser, "Jacob van Deventer alias Van Campen? De jonge jaren van een keizerlijk-koninklijk geograaf," *Caert-Thresoor* 12（1993）: 63-67, 以及 C. Koeman and J. C. Visser, *De stadsplattegronden van Jacob van Deventer*（Landsmeer: Robas, 1992- ）, introductions to the different parts。

[45]　根据 Bert van't Hoff in *Jacob van Deventer: Keizerlijkkoninklijk geograaf*（The Hague: Martinus Nijhoff, 1953）。

[46]　很有可能，低地国家的政治家 Viglius van Aytta 在他们的委托事宜中起到了重要的作用，因此也对范德芬特被命名为帝国地理学家以及后来成为王室地理学家中起到了重要的作用。请参阅 Bart van der Herten, "De connectie tussen Jacob van Deventer en Viglius van Aytta in de jaren 1530-1540: Een hypothese," *Caert-Thresoor* 14（1995）: 59-61。关于范德芬特，请参阅 Van't Hoff, *Jacob van Deventer*, 4-6。关于范德芬特的省域地图附有注释的摘要说明，请参阅 *MCN*, 1∶76-88, 以及 Donkersloot-De Vrij, *Topografische kaarten van Nederland vóór 1750*, 128, index I。

[47]　Bert van't Hoff, *De kaarten van de Nederlandsche provinciën in de zestiende eeuw door Jacob van Deventer*（The Hague: Martinus Nijhoff, 1941）, 1939 年，范托夫订购了在布雷斯劳被毁掉的地图的照片，根据此照片制成了影印版本，对于低地国家地图绘制历史记录来说，是一次非常幸运之举。海尔德兰的地图收藏在 Herzog August Bibliothek, Wolfenbüttel；泽兰地图收藏在 Biblioteca Nazionale Centrale, Florence。在 *Imago Mundi* 中，巴格罗报道了二战中的损失。他提到当时收藏在布雷斯劳市政图书馆中的地图的损失，但只讨论了弗里斯兰地图的亡佚；然而，布拉班特、荷兰和泽兰的地图也被毁掉了。请参阅 Leo Bagrow, "With Fire and Sword," *Imago Mundi* 4（1947）: 30-31; 5（1948）: 37-38（A. Codazzi）; and 6（1949）: 38。

1555—1558 年出版的已经亡佚的第一批意大利版本。[48]

图 43.8 雅各布·范德芬特省域地图覆盖范围的图解

根据 Y. Marijke Donkersloot-De Vrij, *Topografische kaarten van Nederland vóór 1750: Handgetekende en gedrukte kaarten, aanwezig in de Nederlandse rijksarchieven* (Groningen: Wolters Noordhoff and Bouma's Boekhuis, 1981), blw. I 。

[48] C. Koeman, *Gewestkaarten van de Nederlanden door Jacob van Deventer*, 1536 – 1545: *Met een picturale weergave van alle kerken en kloosters* (Alphen aan den Rijn: Stichting tot bevordering van de uitgave van de stadsplattegronden van Jacob van Deventer-Canaletto, 1994), 其中包括一份英文摘要。另请参阅 R. V. Tooley, "Maps in Italian Atlases of the Sixteenth Century, Being a Comparative List of the Italian Maps Issued by Lafreri, Forlani, Duchetti, Bertelli, and Others, Found in Atlases," Imago Mundi 3 (1939): 12 – 47 (items 142, 218, 231, 298, and 300)。

除了这些意大利的衍生品之外，范德芬特的省域地图也有相当多的后续版本以及很多副本。[49] 塞巴斯蒂安·明斯特尔是第一个将范德芬特的基本资料重新加工到他的著作中的人。在他 1550 年的《宇宙学》中，他加入了一幅非常广泛的荷兰和弗里斯兰地图，并提到了"弗里斯兰德芬特的雅各布"（Jacobus Daventriensis Phrisia）。1570 年，奥特柳斯在他的《寰宇概观》中以简写版的方式加入了范德芬特的一些省域地图，在标题中标示出作者为范德芬特。[50] 赫拉德·德约德也可能复制了范德芬特的省域地图。他的两图幅的省域地图中有几幅从 1565 年保存下来：佛兰德、荷兰和布拉班特。[51]

范德芬特地图所强调的重点是城镇和村庄的位置，因此，缺乏对河流、湖泊、森林和乡村道路的表现。范德芬特描绘了教堂、修道院和大修道院的形象，尽管他努力寻找每一个物体的数学精确位置。更重要的是，他系统地通过倾斜的平行的投影方式画出每一幢建筑，并根据它们真实的大小和形状对建筑物进行区分。[52] 这些调查是由范德芬特本人进行的。在海尔德兰地图的图例中，有证据表明，他提到了曾经用作三角测量点的村庄教堂塔楼。很明显，范德芬特运用了视线交叉的方法，建立了一个从几何学角度来说正确的固定观测点网络，这些固定观测点与一根或多根基线，或者是两个或更多的地理坐标已知的教堂相连。[53]

对城镇、村庄和城堡的高度强调是由皇帝查理五世下令的，查理五世陛下的指示被纳入了海尔德兰地图的图例中：

> 著名的戈尔德斯（Guelders）公国的地图，附有与所有相邻国家的边界，由皇帝陛下下令绘制，并由皇帝陛下资助，地图上有：城镇、村庄、修道院、城堡，并绘有精美的河流，这些地点都根据地理学的真实技艺测量标绘。但是那些没有这个符号 ⊙ 的地点都没有像其他地点那样得到良好与完美的标绘，因为一个人不能随意地到处移动与测量。然而，这些地点的位置比迄今为止所有出版的地图都要更加可靠。

范德芬特设计出其令人印象深刻的分幅地图，用来装饰豪宅、城堡和宫殿的墙壁。这些地图取代了挂毯，并因活版印刷和铜版印刷的发明而变得触手可得。[54] 这些 16 世纪的壁挂地图挂在富人的房子里，他们认为这些是现代地图。在如今，很少有人能在私人住宅的客厅墙上找到大的、镶框的现代地形图或路线地图。很明显，16 世纪现代壁挂地图的情感影响

1260

---

[49] 关于后续版本和副本的清单，请参阅 Koeman, *Gewestkaarten van de Nederlanden*, 18 – 20。

[50] 请参阅 M. P. R. van den Broecke, *Ortelius Atlas Maps: An Illustrated Guide*（'t Goy-Houten: HES, 1996), 109 and 122 – 124。

[51] 关于德约德的地图，请参阅 *MCN*, 1: 89 – 108。

[52] 肯曼将范德芬特地图中与以后几个世纪的印刷品和图片中的教堂建筑的标绘进行了详细的对比（*Gewestkaarten van de Nederlanden*, 26 – 36）。

[53] Peter Mekenkamp and Olev Koop, "Nauwkeurigheid-analyse van oude kaarten met behulp van de computer," *Caert-Thresoor* 5 (1986): 45 – 52. 与现代地图上相同的地标进行比较，产生了一种计算方法，可以精确分析范德芬特省域地图上的教堂塔楼的相对位置。

[54] C. Koeman, *Collections of Maps and Atlases in the Netherlands: Their History and Present State* (Leiden: E. J. Brill, 1961), 19 – 20。另参阅 Viglius de Zuichen 描述过的地图清单，见 [Leo Bagrow], "Old Inventories of Maps," *Imago Mundi* 5 (1948): 18 – 20；这份清单首次出版是在 Bagrow 的文章中："The Origin of Ptolemy's Geographia," *Geografiska Annaler* 3 – 4 (1945): 318 – 387。

是非常大的——而且这些影响一直持续到 19 世纪。

将区域地图拼合在一起，就可以覆盖范围广泛的地区。早在 1528 年，明斯特尔就提议并推动了调查地图的加入，并最终在几乎所有欧洲国家进行了实施。⑤ 根据他的调查，范德芬特很可能会制作出一份印刷的、简化了的 17 省地图。⑥ 一幅 1560—1565 年的小型地图，其标题为《比利时高卢真实地图》（La vera descrittione della Gallia Belgice），并将其作者定为意大利的保罗·福拉尼（Paolo Forlani），这幅地图一定是直接采自范德芬特的模本。⑦

范德芬特的省域地图为未来的地图绘制工作奠定了坚实的基础，这些地图在数学上正确地表现了北方省份复杂的陆地和水文分布。除了印刷地图，范德芬特还绘制了许多绘本地图。除了他的城镇地图，这些绘本资料几乎没有留下任何东西。只有一份海特·比尔特（Het Bildt）1545 年的弗里斯兰绘本地图，现在可以将作者归于他。⑧

雅克·瑟洪（Jacques Surhon）和让·瑟洪（Jean Surhon）的南部诸省地图

在这一早期阶段，西班牙所辖尼德兰南部省份似乎没有印刷过像北方各省的分幅地图这样的地图。然而，在埃诺（Hainaut）、阿图瓦（Artois）、皮卡第（Picardy）、卢森堡、那慕尔（Namur）和韦尔芒多瓦（Vermandois）等地，在有限的范围内，进行了地形调查。所有这些省份都展示在单幅地图上，比例尺从 1∶300000 到 1∶400000，是由雅克·瑟洪及其儿子让在 1548—1570 年期间绘制的。⑨ 雅克·瑟洪出生在蒙斯（Mons），是一名金匠兼制图师，在皇帝的记录中，提到了他在卢森堡、阿图瓦和埃诺的调查。⑩ 让·瑟洪凭借他的韦尔芒多瓦地图而知名，在普兰迪因（Plantijn）的 1558 年及以后几年的账簿上，提到了这幅地图；让·瑟洪著名的另一幅地图，是奥特柳斯《寰宇概观》的 1579 年版本中的那慕尔和皮卡第地图。⑪ 德努赛（Denucé）认为瑟洪父子在南部诸省的调查和测绘方面，与雅各布·范德温特之于北方诸省的贡献可以等量齐观，⑫ 但几乎没有任何证据支持这一观点。这不仅仅是因为瑟洪父子缺乏范德芬特的王室地理学家的头衔，而且是因为记录并没有提供对南部省份的全面调查的证据。我们所拥有的唯一的参考资料是在卢森堡的相关调查，以及对埃诺和阿图瓦的地图的支付费用。

---

⑤ Sebastian Münster, *Erklerung des newen Instruments der Sǔnnen nach allen seinen Scheyben und Circkeln；Item eyn Vermanung Sebastiani Münnster an alle Liebhaber der Künstenn im Hilff zu thun zu warer unnd rechter Beschreybung Teütscher Nation* (Oppenheim：Iacob Kobel, 1528).

⑥ 请参阅 Van der Heijden, *Oude kaarten der Nederlanden*, 1：39 – 66，以及 Koeman and Visser, *De stadsplattegronden van Jacob van Deventer*, introductions to the different parts。

⑦ Van der Heijden, 在 *Oude kaarten der Nederlanden*, 44 – 47 中，提供了这一地图保存下来的副本的摘要；另请参阅 David Woodward, *The Maps and Prints of Paolo Forlani：A Descriptive Bibliography* (Chicago：Newberry Library, 1990)。

⑧ 这幅地图收藏于 The Hague, Nationaal Archief (VTH 3044)。请参阅 J. G. Avis, "Het auteurschap van de 16de-eeuwsche kaarten van het Friesche Bilt," *Tijdschrift voor Geschiedenis* 49 (1934)：403 – 415；Van 't Hoff, *De kaarten van de Nederlandsche provinciën*；Koeman, *Gewestkaarten van de Nederlanden*, 11 – 12。

⑨ 关于让·瑟洪的传记勾勒，请参阅 Karrow, *Mapmakers of the Sixteenth Century*, 517 – 519。

⑩ 请参阅 Peter H. Meurer, *Fontes cartographici Orteliani：Das "Theatrum orbis terrarum" von Abraham Ortelius und seine Kartenquellen* (Weinheim：VCH, Acta Humaniora, 1991), 250 – 251，以及 Jean Denucé, "Jean & Jacques Surhon, cartographes Montois, d'après les archives Plantiniennes," *Annales du Cercle Archéologique du Mons* 42 (1914)：259 – 279。

⑪ 请参阅 Meurer, *Fontes cartographici Orteliani*, 251 – 252 and fig. 70。

⑫ Jean Denucé, *Oud-Nederlandsche kaartmakers in betrekking met Plantijn*, 2 vols. (Antwerp：De Nederlandsche Boekhandel, 1912 – 1913；reprinted Amsterdam：Meridian, 1964), 1：39.

图 43.9　雅各布·范德芬特的海尔德兰省地图的副本，1556 年

原图尺寸：92.2×78.3 厘米。由 Herzog August Bibliothek, Wolfenbüttel（Kartenslg. K 2, 3）提供照片。

　　因为绘制了埃诺的地图（图 43.10），1548 年，雅克·瑟洪收到了 350 荷兰盾（Carolus guilder），1549 年，又收到了 400 里弗。这幅地图绘有三份副本：一份献给国王，一份献给王后，另一份献给埃诺的总督。[63] 瑟洪被禁止向任何人展示他的作品，地图也没有印刷出来。20 多年以后，这一禁令不再生效，1572 年，这幅地图由奥特柳斯出版了。出于安全考虑，布鲁塞尔的秘密委员会下令销毁弗兰斯·霍亨贝赫雕刻的铜版。因此，奥特柳斯在 1579 年的《寰宇概观》中使用了埃诺的新铜版。[64] 在同一版本的《寰宇概观》中，发行了 4

　　[63]　Denucé, *Kaartmakers*, 1：35.

　　[64]　Peter H. Meurer, "De verboden eerste uitgave van de Henegouwen-kaart door Jacques de Surhon uit het jaar 1572," *Caert-Thresoor* 13（1994）：81−86.

幅瑟洪父子的地图（附录 43.1）。[65] 而这些地图在 1579 年之前没有留下任何痕迹。

图 43.10　雅克·瑟洪的埃诺瓦省域地图，1558 年

原图尺寸：52.5×38 厘米。照片版权：Royal Library of Belgium, Brussels（Classmark Ⅱ - 22.736，Blad, 12）。

雅克·瑟洪的卢森堡地图也首次出现在 1579 年的《寰宇概观》中。[66] 这不是一张大比

---

[65]　Denucé, *Kaartmakers*, 1：32 - 33；那慕尔和皮卡第地图的特许权早在 20 多年前就已经授予了。

[66]　Van den Broecke, *Ortelius Atlas Maps*, 102. 另请参阅 Emile van der Vekene, *Les cartes géographiques du Duché de Luxembourg éditées au XVIe, XVIIe, et XVIIIe siècles：Catalogue descriptif et illustré*, 2d ed.（Luxembourg：Krippler-Muller, 1980），6 - 13（figs. 1. 02. A - 1. 02. d）。

例尺的地图，人们可能会怀疑瑟洪是否曾制作过这一地区的大比例尺地图。尽管1551年的
皇帝法令（唯一已知的地图绘制记录）命令卢森堡当地政府协助瑟洪进行调查工作，但瑟
洪的薪酬只有28里弗尔，用以在5天的时间内完成卢森堡的地图，[67] 听起来这笔金额不像是
用来支付绘制一幅详细的地图。另一笔款项，有36里弗尔，用以支付在1551年绘制的一幅
阿图瓦地图，对于该省的详细地形测量来说，也不是一个令人信服的数字。[68] 由于普兰迪因
的账簿中没有条目，因此，认为瑟洪父子没有完成大规模的测绘的观点得到了加强。其中只
有让·瑟洪的韦尔芒多瓦的地图（1558年），这幅地图有几百份印本出售。事实上，这是普
兰迪因出版社所印刷的第一张地图。[69]

奥特柳斯使用了韦尔芒多瓦的地图作为《寰宇概观》的第一个版本（1570年）中的综
合地图，[70] 但是瑟洪父子的地图并不仅仅是在奥特柳斯的地图上发现的。在赫拉德·德约德
的1593年《世界之镜》、洛多维科·圭恰迪尼（*Lodovico Guicciardini*）的1581年《尼德兰
全境图志》（*Descrittione di tutti i Paesi Bassi*）以及莫里斯·布格罗（*Maurice Bouguereau*）的
1594年《法兰西概观》（*Le theatre francoys*）中，对瑟洪父子的地图进行了复制。大约在
1595年，安特卫普［后来是在代芬特尔（*Deventer*）］的约翰内斯·范多特屈姆的儿子，居
住在哈勒姆（Haarlem）的巴普蒂斯塔·范多特屈姆雕刻了瑟洪父子绘制的两幅地图：《阿图瓦
图志，约翰·瑟洪·蒙斯绘制，巴普蒂斯塔·范多特屈姆雕刻》（Artesiae descriptio Johanne
Surhonio Montensi auctore Baptista Doetecomius sculpsit）和《埃诺伯爵领地图，雅各布·瑟洪·
蒙斯绘制，巴普蒂斯塔·范多特屈姆雕刻》（Nobilis Hannoniae Comitatus descriptio auctore Jaco-
bo Surhonio Montano Baptista Doetecomius sculpsit）。[71]

其他南部省份的地图

关于范德芬特是否对佛兰德省进行了调查，现在仍有一些疑问。基尔姆泽（Kirmse）认
为，赫拉尔杜斯·墨卡托的1540年佛兰德地图（图43.11）是建立在范德芬特的调查基础
上的，因为城镇和乡村的地理位置的准确性表明出其使用了三角测量。[72] 此外，地图的比例

[67] Denucé, *Kaartmakers*, 1：36.

[68] Denucé, *Kaartmakers*, 1：38.

[69] Denucé, *Kaartmakers*, 1：28.

[70] Van den Broecke, *Ortelius Atlas Maps*, 85–86.

[71] 这些副本收藏在 Leiden, Universiteitsbibliotheek。请参阅 *The New Hollstein Dutch & Flemish Etchings*, *Engravings and Woodcuts* 1450–1700, vols. 7–10, *The Van Doetecum Family*, 4 pts., comp. Henk Nalis, ed. Ger Luijten and Christiaan Schuckman（Rotterdam：Sound & Vision Interactive Rotterdam, 1998）, pt. 4, 236–237. 另请参阅 *MCN*, 1：27, and Dirk de Vries, "Eerste 'staten' van B. van Doetecum's Artesia en Hannonia," *Caert-Thresoor* 4（1985）：45.

[72] Rolf Kirmse, "Die Große Flandernkarte Gerhard Mercators（1540）—Ein Politicum?" *Duisburger Forschungen* 1（1957）：1–44. 现在只知道此图的残缺副本。这一副本于1877年由安特卫普市从梅赫伦的 C. B. de Ridder 教士的庄园处购得，此后一直保存在安特卫普的 Museum Plantin-Moretus 中。此地图上布鲁日和海斯特（Heist）之间的部分已残缺。正下方的卷轴内的注文——给读者的致辞——也没有保留下来，这使得确定地图的起源变得十分困难。关于此图的复制件，请参阅 Koeman, *Gewestkaarten van de Nederlanden*, Bijlage 1（1–9）。关于他的重新制作，肯曼使用了 Jean van Raemdonck 的摹写本, *De groote kaart van Vlaanderen vervaardigd in* 1540 *door Geeraard Mercator*/*La grande carte de Flandre dressée en* 1540 *par Gérard Mercator*（Antwerp：Wed. De Backer, 1882）。另请参阅 Alfred van der Gucht, "De kaart van Vlaanderen," in *Gerardus Mercator Rupelmundanus*, ed. Marcel Watelet（Antwerp：Mercatorfonds, 1994）：284–295. 此外，就地名而言，墨卡托地图在很大程度上与荷兰语和法语名称的现在用法是一致的。请参阅 L. N. J. Camerlynck, "De taalgrens op Mercators kaart van Vlaanderen（1540），" *Caert-Thresoor* 13（1994）：23–26.

1261

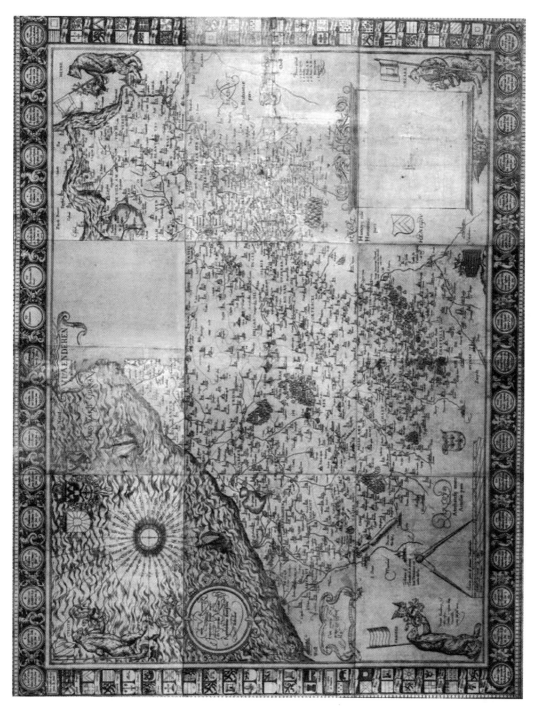

图 43.11　赫拉尔杜斯·墨卡托的佛兰德地图，1540 年。地图绘在九图幅上
由 Plantin-Moretus Museum/Prentenkabinet，Antwerp（MPM-BL 301）提供照片。

尺约为1∶172000，与范德芬特的其他省域地图相一致；教堂、修道院和大修道院的表现与范德芬特的地图相同；若干圆形的符号也表明这些建筑中有一种是视觉上的。最后，支持范德芬特作者身份的其他论点是：在布拉班特、泽兰和佛兰德的地图上的重叠部分以及地图上的手写部分的相似之处。⑦ 在 1540 年之前，墨卡托和范德芬特很可能对于佛兰德的地图有过合作。这张地图被认为是由墨卡托印刷的，因为它没有任何其他出版社或印刷商的名字和地址；然而，有几个销售地址记录了下来。⑦ 此外，在下面有一个盾形，其上有雕刻师的名字："鲁帕尔蒙德的赫拉尔杜斯·墨卡托绘制"（Gerardus Mercator Rupelmundanus faciebat）。

1263

　　基尔姆泽还证实了墨卡托的佛兰德地图不是彼得·范德贝克（Pieter van der Beke）地图的副本，而是彼得·德凯斯泽尔（Pieter de Keysere）于 1538 年在根特（Ghent）印刷的木刻板。范德贝克的地图不那么准确，而且有法语的地名，而在墨卡托的地图上，大多数的地名都是佛兰德语的。从地名政策的角度来看，这幅地图被基尔姆泽贴上了"政治"的标签。⑦ 在仅仅两年之后，有一个可靠的理由来绘制第二幅佛兰德地图。1539 年，根特城镇反抗其统治者——匈牙利的玛丽，并因此反抗其皇帝——西班牙的查理五世。范德贝克地图的风格反映了佛兰德的独立精神。佛兰德伯爵的盾形纹章在一个长长的谱系表中，上面有四头熊在角落里，代表着四个最古老的家族，这些盾形纹章与地形交织在一起，带有强烈的性暗示。⑦ 然而，墨卡托画了一幅地图，省略了这些挑衅的元素来安抚皇帝，这位皇帝显然是想惩处这个不听话的城镇，已经宣布他即将到来。为了取悦这位强大的赞助人，墨卡托也在他的地图上签署："献给查理五世——最神圣的罗马皇帝，由最忠诚的鲁帕尔蒙德的赫拉尔杜斯·墨卡托。"据报道，直到 1570 年的某个时候，墨卡托的地图才被意大利的出版商所效仿。⑦ 从那时起，这张地图的副本也出现在奥特柳斯的《寰宇概观》里。⑦

低地国家区域地图测绘的独立传统

　　在 1600—1670 年的这段时期，由于低地国家的政治结构是一个由独立国家组成的联盟，这导致了混乱的地形测绘。测绘工作降到由行省，而不是联邦当局进行管理。此外，在同一行省内，水利委员会对水文和堤坝管理的问题，包括对该地区的地图测绘，都有独立的管辖权。⑦ 对于这种管理，大比例尺的地形图是必不可少的。在大多数情况下，学者——不一定是土地测量员——的私人倡议，建立在 17 世纪的省域和地方地图绘制的基础上。因此，地图的准确性根据调查的质量而各有不同。不幸的是，我们很少能发现这些区域地图的测量方法，在某些情况下，我们不知道是否进行了调查，或者区域地图是否是由现存的基础地图所组成。

---

⑦　另请参阅 Koeman, *Gewestkaarten van de Nederlanden*, 22 – 25。

⑦　"在安特卫普的红城堡。在根特的圣法拉尔迪斯前面。在金色阳光中的鲁汶"。

⑦　Kirmse, "Die Große Flandernkarte Gerhard Mercators（1540）— Ein Politicum?" 范德贝克地图已知的唯一副本收藏在 Nuremberg, Germanisches Nationalmuseum（La 281 – 284）。对此地图的展示，可以在此书中找到：Van der Gucht, "De kaart van Vlaanderen," 286 – 287。

⑦　J. B. Harley and K. Zandvliet, "Art, Science, and Power in Sixteenth-Century Dutch Cartography," *Cartographica* 29, no. 2（1992）：10 – 19。

⑦　Marcel Destombes, "La grande carte de Flandre de Mercator et ses imitations jusqu' à Ortelius（1540 – 1570），" *Annalen van de Oudheidkundige Kring van het Land van Waas* 75（1972）：5 – 18, 以及 Koeman, *Gewestkaarten van de Nederlanden*, 21。

⑦　Van den Broecke, *Ortelius Atlas Maps*, 119 – 121。

⑦　水利委员会（*waterschappen*）是负责水资源管理的地方司法管辖区。大多数的地方水资源问题都仅限于被称作"圩田"（polder）的地理单元。圩田是一片被堤坝包围的低洼土地，在其中，水位由入口和出口所控制。

水利委员会地图（1572—约 1650 年）

尼德兰是欧洲人口密度最大的地区之一，它的国土有 27% 位于海平面以下。如果没有沙丘或堤坝来保护它免受大海或大河的影响，超过一半的土地将会被淹没，而这些大型河流塑造了一个巨大的三角洲（图 43.12）。在过去，海平面以下的区域属于海洋或湖泊，但那里的水最终被抽干，并建造了足够高的堤坝，以防止洪水泛滥。自从 12 世纪以来，排水和填海造田已经发展成为一种最严格的技术。[80] 考虑到尼德兰人在水利管理方面的专业知识，不用说，他们也成了海洋地图制作领域的专家。

1264

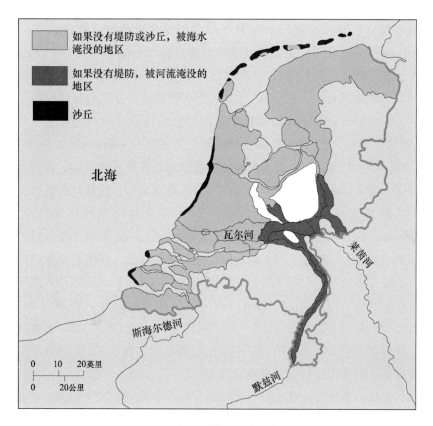

图 43.12　如果没有堤坝和沙丘的尼德兰

几个世纪以来，低地国家一直在与水做斗争，这种斗争到今天仍然在继续。不仅是北海的风暴潮和大型河流的高水位带来了洪水泛滥的危险，而且低洼地区排水的困难也带来了问题。从地质学的角度来讲，低地国家位于一个沉降的地区，正因为如此，再加上海平面的显著上升，两种因素结合在一起，每 100 年土壤下沉大约 10 厘米。许多堤坝、运河、沟渠、

---

⑧　请参阅 G. P. van de Ven，ed.，*Leefbaar laagland：Geschiedenis van de waterbeheersing en landaanwinning in Nederland*［（Utrecht）：Matrijs，1993］；Johan van Veen，*Dredge，Drain，Reclaim：The Art of a Nation*，5th ed.（The Hague：Nijhoff，1962）；以及 R. H. A. Cools，*Strijd om den grond in het lage Nederland：Het proces van bedijking，inpoldering en droogmaking sinds de vroegste tijden*（Rotterdam：Nijgh and van Ditmar，1948）。

风车、渠道和其他水利设施是保持土地适宜居住的必要条件。第一个水利委员会——相对独立的管理机构，负责堤坝的维护、水管理以及陆路和水路的交通路线——在中世纪就已经存在了，位于低地国家低洼的西部地区。因为低地国家东部地区的水患问题远没有那么严重，所以直到1850年才在那里建立了水利委员会。

从12世纪开始，为了应对海平面急剧上升、土壤沉降加快和人口增长等问题，特殊的管理结构得以发展。在由水利委员会参事（heemraden）所支持的堤长（dijkgraaf）的领导下，先行一步的村庄开发出了这一系统，并监督维护这些仍然很原始的堤坝。为了实现良好的水资源管理，各个不同的定居点必须共同努力。他们把自己组织成各种各样的水资源管理机构，每一个机构都有自己的辖区和征税机构：圩田委员会和水利委员会（waterschappen、heemraadschappen 以及 hoogheemraadschappen，或多或少地按照地区的大小来决定）。还有堤坝区（dijkgraafschap），有许多圩田和水利委员会可能会依赖它。总的说来，水利委员会（heemraadschappen）的行政区域比那些高级水利委员会（hoogheemraadschappen）的行政区域要小。这两个概念都可以追溯到12世纪和13世纪，并且仍然有用。最后，大部分的水域都是由多个圩田委员会组成的。[31] 下列的三个高级水利委员会，它们共同覆盖了现代南荷兰省3/4的地区，构成了低地国家水资源管理方面最早的行政管理机构：莱茵兰（Rijnland，1255年特许成立）、代尔夫兰（Delfland，1290年）和希兰（Schieland，1296年）。

在荷兰北部，中世纪时期的地理条件是不同的：通过开放式的入口，来自北海的海水顺着须得海进入这个国家。通过一步一步地关闭入口，建造堤坝，北荷兰的乡村发展成为一片富饶的土地。水资源管理部门掌握在肯内梅兰德和西弗里斯兰排水闸高级水利委员会（Hoogheemraadschap de Uitwaterende Sluizen van Kennemerland en West-Friesland）手中，并于1319年获得了特许执照。[32] 在这些海水的入口变成了湖泊之后，周围的堤坝建造起来，竖立起了风车，水也被排了出来。在排水的时候，肥沃的土地被卖给了富有的人用于发展农业。

在今天所称的北荷兰（Noord Holland）省，在1546—1650年，有超过70个湖泊被排干，在这些湖泊中，有些不超过20公顷，有些则超过6000公顷。[33] 当湖水被抽干后，湖泊变成了圩田，并设置了一个管理机构：圩田或水利委员会。这些17世纪的水利委员会从投入资金用于排水系统的公司处获得了自我管理的特权。

较大的水利委员会是由法院或委员会管理的，这些委员会起源于中世纪之前由维护法律的长老组成的委员会。水利委员会的董事会有权征收赋税，有权行使管辖权，有权在紧急情

---

[31]　Marc Hameleers, "Repräsentativität und Funktionalität von holländischen Polder-, Deichgenossenschafts-und DeichgrafschaftsKarten," in 5. *Kartographiehistorisches Colloquium Oldenburg* 1990, 22 – 24 *March* 1990: *Vorträge und Berichte*, ed. Wolfgange Scharfe and Hans Harms (Berlin: Reimer, 1991), 59 – 70.

[32]　请参阅 Marc Hameleers, *West-Friesland in oude kaarten* (Wormerveer: Stichting Uitgeverij Noord-Holland, 1987)。

[33]　在北荷兰，1597—1635年，下列主要湖泊被排干：1608年，Wogmeer（690公顷）；1610年，Wieringerwaard（1800公顷）；1612年，Beemster（7100公顷）；1622年，Purmer（2760公顷）；1626年，Wormer（1620公顷）；1630年，Heerhugowaard（3500公顷）；1635年，Schermer（4770公顷）。尤其是要了解北荷兰最北端地区的地图学发展，请参阅 Dirk Blonk and Joanna Blonk-van der Wijst, *Hollandia Comitatus: Een kartobibliografie van Holland* ('t Goy-Houten: HES & De Graaf, 2000); Henk Schoorl, *Zeshonderd jaar water en land: Bijdrage tot de historische geo-en hydrografie van de Kop van Noord-Holland in de periode* 1150 – 1750 (Groningen: Wolters-Noordhoff, 1973); J. Westenberg, *Oude kaarten en de geschiedenis van de Kop van Noord-Holland* (Amsterdam: Noord-Hollandsche Uitgevers Maatschappij, 1961)。

况下招募工人。在传统上，由长官担任主席；他的顾问是地产所有人的代表，而董事会的成员则是由地产所有人组成。管辖权和财务管理方面的自治权力，或多或少地强加给君主（荷兰伯爵），因为他的大部分领土是受堤坝和海岸支配的，并且依赖于排出过量的水。在一个小的圩田工程中，一个维护得不太好的堤坝可能会危及整个行省。无论是荷兰伯爵，还是皇帝，都不具备管理圩田或更换圩田委员会所必需的技术专长。因此，水利委员会被赋予了部分统治权。

1265

通过其自治权，水利委员会可以负担得起调查工作及其辖区地图的测绘。因此发展出一种专门针对低地国家的地图学科：水利委员会地图学。这一学科包括下列绘制地图的文件：这些文件是由圩田委员会、堤坝地区、水资源控制委员会和地区水资源控制委员会为执行他们的各项任务而进行绘制。[84] 最古老的水利委员会地图可以追溯到 15 世纪，它们至今仍在出版。

水利委员会档案位列低地国家保存最完好的档案之列，在诸多世纪中，可能只有几幅地图遗失了。此外，水利委员会还有很多铜版，这种情况肯定不适用于低地国家的商业出版者。因此，水利委员会档案催生出各种地图的完整的图景，这些地图是出于水利委员会管理机构的命令而绘制，并提供了不仅仅是在国内外的其他地图集中能找到的印刷和一般丰富说明的简化地图（见图 43.13 和附录 43.2）。到目前为止，水利地区地图最主要部分的形态都是绘本。[85]

出于各种原因，水利委员会的管理人员广泛地使用了地图，包括道路、沟渠、堤坝和填海造田的建设和维护。许多地图（主要是大比例尺的地图）也是为了土地核算的目的而绘制的。哈梅尔利斯（Hameleers）将出于各种目的而绘制的水利委员会地图进行了分类，包括水资源管理、行政管理、司法问题的解决，对"请求"或申请许可的回应，以及建筑工程的管理等方面。[86]

为实现水资源管理的目的而绘制圩田地图的动力并不总是来自水利委员会的管理，也来自个人、私人地方组织和政府机构。圩田地图主要是功能制图的形式。所有的线条、颜色和符号都以某种方式与地图的海域目的相联系。从历史地理的角度来看，圩田地图可以分为 4 组。

1. 旧的圩田的地图，其特征是泥炭基质、土壤的沉降和中世纪的土地分配。这种类型的圩田用人力进行排干，最深只是 1—1.5 米。

2. 用于筑坝和天然湖泊排水的地图。许多湖泊被排干，尤其是在 17 世纪的上半叶，包括贝姆斯特（Beemster，1612 年）和舍默（Schermer，1635 年）。

3. 与填海造陆有关的地图。堤防的建设特别地发生在低地国家的西南部和北部地区。

4. 与低地国家最北端地区的泥炭切割有关的地图（图 43.14）。这是因为获取泥炭—收获除其他之外，泥炭被用作燃料——很多土地最初都丧失了。后来，通过排干大部分的泥炭

[84]　Hameleers, "Repräsentativität und Funktionalität," 60.

[85]　关于各种类型的水利委员会地图的良好选本，请参阅 C. G. D de Wilt et al., *Delflands kaarten belicht* (Delft: Hoogheemraadschap van Delfland; Hilversum: Uitgeverij Verloren, 2000).

[86]　Hameleers, "Repräsentativität und Funktionalität," 61.

图 43.13　克莱斯·扬松·菲斯海尔（Claes Jansz. Visscher）绘制的印本海尔许霍瓦德（Heerhugowaard）水利委员会地图

原图尺寸：约 56×56 厘米。由 Universiteitsbibliotheek Amsterdam（120.23.18）提供照片。

湖泊的水，这片土地得到开垦。在这些深度超过 1 米的圩田中，最初的中世纪的分配已经完全消失了。⑧⑦

　　在水利委员会地图中，只有一小部分是众所周知的、有丰富插图的印本总图，这些总图是由多图幅组成的，它们可以装裱成大型壁挂地图。横幅的标题通常延伸到地图的顶部，装饰性的边缘则表现了堤长和堤坝委员会的盾徽，以及其他的东西。除了这些大型地图的行政管理和司法功能之外，它们的主要目的是呈现该地区，并促进"水利委员会管理员"的名声和声望。细节的水平并不总是与地图的尺寸和比例尺相匹配；在某些情况下，格式、比例

1266

---

⑧⑦　请参阅 Hameleers，"Repräsentativität und Funktionalität，" 63–64，以及 De Vries，"Official Cartography，" 46–49。

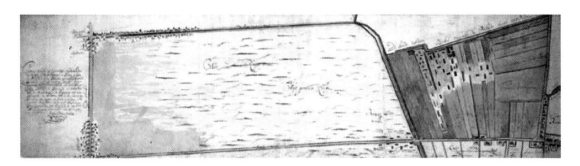

图 43.14　皮纳克地区旧围垦的泥炭采掘和旧交通道路的绘本水利委员会地图，1691 年

右边是泥炭挖掘造成的不规则地块。在这些地块中，泥炭被晒干，因此可以用作燃料。

原图尺寸：40×153 厘米。Archief Hoogheemraadschap van Delfland（OAD inv. no. 722），由 Gemeentearchief，Delft 提供照片。

尺和地图的内容是相互矛盾的。[88]

由水利委员会委托的最早的测绘活动可以追溯到 15 世纪。从大约 1400 年开始，水利委员会雇用了一名土地测量员进行地产和工程调查，并在发生纠纷的时候绘制地图。[89] 尽管已知由莱茵兰的水利委员会董事会管理的土地测量员的最古老的宣示日期为 1453 年，[90] 但土地测量员的职责记录在早些时候在南荷兰的布里勒（Brielle）城镇的"法律文集"（1405 年）中。[91] 首先，提及了数学测量员的长度单位和必修教育；其次，给出了通过买卖来对土地和房屋的转让进行管理的规则和法律。特别是详细地给出了测量地产的规则，但是没有提到根据调查结果绘制出平面图。除了水利委员会的档案，各种记录都是在 15 世纪进行的调查，但是没有提及地图。[92] 在 1500 年之前，平面图和地形图的绘制似乎是相当特殊的。[93]

这种情况在 1520—1530 年前后发生了变化，当时的教科书和外国的地形测绘的范例向低地国家引介了进行测绘的技艺。1539 年，他那个时代最著名的专业人士——雅各布·范德芬特——奉命对代尔夫兰进行调查并绘制一幅该地的地图。尽管订购了这幅（最有可能是）绘本地图的 6 份副本，但没有一份保留下来。[94] 有赖于委员会的精确说明，我们得知了地图的样

⑧⑧　在行政管理发生变化的情况下，盾徽可能会发生改变，但地图内容不会变化。请参阅 Hameleers，"Repräsentativität und Funktionalität，" 66。

⑧⑨　关于早期（约 1000—1300 年）的大型排水工程（但没有地图），请参阅 Henk Schoorl et al.，*Holland in de dertiende eeuw：Leven，wonen en werken in Holland aan het einde van de dertiende eeuw*（The Hague：Nijhoff，1982）。

⑨⓪　Muller and Zandvliet，*Admissies*，7.

⑨①　Jacobus Antonie Fruin and M. S. Pols，eds.，*Het rechtsboek van Den Briel：Beschreven in vijf tractaten door Jan Matthijssen*（The Hague：Nijhoff，1880）.

⑨②　P. S. Teeling，*Repertorium van oud-Nederlandse landmeters*，14^e tot 18^e eeuw，2 vols.（Apeldoorn：Dienst van het Kadaster en de Openbare Registers，1981）；关于这部著作的索引，请参阅 Peter van der Krogt，*Index op het Repertorium van Oud-Nederlandse landmeters*，14^e tot 18^e eeuw，van P. S. Teeling（Apeldoorn：Hoofddirectie van de Dienst van het Kadaster en de Openbare Registers，1983）。提及了 1432 年对豪达附近农地进行的调查（Teeling 1161）；皮滕（Putten）岛的地产，1462 年（Teeling 1180）；埃丹（Edam）和奥斯特赫伊曾（Oosthuizen）之间的堤坝，1456 年（Teeling 1124）；鹿特丹附近边境地区的地产，1482 年（Teeling 1153）。

⑨③　1550 年之前的低地国家的地方地图和平面图的时间顺序列表也证实了这一点，其中包括哈维编纂的 15 项（"Local and Regional Cartography，" 499－500）。在这一列表中，只有一幅地图——第 6 号，源自水利委员会的档案。

⑨④　Lamberta J. Ruys，"De oude kaarten van het Hoogheemraadschap Delfland，" *Het Boek* 23（1935－1936）：195－209.

子："首先，之前指定的雅各布大师绘制了水利委员会辖区内所有圩田的一幅小比例尺地图，在准确的位置上标绘出所有的风车、堤坝和运河，并标出每座圩田和风车的名称……此外，他根据大比例尺地图上的尺寸，在小比例尺地图上将所有的教堂都放置在其正确的位置上。"[95]这份非常重要的陈述证明了描绘村庄和教堂的详细的大比例尺地图的确存在。范德芬特很可能根据两种来源编制其代尔夫兰的小比例尺地图：一种来源是对教堂塔楼景观交叉点网络的几何勘测；另一种是对代尔夫兰档案馆中收藏的大比例尺地图进行缩编。

1548 年，范德芬特支付了 100 磅购置了 6 份副本。这笔钱是从代尔夫兰的 13 个围垦区收集来的。据推测，这幅地图被用作一幅壁挂地图，直到 1606 年，它被马泰斯·扬松·德贝恩·范温纳（Matthijs Jansz. de Been van Wena，也以 Mathijs Janssoon van Delff 为人所知）的一幅在面板上涂抹油彩的地图所取代，这幅地图保存了下来。[96] 在这幅彩绘地图之后不久，就出现了第一张印刷的代尔夫兰地图。

现存最早的印本水利委员会地图是北荷兰的载普（Zijpe）圩田雕版地图，此地是从北海开垦出的第一个大型圩田（66 平方公里）之处（请参阅附录 43.2）。[97] 在载普于 1572 年与北海隔开之前，那里是一个海湾。在这张大约 1572 年的简洁的雕版地图上面，标着字母从 a 到 k，大概是用来划分地产和刺激在新获得的肥沃土地上的地块销售的。在 1611 年以后，更多的装饰着圩田和水利委员会的华丽的印刷壁挂地图出现了，地图顶端装饰着水利委员会成员的纹章。[98]

在 1611—1615 年间短短的一段时间内，荷兰三个最大的水利委员会——莱茵兰、代尔夫兰和希兰——的地图出现在了印刷品上。[99] 它们都是大比例尺的多图幅壁挂地图。这套水

<hr>

[95] Van't Hoff, *Jacob van Deventer*, 33. 与地图有关的文件（包括雅各布·范德芬特的签名收据）收藏在代尔夫特的 Archief van het Hoogheemraadschap Delfland 中。

[96] C. Postma, *De kaart van het Hoogheemraadschap van Delfland van 1606 geschilderd door de landmeter Mathijs de Been van Wena*（Alphen aan den Rijn：Canaletto, 1978），附有影印件。另请参阅 De Wilt et al., *Delflands kaarten belicht*, 24 – 25。此图尺寸为 124 × 124 厘米。

[97] *Caert van het Hontbos ende Zijplant met huare omleggende landen gedaen bij Adrianus Anthonij ...*, 1：43000. 由 P. J. Nagel 雕刻，这幅地图日期可以追溯到 1572 年。Leiden, Universiteitsbibliotheek, port. 31 no. 69；Haarlem, Rijksarchief in Noord-Holland, nr. 1363（不完整）。一份摹写版本得以出版，出版者为 Hoogheemraadschap Noordhollands Noorderkwartier（Alkmaar, 1971）。有一份关于载普和向北直到泰瑟尔岛（Texel）的堤防的着色绘本地图（大约 1550 年），其绘制者为 Jan van Scorel。这份地图收藏在 The Hague, Nationaal Archief（VTH 2486；80 240 cm），一部分得以重制，见 Henk Schoorl, *Ballade van Texel：Texel en omgeving in het midden van de zestiende eeuw：Toelichting bij de reproduktie van een kaartfragment*（Den Burg：Het Open Boek, 1976）。

[98] 在 Walter W. Ristow 的文章 "Dutch Polder Maps" 中，对此进行了很详细的描述，*Quarterly Journal of the Library of Congress* 31 (1974)：136 – 149。另请参阅 Henk Schoorl, *Kust en kaart：Artikelen over het kaartbeeld van het Noordhollandse kustgebied*（Schoorl：Pirola, 1990）。

[99] 关于弗洛里斯·巴尔塔扎松的代尔夫兰和希兰的印本地图，请参阅 Marc Hameleers, "De kaarten van Delfland en Schieland uit 1611 door Floris Balthasars," *Antiek* 20, no. 8 (1986)：435 – 443。这三个地区的水利委员会的印本地图附有注释的摹写本发现于 G. 't Hart et al., *Kaarten van Rijnland, Delfland en Schieland 1611 – 1615*（Alphen aan den Rijn：Canaletto, 1972）。同样，有一幅莱茵兰的原件绘本地图的摹写本，见 K. Zandvliet, ed., *Prins Maurits' kaart van Rijnland en omliggend gebied door Floris Balthasar en zijn zoon Balthasar Florisz. van Berckenrode in 1614 getekend*（Alphen aan den Rijn：Canaletto, 1989）。这一论著详细讨论了这幅地图的发展历史。它还包括了弗洛里斯·巴尔塔扎松及其诸子所绘制及印刷的地图的参考书目。

利委员会地图是由弗洛里斯·巴尔塔扎松（Floris Balthasarsz.）[100] 和他的儿子们对这幅地图进行的调查和雕刻，这标志着低地国家的一段伟大的圩田地图绘制时期的开始。弗洛里斯·巴尔塔扎松的测量并不是基于整个地区的综合三角测量；他通过结合当地社区（Ambachten）的地图，绘制出了壁挂地图，这些地图是他自己独立测量并绘制的。[101] 由于弗洛里斯·巴尔塔扎松所绘制地图的数学基础是不严谨的，所以，不到 30 年，莱茵兰委托扬·扬松·道（Jan Jansz. Dou）重新进行了测量，并绘制了这一地区的地图。[102]

在弗洛里斯·巴尔塔扎松的地图上，装饰性的字体占据了主导。这些字体既美观又实用；字体的大小，凸显出圩田的行政地位。对那些负责水利管理和堤坝维护的人来说，圩田的名称和堤坝、运河和水闸的名称是至关重要的。正如在地籍平面图中所显示的那样，这块土地被划分为小块，这对于水利委员会地图来说是不需要的，也从未被引介过。水利委员会地图是一种需要管理代码的行政地图，而不是一种具有其特征编号的地籍地图。堤坝、运河和圩田的各段都进行了命名；图上还描绘了在退潮时用于抽水的风车和闸坝。在每个水利委员会的辖区中，都有几个具有特定水位的单位。这些单位在地图上得到显示和命名。然而，表明水位的数字从未在 17 世纪的印刷地图上出现，而是作为书面记录保存下来。

逐渐地，在低地国家，每一家大型的水利委员会和圩田的地图都进行了测绘，并绘制出一幅印刷地图，通常比例尺都很大，大约为 1∶30000。在 18 世纪初，覆盖范围已经很完整，但是缺乏一致性。[103] 水利委员会当局在资助他们辖区的调查和测绘方面没有任何问题：只需每英亩土地额外征收几美分的土地税就足以支付这笔费用。因此，当局慷慨地免费分发了分幅的圩田或水利委员会地图的印刷品。地方和国家政府都收到了彩色的复制品，有几幅副本还印在丝绸上。委员会成员、堤防长官和相邻的圩田的秘书们都得到了免费的印本。关于这些地图的印刷、着色和装订的详细说明，以及印版的修订情况，都可以从水利委员会档案中找到。[104] 除了提供免费的印本外，还允许印刷商以固定价格出售和宣传地图。莱茵兰的地图（1647 年）印出的印本数量只有 100 份。一个世纪后，根据修订图版的第三版印刷了600 份印本。这些是最大的数字，因为在水利委员会中，莱茵兰是最突出的。

水利委员会地图的重印通常是由同一块印版做成的，但是这些修正通常是无关紧要的。为了回应水利委员的死亡或再次当选，人们最常用的措施是对这些带有纹章的印版进行修正。由于这种类型的谱系数据，可以确定第二、第三或第四版的日期。有赖于档案的完整

1268

---

[100]　弗洛里斯·巴尔塔扎松和巴尔塔扎·弗洛里松的活动的总结见 Paul van den Brink，"De kaart van Rijnland door Floris Balthasar van Berckenrode"，弗洛里斯·巴尔塔扎松及其诸子的传记见 K. Zandvliet，"Kartografie，Prins Maurits en de Van Berckenrodes"，这两者都在 *Prins Maurits' kaart van Rijnland en omliggend gebied door Floris Balthasar en zijn zoon Balthasar Florisz. van Berckenrode in* 1614 *getekend*，ed. K. Zandvliet（Alphen aan den Rijn：Canaletto，1989），1 – 16，esp. 3，and 17 – 50，esp. 27 – 37。

[101]　请参阅 De Vries，"Official Cartography，" 44；Pouls，De landmeter，228；MCN，5：296 – 298。Van Berckenrode 绘制的莱茵兰地区的社区原图被并收入地图集。这部地图集收藏在 Oud Archief van Rijnland，Leiden。

[102]　这幅地图由道与 Steven van Broekhuysen 合作完成，在 1647 年出现，绘在十二图幅上，比例尺为 1∶30000。第二版和第三版分别于 1687 年和 1746 年出版。

[103]　关于索引页，请参阅 Donkersloot-De Vrij，*Topografische kaarten van Nederland vóór* 1750，29 – 32。

[104]　关于雕刻和着色的费用和制作时间的详细信息，请参阅 C. Postma，*Kaart van Delfland* 1712（Alphen aan den Rijn：Canaletto，1977）。

性，我们可以重建水利委员会地图的印刷历史。[105] 此外，大部分较大的水利委员会地图现在都已经以复制方式重印，并附有一张历史记录。[106]

印本行省地图（1575—约1700年）

在16世纪初，各省和地方的各地区都表达了代表自我的愿望，这导致了几乎所有欧洲国家都出现了绘制区域地图的趋势。用于测量大面积区域的印刷手册开始出现。范德芬特和瑟洪家族已经为低地国家的区域地图绘制奠定了基础。这些地图形成了商业地图上出现的地图的原型。

从16世纪的最后一个季度开始，一直持续到1700年，在北部低地国家的几乎每个省份、佛兰德省和卢森堡公国，都出现了独立地图（附录43.3）。[107] 这些地图取代了那些已经过时的制图作品，尤其是范德芬特的地图。各省的测绘工作是在不同的时期进行的，是由不同群体的主动性和利益所导致。例如，由约斯特·扬松·比尔哈默（Joost Jansz. Bilhamer）绘制的1575年的北荷兰地图，是受当时西班牙军队的总司令阿尔瓦（Alba）公爵所委托制作的，以用于军事目的。另一个例子是1654/1655年的泽兰地图，由尼古拉斯·菲斯海尔一世（Nicolaas Ⅰ Visscher）受泽兰的代表委员会委托绘制。最后，巴普蒂斯塔·范多特屈姆绘制的1606年的格罗宁根、弗里斯兰、德伦特和上艾瑟尔的地图，是献给代芬特尔的市长的。

1579年北方低地国家的分裂为区域地图绘制提供了肥沃的土壤，而在这段时间，多图幅地图，尤其是表现北方省份的，首次出现。格罗宁根和弗里斯兰的地图，由僧侣西布兰杜斯·莱奥（Sibrandus Leo）绘制，出现在奥特柳斯的《寰宇概观》中。[108] 增加了道路的副本，出现在《低地行程》（Itinerarium Belgicum）中，这是一部1587年的低地国家的地图集，很可能是弗朗斯·霍亨贝赫在科隆绘制的。牧师、业余天文学家和制图师达维德·法布里修斯（David Fabricius）在北方省份进行了全新的测绘工作，在某种程度上，其工作建立在几何基础上。1589年，他绘制了一张东弗里斯兰地图，其比例尺为1：185000。[109] 这张地图的第二版是在1592年出版的，我们仅从1613年的再版中才知道这一点。大约在1600年前后，

[105] Marc Hameleers 和 Marco van Egmond 目前正在编写一份 1575 年至今的印本圩田地图的综合参考书目，以供出版。

[106] 下列地图的重印本见 Canaletto, Alphen aan den Rijn（请参阅附录 43.2 中水利委员会地图的列表）：Delfland 1611, Schieland 1611, Rijnland 1615, Rijnland 1647, De Landen van Woerden 1670/71, Kennemerland en West-Friesland 1680, and Delfland 1712。

[107] 这一时期几乎所有的多图幅的省域地图都可以在下列三部任一巨型地图集中找到：伦敦（"Klencke Atlas"）、罗斯托克和柏林（"Atlas des Großen Kurfürsten"）。关于这些地图集的讨论，见 p. 1356。对于这些省域地图中很多个例的阐释和描述，见 H. A. M. van der Heijden, *Kaart en kunst van de Zeventien Provinciën der Nederlanden: Met een beknopte geschiedenis van de Nederlandse cartografie in de 16de en 17de eeuw*（Alphen aan den Rijn: Canaletto, 2001）。

[108] 请参阅 J. J. Vredenberg-Alink, *De kaarten van Groningerland: De ontwikkeling van het kaartbeeld van de tegenwoordige provincie Groningen met een lijst van gedrukte kaarten vervaardigd tussen 1545 en 1864*（Uithuizen: Bakker's Drukkerij, 1974）, no. Ⅱ B 3, and Meurer, *Fontes cartographici Orteliani*, 184。

[109] 请参阅 Arend W. Lang, Die *"Nie und warhafftige Beschrivinge des Ostfrieslandes" des David Fabricius von 1589: Eine wieder-entdeckte Karte*（Juist: Die Bake, 1963）。来自收藏在 Emden, Ostfriesische Landesmuseum 中的已知唯一副本；请参阅 Meurer, *Fontes cartographici Orteliani*, 141 – 142。

小约翰内斯·范多特屈姆用更小的尺寸绘制出一个扩大的版本，包括格罗宁根省。[110] 历史学家、地理学家和学者乌博·埃米厄斯也与东弗里斯兰的地图绘制密切相关。[111] 他制作了这一地区的在几何学上可靠的地图（比例尺为 1∶200000），1595 年由奥托·弗里德曼（Otto Friedman）雕版，但只是在 1599 年发行了一份受限的版本。[112] 这幅地图由尼古拉斯·范吉尔科肯（Nicolaas van Geelkercken）在莱顿雕刻为一个缩小的副本，收入埃米厄斯的 1616 年编年史《弗里斯兰史》（*Rerum Frisicarum historia*）中。在埃米厄斯的作品和雅各布·范德芬特更早的壁挂地图的基础上，同一年，巴托尔德·维歇林格（Barthold Wicheringe）完成了一幅格罗宁根省的总图，由威廉·扬松·布劳（Willem Jansz. Blaeu）出版。[113] 大约在 1629 年，小约道库斯·洪迪厄斯（Jodocus Hondius Jr.）绘制了一份维歇林格地图的副本。这块印版最终为布劳所拥有，他在 1630 年和 1635 年制作了一个新的版本。

1269

1599 年，乌得勒支省有了自己的总图，由部长兼行政长官科内利斯·安东尼松·霍恩霍维厄斯（Cornelis Anthonisz. Hornhovius）编制。据推测，他大概很少对这个项目进行调查，只是利用了一些没有保存下来的基本地图。[114] 尽管霍恩霍维厄斯的地图不是地图学意义上的壮举，但彼得·范登克雷、威廉·扬松·布劳和尼古拉斯·菲斯海尔一世于 17 世纪制造了副本。最终，由地理学家贝尔纳·德罗希（Bernard de Roij）的新地图于 1696 年取代了霍恩霍维厄斯的地图。[115]

1815 年以前，因为混乱的行政管理组织，林堡的地图学史研究变得非常复杂。现在辖区中只有部分地区主要出现在旧的印本地图上。据说，为了支持西班牙总司令丹布罗焦·斯皮诺拉（Ambrogio Spinola）的战役，埃迪乌斯·马丁尼（Aegidius Martini）于 1603 年绘制了一幅林堡南部地区的地图。[116] 最初的版本已经亡佚，尽管在 1606 年奥特柳斯《寰宇概观》的英文版本中，第一次出现了一幅比例尺为 1∶180000 的缩小版本。在那一年之后，在彼得·范登克雷、克拉斯·扬松·菲斯海尔（Claes Jansz. Visscher）和威廉·扬松·布劳等人的地图集中出现了这张地图。

林堡的整个省份也被纳入壁挂地图《布拉班特公国新图》（*Ducatus Brabantiae nova delineatio*）（稍后讨论）中，这幅地图是由尼古拉斯·菲斯海尔一世在 1656 年出版的，尽管

⑩　请参阅 Vredenberg-Alink, *De kaarten van Groningerland*, no. Ⅰ B 31; *MCN*, 1: 31 – 32; Nalis, *Van Doetecum Family*, pt. 4, no. 993, 附有插图。

⑪　关于乌博·埃米乌斯，请参阅 W. J. Kuppers, ed., *Ubbo Emmius: Een Oostfries geleerde in Groningen = Ubbo Emmius: Ein Ostfriesischer Gelehrter in Groningen*（Groningen-Emden: REGIO Projekt, 1994）。

⑫　请参阅 Arend W. Lang, *Die Erstausgabe der Ostfriesland-Karte des Ubbo Emmius*（1595）: *Erläuterungen zur Lichtdruckausgabe*（Juist: Die Bake, 1962），描述了第二版，以及 Reiner Sonntag, "Zur Ostfriesland-Karte des Ubbo Emmius und ihrer Zustandsfolge—Bekanntes und neue Erkentnisse," in *Ubbo Emmius*, 130 – 145。关于为地图而进行的已报告的测量及其数学可靠性，请参阅 Heinrich Schumacher, "Ubbo Emmius: Trigonometer, Topograph und Kartograph—Unter besonderer Berücksichtigung neuer Forschungsergebnisse," in *Ubbo Emmius*, 146 – 165, and *MCN*, 7: 416 – 424 and facsimile 48。

⑬　请参阅 Vredenberg-Alink, *De kaarten van Groningerland*, no. Ⅳ A 1 – 11, and *MCN*, 4: 279 – 287 and facsimile 18。

⑭　请参阅摹写版本的参考书目记录：C. Koeman and N. S. L. Meiners, *Kaart van de provincie Utrecht door Cornelius Anthonisz. Hornhovius*, 1599: *Tweede uitgave door Clement de Jonghe, derde kwart 17ᵉ eeuw*（Alphen aan den Rijn: Canalettoreproducties, 1974）。

⑮　请参阅摹写版本的参考书目记录：A. H. Sijmons, *Nieuwe kaart van den Lande van Utrecht*（Alphen aan den Rijn: Canaletto, 1973）。

⑯　请参阅 Koeman, *Geschiedenis*, 103。

这幅地图是由他的父亲克拉斯·扬松·菲斯海尔绘制的，后者去世于 1652 年。[⑪] 特许状表明，地图编辑者是米德尔堡（Middelburg）印刷商和书商扎哈里亚斯·罗曼（Zacharias Roman），他的部分内容是建立在 1654 年菲斯海尔和罗曼于 1654 年出版的泽兰壁挂地图的基础上的。

大约 1618 年，出现了一幅弗里斯兰省总图，其比例尺可以与维歇林格的格罗宁根地图媲美。这张地图由尼古拉斯·范吉尔科肯绘制，代表了雅各布·范德芬特对该省描绘的第一次改进。[⑱] 它在 17 世纪继续重印。1622 年，阿德里安·梅修斯（Adriaan Metius）的总图出版后不久，另一幅弗里斯兰的地图就出现在市场上——这是阿德里安·梅修斯和赫拉德·弗赖塔格（Gerard Freitag）绘制的。[⑲] 彼得·费德斯·范哈林根（Pieter Feddes van Harlingen）制作的雕版，并不是特别好。威廉·扬松·布劳和小约道库斯·洪迪厄斯在 1629 年之后出版了更多的专业雕版作品。

1664 年，伯纳德斯·朔布塔努斯·阿·斯特林加（Bernardus Schotanus à Sterringa）绘制的 30 幅新测绘的格里特尼地图［"《格里特尼》（grietenij）"是一种典型的弗里斯兰式的地区管理模式，享有重要的独立性］，带来了弗里斯兰地图绘制的全新阶段。[⑳] 这张地图被收入伯纳德斯的父亲——克里斯蒂安·朔布塔努斯·阿·斯特林加（Christiaan Schotanus à Sterringa）［他是弗拉讷克（Franeker）的一名教授］的《弗里斯兰领地图》（Beschrijvinge van de Heerlijkheydt van Friesland）中。1682—1694 年，朔布塔努斯·阿斯特林加重新绘制了所有格里特尼的地图，并在其《弗里斯兰地图集》（Friesche atlas）中将其成果出版。[㉑]

1270 巴尔塔扎·弗洛里松·范贝尔肯罗德（Balthasar Florisz. van Berckenrode）绘制的荷兰省壁挂地图，于 1621 年由威廉·扬松·布劳出版，代表了区域地图的一个重要点。[㉒] 该图建立在巴尔塔扎·弗洛里松·范贝尔肯罗德与其父亲弗洛里斯·巴尔塔扎松、其兄弟科内利斯在 1611—1615 年共同绘制的莱茵兰、代尔夫兰和希兰地图的基础上。这三幅水利委员会地

---

⑪ 请参阅摹写版本的参考书目记录：W. A. van Ham and L. Danckaert, *De wandkaart van het hertogdom Brabant uitgegeven door Nicolaas Visscher en Zacharias Roman* (1656) (Alphen aan den Rijn：Canaletto/Repro-Holland；Leuven：Universitaire Pers，1997)。从 1661—1703 年之间的地图的重印本得以保存下来。

⑱ 请参阅 MCN，6：288 – 289 and facsimile 55 (second state, 1642)，以及 Koeman, *Geschiedenis*, 97。关于 Nicolaas van Geelkercken，另请参阅 *Catalogus van de tentoonstelling Nicolaes van Geelkercken* (Zutphen, 1972) 以及 Peter H. Meurer, "Der Kartograph Nicolaes van Geelkercken," *Heimatkalender des Kreises Heinsberg*, 2001, 79 – 97, esp. 86。

⑲ 请参阅 Koeman, *Geschiedenis*, 98。

⑳ 在克里斯蒂安·朔布塔努斯·阿斯特林加的主动努力下，格里特尼在 1658—1662 年得到了测量，但是行省当局对这些基于此类测量而绘制的地图并不满意。随后，伯纳德斯受命重新制作地图。

㉑ 请参阅对摹写版本的书目注释：J. J. Kalma and C. Koeman, *Uitbeelding der Heerlijkheit Friesland... door d. Bern. Schotanus à Sterringa ...* (Amsterdam：Theatrum Orbis Terrarum, 1979)；对摹写版本的引介有：Dirk de Vries, *Nieuwe caert van Friesland* (1739)：*Heruitgave van de wandkaart van Bernardus Schotanus à Sterringa* (Alphen aan den Rijn：Canaletto, 1983)；Johannes Keuning, "Bernardus Schotanus à Sterringa：Zijn leven en kartografisch oeuvre," *De vrije Fries* 42 (1955)：37 – 87。

㉒ 关于这一壁挂地图历史的总结，请参阅 Jan W. H. Werner, "The Van Berckenrode-Visscher Map of Holland：A Wall-map Recently Acquired by Amsterdam University Library," in *Theatrum Orbis Librorum*：*Liber Amicorum Presented to Nico Israel on the Occasion of his Seventieth Birthday*, ed. Ton Croiset van Uchelen, Koert van der Horst, 以及 Günter Schilder (Utrecht：HES, 1989), 105 – 123；MCN, 5：295 – 332 and facsimiles 7. 1 – 7. 11 and 8. 1 – 8. 19；Blonk and Blonk-van der Wijst, *Hollandia Comitatus*, 36 – 48, and 221 – 228。

图已经表现了荷兰的很大一部分地区，值得努力出版一幅荷兰和西弗里斯兰的联省壁挂合图。这个项目是由巴尔塔扎·弗洛里松和他的兄弟弗兰斯·弗洛里松（Frans Florisz.）（他们的父亲弗洛里斯已经去世）执行的。在 1620 年的春天，范贝尔肯罗德获得了一份 9 年的特许经营权，可以组装地图，并在同年交给荷兰省议会 12 份印本。[123] 不幸的是，这些证据的副本都没有保存下来。

由于财政困难，范贝尔肯罗德被迫在 1621 年把铜版和地图的权利都出售给了威廉·扬松·布劳。布劳对地图的某些部分不满意，并委托范贝尔肯罗德重新绘制荷兰地区北部的一个大区域的地图。[124] 在地区水控制委员会的边界之外的领土的地图，最终从约斯特·扬松·比尔哈默的地图（北荷兰、南荷兰和乌得勒支的部分地区）、安东尼乌斯·阿德里安松·梅修斯（Anthonius Adriaensz. Metius）（北荷兰最北端）以及卢卡斯·扬松·辛克（Lucas Jansz. Sinck）[贝姆斯特和皮尔默（Purmer）] 中得到了很大的借鉴。[125] 范贝尔肯罗德地图的布劳版本已经成了世界著名的作品，因为他的作品出现在扬·弗美尔（Jan Vermeer）的三幅画作中：《军人和露出笑容的女孩》（约 1657 年）、《穿蓝色衣服的女子》（1662—1664 年）以及《情书》（1670 年）。[126]

这幅由范贝尔肯罗德和布劳绘制的地图是亨里克斯·洪迪厄斯于 1629 年出版的荷兰和西弗里斯兰壁挂地图的模板，范贝尔肯罗德所绘制的地图也是如此。[127] 1637 年、1651 年、1656 年、1660—1682 年，菲斯海尔发表了范贝尔肯罗德—布劳地图的修改版本。[128] 反过来，克拉斯·扬松·菲斯海尔的 1637 年版本也成为 1639 年雅各布·阿尔松·科洛姆（Jacob Aertsz. Colom）的 40 分幅的荷兰地图的模板。[129] 大约 1690 年，尼克拉斯·菲斯海尔二世在汇编区域地图的基础上，创建了一个新的原型：《荷兰伯爵领地图》（*Hollandiæ comitatus*），以北为正方向。[130] 这一原型定义了整个 18 世纪荷兰地图的图景。

在 80 年战争中，布拉班特的边疆在不断地变化。直到 1648 年，它的北部和南部之间才有一个明确而永久的分界线。尽管如此，甚至在这一时期之前，米夏埃尔·弗洛伦特·范朗伦（Michael Florent van Langren）绘制了一幅由三个部分组成的布拉班特地图：《布拉班特

---

　⑫　*MCN*，5：300.

　⑭　*MCN*，5：300 – 305. 现在已知布劳版本的两部副本：一部裱好的副本收藏于 Westfries Museum，Hoorn，而另一幅呈现松散册页状态的不完整的地图副本——无文献描述——收藏于 Universiteitsbibliotheek，Leiden。

　⑮　Blonk and Blonk-van der Wijst，*Hollandia Comitatus*，40 – 41 and 221 – 224.

　⑯　《军官和露出笑容的女孩》（*De soldaat en het lachende meisje*）收藏于纽约（Frick Collection），《穿蓝色衣服的年轻女子》（*Lezende vrouw in het blauw*）和《情书》（*De liefdesbrief*）收藏于阿姆斯特丹（Rijksmuseum）。请参阅 *MCN*，5：306 – 307；James A. Welu，"Vermeer：His Cartographic Sources," *Art Bulletin* 57（1975）：529 – 547；idem，"Vermeer and Cartography," 2 vols.（Ph. D. diss.，Boston University，1977）；idem，"The Map in Vermeer's *Art of Painting*," *Imago Mundi* 30（1978）：9 – 30；本卷图版 52。

　⑰　Blonk and Blonk-van der Wijst，*Hollandia Comitatus*，42 – 43，and 233 – 237，and *MCN*，5：307 – 313.

　⑱　Blonk and Blonk-van der Wijst，*Hollandia Comitatus*，43 – 48 and 224 – 226，and *MCN*，5：313 – 323 and facsimiles 8. 1 – 8. 18.

　⑲　Blonk and Blonk-van der Wijst，*Hollandia Comitatus*，276 – 283，and A. J. Kölker，"Jacob Aertsz. Colom，Amsterdams uitgever," in *Jacob Aertsz. Colom's kaart van Holland* 1639：*Reproductie van de eerste uitgave*，ed. A. J. Kölker and A. H. Sijmons（Alphen aan den Rijn：Canaletto，1979），13 – 23. 这幅地图稍后的版本分别为：1647 年、1661 年、1681 年（2 种）、1721 年之后以及 1726 年之后。

　⑳　Blonk and Blonk-van der Wijst，*Hollandia Comitatus*，49 – 53 and 342 – 347.

的第一、第二和第三部分》（Prima，Secunda，and Tertia pars Brabantiae）。[131] 其测量一定是在 1627—1630 年间进行的。其成果是一幅 1635 年出现的由四图幅拼合而成的壁挂地图。在同一年，威廉·扬松·布劳根据其出版了一幅地图集中的地图。在那之前不久，布劳还在他的地图集中发表了一幅迈尔里·范斯海尔托亨博斯（Meierij van's-Hertogenbosch）的地图《布拉班特的第四部分，公爵森林之首》（Quarta pars Brabantiae cujus caput Sylvaducis），这幅地图由维勒布罗杜斯·范德博格特（Willebrordus van der Burght）绘制。[132] 布拉班特和迈尔里的地图是 18 世纪晚期北布拉班特仅有的总图，经常复制并收入 17 世纪晚期的地图集。很长一段时间里，制图师们继续表现布拉班特公国这个古老的实体。

对于它的总图来说，德伦特省可能有一个巧合要感谢。作为一个行省，它在 16 世纪和 17 世纪的政府组织中没有发挥重要作用。此外，它所居住的人口数量以及与之相关的商业活动规模都太小，不足以证明出版总图的合理性。然而，科内利斯·皮纳克（Cornelis Pijnacker）教授因涉及一些边界诉讼的事务，于 1634—1636 年来到该省，这可能导致他在 1634 年绘制了一幅德伦特地图［包括格罗宁根的韦斯特沃尔德（Westerwolde）］。[133] 这张地图于 1636 年由约翰内斯·扬松尼乌斯首次出版。各家出版商一直在制作出版副本，一直持续到 18 世纪。

墨卡托的佛兰德地图（1540 年）曾是历代制图师关于这个行省的模板。这一模板在 1638 年之前不久被取代了，在那个时候，亨里克斯·洪迪厄斯在阿姆斯特丹、亚历山大·赛汉德斯（Alexander Serhanders）在根特，同时出版了一幅关于佛兰德的地图。[134] 1638 年，威廉·扬松·布劳在绘制他的六图幅地图时，很大程度上依赖于这幅地图。[135] 佛兰德的壁挂地图的铜版肯定曾有各种各样的重新印刷，因为它出现在布劳的儿子约翰（Joan）的众多出版商的目录中，直到 1672 年，布劳的工作室遭遇毁灭性的火灾。

海尔德兰在低地国家的各省中是独一无二的，因为只有它由克里斯蒂安·斯格罗滕出版了一份印刷的总图。这张地图的后续，是 1638 年尼古拉斯·范吉尔科肯绘制的海尔德兰地图，拥有同样的地图图像。[136] 他制作了这张地图，作为《海尔德兰历史》（Historia Gelria）的一部分，此书是对海尔德兰的历史和地理的描述，在约翰·伊萨克松·蓬塔努斯（Johann Isaaksz. Pontanus）的指导下撰写的。范吉尔科肯为了绘制其地图，进行了广泛的调查。除了总图以外，这一作品还催生了构成海尔德兰的 4 个地区的地图。这幅总图的副本以四图幅拼

1271

---

[131] 请参阅 Koeman，Geschiedenis，64 and 103。

[132] 请参阅 S. J. Fockema Andreae and Bert van ' t Hoff，Geschiedenis der kartografie van Nederland van den Romeinschen tijd tot het midden van de 19ᵉ eeuw（The Hague：Martinus Nijhoff，1947），45，and Koeman，Geschiedenis，103。

[133] 请参阅 Huibert Antonie Poelman， "De kaart van Drente en Westerwolde door Corn. Pynacker d. a. 1634," Nieuwe Drentsche Volksalmanak 47（1929）：44。

[134] 请参阅 MCN，5：357 – 363，以及洪迪厄斯的亡佚地图和赛汉德斯地图的重绘，其中只有几页保存下来，收藏在 BNF（Ge D 15507）和 Ghent，Rijksarchief。赛汉德斯运用洪迪厄斯的地图集地图，添加上他自己的地址和委任状。

[135] 这幅壁挂地图目前所知的唯一一幅副本收藏在 the collection of the Zeeuwsch Genootschap voor Wetenschappen，Middelburg。请参阅 MCN，5：355 – 367 and facsimiles 10. 1 – 10. 9。

[136] 请参阅 J. J. Vredenberg-Alink，Kaarten van Gelderland en de kwartieren：Proeve van een overzicht van gedrukte kaarten van Gelderland en de kwartieren vanaf het midden der zestiende eeuw tot circa 1850（Arnhem：Vereniging 'Gelre,' 1975），26（no. 8）and 43（no. 39a）。

合而成的壁挂地图的形式而相继出现，这些地图由尼古拉斯·菲斯海尔一世、科内利斯·丹克尔茨（Cornelis Danckerts）、胡戈·阿拉德（Hugo Allard）以及科文斯—莫蒂尔公司（Covens & Mortier firm）绘制。⑬

　　除了之前提过的他的布拉班特地图之外，米夏埃尔·弗洛伦特·范朗伦还绘制了卢森堡公国的地图。由此而产生的四图幅地图于 1644 年在布鲁塞尔出版，并在很多年内决定了卢森堡的地图形象。⑬ 1671 年或 1672 年，又出现了一种重新印刷的版本，其中添加了几个装饰性的波峰，而且有一部分的桅顶消失了。地图的内容没有发生变化。

　　1650 年，在一边是德伦特，另一边是格罗宁根和上艾瑟尔的边界纠纷中，出现了一幅上艾瑟尔的四图幅地图。⑬ 1639 年，上艾瑟尔省的政府授予兹沃勒（Zwolle）的拉丁文学校的副校长尼古拉斯·坦恩·哈弗（Nicolaas Ten Have）一份委托，要他绘制新的地图。从 1652 年开始，在许多与其同时代的地图集中，出现了以 1∶200000 的比例尺而缩小了的地图。代芬特尔的出版商扬·德拉特（Jan de Lat）于 1743 年出版了一份重新印刷的版本，只是做了一些小小的改变。

　　在雅各布·范德芬特的省域地图中，他的泽兰地图是使用时间最长的。直到 1654—1655 年，它才被哈里亚斯·罗曼所绘制，并由尼古拉斯·菲斯海尔一世出版的 9 图幅组成的巨幅壁挂地图所取代。⑭ 这幅地图的比例尺为 1∶40000，在当时是非常巨大的。由于缺乏详细的三角测量，泽兰的水道在整幅地图上被描绘得太过狭窄。罗曼和菲斯海尔的地图于 1656 年、1680 年和大约 1730 年重印。还有很多副本，包括 1748 年在国外的勒鲁日（Le Rouge）所绘制的。在这最后提到的泽兰地图上，七省共和国的每个省份都有自己的现代的、非军事的地图，而雅各布·范德芬特的角色在低地国家的地图史上已经成为一个突出的人物。

低地国家的军事测绘（大约 1648 年以前）

　　在查理五世统治下的 17 个省合并（1543 年）之后不久，随着忠于王室的地理学家进行测量而绘制绘本战略地形地图，低地国家的地图绘制开始了。西班牙政府的这些测绘项目雄心勃勃，即使是从欧洲层面来看也是如此。在低地国家，几乎所有的地区和城镇都可以获得可靠的大中型地图。

　　不久之后，低地国家的 7 个联合省份开始了它们长期的独立斗争，同时进行了大量的军事行动。大规模的战役和围城战都发生了，城市也建设了新的防御工事。很明显，这些进展需要

1272

---

⑬　Vredenberg-Alink, Kaarten van Gelderland, 45 – 46（no. 42a – e）. 然而，在这本书中所给出的地图出现的顺序是不正确的。

⑬　Van der Vekene, *Les cartes géographiques du duché de Luxembourg*, 102 – 107（figs. 2. 16. a – 2. 16. b）.

⑬　请参阅 J. C. H. de Groot, "Overijssels 'landtafereel' van de zeventiende eeuw：De oorspronkelijke kaart van Nicolaas ten Have, conrector van de Latijnse School te Zwolle en kartograaf van Overijssel," Overijsselse Historische Bijdragen 105（1990）：61 – 83, and Koeman, *Geschiedenis*, 101。

⑭　请参阅 J. Grooten 对摹写版本的参考书目记录：Claes Janz. Visscher, *Visscher-Romankaart van Zeeland*（Alphen aan den Rijn：Canaletto, 1973）。

大比例尺的军事地图加以表现，包括新闻地图、防御工事地图和军事地形图。许多地形城镇地图和地图集中都有关于防御工事的绘本地图，也用来作为各种贵族住宅的装饰。最后，在规划、决策和建造防御工事的过程中，也使用了技术绘图。[141]

西班牙王室下令进行的军事测绘

为西班牙服务的地理学家，如雅各布·范德芬特、克里斯蒂安·斯格罗滕和约斯特·扬松·比尔哈默，提供了低地国家的城市和省份的最早的军事地形地图。数十名意大利工程师也前往低地国家，将他们著名的专业知识运用到防御工事的建设上。这些工程师使用了大量的图纸，最终在西班牙或意大利完成。在西班牙的将军们——包括卡斯帕·德罗夫莱斯（Caspar de Robles）——的委托下，他们还在军事行动中绘制了许多城镇防御工事的建筑平面图。

最早的城镇地图绘制

1520年，雅各布·范德芬特前往鲁汶大学，并在北部的省份生活了一小段时间。[142] 然而，他是第一个绘制其家乡城市坎普的精确的平面图的人，这是腓力二世下令绘制的260种半军事城镇平面图之一。1543年之后，查理五世授予雅各布·范德芬特"地理学家"的头衔，1555年之后，他又获得腓力二世授予的头衔。同时代的人称他为"伟大的地理学家"（grandissimo geografo）。[143] 1548年8月后，雅各布·范德芬特签署了档案文件，比如收据，"雅各布·范德芬特，天主教皇帝陛下的地理学家确认收到……"。据我们所知，当时他是低地国家唯一一位被称为"皇帝的地理学家"的制图师。后来，1557年，克里斯蒂安·斯格罗滕被任命为腓力二世的地理学家。范德芬特和斯格罗滕都获得了年薪和实地勘测的开支津贴。[144] 对于国王所要求地理学家提供的服务，可以描述为：成为国王陛下的地理学家，要完全靠他自己，独自一人进行测量和绘制为行政和军事目的而进行的大比例尺和小比例尺的区域地图。

1558年或之前不久，雅各布·范德芬特受国王委托，对低地国家的所有城镇、周边地区的河流和村庄、通路或区域、防线进行测量与绘图，"在一本书中安排所有，包含每个省的地图，尤其是每个城镇的平面图"。[145] 用现代的语言表述，国王所要求的是一套完整的低

---

[141]　关于军事地形表现的详细分类，请参阅 Charles van den Heuvel，"*Papiere bolwercken*"：*De introductie van de Italiaanse stede-en vestingbouw in de Nederlanden*（1540 – 1609）*en het gebruik van tekeningen*（Alphen aan den Rijn：Canaletto，1991）。

[142]　德弗里斯声称范德芬特在其学习之后，曾在尼德兰城市多德雷赫特住了一段时间（"Official Cartography，"28）。那可能是在1542年之前。1544年或1545年，受市政府的委托，他绘制了另一幅多德雷赫特地图。这幅地图只有1674年制作的一幅副本保存下来。请参阅 Koeman and Visser，*De stadsplattegronden van Jacob van Deventer*。关于范德芬特及其作品，请参阅 Van 't Hoff，*Jacob van Deventer*；Antoine De Smet，"De plaats van Jacob van Deventer in de cartografie van de 16de eeuw，"*De Gulden Passer* 61 – 63（1983 – 1985）：461 – 482；以及 Karrow，*Mapmakers of the Sixteenth Century*，142 – 158。

[143]　Lodovico Guicciardini，在代芬特尔城镇雕版图的背面，收入其 *Descrittione di tutti i Paesi Bassi*（Antwerp：Gugliemus Silvius，1567）中。

[144]　例如，请参阅1555年5月29日由布鲁塞尔的国王颁布的王室命令（Van't Hoff，*Jacob van Deventer*，35 – 36）："国王被告知，他的地理学家雅各布·范德芬特先生没有像梅赫伦给他的那样，得到200弗洛林的年薪，他希望可以每年都得到报酬……命令要付清他的工资和津贴。"

[145]　Brussels，Algemeen Rijksarchief. 请参阅 Van 't Hoff，*Jacob van Deventer*，36。

地国家城镇的平面图,每一套都要根据每个省的地形地图上的周边地形而定。

范德芬特完成了第一项任务,他的大部分城镇平面图都被保留了下来(图43.15)。[144] 在某些情况下,原图(袖珍版)和为国王亲眼阅读而精心绘制的副本(netkaart)都得以保存下来。虽然表现了223个城镇,但两个相邻的城镇有时会被绘制在一张地图上,地图的总数是213幅;其中,有114幅保存下来,既有原本,也有精心绘制的副本。除了精心绘制的副本之外,总会有一幅较小的插图——在旧的文献中被称作"carton",其上描绘了城镇中建筑密集的部分。这样的插图确定了特定的建筑和防御工事。因此,对于范德芬特所绘制的大量城镇,有两幅总体平面图和一幅详细的平面图,它们在设计上是相同的,但在细节上可能有所不同。在这些城镇平面图中,没有发现任何关于省域地图的痕迹。1572年,斯格罗滕接受了一项命令,为低地国家的地形图进行测量。这似乎证明了从范德芬特订购的地形图从未绘制出来。

对低地国家所有城镇的调查工作在大约12年的时间里完成了。值得注意的是,范德芬特对他的命令进行了一种宽松的解读。因此,一些定居点,比如贝费维克(Beverwijk)、格罗特布鲁克(Grootebroek)和新德洛彭(Hindeloopen),尽管它们没有城墙,也不能严格地被认为是构成城镇的组成部分,但在一个多世纪以来,已经一直被某些城镇特权所青睐。范德芬特得到了向地方法官提供的推荐信,并获得了当地居民的实地帮助。大概是由于他的年龄负担(他将近77岁),在完成这幅绘本的过程中,他的速度很慢。1572年,由于西班牙的将军阿尔巴公爵肆意征税所引发的政治动荡,范德芬特不得不搬到科隆市,并一直住在那里,直到生命的结束。他于1575年去世后不久,他的三卷精心绘制的城镇平面图——这些平面图没有署名,并附上城镇的防御工程和公共建筑的轮廓平面图——以及一些原图被西班牙政府扣押,1577年之后,又被送往马德里。这三卷中有两卷保存下来,但第三卷,包括南部省份36座城镇的平面图,却已经亡佚。[145] 范德芬特的精心绘制的平面图所依据的大部分原图都保留在梅赫伦的芭芭拉·斯梅茨(Barbara Smets)手中,后者从1540年开始就陪

1274

---

[144] 　雅各布·范德芬特所绘制的所有223幅保存下来的地图(记录或草图、网格地图或精心绘制的副本),现在由肯曼和菲瑟(Visser)以实际比例影印绘制:*De stadsplattegronden van Jacob van Deventer*。与此同时,低地国家北部和德意志的城镇地图以其实际尺寸进行影印,并以今天的省份进行解释并出版。1995年,还出版了一部地图集,其中包括低地国家北部地区地图的较小版本,包括城镇地图的图例:J. C. Visser, *Door Jacob van Deventer in kaart gebracht:Kleine atlas van de Nederlandse steden in de zestiende eeuw*(Weesp:Robas BV, 1995)。

比利时城镇地图的石印复制品早在1884年就已经出现在 *Atlas des villes de la Belgique au XVIᵉ siècle:Cent plans du géographe Jacques de Deventer*, 24 pts. in 4 vols., ed. C. Ruelens, É. Ouverleaux, 以及 Joseph van den Gheyn(Brussels, 1884 – 1924)中。低地国家城镇的第一批石印复制品的出版者是 R. Fruin, 见 *Nederlandse steden in de 16ᵉ eeuw:Plattegronden van Jacob van Deventer. 111 tekeningen en 97 cartons in facsimile uitgegeven*(The Hague:Martinus Nijhoff, 1916 – 1923)。

在很多情况下,雅各布·范德芬特绘制的地图提供了当时低地国家城镇最古老、保存最完好的插图。因此,这些城镇的现代地图书目几乎总是以范德芬特地图的描绘和插图开始。例如,请参阅 *Historische plattegronden van Nederlandse steden* 系列。这一系列以地图为参考,勾勒了低地国家不同城镇的发现。到目前为止,包括阿姆斯特丹、鹿特丹、乌得勒支、巴达维亚、哈勒姆、莱顿以及荷兰的诺德夸蒂(Noorderkwartier)、海尔德兰(Rivierengebied 和费吕沃)和上艾瑟尔西北地区在内的众多城镇都已出现。

[145] 　Madrid, Biblioteca Nacional, Manuscritos Reserve 200 and 207. On Van Deventer's maps in Madrid, see H. P. Deys, "De stadsplattegronden van Jacob van Deventer:Resultaten van recent onderzoek te Madrid," Caert-Thresoor 8(1989):81 – 95. Madrid, Biblioteca Nacional, Manuscritos Reserve 200 and 207. 关于收藏在马德里的范德芬特地图,请参阅 H. P. Deys, "De stadsplattegronden van Jacob van Deventer:Resultaten van recent onderzoek te Madrid," *Caert-Thresoor* 8(1989):81 – 95。

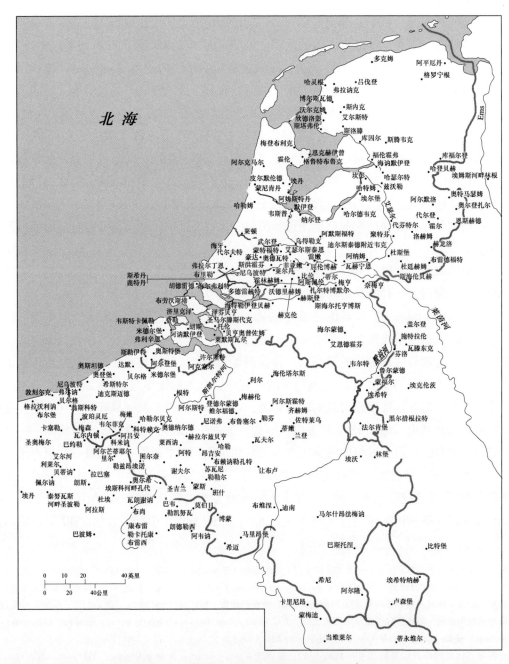

图 43.15　雅各布·范德芬特所测绘城市的参考地图

根据 C. Koeman and J. C. Visser, *De stadsplattegronden van Jacob van Deventer* (Landsmeer: Robas, 1992 –)。

伴范德芬特生活在一起。⑭ 大约三个世纪后的 1859 年，这一套不精确的地图以某种未知的

⑭　在位于布鲁塞尔的国王委员会主席 Vigilius van Aytta（就是此人，他的大型地图收藏被提及于 Bagrow, "Old Inventories of Maps," 18）于 1575 年 11 月 23 日给位于马德里宫廷的低地国家代表 Jacobus Hopper 的一封信中，通知"梅赫伦的一位女性，即范德芬特的家庭主妇或女主人"保存了这套绘本地图，而且，Van Aytta 继续道："我已经费尽心力地试图获得这些地图，并承诺给她一些酬劳……希望陛下不会反对这笔花费"。请参阅 Van 't Hoff, *Jacob van Deventer*, 47。

方式再次出现。[149]

　　所有的城镇都以大约相同的比例尺绘制：1∶8000，并绘制成统一的风格（图版 49）。它们都是斜平行投影结构的平面图，在几何上是精确的，并且不包含任何尺度的变形。具体的建筑和防御工事都是垂直绘制的，这在 16 世纪上半叶是相当普遍的。范德芬特尽可能真实地展示了一些具体的建筑，包括城镇的大教堂（图 43.16）。这些未签名的地块给范德芬特的调查方法带来了清晰的印象。他在道路和街道上测量多边形的轨迹，计算步数，用指南针来观察。[150] 例如，在大多数平面图中都显示了一个比例尺，"500 步 5 英尺"，指的是 8.6 厘米或 8.7 厘米的长度。其中一佩斯（pace）包括两斯特普（step），大约 75 厘米（两半英尺）。一千（mille）佩斯（pace）被认为是一英里。在某些情况下，范德芬特还利用了旧的测量和地图绘制。最古老的地图——也许是后来加上去的——是在 16 世纪 50 年代早期，范德芬特自己在布拉班特的大型城镇制作的。在接受了正式委任之后，范德芬特先后游历了泽兰、海尔德兰、荷兰、弗里斯兰、格罗宁根和更远的南方。他最后在佛兰德制作了地图。[151]

　　一个人不可能调查 260 个城镇，并描绘每一所房子。因此，在范德芬特的平面图中，他选择性地描绘了街道、运河、防御墙体、风车、公共建筑、教堂和修道院。在城墙之外，他展示了道路、水道和分散的聚落。沼泽、湿地等地形因使用不同颜色而不同于可通行的地面。从其比例尺和制图标志的一致性，以及其选定的地形中，可以清楚地看到，遵照国王的指示，这些平面图是作为军事平面图而绘制的。考虑到枪炮的统一协调能力，对于一支军队，尤其是其炮兵部队来说，同一比例尺的平面图的价值是显而易见的。这是西班牙哈布斯堡帝国内部的有围墙的城镇地图的最早的例子。然而，范德芬特的平面图绘制得太迟了，无法帮助西班牙人平息城镇的反抗。

　　格奥尔格·布劳恩和弗朗斯·霍亨贝赫的《世界城市图》（1572—1618 年）中的几幅

1275

---

[149]　它们出现在位于海牙的 Messrs. Nijhoff 的拍卖行进行出售。1859 年 4 月 11 日，来自 François van Aerssen 的 152 幅地图的合集被提交出售，对其描述如下："泽兰的部分地区、佛兰德、北荷兰和南荷兰的旧地图的残片，这些地区的城市的平面图，等等。这些地图都是在 16 世纪绘制和着色的。"它们的新主人是古物收藏家 Frederik Muller，他又在 1865 年把它们卖给位于弗里斯兰的吕伐登的档案保管员 Wopke Eekhoff。Eekhoff 认定它们是文献中记载过的雅各布·范德芬特的城镇地图。请参阅 Frederik Muller，"De oorspronkelijke planteekeningen van 152 noord-en zuidnederlandsche steden, omstreeks 1550 door Jacob van Deventer geteekend, teruggevonden，" W. Eekhoff，"Jacobus van Deventer, vervaardiger van de oudste kaarten van de Nederlandsche en Belgische provinciën en steden，" and G. P. Roos，"Jacobus van Deventer，" all in *De Navorscher* 16（1866）：193–196，225–228，and 289–290。最初的两篇文章分别重印于 *Acta Cartographica* 2（1968）：437–440，and 1（1967）：33–36。有赖于 Eekhoff，基本所有的地块图都在尼德兰各省的国家档案馆和位于布鲁塞尔的比利时王室图书馆中永久保存起来。然而弗里斯兰城镇的地块图收藏在 Friesch Genootschap 中，除了吕伐登的地图；这幅地图收藏在当地城市档案馆中。自 1866 年以来，16 幅地块图或者已经亡佚，或者其收藏情况不为人所知：阿平厄丹（Appingedam）、海尔弗利特（Geervliet）和泽兰的 14 幅城镇地图。佛兰德的米德尔堡的地块图于 1994 年出现。它似乎收藏在根特的 Rijksarchief 手中。关于这一寻访过程，请参阅 H. A. M. van der Heijden，"De minuutkaart van Middelburg in Vlaanderen van Jacob van Deventer teruggevonden，" *Caert-Thresoor* 15（1996）：107–108。

直到 1884 年，位于马德里的 Biblioteca Nacional 所收藏的两卷城镇地图才被确认为范德芬特于科隆精心绘制的地图的 3 卷地图集中的两卷。不幸的是，第一卷似乎已经亡佚。

[150]　关于范德芬特的调查方法，请参阅 Pouls，*De landmeter*，120–122。

[151]　Koeman and Visser，*De stadsplattegronden van Jacob van Deventer*，introductions to the different parts.

图 43.16 雅各布·范德芬特所绘多德雷赫特（DORDRECHT）城镇平面图的细部，约 1560 年

完整原图尺寸：41.5×47.5 厘米。由 Nationaal Archief, The Hague（4. DEF, inv. nr. 1. 2）提供照片。

平面图都是根据弗朗斯·霍亨贝赫的原始版本复制的。[152] 可以推测，这些地图是在科隆复制的，在那里，同样在流亡中的霍亨贝赫，遇到了范德芬特。

区域军事地图

显然，尽管范德芬特付出了很多努力，但查理五世对地图形式的可靠地形信息的需求并没有得到充分的满足。在 1555 年之后，当腓力二世继承查理五世，成为低地国家的 17 个省份的国王的时候，在一封日期为 1557 年 11 月 2 日的信中，制图师克里斯蒂安·斯格罗滕被任命为国王的地理学家：[153]"我们敬爱的克里斯蒂安·斯格罗滕最近用巨大的代价和劳动的

---

[152] Koeman and Visser, *De stadsplattegronden van Jacob van Deventer*, introductions to the different parts，以及 Peter H. Meurer, *Atlantes Coloniensis：Die Kölner Schule der Atlaskartographie* 1570 – 1610（Bad Neustadt a. d. Saale：Pfaehler, 1988），28 – 41。

[153] 关于斯格罗滕，请参阅 Rolf Kirmse, "Christian Sgrothen aus Sonsbeck, seiner Hispanischen Majestät Geograph," Heimatkalender Kreis Moers 24（1967）：17 – 41；idem, "Christian Sgrothen, seine Herkunft und seine Familie," *Heimatkalender Kreis Moers* 28（1971）：118 – 129；Karrow, *Mapmakers of the Sixteenth Century*, 480 – 494；Meurer, *Fontes cartographici Orteliani*, 237 – 240 and figs. 64 – 65；Peter H. Meurer, *Die Manuskriptatlanten Christian Sgrootens*（Alphen an den Rijn：Canaletto, forthcoming）。

地图绘制了费吕沃（Veluwe）（海尔德兰省的一个地区）的地图，为此，我们想要奖励他，进一步想要雇用他，以便让他继续在类似的问题上为我们服务…（我们为他提供）一份年金的支持，以及每天 6 个布拉班特斯托福尔（ants）的津贴。"[154]

斯格罗滕于 1520 年出生在克利夫（Cleve）公国的位于莱茵河下游的松斯贝克（Sonsbeck）。在他接受了"大师"——大概也是一名画家——的教育后，他从 1548 年开始就住在卡尔卡尔。在北方七省的起义之后，完成现代低地国家的地形图变得非常重要，因为阿尔巴公爵和他的西班牙士兵不熟悉这些反抗省份的基础设施。军队不得不前进以包围荷兰的城镇，如哈勒姆、阿尔克马尔（Alkmaar）和莱顿，并在格罗宁根和布拉班特进行战斗。斯格罗滕于 1568 年接受了阿尔巴公爵的一份委托。在叛乱的低地国家，这位新任命的西班牙军队总参谋长要求的不仅仅是一套北方省份的地形图；他还要求欧洲所有的国王土地的地图。这份委托标志着斯格罗滕职业生涯的一个新的时期。尽管自 1557 年 12 月起，他一直是国王的付酬地理学家，他所接受的是终身的任务，但他没有领取到报酬或长期的工作。

大约六年以后，在 1574 年前后，斯格罗滕以一份绘本地图集的形式向布鲁塞尔的军事指挥官展示了他的作品。令他大失所望的是，他的地图被认为缺乏细节，并要求他加以改进。当阿尔巴公爵下令"对国王陛下的城市、村庄和国家及其边界进行描述"时，他并没有做出明确规定。[155]斯格罗滕最初绘制了一幅比例尺约为 1∶250000 的低地国家的总图，并绘制了德意志、法兰西和其他地区的地图，这些地图的比例尺约为 1∶400000 或更小。在收到来自布鲁塞尔的负面评论之后，他对自己的低地国家地图做了改进，仅仅绘制了另一份比例尺为 1∶120000 的副本，在尺寸上是前一份的两倍。

1276

1592 年，这份工作结束了。斯格罗滕仍然无法得到在布鲁塞尔的上司的满意。然而，斯格罗滕制作了一本绘本地图集，组成这本地图集的地图具有极佳的几何精度，[156]早在 1585 年，赫拉尔杜斯·墨卡托在其地图集中的法兰西地图的封底文字中，表达出对斯格罗滕工作的赞赏的态度，他提到这幅地图的制图师"斯格罗滕，他曾在法兰西广为游历，比任何在他之前的人都要更精确地对这个国家进行了地图绘制"。显而易见，墨卡托看到了斯格罗滕在卡尔卡尔工作时绘制的绘本地图。

在他 1588 年 12 月的著作的前言中，斯格罗滕向国王陈述了自己的意见，他建议可以由他自己制作一部由比例尺更大的低地国家各省的地图组成的地图集（参见图 43.17 和表 43.1）。他的建议被接受了，而且还在继续给他发放薪酬。在补充的序言中，斯格罗滕向国王展示了他修改后的作品。把这些地图与范德芬特的省域地图进行比较，就可以清楚地看出范德芬特的工作是建立于范德芬特的几何基础上的（图版 50）。对于斯格罗滕地图的资料库，我们依据的是西班牙在低地国家的统治者的收藏：位于布鲁塞尔的宫廷和位于马德里的

---

[154]　Fernand van Ortroy, "Chrétien Sgrooten, cartographe, XVIe siècle," *Annales de l'Académie Royal d'Archéologie de Belgique* 71 (1923): 150 – 306, esp. 274.

[155]　Van Ortroy, "Chrétien Sgrooten," 290.

[156]　Donkersloot-De Vrij 给出了斯格罗滕的低地国家省域地图的概述，见 *Topografische kaarten van Nederland vóór 1750*, 132 – 133。

宫廷。[157]

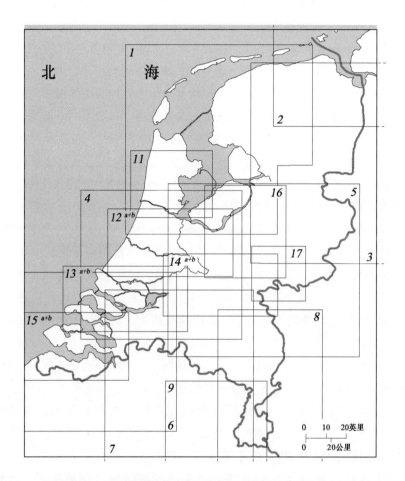

图 43.17　克里斯蒂安·斯格罗滕的地形图的参考地图。关于这些地图的细节，请参阅表 43.1

根据 Y. Marijke Donkersloot-De Vrij, Topografische kaarten van Nederland vóór 1750: Handgetekende en gedrukte kaarten, aanwezig in de Nederlandse rijksarchieven (Groningen: Wolters Noordhoff and Bouma's Boekhuis, 1981), blw. Ⅲ。

---

[157]　除了其他东西之外，马德里和布鲁塞尔的斯格罗滕地图集包括了两套低地国家的地图，其比例尺分别约为 1∶230000 和 1∶120000。收藏在马德里的国家图书馆的地图集的内容包含 38 幅地图，每幅的尺寸约为 83×136 厘米。这些地图包括一幅由两个半球组成的世界地图和圣地、北欧、德意志、波兰、匈牙利、法国、比利时、大不列颠以及低地国家（表现了两次）的地图。收藏在比利时布鲁塞尔的皇家图书馆的地图集包含 37 幅地图，每幅的尺寸约为 58×100 厘米。这些地图包括北海和须得海的三幅海图；低地国家的详细地形图；比利时和德意志西部各省的类似地图；德意志南部、奥地利和意大利北部的地图。这两部地图集都以最丰富的风格插图阐释。请参阅 Koeman, Gewestkaarten van de Nederlanden, 17 – 18。不幸的是，于大约 1550—1575 年间由国王议会主席 Vigliusvan Aytta 收集的位于布鲁塞尔的藏品已经亡佚；请参阅 E. H. Waterbolk, "VigliusofAytta, Sixteenth Century Map Collector," Imago Mundi 29 (1977): 45 – 48。在马德里的国王腓力二世的地图收藏——如果存在的话——从来没有被提及。1914 年，维德尔（Wieder）对荷兰皇家图书馆和埃斯科里亚尔图书馆进行了探索。他的发现，出版于 1915—1916 年间，仍然是荷兰关于欧洲和海外属地方面地图绘制的研究的资料手册；请参阅 F. C. Wieder, "Nederlandsche historisch-geografische document en in Spanje: Uitkomsten van twee maanden onderzoek," Tijdschrift van het Koninklijk Nederlandsch Aardrijkskundig Genootschap 31 (1914): 693 – 724; 32 (1915): 1 – 34, 145 – 187, 285 – 318, 775 – 822, and second pagination 1 – 158; 重印为 Nederlandsche historisch-geographische documenten in Spanje (Leiden: Brill, 1915); 又重印于 Acta Cartographica 23 (1976): 115 – 464。

在国王的藏品中，有两捆城镇平面图（前面提及）和一捆斯格罗滕所绘制的世界各国的绘本地图。在国王的图书馆曾经有类似的两捆，但在 1859 年的某天，如档案保管员 L. P. Gachard 所称，他访问西班牙之后回家，带着他从国王斐迪南七世处买的第二本斯格罗滕地图集；请参阅 Wieder, "Spanje," 31。这一图包有着低地国家和德意志的详细绘本地形图。令人惊讶的是，1859 年的私人交易牵涉原本属于皇家图书馆的财产。

斯格罗滕是16世纪最具审美天赋的制图师之一，与赫拉尔杜斯·墨卡托处于同一等级。在他的地图中，对地形的图形表现反映出人们对大地的形态的理解。因此，他最成功地展现了河流、运河、围垦造田和小村庄的景观。同样地，他也非常出色地表达了山脉和森林地形的形态。仔细观察他的地图，就会发现他将有围墙的城镇和乡村进行小型化的方式，可以通过他们的教堂塔楼的形状特点进行识别。每一个小的定居点都在风格上融入了地图的总体风格。令人难以理解的是，阿尔巴公爵会对这一宏伟的地图作品感到不满。将斯格罗滕和他的前任范德芬特进行对比，可以表明斯格罗滕是一位更有才华的制图师。在直接绘制其测量结果的地图方面，范德芬特可能拥有出众的土地测量技巧和更高的效率，但是他对景观的表现在个性与优雅方面却比不上斯格罗滕的作品。[158]

不幸的是，斯格罗滕的大部分作品都没有公开发表。这也与范德芬特的绘本城镇规划和印本省域地图形成了鲜明的对比，这些地图被当时的雕刻师所复制。斯格罗滕的绘本地图是为西班牙国王而绘制，对当代地图学的发展没有任何影响。1592年前后，他的地图被锁在皇家内阁中，直到三个世纪之后才被认为是重要的。斯格罗滕的欧洲的全部西班牙领土的绘本地图集，是关于该国作为整体的最后一次国家组织的地图绘制，直到1798年要求进行的巴达维亚共和国（Bataafsche Republiek）的三角测量。

表43.1　　　　　**克里斯蒂安·斯格罗滕的低地国家地形地图，1568—1573年**　　1277

序号	所表现区域	尺寸和比例尺
1	须得海和瓦登海、北荷兰、弗里斯兰以及海尔德兰的海岸	60×54.5厘米，约1∶200000
2	格罗宁根、埃姆斯河（Eems）河口、东弗里斯兰、亚赫德（Jahde）、从斯希蒙尼克奥赫（Schiermonnikoog）到旺格奥格（Wangeroog）的瓦登群岛（Waddeneilanden）	59×59.5厘米，约1∶200000
3	上艾瑟尔、德伦特、格罗宁根东南部、多拉特（Dollart）	57×59厘米，约1∶200000
4	北荷兰的南部、南荷兰、乌得勒支、海尔德兰的西部、泽兰的东北部、北布拉班特的西北部	46.5×53厘米，约1∶200000
5	海尔德兰和克利夫斯	53×56厘米，约1∶200000
6	南荷兰的群岛、泽兰、北布拉班特的西部、泽兰佛兰德（Zeeuws Vlaanderen）（荷属佛兰德）	54×56.5厘米，约1∶200000
7	布拉班特公国	60×57.5厘米，约1∶200000
8	默兹河（Meuse）与莱茵河之间的地区、林堡、于利希（Jülich）、科隆	59.5×58厘米，约1∶200000
9	列日（Liége）主教区	56.5×50厘米，约1∶200000
10	阿登（Ardennes）、卢森堡、纳门［Namen，那慕尔（Namur）］（没有在图43.17上显示）	

---

[158]　斯格罗滕的伟大地图集的完整复写件是：Peter H. Meurer, *Die Manuskriptatlanten Christian Sgrootens*（Alphen an den Rijn：Canaletto, forthcoming）。低地国家和德意志的地图已经用黑白进行复制：S. J. Fockema Andreae and Bert van 't Hoff, *Christiaan Sgroten's kaarten van de Nederlanden in reproductie uitgegeven onder auspicien van het Koninklijk Nederlandsch Aardrijkskundig Genootschap*（Leiden：Brill, 1961）。另请参阅 Hans Mortensen and Arend W. Lang, eds., *Die Karten deutscher Länder im Brüsseler Atlas des Christian s' Grooten*（1573），2 vols.（Göttingen：Vandenhoeck & Ruprecht, 1959）。

续表

序号	所表现区域	尺寸和比例尺
11	北荷兰	59 × 115 厘米，约 1∶200000
12a + b	阿姆斯特丹/哈勒姆、代尔夫特/豪达以及乌得勒支之间的荷兰	59.5 × 114.5 厘米，约 1∶200000
13a + b	南荷兰到代尔夫特南部、荷兰艾瑟尔河、莱茵河和默兹河河口、舒温－迪夫兰（Schouwen-Duiveland）、北布拉班特的西北部	58.5 × 97 厘米，约 1∶200000
14a + b	默兹河、莱茵河、莱克河（Lek）、贝蒂沃（Betuwe）及其周边地区	59 × 97 厘米，约 1∶200000
15a + b	泽兰、斯海尔德河的东部和西部（Ooster-and Westerschelde）、泽兰佛兰德（荷属佛兰德）（原图标题：Descriptio exactissima effluxus Schaldis ... Walachria, Zuijdt Bevelandiae ...）	113 × 58.5 厘米，约 1∶200000
16	费吕沃	59.5 × 48 厘米，约 1∶200000
17	贝尔赫（Bergh）县及其周边地区（利梅尔斯（Liemers），等等）	58 × 58.5 厘米，约 1∶200000

资料来源：引自 Y. Marijke Donkersloot-De Vrij, *Topografische kaarten van Nederland vóór* 1750： *Handgetekende en gedrukte kaarten, aanwezig in de Nederlandse rijksarchieven*（Groningen：Wolters-Noordhoff and Bouma's Boekhuis, 1981），132 and blw. Ⅲ。参见图 43.17。

1278　　　　另一位 16 世纪的低地国家的地区地图的绘制者是阿姆斯特丹的约斯特·扬松·比尔哈默，他有时被称为"雕刻师"（Beeldsnijder）。他以木刻师、建筑师和制图师的身份而闻名于世。在一大群为西班牙王室服务的意大利商人中，他是为数不多的尼德兰工程师之一。众所周知，有几幅绘本地图出自他手。[59]

1567 年，叛乱爆发后，北部省份成为西班牙军队敌人的领土。因为通信系统的主要组成元素是河流和湖泊，西班牙人迫切需要对这一复杂系统进行全面了解。1571 年，阿尔巴公爵命令当时的阿姆斯特丹市政建筑师比尔哈默为他提供荷兰省北部地区的详细地形图。蓬塔努斯的 1614 年《阿姆斯特丹编年史》中保存了公爵的命令及其详细内容：

约斯特·扬松先生，是一位雕刻师，也是镇上的居民，很久以来一直住在镇上，以他的许多艺术作品而闻名于世。他不仅是一位著名的雕刻师，而且还拥有一份天赋，可以根据地理的特征来描绘土地、城镇、河流和水域。在他的作品中，有一幅地图，大约是在 1571 年由阿尔巴公爵命令绘制，其目的是令荷兰的北部地区臣服，他希望约斯特·扬松在地图上向他显示整个地区，以及瓦特兰（Waterland）地区；约斯特所完成的工作，被认为是正确而且精美的。因为不仅城镇、村庄、教堂，还有土地、溪流、水域、堤坝、道路、闸坝等，都被描绘得栩栩如生。我看到了这张地图，它是最近在阿姆

⑤⑨　请参阅附带北荷兰省地图的摹写版本的传记性说明，见 A. J. Kölker, *De kaart van Holland door Joost Jansz.*（Haarlem, 1971），以及 Jan W. H. Werner, ed., *Kaart van Noord-Holland door Joost Jansz. Beeldsnijder*, 1575/1608（Alphen aan den Rijn：Canaletto/Repro-Holland, 2002）。

斯特丹雕刻和印刷的。[160]

　　蓬塔努斯所看见的绘本地图没有被保存下来，1575 年的第一个印刷版本的副本也没有人发现。只有 1608 年由阿姆斯特丹印刷商哈尔门·阿勒特松·范瓦门胡伊森（Harmen Allertsz. van Warmenhuysen）出版的才得以幸存（图 43.18）。这张印刷地图的署名是"纪元 1575 年，7 月 31 日，由我——约斯特·扬松［Joost Janso（on）］完成并发表"。[161] 这位作者用建筑工人的锤子作为他的标志（图 43.19），经常签名为：Joost Jansz. Beeldsnijder（意思是"雕刻师""图像雕刻师"），但有时也签名为"landmeter"（意思是土地测量员）。这幅印本地图已知有 6 份副本，其中有两份是克莱斯·扬松·菲斯海尔雕版的。[162] 所有这些副本都有一个印记，就是由印刷商哈尔门·阿勒特松·范瓦门胡伊森对北荷兰和西弗里斯兰政府的一份献词。这两份带有装饰性的边框和文字的副本，上面都印着"至阿姆斯特丹，由 Herman Allertz. Koster van die Nieuwkerck. 刻印，纪元 M. D. C. Ⅷ（即 1608 年）"。在地图的底部，记录了由腓力二世的代表授予特许权的文字："由国王陛下授予阿姆斯特丹的雕刻师约斯特·扬松（Joost Jansz. Beeldsnijder）特许权，从现在开始三年内，如果没有得到约斯特·扬松的许可，不允许任何人假冒、印刷或者出售这幅北荷兰的地图，所有此类地图一律没收并处以三卡洛鲁斯荷兰盾的罚款，详细说明见安特卫普授予他的特许权中。路易斯·德雷克森（Louys de Requesens）签署，秘书贝蒂（Betij）副署"。

　　当此之时，约斯特·扬松·比尔哈默为阿姆斯特丹市政当局服务。1578 年，阿姆斯特丹的地方长官转为反对派，在此之前，他为西班牙军队的军事工程师提供服务。在他的北荷兰地图上，他用西班牙语标出了莱顿城市前的防御工事的名称。在 1578 年之后，他向阿姆斯特丹市提供了类似的支持和建议，以抵御西班牙军队的进攻。

　　比尔哈默的北荷兰地图在其道路和水路系统的表现方面是独一无二的。虽然当时还没有出现铺砌而成的道路，但他还是用一条双线来描绘出可供行人和车辆通行的堤坝。地图的比例尺约为 1∶100000，至今仍是尼德兰旅游地图首选的比例尺。这幅地图很像克里斯蒂安·斯格罗滕的北荷兰地图。这两个人可能会彼此相遇，并与他们的西班牙上司协商交谈。但两者的相似之处并不止于此：这两幅地图的比例尺是相同的，而北部和南部的界限完全一致。此外，东西的界限是一样的，而北荷兰的轮廓（由于陆地和海洋不稳定的关系而容易被误解的轮廓）是相同的。在比尔哈默的地图上，村庄由它们的教堂进行标示，但是小地方的名称和土地与水体的名字是由数字来表示的，并在图例中进行解释。考虑到大量的土地和水域特征的名称，印刷商哈尔门·阿勒特松，恰当地标记了他

　　[160]　Johannes Isacius Pontanus, *Historische beschrijvinghe der seer wijt beroemde coop-stadt Amsterdam*（Amsterdam：Ghedruckt by Iudocum Hondium, 1614），287.

　　[161]　关于这幅地图，请参阅 Kölker, *De kaart van Holland*；Werner, *Kaart van Noord-Holland*；*MCN*, 5：291 – 295。

　　[162]　The Universiteitsbibliotheek, Amsterdam, 以及 Westfries Museum, Hoorn 包含一幅由 Van Warmenhuysen 出版的约斯特·扬松绘制的地图，包括一个装饰外框和详细的文字。下列收藏单位的副本中的外框和文字已经亡佚：the Nationaal Archief in The Hague, the Universiteitsbibliotheek in Leiden, and the Rijksprentenkabinet and the Koninklijke Academie voor Wetenschappen in Amsterdam。关于克拉斯·扬松·菲斯海尔在装饰外框中的插图，请参阅 Christiaan Schuckman, *Claes Jansz. Visscher to Claes Jansz. Visscher Ⅱ*（Roosendaal：Koninklijke Van de Poll, 1991），and Nalis, *Van Doetecum Family*, pt. 1, 95 – 98 and 115 – 117。

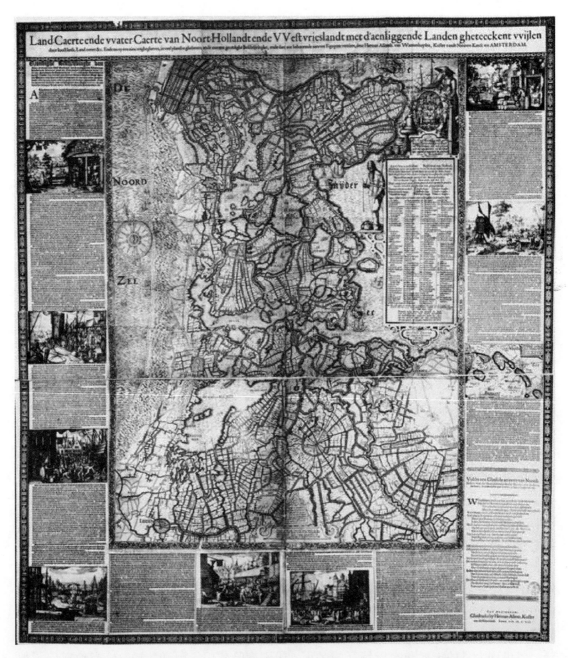

图 43.18　北荷兰和西弗里斯兰的 1608 年壁挂地图，根据约斯特·扬松·比尔哈默原图重印，1575 年绘于六图幅上。

原图尺寸：116.5×103.5 厘米。由 Universiteitsbibliotheek Amsterdam (W. X) 提供照片。

重印了一幅"土地和水域地图"。

　　1620 年，阿姆斯特丹的雕刻师和艺术品销售商人弗朗索瓦·范登赫伊姆（François van den Hoeye）重新印刷了比尔哈默的地图上的装饰边框。其周围的文字是新设定的，而哈德里阿努斯·于尼乌斯（Hadrianus Junius）的一首诗被比尔哈默的一份描述和地图所取代，它

图 43.19　约斯特·扬松·比尔哈默的印工标记

摘自 *Kaartboek het Gasthuis*，1583。

由 Gemeentearchief，Amsterdam 提供照片。

们是在这段时期被人挖掘出来的。[163] 应该提到这幅地图上最后一个独特的方面：它在 1778 年被重新刻印，其目的是旨在展示早期地图是如何有助于对历史地理知识的了解。[164] 这表明了对这个主题的兴趣已经开始觉醒的早期迹象。此外，比尔哈默的地图还影响了克里斯蒂安·斯格罗滕地图集中一幅地图的图像、1608 年威廉·扬松·布劳的对开本荷兰地图，以及巴尔塔扎·弗洛里松·范贝尔肯罗德的壁挂地图。[165]

　　同一时期的另一幅地图，也描绘了海平面以下的水道的复杂系统，它就是汉斯·利夫林克的 1578 年的绘本荷兰地图（图 43.20）。[166] 利夫林克受雇于多德雷赫特、豪达和哈勒姆的市镇地方长官，把这张地图作为一项对代尔夫特市镇的诉讼的证据。因为其与比尔哈默的地图南部的地形相似，我们可以得出这样的结论：在 1570 年前后，所有需要对荷兰基础设施进行基本配置的人都可以获得该省的一份"主要模本"。在图例中，利夫林克证实他是从现有的地图中复制而来的。

　　[163] 请参阅 Günter Schilder，*Three World Maps by Francois van den Hoeye of* 1661，*Willem Janszoon（Blaeu）of* 1607，*Claes Janszoon Visscher of* 1650（Amsterdam：N. Israel，1981），7 – 8。

　　[164] *Land-en waterkaert van Noord Holland*（Amsterdam：Yntema and Tieboel，1778），由 J. van Jagen 雕刻，附有说明文字，"Noodig berigt，" by J. le Francq van Berkley。请参阅 Peter van der Krogt，*Advertenties voor kaarten*，*atlassen*，*globes e. d. in Amsterdamse kranten* 1621 – 1811（Utrecht：HES，1985），257 – 258（no. 1391）and 264（no. 1429）。

　　[165] Blonk and Blonk-van der Wijst，*Hollandia Comitatus*，35 – 36.

　　[166] 副本收藏在 Gouda，Streekarchief Midden Holland（2223 C 1）。请参阅 C. W. Hesselink-Duursma，"De kaartencollectie in het Streekarchief Hollands Midden te Gouda，" *Caert-Thresoor* 15（1996）：99 – 104，以及 Donkersloot-De Vrij，*Topografische kaarten van Nederland vóór* 1750，135。

图 43.20　汉斯·利夫林克所绘南荷兰绘本地图，1578 年

原图尺寸：115×112 厘米。由 Streekarchief Midden-Holland, Gouda (2223 C1) 提供照片。

意大利军事制图专家

　　16 世纪，欧洲大部分地区对防御系统建设的兴趣明显增加。尽管此兴趣迅速蔓延到邻国，但意大利各邦的情况尤其如此。鉴于意大利工程师在建造防御工事方面的卓越知识和专业素养，因此，毫不奇怪，整个欧洲——包括低地国家——都对其产生需求，16 世纪，在低地国家，越来越多的意大利工程师为它们提供自己的服务。[167] 在 1540—1609 年，一共有

　　[167]　要全面回顾意大利城镇和要塞建筑对低地国家防御工事修建的影响，请参阅 Van den Heuvel, "*Papiere bolwercken*". 另参见本卷第 29 章。

60 名左右的意大利工程师最终在低地国家工作。[168] 第一批工程师是受私人委托去建造城堡。亚历山德罗·帕斯夸利尼（Alessandro Pasqualini）是其中之一，在 1539 年之后不久，他在赫尔雷（Gelre）地区的一个小镇比伦（Buren）帮助修建防御工事。这位防御工事大师（fortificatiemeester）随后在低地国家的其他城市工作。为政府部门服务的第一位意大利堡垒建造者是多纳托·博尼·迪佩利佐利（Donato Boni di Pellizuoli）。作为查尔斯五世的总工程师，他负责所有防御工事的建造、维护和修理。他检查了其他工程师制作的防御工事和平面图。此外，他还进行了一些设计工作，比如根特和卡默赖克（Kamerrijk）的要塞。多纳托肯定是作为一名堡垒建造者而获得了很好的声誉，因为 1540 年的时候，安特卫普的城墙工程选用了他的设计方案。

在 16 世纪下半叶，在低地国家工作的军事工程师的人数太少，无法为所有的城镇提供防御系统所需的防御工事。但是，意大利工程师的影响是巨大的，其中一部分原因是荷兰建筑师是在他们的监督下进行防御工事的规划和建设防御工事工作的。这些当地的尼德兰专家需要为意大利工程师的到来打下基础，因为在意大利使用的防御系统只能最低限度地适用于低地国家的地理环境。此外，它们很快就已经过时了。在这些经验丰富的军事工程师中，乔瓦尼·马里亚·奥尔贾蒂（Giovanni Maria Olgiati）在 1553 年和 1554 年游历了整个国家，之后留下了一群工程师，他们准备根据意大利的体系对防御工事进行现代化改造。塞巴斯蒂安·范诺彦（Sebastiaan van Noyen）与低地国家的首席工程师奥尔贾蒂的接触，必定对意大利建筑方法的实际应用（图 43.21）具有重要意义。[169]

随着 1567 年阿尔巴公爵的到来，一群新的意大利工程师来到了低地国家，他们受命专门负责建造堡垒。无论是规划，还是执行这些计划，阿尔巴公爵更喜欢意大利工程师，而不是当地的建筑工人。在西班牙指挥官亚历山德罗·法尔内塞（Alessandro Farnese）和安布罗焦·斯皮诺拉（Ambrogio Spinola）的领导下，要塞建筑的重点逐渐转向了战场上的临时路障，而工程师的任务也随之改变。

在意大利工程师受雇在低地国家工作期间，他们向西班牙和意大利的主顾们发送了许多军事活动的描绘。图纸和模型对新防御工事的规划和建设的各个阶段都有重要的帮助作用。除了制作这些直接关系到堡垒建造的图纸之外，工程师们还在图纸上描绘了战争事件和技术军事创新，他们把这些图纸寄给西班牙和意大利宫廷。保存最好的插图——包括许多地图——可以在西班牙和意大利的收藏品中找到。[170] 这些收藏品在防御工事的绘制方面表现出了很大的多样性。[171] 防御工事的图纸经常被复制，并且从其他图纸上复制的几组地图被绘制

1281

1282

1284

---

⑯⑧　Van den Heuvel 提供了对每一位意大利工程师的描述（"*Papiere bolwercken*," 149 – 159）。

⑯⑨　Van den Heuvel，"*Papiere bolwercken*," 27 – 29.

⑰⓪　总共有 200 多份地图，主要位于 the Archivo General de Simancas；the Archivo de la Casa de los Duques de Alba, Madrid；the Archivo di Stato, Turin；the Biblioteca Nazionale, Turin；the Biblioteca Apostolica Vaticana, Vatican City，以及 the Biblioteca Nazionale, Florence。请参阅 Van den Heuvel，"*Papiere bolwercken*," 49 – 50。这部论著还提供了从 16 世纪的下半叶到 17 世纪上半叶在比利时、意大利和西班牙收藏的低地国家的城镇和防御工事的手绘和印本地图的回顾。

⑰①　位于都灵的国立大学图书馆有一部地图集，内有 90 幅意大利和尼德兰防御工事的绘本地图（MS. q. Ⅱ. 57）。尽管这些地图没有标注时间，但它们主要显示了 16 世纪中叶以前的情况。请参阅 Van den Heuvel，"*Papiere bolwercken*," 53 – 57。

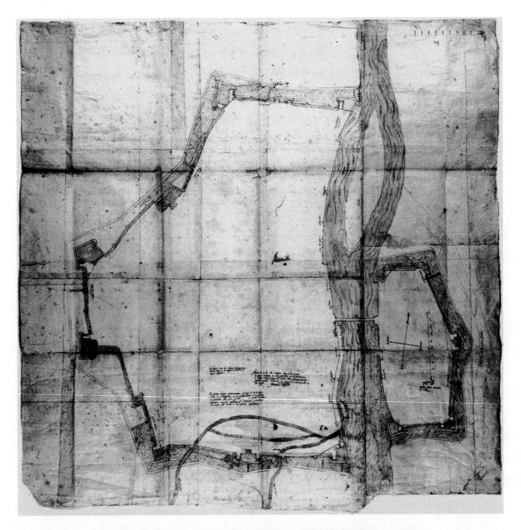

图 43.21　乔瓦尼·马里亚·奥尔贾蒂：马斯特里赫特绘图，1553 年

附有奥尔贾蒂对要塞的建议

原图尺寸：98×114 厘米。图片版权属于 Biblioteca Apostolica Vaticana, Vatican City [Barb. Lat. 4391A, XLⅡ (43)]。

成了一部地图集，展示了 16 世纪末北部和南部省份的要塞。[172]

　　除了用绘制地图制作地图集之外，意大利的工程师还在绘制军事行动的地图方面发挥了作用。他们在战争、战役和围城期间绘制地图，这些各种各样的精美彩色地图就是这样在意大利的宫廷中找到的。[173] 一个例子是一套低地国家的要塞和地区的地图，共 63 幅，分成不同的两卷，可能由一部（尚）未知的地图集复制而来，这部地图集可能是由西班牙—葡萄

---

[172]　Turin, Archivio di Stato（Architettura Militare, vol. 4.）. 请参阅 Van den Heuvel, "*Papiere bolwercken*," 58 – 61。

[173]　例如，Turin, Archivio di Stato [Architettura Militare, vol. 4 (J. b. I. 6)] 有低地国家围城战的各类着色地图：安特卫普、贝亨奥普佐姆、海特勒伊登贝赫（Geertruidenberg）、于希特（Gulik）、哈勒姆、许尔斯特（Hulst）、马斯特里赫特（Maastricht）、奥斯坦德（Oostende）、莱茵贝格（Rheinberg）和韦瑟尔（Wesel）。请参阅 Van den Heuvel, "*Papiere bolwercken*," 66 – 67。

牙指挥官卡斯帕·德罗夫莱斯付酬委托绘制,[174] 这位指挥官于 1573—1576 年曾担任弗里斯兰、格罗宁根和奥默兰登（Ommelanden）的总督。[175] 这些地图很可能是意大利制图师或工程师绘制的，主要关注的是弗里斯兰的大小城市。除了提供关于地点的地形信息之外，它们还描述了 1572 年德罗夫莱斯的一次战役中的军事活动。此外，在低地国家的其他地方，还有一些堡垒平面图，比如代芬特尔、兹沃勒、马斯特里赫特、贝亨奥普佐姆（Bergen op Zoom）、布鲁日、哈勒（Halle）、康布雷（Cambrai）和里尔（Lille）。这些地图集不仅是收藏者的藏品，还是一种军事文化的表达方式。除此之外，他们还是个人地位的象征，反映了一位赞助人对欧洲战场的了解，并强调了他个人角色的重要性，以及他与其他重要人物的关系（图 43.22）。[176]

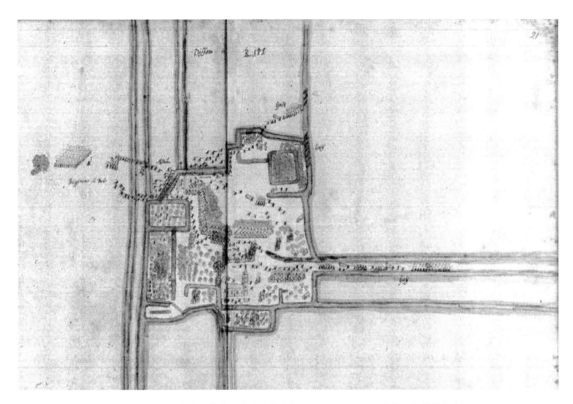

图 43.22　德罗夫莱斯的地图集中的德龙赖普（DRONRIJP）的弗里斯兰村庄地图

原图尺寸：约 43×58 厘米。由 Hauptstaatsarchiv Dresden（Schr. 26，F. 96，Nr. 10，Bl. 21）提供照片。

---

[174]　关于德罗布莱斯，请参阅 Meindert Schroor and Charles van den Heuvel, *De Robles atlassen: Vestingbouwkundige platte-gronden uit de Nederlanden en een verslag van een veldtocht in Friesland in 1572*（Leeuwarden: Rijksarchief in Friesland, 1998），77–85。

[175]　一卷位于 Dresden, Sächsisches Hauptstaatsarchiv（42 幅地图，包括 8 幅画在总共 60 页上的新地图）；另一卷保存在 Austin, Harry Ransom Humanities Research Center, University of Texas-Austin（21 幅清晰的弗里斯兰城镇和区域地图，包括 10 幅画在十九图幅上的新地图）。还有第三部地图集收藏在 Munich, Bayerische Staatsbibliothek，它包含与德累斯顿地图集中插图在任何基本方式上并无二致的插图。很有可能，这部地图集与德累斯顿和奥斯汀的地图集自同一部原本复制而来。德累斯顿和奥斯汀的地图集中的地图是摹绘而成，彩绘色绘，并附有详细的解释，见 Schroor and Van den Heuvel, *De Robles atlassen*。

[176]　Schroor and Van den Heuvel, *De Robles atlassen*, 46.

意大利工程师最关注的制图学的方面是在规划和建造防御工事的各个阶段使用图纸和模型。城堡建筑是一个复杂的过程，通过这个过程，工程师在每一步都做了图纸和模型。第一阶段是制作技术图纸来测试一个人的想法，并向工头清楚地说明。后来，在决策过程中，这些图纸被用来通知客户并监视活动的进展情况。因此，地图的表现与规划或建设的特定阶段密切相关。在最初的草图开始之后，是研究、调查图纸、细节图纸、书面和插图说明、纸和木头的设计、过程的插图，以及最终设计的插图。由于各种各样的原因，副本往往由这些最终的插图构成，既有装饰性的，也有富含信息的。[177]

到 16 世纪末，意大利关于军事建筑的理论已经完全渗透到低地国家。然而，在实际操作中，意大利的堡垒系统不得不进行修改。在丹尼尔·施佩克林（Daniel Specklin）[178] 和西蒙·斯泰芬（Simon Stevin）（分别来自德意志和低地国家的堡垒建造者）的情况下，一个更适合低地国家的具体地理环境的防御系统发展起来。在建筑和城市结构方面，意大利理论发挥的作用越来越有限，大多数的意大利工程师甚至在 1609 年的 12 年休战之前就离开了低地国家，当时西班牙低地国家北部达成临时停火协议。结果，低地国家的勘测员和堡垒建造者变得更加活跃。

为西班牙工作的尼德兰军事工程师

除了意大利工程师外，来自低地国家的工程师们也在 80 年战争的第一个阶段为西班牙工作，直到 12 年的休战期。至少有 15 个这样的堡垒建造者。[179]例如，阿姆斯特丹的建筑师约斯特·扬松·比尔哈默在 1573 年为当地的城堡做了一项设计。另一名工程师，扬·法耶特（Jan Faiet），在 1573 年的腓力二世的指挥下，加强了边境和港口城市斯勒伊斯。一些来自北方低地国家的工程师也改变了他们对西班牙的忠诚。

一份从 80 年战争开始的手稿中包含了 20 个堡垒，来自 1570—1578 年间的北方低地国家，这可能是由南方低地国家的指挥官希勒斯·德贝尔莱蒙特（Gilles de Berlaymont）所委托制作。[180] 这些堡垒平面图在雅各布·范德芬特的地图和后来的尼德兰工程师们的设计中形成了一个重要的联系，以应对城市防御的现代化需求。这些堡垒的地图包括来自今天的北荷兰和南荷兰［默伊登（Muiden）、尼乌波特（Nieuwpoort）、斯洪霍芬（Schoonhoven）、埃尔堡（Elburg）和韦斯普（Weesp）］，乌得勒支［奥德瓦特（Oudewater）、乌得勒支、迪尔斯

---

⑦　Van den Heuvel，"*Papiere bolwercken*，" 69 – 89. Van den Heuvel 根据不同的绘本地图，详细描绘了蒂永维尔（Thionville）要塞的规划和修筑。

⑱　关于施佩克林，请参阅 Albert Fischer，*Daniel Specklin aus Straßburg* （1536 – 1589）：*Festungsbaumeister*，*Ingenieur und Kartograph* （Sigmaringen：Thorbecke，1996），and Meurer，*Fontes cartographici Orteliani*，243 – 244。

⑲　请参阅 Frans Westra，*Nederlandse ingenieurs en de fortificatiewerken in het eerste tijdperk van de Tachtigjarige Oorlog*，1573 – 1604 （Alphen aan den Rijn：Canaletto，1992），20 – 21。

⑳　这部绘本地图集包含总共 50 幅在四十二图幅上的棕褐色图志，上面装饰着精心绘制的带有法文地名、日期和比例尺标记的旋涡纹。除了低地国家北部防御工事的地图之外，这些图志还包括近代防御工事的设计和地中海地区和多瑙河沿岸地区的遥远的战役的景观图。从 1997 年以来，这部地图集一直收藏在 the Universiteitsbibliotheek Leiden （Atlas 440）。请参阅 Charles van den Heuvel，"Een atlas voor Gilles de Berlaymont，baron van Hierges：Belegeringsscenes，stadsplattegronden en fortificatie-ontwerpen voor een 'soldat-gentilhomme，' 1570 – 1578，" *Caert-Thresoor* 15 （1996）：57 – 69。这部地图集中的每一幅地图上都有一篇描述。

泰德附近韦克（Wijk bij Duurstede）和艾瑟尔斯泰恩（IJsselstein）]，海尔德兰 [阿纳姆（Arnhem）、比伦、屈伦博赫（Culemborg）、杜斯堡（Doesburg）、杜廷赫姆（Doetinchem）、埃尔堡（Elburg）、赫龙洛（Groenlo）、蒂尔（Tiel）、瓦赫宁恩（Wageningen）和聚特芬（Zutphen）]，以及上艾瑟尔 [坎彭、奥尔登扎尔（Oldenzaal）和兹沃勒]。德贝尔莱蒙特——耶格赛斯（Hierges）男爵兼海尔德兰、上艾瑟尔和林根（Lingen）（1572 年）以及荷兰、泽兰和乌得勒支（1574 年）的总督，在 1570—1578 年的战役中来到了所有这些地方。范登赫费尔（Van den Heuvel）谨慎地认为这幅地图上的图画作者是来自该地区之外的人、皇家艺术家雅克·迪布勒克（Jacques Dubroeucq）。[181]

1580—1680 年间，一些尼德兰军官被西班牙招募为军事工程师。与法国军事调查的历史相反，直到 1709 年，西班牙军队才组建了由乔治·普罗斯珀·费尔博姆（George Prosper Verboom）所创建的军事工程师军团。[182] 但是南部省份的政治局势迫使西班牙政府保卫他们的领土，这都是为了对抗北方联合省的军队，这些军队在 1648 年的威斯特伐利亚和约之后，对南部的法国军队进行了反抗。

1285

从 1580—1680 年，南部省份的军事地形图、堡垒和设防城镇的平面图保存在各种各样的收藏中，最著名的就是勒普瓦夫尔藏品。[183] 皮埃尔·勒普瓦夫尔（Pierre Lepoivre）出生在贝尔根 [Bergen，蒙斯（Mons）]，他曾担任阿尔瓦和帕尔马（Parma）公爵治下的建筑师和工程师。退休后，他复制了平面图和地图，为此他收到了皇家委员会付给他的薪酬。[184] 另外还有一套关于防御工事的绘本图纸，由勒普瓦夫尔补充了一份关于军事工程方面的文字。[185] 一位名叫贝尔纳德·德戈姆（Bernard de Gomme）的军官绘制了一部绘本地图集，其中有 63 个低地国家南部诸省的城市平面图和地形图，此人在 1640—1645 年为奥兰治亲王弗里德里克·亨德里克（Frederik Hendrik）服务。[186] 其他的军事工程师包括萨洛蒙·范埃斯（Salomon van Es），他因担任沙勒罗瓦（Charleroy）城堡的建筑师而为人所知。[187] 他的助手之一，西班牙人塞瓦斯蒂安·费尔南德斯·德梅德拉诺（Sebastián Fernández de Medrano），是位于布鲁塞尔的军事学院的一名教师。

一些 1580—1680 年（几乎是连续的战争时期）的南部诸省的地形图和城镇平面图保存在西班牙的档案馆中。这些地图文件由国务委员会（Raad van State）迅速自布鲁塞尔发送到马德里。[188]

---

[181] Van den Heuvel, "Een atlas voor Gilles de Berlaymont," 61–64.

[182] Claire Lemoine-Isabeau et al., *Belgische cartografie in Spaanse verzamelingen van de 16de tot de 18de eeuw: 1 october – 17 november 1985, Koninklijk Museum van het Leger en van Krijgsgeschiedenis, Brussel*, exhibition catalog (Brussels: Gemeentekrediet, 1985), esp. 20 and 97.

[183] 现在收藏在布鲁塞尔的比利时皇家图书馆。请参阅 Léopold Devillers, "Le Poivre (Pierre)," *Biographie nationale de Belgique* (Brussels: Thiry-van Buggenhoudt, 1866 –), vol. 2, cols. 888–891。

[184] Joseph van den Gheyn et al., eds., *Catalogue des manuscrits de la Bibliothèque Royale de Belgique* (Brussels, 1901 –), 11: 234–242，包括 Lepoivre 收藏的完整清单。

[185] Madrid, Palacio Real, MS. II 523.

[186] BL, Map Collection of George III, 4 Tab. 48.

[187] 他关于设防城镇的绘本平面图的藏品保存在 Madrid, Biblioteca Nacional, MS. 12792。

[188] 来自此西班牙材料的选集的发表见 Lemoine-Isabeau et al., *Belgische cartografie*。

在与西班牙的战争中，联合七省拥有两个重要的战略要地：它们保持着对斯海尔德河的统治地位，有效地从海上封锁了安特卫普以及莱茵河，这样使得它们能够进入中欧地区。作为回应，西班牙政府有两个解决方案来压制北部诸省的优势：一个项目是在佛兰德的格雷林亨湖（Grevelingen）的海港与斯海尔德河之间挖掘一条新的运河，[189] 另一个项目是于 1628 年完工的埃乌赫尼亚渠（Fossa Eugeniana），一条连接莱茵河和默兹河的运河。米夏埃尔·弗洛伦特·范朗伦的名字与这条运河地图的绘制密不可分。范朗伦是一位战时工程师和制图师，他曾绘制了比利时各省的区域地图和一幅 1635 年的布拉班特地图。然而，他站在西班牙一边，并在南部诸省进行了地图绘制。作为一名工程师，他对芬洛（Venlo）和莱茵堡之间的默兹河与莱茵河运河进行了调查。[190] 有了这条运河，西班牙人计划把莱茵河上的向北的运道改道，进入西班牙人占领的领土。它在两年（1626—1628 年）内完成，但是由于缺水，从来没有发挥过作用。由于当时的水文知识和技术有限，对这条运河的调查是最野心勃勃的。尤其是，水平的测量受到了不精确的仪器的影响。

范朗伦的运河地图是第一幅以一个数字比例尺来表达比例的地图，其比例尺为 1∶140000。[191] 在那个时候，传统上，比例尺被表现为如此多的"一寸杆"（roeden op de duim）。威廉·扬松·布劳将这幅地图的比例尺缩小到大约 1∶400000，以便编入胡戈·赫罗齐厄斯（Hugo Grotius）的《1627 年的赫龙洛之围》（*Grollae obsidio cum annexis*）和他自己的 1630 年地图集中，但布劳并没有承认范朗伦是作者。[192]

1579 年低地国家的军事测绘，主要分布在北部诸省

在联合七省争取独立的长期斗争中，进行了大规模的战斗和围城战，而几乎所有的城镇都修建了新的防御工事。军事方面的研究蓬勃发展，尤其是在 1590 年，总督约翰·毛里茨·范拿骚（Johan Maurits van Nassau）开始将西班牙人赶出低地国家北部以后。要塞建筑是这一研究最重要的部分之一，它最杰出的代表是西蒙·斯泰芬和阿德里安·安东尼松（Adriaan Anthonisz.）。

在七省联合共和国时期，军事制图与一般的地图学有所区别。由于缺乏强大的中央权威，一般的地图绘制很少超过单一省份的边界。有赖于 1579 年的乌得勒支联盟，国防成为少数几个中央集权的领域之一。军事地图绘制者并不局限于各省的边界，因此绘制出了超越省界的地图。此外，军队感兴趣的地区——边疆——可以使用的地图比共和国经济中心的地图要少。[193] 于是，这样的地图绘制在低地国家的地图学发展中占据了一个特殊的位置。

1286

---

[189] 一份 1616 年的绘本显示了这个项目的设计，收藏在 Simancas, Archivio General, MPD Ⅵ, 29；请参阅 Lemoine-Isabeau et al., *Belgische cartografie*, 59 – 60。

[190] A. J. Veenendaal, "De Fossa Eugeniana," *Bijdragen voor de geschiedenis der Nederlanden* 11 (1956)：2 – 39, esp. 36 – 37, and H. A. M. van der Heijden, "Nogmaals: De Fossa Eugeniana," *CaertThresoor* 17 (1998)：25 – 31。

[191] 请参阅 Peter van der Krogt, "Het verhoudingsgetal als schaal en de eerste kaart op schaal 1∶10000," *Kartografisch Tijdschrift* 21, no. 1/ Nederlands Geodetisch Tijdschrift: Geodesia 37, no. 1 (1995)：3 – 5。

[192] *MCN*, 4：107 – 108。

[193] F. W. J. Scholten, *Militaire topografische kaarten en stadsplattegronden van Nederland*, 1579 – 1795 (Alphen aan den Rijn: Canaletto, 1989), 5。

军事工程师和土地测量员

随着低地国家经济和基础设施的提升，以及从湖泊和海洋中围垦造陆，土地勘测成为一种职业发展起来。[194] 低地国家的工程师必须精通他们的专业的方方面面——设计和建造防御工事、解决防御线的洪水、设计壕沟，最后，还要绘制地图。

在反抗地区的南部区域，从 1576 年开始，向国会递交了需要工程师以帮助他们抵抗西班牙敌人的请求。在那一年，纳门（Namen）市需要一名在防御工事之下放置炸药方面经验丰富的工程师。[195] 许多来自低地国家北部和南部的工程师——他们原本为西班牙工作——后来被国会雇用在南部诸省工作。一些意大利专家也被国会聘请。1585 年安特卫普被占领之后，一些工程师搬到了低地国家北部，而其他的要塞建造师（又一次）选择了为西班牙工作。很少有长期的服务，也没有具体的专业培训；作为测量员、建筑师、木匠或泥瓦匠的经验通常是其就业的决定性因素。[196]

反抗运动中最重要的省份——荷兰，它是第一个雇用长期工程师的省份。阿德里安·安东尼松于 1579 年被任命为防御工事大师。不久之后，1584 年，当荷兰省和乌得勒支省受到西班牙侵略和掠夺的威胁时，他被任命为防御工事的总监。通过这种方式，荷兰省迈出了集中强化防御系统的第一步。1589 年，毛里茨·范拿骚开始担任国家军队的总司令，在他的领导下，军事改革加快了这一发展进程。军事技术得到了高度的重视，工程师开始在其中发挥更重要的作用。军事工程师的数量增加了：1590 年，有 13 名工程师为不同的部门工作，但到了 1598 年，人数则超过了 25 名。[197] 1599 年，毛里茨增加了工程师的职位名额，这一举措提供了一种新的推动力。他们的训练似乎完全是针对防御工事的修建。[198]

于是，军事工程师队伍的基础就奠定下来了。这种发展的一部分包括了 1600 年在莱顿大学建立一个工程项目。[199] 毛里茨自己也有这种背景，因为正是他的朋友兼老师西蒙·斯泰芬把这个项目组织起来的。这个项目包括数学、工程和土地测量等课程。1598—1635 年间，一个类似的课程在弗拉讷克的弗里西兰学院建立起来，阿德里安·安东尼松的儿子阿德里安·梅修斯进行授课。考虑到这一时期的情况，在这些大学的课程中使用荷兰语是一项决定性的创新。军事工程师的招募越来越多地依赖于没有接受过拉丁学校教育的年轻人。

斯泰芬本人并没有在大学授课，而是任命了两名教授：西蒙·弗朗松·范德梅尔文（Symon Fransz. van der Merwen）和卢多尔夫·范瑟伦（Ludolf van Ceulen），他们两人都是著名的土地测量员，他们都被任命为"工程学院教师"（meester in de Duytsche Mathematicque）。1600 年，第一批荷兰语的陆地测量教科书出版了：由约翰内斯·塞姆斯（Johannes

---

[194]　Westra 概述了 1572—1604 年间低地国家的 50 名工程师的薪酬和活动情况（*Nederlandse ingenieurs*, 98 - 107）。Scholten 还提供了一份工程师的名单，但是在 1579—1795 年间（*Militaire topografische kaarten*, 168 - 195）。他的调查也包括军事地图的其他绘制者。

[195]　Westra, *Nederlandse ingenieurs*, 22.

[196]　Westra, *Nederlandse ingenieurs*, 22 - 35.

[197]　Westra, *Nederlandse ingenieurs*, 62.

[198]　Scholten, *Militaire topografische kaarten*, 14.

[199]　请参阅 Westra, *Nederlandse ingenieurs*, 82 - 89。

Sems）和扬·彼得松·道（Jan Pietersz. Dou 或 Douw）撰写的《大地测量实践》（*Practijck des lantmetens*）（图 43.23）和《几何仪器原理》（*Van het gebruyck der geometrische instrumenten*）［莱顿：扬·布旺（Jan Bouwens）］。[200] 塞姆斯和道的工作为刚刚入行的工程师提供了一个良好的基础，当然实践经验仍然是非常重要的。在 17 世纪，出现了一门在勘测方面更具教学意义的课程，由马托伊斯·范尼斯彭（Mattheus van Nispen）开发出：《精简土地测量术》（*De beknopte lantmeetkonst*）（多德雷赫特，1662 年）。[201]

图 43.23 约翰内斯·赛姆斯（Johannes Sems）和扬·彼德松·道所绘《大地测量实践》的书名页，1600 年
由 Universiteitsbibliotheek Amsterdam［2404 F 13 （1）］提供照片

---

[200] 关于这些勘测书籍的全面描述，请参阅 Pouls, *De landmeter*, 246-251。

[201] 请参阅 Th. W. Harmsen, *De Beknopte Lant-Meet-Konst：Beschrijving van het leven en werk van de Dordtse landmeter Mattheus van Nispen*（circa 1628-1717）（Delft：Delftse Universitaire Pers, 1978），以及 Pouls, *De landmeter*, 251-254。

斯泰芬对低地国家应用数学的发展所发挥的影响力是至关重要的。[202] 斯泰芬介绍了小数,借此他得以在数学史上留名,但是他还写了一系列的基本论著,在导航技艺、排水的风车、宇宙志（1608 年,在伽利略之前,他发表了对哥白尼日心说的支持）、实用几何学,以及最广泛的防御工事 [（强化建筑）De sterctenbouwing] 等方面。[203] 他的几个学生,在军队服役后,被外国诸侯雇用,在他们的领土上修建防御工事,或者组织沼泽的围垦造陆;例如,科内利斯·费尔默伊登（Cornelis Vermuyden）被聘请参与 1630—1640 年间的英格兰的沼泽排水工程。

莱顿大学的这个项目开始时有大约 30 名学生,一直持续到 1681 年。除了军事工程师之外,几名为考试做准备的土地测量员也参加了课程。此外,在弗拉讷克和格罗宁根以及全国各地城镇的私立学校,也开设了其他的土地测量学的课程。1602—1641 年,荷兰省的 187 名土地勘测员被荷兰的政府承认为"宣誓土地测量员"（gesworen Candmeter）,其中 69 人曾在莱顿接受过工程学院的学习。[204] 莱顿项目的声誉与共和国境内建筑专业技能方面取得的进展直接成正比,许多来自低地国家北部地区的工程师也在国外找到了工作。[205] 然而,在 17世纪的进程中,这种训练开始失去声望。其中部分的原因是后来教授小弗兰斯·范斯霍滕（Frans van Schooten Jr.）与审查员约翰·扬松·斯塔皮翁（Johan Jansz. Stampioen）之间发生的竞争,1648 年,工程学院项目不再承认测量员了。[206]

1604 年,工程学院项目确立四年之后,国务委员会决定将"莱茵兰杆"（Rijnlandse Roede）作为要塞建筑和地图绘制的标准测量单位。鉴于当时存在无数的地方标准,对于一群工程师来说,一个统一标准的定义是必要的。此外,在毛里茨·范拿骚的鼓动下,一支特别的"军事工程师部队"（ingenieurs-géographes）成立了,其任务是监督防御工事。斯泰芬于 1604 年被任命为军队的制图师;[207] 从 1599 年开始,弗洛里斯·巴尔塔扎松的儿子巴尔塔扎·弗洛里松·范贝尔肯罗德曾随同联合行省军队,担任其勘测员和制图师。

巴尔塔扎·弗洛里松·范贝尔肯罗德的作品是 1620 年之后的一段时间内的代表作。作为一名土地测量员,他受雇于毛里茨·范拿骚以及后来的弗里德里克·亨德里克的军队。土地测量员同时也是军事工程师,被要求通过建造防御工事和发展围攻设防城镇的技术,在战争中扮演更积极的角色。1636 年,这位多才多艺的土地测量员被擢升为国家的测量员和制图师。

荷兰省已经被详细的地图所充分覆盖,足以编制比例尺为大约 1∶110000 的地图。这一比例尺被认为适用于军事地形图,这一观点在接下来的两个世纪里盛行。然而,并不存在对联合省份的军事调查,而且在各省主权独立的时期实际上这是不可能的。对于各省来说,同

[202] Dirk Jan Struik, *Het land van Stevin en Huygens*（Amsterdam：Pegasus,1958）.

[203] 请参阅 Ernst Crone et al.,eds.,*The Principal Works of Simon Stevin*,5 vols.（Amsterdam：C. V. Swets and Zeitlinger,1955–1966）。

[204] 请参阅 Muller and Zandvliet,*Admissies*,25–26。

[205] 请参阅 Westra,*Nederlandse ingenieurs*,75–81,以及 Pouls,*De landmeter*,288–331。除了工程师,Pouls 还主要讨论了尼德兰测量师在海外的活动。

[206] Scholten,*Militaire topografische kaarten*,16.

[207] 关于西蒙·斯泰芬绘制的几幅地图,请参阅 Frans Westra,"Bestaan er getekende militair-topografische kaarten of vest-ingplannen van Simon Stevin?" *Caert-Thresoor* 12（1993）：82–86。

1287

意依靠一名军队指挥官和一名监察员来组织防御工事，这已经是一种极大的牺牲了。直到
1815 年，才开展了一项军事调查，以调查和制作一份统一绘制的地形图，比例尺为
1：25000。[208]

防御工事和洪水的地图绘制（防御线的洪水）

尼德兰军事地图绘制的历史与其他国家在制定和使用设防城镇地图与军事战役地图方面
的历史是类似的。它在一个方面具有不同之处：洪水地图绘制。

1579 年，根据反抗的低地国家之间订立的《乌得勒支条约》，建立了一个包括军事调查
在内的联盟内所有联合军事行动的行政机构。在国务院的授权下，几名新任命的军事工程师
翻新了北部诸省修筑城墙城市的防御工事。这次工程采用了现代的意大利方法，在城墙外修
筑防御工事，而不是用旧的低地国家方法修建一个前面有护城河的坚固城墙。由于同盟与西
班牙正在交战，这些城镇不得不忍受西班牙的围攻，而农村地区也必须由防御线进行保护，
以防止被军队洗劫。这两种防御行动都需要地形测绘和绘制地形图与城镇平面图。这些工程
不仅由国务院的工程师和土地测量员进行，还由各州任命的各个省份的工程师和土地测量员
执行。

阿尔克马尔的土地测量员和要塞工程师阿德里安·安东尼松引介了意大利的防御体
系。[209] 终其一生，他是政府聘用的最重要的工程师。安东尼松不仅为大量的设防城镇提供了
新的防御系统，而且在地图学方面也做出了重要的贡献。从 1579—1620 年（安东尼松工作
的时期），几乎所有的城镇平面图都保留了下来（图 43.24）。[210] 尽管约翰·范里斯维克（Jo-
han van Rijswijck）、雅各布·肯普（Jacob Kemp）和达维德·范奥林斯（David van Orliens）
也都是出色的制图师，但大量此类平面图都是安东尼松绘制的。这一时期的城市平面图的特
点是对防御工事的高度重视；它们很少显示内城的地形。当时代的战略更偏好静态军队的围
攻，这解释了为什么与地形图的数量相比，保存下来的平面图数量更多。实际的敌对行动发
生在边境城镇，比如奥斯坦德（Oostende）（1641—1644 年）、贝亨奥普佐姆（1622 年）、
布雷达（1625 年和 1637 年），以及斯海尔托亨博斯（1629 年），由于在战略要地上扩大了
防御工事，这些城镇发生了变化。

另一项需要地形调查和工程建设的防御措施是洪水。通过淹没低洼地带，尼德兰人能够
更有效地、成本更低地建造防御线，这样使得他们成功地阻止了外国侵略者。针对西班牙军
队的防御行动导致了低地国家军事史上第一次有计划的大洪水。1574 年，莱顿从西班牙围

---

[208]　由此催生出的地图是根据威廉一世（Willem I）的敕令制作的，于 1850—1864 年出版，比例尺为 1：50000。

[209]　关于阿德里安·安东尼松，请参阅 Scholten, *Militaire topografische kaarten*, 19 – 20, 以及 Westra, *Nederlandse inge-nieurs*, 36 – 44。

[210]　Scholten, *Militaire topografische kaarten*, 22 – 23, 以及 W. H. Schukking, "Over den ouden vestingbouw in Nederland in de zestiende, zeventiende en achttiende eeuw," *Oudheidkundig Jaarboek*, 4th ser., vol. 6, no. 6 (1937): 1 – 26. Westra 概述了大约 1570—1600 年间低地国家工程师绘制的 70 幅手绘军事地图和军事地形图（*Nederlandse ingenieurs*, 108 – 112）。Scholten 的著作还包括一份大约 400 幅（手绘的和印刷的）军事城镇地图的清单，这些地图涵盖了 1579—1795 年之间（pp. 203 – 225）。这同样适用于他对 176 张军事地形图的研究。这些城镇地图和地形图全部收藏于 The Hague, Nationaal Archief。

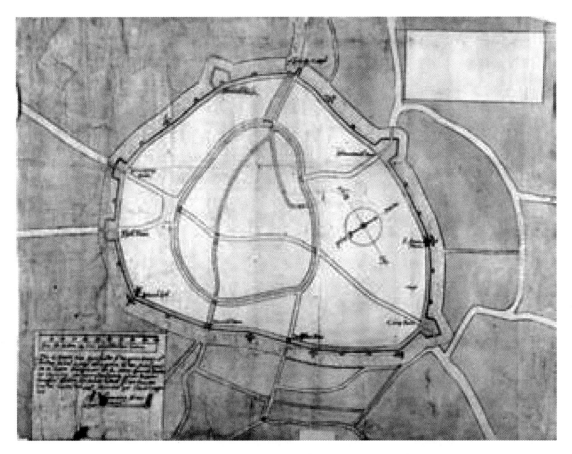

图43.24　阿德里安·安东尼松的阿默斯福特（AMERSFOORT）的设防城市平面图，1594年

由 Nationaal Archief, The Hague（VTH 3 516）提供照片。

攻者中解围的浮雕让尼德兰人印象深刻，同时也鼓舞了尼德兰人，但对于欧洲来说也是一个重要的新闻。为了纪念这一特别的军事行动，约斯特·扬松·兰卡尔特（Joost Jansz. Lanck-aert）的工作室编织出了一幅大型挂毯壁挂地图（图43.25）。[211] 它展示了被故意淹没的筑城城镇的周边环境，尼德兰海军士兵在驳船上攻击西班牙军队，从后面攻击壕堑中的西班牙军队，迫使他们撤退的情景。

后来，尼德兰人对数百平方公里范围内的土地进行调查、平整，并将其放置在绘本地图上作为引洪泛滥的基础。有赖于这些调查行动，尼德兰的历史学家们现在已经掌握了所谓的"荷兰防洪系统"（Hollandse Waterlinie）（该系列保护了荷兰省）、海尔德防洪系统（Gelderse Waterlinie）以及佛兰德和布拉班特的防洪系统的详细地形图。通过把敌人——潮汐之海变成自己的盟友，尼德兰人多次阻止了外国侵略者。[212]

1290

---

[211]　一份这一挂毯的精简复制品（带覆盖层的摹写件）于1974年问世：Studio Loridan et al.（Het Lanckaerttapijt）（Leiden：Stedelijk Museum de Lakenhal，1974）。

[212]　实际上，自从1567年反抗西班牙的起义爆发后，低地国家遭受了8次入侵，1568—1648年的西班牙军队；1672年、1702—1713年、1747—1749年、1795—1813年的法国军队；1787年的普鲁士军队；1940年的德国军队，以及1944—1945年的盟军。在所有这些战争中，尼德兰的水防线都在发挥作用。

图 43.25　约斯特·扬松·兰卡尔特所制作的莱顿挂毯，1587 年

这张挂毯现在悬挂在莱顿的同业公会中

原图尺寸：297×366 厘米。由 Stedelijk Museum De Lakenhal，Leiden（inv. 3358）提供照片。

除了有计划的洪水地图外，还绘制了作为防御线的天然屏障的军事地形图。这些地图通常展示出一个形状明确的区域，比如莱茵河、艾塞尔河和瓦尔河。除了河流本身的地形之外，周围的地形则很少得到描绘。这种地图的图像与当时的民用测量员的地图并无太大不同之处：插图的风格就是风景画的风格。然而，军事地形图的重点是河流、沼泽和盐沼塑造的天然屏障。[213]

总结评论

直到 16 世纪中叶，低地国家的官方地图绘制与欧洲其他地方发展的地图绘制并没有什么差别。中世纪时期，地图的使用还不是很普遍，而且很少地图得以保存下来。这些地图大多是由艺术家创作的，而不是基于系统的测量。其结果就是图画和抽象的地图元素的结合。

大约 1500 年开始在欧洲出现的地图意识的发展影响到了低地国家，地图在土地核算、水利设施维护、法律和军事行动中使用得越来越多。在 16 世纪的进程中，测量员开始致力于绘制地图。地理学家和堡垒建造者擅长地形测量。除了其他方式以外，这一发展表现在低地国家的 16 世纪的地图学中，有一个特点和复兴的高点：由地理学家雅各布·范德芬特创作的低地国家所有城市的绘本平面图。

范德芬特印刷的北部诸省地图和雅克·瑟洪及让·瑟洪的南部诸省的地图，为从 16 世纪的下半叶到 16 世纪末期低地国家地区地形图绘制的丰富传统提供了温床。16 世纪末，低地国家的政治宪法变化猛烈。这些变化还涉及负责官方地图绘制的机构的变化。在 16 世纪的主要部分，十七行省被查理五世统治下的哈布斯堡—西班牙帝国及其继任者腓力二世统治下的西班牙王国所统治。北方七省的反抗导致了联邦政治结构的发展。因此，当时由不同的政治机构负责官方的地图绘制工作。地图绘制工作隶属于省级，而不是联邦政府。1600—1670 年，这一时期的特征是地形图的绘制非常混乱。在西部诸省的地图上，一种只属于低地国家的独特的地图现象出现了：水利委员会地图绘制。与海洋作斗争使低地国家的人民成了 16 世纪海洋地图学领域真正的专家。由于其专门的性质，水利委员会地图绘制仍是低地国家的一种现象。由此产生的详细地形图的影响并没有超出低地国家的国界。

低地国家官方地图学发展的一个重要推动力是军事测绘。一开始，对城镇和行省的战略测量是由西班牙王室委托完成的。意大利的工程师不止一次地参与了这些努力。从 1579 年开始，也就是低地国家北部地区的反抗在政治上肇始的那一年，来自低地国家的工程师和测量员也重新焕发活力，进行地图绘制。他们制作了防御工事、战争和边境地区的地图。独特的洪水地图也制作出来了。在七省联合共和国时期，军事制图的组织比其他类型的官方地图工作更加集中。因此，军事地图制图师能够绘制出跨区域的地图。

在 16 世纪的进程中，低地国家的官方地图绘制变得越来越严格。在南部诸省，商业制图在早期就加入了这一发展。对于低地国家北部地区来说，一个坚实的地图绘制基础发展起来，将催生出阿姆斯特丹在 17 世纪的世界性的地图业垄断。

---

[213]　Scholten, *Militaire topografische kaarten*, 23 – 25.

1291　附录43.1　16世纪中叶低地国家各省（以此为主）第一批印刷的低地国家地图，1538—1581 年

表现区域	年份	设计者	首次印刷	重印或复制	副本（铜版雕刻年）
佛兰德	1538 年	彼得·范德贝克（Torrentinus）	彼得·德凯斯泽尔（根特，1538 年），木刻版，四图幅，75×99 厘米	贝纳尔德·范登皮特（1558 年）	赫拉德·德约德（安特卫普，约 1565 年），两图幅，54×73 厘米
	1540 年	赫拉尔杜斯·墨卡托	赫拉尔杜斯·墨卡托（鲁汶，1540 年）铜版雕刻，九图幅，95×123 厘米		雷米吉乌斯·霍亨贝赫（梅赫伦，约 1562 年），一图幅，36×49 厘米
布拉班特	1536 年之前	雅各布·范德芬特	雅各布·范德芬特（约 1536 年），木刻版，六图幅	阿诺尔德·尼科莱（Arnold Nicolai）（安特卫普，1558 年），木刻版，六图幅，82.5×76.5 厘米	赫拉德·德约德（安特卫普，1565 年），两图幅，56×62.5 厘米；赫拉德·德约德（安特卫普，约 1568 年），一图幅，35×49 厘米；弗朗斯·霍亨贝赫（科隆，1581 年），一图幅，36×42 厘米
尼德兰	1542 年之前	雅各布·范德芬特	雅各布·范德芬特（1542 年），木刻版，九图幅	贝尔纳德·范登普特（安特卫普，1558 年），木刻版，九图幅，110.5×79 厘米	赫拉德·德约德（安特卫普，1565 年），两图幅，72.5×54 厘米；科内利斯·德霍赫（Cornelis de Hooghe）[（安特卫普），1565 年]，一图幅，50×36 厘米；约翰内斯和卢卡斯·范多特屈姆、尼古拉斯·利弗林克斯（Nicolaas Liefrincx）（海牙，1569 年），六图幅，86×82 厘米
海尔德兰	1543 年	雅各布·范德芬特	雅各布·范德芬特（1543 年），铜版雕刻，九图幅	弗洛里斯·巴尔塔扎松（安特卫普，1556 年），铜版雕刻，九图幅，93×79 厘米	赫拉德·德约德（安特卫普，1574 年）
	1558 年	克里斯蒂安·斯格罗滕	希罗尼穆斯·科克（安特卫普，1564 年?），铜版雕刻，六图幅，82×77 厘米；贝纳尔德·范登皮特（安特卫普，1564—1570 年），? 图幅		
泽兰	1547 年	雅各布·范德芬特	雅各布·范德芬特（1547—1550 年），铜版雕刻，四图幅	威廉·西尔维于斯（Willem Sylvius）（安特卫普，1560 年），铜版雕刻，四图幅，51×70 厘米	

续表

表现区域	年份	设计者	首次印刷	重印或复制	副本（铜版雕刻年）
弗里斯兰 格罗宁根 德伦特 上艾瑟尔	1545 年	雅各布·范德芬特	雅各布·范德芬特（1545 年），木刻版，九图幅	贝纳尔德·范登皮特（安特卫普，1559 年），木刻版，九图幅，89×79 厘米	赫拉德·德约德（安特卫普，1568 年之前），53×44 厘米
埃诺	1548 年	雅克·德瑟洪	弗朗斯·霍亨贝赫（科隆，1572 年），铜版雕刻	亚伯拉罕·奥特柳斯（安特卫普，1579 年），铜版雕刻，一图幅《寰宇概观》	
那慕尔	1555 年	让·德瑟洪		1579 年	
卢森堡	1551 年	雅克·德瑟洪		1579 年	克里斯蒂安·斯格罗滕（1567 年）
阿图瓦	约1554年	雅克·德瑟洪		1579 年	
皮卡第	1557 年	让·德瑟洪		1579 年	
韦尔芒多瓦	1557 年?	让·德瑟洪	阿诺尔德·尼科莱（安特卫普，1558 年），铜版雕刻	1579 年	

资料来源：来自 H. A. M. van der Heijden, *Oude kaarten der Nederlanden*, 1548 – 1794: *Historische beschouwing*, *kaartbeschrijving*, *afbeelding*, *commentaar / Old Maps of the Netherlands*, 1548 – 1794: *An Annotated and Illustrated Cartobibliography*, 2 vols. (Alphen aan den Rijn: Canaletto/Repro-Holland; Leuven: Universitaire Pers, 1998), 1: 28 – 31, and Y. Marijke Donkersloot-De Vrij, *Topografische kaarten van Nederland vóór* 1750: *Handgetekende en gedrukte kaarten*, *aanwezig in de Nederlandse rijksarchieven* (Groningen: Wolters-Noordhoff and Bouma's Boekhuis, 1981)。

附录43.2　　印本水利委员会地图，1572—1650 年

1292

年份	制作者	标题	尺寸和比例尺	副本（非独家的）	参考*
约 1572 年	阿德里安·安东尼松	*Caerte van het Hontbos ende Zijplant …*	35 × 37 厘米，约 1 : 4000	Haarlem, Rijksarchief in Noord-Holland（nr. 1363）；Leiden, Universiteitsbibliotheek（Port. 31, nr. 69）	Kamp（1971），with facsimile；Donkersloot-De Vrij（1981），no. 674
1600 年	巴普蒂斯塔·范多特屈姆	*Zypae*	47 × 58.5 厘米，约 1 : 25000	Amsterdam, Universiteitsbibliotheek（O. K. 67）；Leiden, Universiteitsbibliotheek（Port. 31, nr. 70）	Donkersloot-De Vrij（1981），no. 96
1607 年	Pieter Cornelisz. Cort	*Caarte vande gheleghentheyt vande Beemster …*	37 × 45.5 厘米，约 1 : 40000	Amsterdam, Rijksprentenkabinet（RP-P-AO-7a - 1）；Leiden, Universiteitsbibliotheek（Port. 30, nr. 62）	De Vries（1983），1, with facsimile；Donkersloot-De Vrij（1981），no. 711
1611 年	阿德里安·安东尼松	*Wieringer Waert*	63 × 74.5 厘米，约 1 : 13000	Amsterdam, Universiteitsbibliotheek（21 - 14 - 01，I - 2 - A - 5〔47〕，I - 2 - A - 5〔46〕and 23 - 04 - 05）；The Hague, Algemeen Rijksarchief（VTH 2498A and VTH 2498B）	Donkersloot-De Vrij（1981），no. 100

续表

年份	制作者	标题	尺寸和比例尺	副本（非独家的）	参考[a]
1611 年	弗洛里斯·巴尔塔扎松	VVare Afbeeldinghe Vant dyckgraefschap Van Delfland	98 × 92 厘米，（十一图幅）约 1：28000	第一版在 The Hague, Nationaal Archief（VTH 2338A）	Postma（1972），with facsimile; Donkersloot-De Vrij（1981），no. 719; Hameleers（1986），435 – 443
1611 年	弗洛里斯·巴尔塔扎松	…Caert van Schielandt …	99 × 150 厘米，（十五图幅），约 1：19000	Amsterdam, Universiteitsbibliotheek（10 – B – 21 and 1801 – A – 14）; Delft, Oud Archief Delfland（K. V. D. : 1. 006）	Crol（1972），with facsimile; Donkersloot-De Vrij（1981），720; Hameleers（1986）
约 1612 年	Lucas Jansz. Sinck	Kaart van de Beemster	60 ×84. 5 厘米，（两图幅），约 1：23000	第一版在 Archiefdienst voor Kennemerland（51 – 301）; Leiden, Universiteitsbibliotheek（Port. 30，nr. 41）	De Vries（1983），2A – 2E, with facsimile; Donkersloot-De Vrij（1981），no. 131
1613 年	佚名	Kaart van de Beemster	18 × 23 厘米，约 1：50000	第一版在 Leiden, Universiteitsbibliotheek（Thysius pamflet 1830）; private collection	De Vries（1983），7A and 7B, with facsimile.
1615 年	弗洛里斯·巴尔塔扎松	Kaart van het hoogheemraadschap Rijnland	165 ×162 厘米，（二十图幅），约 1：30000	第一版在 Leiden, Universiteitsbibliotheek（Port. 13，nr. 9 and Atlas 184）; BL（Klencke Atlas）	Hart（1972），with facsimile; Donkersloot-De Vrij（1981），715
1622 年	Lucas Jansz. Sinck	Caerte van de Purmer	85 × 100 厘米，（四图幅），约 1：10000	第一版在 The Hague, Nationaal Archief（VTH 2635）	Donkersloot-De Vrij（1981），no. 147
1624 年	扬·彼得松·道	Caerte vande Lisser Polder …	19. 5 × 32. 5 厘米，约 1：14000	Leiden, Oud Archief Rijnland（A. 1219）; Leiden, Universiteitsbibliotheek（IV – 8 – 2）	
1626/ 1627 年	Reijer Cornelisz. et al.	Caerte vande Wormer …	46 × 72 厘米，约 1：13000	第一版在 Leiden, Universiteitsbibliotheek（Port. 29, nr. 141）; Wageningen, Landbouwuniversiteit（RKK 87）	Donkersloot-De Vrij（1981），no. 146
1628 年	S. N. Boonacker	Caerte vande Buyckslooter, Broecker endeBelmer Meeren …	26 × 47 厘米，约 1：18000	Amsterdam, Rijksprentenkabine（RP-P-AO-7a-21）; Leiden, Universiteitsbibliotheek（Port. 29，nr. 164）	Donkersloot-De Vrij（1981），no. 151
1629 年	Nicolaas Bonifatius	Caerte vande Naerder ofte Uijtermeerse Meer	47 ×71. 5 厘米，约 1：15000	Amsterdam, Rijksprentenkabinet（RP-P-AO – 8 – 59）; Leiden, Universiteitsbibliotheek（Port. 24，nr. 5）	Donkersloot-De Vrij（1981），no. 180
1631 年	Anthonis Adriaensz. Metius et al.	Caerte van de Heer-Huygen-Waert …	56 × 56 厘米，约 1：25000	Amsterdam, Universiteitsbibliotheek［23 – 05 – 29，I – 2 – A – 5（63）and I – 2 – A – 5（64）］; The Hague, Nationaal Archief（VTH 2626A and VTH 2626B）	Donkersloot-De Vrij（1981），no. 118; Hameleers（1987），126 – 129

1293

续表

年份	制作者	标题	尺寸和比例尺	副本（非独家的）	参考[a]
1631 年	Cornelis Danckertsz. De Rij	*Ware afbeeldinge vande Watergrafs Meer . . .*	18.5×18.5 厘米，约 1：28000	Haarlem, Rijksarchief in Noord-Holland（nr. 1294）; Wageningen, Landbouwuniversiteit（RCt 232）	Donkersloot-De Vrij（1981），no. 162
1635 年	Pieter Wils	*Caerte vande Scher-Meer . . .*	48 × 62 厘米，约 1：20000	The Hague, Algemeen Rijksarchief（VTH 2638）; Leiden, Universiteitsbibliotheek（Port. 30，nr. 68）	Donkersloot-De Vrij（1981），no. 129
1638 年	Jan Jansz. Backer	*Caerte van de Einghe-Wormer . . .*	28.5×32 厘米，约 1：12500	Haarlem, Rijksarchief in Noord-Holland（nr. 1065）; Leiden, Universiteitsbibliotheek（Port. 29，nr. 140）	Donkersloot-De Vrij（1981），no. 145
1639/1640 年	Jacob Bartelsz. Veris	*Provisioneel concept ontwerp ende voorslach dienende tot de bedyckinge vande groote water meeren*	47.5×70 厘米，约 1：56000	第一版收藏在 Leiden, Universiteitsbibliotheek（Port. 23，nr. 44）	Donkersloot-De Vrij（1981），no. 716b
1641 年	Cornelis Lennartsz. Kouter	*Kaarte van de vry-heer-lykheyd Velgers Dyck*	45 × 56 厘米，约 1：4000	Amsterdam, Rijksprentenkabinet（RP-P-AO – 14b – 65）; Brielle, Waterschap de Brielse Dijkring（Inventaris Polder Drenkwaard, Velgersdijk nr. 230）; The Hague, Koninklijke Bibliotheek（1041 B 37）	Hordijk（1984），with illustration of the map
1641 年?	Jan Adriaansz. Leeghwater	*Caerte ende voorbereydinge tot het bedyke vande Haerlemmer-Meer*	16.5 × 37.5 厘米，约1：165000	Haarlem, Archiefdienst voor Kennemerland（Lade X，nr. 813）; Leiden, Universiteits-bibliotheek（Port. 23，nr. 39）	Donkersloot-De Vrij（1981），no. 716d
1643 年	Nicolaas Stierp	*Caerte vande Starnmeer . . .*	46×51.5 厘米，约 1：9000	Amsterdam, Universiteits-bibliotheek（61 – 01 – 33）; Leiden, Universiteitsbibliotheek（Port. 29，nr. 156）	Donkersloot-De Vrij（1981），no. 127
1644 年	Daniël van Breen	*Ware afbeeldinge vande bedyckte Beemster-landen . . .*	92 × 117 厘米，（六图幅），约 1：11500	No copies offirst edition known. Second edition in Amsterdam, Universiteitsbibliotheek［63 – 03（33/38）and I – 2 – A – 5（72/77）］; Wageningen, Landbouwuniversiteit（RKK 85 and RCt 241）	De Vries（1983），10, with facsimile

1294

续表

年份	制作者	标题	尺寸和比例尺	副本（非独家的）	参考[a]
1647 年	Jan Jansz. Dou and Steven van Broeckhuysen	*Het hooge heymraetschap van Rhynland*	196 × 230 厘米，（十二图幅），约 1：30000	第一版在 Leiden, Oud Archief Rijnland（Atlas 8）；Leiden, Universiteitsbibliotheek（Port. 13, nr. 9）	Hart（1969）, with facsimile of the third edition; Donkersloot-De Vrij（1981）, no. 715
1647 年	佚名	*Caerte ende afbeeldinge vande ghelegentheyt der heerlyckheyt van Nieukoop …*	57 × 92 厘米，（两图幅），约1：10000	The Hague, Nationaal Archief（VTH 2285 and OBGK L2 – 28）；Leiden, Universiteitsbibliotheek（Port. 15, nr. 59 and Port. 15, nr. 60）	Donkersloot-De Vrij（1981）, no. 312
1650 年	Claes Vastensz. Stierp	*Afbeeldinge van de Stommeer …*	84 × 72 厘米，约 1：3000	第一版在 Amsterdam, Universiteits-bibliotheek Vrije Universiteit（LL. 02745gk：16232/od/1650）；Haarlem, Rijksarchief in Noord-Holland（nr. 1988）	Donkersloot-De Vrij（1981）, no. 172

[a]这一卷的参考文献如下：

Crol，W. A. H. 1972. *De kaart van het Hoogheemraadschap van Schieland door Floris Balthasars*，1611. Alphen aan den Rijn：Canaletto. De Vries, Dirk. 1983. *Beemsterlants caerten：Een beredeneerde lijst van oude gedrukte kaarten*. Alphen aan den Rijn：Canaletto.

Donkersloot-De Vrij，Y. Marijke. 1981. *Topografische kaarten van Nederland vóór 1750：Handgetekende en gedrukte kaarten, aanwezig in de Nederlandse rijksarchieven*. Groningen：Wolters-Noordhoff and Bouma's Boekhuis.

Hameleers，Marc. 1986. "De kaarten van Delfland en Schieland uit 1611 door Floris Balthasars." *Antiek* 20，no. 8：435 – 443.

——. 1987. *West-Friesland in oude kaarten*. Wormerveer：Stichting Uitgeverij Noord-Holland.

Hart，G.'t. 1972. *De kaart van het Hoogheemraadschap van Rijnland door Floris Balthasars*，1615. Alphen aan den Rijn：Canaletto.

——. 1969. *Kaartboek van Rijnland 1746*. Alphen aan den Rijn：Canaletto.

Hordijk，L. W. 1984. *Inventaris van de archieven van de polder Drenkwaard 1609 – 1973*. Brielle：Streekarchivariaat Voorne-Putten en Rozenburg.

Kamp，A. F. 1971. *Proeve van beschrijving bij de caerte vant Hontbos ende Zijplant*. Alkmaar.

Postma，C. 1972. *De kaart van het Hoogheemraadschap van Delfland door Floris Balthasars*，1611. Alphen aan den Rijn：Canaletto.

1295　附录 43.3　　　　　　　　　　印本行省地图的原型，1575—1698 年

日期	表现区域	比例尺	制作者	重印或复制
1575 年	北荷兰	约 1：100000	约斯特·扬松·比尔哈默和哈尔门·阿勒特松·范瓦门胡伊森	重印于 1608 年和 1778 年

续表

日期	表现区域	比例尺	制作者	重印或复制
1579 年 (奥特柳斯的《寰宇概观》)	格罗宁根和弗里斯兰	约 1∶260000	西布兰杜斯·莱奥	在之后复制
1599 年	乌得勒支	约 1∶180000	科内利斯·安东尼斯·霍恩霍维厄斯	17 世纪后半叶重印
1600 年	格罗宁根和弗里斯兰	约 1∶180000	戴维·法布里修斯和约翰内斯·范多特屈姆	后来在地图集中重印
1603 年	林堡(公国)		埃迪乌斯·马丁尼	在 1606 年之后重印
1606 年	格罗宁根、弗里斯兰、德伦特和上艾瑟尔	约 1∶270000	巴普蒂斯塔·范多特屈姆	
1616 年	格罗宁根	约 1∶170000	巴托尔德·维歇林格	1629 年之后重印
1618 年	弗里斯兰	约 1∶200000	尼古拉斯·范吉尔科肯	重印于 1642 年和 1665 年
1621 年	荷兰	约 1∶110000	巴尔塔扎·弗洛里松·范贝尔肯罗德	重印于 1637 年、1651 年、1656 年和 1660—1682 年;1629 年之后复制
1622 年	弗里斯兰	约 1∶170000	阿德里安·梅修斯和赫拉德·弗赖塔格	在约道库斯·洪迪厄斯和威廉·扬松·布劳的地图集中复制
1625—1635 年	布拉班特的安特卫普地区	约 1∶120000	米夏埃尔·弗洛伦特·范朗伦	1634 年之后复制
1634 年	迈尔里·范斯海尔托亨博斯	约 1∶180000	维勒布罗杜斯·范德博格特	1634 年之后复制
1634 年	德伦特	约 1∶200000	科内利斯·皮纳克	1636 年之后复制
1638 年之前	佛兰德	约 1∶190000	亨里克斯·洪迪厄斯和亚历山大·赛汉德斯	由威廉·扬松·布劳复制于 1638 年
1639 年	海尔德兰及其四地区	约 1∶170000—1∶210000	尼古拉斯·范吉尔科肯	在之后有很多副本
1644 年	卢森堡	约 1∶250000	米夏埃尔·弗洛伦特·范朗伦	重印于 1671/1672 年
1650 年	上艾瑟尔	约 1∶100000	尼古拉斯·坦恩·哈弗	重印于 1734 年;复制于 1652 年及之后
1654/1655 年	泽兰	约 1∶40000	扎哈里亚斯·罗曼和尼古拉斯·菲斯海尔一世	重印于 1656 年、1680 年和约 1730 年
1656 年	布拉班特(公国)	约 1∶110000	扎哈里亚斯·罗曼和尼古拉斯·菲斯海尔一世	重印于 1661 年和 1703 年
1664 年	弗里斯兰	约 1∶65000—1∶100000	伯纳德斯·朔布塔努斯·阿斯特林加	复制于地图集中
1677/1678 年	格罗宁根	约 1∶100000	威廉和弗雷德里克·孔德斯·范赫尔彭(Wilhelm and Frederik Coenders van Helpen)	

续表

日期	表现区域	比例尺	制作者	重印或复制
约1681—1685 年	格罗宁根	约1∶125000	卢多尔夫·恰达·范斯塔肯博赫（Ludolf Tjarda van Starckenborgh）和尼古拉斯·菲斯海尔二世	重印和复制于1719 年之后
约1690 年	尼德兰	约1∶300000	尼古拉斯·菲斯海尔二世	重印和复制于1690 年之后
1696 年	乌得勒支	约1∶40000	贝尔纳·德罗希	重印于1743 年
1698 年	弗里斯兰	约1∶25000—1∶43000	伯纳德斯·朔布塔努斯·阿斯特林加	重印于1718 年

资料来源：主要基于 C. Koeman，*Geschiedenis van de kartografie van Nederland*：*Zes eeuwen land-en zeekaarten en stadsplatte-gronden*（Alphen aan den Rijn：Canaletto，1983），79 – 109。

第四十四章 低地国家的商业地图学和地图制作，1500—约1672年

科内利斯·肯曼、金特·席尔德（Günter Schilder）、
马尔科·范埃赫蒙德、彼得·范德克罗赫特（Peter van der Krogt）

鲁汶：学术中心

16世纪低地国家的商业制图中心是安特卫普，那是一个拥有印刷商、书商、雕刻师和艺术家的城市。但鲁汶是学术的中心，是大学里的学者和学生聚会的场所。就像维也纳—克洛斯特新堡（Klosterneuburg）（在15世纪的前半叶）、孚日省（Vosges）的圣迪耶（Saint-Dié）（约1490—1520年），以及巴塞尔（1520—1579年，塞巴斯蒂安·明斯特尔在那里工作）等地一样，鲁汶成了思想和教育交流的中心，并对地图学产生了重要的影响。

早在16世纪的最初几十年里，鲁汶大学（University of Leuven）及其附近地区就在数学、球仪制作和仪器制造等方面进行了实践。[①] 它是低地国家最古老的大学（创立于1425年），既是最古老的科学中心，也是最古老的实用制图中心。如果没有鲁汶的几位杰出学者（杰玛·弗里修斯、雅各布·范德芬特和赫拉尔杜斯·墨卡托）的影响，低地国家的地图学就不会达到它这样高的质量，也不可能发挥它这样巨大的影响。

鲁汶与英格兰的联系为其影响力提供了一个范例。1547年，一位多才多艺的英格兰学者——约翰·迪伊（John Dee）到海外去与"一些有学问的人——他们主要是数学家，诸如杰玛·弗里修斯（Gemma Phrysius）、赫拉尔杜斯·墨卡托、加斯帕·阿·米利卡（Gaspar à Myrica，又作 Gaspard van der Heyden）、安东尼乌斯·戈加瓦（Antonius Gogava）"——讨论。在鲁汶逗留了几个月之后，他带着杰玛·弗里修斯制作的一些天文仪器和墨卡托制作的

---

* 本章所使用的缩写包括：*Abraham Ortelius* 代表 M. P. R. van den Broecke, Peter van der Krogt, and Peter H. Meurer, eds. , *Abraham Ortelius and the First Atlas：Essays Commemorating the Quadricentennial of His Death*, 1598 – 1998（'t Goy-Houten：HES, 1998）；*Gerardus Mercator Rupelmundanus* 代表 Marcel Watelet, ed. , *Gerardus Mercator Rupelmundanus*（Antwerp：Mercatorfonds, 1994）；GN for Peter van der Krogt, *Globi Neerlandici：The Production of Globes in the Low Countries*（Utrecht：HES, 1993）；KAN 代表 Peter van der Krogt, *Koeman's Atlantes Neerlandici*（'t Goy-Houten：HES, 1997 – ）；MCN 代表 Günter Schilder, *Monumenta cartographica Neerlandica*（Alphen aan den Rijn：Canaletto, 1986 – ）。

① Antoine De Smet, "Louvain et la cartographie scientifique dans la première moitié du XVIᵉ siècle," *Janus* 54（1967）：220 – 223.

两架大型球仪，回到了英格兰。② 1548—1550 年，迪伊再次来到了鲁汶，在那个时期，他与墨卡托的联系最为密切。

　　鲁汶地理学圈子里的一个重要成员是金匠和仪器制造师加斯帕尔·范德海登（Gaspard van der Heyden）。③ 他雕刻并制作了由梅赫伦的弗朗西斯库斯·莫纳库斯（Franciscus Monachus）设计的地球仪［这架地球仪是由罗兰·博拉尔（Roeland Bollaert）于大约 1526/1527 年委托他制造的］，以及由杰玛·弗里修斯在 1529/1530 年、1536 年和 1537 年设计的球仪。④ 低地国家制造的第一架球仪——莫纳库斯地球仪，并没有保存下来。我们知道它的存在，是通过《世界地理志》（De orbis situ）的一份印本，在它的书名页上，印出了经过简化的两个半球的图像（参见图版 10.2）。⑤ 尽管它很小，但还是非常重要的，因为它既是低地国家印制的最古老的雕版地图，还是第一幅用两个半球来表现世界的地图。

　　杰玛·弗里修斯是 16 世纪鲁汶的地理学圈子最著名的代表人物之一。⑥ 受彼得·阿庇安和塞巴斯蒂安·明斯特尔等德国学者以及低地国家的数学家们的影响，他的球仪和球仪手

1297

---

② *GN*, 70；E. G. R. Taylor, *Tudor Geography*, 1485 – 1583 (London: Methuen, 1930), 256; and Antoine De Smet, "Leuven als centrum van de wetenschappelijke kartografische traditie in de voormalige Nederlanden gedurende de eerste helft van de 16ᵉ eeuw," in *Feestbundel opgedragen aan L. G. Polspoel* (Louvain: Geografisch Instituut, Katholieke Universiteit, 1967), 97 – 116, esp. 113 – 14, reprinted in *Album Antoine De Smet* (Brussels: Centre National d'Histoire des Sciences, 1974), 329 – 345, esp. 343. 迪伊在自传中写到，1583 年，暴徒毁掉了他的图书馆，球仪、仪器和很多图书都丢失了。另请参阅 R. A. Skelton, "Mercator and English Geography in the 16th Century," in *Gerhard Mercator*, 1512 – 1594: *Festschrift zum 450. Geburtstag*, Duisburger Forschungen 6 (Duisburg-Ruhrort: Verlag fur Wirtschaft und Kultur W. Renckhoff, 1962), 158 – 170, esp. 159; Peter J. French, *John Dee: The World of an Elizabethan Magus* (London: Routledge and Kegan Paul, 1972); Taylor, *Tudor Geography*, 78 – 139; and Helen Wallis, "Globes in England Up to 1660," *Geographical Magazine* 35 (1962 – 1963): 267 – 279。

③ 范德海登还以 Gaspar à Myrica、de Merica 或 Amyricius 等名而为人所知。请参阅 Antoine De Smet, "Heyden (A Myrica, De Mirica, Amyricius) Gaspard van der (Jaspar of Jasper), goudsmid, graveur, constructeur van globen en wellicht van wiskundige instrumenten," in *Nationaal biografisch woordenboek* (Brussels: Paleis der Academien, 1964 –), 1: 609 – 611, and *GN*, 41 – 48, esp. 46。

④ *GN*, 409 – 12 (BOL Ⅰ), and Antoine De Smet, "L'orfèvre et graveur Gaspar vander Heyden et la construction des globes à Louvain dans le premier tiers du XVIᵉ siècle," *Der Globusfreund* 13 (1964): 38 – 48, reprinted in *Album Antoine De Smet* (Brussels: Centre National d'Histoire des Sciences, 1974), 171 – 182.

⑤ *De orbis situ ac descriptione, ad reuerendiss* (1526/27). 请参阅 Antoine De Smet, "Cartographes scientifiques néerlandais du premier tiers du XVIᵉ siècle—Leurs références aux Portugais," *Revista da Faculdade de Ciências, Universidade de Coimbra* 39 (1967): 363 – 374, 重印于 *Album Antoine De Smet* (Brussels: Centre National d'Histoire des Sciences, 1974), 123 – 130. 弗朗西斯库斯·莫纳库斯的简短生平概述，见 Peter H. Meurer, *Fontes cartographici Orteliani: Das "Theatrum orbis terrarum" von Abraham Ortelius und seine Kartenquellen* (Weinheim: VCH, Acta Humaniora, 1991), 202 – 203, and Robert W. Karrow, *Mapmakers of the Sixteenth Century and Their Maps: Bio-Bibliographies of the Cartographers of Abraham Ortelius*, 1570 (Chicago: For the Newberry Library by Speculum Orbis Press, 1993), 407 – 409。另请参阅 *GN*, 43 – 44。

⑥ Fernand van Ortroy, *Bio-Bibliographie de Gemma Frisius* (1920; reprinted Amsterdam: Meridian, 1966); Henry de Vocht, *History of the Foundation and the Rise of the Collegium Trilingue Lovaniense*, 1517 – 1550, 4 vols. (Louvain: Bibliothèque de l'Université, Bureaux de Recueil, 1951 – 1955), 2: 542 – 565; Karrow, *Mapmakers of the Sixteenth Century*, 205 – 215; and Antoine De Smet, "Gemma (Gemme, Jemme, Gemmon, Stratagema), Frisius (Phrysius, de Fries), wiskundigeastronoom en astroloog, geneesheer, professor in de wiskunde en de geneeskunde te Leuven, ontwerper van globen en wiskundige instrumenten, auteur van geografische en wiskundige traktaten," in *Nationaal biografisch woordenboek* (Brussels: Paleis der Academiën, 1964 –), 6: 315 – 331. 关于杰玛·弗里修斯名字的正确形式存在分歧。Van Ortroy 在 *Bio-Bibliographie*, 9 – 12 中清楚地表明，"Gemma" 是他的受洗名，而不是其姓氏。在其科学著作中，杰玛从未使用过这种形式，而是以他的国家的形容词形式——弗里西安（弗里斯兰人）作为一种姓氏。但是，请参阅 p. 480, note 21。

册［《天文学和宇宙志原理》（*De principiis astronomiae & cosmographiae*），1530 年］，对地理学做出了重要的贡献。然而，值得注意的重要一点是，范德海登和墨卡托在球仪的制造和雕刻领域进行了合作。从天球仪的图例来看，这一点非常清楚："由医生和数学家杰玛·弗里修斯、加斯帕·阿·米利卡（范德海登）以及鲁珀尔蒙德（Rupelmonde）的赫拉尔杜斯·墨卡托制作，耶稣诞生第 1537 年。"[7]

　　杰玛·弗里修斯也因他肇始于 1529 年的彼得·阿庇安《宇宙志》的新版本而知名。[8]在对 1533 年拉丁版所做的补充中，他首次发表了对土地测量应用几何学的一项基本的新贡献：《一种描述地点的小册子》（*Libellvs de locorvm describendorvm ratione*）。[9] 杰玛·弗里修斯引介了一种与明斯特尔所描绘相反的地形测量方法，[10] 这是一种从两个位置进行视线交叉的方法："前方交会法"（voorwaartse snijding，前视切割或交叉）。事实上，这是三角测量的原则，而杰玛·弗里修斯是第一个发表将其用于地图测绘的完整描述的人。在他的论著中介绍的另外两项发明是他的"通用星盘"（astrolabium catholicum），以及通过携带计时器进行旅行的方式来确定地理经度差异的理论描述。[11] 由于《一种描述地点的小册子》的巨大成功，长期以来，杰玛·弗里修斯被认为是现代调查测绘的创始人。甚至据说他指导了地理学家雅各布·范德芬特，后者在其低地国家的省域和城镇地图上使用了三角测量。尽管杰玛·弗里修斯和范德芬特在同一所大学学习，而且他们都学习数学课程，但杰玛·弗里修斯在 1520 年作为学生进行了注册，而范德芬特在 1526 年之前没有注册。德斯梅特（De Smet）提出，不是杰玛·弗里修斯，而是范德芬特，首先把三角测量作为一种尼德兰区域地图的地形测量方法进行应用。[12] 由范德芬特进行测绘，并于 1536 年发表的布拉班特公国地图，以及范德芬特随后绘制的地图的几何精确性，都毫无疑问地表明其使用了三角测量。在 1543 年海尔德兰地图的图例中发现了最后的证据："但是那些没有这个符号⊙的地方并没有像其他地方那样那么好且完美地进行了地图绘制，因为不能自由地移动和进行测量。"然而，这些地方的位置比迄今为止发布的任何其他地图都要可靠。从 1533 年《一种描述地点的小册子》的出现到 1536 年的布拉班特地图的出版，这段时间如此之短暂，以至于范德芬特没有对如此大的区域进行三角测量。比范德芬特或杰玛·弗里修斯两人首次使用三角测量这类问题更重要的是，这一方法的理论与实践是鲁汶大学数学基础研究的结果。

---

⑦　De Smet, "L'orfèvre et graveur Gaspar vander Heyden," 47 (179 in reprint), and *GN*, 55 and 410 –412 (FRI Ⅰ／Ⅱ) .

⑧　Van Ortroy, *Bio-Bibliographie de Gemma Frisius*, 165 –185, and Karrow, *Mapmakers of the Sixteenth Century*, 205.

⑨　《一种描述地点的小册子》的一份新的排印版本，见 Gemma Frisius, *Een nuttig en profijtelijk boekje voor alle geografen*, intro. H. C. Pouls（Delft：Nederlandse Commissie voor Geodesie, 1999）。

⑩　Sebastian Munster, *Erklerung des newen Instruments der Sûnnen nach allen seinen Scheyben und Circkeln: Item eyn Vermanung Sebastiani Munnster an alle Liebhaber der Künstenn*, *im Hilff zu thun zu warer unnd rechter Beschreybung Teütscher Nation*（Oppenheim：Iacob Kobel, 1528）。

⑪　"通用星盘"是指通用的（即多用途的）星盘。它类似于天文学中使用的星盘，由一个金属圆板组成，刻度盘上有两个视野，有两个方向。与这个天文仪器不同的是，由杰玛·弗里修斯设计的星盘是由厚纸制成的，并提供一个圆形的盘子，在这个圆形的盘子上，子午线和平行的地理网格在一个立体投影中显示。顶部是一个尺子和一个金属臂，它可以移动到方格上，并在任何想要的地理坐标上设置一个指针。领航员使用该设备实现了导航中标准问题的快速图形解决方案（例如，考虑到两个端口的地理坐标，可以计算它们之间的距离）。请参阅 C. Koeman, "The Astrolabium Catholicum," *Revista da Universidade de Coimbra* 28（1980）：65 –76。

⑫　De Smet, "Leuven als centrum van de wetenschappelijke kartografische traditie," 334 –336.

1278   "前方交会法"描述了数学事实的图形应用。使用已知端点的基线，通过计算这个点与基线的端点的两个角度，就可以很简单地确定另一个点的位置。因此，没有必要测量或估计点与基线之间的距离。杰玛·弗里修斯通过参考在布拉班特的一次测量，及使用布鲁塞尔和安特卫普之间的想象的基线（见图 19.3），解释了他的发现。他的工作方法比当时的其他方法更快、更精确，包括用步长、杆或测量线来测量多边形的边和经过的距离，以构建多边形。

       "前方交会法"在尼德兰测量员中很流行了很长一段时间。在约翰内斯·泽姆斯（Johannes Sems）和扬·彼得松·道制作的手册《大地测量实践》（第一版：莱顿，1600 年）中，[13] 使用了在北荷兰省利用莱顿—代尔夫特作为基线的一次测量来解释了同样的方法，它在总体上显示了鲁汶传统的长期影响，特别是杰玛·弗里修斯在低地国家进行的土地测量。

       在 17 世纪早期，莱顿天文学家维勒布罗德·斯内尔·范罗延（Willebrord Snell van Royen），也就是斯内利厄斯（Snellius），对荷兰、乌得勒支和布拉班特等省进行了广泛的三角测量。他主要对地球的大小感兴趣，并希望通过度数测量来确定。为了实现这个目标，他对各个地点的位置进行了天文计算，并将其用一个三角网格连接起来。然而，斯内利厄斯的工作对低地国家的测量方法没有产生什么影响。在那个时代，没有人认为精确的三角测量可以成为测量和绘制大面积区域地图的绝佳基础。[14] 虽然有迹象表明，在 1710—1716 年间，我们现在称之为"林堡"的地区的三角测量工作已经完成了，[15] 但直到 1801—1811 年，低地国家北部地区（当时被称为巴达维亚共和国）的第一次广泛的三角测量才得以进行。

商业地图在低地国家的兴起（约 1672 年之前）

       商业制图——为盈利的目的而制作与销售地图、地图集和球仪——[16] 的历史在 17 世纪末期的低地国家可以分为两个部分。第一个是低地国家南部地区时期，安特卫普是制作中心，直到大约 1600 年。随后，也包括几十年的重叠时期，是低地国家北部地区时期，在此期间，地图和地图集的制作则集中在阿姆斯特丹。赫拉尔杜斯·墨卡托是低地国家商业地图

⑬ 图 43.23；关于扬·彼得松·道及其与约翰内斯·泽姆斯之间的关系，请参阅 Frans Westra，"Jan Pietersz. Dou (1573 – 1635)：Invloedrijk landmeter van Rijnland，" *Caert-Thresoor* 13（1994）：37 – 48。这篇文章包括了由道绘制的一系列地图和地图册（kaartboeken）。

⑭ J. D. van der Plaats，"Overzicht van de graadmetingen in Nederland，" *Tijdschrift voor Kadaster en Landmeetkunde* 5 (1889)：3 – 42，esp. 3 – 38；N. D. Haasbroek，"Willebrord Snel van Royen，zijn leven en zijn werken，" in *Instrumentatie in de geodesie*（Delft：Landmeetkundig Gezelschap "Snellius，" 1960），10 – 39；and H. C. Pouls，*De landmeter：Inleiding in de geschiedenis van de Nederlandse landmeetkunde van de Romeinse tot de Franse tijd*（Alphen aan den Rijn：Canaletto/Repro-Holland, 1997），261 – 264。根据 Pouls 的说法，斯内利厄斯的方法在低地国家没有被采用，因为它是用拉丁文发表的，土地测量师不熟悉确定地球仪大小的想法，也没有关于三角形网格的说明。

⑮ Pouls，*De landmeter*，265 – 266.

⑯ Peter van der Krogt，"Commercial Cartography in the Netherlands, with Particular Reference to Atlas Production (16th – 18th Centuries)，" in *La cartografia dels Països Baixos*（Barcelona：Institut Cartogràfic de Catalunya, 1995），71 – 140，esp. 73.

制作的创始人。[17] 他于 1530 年进入鲁汶大学学习哲学。稍晚些，他在那里开始得到了教师杰玛·弗里修斯的支持。他读了哥白尼的《天体运行论》，并相信它是正确的。然而，在其余生中，他继续与宗教意义重大的问题进行斗争，主要是创世神话与亚里士多德的理论并不相容。在他还是个学生的时候，他从鲁汶搬到了安特卫普，并在 1534 年停止学习哲学，以便致力于数学和他积累的理论知识的商业技术应用方面。他还全身心投入铜版雕刻中，而这是他的地图绘制工作的基础。尽管墨卡托更多地把自己看作一位学术性的宇宙学家，但他是靠交易地图来维持生计，这是一种经济上的需要。他的地图产量并不大。在鲁汶/安特卫普时期，他的作品包括巴勒斯坦壁挂地图（1537 年）、[18] 世界地图（1538 年）、[19] 佛兰德壁挂地图（1540 年），[20] 以及一对球仪（1541/1551 年）。[21] 墨卡托的大部分地图绘制工作都是在德国莱茵兰的杜伊斯堡进行的，1552 年，他创立了自己的公司。在那里，他能够根据自己的经验和主要是在鲁汶所获得的技能，实现他最引人注目的地图作品。此外，墨卡托与克里斯托弗尔·

1299

[17] 关于其他作品，请参阅 Marcel Watelet, ed., *Gèrardus Mercator Rupelmundanus*, in French, *Gèrard Mercator cosmographe: Le temps et l'espace* (Antwerp: Fonds Mercator Paribas, 1994); *Gerard Mercator en de geografie in de Zuidelijke Nederlanden* (16de eeuw) /*Gerard Mercator et la géographie dans les Pays-Bas méridionaux* (16e siècle), exhibition catalog (Antwerp: Stad Antwerpen, 1994); Karrow, *Mapmakers of the Sixteenth Century*, 376 – 406; Gerardus Mercator, *Correspondance Mercatorienne*, ed. Maurice van Durme (Antwerp: Nederlandsche Boekhandel, 1959); Antoine De Smet, "Gerard Mercator: Iets over zijn oorsprong en jeugd, zijn arbeid, lijden en strijden te Leuven (1530 – 1552)," *Buitengewone uitgave van de Oudheidkundige Kring van het Land van Waas* 15 (1962): 179 – 212; Rolf Kirmse, "Mercator-Korrespondenz: Betrachtungen zu einer neuen Publikation," *Duisburger Forschungen* 4 (1961): 63 – 77; Fernand van Ortroy, *Bibliographie sommaire de l'oeuvre Mércatorienne* (Paris, 1918 – 1920), reprinted as *Bibliographie de l'oeuvre Mercatorienne* (Amsterdam: Meridian, 1978); idem, "L'oeuvre gèographique de Mercator," *Revue des Questions Scientifiques*, 2d ser., 2 (1892): 507 – 571, and 3 (1893): 556 – 582; and Jean van Raemdonck, *Gérard Mercator: Sa vie et ses oeuvres* (St. Nicolas: Dalschaert-Praet, 1869)。另请参阅 Nicholas Crane, *Mercator: The Man Who Mapped the Planet* (London: Weidenfeld and Nicolson, 2002), and Andrew Taylor, *The World of Gerard Mercator: The Mapmaker Who Revolutionized Geography* (New York: Walker, 2004)。

[18] Catherine Delano-Smith and Elizabeth Morley Ingram, "De kaart van Palestina," in *Gerardus Mercator Rupelmundanus*, 268 – 283; Roberto Almagià, "Una serie di preziose carte di Mercator conservate a Perugia," *L'Universo* 7 (1926): 801 – 811, esp. 804 – 806; and idem, *La carta delle Palestina di Gerardo Mercatore* (1537) (Florence: Istituto Geografico Militare, 1927). 这幅地图的又一个版本（由克拉斯·扬松·菲斯海尔在 1618 年之前印刷）可以在收藏于 BNF 的 Jean-Baptiste Bourguignon d'Anville 的藏品中找到。请参阅 Marcel Destombes, "Un nouvel exemplaire de la carte de Palestine de Mercator de 1537," *Annalen van de Oudheidkundige Kring van het Land van Waas* 75 (1972): 19 – 24。

[19] 现存有两份副本，一份在 New York, New York Historical Society, 另一份在 Milwaukee, American Geographical Society Collection。请参阅 Jean van Raemdonck, *Orbis imago: Mappemonde de Gerard Mercator de 1538* (Saint-Nicolas: J. Edom, 1886)，摘自 *Annales du Cercle Archéologique du Pays de Waas* 10 (1886): 301 – 393; Gilbert A. Cam, "Gerard Mercator: His 'Orbis Imago' of 1538," *Bulletin of the New York Public Library* 41 (1937): 371 – 381; Rodney W. Shirley, *The Mapping of the World: Early Printed World Maps*, 1472 – 1700, 4th ed. (Riverside, Conn.: Early World Press, 2001), 83 – 84 (no. 74); and A. E. Nordenskiöld, *Facsimile-Atlas to the Early History of Cartography*, trans. Johan Adolf Ekelöf and Clements R. Markham (Stockholm: P. A. Norstedt, 1889), 107 – 108 and pl. 43。

[20] 请参阅图 43.11，以及关于其他著作，见 Alfred van der Gucht, "De kaart van Vlaanderen," in *Gerardus Mercator Rupelmundanus*, 284 – 295。

[21] Elly Dekker and Peter van der Krogt, "De globes," in *Gerardus Mercator Rupelmundanus*, 242 – 267, and *GN*, 413 – 415 (MER).

普兰迪因的商业关系使他的工作成了低地国家的制图师的一个范例。[22] 墨卡托的出版物和其他的出版物是后来的洪迪厄斯和扬松尼乌斯的地图作品的基础，他们使用了原本的铜版。

　　从利润的角度来看，在墨卡托的时代，地图和相关出版物的制作发生了变化，从一个只是涉及少数学者和印刷商的次要问题，转变为涉及一大批企业家的主要经济活动。法兰克福书展（Buchmesse）在这一发展过程中扮演了极其重要的角色，16 世纪的地图贸易也受到了博览会的推动。几十年后，将是 17 世纪的阿姆斯特丹，为世界提供地图、地图集和球仪。

作为地图制作中心的安特卫普

　　1500 年前后，安特卫普已经是一个重要的海港城市，拥有 4 万居民。然而，那里的商业活动仍然带有明显的地域特征。布拉班特的集市在附近的贝亨奥普佐姆镇举办，每年两次。在安特卫普，葡萄牙人用他们的货物从东部交换了大量的德意志南部地区的金、银和铜。这一互利的事业使得葡萄牙和德意志南部的人能够大规模地购买英格兰的布匹和其他的东西。最终，来自低地国家的产品也进入了安特卫普发展中的世界市场，包括亚麻和羊毛在内。16 世纪中叶，安特卫普在贸易和工业领域占据了主导地位，是西欧的主要商业城市。在大约 1560 年，安特卫普的人口增加到十万人，是排在巴黎和几个意大利城市之后的欧洲最大的大都会区。城市的繁荣为艺术和科学的发展创造了良好的条件，而且为地理研究和图形艺术的发展提供了肥沃的土壤。安特卫普的印刷厂也从这种极盛的繁荣中获利，从 15 世纪末期开始，许多企业成长壮大，成功地垄断了书籍和印刷生产。为了巩固自己地位，尤其是在利润丰厚的德意志市场，来自安特卫普的印刷商参与了法兰克福书展，其表现引人注目。陪同他们的，是来自安特卫普的同事，他们是印刷品和地图专家。因此，就像在安特卫普的城墙内，有一个印刷工业集中的地方一样，它也对从事地图行业的人们产生了吸引力。因此，我们在这个低地国家的经济中心找到了一个伟大的地图产业的根源，这不足为奇。[23] 1585 年，安特卫普落入西班牙总督帕尔马公爵亚历山德罗·法尔内塞（Alessandro Farnese）手中，以确保西班牙拥有低地国家南部，此后，这一行业的领导权逐渐转移到北部诸省。

---

　　[22]　D. Imhof, "De 'Officina Plantiniana' als verdeelcentrum van de globes, kaarten en atlassen van Gerard Mercator / L' 'Officina Plantiniana,' centre de distribution des globes, cartes et atlas de Gerard Mercator," in *Gerard Mercator en de geografie in de Zuidelijke Nederlanden* (16*de* eeuw) /*Gerard Mercator et la géographie dans les Pays-Bas méridionaux* (16*e siècle*), exhibition catalog (Antwerp: Stad Antwerpen, 1994), 32–41; Peter van der Krogt, "Erdgloben, Wandkarten, Atlanten— Gerhard Mercator kartiert die Erde," *Gerhard Mercator, Europa und die Welt*, exhibition catalog (Duisburg: Stadt Duisburg, 1994), 81–130; Jean van Raemdonck, "Relations commerciales entre Gerard Mercator et Christophe Plantin à Anvers," *Bulletin de la Société de Géographie d' Anvers* 4 (1879): 327–366; Jean Denucè, *Oud-Nederlandsche kaartmakers in betrekking met Plantijn*, 2 vols. (Antwerp: De Nederlandsche Boekhandel, 1912–1913; reprinted Amsterdam: Meridian, 1964), 2: 279–323; and Léon Voet, "Les relations commerciales entre Gerard Mercator et la maison Plantinienne à Anvers," in *Gerhard Mercator*, 1512–1594: *Festschrift zum* 450. *Geburtstag*, Duisburger Forschungen 6 (Duisburg-Ruhrort: Verlag für Wirtschaft und Kultur W. Renckhoff, 1962), 171–232.

　　[23]　关于在当时的情况下对位于安特卫普的地图制作环境进行的描述，请参阅 Leon Voet, "Abraham Ortelius and His World," in *Abraham Ortelius*, 11–28, esp. 11–15。

早期发展：普兰迪因和科克

为了分享安特卫普的繁荣，一些印刷工、雕刻师和学者在这个城镇临时或永久地居住下来。参与印刷和地图制作的人包括：希罗尼穆斯·科克、赫拉德·德约德、菲利普斯·哈莱（Filips Galle）、亚伯拉罕·奥特柳斯、贝尔纳德·范登普特、阿诺尔德·尼科莱（Arnold Nicolai）、威廉·西尔维于斯、汉斯·利夫林克和约翰·巴普蒂斯塔·弗林茨（Joan Baptista Vrients）。

克里斯托弗尔·普兰迪因在地图的编辑、雕刻和印刷方面并没有发挥出重要作用，但其引人注目的档案却揭示了他关于低地国家南部的地图和地图集的广泛贸易。[24] 尽管许多在他的登记簿中记录的地图没有保存下来，但当与奥特柳斯的《寰宇概观》以及收藏［比如菲赫利于斯·范阿伊塔（Viglius van Aytta）的藏品］的清单目录结合起来，普兰迪因的档案还是可以为16世纪低地国家的地图学研究提供非常重要的资料来源的。

希罗尼穆斯·科克作品的标志是四风（aux Quatre Vents），他一定是欧洲北部的第一批印刷大比例尺地图的出版商之一；16世纪50年代中期，他的作品超过了汉斯·利夫林克和赫拉德·德约德。[25] 雕刻师和蚀刻师约翰内斯·范多特屈姆和他的兄弟卢卡斯都是科克的雇员，[26] 他们更喜欢凭借其技术设施，而不是其美学品质来进行蚀刻。由科克印刷的地图很少保存下来（图44.1）。尽管可以识别出一些制图师的作品，但是地图所依据的图纸原本的作者，其身份还是未知的。由科克印刷的"四风"地图列于附录44.1中。

起初，普兰迪因和科克都没有在海外售出太多的地图。1550年前后，意大利出版商仍在主导着国际地图业务，只有杰玛·弗里修斯和墨卡托的球仪出口才有市场。这种情形在16世纪后半期逐渐发生了变化。最终，普兰迪因成功地垄断了地图行业，尽管在西班牙士兵因欠饷兵变而引发的1576年西班牙暴乱之后，地图的供应减少了。例如，在1566—1576年间，普兰迪因在法兰西出售了近250幅地图。然而，在德意志、英格兰、西班牙和意大利，只卖出了几十幅地图。[27] 直到17世纪，阿姆斯特丹成为地图中心之后，低地国家的地图材料才在实质上实现了国际分布。

16世纪后半叶的安特卫普地图
与17世纪上半叶的情形相反，16世纪下半叶，低地国家很少有地图绘制出来，也没有

---

[24] Denucé, *Oud-Nederlandsche kaartmakers*, and Léon Voet, *The Golden Compasses: A History and Evaluation of the Printing and Publishing Activities of the Officina Plantiniana at Antwerp*, 2 vols. (Amsterdam: Vangendt, 1969–1972).

[25] Timothy A. Riggs, *Hieronymus Cock: Printmaker and Publisher* (New York: Garland Publishing, 1977). Günter Schilder provides a list of copperplates from Cock's inventory in *MCN*, 5: 223 n. 28.

[26] 关于范多特屈姆兄弟的活动的详细总结，请参阅 *The New Hollstein Dutch & Flemish Etchings, Engravings and Woodcuts, 1450–1700*, vols. 7–10, *The Van Doetecum Family*, in 4 pts., comp. Henk Nalis, ed. Ger Luijten and Christiaan Schuckman (Rotterdam: Sound & Vision Interactive Rotterdam, 1998); pts. 1–3 专门讨论了他们在安特卫普的活动。

[27] Imhof, "De 'Officina Plantiniania,'" 35–37; Léon Voet, "Christoffel Plantijn (ca. 1520–1589), drukker van het humanisme," and Elly Cockx-Indestege, "Plantijn en de exacte wetenschappen," both in *Christoffel Plantijn en de exacte wetenschappen in zijn tijd*, ed. Elly Cockx-Indestege and Francine de Nave, exhibition catalog (Brussels: Gemeentekrediet, 1989), 32–43 and 45–60; and Voet, "Les relations commerciales".

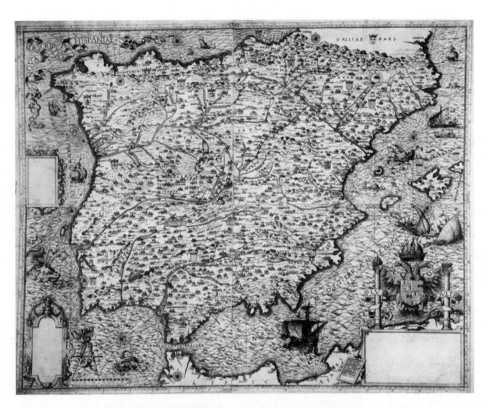

图 44.1 希罗尼穆斯·科克：西班牙壁挂地图，1553 年

原图尺寸：76.8×95 厘米。由 Klassik Stiftung Weimar / Herzogin Anna Amalia Bibliothek（Kt 221–311 R）提供照片。

出版商认真地在地图的出版方面投入精力。为了使他们的企业有利可图，他们不得不经营印刷品和书籍。在印刷品销售和地图出版领域，与科克同时代的一个人是来自奈梅亨（Nijmegen）的赫拉德·德约德，他于 1547 年进入了安特卫普圣卢卡斯行会，这是一个书籍和地图印刷商和销售商的联盟，为相关成员的经济利益和社会利益提供服务。[28] 德约德自己是一位非常有能力的铜版雕刻师。他和他的员工——范多特屈姆家族和维里克斯（Wierix）兄弟：扬和安东——一起经营的出版社规模很大，出版各种类型的印刷品：宗教内容的、政治内容的、象征意义的，以及肖像和地图，这些作品的数量越来越多。他还从事印刷品的进口、销售、复制、雕刻和出版，到 16 世纪 50 年代中期，他已经启动了一项非常有利可图的生意，雕刻和出版欧洲各国现有最好地图的副本。德约德在法兰克福书展上的存在对他的事业发展起了决定性的作用。这不仅为他自己的作品提供了一个销售的渠道，还提供了一种获取外国印刷品和地图——尤其是德意志、意大利和法兰西——的手段，他和他的合作伙伴经常把它们作为自己作品的模板。所以，法兰克福书展在国际地图贸易中扮演了极其重要的角色。[29]

1301　　甚至在其代表作《世界之镜》之前，1578 年，德约德在出版未装订地图（图 44.2）方

[28] Fernand van Ortroy, L' oeuvre cartographique de Gérard et de Corneille de Jode（Gand, 1914；reprinted Meridian, 1963）；Denucé, Oud-Nederlandsche kaartmakers, 1：163–220；and MCN, 5：36–47.

[29] MCN, 1：89–109, 5：36, and 5：219–220, and Günter Schilder, "The Cartographical Relationships between Italy and the Low Countries in the Sixteenth Century," Map Collector 17（1981）：2–8.

面就已经很活跃了。在某些情况下，他负责保存 16 世纪地图的方法是由主要的制图师来雕刻这些地图的副本，否则它们就会亡佚。他对贾科莫·加斯塔尔迪（Giacomo Gastaldi）的地图青睐有加，他曾经把其一些地图复制到自己的地图集中，却单独出售。

图 44.2　赫拉德·德约德的《布拉班特全境新图》（TOTIVS DVCATVS BRABANIAE...），1565 年
原图尺寸：56×62.5 厘米。由 BNF［GE AF Pf 181（2507 a—b）］提供照片。

德约德发布的单幅地图没有收入他后期的地图集中，现在非常罕见，而且通常只能通过一个例子进行了解。附录 44.2 的列表中给出了德约德所有的地图的总结，而且包含了直到最近才为人所知的几页图幅。这些地图都带有作为出版商的赫拉德·德约德的印记，但只有 5 种带有雕刻师的名字——其中 3 种是约翰内斯和卢卡斯·范多特屈姆（Lucas van Doetecum）雕刻的，还有两种是德约德自己雕刻的。[30]

1593 年，德约德的儿子科内利斯加入了圣卢卡斯公会，成为一名铜雕刻师（plaetsny-

---

[30]　这 5 种地图是一幅 1562 年的德意志地图（请参阅 *MCN*，5：219 – 220）；一幅 1566 年的十七省地图（请参阅 Nalis，*Van Doetecum Family*，pt. 2，233 – 234，and the full-size facsimile in *MCN*，1：102 – 109 and facsimiles 1. 1 – 1. 5）；一幅 1571 年的世界地图（请参阅 Nalis，*Van Doetecum Family*，pt. 3，35 and 52，and *MCN*，vol. 2，facsimile 2）；一幅 1568 年的意大利地图（请参阅 *MCN*，5：334）以及一幅 1568 年的弗里斯兰地图。

der），与其说他是一名工匠，不如说他是一位学者。1593 年，他编辑了他父亲地图集《世界之镜》的第二版。他进一步的地图绘制活动两份保存下来的作品，一幅是 1592 年的十二
1302 图幅法国壁挂地图，这幅地图是根据为赫拉尔杜斯·墨卡托的 1585 年《地图集》中的法兰西部分而制作的 6 幅地图编绘而来；[31] 另一幅是 1596 年的十一图幅非洲地图，这幅地图是基于加斯塔尔迪的 1564 年地图而绘制，是一套各大洲地图的一幅。[32] 科内利斯·德约德（Cornelis de Jode）也是《几何象限》（De quadrante geometrico）的作者，1593 年出版德文版，1594 年出版拉丁文版。

菲利普斯·哈莱在他于 1560 年前后创立的位于安特卫普的商店——白百合（De Witte Lelie）工作，他是安特卫普绘图传统的大师之一。[33] 他与赫拉德·德约德和希罗尼穆斯·科克一起，主导了安特卫普的印刷品的制作和销售。哈莱在科克的安特卫普工作室接受了雕刻艺术的培训，在那里他接触到了奥特柳斯和其他人。1560 年，哈莱与亨德里克·霍尔齐厄
1303 斯（Hendrik Goltzius）、赫拉尔杜斯·墨卡托、约翰内斯·萨德莱尔（Johannes Sadeler）以及弗兰斯·霍亨贝赫一起在法国游历，这无疑奠定了他们一生的友谊的基础。正是哈莱雕刻了 1579 年首次出现在《寰宇概观》中的著名的奥特柳斯的肖像。

哈莱于 1570 年加入了圣卢卡斯公会。目前已知他的出版社最古老的地图作品是其出生地哈勒姆（Haarlem）的一幅 1573 年的城镇景观图，由画家马尔滕·范海姆斯凯克（Maarten van Heemskerck）设计。[34] 八年后，哈莱出版了一幅安特卫普的鸟瞰（倾斜角度）景观图。[35] 哈莱和普兰迪因保持着紧密的业务联系。虽然哈莱只从普兰迪因的商店买了几幅地图，但他还是把大量的制图材料交付给了安特卫普的印刷商。因此，哈莱垄断了在安特卫普销售布劳恩和霍亨贝赫的城镇地图集的业务，因为普兰迪因是这部不朽作品的主要买主（转售）。[36] 从 1583 年开始，哈莱还为普兰迪因的业务提供了赫拉尔杜斯·墨卡托的世界和欧洲的壁挂地图。[37] 从哈莱推广到市场上的《寰宇概观》的微缩版本中可以看出，在各种关系中，哈莱与奥特柳斯保持的友好关系非常明显，这一版本最初是与彼得·海恩斯（Pieter Heyns）合作为普遍大众所制作的。在 1578 年底，哈莱发表了一篇拉丁文文章，大概是作为对一幅十七行省的壁挂地图的评论和解释，但是这篇文章已经亡佚了。然而，在 1579 年出

㉛ 请参阅 Mireille Pastoureau, "De kaarten van Frankrijk," in *Gerardus Mercator Rupelmundanus*, 316 – 333, esp. 328 – 329, and Meurer, *Fontes cartographici Orteliani*, 176。

㉜ Nuremberg, Staatsarchiv（Nürnberger Karten und Pläne no. 1260）. 请参阅 Schilder, "Cartographical Relationships," 8, and *MCN*, 5：40 – 47。

㉝ *MCN*, 2：111 – 122; F. W. H. Hollstein, *Dutch and Flemish Etchings*, *Engravings and Woodcuts*, *ca.* 1450 – 1700 （Amsterdam：Menno Hertzberger, 1949 – ）, 7：74 – 83; Anne Rouzet, *Dictionnaire des imprimeurs*, *libraires et éditeurs des XVᵉ et XVIᵉ siécles dans les limites géographiques de la Belgique actuelle*（Nieuwkoop：B. de Graaf, 1975）, 67 – 68; and Denucé, *Oud-Nederlandsche kaartmakers*, 1：221 – 260.

㉞ *MCN*, 2：113. 除其他地方外，副本见 Antwerp, Prentenkabinet（Ⅳ G/83）; in the BNF［Rés. Ge DD 625（58）］; 以及在 Collection K. Stopp。

㉟ *MCN*, 2：113 – 114. 这一稀见图像的副本可以发现于 Antwerp, Prentenkabinet（Ⅳ G/130），以及私人收藏。

㊱ 在《世界城市图》（*Civitates orbis terrarum*）的前三个部分（分别于 1572 年、1575 年和 1593 年出现），每一部分的最后一页上，都提及哈莱是联合出版商。

㊲ *MCN*, 2：116 and 2：119.

版的荷兰文和法文译本保存了下来，而且最近还披露了可能是哈莱地图的对开本。[38] 普兰迪
因将他从哈莱处购买来的地图委托明肯·利夫林克斯（Mynken Liefrinkx）等专家进行了着
色，有时普兰迪因也从这些图书装饰者那里购买着彩的副本。[39]

　　在奥特柳斯 1570 年划时代的地图出版之前，他的几幅单张地图就已经在市场上出现了。
奥特柳斯出生在一个古老的德意志家庭，在他父亲于 1537 年前后去世后，他不得不支撑母
亲和两个姐妹的生计。[40] 为了达到这个目的，他开始从事地图插画作家（afsetter van carten）
的职业。奥特柳斯对地理和古典时代历史的研究特别感兴趣。[41] 我们可以假设他在 1560 年
与墨卡托等人一起穿越法兰西的旅行是他在地图制作方面的创造性工作的基础。由于奥特柳
斯孜孜不倦地收集地图，他可以被视作最早的地图目录学家之一。他与全欧洲的学者都保持
着联系，其广泛的书信往来有一部分保留了下来，他的《朋友名录》（Album amicorum）也
为这些学术网络提供了强有力的证据。[42]

　　奥特柳斯的第一部独立的地图作品是一幅 1564 年的八图幅世界地图，此地图被委托给
了赫拉德·德约德出版。[43] 一年后，出现了一幅两图幅的埃及地图，[44] 随后是一幅 1567 年的
八图幅的亚洲大地图，将加斯塔尔迪的作品作为其模本。[45] 根据这两幅后来的地图上没有留
下德约德的印记，我们可否推测奥特柳斯已经知晓他制作一部与之竞争的地图集的计划，并

1304

---

[38]　Peter van der Krogt, "De foliokaart van de Nederlanden door Filips Galle uit 1579," *Caert-Thresoor* 14 (1995): 63 – 67, and H. A. M. van der Heijden, *Oude kaarten der Nederlanden*, 1548 – 1794: *Historische beschouwing, kaartbeschrijving, afbeelding, commentaar /Old Maps of the Netherlands*, 1548 – 1794: *An Annotated and Illustrated Cartobibliography*, 2 vols. (Alphen aan den Rijn: Canaletto/Repro-Holland; Leuven: Universitaire Pers, 1998), 1: 181 – 186. 此地图被装订入一部复式地图集中，此图集收藏于 London, Westminster Abbey Library (N. 7. 11)。

[39]　*MCN*, 2: 121.

[40]　关于奥特柳斯的一部优秀传记，请参阅 Voet, "Abraham Ortelius and His World"; M. P. R. van den Broecke, "Introduction to the Life and Works of Abraham Ortelius (1527 – 1598)," in *Abraham Ortelius*, 29 – 54; Meurer, *Fontes cartographici Orteliani*, 17 – 24; Karrow, *Mapmakers of the Sixteenth Century*, 1 – 31; and *MCN*, 2: 3 – 10。

[41]　关于奥特柳斯在历史地图和地图集方面的成就，请参阅 Peter H. Meurer, "Ortelius as the Father of Historical Cartography," in *Abraham Ortelius*, 133 – 159。奥特柳斯的收藏和对古代地名的研究是 Peter H. Meurer, "Synonymia-Thesaurus-Nomenclator: Ortelius' Dictionaries of Ancient Geographical Names," in *Abraham Ortelius*, 331 – 346 的核心内容。

[42]　在他死后，奥提柳斯的信件被送到了他的侄子 Jacobus Colius Ortelianus (Jacob Cool) 那里。这些藏品随后被送到了伦敦 Austin Friars 教堂的档案室；请参阅 David Cleaves, "Abraham Ortelius: Reading an Atlas through Letters," *Library Chronicle of the University of Texas at Austin* 23, no. 4 (1993): 131 – 143。这些藏品后来得以发表；请参阅 Abraham Ortelius, *Abrahami Ortelii (geographi antverpiensis) et virorvm ervditorvm ad evndem et ad Jacobvm Colivm Ortelianvm . . . Epistvlae . . .* (1524 – 1628), ed. Jan Hendrik Hessels, Ecclesiae Londino-Batavae Archivum, vol. 1 (1887; reprinted Osnabruck: Otto Zeller, 1969), and Joost Depuydt, "De brede kring van vrienden en correspondenten rond Abraham Ortelius," in *Abraham Ortelius* (1527 – 1598): *Cartograf en humanist*, by Robert W. Karrow et al. (Turnhout: Brepols, 1998), 117 – 140。最初的信件是于 1955 年在公开拍卖会上出售的。今天，这些信件在世界各地的图书馆中传播开来。海牙的 The Koninklijke Bibliotheek 拥有规模最大的藏品：376 份信件中的 164 份。奥特柳斯的《朋友名录》保存在剑桥的 Pembroke College。一份复写本得以发表：Abraham Ortelius, *Album Amicorum*, ed. Jean Puraye in collaboration with Marie Delcourt (Amsterdam: A. L. van Gendt, 1969)。

[43]　已知有两份副本：BL (Maps C. 2. a. 6), and Basel, Offentliche Bibliothek der Universitat (Ziegler-collection)。请参阅 *MCN*, 2: 3 – 58 and facsimiles 1. 1 – 1. 8。

[44]　已知有两份副本：Basel, Öffentliche Bibliothek der Universität (Bernoulli 115), and Wolfenbüttel, Herzog August Bibliothek (K, 3, 3)。请参阅 *MCN*, 2: 8 – 9, and Meurer, "Ortelius as the Father of Historical Cartography," 137 – 140，在其中，1567 年地图被标明了日期。

[45]　一份独有的副本收藏在 Basel, Öffentliche Bibliothek der Universität (Ziegler-collection, 98 – 99)。请参阅 *MCN*, 2: 59 – 84 and facsimiles 3. 1 – 3. 8。

导致了这两名制图师之间的疏远呢？虽然众所周知，德约德没有印刷奥特柳斯后来的单幅地图，但不知道这是谁做的。大家也知道奥特柳斯绘制了《罗马帝国疆域图》（*Romani imperii imago*）、[46] 一幅标题为《乌托邦》的地图，[47] 以及 1571 年出版的西班牙的一幅六图幅地图，他使用了植物学家卡罗吕斯·克吕西乌斯（Carolus Clusius）的信息。[48] 这些地图本身就足以确保奥特柳斯赢得地理学家的声誉，而他还在 1570 年出版了自己的《寰宇概观》，这是他最伟大和最令人难忘的贡献。

另一位重要的安特卫普地图出版商是贝尔纳德·范登普特，他是一位非常有能力的木版雕刻师，于 1549 年作为一名图像雕刻师（figuersnyder）加入了圣卢卡斯行会。[49] 此外，他还制作了一份 1569 年墨卡托世界地图的木刻版副本。[50] 不幸的是，他的木刻版地图只有一小部分保存了下来（参见附录 44.3）。

我们根据旧地图目录知道，在地图制作方面，安特卫普的出版商阿诺尔德·尼利莱也非常活跃。然而，他的工作只有几例保存了下来；例如，科内利斯·安东尼松著名的《东方地图》（*Caerte van Oostlant*）。最初在阿姆斯特丹，由尼古拉出版了其九图幅的安特卫普版。1558 年，尼古拉还重印了六图幅的雅各布·范德芬特的木刻版布拉班特地图。然而，这张地图唯一已知的一例在二战期间被毁于布雷斯劳（即今弗罗茨瓦夫）。[51]

在这段时间里，多图幅的行省地图的出版是很受欢迎的，另一位安特卫普的印刷商威廉·西尔维于斯重新制作了范德芬特的 1560 年泽兰地图，证明了这一点。[52] 然而，西尔维于斯最出名的是 1567 年出版的第一部低地国家地理的重要描述——洛多维科·圭恰迪尼的《尼德兰全境图志》，其中包含科内利斯·德霍赫（Cornelis de Hooghe）的 1 幅尼德兰地图、4

---

[46]　*MCN*，2：10，提到了这幅地图的 6 份副本。另请参阅 Meurer，"Ortelius as the Father of Historical Cartography，" 140 – 142。

[47]　关于这幅地图，请参阅 M. P. R. van den Broecke，"De Utopia kaart van Ortelius，" *Caert-Thresoor* 23（2004）：89 – 93 and facsimile, and Cécile Kruyfhooft，"A Recent Discovery：*Utopia* by Abraham Ortelius，" *Map Collector* 16（1981）：10 – 14。这幅地图唯一已知的一份副本，现在由私人收藏。

[48]　一份副本收藏在 Basel，Öffentliche Bibliothek der Universität（Zieglercollection）。请参阅 *MCN*，2：85 – 110 and facsimiles 4.1 – 4.6，and Nalis，*Van Doetecum Family*，pt. 2，82 – 83。

[49]　关于范登普特，请参阅 C. Depauw，"Enkele gegevens betreffende Bernaert vande Putte *figuersnyder*/Quelques informations sur Bernaert vande Putte，*figuersnyder*（tailleur de figures），" in *Gerard Mercator en de geografie in de Zuidelijke Nederlanden*（16^d*e eeuw*）/*Gerard Mercator et la géographie dans les Pays-Bas méridionaux*（16e *siècle*），exhibition catalog（Antwerp：Stad Antwerpen，1994），65 – 76。

[50]　其中一页被保存在一部地图集 *factice* 中，收藏在伦敦皇家地理学会。

[51]　在 Wolfenbüttel 中保存了唯一一已知的《东方地图》第三版的副本；请参阅图 45.10。一部摹写本收藏在 Arend W. Lang，*Historisches Seekartenwerk der Deutschen Bucht*，vol. 1（Neumünster：Karl Wachholtz，1969），no. 1。布拉班特的亡佚地图的摹写本收藏在 Bert van ' t Hoff，*De kaarten van de Nederlandsche provinciën in de zestiende eeuw door Jacob van Deventer*（The Hague：Martinus Nijhoff，1941），pls. 17 and 18，and C. Koeman，*Gewestkaarten van de Nederlanden door Jacob van Deventer*，1536 – 1545：*Met een picturale weergave van alle kerken en kloosters*（Alphen aan den Rijn：Stichting tot bevordering van de uitgave van de stadsplattegronden van Jacob van Deventer-Canaletto，1994），facsimile 5。另一幅布拉班特地图的副本，一个略有不同的版本，收藏在 Royal Library of Belgium，Brussels；请参阅文章，作者为 Matthieu Franssen，*Caert-Thresoor*（forthcoming）。

[52]　铜版雕刻在四图幅上；一份独特的副本保存在 Florence，Biblioteca Nazionale Centrale（Raccolte Lafreriane，I，77）。请参阅 Fabia Borroni Salvadori，*Carte*，*piante e stampe storiche delle raccolte lafreriane della Biblioteca Nazionale di Firenze*（Rome：Istituto Poligrafico e Zecca dello Stato，Libreria dello Stato，1980），29。

幅省域木刻版地图（荷兰、乌得勒支、弗兰德斯和埃诺），以及 12 幅各个城镇的景观图和平面图。[53] 后来，由普兰迪因、科内利斯·克拉松、威廉·扬松·布劳以及其他一些人出版，它扩充了许多新的地图和插图，并在很长一段时间里一直是标准的作品。

约翰·巴普蒂斯塔·弗林茨主要是一位安特卫普的书商和印刷品销售商。[54] 然而，他也因其地图出版而闻名。其出版社出版的最古老的地图作品是一幅历史地形图，描绘了 1585 年的安特卫普之围。[55] 在弗林茨和阿姆斯特丹的出版商科内利斯·克拉松之间，一定存在着一种密切的合作关系，从 1590 年开始，他在低地国家北部的地理大发现航行和航海技艺的地图领域占据了主导地位。在与弗林茨的合作中，克拉松在信奉天主教的低地国家南部争取到了一个良好的市场。在其他方面，这一合作催生了由彼得鲁斯·普兰齐乌斯绘制，由克拉松在 1592 年出版的著名的十九图幅世界壁挂地图，以及 1602 年和 1605 年出版的十二图幅十七省壁挂地图。第一部关于葡萄牙殖民帝国的低地国家标准著作，是扬·惠更·范林索登（Jan Huygen van Linschoten）的《航海旅程》（*Itinerario*），同样由克拉松出版，尽管弗林茨可以被视作其联合出版商。

1305

除了是联合出版人和复制者，弗林茨还是一位活跃的雕刻师和地图作品的独立出版商。特别值得注意的是一幅六图幅的加泰罗尼亚（Catalonia）壁挂地图，[56] 弗林茨后来对这幅地图进行了缩减，并收入奥特柳斯《寰宇概观》的 1602 年西班牙版中。[57] 在与其同时代的资料中经常提到弗林茨是地图的供应商，反过来，他也经常从普兰迪因那里获得各位作者[德约德、泰克赛拉（Teixeira）、加斯塔尔迪（Gastaldi）和洪迪厄斯]制作的地图材料。

阿姆斯特丹的地图贸易

17 世纪初阿姆斯特丹的地图制作，尤其是商业地图制图的兴起和新的方向，可以归结为 4 个因素：出于商业和地理大发现目的的旅行、反抗西班牙的战争、该区域内的地理变化，以及来自低地国家南部的移民的影响。[58]

从 16 世纪末期开始，低地国家，尤其是来自北部地区的船长，成了欧洲其他国家的货运承担人。此外，他们到东印度——香料和其他异国特产的来源地——的航行扩大了低地国家贸易的影响范围。由于尼德兰人徒劳地想要找到一条东北通道通往印度群岛（1594—1597 年），他们也发现自己身处北欧的水道和极地的海域中。这些探索之旅唤醒了人们对欧洲以

[53]　H. P. Deys et al., *Guicciardini Illustratus: De kaarten en prenten in Lodovico Guicciardini's Beschrijving van de Nederlanden* ('tGoy-Houten: HES & De Graaf, 2001), 28 – 31 (1 – 3 Silvius); H. de la Fontaine Verwey, "The History of Guicciardini's Description of the Low Countries," *Quaerendo* 12 (1982): 22 – 51; and idem, "De geschiedenis van Guicciardini's Beschrijving der Nederlanden," in *Drukkers, liefhebbers en piraten in de zeventiende eeuw*, by H. de la Fontaine Verwey (Amsterdam: N. Israel, 1976), 9 – 31.

[54]　*MCN*, 2: 122 – 145; Denucé, *Oud-Nederlandsche kaartmakers*, 2: 265 – 278; and Rouzet, *Dictionnaire*, 241.

[55]　*MCN*, 2: 123.

[56]　*MCN*, 2: 125 – 129. 一份副本在 BNF (Ge DD 5896)。

[57]　M. P. R. van den Broecke, *Ortelius Atlas Maps: An Illustrated Guide* ('t Goy-Houten: HES, 1996), 74.

[58]　Günter Schilder, "Ghesneden ende ghedruckt inde Kalverstraet: De Amsterdamse kaarten-en atlassenuitgeverij tot in de negentiende eeuw, een overzicht," in *Gesneden en gedrukt in de Kalverstraat: De kaarten-en atlassendrukkerij in Amsterdam tot in de 19e eeuw*, ed. Paul van den Brink and Jan W. H. Werner (Utrecht: HES, 1989), 11 – 20.

外世界的浓厚兴趣。因此，为地图、球仪、地图集和旅行书籍创建了一个巨大的潜在市场。

阿姆斯特丹地图制作快速发展的另一个重要因素是低地国家北部对西班牙的战争。军事新闻地图使公众了解到战事的最新进展。[59] 尤其是围城和战斗平面图是军事新闻受欢迎的消息来源，非常畅销。[60] 在 18 世纪和 19 世纪，收集印刷品和汇编历史地图集是富裕市民普遍追求的消遣活动。[61] 新闻地图在传播全欧洲的信息方面扮演了重要的角色。存在于阿姆斯特丹的商业意识和艺术敏感性的结合保证了高质量的产品，同时，印刷品、地图和图书行业的优秀分销系统也确保了销售。生活在联合省危机重重的战争环境中的感兴趣、有文化的市民中，印刷品、地图和新闻简报是最受欢迎的。正如人们所预料的那样，阿姆斯特丹的居民对事态最为了解，这些事态通常意味着战争状态。在联合省，印刷销售商发现海牙和附近的代尔夫特是他们出版物最活跃的市场。在 17 世纪早期的阿姆斯特丹，克拉斯·扬松·菲斯海尔是这一类型最多产的制作人和商人。除了绘本地图和堡垒的平面图，铜版印刷，通常带有文字的宽页形式，记录了 16 世纪、17 世纪和 18 世纪的军事行动。例如，出生在安特卫普的汉斯·利夫林克是众多因为躲避宗教迫害而移居到北部诸省的佛兰德雕刻师之一。利夫林克的一份重要的绘本地图显示了 1574 年西班牙军队围攻莱顿时该城镇周围的地形。这幅图绘是弗兰斯·霍亨贝赫和格奥尔格·布劳恩的《世界城市图》中所描绘的对莱登之围的模本。[62] 我们知道，在 80 年战争时期，霍亨贝赫大约有 400 份雕版作品。[63]

巴尔塔扎·弗洛里松·范贝尔肯罗德是低地国家其他不幸的战争事件中，最著名的艺术家之一，他还是一名土地测量员，以其地图绘制工作而闻名。除了开展战争活动外，在对被西班牙军队临时占领的荷兰设防城镇的军事战役和围攻期间，测量员还被雇用为战地记者。许多战争的战场都被描绘成实地平面图，并配以表现战斗的图画。[64] 在一场战役期间，指挥官的营地每天都要测量和绘制草图，就像巴尔塔扎·弗洛里松的战场图书中所展示的那样。[65] 事件之后制作的纪念印刷品是低地国家图书和印刷行业的另一重要产品。大约有 450

1306

⑤⑨　Frederik Muller, *De Nederlandsche geschiedenis in platen*, 4 vols. (Amsterdam: F. Muller, 1863 – 1882); reprinted as *Beredeneerde beschrijving van Nederlandsche historieplaten, zinneprenten en historische kaarten*, 4 vols. in 3 (Amsterdam: N. Israel, 1970).

⑥⓪　C. Koeman, "Krijgsgeschiedkundige kaarten," *Armamentaria* 8 (1973): 27 – 42; reprinted in C. Koeman, *Miscellanea Cartographica: Contributions to the History of Cartography*, ed. Günter Schilder and Peter van der Krogt (Utrecht: HES, 1988), 221 – 242. 这是由 Frederik Muller 收集的印刷品列表所证明的。这位 19 世纪的古董书商，对尼德兰的书籍和印刷产品的历史进行了毕生的研究，得出了这样的结论："通过收集印刷品、地图、肖像以及将其纳入所谓的历史地图集，来对历史进行研究，是起源于荷兰的一种智力活动；或者更好的是，由于特殊环境，必须是起源于尼德兰"；请参阅 Muller, *De Nederlandsche geschiedenis*, 1: XIII. 这些环境指的是一个庞大的有文化的中产阶级群体，一个高度发达的图书贸易和印刷产业，还有许多优秀的画家、绘图员和雕刻师。

⑥①　这反映在图书拍卖的目录中，这个主题将在本《地图学史》的第 4 卷中更详细地讨论。

⑥②　绘本地图收藏在 Leiden, Universiteitsbibliotheek, 34 × 46 厘米。

⑥③　Karel Kinds, *Kroniek van de opstand in de Lage Landen, 1555 – 1609: Actuele oorlogsverslaggeving uit de zestiende eeuw met 228 gravures van Frans Hogenberg*, 2 vols. ([Wenum Wiesel]: Uitgeverij ALNU, 1999), and Muller, *De Nederlandsche geschiedenis*, 1: 39 – 60.

⑥④　例如，著名的胜利图有由雕刻师 Jacques Callot 所绘制的 1625 年的布雷达城镇、又比如巴尔塔萨·弗洛里松·范贝尔肯罗德等各种不同版本进行表现的 1629 年对斯海尔托亨博斯的围攻。其中的几幅画是由克拉斯·扬松·菲斯海尔雕刻和出版的，并作为壁挂地图出售或合并成书籍。

⑥⑤　Y. Marijke Donkersloot-De Vrij, "De veldtocht van Frederik Hendrik in 1639," *Spieghel Historiael* 6 (1971): 496 – 502.

份绘本地形图和大约 850 份 16、17、18 世纪的设防城镇的绘本平面图收藏在荷兰国家档案馆中。在大多数情况下，他们的调查是由国务委员会下令进行的，并由大约 800 名尼德兰军事工程师中的一名或多名执行。⑯ 在本卷的第 43 章中，对很多因战争而催生的地图进行了讨论，特别是边码第 1271—1290 页。

阿姆斯特丹地图绘制的第三个刺激因素是大规模的国内地理变迁。城镇的扩展、诸多新的防御工事的修建，基础设施的扩建，以及土地的丧失和开垦，都极大地改变了低地国家北部的面貌。具体地说，由于部分海洋的筑坝和填海造陆，荷兰艾湾以北地区的变化记录在地图上。这些发展导致了水利委员会的地图绘制，这是低地国家地图学特有的一种现象（见第 43 章，第 1263—1268 页）。这些努力的结果是通过阿姆斯特丹的商业制图向大众公开的。

西班牙对低地国家南部诸省经济中心的征服，进一步刺激了北部地区的地图生产。1584 年，根特和布鲁日落入西班牙人之手，1585 年，比利时和安特卫普也随后被占领。结果，导致了南方的新教徒和像彼得鲁斯·贝尔蒂乌斯（Petrus Bertius）、彼得以及亚伯拉罕·戈斯（Abraham Goos）这样的受过良好教育的雕刻师、出版商和印刷商纷纷离去，他们选择了阿姆斯特丹作为其从事贸易的新中心。⑰ 这种迁徙催生了低地国家北部的商业地图制作的黄金时代，17 世纪，阿姆斯特丹在这一领域起到了主导的作用。

从 17 世纪初期开始，使用地图材料的个人和组织的数量有所增加。除了学者和海员，对地理感兴趣的管理人员、商人和公民开始认为地图的价值在于提供了信息的来源。为了满足日益增长的对地图的需求，在阿姆斯特丹发展出了专门用于地图和印刷品的印刷业务。由于那些有能力的雕刻师，诸如范朗伦家族、范多特屈姆家族、彼得·范登克雷（又作 Petrus Kaerius）、约祖亚·范登恩德（Josua van den Ende）、黑塞尔·赫里松（Hessel Gerritsz.）、克拉斯·扬松·菲斯海尔和亚伯拉罕·戈斯，以及那些著名的印刷商，诸如科内利斯·克拉松、约道库斯·洪迪厄斯和威廉·扬松·布劳等，他们之间的成功合作，有助于制作出对阿姆斯特丹在地图制作和销售领域的世界声誉做出贡献的作品。阿姆斯特丹的地图生产具有惊人的丰富性和多样性特征：对开本的单幅地图、大型地图集、长篇的对开本旅行作品、尺寸极其多样的球仪和多图幅的复合壁挂地图。

肇端于 16 世纪

除了在北部诸省有些许地方地图的绘制，直到 1580 年才有了地图学的传统。16 世纪的地图制作几乎完全是由测量员出于司法目的所制作的绘本地图，以及在地图集中表现地产。这些是描述相对较小区域的大比例尺地图。西班牙当局下令，低地国家南部地区对较大的陆地区域进行军事地图的绘制，如雅各布·范德芬特和克里斯蒂安·斯格罗滕等人所做的。除了少数区域地图和城镇平面图之外，几乎没有任何印刷地图可供出售。⑱

---

⑯　这些列入了 F. W. J. Scholten, *Militaire topografische kaarten en stadsplattegronden van Nederland*, 1579–1795（Alphen aan den Rijn：Canaletto, 1989），168–195。

⑰　关于这一迁徙的更多研究，请参阅 J. G. C. A. Briels, *Zuid-Nederlandse immigratie*, 1572–1630（Haarlem：Fibula-Van Dishoeck, 1978）。

⑱　1584 年之前北方诸省印刷地图的列表，请参阅 *GN*, 86。

在 16 世纪的前几十年，北方诸省出版的印本地图中只有很少的几部保存下来。已知在荷兰印刷的最古老的地图是由博学的豪达人文主义者科内利斯·奥里利厄斯（Cornelis Aurelius）于 1514 年出版的荷兰语世界地图。[69] 已知有 4 个版，代表 4 种不同版本。最古老的一种是 1514 年的木刻版，发现于扬·塞费尔松（Jan Seversz.）于 1517 年在莱顿印刷的《荷兰、泽兰和弗里斯兰编年史》（Chronycke van Hollandt Zeelant ende Vriesland）的副本中。在 20 世纪 60 年代，一部 16 世纪装订的书的地图残片，显示了今天的弗里斯兰、德伦特、上艾瑟尔和莱顿的大部分地区，其日期大约在 1524 年（见图 43.4）。

尼德兰地图在北部诸省出版的另外两个例子可以追溯到 16 世纪 40 年代早期。它们都是科内利斯·安东尼松的作品，他在地图绘制领域做出了重要的贡献，并制作了大量的非地图的木刻、绘画、素描和雕版。[70] 其著名的 1544 年木刻版阿姆斯特丹的城镇景观图，成为低地国家地图学发展历程中的里程碑，1543 年，安东尼松发表了他著名的《东方地图》，这部作品被授予了一项帝国特许权。安东尼松的作品出版后，在近 30 年的时间里，北方省份没有显著的地图制作活动。

1569 年，尼古拉斯·利夫林克斯在海牙出版了一幅关于荷兰、乌得勒支和周边地区的六图幅壁挂地图，开启了一个新的纪元。不幸的是，在第二次世界大战期间，保存在布雷斯劳（弗罗茨瓦夫）的前城市图书馆中的唯一已知的一例被毁掉了。[71] 地图的作者未知，但我们可以借助此图保留下来的一张照片得出结论：雅各布·范德芬特的地图和克里斯蒂安·斯格罗滕地图上的地理内容都有所改善。它是约翰内斯和卢卡斯·范多特屈姆兄弟雕刻的，他们在耶罗尼米斯·科克和赫拉德·德约德的位于安特卫普的出版公司工作，事业很成功，在北部诸省活跃了 20 年。1560 年前后，约翰内斯和卢卡斯似乎都搬到了安特卫普，尽管除了他们的工作之外，没有任何文件证明他们在当地居住过。16 世纪 70 年代末，范多特屈姆兄弟回到了代芬特尔，似乎在不久以后，卢卡斯就已经去世了。1587 年，代芬特尔落入西班牙人之手，支持宗教改革的约翰内斯·范多特屈姆被迫逃走。他在哈勒姆建立了自己的事业，他的儿子巴普蒂斯塔协助他处理印刷和出版业务。从 16 世纪 90 年代开始，随着巴普蒂斯塔的兄弟小约翰内斯·范多特屈姆加入，他们的雕刻能力提高了。范多特屈姆家族为科内利斯·克拉松做了很多工作，后者基本上垄断了 16 世纪末期的地图、航海和探索航行等领域作品的出版行业。1600 年，约翰内斯·范多特屈姆回到了代芬特尔，而他的儿子们则留

[69] Shirley, *Mapping of the World*, 42 – 43（no. 37），and C. P. Burger, "De oudste Hollandsche wereldkaart, een werk van Cornelius Aurelius," *Het Boek* 5（1916）: 33 – 66.

[70] 关于科内利斯·安东尼松，请参阅 F. J. Dubiez, *Cornelis Anthoniszoon van Amsterdam: Zijn leven en werken*, ca. 1507 – 1553（Amsterdam: H. D. Pfann, 1969）；Karrow, *Mapmakers of the Sixteenth Century*, 42 – 48；and Arend W. Lang, *Die "Caerte van Oostlant" des Cornelis Anthonisz.*, 1543: *Die älteste gedruckte Seekarte Nordeuropas und ihre Segelanweisung*（Hamburg: Ernst Kabel, 1986）.

[71] Nalis, *Van Doetecum Family*, pt. 2, 272 – 273；*MCN*, 1: 5 – 7；Walther Ruge, "Aelteres kartographisches Material in deutschen Bibliotheken," *Nachrichten von der Königlichen Gesellschaft der Wissenschaften zu Göttingen, philologisch-historische Klasse*, 1904, 1 – 69；1906, 1 – 39；1911, 35 – 166；and 1916, Beiheft, 1 – 128, esp. 50, no. 73 [reprinted in *Acta Cartographica* 17（1973）: 105 – 472, esp. 394]；F. C. Wieder, "Merkwaardigheden der oude cartographie van Noord-Holland," *Tijdschrift van het Koninklijk Nederlandsch Aardrijkskundig Genootschap* 35（1918）: 479 – 523 and 678 – 706, esp. 496 – 497；and C. Koeman, *Geschiedenis van de kartografie van Nederland: Zes eeuwen land-en zeekaarten en stadsplattegronden*（Alphen aan den Rijn: Canaletto, 1983）, 107.

在了哈勒姆。人们相信，巴普蒂斯塔在阿姆斯特丹工作了几年后，于 1606 年在艾瑟尔（Ijssel）市定居，并在 1611 年于该市去世。约翰内斯·范多特屈姆的记录可以在 1603 年开始的鹿特丹档案中找到。其 1608 年和 1626 年的财产清单帮助人们很好地了解雕刻师的家庭和商店。[72] 小约翰内斯·范多特屈姆于 1630 年去世，这标志着长达 70 年的雕刻传统的结束。1560—1630 年，范多特屈姆家族对低地国家的地图绘制产生了决定性的影响，比其他任何雕刻或出版家族都要长久。[73]

凭借其所制作的雕刻和蚀刻画，范多特屈姆家族闻名遐迩，他们的风格和技术受到了他们同时代人的高度尊敬（图 44.3）。根据德国出版商和地理学家马蒂亚斯·奎德·"冯·金克尔巴赫"（Matthias Quad "von Kinckelbach"），"1570 年前后，兄弟两人：约翰内斯和卢卡斯·范多特屈姆，发明了一种全新与巧妙的蚀刻方式，借此，他们还可以刻蚀铜版图片和地图，在上面非常整齐和顺滑地刻上作品和文字，刻度非常精细，长期以来，许多鉴赏家认为这不是蚀刻，而是纯粹的雕刻。在卢卡斯去世之前，这种艺术一直是他们两兄弟的秘密；多年之后，他的兄弟约翰内斯将这一秘密传授给自己的两个儿子巴普蒂斯塔和约翰内斯，他们当时在哈勒姆进行实践，并用很少的功夫制作了许多出色的图版"。[74]

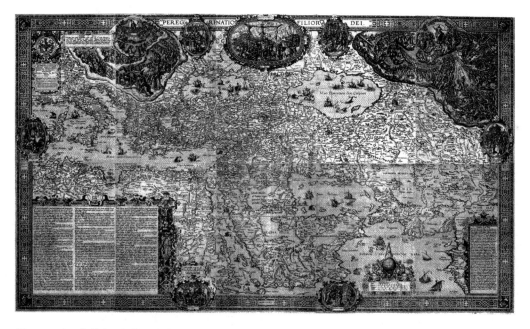

图 44.3　克里斯蒂安·斯格罗滕的《神之子的旅程》（*Peregrinatio Filiorum Dei*）壁挂地图，由约翰内斯·范多特屈姆和卢卡斯·范多特屈姆雕刻，1572 年。三图幅

原图尺寸：97.5 × 168.1 厘米。由 Öffentliche Bibliothek der Universität，Basel（Kartensammlung AA 119 – 120）提供照片。

---

[72]　关于 1608 年的一份关于艺术印刷厂清单和库存的报告，请参阅 MCN，1：32 – 35。1626 年清单中的铜版和地图提及于第 37 页。

[73]　关于范多特屈姆家族的生活和工作的概述，请参阅 Nalis，*Van Doetecum Family*，and *MCN*，1：3 – 37。

[74]　Matthias Quad，*Teutscher Nation Herligkeit：Ein ausfuhrliche Beschreibung des gegenwertigen，alten，und uhralten Standts Germaniae*（Cölln am Rhein：Verlegung Wilhelm Lutzenkirchens，1609），431。另请参阅 Peter H. Meurer，*Atlantes Colonienses：Die Kölner Schule der Atlaskartographie，1570 – 1610*（Bad Neustadt a. d. Saale：Pfaehler，1988），197 – 235。

范多特屈姆家族在代芬特尔和哈勒姆居住期间所制作的单图幅地图现在非常罕见。这些地图大部分是由巴普蒂斯塔·范多特屈姆雕版的。他的父亲约翰内斯最为著名的是出版了他儿子的作品。[75] 约翰内斯·范多特屈姆在哈勒姆的出版社还制作了一份 1594 年的九图幅十七省大地图（仅有三图幅保存下来）。[76] 这幅壁挂地图的铜版是由扬·弗美尔（Jan Vermeer）在 1636 年重新出版的，这一再版的版本在克拉斯·杨松·菲斯海尔著名的《绘画技艺》（Art of Painting）中也进行了描述。[77] 约翰内斯在莱顿的普兰迪因工厂工作，也为荷兰的海洋地图绘制做出了重要贡献。[78]

除了范多特屈姆家族之外，从 1580 年开始，范朗伦也是一个著名的雕刻师家族。[79] 他们因制作球仪而特别出名，但在地图雕刻方面也非常活跃。阿诺尔德·弗洛里斯（Arnold Floris）和亨德里克·弗洛里斯·范朗伦（Hendrik Floris van Langren）尤其专注于地图雕刻，他们最著名的作品是范林索登的《航海旅程》中的地图；他们的其他地图材料则极其罕见。两兄弟共同努力的成果包括由弗林茨出版的 1594 年的两个半球的世界地图，以及另一幅描绘了弗兰德斯和泽兰的罕见地图。亨德里克·弗洛里斯·范朗伦也因雕刻了这些地图而出名：一幅荷兰地图（1594 年）、不明年代的德意志地图、一幅狮子（低地雄狮）形状的十七省地图以及一幅根据普兰齐乌斯的大幅亚洲地图而进行缩减模仿的亚洲地图。1598 年之后，他还雕刻了一幅壁挂世界地图，上面印有他的赞助人莱纳特·兰斯（Lenert Rans）的肖像，并印刷了 2000 份。[80] 亨德里克去世后，他尚存的铜版在 1650 年被其继承人卖给了公众。

范多特屈姆家族在代芬特尔与哈勒姆，与范朗伦在阿姆斯特丹的商业贸易，可以在一些保留的情况下，被认为是低地国家北部的第一批商业地图企业。然而，在不久之后，他们就不得不承认佛兰德的雕刻师和出版商的优势，他们在 16 世纪的最后十年在阿姆斯特丹定居。

阿姆斯特丹的佛兰德地图雕刻师和出版商

成千上万的新教移民从低地国家南部来到这里，这标志着北方省份的经济和文化的巨大

---

[75] Nalis, *Van Doetecum Family*, pt. 4, 10 – 11 (Gelderland, 1584)；pt. 4, 16 – 17 (Holland, 1585)；pt. 4, 32 – 33 (Seventeen Provinces, 1588)；pt. 4, 40 – 42 (Zeeland, 1589)；and pt. 4, 46 – 47 (Flanders, ca. 1590), and *MCN*, 1：8 – 13.

[76] 其中一张图幅收藏在 Amsterdam, Universiteitsbibliotheek；两张图幅由私人收藏。请参阅 Nalis, *Van Doetecum Family*, pt. 4, 128 – 133, and *MCN*, 1：144 – 146 and facsimiles 4. 1 – 4. 3。

[77] 收藏于 Vienna, Kunsthistorisches Museum。请参阅 James A. Welu, "The Map in Vermeer's *Art of Painting*," *Imago Mundi* 30 (1978)：9 – 30, and *MCN*, 1：146 – 165 and facsimiles 5. 1 – 5. 14。与 1594 年的大型壁挂地图同时出现，这幅作品的两图幅缩减版本出现，只有通过稍后的 Francois van den Hoeye 的 1616 年版本为人所知；请参阅 *MCN*, 1：162 – 165 and facsimiles 6. 1 – 6. 4。

[78] 请参阅本卷第 45 章。普兰迪因商店后来由普兰迪因的女婿 Francois van Raphelengien 经营。

[79] 关于范朗伦家族的传记式的概述，请参阅第 87—91 页；阿诺德和亨德里克所刻地图的目录在第 129 页。

[80] *MCN*, 3：28 – 31。一份副本出现在前 Stadtbibliothek, Breslau (Rolle 31)，但自 1945 年以来就失踪了。请参阅 F. C. Wieder, "Nederlandsche kaartenmusea in Duitschland," *Tijdschrift van het Koninklijk Nederlandsch Aardrijkskundig Genootschap* 36 (1919)：1 – 35, esp. 23 – 24。一份局部的摹写本见 F. C. Wieder, ed., *Monumenta Cartographica*：*Reproductions of Unique and Rare Maps, Plans and Views in the Actual Size of the Originals*, 5 vols. (The Hague：Martinus Nijhoff, 1925 – 1933), 2：41 – 42, 55, and pls. 39, 40 and 40a, and Shirley, *Mapping of the World*, 234 – 236 (no. 218)。

发展。科内利斯·克拉松是最早从事地图工作的人之一,在16世纪末17世纪初,他成为北方省份最重要的地图出版商。[81] 一些著名的雕刻师为他工作,包括范多特屈姆和范朗伦家族的成员。他出版了普兰齐乌斯所绘制的作品,后者是一名加尔文教派的牧师,是尼德兰人扩张到全球各个角落的精神焦点。克拉松对地理和地图的重要性也在他的著名出版商的目录《技艺与地图登记》(*Const ende caert-register*)中,在他的书中(1609年),[82] 提供了关于阿姆斯特丹的大量地理和地图材料的有趣信息。克拉松不仅是一个出版商,而且是与他人合作的制片人。《技艺与地图登记》提到了他与约道库斯·洪迪厄斯、彼得·范登克雷、卢卡斯·杨松·瓦赫纳(Lucas Jansz. Waghenaer)、老约翰内斯·扬松尼乌斯以及巴伦特·兰赫内斯(Barent Langenes)等人合作制作的地图和地图集。此外,他与低地国家南部依然保持联系,他与安特卫普的出版商约翰·巴普蒂斯塔·弗林茨合作的作品证明了这一点。

1592年4月17日,国会授予克拉松出版其著名的圆柱投影的十九图幅壁挂地图的权利,期限是12年。这张地图的内容来自墨卡托的1569年的世界地图,补充了重要的内容,包括西班牙和葡萄牙的发现,这是普兰齐乌斯设法获得的。克拉松和弗林茨合作在尼德兰南部销售。只有一个已知的副本(带有弗林茨的地址)。[83] 这张地图是约翰内斯·范多特屈姆和他的儿子巴普蒂斯塔合作雕刻的,范多特屈姆家族也负责为地图的一部分提供资金。他们拥有1/4的铜版,而克拉松将无法发表这篇文章。

克拉松出版了一系列也是根据葡萄牙的材料的更小的海图,这些海图由普兰齐乌斯绘制,尽管普兰齐乌斯更关注内陆地区。这些详细的海图连同世界地图一起,提供了对已知世界的地图绘制的几乎完整的总结,并形成了最古老的尼德兰海洋图,显示了欧洲以外的海域和海岸线(图44.4)。所有这些海图都是由范多特屈姆家族的成员雕刻的。[84] <!-- 1310 -->

扬·惠更·范林索登的《航海旅程》(*Itinerario voyage ofte schipvaert*)(1596年),是16世纪末亚洲和非洲海岸的重要信息的来源。范多特屈姆家族在这篇文章中没有付出任何费用,包括范多特屈姆家族的大量非地图雕刻,这也在1604年他们自己的书名页分别出现。[85] 还有6张地图:一幅1594年的世界地图,由约翰内斯·范多特屈姆雕刻而成,[86] 还有5幅是

[81] 关于科内利斯·克拉松,请参阅 E. W. Moes and C. P. Burger, *De Amsterdamsche boekdrukkers en uitgevers in de zestiende eeuw*, 4 vols. (Amsterdam, 1900 – 1915; reprinted Utrecht: HES, 1988), 2: 27 – 209 and 4: 394 – 445; C. P. Burger, "De Amsterdamsche uitgever Cornelis Claesz (1578 – 1609)," *De Gulden Passer* 9 (1931): 59 – 68; Isabella Henrietta van Eeghen, *De Amsterdamse boekhandel*, 1680 – 1725, 5 vols. (Amsterdam: Scheltema & Holkema, 1960 – 1978), vol. 1; B. van Selm, *Een menighte treffelijcke Boecken: Nederlandse boekhandelscatalogi in het begin van de zeventiende eeuw* (Utrecht: HES, 1987), 174 – 319; and *MCN*, 5: 61 – 75 and esp. vol. 7.

[82] 副本见 Wolfenbuttel, Herzog August Bibliothek [Bc Sam. Bd. 10 (2)]. 请参阅 *MCN*, 7: 23 and ill. 1.2g; Van Selm, *Een menighte treffelijcke Boecken*, 217 – 221; 克拉松的处理以及其目录见本卷第45章。

[83] Valencia, Collegio del Corpus Cristi. 请参阅 Nalis, *Van Doetecum Family*, pt. 4, 93 – 107; *MCN*, 1: 14 – 17 and 3: 22 – 28; and Shirley, *Mapping of the World*, 199 – 202 (no. 183)。一份完整尺寸的复制品见 Wieder, *Monumenta Cartographica*, 2: 28 – 36 and pls. 26 – 38。

[84] Nalis, *Van Doetecum Family*, pt. 4, 110 – 123, and *MCN*, 7: 110 – 132 and facsimiles 8 – 14.

[85] Nalis, *Van Doetecum Family*, pt. 4, 144 – 177. 1604年版本的标题是 *Icones, habitvs gestvsqve Indorvm ac Lvsitanorvm per Indiam viventivm*. 请参阅 E. van den Boogaart, *Het verheven en verdorven Azië: Woord en beeld in het* Itinerario en de Icones *van Jan Huygen van Linschoten* (Amsterdam: Het Spinhuis, 2000)。

[86] Nalis, *Van Doetecum Family*, pt. 4, 134 – 135, and *MCN*, 7: 204 – 228 and facsimiles 18 – 24.

图 44.4　科内利斯·克拉松所出版南美洲南部地区地图，约 1592 年

原图尺寸：38.5×55 厘米。由 Universiteitsbibliotheek Amsterdam（O. K. 125）提供照片。

由阿诺尔德·弗洛里斯·范朗伦和他的兄弟亨德里克·弗洛里斯·范朗伦雕刻的。这些地图提供了从非洲西北海岸到中国和日本的完整路线。

在接下来的几年里，克拉松出版了许多期刊，涵盖了各种主要的尼德兰人的发现之旅，除了一些特殊的路线地图，这些路线地图类似于普通地图，显示了科内利斯·德豪特曼（Cornelis de Houtman）（1595—1597 年）、雅各布·科内利松·范内克（Jacob Cornelisz. van Neck）（1598—1600 年）、威廉·巴伦支（Willem Barents）（1596 年）和奥利维尔·范诺尔特（Olivier van Noort）（四图幅，菲斯海尔于 1650 年再版）等人选取的路线。[87] 1602 年，彼得发表了一份西非地图，与他发表的关于几内亚湾的最早和最详细的描述，由彼得·德马雷斯（Pieter de Marees）撰写。

两幅重要的北部区域地图也值得提及。克拉松在 1589 年出版了科内利斯·杜德松（Cornelis Doedsz. ）的《包含东部和北部航行水域全貌的航海图》（*Pascaerte inhoudende dat gheheele oostersche en noortsche vaerwater*）。[88] 这部作品对波罗的海和白海的航行非常重要。克

1311

---

[87]　全部以完整尺寸复制于 *MCN*, vol. 7。

[88]　唯一已知的副本在大英图书馆中；它形成了瓦赫纳（Waghenaer）的《新航海之镜……》（*Den nieuwen Spieghe der zee vart...*）的一部分（地图 C. 8. b. 6）。这张海图是由克拉斯·扬斯·菲斯海尔于 1610 年第二次发布的。请参阅 *MCN*, 1：16；Günter Schilder, "De Noordhollandse cartografenschool," in *Lucas Jansz. Waghenaer van Enckhuysen：De maritieme cartografie in de Nederlanden in de zestiende en het begin van de zeventiende eeuw*（Enkhuizen：Vereniging "Vrienden van het Zuiderzeemuseum," 1984），47－72, esp. 50－52; and *MCN*, 7：100－101 and facsimile 6。

拉松在 1608 年之前出版的由毛里斯·威廉松（Mouris Willemsz.）绘制的海图甚至更详细地描述了俄罗斯的海岸线，克拉松的国际声誉来自旅行图书、地图、地图集和航海技艺书籍的出版，他是第一个出版洛多维科·圭恰迪尼的作品（1609 年）的北方出版商。[89] 他特别关注了在小约翰内斯·范多特屈姆、扬·彼得松·桑雷达姆（Jan Pietersz. Saenredam）和彼得·范登克雷等雕刻师的帮助下提供的新行省地图。他还根据 1609 年的圭恰迪尼版本分别发行了各个省份的地图，因为地图上用活字印刷的描述性文字从三边确定了边缘。

1585 年，彼得鲁斯·普兰齐乌斯逃到北方，同年被阿姆斯特丹接纳，任命为牧师。[90] 除了参与他的神学活动之外，普兰齐乌斯发现自己越来越多地忙于天文学和地理学。因此，他在 1589 年为雅各布·弗洛里斯·范朗伦的天球仪提供了新的星座。1590 年，他还为劳伦斯·雅各布松（Laurens Jacobsz.）的荷兰文圣经制作了 5 张地图，[91] 此外，他还凭借自己的 1592 年壁挂世界地图而名气大增。

随后，普兰齐乌斯的主要关注点是海洋地图，为尼德兰船只提供了前往东印度群岛旅行所必需的航海地图和仪器。这些海图基于葡萄牙的资料来源。荷兰联合东印度公司于 1602 年成立，之后不久，普兰齐乌斯被任命为该公司的制图师。六年以后，他因为专注于神学而辞职。大约在 1605 年之后，除了 1607 年出版的一幅两个半球的大型世界地图，普兰齐乌斯的名字很少在地图制作领域重新出现。

像很多其他著名的制图师、雕刻师和出版商对阿姆斯特丹地图学的发展有决定性的影响一样，在 16 世纪末期，约道库斯·洪迪厄斯和他未来的姻亲彼得·范登克雷也从低地国家的南部迁徙至此。[92] 他们属于移民团体，主要来自根特，先是定居于伦敦。对于像洪迪厄斯和范登克雷这样天资聪颖和勤勉努力的人来说，在伦敦有很多机会来发展技能，在那里，地理研究、航海技艺、数学、天文学和地图学都在蓬勃发展。特别是，洪迪厄斯与最著名的英格兰学者和探险家，如托马斯·布伦德维尔（Thomas Blundeville）、托马斯·卡文迪什（Thomas Cavendish）、约翰·戴维斯（John Davis）、弗朗西斯·德雷克（Francis Drake）、理查德·哈克卢特（Richard Hakluyt）、约翰·斯皮德（John Speed）和爱德华·赖特（Edward Wright）等，都有价值很高的接触。

为瓦赫纳的《航海之镜》（*Spieghel der zeevaerdt*）的 1588 年英格兰仿作《航海之镜》（*The Mariners Mirrour*）所雕刻的三幅海图，日期可以追溯到洪迪厄斯和范登克雷在伦敦居留时，以及一幅 1589 年的美洲地图，众所周知，它只是根据一幅 1602 年让·勒克莱尔四世（Jean Ⅳ Leclerc）出版的稍晚的版本。典型的尼德兰装饰性图缘发展的一个重要起点，是 1590 年和 1591 年洪迪厄斯出版的英格兰、法兰西和低地国家的小型地图，以及一套世界、

　　⑧⑨　Deys et al.，*Guicciardini Illustratus*，50 − 53（9 Claesz）．

　　⑨⑩　Johannes Keuning，*Petrus Plancius*，*theoloog en geograaf*，1552 − 1622（Amsterdam：Van Kampen，1946）．

　　⑨①　关于范朗伦的球仪，请参阅 *GN*，421 − 422（LAN Ⅰ）。关于荷兰文圣经的地图，请参阅 Nalis，*Van Doetecum Family*，pt. 4，50 − 55，and Wilco C. Poortman and Joost Augusteijn，*Kaarten in Bijbels*（16ᵉ − 18ᵉ *eeuw*）（Zoetermeer：Boekencentrum，1995），100 − 110。

　　⑨②　关于洪迪厄斯，请参阅 Günter Schilder，*The World Map of* 1669 *by Jodocus Hondius the Elder & Nicolaas Visscher*（Amsterdam：Nico Israel，1978），5 − 9。关于范登克雷，请参阅 Günter Schilder and James A. Welu，*The World Map of* 1611 *by Pieter van den Keere*（Amsterdam：Nico Israel，1980），and Günter Schilder，*Pieter van den Keere*，*Nova et accurata geographica descriptio inferioris Germaniae*（*Amsterdam*，1607）（Alphen aan den Rijn：Canaletto，1993）。

欧洲、法兰西、英格兰和十七省（低地雄狮）的 5 幅小型圆形地图（1589—1590 年）（图44.5）。[93] 1592 年，他亲手制作的一幅英格兰和爱尔兰的地图以两图幅的形式出版。[94] 洪迪厄斯在伦敦活动的巅峰是 1592 年或 1593 年初雕刻的一对由埃默里·莫利纽克斯（Emery Molyneux）制作的英文球仪，在其上记录了英格兰人探险和地理发现的成果。[95]

图 44.5 十七省的圆形比利时雄狮地图，约道库斯·洪迪厄斯于伦敦雕版，16 世纪 90 年代晚期

地图直径：8.3 厘米。由 Biblioteca Nacional, Madrid（Estampas y Bellas Artes, ER2240）提供照片。

1593 年，约道库斯·洪迪厄斯和他的家人从伦敦迁居阿姆斯特丹。在那里，他与来自南部省份的其他移民取得了联系，这些人在地理学和地图学方面起着决定性的作用，比如彼得鲁斯·普兰齐乌斯（Petrus Plancius）和彼得鲁斯·贝尔蒂乌斯。洪迪厄斯在市政厅附近的卡弗街（Kalverstraat）创立了他的生意，并急切地着手开展工作。他拥有个人品质的理想组合：科学的好奇心；数学、地理学和天文学领域的能力；艺术技巧；商业智慧。洪迪厄斯

1312

---

[93] Günter Schilder, "Jodocus Hondius, Creator of the Decorative Map Border," *Map Collector* 32 (1985)：40 - 43, and idem, "An Unrecorded Set of Thematic Maps by Hondius," *Map Collector* 59 (1992)：44 - 47. 洪迪厄斯 1600 年之前的作品的列表可以在 *GN*, 139 中找到，其中必须添加 5 幅小的圆形地图。

[94] Rodney W. Shirley, Early Printed Maps of the British Isles, 1477 - 1650, rev. ed. (East Grinstead：Antique Atlas, 1991), xv (no. 164) and pl. 36.

[95] 图 57.11 和 *GN*, 107 - 112 and 460 - 463 (HON M - Ⅰ/Ⅱ). 关于洪迪厄斯在伦敦的工作，另请参阅第 1705 页和图 57.10。

地图学遗产的特点是其显著的多样性：许多各种各样的壁挂地图、地图集和地球仪从他的工作室制出。

　　洪迪厄斯在阿姆斯特丹出版的第一批地图作品包括一幅小型地图和一张四图幅的壁挂地图，两者都是十七省地图（1593 年），以及著名的两个半球的德雷克"宽边"世界地图，它描述了弗朗西斯·德雷克爵士（1577—1580 年）和托马斯·卡文迪什（1586—1588 年）环绕世界航行的路线。洪迪厄斯和他的姻亲范登克雷一起，雕刻了一张十五图幅的巨大的欧洲地图，这幅地图于 1595 年上市。

　　在范登克雷的协助下，洪迪厄斯与出版商科内利斯·克拉松密切合作，出版了重要的作品，如威廉·巴伦支的 1595 年《地中海新描述和地图册》（*Nieuwe beschryvinghe ende caertboeck vande Midlantsche Zee*），它是最早的地中海印本海洋地图集，以及《地图宝藏》（*Caertthresoor*），这是一部含有大约 160 幅地图的小型世界地图集。他还自己出钱制作了大量的单幅地图，比如他的大幅世界地图（1595/1596 年）和基于墨卡托投影绘制的四大洲地图（1598 年）。他从尚未出版的爱德华·赖特的手稿中借用了绘制这些地图的数学基础。一幅基于同样投影的对开本尺寸的世界地图，在文献中因"基督教骑士地图"而知名。其他几幅由多图幅组成的地图也在同一时期出版。1599 年，洪迪厄斯为他的朋友科内利斯·安东尼松·霍恩霍菲乌斯（Cornelis Anthonisz. Hornhovius）雕刻了乌得勒支省的两图幅地图。这幅地图仅在克莱门特·德永赫（Clement de Jonghe）出版的后期版本中保存下来。1600 年，一张四图幅的法兰西地图问世，并在 1650 年被克拉斯·杨松·菲斯海尔以两图幅印本形式重新出版，并加上了装饰性的边。1602 年，出版了四图幅的十七省地图，这是尼德兰地图制作的一个重大事件。在对开页尺寸的较小地图中，有一幅 1599 年的圭亚那（Guiana）地图、一幅 1600 年的小型法兰西地图、由勒克莱尔在 1602 年出版的一系列大陆地图、

　　⑯　Van der Heijden, *Oude kaarten der Nederlanden*, 1：88–89 and 232–238. 这幅壁挂地图仅靠亨里克斯·洪迪厄斯的 1630 年的第二版为人所知；请参阅 MCN, 1：48–49。关于德雷克宽幅地图，请参阅图 10.7 和 Shirley, *Mapping of the World*, 208–209（no. 188）。

　　⑰　描述和摹写本见 C. Koeman, *Jodocus Hondius' Wall-Map of Europe*, 1595：*An Introduction to the Nova totius Europae descriptio . . .（Amsterdam）1595*（Amsterdam：N. Israel, 1967）。1975 年，席尔德将其他副本（无文字）确定在 Nürnberg, Staatsarchiv；请参阅 *MCN*, 5：55, n. 91。

　　⑱　洪迪厄斯的八图幅世界壁挂地图的唯一已知一例收藏在 Dresden, Sächsisches Hauptstaatsarchiv（Ⅻ/Fach Ⅵ/No. 21）。在 Rotterdam, Maritiem Museum, 有一幅欧洲壁挂地图的不完整副本，包括四图幅中的三幅。一幅四图幅的非洲壁挂地图也收藏在 Maritiem Museum, 也丢失了一张图幅。四图幅的美洲地图只有上方的两张图幅保存下来（在 New York, New York Historical Society）目前还没有发现亚洲大陆地图的踪迹。请参阅 MCN, 5：52–61。

　　⑲　Edward Wright, *Certaine Errors in Navigation . . .*（London：Valentine Sims, 1599）. 请参阅 *MCN*, 5：50–53。关于赖特，请参阅 E. J. S. Parsons and W. F. Morris, "Edward Wright and His Work," *Imago Mundi* 3（1939）：61–71。

　　⑳　Peter Barber, "The Christian Knight, the Most Christian King and the Rulers of Darkness," *Map Collector* 52（1990）：8–13, and Shirley, *Mapping of the World*, 218–219（no. 198）.

　　㉑　James A. Welu, "The Sources and Development of Cartographic Ornamentation in the Netherlands," in *Art and Cartography：Six Historical Essays*, ed. David Woodward（Chicago：University of Chicago Press, 1987）, 147–173, esp. 167–173.

　　㉒　Van der Heijden, *Oude kaarten der Nederlanden*, 1：277–280.

　　㉓　一部摹写本见 *Links with the Past：The History of the Cartography of Suriname*, 1500–1971, ed. C. Koeman（Amsterdam：Theatrum Orbis Terrarum, 1973）, pl. 1。

1607 年德意志和荷兰的地图，⑭ 以及 1611 年的低地雄狮地图。⑮

1313　　　洪迪厄斯与科内利斯·克拉松（他在 1604 年购得了墨卡托地图集的铜版）的合作标志着他的职业生涯的转折点，1605 年和 1606 年地图集的新版本为阿姆斯特丹在地图学领域的世界声誉做出了重要贡献。尽管洪迪厄斯是在阿姆斯特丹活动，但他仍与他在英格兰的老朋友保持联系。正是通过这些联系，他才为约翰·斯皮德的《大不列颠帝国概观》（*Theatre of the Empire of Great Britaine*）（1611 年，伦敦）雕刻铜版。⑯ 最后，洪迪厄斯的作品包括了两幅更大尺寸的壁挂世界地图。

　　洪迪厄斯于 1612 年 2 月去世后，他的业务由其遗孀科莉特·范登克雷（Colette van den Keere）和他的儿子小约道库斯、亨里克斯继续经营。洪迪厄斯兄弟在地图集制作中扮演的角色比单幅地图的出版要重要得多。约道库斯的著作中特别值得一提的是 1613 年阿德里安·维恩（Adriaen Veen）的波罗的海地区的新地图、1617 年出版的一系列不同欧洲国家的现在已经非常罕见的单幅地图，⑰ 以及 1618/1619 年和 1623 年出版的一组欧洲大陆的对开页地图。⑱ 他还参与了多图幅地图的出版，比如一张六图幅的欧洲地图（1613 年之后），以及他父亲的两个半球的大型世界地图（1618 年）的再版工作。⑲

　　小约道库斯的兄弟亨里克斯满足于用旧铜版重新出版一系列地图，其中包括他父亲那些根据墨卡托投影绘制的壁挂世界地图，这些地图是他在 1627 年和 1634 年与梅尔希奥·塔韦尼耶二世（Melchior Ⅱ Tavernier）一起印制的；⑳ 那套他于 1624 年和 1626 年印刷的布劳的六图幅各大洲地图，㉑ 以及吕莫尔杜斯·墨卡托著名的十二图幅德意志地图，此图最早出版于 1590 年，他于 1632 年再次印刷。㉒ 布拉班特（1632 年）、荷兰（1629 年）㉓ 和北欧

---

⑭　*MCN*，6：179－182，306－307，and pls. 27 and 60，and Peter H. Meurer，*Corpus der älteren Germania-Karten：Ein annotierter Katalog der gedruckten Gesamtkarten des deutschen Raumes von den Anfängen bis um* 1650，text and portfolio（Alphen aan den Rijn：Canaletto，2001），258－260，pl. 3－9$^{1-4}$（Heinrich Zell／Gerard de Jode）；279－282，pl. 4$^{11-6}$（Christophorus Pyramius）；and 339－348，pls. 6－1，6－2，and 6－3$^{1-9}$（Christiaan Sgrooten）.

⑮　请参阅图版 19；Van der Heijden，*Oude kaarten der Nederlanden*，1：322；H. A. M. van der Heijden，*Leo Belgicus：An Illustrated and Annotated Carto-Bibliography*（Alphen aan den Rijn：Canaletto，1990）；and Schilder，*World Map of* 1669，7－9。

⑯　*MCN*，4：319－327；R. A. Skelton，comp.，*County Atlases of the British Isles*，1579－1850：*A Bibliography*（London：Carta Press，1970），30－44；Arthur Mayger Hind，*Engraving in England in the Sixteenth & Seventeenth Centuries：A Descriptive Catalogue with Introductions*，3 vols.（Cambridge：Cambridge University Press，1952－1964），2：67－90；John Speed，*Wales：The Second Part of John Speed's Atlas*，"The Theatre of Great Britain," notes on Speed by John E. Rawnsley（Wakefield，Eng.：S. R. Publishers，1970）；idem，*The Theatre of the Empire of Great Britain，with the Prospect of the Most Famous Parts of the World*（1676），intro. Ashley Baynton-Williams（London：J. Potter in association with Drayton Manor，1991）；and idem，*A Prospect of the Most Famous Parts of the World*，London 1627，intro. R. A. Skelton（Amsterdam：Theatrum Orbis Terrarum，1966）.

⑰　它们表现了日耳曼尼亚、法兰西、大不列颠和爱尔兰以及意大利。请参阅 *MCN*，6：192－194，345－347，355－358，376－378，and facsimiles 31，72，76，and 83。

⑱　*MCN*，6：123－125，139－140，153－155，168－169，and facsimiles 11（Africa）and 16（America）.

⑲　*MCN*，3：79－91. 这幅欧洲地图唯一一份已知的副本收藏在 Amsterdam，Universiteitsbibliotheek（Mag. 1803 D 8）。

⑳　Shirley，*Mapping of the World*，342－343（no. 319）and 363（no. 339）.

㉑　*MCN*，5：75－89 and facsimiles 1.1－1.14，2.1－2.14，3.1－3.14，and 4.1－4.14.

㉒　*MCN*，5：232－239.

㉓　Dirk Blonk and Joanna Blonk-van der Wijst，*Hollandia Comitatus：Een kartobibliografie van Holland*（'t Goy-Houten：HES & De Graaf，2000），233－237.

（1635 年前后） 的大型地图似乎由他自己承担费用组合出版。

洪迪厄斯家族的另一个著名人物是彼得·范登克雷，在伦敦生活期间，他的姻亲老约道库斯·洪迪厄斯教授了他必备的艺术和技术技巧。这段时期的训练是范登克雷成为阿姆斯特丹成功的雕刻师和印刷商的职业生涯的基础。他最早的地图作品是爱尔兰的地图，这幅地图是他于 1591 年在英格兰雕刻的。[114] 当他住在伦敦的时候，还为约翰·诺登（John Norden）的《不列颠之镜》（*Speculum Britanniae*） 提供了 5 块铜版。1593 年，范登克雷从伦敦迁居到了阿姆斯特丹，在那里他与洪迪厄斯合作了几个项目，包括威廉·巴伦支的《地图册》和世界地图集《地图宝藏》（这两部作品都是由克拉松出版的）、1595 年的十五图幅欧洲壁挂地图、1602 年四图幅的低地国家地图，以及 1603 年的墨卡托投影世界地图。

除了与洪迪厄斯合作之外，范登克雷还参与了几部著名的大型地图的出版，其中包括一些尼德兰地图雕版的杰作。[115] 在 17 世纪的前 20 年里，范登克雷也出版了大量的单幅地图，这些地图现在都非常罕见。[116] 1623 年，为了出售，他制作了一份自己拥有的全部铜版的清单。[117] 今天，这一清单对于地图绘制的历史非常重要，尤其是帮助我们更深入地了解范登克雷的制作活动。

范登克雷还密切参与了大型城市全景图的绘制工作。[118] 我们发现他是乌得勒支（1603 年）、科隆（1613 年和 1615 年）、阿姆斯特丹（1614 年和 1618 年）、君士坦丁堡（1616 年）、巴黎（1617/1618 年）、但泽（1618 年）和汉堡（1619 年） 等城市全景画的雕刻师和出版商。他还与人合作推出了洛多维科·圭恰迪尼的著名的《尼德兰全境图志》在北方各省（阿姆斯特丹和阿纳姆） 的首次出版。[119] 彼得·范登克雷的名字尤其广为人知，是因其 1617 年的《低地日耳曼尼亚》（*Germania inferior*） 的出版。[120] 然而，地图集中的地图并不是基于新的调查，而是从现有的地图中复制出来的。在某些情况下，使用了旧的和修订过的铜版。[121] 因此，这些省域地图的价值并不在于其内容的原创性，而在于一种杰出的雕版风格与城镇景观的表现以及每个地区的典型形象的完美结合。1620 年之后，范登克雷的名字只出现在小比例尺的作品上，比如约翰内斯·扬松尼乌斯的地图集地图。

1314

---

[114] 有两个已知的副本；一部保存在 Belfast，Linen Hall Library，另一部保存在大英图书馆。

[115] 其中包括 1609 年墨卡托投影的世界地图 MCN，3：75－79，唯一已知的副本，于 1619 年出版，收藏于 BNF Ge C 4931；1611 年的德意志地图（MCN，5：259－263）；一幅 1615 年的四图幅西班牙地图；一幅 1604 年八图幅欧洲地图（1617 年第二版的摹写本：：MCN，第 7 卷，facsimiles 36.1－36.8）；1611 年的两个半球的十二图幅世界地图（摹写本见 Schilder and Welu，*World Map of 1611*）。

[116] 关于一份由 1623 年截止的彼得·范登克雷雕刻或出版的单图幅地图的列表，请参阅 Schilder and Welu，*World Map of 1611*，26－30，and *MCN*，vol.6，其中描述了几幅地图和摹写本。

[117] 关于 1623 年 6 月 16 日起草的彼得·范登克雷的财产的一部分，请参阅 Schilder and Welu，*World Map of 1611*，31。

[118] 关于在阿姆斯特丹制作的城市全景的综述，请参阅 Bert van't Hoff，"Grote stadspanorama's，gegraveerd in Amsterdam sedert 1609，" *Jaarboek van het Genootschap Amstelodamum* 47 （1955）：81－131，and Schilder and Welu，*World Map of 1611*，6－7。

[119] Deys et al.，*Guicciardini Illustratus*，60－71 （13－15 Jan Jansz.） and 82－84 （21 Laurents）.

[120] 关于一部摹写本（拉丁文版本，1617 年），请参阅 Pieter van den Keere，*Germania inferior*：*Amsterdam*，1617，bibliographical note by C. Koeman （Amsterdam：Theatrum Orbis Terrarum，1966）。

[121] Günter Schilder，"Pieter van den Keere，een goochelaar met koperplaten，" *Kartografisch Tijdschrift* 6，no. 4 （1980）：18－29。

来自阿姆斯特丹其他雕刻师和出版商的竞争

1600 年前后，阿姆斯特丹的佛兰德籍制图师和商人群体遇到了激烈的竞争者：威廉·扬松·布劳（Guilielmus Janssonius，又作 Guilielmus Caesius）。[⑫] 他在数学和天文学方面很有天赋，在著名的丹麦天文学家第谷的天文台度过了 6 个月后，他于 1596 年 5 月回到了低地国家北部。三年后，他搬到了阿姆斯特丹，因为这个不断扩展的港口给海图制图师和航海工具制造师带来了良好的前景。1605 年，他在水畔街［Op het Water，即今达姆拉克大街（Damrak）］买了一套房子，外面挂着镀金日晷（Vergulde Sonnewijser）的标志。水畔街周围的区域特别拥挤，挤满了海员和那些有事业心的商人。它成为商业和科学活动的焦点，书商和出版商也在那里建立了自己的事业。这种情况给像布劳这样的人提供了机会，因为这意味着他与客户和供应物资都非常接近。他在大约 1598—1599 年确立了自己作为商业球仪制造师、仪器制造师和制图师的地位，这也是他制造的最古老的一对球仪的年代。[⑬] 他天才的数学和实践能力为进一步的增长找到了肥沃的土壤。贸易繁荣发展，布劳决定通过添设一家印刷店来扩大他的生意。

布劳在 1598—1599 年间的球仪绘制和制作，标志着约道库斯·洪迪厄斯的第一次严肃的竞争，他在 1597 年前后出版了同样尺寸的一对球仪。[⑭] 1604 年之后，洪迪厄斯也参与了单独地图和壁挂地图的市场，布劳称这个领域为自己的地盘。[⑮] 尽管如此，这两位制图师也有他们最初没有参与竞争的专业：对于布劳来说，是海洋地图绘制和导航仪器的制造；对于洪迪厄斯来说，是地图集的制作。

约道库斯·洪迪厄斯和威廉·扬松·布劳之间的竞争，在他们死后，由他们的杰出继承人继续进行，推动了球仪、地图和地图集的制作，使其达到了前所未有的新高度。每一个人都不断地尝试着用更好或更大的作品来超越对方。如果没有这种竞争，布劳的大型球仪可能永远不会被制造出来，而且没有出版商会投入巨额成本来制作一部作品，比如他的 12 卷《大地图集》（*Atlas maior*）。

威廉·扬松在 1621 年前后，他大约 50 岁的时候才开始使用"布劳"这个名字。在此之前，他只是以"威廉·扬松"为人所知，尽管他用拉丁文版本"Guilielmus Janssonius"签名。然而，这个名字与地图出版商约翰内斯·扬松尼乌斯非常相似，后者是扬·扬松（Jan Jansz.）一种常见的拉丁翻译。客户毫无疑问地把这两个"Janssonii"混淆了，尤其是在约翰内斯·扬松尼乌斯于 1620 年出版了一份布劳的领航员指南的精确副本之后。此外，这两

---

⑫　关于布劳家族及其工作，请参阅 *MCN*, vols. 3 and 4; *KAN*, vol. 2; *GN*, 125 – 214; H. de la Fontaine Verwey, "Dr. Joan Blaeu and His Sons," *Quaerendo* 11 (1981): 5 – 23; idem, *In en om de "Vergulde Sonnewyser"* (Amsterdam: N. Israel, 1979); Johannes Keuning, *Willem Jansz. Blaeu: A Biography and History of His Work as a Cartographer and Publisher*, rev. and ed. Y. Marijke Donkersloot-De Vrij (Amsterdam: Theatrum Orbis Terrarum, 1973); and C. Koeman, *Joan Blaeu and His Grand Atlas: Introduction to the Facsimile Edition of Le Grand Atlas*, 1663 (Amsterdam: Theatrum Orbis Terrarum, 1970).

⑬　*GN*, 488 – 496 (BLA Ⅰ).

⑭　*GN*, 464 – 472 (HON Ⅱ). 这对球仪的直径是 34 × 35.5 厘米。

⑮　关于威廉·扬松·布劳出版的松散的地图和地形图的详细目录和部分复制品. 见 *MCN*, vol. 4, facsimiles 1 – 23.

名阿姆斯特丹的竞争对手比邻而居。为了结束所有的混淆,威廉·扬松开始使用布劳的姓氏(拉丁文为 Caesius)。

当威廉·扬松·布劳在 1638 年去世后,他的儿子约翰·布劳(Joan Blaeu)继承了他的事业。到 17 世纪中叶,约翰已经在整个欧洲赢得了名声。法国外交官克洛代尔·萨罗(Claude Sarrau)称他为"印刷王子"(Typographorum princeps)。[126] 到阿姆斯特丹的外国游客去参观他的印刷厂,那里有 40 多台印刷机。不幸的是,他的商业记录在 1672 年被大火烧毁,但是佛罗伦萨的图书馆和档案馆中保存了相当多的布劳的信件。此外,布劳参与市政和印刷商同业公会的事已经被记录在档案中,包括公证档案。在 1663 年的一份公证合同中,布劳与其他一些公民进行了贸易和种植,"在弗吉尼亚的岛屿上",为种植园提供了非洲奴隶的供应。[127] 作为荷兰东印度公司的海图制图师(1638—1673 年),他与这个强大的跨国组织的董事非常熟悉,这可能影响了他在证券交易所的活动。[128] 除了他与外国学者和艺术家的通信外,他的社会联络(作为城市政府的参与者,作为同业公会的长者,以及海军和商业舰队的顾问)使他成为 17 世纪中叶的商业管理者和贵族的代表。就其商业政策而言,他并不狭隘:尽管阿姆斯特丹的地方法官没有批准,但布劳也印刷了天主教的作品,他的后代,约翰二世、彼得和威廉,继续印刷和出口大版本的天主教教义问答集和祈祷书。[129]

当布劳 60 多岁的时候,他的图书印刷工作需要一个高潮:《大地图集》。从 1662 年开始,这幅地图将会以 9 到 12 个部分的形式问世。由于布劳和洪迪厄斯(后来是扬松尼乌斯)公司的巨大优势,在地图、地图集和球仪的市场上,没有其他参与者的空间。

在阿姆斯特丹地图活动的最初几十年中,最具多样性的一位制图师是黑塞尔·赫里松,他是一位地理学家、雕刻师、制图师、水道测量师和出版商。[130] 尽管他在航海和水文学方面的成就在其他地方进行了讨论,但其职业生涯还是从 1606—1608 年开始的,当时他是一名雕刻师。[131] 1610 年,赫里松雕刻了一幅名为"《于利希、克里夫等公国……》"(Hertochdommen Gulick, Cleve ...)的小型地图,[132] 从地址上看,他似乎开办了自己的印刷店,在水畔街。1612 年,他撰写、印刷和出版了一部出色小册子,名为《萨摩耶德地区的描述》(Beschryvinghe vander Samoyeden landt),其中含有由伊萨克·玛萨(Isaac Massa)撰写的对俄罗斯的描述,并附有地图进行说明;佩德罗·费尔南德斯·德基罗斯(Pedro Fernández de

⑫⑥　De la Fontaine Verwey, "Vergulde Sonnewyser," 170.

⑫⑦　Amsterdam, Gemeentearchief, Notary Jac. Hellerus, no. 2490, fol. 385.

⑫⑧　K. Zandvliet, *Mapping for Money*: *Maps, Plans and Topographic Paintings and Their Role in Dutch Overseas Expansion during the 16th and 17th Centuries* (Amsterdam: Batavian Lion International, 1998), 119–127, 以及本卷第四十六章。

⑫⑨　K. Zandvliet, *Mapping for Money*: *Maps, Plans and Topographic Paintings and Their Role in Dutch Overseas Expansion during the 16th and 17th Centuries* (Amsterdam: Batavian Lion International, 1998), 119–127, and chapter 46 in this volume.

⑬⑩　关于黑塞尔·赫里松,请参阅 Johannes Keuning, "Hessel Gerritsz.," *Imago Mundi* 6 (1949): 48–66, and *MCN*, 5: 91–94。

⑬①　其中包括布劳在 1606 年的对开本意大利地图上的装饰性边缘;一幅 1607 年的围垦前的贝斯特地图;1607 年对开本法国的装饰边缘 [*MCN*, 5: 92 and vol. 4, facsimiles 8 (Italy), 11 (France), and 12 (Beemster)];与 Van den Ende 合作为布劳绘制的 1608 年十七省壁挂地图(只通过 1622 年的第二版得以为人所知;请参阅 Van der Heijden, *Oude kaarten der Nederlanden*, 1: 302–308, and *MCN*, vol. 1, facsimiles 2.1–2.22)。

⑬②　*KAN*, 2: 514–515 (no. 2381: 2A).

1315

Quirós）关于假想的南方大陆发现的故事；以及著名的赫德森（Hudson）专著，附有描绘赫德森的第四次远赴哈得孙湾（Hudson's Bay）的航行（1610 年）的地图。[133]

1613 年，赫里松出版了另一本小书《斯匹次卑尔根地区历史》（*Histoire du Pays nomme Spitsberghe*），在书中，他为尼德兰人对英格兰经略的指控进行了辩护。[134] 1613 年，赫里松的立陶宛和俄罗斯地图问世，这是 17 世纪早期尼德兰地图学的一个重要事件。[135] 后一幅地图在 1614 年被重新出版，经过了一些细微的修改，这一版本仍然是许多后来俄罗斯地图的"祖本"。

赫里松的名字可以与欧洲国家的其他地图联系在一起。1612 年，他雕刻了一份四图幅的西班牙地图，环绕一篇西班牙文的印本描述性长文。[136] 1617 年，约道库斯·洪迪厄斯出版了一份四图幅的意大利地图，由赫里松以乔瓦尼·安东尼奥·马吉尼（Giovanni Antonio Magini）的 1608 年大地图为模本所雕刻（图 44.6）。[137] 最后，在制作 1635 年亨里克斯·洪迪厄斯去世之后出版的六图幅北欧地图方面，赫里松也起到了非常重要的作用。

图 44.6　《乔·安东尼·马季诺意大利新图》（*NOVA DESCRITTIONE D'ITALIA DI GIO. ANTON. MAGINO*），黑塞尔·赫里松所绘制的壁挂地图

原图尺寸：119.5 × 167.5 厘米。由 Niedersächsische Staats-und Universitätsbibliothek，Göttingen（Mapp，3001）提供照片。

---

[133]　一幅摹写本见 Hessel Gerritsz. ，*Detectio freti Hudsoni*；*or*，*Hessel Gerritsz's Collection of Tracts by Himself*，*Massa and De Quir on the N. E. and W. Passage*，*Siberia and Australia*，trans. Fred. John Millard，essay by S. Muller（Amsterdam：Frederik Muller，1878）。另请参阅 Hessel Gerritsz. ，*Beschryvinghe van der Samoyeden landt*，*en Histoire du pays nommé Spitsberghe*，ed. S. P. l'Honoré Naber（The Hague：Martinus Nijhoff，1924）。

[134]　Hessel Gerritsz. ，*Beschryvinghe*，77 - 103.

[135]　Leo Bagrow，*A History of Russian Cartography up to* 1800，ed. Henry W. Castner（Wolfe Island，Ont. ：Walker，1975），51 - 62.

[136]　*MCN*，5：91 - 92.

[137]　*MCN*，5：348 - 349.

新闻地图绘制领域的专家是雕刻师和出版商克拉斯·杨松·菲斯海尔。[138] 直到 1620 年，他主要是担任印刷品的设计师、雕刻师和蚀刻师，为其他出版商做了很多工作。[139] 菲斯海尔绘制和雕刻了许多城镇的景观图和其他的印刷品，这些作品被布劳和范登克雷等人用来装饰他们的地图。在菲斯海尔于 1623 年获得了范登克雷的地图集《低地日耳曼尼亚》的铜版后，他本人开始越来越多地表现为一名地图雕刻师和出版商，制作了许多关于围攻、战斗和战争地区的地图（图 44.7）。亨里克斯·洪迪厄斯和约翰内斯·扬松尼乌斯的地图集中包括了各种各样的地图。菲斯海尔通过购买二手的地图、印刷品和城镇景观图，获得了自己库存中的大部分。在重新发行这些书时，他有时会满足于将自己的名字添加到出版商的位置；有时，他自己重新修改了铜版，或者让他的店铺里的其他雕刻师来做这项工作。

1316

1318

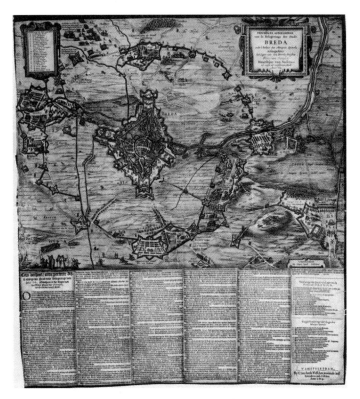

图 44.7　克莱斯·扬松·菲斯海尔所出版的新闻地图

这幅地图描绘了 1624 年布雷达周边地区的西班牙军队的位置

原图尺寸：40.5×53 厘米（只包括地图）、59×53 厘米（包括地图和文字）。由 Universiteitsbibliotheek Leiden（009 - 07 - 015）提供照片。

[138]　Maria Simon, *Claes Jansz. Visscher*, Inaugural-dissertation（Freiburg im Breisgau, Albert-Ludwig Universitat, 1958）; Hollstein, *Dutch and Flemish Etchings*, vols. 38 and 39（*Claes Jansz. Visscher to Claes Jansz. Visscher II*, comp. Christiaan Schuckman, ed. D. de Hoop Scheffer）; Isabella Henrietta van Eeghen, "De familie van de plaatsnijder Claes Jansz. Visscher," *Maandblad Amstelodamum* 77（1990）: 73 - 82; Ger Luijten et al., eds., *Dawn of the Golden Age: Northern Netherlandish Art*, 1580 - 1620, trans. Michael Hoyle et al.（Amsterdam: Rijksmuseum, 1993）; and *MCN*, 5: 97 - 101.

[139]　Christiaan Schuckman, "Kaarten, gezichten en historieprenten van Claes Jansz. Visscher en zijn zonen in de Hollstein-reeks," *Caert-Thresoor* 10（1991）: 61 - 65.

低地国家的地图集（约 1680 年之前）

从最宽泛的字面意义上来说，地图集是组成一个或多个部分的地图的集合。然而，地图集的出版提出了进一步的要求：地图必须印刷，而且所收入的地图彼此之间必须有一定的关系。除了一些例外，地图集中的地图尺寸相同，并且尽可能地以相同的样式绘制。完整的地图集还包含支持地图的地理描述，反之亦可。这些地图图书，可以收入相同副本的有限版本，有三个特点：它们是以书的形式或者用印刷的标题页装订成一本书的印本地图集合；地图格式、设计和表示方法方面具有一致性；有标准化的组合方式，并使用地图集的标题。[⑭]许多 16 世纪和 17 世纪的地图集都以各种语言出版。这些用铜版雕刻的地图，其文本通常是用拉丁文书写，这一点并没有改变。

尽管托勒密的《地理学指南》的印刷版本、一些东亚的范例和意大利的组合地图集都可以被认为是现代地图集的先驱，但世界地图集首先在低地国家风行。1570 年，第一部现代世界地图集在安特卫普出版。不久之后，第一部城镇地图集（1572 年）、袖珍地图集（1577 年），区域地图集（1579 年）、航海地图集（1584 年）和历史地图集（1595 年）都紧随其后。随着 1662 年约翰·布劳多部分的《大地图集》的出版，低地国家的地图集传统将达到顶峰。

世界地图集

低地国家的两个人对现代地图集发展为一种成功的商业产品做出了决定性的贡献：赫拉尔杜斯·墨卡托和亚伯拉罕·奥特柳斯。奥特柳斯是第一个出版了一部可能被称为现代世界的地图集的书的人，这部地图集就是《寰宇概观》（安特卫普，1570 年）；墨卡托是第一个将这类图书的标题命名为地图集（atlas）的人：《地图集或关于宇宙的创造或创造的宇宙的宇宙学冥想》（*Atlas sive Cosmographicæ meditationes de fabrica mvndi et fabricati figvra*）（杜伊斯堡，1585—1595 年）。赦拉尔·德约德也值得一提，他是与前者竞争的地图集：《世界之镜》的出版商（安特卫普，1578 年）。1606 年，阿姆斯特丹的第一部大型世界地图集出现了，当时约道库斯·洪迪厄斯与科内利斯·克拉松合作推出了新版本的墨卡托的《地图集》。大约在 1630 年前后，两家新的地图出版商出现了：威廉·扬松·布劳和约翰内斯·扬松尼乌斯。他们使阿姆斯特丹的地图集制作中出现了一种新的趋势，这种趋势的特点是竞争和地图数量的显著增加。

第一部地图集：奥特柳斯的《寰宇概观》

亚伯拉罕·奥特柳斯 1570 年的《寰宇概观》，是在安特卫普构思、编辑和印刷的，在那里，艺术家、雕刻师和印刷工人都得到了具有积极的人文兴趣的商业中产阶级的光顾和赞

[⑭] Van der Krogt, "Commercial Cartography," 87; idem, "The *Theatrum Orbis Terrarum*：The First Atlas?" in *Abraham Ortelius*, 55 – 78, esp. 57; and *KAN*, 1：17 – 19.

助。⑭《寰宇概观》的编辑,更主要的是根据其编辑者的原则,而非客户的个人需求。当时最好的地图以一种简单的格式和附有描述文字的书籍的形式出版。

关于地图集的起源有各种各样的理论,但毫无疑问,它代表了一种新的现象。⑭早在奥特柳斯的《寰宇概观》出版之前,就已经存在了好几种先驱者。托勒密的《地理学指南》中有 28 幅大小一致的古代地图,基本上是出于对古物爱好和历史学的兴趣。将个别的"现代地图"(tabulae modernae)增加进去,逐渐将其转变为一种地理来源的著作。尽管如此,它并没有完全超越它的托勒密式和古物爱好的结构。意大利地图的收藏也在 1560—1577 年间由罗马和威尼斯的意大利出版商组装成地图集。⑭这些地图销售商组装的作品,根据我们的字面意义,不能被称为"地图集",因为它们是由各种尺寸的地图组成的,并没有附以文字。随着托勒密《地理学指南》的逐渐修正,越来越像一部地图集,以及 16 世纪第三个 25 年的复合地图的发展,表明当时存在这样一个市场和对这些出版物的需求。

还有几个因素促成了这一图集的出现。例如,塞巴斯蒂安·明斯特尔的《宇宙学》(1544 年首次在巴塞尔印刷,以拉丁文、德文、法文和意大利文出版),附有对世界各国的描述和 50 多幅地图和 70 幅城市平面图。赫拉尔杜斯·墨卡托也一定做出了贡献,他自己正在制作地图集,并与奥特柳斯保持通信。安特卫普的商人们也表达了对最新的、充足的地图的需求。在 1603 年和 1604 年,约翰内斯·拉德马克(Johannes Radermaker)和奥特柳斯的侄子的通信揭示出这些商人中的一位:吉勒斯〔Gilles,或埃伊迪乌斯(Egidius)〕·霍夫特曼(Hooftman),对组装一种新的地图书籍的想法表现出了兴趣。他不仅想计算他的船在大洋上的距离,而且还想要追踪欧洲的战争发展。霍夫特曼认为,为了这个目的而推出大型地图是不合逻辑的,他的助手拉德马克提出将尽可能多的小型地图组装在一本方便的书中。这项计划被委托给拉德马克执行,他自 1555 年以来一直与奥特柳斯保持着良好的关系。奥特柳斯制作了由 38 幅地图组成的一部卷帙,其中大部分是由米凯莱·特拉梅齐诺(Michele Tramezzino)在罗马印刷的。根据拉德马克的说法,按顺序组合这部地图集的工作激发了奥特柳斯创作《寰宇概观》的灵感。⑭瓦尔特·希姆(Walter Ghim)在其关于赫拉尔杜斯·墨卡托的传记中给出了一个完全不同的解释。希姆声称,墨卡托计划编制一份现代的地图集,并在其 1569 年《编年史》的序言中阐述了他的想法。然而,墨卡托推迟了他的计划,转而支持奥特柳斯,后者的经济状况更有利。⑭换句话说,他屈从于奥特柳斯不仅因为是第

1319

⑭ C. Koeman, *The History of Abraham Ortelius and His Theatrum Orbis Terrarum*(Lausanne:Sequoia, 1964). 这部论著附有一份 1570 年拉丁文版本的着色摹写本。

⑭ 关于《寰宇概观》的起源,请参阅 Van der Krogt, "First Atlas?" 61 - 63。

⑭ 请参阅本卷第 31 章,尤其是附录 31.2,以及 David Woodward, "Italian Composite Atlases of the Sixteenth Century," in *Images of the World*:*The Atlas through History*, ed. John Amadeus Wolter and Ronald E. Grim(New York:McGraw-Hill, 1997), 51 - 70。

⑭ 这些通信可以在 Ortelius, *Epistvlae* 中找到, 772 - 779;另参见 Van der Krogt, "First Atlas?" 61 - 63, and idem, "Commercial Cartography," 88。要订购的意大利地图集有时被称作 IATO 地图集。

⑭ 关于希姆传记的英文译本,请参阅 A. S. Osley, *Mercator*:*A Monograph on the Lettering of Maps*, *etc. in the* 16*th Century Netherlands with a Facsimile and Translation of His Treatise on the Italic Hand and a Translation of Ghim's* Vita Mercatoris(New York:Watson-Guptill, 1969), 183 - 194, esp. 188;关于德文注释译本,请参阅 Hans-Heinrich Geske, "Die Vita Mercatoris des Walter Ghim," in *Gerhard Mercator*, 1512 - 1594:*Festschrift zum 450. Geburtstag*, Duisburger Forschungen 6(Duisburg-Ruhrort:Verlag fur Wirtschaft und Kultur W. Renckhoff, 1962), 244 - 276。

一个提出这个新想法的人的声望，而且还是经济上的优势。在这个故事的两个版本中，可能都有一个真实的核心。为霍夫特曼编撰一部地图集的想法，很有可能已经向奥特柳斯提出了，而他后来与墨卡托合作完成了这一想法。此外，奥特柳斯在他的序言中说，这是由于查阅了大型卷轴和折叠的地图而带来的不便，导致了他的地图集的出版。奥特柳斯的独创性不仅在于他将地图和文本整合到一个单一的相应单元中，还在于他以补充的形式系统地更新和扩大了早期地图。因此，1598 年，该地图集的内容从 1570 年的 53 幅地图增加到 1598 年的 119 幅，而在这一年，奥特柳斯去世了（图 44.8）。

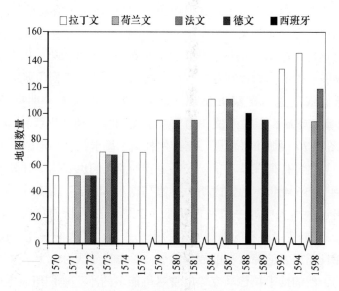

图 44.8　奥特柳斯《寰宇概观》的各版本，1570—1598 年

奥特柳斯分担了大量的重新绘制（通常是削减）的任务，并与许多合作者一起雕刻了资料地图，其中最著名的合作者是弗兰斯·霍亨贝赫。[146] 雕刻第一版的 53 幅地图至少需要两年的时间。此外，地图原本的选择和绘制工作必须在几年前开始。因此，奥特柳斯的《寰宇概观》绘制于 1564—1567 年，这似乎是合理的。有赖于奥特柳斯的判断能力，这些重塑的、通常是尺寸粗笨的原本被改造成设计精美、优雅、易于阅读的地图。[147]

1570 年的《寰宇概观》是由安特卫普的印刷商埃伊迪乌斯（吉利斯）·科庞·范迪斯特［Egidius（Gielis）Coppens van Diest］出版的，全部由奥特柳斯出资。令人惊讶的是，这幅地图从一开始就没有被委托给著名的普兰迪因出版社，但在 1579 年，普兰迪因接管了印刷，最终在 1588 年买下了版权，并自己承担费用印刷了后来的版本。[148]《寰宇概观》里的地

⑭　关于弗兰斯·霍亨贝赫，请参阅 Kinds, *Kroniek van de opstand*；Frans Hogenberg and Abraham Hogenberg, *Geschichtsblätter*, ed. Fritz Hellwig（Närdlingen：Alfons Uhl, 1983）；and pp. 1234 – 1236 in this volume。

⑭　关于不同版本的奥特柳斯的地图集的变化形式，包括对连续的铜版副本的比较，请参阅 M. P. R. van den Broecke, "Variaties binnen edities van oude atlassen, geillustreerd aan Ortelius' *Theatrum Orbis Terrarum*," *Caert-Thresoor* 13 (1994)：103 – 109, and Arthur L. Kelly, "Maps of the British Isles, England and Wales, and Ireland：New Plates, States, Variants, and Derivatives," in *Abraham Ortelius*, 221 – 238。

⑭　普兰迪因和奥特柳斯之间的工作关系的详细描述见 D. Imhof, "The Production of Ortelius Atlases by Christopher Plantin," in *Abraham Ortelius*, 79 – 92。另请参阅 D. Imhof, ed., *De wereld in kaart：Abraham Ortelius* (1527 – 1598) *en de eerste atlas*, exhibition catalog（Antwerp：Museum Plantin-Moretus, 1998）。

图,巧妙地刻着精细的边框和雕刻,还有斜体印出的字母,定下了很高的标准 (图 44.9)。[149]

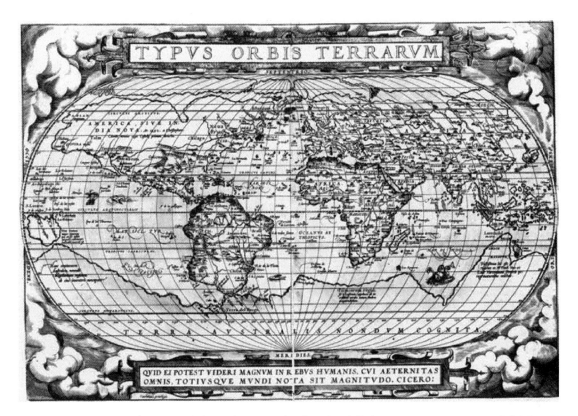

图 44.9　奥特柳斯《寰宇概观》中的世界地图,1570 年。标题为"世界地图"(*Typvs orbis terrarvm*);由弗朗斯·霍亨贝格雕版

原图尺寸:33.5×49.5 厘米。Abraham Ortelius, Theatrum orbis terrarum (Antwerp, 1570)。由 Universiteitsbibliotheek Amsterdam (31−01−07) 提供照片。

　　《寰宇概观》中一个突出的特点是它收录了那些活跃于奥特柳斯的时代或其前后的欧洲地图学家 (或地理学家) 的名单:"地图和地理学作者目录"(Catalogus auctorum tebularum geographicarum)。[150] 它不仅包括那些为《寰宇概观》的编撰贡献了作品的人的名字,还包括了其他重要的制图师的名字,使得"作者目录"成为 16 世纪地图学无价的资料来源。第一个版本的名单中有 87 位制图师,但到了 1603 年,则有 183 个名字。

1320

　　[149]　关于《寰宇概观》各类地图 (包括插图) 或多或少的回顾,请参阅 Van den Broecke, *Ortelius Atlas Maps*。更新的关于全部铜版的总结,见 M. P. R. van den Broecke, "The Plates of Ortelius' *Theatrum Orbis Terrarum*," in *Abraham Ortelius*, 383−390。

　　[150]　《寰宇概观》1595 年版的"作者目录"(附有一份引言) 重制于 Peter H. Meurer, "The *Catalogus Auctorum Tabularum Geographicarum*," in *Abraham Ortelius*, 391−408。还有一份 1601 年的逼真重制品,附有一份序言,见 Meurer, *Fontes cartographici Orteliani*, 63−67 (Meurer 还包括了一份奥特柳斯在其地图集中所使用的资料来源的详细总结)。另请参阅 Karrow, *Mapmakers of the Sixteenth Century*, 28−31, and Leo Bagrow, "A. Ortelii catalogus cartographorum," *Petermanns Mitteilungen*, *Ergänzungsheft* 199 (1928): 1−137, with plates, and 210 (1930): 1−135; reprinted in *Acta Cartographica* 27 (1981): 65−357。

《寰宇概观》立即顺利获得社会认可，在 1571 年和 1572 年出版了 4 部新版本。[151] 第一版之后很快推出《增补》（*Additamenta*），收入了早期版本中省略的国家地图。后来，出现了新的和扩展的版本。《增补》在 1573 年（附有 18 幅新增的地图、1 幅取代以前的地图）、1579 年（增加了 23 幅地图）、1584 年（增加了 24 幅地图、一些取代旧的地图）、1590 年（增加了 22 幅地图）和 1594 年（增加了 17 幅地图）出版。

《寰宇概观》的第一版是用拉丁文印刷的，这是受过教育的欧洲精英的通用语，但荷兰文（1571 年）、德文（1572 年）、法文（1572 年）、西班牙文（1588 年）、英文（1606 年）以及最后的意大利文（1608 年）版很快就紧随其后。地图出版的国际性质——很容易跨越政治边界——是显而易见的。

1606 年，《寰宇概观，全部世界概观：由杰出地理学家亚伯拉罕·奥特柳斯制作》（*Theatrum orbis terrarum*, *The Theatre of the Whole World*：*Set Forth by that Excellent Geographer Abraham Ortelius*）的英文版本出现在伦敦，由约翰·诺顿（John Norton）和约翰·比尔（John Bill）印刷。1603—1608 年间，在安特卫普的版本印刷中出现了中断，这使得许多人得出结论：这些年来，所有的图版都在伦敦印刷。然而，斯凯尔顿正确地得出结论，英文版的图幅在被送往伦敦之前，其中一面在安特卫普就印上了地图。[152] 在那里，文本被印在了反面，附有由布拉德伍德（Bradwood）制作的，埃利奥特宫廷出版社（Eliot Court Press）印制的只有文本的册页。

1321

从 1608 年开始，新版本的《寰宇概观》问世，再次在安特卫普由弗林茨和普兰迪因工场印刷。最后四个版本是意大利文（1612 年和 1624 年）和西班牙文（1612 年和 1641 年）版本。[153] 到 1641 年，出现了 40 多个版本的《寰宇概观》，见证了它巨大的商业成功。

与之匹敌的德约德地图集

与《寰宇概观》相匹敌的一部世界地图集是赫拉德·德约德的《世界之镜》（1578 年）（图 44.10）。[154] 我们几乎没有证据表明这部著作的起源，但它没有奥特柳斯的地图集成功。德约德一定想出了一个主意，在奥特柳斯制作的同一时间内，把若干地图和反面上的印刷的文本结合成一部单独的卷帙。早在这本地图集出版之前，德约德的地图就可以单独使用；从 1567 年开始，在这部地图集问世的十多年前，在普兰迪因的商店里出售了很多地图。目前还不确定德约德是否最初就打算在一部地图集中发表其地图，还是他从奥特柳斯那里借用了这个想法。

---

[151] 关于不同版本的详细总结，请参阅 Peter van der Krogt, "The Editions of Ortelius' *Theatrum Orbis Terrarum* and *Epitome*," in *Abraham Ortelius*, 379 – 381；*KAN*，3：33 – 244；and idem, "First Atlas?" 66 – 67。

[152] 一份摹写本是 Abraham Ortelius, *The Theatre of the Whole World*, London 1606, intro. R. A. Skelton（Amsterdam：Theatrum Orbis Terrarum, 1968）。

[153] D. Imhof, "Balthasar I Moretus en de uitgaven van Ortelius' *Theatrum* (1612 – 1641)," in *Abraham Ortelius* (1527 – 1598), ed. Marco van Egmond（Amersfoort：NVK, 1999），35 – 40. Also of interest is Joseph Q. Walker, "The Maps of Ortelius and Their Varients—Developing a Systematic Evidential Approach for Distinguishing New Map Plates from New States of Existing Map Plates," *Antiquarian Maps Research Monographs* 1（2001）：1 – 16.

[154] 关于 1578 年拉丁文版本的摹写本，请参阅 Gerard de Jode, *Speculum orbis terrarum*, Antwerpen 1578, intro. R. A. Skelton（Amsterdam：Theatrum Orbis Terrarum, 1965）；另请参阅 Nalis, *Van Doetecum Family*, pt. 3, 34 – 70。

图 44.10　《世界之镜》(*SPECULUM ORBIS TERRARUM*) 的书名页,赫拉德·德约德,1578 年

原图尺寸:约 41 × 27.3 厘米。Gerard de Jode, Speculum orbis terrarum (Antwerp, 1578). 由 Osher Map Library and Smith Center for Cartographic Education at the University of Southern Maine, Portland 提供。

早在 1573 年，《世界之镜》也许就已经准备好出版了，但是直到 1578 年才得以出版。[155] 德努塞（Denucé）认为，奥特柳斯利用他强大的朋友的影响力，阻止了授予德约德必需的王室特许权，导致了这种拖延，从而保护了他的《寰宇概观》。[156] 无论原因是什么，德约德的地图集的出版被推迟到奥特柳斯的特许权到期，而《世界之镜》的第一批复制品在 1579 年初就被普兰迪因和其他人出售。

尽管价格较低，只有 6 荷兰盾（相比之下，1579 年的《寰宇概观》则是 12 荷兰盾），但德约德的精美的地图集有 65 张雕刻精细的地图（图 44.11），还有一份解释性的文字，从来没有和《寰宇概观》进行过认真的竞争。虽然约道库斯·洪迪厄斯和后来的尼德兰制图师证明德约德的地图与墨卡托和奥特柳斯的地图水平相同，但德约德地图的风格可能并不吸引公众。[157] 德约德是在多名合作者的帮助下编撰和制作的《世界之镜》，其中包括来自安特卫普的"工程地理学家"扬·范希莱（Jan van Schille），[158] 以及在规划和绘制方面发挥了重要作用的德国医生兼学者丹尼尔·策拉留斯（Daniel Cellarius）。我们从策拉留斯那里了解到，德约德"部分地画了这些地图，亲手雕刻了其中一些，并承担了一笔不小的开支"，而约翰内斯和卢卡斯·范多特屈姆则"巧妙地蚀刻了大部分地图，使他们看起来像是用刻刀雕刻而成。"[159] 毫无疑问，德约德对地图的选择很负责任，他从其大量意大利、德国和佛兰德地图中抽取了这些地图，并负责它们的印刷。1591 年他去世后，德约德的出版社由他的遗孀帕斯基纳（Paschina）和最小的儿子科内利斯（Cornelis）继续经营。1593 年，地图集《世界之镜》的新版本由阿诺尔德·科宁克斯（Arnold Coninx）在安特卫普的出版社出版。除了新雕刻的书名页外，这个版本还包含了许多新的地图，连同旧地图，用 83 块印版组成了 109 幅地图。科内利斯·德约德于 1600 年去世，年仅 32 岁。《世界之镜》的印版和库存由安特卫普的出版商约翰·巴普蒂斯塔·弗林茨获得，大约在此时，他也购买了《寰宇概观》的印版。

在收购两家竞争对手的铜版之后，弗林茨获得了在安特卫普的地图集出版的垄断地位。在推广这两部地图集时，他优先考虑的是《寰宇概观》，因为它在商业上的受欢迎程度保证了他的投资会有更好的回报。弗林茨推出了《寰宇概观》的 9 个新版本，包括第一部英文（1606 年）和意大利文（1608 年和 1612 年）版本。他显然是购买了德约德的印版，但其目的只是为了防止《世界之镜》的进一步出版。在 1612 年弗林茨去世后，根据一份 1704 年的清单上的列表，《寰宇概观》的铜版以及《世界之镜》，都被送到了莫雷蒂塞斯（Moretuses）出版社进行储存。1612 年和 1641 年前后，莫雷蒂塞斯最终出版了奥特柳斯世界地图的西班牙语版，他们还出版了科内利斯·德约德的两个半球的世界地图，只保存下来一份例子，它包含了 1616 年雅各布·勒梅尔（Jacob Le Maire）绕过合恩角（Cape Horn）然后进入太平洋

[155]　*MCN*, 1：5.

[156]　Denucé, *Oud-Nederlandsche kaartmakers*, 2：70–71.

[157]　Denucé, *Oud-Nederlandsche kaartmakers*, 1：163.

[158]　Meurer, *Fontes cartographici Orteliani*, 230–232 and 340.

[159]　"Daniel Cellarius Ferimontanus Lectori S," in Gerard de Jode's *Specvlvm orbis terrarvm*（Antwerp, 1578）. See also *MCN*, 1：5.

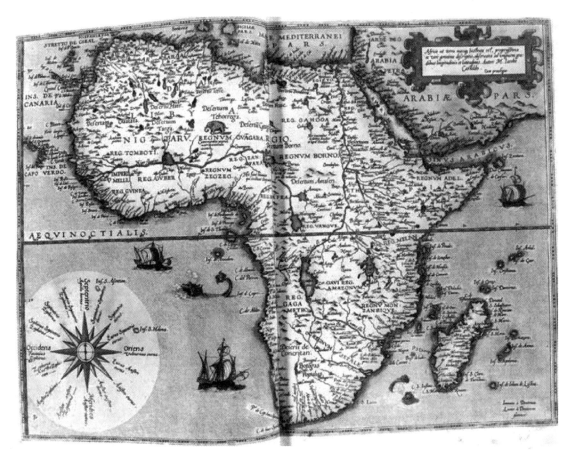

图 44.11　德约德的《世界之镜》中的非洲地图

原图尺寸：约 33×41 厘米。Gerard de Jode, *Speculum orbis terrarum*（Antwerp, 1578），所附部分Ⅲ，由 Special Collections Library, University of Michigan, Ann Arbor 提供照片。

的一段航行的发现。[160]

墨卡托的地图集

16 世纪 60 年代，赫拉尔杜斯·墨卡托计划对宇宙的创造和起源进行全面的宇宙学研究。根据其第一部分——《年表》（1569 年）出版时的引言，这一雄心勃勃的宇宙论是由 5 部分组成的：

1. 世界的创造（在墨卡托死后所出版地图集的引言文字，1595 年）；

2. 对宇宙的描述（从未出现过）；

3. 对大陆和海洋的描述：《地理图》（*Tabulae geographicae*）（在《地图集》中，已出版，但不完整）；托勒密的地图（于 1578 年出版）；古地理（从未出现过）；

4. 系谱学和政治史（只以《地图集》中地图上所附文字的形式出现）；

---

[160]　Van der Krogt, "Editions of Ortelius' *Theatrum Orbis Terrarum*," 379; Imhof, "Balthasar I Moretus"; and *MCN*, 3: 256 – 258.

5. 一部年表（出版于 1569 年）。[161]

墨卡托的这个计划只取得了部分成功，他推迟了出版，希望能有更多有用的信息。最终，他的宇宙志地图部分只有大约一半实现了。最初的 28 幅地图出现在他的 1578 年托勒密《地理学指南》中。[162] 1585 年，墨卡托用 21 幅地图绘制了他的《地理图》的前三个部分：法兰西 16 幅、低地国家 9 幅、德意志 26 幅。第四部分，意大利和巴尔干半岛的 22 幅地图，则是在 1589 年继续推出。[163]

在墨卡托于 1594 年去世后，他的儿子吕莫尔杜斯尽可能多地出版了他父亲留下的宇宙志。[164] 为此，1587 年，吕莫尔杜斯从伦敦［在那里，他一直是科隆的布里克曼（Birckmann）出版社的英格兰分部的负责人］回到杜伊斯堡，出版了《地理图》的 4 个部分，连同 34 幅已经完成但并未出版的地图（冰岛、不列颠群岛、北欧和东欧国家）。为了让整个项目迅速进入市场，吕莫尔杜斯增加了他自己的 1587 年世界地图和一幅欧洲地图。他让他的侄子小赫拉尔杜斯·墨卡托和米夏埃尔·墨卡托（Michael Mercator）——他们都是阿诺尔德斯·墨卡托的儿子——根据其父亲的 1569 年世界地图，雕刻了三幅大洲地图。所有这些地图共计 107 幅，组成了地图集的第二部分。此外，赫拉尔杜斯·墨卡托还留下了另一份手稿，他讲述了造物的故事。吕莫尔杜斯把这篇文章作为第一部分。整篇文章发表于 1595 年，题为"地图集或关于宇宙的创造或创造的宇宙的宇宙学冥想"（图 44.12）。[165] 为了帮助那些已经拥有了《地理图》的第四个部分的人省下不必要的费用，吕莫尔杜斯允许他们购买新添加的部分（前言、造物故事和新增的第三幅地图）。这一地图集是由杜伊斯堡地方法官瓦尔特·希姆撰写的赫拉尔杜斯·墨卡托的传记作为引言，吕莫尔杜斯·墨卡托在序言处签名。在序言中，提到吕莫尔杜斯的侄子约翰内斯·墨卡托是两首诗的作者，但他也可能雕刻了大部分于 1595 年首次出现的地图。小赫拉尔杜斯·墨卡托在非洲和亚洲的地图上签了名，米夏埃尔·墨卡托被任命为美洲地图的雕刻师。

1324

奥特柳斯和墨卡托的地图集是他们背景的一种反映：奥特柳斯的地图集主要是一种商业产品，而墨卡托则考虑一部更具学术价值的地图集。与奥特柳斯相比，墨卡托的工作更慢，但更加重要。他的地图不仅雕刻得很精美，而且是经过对材料仔细研究的结果，最终被重新制成了一种新的地图产品。

墨卡托的《地图集》不能被认为是一部完成的作品。例如，没有西班牙或葡萄牙的地图，也没有欧洲以外其他大陆的地区地图。吕莫尔杜斯当然计划填补这些空白，但他在

---

[161] *KAN*, 1：31 – 33, and Van der Krogt, "Commercial Cartography," 93.

[162] *KAN*, 1：479 – 481 (no. 1：501).

[163] *KAN*, 1：44 – 50 (nos. 1：001 and 1：002).

[164] 关于在赫拉尔杜斯·墨卡托去世之后墨卡托家族的活动，请参阅 Peter H. Meurer, "De zonen en kleinzonen van Mercator," in *Gerardus Mercator Rupelmundanus*, 370 – 385。

[165] 墨卡托地图集的这一版本有一份摹写本（Brussels：Culture et Civilisation, 1963）。另外还有一份带有完整的英文译文的摹写本，见 CD-ROM：Gerhardus Mercator, *Atlas sive cosmographicœ meditationes de fabrica mundi et fabricati figura* (Oakland：Octavo, 2000)。另请参阅 *KAN*, 1：50 – 55 (no. 1：011), and Peter H. Meurer, "De verkoop van de koperplaten van Mercator naar Amsterdam in 1604," *Caert-Thresoor* 17 (1998)：61 – 66, esp. 62。

图 44.12　赫拉尔杜斯·墨卡托地图集的书名页，1595 年

原图尺寸：39 × 23.5 厘米。Gerardus Mercator, *Atlas sive Cosmographicæ meditationes de fabrica mvndi et fabricati figvra* (Duisburg, 1595). 由 Universiteitsbibliotheek Amsterdam 提供照片。

1599 年过早地去世了。[166] 他的侄子约翰内斯和小赫拉尔杜斯在 1595 年之后几乎没有采取任何行动。1584 年，米夏埃尔·墨卡托通过自己与普兰迪因的商业接触，宣布出版了约翰内斯·洪特的《宇宙学基础》的新版本，另外于 1598 年和 1606 年测量了莱茵河下游地区，从

---

[166] 在《地图集》的 1595 年版本中，在第二部分的扉页上的给读者的注释中，吕莫尔杜斯宣布："我将从一个（第二个）新的地理区域开始，这将对西班牙进行全面的描述。在那之后，我将把自己引领到非洲、亚洲、美洲，以及——在被发现的情况下，正如人们所希望的那样——第三个大陆，被命名为'未知南方大陆麦哲伦'。在每一个方面——在上帝的帮助下——我将以最大的勤奋和勤勉，尽我所能，把我已故的父亲赫拉尔杜斯·墨卡托剩下的未完成的东西（这是他全部工作中最大的一部分）成功地完成，作为对他的缅怀。"

而获得了名誉，但是，最终他以客栈老板和酒商作为主要职业。[167] 墨卡托家族的第三代显然缺乏地图制作能力，因此，这一家族企业迅速衰落。1602 年，贝尔纳德·比伊斯（Bernard Buyss）在杜伊斯堡的出版社出版了这本书的最后版本，但在商业上并不成功。[168] 小赫拉尔杜斯·墨卡托在 1604 年清算了企业，并出售了铜版。

洪迪厄斯和扬松尼乌斯对墨卡托《地图集》的延续

小赫拉尔杜斯·墨卡托于 1604 年所收到的出售铜版的协议中提到了 2000 塔勒（daalder）的总数。[169] 因此，可能没有拍卖，但之前协商过的金额是由一个买家支付的。这位买家很可能不是长期以来人们猜想的约道库斯·洪迪厄斯，而是科内利斯·克拉松，他似乎试图在 1602 年前后，以一种不同的方式来扩大他的出版社的库存。[170] 最初，克拉松与约翰·巴普蒂斯塔·弗林茨合作，后者于 1601 年获得了奥特柳斯的《寰宇概观》的出版权。然而，克拉松意识到，尽管他们之间有着合作关系，但他仍然应该保持独立，这可能是他参与了关于墨卡托遗产的谈判的原因。克拉松被认为一定是《地图集》在低地国家北部的第一个版本的制作的背后推动力量。洪迪厄斯可能只是在 1609 年克拉松去世后，购买了铜版。

1604 年，墨卡托的许多铜版从杜伊斯堡转到了阿姆斯特丹。[171] 毫无疑问，其中有《地理学指南》的版本中地图的 28 块铜版[172]和为《地图集》而制作的地图的 107 块铜版。1605 年，洪迪厄斯和克拉松联合出版了带有拉丁文和希腊文文本的《地理学指南》。[173] 这是在阿姆斯特丹印刷的第一本希腊文图书。洪迪厄斯在莱顿大学接受了古典文化教育，39 岁时，他进入大学学习数学，最有可能是受到他的妻子的同母异父兄弟古典学者彼得鲁斯·贝尔蒂乌斯的鼓励，[174] 后者也坚持印刷希腊文与拉丁文并排的文本。在当时的莱顿大学，表达出浓厚的对古典作家的人文主义兴趣，但在阿姆斯特丹这样的贸易港口却不是这样，在那里，没有一个印刷商拥有希腊文字模。此外，在 1605 年，洪迪厄斯没有任何印刷机或工人来进行排字印刷。根据印刷的证据来看，韦因曼（Wijnman）已经证明了为莱顿大学工作的印刷商扬·特于尼松（Jan Theunisz.）于 1604 年搬到阿姆斯特丹，印刷了洪迪厄斯地图集的文本。[175] 特于尼松不仅有希腊文的字模，还有希伯来文和阿拉伯文的字模，所以从 1604 年开始，阿姆斯特丹就有了根据古典遗产印刷出来的作品。

1606 年，《墨卡托地图集》出版了；它包含了 1595 年《地图集》中的 107 幅地图，

1325

---

[167] Meurer, "De verkoop van de koperplaten van Mercator," 62.

[168] *KAN*, 1: 56 – 58 (no. 1: 012).

[169] Heinrich Averdunk and J. Muller-Reinhard, "Gerhard Mercator und die Geographen unter seinen Nachkommen," *Petermanns Mitteilungen*, *Ergänzungsheft*, 182 (1914; reprinted Amsterdam: Theatrum Orbis Terrarum, 1969), 93.

[170] Meurer, "De verkoop van de koperplaten van Mercator," 63 – 65. 根据威斯特伐利亚的松散地图的出版，Meurer 论证: 1599 年前后，在墨卡托的继承人和科内利斯·克拉松之间已经存在接触。

[171] 关于铜版出售情况的总结，请参阅 Meurer, "De verkoop van de koperplaten van Mercator," 65。

[172] *KAN*, 1: 479 – 481 (no. 1: 501).

[173] *KAN*, 1: 483 – 486 (no. 1: 511).

[174] 关于贝尔蒂乌斯，请参阅 Leonardus Johannes Marinus Bosch, *Petrus Bertius*, 1565 – 1629 (Meppel: Krips Repro, 1979).

[175] H. F. Wijnman, "Jodocus Hondius en de drukker van de Amsterdamsche Ptolemaeus-uitgave van 1605," *Het Boek* 28 (1944 – 1946): 1 – 49.

以及由洪迪厄斯所雕刻的 37 幅新地图。⑯ 7 张地图描述了伊比利亚半岛，修正了墨卡托原本《地图集》中的这一遗漏。此外，非洲的区域地图（4 幅）（图 44.13）、亚洲（11 幅）和美洲（5 幅）被包括在内，因此，该地图集最终可能被认为是一幅完整的世界地图。欧洲地区的 6 幅新地图在地图上赢得了一个位置，洪迪厄斯还增加了 4 幅新的大洲地图，但没有删除旧的地图。彼得鲁斯·蒙塔努斯［Petrus Montanus，又作彼得·范登伯格（Pieter van den Berg）］是约道库斯·洪迪厄斯的姻亲，也是拉丁文学校的教师，他写了一篇引言和文字，印在洪迪厄斯地图的背面。

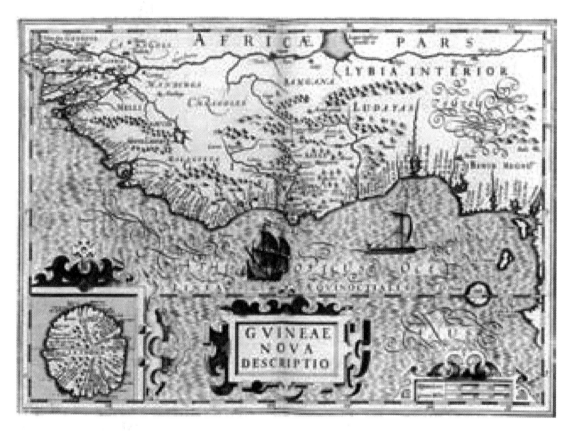

图 44.13　《新几内亚地图》（*GVINEAE NOVA DESCRIPTIO*)，约道库斯·洪迪厄斯增补墨卡托地图集，1606 年

原图尺寸：约 35 × 48.5 厘米。Gerardus Mercator, *Atlas sive Cosmographicæ meditationes de fabrica mvndi et fabricati figvra* (Amsterdam, Iuduci Hondij, 1606). 由 BL（Maps C. 3. c. 6, fols. 321 – 322）提供照片。

洪迪厄斯和克拉松共同出版了《地理学指南》和《墨卡托地图集》（*Gerardi Mercatoris Atlas*)，他们两人的名字都出现在《地理学指南》上的雕版书名页上，但《墨卡托地图集》的副本有不同的书名页，要么是带有洪迪厄斯的戳记，要么是带有克拉松的戳记，或者是两人共同的戳记。⑰ "墨卡托 – 洪迪厄斯地图集"的第二版紧随其后，问世于 1607/1608 年。

---

⑯　*KAN*, 1：62 – 68（no. 1：101）.

⑰　请参阅 R. A. Skelton's "Bibliographical Note" to the facsimile edition, *Atlas；or, A Geographicke Description of the World*, *Amsterdam* 1636, by Gerardus Mercator, 2 vols.（Amsterdam：Theatrum Orbis Terrarum, 1968), 1：V-XXVII, and *KAN*, 1：61 – 121（no. 1：1）。

这个标题说明了添加上了扩展后的描述和新的地理地图都被添加了（"……新的描绘和更大的地图"），这多多少少带有些点误导性，因为其实只有两幅新的地图。[178]

另一种现代语言——法语——的《地图集》的第一个版本于 1609 年进入市场。[179] 这被认为是第三个版本，而《第四版》（*Editio quarta*）在 1611 年问世，总共有 150 张地图。[180] 约道库斯·洪迪厄斯于 1612 年去世后，他的遗孀和儿子继续出版地图集。小约道库斯在 1612—1619 年间制作了《第四版》的四次再版，每一版都有 150 幅地图，最后一版印刷，是在 1619 年，添加了六幅新地图。[181]

1620 年之后，《地图集》由老约道库斯的第二个儿子亨里克斯·洪迪厄斯继续出版，地图集的编号没有被打断：1623 年，一部《第五版》（*Editio quinta*）问世。然而，洪迪厄斯一定意识到，在第四版之后，连续的编号已经停止了一段时间。他的下一个版本，1628 年的法文版，得到了正确的系列编号——第 10 版，1630 年，《第十版》（*Editio decima*）的第二次印刷紧随其后，有 164 幅地图。[182]

在第一部墨卡托—洪迪厄斯地图集出版后的 25 年里，洪迪厄斯家族从其对地图集的垄断中大获其利。1612 年前后，一旦弗伦茨公司停止出版奥特柳斯《寰宇概观》的新版本，就不再有任何竞争对手，因此，洪迪厄斯家族没有扩大或改进他们的地图集的理由。这 10 个版本的墨卡托 - 洪迪厄斯地图集仅使用拉丁文或法文，几乎没有任何区别。在老洪迪厄斯的领导下，地图的数量只增加了 6 幅，而直到 1619 年，墨卡托的旧地图才被现代的地图所取代。亨里克斯·洪迪厄斯是第一个进行重大改变的人：他在 1628 年版本的几幅墨卡托地图上署上了自己的名字。1630 年，当他可能与他的姻亲约翰内斯·扬松尼乌斯合作时，亨里克斯增加了 9 幅新地图。然而，这一扩展，使得总共有 164 幅地图，不能单独考虑是来自地图集上的新的竞争。

作为竞争对手的布劳：《附录》（*Appendixes*）

直到 1630 年，威廉·扬松·布劳才进入了地图集出版业务领域。此前，他曾专攻壁挂地图、球仪和领航员图书，但现在他承诺要与洪迪厄斯—扬松尼乌斯出版社进行地图集贸易的竞争。航海地图集的销量下降，要求布劳挖掘新的收入来源，他看到，出版一部新的世界地图集，以取代过时的墨卡托 - 洪迪厄斯地图集，可能是有利可图的。他很可能是与他的长子约翰·布劳一起构思了一个很好的计划，有赖于他从 1629 年小约道库斯·洪迪厄斯去世后的财产中获得的四十块铜版，布劳能够比预期提前执行这个计划。

小约道库斯和他的弟弟亨里克斯（在 1620 年前后，他从他手中接管了墨卡托—洪迪厄斯地图集的产品）之间的关系，显然不是最好的。在 17 世纪 20 年代，小约道库斯曾打算出

---

⑰⑧ *KAN*, 1：68 – 74 （no. 1：102）.

⑰⑨ *KAN*, 1：98 – 103 （no. 1：111）.

⑱⓪ *KAN*, 1：74 – 79 （no. 1：103）.

⑱① *KAN*, 1：80 – 85 （no. 1：104）and 109 – 115 （no. 1：113）.

⑱② *KAN*, 1：85 – 91 （no. 1：105）, 115 – 121 （no. 1：114）, and 92 – 98 （no. 1：107）.

版一部地图集与他兄弟展开竞争，当他过早去世时，已经制作了近四十幅铜版地图。[183] 布劳看到了他的机会，他试图抢在亨里克斯·洪迪厄斯和约翰内斯·扬松尼乌斯之前得到铜版。早在 1630 年，布劳就出版了一部地图集，其中有 60 幅地图，包括 37 幅洪迪厄斯地图，带有一个新的发行人栏：《地图集附录，或第二部分》（Atlantis appendix, sive pars altera）（图 44.14）。[184] 这部地图集标志着一场竞争的开始，其历史异常复杂（图 44.15）；除了别的东西之外，各种地图集的标题几乎是一样的。[185]

图 44.14　威廉·扬松·布劳所绘《对地图集的补充》（ATLANTIS APPENDIX）中的欧洲地图，1630 年
原图尺寸：约 41×55 厘米。Willem Jansz. Blaeu, Atlantis appendix, siue pars altera, continens tab: Geographicas diversa-rum orbis regionum（Amsterdam：Guiljelmum Blaeuw, 1630）. 由 Christ Church, Oxford 的主管部门（Arch. Inf. B. 1. 10）提供照片。

尽管这对洪迪厄斯和扬松尼乌斯来说是一个巨大的打击，但当布劳用洪迪厄斯的兄弟的铜版与他们进行竞争时，他们并没有坐视不理。1630 年和 1631 年，他们通过复制布劳购买的地图，出版了他们自己的墨卡托—洪迪厄斯地图集的《附录》。[186] 1630 年，扬松尼乌斯和亨里克斯·洪迪厄斯委托雕刻师埃弗特·西蒙松·哈梅斯费尔特（Evert Sijmonsz. Hamersveldt）和萨洛蒙·罗希尔斯（Salomon Rogiers）在 18 个月之内雕刻了 36 块新印版。这些地图是"准确和精细的……与雕刻师的地图相比，它的质量并不逊色"（也就

1328

⑱　这些地图的图幅大概是由约道库斯·洪迪厄斯的库存组装而成的，为在 1629 年秋季在法兰克福书展上展出，作为"伟大的墨卡托地图集"的延续。关于带有 1630 年书名页的副本，请参阅 London, Christie's（cat. 5062, no. 148）；KAN, 1：125 - 127 [no. 1：201（_ 2：001）]。

⑱　KAN, 2：31 - 34（no. 2：011）.

⑱　Van der Krogt, "Commercial Cartography," 98 - 104, and MCN, 4：22 - 25.

⑱　KAN, 1：127 - 132（nos. 1：202 and 1：203）.

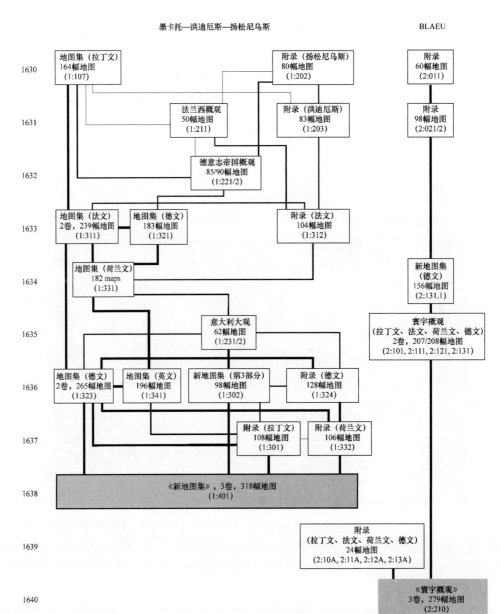

图 44.15　1630—1640 年地图集绘制的概况

此图表显示了 1630—1640 年地图集制作的简单概况。左边是洪迪厄斯和扬松尼乌斯出版的地图集；右边是布劳的地图集。不同版本之间的关系用线条表示：粗线表示诸版本有大量共同的地图；较细的线表示相同的地图数量较少。括号中的卷和页码引自 KAN

根据 Peter van der Krogt，"Commercial Cartography in the Netherlands，with Particular Reference to Atlas Production（16th—18th Centuries），" in *La cartografia dels Pa? sos Baixos*（Barcelona：Institut Cartogràfic de Catalunya，1995），71 - 140，esp. 100，and KAN，vols. 1 and 2。

是洪迪厄斯的地图，卖给了布劳）。⑱ 除了《附录》之外，扬松尼乌斯还推出了一部全新的

---

⑱　M. M. Kleerkooper and Wilhelmus Petrus van Stockum，*De boekhandel te Amsterdam voornamelijk in de 17ᵉ eeuw*（The Hague：Nijhoff，1914 - 1916），1490 - 1491，and *MCN*，4：52।

地图集，由三部分构成：《法兰西概观》（*Theatrum universae Galliae*）（1631 年），《德意志帝国概观》（*Theatrum imperii Germanici*）（1632 年），以及《意大利概观》（*Theatrum Italiae*）（1635 年）。[188]

在出版了他的第一部《附录》一年之后，布劳发表了一份扩充的补充本：《奥特柳斯〈寰宇概观〉和墨卡托〈地图集〉的附录》 （*Appendix Theatri A. Ortelii et Atlantis G. Mercatoris*）（1631 年），在其两个版本中，有近一百张地图。[189] 其中提到奥特柳斯的《寰宇概观》，显然是为了让地图集与洪迪厄斯和扬松尼乌斯的扩充区别开来，毕竟，他们是墨卡托《地图集》的出版商。

1633 年，亨里克斯·洪迪厄斯推出了两部新的地图集：一部是墨卡托—洪迪厄斯地图集的新版本，标题为《赫拉尔杜斯·墨卡托和约道库斯·洪迪厄斯地图集或全世界之图像》（*Gerardi Mercatoris et I. Hondii Atlas ou Representation du monde universel*），另一部是墨卡托—洪迪厄斯地图集的德文版。[190] 新地图也出现在一部扩展的法文补充中，标题为《赫拉尔杜斯·墨卡托和约道库斯·洪迪厄斯地图集的附录》（*L' appendice de l'Atlas de Gerard Mercator et Iudocus Hondius*）。[191] 1634 年，一部荷兰文版随后问世，里面有扬松尼乌斯的发行人栏和更多的地图，以及 1636 年的一份英文版本，其发行人栏标明了是在洪迪厄斯和扬松尼乌斯的共同领导下。[192]

与此同时，1634 年，布劳将他的"附录"扩展为一部真正新的地图集中，其中有150—160 幅地图：《新地图集》（*Novus atlas*），其新版本的地图，目前已知只有德国版本。[193] 1635 年，添加了 47 幅地图作为扩充。[194] 凭借当时布劳拥有的 200 多幅地图，他编制了一部由两部分组成的地图集。同年，也制作出荷兰文、法文和拉丁文的版本，分别命名为：*Toonneel des Aerdriicx*、*Le Theatre du monde* 和 *Theatrum orbis terrarum*。[195] 凭借这部由四种语言编写的，由两部分组成的地图集，布劳在地图集霸权的竞赛中获得了巨大的优势。自然，扬松尼乌斯和洪迪厄斯回应了。为了补偿他们在一定程度上被布劳占去的地盘，1636 年，除了墨卡托—洪迪厄斯地图集的首部英文版本之外，他们还制作了其他五部地图集：一部新的德文版的《地图集》《意大利概观》、一部德文版的《地图集附录》、又一部新的德文版的由两部分组成的《地图集》，最后是《新地图集的第三部分》。[196]

在这段时间里，拉丁文的版本缓慢地但肯定逐渐不再使用了。洪迪厄斯、扬松尼乌斯和布劳在最初用拉丁文出版了他们的补充后，主要是用德文、法文和荷兰文出版了他们的地图

---

[188] C. Koeman, "The Theatrum universae Galliae, 1631: An Atlas of France by Joannes Janssonius," *Imago Mundi* 17 (1963): 62 – 72, and *KAN*, 1: 135 – 137 (no. 1: 221) and 141 – 143 (nos. 1: 231 and 1: 232).

[189] *KAN*, 2: 34 – 42 (nos. 2: 021 and 2: 022).

[190] *KAN*, 1: 149 – 151 (no. 1: 311) and 165 – 174 (nos. 1: 321 and 1: 322).

[191] *KAN*, 1: 161 – 164 (no. 1: 312).

[192] *KAN*, 1: 188 – 195 (no. 1: 331) and 199 – 208 (no. 1: 341)；关于其英文版本的摹写本，*Atlas*；*or, A Geographicke Description* 请参阅注释 177。

[193] *KAN*, 2: 86 – 94 (no. 2: 131).

[194] *KAN*, 2: 94 – 101 (no. 2: 132).

[195] *KAN*, 2: 77 – 85 (no. 2: 121), 53 – 60 (no. 2: 111), and 44 – 51 (no. 2: 101).

[196] *KAN*, 1: 138 – 141 (no. 1: 222), 141 – 143 (nos. 1: 231 and 1: 232), 183 – 188 (no. 1: 324), 174 – 183 (no. 1: 323), and 149 [no. 1: 302 (_ 1: 401.3)].

集。当时的《新地图集》的前身都是用德语写成的。1633 年，第一部德文版的墨卡托—洪迪厄斯地图集问世；1634 年，第一部荷兰文版本紧随其后；1636 年，第一部英文版问世。在上层中产阶级中，地图集已变得司空见惯。

高潮部分：从《新地图集》到《大地图集》

1638 年前后，布劳和洪迪厄斯—扬松尼乌斯都转向多部分组成的地图集：分别是《新地图集》(*Novus atlas*) 和《新地图集》(*Atlas novus*)。[197] 尽管布劳在 1635 年出版了一部由两部分组成的地图集，其中有近 200 幅地图，但洪迪厄斯和扬松尼乌斯用 1638 年的拥有 300多幅地图的由三部分组成的地图集与之抗衡。同年，威廉·扬松·布劳去世，他的儿子约翰·布劳继承了他的事业；同时，亨里克斯·洪迪厄斯不再从事地图业务，他对企业的责任完全落在了扬松尼乌斯的身上。

1638 年之后，约翰·布劳和扬松尼乌斯都在扩充这些地图集。在 1660 年之前，通过添加不同的部分、航海和历史的章节，他们都有一个由六部分组成的地图集。[198] 但毫无疑问，世界各地的地图都有一个平衡的区分（见表 44.1）。布劳至少有 113 幅不列颠群岛地图（其地图的 28%）和 17 幅中国地图；此外，他善于投机取巧，他知道自己的客户最感兴趣的是数量。

表 44.1 　　布劳和扬松尼乌斯的《新地图集》(*Atlantes novi*) 的内容

部分	布劳制作		扬松尼乌斯制作	
	地图的数量	内容	地图的数量	内容
1	120	1：北欧和"日耳曼尼亚"	96	1：北欧和东欧
		2：低地国家		2："日耳曼尼亚"

1329

---

[197] *KAN*, 2：44 – 51 (no. 2：10, Latin ed.), 2：53 – 60 (no. 2：11, French ed.), 2：77 – 84 (no. 2：12, Dutch ed.), and 2：86 – 101 (no. 2：13, German ed.).

[198] 1640 年，布劳制作出了第三部分 [*KAN*, 2：109 – 120 (no. 2：201, Latin ed.), 2：139 – 150 (no. 2：211, French ed.), 2：173 – 184 (no. 2：221, Dutch ed.), and 2：208 – 219 (no. 2：231, German ed.)] 而第四部分紧随其后，问世于 1645 年 [*KAN*, 2：120 – 132 (no. 2：202, Latin ed.), 2：150 – 161 (no. 2：212, French ed.), 2：185 – 195 (no. 2：222, Dutch ed.), and 2：219 – 230 (no. 2：232, German ed.)]。扬松尼乌斯迅速反应，同样在 1646 年发表了第四部分，通过增添一部航海地图集和一部历史地图集，他在 1649 年创建了第五部分。[*KAN*, 2：132 – 135 (no. 2：203, Latin ed.), 2：161 – 166 (no. 2：213, French ed.), and 2：195 – 202 (no. 2：223, Dutch ed.)]。然后轮到布劳在 1654 年出版了第五部分。[*KAN*, 2：132 – 135 (no. 2：203, Latin ed.), 2：161 – 166 (no. 2：213, French ed.), and 2：195 – 202 (no. 2：223, Dutch ed.)] 1655 年，凭借卫匡国 (Martinus Martini) 的《中国新图志》(*Atlas Sinensis*)，他最终完成了其第六部分地图集 [*KAN*, 2：298 – 302 (nos. 2：501 – 2：503, Latin eds.), 2：305 – 306 (no. 2：511, French ed.), 2：309 – 310 (no. 2：521, Dutch ed.), 2：311 – 313 (no. 2：531, German ed.), and 2：314 – 315 (no. 2：541, Spanish ed.); 摹写本有 Joan Blaeu, *Novus atlas Sinensis* 1655：*Faksimiles nach der Prachtausgabe der Herzog August Bibliothek Wolfenbuttel*, intro. Yorck Alexander Haase (Stuttgart：Muller und Schindler, 1974)]，而扬松尼乌斯于 1657 年将六个部分与其《古代世界》(*Orbis antiquus*) 组合在一起 [*KAN*, 1：247 – 255 (no. 1：405)]。

续表

部分	布劳制作		扬松尼乌斯制作	
	地图的数量	内容	地图的数量	内容
2	92	1：法兰西 2：西班牙和非欧洲国家	102	1：法兰西和瑞士 2：低地国家
3	62	意大利和希腊	104	1：西班牙和意大利 2：非欧洲国家
4	58	英格兰和威尔士	56	不列颠群岛
5	55	苏格兰和爱尔兰	32	海洋地区
6	17	中国	61	旧大陆
地图总数	404		451	

资料来源：根据 *KAN*, vols. 1 and 2。

与此同时，扬松尼乌斯在1658年将他的历史地图集作为第六部分增添进《新地图集》，他还开始了一项雄心勃勃的出版工作，一部用拉丁文［《大地图集（*Atlas maior*)》］和德文［《全新地图集（*Novus atlas absolutissimus*)》］呈现的由十一个部分构成的作品。[199] 这部地图集内部并不一致，没有自己的特定文字，也没有作为一个系列的一部分进行制作。扬松尼乌斯用《新地图集》的现存部分，将他的多卷地图结合在一起，用自己提供的或尼古拉斯·菲斯海尔一世的地图进行补充。最初，这些地图装订在一起，有500—550张地图，形成10卷。1660年之后，扬松尼乌斯又添进了安德烈亚斯·策拉留斯（Andreas Cellarius）的天图集《和谐大宇宙星图》（*Harmonia macrocosmica*)。[200] 此外，顾客还可以选择用城镇地图集（500幅地图，分为八个部分）来扩展地图集。尽管有其缺点，但扬松尼乌斯的地图集是唯一一部接近墨卡托思考中概念的地图集。1675年的拉丁文版本的标题很好地说明了这一点：《大地图集；或关于地球、海洋、古代与天体的宇宙学》（*Atlas major*；sive, *Cosmographia universalis adeoque orbis terrestris*，*maritimus*，*antiquus & coelestis*）。

约翰·布劳还计划制作一部大型的多卷地图集。1655年，他的六部分组成的《寰宇概观》的完成，成为一个更大的项目的开始：对陆地、海洋和宇宙的完整描述。该作品被认为是由地理学——划分为地方志（对土地的描述）、地形学（对位置的描述），以及水文学（对海洋的描述）——和天体学（对宇宙的描述）构成的。布劳已经开始了地形学的工作：安东尼乌斯·桑德吕斯（Antonius Sanderus，又作 Antoon Sanders）的《插图佛兰德志》（*Flandria illustrata*）在1641—1646年间问世，卡斯帕·范巴莱（Caspar van Baerle）的《巴

　　[199]　*KAN*，1：255–270（no. 1：406）and 395–404（no. 1：428）。关于由十个部分组成的德文版的第二部分的摹写本，请参阅 Johannes Janssonius, *Novus Atlas Absolutissimus*, *das ist*, *Generale Welt-Beschreibung mit allerley schonen und neuen Land-Carten gezieret*（Munich：Battenberg, 1977）。

　　[200]　*KAN*，1：513–516（no. 1：801）。关于策拉留斯及其天图集，请参阅 R. H. van Gent, "De hemelatlas van Andreas Cellarius：Het meesterwerk van een vergeten Hollandse kosmograaf," *Caert-Thresoor* 19（2000）：9–25, and Andreas Cellarius, *The Finest Atlas of the Heavens*, intro. and texts R. H. van Gent（Hong Kong：Taschen, 2006）。

西八年功绩史》（*Rerum per octennium in Brasilia gestarum historia*）也在 1647 年出现，而低地国家的城镇地图集则出现于 1649 年。与此同时，布劳也为一部航海地图收集了大量的材料，但它从未被重新出版。

　　由于扬松尼乌斯的《全新地图集》，布劳需要启动自己的项目。他在 1662 年出版的《大地图集或布劳的宇宙志》（以下简称《大地图集》）（*Atlas maior sive Cosmographia Blaviana*），为他提供了一些激烈的竞争。布劳的多部分地图集在 1662—1672 年出版，至少有五种语言，总共有 544—612 张地图（表 44.2）。[201]

1330

表 44.2　　　　　　　　　　　　　　布劳的《大地图集》（*Atlas maior*）

年份	版本	卷数	地图（数）
1662—1665	拉丁文	11	593
1663—1667	法文	12	596
1664—1665	荷兰文	9	600
1667	德文	9	612
1659—1672	西班牙文	10	544

　　资料来源：根据 *KAN*，2：316 – 458。

　　布劳的《大地图集》当然没有太大的学术价值。它编辑的方式使得对其内容的批评分析几乎是不可能的。更重要的是，这一地图集的成功归功于其出色的排版印刷、漂亮的手工绘制的地图，尤其是它无与伦比的受欢迎程度。在富裕的贵族中，《大地图集》迅速成了一种令人垂涎的地位象征（图 44.16）。它的黑白版本售价 350 荷兰盾；彩色的副本则售价 450 荷兰盾。1660 年前后，一名图书贸易助理大约每周赚 2 荷兰盾。地图着色师平均每幅图得到 3 斯托弗尔（stuiver，1 荷兰盾 = 20 斯托弗尔）。在阿姆斯特丹的购物中心，一家书店的租金是每年 400—700 荷兰盾。1660—1680 年，价格上涨，但 1680 年之后有所下降。[202] 在奥特柳斯的《寰宇概观》出版后不到一百年的时间里，地图集已经变得如此普遍，以至于一部非常昂贵的由十二部分组成的拥有 600 幅地图的作品的出版，在商业上是可以成功的。尽管如此，《大地图集》还是宣告了大规模地图集制作，以及低地国家在商业制图学上的主导地位的结束。这两位互相竞争的出版商很快就去世了，约翰内斯·扬松尼乌斯去世于 1664 年，而约翰·布劳则是在 1673 年。1672 年 2 月 23 日，布劳的印刷所里的一场大火烧毁了他的大部分印刷作品和许多铜版。

---

　　[201]　*KAN*，2：322 – 356（nos. 2：601 – 603，Latin ed.），2：357 – 382（nos. 2：611 – 612，French ed.），2：384 – 406（no. 2：621，Dutch ed.），2：407 – 423（no. 2：631，German ed.），and 2：428 – 458（nos. 2：641 – 2：642，Spanish eds.）。布劳实际上是从西班牙文版的《大地图集》版本开始的，比 1662 年的拉丁文版本更早，尽管在他完成之前已经有很长一段时间了。据推测，1672 年布劳印刷所的火灾阻碍了这个计划。尽管如此，有迹象表明，西班牙宫廷在 1672 年的火灾之前有一部完整的西班牙文版的《大地图集》，有十五个部分。还有两个版本的西班牙文的《大地图集》：《新地图集》（*Naevo Atlas*），印刷于 1672 年的大火之前，还有《大地图集》（*Atlas mayor*），是在火灾之后将仍然可用的材料组合起来的。

　　[202]　Koeman，*Blaeu and His Grand Atlas*，47.

图 44.16　为布劳《大地图集》设计的雕花木柜

由 Universiteitsbibliotheek Amsterdam（Kzl）提供照片。

其他地图集

16 和 17 世纪，低地国家商业地图制作的名声，主要归功于以对开本的形式出版的世界地图集。其他类型的地图集在当时并不重要。袖珍地图集满足了旅行者或不太富裕的市民的地图需求。城镇地图集同样深受旅游爱好者的欢迎。区域地图集、历史地图集和天图集则相对不广泛。尽管如此，它们还是为消费者提供了各种各样的商业地图集。

袖珍地图集

对奥特柳斯的《寰宇概观》的巨大需求使得它非常昂贵。1570 年，取决于纸张的质量和是否有插图，一份副本的价格从 6—16 荷兰盾不等。它到底有多昂贵，从那一时期印刷商的年薪是 100—150 荷兰盾这一事实来看非常清楚。因此，《寰宇概观》只被上层中产阶级或学者所购买，并不在普通人的购买范围之内。

1331

随着《摘录》（Epitome）（《寰宇概观》的一个缩编版本）的出版，[203] 奥特柳斯提供了可以负担得起的地图集。这个想法实际上是由雕刻师菲利普斯·哈莱首创的，他将《寰宇概观》中的 70 幅地图进行缩减和简化到 8—11 厘米。其文字不是用拉丁文，而是用押韵的方言写成的，目的是让它更简单。1571 年，彼得·海恩斯将《寰宇概观》的拉丁文本翻译成荷兰文，他为这部《摘录》撰写了押韵的文字。在袖珍地图上，并没有提到奥特柳斯的名字，但他可能会为这本书进行合作，因为哈莱和海恩斯在他们的引言中提到了一部"对话"。

袖珍地图集第一次出现在 1577 年；它的标题是《世界之镜》（图 44.17）。[204] 1588 年版第一次使用了更方便的标题《摘录》。[205] 这一地图集非常成功：法文版（Le miroir du mond）于 1579 年出版，拉丁文版（Theatri orbis terrarum enchiridion）于 1585 年出版。[206] 而且，由于它的成功，有大量的重新印刷和模仿。

1332

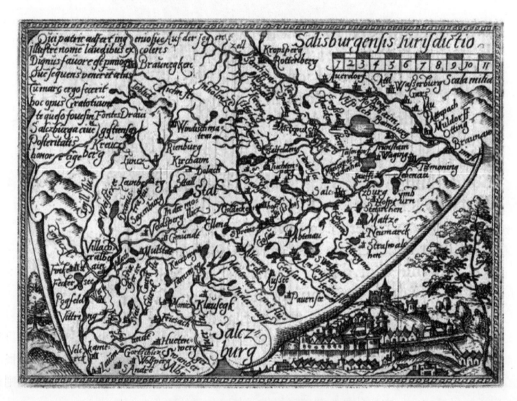

图 44.17 《世界之镜》中的萨尔茨堡地图

Pieter Heyns, *Spieghel der werelt*（Antwerp：Christoffel Plantyn. voor Philips Galle, 1577），H2. 由 Rare Books Division, New York Public Library, Astor, Lenox and Tilden Foundations, New York（*KB 1577）提供照片。

---

[203] 作为一种类型的缩减版本被称为"摘录"，尽管这个词并不总是标题的一部分；请参阅 *MCN*, 2：116 – 220。有一部 1589 年的拉丁文版本：Filips Galle, *Epitome Theatri Orteliani：Præcipuarum orbis regionum delineationes，minoribus tabulis expressas，breuioribusque declarationibus illustratas，continens*, intro. H. A. M. van der Heijden（Weesp：Robas Facsimile Fonds, 1996）。

[204] 关于《摘录》的不同版本的总结，请参阅 Van der Krogt, "Editions of Ortelius' *Theatrum Orbis Terrarum* and *Epitome*," 381, and *KAN*, 3：268 – 372（nos. 331：01 – 33A：32）。

[205] *KAN*, 3：293 – 296（no. 332：01）.

[206] *KAN*, 3：293 – 296（no. 332：01）.

1588 年，彼得·海恩斯不得不和他的儿子扎哈里亚斯·海恩斯（Zacharias Heyns）一起移居到低地国家北部，1596 年，他在阿姆斯特丹重新出版了《世界之镜》，并在 1598 年的时候，用了更大一些的木刻版地图（约 13.5×17 厘米），重新出版了《世界之镜》。[207] 约翰内斯·范克尔贝尔亨（Johannes van Keerbergen）在安特卫普出版了一部与其竞争的版本，米海尔·科伊赫内特（Michel Coignet）为其撰写了一篇新的文字，安布罗修斯（Ambrosius）和费迪南德·阿西尼厄斯（Ferdinand Arsenius）为其雕刻了 133 幅新地图。[208] 在 1601—1604 年间，出现了四种不同语言的四种版本。[209]

1601 年前后，约翰·巴普蒂斯塔·弗林茨获得了哈莱的《摘录》的出版权和印版，几年后，范克尔贝尔亨的出版权和印版也落入他的手中。1602 年，亨里克斯·斯温赫尼乌斯（Henricus Swingenius）为伦敦的书商约翰·诺顿印刷了哈莱的图版与一份英文文本；科伊赫内特和范克尔贝尔亨的 1601 年《摘录》的新的修订版于 1603 年为伦敦书商詹姆斯·肖（James Shaw）而印刷。[210] 这两本小书是最早的带有英文文本的世界地图集。显然，范克尔贝尔亨的铜版比哈莱的更吸引弗林茨，因为他在 1602 年之后没有进一步使用哈莱的图版。弗林茨在 1612 年将最后一版推向市场。[211]

联省共和国最早的世界地图之一［第一部是赫因（Heyn）印刷于 1596 年的《世界之镜》］由巴伦特·兰赫内斯（Barent Langenes）出版于米德尔堡，他于 1598 年制作了袖珍地图集《地图宝藏》（*Caert-thresoor*）（图 44.18）。[212] 彼得·范登克雷在 169 幅雕版地图的大部分处签了名，但约道库斯·洪迪厄斯也对这一出版物做出了实质性的贡献。这段文字，部分是押韵的，很可能是兰赫内斯写的。

为了保证自己充足的销售，兰赫内斯与阿姆斯特丹出版商科内利斯·克拉松一起工作，因此，《地图宝藏》的书名页上声称副本"在科内利斯·克拉松处出售"。它有时暗示克拉松开启了小型地图集，而已在 1597 年已经出版了第一版。[213] 在这种情况下，兰赫内斯可能仅仅是一名合作出版商。然而，1597 年的版本还没有发现。更有可能的是，科内利斯·克拉松在 1599 年出版了这本书，因为他的名字不再出现在那一年的扉页上，而在大约 1600 年的法文译本 *Thrésor de chartes* 中，也可能是这样的。[214] 拉丁文版本有彼得鲁斯·贝尔蒂乌斯（Petrus Bertius）的一篇全新的文字：《彼得鲁斯·贝尔蒂乌斯四卷本地理图》（*P. Bertii Tabularum geographicarum contractarum libri quatuor*）。[215] 在最后一版中，克拉松与阿纳姆

---

[207] *KAN*, 3：278–279（no. 331：03）and 3：359–362（no. 334：01）。此地图集有一部摹写本：Zacharias Heyns, *Le miroir dv monde*, intro. Jan W. H. Werner（Weesp：Robas BV，1994）。

[208] Ad Meskens, *Familia universalis, Coignet：Een familie tussen wetenschap en kunst*, exhibition catalog（Antwerp：Koninklijk Museum voor Schone Kunsten，1998）.

[209] *KAN*, 3：330–355（no. 333）.

[210] *KAN*, 3：326–329（no 332：31）and 3：348–351（no. 333：31）.

[211] *KAN*, 3：343–346（no. 333：21）.

[212] *KAN*, 3：376–381（no. 341：01）. 有一部 1598 年版本的摹写本：Barent Langenes, *Caert-Thresoor*, intro. Jan W. H. Werner［Weesp：Robas BV,（1998）］。

[213] C. P. Burger, "Het Caert-Thresoor," *Het Boek* 18（1929）：289–304 and 321–344, and *KAN*, 3：374.

[214] *KAN*, 3：396–401（no. 341：11）.

[215] *KAN*, 3：409–414（no. 341：51）.

图 44.18　朗根内斯《地图宝藏》的书名页

原图尺寸：约 11×16 厘米。Barent Langenes, *Caertth-resoor, inhoudende de tafelen des gantsche werelts landen*（Middel-burg, 1598）。由 BL（Maps C. 39. a. 2）提供照片。

（Arnhem）的出版商扬·扬松（Jan Jansz. ，著名的约翰内斯·扬松尼乌斯的父亲）签署了一项合作协议，第一版的《地图宝藏》中所有引用兰赫内斯的地方都在两年内消失了。但是，贝尔蒂乌斯的拉丁文本对公众几乎没有什么用处，1609 年，克拉松制作了一个新的荷兰语版本，其文字是雅各布斯·韦费里乌斯（Jacobus Viverius）在 1598 年的原本基础上制作的修改版，并补充了贝尔蒂乌斯的学术性地理描述。这个版本被授予了一个新标题：《简明地图手册》（*Hand-boeck of cort begrijp der caerten*）。[216]

很自然，在 1600 年前后，广受欢迎的阿姆斯特丹袖珍地图集的成功并没有躲开约道库斯·洪迪厄斯的注意。1607 年，洪迪厄斯缩减了自己的《墨卡托地图集》的地图，并以 152 幅地图的《袖珍地图集》（*Atlas minor*）的形式重新出版。[217] 这一作品也被科内利斯·克拉松在阿姆斯特丹、扬·扬松在阿纳姆出售。这两家公司都一定发现《袖珍地图集》是地图集市场受欢迎的新因素，而不是竞争的出版物。在接下来的两年里，法文版和德文版都出版了，其标题都是《袖珍地图集》（*Atlas minor*）。许多保存下来的副本都证实了这部袖珍地

[216]　*KAN*, 3：389－395（no. 341：03）。

[217]　这部地图集的尺寸为大约 17×22 厘米。请参阅 *KAN*, 3：466－471（no. 351：01），and Adriaan Plak, "The Editions of the *Atlas Minor* until 1628," in *Theatrum Orbis Librorum：Liber Amicorum Presented to Nico Israel on the Occasion of His Seventieth Birthday*, ed. Ton Croiset van Uchelen, Koert van der Horst, and Günter Schilder（Utrecht：HES, 1989），57－77。

图集的成功。[218]

在科内利斯·克拉松去世之后,兰赫内斯的《地图宝藏》的铜版被交给了他的继承人亨德里克·劳伦松(Hendrick Laurensz.),后者出版了1609年和1612年的版本。克拉斯·杨松·菲斯海尔后来获得了这些印版,并在1649年印刷了一个新版本。[219]尽管1612年以后,小约道库斯·洪迪厄斯几乎没有值得害怕的竞争者,但他也没有表现出对袖珍地图集的任何兴趣:出版了1620年和1621年的拉丁文版本之后,他把印版卖给了伦敦出版商迈克尔·斯帕克(Michael Sparke)和塞缪尔·卡特赖特(Samuel Cartwright),后者在1635年出版了《世界历史》(*Historia mundi*)或《墨卡托的地图集》(*Mercatoris atlas*)。[220]

在17世纪中叶,只有两部袖珍地图集问世;第一部是约翰内斯·扬松尼乌斯制作的,并有一个新的、放大的标题和一批新的地图。扬松尼乌斯一定很后悔他没有从他的姻亲那里买到《袖珍地图集》。他肯定有一批由彼得·范登克雷和亚伯拉罕·戈斯(Abraham Goos)雕刻的全新的地图。1628年,146幅地图已经绘制完毕,扬松尼乌斯立即将他的新《袖珍地图集》的拉丁文版本和法文版本的地图推向市场。[221]这一地图集取得了巨大的成功:仅用了两年时间,就需要一个新的法文版本,而荷兰文译本也在同一年出版;德文版则在第二年出版。

第二部袖珍地图集是由一位新成员扬·埃费尔松·克洛彭堡(Jan Evertsz. Cloppenburg)制作的,他雇用彼得·范登克雷为他的世界地图集雕刻了新的地图。这部地图集于1630年出版,书名是《赫拉尔杜斯·墨卡托地图集……约道库斯·洪迪厄斯工作室》(*Gerardi Mercatoris Atlas . . . studio Iudoci Hondij*)。[222]洪迪厄斯的戳记显然是为了刺激销售而加上去的;没有人知道克洛彭堡的名字,而原本的出版商:洪迪厄斯父子已经去世了。雕版的书名页也是模仿了墨卡托—洪迪厄斯的地图集,而带有拉丁文标题的文字则是用法文写作的。1632年,又出版了一部拉丁文版本。

城镇地图集

16世纪,商人、学生和游客越来越多地从一个地方走到另一个地方,尤其是城市,那里是商业和社会生活的中心。因此,毫不奇怪,在第一部现代世界地图集出现两年后,就开始了一种出版的工作,试图用与地图集描述更大的地区的相同的系统方式,来描绘和图释世界上的城镇。

格奥尔格·布劳恩和弗兰斯·霍亨贝赫的这一工作,最终完成了6个部分,通常被称为《世界城市图》。然而,这个标题只提到了第一部分,它是在1572年由菲利普斯·哈莱在安特卫普和科隆出版的。虽然《世界城市图》在科隆印刷,但它的佛兰德雕刻风格却将其置

　　[218]　多种语言版本的出版也许是对袖珍地图集的兴趣最好的说明;请参阅 Van der Krogt, "Commercial Cartography,"108–112。
　　[219]　*KAN*, 3:428–434 (no. 341:54).
　　[220]　*KAN*, 3:504–512 (no. 351:31).
　　[221]　*KAN*, 3:513–571 (no. 352).
　　[222]　*KAN*, 3:573–607 (no. 353).

于低地国家南部的地图传统中。其中一位雕刻师霍亨贝赫，也雕刻了奥特柳斯的《寰宇概观》里的地图，而另一位雕刻师，西蒙·诺费拉努斯（Simon Novellanus），在他到科隆避难之前，曾在梅赫伦接受过教育。格奥尔格·布劳恩［或布鲁因（Bruin）］无疑是负责编辑城镇地图集的文本。[23]

在 2 年到 3 年的时间里，《世界城市图》的绘制工作一定是与《寰宇概观》的绘制工作重叠。当时，霍亨贝赫正忙于这两项工作，而且，鉴于他与奥特柳斯之间的密切关系，很难想象出这一图集的灵感源自布劳恩。布劳恩在 1566—1568 年赴安特卫普的时候，可能会与奥特柳斯和霍亨贝赫见面，而在这段时间里，他的《世界城市图》的机会可能由他们共同推动成熟。事实上，同时代的资料来源认为这两个地图集是互补的。

《世界城市图》原计划只出版一部分，但是良好的销售情况鼓励了编辑者出版第二部分，随后扩充了这两个部分。在第二部分的引言中，布劳恩请求那些所居住城镇没有得到表现的读者提交一份插图，这样这些城镇就可以被纳入进来。他收到了如此多的材料，以至于第三部分是可以完成的，以及接下来的第四部分和第五部分（1588 年）。又过了 30 年，第六部分也是最后一部分出现于 1617 年。出版了德文和法文的版本，以补充拉丁语的版本。

《世界城市图》包含 363 幅欧洲、非洲、亚洲和美洲［墨西哥城和库斯科（Cuzco）］的平面图、景观图和侧面图（表 44.3）。[24] 这一作品并没有像奥特柳斯的《寰宇概观》那样有系统地构建。一幅城镇地图所包含的内容，取决于它是否可用以及想要绘制尽可能多的城镇的平面图的愿望。这一点从随机递送城镇平面图的速度，以及从各个国家的城镇平面图通过地图集的不同部分的任意情况来看，非常清楚。具体而言，德意志和低地国家的城市比例过高，[25] 以及不成比例的大量设计借鉴自两名著名地形艺术家：格奥尔格·赫夫纳格尔（Georg Hoefnagel）（63 幅城镇景观图，其中 28 幅出现在第五部分）[26] 和雅各布·范德芬特（48 幅城镇平面图，在第三和第四部分）。奥特柳斯、塞巴斯蒂安·明斯特尔和石勒苏益格-荷尔斯泰因（Schleswig-Holstein）的州长海因里希·冯·兰曹（1526—1598 年）也提供了原本地图。[27] 弗兰斯·霍亨贝赫去世之后，他的儿子亚伯拉罕·霍亨贝赫仍继续雕刻《世界城市图》。亚伯拉罕在 16 世纪的最后二十五年和 17 世纪的前半期印刷了大量的版本。他还在1617 年添加了第六部分。

[23]　关于格奥尔格·布劳恩传记性的总结，请参阅 Meurer, *Atlantes Colonienses*, 84 – 87, and E. Wiepen, "Bartholomäus Bruyn der Altere und Georg Braun," *Jahrbuch des Kölnischen Geschichtsverein* 3（1916）：95 – 153。

[24]　早期的具有区域特性的城镇书籍由 Guillaume Gueroult 编辑，有 20 块图版（在里昂，1552 年和 1553 年印刷），以及由 Guilio Ballino 在 *De disegni delle piu illustri citta & fortresse del mondo* 中，有 51 块图版（在威尼斯印刷，1569 年）。请参阅 Mireille Pastoureau, *Les atlas français XVIe - XVIIe siècles：Répertoire bibliographique et ètude*（Paris：Bibliothèque Nationale, Département des Cartes et Plans, 1984），226。

[25]　Friedrich Bachmann, *Die alten Städtebilder：Ein Verzeichnis der graphischen Ortsansichten von Schedel bis Merian*（Leipzig：Karl W. Hiersemann, 1939；reprinted Stuttgart：A. Hiersemann, 1965）。

[26]　关于赫夫纳格尔，请参阅 Lucia Nuti, "The Mapped Views by Georg Hoefnagel：The Merchant's Eye, the Humanist's Eye," *Word & Image* 4（1988）：545 – 570, and A. E. Popham, "Georg Hoefnagel and the Civitates Orbis Terrarum," *Maso Finiguerra* 1（1936）：183 – 201。

[27]　请参阅 R. A. Skelton, "Introduction," in *Civitates orbis terrarum*, 1572 – 1618, by Georg Braun and Frans Hogenberg, 3 vols.（Amsterdam：Theatrum Orbis Terrarum, 1965），1：Ⅶ-ⅩLⅥ。

表 44.3　　　　　　　　　　布劳恩和霍亨贝赫的《世界城市图》的概览

部分	标题	年份	地图数量（幅）
1	《世界城市图》（*Civitates orbis terrarum*）	1572	58（59）
2	《论世界主要城市 第二卷》（*De præcipius, totius universi urbibus liber secundus*）	1575	59
3	《世界主要城市 第三卷》（*Urbium præcipuarum totius mundi liber tertius*）	1581	59
4	《世界主要城市 第四卷》（*Liber quartus urbium præcipuarum totius mundi*）	约 1588	59
5	《世界城市画卷 第五卷》（*Urbium præcipuarum mundi theatrum quintum*）	1596	69
6	《世界主要城市画卷 第六卷》（*Theatri præcipuarum totius mundi urbium liber sextus*）	1617	58
		总计	363

资料来源：*KAN*, vol. 4。

　　布劳恩和霍亨贝赫的城市地图一直没有竞争对手，直到 1649 年，约翰·布劳以对开本的方式制作了他的城镇地图集。亚伯拉罕·霍亨贝赫在 1653 年去世后，扬松尼乌斯获得了 363 块铜版，1657 年，这些印版在约翰内斯·扬松尼乌斯的城市地图集中得以重新制作。

　　1641 年，《插图佛兰德志》的第一部分，一部带有佛兰德的城市景观图、图版、地图和地形图的大型地形作品，在阿姆斯特丹问世。㉘ 这本复合作品的文本是由传教士和历史学家安东尼乌斯·桑德吕斯撰写的。尽管在 1632 年，桑德吕斯和亨里克斯·洪迪厄斯之间进行了初步的讨论，但由于测量师和插图画家的缓慢工作、费力的编辑，以及洪迪厄斯自己的批判意识，导致拖延了将近 10 年，才完成了第一部分。然而，即使在出版之前，洪迪厄斯也已经获得了琼·布劳的权利。考虑到身处加尔文主义的荷兰这一事实，由于其罗马天主教的内容，《插图佛兰德志》可能会被认为是令人反感的，于是布劳使用了一个虚假的戳记："科隆的科内利斯·范埃格蒙德"（Coloniae Agrippinae, Corn. ab Egmond）。布劳在 1644 年出版了第二部分：《佛兰德属地》（*Flandria subalterna*）。另外还有加入的两个部分：《法语区佛兰德》（*Flandria gallicana*）和一部《增补》。《法语区佛兰德》在 1644/1645 年出版，并在 1663 年重印，但桑德吕斯在 1664 年的去世导致其《插图佛兰德志》未能完成。桑德吕斯的主要工作将包括近 600 幅地图和印刷品。最初的两个部分最终被克里斯蒂安·范洛姆（Christiaan van Lom）翻译成荷兰文，并命名为《佛兰德的荣耀》（*Verheerlykt Vlaandre*）（海牙，1732 年）。

　　1648 年，《明斯特和条约》终于结束了与西班牙的 80 年战争。同年，约翰·布劳的图书和地图制作也达到了顶峰。在其《联合自治省城镇地图集》的序言中，布劳："曾被认为

　　㉘　请参阅 G. Caullet, *De gegraveerde, onuitgegeven en verloren geraakte teekeningen voor Sanderus' "Flandria Illustrata"* (Amsterdam, 1908; republished Antwerp: Buschmann, 1980), and A. D. van Overschelde, "Leven en werken van kanunnik Antoon Sanders die zich Sanderus noemde," *Vlaamse Toeristische Bibliotheek* 27 (1964): 1 - 16。有一份摹写版本：Antonius Sanderus, *Flandria illustrata*; *sive, Descriptio comitatus istius per totum terrar [um] orbem celeberrimi*, Ⅲ *tomis absoluta*, 2 vols. (Tielt: Veys, 1973)。

是流亡的和平，出乎所有人的希望和期望，幸福地恢复并建立在坚实的支柱上。"在拉丁文版中，序言以如下的方式结尾："从我的印刷机上，在西班牙国王与全国各地区的和平公告的那天"——那一天是 1648 年 6 月 5 日。[29]

在布劳所有的地图集中，低地国家的城镇地图集在尼德兰是最受尊敬的。这不仅是因为它们制作精良，还因为他们的作品与反抗西班牙的独立斗争紧密相连。他们与尼德兰国家塑造的最具戏剧性和英雄气概的时期结合在一起，描绘了北方诸省骄傲和勤劳的城市（图版51）。新的七省联合共和国的政治、经济和文化实体在这些城镇的图像中被描绘出来，并由地图集进行综合。第一版分为两卷，有 220 幅城市平面图：第一卷 110 幅，关于七省联合共和国；第二卷 110 幅，关于西班牙统治下的低地国家。[30]

在战争的最后十年里，北方的几个城镇和堡垒已经被共和国军队成功包围。在战争结束前的几年里，布劳必须决定把这些有争议的城镇放在他地图集的第一卷还是第二卷中。第一卷的第一版（1649 年）反映了战争的最后几年。在 1649 年出版的第二版中，有 26 幅平面图从西属低地国家的卷中移除，并将其放在共和国中，而共和国的 5 幅平面图则被转移到西属低地国家中。结果，第二版的每一卷的平面图数量都是不均匀的：第一卷中有 134 幅，第二卷中只有 92 幅。1652 年前后，布劳还推出了一个荷兰版本，《城市概观》（*Toonneel der Steden*）。[31]

城镇平面图的制作是一项花费了数年时间的调查项目，由布劳私下进行。在此之前，他的做法几乎没有引起人们的注意。在他的致读者序言中，布劳解释了他为雕刻平面图而收集模本的方法：寻求城市的地方官员的合作，让他们为他提供关于该城最新的平面图。当得不到一个城市的现代地图的时候，布劳要求该城的地方法官修改一幅早期的平面图 [例如，特奥多鲁斯·费里乌斯（Theodorus Velius）的 1615 年霍伦（Hoorn）平面图]。[32] 一些关于最新资料的供应和描述编辑程序的信件（1640—1648 年）保存在市政档案中。在一封由斯洪霍芬的书记官写给布劳的关于的城镇平面图的制作的信中，包括有对修改城镇土地平面图和景观图的描述：

1336

　　几星期前，我给你寄了一份斯洪霍芬平面图的副本，连同我的请求：交给我三到四幅

　　㉙　Joan Blaeu, *Toonneel der steden van de vereenighde Nederlanden met hare beschrijvingen* (Holland en West Vriesland/ U-trecht), intro. Bert van ' t Hoff (Amsterdam: Elsevier, 1966), 5; this book accompanies the facsimile edition of the forty-four town plans of Holland, West Friesland, and Utrecht.

　　㉚　Peter van der Krogt, "De vrede van Munster en de atlaskartografie," *Kartografisch Tijdschrift* 22, no. 4 (1996): 30 – 36, esp. 35; *KAN*, 1: 295 –331; and Peter van der Krogt, "Dutch Atlas Cartography and the Peace of Munster," in *La Paz de Münster/ The Peace of Munster*, 1648: *Actas del Congreso de Conmemoración organizado por la Katholieke Universiteit Nijmegen*, Nijmegen-Cleve 28 – 30. Ⅷ. 1996, ed. Hugo de Schepper, Christian Tumpel, and J. J. V. M. de Vet (Barcelona: Idea Books, 2000), 113 – 126.

　　㉛　拉丁文标题，第一卷是 *Novum ac magnum theatrum urbium Belgicae liberae ac foederatae*，第二卷是 *Novum ac magnum theatrum urbium Belgicae regiae*。荷兰文版本各卷的标题分别是 *Toonneel der steden van de Vereenighde Nederlanden* and *Toonneel der steden van 's Konings Nederlanden*；请参阅 Blaeu, *Toonneel der steden*。另请参阅 *KAN*, vol. 4 (forthcoming)。

　　㉜　还有一个例子保存在 Hasselt, Stadsarchief。1649 年 4 月 24 日，布劳寄来了哈瑟尔特城镇平面图的一份带有文字的校样副本，以供该镇的地方法官批准，并求他报告任何修正。在 1649 年 5 月 17 日的豪达市长的决议书中，我们读到，授权约翰·布劳来对该城镇进行调查，费用由市政经费来承担。

城镇的印刷品,以莱克河沿岸的视角来绘制。因为我还没有收到这种材料,所以市长要我去搜书,以便在我们得到的时候,可以修正它所包含的错误。我们想在城镇平面图上做同样的事情,你给我寄了三份城镇平面图的副本,其中一些细节必须更改,因为那些是不正确的。市长先生们已经花费了大约一百五十荷兰盾来改进平面图和景观图的图纸。我们现在正等待着从河岸的视角审视的斯洪霍芬的第二幅平面图,以修正错误并增加细节。作为推荐,我给你送了一条熏鲑鱼。在此,我的好朋友,我祝你和你的妻子、家人得到主的保护。

1648 年 8 月 27 日,于斯洪霍芬

你的好朋友,扬·范迪彭海姆(Jan van Diepenheym)[23]

低地国家城镇地图集的出版仅仅是一个更大的项目——对世界城镇的描绘——的开始。1649 年,布劳在荷兰的地图集的前言中介绍了这个项目:

亲爱的读者,我的计划是构建一个舞台,在那里我将展示世界上各城镇的形象和描述。我想你们会同意我的意见,那将是一份比一般的劳动繁重得多的工作、无尽的成本,以及在一个人一生中很难完成的工作。然而,我将开始与它以及不知疲倦的产业尽可能地继续,不仅这些,还要装饰和扩充我们的地图集(四个部分已经出版,第五部分正在印刷),直到我生命的终结,我总是努力尝试为社会共同的财富而努力。[24]

然后他解释说,这个项目的第一部分将是集中于尼德兰的两卷——不只因为它是他的祖国和他最了解的地区,还因为它是他一生中最重要的历史事件的发生的场所,这里他提到1648 年的《威斯特伐利亚条约》。在关于尼德兰的卷帙之后,第二部也立即紧随其后——同样是两卷——将重点放在意大利,这是布劳在年轻时花了几年的时间所关注的对象。第三部分将覆盖西班牙的城镇,包括东印度群岛和西印度群岛(三卷)。布劳认为法兰西是第四个部分(几卷)的主题,其次是英格兰和苏格兰的城镇,他说其中一些已经完成了(这是一种不可思议的言论,因为目前为止尚未知晓布劳所制作的英格兰和苏格兰的平面图)。在不列颠的城镇之后的是北欧国家(瑞典、丹麦和挪威)和更远的东方国家,如波兰、莫斯科公园和希腊(一或更多卷)。德意志不会被包括在内,因为马陶斯·梅里安已经涵盖了这一问题,而且,这一省略将会节约时间。[25]

十年来,关于布劳的世界各城镇描绘的出版没有任何消息。然而,在 17 世纪 50 年代后

㉓　Schoonhoven, Streekarchief Krimpenerwaard.

㉔　前言于 1648 年发表在拉丁文版本中;这一译本则是在荷兰文版本的未知日期的前言之后;请参阅 Blaeu, Toonneel der steden。

㉕　鉴于布劳没有提到仍然还在印刷的布劳恩和霍亨贝赫的《世界城市图》,所以将梅里安作为重要的编辑者,这一说法是很奇怪的,因为梅里安的出版物与布劳出版的城镇地图集完全不同。我们可以假定,约翰·布劳已经知道他在阿姆斯特丹的竞争对手约翰内斯·扬松尼乌斯正在搜求布劳恩和霍亨贝赫地图集的铜版。人们一直猜测,在亚伯拉罕·霍亨贝赫去世后,扬松尼乌斯于 1653 年收购了这些印版。然而,在对布劳恩和霍亨贝赫的不同版本的研究中,我已经发现有迹象显示它早在 17 世纪 40 年代就在阿姆斯特丹出版了。布劳的前言发表于 1648 年,而他没有提到布劳恩和霍根贝格的事实支持了这样的假设:扬松尼乌斯得到布劳恩和霍亨贝赫印版的时间比之前预想的要早得多。

期，他的第二部分——意大利的城镇地图集——的平面图开始成形了，这个项目的规模比预期的两卷要大得多。尽管布劳在 1662 年参与了制作拉丁文地图集的艰巨任务，但同时也在意大利的城市地图集的工作上执行了几乎相同的尺寸。1663 年，他发现自己的印刷所有能力出版两卷半的意大利城镇地图集，其标题是《意大利城市和美景概观》（*Theatrum civitatum et admirandorum Italiœ*）。

在《意大利城市和美景概观》的前言中，布劳确认将它扩展为一部多卷的地图集。《意大利城市和美景概观》由两部分组成，每一部分都有 5 部地图集。第 1 部分，《意大利的城市》（*Civitates Italiœ*），将意大利的城镇按地区划分；第 2 部分，《非凡之城罗马》（*Admiranda urbis Romœ*），将有不同类型的遗迹。尽管第 1 和第 2 部分都有 5 部地图集，一些地图集也将是多卷的，最终的著作可能是 12—15 卷。

《意大利城市和美景概观》需要大量的图片和文字。布劳打算拜访很多在他年轻时去意大利的时候会见过的许多人。此外，在 1660 年，当设定意大利城市地图集的计划时，布劳把他 23 岁的儿子彼得送到意大利，以更新他的旧关系网，并收集材料。约翰・布劳在他的

1337 前言中列出了其主要贡献者：意大利哲学家和律师卡洛・埃马努埃莱・维扎尼（Carlo Emanuele Vizzani）。"我想让你们知道"，布劳写道，"一些学者的赞助对我很有帮助，都是关于城镇的精确图绘，以及对这些城镇的描述。其中，卡洛・埃马努埃莱・维扎尼应该得到第一名。当他还在世的时候，在罗马非常关心地照顾我的儿子，在他回国后，他把这一关怀带给了我，并在时机出现时提供了一些证据"。除了在前言中提到的来源外，布劳还在地图和图版的文本中提到了其他的内容。对于没有其他资料来源的城镇，布劳复制了一些老的作品，比如布劳恩和霍亨贝赫的图像，尽管布劳没有提到这一来源。

在布劳的有生之年，他发表了《意大利城市和美景概观》的三部地图集：其一是教皇领地的城镇地图；《非凡之城罗马》的第一版；带有那不勒斯和西西里城镇的一卷，这一卷只是预备的版本，仅有 33 幅地图和图版（参见表 44.4）。1682 年，在萨伏依的大公爵卡洛・埃马努埃尔二世（Carlo Emanuel Ⅱ）的金钱的支持下，约翰・布劳的继承人增加了皮埃蒙特和萨伏依的城镇的两卷。㉙布劳的继承人和后来的继任者彼得・莫蒂尔（Pieter Mortier）可能出版更多关于意大利城镇的描述，但其计划的整个世界各地的多卷城镇地图（除了德意志）从未完全实现。

表 44.4　　　　　　　　　　布劳制作的意大利城镇地图集

标题	印版的总数（地图的数目）
《意大利的城市和美景概观》	
《教皇领地城市》	69（60）
《罗马古迹和美景》	44（6）
《那不勒斯和西西里诸邦概观》	33（32）

㉙　摹写版本：Luigi Firpo, ed., *Theatrum Sabaudiae*（*Teatro degli stati del Duca di Savoia*），2 vols.（1984 – 1985；new ed., ed. Rosanna Roccia, Turin：Archivio Storico della Citta di Torino, 2000），vol. 1，带有 71 份着色摹写件；以及 vol. 2，带有 74 份着色摹写件。另请参阅本卷第 847—851 页。

标题	印版的总数（地图的数目）
《萨伏伊公国、皮埃蒙特……图》	
《皮埃蒙特说明图》	69（55）
《萨伏伊示意图》	71（60）

资料来源：*KAN*, vol. 4。

　　一般认为，布劳的档案被 1672 年其印刷厂的火灾烧毁了，但在意大利的档案中却还有一些信件。约翰·布劳和他的儿子彼得的信件显示，不是约翰，而是彼得为布劳公司管理了大部分的国外联系。彼得在意大利、法国和德国都很顺利，他被称为"流动的代理商"，他在欧洲的旅行中不知疲倦地销售，并购买书籍，在他父亲的帮助下完成了意大利城市的平面图。[237]

　　1661 年，约翰·布劳从托斯卡纳的大公那里获得了一笔拨款，正如我们在彼得写给安东尼奥·马利亚贝基（Antonio Magliabechi）的信中所读到的那样，他是佛罗伦萨的图书馆的图书管理员。布劳提到了"萨伏依公爵，他把其领地内的所有城镇和其他他感兴趣的对象都寄给了我父亲，他也同意支付我父亲在绘制方面的一切费用"。[238] 然而，托斯卡纳地区的平面图却从未绘制出，因为托斯卡纳大公没有像萨伏依公爵那样慷慨。[239] 从什么样的商业关系中引发这种极端的慷慨行为，只能靠推测。[240] 值得注意的是，萨伏依的大公也花了一大笔钱来补偿布劳在火灾中所遭受的损失。最终，公国的公民承担了进行制作成本的负担：大公命令最优秀的军事工程师调查城镇，由这些城镇承担费用，1675 年大公死后，布劳雕刻和印刷的费用不得不由国家财务主管批准，这引发了冲突。

　　最后，在 1681 年 11 月 12 日的一封信中，布劳兄弟（约翰二世和彼得）写信给维托里奥·阿马德奥二世（Vittorio Amadeo Ⅱ）："尊贵的萨伏伊大公殿下地产的" 45 份地图已经运送了。几年前，萨伏依政府还在阿姆斯特丹下了一份两艘战舰的订单。布劳兄弟认为最合适的方法是将他们的城镇地图集运送到圣维克托号（Saint Victor）和圣让·巴普蒂斯特号（Saint Jean Baptiste）这两艘新战舰上。除了这 45 幅未着色的复制品外，还有四幅插图副本，还有一幅黑白的，经由阿尔卑斯山脉，由陆路送到了都灵。由布劳提交的 50 份副本的账单总计为 28900 荷兰盾（在阿姆斯特丹建造的军舰每艘耗资 7.5 万荷兰盾）。[241]

---

[237]　Henk Th. van Veen, "Pieter Blaeu and Antonio Magliabechi," *Quaerendo* 12（1982）：130 – 158, esp. 133. 关于彼得·布劳通信的概要，请参阅 *Pieter Blaeu, lettere ai Fiorentini：Antonio Magliabechi, Leopoldo e Cosimo Ⅲ de' Medici, e altri, 1660 – 1705*, 2 vols., ed. Alfonso Mirto and Henk Th. van Veen（Florence：Istituto Universitario Olandese di Storia dell'Arte, 1993）。

[238]　Blaeu, *Lettere ai Fiorentini*, 1：97 – 99.

[239]　Van Veen, "Pieter Blaeu and Antonio Magliabechi," 142.

[240]　C. Koeman, "Atlas Cartography in the Low Countries in the Sixteenth, Seventeenth, and Eighteenth Centuries," in *Images of the World：The Atlas through History*, ed. John Amadeus Wolter and Ronald E. Grim（New York：McGraw-Hill, 1997）, 73 – 107, esp. 96 – 101.

[241]　Isabella Ricci and Rosanna Roccia, "La grande impresa editoriale," in *Theatrum Sabaudiae（Teatro degli stati del Duca di Savoia）*, 2 vols., ed. Luigi Firpo（1984 – 1985；new ed., ed. Rosanna Roccia, Turin：Archivio Storico della Citta di Torino, 2000）, 1：63 – 98.

1338   1655 年前后，阿姆斯特丹的地图销售商之间的竞争促使约翰内斯·扬松尼乌斯在其地理地图集之后，推出了自己的城镇地图集。他获得了霍亨贝赫的全部印版，进行重印，但没有附加任何文字，并在他的《城镇地图》（*Illustriorum urbium tabulae*）的八个部分中收入了170 块其他的图版（表44.5）。它与布劳的《城市概观》竞争，从中他剽窃了大部分的平面图，以及丹克·丹克尔茨（Danker Danckerts）和尼古拉斯·菲斯海尔一世印刷的城镇平面图。事实上，在 1657 年，扬松尼乌斯的城镇地图集是当时最大的城镇地图集，有 500 块图版，但它没有包含任何新东西。

表 44.5   **扬松尼乌斯的城镇地图集**

部分	区域	地图的数量（布劳恩和霍亨贝赫制作的数量）
1—2	尼德兰	113（66）
3—4	德意志帝国	155（107）
5	法兰西和瑞士	41（23）
6	北欧	53（50）
7	意大利	79（40）
8	西班牙和非欧洲国家	59（45）

资料来源：*KAN*, vol. 4。

    约翰内斯·扬松尼乌斯死后，约翰内斯·扬松尼乌斯·范瓦斯贝尔亨（Johannes Jansso-nius van Waesbergen）在其 1682 年《最著名商业都会概观》（*Tooneel der vermaarste Koopst-eden*）中使用了这些图版。1694 年，一些图版被卖给了弗雷德里克·德威特（Frederick de Wit），他重新进行了改造，增加了他自己的戳记，并在自己的城镇地图集中使用了这些图版。反过来，德威特的一些作品也被彼得·范德阿（Pieter van der Aa）在其作品《世界美景图集》（*La Galerie agréable du monde*）（1729 年）中使用，[242] 其他的材料被科文斯和莫蒂尔出版社所得到。经过了 150 年的磨损，已经非常破旧，他们制作的褪色的印刷品的质量远远比不上第一批的那些。

区域地图集

    低地国家的出版商从未对区域地图集有太多的兴趣。除了低地国家的地图集，在地图集制作的最初 100 年中，只有一部地区的地图集：第一部美洲地图集，1597 年制作，与科内利斯·范维特弗利特（Cornelis van Wytfliet）有关。范维特弗利特是布拉班特省委员会的秘书，他对新发现很感兴趣，尤其是在美洲。他发表了他的研究结果，作为托勒密关于西方世界的作品的补充：《托勒密地理学指南增补及西印度群岛》（*Descriptionis Ptolemaicae augmentum sive occidentis notitia*）

---

[242] 关于彼得·范德阿的生平和工作，请参阅 P. G. Hoftijzer, *Pieter van der Aa*（1659 – 1733）：*Leids drukker en boekverkoper*（Hilversum：Verloren, 1999）。

［鲁汶：扬·博哈尔德（Jan Bogaerd），1597 年］。㉝ 这部地图集由美洲各部分的 19 幅地图组成，是这个大陆的第一部地图集。内容主要是借鉴了墨卡托（1569 年）和普兰齐乌斯（1592 年）的世界地图，补充了特奥多尔·德布里（Theodor de Bry）的美洲（1590—1596 年）的资料。

在 80 年战争临时停火的为期 12 年的休战（1609—1621 年）中，一部对开本的十七省地图集《低地日耳曼》，于 1617 年出现在阿姆斯特丹。㉞ 其文字几乎没有提及最近发生的事件，以免冒犯任何潜在客户。该文本的作者彼得鲁斯·蒙塔努斯、地图的雕刻师，以及该项目的创始人——其姻亲彼得·范登克雷，最终被迫逃离了被西班牙压迫蹂躏的低地国家南部。

《低地日耳曼》并不是第一部只包含低地国家地图的地图集。墨卡托《地图集》中的低地国家的地图已经在 1585 年与他们自己的书名页单独出版了。㉟ 《低地国家行程》（1587 年），一部由 22 幅地图组成的小型地图集，包含了低地国家最重要的旅行路线，很可能是来自弗兰斯·霍亨贝赫或格奥尔格·布劳恩的科隆工作室。㊱ 1603 年，弗林茨紧接着制作了一部地图集，其中包含了取自奥特柳斯《寰宇概观》中 19 幅低地国家的地图。㊲

1599 年，扎卡赖亚斯·海恩斯制作了《尼德兰地区之镜》（*Den Nederlandtschen landt-spiegel*），这是一些小型的木刻地图，其中有一些类似于《世界之镜》的地图。㊳ 亚伯拉罕·戈斯，是一名雕刻师，也是著名的领航员书籍和海洋地图集的印刷商彼得·戈斯（Pieter Goos）的父亲，他编纂了《尼德兰新地图集》（*Nieuw Nederlandtsch caertboeck*）（1616 年）。㊴ 这是尼德兰的第一部地图集，尽管它没有在这方面表现出同样的自负，如同范登克雷的《低地日耳曼》一样。与蒙塔努斯的文本相比，这本小型地图集的文本纯粹是描述性的，而不是政治性的。这部地图集呈长方形，文本中穿插了 23 幅地图。这些地图呈椭圆形，置于一个长方形的框架内，角落里有着华丽的装饰。㊵

随着时间的推移，低地国家的大型开本地图集的市场似乎已经变得比那些较小的地图集

1339

㉝　*KAN*，3：659 – 674（no. 371）。这部地图集已经出版了摹写本：Cornelis van Wytfliet ［Corneille Wytfliet］，*Descriptionis Ptolemaicae augmentum*；*sive*，*Occidentis notitia brevis commentario*，*Louvain* 1597，intro. R. A. Skelton（Amsterdam：N. Israel，1964）。

㉞　*KAN*，3：622 – 630（no. 364）。1622 年，此地图集的荷兰文和拉丁文版本接着推出。请参阅 Schilder，"Pieter van den Keere，een goochelaar met koperplaten"。

㉟　Bert van 't Hoff，"De oudste atlassen van de Nederlanden：Een merkwaardige atlas van Mercator in het stadsarchief van 's-Hertogenbosch，" *De Gulden Passer* 36（1958）：63 – 87。然而，Jean Denucé 从 1586 年奥特柳斯编撰的一部地图集获益匪浅，见 "De eerste nationale atlas van onze provinciën（België-Nederland）van 1586，" in *Études d'histoire dédiées à la mémoire de Henri Pirenne*，*par ses anciens élèves*（Brussels：Nouvelle Société d'Éditions，1937），91 – 103。另请参阅 *MCN*，2：134 – 135。

㊱　这部小型地图集有一部摹写本：Frans Hogenberg et al.］，*Itinerarivm Belgicvm*，intro. H. A. M. van der Heijden ［Weesp：Robas BV，（1994）］；另请参阅 Meurer，*Atlantes Colonienses*，84 – 89。

㊲　*MCN*，2：135 – 136，and Günter Schilder，"Een belangrijke 16ᵉ eeuwse atlas van de Nederlanden gepubliceerd door Frans Hogenberg，" *Kartografisch Tijdschrift* 10，no. 2（1984）：39 – 46。

㊳　*KAN*，3：363 – 364（no. 334：351）。关于《尼德兰地区之镜》的一份主要文本分析，请参阅 Lenny Veltman，"Een atlas in pocketformaat：*Den Nederlandtschen landtspiegel* van Zacharias Heyns，" *Caert-Thresoor* 17（1998）：5 – 8。这部袖珍地图集也有一部摹写本：Zacharias Heyns，*Den Nederlandtschen landtspiegel in ryme gestelt*（Alphen aan den Rijn：Canaletto，1994）。

㊴　*KAN*，3：612 – 621（no. 363）。1625 年版本有一部摹写本：Abraham Goos，*Nieuw Nederlandtsch caertboeck*，intro. H. A. M. van der Heijden ［Weesp：Robas BV，（1996）］。

㊵　该地图集于 1619 年和 1625 年重印。

更加有限。因此，在 1635 年 10 月 20 日，雅各布·阿尔松·科洛姆（Jacob Aertsz. Colom）为他计划在法语和荷兰语出版的《火柱》（*De vyerighe colom*）（16×23 厘米）做了广告。[㉕] 这部作品包含了十七省、布拉班特公国，以及佛兰德，荷兰和泽兰的各县的 50 幅地图，这些作品在 1650 年和 1660 年被重印。最后，在 1667—1690 年，弗雷德里克·德威特出版了他的《尼德兰十七省地图集》（*Nieut kaert boeck vande XVII Nederlandsche Provincien*），其中大约有 25 幅地图。[㉖] 这一地区几乎所有地图集的版本都不同，而德威特并未标明其日期。这项工作很大程度上是对之前提到的菲斯海尔的低地国家地图集的模仿。

历史地图集

从 1579 年开始，随着其《增补》（*Parergon*）的出版，奥特柳斯提出了一部用作历史解释的地图的地图集。[㉗] 奥特柳斯根据他对古代地理乃历史的研究而设计了这些地图。来自古典作家的细节，再加上托勒密的《地理学指南》中的地名，都被认真地转换为地图格式。奥特柳斯还使用了他珍藏的硬币上的肖像和许多圣经的表现。尤其是扬·维里克斯（Jan Wierix）雕刻的《增补》中的地图，比《寰宇概观》里的地图装饰得更丰富（图 44.19）。在卷首页上，奥特柳斯使用了"地理乃历史之眼"（Historiae oculus Geographia）这句格言，他是第一个尝试描绘古典世界的地理图像的人，这是一个非常接近他的心的主题。

彼得鲁斯·贝尔蒂乌斯的《旧地理概观》（*Theatrvm geographiæ veteris*），是阿姆斯特丹的第一部历史地图集，于 1618 年由小约道库斯·洪迪厄斯和伊萨克·埃尔塞菲尔（Isaac Elsevier）出版。[㉘] 它由托勒密的 28 幅地图组成，再加上一幅罗马路线地图——波伊廷格地图（Peutinger map）——的重新雕刻副本，以及奥特柳斯《增补》的 14 张地图。很明显，洪迪厄斯或埃尔塞菲尔可以获得奥特柳斯地图的印刷图幅，而这些地图逐渐被（大部分是彼得·范登克雷）新雕刻的地图所取代。贝尔蒂乌斯是范登克雷的姻亲，他是莱顿大学的数学教授和图书管理员，1618 年，他被法国国王路易十三任命为宇宙学家和历史学家。他的第二部历史地图集于 1630 年问世，由梅尔希奥·塔韦尼耶二世在巴黎出版。

约翰内斯·扬松尼乌斯在 1650 年的《新地图集》中已经包含了 10 幅历史地图。此后不久，1652 年，他出版了完整的历史地图集《古代世界精图》（*Accuratissima orbis antiqvi delineatio*），包括了与圣经和古代历史相关的 53 幅地图，以及一份四图幅的波伊廷格地图。[㉙] 这些地图有不同的起源。有几幅是奥特柳斯《增补》地图的重新雕刻，但可以推测，他们是由莱顿的地理学和历史学教授乔治·霍尔尼乌斯（George Hornius）编纂的，他在 1663 年撰写了这一著作的引言。1658 年，扬松尼乌斯使用了霍尔尼乌斯的引言，以及他的《新地图

㉕　一部摹写本得以出版：Jacob Aertsz. Colom, *De vyerige colom, verthonende de 17 Nederlandsche provintien*, intro. Wil. M. Groothuis（Groningen：Noorderboek, 1987）。

㉖　1670—1672 年版本的一部摹写本得以出版：Frederik de Wit, *Nieut kaert boeck vande XVII Nederlandsche Provincien*, intro. H. A. M. van der Heijden（Alphen aan den Rijn：Canaletto/Repro—Holland, 1999）。

㉗　Van der Krogt, "First Atlas?" 74–76, and Meurer, "Ortelius as the Father of Historical Cartography," 143–152.

㉘　*KAN*, 1：486–491（no. 1：512）。

㉙　*KAN*, 1：496–510（no. 1：6）。

图 44.19 奥特柳斯的《增补》中的欧洲地图

原图尺寸：约 35.5×47 厘米。Abraham Ortelius, *Parergon, sive veteris geograpiæ aligvot tabvlæ*（Antwerp, 1595）. 由 Pitts Theology Library, Emory University, Atlanta 提供照片。

集》第六部分中的大部分地图。第六部分，使用了其本来的标题，也作为历史地图集被单独出售。这一稀有作品的拉丁文和法文版本都保存了下来。[259]

收藏家的地图集

在 16 世纪晚期到 17 世纪，私人图书馆和地图收藏都是文艺复兴时期的学术成果，作为科学兴趣的展示。收藏家的地图集是一组统一的地图，上面点缀着地形图和图画（不包括像历史印刷品这样的非地形资料）。一个收藏家的地图集与 16 世纪或 17 世纪早期的地图集（一个合成的地图集）不同，后者在构成上相对比较简单，只包含了地图。[257]

1340

收集地形资料的广泛热潮的兴起，与尼德兰地图印刷的巨大产出和多样性相吻合。富裕市民的私人图书馆经常包括大量的装订成卷帙的地图和景观图的收藏。[258] 在文献记载和当时

㉒ *KAN*, 1: 521 –522（nos. 1: 960 and 1: 961）.

㉗ David Woodward, "The Techniques of Atlas Making," *Map Collector* 18（1982）: 2 – 11.

㉘ C. Koeman, *Collections of Maps and Atlases in the Netherlands: Their History and Present State*（Leiden: E. J. Brill, 1961）. 当地图和印刷品产量在 17 世纪晚期和 18 世纪上半叶增长的时候，收藏家地图集的数量和尺寸也在发展；经常会超过 100 卷。另请参阅本卷第 25 章。

的拍卖目录中，大约有 40 种最大的收藏，大约有 3/4 是完好无损的。布劳—范德赫姆地图集提供了一个收藏家的地图集的例子，它最初是由阿姆斯特丹的律师和银行家劳伦斯·范德赫姆（Laurens van der Hem）在 1640—1678 年组装的。[59] 这部地图集是基于约翰·布劳的《袖珍地图集》（*Atlas maior*）地图集的一部复制品，由当时最伟大的插图作家——迪尔克·扬松·范桑滕（Dirck Jansz. van Santen）绘制插图并涂金。[60] 这些收藏品包括额外的印刷地图、绘本地图和大量的墨笔与水彩画，被装订在 46 个对开卷（图 44.20）中。超大的城镇景观图和超大的绘本地图必须适应印刷的地图集地图的大小。尽管这些地图集是在大尺寸的纸张上印刷的，但有时不得不修整城镇景观图，减少前景或天空。在目前的形式中，布劳—范德赫姆地图集只是部分地反映了最初收藏者的意图。当劳伦斯·范德赫姆于 1678 年去世时，他的地图集尚未完成。目前尚不清楚他何时开始装订其地图集，但在他的有生之年可能装订了 30 卷，其余的资料都是在几个文件袋中。在 1730 年的地图集拍卖之后，每一个文件袋都被认为是一卷，根据所包含的材料数量而定，单独或分组装帧。

由于其精美和价值，它吸引了来到阿姆斯特丹的外国人的注意。其中包括科西莫·德美第奇三世（Cosimo Ⅲ de' Medici），他在约翰·布劳的陪同下，于 1662 年拜访了范德赫姆。1711 年，德国旅行家扎哈里亚斯·康拉德·冯·乌芬巴赫（Zacharias Konrad von Uffenbach）在他的日记中写到，他拜访了阿加莎·范德赫姆（Agatha van der Hem）（其女继承人），查阅了精美的布劳的地图集，达沃公爵开出了 2 万荷兰盾的价码，但这位女继承人则认为它值 5 万荷兰盾。阿加莎说，她不允许展示东印度群岛的绘本海图。事实上，最有趣和最有价值的卷帙是那些把荷兰东印度公司的所谓秘密地图集中的绘本、海图和图像整合起来的。[61] 很有可能，富有的劳伦斯·范德赫姆是天主教徒，荷兰东印度公司绝不能接受他成为股东，并通过布劳的干预获得了这些独家的海图。[62] 后者作为一家公司的海图制图师，可以很容易地为自己订购副本，并将其赠送给范德赫姆——他书店的最佳客户之一。

城镇和地理景观的地形图绘和水彩画分布在布劳—范德赫姆地图集的卷帙中。为范德赫姆提供作品的著名艺术家包括兰贝特·多默尔（Lambert Doomer）、扬·哈卡尔特（Jan Hac-

59　Vienna, Osterreichische Nationalbibliothek。请参阅 Erlend de Groot, *De Atlas Blaeu-Van der Hem: De verzamelde wereld van een 17de-eeuwse liefhebber* ('t Goy-Houten: The Author and HES & De Graaf, 2001); Peter van der Krogt and Erlend de Groot, comps., *The Atlas Blaeu-Van der Hem of the Austrian National Library* ('t Goy-Houten: HES, 1996 –)，一部完整地图集的描述性目录，已出版其六卷中的五卷; *Een wereldreiziger op papier: De atlas van Laurens van der Hem* (1621 – 1678), exhibition catalog [（Amsterdam）: Stichting Koninklijk Paleis te Amsterdam, (1992)]; and Karl Ausserer, "Der 'Atlas Blaeu der Wiener National-Bibliothek,'" in *Beitrage zur historischen Geographie, Kulturgeographie, Ethnographie und Kartographie vornehmlich des Orients*, ed. Hans von Mz̆ik (Leipzig: Franz Deuticke, 1929), 1 – 40, reprinted in *Acta Cartographica* 27 (1981): 15 – 60。

其他两份保存下来的私人收藏的地图集是 Goswinus Uilenbroeck, *Grand theatre de l'univers*, 42 vols，出售于 1735 年（现收藏于 Rio de Janeiro, Biblioteca Nacional）, and C. Beudeker, *Atlas der 17 Nederlandsche Provincies*, 27 vols.，出售于 1778 年（现收藏于 BL）。

60　H. de la Fontaine Verwey, "De atlas van Mr. Laurens van der Hem," *Maandblad Amstelodamum* 38 (1951): 85 – 89; idem, "The Glory of the Blaeu Atlas and the 'Master Colourist,'" *Quaerendo* 11 (1981): 197 – 229; W. K. Gnirrep, "Dirk Janszoon van Santen en een liefhebber der Joodse Oudheden," *Jaarverslag van het Koninklijk Oudheidkundig Genootschap* (1986): 51 – 64; Truusje Goedings, *A Composite Atlas Coloured by Dirk Jansz. van Santen* (Geldrop: Paulus Swaen, 1992), 15 – 40; and Wieder, *Monumenta Cartographica*, vol. 5.

61　最近，有说服力的论据表明，荷兰东印度公司的"秘密"地图最多是"独家"，请参阅本卷的第 46 章。

62　De la Fontaine Verwey, "*Vergulde Sonnewyser*," 211.

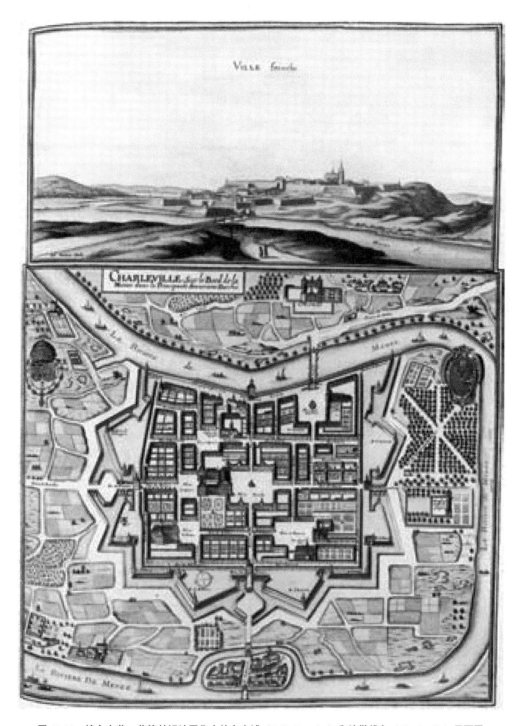

图 44.20　摘自布劳—范德赫姆地图集中的自由城（Ville Franche）和沙勒维尔（Charleville）平面图

原图尺寸：43.5×33 厘米。由 Bildarchiv, Österreichische Nationalbibliothek, Vienna (vol.6, pl. 48 of the atlas) 提供照片。

kaert）、阿德里安·马塔姆（Adriaen Matham）、鲁兰特·萨弗里（Roelandt Savery）、威廉·斯赫林克斯（Willem Schellinks）和雷尼耶·诺姆斯［Reinier Nooms，别名塞曼（Zee-man）］。哈卡尔特在瑞士工作，马塔姆在北非工作，斯赫林克斯在意大利工作。劳伦斯·范德赫姆的弟弟赫尔曼（Herman）在法国生活了一段时间，为他提供了法国西南部的几处景观画。

当阿加莎·范德赫姆于 1725 年 9 月 11 日去世时，地图在海牙的阿德里安·穆廷斯（Adriaan Moetjens）先生处拍卖。当时价格很低，这些藏品只卖了 22000 荷兰盾。这是为萨伏依的尤金（Eugene）亲王买的，在他于 1736 年去世后，这部地图集被奥地利皇帝查尔斯六世买下，并赠送给了霍夫图书馆〔Hofbibliothek，1918 年之后改为奥地利国家图书馆（Österreichische Nationalbibliothek）〕。

在低地国家出版的壁挂地图

在 16 世纪和 17 世纪低地国家地图绘制的历史上，壁挂地图被广泛地忽略了。墨卡托、
1342　德约德、布劳、洪迪厄斯、菲斯海尔和其他一些人的名字似乎只会召唤出这些制图师所创造的华丽的地图集。但是，他们的巨大的壁挂地图，在大商人、船主、市政机关和政府部门的办公室里，都有着丰富的信息和装饰用途，这一点却鲜为人知。市民精英通常有大而漂亮的彩色壁挂地图，主要是用作装饰。由 17 世纪尼德兰大师所绘制的家庭内部装潢，通常会显示出墙上的地图，而扬·弗美尔的画作则以这一著名的作品而闻名（图版 52）。[63]

现代学者忽视这些地图的部分原因是他们保存下来的概率很低。一幅由若干图幅组成的壁挂地图，安装在亚麻布衬底上，挂在墙上，暴露在潮湿、阳光、明火导致的烟雾和煤灰、气温波动、灰尘和频繁的触摸所导致的破坏中。随着时间的推移，这些墙上的许多地图变得毫无吸引力，并被毁掉了。

还有一些可能更好的命运等待着那些由于各种原因而没有被组装和安装的壁挂地图，但它们以单幅的形式被保存在不同的组合中，或者是在装订的卷册中，尤其是当它们被公共档案馆或图书馆保存的情况下。不幸的是，许多低地国家的壁挂地图只能从文字资料中了解。这些资料包括普兰迪因的账簿；奥特柳斯的制图师的"作者目录"；公证行为的记录，如 1623 年彼得·范登克雷拥有的所有铜版的清单；图书经销商出版的目录，如 1573 年奥格斯堡的格奥尔格·维勒（Georg Willer）的目录，其中提到了大量壁挂地图；保存下来的地图出版商的销售目录，如科内利斯·克拉松（1609 年）（图 44.21）、约翰·布劳（1646、1649 和 1646 年），以及尼古拉斯·菲斯海尔二世（1682 年）。尽管他们保存下来的概率很低，但这些壁挂地图在较高的社会阶层中很受欢迎，而且在整个欧洲都受到很高的重视，因此它们得以大量印刷，并有多个版本。[64]

出版商的地图、地图集和球仪的销售目录通常包含一个专门用于"壁挂地图"的章节，出版商向他们的客户提供了世界、大洲、欧洲国家和尼德兰各省的各种地图。通常，客户可

[63]　*MCN*, 5：306–307；Barbel Hedinger, "Wandkarten in holländischen Interieurgemälden," *Die Kunst*, 1987, 50–57；James A. Welu, "Vermeer：His Cartographic Sources," *Art Bulletin* 57 (1975)：529–547；and idem, "Vermeer and Cartography," 2 vols. (Ph. D. diss., Boston University, 1977).

[64]　根据一份公证书，Hendrik van Langren（1600 年前后）的世界地图印刷了 2000 份副本。德意志的壁挂地图是用尼古拉斯·菲斯海尔二世的荷兰文、德文和法文版的目录出售的，顾客可以决定如何组装壁挂地图。请参阅 *MCN*, 3：28 and 5：243–244。

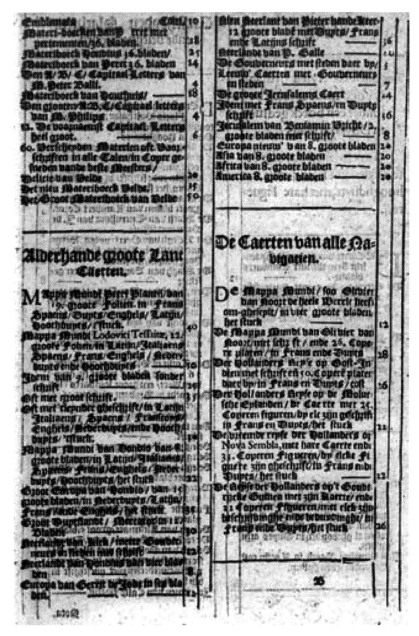

图 44. 21　科内利斯·克莱松的目录一页，附有专门表现壁挂地图的片段，1609 年

原图尺寸：22.1×16 厘米。由 HerzogAugust Bibliothek，Wolfenbüttel［Bc Sammelbd. 10（2）］提供照片。

以选择将这些元素包含在装饰边框中。[20] 1682 年尼克拉斯·菲斯海尔二世的书店目录提供了他作品的最详细的描述：

> 各种图幅的大型陆地地图的目录；20 图幅的两个半球的世界地图；15 图幅的欧洲地图，可以在侧边界扩展 12 座城镇，在底部和侧边界扩展二十座城镇；欧洲、亚洲、

---

[20]　在 MCN 的第 6 卷中，所有低地国家的对开页大小的带有装饰性边缘的地图都得到了描述和全尺寸的复制。

非洲和美洲——每份都由四图幅和两图幅装饰构成；德意志有 12 图幅，可以扩展装饰性标题和 12 座城镇——同上，选侯和城镇；低地十七省有九图幅，可以扩展到顶部的
1343 标题，和侧边的 12 座最重要的城镇，以及在侧边和底部的 20 座城镇；七省联合共和国有九图幅，可以扩展到顶部的标题、侧边的 12 座最重要的城镇，以及侧边和底部的 20 座城镇；布拉班特、佛兰德和泽兰——每个都由 9 图幅构成，可以扩展到侧边与 14 座最重要的城镇，所有尺寸都相同；布拉班特、佛兰德和泽兰组装在一起，可以扩展到侧边和 42 座最重要的城镇；荷兰有 20 图幅，在底部有 20 座最重要的城镇；法兰西有 4 图幅地图和两图幅装饰；意大利有 4 图幅地图和两图幅装饰；加泰罗尼亚有 6 图幅地图；皮尔默湖（Purmer Lake）（在北荷兰省）有 4 图幅地图；圣地有 10 图幅地图。[266]

壁挂地图的一个具体特征是它们的装饰和提供信息的目的。拥有这样的壁挂地图，使得富有的船主和商人们能够显示出他们在世界的各个角落进行交易。因此，地理内容必须以最新的知识为基础。在密切跟踪地理位置的情况下，业主们用新的地图取代了过时的壁挂地图，提供了最新调查的图像。当然，向远方的客户寄送壁挂地图的问题之一是他们的尺寸。它们通常被作为分开的图幅发送，并在目的地组装成一幅地图。从 1570 年前后开始，赫拉尔杜斯·墨卡托对壁挂地图的组装进行了一项有趣的说明（图 44.22）。

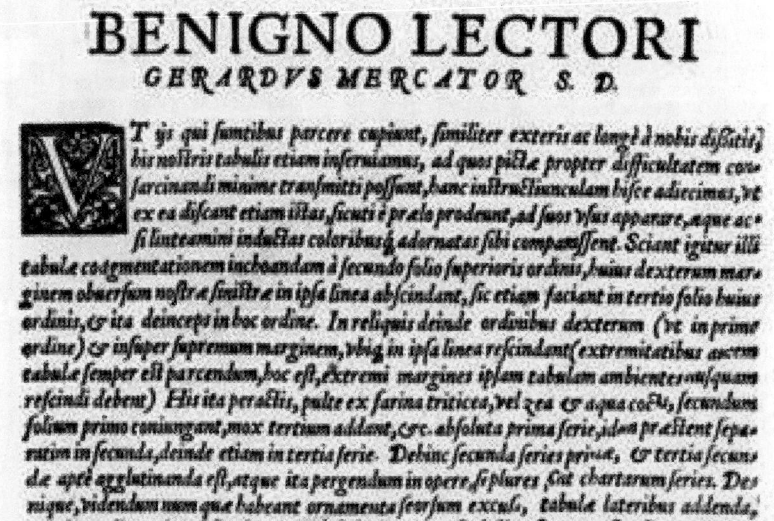

BENIGNO LECTORI

GERARDVS MERCATOR S. D.

VT iis qui sumtibus parcere cupiunt, similiter exteris ac longè à nobis dissitis, his nostris tabulis etiam inseruiamus, ad quos pictæ propter difficultatem consarcinandi minime transmitti possunt, hanc instructiunculam hisce adiecimus, vt ex ea discant etiam illas, sicuti è prælo prodeunt, ad suos vsus apparare, æque ac si linteamini inductas coloribusq; adornatas sibi comparassent. Sciant igitur illi tabulæ coagmentationem inchoandam à secundo folio superioris ordinis, huius dexterum marginem obuersum nostræ sinistræ in ipsa linea abscindant, sic etiam faciant in tertio folio huius ordinis, & ita deinceps in hoc ordine. In reliquis deinde ordinibus dexterum (vt in primo ordine) & insuper supremum marginem, vbiq; in ipsa linea rescindant (extremitatibus autem tabulæ semper est parcendum, hoc est, extremi margines ipsam tabulam ambientes nusquam rescindi debent) His ita peractis, pulte ex farina triticea, vel zea & aqua cocta, secundum folium primo coniungant, mox tertium addant, &c. absoluta prima serie, idem præstent separatim in secunda, deinde etiam in tertia serie. Dehinc secunda series primæ, & tertia secundæ aptè agglutinanda est, atque ita pergendum in opere, si plures sint chartarum series. Denique, videndum num quæ habeant ornamenta seorsum excusa, tabulæ lateribus addenda, quod in nostra vniuersali orbis terræ descriptione, & Palæstina siue terra Sancta reperies, quæ etiam conuenienter abscissa, suisque locis adaptatis, habebis tabulam tuis vsibus accommodatam, Vale & fruere.

图 44.22　赫拉尔杜斯·墨卡托为装配壁挂地图进行的说明，约 1570 年

由 Biblioteca Universitaria Alessandrina，Rome［Portofolio Carte Geografiche Sec. XVI，II A 1－4，B 1－4（Rari 215）］提供照片。

[266] 目录的荷兰语版本的副本在 Copenhagen，Det Kongelige Bibliotek（184－393 81）；在 Leiden，Hoogheemraadschap van Rijnland；在 BNF（Q 8552）；and 在 Wolfenbüttel，Herzog August Bibliothek［Cb 105（1）］。法语版本的副本在 BNF（Q 8553）和在 Paris，Bibliotheque de l' Institut de France（Coll. Duplessis 622）。德语版本在 BNF（Q 8553 bis）. 另请参阅 Jan van der Waals，*De prentschat van Michiel Hinloopen：Een reconstructie van de eerste openbare papierkunstverzameling in Nederland*（The Hague：SDU Uitgeverij，1988），199。

赫拉尔杜斯·墨卡托向文雅的读者致敬。

　　为了帮助那些想省钱以及那些生活在国外远离我们的人，因为装配的困难，它们绝对不可以着彩后再运输给他们，我们在我们的这些地图上添加了下面的说明，通过这些指示，您可以学习如何使用这些地图，其形式来自出版社，就好像您获得了在亚麻布上的上了颜色的地图。

　　拼合必须从上面系列的第二图开始。右手边的边缘，在我们左手边的对面，必须在边缘处剪断。这个系列的第三幅和剩下的也一样。在随后的系列中，右边的边缘必须沿着直线切掉（就像第一个系列中的情况一样）。然而，地图的外侧边缘一定是多余的，即地图的边界本身不应被剪除。然后您需要把第二幅用小麦面粉或斯佩耳特小麦加上沸水粘到第三幅上，以此类推。当第一条完成后，一定要用相同的第二条，然后是第三条。第二条必须非常小心地粘在第一条上，第三条粘到第二条上，等等。最后，我们必须考虑如何将这些装饰物单独印制在地图的边缘上：这可以在我们对整个世界的普遍描绘以及巴勒斯坦或圣地的地图上看到。当这些图幅被适当地剪掉，并在合适的地方安装好之后，就会有一张地图准备好供您使用了。我们向您告别，希望您会喜欢您的地图。[267]

　　一幅组装好的壁挂地图的尺寸有时让人很难靠近研究。1578 年，当菲利普斯·哈莱的十七省壁挂地图在安特卫普出版的时候，他宣布收到了一个特殊的请求："用一个小册子的形式发布属于这张地图的描述，以用更简单的方法为那些缺乏空间挂地图及其注释的人和那些喜欢使用文本与地图提供便利。"[268]

　　一些拥有多图幅地图的人从未将它们组合成一幅壁挂地图，而是将它们放在一个文件袋中。尽管这样保存下来的可能性更大，但总有一些危险，那就是有些图幅会丢失，地图也会不完整。有时，在一个文件夹中存放的单独的图幅太大，难以存储，然后，壁挂地图可能会被切割成更小的部分，粘在纸板上，并存储在一个小文件夹中。

1344

　　老理查德·哈克卢特给亚伯拉罕·奥特柳斯提出了另一个解决方案。在一封未注明日期的信中，哈克卢特与伦敦商人约翰·阿什利（John Ashley）一起，要奥特柳斯为他们提供一幅世界地图，特别为商人和学生们设计，他们的房子"不宽敞，光线也不充足，不足以充分展开一幅大地图"。[269]哈克卢特建议，这一世界地图用两个卷轴从两边卷起，并固定在一个三或四英尺的方形板上，绕着卷轴移动。为了说明，哈克卢特放入了一幅小图（图 44.23）。此外，他建议将子午线的位置间隔设置为三英尺，以便在地图被打开的地方，"所有的线和圆都可能出现，显示经度和纬度的距离"。奥特柳斯是否遵循了哈克卢特的建议，尚未可知。

---

　　[267]　保存在 Rome, Biblioteca Universitaria Alessandrina；另一份副本则是在 Perugia, Biblioteca Communale Augusta（I—C-94）。请参阅 Günter Schilder, "The Wall Maps by Abraham Ortelius," in *Abraham Ortelius*, 93 – 123, 引用于 93 – 94, and Almagià, "Una serie di preziose carte di Mercator," 802。

　　[268]　*MCN*, 2：119.

　　[269]　Ortelius, *Epistvlae*, 415 – 418, letter of Richard Hakluyt to Abraham Ortelius（London, ca. 1590）.

安特卫普制作的壁挂地图（约 1600 年之前）

在安特卫普出版的最古老的壁挂地图是世界地图。这些多图幅世界地图起源于 16 世纪初的斯特拉斯堡，最早是由马丁·瓦尔德泽米勒（1507 年和 1516 年）和洛伦茨·弗里斯（1525 年）出版的。[20] 1540 年，杰玛·弗里修斯在安特卫普开启了印刷壁挂世界地图的传统。在 20 世纪后半叶，安特卫普的出版商开始绘制大陆、国家和省份的壁挂地图（附录 44.4）。

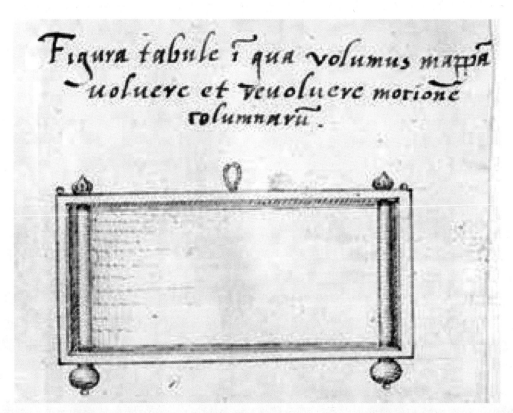

图 44.23 老理查德·哈克卢特所绘壁挂地图的卷轴框的素描图，约 1590 年。在哈克卢特给亚伯拉罕·奥特柳斯的一封信中

由 Harry Ransom Humanities Research Center, University of Texas at Austin (Hessels 167) 提供照片。

安特卫普壁挂世界地图

杰玛·弗里修斯的 1540 年尼德兰世界地图的存在已经得到了一些书面资料的证实，但它一定被认为是世界上第一幅在低地国家出版的世界地图。[21] 它很可能是在安特卫普印刷

---

[20] 关于 1564 年以前的世界壁挂地图的综述，请参阅 *MCN*, 2：11 – 33。另请参阅 Shirley, *Mapping of the World*, 29 – 31 (no. 27)，46 – 49 (no. 42)，and 54 – 55 (no. 48)。

[21] Van Ortroy, *Bio-bibliographie de Gemma Frisius*, 151 – 164.

的，除了其他的东西之外，在奥特柳斯的"作者目录"中提到了 1570 年的"杰玛·弗里修斯《世界地图》(*Universi Orbis Tabulam*)，安特卫普"。阿庇安的《宇宙学》(*Cosmographia*)（安特卫普，1544 年）中也包含了一幅简化版的地图。⑳

塞巴斯蒂安·卡伯特（Sebastian Cabot）在 1544 年出版的一幅杰玛·弗里修斯的壁挂地图的四图幅的版本保存了下来。㉓ 它的意义主要在于对东印度群岛以及基于最新探索的新世界的地图表现。卡伯特的地图在 1549 年出版后不久，约翰内斯·巴普蒂斯塔·圭恰迪尼——著名的洛多维科的兄弟——就制作了一幅鹰的形状的非常大的世界地图，但不幸的是，无一例能保存下来。㉔ 亨德里克·特尔布吕亨（Hendrik Terbruggen）的 1556 年的世界地图也以帝国鹰的形状出现。特尔布吕亨在那年获得了一项印刷的专利，但没有留下任何标记。㉕

1564 年，赫拉德·德约德出版了一幅奥特柳斯（图 44.24）的八图幅心形壁挂世界地图，这是目前已知"广博之人"(homo universalis) 最古老的地图作品。㉖ 奥特柳斯把这幅地图献给了他的朋友——马克·劳林（Marc Laurin，又作 Marcus Laurinus），他住在布鲁日。奥特柳斯所能获得的信息来源在品质和来源上都是不同的。除了经典的资料来源，比如托勒密的作品，他还依赖于马可波罗、西班牙和葡萄牙的航海地图的描述，以及最新的印刷地图。他的世界地图最早可于 1564 年在普兰迪因的账簿上找到。在奥格斯堡书商格奥尔格·维勒（Georg Willer）的 1573 年销售目录中也提供了一种"奥特柳斯世界地图"(Mappa vniuersalis Ortelij)。㉗ 然而，奥特柳斯的地图对其他制图师的工作没有什么影响，尽管墨卡托的 1569 年世界地图并没有成为主流，但它的影响更大。1571 年，德约德发表了一份由范多特屈姆兄弟雕刻的对开页缩编版本。㉘

1345

㉒　这一复制品也出现在 1551 年的巴黎版和 1553 年、1561 年和 1573 年的荷兰版本中。

㉓　副本在 BNF（Rés. Ge AA 582）和 Weimar, Herzogin Anna Amalia Bibliothek（without text border）；请参阅 Shirley, *Mapping of the World*, 90 and 92 – 93（no. 81）。一份摹写本见 Roger Herve et al. in *Mappemonde de Sébastien Cabot*, 1544（Paris：Editions Les Yeux Ouverts, 1968）。

㉔　这幅地图的特许状是在 1549 年 6 月 14 日颁发的；请参阅 A. Wauters, "Documents pour servir à l'histoire de l'imprimerie dans l'ancien Brabant," *Bulletin du Bibliophile Belge* 12（1856）：73 – 84, esp. 79；在奥特柳斯的"作者目录"和埃斯科里亚（Escorial）地图目录（其中大部分都已亡佚）中，也提到了圭恰迪尼的地图；F. C. Wieder, "Nederlandsche historischgeographische documenten in Spanje：Uitkomsten van twee maanden onderzoek," *Tijdschrift van het Koninklijk Nederlandsch Aardrijkskundig Genootschap* 31（1914）：693 – 724；32（1915）：1 – 34, 145 – 187, 285 – 318, 775 – 822, and second pagination 1 – 158, esp. second pagination 59 [reprinted as *Nederlandsche historisch-geographische documenten in Spanje*（Leiden：E. J. Brill, 1915）and in *Acta Cartographica* 23（1976）：115 – 464]。

㉕　Brussels, Algemeen Rijksarchief（Geheime Raad, Reg. 56, fol. 46r）.

㉖　已知有两部副本：BL（Maps C. 2. a. 6），and Basel, Öffentliche Bibliothek der Universität（Ziegler-collection）。请参阅 *MCN*, 2：33 – 58 and facsimiles 1. 1 – 1. 8, 以及 Carl Christoph Bernoulli, "Ein Karteninkunabelnband der offentlichen Bibliothek der Universitat Basel," *Verhandlungen der Naturforschenden Gesellschaft in Basel* 18（1906）：58 – 80. Shirley [in *Mapping of the World*, 129 – 131 and 133（no. 114）] 提到了奥特柳斯地图的第三个版本，在 Rotterdam, Maritiem Museum, 但是我们只看到保存在巴塞尔的副本的完整尺寸照片。

㉗　Stockholm, Kungliga Biblioteket。请参阅 Leo Bagrow, "A Page from the History of the Distribution of Maps," *Imago Mundi* 5（1948）：53 – 62, esp. 59。

㉘　这一对开本地图很罕见。已知只有三份副本：在 BNF（Res. Ge D 7663）；在 Basel, Öffentliche Bibliothek der Universitat（Bernoulli no. 19）；私人收藏。请参阅 Nalis, *Van Doetecum Family*, pt. 3, 35 – 36 and 52；Shirley, *Mapping of the World*, 146 – 147（no. 124）；and *MCN*, vol. 2, facsimile 2。

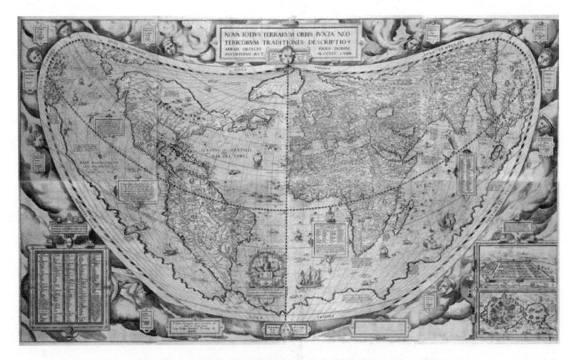

图 44.24　奥特柳斯所绘世界地图，1565 年出版于安特卫普。8 图幅

原图尺寸：87.5×150 厘米。由 Öffentliche Bibliothek der Universität, Basel (Kartensammlung AA 6 – 7) 提供照片。

　　另一个值得注意的是贝尔纳德·范登普特的 1570 年十二图幅木刻地图。[279] 它可能根据的是乔瓦尼·安德烈亚·迪法尔法索雷（Giovanni Andrea di Valvassore）的地图，它是卡斯帕·福佩尔的 1545 年样本的副本。与奥特柳斯的世界地图相比，范登普特的地图原创性并不是很强。

安特卫普出版的区域壁挂地图

　　足以令人惊讶的是，低地国家最古老的区域壁挂地图出现在布鲁塞尔，在那里，克里斯托夫鲁斯·皮拉米乌斯（Christophorus Pyramius）于 1547 年出版了一份关于日耳曼尼亚（Germania）的地图。[280] 1553 年，在安特卫普，耶罗尼米斯·科克出版了一份四图幅的西班牙地图，在伊比利亚半岛的地图历史上占据了重要的位置。[281] 在科克于 1570 年去世后，他的铜版被保罗·范德乌弗（Paul van der Houve，又作 de la Houve）和米歇尔·范洛赫姆

1346

　　[279]　一份副本在 Wolfenbüttel, Herzog August Bibliothek。木刻本，十二图幅（114×197 厘米）。请参阅 MCN, 2：26 和 28 – 29。

　　[280]　这幅铜版雕刻地图有十二图幅（总尺寸：121×135 厘米）。唯一已知的副本位于 Wolfenbüttel, Herzog August Bibliothek（Karte 4 Globensaal）。请参阅 MCN, 5：215 – 216, and Meurer, Germania-Karten, 279 – 282, pl. 4[11 – 6]。

　　[281]　一份副本在 Weimar, Herzogin Anna Amalia Bibliothek。请参阅 MCN, 2：94 – 95。

（Michel van Lochom） 在巴黎再次使用。其他取自科克的作品包括美洲（1562 年）、[22] 海尔德（1564 年）、[23] 赫马尼亚（1565 年），[24] 以及圣地（1570 年）的壁挂地图。[25]

由奥特柳斯和植物学家卡罗吕斯·克吕西乌斯所制作的西班牙的壁挂地图（1571 年），由范多特屈姆兄弟雕刻而成，取代了由科克制作的地图。这幅地图比它前面那一幅要好得多，但几乎可以肯定的是，克吕西乌斯本人没有制作任何地图。然而，他在做植物学研究的时候收集了足够的数据，让奥特柳斯在科克的地图上有所改进。根据普兰迪因出版公司的销售记录，这张地图献给科隆的托马斯·雷迪格尔（Thomas Rediger），[26] 其分布并不是特别广泛。这些轻微修订的铜版是用来重新印刷，1666 年由尼古拉·拜赖伊二世（Nicolas Ⅱ Berey）的出版社，1704 年由亚历克西斯－于贝尔·亚伊洛特（Alexis-Hubert Jaillot）的出版社，它们都位于巴黎。

由赫拉德·德约德和他的儿子科内利斯经营的企业，对 16 世纪的壁挂地图来说尤其重要。赫拉德·德约德于 1562 年出版了一幅德意志壁挂地图（图 44.25），[27] 在 1566 年和 1567 年分别有十七省和匈牙利的多图幅地图。[28] 此外，德约德的工作室是安特卫普的唯一一间，它制作了四大洲的壁挂地图，尽管它们没能在同一时间成为一整套。[29]

当赫拉德·德约德于 1591 年去世后，他的遗孀帕斯基纳和儿子科内利斯重印了那套四大洲的壁挂地图，在 1592 年，科内利斯出版了一幅法兰西壁挂地图，除别的东西之外，是根据赫拉尔杜斯·墨卡托《法兰西地理图》中的区域地图（1585 年）绘制而成。在科内利

---

　[22]　已知有两份副本：在 BL 和 Washington, D. C., Library of Congress。请参阅 John R. Hébert and Richard Pflederer, "Like No Other: The 1562 Gutiérrez Map of America," *Mercator's World* 5, no. 6 (2000): 46–51；摹写本，Diego Gutiérrez, *Americae sive qvartae orbis partis nova et exactissima descriptio* (Washington, D. C.: Library of Congress, 1999); and John R. Hébert, "The 1562 Map of America by Diego Gutiérrez," _ http: //memory. loc. gov/ammem/gmdhtml/ gutierrz. html_ , in the online map collection of the Library of Congress。

　[23]　这是由保罗·范德乌弗在 1601 年出版的第二版中所知的。一份副本在 BNF (Rés. Ge AA 1319)。一个重新制作的摹写本是 Christiaan Sgrooten, *Kaart van 1564* (1601) *van Gelderland*, intro. Bert van't Hoff (Assen: Van Gorcum, 1957)。

　[24]　唯一已知的副本收藏在 Innsbruck, Geographisches Institut der Universität；请参阅 Wilhelm Wolkenhauer, "Aus der Geschichte der Kartographie," *Deutsche Geographische Blätter* 33 (1910): 239–264。显示德意志西部的损坏程度较低的部分重新制作于 Albert Herrmann, *Die ältesten Karten von Deutschland bis Gerhard Mercator* (Leipzig: K. F. Koehler, 1940), pl. 16。伦敦的 Royal Geographical Society 有这部复合地图集地图中的两图幅（第 5 和第 8 图幅）。因为此版本和范德乌弗的稍后版本（1601 年）的地图内容之间没有区别，这两页也可以属于此版本。第八页重新制作于 Günter Schilder, "Niederländische 'Germania'-Wandkarten des 16. und 17. Jahrhunderts," *Speculum Orbis* 2 (1986): 3–24, esp. 10。请参阅 *MCN*, 5: 221–230。另请参阅 Meurer, *Germania-Karten*, 339–348 on Sgrooten, pls. 6–1 (1st edition, Antwerp, 1566), 6–2 (2d ed., Paris, 1601), and 6–3[1–9] (3d ed., Paris, 1668)。

　[25]　唯一已知的副本在 BL (Maps C. 10. b. 2)。在第二次世界大战中，在前 Stadtbibliothek Breslau 的副本被摧毁。

　[26]　林迪格尔收到了一份日期为 1570 年的描述性副本，但不幸的是，在林迪格尔死后，它结束于布雷斯劳，在第二次世界大战中不见了。幸运的是，地图的一份摹写本还存在；请参阅 Wieder, *Monumenta Cartographica*, 2: 56–57 and pls. 41–44。关于一份副本的摹写本，收藏在 Basel, Öffentliche Bibliothek der Universitat, 请参阅 *MCN*, vol. 2, pls. 4.1–4.6。

　[27]　一份著名的副本收藏于 BNF (Res. Ge D 10894)。这张地图是海因里希·策尔的日耳曼尼亚地图的副本。请参阅 *MCN*, 5: 219–220, and Meurer, *Germania-Karten*, 258–260 and pl. 3–91–4。

　[28]　*MCN*, vol. 1, facsimiles 1.1–1.5。

　[29]　请参阅普兰迪因账簿的摘录，见 *MCN*, 5: 38 n. 40。非洲的地图似乎已经引发了最大的兴趣，但它只在 1596 年由康利斯·德约德重新发行；一份副本在 Nürnberg, Staatsarchiv (Nürnberger Karten und Plane no. 1260)。亚洲地图的唯一副本位于 Göttingen, Niedersächsische Staats-und Universitätsbibliothek (M. 42[1] A, 1)。1584 年欧洲地图的唯一副本在 Berlin, Staatsbibliothek (Kart. 15 282)。目前还没有从德约德的工作室找到美洲地图的完整副本。请参阅 *MCN*, 5: 41–49。

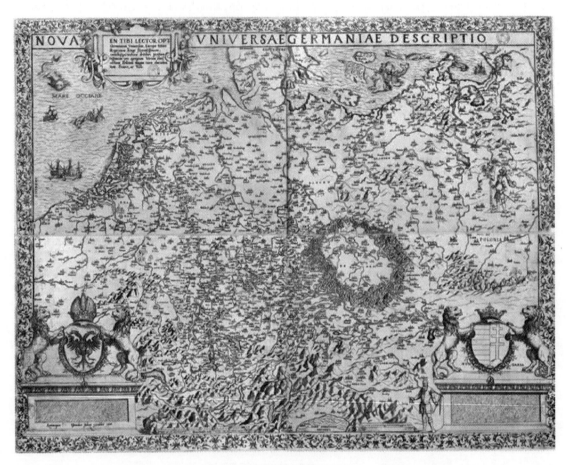

图 44.25　赫拉德·德约德的德意志壁挂地图，1562 年。铜版雕刻，4 图幅

原图尺寸：67.5 ×88 厘米。由 BNF（Rés. Ge D 10894）提供照片。

斯·德约德于 1600 年去世后，约翰·巴普蒂斯塔·弗林茨买下了他的大多数铜版，包括壁挂世界地图和壁挂四大洲地图的铜版。1604 年，弗林茨向普兰迪因工作室提供了德约德的四幅大陆地图；然而，弗林茨是否重新印刷了这些地图，或者是否这是他购买的供应品的剩余，亦尚未可知。[㉙] 此外，1602 年和 1605 年，弗林茨出版了一份修改后的十二图幅的十七省的地图，这幅地图最初是在 1578 年由菲利普斯·哈莱出版的。[㉚]

作为壁挂地图绘制中心的阿姆斯特丹（约 1590—1680 年）

阿姆斯特丹的壁挂地图在 16 世纪末和 17 世纪都有所发展。特别是，在为期十二年的休战（1609—1621 年）期间，西班牙和七省联合共和国之间的敌对状态暂时中止，它短暂地兴盛一时。在 17 世纪的头几年里，世界各地的壁挂地图几乎每年都会以三种不同的投影出

㉙　*MCN*, 5：39 – 40.

㉚　H. A. M. van der Heijden，"De wandkaart van de Nederlanden in het Stadhuis te Veurne," *Caert-Thresoor* 19（2000）：28 – 29，and *MCN*, 2：111 – 154 and facsimiles 5. 1 – 5. 16.

现，这是阿姆斯特丹制图师与出版商之间的竞争的证据。随着装饰性地图越来越大、越来越多，这些地图都试图超越竞争对手，与此同时，它们也会保持客户的数量，如果不是增加的话。这场竞争的领导人是约道库斯·洪迪厄斯和威廉·扬松·布劳；其他主要的制作者是彼得·范登克雷和菲斯海尔的家族（附录 44.5）。

地图的价格取决于它的尺寸、装饰和着色。因此，扬·彼得斯·桑雷达姆的荷兰地图在 1609 年科尔内留斯·克拉松（Cornelius Claesz.）的目录中只卖 2 斯托弗尔。巴尔塔扎·弗洛里松·范贝尔肯罗德的荷兰和西弗里斯兰的壁挂地图在 1620 年售价是相当可观的——总计 12 荷兰盾。因此，购买一幅壁挂地图是一种奢侈行为，只有富裕的上层阶级才能买到。一幅绘画可以以与一幅壁画一样的价格购得，但壁挂地图表示对最新的地理知识感兴趣。对低地国家公民来说，地图代表了技术和地理上的进步。此外，阿姆斯特丹制图师和商人所享有的垄断，也为国家意识的发展做出了贡献。

壁挂世界地图制作

从 1592—1648 年，阿姆斯特丹是欧洲多图幅世界地图绘制的中心（图 44.26）。[22] 它的领导权始于 1592 年，当时科内利斯·克拉松和约翰·巴普蒂斯塔·弗林茨出版了普兰齐乌斯的地图，这是在低地国家北部出现的第一部大型世界地图（图 44.27）。其说明中写道：

> 有了这张地图，我们的目标是绘制所有的大洋、陆地和大海的地图，以使它们根据经度和纬度来正确地定位。为此目的，我们既不用费力气，也不用付出花费。当比较西班牙人和葡萄牙人在向美洲和印度航行中所使用的水文地图时，我们最仔细地并最精确地比较他们在航行到美国和印度时使用的地图，彼此之间进行比较，并与其他地图比较。我们已经获得了一份非常精确的葡萄牙来源的航海地图，以及 14 幅详细的水文地图……我们根据地理学家和经验丰富的船长的观察，对陆地、大洋和海进行精确的测量和定位。……但是，由于在不过度扩大南北两极地区的情况下，精确的纵向排列是不可能正确的，我们已经展示了这幅两个半球的世界地图。此外，我们还增加了一幅单独的北方地区的地图，这样人们就能看到它们的正确位置。[23]

普兰齐乌斯的世界地图在低地国家和国外被以极大的热情广泛接受。托马斯·布伦德维尔在出版两年后对地图进行了详细的描述，包括 71 幅地图图例的翻译和地图的文本描述。[24] 普兰齐乌斯的绘图杰作被国内外的其他出版商反复复制。它是亨德里克·弗洛里斯·范朗伦的大约 1600 年的大型世界地图的模本，尽管在地理上的内容和装饰性的元素方面都有差异。例如，在新地岛有一些地理上的补充，与威廉·巴伦支在这座岛屿上过冬期间的发现完全一致。扬·奥特赫尔松（Jan Outghersz.）的测绘成果还没有被重新修订为麦哲伦海峡，所以范朗伦的世界地图可能在 1601 年范朗伦的印刷期刊出现之前就已经出版了。范朗伦很可能会考虑到约翰·戴维斯

1347
1348

㉒　*MCN*，3：22 - 102. 只有范登克雷的世界地图（1611 年前后）的重新发行是由 Jan Houwens 在鹿特丹出版的。

㉓　更多细节，请参阅 *MCN*，3：22 - 28。

㉔　Thomas Blundeville，*M. Blvndevile His Exercises，Containing Sixe Treatises*（London：John Windet，1594），246r - 278v.

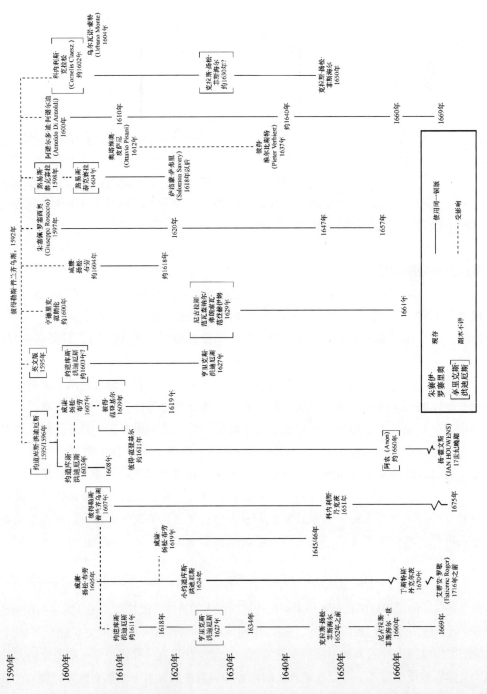

图44.26 1592—1648年出版的壁挂世界地图。所有的出版物都出现在阿姆斯特丹，除了那些由朱赛佩·罗赛里奥（Giuseppe Rosaccio）（1597年及重印）、奥塔维奥·皮萨尼（Ottavio Pisani）[1612年，1637年由彼得·维尔比斯特（Pieter Verbiest）重印]和阿诺尔多·迪·阿诺尔迪（Arnoldo di Arnoldi）出版的产品，根据彼得鲁斯·普兰齐乌斯（Petrus Plancius）的1592年壁挂地图（1600年和其后的重印版本）。如果地名在方括号中，那么就没有此地图的已知副本

根据 Rodney W. Shirley, *The Mapping of the World*: *Early Printed World Maps*, *1472-1700*, *4th* ed. （Riverside, Conn. : Early World, 2001）, 634-635, and MCN, 3: 22。

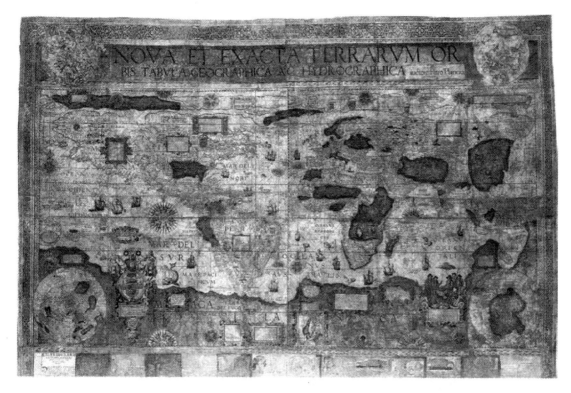

图 44.27 彼得鲁斯·普兰齐乌斯所绘制的壁挂世界地图,1592 年。8 图幅

原图尺寸:146×230 厘米(不包括图框),由 Biblioteca del Colegio Corpus Christi, Valencia 提供照片。

和马丁·弗罗比歇(Martin Frobisher)的发现。

1604 年前后,威廉·扬松·布劳开始了其地图工作,他绘制了一幅根据一个类似的比例尺的十二图幅地图。[208] 来自佛兰德的约祖亚·范登恩德(Josua van den Ende)雕刻了此图以及布劳早期的大部分地图。他的复杂风格在很大程度上对布劳在地图出版方面的声誉做出了很大的贡献。1604 年,由国会授予科内利斯·克拉松出版普兰齐乌斯的世界地图的特许权已经期满,因此任何出版商都可以免费复制它。布劳抓住了这个机会,并在低地国家和英格兰旅行的成果的帮助下,能够填补普兰齐乌斯所展示的世界的图景。1618 年,布劳出版了其地图的新版本,其中包括雅各布·勒梅尔和亨利·哈得孙(Henry Hudson)的旅行结果。

布劳非常精通商业,他知道,随着世界地图提供的多样化,他可以控制壁挂地图贸易的一个重要部分。因此,1605 年,他绘制了一幅二十图幅的两个半球的世界地图,[209] 并在 1607 年按

⑳ 松散的图幅收藏于 BNF(Rés. Ge DD 2974)。关于这幅附有其十二图幅的复制品,其比例尺略大于原本的一半,地图的详细描述可见于 Marcel Destombes, *La mappemonde de Petrus Plancius gravée par Josua van den Ende*, 1604(Hanoi:IDEO, 1944)。一张单幅的图幅保存在 Amsterdam, Nederlands Scheepvaartmuseum,它由维德尔复制于 *Monumenta Cartographica*, 2:56 and pl. 40c;维德尔当时并不知道它的起源。请参阅 Shirley, *Mapping of the World*, 255–257 and 259(no. 243)。

⑳ 唯一已知的副本是在 New York, Library of the Hispanic Society of America。一份摹写本见 Edward Luther Stevenson, *Willem Janszoon Blaeu*, 1571–1638:*A Sketch of His Life and Work, with Especial Reference to His Large World Map* 1605[New York:(De Vinne Press), 1914]。由约道库斯·洪迪厄斯修于 1624 年修订的布劳地图的第二版的一份摹写本,是 Günter Schilder, *The World Map of* 1624(Amsterdam:N. Israel, 1977)。

照墨卡托投影绘制了一幅大型世界地图。㉗ 后者对 17 世纪上半叶的其他印刷和绘本产生了深远
1350 的影响，不仅因为它的内容，还因为它给人印象深刻的装饰。1607 年，阿姆斯特丹的出版商达
维德·德迈纳（David de Meyne）和哈尔门·阿勒特松（Harmen Allertsz.）出版了一幅由普兰
齐乌斯绘制的两个半球的巨大的世界地图。1607 年的原始版本还没有找到。然而，在 1651 年和
1656 年由丹克尔茨家族制作的书面材料和后来的版本中，部分地进行重新制作是可能的。㉘

　　布劳的壁挂地图的出版推动了他的竞争。约道库斯·洪迪厄斯和彼得·范登克雷于
1595/1596 年制作了基于墨卡托投影的壁挂世界地图（图 44.28），另外还有 1609 年的地图，
他们两人都努力提供更丰富的出版物。㉙ 大约在 1611 年，洪迪厄斯和范登克雷还向他们的
客户提供了两个半球的世界地图。㉚

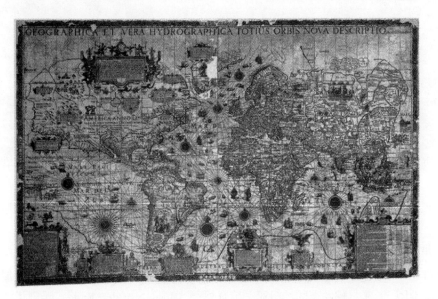

图 44.28　约道库斯·洪迪厄斯所绘制壁挂世界地图，1595/1596 年。以墨卡托投影绘制的 8 图幅地图

原图尺寸：88×141 厘米。由 Hauptstaatsarchiv Dresden（Schr. 12，F. 6，Nr. 21）提供照片。

㉗　唯一已知的副本——没有装饰性的图缘——收藏于 Johann Friedrich Ryhiner，Bern（vol. V，nos. 61 – 64）。这幅地
图很可能是在第二次世界大战期间亡佚的。只能从 f. c. Wieder 拍摄的照片中了解一份完整的副本，这张照片重新制作于
Günter Schilder，*Three World Maps by François van den Hoeye of* 1661，*Willem Janszoon*（*Blaeu*）*of* 1607，*Claes Janszoon Visscher
of* 1650（Amsterdam：N. Israel，1981），23 – 40，and in *MCN*，3：63。

㉘　*MCN*，3：67 – 71.

㉙　最近在德累斯顿的 Sächsisches Hauptstaatsarchiv 里发现了洪迪厄斯基于墨卡托投影的八图幅壁挂地图；请参阅
MCN，5：60 – 61。1603 年，洪迪厄斯绘制了一幅基于墨卡托投影的新的世界地图，唯一的副本为一个美国人所收藏。这
张地图的第二个版本的唯一已知副本是在伦敦的皇家地理学会；请参阅 *MCN*，3：71 – 75，and Edward Heawood，*The Map
of the World on Mercator's Projection by Jodocus Hondius*，*Amsterdam* 1608（London：Royal Geographical Society，1927）。最初版
本的彼得·范登克雷壁挂地图还没有被发现，但可以在很大程度上描述为后来的版本，由范登克雷于 1619 制作：BNF
（Ge C 4931）；请参阅 *MCN*，3：75 – 79。

㉚　席尔德确定洪迪厄斯的十二图幅世界地图的第一版（1611 年）的一份副本收藏在 Dresden，Sächsisches Hauptstaa-
tarchiv（Ⅱ /35，2）；请参阅 *MCN*，5：54，n. 88。关于 1618 年（Württemberg，Wolfegg Castle）第二版的一份摹写本，请
参阅 Edward Luther Stevenson and Joseph Fischer，eds.，*Map of the World by Jodocus Hondius*，1611（New York：The American
Geographical Society and the Hispanic Society of America，1907）。第二和第四版的插图和第六版的一份摹写本见 Schilder，
World Map of 1669。彼得·范登克雷的 1611 年前后的世界地图的唯一——部已知副本收藏于 San Francisco，Sutro Library；一
份摹写本见 Schilder and Welu，*World Map of* 1611，并请参阅 *MCN*，3：91 – 102。

在 17 世纪的第一个十年里，布劳的库存包括了三幅世界地图，使用了各种各样的投影。很长时间以来，他就对这些产品很满意。然而，在 1617 年的夏天，雅各布·勒梅尔的旅伴们从世界各地回来（1615—1617 年）。在澳大利亚公司的派遣下，他们在大西洋和太平洋之间找到了一条新的南方通道，在太平洋中发现了新的岛屿，并重新绘制了新几内亚岛（New Guinea）的北部海岸的地图。在得到最新的地理信息后，布劳急忙修改了他的地图和球仪。[301] 1619 年，他在一幅新的世界地图上为澳大利亚公司的发现提供了一个中心位置。[302] 这张地图显示了勒梅尔（Le Maire）海峡，并将这一发现的荣耀归功于威廉·斯豪滕（Willem Schouten）——勒梅尔的旅行伙伴之一，他的旅行日记是由布劳印刷的，并描述了旅行路线和其他发现。这张地图还包括亨利·哈得孙在 1610/1611 年的第四次旅程中所绘制的北美地图形象的显著变化。普兰齐乌斯（1607 年）、洪迪厄斯（1608 和 1611 年）和范登克雷（1611 年）的壁挂地图中的地理内容，随着布劳的新壁挂地图的出现而变得过时。

在 1645/1646 年，约翰·布劳重新出版了他父亲的世界地图，并修改了地理内容。[303] 这是最早的吸收了阿贝尔·扬松·塔斯曼（Abel Jansz. Tasman）的两次航行成果的印刷地图。但约翰·布劳很快就开始了一份新的大型世界地图的出版工作。它是由全新的铜版印刷，于 1648 年出版，并在威斯特伐利亚和会期间送给西班牙大使。[304] 这幅地图在 17 世纪下半叶又有了三个版本。[305] 在 1660—1663 年，弗雷德里克·德威特制作了一份布劳世界地图的 12 图幅的副本，忠实于原作，但或多或少有些缩减。[306]

大洲的壁挂地图

当约道库斯·洪迪厄斯抵达阿姆斯特丹的时候，不仅出版了世界地图，从 1595—1598 年，他还出版了基于墨卡托投影的欧洲、美洲、非洲和亚洲的地图。[307] 在 1604 年洪迪厄斯进行了壁挂地图的制作之前，威廉·扬松·布劳一直是这个领域的市场领导者。正如林顿（Linton）所声称的，他可能在 1602 年出版了一套大洲地图，但没有发现任何证据。[308]

在阿姆斯特丹期间，约道库斯·洪迪厄斯与科内利斯·克拉松密切合作，后者是其时代最重要的出版商和书商。在其 1609 年的《技艺与地图登记》中，克拉松提供了一套四大洲（欧洲、亚洲、非洲和美洲）的地图，每一幅都有 8 张大图幅，每张图幅售价 20 斯托弗尔。克拉松没有申请这一套地图的特许权，就像他在 1592 年的世界地图上所做的那样，而且不确定所有的地图是否同时出现；只有欧洲地图标明了日期（1604 年）。考虑到其地理内容，

㉜　*MCN*，3：103 – 105.

㉝　详细描述、一份摹写本和这幅地图的后出版版本，请参阅 *MCN*，3：103 – 258 and facsimiles 1. 1 – 1. 10。一份副本收藏在 Rotterdam，Maritiem Museum。

㉞　*MCN*，3：259 – 304 and facsimiles 2. 1 – 2. 31. 一份副本收藏在 Rotterdam，Maritiem Museum。

㉟　第二版的一份摹写本在 Wieder，*Monumenta Cartographica*，3：61 – 65 and pls. 51 – 71。

㊱　Shirley，*Mapping of the World*，392 – 396（no. 371）.

㊲　Jan W. H. Werner，*Inde Witte Pascaert：Kaarten en atlassen van Frederick de Wit，uitgever te Amsterdam*（ca. 1630 – 1706）（Amsterdam：Universiteitsbibliotheek Amsterdam，1994），48 – 50（afbeelding 32）.

㊳　一份副本在 Dresden，Sächsisches Hauptstaatsarchiv（XII /Fach VI/No. 21）。请参阅 *MCN*，5：52 – 61。

㊴　Anthony Linton，*Newes of the Complement of the Art of Navigation，and of the Mightie Empire of Cataia，Together with the Straits of Anian*（London：Felix Kyngston，1609），14 and 41.

1351

其他三幅地图可能早在两年前就问世了。[309] 克拉松去世之后，四大洲的铜版落入约翰内斯·扬松尼乌斯的手中，他在 1617 年重新出版了这些地图。

1608 年，布劳出版了一套大陆地图，这标志着"巴伐利亚工作室"地图制作的一个里程碑。欧洲、亚洲、非洲和美洲的地图各有六图幅：地图四图幅，装饰边缘两图幅。[310] 亨里克斯·洪迪厄斯在 1624 年重新发行了铜版（图 44.29），后来又在菲斯海尔家族制作的不同版本中，他们决定了为期五十年的大洲的形象。

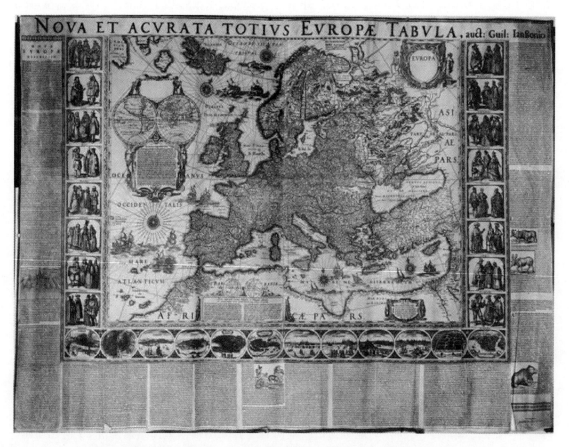

图 44.29 威廉·扬松·布劳的 1608 年壁挂欧洲地图，由亨里克斯·洪迪厄斯重印，1624 年

原图尺寸：118.5×167 厘米。由 Klassik Stiftung Weimar / Herzogin Anna Amalia Bibliothek（Kt 080 – 43 R）提供照片。

在今天，只有布劳的最初一套大洲地图中的地图图幅（不是装饰性的边缘）才为人所

⑨ 欧洲地图由比特堡的 Niewodniczanski 私人收藏。亚洲和美洲的地图分别在 Amsterdam, Nederlands Scheepvaartmuseum，以及在 BNF［Rés. Ge B 1115（Kl. 560）］。科内利斯·克拉松的非洲地图只通过扬松尼乌斯的第二版的不完整副本中得知；该版本位于 BNF（Ge DD 5081 1 – 6）。请参阅 *MCN*, 5：61 – 75, and 7：337 – 370 and facsimiles 36. 1 – 36. 8, 37. 1 – 37. 8, 38. 1 – 38. 8, and 39. 1 – 39. 8。

⑩ 欧洲壁挂地图的第一版的副本位于 Burgdorf, Rittersaalverein 和 BL［Maps 185. m. 1（18）］。亚洲壁挂地图是在 Burgdorf, Rittersaalverein 和 BNF［Ge C. 4930（ex coll. Klaproth nr. 745）］。布劳的非洲壁挂地图位于 BNF（Ge C 4928）［ex coll. Klaproth nr. 545 和 Chicago, Newberry Library（Novacco collection，只有底部的两图幅）］。唯一已知的美洲壁挂地图的副本收藏在 Burgdorf, Rittersaalverein。请参阅 *MCN*, 5：75 – 213 and facsimiles 1. 1 – 1. 14, 2. 1 – 2. 14, 3. 1 – 3. 14, and 4. 1 – 4. 14。

知。然而,1612 年的第二版却重新构建了一个完整的版本:四张地图图幅是用装饰性的边缘把图缘和下部侧边框裱起来的,包括穿着各种服装的人物形象、地区和城镇的景观图,这些都是由几幅木刻版的描述性文字和插图所框饰的。约祖亚·范登恩德在布劳四大洲地图的发展中扮演了重要的角色。尽管他的名字只在非洲地图 (在其第二版) 上作为雕刻师出现,但毫无疑问,范登恩德负责雕刻所有大洲的地图。装饰的边界和最后的润色是黑塞尔·赫里松的工作。[311]

很明显,布劳的欧洲地图超过了约道库斯·洪迪厄斯在 1598 年和科内利斯·克拉松在 1604 年所出版的欧洲地图。布劳能够在一定程度上依赖他自己的不同欧洲国家的对开页版本,这些地图是在 17 世纪的头几年问世的。此外,他的领航员指南——1608 年的《航海之光》(Licht der zeevaert),以及约道库斯·洪迪厄斯在 1606 年出版的世界地图,在布劳的 1608 年的地图中扮演了重要的角色。除了地中海沿岸,欧洲的海岸线是根据荷兰航运贸易的地图绘制而成的。

布劳的亚洲地图与他在 1605 年的世界地图上的描述非常接近。南亚和东亚的海岸线很大程度上是根据葡萄牙人的地图原本绘制的。更多的信息来自扬·惠更·范林索登的《航海行程》。然而,对亚洲东北地区的了解,对包括布劳在内的制图师来说是一个弱点,为了掩饰这一信息上的缺乏,布劳对这一地区进行了更广泛的文本解释。

布劳还利用了 1605 年的大型世界地图来绘制非洲的地图。葡萄牙的资料对这片大陆的地图非常重要,并极大地影响了科内利斯·克拉松在 16 世纪末出版的低地国家的航海地图;范林索登的《航海行程》中包含的地图,很大程度上是建立在这些航海地图基础上的。正是在布劳壁挂地图的非洲部分的最南端,低地国家最古老的航行,包括科内利斯·德豪特曼的航行,都成为他们的地图标志。

此外,绘制美洲的壁挂地图的主要资料来源又一次是 1605 年的世界地图。与同时代的地理知识相符,它的北美洲图中将北美洲显示得太宽了。对东北地区进行表现是为了英格兰人寻找西北通道而进行的探险的结果。布劳的地图在巴芬 (Baffin) 的海岸上提供了许多地名,这些都是在戴维斯的旅行中得到的。芬迪湾 (Bay of Fundy)、新斯科舍省 (Nova Scotia),尤其是圣劳伦斯河 (St. Lawrence River) 的表现,反映了法国探险家萨米埃尔·德尚普兰 (Samuel de Champlain) 在 1603—1607 年所做的探索和测绘。[312] 对北美西北海岸的描绘包含了很多地名,制图师们很可能从别人的地图上摘取这些地名,以增加新的虚构的地名,试图以此来战胜竞争对手。[313] 中美洲和南美洲的地图绘制主要以葡萄牙和西班牙的资料为基础,尽管人们也可以辨别出英格兰和尼德兰航海的成果。在绘制大西洋和太平洋之间的南部通道时,是尼德兰人做了开拓性的工作。[314] 在 1608 年和 1612 年的布劳版本中,对麦哲伦海峡 (Strait of Magellan) 的描绘是根据扬·奥特赫尔松的记录绘制的,他于 1600 年根据"信

1352

1353

---

[311]　一个例外是美洲地图,地图上的装饰元素由黑塞尔·赫里松蚀刻。然而,与大陆其他三幅地图不同的是,穿着服装的人物形象是一位不知名雕刻师的作品。

[312]　关于尚普兰的地图绘制的详细分析,请参阅本卷第 51 章。

[313]　关于这一主题的更多内容见 Henry Raup Wagner, *The Cartography of the Northwest Coast of America to the Year* 1800, 2 vols. (Berkeley: University of California Press, 1937), 103 – 110。

[314]　关于尼德兰人在该地区的地图绘制中所扮演角色的详细的地图学研究,请参阅 *MCN*, 3: 222 – 238。

仰（Het Geloof）号"船的记录绘制了这一地区的地图。[315] 若干地名也可以追溯到奥利维尔·范诺尔特的探险。[316] 亨里克斯·洪迪厄斯对其美洲大陆地图的版本做了一些改动，根据的是一些旅行者的记录，这些人包括：雅各布·勒梅尔和威廉·斯豪滕（1616 年）、巴托洛梅·加西亚（Bartolomé García）和贡萨洛·德诺达尔（Gonzalo de Nodal）兄弟（1619 年），以及在 1624 年所谓拿骚舰队中的雅克·莱尔米特（Jacques l'Hermite）和扬·许根·斯哈彭哈姆（Jan Huygen Schapenham）。[317]

布劳的欧洲大陆地图的仿制品是在意大利和法兰西制作的（图 44.30）。[318] 在 17 世纪期间，壁挂地图在威尼斯、罗马和博洛尼亚重新雕刻，并以各种版本出版。[319] 尼德兰人的地图也在巴黎进行复制。亚历克西斯－于贝尔·亚伊洛特在 1669 年制作了一个法文版本，以布劳的地图和装饰性的边界作为模本，但是用法文译文替代了布劳的拉丁文文本。直到 17 世纪的后半期，约翰·布劳出版了欧洲、非洲、美洲、亚洲北部和东南亚的六图幅壁挂地图，以及 1659 年的北美和南美的地图。德威特在 1672 年出版了他自己的六图幅地图，描绘了世界的四个部分。[320]

各国和各省的壁挂地图

1600 年前后，面积较小的地区——各国家和区域——的壁挂地图开始在阿姆斯特丹的印刷机中制作出来。在 17 世纪的第一个十年之后，威廉·扬松·布劳推出了新的原创壁挂地图。他展示了对欧洲国家和低地国家的多图幅地图的不断发展的热情。从 1608 年 3 月 26 日的特许状中，我们知道他已经出版了十七省的大型地图。这一原始版本的副本已不为人所知，但一份稍后的 1622 年版本得以重新发现，这幅地图的周围环绕着城镇的景观图、一系列骑马的画像，以及一幅 1631 年的带有扬松戳记的对法国的描述。[320] 范登恩德和黑塞尔·赫里松被描述为"雕刻师"，而铜版似乎有很长的寿命；约翰·布劳在 1658 年的新版本中再次使用了它们，并做了一些小的修正。

---

[315] Jan Outghersz., *Nieuwe volmaeckte beschryvinghe der vervaerlijcker Strate Magellani ...* （Amsterdam：Zacharias Heyns，1600）.

[316] Olivier van Noort, *De reis om de wereld*, *door Olivier van Noort*, 1598 – 1601, 2 vols., ed. J. W. IJzerman（The Hague：Martinus Nijhoff, 1926）.

[317] 关于勒梅尔探险的详细研究，请参阅 W. A. Engelbrecht and P. J. van Herwerden, eds., *De ontdekkingsreis van Jacob Le Maire en Willem Cornelisz. Schouten in de jaren* 1615 – 1617：*Journalen*, *documenten en andere bescheiden*, 2 vols.（The Hague：Nijhoff, 1945）。

[318] *MCN*, 5：189 – 213.

[319] Roberto Almagià, "Alcune preziose carte geografiche di recente acquisite alle Collezioni Vaticane," in *Collectanea Vaticana in honorem Anselmi M. Card. Albareda a Bibliotheca Apostolica edita*, 2 vols.（Vatican City：Biblioteca Apostolica Vaticana, 1962）, 1：1 – 22.

[320] Werner, *Inde Witte Pascaert*, 50 – 54, 包含了 1700 年的第二版。所描述的副本收藏于 Amsterdam, Universiteitsbibliotheek（Kaartenzl W. X., afbeeldingen 15 and 33 – 37）.

[320] 1622 年版本的两份副本保存了下来，一份在 Göttingen, Niedersächsische Staats-und Universitätsbibliothek（这份副本缺少带有马背上人物形象的上缘），另一份在 BNF（Res. Ge A 550）。请参阅 *MCN*, 1：110 – 143 and facsimiles 2.1 – 2.22。

图 44.30　布劳的亚洲壁挂地图的威尼斯仿制品。可能由斯特特凡诺·斯科拉里（Stefano Scolari）**于 1646 年出版**
由 Geography and Map Division, Library of Congress, Washington, D. C.（G7400 1673. B5）提供照片。

最近发现的一份布劳制作的六图幅德意志壁挂地图是 1612 年出版的。[322] 在地图的标题中，布劳提到了吕莫尔杜斯·墨卡托的地图（十二图幅，1590 年出版），是他地图的资料来源。他还利用了自己 1608 年的十七省的地图，以及乌博·埃姆米乌斯的东弗里斯兰地图。布劳几乎没有努力改进墨卡托的壁挂地图，而这张地图的唯一改变是把扬松尼乌斯与布劳的名字换成了布劳。然而，值得注意的是，在 1590 年之后，低地国家的区域地图绘制的进展实在是太少了，因此不可能在地图上做出任何根本的改进。第三版（1639 年）更具有装饰性，它放大了城镇景观和在位君主的肖像。[323] 1659 年，约翰·布劳出版了一份新版本的地图，只改变了标题的日期和铜版的地址。[324]

根据乔瓦尼·安东尼奥·马吉尼 1608 年的大型地图绘制的一幅六图幅的意大利地图，[325]

---

[322]　有两份副本是已知的，一份在 Nuremberg, Staatsarchiv（Nürnberger Karten und Pläne no. 1140），一份由比特堡的 Niewodniczanski 私人收藏。请参阅 *MCN*, 5：264 – 268 and facsimiles 6. 1 – 6. 16。此图的一份摹写本在 Niewodniczanski collection，一份详细的介绍，见 Peter H. Meurer, *Willem Janszoon Blaeu: Nova et accurata totius Germaniae tabula* (*Amsterdam* 1612) （Alphen aan den Rijn: Canaletto, 1995）。

[323]　一份副本在 BNF。

[324]　副本收藏在 Berlin, Staatsbibliothek（Atlas of the Great Elector, map Ⅴ）；Dresden, Sächsische Landesbibliothek（A 17207, without decorative borders）；Copenhagen, Det Kongelige Bibliotek（1151 – 0 – 1659/1）；and the BL（Klenck Atlas, map ⅩⅦ）。

[325]　一份副本收藏在 BL（Klenck Atlas, Map ⅩⅥ）。请参阅 *MCN*, 5：333 – 353 and facsimiles 9. 1 – 9. 16。

以及一幅六图幅佛兰德地图,㉖ 也是由威廉·扬松·布劳出版的,已经得以发现。在出版区域地图时,约翰·布劳利用了他父亲的遗产,而且,使用老布劳的铜版,约翰出版了十七省、德意志和意大利的壁挂地图。约翰的作品原本包括荷属巴西(1647 年)、圣地(1655 年前后)、中国(1658 年)和斯堪的纳维亚(1659 年前后)的壁挂地图。㉗

其他的出版商则专注于"壁挂地图"贸易,尽管程度较低。例如,胡戈·阿拉德出版了一份多图幅的东南亚地图,一年以后,1653 年,他在萨克斯顿(Saxton)、诺登和斯皮德的基础上,绘制了一幅不列颠群岛的地图。与科内利斯·丹克尔茨在 1644 年出版的英格兰的地图相比,阿拉德的地图提供了一个更好的对不列颠群岛王国的表现。同样值得注意的是科内利斯·丹克尔茨的七省联合共和国的地图。㉘ 这是 1648 年明斯特条约之后的第一幅地图,表现了新生的共和国的中心区域。

应该单独提到阿姆斯特丹的十七省壁挂地图的版本(关于所有低地国家的多图幅地图,参见附录 44.6)。尽管北方地区反对西班牙政府,但地图出版商仍然表现着这个古老的行政实体,即十七省,这已经有很长一段时间了。即使在明斯特和约之后,当低地国家北部和南部的划分变得确定时,他们通常还是更喜欢十七省的总图。1593 年,最古老的低地国家北部地区的地图出自约道库斯·洪迪厄斯之手。虽然没有副本保存下来,但还是有一份由洪迪厄斯 1593 年署名的更小的版本。㉙ 甚至在 1598 年之前,彼得·范登克雷和约道库斯·洪迪厄斯的合作,据信已经出版了一份四图幅的低地国家地图。㉚

从 1607 年起,一幅装饰精美的十七省壁挂地图才刚刚开始公之于世(图 44.31)。㉛ 同年,范登克雷在市场上推出了类似的低地国家对开本地图。㉜ 很明显,1607 年,十二年休战协议的开始,以及直布罗陀海峡的海上战役胜利,为引进这两种地图提供了一个商业上的有利机会。

1608 年,威廉·扬松·布劳还推出了十七省的壁挂对开页地图。㉝ 在这些地图出版之后,布劳再也没有冒险去制作低地国家的新地图。对开本地图从未修改过,尽管壁挂地图上勾勒出了 1622 年之后北荷兰的土地复垦。1608 年壁挂地图的铜版有很长的寿命;1658 年,约翰·布劳用它们制作了一份基本上没有改变的版本。

1647 年,一幅新绘制的地图图像出现在米夏埃尔·弗洛伦特·范朗伦的一份六图幅的

1355

㉖ 一份副本收藏在 Middelburg, Zeeuwsch Genootschap voor Wetenschappen。请参阅 *MCN*, 5: 364 – 366 and facsimiles 10. 1 – 10. 9。

㉗ Günter Schilder, "Der 'Riesen'-Atlas in London: Ein Spiegel der niederländischen Wandkartenproduktion um 1660," in 8. Kartographiehistorisches Colloquium Bern, 3. – 5. Oktober 1996: Vorträge und Berichte, ed. Wolfgang Scharfe (Murten: Cartographica Helvetica, 2000), 55 – 74.

㉘ 关于这一段提到的地图,请参阅 Schilder, "Der 'Riesen'-Atlas"。

㉙ Van der Heijden, *Oude kaarten der Nederlanden*, 1: 88 – 89 and 232 – 238.

㉚ 1602 年第二版的唯一一份副本保存至今,在 Leiden, Universiteitsbibliotheek(BN 29. 04. 94)。请参阅 Van der Heijden, *Oude kaarten der Nederlanden*, 1: 277 – 280, and *MCN*, 1: 52 – 53 and 55 – 56。

㉛ 唯一已知的副本是由比特堡的 Tomasz Niewodniczański 私人收藏。请参阅 Van der Heijden, *Oude kaarten der Nederlanden*, 1: 290 – 294, and Schilder, *Pieter van den Keere*。

㉜ Van der Heijden, *Oude kaarten der Nederlanden*, 1: 295 – 299. A facsimile is in *MCN*, 6: 247 – 249 and facsimile 43.

㉝ 请参阅 *MCN*, 6: 251 – 253 and facsimile 44。

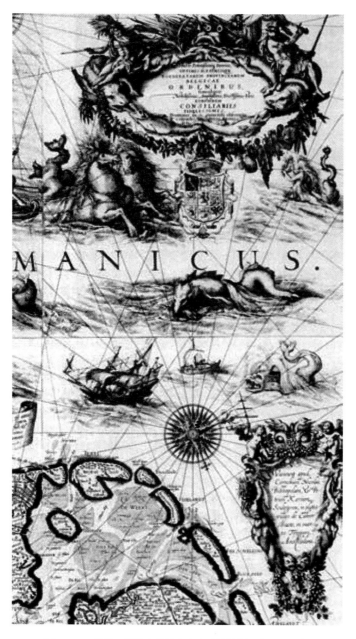

图 44.31　彼得·范登克雷的十七省壁挂地图细部, 1607 年

完整原图尺寸:151×165 厘米;细部尺寸:约 22.6×11.3 厘米。照片摘自 Günter Schilder, *Pieter van den Keere, Nova et accurata geographica descriptio inferioris Germaniae* (Amsterdam, 1607) (Alphen aan den Rijn: Canaletto, 1993)。Uitgeverij Canaletto/ Repro-Holland, Alphen aan den Rijn 许可使用。

十七省壁挂地图中。[334] 第一个版本原本打算制作成两图幅地图,但范朗伦很快就把它放大到了四图幅。直到 17 世纪末期,它还在重印,成为 18 世纪法国和低地国家南部的地图的典范。

---

[334]　请参阅 *MCN*,1:58-61。副本在 BNF (Ge AA 1018) 和 Vincennes, Service Historique de la Marine (vol. 24, no. 10)。

1356   由弗雷德里克·德威特制作的九图幅壁挂地图首次提供了十七省的现代的详细概述。[335] 制作于 1661 年以前，它首次展示了广泛的道路网络，并特别关注泥炭的采掘。德威特的地图是 17 世纪各种不同的省域地图的综合，进入 18 世纪，它还在很好地重印。

多图幅城镇平面图和侧面图

在 17 世纪的阿姆斯特丹，多图幅的城镇景观图和侧面图的制作和分布，结合了地图和地形的表现方法，为制作印刷地形图提供了良好的条件。商业意识与艺术敏感性相结合，确保了城市景观的高质量，通过优秀组织的印刷、地图和图书贸易，保证了城镇景观图的流通。阿姆斯特丹的制作不仅包括低地国家的城镇，还包括其他重要的欧洲国家首都和工业中心。[336] 在低地国家北部和西班牙之间的十二年休战（1609—1621 年）期间，阿姆斯特丹大部分的加长型城镇侧面图得以制作出来。

在 16 世纪早期，北方省份的艺术家和雕刻师延续了在安特卫普引入的大的地形插图的传统。[337] 彼得·巴斯特（Pieter Bast）似乎是尼德兰风格的加长型侧面图的创造者，在其上还添加了许多前景细节（图 44.32）。[338] 巴斯特和他的追随者威廉·扬松·布劳、克拉斯·杨松·菲

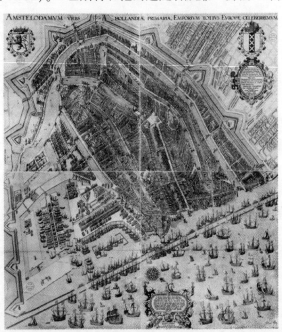

图 44.32   彼得·巴斯特所绘阿姆斯特丹鸟瞰图，1597 年

原图尺寸：93×82 厘米。由 Universiteitsbibliotheek Leiden ［P26 N20（1-4）］提供照片。

㉟   Van der Heijden, *Oude kaarten der Nederlanden*，1：479-484；请参阅 *MCN*，1：61-63 and 70。1661 年之前的第一版的副本在 Leiden, Universiteitsbibliotheek（Ⅵ.10.66/75）和 Vincennes, Service Historique de la Marine（vol. 24, no. 81）。

㊱   Van't Hoff, "Grote stadspanorama's"。

㊲   参阅 Hollstein, *Dutch and Flemish Etchings* 的杰出系列。

㊳   George S. Keyes, *Pieter Bast*（Alphen aan den Rijn：Canaletto, 1981）。

斯海尔、彼得·范登克雷、约道库斯·洪迪厄斯以及约翰内斯·扬松尼乌斯所绘制的城镇景观图，在前景中有大量的人物、船只和产品，呈现了城镇的工业和商业生活的令人深刻的印象。欧洲城市的加长型侧面图是 17 世纪阿姆斯特丹印刷工业最有利可图的艺术产品之一。

装订入巨型地图集的壁挂地图

在 17 世纪 60 年代，一些完全安装好的阿姆斯特丹制作的壁挂地图被以特殊的顺序排列在巨大的地图集中。这些巨大的地图集构成了关于 17 世纪的低地国家的壁挂地图的一个极其重要的知识来源。[539] 这些巨大的地图集中有三部保存下来。在英格兰国王查理二世的复辟期间，一群阿姆斯特丹的商人把所谓的克伦克（Klenck）地图集赠送给他。[540] 1664 年，约翰·毛里茨·范拿骚向他的封君——勃兰登堡的腓特烈·威廉（Friedrich Wilhelm，大选侯）赠送了一幅巨大的地图（图 44.33）。[541] 第三部是由梅克伦堡的公爵克里斯蒂安一世（Christian I）下令制作的，现在收藏在罗斯托克（Rostock）。[542]

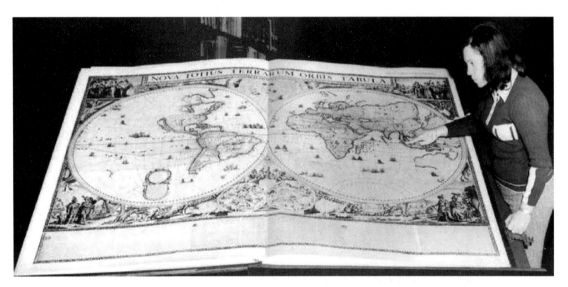

图 44.33　大型地图集——“伟大选侯的地图集”。献给勃兰登堡选侯弗里德里克·威廉，1664 年

原图尺寸：打开为 170×222 厘米。由 Staatsbibliothek zu Berlin Preußischer Kulturbesitz 提供照片。

幸运的是，壁挂地图是用这种方式装订的。那些制作了这些地图集作为礼物的人，拯救

[539]　Schilder, "Der 'Riesen' -Atlas," and A. H. Sijmons, "Reuzenatlassen," *Antiek* 6 (1972): 565 –578.

[540]　它现在收藏于 BL；请参阅 Schilder, "Der 'Riesen' -Atlas," and Franz Reitinger, "Bribery not War," in *The Map Book*, ed. Peter Barber (London：Weidenfeld & Nicholson, 2005), 164 – 165。

[541]　Berlin, Staatsbibliothek；请参阅 Egon Klemp, *Kommentar zum Atlas des Grossen Kurfürsten = Commentary on the Atlas of the Great Elector* (Stuttgart：Belser, 1971)。

[542]　Rostock, Universitätsbibliothek；请参阅 Gerhard Schmidt and Sigrid Hufeld, "Ein Superatlas aus Rostock," *Wissenschaftliche Zeitschrift der Universitat Rostock* 5 (1966): 875 – 890；Karl-Heinz Jügelt, "Der Rostocker Grose Atlas," *Almanach für Kunst und Kultur im Ostseebezirk* 7 (1984)：29 – 35；and Christa Cordshagen, "De herkomst van de reuzenatlas in Rostock," *Caert-Thresoor* 18 (1999)：41 – 43。收购这部巨型地图集花掉了公爵 750 荷兰盾。

了许多无价的、珍贵的地图文件，使它们免于损毁。它们的内容对于我们了解当时地图学和地理方面的重要性来讲，怎样都不算高估。这些地图集捕获了其鼎盛时期的低地国家的一些地图制作活动，并让我们得以一瞥低地国家对欧洲壁挂地图传统的贡献。

低地国家的球仪（约 1680 年之前）

低地国家的球仪制作始于 1526/1527 年，那一年罗兰·博拉尔（Roeland Bollaert）在安特卫普出版了一对球仪，并一直持续到 19 世纪的末期，在 17 世纪上半叶的阿姆斯特丹，其增长速度非常快。[43] 特别是威廉·扬松·布劳的球仪为低地国家的球仪赢得了世界范围的声誉，在其诸位继任者的领导下，已经延续超过一百年了。从图 44.34（详细说明了 1720 年之前新的球仪的数量）中可以清楚地看到，这一时期对于球仪制作是何等特殊。

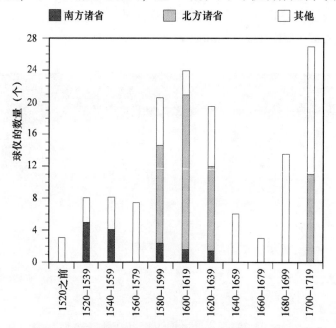

图 44.34　低地国家在 1720 年以前世界球仪制造中所占的比例（新版本的印刷球仪）

1358　　　虑及 1680 年之前的球仪制作，下面讨论集中于三个阶段：16 世纪上半叶，最早的制作（杰玛·弗里修斯和墨卡托）；从 1585—1606 年，以阿姆斯特丹为制作中心（范朗伦、洪迪厄斯、布劳）；以及 17 世纪的制作和 1650 年之后的下降。[44]

㊸　尼德兰工匠最早提到的一架球仪，来自神学家和历史学家约翰内斯·特里米乌斯（Johannes Trithemius）写于 1507 年 8 月 12 日的一封信。Veldicus 一定有一个车间，在这个车间里至少制造出一架地球仪并卖给了 Heinrich von Bünau。虽然 Veldicus 是尼德兰人，但他的工作室一定是在现在德国的弗兰肯塔尔附近的德姆斯坦。请参阅 Klaus Arnold，Johannes Trithmius（1462—1516），new ed.（Würzburg；kommissionsverlag Ferdinand Schöningh，1991）。这封信的原文发现于 Biblioteca Apostolica Vaticana（Cod. Vat. Pal. Lat. 730）。

㊹　关于低地国家球仪的部分大约是在 1680 年，这一节很大程度上根据 GN。

16 世纪上半叶的早期球仪制作

就像一般的地图制作一样，在 16 世纪初，人们对球仪的兴趣也出现了。德斯梅特对从 1526—1551 年的绘本和印刷的球仪进行了简短的调查，无论是从现存的球仪还是仅从书面材料中知道的。[345] 他的工作基于约翰内斯·丹蒂斯库斯（Johannes Dantiscus）的信件，后者是波兰的特使，大约在 1530 年抵达布鲁塞尔。[346] 然而，丹蒂斯库斯与人文主义者、知识分子和政治家们——而不是与商人或航海者——保持了联系，所以这一来源并没有给出当时代对球仪兴趣的完整图景。

低地国家印刷的首批球仪

在 16 世纪的第二个十年里，在德意志南部，约翰内斯·舍纳是唯一一位使用印刷好的贴面条带的球仪制作师，包括地球仪和天球仪。然而，对这种制图材料的需求是如此之大，以至于他无法独自面对。因此，毫不出奇，安特卫普等商业中心的出版商有复制舍纳的作品，在鲁汶开展制作的想法，在鲁汶，人们有制造科学仪器的经验，并能找到专家、学者来提供科学依据。

1527 年，在安特卫普，马尔滕·德凯泽（Maarten de Keyser，又作 Martinus Caesar）重印了舍纳的天球仪手册，希望它能与加斯帕尔·范德海登已经制作或将要制作的地球仪配在一起。之前还是在 1527 年的某个时候，范德海登制作了一架地球仪，没有保存下来，但其因弗朗西斯库斯·莫纳库斯的小册子《世界地理志》（1526/1527 年）的书名页而众所周知，它提供了一份对范德海登的地球仪的描述，也描绘了这架致力于表现旧世界和新世界的球仪（见图 10.2）。有四个人参与了这对球仪的工作。第一位是安特卫普的罗兰·博拉尔，他出版了《世界地理志》和舍纳的手册。第二位是雕刻师、金匠和科学仪器制造师加斯帕尔·范德海登，他雕刻了地球仪（1526/1527 年）和天球仪（1527 年）。[347] 根据德斯梅特的说法，范德海登是鲁汶的人文主义者中的一个著名人物。[348] 第三位是让·卡隆德莱特（Jean Carondelet），他是巴勒莫（Palermo）的大主教，《世界地理志》寄送给他，他也是天球仪出版的"发起人"。最后一位，只与地球仪有关，是弗朗西斯库斯·莫纳库斯，他是《世界地理志》的作者。

1359

杰玛·弗里修斯和墨卡托制作的地球仪

博拉尔为他的宇宙学出版找到了另一位合作伙伴，是他的一名来自多克姆（Dokkum）

⑭ Antoine De Smet，"Das Interesse für Globen in den Niederlanden in der ersten Hälfte des 16. Jahrhunderts，" *Der Globusfreund* 15 – 16（1967）：225 – 233，重印于 *Album Antoine De Smet*（Brussels：Centre National d'Histoire des Sciences，1974），183 – 191。

⑮ Henry de Vocht，*John Dantiscus and His Netherlandish Friends as Revealed by Their Correspondence*，1522 – 1546（Louvain：Librairie Universitaire，1961）.

⑯ *GN*，41 – 48 and 409（BOL I）.《世界地理志》的完整文本作为附录三，重印于 Lucien Gallois，*De Orontio Finaeo gallico geographo*（Paris：E. Leroux，1890），87 – 105。

⑰ De Smet，"L'orfèvre et graveur Gaspar vander Heyden"。

的年轻学生，后来的名字是杰玛·弗里修斯，他将成为低地国家球仪制作的先驱。1529 年，博拉尔出版了彼得·阿庇安的《宇宙学》，"由杰玛·弗里修斯小心翼翼地纠正了错误"，1530 年，约翰内斯·赫拉费乌斯（Joannes Grapheus）出版了杰玛·弗里修斯的《天文学和宇宙志原理》[*De principiis astronomiae & cosmographiae deq（ue）vsu globi ab eodem editi*]。这是杰玛·弗里修斯在 21 岁时制造或准备制造的地球仪的解释性文本。不幸的是，没有任何副本保存下来。[49]

为什么要制造一架新的球仪？显然，杰玛·弗里修斯对世界的形式有不同的看法，尤其是关于美国和亚洲之间一个著名的联系方面。莫纳库斯在他的地球仪上把它们描绘成一块大陆，但杰玛·弗里修斯怀疑这种联系是否存在。我们可能会猜测，杰玛·弗里修斯在他的第一个地球仪上将美洲和亚洲表现为分开的大陆，正如他在其第二架地球仪上所做的那样，后者是他在 1536 年与范德海登一起出版的更大的地球仪。

几年后，大约 1536 年，杰玛·弗里修斯制造了一个新的甚至更大的地球仪（37 厘米），是由范德海登雕刻和印刷的。[50] 1537 年，杰玛·弗里修斯的一架天球仪问世了，也许是在一架手绘版本之后。[51] 杰玛·弗里修斯在这些之后没有做过任何的球仪，尽管他的球仪的复制品在 16 世纪 70 年代仍然在出售。他的手册《天文学和宇宙志原理》也有许多修订的版本。

1541 年，在鲁汶，杰玛·弗里修斯曾经的学生赫拉尔杜斯·墨卡托雕刻并出版了一架新的地球仪（42 厘米）。[52] 与加斯帕尔·范德海登一样，墨卡托已经雕刻了杰玛·弗里修斯的 1536/1537 年那对球仪。尽管他自己出版了一架地球仪，这将使墨卡托成为他的导师的直接竞争对手，但他们之间似乎没有任何激烈的对抗或竞争。

对时下地球仪的不满促使墨卡托制作了一架地球仪。他的新地球仪显示了如何调整托勒密地图，包括新发现的印度地区。他还不同意当时的观点，即最近发现的马六甲半岛就是托勒密的黄金半岛（Golden Chersonnese Peninsula）。在描述欧洲时，墨卡托对于杰玛·弗里修斯的地图进行了重要的改进，尤其是在格陵兰和乌拉尔山脉之间的地区。这幅新图像是基于 1532 年雅各布·齐格勒的斯堪的纳维亚和奥劳斯·芒努斯（Olaus Magnus）的《海图》（*Carta marina*）。[53] 墨卡托也从后者那里借鉴了北极附近的磁岛（Magnetum Insula）。关于非洲，他主要依赖马丁·瓦尔德泽米勒的《航海地图》（斯特拉斯堡，1516 年），这一资料消

1360

49　请参阅 GN, 410（FRI I），关于杰玛·弗里修斯的球仪说明书，请参阅 pp. 143 – 147。

50　这架地球仪的两份副本为人所知。一份曾在 Gymnasium Franciseeum of Zerbst（Germany），因第二次世界大战而亡佚。另一份是 Robert Haardt 在 1951 年购买的；它现在属于 Rudolf Schmidt，并被租借到 Globenmuseum of the Österreichische Nationalbibliothek in Vienna。请参阅 Robert Haardt, "The Globe of Gemma Frisius," *Imago Mundi* 9（1952）：109 – 110；Erich Woldan, "Der Erdglobus des Gemma Frisius," in *Unica Austriaca*：*Schönes und Grosses aus kleinem Land*, Notring Jahrbuch 1960（Vienna, 1960），23 – 25；and GN, 410 – 412（FRI II）。

51　这架天球仪有两部已知的版本。在 Zerbst 的那一架与地球仪同时丢失。另一个已知的例子是在 London, National Maritime Museum（inv. no. G. 135）；请参阅 Elly Dekker, "Uncommonly Handsome Globes," in *Globes at Greenwich*：*A Catalogue of the Globes and Armillary Spheres in the National Maritime Museum*, by Elly Dekker et al.（Oxford：Oxford University Press and the National Maritime Museum, 1999），87 – 136, esp. 87 – 91, and, in the catalog section, 341 – 342；GN, 410 – 412（FRI II）；and De Smet, "Das Interesse für Globen," 228 – 229（187 – 189 in reprint）。

52　GN, 413 – 415（MER）。

53　关于这些地图，请参阅本卷第 60 章。

息很大程度上被杰玛·弗里修斯忽视了。[54] 一个引人注目的特征是南部的一个大陆叫作"第五部分或大陆"（Quinta... pars），墨卡托把比奇（Beach）和马勒图尔（Maletur）的陆地放在了那里，这是引用了马可·波罗和洛多维科·德瓦尔泰马（Lodovico de Varthema）的资料来源。

然而，更重要的是，尤其是按照后来发展的作为科学和导航仪器的球仪的发展，是包含了恒向线（loxodromes，rhumb lines 或 navigational routes）。[55] 恒向线（罗盘方位的等值线，形成一个带子午线的斜角）是有用的工具，用来确定导航路线。墨卡托是第一个将恒向线印在球仪上的人（图 44.35）。此外，他还对球仪制造技术进行了一些改进。当所有的贴面条带都延伸到极点时，狭窄的点很难辨认。墨卡托解决了这个问题，他把条带画到 70 度，并为两极制作了两个独立的圆片。在他的地球仪完成十年之后，墨卡托以同样的形式出版了一个天球仪的副本，这是这位地理学家发表的第一个也是唯一的一部天文作品。[56] 除了他的印本地球仪和天球仪之外，墨卡托还另外手工制造了球仪，比如他为查理四世制作的小水晶球和小木制地球仪——两个都配上了墨卡托为球仪所撰写的独有的手册。

杰玛·弗里修斯和墨卡托出版的地球仪和天球仪在学术世界取得了巨大的成功，墨卡托的作品激励了许多模仿者，最终取代了他的老师。尽管他的地球仪和天球仪其间相隔了十年的时间，但它们被认为是一套，随后在 19 世纪，球仪都是成对出版的，形成了一个惯例。

低地国家的制图师和雕刻师来到德意志的莱茵兰——其中就有赫拉尔杜斯·墨卡托（1552 年）和弗兰斯·霍亨贝赫——极大地影响了这一地区的地图制作。[57] 正是在德意志城市杜伊斯堡，墨卡托的大部分球仪都得以制作出来。在墨卡托到达莱茵兰之前，球仪是在科隆，主要是由卡斯帕·福佩尔制造的。[58] 人们对墨卡托的地球仪的尊重，更多的是由于其制图和注释的高质量，而不是地图上的改进（特别是在南亚地区），这些地图从未被模仿，很快就被新发现所淘汰。

墨卡托成对球仪的出版，是低地国家的球仪制造历史的第一阶段的最后一步。在这一阶段，球仪从一个由学者制造来展示新发现地区和他们关于世界形态的观点的昂贵的物件，成为一个商业出售的对象，并且包含了恒向线，适合远洋航行。因此，墨卡托为随后在阿姆斯特丹的球仪制造业的繁荣奠定了基础。

1361

1585—1605 年期间：以阿姆斯特丹为中心的制作繁荣局面
因为 16 世纪末低地国家经济和政治的发展，阿姆斯特丹扩展成为航运贸易的中心。直

---

[54]　Joseph Fischer，"Die Hauptquelle für die Darstellung Afrikas auf dem Globus Mercators von 1541," *Mitteilungen der Geographischen Gesellschaft Wien* 87（1944）：65 – 69.

[55]　Helen Wallis and Arthur Howard Robinson，eds. ，*Cartographical Innovations：An International Handbook of Mapping Terms to* 1900（Tring，Eng. ：Map Collector Publications in association with the International Cartographic Association，1987），185 and 201 – 202.

[56]　*GN*，413 – 415（MER）. 这个地球仪的改进包括增加了安提诺座（asterisms Antinous）和后发座（Coma Berenices）的星座图；这两个星座都是由卡斯帕·福佩尔在其 1536 年的天球仪上画的。

[57]　Meurer，*Atlantes Colonienses*.

[58]　Leonard Körth，"Die Kölner Globen des Kaspar Vopelius von Medebach（1511 – 1561），" *Zeitschrift für Vaterländische Geschichte und Alterthumskunde* 42，pt. 2（1884）：169 – 178.

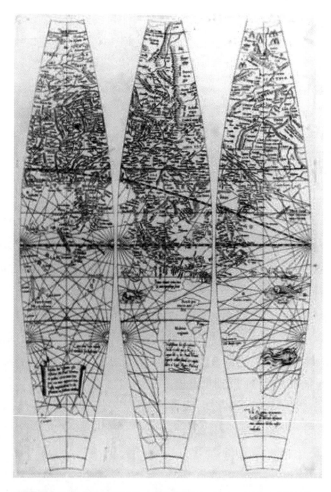

图 44.35   赫拉尔杜斯·墨卡托地球仪的三条贴面条带，约 1541 年（另请参阅 151—152 页）

地球仪直径：42 厘米；12 条剪裁得整整齐齐的贴面条带和 2 块极地图片。照片版权：Royal Library of Belgium，Brussels（Section des cartes et plans，pl. 4）。

到这个活跃时期的中段为止在地图出版圈中尚不为人所知的雅各布·弗洛里斯·范朗伦，于 1586 年在阿姆斯特丹出版了一对球仪（32.5 厘米）。[59] 它紧随在荷兰出版的另一种开创性的地图作品——卢卡斯·杨松·瓦赫纳的《航海之镜》的出版（1584—1585 年）之后。这两部作品都被外国制图师复制了。

北部诸省的第一批球仪

关于雅各布·弗洛里斯·范朗伦的出身，甚少为人所知。他是在 16 世纪末期从南方迁到北方省份的一名再洗礼派信徒。在北方，那些信奉成人洗礼、拒绝宣誓或持着武器、等待基督即将归来的人，受到了奥兰治（Orange）亲王威廉一世的保护。1579 年，乌得勒支联

⑤⑨   就今天已知的信息，地球仪的副本今天已经不存。天球仪的副本在 Linköping，Stiftsoch Landsbibliotek。不幸的是，它已经毁坏了。请参阅 GN，421 – 429（LAN Ⅰ）。

盟宣布了宗教自由，许多再洗礼派教徒迁往北方。㉖

　　范朗伦1586 年的一对球仪中的天球仪，很大程度上是墨卡托1551 年球仪的复制品，采用了他的恒星和星座的名称（范朗伦没有使用希腊名称），以及他绘制星座图的方式（图44.36）。然而，恒星的位置与墨卡托的球仪上的位置不同，在许多地方，可以明显看出采用了其他资料来源。也许是来自鲁道夫·斯内利厄斯（Rudolf Snellius），他是莱顿的数学教授，对天球仪做出过贡献，他使用了亚拉图（Aratus）的《物象》（Phaenomena）的副本来编辑球仪，因为一份副本上有斯内利厄斯关于许多恒星的注释，斯内利厄斯写下了这些星座的拉丁名称。㉖

图44.36　第一架阿姆斯特丹天球仪，雅各布·弗洛里斯·范朗伦制，1586 年

天球仪直径：32.5 厘米。由Stifts-och Landsbiblioteket，Linköping 提供照片。

　　1589 年，范朗伦和他18 岁的儿子——阿诺尔德一起出版了1586 年的地球仪和天球仪的修订后的第二版，这是献给丹麦国王克里斯蒂安四世（Christian Ⅳ）的。㉖ 这是现存最古老的一份来自北方省份的地球仪的副本（图44.37）。这幅地图在很大程度上遵循了赫拉尔杜斯·墨卡托的1569 年世界地图，但瓦赫纳的《航海之镜》的影响通过西欧和斯堪的纳维

　　㉖ N. van der Zijpp, *Geschiedenis der doopsgezinden in Nederland* （Arnhem：Van Loghum Slaterus, 1952），134 – 135 and 150 – 151.

　　㉖ Leiden, Universiteitsbibliotheek（756 A 7）。请参阅Aratus of Soli, *Aratou Soleos Phainomena meta scholion _ Arati Solensis Phaenomena cum commentaris*〔（Venice：Aldus），1499〕.

　　㉖ *GN*, 421 – 429（LAN Ⅰ）.

亚半岛的海岸的表示方法得到了清晰的证明。彼得勒斯·普兰齐乌斯对天球仪进行了修订。[63] 这对小球仪足够成功，让范朗伦家族可以出版一对直径为52.5厘米的更大的球仪。在同一年制作好了大的地球仪和那一对小球仪的第二版，该地图和较小的那个很相似，主要是基于墨卡托的1569世界地图。[64] 其旋涡纹包含了一张从亚伯拉罕·奥特柳斯的1564年世界地图上复制而来的表格，列出了商品的来源。[65] 在普兰齐乌斯的大型世界地图于1592年出版后，范朗伦家族出版了一份关于他们的大型地球仪的修订版本，与普兰齐乌斯的地图相比有了很大的改变。

图44.37　第一架阿姆斯特丹地球仪，雅各布·弗洛里斯·范朗伦制，1589年

地球仪直径：52.5厘米。由 Nederlands Scheepvaartmuseum, Amsterdam (inv. no. A. 1140) 提供照片。

雅各布·弗洛里斯·范朗伦曾认为使用地球仪来导航非常重要，而正是因为这个原因，他在他的地球仪上加入了恒向线。[66] 范朗伦似乎没有把他的地球仪卖给水手以外的人。甚至连范朗伦的第一架天球仪的编辑斯内利厄斯也没有收到一份为莱顿大学制作的副本，在那里，球仪可能会成为范朗伦针对学术团体做广告的设备。

㊻　Keuning, *Petrus Plancius*, 94–97. 关于添加到天球仪上的内容的详细描述，请参阅 Deborah Jean Warner, *The Sky Explored: Celestial Cartography*, 1500–1800 (New York: Alan R. Liss, 1979), 201, and *GN*, 97–98。

㊼　*GN*, 430–459 (LAN Ⅱ). 范朗伦制作的这一大型地球仪现存的十四份副本全都不一样；GN 按照年代先后顺序对每份都进行了分别的描述。

㊽　*MCN*, 2: 39 and 43.

㊾　范朗伦的恒向线的绘制受到了他的竞争对手约道库斯·洪迪厄斯的批评。范朗伦把恒向线画成大圆圈，而不是像墨卡托在他的地球仪上所做的那样画成螺旋，而洪迪厄斯则证明了范朗伦地球仪上的东北向线与正确的轨道偏离了2.5弧。

球仪制造的一次突破

约道库斯·洪迪厄斯作为第一对英格兰球仪（所谓的莫利纽克斯球仪）的雕刻师，在伦敦获得较大名声，于 1593 年在阿姆斯特丹开始了事业，并开始与范朗伦家族竞争。[60] 在莫里纽克斯球仪出版后，雅各布·弗洛里斯·范朗伦向国会申请，国会授予他一份为期十年的特许权（从 1592 年 9 月 9 日起），明确禁止在低地国家出售外国球仪。当洪迪厄斯开始准备出版新的球仪时，雅各布·弗洛里斯·范朗伦和他的儿子们一起匆忙地要求更新范朗伦的特许权，尽管它在六年半的时间里仍然有效。范朗伦于 1596 年 1 月 31 日被授予了一项新的再延续十年的特许权。然而，1597 年 4 月 1 日，洪迪厄斯收到了来自国会的新的地球仪的特许权。尽管受到了来自范朗伦的阻力，但洪迪厄斯通过争辩他的球仪与范朗伦的球仪相比，有十四项进步之处，最终获得胜利。由于这一判决，任何人都可以制作地球仪；而特许权仅仅是针对完全剽窃的保护。

在紧接着的几年里，出现了空前的球仪制造局面。市场上出现了 17 架球仪；在大约 6 年的时间里，有八架地球仪和九架天球仪出现（附录 44.7）。国会的裁决并不是造成这一结果的唯一原因。尼德兰人的贸易及其影响范围扩大到包括整个世界，并在欧洲以外的世界引起了人们的兴趣。去印度群岛旅行需要新的地图工具，而在南极点周围观测和绘制星空需要新的天球仪。此外，国会的裁决使球仪成为公共领域的一部分，就像书籍和地图一样（尽管具体的信息内容可以得到保护），而约道库斯·洪迪厄斯和威廉·扬松·布劳之间的激烈竞争导致了新的以及修订后的地球仪的快速制造。[68]

从 1596—1605 年，阿姆斯特丹的球仪产量由三家出版商控制：范朗伦兄弟、阿诺尔德和亨德里克，他们与阿德里安·维恩合作；老约道库斯·洪迪厄斯，他在 1598 年之后与彼得勒斯·普兰齐乌斯合作；威廉·扬松·布劳，最初是由阿德里安·安东尼松（Adriaen Anthonisz.）指导的。

在洪迪厄斯收到他的特许权时，雅各布·弗洛里斯·范朗伦已经将近 75 岁了，随后他退出了球仪制作的工作，把铜版留给了他的儿子们。阿诺尔德和亨德里克都是雕刻师，在 16 世纪 90 年代的时候，他们从事地图工作，并独立于其他出版商。这些地图是其他制图师原创作品的复制品。他们的大多数作品都不是原创的，而创意正是洪迪厄斯和布劳的竞争所需要的。兄弟俩将自己的工作限制在：调整和提高他们的大型地球仪，纠正洪迪厄斯指出来的十四个错误，并根据新的地理发现添加信息。在 1600 年之后不久，阿诺尔德就制造了一架新的地球仪（32.5 厘米）。[69] 这架地球仪比以前的都要好，包括他自己的，当然也比约道库斯·洪迪厄斯或威廉·扬松·布劳的好。布劳说，他曾用他的地球仪作为模本。根据阿诺尔德的说法，恒向线以及他和阿德里安·维恩所准备的导航信息，构成了一架球仪可用性的基础。

1362

---

[60]　球仪由埃默里·莫利纽克斯于 1592 年或 1593 年出版；请参阅 Helen Wallis, "The First English Globe: A Recent Discovery," *Geographical Journal* 117 (1951): 275–290; idem, "Further Light on the Molyneux Globes," *Geographical Journal* 121 (1955): 304–311; and *GN*, 460–463 (HON M-Ⅰ/Ⅱ)。

[68]　*GN*, 126–127。

[69]　此地球仪有一个已知副本。它被安置在 Besançon, Bibliothèque Municipale。

然而，阿诺尔德并不是一个商人，他相当粗心大意，欠了很多债，不仅欠他父亲，而且还欠别人的。这促使他开发了一种不寻常的球仪产品。在 17 世纪的头十年里，一些管理委员会收到了一个专门为他们提供的球仪。阿诺尔德在另一张纸上手写了一份献词，并把它贴在了球仪上，希望能得到比球仪售价更高的酬金。[570] 不幸的是，这种做法并没有帮助阿诺尔德摆脱财务困境。他扔下了大部分财物，逃到南部诸省，1609 年 9 月，他被西班牙统治下的低地国家的统治者阿尔伯特和伊莎贝拉任命为"皇家球体地理学家"。在布鲁塞尔，他又开始制造球仪，但是由于他的逃离和诸多债务，他失去了使用父亲的铜版的权利。

亨德里克在背景上比他的哥哥要好得多。在阿诺尔德离开后，亨德里克无法独自管理球仪和壁挂地图，便与他的姻亲雅各布·雷耶松（Jacob Reyersz.）建立了伙伴关系，他在没有承担任何责任的情况下获得了一半的生意。两人于 1608 年 2 月 1 日签署了一项协议，但在这一天之后，再没有亨德里克和雅各布所制作的地图作品见诸记录。1642 年，亨德里克从阿姆斯特丹搬到阿尔克马尔，在 1648 年 12 月 21 日去世。铜版仍在他的手中，于 1650 年出售。随着亨德里克的去世，范朗伦家族在阿姆斯特丹的活动结束了。缺乏创意和商业洞察力、激烈的竞争以及抵制，这些因素加起来，使他们永远无法获得其继任者——洪迪厄斯和布劳的声誉。

洪迪厄斯和布劳之间的竞争

球仪主要的出版商范朗伦、洪迪厄斯和布劳之间没有任何合作。这不仅仅是出于商业原因，宗教信仰也起到了重要的作用。作为加尔文教徒，洪迪厄斯和普兰齐乌斯并没有与再洗礼派教徒布劳或范朗伦家族合作，尽管布劳和洪迪厄斯之间的竞争加剧了，但后者的家族实际上已经退出了球仪市场。

1597 年，约道库斯·洪迪厄斯收到了一份特许权来制作 35.5 厘米的地球仪，这标志着这场竞争斗争的开始。洪迪厄斯把他的地球仪置于全欧洲的最现代的可用资料来源的基础上：书籍和地图。[571] 大约两年后，1599 年，威廉·扬松·布劳出版了一架几乎同样大小的地球仪（34 厘米）。[572] 两架地球仪比较清楚地表明，布劳与洪迪厄斯的地图完全不同，并没有对其进行复制（有许多相似之处，因为他们使用相同的资料来源）。布劳设计了一架完全原创的地球仪，而不是根据洪迪厄斯的地球仪进行借鉴或复制，这表明布劳是一位把球仪的学术价值置于其商业价值之上的球仪制作师。[573] 直到后来，布劳才根据商业需求复制了他的竞争对手的细节。

与此同时，布劳（与阿德里安·安东尼松一起）和洪迪厄斯（与彼得勒斯·普兰齐乌斯一起）都制作了天球仪。布劳的（34 厘米）于 1597 年或 1598 年初出版，完全基于

---

[570] Van der Krogt 提到了 7 架有这样的献词的球仪，*GN*, 133 – 134。

[571] *GN*, 464 – 472（HON Ⅱ），and, for a thorough list of the sources, 146 – 147。

[572] *GN*, 488 – 492（BLA Ⅰ）。

[573] 尽管他有着杰出的天文能力，但据 Van Gent 说，布劳并不是一个合格的天空观察者。在 1604 年测量一颗新星时，他错过了附近行星土星明显的运动。请参阅 R. H. van Gent, "De nieuwe sterren van 1572, 1600 en 1604 op de hemelglobes van Willem Jansz. Blaeu," *Caert-Thresoor* 12（1993）: 40 – 46。

第谷的观测结果。[874]但是，到了 1600 年，这部著作已经过时了，当时洪迪厄斯根据彼得·迪尔克松·凯泽（Pieter Dircksz. Keyser）和弗雷德里克·德豪特曼（Frederik de Houtman）在 1595—1597 年的航行中的观察结果，将关于南方星座的最新信息，呈现在其天球仪上（图 44.38）。[875]就像地球仪一样，这两架天球仪是完全独立的。在所表现的星座及其的表现方式方面都有明显的差异，而洪迪厄斯的球仪则更大（添加了在南极的 12 个新星座），但在风格上，布劳的球仪要领先于他的竞争对手。

图 44.38　约道库斯·洪迪厄斯所绘制地球仪，1600 年

地球仪直径：35.5 厘米。照片提供：Nederlands Scheepvaartmuseum，Amsterdam（inv. no. A. 0942）提供照片

在 16 世纪，一种绘制星座图的传统在天文制图学中发展起来，到了 1600 年前后，有三种绘制风格存在。[876]第一种是维也纳风格，其中裸体人物形象，是最古老的。第二种，这一变化，在约翰内斯·洪特的 1532 年的木刻版中很明显，其中人物形象穿着现代的衣服。墨卡托在他的 1551 年天球仪上引入了第三种风格：他画了三个穿着罗马服装的男性人物［牧夫座（Boötes）、仙王座（Cepheus）和猎户座（Orion）］，而其他的人物则裸体。然而，布

1364

---

⑧⑦④　这架天球仪只有一组不完整的贴面条带保存了下来。12 个贴面条带中的 9 个保存在 Houghton Library of Harvard University in Cambridge，Massachusetts。请参阅 *GN*，492 – 496（BLA I）。

⑧⑦⑤　Elly Dekker，"Het vermeende plagiaat van Frederick de Houtman：Een episode uit de geschiedenis van de hemelkartografie，" *Caert-Thresoor* 4（1985）：70 – 76；idem，"Early Explorations of the Southern Celestial Sky，" *Annals of Science* 44（1987）：439 – 470；and *GN*，470 – 472（HON IIB）．

⑧⑦⑥　Deborah Jean Warner，"The First Celestial Globe of Willem Janszoon Blaeu，" *Imago Mundi* 25（1971）：29 – 38，esp. 34，and Warner，*Sky Explored*，xiii.

劳的球仪却预示着一种全新的雕刻风格。牧夫座穿着一件北欧的冬天时穿的厚重的大衣和高筒靴。鲸鱼座之前被画成一个像鱼一样的怪物，有着狗的头和紧闭的嘴巴，它被画出了宽宽的下巴。比具体的区别更引人注目的是雕刻的普遍奢华和华丽方式。在早期的风格中，这些人物形象是彼此分开的，因为它们之间有（有时是很大的）空间。在布劳的球仪上，几乎没有任何空白的空间；这些人物相互重叠。这种风格可能是扬·彼得松·桑雷达姆的创造，在球仪上也给出了他的名字（图 44.39）。[⑦]

图 44.39 布劳的第一架地球仪的三条贴面条带，约 1598 年

地球仪直径：34 厘米。Houghton Library, Harvard University (51-2459 PF) 许可使用。

[⑦] 根据 Warner (*Sky Explored*, 28, and "First Celestial Globe," 34-35)，布劳从巨大的青铜地球仪上复制了第谷的风格。这似乎是不可能的；布劳似乎也不太可能自己发展出这种风格。这个奢华的天球仪与后来的雕刻严肃的地球仪之间的区别太大了，以至于不能归因于出版商，尤其是一个对球仪科学方面颇感兴趣的人。

1600 年，洪迪厄斯修订后的一对球仪（35.5 厘米）上市出售了。这个天球仪是 1596/1597 年球仪的一个新的版本，但洪迪厄斯在新的天球仪上投入了更多的努力，雕刻了全新的铜版，忠实地追随布劳的天球仪的风格。在这段时间里，布劳并没有保持沉默。他的天球仪几乎一出现就已经过时了，因为它缺少十二个新的南方星座（有时被称为"普兰齐乌斯十二星座"）。关于新的星座的信息，是 1597 年的尼德兰人前往印度群岛探险的成果，它被交给了普兰齐乌斯，他在这次航行中发起了科学调查。普兰齐乌斯是唯一能发表这一信息的人，洪迪厄斯的球仪的信息就是他发布的。但是在 1598 年 3 月，第一支泽兰探险队在东印度群岛航行。^{⑤⑦⑧} 这支探险队不是阿姆斯特丹市派出的，因此普兰齐乌斯没有控制。布劳继续关于 34 厘米地球仪的工作，他打算使用得自弗雷德里克·德豪特曼的信息来修订自己的天球仪，后者参与了 1598 年远征，并将在 1599 年中期返回（德豪特曼与凯泽以及其他人在第一次航行中为普兰齐乌斯进行了观测）。然而德豪特曼在苏门答腊岛被关押，直到 1602 年 7 月才返回。布劳的情况很不稳定。他的一对球仪中有一架过时了的天球仪，而他的竞争对手洪迪厄斯在 1600 年出版了一对修改后的现代球仪，他公然在其上复制了关于星座的流行的桑迪达姆风格。布劳的唯一优势现在失去了。他的情况会变得更糟。

1601 年，洪迪厄斯出版了一对更小的球仪（21 厘米），将地球仪上的本初子午线从最西的佛得角群岛（Cape Verde Islands）转移到亚速尔群岛（Azores）中的科尔武（Corvo）岛和弗洛里斯（Flores）岛。这一变化是基于普兰齐乌斯的（错误的）观点，即"子午线"的磁偏角必须是零度——指南针指向真正的北方。尽管普兰齐乌斯的前一项研究实际上更准确，但我们现在知道，在 1600 年，洪迪厄斯的新理论被认为更准确。^{⑤⑦⑨} 与此同时，所附的天球仪上找不到约道库斯·洪迪厄斯的名字，这是一种 1600 年版的缩减模本。

考虑到洪迪厄斯的优势，布劳不能再等待弗雷德里克·德豪特曼了。他最初的学术动机逐渐转变为商业行为。他选择了一对直径为 20—23 厘米的新球仪，比洪迪厄斯的大一些。^{⑤⑧⑩} 这两个人的球仪都在 1602 年问世。然后钟摆又转回了布劳。1601 年，第一个在世界各地航行的尼德兰人，奥利维尔·范诺尔特，结束了他的印度之旅回来。布劳在他的新地球仪上纳入了范诺尔特的路线。至于天球仪，布劳不得不从他的竞争对手那里复制南方的星座。1602 年 7 月，弗雷德里克·德豪特曼从他在东印度群岛的长期停留中回来，带着他关于新星的笔记。当时已经太晚了，以至于这些位置无法纳入布劳的球仪上，尽管旋涡纹记录了这些基于德豪特曼的观测的新恒星。^{⑤⑧①} 借助这些观测结果，布劳立即开始修订 34 厘米的地球仪。一份新版本于 1603 年出版，并由德豪特曼呈递给国会。布劳使用了桑雷达姆的旧铜版，他在上面添加了"普兰齐乌斯十二星座"和修改后的南船座（Argo Navis）。

1603 年，这两位竞争对手再次处于平等的地位。两者都有一对大的球仪（34—35 厘米），还有一对小的球仪（21—23 厘米）。天球仪和地球仪都包含了最新的发现，天球仪甚

---

⑤⑦⑧　请参阅 Willem Sybrand Unger, *De oudste reizen van de Zeeuwen naar Oost-Indië*, 1598 – 1604（The Hague：Martinus Nijhoff, 1948）。

⑤⑦⑨　*GN*, 473 – 476（HON Ⅲ）. 洪迪厄斯的新旧球仪上的经度与其实际位置之间的比较，见 *GN*, 164。

⑤⑧⑩　*GN*, 501 – 505（BLA Ⅲ）.

⑤⑧①　布劳球仪上的新星不是基于德豪特曼的观测，这一事实已经被 Dekker 做了令人信服的考证，见其 "Het vermeende plagiaat" 和 "Early Explorations"。

至还被赋予了新的绘画风格。两家公司的竞争对手都成功地制造了一款更小的球仪产品。洪迪厄斯的直径约为 8 厘米，而布劳则制作了一对直径 10 厘米的球仪。[82] 目前还不清楚洪迪厄斯和布劳为什么制作了这些小球仪；也许它们是用来宣传更大的地球仪的样本，或者是用在天文钟或行星仪上的。

17 世纪：球仪垄断的巩固与衰落

有一段狂热而短暂的时期，球仪制作迅速发展，各种类型的产品都被制作出来，在此之后，有一段相对平静的时光。一则，没有来自国外的竞争。几部球仪是在南部诸省制造的，但是没有一架可以与阿姆斯特丹制造的产品构成任何类型的竞争。

1605 年之后，球仪制作的特点是可用的模型的扩展。这一阶段结束于 1645/1646 年，直到一架真正的新型球仪出现在阿姆斯特丹，已经将近半个世纪了。1605 年之后，作为装饰和贵重物品的令人印象深刻的球仪被用于导航和科学目的的重要球仪所取代。

在 17 世纪下半叶，阿姆斯特丹地图的制作发生了变化。虽然第二代和第三代的制图师跟随他们父亲的脚步，但他们缺乏改进和更新产品的愿望。相互竞争的出版商们试图在数量上超越对方，但几乎没有考虑到学术质量。尽管在那个时期的地图集制造中，想要在尺寸上超过竞争对手的尝试是显而易见的，但它在球仪制造中却不那么明显。约翰·布劳为荷兰东印度公司制造了一个巨大的地球仪；它是按照 1644 年的望加锡（Makasar）的克雷恩·帕滕哈洛（Crain Patengalo）亲王的命令。这个地球仪的直径超过 4 米，包括一个上面绘有地图的铜球组成。据推测，这架地球仪后来被熔化掉，改铸成了大炮。[83] 瑞典女王克里斯蒂娜（Christina）下令在布劳的工作坊中制造一个直径 2.13 米的类似的大型铜球。1707 年，彼得大帝的代理人克里斯托弗·勃兰特（Christopher Brandt）在阿姆斯特丹买下了这个铜球（图 44.40）。[84] 这种巨大的金属球完全远离了正常的制作模式；它们是单独制造的，与由印刷的贴面条带所制作的球仪形成了对比。

只有在航海界，才有改进的呼吁。因此，在阿姆斯特丹制作的海图和海洋地图集是唯独没有因缺乏改进和学术质量而受到影响的地图产品。在这一时期，球仪没有跟上时代，这一事实清楚地表明，他们在航船上已不再有任何功能。

大型球仪制造方面的竞争

在 1606—1612 年间，市场上只有两对直径较小的新球仪，布劳的直径为 13.5 厘米，而洪迪厄斯的则是 11 厘米（附录 44.8）。[85] 1613 年，随着竞争再次升温，一些特别的新球仪

---

[82] *GN*, 463（HON I）and 497 – 500（BLA II）.

[83] Johannes Keuning, "Een reusachtige aardglobe van Joan Blaeu uit het midden der zeventiende eeuw," *Tijdschrift van het Koninklijk Nederlandsch Aardrijkskundig Genootschap* 52（1935）：525 – 538.

[84] Moscow, Historical Museum；请参阅 *Bol'shoi globus Blau：Issledovaniia i restavratsiia*, *Materialy nauchno-prakticheskogo seminara*, *Moskva 8 aprelia* 2003 g., vol. 146 of *Trudy Gosudarstvennogo Istoricheskogo Muzeia*（Moscow, 2006）. Leo Bagrow, "A Dutch Globe at Moscow, ca. 1650," *Imago Mundi* 13（1956）：161 – 162；T. P. Matveeva, "Stary globusy v SSSR," *Der Globusfreund* 21 – 23（1973）：226 – 233；and E. D. Markina, "'Globus Blau' XVII v. v Gosudarstvennom Istoricheskom muzeye," in *Pamyatniki nauki i tekniki* 1984（Moscow, 1986）, 128 – 238.

[85] *GN*, 506 – 508（BLA IV）and 477（HON IV）.

图 44.40 约翰·布劳的大型地球仪

地球仪直径：2.13 米。State Historical Museum，Moscow 许可使用。

被制作出来，其中最引人注目的是它们的尺寸之大。与此同时，一名新的球仪制造师进入了这一领域：彼得·范登克雷，他是约道库斯·洪迪厄斯的姻亲。后来，其他的球仪出版商也出现了，比如约翰内斯·扬松尼乌斯和雅各布·阿尔松·科隆。

老约道库斯·洪迪厄斯一定是在 1611 年就开始制作一对球仪，以超过布劳的尺寸。洪迪厄斯的新地球仪直径为 53.5 厘米，[88] 而布劳的仅为 34 厘米。洪迪厄斯没有完成这项工作；他于 1612 年 2 月突然去世，享年 48 岁。在他去世后，该公司最初是由他的遗孀科莉特·范登克雷和他们的大儿子——18 岁的小约道库斯·洪迪厄斯经营的。他在 1613 年完成了他父亲的一对球仪，以他父亲的名义将其献给了国会。本初子午线再次置于穿越佛得角群岛最西边的岛屿。这张地图基于约道库斯·洪迪厄斯在 1611 年前后发表的两个半球的世界地图，尽管这张地图以穿越亚速尔群岛的圣迈克尔岛（St. Michael）的子午线作为本初子午线。其中的天球仪只不过是 34 厘米模本的放大而已。这样一个巨大的球体由于尺寸太大，而不能用在船上，而且，它也非常脆弱。它的重要，也许仅仅是潜在的买家，是那些富有的商人和市民中的新兴精英阶层的成员和机构，他们发现这些球仪很有名。

最终，洪迪厄斯有了一对球仪，它们让其主人比拥有更大一对球仪的布劳更有声望，而布劳也没有作壁上观。他的反应对他的竞争对手来说是毁灭性的。最早在 1614 年，洪迪厄斯那一对球仪完成一年之后，布劳就忙于制造两架非常巨大的球仪。因为它们需要很长一段时间才能完成，布劳在 1614 年出版了一本手册（由弗拉讷克的数学科学教授阿德里安·梅修斯撰写），宣布了这对新球仪的制作。1616 年，球仪被呈递给国会（图版 53）。[89] 其 68 厘米的直径是 1598/1599 年球仪的两倍，比洪迪厄斯的球仪要大 15 厘米。

1367

布劳的 68 厘米的地球仪可能是包含 1609 年亨利·哈得孙对今天称为纽约的地区进行测绘的最古老的标有日期的地图文件。第二重要的是，布劳纳入了对新几内亚的南部海岸的探险，尽管这一点被忽视了。

布劳的大型地球仪包含了比洪迪厄斯更多的信息，但洪迪厄斯的球仪更具有装饰性。在他 68 厘米的天球仪上，在许多方面都是新的，布劳再次证明了他的主要兴趣是天文学。他不满足于简单地放大其早期球仪。布劳计算了 1640 年的恒星的位置，而不是 1600 年，这一时间的恒星的位置是在范朗伦和洪迪厄斯的天球仪上计算出来的。此外，在长篇注释中还讨论了三颗最近的新星。在命名星座时，可以发现一个重大的变化和一个学术上的改进，其中包括许多拉丁文和希腊文变体，有时还有阿拉伯语的名称。从艺术的角度来看，球仪也是新的。星座的风格与桑雷达姆的不同，而桑雷达姆的风格又与墨卡托的不同。新的数据依赖于一个经典模型，就像墨卡托的一样。在将近一百年的时间中，这对 68 厘米的球仪一直在生产。

然而，1616/1617 年的这对 68 厘米的球仪的出版，给了布劳相当领先的位置，而洪迪厄斯既不能赶上，也无法超越他。在这两个兄弟——小约道库斯和亨里克斯——的手中，洪迪厄斯公司除了看到公司的地球仪是最新的，什么都没有做；当他们宣称推出一个新的版本，他们实际上只是改变了地球仪上的日期或戳记。1623 年，小约道库斯·洪迪厄斯与他

---

[88]   *GN*, 478–483（HON V）.

[89]   *GN*, 509–522（BLA V）.

的姻亲约翰内斯·扬松尼乌斯一起在市场上推出了一对新的球仪。[88] 这一套直径为 4 厘米的球仪，是在 1622 年出版的新版本，可以被视为对布劳的球仪的重大回应。这对新地球仪有两个版本。出版商的名字有两个，其一是小约道库斯·洪迪厄斯；另一是约翰内斯·扬松尼乌斯。这两种版本的日期都是 1623 年。地球仪的洪迪厄斯版，已知只有一份副本，只有在粘上的旋涡纹中有他的名字。[89] 至于天球仪，则使用了另一种方法。在铜版完成后，有一系列的印有"约道库斯·洪迪厄斯"名字的贴面条带，然后，在这些图版改变后，就有了一个印有扬松尼乌斯名字的系列。按照这种方式，这对姻亲的每个人都可以以自己的名义出售球仪。

这似乎是历史在重演：天球仪的雕刻风格是布劳的大型球仪的翻版。甚至连旋涡纹都忠实地采用了。然而，在洪迪厄斯的球仪上，许多星座的名字、额外的图表和详细的注释都找不到，这再次证明了洪迪厄斯公司的方法不很学术。

在洪迪厄斯和布劳的彼此试图超过对方的激烈斗争中，一个新的、第三位球仪制作师几乎没有被注意到。1593 年，彼得·范登克雷在阿姆斯特丹成为一名独立的雕刻师。1612 年前后，彼得勒斯·普兰齐乌斯要求他制造一对新的球仪。根据普兰齐乌斯的指示，球仪的直径为 26.5 厘米，比正常或普通的 32—35 厘米的要小得多。[90] 这一雕刻工作是由范登克雷和他的外甥亚伯拉罕·戈斯完成的。

由范登克雷出版的地球仪被认为是第一部包含埃季岛（Edge Island，位于斯匹兹卑尔根群岛东南部）的南部海岸的印刷文件，并完全用荷兰文的名称（图 44.41）。[91] 然而，席尔德发现，这是由科内利斯·克拉松在 1608 年之前发表的一幅地图上的。[92] 早在 1610 年，威廉·基普（William Kip）的一幅英语世界地图上就复制了这条海岸。[93] 这一新的发现大大降低了这架地球仪对低地国家探险历史的意义。这一地理图像的一个值得注意的特征是位于美国西北部的加利福尼亚西北海岸的广阔的鸿沟。根据雪莉的说法，这"预告了后来显示加利福尼亚是一个岛屿的地图"。[94] 尽管如此，这一细节也不是新的，这是在黑塞尔·赫里松于 1612 年出版的《根据英格兰人亨利·哈得孙探险发现等写成的地理志》（*Descriptio ac delineatio geographica detectionis freti . . . recens investigati ab M. Henrico Hudsono Anglo*）中被发现的。

1368

与普兰奇乌斯的地球仪相比，天球仪虽然显示了许多明显的改进，但却很少引起学术上

---

[88]　*GN*，484 – 487（HON VI）。

[89]　唯一已知的副本见 Weimar, Herzogin Anna Amalia Bibliothek。

[90]　Günter Schilder, "The Globes by Pieter van den Keere," *Der Globusfreund* 28 – 29（1980）：43 – 62；Peter van der Krogt, *Old Globes in the Netherlands: A Catalogue of Terrestrial and Celestial Globes Made Prior to* 1850 *and Preserved in Dutch Collections*, trans. Willie ten Haken（Utrecht: HES, 1984），165 – 170；and *GN*，525 – 531（KEE I）。

[91]　F. C. Wieder, "Spitsbergen op Plancius' globe van 1612: Onbekende Nederlandsche ontdekkingstochten," *Tijdschrift van het Koninklijk Nederlandsch Aardrijkskundig Genootschap* 36（1919）：582 – 595.

[92]　Günter Schilder, "Development and Achievements of Dutch Northern and Arctic Cartography in the Sixteenth and Seventeenth Centuries," *Arctic* 37（1984）：493 – 4514, esp. 500.

[93]　Shirley, *Mapping of the World*, 291 – 292（no. 272），and Schilder, "Dutch Northern and Arctic Cartography," 513 n. 54.

[94]　Shirley, *Mapping of the World*, 307（no. 286）.

图 44.41　彼得鲁斯·普兰齐乌斯和彼得·范登克雷制作的地球仪上北极区域的细部，1612 年

地球仪直径：26.5 厘米。照片由 René van der Krogt 拍摄。Maritiem Museum, Rotterdam 许可使用。

的注意。普兰齐乌斯不仅改变了从 1600—1625 年的时代；他还往托勒密的古老星座中加入了一些新的星座。出版商范登克雷对只有一对球仪并不满意。按照他的计划，他自己制作了两套更小的。第一对小的球仪是在 1613 年完成的，直径只有 9.5 厘米。[395] 第二对是在一年后，直径为 14.5 厘米。[396] 在斯豪滕和勒梅尔的发现被公布后，1618—1619 年前后，三对球仪全都进行了修订，仅有的变化是增加了勒美尔海峡，以及在周边地区做了修改。

新的阿姆斯特丹球仪制作师

在 17 世纪 30 年代，当旧的球仪制造师布劳、洪迪厄斯和范登克雷拥有大约十五个球仪的完整流水线以提供给公众的时候，一名新的球仪制造师出现了：雅各布·阿尔松·科洛姆。1622 年，科洛姆在阿姆斯特丹成为一名书商，在 17 世纪 30 年代的前半段，他一定已经开始制作球仪了。[397] 他似乎制造了三对球仪；在他 1674 年的遗产清单中，列出了"球仪

[395]　*GN*, 532 – 533（KEE Ⅱ）.

[396]　范登科雷的这些小球仪现在非常罕见。这套 14.5 厘米的球仪仅靠后面的版本和一套法文副本中的半套贴面条带才为人所知。

[397]　C. Koeman, *Atlantes Neerlandici*：*Bibliography of Terrestrial*, *Maritime*, *and Celestial Atlases and Pilot Books Published in the Netherlands Up to* 1880, 6 vols.（Amsterdam：Theatrum Orbis Terrarum, 1967 – 1985）, 4：119 – 121, and A. J. Kolker, "Jacob Aertsz. Colom, Amsterdams uitgever," in *Jacob Aertsz. Colom's kaart van Holland* 1639：*Reproductie van de eerste uitgave*, ed. A. J. Kölker and A. H. Sijmons（Alphen aan den Rijn：Canaletto, 1979）, 13 – 23.

图版"，也包括"中等大小球仪的图版"和"更小的球仪的图版"。[398] 然而，目前已知的只有一对直径为 34 厘米的球仪和一个较小（20 厘米）的地球仪。

现在只有一对 34 厘米的球仪存世。[399] 据推测，其地球仪（1640 年前后）取自一份第二次修订后的版本（图 44.42）。[400] 它是根据其他同时代的地图编纂而成的，比如亨里克斯·洪迪厄斯的 1630 年世界地图，它展示了新荷兰（澳大利亚）的西部和南部海岸，建立在 17 世纪前二十五年低地国家的发现的基础上。[401] 其天球仪（1630 年前后）是布劳同样尺寸的天球仪的复制品，但标题和献词的旋涡纹各不相同。[402] 对布劳的球仪唯一的改进是在标题中所宣布的："由雅各布斯·霍里乌斯（Jacobus Golius，霍里乌斯是莱顿的阿拉伯语教授）首次对大多数星座的阿拉伯名称进行纠正或增补。" 即使是阿拉伯天文学家所不知道的星座，比如"普兰齐乌斯十二星座"，也被赋予了阿拉伯语的名字。

1369

图 44.42　雅各布·阿尔松·科洛姆制作的地球仪，约 1640 年

地球仪直径：34 厘米。照片拍摄：René van der Krogt。National Maritime Museum, London（G 170）许可使用。

---

[398]　Amsterdam, Gemeentearchief, Not. Arch. 4416, f. 386, dated April 28, 1674.

[399]　这对球仪在 London, National Maritime Museum；请参阅 Dekker, "Handsome Globes," 108 – 111, and, in the catalog section, 309 – 311, and *GN*, 539 – 543（COL Ⅰ）。

[400]　较早的一份出版物可能是根据一份法文副本的（12 条中）6 条贴面条带推断出来的，存放在 BNF［inv. no. Ge D 12558（1）&（2）（gores）and Ge D 12794（horizon）］。

[401]　Günter Schilder, *Australia Unveiled: The Share of the Dutch Navigators in the Discovery of Australia*, trans. Olaf Richter（Amsterdam: Theatrum Orbis Terrarum, 1976）, and idem, "Die Entdeckung Australiens im niederländischen Globusbild des 17. Jahrhunderts," *Der Globusfreund* 25 – 27（1978）: 183 – 194, esp. 187 – 188.

[402]　一套天球仪贴面条带存放在 Oxford, Bodleian Library。

这对 20 厘米的球仪中只有一架地球仪为今天所知，而天球仪则不为人知。[403] 相较于科洛姆利用了不止一个资料来源的更大的地球仪来说，这架地球仪对于他作为球仪制作师的形象不太有利。20 厘米的地球仪如实地复制于约道库斯·洪迪厄斯的 1618 年地球仪。只有旋涡纹和船只的形状是不同的。确定这架地球仪的日期是不可能的；我们能确定的是，它是在 1622 年（那一年，科洛姆在阿姆斯特丹成为书商）和 1651 年（天文钟的日期）之间建立的。科洛姆在球仪制造业领域的活动对其他公司影响不大。

约翰内斯·扬松尼乌斯作为球仪出版商的到来，标志着 17 世纪阿姆斯特丹的球仪制作的一个全新阶段。扬松尼乌斯出版了五对不同的球仪，其中四对是他从别人那里获得的铜版，在上面他雕刻了自己的名字。1620 年，扬松尼乌斯出版了自己的第一对球仪。[404] 他使用的是其妻子的叔叔彼得·范登克雷的最小的球仪的铜版，这是一个适度的起步。第二年，扬松尼乌斯出版了一份由亚伯拉罕·戈斯雕刻的地球仪（图 44.43）。[405] 这架地球仪完全复制了 1614 年彼得·范登克雷的地球仪。根据后来的资料来源，我们才知道它还配了一架天球仪。[406] 我们不知道扬松尼乌斯为什么要让亚伯拉罕·戈斯雕刻这个新地球仪，而不是对同样大小的地球仪进行修改（我们知道扬松尼乌斯可以得到他妻子叔叔的铜版）。为什么他要复制一个地球仪，让它的直径仅仅放大一点点？如果在地球仪上所展示的勒梅尔和斯豪滕的探险是出版它的动机，那么出版新天球仪的动机仅仅因为球仪要成对出售；斯豪滕和勒梅尔的航行没有得出天文方面的发现。

1623 年，彼得·范登克雷列出了一份财产的清单，这是与他第二次婚姻有关的。不久之后，范登克雷卖掉了他的铜版，把球仪的图版给了约翰内斯·扬松尼乌斯，后者在 1627 年和 1645 年推出了新版本，但只改变了地球仪上的戳记和日期。[407]

约翰内斯·扬松尼乌斯在球仪的制作中享有声誉，他是一个以低成本制作新作品的经销商，但有时只是改变了球仪上的日期。在 1642/1643 年的第一次航行中，在他环绕新荷兰航行后，阿贝尔·扬松·塔斯曼发现，新荷兰并不是广阔的南方大陆的一部分。塔斯曼绘制了范迪门之地［Van Diemen's Land，后来的塔斯马尼亚岛（Tasmania）］，以及新西兰的西海岸的地图。在 1644 年的第二次航行中，塔斯曼绘制了新荷兰的北部海岸的地图，并永久地消除了南部大陆延伸到赤道的假设。然而，在 1616—1644 年期间，在其 1648 年的 44 厘米地球仪上，扬松尼乌斯没有纳入任何在澳大利亚的地理发现的内容。相比之下，洪迪厄斯、科洛姆和布劳在他们的地球仪上都是这样做的。

威廉·扬松·布劳在 1638 年去世后，他的儿子们接管了这家公司，但很快，长子约翰·布劳就走到了最前台。布劳的球仪中，约翰唯一修订过的是那个最大的（68 厘米）。[408]

[403] 这份副本被保存在 Det Nationalhistoriske Museum på Frederiksborg。请参阅 GN, 544（COL Ⅱ）。

[404] 这架地球仪只有一份副本现在可知。它被保存在 London, National Maritime Museum。请参阅 Dekker et al., Globes at Greenwich, 369–371, and GN, 532–533（KEE Ⅱ）。扬松尼乌斯制作的这对球仪也被列举于 p. 205。

[405] 这架地球仪只有一份副本现在已知［Leiden, Universiteitsbibliotheek（Bodel Nijenhuis collection, inv. no. 143/21）］。请参阅 GN, 537–538（JAN Ⅰ）。

[406] GN, 205.

[407] GN, 525–529（KEE Ⅰ）.

[408] GN, 509–522（BLA Ⅴ）.

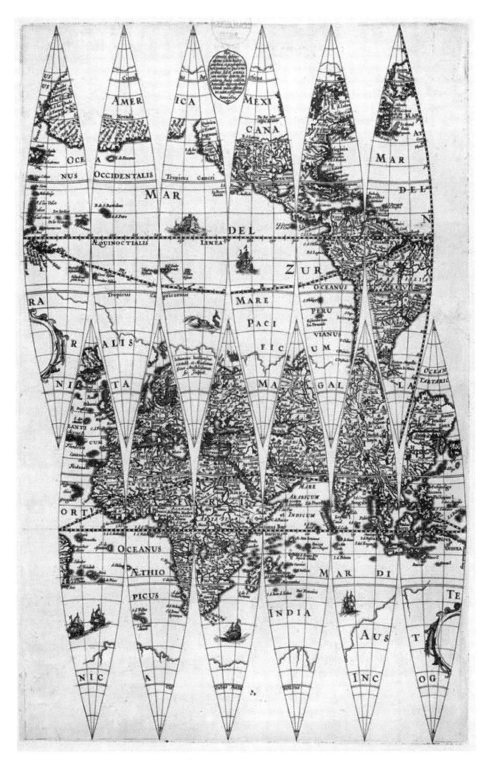

图44.43 约翰内斯·扬松尼乌斯所绘制地球仪的贴面条带，1621 年。由扬松尼乌斯出版，亚伯拉罕·戈斯雕版。

12 条完整的贴面条带

地球仪直径：15.3 厘米。由 Universiteitsbibliotheek Leiden（Bodel Nijenhuis Collection, inv. Port 143 N 21）提供照片。

修订这架球仪是一个两阶段的过程，约翰依赖于各种技术。北美西海岸和日本海岸用覆盖的方式做了改变。[409] 地图的新部分被印在不同的纸张上，粘贴在正确的位置上。新荷兰的新地图，包括塔斯曼所做的，被刻在了球仪的铜版上。球仪的最终地图在 1645/1648 年的世界地图上是一样的。因此，这架球仪可以追溯到那个时代。

1371　　　17 世纪，国外对尼德兰球仪的兴趣变得如此之大，以至于阿姆斯特丹的球仪制造商都无法满足这一需求。此外，地球仪是脆弱的，这使得它们的运输相对困难和昂贵。因此，在国外也制造了副本。[410]

1580—1650 年期间南方的制作

在 1580—1650 年，阿姆斯特丹的球仪制造达到了顶峰，在南部诸省也制作了新的地球仪。在安特卫普，科内利斯·德约德制作了一对球仪。后来在安特卫普，神学家和历史学家弗朗西斯库斯·哈拉乌斯（Franciscus Haraeus）制作了一些引人注目的地球仪。最后，在17 世纪的前半段，阿诺尔德·弗洛里斯·范朗伦和他的儿子米夏埃尔逃到布鲁塞尔，在那里，他们在球仪制造领域非常活跃。这一地区的球仪制作仍是少数人的工作，并没有像在阿姆斯特丹那样发展成为竞争和相互影响的市场。来自南部的现代化球仪在阿姆斯特丹的球仪的巨额数量映衬下黯然失色。

科内利斯·德约德，或者他的父亲赫拉德，是第一个在南方按照墨卡托的方式制造球仪的人。[411] 其副本没有保存下来，只有一些球仪贴面条带被认为是赫拉德·德约德的。但是，根据书面信息来源，科内利斯·德约德在 1592—1594 年的时候参与了一架大型地球仪的制造。[412] 我们也有一套从 1584—1587 年间的 24 个半贴面条带（图 44.44）。[413] 作者可能是赫拉德或科内利斯·德约德。有迹象表明，德约德也制造了一个小型球仪。[414]

1607 年末或 1608 年初，阿诺尔德·弗洛里斯·范朗伦为躲避他的债主，匆匆忙忙地扔下了所有的货物，逃到西班牙统治下的南部诸省。在球仪制作的历史上，这些情况创造了一个独特的环境（以及地图目录学家和编目员的问题）。范朗伦的球仪的铜版仍然保留在阿诺尔德的兄弟亨德里克的手中，大概阿诺尔德不能使用它们。但是，因为阿诺尔德收到了用于1372　制造大型地球仪的大量印刷贴面条带的图幅，所以他在大约 1620 年的时候就利用他父亲的贴面条带制作了球仪。有了这些贴面条带，他在南方的第一年就制作了完整的球仪。当某些

[409]　J. Jenny, "Note sur quelques globes de Blaeu des années 1622 et suivantes conservés en France," in *Actes du quatre-vingt-septième Congrès national des sociétés savantes*, *Poitiers*, 1962, *Section de Géographie* (Paris: Imprimerie Nationale, 1963), 107 – 132.

[410]　这些国外的模仿的更详细讨论，见 *GN*, 211 – 214。

[411]　Van Ortroy, *L' oeuvre cartographique de Gerard et de Corneille de Jode*.

[412]　德约德与数学家 Levinus Hulsius (Lieven van Hulsen) 通信谈到了这个地球仪。在 1594 年，Hulsius 写了一篇关于测量师的象限仪的研究，该书以德文和拉丁文出版，由德约德提供经费。这本书的出版经历了几年的延迟，据 Hulsius 于 1594 年 1 月 21 日给维尔茨堡（Wurzburg）的主教 Julius Echter von Mespelbrunn of Franconia 的献词，因为本该制作图形的铜版的德约德忙于完成世界地图集《世界之镜》和 "制造一个大地球仪"。

[413]　Marcel Destombes, "An Antwerp *Unicum*: An Unpublished Terrestrial Globe of the 16th Century in the Bibliothèque Nationale, Paris," *Imago Mundi* 24 (1970): 85 – 94; reprinted in *Marcel Destombes* (1905 – 1983): *Contributions sélectionnèes à l'histoire de la cartographie et des instruments scientifiques*, ed. Günter Schilder, Peter van der Krogt, and Steven de Clercq (Utrecht: HES, 1987), 337 – 350. 请参阅 *GN*, 416 (JOD I)。

[414]　*GN*, 257.

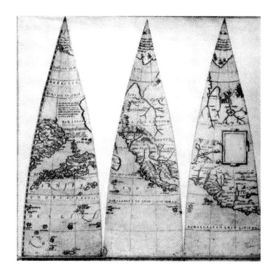

图 44.44　地球仪贴面条带，可能由德约德出版，1584—1587 年。有两套 12 幅半贴面条带；此处描绘了北美洲所在的贴面条带
地球仪直径：73.5 厘米。由 BNF 提供照片。

贴面条带的供给用光时，阿诺尔德为缺失的贴面条带雕刻了新的图版。通过这种方式，他可以用新的和旧的贴面条带来制作一架完整的球仪。这个过程更加复杂，因为阿诺尔德完全修订了新的贴面条带。最终，他制作了一架由全新的贴面条带组成的大型地球仪。[415]

在完成了自己的地球仪之后，阿诺尔德就开始推行他早期的计划，要制作一架新的天球仪，这一次他完成了；1630 年，印刷的地球仪问世。[416] 星座遵循了桑雷达姆的风格，这种风格在低地国家北部的洪迪厄斯和布劳的地球仪上得以使用。因此，很有可能阿诺尔德·弗洛里斯·范朗伦参照他的阿姆斯特丹竞争对手绘制了自己的球仪，然而，他的球仪有很多有趣的补充。例如，阿诺尔德增加了一项对太阳系中不同行星的调查，每一颗行星都有成比例的圆圈，以及它们的大小和距离的数据。很有可能，这些增补是阿诺尔德的儿子，皇家宇宙学家米夏埃尔·弗洛里斯·范朗伦的工作。

在完成了天球仪之后，米夏埃尔·弗洛里斯·范朗伦出版了一架改进版本的地球仪（约 1645 年），对铜版进行了修改，并通过修剪旧的贴面条带或粘贴新的图块来进行改变。[417] 球仪是通过用手工添加注释来完成的。最重要的变化之一是把日期变更线绘制在经度 217°（图 44.45）。此外，在铜版上移除了恒向线，用手工添加上了北美、日本和澳大利亚的新发现。

1614 年之后，弗朗西斯库斯·哈拉乌斯在安特卫普至少制造了四种不同的地球仪。哈拉乌斯尽可能地尽到他牧师（罗马天主教）的义务，并是第一个在球仪的地图上添加一个明确的主题元素——基督教传播——的人。[418] 在这样做的过程中，他追随了约道库斯·洪迪

⑮　对于现存的大型地球仪的副本的一份列表，请参阅 GN，260。

⑯　这一印本球仪的原型可能是天球仪的优秀手绘版本，保存在 London, National Maritime Museum（inv. no. G. 106），其日期大致是在 1625 年。请参阅 GN，459。

⑰　唯一一份已知的副本位于 Wrocław, Muzeum Archidiecezjalne。

⑱　Peter van der Krogt and Günter Schilder，"Het kartografische werk van de theoloog-historicus Franciscus Haraeus（ca. 1555 – 1631），" *Annalen van de Koninklijke Oudheidkundige Kring van het Land van Waas* 87（1984）：5 – 55.

图 44.45　米夏埃尔·弗洛里斯·范朗伦所制作地球仪的细部，约 1645 年。此细部在经度的 217° 显示了日期变更线

地球仪直径：52.5 厘米。照片拍摄：René van der Krogt。Plantin-Moretus Museum/Prentenkabinet，Antwerp 许可使用。

厄斯，他为 1607 年的《袖珍地图集》画了一幅小型地图《基督教分布图》（*Designatio orbis christiani*）。[19] 没有人遵循哈拉乌斯的创新，这表明对他的贡献没有太大的兴趣。

　　哈拉乌斯原创的球仪现在都已不存。保存下来的是不同的两组贴面条带，一组在澳大利亚的悉尼，另一组在比利时的圣尼克拉斯（Sint-Niklaas）。[20] 在悉尼发现的贴面条带的图幅是为哈拉乌斯的第一个已知的地图绘制工作做的，这是一架 1614 年在安特卫普出版的地球仪（约 17.5 厘米）（图 44.46）。哈拉乌斯第二架已知的球仪（22 厘米），与其第一架在每个方面几乎都是不同的；唯一的相似之处是对宗教分布的描述。根据这张纸上的指导说明，出版日期一定是在 1615/1616 年。

1373

[19]　Peter van der Krogt and Günter Schilder, "Het kartografische werk van de theoloog-historicus Franciscus Haraeus（ca 1555 – 1631），" *Annalen van de Koninklijke Oudheidkundige Kring van het Land van Waas* 87（1984）：5 – 55.

[20]　Mitchell Library of the State Library of New South Wales（inv. no. M2 100a/1614/1）in Sydney, Australia, and Library of the Royal Archeological Circle of the Land of the Waas in Sint-Niklaas, Belgium. 此两者均见 *GN*, 417 – 420。

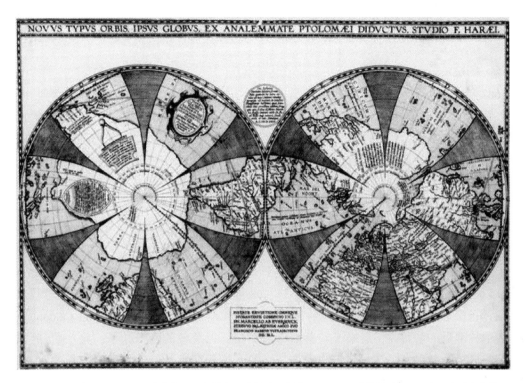

图 44.46　弗朗西斯库斯·哈拉乌斯制作的专题球仪贴面条带，显示不同宗教的分布。两套六条贴面条带

地球仪直径：17.5 厘米；图幅尺寸：38×56 厘米。由 Mitchell Library，State Library of New South Wales，Sydney（ZM2 100a/1614/1）提供照片。

大约 1650 年之后的低地国家球仪：约翰·布劳和追随者的重印

大约在 1650 年前后，制作阿姆斯特丹球仪的铜版和工具都在四个不同的个人手中，但没有包括范朗伦。约翰·布劳拥有他的父亲威廉·扬松·布劳的球仪。亨里克斯·洪迪厄斯拥有他父亲老约道库斯·洪迪厄斯的五个球仪的铜版。约翰内斯·扬松尼乌斯把图版安置在自己的球仪、彼得·范登克雷的三对球仪以及他与小约道库斯·洪迪厄斯共同出版的那对 44 厘米的球仪上。雅各布·阿尔松·科洛姆仍然拥有自己的铜版。

约翰·布劳试图通过购买他的竞争对手的铜版来提高他在球仪制作领域的竞争地位。在大约 1670 年之前，他成功地获得了亨里克斯·洪迪厄斯和约翰内斯·扬松尼乌斯的铜版。通过购买扬松尼乌斯的铜版及其附件，约翰·布劳获得了除雅各布·阿尔松·科洛姆之外的 17 世纪初阿姆斯特丹的所有球仪上的铜版。布劳提供在他的工作坊里制作的带有布劳名字的一些其他球仪。其他作者可能在多大程度上被布劳改变，这是无法确定的，因为没有一例是已知的。尽管这可能意味着没有作品保存下来，但也可以认为布劳在没有修改的情况下出售球仪，他出售了保存下来的洪迪厄斯和范登克雷的副本。

约翰·布劳于 1673 年去世，也是他的印刷所严重火灾之后的那一年。公司暂时由他的儿子威廉、彼得和小约翰继续经营。从 1674—1682 年，在其儿子的任期内，公司获得了雅各布·阿尔松·科洛姆最后的铜版。然而，当时的布劳家族仅仅参与了一些与球仪贸易有关的活动。

1374

扬·扬松·范瑟伦

1682 年，所有为制作琼·布劳的继承人所拥有的球仪所需要的铜版和仪器都是由扬·扬松·范瑟伦（Jan Jansz. van Ceulen）购买的。作为球仪工厂的新老板，范瑟伦积极地经营他的生意。他要求从荷兰和西弗里斯兰的政府获得出版球仪的特许权，这是自 1597 年以来首次要求球仪的总特许权。范瑟伦打算修复在 1672 年的大火中受损的铜版，甚至还制造了新的图版。1682 年 9 月 24 日，他收到了一份为期十五年的特许状，他的球仪被允许在荷兰省出售。这一特许权是否比范朗伦和洪迪厄斯在 16 世纪末期更有效，这是不确定的，但在他的特许权生效期间（1682—1697 年），荷兰省没有制造任何新的球仪。有迹象表明，范朗伦确实修订和改进了球仪的铜版，包括区分了他清单中布劳的"球仪"和"新球仪"。[420] 17 世纪上半叶，阿姆斯特丹几乎所有的球仪都可以在范瑟伦的工厂中找到。然而，铜版的状态如此，以至于仍然只能制作出布劳的 23、34、68 厘米的球仪，以及科洛姆的这些球仪。

扬·杨松·范瑟伦得到了包括他的兄弟亚伯拉罕·范瑟伦（Abraham van Ceulen）的帮助，亚伯拉罕是一名商人，后来又经营袖珍地图集，以及他的两个儿子：弗兰斯和约翰内斯，后来成了一名水管工和一名窗户安装工。扬·扬松死后，他的儿子们为新的所有者工作。他的继承人在 1689 年公开拍卖了他的遗产，而完整的工厂是由约翰内斯·德拉姆（Johannes de Ram）购买的。德拉姆出售了"可敬的约翰·布劳所留下的所有的天球仪和地球仪以及球体"。[422] 我们还不知道德拉姆是否把他的名字和地址写在了这些地球仪上，也不清楚他是如何设法提供球仪的，在 1689 年，这些球仪的铜版是肮脏与损坏的（vuyl en beschadight）。

当德拉姆在 1693 年去世时，他的遗孀，玛利亚·范聚特芬（Maria van Zutphen）接收了球仪工厂。1696 年，她嫁给了位于法国北部地区的色当（Sedan）的一名手表制造商雅克·德拉弗耶（Jacques de la Feuille）。在他们结婚后，雅克·德拉弗耶继承了德拉姆艺术品和地图销售商的地位。德拉弗耶把自己的地址标于 34 厘米的地球仪之上，并把他的名字添加到他所出售的最大的布劳天球仪上。

德拉弗耶不是一个性格好的人。他是个酒鬼，把妻子的东西都典当了，还虐待她。他大概在 1700 年之后仍然制作并出售球仪。很有可能，球仪工厂的存货也是他所典当东西之列。由约道库斯·洪迪厄斯和威廉·扬松·布劳这样的人建立的球仪工厂，走向了一个不成功的结局。

总结评论

16 世纪，鲁汶大学成为低地国家的学术研究中心，在那里人们对地图学有了很大的关

---

⑳　Amsterdam, Gemeentearchief, Not. Arch. 4484（not. Wybrants），128 – 135.

㉒　Advertisement in the *Amsterdamse Courant*, 21 October 1690. 请参阅 Peter van der Krogt, *Advertenties voor kaarten, atlassen, globes e. d. in Amsterdamse kranten*, 1621 – 1811（Utrecht：HES, 1985），25（no. 56）.

注。由于他们能够根据最新的学术见解制作和销售地图，因此他们从这一发展中受益。印本地图和地图集的制作对出版公司的组织提出了更大的要求，要求它们更好地协调沟通过程，而不是其他类型的印刷材料的制作。地图印刷商和销售商必须为他们的产品寻找一个更大的消费市场。16 世纪，对于有开拓精神的书商和地图商来说，它提供了最好的机会来开拓这一市场。由于对新领地的探险，对地理的兴趣越来越大，这一市场也扩大了。然而，早在 17 世纪初，商业和制图中心迁到阿姆斯特丹，地图、地图集和球仪的世界范围贸易都集中在那里。在 16 世纪晚期和 17 世纪的七省联合共和国，地图制作商一直在寻找更快更便宜的制作方法。1585 年，由于北方诸省的人口数量增加，导致地图消费者和制作者的市场出现爆炸式增长。在阿姆斯特丹，地图制造商开始专业化，地图印刷商、出版商和销售商之间的分工更加严格。不断扩大的国内和国际消费市场为新来者提供了空间，尽管竞争加剧了。大约在 1675 年，当法国的出版商开始主导地图贸易时，低地国家的商业地图制作的领导地位就结束了。然而，在很长一段时间内，共和国仍然是地图绘制材料分布的中心。

文艺复兴时期的低地国家的商业地图，可以以此前未知的数量和质量而自夸。在地图集的领域，可以提供极其多样的产品：世界地图集、航海地图集、袖珍地图集、城镇地图集、区域地图集、历史地图集和天图集。这些地图产品的分化，是由于在欧洲拥有最高识字率的七省的公众需求的增加而产生的。亚伯拉罕·奥特柳斯的第一部现代世界地图集是地图学的一个创新，于 1570 年在安特卫普出版。地图集出版社开始相互竞争，以制作更多的地图或更精美的地图集。在 1662—1672 年间，当约翰·布劳出版了一份由五种语言组成的九—十二个部分的世界地图集之时，这一竞争达到了顶峰。世界地图集的学术价值在当时是次要的。1375

在低地国家商业制图的全盛时期，壁挂地图构成了另一种吸引人的地图产品。这些多图幅地图中只有少数几幅保存了下来，但它们对于研究世界的同时代形象非常重要。在安特卫普，以及后来的阿姆斯特丹，来自探险家的最新地理信息被尽可能快速地添加到壁挂地图上。这些地图的拥有者非常密切地关注着地理上的进展。因此，过时的壁挂地图很快就会被撤掉，换上新的地图，因此对这种地图产品的需求就会自动得到保证。

在 16 世纪的第二个二十五年，球仪的制作已经开始了。在欧洲其他地方，人们对球仪的兴趣也在上升。然而，在 17 世纪上半叶，低地国家球仪制作的发展与欧洲其他国家不同。在低地国家制造的球仪在世界范围的市场中占据主导地位。就像地图集的情况一样，地球仪可以制造成许多类型和设计。另一个相似之处在于各种出版商之间的巨大竞争：在 1650 年前后，持续的竞争导致了阿姆斯特丹的巨型地球仪的制作，直径达到几米。再一次，数量压倒了学术质量。商业地图制作中的制图技术创新将只在低地国家之外进行。

附录 44.1		希罗尼穆斯·科克的《四风》中出版的地图	1376
年份	表现地区	格式；尺寸（厘米）	保存地点
1551	帕尔马	?；47×32.5	Vatican City, Biblioteca Apostolica Vaticana
[1551]	马耳他	?	No example known
1551	米兰多拉（Mirandola）周边	?；42×30	BL

续表

年份	表现地区	格式；尺寸（厘米）	保存地点
1552	皮埃蒙特	2 图幅；54.5×74.5	BNF
1553	西西里	2 图幅；36.5×53	Wolfenbüttel, Herzog August Bibliothek
1553	西班牙	4 图幅；77×95	Weimar, Herzogin Anna Amalia Bibliothek
1555	土耳其	2 图幅；42.5×58.5	Wolfenbüttel, Herzog August Bibliothek
1556	萨伏伊	2 图幅；46.5×66	Wolfenbüttel, Herzog August Bibliothek；BNF
1557	七省联合共和国	3 图幅；54×103.5	Florence, Biblioteca Nazionale Centrale
1559	海尔德兰和聚特芬	?	并无已知例证
1560	米兰公国	2 图幅；62×50	Florence, Istituto Geografico Militare；BL
1562	美洲	4 图幅；107×104	BL；Washington, D.C., Library of Congress
1562	代默尔河（Demer）航道	?	并无已知例证
1562	波兰	2 图幅；42×56	Wolfenbüttel, Herzog August Bibliothek；Paris, Bibliotheque de l'Arsenal
1564	海尔德兰和克里夫	6 图幅；82×77	BNF（1601 edition by Paul van der Houve）
1565?	威斯特伐利亚	?	并无已知例证
1565	德意志	12 图幅；119×136	Innsbruck, Geographisches Institut derUniversität
1565	马耳他	?；23×33	Basel, Öffentliche Bibliothek der Universität
1566?	勃艮第	?	并无已知例证
[1570 年之前]	德意志（海丹努斯）	16 图幅；?	并无已知例证
[1570 年之前]	德意志	6 图幅；?	并无已知例证
1570	圣地	9 图幅；103×108	BL

资料来源：根据 Jean Denucé, *Oud-Nederlandsche kaartmakers in betrekking met Plantijn*, 2 vols.（Antwerp：De Nederlandsche Boekhandel, 1912－1913；reprinted Amsterdam：Meridian, 1964），1：118－139；Timothy A. Riggs, *Hieronymus Cock*：*Printmaker and Publisher*（New York：Garland Publishing, 1977）；以及 *MCN*, 2：94－97 and 5：221－229。

1377　　附录 44.2　　**赫拉德·德约德地图的概况**

年份	表现地区	格式；尺寸（厘米）	保存地点
1560	欧洲	6 图幅；66.5×103	Wolfenbüttel, Herzog August Bibliothek
1562	北欧	6 图幅；75.5×100.5	BNF
1562	德意志	4 图幅；67.5×88	BNF
1563	葡萄牙	14 图幅；55×93.5	BNF；Wolfenbüttel, Herzog August Bibliothek
1564	世界	8 图幅；87.5×150	BL；Basel, Öffentliche Bibliothek der Universität
1565	荷兰省	2 图幅；72.5×54	BNF；Wolfenbüttel, Herzog August Bibliothek
1565	佛兰德	2 图幅；54×62.5	BNF
1565	布拉班特	2 图幅；56×62.5	BNF
1566	十七省	6 图幅；76×93.5	BNF；Wolfenbüttel, Herzog August Bibliothek

续表

年份	表现地区	格式；尺寸（厘米）	保存地点
1567	匈牙利	6 图幅；48.5×117	BNF；Wolfenbüttel, Herzog August Bibliothek
1568	意大利	4 图幅；53.5×75.5	BNF；Wolfenbüttel, Herzog August Bibliothek
［约 1568］	布拉班特	1 图幅；34.5×49	Wolfenbüttel, Herzog August Bibliothek
［1568］	弗里斯兰	1 图幅；43×53	Basel, Öffentliche Bibliothek der Universität
1569	莱茵河	3 图幅；50×130	Schwerin, Mecklenburgische Landesbibliothek
1571	世界	2 图幅；33×51	BNF；Basel, Öffentliche Bibliothek der Universität
1584	欧洲	6 图幅；92×116.5	Berlin, Staatsbibliothek

附录 44.3　　　　　　贝尔纳德·范登普特的木刻版地图

年份	表现地区	格式；尺寸（厘米）	收藏地点
1557	法兰西、尼德兰和瑞士	12 图幅；80.5×89.5	Wolfenbüttel, Herzog August Bibliothek
1558	荷兰	9 图幅；110.5×79	Breslau, former Stadtbibliothek（二战中亡佚）
1559	弗里斯兰	9 图幅；88.5×79	Breslau, former Stadtbibliothek（二战中亡佚）
1559	《以色列行程》（*Itinera Israelitum*）	9 图幅；88.5×101.5	BNF
1566	欧洲	12 图幅；93×134	BNF（有一图幅不存）
约 1569	世界	?	London, Royal Geographical Society（one sheet only）
1570	世界	12 图幅；105.5×193	Wolfenbüttel, Herzog August Bibliothek
1572	欧洲	12 图幅；93×134	Wolfenbüttel, Herzog August Bibliothek

附录 44.4　　　　　　安特卫普出版的壁挂地图（16 世纪）　　　　　　　　1378

年份	表现区域	出版商/印刷商	技术	格式；尺寸（厘米）
［1540］	世界	杰玛·弗里修斯	?	?
1544	世界	塞巴斯蒂安·卡伯特	铜版雕刻	4 图幅；125×218
1549	世界	约翰内斯·巴普蒂斯塔·圭恰迪尼	木刻版	? 图幅；约 225×260
1553	西班牙	耶罗尼米斯·科克	铜版雕刻	4 图幅；77×95
1556	世界	亨德里克·特尔布吕亨	木刻版	?
	海尔德兰	佚名	铜版雕刻	9 图幅；93×79
1557	法兰西、十七省和瑞士	贝尔纳德·范登普特	木刻版	12 图幅；80.5×89.5
	十七省	耶罗尼米斯·科克	木刻版	3 图幅；54 103.5
1557?	沃曼杜瓦（Vermandois）	阿诺尔德·尼科莱	铜版雕刻	?

续表

年份	表现区域	出版商/印刷商	技术	格式；尺寸（厘米）
1558	东方（波罗的海）	阿诺尔德·尼科莱	木刻版	9 图幅；71×96
	佛兰德	贝尔纳德·范登普特	木刻版	4 图幅；75×99
	布拉班特	阿诺尔德·尼科莱	木刻版	6 图幅；82.5×76.5
	荷兰（省）	贝尔纳德·范登普特	木刻版	9 图幅；110.5×79
1559	弗里斯兰、格罗宁根、德伦特和上艾瑟尔	贝尔纳德·范登普特	木刻版	9 图幅；89×79
1560	欧洲	赫拉德·德约德	木刻版	6 图幅；66.5×103
	泽兰	威廉·西尔维于斯	铜版雕刻	4 图幅；51×70
1562	美洲	耶罗尼米斯·科克	铜版雕刻	6 图幅；92×94
	德意志	赫拉德·德约德	铜版雕刻	4 图幅；68×88
	北欧	赫拉德·德约德	木刻版	6 图幅；75.5×100.5
1563	葡萄牙	赫拉德·德约德	木刻版	4 图幅；55×93.5
1564	世界	赫拉德·德约德和亚伯拉罕·奥特柳斯	铜版雕刻	8 图幅；87×148
	海尔德兰	耶罗尼米斯·科克	铜版雕刻	6 图幅；82×77
1565	德意志	耶罗尼米斯·科克和克里斯蒂安·斯格罗滕	铜版雕刻	12 图幅；130×158
1566	十七省	赫拉德·德约德	铜版雕刻	6 图幅；83×98
	欧洲	贝尔纳德·范登普特	木刻版	12 图幅；93×134
1567	匈牙利	赫拉德·德约德	铜版雕刻	6 图幅；54×122
	亚洲	亚伯拉罕·奥特柳斯	铜版雕刻	8 图幅；101×145
1568	意大利	赫拉德·德约德	铜版雕刻	4 图幅；53.5×75.5
[约 1569]	非洲	赫拉德·德约德	铜版雕刻	11 图幅；102×122
[Before 1570]	德意志	耶罗尼米斯·科克	铜版雕刻	6 图幅；?
	德意志	耶罗尼米斯·科克和彼得·范德海登	铜版雕刻	16 图幅；?
	海尔德兰	贝尔纳德·范登普特	铜版雕刻?	?
1570	圣地	耶罗尼米斯·科克	铜版雕刻	9 图幅；118×110
	世界	贝尔纳德·范登普特	木刻版	12 图幅；114×197
1571	西班牙	亚伯拉罕·奥特柳斯	铜版雕刻	6 图幅；83×102
1572	欧洲	贝尔纳德·范登普特	木刻版	12 图幅；?
[约 1576]	美洲	赫拉德·德约德	?	?
[约 1577]	亚洲	赫拉德·德约德	铜版雕刻	8 图幅；98×138
1578	十七省	菲利普斯·哈莱	铜版雕刻	12 图幅；130×151
1584	欧洲	赫拉德·德约德	铜版雕刻	6 图幅；92×117
1592	法兰西	科内利斯·德约德	铜版雕刻	9 图幅；107×138

资料来源：根据 Peter van der Krogt, "Commercial Cartography in the Netherlands, with Particular Reference to Atlas Production（16th–18th Centuries），" in *La cartografia dels Paisos Baixos*（Barcelona：Institut Cartografic de Catalunya, 1995），71–140, esp. 80, 以及 *MCN*, vols. 1–5。

附录 44.5　　　阿姆斯特丹出版的壁挂地图选目——以原本

为主，约 1590—约 1670 年　　　　　　　　　　　　　　　　1379

年份	表现区域	出版商/印刷商	技术	格式；尺寸（厘米）
1592	世界	科内利斯·克拉松和琼·巴普蒂斯塔·弗林茨（彼得勒斯·普兰齐乌斯）	铜版雕刻	19 图幅；146×233
1593	十七省	约道库斯·洪迪厄斯	铜版雕刻	［4 图幅；73×91.5］
1595	欧洲	约道库斯·洪迪厄斯	铜版雕刻	8 图幅；133×165
1595/1596	世界	约道库斯·洪迪厄斯	铜版雕刻	8 图幅；88×141
1598	欧洲	约道库斯·洪迪厄斯	铜版雕刻	［4 图幅；71×107］
	非洲	约道库斯·洪迪厄斯	铜版雕刻	［4 图幅；70×106］
	美洲	约道库斯·洪迪厄斯	铜版雕刻	［4 图幅；71×106］
	亚洲	约道库斯·洪迪厄斯	铜版雕刻	［4 图幅；70×105？］
［约 1600］	法兰西	约道库斯·洪迪厄斯	铜版雕刻	4 图幅；75×100
	世界	亨德里克·范朗伦	铜版雕刻	20 图幅？；173×230.5（包括装饰图缘）
［约 1602］	世界	科内利斯·克拉松	铜版雕刻	［4 图幅；81×112］
	亚洲	科内利斯·克拉松	铜版雕刻	8 图幅；106×148
	非洲	科内利斯·克拉松	铜版雕刻	［8 图幅；91×135］
	美洲	科内利斯·克拉松	铜版雕刻	8 图幅；106×146
1603	世界	科内利斯·克拉松（约道库斯·洪迪厄斯）	铜版雕刻	4 图幅；74×107
	世界	约道库斯·洪迪厄斯	铜版雕刻	12 图幅；153×212（包括装饰图缘）
1604	欧洲	路易斯·泰克赛拉	铜版雕刻	8 图幅；102×145
	世界	科内利斯·克拉松（路易斯·泰克赛拉）	［铜版雕刻？］	［9 图幅；？］
	世界	科内利斯·克拉松（路易斯·泰克赛拉）	［铜版雕刻？］	［22 图幅；？］
［约 1604］	世界	威廉·扬松·布劳	铜版雕刻	12 图幅；108×231（不包括装饰图缘）
1605	世界	威廉·扬松·布劳	铜版雕刻	20 图幅；170×238
1607	十七省	彼得·范登克雷	铜版雕刻	12 图幅；151×165
	十七省	威廉·扬松·布劳	铜版雕刻	14 图幅；143×204（包括文字图缘）
	世界	戴维·德迈纳和哈尔门·阿莱尔松（彼得勒斯·普兰齐乌斯）	铜版雕刻	12 图幅；152×186（包括装饰图缘）

年份	表现区域	出版商/印刷商	技术	格式；尺寸（厘米）
1608	世界（1603年版的第二版）	约道库斯·洪迪厄斯	铜版雕刻	12 图幅；153×212（包括装饰图缘）
	欧洲	威廉·扬松·布劳	铜版雕刻	[6 图幅；118.5×167]
	亚洲	威廉·扬松·布劳	铜版雕刻	[6 图幅；118.5×167]
	非洲	威廉·扬松·布劳	铜版雕刻	[6 图幅；118.5×167]
	美洲	威廉·扬松·布劳	铜版雕刻	[6 图幅；118.5×167]
	十七省	威廉·扬松·布劳	[铜版雕刻?]	[6 图幅；108×124?（不包括装饰图缘）]
1609	世界	彼得·范登克雷	铜版雕刻	4 图幅；83×108（不包括装饰图缘）
1611	世界	约道库斯·洪迪厄斯	铜版雕刻	20 图幅；183×247
	德意志	彼得·范登克雷	铜版雕刻	7 图幅；78.5×105.5
[约 1611]	世界	彼得·范登克雷	铜版雕刻	8 图幅；151×197（不包括装饰图缘）
1612	西班牙	黑塞尔·赫里松	铜版雕刻	4 图幅；112.5×142
	德意志	威廉·扬松·布劳	铜版雕刻	6 图幅；107.5×123.5（不包括装饰图缘）
[1613 之后]	欧洲	小约道库斯·洪迪厄斯	铜版雕刻	[6 图幅；103×124]
[1614—1617]	意大利	威廉·扬松·布劳	铜版雕刻	6 图幅；137.5×194（包括装饰图缘）
1617	意大利	黑塞尔·赫里松 和小约道库斯·洪迪厄斯	铜版雕刻	4 图幅；119.5×167.5
1619	世界	威廉·扬松·布劳	铜版雕刻	8 图幅；154×248（包括装饰图缘）
1621	荷兰和西弗里斯兰	威廉·扬松·布劳	铜版雕刻	17 图幅；114×170（包括文字图缘）
1632	布拉班特	亨里克斯·洪迪厄斯	铜版雕刻	4 图幅；90×103
[约 1635]	斯堪的纳维亚	亨里克斯·洪迪厄斯	铜版雕刻	6 图幅；107×122
1632	德意志	亨里克斯·洪迪厄斯	铜版雕刻	12 图幅；122×141
1638 之前	佛兰德	亨里克斯·洪迪厄斯	铜版雕刻	[7 图幅；约 100×125]
1638	佛兰德	威廉·扬松·布劳	铜版雕刻	6 图幅；108×124.5
[约 1638]	布拉班特?	威廉·扬松·布劳	铜版雕刻	[6 图幅;?]
	西班牙	威廉·扬松·布劳	铜版雕刻	6 图幅；100×122
	法兰西	威廉·扬松·布劳	铜版雕刻	6 图幅；108×126
1639	德意志	约翰·布劳	铜版雕刻	[? 图幅；144×181.5]
	荷兰和西弗里斯兰	雅各布·阿尔松·科洛姆	铜版雕刻	40 图幅；162×302
1644	英格兰	科内利斯·丹克尔茨	铜版雕刻	12 图幅；132×166
1647	荷属巴西	约翰·布劳	铜版雕刻	9 图幅；101×161

续表

年份	表现区域	出版商/印刷商	技术	格式；尺寸（厘米）
1648	世界	约翰·布劳	铜版雕刻	20 图幅；？
1651	七省联合共和国	科内利斯·丹克尔茨	铜版雕刻	9 图幅；129×160r
1652	东南亚	胡戈·阿拉德	铜版雕刻	9 图幅；128×157
1654/1655	泽兰	尼古拉斯·菲斯海尔一世	铜版雕刻	9 图幅；142×162［扎哈里亚斯·罗曼（Zacharias Roman）］
［约1655］	圣地	约翰·布劳	铜版雕刻	8 图幅；87×178
1656	布拉班特	尼古拉斯·菲斯海尔一世（扎哈里亚斯·罗曼）	铜版雕刻	12 图幅；140×16
	佛兰德	尼古拉斯·菲斯海尔一世	铜版雕刻	12 图幅；148×160
1657	不列颠群岛	雨果·阿拉德	铜版雕刻	6 图幅；103×122
1658	中国	约翰·布劳	铜版雕刻	6 图幅；100×125
1659	美洲（一）	约翰·布劳	铜版雕刻	6 图幅；103×124
	美洲（二）	约翰·布劳	铜版雕刻	6 图幅；103×124
	亚洲（一）	约翰·布劳	铜版雕刻	6 图幅；103×124
	亚洲（二）	约翰·布劳	铜版雕刻	6 图幅；103×124
	非洲	约翰·布劳	铜版雕刻	6 图幅；103×124
	欧洲	约翰·布劳	铜版雕刻	6 图幅；103×124
？	法兰西	约翰·布劳	铜版雕刻	6 图幅；102×123
	北欧	约翰·布劳	铜版雕刻	6 图幅；107×122
［约1670］	十七省	弗雷德里克·德威特	铜版雕刻	9 图幅；132×168
1682	十七省	尼古拉斯·菲斯海尔二世	铜版雕刻	13 图幅；172×163.5（包括装饰边缘）

资料来源：根据 *MCN*, vols. 1–5。

附录44.6 　　　　**低地国家的多图幅地图，1557—约1700 年** 　　　1381

年份	出版商/印刷商	标题	图幅数
1557	耶罗尼米斯·科克（安特卫普）	［Description du Pays Bas］	3
1566	赫拉德·德约德（安特卫普）	Totius Galliæ Belgicæ	6
约1574	弗兰斯·霍亨贝赫（科隆）	？	8？
约1578	菲利普斯·哈莱（安特卫普）	Nova et emendata totius Belgi, sive Inferioris Germaniae	12
1602	琼·巴普蒂斯塔·弗林茨（安特卫普）	Idem	12
1605	琼·巴普蒂斯塔·弗林茨（安特卫普）	Idem	12
约1653	约翰内斯·哈莱（安特卫普）	Idem	12

续表

年份	出版商/印刷商	标题	图幅数
1593 之后	约道库斯·洪迪厄斯（阿姆斯特丹）	Nova et emendata totius Belgi，sive InferiorisGermaniae	4
1630	亨里克斯·洪迪厄斯（海牙）	Germania Inferior	4
1671	雨果·阿拉德（阿姆斯特丹）	Geographica XVII Inferioris Germaniœ regionum tabula	4
1594	约翰内斯·范多特屈姆（哈勒姆）	Germania Inferior/Nova XVII Provinciarum Germaniae Inferioris descriptio	9
1636	卡拉斯·扬松·菲斯海尔（阿姆斯特丹）	Idem	9
1594/1698	?	Geographica XVII Inferioris Germaniœ regionum tabula	4
1602	彼得·范登克雷（阿姆斯特丹）	Idem	4
1603 之后	?	Idem	4
1607	彼得·范登克雷（阿姆斯特丹）	Nova et accurata geographica descriptio Inferioris Germaniœ	12
1608	威廉·扬松·布劳（阿姆斯特丹）	Nieuwe ende waarachtighe beschrijvinghe der Zeventien Nederlanden	8
1622	威廉·扬松·布劳（阿姆斯特丹）	Idem	12
1638 之后	约翰·布劳（阿姆斯特丹）	Idem	12
1658	约翰·布劳（阿姆斯特丹）	Idem	12
1616 之前	约翰内斯·范多特屈姆（哈勒姆）	Belgium sive Inferior Germania	2
1616	弗朗索瓦·范登赫伊姆（阿姆斯特丹）	Idem	2
1647	米夏埃尔·弗洛朗·范朗伦（布鲁塞尔）	Without title	2
1647	米夏埃尔·弗洛朗·范朗伦（布鲁塞尔）	Status Belgicus	6
1647—1656	米夏埃尔·弗洛朗·范朗伦（布鲁塞尔）	Idem	6
1675—1677	弗朗索瓦·福彭斯（François Foppens）（布鲁塞尔）	Idem	6
1692 之后	弗朗索瓦·福彭斯（布鲁塞尔）	Idem	6
约 1650	尼古拉·拜赖伊一世（Nicolas I Berey）（巴黎）	Carte generale des Dixet Sept Provinces des Pays bas	4
1661 之前	弗雷德里克·德威特（阿姆斯特丹）	Belgii XVII Provinciarum tabula	9
1661	弗雷德里克·德威特和胡戈·阿拉德（阿姆斯特丹）	Tabula nova XVII Belgi Provinciarum	9

年份	出版商/印刷商	标题	图幅数	
约 1710—1720	彼得·范德阿（莱顿）	Belgii XVII Provinciarum tabula/ Les XVII Provinces duPais-Bas avec les Terres Contigues	9	
约 1735	科文斯和莫尔捷（阿姆斯特丹）	Idem	9	
1672	亚历克西斯–于贝尔·亚伊洛特（巴黎）	Les Dix-Sept Provinces des Pays-Bas/Les Pays-Bas divisés en Dix-Sept Provinces	2	
1675	亚历克西斯–于贝尔·亚伊洛特（巴黎）	Idem	2	
1676	亚历克西斯–于贝尔·亚伊洛特（巴黎）	Idem	2	
1680	亚历克西斯–于贝尔·亚伊洛特（巴黎）	Idem	2	
1689	亚历克西斯–于贝尔·亚伊洛特（巴黎）	Idem	2	
[1690—1692]	彼得·莫尔捷（阿姆斯特丹）	Idem（copy）	2	
1696	彼得·莫尔捷（阿姆斯特丹）	Idem（copy）	2	
1696—1711	彼得·莫尔捷（阿姆斯特丹）	Idem（copy）	2	
1701	亚历克西斯–于贝尔·亚伊洛特（巴黎）	Idem	2	1382
1721—1750	科文斯和莫尔捷（阿姆斯特丹）	Idem（copy）	2	
1785	路易·丹尼斯（Louis Denis）（巴黎）	Idem	2	
1680—1690	弗雷德里克·德威特（阿姆斯特丹）	Belgicarum XVII Provinciarum descriptio	4	
约 1682	尼古拉斯·菲斯海尔二世（阿姆斯特丹）	Tabula nova XVII Belgii Provinciarum	9	
约 1690	胡戈·阿拉德（阿姆斯特丹）	Idem	9	
1689	贾科莫·坎泰利·达维尼奥拉（Giacomo Cantelli da Vignola）（罗马）	Le Diecisette Provincie de Paesi Bassi	4	
1689	赫尔曼·莫尔（Herman Moll）（伦敦）	A New Mapp Giving a True Discription of Germany and the XVII Provinces	2	
1689—1693	约翰内斯·德拉姆（阿姆斯特丹）	Belgium Foederatum/Belgicarum XVII Provinciarum delineatio	6	
1689—1693	约翰内斯·德拉姆（阿姆斯特丹）	Foederatum Belgium /Belgicarum XVII Provintiarum nova delineatio/Belgii Omnium Provintiarum tabula	4	
1689—1702	赫拉德·法尔克（Gerard Valck）（阿姆斯特丹）	Nieuwe en Seer Naaukeurige Kaarte vande XVII Provincien in Neerland/Novissima XVII Provinciarum tabula	4	

续表

年份	出版商/印刷商	标题	图幅数
1731—1767	莱昂纳德·申克（Leonard Schenk）（阿姆斯特丹）	Idem	4
1690	亨利·桑格勒（Henri Sengre）（巴黎）	D. O. M. Carte general des Dix-sept Provinces des Pays-Bas	6
1695	安布罗修斯·斯赫芬黑森（Ambrosius Schevenhuysen）（哈勒姆）	Nieuwe en Seer Naaukeurige Kaart vande XVII Provincien in Neerland	4
1728—1756	亨德里克·德莱特（Hendrik de Leth）（阿姆斯特丹）	Idem	4

资料来源：编辑自 *MCN* and H. A. M. van der Heijden, *Oude kaarten der Nederlanden*, 1548 – 1794：*Historische beschouwing, kaartbeschrijving, afbeelding, commentaar /Old Maps of the Netherlands*, 1548 – 1794：*An Annotated and Illustrated Cartobibliography*, 2 vols. （Alphen aan den Rijn：Canaletto/Repro-Holland；Leuven：Universitaire Pers, 1998）。

附录 44.7　　　　　　　　　　　**阿姆斯特丹出版的球仪，约 1596—约 1605 年**

年份	类型［天球仪（C）/地球仪（T）］，直径	制造者
约 1596/1597	T, 14 寸（35.5 厘米）	约道库斯·洪迪厄斯
1597 年之前	T, 3.5 寸（8 厘米）	约道库斯·洪迪厄斯
1598 年之前	C, 3.5 寸（8 厘米）	约道库斯·洪迪厄斯
约 1598	C, 13.5 寸（34 厘米）	威廉·扬松·布劳
约 1597/1598	C, 14 寸（35.5 厘米）	约道库斯·洪迪厄斯和彼得勒斯·普兰齐乌斯
1599	T, 13.5 寸（34 厘米）	威廉·扬松·布劳
1602 年之前	C, 4 寸（10 厘米）	威廉·扬松·布劳
1602 年之前	T, 4 寸（10 厘米）	威廉·扬松·布劳
1600	C, 14 寸（35.5 厘米）	约道库斯·洪迪厄斯
1600	T, 14 寸（35.5 厘米）	约道库斯·洪迪厄斯
1601	C, 8.5 寸（21 厘米）	约道库斯·洪迪厄斯
1601	T, 8.5 寸（21 厘米）	约道库斯·洪迪厄斯
1602	C, 9 寸（23 厘米）	威廉·扬松·布劳
1602	T, 9 寸（23 厘米）	威廉·扬松·布劳
1602	C, 4 寸（10 厘米）	扬·范登布鲁克（Jan van den Broucke）
1603	C, 13.5 寸（34 厘米）	威廉·扬松·布劳
约 1601/1605	T, 13 寸（32.5 厘米）	阿诺尔德·范朗伦

资料来源：取自 *GN*, 429, 463 – 476, and 488 – 505。

附录 44.8　　　　　　　　　　　**低地国家的球仪制造，约 1606—1648 年**

年份	类型［天球仪（C）/地球仪（T）］，直径	制造者/印刷商
1606	T, 6 寸（13.5 厘米）	威廉·扬松·布劳
1606	C, 6 寸（13.5 厘米）	威廉·扬松·布劳

续表

年份	类型［天球仪（C）/地球仪（T）］,直径	制造者/印刷商
约 1610	T,4.5 寸（11 厘米）	约道库斯·洪迪厄斯
［?］	［C,4.5 寸（11 厘米）］	约道库斯·洪迪厄斯
约 1612	C,10.5 寸（26.5 厘米）	彼得·范登克雷
1613	T,4 寸（9.5 厘米）	彼得·范登克雷
1613	C,4 寸（9.5 厘米）	彼得·范登克雷
1613	T,21 寸（53.5 厘米）	约道库斯·洪迪厄斯；由小约道库斯·洪迪厄斯和阿德里安·维恩印刷
1613	C,21 寸（53.5 厘米）	约道库斯·洪迪厄斯；由小约道库斯·洪迪厄斯和阿德里安·维恩印刷
1614	T,10.5 寸（26.5 厘米）	彼得·范登克雷
1614	T,6 寸（14.5 厘米）	彼得·范登克雷
1614	C,6 寸（14.5 厘米）	彼得·范登克雷
1616	C,26 寸（68 厘米）	威廉·扬松·布劳
1617	T,26 寸（68 厘米）	威廉·扬松·布劳
1620	T,4 寸（9.5 厘米）	彼得·范登克雷；由约翰内斯·扬松尼乌斯印刷
1621	T,6.5 寸（15.5 厘米）	约翰内斯·扬松尼乌斯
［?］	［C,6.5 寸（15.5 厘米）］	约翰内斯·扬松尼乌斯
1622	T,26 寸（68 厘米）	威廉·扬松·布劳
1622	C,26 寸（68 厘米）	威廉·扬松·布劳
1623	T,17.5 寸（44 厘米）	小约道库斯·洪迪厄斯（约翰内斯·扬松尼乌斯）
1623	C,17.5 寸（44 厘米）	小约道库斯·洪迪厄斯（约翰内斯·扬松尼乌斯）
1627	T,10.5 寸（26.5 厘米）	彼得·范登克雷；由约翰内斯·扬松尼乌斯印刷
1630 年之后	T,26 寸（68 厘米）	威廉·扬松·布劳
1630 年之后	C,26 寸（68 厘米）	威廉·扬松·布劳
约 1630	C,13.5 寸（34 厘米）	雅各布·阿尔松·科洛姆
约 1630	T,13.5 寸（34 厘米）	雅各布·阿尔松·科洛姆
约 1635	T,8 寸（20 厘米）	雅各布·阿尔松·科洛姆
［约 1635］	［C,8 寸（20 厘米）］	雅各布·阿尔松·科洛姆
［约 1635］	［T,约 6 寸（10 厘米）］	雅各布·阿尔松·科洛姆
［约 1635］	［C,约 6 寸（10 厘米）］	雅各布·阿尔松·科洛姆
1636	T,17.5 寸（44 厘米）	约道库斯·洪迪厄斯；由小约道库斯·洪迪厄斯和约翰内斯·扬松尼乌斯印刷
约 1640	T,13.5 寸（34 厘米）	雅各布·阿尔松·科洛姆
1640	T,21 寸（53.5 厘米）	约道库斯·洪迪厄斯；由亨里克斯·洪迪厄斯印刷
1640	C,21 寸（53.5 厘米）	约道库斯·洪迪厄斯；由亨里克斯·洪迪厄斯印刷

续表

年份	类型［天球仪（C）/地球仪（T）］，直径	制造者/印刷商
1645	T，10.5 寸（26.5 厘米）	彼得·范登克雷；由约翰内斯·扬松尼乌斯印刷
1645/1648	T，26 寸（68 厘米）	琼·布劳
1648	T，17.5 寸（44 厘米）	约道库斯·洪迪厄斯；由约翰内斯·扬松尼乌斯印刷
1648	C，17.5 寸（44 厘米）	约道库斯·洪迪厄斯；由约翰内斯·扬松尼乌斯印刷

资料来源：取自 *GN*，477 – 483，506 – 523，525 – 537，and 539 – 544。

第四十五章　文艺复兴时期低地国家的航海地图制作

金特·席尔德和马尔科·范埃格蒙德

地中海是欧洲海洋地图学的摇篮，正如自中世纪以来，它一直是商业和交通的枢纽，也是科学的中心。在 15 和 16 世纪期间，当商业和航海的重心都转移到西欧时，催生出了新的航海中心。在地中海开发出来的航海传统传播到了西欧的海岸。当世界被划分为西班牙和葡萄牙的势力范围时，这两个国家在横渡大西洋的航行中都扮演了重要的角色，推动了航海技艺繁荣发展。一开始，尼德兰海员的活跃范围被限制在欧洲的海岸，但从 1580 年开始，这一范围得以扩大。

欧洲西北部的贸易和航运的兴起，主要集中在佛兰德的港口和汉萨同盟的城市，这使航海辅助设备变得越来越必要。15 世纪，在地中海开发出来的航海传统和惯例继续在西北部延续，遵循了覆盖地中海沿岸的意大利的"导航手册"（portolanos）的范例，而航海指南是为北海和波罗的海而撰写的。

16 世纪中叶，海图、领航员指南和航海地图集的制作和贸易开始在商业地图绘制中作为一个独立的分支发展起来。在接下来的一个世纪里，几乎没有任何证据表明大型地图集出版商对此有任何决定性的影响。在他们关于地图集制作的竞争的高峰期，约翰内斯·扬松尼乌斯和威廉·扬松·布劳只做了很小的尝试，用他们自己的海图来扩充其世界地图集，尽管他们都在出版航海指南方面非常活跃。布劳打算为他的《大地图集》（Atlas maior）出版一部海洋地图集，但他从来没有这样做过。然而，扬松尼乌斯的海洋地图集构成了他 1656 年的《新地图集》（Atlas Novus）的一部分。此外，在海图绘制领域，也没有低地国家南部的时代可言。16 世纪，阿姆斯特丹偶然会有海图出版，当时的印刷商缺乏知识和经验，但作者和设计者总是来自低地国家北部。

从最广泛的意义上说，航海指南既包括航海手册（rutter）（可能包含沿岸概况的航海指南），也指领航员指南（包含了沿岸概况和/或海图的航海指南的书）。在荷兰语中，"rutter"的术语是"leeskaart"。从字面上看，它的意思是"作为海图来读的一本书"（"lees"是阅读的意思，而"kaart"这个音节表示海图），它不应该与画出来的海图相混淆。

---

* 本章中使用的缩写包括：AN 代表 C. Koeman, *Atlantes Neerlandici: Bibliography of Terrestrial, Maritime and Celestial Atlases and Pilot Books Published in the Netherlands up to 1880*, 6 vols. （Amsterdam：Theatrum Orbis Terrarum, 1967 – 1985）。MCN 代表 Günter Schilder, *Monumenta cartographica Neerlandica* （Alphen aan den Rijn：Canaletto, 1986 –　）。

在西欧和北欧的海岸，航海手册中的信息是由那些经验丰富的海员提供的，他们根据自己多年的观察，对小块海域非常熟稔。很大的潮汐变化范围和浅滩，使得法国和大不列颠的北海和大西洋沿岸比地中海更难于航行，因此在这些海域中使用的航海手册更复杂，也更有必要。北海和波罗的海所使用的最古老的航海手册的标本是 15 世纪的德国手稿"See-buch"。① 已知最古老的印本航海手册，是皮埃尔·加尔谢［Pierre Garcie，有时被称为费兰德（Ferrande）］1483 年或 1484 年的《海洋路线》（Le routier de la mer），描述了从斯海尔德河到直布罗陀海峡的英格兰、威尔士、法兰西和葡萄牙的海岸。②

除了有关航线、距离和地标的书面信息之外，航海指南还提供了关于如何进入港口的精确信息，由于沿着北海海岸分布着那些浅滩，这通常是一项精细的操作。因为在 16 世纪的上半叶，浮标是很罕见的，所以地标是必不可少的，它们在加尔谢的《海洋路线》的扩展版本（1520 年）中，第一次作为插图进行展示。③ 非常粗糙的木刻版表现了山顶、沙丘、山脉、引人注目的教堂尖顶，以及城堡。后来，在 1543 年前后的尼德兰航海指南中，科内利斯·安东尼松对雕刻细致和详细的改进插图进行了介绍。④

从 13 世纪到 16 世纪，除了文字和图像信息以外，还需要绘制地中海和邻近海岸的波特兰海图，以便使距离和路线可视化，并对其进行绘制。对于靠近海岸的短途航行来说，它们没有航海手册和领航员指南那么必要；但在长途航海中，它们是必不可少的，因为船只需要远离陆地航行几天几夜。

低地国家的海洋制图师是意大利的、马略卡岛（或加泰罗尼亚的）和法兰西的海图制图师的继承者。他们还增补了对北海和波罗的海的详细描述，并满足了北方国家港口商人和船长此前未得到满足的需求。直到大约 1550 年，低地国家的海图制图师们才绘制出关于北欧海岸和海洋的足够的海图。矛盾的是，在低地国家，印本的海图似乎比绘本的海图出现得更早（如同在斯堪的纳维亚和德意志），在 1588 年之前的绘本海图至今并不可知。图形艺术历史的总体趋势显示出从意大利和西班牙传播进入法兰西，但亦止步于此，这也适用于绘本地图的阐释。此外，画在羊皮纸上的绘本海图对于领航员的钱包来说太贵了。然而，印刷机制作出来的纸制品却把印刷商和顾客聚集在一起。一个成熟的绘本海图制图师的学派，就像附近的迪耶普（Dieppe）学派一样，直到 16 世纪最后二十五年才在低地国家蓬勃发展起来。⑤

1584 年，恩克赫伊曾（Enkhuizen）的卢卡斯·扬松·瓦赫纳出版了《航海之镜》

---

① 此手稿收藏在 Hamburg, Commerzbibliothek。请参阅 W. Behrmann，"Über die niederdeutschen Seebücher des fünfzehnten und sechzehnten Jahrhunderts," Mitteilungen der Geographischen Gesellschaft in Hamburg 21（1906）：63–176；重印于 Acta Cartographica 15（1972）：20–136。

② 已知的唯一一份副本收藏在 BNF（Rés. Z 2747）。另请参阅 David Watkin Waters, The Rutters of the Sea：The Sailing Directions of Pierre Garcie. A Study of the First English and French Printed Sailing Directions（New Haven：Yale University Press, 1967）。

③ 唯一已知的更大作品的第一版（1520 年）的副本收藏在 Bibliothèque de Niort。

④ 人们普遍认为阿姆斯特丹的科内利斯·安东尼松是印本航海指南风格和格式的革新者，在其中，沿岸侧面图起着主导作用。

⑤ C. Koeman, "The Chart Trade in Europe from Its Origin to Modern Times," Terrae Incognitae 12（1980）：49–64；重印于 C. Koeman, Miscellanea Cartographica：Contributions to the History of Cartography（Utrecht：HES, 1988），349–364。

（*Spieghel der zeevaerdt*），第一次在航海指南中加入海图。瓦赫纳的海图显然是为了领航，为了进入港口，为了沿着西欧的海岸航行，而不是为了远洋航行。这本书与传统的领航员图书不同，很快就以《瓦格纳》（*waggoner*）之名而众所周知，无论瓦赫纳是否出版了这本书。除了《瓦格纳》，17 世纪还出版了完全由海图构成的图册。这些海图集中包含 10—50 幅没有文字的海图，在海图之前，通常会有一段对航海技艺的简短介绍。

尼德兰领航员指南和海图集

首批用海图增补的航海手册和领航员图书

除了测深索和指南针，航海指南和描述海岸线的航海手册是尼德兰海员使用的最重要的导航辅助工具。[⑥] 一开始，经常航行的水域的航海手册都是由领航员写的，他们用钢笔和绘图工具很方便。他们指出了港口和海岬之间的航线和距离，包括了领航员自己在旅途中的实际发现，以及当地居民提供的信息——主要是关于在困难的水域中航行——关于地标、潮汐等。有时，它们是用海岬和海岸的简单草图进行插图说明，因此，这些笔记和地图的草图有助于确定下一段旅程的方向。这些航海手册可以看作海图的前身。

欧洲西北部的航海手册的文字开始于佛兰德海岸，沿着荷兰、弗里斯兰、德意志湾（Deutsche Bucht）、丹麦和波罗的海的海岸。一个单独的章节讲述了须得海，而航海手册经常用一章来总结海事法，即所谓的《维斯比伊海事法》（*sea law of Wisbuy*）。[⑦]

在 16 世纪的前半期出现了印刷的航海手册（见附录 45.1 和图 45.1）。[⑧] 在阿姆斯特丹，像扬·塞费尔松和扬·雅各布松（Jan Jacobsz.）这样的出版商，[⑨] 为了应对良好的商业环境和日益增长的导航需求，对其进行了印刷。最初，这些小册子的尺寸为十二开本，覆盖了西方和东方的航海，但是没有收入任何的陆地探险作为插图。[⑩]

已知最古老的印本航海手册是扬·塞费尔松于 1532 年出版的，但现存的唯一一份副本是不完整的。《海图》[*De kaert va（n）der zee*]（图 45.2）提供了一份对北海海岸、法兰西、西班

---

⑥　关于这一主题的优秀洞察见 Arend W. Lang, *Seekarten der südlichen Nord-und Ostsee：Ihre Entwicklung von den Anfängen bis zum Ende des 18. Jahrhunderts*（Hamburg：Deutsches Hydrographisches Institut，1968）。

⑦　所谓的维斯比伊海事法是一套法律条款的汇编，以规范船主与船长、船主与货物，以及港口当局与船长及领水员之间的关系。这个汇编是由 15 世纪在波罗的海的哥得兰岛上的维斯比伊第一次编写的规则和规定组成的。它在荷兰航海手册《海图》（*Die kaert vander zee*）的各种版本中都占据了一个章节。

⑧　*AN*，4：7 – 16；C. Koeman, *The History of Lucas Janszoon Waghenaer and His "Spieghel der Zeevaerdt"*（Amsterdam-Lausanne：Elsevier-Sequoia，1964），chap. 2；Willem F. J. Mörzer Bruyns, "Leeskaarten en paskaarten uit de Nederlanden：Een beknopt overzicht van gedrukte navigatiemiddelen uit de zestiende eeuw," in *Lucas Jansz. Waghenaer van Enckhuysen：De maritieme cartografie in de Nederlanden in de zestiende en het begin van de zeventiende eeuw*（Enkhuizen：Vereniging "Vrienden van het Zuiderzeemuseum," 1984），11 – 20；and idem, *Konst der stuurlieden：Stuurmanskunst en maritieme cartografie in acht portretten*，1540 – 2000（Amsterdam：Stichting Nederlands Scheepvaartmuseum Amsterdam；Zutphen：Walburg Pers，2001）.

⑨　关于扬·塞费尔松，请参阅 E. W. Moes and C. P. Burger, *De Amsterdamsche boekdrukkers en uitgevers in de zestiende eeuw*，4 vols.（Amsterdam，1900 – 1915；reprinted Utrecht：HES，1988），1：109 – 120。关于扬·雅各布松，请参阅 idem, Amsterdamsche boekdrukkers，1：181 – 185。

⑩　传统的航海指南，其结构首先是对航海技艺的介绍，然后是东方航行（波罗的海，挪威的海岸和北海）的指导，最后是西方航行（英吉利海峡和法兰西、西班牙和葡萄牙的海岸）的指导。

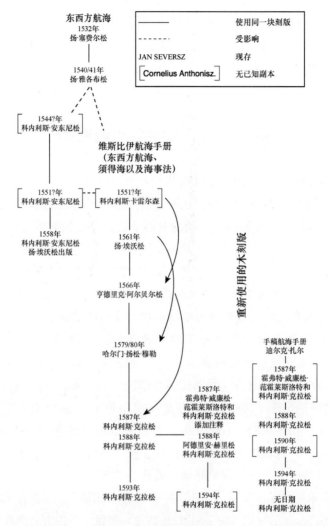

图 45.1 尼德兰印本航海手册的图解，1532—1594 年

根据 MCN，7：28（fig. 2.10）。

牙和英格兰南部海岸及其潮汐、洋流、距离和航线的广泛的描述，并提供到挪威和通过厄勒海峡（Öresund）到格但斯克（Gdańsk）、里加（Riga）、哥得兰（Gotland）以及塔林（Tallinn）的航海指导。[11] 文本是不同舵手制作的对同一段海岸的注释的结果。尽管存在瑕疵，布格尔（Burger）依然称其为尼德兰航海手册的"初版"。[12]

扬·塞费尔松于 1538 年去世后，扬·雅各布松接管了他的商店和印刷事业，1540 年和

1387

---

⑪ Moes and Burger, *Amsterdamsche boekdrukkers*，1：118－120；C. P. Burger，"Oude Hollandsche zeevaart-uitgaven：De oudste leeskaarten," *Tijdschrift voor boek-en bibliotheekwezen* 6（1908）：241－261，esp. 251－255；Lang，*Seekarten*，9－10；and *AN*，4：12（K. v. d. Z. 1）. 这部 1532 年航海指南的编辑版本是 Jan Seversz.，*De kaert vander zee van Jan Seuerszoon*（1532）：*Het oudste gedrukte Nederlandsche leeskaartboek*，ed. Johannes Knudsen（Copenhagen：G. E. C. Gads，1914），在其中 Knudsen 指出了佚名手稿航海手册"Seebuch"（约 1450 年）和扬·雅各布松的印本 1541 年航海手册之间的相关分歧。

⑫ Burger，"De oudste leeskaarten，" 255.

图 45.2　扬·塞费尔松《海图》书名页，1532 年

原图尺寸：14.8×9.5 厘米。照片版权：Royal Library of Belgium, Brussels［Section des cartes et plans，Ⅱ 28.584 A（RP）］。

1541 年出版了一个扩展和修订的航海手册版本。[⑬] 除了关于英格兰海域和北部海域的补充和修正之外，新版本主要是为了给出对尼德兰水域的完整描述，不仅对瓦登海的岛屿和最重要河口的评论，而且增补了一篇关于须得海的文章，于 1540 年单独成册，描述了从阿姆斯特丹起止的航程，具体说明了所有的灯塔、浮标、海深和潮汐。须得海的航海手册之后，是一本关于阿姆斯特丹的海事法（waterrecht）的专著，它有自己的书名页和戳记。尽管其和后来的版本都得到了广泛的修订和修正，但一般都遵循了相同的形式，这种导航描述和海事法

---

⑬　*Dit is die kaerte van dye Suyd zee*（1540 年），两部分，以及 Dit is die caerte von der zee（1541），它们都重新印刷了（Leiden：E. J. Brill，1885）。请参阅 Moes and Burger，*Amsterdamsche boekdrukkers*，1：181 – 183；Burger，"De oudste lees-kaarten，"255 – 259；C. P. Burger，"Oude Hollandsche zeevaart-uitgaven：Het leeskaartboek van Wisbuy，"*Tijdschrift voor boek-en bibliotheekwezen* 7（1909）：1 – 17 and 49 – 60，esp. 1 – 2；idem，"Oude Hollandsche zeevaart-uitgaven：De zeekaarten van Cornelis Anthonisz.，"Het Boek 2（1913）：283 – 285；idem，"Oude Hollandsche zeevaart-uitgaven：Het waterrecht，"Tijd-schrift voor boeken bibliotheekwezen 7（1909）：123 – 132 and 157 – 172，esp. 166；F. J. Dubiez，*Cornelis Anthoniszoon van Am-sterdam：Zijn leven en werken*，*ca.* 1507 – 1553（Amsterdam：H. D. Pfann，1969），88 – 89；and AN，4：12（K. v. d. Z. 2 and K. v. d. Z. 3）。

的结合在半个多世纪中占据了主导。[14] 印刷商必须得到某种特许权，因为阿姆斯特丹政府声明禁止未经许可印刷副本。[15] 还有关于出售地点的参考资料：老桥边的一间小店，在那时租给了塞费尔松，在其去世之后，由雅各布松继续使用。尽管有所改进，但是鉴于其对不同海岸线和主题的不平均处理，这部航海手册依然属于印本航海手册发展的早期阶段。

科内利斯·安东尼松写了一份关于波罗的海地区航行的广泛报道，以补充他著名的海图《东方海洋地图》（Caerte van Oostlant）（1543 年）。[16] 有三个版本的航海手册问世：最古老的可能是 1544 年，之后是 1551 年前后，第三个 1558 年版是唯一已知的。[17] 这本 76 页的小册子由两部分组成：第一篇是一本关于航海技艺的教科书，第二篇是航海手册。[18] 这两部分都包含了许多长长的木刻侧面图，决定了这本书的长方形状（图 45.3）。对众多沿海图形的容易理解且清晰的表述，无疑会帮助一个舵手使其尽可能地在海岸线和沿岸的岛屿上停留。正因为如此，在地平线上隐约出现的凸出点和初见陆地的准确表示具有如此重要的意义，而海岸的轮廓仍然被用作导航的辅助工具。在他的消息来源中，安东尼松提到了有经验的海员的报告，其中包括一位已经航行了五十多年的老人。[19] 然而，他的工作的基础是对扬·雅各布松在 1541 年出版的航海手册中可以获得的水域和海岸的描述。

我们只能猜测安东尼松航海手册的两个旧版本的内容和外观，这两种版本都已经亡佚了。毫无疑问，它们也包含了沿海的侧面图，因为安东尼松在 1543 年的海图上显示了同样的信息。他想要用一部航海手册的描述来对这幅海图进行补充："在某些海岸的描述中，海员们看到了它们的样子。"[20] 普遍认为，旧版本没有以长方形的八开纸格式出版，而是高八开本，一些首版的侧面图保存了下来（由安东尼松自己雕刻制作的木刻版印刷而成，或者是同时代的仿制品），在维斯比伊《航海手册》（leeskaartboek van Wisbuy）（约 1551、1561、1566 年以及后来的版本）中，包含了西方和东方的导航。[21] 安东尼松的沿海概况的显著特征被精心地绘制，提供了证据，证明他只能通过亲自制定行程来绘制它们。他的作品显然反映了为自己设下的目标：在航海手册中，他试图尽可能精确地用文本和图像解释和描述当时尼

[14]　关于海事法（waterrecht），请参阅 Burger，"Het waterrecht"。

[15]　"除非得到阿姆斯特丹地方官员或他们的代表、那些放置浮标或设置信标的人的许可，否则任何人不得印刷这些航海手册。"

[16]　木版印刷，9 图幅。第三版的唯一已知的副本，由阿诺尔德·尼古拉在安特卫普出版，已经保存在 Wolfenbüttel，Herzog August Bibliothek（K 1.1）。请参阅图 45.10。一份完整尺寸的摹写本在 Arend W. Lang，*Historisches Seekartenwerk der Deutschen Bucht*，vol. 1（Neumünster：K. Wachholtz，1969）。朗（Lang）还撰写了一片关于这幅海图的论著：*Die "Caerte van Oostlant" des Cornelis Anthonisz.*，1543：*Die älteste gedruckte Seekarte Nordeuropas und ihre Segelanweisung*（Hamburg：Ernst Kabel，1986）。

[17]　一份广泛的描述见 Lang，"Caerte van Oostlant，" 58—61（错误地认为是在 Taylor Collection at Yale University，New Haven，实际上是在 Houghton Library，Harvard University，Cambridge）。

[18]　安东尼松航海手册的第一部分的标题是 *Onderwijsinge vander zee, om stuermanschap te leeren* ...，第二部分是 *Hier beghint die Caerte van die Oosterse See* ...。请参阅 Otto Steppes，*Cornelis Anthonisz "Onderwijsinge van der zee"*（1558）（Juist：Die Bake，1966），以及 Lang，"Caerte van Oostlant，" 82—85。

[19]　"我所拥有的，部分来自一位老海员，他利用大差不多 50 年了，其次来自著名的领水员，以及我付出了非常大的代价、努力和辛劳才收到与搜集到的文字资料和指导材料。""Aen den leser" 对安东尼松的航海手册（the *Onderwijsinge vander zee*）的第一部分的介绍中引用的。

[20]　这段引文来自 1543 年海图上写给读者的拉丁文释文。

[21]　Lang，"Caerte van Oostlant，" 78. 维斯比伊航海手册中的沿岸侧面图更短更粗。

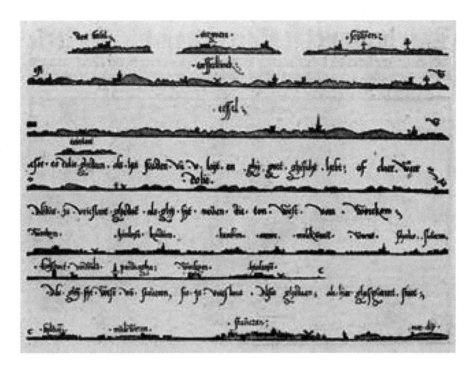

图 45.3　摘自科内利斯·安东尼松的《东方海洋地图》(*Caerte van die Oosterse See*) 的木刻侧面图，1558 年
这幅侧面图大约 20 厘米宽。

Houghton Library，Harvard University 许可使用。

德兰的商业航海船队——尤其是谷物和食盐的贸易——在北海和波罗的海取道航路最多。但是，他也对航海日记"小东号航海日志"(Vaart op de kleine Oost) 对接近河流——进入埃姆斯河 (Ems)、威悉河 (Weser) 和易北河 (Elbe) 的指示——以及设置去斯堪的纳维亚的南部海岸直到厄勒海峡进行的航行给予了应有的关注。

维斯比伊《航海手册》

科内利斯·安东尼松的工作极大地影响了航海手册的知名度，并广泛地影响了他的《维斯比伊航海手册》。[22] 在过去的四十多年里，这个航海手册一直是来自不同国家的海员的指南。就像老雅各布松的航海手册一样，维斯比伊航海手册是一本三部分组成的书的一部分：西方和东方的航海指示（维斯比伊《航海手册》）、对须得海的导航描述以及《海事法》。这些文本主要是基于旧的航海手册，尽管它们也添加了大量的内容。这个版本和旧版本之间的一个重要的区别是在木刻版海岸侧面图中可以看到文字。一些被认为是回到了科内利斯·安东尼松的最古老的，但不是现存的 1544 年和 1551 年的版本。

㉒　请参阅 Burger，"Het leeskaartbook van Wisbuy，"与 Cornelis Anthonisz.，*Het leeskaartboek van Wisbuy：Gedrukt te Antwerpen by Jan Roelants en te koop te Amsterdam by Hendrick Albertsz*，1566，ed. Johannes Knudsen，intro. C. P. Burger (The Hague：Martinus Nijhoff，1920)。这一名称在两方面导致了混淆。海事法一般被认为是维斯比伊法。因此，航海手册本身就被推测是一部古老的作品，源自那个著名的波罗的海城市，当时这座城市已经在走下坡路了。卢卡斯·扬松·瓦赫纳称其为"著名的维斯比伊城的闻名世界的航海手册"。

　　像许多在海上使用的文件一样，这些航海手册的副本在今天极其罕见。18 世纪，一位藏书家提到，最古老的 1551 年版本收藏在德意志的明登（Minden）的一个私人图书馆里。然而，今天却没有人了解这一副本。㉓ 最古老的维斯比伊《航海手册》的年代是 1561 年。它与须得海的描述结合在一起，后者是手册的配文，年代在手册和《海事法》的一年以前。㉔ 它是由阿姆斯特丹的书商扬·埃沃松（Jan Ewoutsz.）出版和印刷的，他住在教堂街。㉕ 埃沃松没有得到前出版商的木刻版，但作为一个熟练的木刻师，他可以复制一系列的沿海概况，在他的版本中使用。同样的木版再次被用来展示他的儿子哈尔门·扬松·穆勒（Harmen Jansz. Muller）出版的之后版本。

　　五年后，1566 年，扬·鲁兰茨（Jan Roelants）推出了一款新版本的维斯比伊航海手册。版权页上叙述它是在安特卫普而非阿姆斯特丹印刷的。㉖ 但是在猫鹰的标记中发现的证据表明它是在阿姆斯特丹出版的，而在印刷商的首字母交织图案下面显示了阿姆斯特丹的纹章这一事实也证明了这一点。此外，关于《海事法》的论著构成了这一版本的部分内容，引用了阿姆斯特丹的出版商亨德里克·阿尔贝尔松（Hendrick Aelbertsz.）。㉗ 出版航海手册的动力可能来自阿尔贝尔松与科内利斯·卡雷尔森（Cornelis Karelsen）家族之间的关系，因为阿尔贝尔松是卡雷尔森的孩子们的监护人。这位印刷商没有使用扬·埃沃松在 1560/1561 年绘制的沿海地区侧面图的木刻版。相反，他使用了卡雷尔森的木刻版，或者是其最近的副本。新雕刻的印刷商的首字母交织图案可能被解释为支持新副本的证据。

　　维斯比伊《航海手册》的下一个版本是由哈尔门·扬松·穆勒出版的，1570 年前后，他继承了父亲扬·埃沃松。㉘ 现存的唯一副本几乎完成了（图 45.4）。这三个部分是西方和东方的导航、须得海的航海手册，以及 1579 年和 1580 年的《海事法》。㉙ 穆勒有他父亲的

1389

　　㉓　Burger, "Het leeskaartboek van Wisbuy," 2 – 3. 布格尔还提到了一部很短的作品，由科内利斯·卡雷尔森出版于阿姆斯特丹，由史蒂文·尤森（Steven Joessen）的印刷厂印刷于坎普。卡雷尔森在 1546—1554 年期间出版了好几种尤森印刷的作品；请参阅 Moes and Burger, *Amsterdamsche boekdrukkers*, 1：203 – 215。

　　㉔　《航海手册》的标题是 *Dits die caerte vander see om oost en（de）west te seylen, en（de）is vandie beste piloots, en（de）is wt die alderveste caerten gecorrigeert...*；须得海航海手册的标题是 *Dit is die caerte vander Suyder See...*（1560 年）。请参阅 C. P. Burger, "Een 16ᵉ eeuwsch zeekaartboekje teruggevonden," Het Boek 8（1919）：225 – 228；布格尔的介绍见 Anthonisz., *Het leeskaartboek van Wisbuy*, xix-xxi；以及 AN, 4：12 – 13（K. v. d. Z. 5）。

　　㉕　关于埃沃松，请参阅 Moes and Burger, *Amsterdamsche boekdrukkers*, 1：148 – 178。

　　㉖　标题为 *Dit is die caerte vander see om oost ende west te seylen, ende is van die beste piloots ende wt de alder beste caerten ghecorrigeert...*。请参阅 Burger, "Het leeskaartboek van Wisbuy," 4 – 5，以及 AN, 4：13（K. v. d. Z. 7）。

　　㉗　戳记写道："可以发现它们在阿姆斯特丹的金比贝尔［Gulde（n）Bybel］，在书商 Heyndrick Aelbrechtson 的房子里。"关于亨德里克·阿尔贝尔松，请参阅 Moes and Burger, *Amsterdamsche boekdrukkers*, 1：217 – 237。

　　㉘　关于穆勒，请参阅 Moes and Burger, *Amsterdamsche boekdrukkers*, 1：285 – 337；*The New Hollstein Dutch & Flemish Etchings, Engravings and Woodcuts*, 1450 – 1700, vols. 15 – 17, *The Muller Dynasty*, 3 vols., comp. J. P. Filedt Kok et al., ed. Ger Luijten and Christiaan Schuckman（Rotterdam：Sound & Vision Interactive Rotterdam, 1999），esp. 1：73 – 75 and 3：19 – 22；以及 *MCN*, vol. 7。

　　㉙　这三个部分现在已经各自独立成篇，曾经组装在一个卷帙中，组成了 J. W. Six Collection 的一部分。请参阅拍品目录 *Catalogue de la Bibliothèque de M. -J. W. Six de Vromade*, 2 vols.（The Hague：Van Stockum's Antiquariaat, 1925），1：91（lot 501）。另请参阅 Burger, "Het leeskaartboek van Wisbuy," 5 – 7；*Nederlands Historisch Scheepvaart Museum: Catalogus der Bibliotheek*（Amsterdam：N. Israel, 1960），64 and 941；AN, 4：13（K. v. d. Z. 9）；以及 Paul Valkema Blouw, *Typographia Batava, 1541 – 1600: Repertorium van boeken gedrukt in Nederland tussen 1541 en 1600*, 2 vols.（Nieuwkoop：De Graaf, 1998），2756。

一系列木刻版，与 1566 年的版本相比，仅有的不同是对文字的些微修改。[30]

图 45.4 摘自哈尔门·扬松·穆勒《海图》的对开页，1579/1580 年

Nederlands Sheepvaartmuseum，Amsterdam［inv. no. S. 0584（02）］。Uitgeverij Canaletto/ Repro-Holland，Alphen aan den Rijn 许可使用。

　　维斯比伊《航海手册》的最后一个版本是科内利斯·克拉松在 1587—1588 年间印刷的。这本古老而过时的小册子仍会引发人们的兴趣，这表明了海员们是如何将传统知识和实践结合起来的。然而，与此同时，霍弗特·威廉松·范霍莱斯洛特（Govert Willemsz. van Hollesloot）和阿德里安·赫里松（Adriaen Gerritsz.）的《航海手册》已经在克拉松的房子里出版了，瓦赫纳和阿尔贝尔特·哈延（Aelbert Haeyen）的开创性作品已经由莱顿的普兰迪因出版社出版了。尽管如此，对于克拉松来说，这显然仍然足够有利可图，他可以推出一款没有改变的版本的维斯比伊《航海手册》。它遵循了传统的三部分结构。但是，目前还没有包含一份单独装帧中所有三个部分的完整副本。[31]

㉚　Anthonisz.，*Het leeskaartboek van Wisbuy* 的 Knudsen 的注释版中，提到了两个版本的脚注之间最重要的区别。

㉛　1588 年的航海手册保存在格丁根（请参阅 Burger，"Het leeskaartboek van Wisbuy，" 7），得自 Frederik Muller，*Catalogue of Books*，*Maps*，*Plates on America*（Amsterdam，1872；reprinted Amsterdam：N. Israel，1966），no. 2329。请参阅 *MCN*，7：33 n. 40。1587 年和 1593 年的须得海航海指南，目前有三种已知的版本；请参阅 Valkema Blouw，*Typographia Batava*，1541 - 1600，2763 - 2765，以及 John S. Kebabian，comp.，*The Henry C. Taylor Collection*（New Haven：Yale University Library，1971），35（no. 186）。还有几种 1587—1590 年期间的《海事法》的几种已知版本；请参阅 Burger，"Het leeskaartboek van Wisbuy，" 7 - 8，以及 *Nederlands Historisch Scheepvaart Museum*，941。

克拉松后来出版的绘本航海手册

尽管航海领域有了新的发展，但旧的作品仍在重印。对《维斯比伊航海手册》——这一由欧洲北部和西部的海域、海岸和港口的经验孕育而出的领航员指南——的需求依然存在。除了这些印本航海手册之外，手工书写的航海手册仍然享有广泛的使用。一些人属于有经验的海员，这些私人刊物提供的信息比旧的印刷书籍提供的要多。对这种类型的航海手册的需求如此之强烈，以至于一位有进取心的出版商——科内利斯·克拉松，被吸引进入这个领域，出版了许多这样的作品，其中大部分是他从两位著名的舵手——霍弗特·威廉松·范霍莱斯洛特和哈勒姆的阿德里安·赫里松的财产中获得的。

卢卡斯·扬松·瓦赫纳在他的《海图宝藏》（*Thresoor der zeevaert*）（1592 年）中提供了关于这三个版本的一些重要细节。在整理他的领航员指南时，瓦赫纳研究了所有的早期航海手册和海图，并对它们进行了比较。事实上，他的作品以"对为东西方航海而绘制的所有海图的错误和歪曲的登记记录"开头。[32] 在第一章中，他回顾了"旧维斯比伊《航海手册》"的错误。为了编辑错误的清单，他使用了一种带有霍弗特·威廉松·范霍莱斯洛特的笔记的版本，这些添加进了小型印刷品的文字。在第二章中，瓦赫纳详细说明了他在"霍弗特·威廉松·安诺（Govert Willemsz. Anno）的 1587 年航海手册"中发现的错误和不足。

1390

另一项当时代的研究给出了一个更完整的关于在当时使用的导航辅助工具的总结，并对霍弗特·威廉松·阿德里安·费恩（Govert Willemsz. Adriaen Veen）的航海手册进行了阐述，他还对所有的航海手册和海图进行了广泛的比较研究。[33] 他在其《西部和东部海域航行指南》（*Napasser vande westersche ende oostersche zee-vaert*）（1597 年）中用表格的形式发表了成果。在著作的开篇是他进行研究的资料来源的列表，其中包括威廉松·范霍莱斯洛特的两部作品：其一是印刷于 1590 年的《大型海图集》（*Groote zee-caertbouck*），另外是一份未注明日期的《小型海图集》（*Kleyne zee-caertbouck*）。[34] 毫无疑问，后者就是瓦赫纳在 1592 年引用的"旧维斯比伊航海手册"。这是在 1587/1588 年出版的，插入了一种更小字体的附加注释，被认为是霍弗特·威廉松·范霍莱斯洛特的作品。

目前，威廉松·范霍莱斯洛特的一份著作的副本与其他三件小型同时代印刷作品装订在

---

[32] Lucas Jansz. Waghenaer, *Thresoor der zeevaert* (1592), fol. B; 请参阅 idem, *Thresoor der zeevaert*: Leyden 1592 (Amsterdam: Theatrum Orbis Terrarum, 1965)。

[33] 关于阿德里安·费恩，请参阅 Moes and Burger, *Amsterdamsche boekdrukkers*, 3: 187 – 225; W. Voorbeijtel Cannenburg, "Adriaen Veen's 'Napasser' en de 'ronde, gebulte kaarten,'" *Jaarverslag Vereeniging Nederlandsch Historisch Scheepvaart Museum* 7 (1923): 74 – 78; Ernst Crone, "Adriaen Veen en zijn 'gebulte kaart,'" *Mededelingen van de Nederlandse Vereniging voor Zeegeschiedenis* 12 (1966): 1 – 9; 以及 C. Koeman, "De 'zeepasser' van Adriaen Veen," *Mededelingen van de Nederlandse Vereniging voor Zeegeschiedenis* 33 (1976): 5 – 17。

[34] 所列的资料来源是 "Lucas Jansz. Waghenaers: Thresoor. Generale Pascaert van Europa ghedruct Anno 1589. Spieghel. Pascaert inde Spieghel ghedruct Anno 1592. Adriaen Gerritsz.: Zeevaert ghedruct Anno 1594. Pascaert ghedruct Anno 1591. C. D.: Graed bouck oude stijl. Pascaert vant Oosterwater ghedruct Anno 1589. Govert Willemsz.: Groote Zee-caertbouck ghedruct Anno 1590. Kleyne Zeecaertbouck. 't Graed-bouck nieuwe Styl. Albert Hayens Amsterdamsche zeecaert ghedruct Anno 1594. De Ronde ghebulte Pas-caerte"。

一起。㉟ 书名页证实了这是一部关于维斯比伊《航海手册》的重新发行版本，增加了威廉松·范霍莱斯洛特的小型印刷字体。此外，我们现在知道是由科内利斯·克拉松将其出版。旧的维斯比伊《航海手册》对于舵手圈子来说已经不能继续胜任了，他们显然想要一个修正的便宜版本。科内利斯·克拉松用威廉松·范霍莱斯洛特的版本来满足这一需求。在书名页的背面，是霍弗特·威廉松·范霍莱斯洛特的叙述，显然是根据这名著名的舵手，他曾多次提到自己在航行中所经历的经历。㊱ 在这本小册子的最后，克拉松呼吁他的客户们注意到他们可能会发现的任何错误，这样他就可以立即修改和纠正文本。㊲

　　1587 年，科内利斯·克拉松委托彼得·扬松（Peter Jansz.）在哈灵根（Harlingen）印刷了另一份作品，使用了威廉松的名字。这一著作被瓦赫纳引用为《霍弗特·威廉松所写的图册》（*Kaertboeck，dat Gouert Willemsz. toe gheschreuen wort*）（1587 年），而维恩所引则为《大型海图集》（*Groote zee-caertbouck*）（1590 年）。㊳ 它的不同之处在于其广泛的插图，在质量上有很大的差异。在某些情况下，旧的海岸侧面图在没有任何变化的情况下被重新雕版。在其他情况下，新的海岸侧面图和草图是用更长的格式制作的，有时会横跨两页。这些草图是非常多样化的：它们从快速、粗糙的草图（结合透视图、倾斜角度和侧面景观图）到更仔细制作和完成度更高的木刻版。㊴ 布格尔推测这项作品是由整理那些在霍弗特·威廉松·范霍莱斯洛特的财产中发现的图纸和草图而创作的，整部作品与旧航海手册的文本相联系，这一手册是这位舵手本人在其航海过程中重新整理、扩充并改正的，正如其标题中的文字所显示的那样："由不同的舵手做了极大的扩充。"㊵

　　这个结论只是部分正确。霍弗特·威廉松·范霍莱斯洛特的地图和文本非常像现在收藏在比利时和布鲁塞尔的两份匿名的航海手册手稿，尤其是与在布鲁塞尔的副本之间相似之处

1391

㉟　*De caerte vander zee，om oost ende west te seylen，ende is van de beste piloots，ende wt die beste caerten ghecorrigeert，die men weet te vinden，ende elck cust op zijn gestelt，elck met zijn figueren verbetert，ende vermeerdert：Opt nieus met veel tijts en moeyte van Gouert Willemsz. vermeerdert . . . ，*副本收藏于 Amsterdam，Universiteitsbibliotheek。请参阅 Valkema Blouw，*Typographia Batava*，2757。

㊱　"也就是说，我真的很高兴注意到许多船长已经在他们的船上有了这幅航海地图，而没有任何进一步的辅助，所以我在其间添加了一些内容，以便任何海员都能更好地利用。祝好。作者：霍弗特·威廉松·范霍莱斯洛特船长。"以及在对开页的背面："我，霍弗特·威廉松，航行如下"，下面是覆盖了超过一页的小字号的航行指南。

㊲　"我请求每一位领航员和船长，以及所有了解大海的人，他们把这部航海手册中所有的遗漏或舛误的内容都记录下来，然后把它们交给我，印刷商科内利斯·克拉松。我保证立即进行纠正，那些把意见寄给我的人，我将为他们的努力付出双倍的酬劳。"

㊳　关于对其的分析，请参阅 C. P. Burger，"Oude Hollandsche zeevaartuitgaven：Het groote zeekaartboek van Govert Willemsz.，"*Tijdschrift voor boek-en bibliotheekwezen* 9（1911）：69 – 79。当布格尔对此著作而不是在沃恩纳尔和费恩中所引用的版本进行研究，他只了解到一部未标日期的副本，收藏在阿姆斯特丹的 Universiteitsbibliotheek。经过一番彻底的分析之后，他得出结论：1592 年之后一定出版了副本，论证了许多瓦赫纳在他的《海图宝藏》中所提到过的错误已经得到了改正。其他的版本已经公之于众：三部 1588 年的副本，在埃姆登（Emden）、格丁根（Behrmann，"Die niederdeutschen Seebücher，"141 – 143 and map V），和鹿特丹的 Maritiem Museum［AN，4：517 – 518（Wil 4）］，以及两部 1594 年的副本，在阿姆斯特丹的 Nederlands Scheepvaartmuseum 和哥本哈根的 Mariens Bibliotek［A. E. Nordenskiöld，*Periplus：An Essay on the Early History of Charts and Sailing-Directions*，trans. Frances A. Bather（Stockholm：P. A. Norstedt & Söner，1897），106 – 107］。另请参阅 *AN*，4：517 – 518（Wil 2 and Wil 4）；the Amsterdam，Universiteitsbibliotheek，此副本并非第四个版本，而是未标日期的第五个版本。

㊴　请参阅 See Behrmann，"Die niederdeutschen Seebücher，"141 – 143，以描述这 25 幅最重要的草图。

㊵　Burger，"Het groote zeekaartboek van Govert Willemsz.，"71.

令人震惊。[41] 当德努赛和热尔内（Gernez）将这两份手稿与威廉松·范霍莱斯洛特的印刷作品进行比较时，他们得出结论说，他们并不是从威廉松·范霍莱斯洛特的作品中复制而来；布鲁塞尔的手稿或者是其一份副本，曾被威廉松·范霍莱斯洛特的印刷作品的编辑者所使用。此外，在安特卫普的手稿中，比布鲁塞尔的手稿更古老，似乎与舵手迪尔克·扎尔（Dirck Zael）的手稿最接近，而布鲁塞尔的手稿也起源于此。[42]

这一比较研究还显示，威廉松的财产包括扎尔的一份航海手册的副本，科内利斯·克拉松以霍弗特·威廉松·范霍莱斯洛特的名义出版了这部手册。这个航海手册唯一的重要补充是在购买其财产时发现的几张海图。两张草图显示了克拉松如何处理这种情况。在卡特加特海峡（Kattegat）的地图上，有如下的评论："我们只是在霍弗特·威廉松发现了这幅挪威的海图，因为这是最后一幅作品，比其他作品更好，所以在这里添加了海图。"另一个例子是艾德河（Eider）、易北河和威悉河的三角洲地区的地图。在这里，克拉松写道："由霍弗特·威廉松复制的这幅易北河地图，是正确的，因此在这里添加了。"

克拉松还成功地获得了阿德里安·赫里松的航海和制图材料，后者是哈勒姆的"著名领航员和舵手"，于1580年前后去世。1585年7月6日，荷兰和西弗里斯兰授予他的遗孀阿莱特·迈纳茨（Alijt Meynaerts）以"八年的专利"，"以印刷海图、仪器以及所有与其已故丈夫曾经实践、制作和留下的航海艺术相关的其他东西"。阿莱特·迈纳茨很有需要，这项专利提到她是一个"贫穷的、无力偿还的寡妇，还带着年幼的孩子们"。[43] 很明显，克拉松接手了曾经授予她的权利，并为她提供了经济补偿。在1587年，他出版了赫里松的欧洲海图，之后的第二年出版了他的航海手册。[44]

在很大程度上，这种航海手册显然是赫里松自己的工作的结果，尽管其他人在他英年早逝后帮助完成了这项工作。[45] 这一努力的资金支持来自克拉松，正如在对出版商的致谢词的末尾中的注释所说的那样。[46] 然而，这必须谨慎地看待，因为赫里松的航海手册在瓦赫纳的《海图宝藏》中受到了批评。[47] 瓦赫纳强调，威廉松·范霍莱斯洛特和赫里松的优秀舵手的笔记本已经落入了其他人的手中，而且没有采取任何措施来检查和纠正这些文本。相反，那些占有了文本的人立刻将其印刷，并且，更重要的是，他们压制了许多他们不懂的东西，因

㊶ Antwerp, Stadsbibliotheek（B 29166），and Brussels, Royal Library of Belgium（HS 27158）. 关于这些绘本航海手册的讨论，请参阅 Jean Denucé and Désiré Gernez, *Het Zeeboek: Handschrift van de Stedelijke boekerij te Antwerpen（Nr. B 29166）*（Antwerp: "De Sikkel," 1936）.

㊷ Denucé and Gernez, *Het Zeeboek*, 65 – 72, esp. 70.

㊸ 荷兰和西弗里斯兰政府做出的决议，1585年6月6日。

㊹ *De zeevaert ende onderwijsinge der gantscher oostersche ende westersche zee = Vaerwater, door den vermaerden piloot ende leer-meester der Stuerluyden Adriaen Gerritsz. van Haerlem.* 有两部副本已知：The Hague, Nationaal Archief（formerly Algemeen Rijks-archief），and Lunds Universitets Bibliotek. 请参阅 Moes and Burger, *Amsterdamsche boekdrukkers*, 2: 57 – 58, and AN, 4: 11（只指收藏在 The Hague, Ger 的副本）. 一份更详细的分析由 C. P. Burger 做出，见 "Oude Hollandsche zeevaart-uitgaven: 'De Zeevaert' van Adriaen Gerritsz.," *Het Boek* 2（1913）: 113 – 128. 此著作的更进一步的参考文献仍见 Lang, *Seekarten*, 33 – 34, 以及 *MCN*, 7: 40 – 43.

㊺ 科内利斯·克拉松于1587年出版的欧洲海图的标题也提到了"来自非常可敬的人的帮助"。

㊻ 注释的那部分写着："［科内利斯·克拉松］他们曾努力奋斗，付出了巨大的代价和努力。"

㊼ 在沃恩纳尔的记录的第4章中，他总结了之前的海图和航海手册的所有错误，他详细地讨论了赫里松的航海手册的缺点。请参阅 Burger, "'De Zeevaert' van Adriaen Gerritsz.," 117 – 125.

为他们没有，也不关心与航行有关的知识。[48] 这一尖锐的批评是针对科内利斯·克拉松的。

海员们对赫里松的航海手册的极大兴趣，从阿德里安·费恩在他的《指南》（1597 年）中使用了此著作的 1594 年重印本的事实可以得到证实。[49] 费恩的表格显示，出版商实际上注意到了瓦赫纳的批评。《海图宝藏》（1592 年）中提到的大量错误在 1594 年被修正。[50] 与旧的维斯比伊《航海手册》相比，赫里松的著作是一个重要的进步，然而，鉴于赫里松的航海手册的出版很晚这一事实，这项著作在许多方面都已经过时了。

总之，很明显，这部在 1587/1588 年出版，后来以霍弗特·威廉松·范霍莱斯洛特的名义的作品，不是典型的 16 世纪末尼德兰制作航海手册。尽管威廉松·范霍莱斯洛特和阿德里安·赫里松的航海手册比瓦赫纳的《航海之镜》（1584—1585 年）的出版要晚，但他们仍然反映了许多早期的作品，并应该被视为瓦赫纳和哈延的作品的先驱。此外，应该认识到，这些作品只在去世后才出现，而且没有一个领航员有机会选择和编辑他收集的材料，或者在准备出版的时候进行必要的谨慎。

科内利斯·克拉松还发表了两种不同寻常的很薄的十二开航海小册子。它们在今天非常罕见，因为它们经常被带到船上用于在海上使用。在 16 世纪 80 年代出版了两种类型：一种是旧的风格，《旧风格定位手册》（*Graetboeck nae den ouden stijl*）（根据儒略历计算），另一种是新风格的，《新风格定位手册》（*Graetboecxken naden nieuwen stijl*）（根据格里高利历计算）。

四十页的《新风格定位手册》[51] 在连续四年的时间里，每天用表格来记录太阳偏角，这对于在海上确定纬度非常重要。这本小册子提供了关于太阳和月亮的位置和路线的信息，以及一些恒星偏角的数据，接着是潮汐和对水流的观察。最后的八页都是为东方和西方的导航而写的，[52] 费恩将这些内容完整地收入他的《指南》（1597 年）。克拉松印刷了各种各样版本的《新风格定位手册》。[53]

二十八页的《旧风格定位手册》指出，在某些海员的圈子里，瓦赫纳的《航海之镜》（1584—1585 年）被认为是过于革命性的。此外，正如克拉松在描述他出版这本书的原因时向读者解释的那样，舵手们仍然需要更简单和简洁的导航辅助工具：

> 我听说，在这段时间，关于著名的领航员和舵手卢卡斯·扬松·瓦赫纳的领航员指南中所出版的纠正过的"手册"，并不是所有的海员都理解，也是因为他们的星盘并没有全部纠正，舵手还遵循同样的老方法，我发表这本"手册"是为所有舵手的切身利益。由于所有表格都有很多错误，有一部分是由印刷商制造的，或者是以另一种方式出

1392

---

[48]　Waghenaer, *Thresoor* (1592), xv-xviii.

[49]　这个 1594 年版的副本尚不可知。

[50]　Burger, "'De Zeevaert' van Adriaen Gerritsz.，" 119 – 120。

[51]　《新风格定位手册》的一份副本。曾经属于 J. W. Six de Vromade 图书馆，并于 1925 年被 Van Stockum 拍卖。请参阅 *Catalogue de la Bibliothèque de M. -J. W. Six de Vromade*, 1：98（lot 535）。同样的副本被描述于 C. P. Burger in "Kaartboeken van de tweede helft der XVIe eeuw," *Tijdschrift voor boek-en bibliotheekwezen* 8（1910）：257 – 259，现在收藏在 Maritiem Museum, Rotterdam；请参阅 *MCN*, 7：42 – 45。

[52]　标题是"Alle de Coersen ende streckinghen vande oost ende wester Zee"。

[53]　现存一块残片（4 页）。标题和文字的排字并不相同；请参阅 *AN*, 4：8。

现的，这部作品已经被准确地修正了，我们付出了很大的代价，所有使用它的人都会更加便利，得到好处。[54]

在这一版本中，克拉松引入了埃丹（Edam）的科内利斯·杜松（Cornelis Doetsz.，又作 Doedsz.，Doetsen，Doedis），他是北荷兰地图学派的最重要的代表之一。他的名字在书名页上的这条注释中的首字母可以辨认出来："经 C. D. 检查，发现是正确的。"[55] 杜松在埃丹创建海图制图师的事业之前，很可能在年轻的时候就去航海了。他的海图显示，在他放弃海上生活后，可能一直与他所熟知的那些船长和舵手保持着密切的联系。杜松发表的最早的 1589 年海图，由科内利斯·克拉松出版，展示了东方和北方的导航。[56] 杜松第一手地发现，更保守的海员也需要《旧风格定位手册》。这一认知可能会影响他与克拉松的合作。

这本小册子的前十页是连续四年每天记录的太阳偏角，接下来是六页的潮汐表。这本小册子的其余部分是对西方和东方航海的简明扼要的航海手册。首先，它沿着荷兰和佛兰德的海岸线，沿着法兰西海岸和比斯开湾（Bay of Biscay），沿着伊比利亚半岛（Iberian Peninsula），从马尔斯水道（Marsdiep）到英格兰，以及英格兰和法兰西之间。这之后是波罗的海的距离数字，没有进一步地按地区细分。公平地说，这些太阳偏角表——就像维斯比伊《航海手册》的那些——在实际操作中有其起源，而且显然还满足了许多舵手的需求。奇怪的是，这些过时的小册子在瓦赫纳的作品被广泛使用的同时，依然出售并带到海上。

瓦赫纳和哈延的领航员指南

卢卡斯·扬松·瓦赫纳出版了三份不同格式的领航员指南，分别是《航海之镜》、《海图宝藏》和《恩克赫伊森海图册》，这标志着西欧国家导航事业发展的一个里程碑，对他的同时代人和后代都有决定性的影响。除了瓦赫纳的更完整的作品之外，阿尔贝尔特·哈延的《阿姆斯特丹海图》（*Amstelredamsche zee-caerten*）也能取得相当大的成功。随着尼德兰海上贸易在西欧海岸的扩张，海员们显然需要更好的领航辅助工具，瓦赫纳的《航海之镜》满足了这一需求。[57] 毫无疑问，对更好的领航员指南的刺激来自西弗里斯兰，因其在须得海的繁荣港口，以及航运和商业方面的突出地位。

1393

在他的作品的引言和献词中，瓦赫纳暗示了他是如何编撰其领航员指南的材料的。很明

---

[54] 在《旧风格定位手册》给读者的话中。请参阅 Günter Schilder，"De Noordhollandse cartografenschool," in *Lucas Jansz. Waghenaer van Enckhuysen: De maritieme cartografie in de Nederlanden in de zestiende en het begin van de zeventiende eeuw* (Enkhuizen: Vereniging "Vrienden van het Zuiderzeemuseum," 1984), 47–72, esp. 50, 以及 *MCN*，7：44–46。

[55] 这一首字母缩写也被单独用在了科内利斯·克拉松 1589 年出版的《科内利斯·杜松的北欧海图》上。

[56] 一份摹写本见 *MCN*, vol. 7，facsimile 6。

[57] 关于一份摹写版本，请参阅 Lucas Jansz. Waghenaer，*Spieghel der zeevaerdt*：*Leyden*，1584–1585，bibliographical note by R. A. Skelton（Amsterdam：Theatrum Orbis Terrarum，1964），and Koeman，"*Spieghel der Zeevaerdt*"。关于沃恩纳尔的信息，请参阅 R. D. Baart de la Faille，"Nieuwe gegevens over Lucas Jansz. Wagenaer," Het Boek 20（1931）：145–160；Désiré Gernez，"Lucas JanszoonWagenaer：A Chapter in the History of Guide-Books for Seamen," *Mariner's Mirror* 23（1937）：190–197；idem，"The Works of Lucas Janszoon Wagenaer," Mariner's Mirror 23（1937）：332–350；C. Koeman，"Lucas Janszoon Waghenaer：A Sixteenth Century Marine Cartographer," *Geographical Journal* 131（1965）：202–217；*Lucas Jansz. Waghenaer van Enckhuysen：De maritieme cartografie in de Nederlanden in de zestiende en het begin van de zeventiende eeuw* (Enkhuizen：Vereniging "Vrienden van het Zuiderzeemuseum," 1984)；以及 *MCN*，7：47–75。

显，在作为一名领航员的积极工作期间，在加的斯（Cádiz）和挪威西海岸之间的广阔而危险的水域航行时，他一直积极地制作海图和文本材料，这些材料将在他未来的工作中找到一席之地。事实上，瓦赫纳一再提到他自己的深度测量和发现。《航海之镜》的实际出版的高质量主要是由于瓦赫纳把手稿交给了安特卫普的普兰迪因出版社，后者在莱顿开设了一家分店。[58]克里斯托弗尔·普兰迪因，是奥特柳斯的 1579 年《寰宇概观》的出版商，他为瓦赫纳使用了同样的格式和相似的布局。他选择了当时最优秀的雕刻师约翰内斯·范多特屈姆来雕刻这些海图，这无疑有助于创制这样一部极具吸引力的领航员指南。[59]凭借其明晰的组织和完美的执行，《航海之镜》压倒了迄今为止所有其他普遍使用的印本航海手册。瓦赫纳资助了《航海之镜》的出版，这无疑是超越了他个人财务能力的范围。在《航海之镜》第二部分的前言中，他感谢了他的朋友、恩克赫伊曾的市长弗朗索瓦·马尔松（François Maelson）的大力支持。

《航海之镜》的第一部分出版于 1584 年。[60]它包含了西欧的概览地图，覆盖了北角（North Cape）和加那利群岛（Canary Islands）之间的海岸和海域，以及从冰岛到芬兰湾的海域，接着是二十二幅更大比例尺的西方航海的海图，显示了泰瑟尔（Texel）岛和加的斯之间的海岸。接下来是第二部分，它有自己的书名页，日期为 1585 年，献给荷兰和西弗里斯兰两邦，然后是二十二张东方航海的海图，覆盖了位于挪威和芬兰的须得海以东的水域。《航海之镜》中第一幅详细的海图显示了阿默兰岛（Ameland）和卡特韦克（Katwijk）之间的荷兰海岸。第二部分的最后一幅图与此图相连：它展示了弗里斯兰和格罗宁根的德意志部分的海岸，从威悉河到阿默兰岛。

《航海之镜》开篇是一个雕刻精美的书名页和对奥兰治亲王威廉（Willem van Oranje）的献词，随后是对航海技艺的介绍。在第一部分的三十三页中，有一个简短的小册子，关于宇宙志和导航，带有用以确定的新月潮汐的表格，关于如何使用这部作品中的表格找到太阳偏角的说明。《航海之镜》解释了十字测天仪以及如何使用它，讲述了如何制作和使用波特兰海图，给出了西欧海岸的许多观测点之间的路线和距离，并包括一份潮汐表和一份关于从英吉利海峡到比斯开湾之间的北海海域不同部分的水深和沙洲测量的注释。在图例中描绘出了浮标、航道标志和地标、锚地、礁石、岩石和浅滩的标准符号，并在海图制作的历史上第一次将其在海图上绘制出来。

观察瓦赫纳如何在《航海之镜》中排列海图，这是很有趣的。每个区域是一个由四页组成的单元。第一页包含了地图上描绘的沿海地带的描述和航行说明，这些内容在第二和第

[58]　关于普兰迪因工作室最全面的著作是 Léon Voet, *The Golden Compasses: A History and Evaluation of the Printing and Publishing Activities of the Officina Plantiniana at Antwerp*, 2 vols.（Amsterdam: Vangendt, 1969–1972）。关于莱顿分店，请参阅 E. van Gulik, "Drukkers en geleerden: De Leidse Officina Plantiniana（1583–1619），" in *Leiden University in the Seventeenth Century: An Exchange of Learning*, ed. Th. H. Lunsingh Scheurleer and G. H. M. Posthumus Meyjes（Leiden: Universitaire Pers Leiden, 1975），367–393。

[59]　关于范多特屈姆家族的信息，请参阅 *The New Hollstein Dutch & Flemish Etchings*, *Engravings and Woodcuts* 1450–1700, vols. 7–10, *The Van Doetecum Family*, in 4 pts., comp. Henk Nalis, ed. Ger Luijten and Christiaan Schuckman（Rotterdam: Sound and Vision Interactive Rotterdam, 1998），尤其是 pt. 3, 229–282, 描述了约翰内斯·范多特屈姆关于《航海之镜》的著作。

[60]　这份献词的副本保存在 Utrecht, Universiteitsbibliotheek（P. fol. 111 Rariora）。

三页上得以显示，第四页是空白的。这些海图的绘制比例尺是 1∶400000，河流的入海口和港口用更大的比例尺描绘（图版 54）。关于港口，有很多水深的数字，表明这些海图是用来在港口和河流中进出的。瓦赫纳将沿岸侧面图和海岸结合起来——葡萄牙的若昂·德卡斯特罗（João de Castro）在他的红海航海手册（1541 年）中已经应用了这一方法。[61] 尽管如此，瓦赫纳的最初贡献是在一系列连续的沿岸海图中一致地应用这一原则。水手一眼就能看出他要对付的是什么样的海岸（如：沙丘还是悬崖）。此外，沿着海岸的引人注目的建筑物，以及向内陆延伸的地平线（教堂塔、城堡、风车、树木和灯塔）都被绘入。除了航海指南外，该文本还包含一些关于该地区产品的普遍评论。

1394

《航海之镜》用各种语言出版了一系列的版本。[62] 铜版的第一个版本中有海图标题和文字，配有荷兰文的侧面图。在第二个版本中，这些标题被用荷兰文和拉丁文重新雕刻，但是侧面图有了双语文本，还导致海图的简单明晰程度下降。第三个版本在海图的下方边缘显示了铜版的数量。

1588 年，《航海之镜》的一个盗版版本在伦敦出版，标题为《水手之镜》（*The Mariners Mirrour*）。[63]《航海之镜》的书名页和海图是由一群雕刻师［特奥多尔·德布里（Theodor de Bry）、奥古斯丁·赖瑟（Augustine Ryther）和约道库斯·洪迪厄斯］复制的，而英语翻译则是由安东尼·阿什利（Anthony Ashley）完成的。洪迪厄斯从 1583—1593 年在英格兰工作，当时他很有可能得到英文版本的铜版。回到阿姆斯特丹后，他在 1605 年又出版了另一版。

1589 年，科内利斯·克拉松购得了旧的图版和出版《航海之镜》的权利。根据最新的航海信息，这些文字和海图都是最新的。在这种新形式中，他们出现在克拉松在阿姆斯特丹和让·贝莱雷（Jean Bellere）在安特卫普从 1589—1656 年的一个合作项目中。[64] 在法文版本中，描述了这些侧面图的文字的译文印刷在海图的图框之外。

当克拉松在 1596 年扩充了这部著作时，其标题被改成了《新航海之镜》（*Den nieuwen Spieghel der zeevaert*），这个标题被粘贴到一个新设计的书名页上。在巴普蒂斯塔·范多特屈姆于 1592 年雕刻的拉丁文版本中出现了西欧的小比例尺海图，通过增加向东扩展的北欧海岸线，大大扩大了。在这一版本和随后的版本中，增补了挪威和爱尔兰北部的两幅大比例尺海图，它们都是由威廉·巴伦支和彼得·范登基雷所精心制作。科内利斯·克拉松的 1603 年版，《双倍新大航海之镜》（*Den groten dobbelden nieuwe Spiegel der zeevaert*），他的长段文字和许多来自瓦赫纳的《海图宝藏》的海岸侧面图都插入地图集图幅之间。本杰明·赖特（Benjamin Wright）还添加了三幅新双面地图和十二幅更小的地图。

61　请参阅若昂·德卡斯特罗的讨论，在本卷 pp. 1015—1017；Désiré Gernez, "L'influence Portugaise sur la cartographie nautique Néerlandaise du XVIᵉ siècle," *Annales de Géographie* 46 (1937): 1–9; 以及 Armando Cortesão and A. Teixeira da Mota, *Portugaliae monumenta cartographica*, 6 vols. (Lisbon, 1960; reprinted with an introduction and supplement by Alfredo Pinheiro Marques, Lisbon: Imprensa Nacional-Casa de Moeda, 1987), 1: 137–144。

62　请参阅 *AN*, 4: 477–501. Nalis, in *Van Doetecum Family*, pt. 2, 229–282, 对铜版的不同版本进行了分析。

63　关于这一版本，请参阅 Lucas Jansz. Waghenaer, *The Mariners Mirrour*: London, 1588 (Amsterdam: Theatrum Orbis Terrarum, 1966)。

64　关于这些版本的详细描述，请参阅 *AN*, 4: 490–496。

克拉松为瓦赫纳出售的《航海之镜》提供了各种各样的组合。客户可以单独购买第一部分和第二部分，其价格分别为 3 荷兰盾 6 斯托弗尔。而整部著作，他们不得不花费 6 荷兰盾 10 斯托弗尔。最后版本的扩充版本则售价 9 荷兰盾 10 斯托弗尔。[65]

大约在 1589 年，当瓦赫纳卖掉了铜版，并把出版《航海之镜》的权利卖给克拉松的时候，他已经在考虑编写一部新的领航员指南。《航海之镜》出版后，瓦赫纳忙着收集与海洋和海路有关的新的水文地图材料，而这些材料在那部著作中没有被描述。毫无疑问，他从尼德兰的船长那里获得了这些信息，显示了自 1580 年以来尼德兰渔业和贸易领域的扩张程度。

瓦赫纳已经得出结论，他为《航海之镜》使用的对开本格式对海员来说实在太大了。此外，他觉得自己的航海指南不够详尽。因此，他决定采用两种不同的格式和不同的插图，这是他的第二部领航员指南，由弗朗索瓦·范拉费伦欣（Francois van Raphelengien，又作 Franciscus Raphelengius）于 1592 年在莱顿出版（图 45.5）。[66] 他选择了更简洁的长方形格式，并回到了他最初的想法，用木刻版的侧面图来阐释航海手册。人们肯定认识到，单独用于导航的海图在很多方面都存在缺陷，而且需要大量的文字来支持。

1395

图 45.5　摘自卢卡斯·扬松·瓦赫纳《海图宝藏》（*THRESOOR DER ZEEVAERT*）的卷头插画，1592 年 由 Maritiem Museum，Rotterdam（WAE 125）提供照片。

---

[65]　*Const ende caert-register*，*in welcke gheteyckent staen*，*alderhande soorten van caerten ende mappen des gantschen aertbodems*，*groot ende cleyn …*（1609），fol. B³（Wolfenbüttel，Herzog August Bibliothek）. 关于这一销售目录的更多信息，请参阅 B. van Selm，*Een menighte treffelijcke boecken*：*Nederlandse boekhandelscatalogi in het begin van de zeventiende eeuw*（Utrecht：HES，1987），174—319。另请参阅 *MCN*，7：21—24。

[66]　关于瓦赫纳的《海图宝藏》，请参阅 Edward Lynam，"Lucas Waghenaer's 'Thresoor der zeevaert,'" *British Museum Quarterly* 13（1938—1939）：91—94；Waghenaer，*Thresoor der zeevaert*（1965）；*AN*，4：502—512；以及 Nalis，*Van Doetecum Family*，在其第 4、61—90 页，有关于不同版本的海图的详细分析。

　　瓦赫纳的《海图宝藏》由三个部分组成，并有关于欧洲水域外导航的 10 页的附录。第一部分包含了一篇比在《航海之镜》中发现得更详细的关于航海艺术的论文。第二部分和第三部分组成了这本书的主要部分。第二部分包括 20 幅大型的沿岸海图和 166 页的航海指南，航海指南分为 21 个部分，其内容是关于西方、北部和东部的导航。在整个文本中有许多木刻的侧面图。在第一个版本中，五幅海图都是由约翰内斯·范多特屈姆签署的，但其余的海图也都遵循了这位艺术家的风格。在荷兰文的出版物中，这是第一部包含苏格兰北部地区、苏格兰以北的群岛和白海导航的海图和航行指南。《海图宝藏》的第三部分，包含了地中海西部地区的航海指南，但没有附上海图，有自己的标题，而且很有可能是单独购买的。《海图宝藏》是一本最古老的领航员图书，书中有这些水域的航海指南。⑥⑦

　　《海图宝藏》中的航行指示比在《航海之镜》中更广泛、更准确。就像在早期的航海手册中一样，《海图宝藏》的海岸侧面图被包含在文本中，而非在地图部分。这种使用的安排至今仍在使用。海图的方向各不相同，使用的是矩形的长方形，这是其最大的优势。海图以同样的比例绘制（约 1∶600000），并被印在两页纸上（图 45.6）。地图的标题用的是荷兰文和法文。就像在《航海之镜》中一样，海岸被描绘成侧面图，尽管它们的细节并不那么详细，因为它的比例尺更小，河口和港口的入口也被描绘得比其他的更大。然而，有一项新项目：由阿尔贝尔特·哈延的《阿姆斯特丹海图》（1585 年）启发的显著地标的指南，而瓦赫纳则认为哈延的描述方法是可靠的。

图 45.6　瓦赫纳《海图宝藏》中的巽他海峡海图，1602 年

原图尺寸：18.8×26.7 厘米。由 Maritiem Museum, Rotterdam（WAE 126）提供照片。

---

　　⑥⑦　威廉·巴伦支的 *Nieuwe beschryvinghe ende caertboeck vande Midlandtsche Zee*，由科内利斯·克拉松于 1595 年出版，是最古老的地中海西部地区航海的完整尺寸地图集。

瓦赫纳的《海图宝藏》在航海界受到了欣赏，正如新版本的不断流通所见证的那样。它只用荷兰文和法文出版，两种文字的1592年的第一个版本都是在莱顿的普兰迪因出版社出版的，但后来所有的版本都是由科内利斯·克拉松在阿姆斯特丹印刷的，尽管瓦赫纳最初持有版权。

大约1601年，铜版磨损得很严重，不得不替换掉，而克拉松则使用了来自最初图版的印版制作了副本。这项任务被分配给了本杰明·赖特、约祖亚·范登恩德，以及范多特屈姆家族的成员。1602年，荷兰文版出版，增加了航海指南和东、西印度群岛的沿海侧面图的附录。这个版本展示了尼德兰人尝试在东方染指葡萄牙帝国（香料贸易），在西方则渗透西班牙帝国（食盐贸易）。

克拉松在1609年出版了他的最后一版，附有一张新的书名页和三十幅海图，在瓦赫纳去世三年后，科内利斯·克拉松去世了，这标志着卢卡斯·扬松·瓦赫纳的领航员书籍出版的终结。一年前，在1608年，威廉·扬松·布劳出版了他的《航海之光》（*Licht der zeevaert*），遵循了《海图宝藏》的格式、结构和海图设计。

瓦赫纳最罕见的作品是《恩克赫伊曾海图集》（*Enchuyser zee-caert-boeck*），这部作品是科内利斯·克拉松于1598年出版的。(68) 这一八开本的著作为那些无法负担瓦赫纳的其他领航员指南的底层海员提供了服务。因为价格合理，海员们就可以获得欧洲的广泛航行信息。

瓦赫纳回归了领航员指南的原始格式。作为向恩克赫伊曾的致敬，这两幅（须得海和恩克赫伊曾的）小地图中增加了他的出生地，而不是他们能向舵手提供的帮助。这项工作的核心是东西方的导航的航海手册，不少于346页，并配有大量的木刻海岸侧面图。它还包含了前往西非和巴西的航海指南。《恩克赫伊曾海图集》分别在1601年和1605年发行了第二版和第三版。

尽管阿尔贝尔特·哈延的作品更完整，也更广为人知，但瓦赫纳的作品也因其巨大的成功而闻名。(69) 由于北海沿岸的不可靠水域以及通往波罗的海地区的路线都无法得到足够的描述，阿姆斯特丹市议会决定发起一项“新的、尽可能正确的海洋图的改革”。(70) 这个委员会的执行计划被委托给了哈勒姆的舵手阿尔贝尔特·哈延。1585年，普兰廷因在莱顿发表了 1396
哈延的《阿姆斯特丹海图集》的第一部分，“其中的文字描述和海图都非常清楚与明显地显示出在多佛尔海峡和丹麦的斯卡恩（Skagen）之间的那些困扰海员的海底、浅滩、沙滩，以及坐落于它们之间的溪流、河流的入海口和港口，有多么困难”。(71) 在这一描述中，阿尔贝尔特·哈延简短地总结了他的工作。它得到了舵手的积极响应，他们喜欢它方便的尺寸，以及它在有限区域内对小湾和港口的广泛处理。这一著作包括五张海图，值得注意的是，那些带有某些突出的特征的浮标的位置、浅滩和通道的限制，等等，都被绘制出来了。

与瓦赫纳的《航海之镜》相比，哈延的《阿姆斯特丹海图集》更加强调了对海岸线和

---

(68) *AN*，4：513－516（Wag 25）. 一份副本收藏在 Amsterdam，Nederlands Scheepvaartmuseum（A. 1309）。

(69) 关于阿尔贝尔特·哈延，请参阅 Moes and Burger，*Amsterdamsche boekdrukkers*，3：37－52；Désiré Gernez，“Les Amstelredamsche zeecaerten d'Aelbert Haeyen，” *De Gulden Passer / Compas d' Or* 12（1934）：79－106；Lang，*Seekarten*，29－32；以及 *AN*，4：220－222。

(70) 引自1585版中写给读者的话（*MCN*，7：57）。

(71) 引自1585年版的标题页；请参阅 *MCN*，7：58（图3.18）。

沿海水域的描述。海图提供了航海指南的视觉解释。哈延的工作为尼德兰海员提供了一个可靠的指南，它起码印刷了五次。

威廉·巴伦支的地中海航海指南，1595 年

考虑到从直布罗陀海峡到意大利的航运的增加，威廉·巴伦支开始为沿海航行的船只提供航海的描述和海图。最终，他决定出版他的笔记和海图，"为了总体的航行和进步的利益"。[72] 这一决定无疑受到了彼得勒斯·普兰齐乌斯和科内利斯·克拉松的影响。普兰齐乌斯的名字出现在巴伦支的第一张地图《地中海新描绘和海图集》（*Nieuwe beschryvinghe ende caertboeck vande Midlandtsche Zee*）上，这是一幅地中海的总览地图。普兰齐乌斯曾指出威廉·巴伦支在 1594—1596 年的北极探险中扮演了重要角色，这表明两人已经认识了一段时间。

1397

毫无疑问，科内利斯·克拉松在这本关于地中海的对开本印刷的领航员指南的出版中扮演了决定性的角色。他已经拥有了瓦赫纳的《航海之镜》的权利，并获得了巴伦支授予的特权，他被允许在瓦赫纳没有覆盖到的区域开始他的地图绘制。就像之前的海洋著作中的情况一样，克拉松想要密切关注航海的发展和进步，同时也要利用尼德兰穿越直布罗陀海峡的海运的增长。正如预期的那样，科内利斯·克拉松制作了一个引人注目的巴伦支的《地中海新描述和海图集》版本。[73] 为了雕刻地图，他雇用了阿姆斯特丹两个最好的雕刻师：约道库斯·洪迪厄斯和彼得·范登基雷。

总览地图之后，有九幅详细的地图，是对瓦赫纳成功的《航海之镜》的模仿，将海岸线和沿海侧面图结合起来（图 45.7）。没有留下任何拼接的缝隙，这幅大比例尺地图覆盖了地中海的整个北部地区，从直布罗陀海峡一直到亚得里亚海。在总览地图和两幅大比例尺地图上，有许多小插图，用更大的比例尺显示了港口，使得进入港口更加便利。除了总述地图外，所有的地图背面都印刷有对海岸和航路的描述。附加的文本页带有木刻版的海岸侧面图，被装订到海图之间的书中。

威廉·巴伦支并没有根据自己的经历写整篇文字。例如，第二部分，为地中海东部的航行提供了航行指南，其翻译完全根据布鲁日的马尔滕·埃弗雷特（Maarten Everaert）的意大利信息来源：保罗·杰拉尔多（Paolo Gerardo）的《海上领航员指南》（*Il portolano del mare*）（威尼斯，1584 年版；原本，1544 年）。在内容中，这个工作与巴伦支的图集的翻译是相同的，尽管章节的顺序不同。

从 1599 年开始，科内利斯·克拉松还提供了法文版本，这显然是高需求的，因为我们知道 1607 年、1608 年和 1609 版本。[74] 1609 年克拉松去世后，铜版转到了约翰内斯·扬松尼乌斯的手中，他在 1626 年重新出版了这些作品，没有任何改变。唯一已知的印记是一个书名页，标题是粘贴上去的，以及背面的一套 10 幅没有文本的地图。[75] 很有可能，他决定不

---

[72] 引自 1595 年的领航员指南中的致读者的前言（*MCN*，7：135）。

[73] 一份摹写版本，连同一篇引介出版了：Willem Barents, *Caertboeck vande Midlandtsche Zee*，Amsterdam，1595（Amsterdam：Theatrum Orbis Terrarum，1970）。

[74] 关于各种版本的书目描述，请参阅 *AN*，4：22 – 26。

[75] 这一副本保存在 Universiteitsbibliotheek Utrecht, Collection of the Faculty of Geosciences（Ⅷ N. f. 3）。

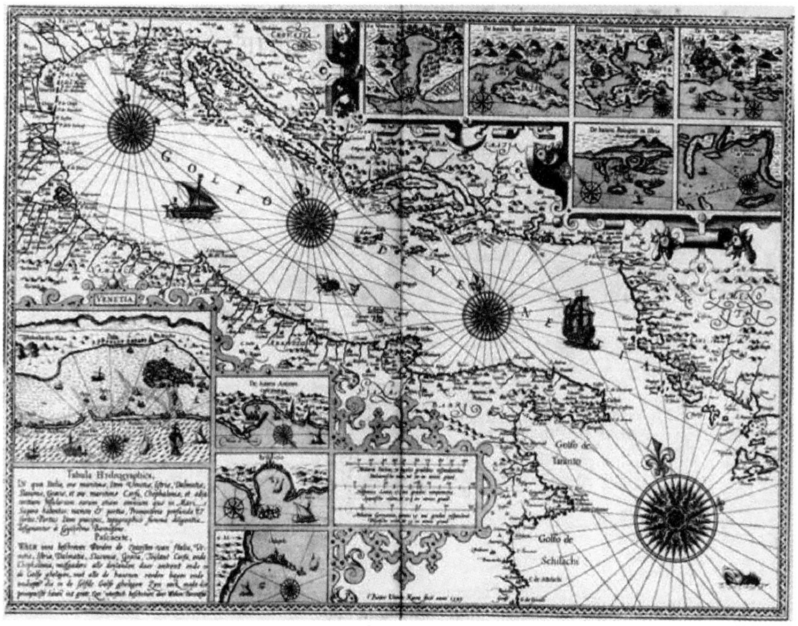

图 45.7　威廉·巴伦支《地中海的新描绘与海图集》，1595 年

科内利斯·克拉松出版。

由 Universiteitsbibliotheek Amsterdam（OF 86 –3）提供照片。

把文本部分包含在这一重印版本中。也许一个原因是威廉·扬松·布劳的《航海之光》的第三部分于 1618 年出现，在 33 幅地图和广泛的文本描述（图 45.8）的帮助下，进行了地中海地区的导航。(76) 最终，扬松尼乌斯在 1654 年再次使用了这些图版，作为他的《地中海描绘》（*Descriptio Maris Mediterranei*）的一部分。(77)

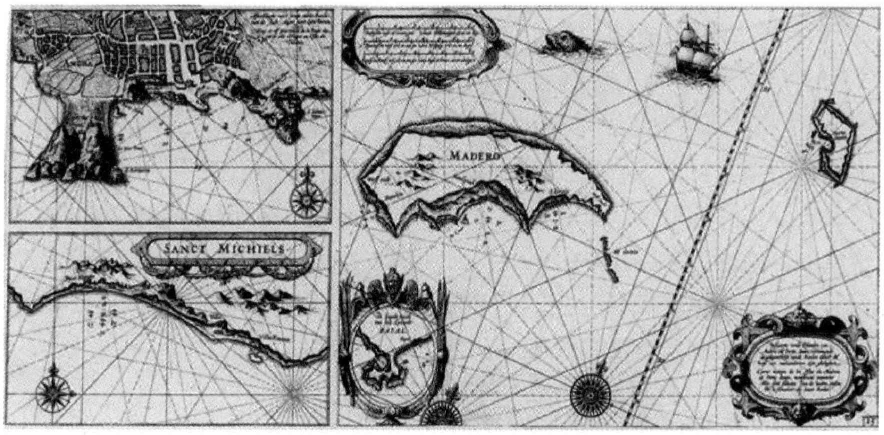

图 45.8　布劳《航海之光》中的海图，1608 年

原图尺寸：26 ×55 厘米。由 Maritiem Museum，Rotterdam（WAE 118，p. 15）提供照片。

(76) 关于这部领航员指南，请参阅 *AN*，4：44 –46（M. Bl 8）。

(77) *AN*，4：272 –273（M. Ja 4）. 通过去掉旧的装饰，《地中海描绘》的铜版变得更加现代。

17 世纪的领航员指南和海图集

17 世纪，特别是从 1620—1700 年，领航员指南和海洋地图集的贸易经历了前所未有的增长。这一增长伴随越来越激烈的竞争，从 1630 年开始，尤其是在布劳、扬松尼乌斯和科洛姆的出版社里。

1650 年，约翰内斯·扬松尼乌斯的《水域世界》（*Water-weereld*）的问世标志着领航员指南和海洋地图集的一个新的竞争市场的开启。包括阿诺尔德·科洛姆（Arnold Colom）和彼得·戈斯在内的各种各样的阿姆斯特丹出版商，从 1640—1675 年期间都生产了相互竞争的产品，试图在市场上相互定价，他们都声称：与之前的同类产品相比，自己的出版物是"新的"和"扩充"的。然而，是否真的有任何更新或扩充，这是值得怀疑的。约翰内斯·范科伊伦（Johannes van Keulen），一位在海洋制图领域的新手，凭借其《海洋地图集或水域世界》（*Zee-atlas of water-werelt*），最终将在 17 世纪末引入一些改变。

领航员指南

1398　　1599 年，威廉·扬松·布劳在阿姆斯特丹开始了自己的事业，1605 年，他搬进了一所位于"水畔街"的房子，在那里开了一家商店。在今天叫作达姆拉克大街（Damrak）的地方，许多船具商、书商和地图销售商都在那里开店。从 1618 年开始，约翰内斯·扬松尼乌斯与布劳的商店比邻而居，在他的对面，住着雅各布·阿尔松·科洛姆·克拉松，这位著名的印刷商来自低地国家南部，1578 年在阿姆斯特丹定居，他的房子也"在水边"。让他感到遗憾的是，布劳遭遇了来自他的邻居扬松尼乌斯和科洛姆的激烈竞争（关于在 1584—1681 年发表的一份领航员指南的总结，见附录 45.2）。

布劳凭借欧洲沿海水域的航行获益颇多。1606 年，他获得了一项特许权，"印刷一本书，由他收集和编撰，从航海的利益出发，并促进其发展"。[78] 这部领航员指南，《航海之光》，于 1608 年首次出版，与瓦赫纳的《海图宝藏》相似。[79] 布劳使用了同样的椭圆形的格式，并在一系列的章节中对其进行了构建，其中包括一段特定的海岸和相应的海图。

许多连续的版本和翻译成英语和法语都是《航海之光》流行的证据。[80] 因为布劳不担心有任何竞争，所以没有动力去修改。他甚至没有完成出版。在 1608 年的第一版中，他写道，这部著作由四部分组成：通往西方的航线；通往东方的航线；地中海；以及几内亚、巴西和东西印度群岛的海岸。第一版只包括第一和第二部分。第三部分，有 33 幅地中海的地图，在 10 年后的 1618 年出现。第四部分从未发表过。

1620 年，当第一个特许权到期时，扬松尼乌斯出版了他自己的《航海之光》。[81] 这是一份无耻的复制，不仅复制了布劳版本中的文字，还有地图。标题和书名页也是一样的，扬松

⑦⑧　国会 1606 年 2 月 27 日决议；The Hague, Nationaal Archief（Arch. St. Gen. 3156, fol. 72r）。

⑦⑨　请参阅 Willem Jansz. Blaeu, *The Light of Navigation*：Amsterdam, 1612, bibliographical note by R. A. Skelton（Amsterdam：Theatrum Orbis Terrarum, 1964）；以及 *AN*, 4：27 –53。

⑧⓪　关于《航海之光》的许多版本，请参阅 *AN*, 4：32 –75。

⑧①　请参阅 *AN*, 4：54 –75。

尼乌斯甚至把布劳的名字列为作者。扬松尼乌斯的出版也同样成功：1623 年、1627 年和 1629 年多次再版。布劳对扬松尼乌斯的版本的回应是他的领航员指南的新扩充版本，他的这本书名为《海洋之镜》（*Zeespiegel*）。

《海洋之镜》在 1623—1652 年间出版了 15 个版本，其中 5 个有英语文本。[82] 领航员指南由三个部分组成，以更大的比例尺包含了 111 幅新地图。对航海技艺的介绍是第一部分；第二部分是对东方和北方的航线的处理；第三部分是关于西线的。在《航海之光》的第三部分中，关于地中海（1618 年之后），可以作为单独的第四部分加入《海洋之镜》中 [1638 年之后，这幅作品的再版出现，标题为：《海洋之镜的第四部分（*Vierde deel van de zeespiegel*）》]。领航员指南是任何一个海洋势力（如十七省）自然渴求的目标，布劳的《海洋之镜》成了畅销书。

1632 年，雅各布·阿尔松·科洛姆出版了一本书，书中有 42 幅海图，这是对布劳霸权的一次严重挑战。[83] 科洛姆在多德雷赫特（Dordrecht）出生并长大，1622 年，他在阿姆斯特丹成为印刷商、书商，并从事航海地图制作。起初，他无法与布劳和扬松尼乌斯在领航员指南市场上竞争，但当两家竞争对手把他们的活动转移到其他出版物上时，科洛姆意识到了他的机会。凭借《火柱》（*De vyerighe colom*），航海地图制作领域再也不能忽视他了。

《火柱》中海图的尺寸增加到大约 38—50 厘米，而一般说来，其文字是布劳的领航员图书中的文字的放大。科洛姆的书，就像瓦赫纳的书一样，非常成功。1632—1671 年，有 8 个版本的荷兰文版本，5 个法文版本，11 个英文版本。尽管取得了这样的成功，科洛姆还是在 1648 年增加了一份小型的领航员指南。这部《正直的火柱》（*Oprecht fyrie colomne*）是用长方形的格式制作的，这是一种保守的水手们熟悉的格式。

科隆在《火柱》中没有怎么吹捧布劳，他在其领航员指南中的标题中宣称说："以前海洋的光或镜子的缺陷和错误都暴露了和纠正了。"布劳立即出版了《东方、北方和西方各海域的港口指南》（*Havenwyser van de oostersche，noordsche en westersche zeen*）（1634 年）来进行反应，为此他使用了来自《航海之光》和《海洋之镜》中的 62 幅地图。[84] 在他的介绍中，布劳批评了那些认为他们可以改进他的领航员指南的人，尽管他自己也指出了一些新的错误。1634 年，扬松尼乌斯也推出了一项新的领航员指南：《新加强的光：被称为大东方航行的火柱、视野、镜鉴和宝藏的钥匙》（*Het nieuw vermeerde licht，ghenaemt de sleutel van' t tresoor，spiegel，gesicht，ende vierighe colom des grooten zeevaerts*）。[85] 这部著作包括 51 幅地图，

1400

---

[82]　请参阅 Willem Jansz. Blaeu，*The Sea-beacon*：Amsterdam，1643，bibliographical note by C. Koeman（Amsterdam：Theatrum Orbis Terrarum，1973）；*AN*，4：78 – 112；以及 *MCN*，4：20（《海洋之镜》中海图的目录）。

[83]　*AN*，4：119 – 151. 关于科洛姆作为球仪制造师的工作进行了讨论，见本卷第 1368—1369 页。光（licht）、火柱（vyerighe column）、镜子（spiegel）以及很多在领航员指南中见到过的类似的内容，它们的起源是，夜间，当着陆或进入港口的时候，领航员需要岸上的光。因为现代意义上的灯塔当时并不存在，所以就在一个高架建筑物上燃起火焰。这为诸如"海上火把"（Seatorch）和"燃烧的沼泽"等名称提供了现实的基础，尤其是后者，因为是姓氏"费恩"（Veen）的双关语，而这在荷兰语中是"泥煤"的意思，与沼泽有联系。至于名字"Colom"——在以色列人逃离埃及的途中，夜间，一根火柱出现在天空中，指引着他们（出埃及记 13：21）——这就是引诱雅各布·阿尔松·科洛姆将其领航员指南命名为《Vyerighe colom》，暗示在岸上的灯塔的原因。对领航员指南的名称结构的研究较少，可以从瓦赫纳和布劳所使用的名称看出："Mirrour"和"Light"，它们最纯粹的寓意是把知识反射给学徒，或者传播知识的光辉。关于这一主题，请参阅 Hendrickje Bosma，"Het licht der zeevaart：De symbolische betehenis van licht in drie 17ᵉ-eeuwse lierboehen over zeevaanthude，"*Caert-Thresoor* 3（1984）：58 – 62。

[84]　*AN*，4：76 – 77.

[85]　*AN*，4：63 – 66 [M. Bl 20（J）]。

30 幅来自《航海之光》，剩下的 19 幅地图，其作者的名字是约里斯·卡罗吕斯（Joris Carolus）；卡罗吕斯也修改了文本。

布劳和扬松尼乌斯的地位都不足以用价格把科洛姆挤出市场。在两份法文版的《新加强的光》（1635 和 1637 年）之后，扬松尼乌斯离开领航员指南市场一段时间，直到 1650 年之后，当他与彼得·戈斯合作时，他推出了一部领航员指南。威廉·扬松的儿子约翰·布劳对他的作品进行了重新印刷。与布劳的领航员图书不同的是，科洛姆的书不断扩充，因此，科洛姆迅速成为 17 世纪上半叶的主要海图出版商。对布劳家族来说，竞争变得太激烈了，他不仅是船上的杂货铺，还是精美书籍和学术书籍的印刷商。

然而，在 1644 年，科洛姆的地位受到了阿姆斯特丹的安东尼·雅各布松（Anthonie Jacobsz.）的一份更全面的领航员图书的威胁：《点亮的柱子或海洋之镜》（*De lichtende columne ofte zeespiegel*），这本书中巧妙地将他两个竞争对手的领航员图书的标题结合在了一起。雅各布松很快就出版了一本英文版：《点亮的柱子或海洋之镜》（*The Lightning Columne or Seamirrour*），这是一个很受欢迎的版本。在他的书中，海图的数量比之前的任何一个领航员指南都要多：分别是 32、30 和 20 张海图，分别在第一、第二和第三部分。此外，海图的尺寸被放大到 43×55 厘米。无论是在英格兰还是法兰西，都没有像这样全面的著作。在 1643—1715 年间出版了一系列荷兰语、英语和法语的版本，其出版人是雅各布松及其诸子和继承人雅各布·特尼松（Jacob Theunisz.）以及卡斯帕吕斯（Casparus），他们洛茨曼（Lootsman）之名而更加闻名。[86]

除了巨大的领航员指南，安东尼·雅各布松还在考虑在他去世前出版一份小型指南。在他遗孀的指导下，它于 1652 年问世。在彼得·戈斯获得了《点亮的柱子或海洋之镜》的铜版后，雅各布·特尼松为自己的新领航员指南《新版大型洛茨曼海洋之镜》（*De nieuw'en groote Loots-mans zee-spiegel*）雕刻了新的地图。

尽管在阿姆斯特丹的海滨地区至少有十家商店和/或船只杂货铺出售海洋印刷品，但他们并不是所有的印刷商。表 45.1 显示了他们职业的差异。当一本有海图的书印着"印刷商和书商"的时候，很可能只有意味着铜版印刷。1650 年之后，竞争对手印刷了类似的作品，复制了新刻的铜版印刷的海图——就像亨德里克·东克尔（Hendrik Doncker）一样——或者购买洛茨曼的图版——就像彼得·戈斯一样。著名的印刷商扬松尼乌斯也有一段时间零售《点亮的柱子或海洋之镜》。在这个阶段，尼德兰领航员书籍的历史记录变得很复杂，尤其是在东克尔的类似的海图方面。库曼解开了这一出版商和领航员指南方面的混乱。[87]

表 45.1　　　　　　　　海洋印刷品经销商的职业，主要来自 17 世纪

店铺所有人	印刷商	雕刻师	图书和海图经销商	仪器和海图制造师
布劳家族	X		X	X

---

[86] 德语版本并不必要，因为沿着德意志北部海岸的水手们使用荷兰语。洛茨曼兄弟的姓氏是特尼松（Theunisz.）。他们的父亲是特尼斯，或者是安东尼·雅各布松。

[87] *AN*, vol. 4.

续表

店铺所有人	印刷商	雕刻师	图书和海图经销商	仪器和海图制造师
科洛姆家族	X		X	X
亨德里克·东克尔			X	X
彼得·戈斯	X	X	X	
约翰内斯·扬松尼乌斯	X		X	
范科伊伦家族	X		X	X
扬·范隆		X		X
约翰内斯·洛茨			X	X
洛茨曼家族	X		X	
雅各布·罗拜因		X	X	

在 1660 年之后，三家竞争的出版商控制了领航员指南的市场：戈斯、洛茨曼兄弟以及东克尔；三个人都使用了同样的文本，但添加了他们自己的地图。几十部领航员指南的标题几乎完全相同，就是为了在书目上鱼目混珠，但也说明了对这类出版物的巨大需求。这些指南通常是由三个部分组成：西方航线、东方航线和地中海。彼得·戈斯是第一个在欧洲以外地区增加沿海地区的航海地图的人。1675 年，他去世的那一年，他推出了一部西印度群岛海岸的领航员指南：《燃烧的泥煤》（*Het brandende veen*），他的文字和地图都是阿伦特·罗赫芬（Arent Roggeveen）制作的。西非和巴西海岸的第二部分正在绘制中，但直到 1685 年，雅各布·罗拜因（Jacob Robijn）才将其出版。[88] 在这一点上，范科伊伦的《海洋火炬》（*Zee-fakkel*）已经制作好了，罗拜因和其他一些人意识到，继续在欧洲以外水域进行领航员指南的工作已经不再有利可图。

当然，这种印刷活动与航运和贸易的企业有关，也与航运和航海的数量和多样性有关。不幸的是，不可能产生像《航海之光》或《海洋之镜》这样的著作的印刷数字。布劳、科洛姆、戈斯或其他书商的公司记录都没有保留下来。只有在例外情况下，当一份大规模库存的公证证书被起草时，人们才会提到，在 1693 年出售东克尔的商店时，这是一个例子。在那张公证证书里，有 4500 本关于航海艺术、历书和天文表的书，这给我们留下了关于阿姆斯特丹海滨的船只杂货铺的书店的规模的印象。阳历和阴历的历书和天文表必须频繁地重印。因此，领航员图书中关于航海技艺的传统章节每十年都要重印一次，就像那些被保存下来的副本一样。另外，由于沿着北海海岸的浅滩的摆动，海图不得不不断地被修正和重印，尽管地中海的海图在较小程度上已经是这样实践的。

1401

---

⑧　关于英文誊写本，请参阅 Arent Roggeveen and Pieter Goos, *The Burning Fen：First Part*, *Amsterdam*, 1675, bibliographical note by C. Koeman（Amsterdam：Theatrum Orbis Terrarum, 1971），以及 Arent Roggeveen and Jacob Robijn, *The Burning Fen：Second Part*, *Amsterdam*, 1687, bibliographical note by C. Koeman（Amsterdam：Theatrum Orbis Terrarum, 1971）。

海洋地图集

　　尽管领航员指南、历书、表格、松散的海图和教科书都是在船上使用的，但覆盖世界各地的海洋地图集并不是船长或领航员的常规设备的一部分。在岸上，在办公室，在富裕的公民和科学家的私人图书馆里，海洋地图集是一种很受欢迎的图书。从1660年开始，海洋地图集的内容从20幅海图发展到160多幅。一般来说，制作的海洋地图集（通常是按顺序组装的，除了简短的介绍外，通常没有文字）的副本数量要比领航员指南少。然而，由于海洋地图集很少在海上使用，所以保存的副本比印刷的带有海图的领航员指南还多。

　　除了领航员图书外，先前讨论过的那些印刷商还出版了海洋地图集，其中包含了不同数量的海图，其中一部分来自领航员书籍。第一部海洋地图集：《水域世界》，于1650年由约翰内斯·扬松尼乌斯出版，是他的《新地图集》的第5个部分。⑧ 扬松尼乌斯在对《水域世界》的介绍中写到，对地球的描述并不止于海岸。这是第一部真正的海洋地图集的起源，扬松尼乌斯将其与一部历史地图集结合起来。自1584年以来，已经出版了数不清的领航员指南，但是将一组航海地图以开本的形式装订在一起，还没有被广泛使用。扬松尼乌斯的《水域世界》里包含了23幅海图和10幅地理图。所附的文本只包含普遍信息，与领航问题几乎没有关系。

　　《水域世界》的出版对其他出版商产生了多米诺效应，直到那个时候，他们才完全关注那些纯粹的领航作品，比如领航员指南。它揭示了市场上的一个漏洞，在这个市场上，他们几乎没有什么困难。他们已经获得了航海地图，现在他们以一种新的方式进行汇编，以便吸引新的读者（见附录45.3）。

　　雅各布·阿尔松·科洛姆的1651年《强光或火柱》（*Groote lichtende ofte vyerighe colom*）可以被认为是《水域世界》的第一个继承者。这部大型的领航员指南后来成了科洛姆的1663年的《世界水域部分地图集》（*Atlas of werelts-water-deel*）的基础。1654年，阿诺尔德·科洛姆的《航海地图集中的海岸和世界》（*Ora maritima orbis universi sive atlas marinus*）的出版发行［1658年荷兰文版的标题是《海洋地图集或水域世界》（*Zee-atlas ofte waterwereldt*）］，许多其他受限制的海图开始公开发行。在此之前，只有《西印度航海图》（*Westindische paskaart*）（西印度群岛的导航图），印在两张对开纸上，可以负担得起15荷兰盾的价格的人就可以得到它。在科洛姆的《海洋地图集》中，其他几张海洋的领航图以一开本的大小出版，这是当时的新奇之处。科洛姆的地图集还包含了"新尼德兰"（Nieu Nederland）海岸的海图，它是科德角和大西洋城之间的大西洋海岸，比例尺为1:1500000，这是该地区第一幅详细的印刷海图。

　　另一部现在著名的海洋地图集是彼得·范阿尔芬（Pieter van Alphen）的《新海洋地图集或水域世界》（*Nieuwe zeeatlas of water-werelt*）（鹿特丹，1660年），其中包括12张精美的长途航海图，使用墨卡托的投影。此外，阿姆斯特丹的雅各布斯·罗拜因出版了一本海洋地图集，他使用了彼得·戈斯的《海洋之镜》和他的《海洋地图集》（*Zee-atlas*），但在1683

---

⑧ *AN*, 2: 492–498 and 4: 273–275.

年，罗拜因还出版了一部精美的海洋地图集，其中有 20 幅海图取自他自己的图版。1666
年，戈斯曾用东克尔的图版来做一个海洋地图集，许多副本都保存了下来。⑨ 在其扉页的说
明上，他改变了日期，并且 "大地的区划、情况和质量的简短声明" 被重印了几次（荷兰
文、法文、英文和西班牙文），但是这组海图仍然没有改变。戈斯的海图在英国重印，在那
里，约翰·谢勒（John Seller）第一次尝试与尼德兰的领航员指南进行竞争，但是在这样的
情况下，他抄袭了尼德兰的材料。1669 年，谢勒获得至少 63 块旧图版，并于同年在他的
《水手实践》（Praxis nautica）中宣布："我确实听说你们知道了，我愿意在上帝的帮助下，
而且我现在正在（用自己的钱和费用）为全世界制造一份海上的马车夫。"⑨他在 1689 年的
《英格兰领航员》（English Pilot）中实现了这个承诺。在戈斯非常受欢迎的海洋地图集的例
子之后，谢勒也在 1675 年出版了《海洋地图集》（Atlas maritimus）。⑨

1402

在阿姆斯特丹的所有的地图出版商中，东克尔因其独创性以及他对 1675 年的《新的大
型消失的海洋》（Nieuwe groote ververderde zee）中的自己的地图的修改，被认为是最具资格
的人选。⑨ 他选择的主题是原创的；他制作了在非洲和巴西海岸航行的海图。这些雕版的海
图，比例尺在 1∶1000000 到 1∶3000000 之间，具有由荷兰东印度公司（Verenigde Oostin-
dische Compagnie）的水文学家绘制的绘本海图的所有特征，尽管它们没有列出任何有关出
处的参考文献。东克尔雇用了一个更大的印刷机（或制造了一架更大的印刷机），而不是目
前使用的更大的格式（55×61 厘米）。1705 年，他的儿子亨德里克增加了 25 张墨卡托投影
的海图。⑨

1661—1676 年，扬·范隆（Jan van Loon）也发表了一份重要的著作：《清楚闪烁的北
方恒星或海洋地图集》（Klaer lichtende noortster ofte zee-atlas），有 35—47 张原始的海图。⑨ 在
阿姆斯特丹出版的所有海洋地图集中，最大的是由约翰内斯·洛茨（Johannes Loots）于
1707 年前后制作的。⑨ 它包含 124 幅海图，其中 79 幅使用了墨卡托投影。这些海图都是为
海洋地图集而设计的，而不是来自用于领航员书籍的图版的印刷品。在阿姆斯特丹出版的几
部海洋地图集也由一些海图组成，这些海图也出现在领航员指南中。⑨

从 1680 年开始，范科伊伦家族——先是约翰内斯，之后是他的儿子赫拉德——主导了近

---

⑨　AN，4：196－200，列出了十七种副本。

⑨　引用于 Coolie Verner， "John Seller and the Chart Trade in Seventeenth-Century England，" in The Compleat Plattmaker：
Essays on Chart， Map， and Globe Making in England in the Seventeenth and Eighteenth Centuries， ed. Norman J. W. Thrower
（Berkeley：University of California Press， 1978），127－157， esp. 140， 以及对第四部分所作的传记体诠释——（ John Sell-
er）， The English Pilot：The Fourth Book， London， 1689， intro. Coolie Verner （Amsterdam：Theatrum Orbis Terrarum， 1967）。

⑨　John Seller， Atlas Maritimus；or， A Book of Charts Describing the Sea-Coasts . . . in Most of the Knowne Parts of the World
（London：John Darby， 1675）。

⑨　AN，4：164 （Don 15）。

⑨　AN，4：170－172 （Don 29）。

⑨　AN，4：403－408.

⑨　AN，4：409－421；Désiré Gernez， "Le libraire néerlandais Joannes Loots et sa maison d'éditions maritimes，" Med-
edeelingen， Academie van Marine van België = Communications， Académie de Marine de Belgique 8 （1954）：23－65.

⑨　Jacob Aertsz. Colom's Atlas of werelts-water-deel， 1663；Jacob Theunisz. and Casparus Lootsman's Nieuwe water-werelt ofte
zee-atlas， 1666；以及 Johannes van Keulen's De groote nieuw vermeerdede zeeatlas ofte waterwerelt， 1680. 请参阅 AN， 4：276－
301。

两个世纪的海图制作。⑱ 范科伊伦家族不仅获得了对航海地图和地图集的垄断，而且还关注了地图学的更新。约翰内斯·范科伊伦在 1678 年成为阿姆斯特丹书商同业公会的成员，他主要集中在航海书籍和仪器上。在数学家和测量师克拉斯·扬松·福赫特（Claes Jansz. Vooght）的参与下，确保了范科伊伦的出版物有很高的学术质量。

1680 年，范科伊伦的《新增补的大型海洋地图集或水域世界》（*De groote nieuwe vermeerderde zee-atlas ofte water-werelt*）把他介绍给了公众，作为一个新的航海书籍出版商。在这本地图集出版的时候，范科伊伦和福赫特已经在忙着制作一份更大的作品：一部多部分的领航员指南（带有文本）。在 1681 年，《新出大型闪亮的海洋火炬》（*De nieuwe groote lichtende zee-fakkel*）的第一和第二部分出版了。其他三个部分是在 4 年之后。《新出大型闪亮的海洋火炬》是航海领航员指南中的大地图集（Atlas maior），它包含了 5 个对开本的卷帙，总共有 135 幅表现所有海岸线和海洋的精确可靠的地图（图 45.9）。⑲ 指南的划分遵循了传统的模式：前三个部分涉及欧洲海岸，第四部分和第五部分覆盖了东方和西方的航运路线，这与彼得·戈斯的《燃烧的泥煤》的第一和第二部分相对应（请参阅表 45.2）。鉴于戈斯的出版直到 1685 年才完成，范科伊伦是第一个向阿姆斯特丹市场提供全球领航员指南的出版商。《海洋火炬》领航员指南和《海洋地图集》都在不断扩充，使得后者越来越成为前者的副产品：越来越多的来自《海洋火炬》中的地图被添加到《海洋地图集》的 30 张原始地图中。1684 年，该地图包含 150 多幅地图，可以用荷兰语、法语、英语或西班牙语进行介绍。

约翰内斯·范科伊伦没有接受过科学教育。然而，他的儿子赫拉德·范科伊伦（Gerard van Keulen）证明了自己是福赫特的好学生。当赫拉德在 1704 年接手他父亲的生意时，他为航海地图的制作提供了新的动力，尽管他对《海洋火炬》和《海洋地图集》进行了很大的增补和扩充，但主要还是因为他在绘本地图方面的交易而出名。⑳ 有赖于范科伊伦出版社，在 18 世纪，尼德兰的海洋地图绘制没有遵循之前地图和地图集制作的发展轨迹；它被改造成为这样一个产业：重印旧的地图，并复制国外的地图。

1403

海图制作的背景

在低地国家航海史的背景下，海图制造业只是众多与航运、贸易和海外扩张相关的元素之一。㉑ 虽然我们对低地国家的航海制图历史有足够的了解，但我们仍然需要找到一些关于海图和领航员书籍的分布的具体问题的答案。例如，16 和 17 世纪的领航员的分配方法是否有效率？生产成本的降低是否会对销售数据产生影响？顾客花钱总能买到最好的吗？

在 16 世纪早期，航海指南主要是通过手稿传播的。当一个印刷商（在一个接受过教育的

⑱　E. O. van Keulen, Willem F. J. Mörzer Bruyns, and E. K. Spits, eds., "*In de Gekroonde Lootsman*": *Het kaarten-, boekuitgevers-en instrumentenmakershuis Van Keulen te Amsterdam*, *1680–1885*, exhibition catalog (Utrecht: HES, 1989).

⑲　C. Koeman, *The Sea on Paper*: *The Story of the Van Keulens and Their "Sea-Torch"* (Amsterdam: Theatrum Orbis Terrarum, 1972), and *AN*, 4: 302–366.

⑳　C. Koeman and Günter Schilder, "Ein neuer Beitrag zur Kenntnis der niederländischen Seekartografie im 18. Jahrhundert," in *Beiträge zur theoretischen Kartographie . . .*: *Festschrift für Erik Arnberger* (Vienna: Deuticke, 1977): 267–303, 以及 Dirk de Vries et al., *The Van Keulen Cartography*: *Amsterdam*, 1680–1885 (Alphen aan den Rijn: Canaletto/Repro-Holland, 2005), 91–114。

㉑　Koeman, "Chart Trade in Europe".

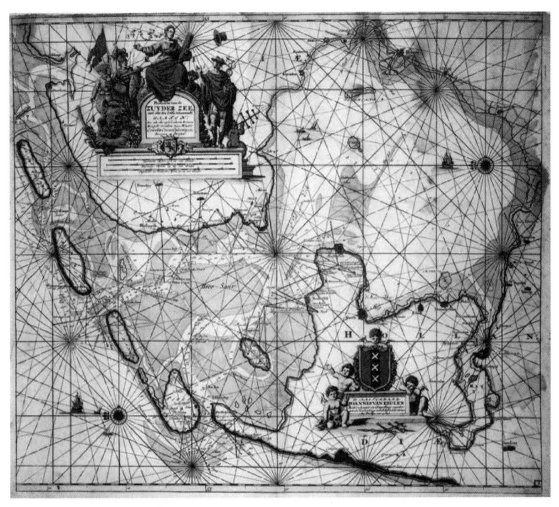

图 45.9 约翰内斯·范科伊伦《新出大型闪亮的海洋火炬》中的南方海洋海图，1689 年

照片提供：Nederlands Scheepvaartmuseum，Amsterdam［inv. no. B. 0032（159）］提供照片。

领航员的要求之下）制作出一种印刷形式的航海指南时，他节省了纸张：以十二开的格式出售会卖得很好。无论是印刷，还是手稿形式，对于一般的领航员来说，海图都是非常昂贵的。在 16 世纪末，随着部分低地国家经济的繁荣，阿姆斯特丹和莱顿的印刷商在航海的方向和海图上的市场份额不断增长，尽管价格仍然相对较高。不幸的是，除了普兰迪因的记录中的数字，我们不知道印刷量及销售量；1640 年前后活跃于阿姆斯特丹的十家出版商中，没有一家留下记录。三个因素控制了所有海洋印刷品的价格：竞争、劳动力成本和机会主义（从借用图版到盗版）。

在 1584 年（瓦赫纳的《航海之镜》）到 1623 年（布劳的《海洋之镜》），海员和印刷商之间的紧密联系是对质量的控制。大约 1640 年之后，这种联系减弱了，原因有两个：竞争和印刷商对这一特定客户群的投入减少。阿姆斯特丹的大公司和印刷商，如布劳、扬松尼乌斯、彼得·莫尔捷和弗雷德里克·德威特，其主要客户是欧洲城市的受过教育的公民。水畔街的小商店的图片已经变成了印刷所令人印象深刻的三角形山墙，在这里，按照这个时期

1404

的时尚，顾客可以从成千上万不同的印刷品和地图中进行选择。海图和海洋地图集已不再是主要的商品。此外，在17世纪的最后，剩下的唯一有自己印刷部门（铜版和印刷的图书）的船舶供应商是范科伊伦出版社，这与一幅著名的演讲的新照片相吻合。

表45.2　　　约翰内斯·范科伊伦 的《新出大型闪亮的海洋火炬》的内容

部分	年份	所表现区域
1	1681	东方航线和俄罗斯北部
2	1681	远至佛得角群岛的西方航线
3	1682	地中海
4	1684	加勒比海和北美东海岸
5	1684	非洲和南美的大西洋沿岸

资料来源：基于 Peter van der Krogt, "Commercial Cartography in the Netherlands, with Particular Reference to Atlas Production (16th – 18th Centuries)," in *La cartografia dels Paisos Baixos* (Barcelona: Institut Cartografic de Catalunya, 1995), 71 – 140, esp. 127。

像范科伊伦这样大型的资本充盈的公司，对促进航海仪器和航海出版物的科学改进，如表格、教科书和领航员指南都是有益的。人们可能会得出结论，在1680年，与范科伊伦家的数学实践者合作后，海员和印刷商之间（已经被削弱了）的联系恢复了。最终，这家公司成了18世纪最伟大的贸易公司之一：荷兰东印度公司。

单幅海图：1630 年之前的印刷和绘本的传统

尼德兰海员对于北海和波罗的海的海岸有一定的了解，那里的平坦海岸包括危险的低地平原和沙洲，以及经常看不见的水流，这使得对大海的了解是至关重要的。[102] 附带海岸侧面图的航海手册之后是与航海指南和海岸侧面图相结合的航海手册和海图。这些草图和小型海图从一开始就只是一种解释手写或印刷的航海指南的方法。然而，这些高度简化的图画，是随后的详细海图的原型，即所谓的"航海图"（paskaarten）（源自荷兰语"passer"，意思是一套用来确定距离的罗盘）。

尼德兰海图的早期发展
最早的尼德兰海图是扬·范霍恩以东南为正方向的《东方海洋地图》 （*Kaart van de*

---

[102] Arend W. Lang, "On the Beginnings of the Oldest Descriptions and Sea-Charts by Seamen from North-West Europe," *Proceedings of the Royal Society of Edinburgh* 73 (1971 – 1972): 53 – 58, 以及 idem, *Seekarten*。

Oosterscher Zee）（安特卫普，1526 年）。[103] 这幅海图是佛兰德和荷兰以及东北地区之间的商业的重要性的早期证据，它提供了关于北海和波罗的海的一份总体概述，没有经度与纬度，但覆盖有罗盘线网络，因为它们并不精确，所以对海员不太可能有太多的帮助。在这一粗糙的木刻版上，这位制图师成功地展示了低地国家—德意志—丹麦海岸的主要路线，令人惊讶的准确。不幸的是，唯一已知保存下来的一例只是残片，而波罗的海的区域也亡佚了（标题中的"东方海洋"明确指出了这一点）。

扬·德帕佩（Jan de Pape）所制作的一幅同时代的海图，展示了从布列塔尼（Brittany）到格但斯克（Gdańsk）的海岸，现在已经不存。然而，它的存在得到了 1530 年 2 月 9 日的付款证明的支持，上面写着："扬·扬松或者德帕佩所制作水域、溪流、城市，以及从布列塔尼到但泽区域的地图。"[104] 毫无疑问，这些手稿的航海记录并不罕见，但它们更多地被用作一般的景观图，而不是在船上使用。在船上，手写的航行知识和测深索仍然是最重要的航海设备。

尼德兰海洋地图学的先驱：科内利斯·安东尼松和他的作品

海图的损失使我们很难判断科内利斯·安东尼松在制作其著名的《东方地图》（*Caerte van Oostlant*）（1543 年）的时候，从他的前辈们那里获得了多少，这是在尼德兰海图发展历史上一个重要的里程碑。他在 1558 年发表的评论中说，"我们来自荷兰和泽兰的尼德兰人没有对北海、丹麦和东方（波罗的海）海域的水域进行描述"，这表明他对当时可用的材料并不满意。[105] 他对这些海域没有得到更好的描述也并不感到惊讶，"因为大多数领航员都蔑视这些地区的海图，而且仍然有许多人拒绝他们"。[106] 尽管这些都是 16 世纪中叶尼德兰海员的看法，但有迹象表明，这些变化开始刺激航海图的使用。16 世纪中叶，尼德兰沿海城镇的经济快速发展，尤其是与波罗的海沿岸的粮食贸易相关的，需要良好的海图才能保证安全航行。

在制作《东方地图》之前，安东尼松已经反复展示了他的制图技巧。虽然并没有保存下来，但我们从市政账目中了解到他绘制了以下海图：一幅"从北海航行进入须得海内部所经过的水道的海图，用来向女王陛下展示其巨大的危险，以及来自东方的商人在打算乘船

1405

---

[103] 木刻版保存在三块残片中，本卷的图 43.3。请参阅 Bert van't Hoff and L. J. Noordhoff, "Een kaart van de Nederlanden en de 'Oosterscherzee' gedrukt door Jan de Beeldesnyder van Hoirne te Antwerpen in 1526," *Het Boek* 31 (1953): 151 – 156; Bert van't Hoff, "Jan van Hoirne's Map of the Netherlands and the 'Oosterscher Zee' Printed in Antwerp in 1526," *Imago Mundi* 11 (1954): 136 (with illustration opposite); 以及 and H. A. M. van der Heijden, *Oude kaarten der Nederlanden*, 1548 – 1794: *Historische beschouwing, kaartbeschrijving, afbeelding, commentaar/Old Maps of the Netherlands*, 1548 – 1794: *An Annotated and Illustrated Cartobibliography*, 2 vols. (Alphen aan den Rijn: Canaletto/Repro-Holland; Leuven: Universitaire Pers, 1998), 1: 137 – 138。

[104] Johannes Keuning, "XVIth Century Cartography in the Netherlands (Mainly in the Northern Provinces)," *Imago Mundi* 9 (1952): 35 – 63, esp. 37.

[105] 引用于 Johannes Keuning, "Cornelis Anthonisz.," *Imago Mundi* 7 (1950): 51 – 65, esp. 55; 另请参阅 idem, "Cornelis Anthonisz.: Zijn Caerte van oostlant, zijn Onderwijsinge vander zee en zijn Caerte van die oosterse see," *Tijdschrift van het Koninklijk Nederlandsch Aardrijkskundig Genootschap* 67 (1950): 687 – 714; Dubiez, *Cornelis Anthoniszoon*; 以及 Lang, "*Caerte van Oostlant*"。

[106] Anthonisz., *Onderwijsinge vander zee*.

抵达阿姆斯特丹之前所遭遇的损失";一幅"北海和须得海的海图,附有水深和隐藏的沙洲";以及"他为城市制作的两幅海图,展示了水道、沙洲和波罗的海的位置"。[107]

最初的《东方地图》是由9块木版印刷的,目前仅能凭借安特卫普的出版商阿诺尔德·尼古拉后来制作的一张单幅印版而为人所知(图45.10)。[108]朗已经表明,至少肯定存在有三个版本的海图:1543年的原始版本,可以通过威尼斯出版商米凯莱·特拉梅齐诺(Michele Tramezzino)在1558年制作的缩减版本,然后通过科内利斯·安东尼松亲自修订过的约1553年的副本,以及最终由安特卫普的尼古拉出版社1560年的进一步的修订版来进行重建。[109]

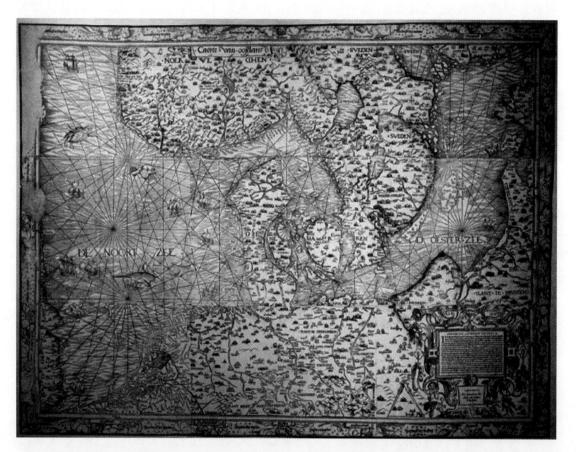

图45.10   科内利斯·安东尼松的《东方地图》的第三版,约1560年。木刻版,9图幅,裱装,比例尺:约1:1540000
原图尺寸:73×96.5厘米;包括图缘的尺寸:80.8×106.8厘米。由 Herzog August Bibliothek, Wolfenbuttel(shelf number K 1.1)提供照片。

安东尼松的海图包括北海和波罗的海、英格兰和苏格兰海岸,以及芬兰的礁群,从挪威的斯塔德海角(Cape Stad)向南一直到法国北部的加来。一个密集的罗盘线网覆盖了这个平面海图的海洋区域。其所绘制出的海岸线主要线条的准确性非常惊人。波罗的海东部沿海

[107]   Dubiez, *Cornelis Anthoniszoon*, 14–15, 以及 Lang, "*Caerte van Oostlant*," 22–23。

[108]   一幅完整尺寸的摹写本,见 Lang, *Historisches Seekartenwerk*。

[109]   详细的研究,请参阅 Lang, "*Caerte van Oostlant*"。

的海岸线上的错误表明，安东尼松对于这一地区没有足够的资源，但海图显示出对尼德兰水域、北海的南部海岸，以及卡特加特海峡（Kattegat）的详细知识。

1541 年在阿姆斯特丹出版的一份领航员指南为安东尼松的海图提供了许多方向和距离的信息。这份临时的基础地图随后被填满了细节，通过这个组合，最终的海图演变了。[110] 这一相对详细的海图在 1544 年出版的安东尼松的航海手册（通过 1558 年的第三版而为人所知）中得到了进一步的加强。[111]

阿德里安·费恩发明球面海图

在 16 世纪末期，有很多人试图消除平面的"航海图"的缺点。阿德里安·费恩开发了一种完全不同的地图类型，所谓的球面海图（gebulte kaart），试图表现地球的真实形状。正如他所写的："毫无疑问，整个世界及其部分都需要以一种球形的方式来描述，这是地球的圆度的一部分。"[112] 不幸的是，这些海图中没有一种保存下来。

费恩把地球表面的一小部分画在了地球仪的图幅上，而非画在平面上。通过使用该方法，所描述的面积对角度、距离和表面都是正确的。此外，使用这样的地球仪图幅使得在使用一个完整的球体时，可以更详细地描述某一区域的细节。1594 年 9 月 12 日，国会授予费恩制造这种导航辅助工具的特许权。[113]

这种新的地图类型最初是为在欧洲使用而设计的。1597 年，费恩首次制作了一种《西方地图》（*Westercaerte*），这是为在加来和亚速尔群岛以及加那利群岛之间的航行而绘制的；一年后，一份《东方地图》（*Oostercaerte*）出现了，其中包括了北海和波罗的海之间的通道，以及挪威和冰岛之间的区域。费恩煞费苦心地分析所有的航海手册和"航海图"。他的研究结果以书面形式发表在了他的《西部和东部海域航行指南》（阿姆斯特丹，1597 年）中。这部论著文章包含了一篇关于如何保存船舶日志的论文，如何使用三条腿的分规，以及如何使用三角比例尺——最后两张是球面地图（图 45.11）。

在实践中，对球面地图上的航向和距离进行测量并不容易。他的恒向线是弯曲的，为了更好地测量，费恩设计了一个三条腿的分规，他称之为"航海圆规"（zeepasser），并详细描述了如何在航行手册中使用这种新仪器。[114] 1598 年，费恩的公司在东印度群岛探险的设备中，有"九张空白的球面海图"。[115] 这可能是指由费恩绘制的草图，为领航员提供了他们的经验、改进和细节。当雅各布·科内利松·范内克（Jacob Cornelisz. van Neck）随其舰队从

1406

1407

---

[110] Lang, "*Caerte van Oostlant*," 44 – 54.

[111] Cambridge, Harvard University, Houghton Library（NC5. An866. 544oc）. 科伊宁（Keuning）对其进行了描述，见"Cornelis Anthonisz.，" 53 – 54，但更详细的，则是由朗描述的，见"*Caerte van Oostlant*，" 58 – 81。

[112] 引用于阿德里安·费恩的《西部和东部海域航行指南》（1597 年）的献词中。

[113] Moes and Burger, *Amsterdamsche boekdrukkers*, 3：197 – 198. 关于"球面海图"，请参阅 Voorbeijtel Cannenburg, "Adriaen Veen's 'Napasser,'" 74 – 78, and Crone, "Adriaen Veen"。

[114] C. Koeman, "Flemish and Dutch Contributions to the Art of Navigation in the XVIth Century," *Série Separatas* 213, Centro de estudos de história e cartografia antiga, Lisbon, 1988, and idem, "De 'zeepasser' van Adriaen Veen"。

[115] 1598 年 1 月 24 日决议, Gemente-Archief Veere。

图 45.11 阿德里安·费恩的《西部和东部海域，航行指南》书名页的细部，1597 年。显示领航员使用一个三条腿的圆规，在一幅圆形海图上工作

由 Universiteitsbibliotheek Amsterdam（OG 82 – 6）提供照片。

东印度群岛返程时，1599 年 9 月 26 日，他把球形海图交给了普兰齐乌斯。[116] 一幅南大西洋的球形海图在 1598 年就已经存在了，因为亨德里克·奥特森（Hendrick Ottsen）在他的日记中说，他在一张如此的海图上画出了自己的轨迹。[117] 1601 年 2 月，奥特森结束了南美之旅返回。费恩可能会等到他的所有原型再次出现后，才会把他的海图显示出来。1601 年 9 月 8日，费恩通知国会，他将在未来两个月内提供三幅新的海图，"明年 4 月将会有两张海图，

[116] Johannes Keuning, ed., *De tweede schipvaart der Nederlanders naar Oost-Indië onder Jacob Cornelisz. van Neck en Wybrant-Warwijck*, 1598 – 1600, 5 vols.（The Hague：Martinus Nijhoff, 1938 – 1951），5：133.

[117] Hendrick Ottsen, *Journael oft Daghelijcx-register van de Voyagie na Rio de Plata*（1601），10 June 1599.

将覆盖远至万丹附近的河流的地区"。[118] 尽管费恩的发明代表了解决导航问题的进步，而海军部在财务上也支持这种新的海图类型的进一步发展，但直到 1611 年，这种球面海图几乎没有得到使用，可能是因为绘制轨迹和估算距离的困难。

科内利斯·克拉松为尼德兰海洋制图奠定坚实的商业基础

17 世纪早期，科内利斯·克拉松成为尼德兰海洋地图制作中最重要的人物之一。[119] 在 16 世纪末，阿姆斯特丹迅速发展成为一个重要的国际贸易大都市，为克拉松这样的才华横溢的出版商创造了非常有利的条件。他很快成为地图、地理、地理大发现历史和航海艺术等领域最重要的阿姆斯特丹出版商，直到他去世，他一直保持着垄断地位。他的生意在"水畔街"（即今天的达姆拉克），那里是贸易和航运中心。船只停泊的码头和商人们进行贸易活动的地方，特别适合出版商和图书经销商。

克拉松的 1609 年出版的《技艺与地图登记》提供了一份关于尼德兰制图的黄金时代的极其重要的信息来源。[120] 这不仅仅是其库存的销售目录；克拉松明确表示，这个目录列出了他所有的铜版的印刷品和地图。因此，我们对这一时期阿姆斯特丹的主要出版商的海图制作有了独特的见解。大部分的资料都没有保存下来；然而，在这个目录的帮助下，我们可以想象当时的海图是什么。

克拉松获得了来自各种来源的航海材料以用于出版：他从已故领航员的家庭中购买了一些手稿材料，有时他从其他出版商那里获得了出版权，有时他出版全新的材料。在他出版生涯开始的时期，克拉松也出版了一些航海手册。

科内利斯·克拉松出版的最古老的海洋地图是阿德里安·赫里松的欧洲海图（1587 年）。[121] 在《技艺与地图登记》中，这张海图要么印在犊皮纸上，要么印在纸上，然后粘贴在犊皮纸上。赫里松去世后，科内利斯·克拉松买下了他的出版权。单独的欧洲海图似乎非常受欢迎，新版本的修订，在 1591 年第一次出版之后四年才出现。[122]

这幅约翰内斯·范多特屈姆雕刻的 1587 年欧洲海图，标志着科内利斯·克拉松和著名的范多特屈姆家族之间的合作的开始。此后不久，约翰内斯·范多特屈姆和他的儿子巴普蒂

1408

---

[118] 国会决议，1601 年 9 月 8 日，The Hague，Nationaal Archief。

[119] 关于克拉松，请参阅 Moes and Burger，*Amsterdamsche boekdrukkers*，2：27 – 196。克拉松的完整海洋作品的讨论，见 *MCN*，vol. 7。

[120] 请参阅 p. 1394，注释 65。

[121] *Die generale pascaerte vanden vermaerden Adriaen Gerritsen van Haerlem Stierman，ende een leermeester aller stierluijden. Seer gebetert omt verloopen der sanden ende gaten . . .*，纸本印刷，用羊皮纸装裱（48×61.5 厘米）。唯一的副本收藏在 Amsterdam，Universiteitsbibliotheek（L. K. Ⅵ 10）。请参阅 Nalis，*Van Doetecum Family*，pt. 4，22 – 23. Facsimile by Jan W. H. Werner，"De paskaart van Europa door Adriaen Gerritsen，1587：Een korte introductie，" in *Adriaen Gerritszoon van Haerlem，stuurman，leermeester aller stuurlieden en kaartenmaker*（Lelystad：Rotaform，1997），1 – 5（附有赫里松海图的一份完整尺寸的摹写本）。另请参阅 Jan W. H. Werner and P. H. J. M. Schijen，"Adriaen Gerritzens paskaart van Europa uit 1587 geeft geheimen prijs，" *Kartografisch Tijdschrift* 28（2002）：7 – 15，以及 *MCN*，7：77 – 80。

[122] 已知有三份副本：Göttingen，Niedersächsische Staatsund Universitätsbibliothek（纸本印刷，亚麻装裱）；Leiden，Universiteitsbibliotheek（印在羊皮纸上）；以及 Weimar，Herzogin Anna Amalia Bibliothek（纸本印刷，羊皮纸装裱）。

斯塔为克拉松雕刻了瓦赫纳的四图幅欧洲海图（1589 年）[123] 和科内利斯·杜松的北欧海图（1589 年）。[124] 1592 年，巴普蒂斯塔·范多特屈姆雕刻了一幅对开页格式的新欧洲海图，以为卢卡斯·扬松·瓦赫纳的《航海之镜》（1591 年）提供一份总体概况，并作为一部单独的航海图而出售（背面没有文字）。[125]

最古老的一套海图，1592—1594 年

科内利斯·克拉松与彼得勒斯·普兰齐乌斯进行了密切的合作，他是尼德兰扩张的核心知识分子人物。[126] 这一合作首先体现在一幅世界地图上，被描绘为一幅地理和水文地图，普兰齐乌斯作为作者，克拉松作为出版商。[127] 在图例中，他将自己使用的资料来源呈现给"地理学读者"，他强调说，要认真研究葡萄牙人和西班牙人随身携带出海的海图，并将它们与其他海图进行比较。这一图例解释了除其他资料之外，还有一幅非常精确的全世界海图和从葡萄牙人手中获得的十四幅详细的海图，通过这些海图，结合最新的地理知识，我们可以构建一个高度精确的当代世界图景。除了国会授予的出版普兰齐乌斯世界地图的为期 12 年的特许权之外，克拉松还得到了"印刷或用笔绘制所有这些 25 幅详细海图，这些海图是在大师彼得勒斯·普兰齐乌斯的指导下获得，但要由其承担费用，来自巴尔托洛梅奥·拉索（Bartholomeo Lasso）——西班牙国王的宇宙学家和航海大师，包含全世界的所有海岸"。[128] 我们不知道克拉松是否出版了提到的所有 25 幅海图，而且有轻微的异常，即他只提到了 14 幅详细（particuliere）海图，这些海图他曾用来绘制了其 1592 年世界地图。[129]

科内利斯·克拉松出版了最早的一套非欧洲海岸的荷兰文地图。1592—1594 年期间出版的八幅海图覆盖了大西洋北部；南美洲的北部地区，南端到达 35°；南美洲的南部地区；亚速尔群岛和加那利群岛，以及相反方向的伊比利亚半岛和北非海岸；非洲西北部和巴西东北部之间的大西洋；非洲南部；印度尼西亚群岛和远东地区（图 45.12）；以及欧洲，配有

[123]　请参阅 Nalis, *Van Doetecum Family*, pt. 4, 38 – 39；*MCN*, 3：5 – 6 and 7：84 – 90 and facsimiles 2.1 – 2.4；and Günter Schilder, "The Chart of Europe in Four Sheets of 1589 by Lucas Jansz Waghenaer," in *Theatrum Orbis Librorum*：*Liber Amicorum Presented to Nico Israel on the Occasion of His Seventieth Birthday*, ed. Ton Croiset van Uchelen, Koert van der Horst, and Günter Schilder (Utrecht：HES, 1989), 78 – 93。

[124]　请参阅 Nalis, *Van Doetecum Family*, pt. 4, 36 – 37；*MCN*, 1：16 – 17, n. 51, and 7：100 – 101 and facsimile 6 (first state)；and F. C. Wieder, ed., *Monumenta Cartographica*：*Reproductions of Unique and Rare Maps*, *Plans and Views in the Actual Size of the Originals*, 5 vols. (The Hague：Martinus Nijhoff, 1925 – 1933), vol. 1, pl. 6 (second state)。

[125]　请参阅 Nalis, *Van Doetecum Family*, pt. 4, 56 and 59, and *MCN*, 1：19 and 34, n. 120, and 7：90 – 92 and facsimile 3。

[126]　关于普兰齐乌斯，请参阅 Johannes Keuning, *Petrus Plancius*, *theoloog en geograaf*, 1552 – 1622 (Amsterdam：P. N. van Kampen, 1946) 和 *Plancius*, 1552 – 1622, Maritiem Museum "Prins Hendrik," exhibition catalog (Rotterdam, 1972)。

[127]　请参阅阿姆斯特丹的佛兰德地图雕刻师和印刷商部分，本卷 pp. 1309 – 1314。

[128]　印刷于 Wieder, *Monumenta Cartographica*, 2：28 – 30。

[129]　威德尔（Wieder）给出了一个合理的解释，那就是用十四幅海图描绘了整个世界，而另外十一幅则是地球各部分地区的大比例尺海图。请参阅 F. C. Wieder, "Nederlandsche kaartenmusea in Duitschland," *Tijdschrift van het Koninklijk Nederlandsch Aardrijkskundig Genootschap* 36 (1919)：1 – 35, esp. 20 – 22。由拉索设计的一套 1590 年海图收藏在鹿特丹的海事博物馆（Maritiem Museum）。其描述和重制，见 Cortesão and Teixeira da Mota, *Portugaliae monumenta cartographica*, 3：91 – 92 and pls. 369 – 376。

一幅新地岛（Novaya Zemlya）的插图地图。[⑩] 毫无疑问，原始资料源自西班牙和葡萄牙；然而，这些地图代表了尼德兰海员进一步研究和改进的重要基础。

图45.12　彼得鲁斯·兰齐乌斯《印度群岛和远东地图》，由科内利斯·克拉松出版，1592—1594 年

原图尺寸：39×55.5 厘米。由 Universiteitsbibliotheek Amsterdam 提供照片。

这些地图上都没有普兰齐乌斯的名字，但它们可能都是他的作品。[⑪] 这不仅是因为科内利斯·克拉松将其出版，并由范多特屈姆家族进行雕刻，而且因为它们在那个时期制作的法国和意大利的地图上都是一样的，其上带有普兰齐乌斯作为作者的名字。最早的印本尼德兰海图系列是极其受欢迎的，而且在航运圈子里卖得很快，其证据就是这样一个事实：大部分的第二版和第三版的地图目前都为人所知。

第一幅使用墨卡托投影的海图

到目前为止，所提到的所有的海图都使用了平面的纬度和经度，从而导致了一种既没有正确方向也没有准确距离的投影。虽然都没有保存下来，但我们知道，在 1594 年，普兰齐　1409

---

⑩　关于更完整的描述，请参阅 Wieder, *Monumenta Cartographica*, 2：37 - 38（nos. 15 - 34），and *MCN*, 7：110 - 132 and facsimiles 4 and 8 - 14。另请参阅 Nalis, *Van Doetecum Family*, pt. 4，110 - 123 and 136 - 137。

⑪　在科内利斯·克拉松 1609 年的 *Const ende caert-register* 中，只有欧洲和摩鹿加群岛的海图上有普兰齐乌斯的名字，标为作者。

乌斯绘制了许多海图，是按照墨卡托的投影绘制的。[132] 这种投影，在越远离赤道的地方，其纬度间距越远，它在航海圈子里只是被缓慢接受，因为没有受过训练的水手无法在这样的海图上计算距离。当爱德华·赖特制作出一组表格，用于增多的纬线时，使用墨卡托投影的海洋图变得更容易了，这些纬线是托马斯·布伦德菲莱（Thomas Blundeville）在 1594 年发表的。[133] 普兰齐乌斯在构建墨卡托海图时可能会参考布伦德菲莱的作品。

　　普兰齐乌斯的一幅地图似乎是用这种投影绘制的地中海总海图。1594 年 9 月 12 日，国会授予普兰齐乌斯十二年的特许权，声明 "只允许他在联合省份印刷和出售海图，以极大的和旷日持久的劳动，他已经精简了所有位于地中海地区的欧洲、亚洲和非洲的海岸……以他们的真实纬度度数和极高度……没有对这些国家进行任何缩短或减少，尽管在西班牙的、葡萄牙的、意大利的、西西里的和其他的海图上，它们被置于三、四、五度的地方，在它们的真实位置和纬度之外"。特许权授予普兰齐乌斯权利以印刷根据墨卡托投影系统绘制的其他海洋海图："所有这些被称为普兰齐乌斯发明的海图的新格式，其三角形的三条边都是好的、真实的，因为其中的纬度度数与经度度数的比例是自然的。"[134]

₁₄₁₀　　我们只是根据其他资料来源得知，普兰齐乌斯实际上是按照墨卡托的投影绘制了世界上各个部分的海图。例如，阿尔贝特·哈延批评了普兰齐乌斯在 1595 年第二次探索东北通道时给领航员的海图材料。哈延显然不理解海图的平行线之间宽度逐渐增加是怎么回事，他指责普兰齐乌斯故意伪造海图，使东北海域的航行看起来比实际要近得多。哈延是一名老派水手，他对从来没有去过大海的普兰齐乌斯的学术思想相当蔑视和不信任。当普兰齐乌斯将 1594 年尼德兰人第一次前往东印度群岛的航行的航海说明放在一起时，他就已经有了一幅带有增加的纬度的该地区海图。[135] 尽管我们不能确定科内利斯·德豪特曼的第一个舰队（1595—1597 年）是否按墨卡托投影配备了海图，但显然，雅各布·科内利松·范内克和维布兰特·瓦尔维克（Wybrant Warwijck）在 1598 年向东印度群岛航行的远征这样做了。除了航行期间所写的航海日志中的报告，普兰齐乌斯还在他为舰队所制作的航行指示中指出了通用（平面）海图（gemeyne zeecaerten）和带有增加纬度线的海图（zeecaerten met wassende graeden）之间的区别："在带有增加度数的海图中，三角形的所有三条边都是好的和正确的，因为它们是在地球仪上。"[136] 当范内克的舰队在 1599 年回到荷兰时，在普兰齐乌斯的二十六张海图中，提到五张显示了增加纬度的海图（caerten met wassende graeden）。[137] 我们知道，普兰齐乌斯亲自制作了越来越多的海洋图，给水手们提供了这些海图，并在他的航行指南中提到了这一投影的优势，但有用的墨卡托海图取代 "航海图" 的地位，还需要一段时间。

---

[132] *MCN*, 7：241 – 244.

[133] Thomas Blundeville, *A New and Necessarie Treatise on Navigation* (London，1594)，其标题为 "A Table to Draw Thereby the Parallels into the Mariners Card".

[134] 印刷于 Wieder, *Monumenta Cartographica*, 2：40。

[135] 在谈到爪哇的地理位置时，普兰齐乌斯说，这个岛 "按照墨卡托的投影绘制在海图中，离好望角还有 100 德意志里"，如同葡萄牙海图上的平行线投影一样。请参阅 "Memorie by Plancius gemaeckt," 绘本收藏在 Amsterdam, Nederlands Scheepvaartmuseum（A Ⅳ – 2 243a）。

[136] Keuning, *De tweede schipvaart*, 2：243。

[137] The Hague, Nationaal Archief (Archieven van de Compagnieen op Oost-Indie, 1594 – 1603, 1.04.01, no. 27)。

之后的活动

尼德兰人为北极地区的海图绘制和探索做出了重要贡献，科内利斯·克拉松负责出版各种地理发现的日志和海图，以阐明尼德兰航海的路线。尼德兰人在 1594—1597 年的航海之旅并没有找到东北通道，但他们确实提供了对该地区的更多了解，并在北部的北极地区增加了新的发现。通过团队成员赫里特·德维尔（Gerrit de Veer）的日志和巴伦支的极地地图（图 45.13）的出版，⑬ 公众得知了威廉·巴伦支著名的第三次航行的探险和地图成果，这两本书都是由科内利斯·克拉松在 1598 年出版的。

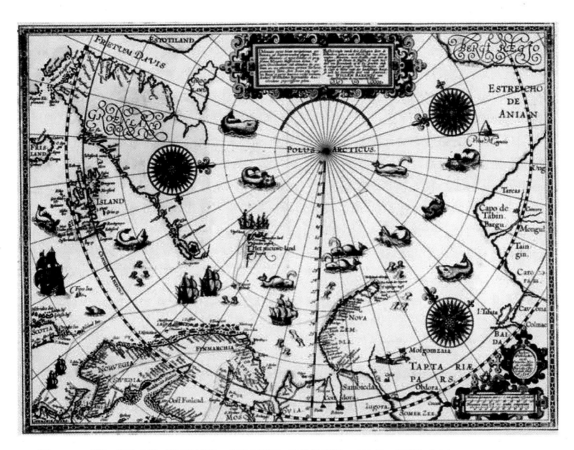

图 45.13　威廉·巴伦支的《北极地图》，由科内利斯·克拉松出版，1598 年。标题为 "*Delineatio cartae trium navigationum per Batavos，ad Septentrionalem plagam，Norvegiae，Moscoviae et novae Semblae...*"。绘入船只从阿姆斯特丹到斯匹次卑尔根岛和新地岛的路线

在非洲和亚洲的水域航行方面，葡萄牙人是尼德兰领航员的前辈和教练。林索登根据他

---

⑬　赫里特·德维尔的日志的标题是 *Waerachtighe beschryvinghe van drie seylagien，ter werelt noyt soo vreemt ghehoort，drie jaeren achter malcanderen deur de Hollandtsche ende Zeelandtsche schepen by noorden Noorweghen，Moscovia ende Tartaria，na de coninckrijcken van Catthai ende China*（Amsterdam：Cornelis Claesz.，1598；facsimile ed. Franeker：Van Wijnen，1997）。关于这幅地图，请参阅 Willem Barents，*Deliniatio cartae trium navigationum per Batavos，ad Septentrionalem plagam...*，intro. Günter Schilder（Alphen aan den Rijn：Canaletto/ Repro-Holland，1997），以及 *MCN*，7：172 – 182 and facsimile 16。

在印度收集的信息撰写了《航海旅程》（*Itinerario*，*voyage ofte schipvaert*），这是关于葡萄牙殖民帝国的第一部主要著作，也可能被描述为第一部尼德兰百科全书。[139] 它是克拉松在 1596 年出版的，除了大量的插图外，它还包括了六张地图。普兰齐乌斯的两个半球的世界地图由小约翰内斯·范多特屈姆雕刻，其他五幅地图由阿诺尔德雕刻，亨德里克·范朗伦雕刻提供了非洲、亚洲和南美洲海岸的完整图像。[140] 克拉松在 1609 年的销售目录中提供了这些海图。[141]

当第一支尼德兰远征队（1595—1597 年）在科内利斯·德豪特曼的指挥下返回荷兰时，他们努力尽快公布了这次航行的结果。1598 年 4 月，克拉松出版了德豪特曼航海的职员威廉·洛德维克松（Willem Lodewijcksz.）的日志。[142] 除了这部插图丰富的日志，克拉松还印刷了一张两图幅的地图，绘出了德豪特曼的探险路线（图 45.14），这幅地图现在非常罕见。[143]

1411　　与此同时，克拉松出版了一幅由威廉·洛德维克松取自尼德兰第一次东印度群岛航行的单幅爪哇海海图。[144] 它最初是打算收入 1598 年的印本航海日志中，但是装备了这次远征的阿姆斯特丹的商人们禁止了这一行为。[145] 第一次航行到印度群岛的结果没有达到预期的巨大商业期望，但是它最重要的目标是对海上航线的探索。一系列的舰队都是由各种各样的商人提供装备来进行贸易航行的，最重要的是，在海军上将雅各布·科内利松·范内克（Jacob Cornelisz. van Neck）和海军中将维布兰特·瓦尔维克的指挥下，从 1598—1600 年，他们的舰队是由 8 艘船组成的。在 1600 年，科内利斯·克拉松不仅出版了带有 25 块图版的日志，还出版了一幅地图，在其上绘制了舰队的路线。[146]

1412　　随着奥利维尔·范诺尔特（Olivier van Noort）所制作尼德兰第一次环球航行的日志

---

[139] 更多的细节，请参阅 Linschoten-Vereeniging 的著作，nos. II，XXXIX，and XLIII（The Hague：Martinus Nijhoff，1910 – 1939）and LVII，LVIII，and LX（The Hague：Martinus Nijhoff，1955 – 1957）。

[140] 关于世界地图，请参阅 Nalis，*Van Doetecum Family*，pt. 4，134 – 135；Rodney W. Shirley，*The Mapping of the World：Early Printed World Maps*，1472 – 1700，4th ed.（Riverside, Conn.：Early World，2001），206 – 207（no. 187）；C. Koeman，*Jan Huygen van Linschoten*（Lisbon：Instituto de Investigção Científica Tropical，1984）；以及 *MCN*，7：204 – 218 and facsimiles 18 – 24。

[141] "扬·许根（范林索登）制作的雕版和地图，总计约 48 种，可以单独出售。"请参阅 Claesz.，Const ende caert-register，fol. Bv。

[142] Willem Lodewijcksz.，*D' Eerste Boeck：Historie van Indien，waer inne verhaelt is de avontueren die de Hollandtsche Schepen bejeghent zijn ...* 关于此次航行的详细描述，请参阅 G. P. Rouffaer and J. W. IJzerman，eds.，*De eerste schipvaart der Nederlanders naar Oost-Indië onder Cornelis de Houtman*，1595 – 1597，3 vols.（The Hague：Martinus Nijhoff，1915 – 1529）。

[143] 两份副本目前已知：Amsterdam，Nederlands Scheepvaartmuseum 和 Rotterdam，Maritiem Museum。请参阅 *MCN*，7：258 – 264 and facsimile 25。

[144] *Nova tabula，Insularum Iavae，Sumatrae，Borneonis et aliarum Malaccam usque ...* 副本收藏在 Amsterdam，Nederlands Scheepvaartmuseum；Universiteitsbibliotheek Utrecht，Collection of the Faculty of Geosciences；the BL；and the BNF。请参阅 *MCN*，7：264 – 269 and facsimile 26。

[145] 已知三份对背面地区的详细文字描述的副本：Paris，Bibliothèque de l' Arsenal；Rotterdam，Maritiem Museum；以及 Vienna，Akademie der Wissenschaften（Collection Woldan）。

[146] *Tabula itineraria octo navium ductore Iacobe Cornelio van neck ...* 以下的副本是已知的：BNF 和 Rotterdam，Maritiem Museum。弗里德里克·穆勒（Frederik Muller）在他的系列 *Remarkable Maps of the XVth，XVIth & XVIIth Centuries Reproduced in Their Original Size*，6 pts.（Amsterdam，1894 – 1897），2：2 中，以其原始尺寸复制了一幅全尺寸的摹写本，参照了大英图书馆中的副本（现在已经亡佚）。另请参阅 *MCN*，7：273 – 277 and facsimile 28。在克拉松的销售目录中，这张地图，连同图版一起，以二十二斯托弗尔的价格出售；请参阅 Claesz.，*Const ende caert-register*，fol. Br。

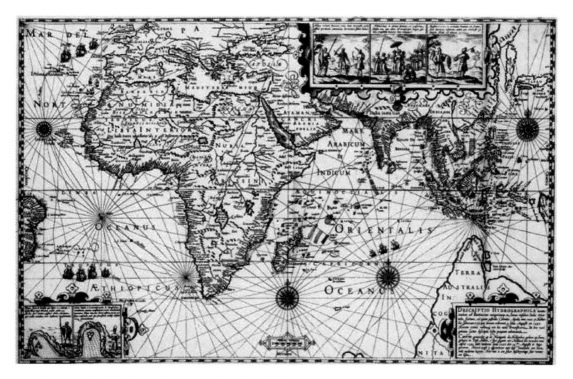

图 45.14　显示荷兰第一次驶向东印度群岛的航程路线的地图，1595—1597 年。 由科内利斯·克拉松于 1598 年出版，
标题为 "*Descriptio hydrographica accommodata ad Battavorum navigationem in Javam insulam indae Orientalis，factam：Ad quam
postridie Calendas Aprilis ann.* " 1595 年

原图尺寸：40.7×67.5 厘米。由 Maritiem Museum，Rotterdam 提供照片。

（1598—1601 年）和表现这一航行路线的世界地图的出版，克拉松果断地致力于传播范诺尔
特的航行知识。[147] 这次航行并没有带来新的发现，也没有增加对世界的认识，更没有为尼德
兰贸易开辟新的航线。尽管如此，它仍然是尼德兰人的骄傲，因为它增强了这个年轻共和国
的声誉，这个共和国仍在为独立而战，并在航海的国家中占有一席之地。这一四图幅的世界
地图，只有通过 1650 年的克拉松·扬松·菲斯海尔的后期版本才为人所知，这是对第一次
尼德兰人的环球航行的赞美。[148] 通过两部长篇的图例、在底部图缘处的装饰、范诺尔特的肖
像以及他的路线，这一点非常明显。在科内利斯·克拉松的销售目录中，这幅地图售价十二
斯托弗尔。[149] 过去和最近的海图，列在克拉松 1609 年目录的标题 "所有航行的地图" 下，
是克拉松出版于 1602 年的西非装饰地图，与此同时，最早和最详细的彼得·德马雷斯（Pi-

　　[147]　Olivier van Noort，*Beschryvinghe vande voyagie om den geheelen werelt cloot，ghedaen door Olivier van Noort*；请参阅
J. W. IJzerman，*De reis om de wereld door Olivier van Noort*，1598 – 1601，2 vols.（The Hague：Martinus Nijhoff，1926）。

　　[148]　这张地图没有标题；四图幅的每一幅都是 40.5×56 厘米。两份副本是已知的：National Maritime Museum，Lon-
don，and Atheneum Library，Boston。在芝加哥的一个私人收藏中也发现了这两张留下的图页。请参阅 Günter Schilder，
Three World Maps by Francois van den Hoeye of 1661，*Willem Janszoon（Blaeu）of* 1607，*Claes Janszoon Visscher of* 1650（Amster-
dam：N. Israel，1981），41 – 51 and plates Ⅳ.3A – Ⅳ.3H，以及 MCN，7：311 – 327 and facsimiles 33.1 – 33.8。

　　[149]　Claesz.，*Const ende caert-register*，fol. Br.

eter de Marees）撰写的几内亚湾的描述。这张海图，只有胡戈·阿拉德的后期版本。[⑱]

尼德兰领航员对在与科拉河（Kola）和阿尔汉格尔斯克（Archangel）的贸易中所使用的良好海图的不断增长需求，被克拉松于 1608 年或更早出版的毛里斯·威廉松绘制的重要海图所满足。[⑲] 此图以惊人的精确性表现了俄罗斯的海岸，而且一定是凭借最新的尼德兰地图和俄罗斯人提供的材料将其合为一体的。海图也显示了德维纳河河口的第一次详细测绘，并附有由托马斯·雅各布森（Thomas Jacobsen）绘制的水深点，也给了我们关于埃季岛发现的新想法，证明了这座岛屿（海图上标为"Groen Landt"）是由未知的尼德兰捕鲸船在 1608 年或更早发现的。

威廉·巴伦支的海图

在科内利斯·克拉松 1609 年的目录中，他出售了威廉·巴伦支不同格式的两张海图，在"海图"（Pas-Caerten）的标题下（数额单位是斯托弗尔）：

1 a. 威廉·巴伦支绘制的附有港口的地中海海图，印在犊皮纸上，用金突出标识，50；——

1 b. 威廉·巴伦支绘制的附有港口的地中海海图，贴在羊皮纸上，35；——

2 a. 威廉·巴伦支绘制的东方和西方的海图，印在犊皮纸上，用金突出标识，50；——

2 b. 威廉·巴伦支绘制的东方和西方的海图，（贴）在犊皮纸上，着色，25；——

海图 2 没有例子保存下来。关于图 1，我们知道得更多。克拉松于 1595 年出版了巴伦支的《地中海新描绘和海图集》。[⑳] 在 17 世纪最后十年，随着尼德兰海运贸易的增加，人们对带有其海图和文字的地中海航海指南的需求越来越大。在其前言中，巴伦支说他"从童年时代就已经做好了绘制地图的准备，善用他造访或航行过的国家和周围的海洋和水域的能力"。普兰齐乌斯和巴伦支之间的合作是有记载的，这两个名字都在总海图中提到过，而且在 1593/1594 年的时候，两个人都在一起密切合作，为探索东北通道而努力。在《图集》中的总海图也单独出版了———一份用金着色的副本，印在犊皮纸上，售价五十斯托弗尔，而一本"粘在羊皮纸上"的副本则是三十五斯托弗尔。[㉒] 在科内利斯·克拉松的销售目录中，提到了一份"地中海的小地图"，这可能暗示在《图集》中的其他更大的比例尺的海图，这些海图也可以单独使用。

北荷兰的绘本海图制作师的传统

在阿姆斯特丹成为欧洲的转口港，并在绘制地图和海图方面起了主导作用之前，在北荷

⑱　阿拉德版本是 *Effigies ampli Regni auriferi Guineae in Africa siti, extensum inde ab insulis Atlanticis, vulgo dictis, de Cabo Verde . . .*；描述和插图见 Cortesão and Teixeira da Mota, *Portugaliae monumenta cartographica*, 3：67 – 70 and pl. 362D。另请参阅 Nalis, *Van Doetecum Family*, pt. 4, 304 – 305, 以及 *MCN*, 7：298 – 302 and facsimile 32。

⑲　*Rechte pascaerte om te beseylen S. Niclaes, ende Archangel, ende alle de costen, tot de Strate van Nassou genoemt Waygats . . .* 唯一一份已知的副本收藏在 BL（Maps Mar. II. 5）。插图和描述见 Günter Schilder, *Plaatsbepaling：De oude kaart in zijn verscheidenheid van toepassingen*（Amsterdam：Nico Israel, 1982), 20 – 21, 以及 *MCN*, 7：182 – 184 and facsimile 17。另请参阅 idem, "Unknown Steps in the Arctic Sea：The Voyage by Mouris Willemsz（1608 or earlier），" in *Accurata descriptio*（Stockholm：Kungl. Biblioteket, 2003), 403 – 418。

⑳　Barents, *Caertboeck vande Midlandtsche Zee*（1970), 以及 *MCN*, 7：141 – 144 and facsimile 15。

㉒　一份印在犊皮纸上的副本保存在 Rotterdam, Maritiem Museum。

兰（North Holland），一个极其重要的地图学传统已经在蓬勃发展。[154] 在须得海沿岸，以埃丹和恩克赫伊曾为中心，被称为"北荷兰学派"的成员专门从事海图，利用城镇作为贸易港口和海港的角色，为地图制作的发展创造了完美的条件。一个航海的传统在那里崛起，其根源可以追溯到 16 世纪的前半段。

第一个重大的突破是在卢卡斯·扬松·瓦赫纳的著作中，他对西欧的发展产生了深远的影响。毫无疑问，瓦赫纳必须被认为是这一北荷兰学派的最重要的代表。虽然瓦赫纳的著作以多种语言出版，得到了足够的认可，但是他同样活跃于 16 世纪 90 年代的同侪们却无法得到和他一样的评价。

尼德兰海洋制图学北荷兰学派的意义

在恩克赫伊曾和埃丹，许多所谓海图绘图员（*caert-schrijvers*）非常活跃，包括科内利斯·杜松、埃弗特·海斯贝尔松（Evert Gijsbertsz.）、扬·迪尔克松·赖克曼斯（Jan Dircksz. Rijckemans）、奥许斯泰因·罗巴尔特（Augustijn Robaert）、克拉松·彼得松（Claes Pietersz.）、约里斯·卡罗吕斯，还有哈尔门和马滕·扬松（Marten Jansz.）兄弟。虽然我们很少了解这些人，但他们的地图绘制工作表明他们是尼德兰海洋地图学的重要组成部分。他们的作品只有一小部分被印刷出来，绝大多数都是在犊皮纸上完成的。直到最近，人们对地图学的传统知之甚少的一个原因是，他们的大部分海图分布在世界各地（在悉尼、东京、巴黎、伦敦和柏林），只有少数几个例子是收藏在荷兰。北荷兰学派现存的地图资料可以划分为两大类。第一类是由水手们在船上的导航辅助工具所使用的功能特征的海图组成。[155] 除了绘制的精美罗盘，这些海图的特点是其简单的、没有装饰的表现方式。第二类由所谓的办公室地图组成。由于其装饰性的性质，以及包含丰富的色彩和微小的彩绘场景，这些地图为富有的船东和商人提供了墙壁装饰和信息来源。瓦赫纳在《海图宝藏》的后来的三个版本中也有一些例外，将他的作品限制在欧洲海岸的航行中。然而，北荷兰学派的其他海图绘图员通常描绘的是一个完整的大陆或海洋，与邻近的海岸线相连。

1414

这一地图学学派吸引了不同类型的制图师。一些人，比如瓦赫纳和卡罗吕斯，在其活跃于海洋的生涯中收集了大部分的地图材料。然而，更大的群体是那些纸上谈兵的学者，如杜松、海斯贝尔松和扬松兄弟，他们都在他人的帮助下制作了自己的海图。他们可能从西班牙和葡萄牙的来源中直接获得了一些知识（从新到达的船上获得的新信息），还有一些来自尼德兰学者和旅行者的作品，比如普兰齐乌斯和林索登，他们自己有伊比利亚人的地图和航海指南。然而，海图制图师们并不满足于简单的复制，而是增加了荷兰的贸易航行和探索探险的结果，因此他们提供了一张地图，以及最新的地理知识。

这一制图师的学派与科内利斯·克拉松、威廉·扬松·布劳、迪尔克·彼得松以及埃费拉尔德·克洛彭堡等阿姆斯特丹出版商密切合作。只有在阿姆斯特丹，才能找到成功制造这

---

[154]　关于这一学派的评论见 Wieder, *Monumenta Cartographica*, 1：7 – 9，以及 Keuning, "XVIth Century Cartography," 62。Giuseppe Caraci 告诉我们这一学派的五幅海图的发现，见 "Di alcune antiche carte nautiche Olandesi recentemente ritrovate," *Il Universo* 6（1925）：795 – 827；重印见 *Acta Cartographica* 26（1981）：257 – 298。根据更新的研究而转写的一份概要见 Schilder, "De Noordhollandse cartografenschool"．

[155]　*MCN*, 7：234 – 245．

些大型地图的必要先决条件：许多高技能的雕刻师和既有资本，也拥有大型平板印刷机的出版社，还有具有犊皮纸印刷的必要经验的印刷商。阿姆斯特丹的出版商们反复印刷着海图制图师的手稿，并在这一学派的产品发行中起了决定性的作用。

在科内利斯・克拉松的销售目录中，我们可以发现这一对尼德兰海员有用的地图学派所制作的范围广泛的海图。列出的几幅海图今天已经不存，但有趣的是，一些地图被直接从铜版印刷到犊皮纸上，一些印刷到纸上，随后贴在犊皮纸以延长海图的寿命。后一种方法自然不那么昂贵，而且比在犊皮纸上印刷更节省时间。除了印刷本海图，阿姆斯特丹出版商的库存中也有海图制图师的手绘图，根据克拉松目录里印本海图列表旁边的一条注释中很清楚地说明："而且，我有由最好的海图作家绘制的关于东印度群岛、西印度群岛、几内亚、特尔纳夫（Terneuf）（纽芬兰）的绘本海图以用于出售。"[156]

卢卡斯・扬松・瓦赫纳单独出版的海图

除了三部印刷的领航员指南：《航海之镜》（1584—1585 年）、《海图宝藏》（1592 年），以及《恩克赫伊森海图集》（1598 年），卢卡斯・扬松・瓦赫纳还绘制了单独的绘本，这些都只是通过书面材料得知的。[157] 幸运的是，我们有一些现存的印刷海图的例子。瓦赫纳的《海洋之镜》的两张欧洲总海图也分别印刷了。较早的 1583 年的总图，是 1584 年出现的第一部分中第一张地图。[158] 在背面的简短文本中，给出了下面的解释（这是 1588 年印刷的英文翻译）："当你可以明白地感觉到特定的国家是如何将彼此附着和联合起来的，它们其中的每一个的位置、距离、罗盘点、度数、分数等等都是正确的。因此，我认为将这一总图（或画像）放在这本书的最开始之处，在所有其他部分之前：到最后，你会因此更好地寻找详细说明，并找到它们，以更好地观察这本书的顺序和想法。这张海图很有可能是在 1583 年独立出版的，背面没有文字。"它的比例尺约为 1∶8500000，展示了整个西欧的海岸，从北角和冰岛延伸至西南的加纳利群岛，而芬兰湾正确地表现为东西方向，这还是第一次。

在 1592 年的欧洲地图上，可以看出尼德兰人对北部地区和北方水域了解的扩大（图 45.15），这一地图已经在 1591 年的瓦赫纳的《航海之镜》中成了新的总图。毫无疑问，这幅地图也被单独出版了，在克拉松的 1609 年目录中，一份粘在犊皮纸上的版本售价 15 斯托弗尔。地图本身与 1583 年的海图有很多相似之处，其覆盖范围向东延伸，纳入斯堪的纳维亚半岛和芬兰、波的尼亚湾（Bothnia，Noord Bodem）、白海和巴伦支海（Barents Sea）。瓦赫纳还出版了其他海图；瓦赫纳去世后的 3 年，科内利斯・克拉松的 1609 年目录列出了他拥有这些图版的铜版雕刻品和地图。瓦赫纳的五幅海图在"海图"（Pas-Caerten）的标题下列出："卢卡斯・扬松绘制的配有两个球仪的大型海图，绘在四幅大张的伦巴德图幅上，犊皮纸，着色，带有黎凡特海和直到易北河的北部地区"，售价五十斯托弗尔；一幅"由卢卡斯・扬松・瓦赫纳绘制的东方和西方的海图，附有潮汐和度数册子，印刷在犊皮纸上，着

1416

---

[156]　Claesz., *Const ende caert-register*, fol. B3r.

[157]　请参阅 Koeman, *Lucas Janszoon Waghenaer*, 28 – 29，以及 *MCN*, 7∶84 – 85。

[158]　*Vniverse Europe maritime eiusq nauigationis descriptio...*；*MCN*, 7∶80 – 83。

图45.15 卢卡斯·扬松·瓦赫纳的欧洲地图，1592年。标题为"*Universe Europæ maritime eiusque navigationis descriptio . . .*"

原图尺寸：65×42厘米。由 Maritiem Museum, Rotterdam（Waghenaer Atlas 77）提供照片。

色"，售价25斯托弗尔。一幅"由卢卡斯·扬松·瓦赫纳绘在犊皮纸上的只有航海内容的着色海图"，售价 15 斯托弗尔；一幅"由卢卡斯·扬松·瓦赫纳绘制，粘在犊皮纸上的只反映西方航海的着色海图"，售价 25 斯托弗尔；以及一幅"由卢卡斯·扬松绘制的粘在犊皮纸上的东方和西方航海海图"，售价 15 斯托弗尔。[159] 在这五幅海图中，有两幅保存了下来；最后提到的一幅是 1592 年欧洲的海图。

这份名单上的第一份，也是最贵的一张海图，售价 50 斯托弗尔，其副本直到 1985 年才为人所知。标题详细地描述了完整的东方、北方和西方的海上航线以及整个地中海的整个航行区域。[160] 在海图上也提到了国会授予的十年特许权。瓦赫纳将这一欧洲海图献给了他最大的赞助商：弗朗索瓦·马尔松（Francois Maelson）。这清楚地表明，荷兰航运公司扮演的角色是欧洲货物运输公司的角色。瓦赫纳的 1589 年的海图是令人信服的证据，证明了北部诸省的主张：阿姆斯特丹是其中心，在贸易中占据了主导地位。

科内利斯·杜松的工作

科内利斯·杜松是埃丹的一位海图制图师，是北荷兰海图制图师学派中最活跃的成员之一。[161] 作为一位创办了很多工作室的广受尊重的人，1611 年，他被选举为位于霍伦的海军上将的特别代表。他最早的作品是最近被发现的小型航海小册子《旧风格定位手册》，由科内利斯·克拉松出版，并在早些时候讨论过。克拉松还出版了科内利斯·杜松的各种海图。在其 1609 年目录中，提供海图如下："科内利斯·杜松的四个大幅伦巴德图幅的大型东方和西方海图，大比例尺，附有地球仪和海港，着色"，售价 50 斯托弗尔；"科内利斯·杜松绘制的东方和西方的海图，中型，附有港口，印刷在犊皮纸上，着色良好，用黄金突出显示"，售价 50 斯托弗尔。"科内利斯·杜岑（Cornelis Doetsen）绘制的东方与西方海图，附有港口，中等大小，粘在犊皮纸上，着色"，售价 50 斯托弗尔。还有一幅"科内利斯·杜岑的图表，粘贴在犊皮纸上，只表现了东方的航海，着色"，售价 15 斯托弗尔。[162] 在这些海图中，只有第二份和第四份（绘在纸上，是已知最早的杜松作品）保存了下来。

杜松的 1589 年的海图《包含整个东方和北方航区的海图》（*Pascaerte inhoudende dat gheheele oostersche en noortsche vaerwater*），对于波罗的海和白海的航行非常重要，并记录了尼德兰人在北欧海岸和波罗的海的海岸线上的最新地图知识。[163] 克拉松于 1609 年去世后，杜松的海图的铜版就被阿姆斯特丹的雕刻师和印刷商克拉松·扬松·菲斯海尔所获得，他在接

⑤⑨ Claesz. , *Const ende caert-register*, fol. B3r.

⑥⓪ *Generale pascaerte van gantsch Europa*：*Inhoudende de geheele oostersche*，*noortsche en（de）westersche zeevaert*，*desgelycx oock de navigatie van de gantsche Middelantsche Zee* … 唯一一幅已知的副本，四图幅，73.5 × 90.5 厘米，最初粘在犊皮纸上，收藏于 Amsterdam，Universiteitsbibliotheek。这幅由约翰内斯·范多特屈姆和他的儿子巴普蒂斯塔雕刻的海图，正如海图上所提及的，在瓦赫纳和克拉松两处都买得到；请参阅 Schilder，"Chart of Europe"；Nalis，*Van Doetecum Family*，pt.4，38 – 39；以及 *MCN*，7：84 – 90 and facsimiles 2.1 – 2.4。

⑥① 关于杜松，请参阅 Schilder，"De Noordhollandse cartografenschool，" 55 – 59。

⑥② Claesz. , *Const ende caert-register*, fol. B3r.

⑥③ *Tabula hydrographica*，*tum maris Baltici（quod Orientale hodie vocant）tum Septentrionalis Oceani nauigationem continens* … *Amstelreodami ex officina Cornelij nicolai ad intersigne diarij* 1.5.8.9。目前已知的唯一一份副本保存在 BL（Maps C.8.b.6；装订于瓦赫纳 1596 年《航海之镜》的一份副本中）。MCN，7：100 – 101 and facsimile 6。

下来的一年里重新发行了这幅海图——只是更换了戳记。[164]

16 世纪时，一份关于尼德兰贸易的独特的地图文件是克拉松的《由科内利斯·杜松以四兄弟绘图者画的新海图，包括非常准确的全欧洲的海岸线》（*Nieuwe paschaerte getrocken by Cornelis Douszoon inde 4 heems：Kinderen chaertschrijver，begrijpende seer perfectelijck alle de zeecusten van Europa*），此图由约道库斯·洪迪厄斯雕刻，并由克拉松于 1602 年在阿姆斯特丹出版。这幅海图展示了这一时期尼德兰的贸易和航运的发展，当时，为了独立而战的年轻共和国，也在航海国家中占有重要的地位（图 45.16）。这幅欧洲海图的文字和内容，并没有出现在其他地方，使它成为尼德兰专题地图最早的例子之一。[165]

图 45.16　科内利斯·杜松的《由科内利斯·杜松以四兄弟绘图者画的新海图，包括非常准确的全欧洲的海岸线》，1602 年。犊皮纸印本。尼德兰船运代理商所承担的欧洲货运公司的作用在此海图上中清晰可见。它主要关注货物交换，在这一领域，尼德兰船运商和商人作为买方、卖方、代理商和船运商发挥着主导作用。杜松海图的交易性质最清楚地表现在旋涡纹中，在其中，描绘出了各个国家的商品。除了对交易商品的展示之外，沿着海图的边缘，还有二十五个重要港口的场景，尼德兰船运商在那里进行交易。这些小型海图旨在使进出的航行更加轻松。此外，两个很大的图例为领航员提供了关于如何计算港口之间距离的详细信息

原图尺寸：54×70.5 厘米。由 Badische Landesbibliothek，Karlsruhe［F 14（R）］提供照片。

---

⑯④　"由克拉斯·扬松·菲斯海尔印制，在其工作区（colck inde Vissche）新开辟的一侧，1610 年"。维德尔提供了奥斯陆副本的重制和描述，见其 *Monumenta Cartographica*，vol. 1，pl. 6。另一份副本收藏在 Rotterdam，Maritiem Museum。

⑯⑤　Günter Schilder，"Een handelskaart van Europa uit 1602：Een Nederlandse bijdrage aan de historisch-thematische kartografie," *Kartografisch Tijdschrift* 7（1981）：35–40，以及 *MCN*，7：101–104 and facsimile 7。

由杜松亲手绘制的最早的欧洲海图是在佛罗伦萨。[166] 威廉·扬松·布劳提到，他曾使用杜松的一幅海图作为自己 1605 年的第一幅欧洲地图的基础。[167] 杜松现存最古老的绘本地图是 1598 年，显示了未知的南方大陆和日本之间的地区（图 45.17）。[168] 它和两幅匿名的犊皮纸海图提醒我们尼德兰人与日本最早的接触，而且极有可能，这些海图属于"爱情号"（*De Liefde*）船上的装备，它是雅克·马胡（Jacques Mahu）和西蒙·德科尔德斯（Simon de Cordes）的舰队中唯——艘于 1600 年到达日本的船。海图本身完全是基于葡萄牙的资料，杜松主要依赖林索登的 1596 年的旅行路线，这是葡萄牙对该地区的知识的总结。

1417

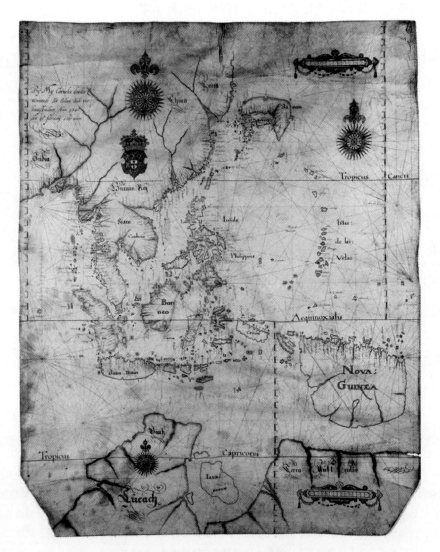

图 45.17 科内利斯·杜松的绘本远东海图，1598 年

原图尺寸：92×71.8 厘米。由 Tokyo National Museum（A‑9412）提供照片。

---

[166] Florence，Biblioteca Nazionale Centrale（Port. XXVIII）。请参阅 Giuseppe Caraci，"Un cartografo olandese poco noto：Cornelis Doetz. una carta dell'Europa，" *Bibliofilia* 27（1925‑1926）：52‑57。

[167] 请参阅本章 p. 1422，注释 196。

[168] 重新制作于 Keuning，*De tweede schipvaart*，facsimile vol.，pl. VIII。

杜松的印度洋海图，[169] 是彼得勒斯·普兰齐乌斯制作的海图的基础，也出现在《航海行程》中，同样是基于葡萄牙的资料。所有的地名都是葡萄牙语的，尽管杜松注意到维布兰特·瓦尔维克在 1598 年第二次考察东印度群岛时对毛里求斯的观察："Do Cirne 或 Mauritius lant。"在尼德兰的收藏中，有两幅科内利斯·杜松的手绘地图。其中一幅是 1600 年的大西洋总海图，其中西至美洲海岸，东至欧洲和非洲海岸；三十年后，这一类型的海图被称为"西进式的航海图"。[170] 这些小比例尺的总海图主要是为非洲和美洲的贸易地区长途航行而设计的。一旦发现了海岸，就可以在航海指南和其他绘本地图的帮助下进行导航。

1419

凭借其北美东海岸部分地区的地图，科内利斯·杜松为新荷兰的地图绘制打下了一个重要的基础。尼德兰人在与北美大陆的接触中相对较晚。第一次到这一地区（后来被称作新荷兰）的尼德兰贸易航行的最直接的推动力，是亨利·哈得孙的一次探险，这是在 1609 年为荷兰东印度公司而进行的。1614 年 10 月 11 日，国会授予该公司新荷兰地区的排他专有权，以在接下来的三年里，在美洲海岸沿线进行四次探险，在 40°—45°。这家公司在一幅"具象地图"的帮助下，巩固了他们的主张。[171] 这幅绘制在犊皮纸上的绘本地图不仅显示了海岸，还包括新尼德兰和新英格兰的内陆地区。最近的研究发现，在 1613 年和 1614 年的新尼德兰地区，船长阿德里安·布洛克（Adriaen Block）在科内利斯·杜松绘制的基础地图上绘制了草图。[172] 通过在地图绘制、书法和着色方面存在差异的明显证据表明这是一部汇编之作。其中一个被布洛克带回荷兰的发现是把曼哈顿描绘成一个岛屿；在这个岛上的印第安部落曼哈顿人也因此而得名。[173]

其他海图制图师

北荷兰学派的其他成员则以一个小得多的资料库而闻名。扬·迪尔克松·赖克曼斯是埃丹的一名海图绘图师，他凭借一幅北大西洋犊皮纸海图，这是最早的尼德兰向西方航海之旅的证据。[174] 同样的道理也适用于克拉斯·彼得松之于瓦尔德（Warder），这是埃丹和霍伦之

[169] Florence, Biblioteca Nazionale Centrale（Port. XXIX）。一份描述见 Giuseppe Caraci，"Un' altra pergamena di Cornelis Doetz.：Carta dell' Oceano Indiano," *Bibliofilia* 27（1925 – 1926）：58 – 60；以及 idem，*Tabulae geographicae vetustiores in Italia adservatae：Reproductions of Manuscript and Rare Printed Maps，Edited and Explained，as a Contribution to the History of Geographical Knowledge in the Period of the Great Discoveries*，3 vols.（Florence：O. Lange，1926 – 1932），1：16 – 17 and pls. XVIII-XIX。

[170] Leiden，Universiteitsbibliotheek（Bodel Nijenhuis Collection，inv. 003 – 13 – 001）。

[171] The Hague，Nationaal Archief（VEL 520）。

[172] K. Zandvliet，"Een ouderwetse kaart van Nieuw Nederland door Cornelis Doetsz. en Willem Jansz. Blaeu," *Caert-Thresoor* 1（1982）：57 – 60。

[173] 当布洛克回到阿姆斯特丹的时候，他把在美洲建造的第一艘快艇——昂日斯特号（*Onrust*）留给了船长科内利斯·亨德里克松，后者继续在哈德逊和特拉华地区进行地理发现和制图的深入探索。在这些航行中绘制的地图，即所谓的第二幅具象地图，是一份极有价值的文件，因为沿着哈德逊河有大量的荷兰语地名，这些第一次得以提及；请参阅 Hague，Nationaal Archief（VEL 519）。另请参阅 Isaac N. P. Stokes，*The Iconography of Manhattan Island*，1408 – 1909，6 vols.（New York：Robert H. Dodd，1915 – 1928），2：63 – 75 and pls. 23 – 24。

[174] BNF（S. H. Archives no. 4）。请参阅 *Catalogue des cartes nautiques sur vélin：Conservées au Département des Cartes et Plans*（Paris：Bibliothéque Nationale，1963），175。

间的一个小村庄，只是根据一幅手绘的大西洋海图而为世所知。[175] 在他的 1607 年犊皮纸海图上，欧洲大陆和岛屿的海岸线得到了努力的绘制，就像北荷兰海图制图师学派所绘制的其他地图一样。虽然这张总图上的地图内容让人想起了最初的葡萄牙和西班牙来源，但荷兰人旅行的结果也被纳入了其中。在彼得松的地图上，亚马逊和特立尼达之间的南美海岸的地名清晰地显示了在 1600 年的荷兰之旅中收集到的信息。

　　埃弗特·海斯贝尔松的五份犊皮纸绘本海图保存了下来，其中有着华丽的图画和漂亮的色彩的四幅，必须被归类为北荷兰学派里的装饰画群的代表（图版 55）。其中三幅地图已经由埃弗特·海斯贝尔松署名并注明日期。对 1599 年的印度洋和远东地区的海图（现在收藏于悉尼）进行一瞥，就可以清晰地发现地图从来都不是为了在船上航行而设计的；它艺术性地绘制的风景，是为了装饰性的功能。[176] 这幅海图和另一幅由埃弗特·海斯贝尔松署名的 1599 年海图（现存巴黎），是两幅最早的关于印度洋的荷兰绘本海图。这些海图完全根据葡萄牙的来源；范林索登的《航海行程》（阿姆斯特丹，1596 年）中的地图起到了核心的作用。实际上，海斯贝尔松的海图从《航海行程》中复制了五幅缩微景观。然而，在印度群岛和远东地区的复制中，他与林索登分道扬镳，追随了葡萄牙的费尔南·瓦斯·多拉多（Fernão Vaz Dourado）。另一幅印度洋海图（现存巴黎）则完全不同。[177] 它提供了对印度群岛的全新描述，尤其是对菲律宾群岛的描述（图 45.18）。埃弗特·海斯贝尔松没有采用瓦斯·多拉多的海图。在这里，他选择了来自《航海行程》的更为精确的雕版地图。

1420　　埃弗特·海斯贝尔松的最后一项为人所知的工作是 1601 年的北海海图。[178] 在这幅周围环绕着一大片鲜花和水果的装饰性绘本海图中，海域里包含了海神的装饰场景、海怪和罗经盘，在荷兰和挪威处，还增加了两幅微型画。然而，一个人不应该被装饰元素所分心，因为这幅海图上有非常详细的北海海岸线的图像，这是对尼德兰水手所获得的这些水域的丰富知识的证明。没有一幅当时代的印刷地图如此详细地以这样的规模显示了北海。埃弗特·海斯贝尔松是否根据另一幅已经亡佚的绘本进行了复制，抑或他是否根据自己的草图进行绘制，已不可确认。

　　另外两位北荷兰学派更进一步的海图绘图师是扬松兄弟：哈尔门和马滕。两兄弟的装饰和功能类型的海图都还存在。在前一种类别中，有四图幅的绘本世界海图，由两兄弟于 1610 年制作而成，是根据威廉·扬松·布劳在 1607 年出版的墨卡托投影的世界地图。[179] 哈

[175]　Florence, Biblioteca Nazionale Centrale（Port. XXIV）. 一份插图和描述见 Caraci, "Di alcune antiche carte," 811 – 824。

[176]　Sydney, State Library of New South Wales（Dixson Galleries）. 一篇描述和插图见 Günter Schilder, "Een Nederlands kartografisch meesterwerk in Sydney: Evert Gijsbertsz. ' kaart van de Indische Oceaan, 1599," *Bulletin van de Vakgroep Kartografie*（Utrecht, Geografisch Instituut der Rijksuniversiteit）14（1981）: 57 – 62。这幅海图提供出售，见 Frederik Muller's *Catalogue Afrique: Histoire, géographie, voyages, livres et cartes*（Amsterdam, 1904）, no. 928, 至于价格, 在那个时代非常昂贵, 售价 1400 荷兰盾。

[177]　一份插图说明见 Pál（Paul）Teleki, *Atlas zur Geschichte der Kartographie der japanischen Inseln*（Budapest: Hiersemann, 1909; reprinted Nedeln: Kraus Reprint, 1966）, pl. V, and *Catalogue des cartes nautiques sur vélin*, 92 – 93。

[178]　Florence, Biblioteca Nazionale Centrale（Port. XXXI）. 请参阅 Caraci, "Di alcune antiche carte," 801 – 806, 以及 idem, *Tabulae geographicae vetustiores*, 1: 17 – 18 and pl. XX。

[179]　"Nova orbis terrarum geographica ac hydrogr. tabula . . . ," BNF（Rés. Ge A 1048）. 关于 1607 年壁挂地图, 请参阅 Schilder, *Three World Maps*, 23 – 40, pls. IV. 2A – IV. 2D。

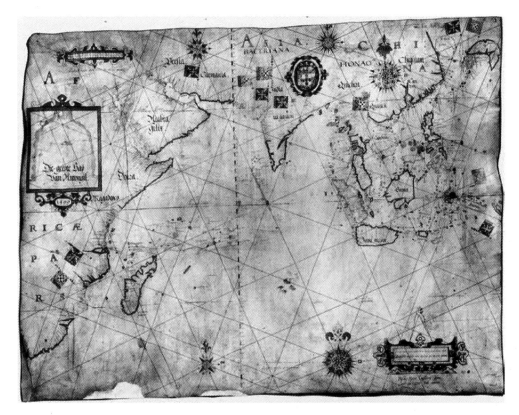

图 45.18　埃弗特·海斯贝尔松的绘本印度洋和东印度群岛海图，1599 年

原图尺寸：74×100 厘米。由 BNF（Res. Ge AA 569）提供照片。

尔门和马滕·扬松复制了海岸线、名称和图例，然后在大陆的内陆地区添加了微型画。

　　一幅绘本的犊皮纸世界地图的三块残片也来自扬松兄弟的工作室。[⑱] 在这三块残片中的一个，他们的名字清晰可辨。考虑到其他两块残片的不同寻常的圆形形式，人们认为它们是作为绞盘头设计的。一个完全不同的特性是哈尔门和马滕·扬松于 1604 年在犊皮纸上画的大西洋海图。[⑱] 这是一种小比例尺的大西洋地图的另一个例子。在 1590—1630 年，阿姆斯特丹出版世界与北荷兰地图学学派之间的联系，由扬松兄弟制作与出版的一幅欧洲总图，和由扬·埃费尔松·克洛彭堡在 1631 年出版的一部犊皮纸新版本而证明。[⑱]　　　　1421

　　最后，我们必须简要地概述约里斯·卡罗吕斯的活跃生涯，他经常把自己称为一名恩克赫伊曾的舵手和海图绘图师。卡罗吕斯一定是一位非常有经验的水手，因为他在北极水域进行了多次探险。[⑱] 1614 年，他被授予了一份合同，寻找期盼已久的东北通道，由船长扬·雅各布松·马伊（Jan Jacobsz. May）带领的许尔登·卡特（Gulden Cath）号船和在

---

⑱　London, National Maritime Museum（G. 201：1/ 16 – A, B, C）.

⑱　Florence, Biblioteca Nazionale Centrale（Port. ⅩⅫ）. 请参阅 Caraci, "Di alcune antiche carte," 806 – 811。

⑱　*Nieuwe pascaerte van alle de zeecusten van geheel Europa* … Helsinki University Library（Helsingin Yliopiston Kirjasto），Nordenskiöld Collection（K 117）. 一份 1631 年的副本保存在 Copenhagen, Det Kongelige Bibliotek（S. Kab. Ⅲ）。

⑱　Samuel Muller, *Geschiedenis der Noordsche Compagnie*（Utrecht：Gebr. Van der Post, 1874），以及 Günter Schilder, "Mr. Joris Carolus（ca. 1566-ca. 1636），'Stierman ende caertschryver tot Enchuysen,'" in *Koersvast：Vijf eeuwen navigatie op zee*（Zaltbommel：Aprilis, 2005），46 – 59。

船长雅各布·德霍韦纳尔（Jacob de Gouwenaer）带领下的橙子树号（Oranjeboom），都已装备好，并被置于他的指挥之下。这次旅行的结果被记录在了卡罗吕斯探险后的犊皮纸手绘海图上。[184] 北方海岸从斯匹次卑尔根岛，一直到欣洛彭海峡（Hinlopen Strait），它向东北（Nordaustland）把主岛与小群岛之间的小岛分隔开来。因为卡罗吕斯不能穿越浮冰继续他的旅程，到达比埃季岛更远的地方，他开始向西走。当他看到扬马延岛（Jan Mayen）时，他相信他是该岛的发现者。出于这个原因，在大型绘本海图上，人们发现了卡罗吕斯的名字[约里斯·埃兰德（Ioris Eylandt）先生]。然而，自 1608 年以来，该岛已被多次发现。

1609 年，卡罗吕斯又开始了另一趟北极之旅。1626 年，他画的犊皮纸海图表现了冰岛、格陵兰和美洲东北部的情况，他宣称道："由恩克赫伊曾航行的舵手和海图制图师约里斯·卡罗吕斯写作与编纂了三次。"[185] 在格陵兰的西海岸和拉布拉多（Labrado）的海岸，可以读到荷兰语的名称，这可能与卡罗吕斯在 1615 年进行的一次探险有关。在格陵兰的北纬 61°之处，出现了"约里斯·埃兰德先生"的名字，约里斯·卡罗吕斯想要借此表达他对这次探险的参与。

1618 年，卡罗吕斯代表国家乘坐棕色鱼号（Bruyn-Visch）船进行了一次探险，以通过实践验证扬·亨德里克·亚里赫斯·范德莱（Jan Hendrick Jarichs van der Ley）所描述的关于地球仪的技术，以及长范围航行中使用的海图。一个有经验的水手委员会由卡罗吕斯来领导，而且，被任命为远征队的领袖，一定是一个伟大的荣誉。棕色鱼号到戴维斯海峡（Davis Strait）的航行（1618 年 6 月 19 日），对范德莱来说是一次个人的成功。1620 年 2 月 22 日，国会授予他 12 年的特许权来出版他的《试航》（*Voyage van experiment ...*），此书报道了棕色鱼号的考察，并给出了《普通规则》（*Generale regul*）的三个实际的例子。[186] 在卡罗吕斯的监督下进行的计算比较了地球仪和海图的使用，还有几篇文章提到了北荷兰的海图制造商的海图。

约里斯·卡罗吕斯非常受人尊敬，在 1619 年，他被任命为哥本哈根的航海技艺教师，在那里他为丹麦舵手教授了 5 年的航海课程。[187] 在这段时间里，他更详细地了解了丹麦的水域，并制作了一份绘本海图。回到荷兰后，国会授予他六年的特许权来发表了一份《关于丹麦王国的海岸、土地、河岸、海岬和岛屿的真实情况的地图》。[188] 1625 年 4 月 3 日，约里斯·卡罗吕斯向约翰内斯·扬松尼乌斯出售了他的出版权。[189] 这位阿姆斯特丹的出版商是否将丹麦的绘本地图制作铜版进行雕刻，不为世人所知，也没有找到任何副本。

1626 年 4 月 10 日，卡罗吕斯获得一份特许权，用来印刷《冰岛的神奇岛屿》的一幅地

---

⑱　BNF（Rés. S. H. Archives no. 7）. 一篇描述和插图见 F. C. Wieder, *The Dutch Discovery and Mapping of Spitsbergen*（1596 – 1829）（Amsterdam：Netherland Ministry of Foreign Affairs and the Royal Dutch Geographical Society, 1919）, pls. 5 and 6. ；请参阅 Catalogue des cartes nautiques, 179 – 180。

⑱　The Hague, Nationaal Archief（VEL 1）. 请参阅 Axel Anthon Bjornbo and Carl S. Petersen, *Anecdota cartographica septentrionalia*（Copenhagen, 1908）, 12 – 13 and facsimile XI。

⑱　Jan Henrick Jarichs van der Ley, *Voyage vant experiment vanden Generale regul des gesichts vande Groote Zeevaert*（The Hague：Hillebrant Iacobsz. , 1620）, 46 – 48.

⑱　王室的指示保留了下来。请参阅 Copenhagen, Rigsarkivet（Sael. Reg. XVI, fol. 425v – 426v）。

⑱　The Hague, Nationaal Archief（Staten Generaal no. 12303, fol. 98v – 99r）.

⑱　Amsterdam, Gemeentearchief（Not. Arch no. 223, fol. 173）.

图，"根据其海湾和河流的真实形状及该岛的主要城镇和山峦；将所有这些放到正确的经度和纬度上，也反映出适当的航程和距离"。[190] 他的冰岛地图被许多荷兰出版商反复出版。[191] 与此同时，国会也理所当然地延长卡罗吕斯的特权，以出版"一幅新的北极、斯匹次卑尔根岛、冰岛、戴维斯海峡和西方土地，以及新发现的名叫基督海（Christian Sea）的海洋和海峡，并由此向南到亚速尔群岛的（球面海图）"。此外，还有一种与在公海上使用的平面海图相同的航海图（paskaart）。[192] 这张海图似乎是之前提到的 1626 年的犊皮纸地图的基础。一份印刷的版本，是以平面地图还是球形海图的形式出版，目前还不清楚。

卡罗吕斯将其漫长的领航员和航海技艺教师的生涯所积累的相当多的经验的要素聚集在纸面上，纳入一部领航员指南，标题为《新加强的光：被称为大东方航行的火柱、视野、镜鉴和宝藏的钥匙》，由约翰内斯·扬松尼乌斯于 1634 年在阿姆斯特丹出版。[193] 在 51 幅海图中，有 32 幅是用铜版印刷的，这些都已经出现在扬松尼乌斯的"剽窃"版的布劳的《航海之光》中。19 幅新海图中有 7 幅标明作者为卡罗吕斯。在他写给读者的话中，卡罗吕斯讲述到，他把领航员的指南汇合起来，"不是根据别人的信息，而是从他自己的观察中得到的"。

阿姆斯特丹的独立海图出版商

在 16 世纪，科内利斯·克拉松是第一个对更好的导航系统的需求做出反应的人之一，他很快就把大量的海图带到市场上，使阿姆斯特丹成为地图生产和地图销售的中心。在这一有利的商业活动和良好的导航和海洋制图领域的前景中，威廉·扬松·布劳和黑塞尔·赫里松出现了。布劳是一个新来者，遭受了统治市场的科内利斯·克拉松和约道库斯·洪迪厄斯的竞争。一开始，布劳不得不在这两家经验丰富和声望卓著的出版商的阴影下争夺一席之地。他第一次在球仪生产上取得了成功，但在 1605 年，他开始出版海图。

在 17 世纪的前三十年里，赫里松是尼德兰地理—地图景观方面最具多样性的人物之一。他不仅是地图的设计者和雕刻师，而且还是出版商、印刷商和书商。[194] 许多机构不断地利用他在航海领域的丰富经验；除了其他的工作室之外，他还占据了荷兰东印度公司（1617—1632 年）和荷兰西印度公司（WIC）（见本卷第 46 章）的制图师的位置，但他同时也活跃在欧洲航海和航运领域。

布劳的欧洲航海海图

与他的竞争对手一样，布劳也知道，这不是基于在欧洲海岸的旅行中收集的个人经验，而是从各种来源的航海图纸、草图和海图中收集的，然后他就处理了这些问题。布劳发表的单幅海图相对较少：他在海事领域的声誉主要是通过出版其领航员指南《航海之光》（1608年）和《海洋之镜》（1623 年）而获得的。这两种不同语言的领航员指南的出版，服务了

---

[190]　The Hague, Nationaal Archief (Staten Generaal no. 12303, fol. 162).

[191]　请参阅 Haraldur Sigurðsson, *Kortasaga Íslands frá öndverðu til loka 16. aldar* (Reykjavik: Bókaútgáfa Menningarsjóðs og Þjóðvinafélagsins, 1971) 中的描述和插图阐述，32 – 37。

[192]　1626 年 4 月 10 日国会的决议。请参阅 Schilder, "De Noordhollandse cartografenschool," 68。

[193]　*AN*, 4: 63 – 66 [M. Bl 20 (J)].

[194]　Johannes Keuning, "Hessel Gerritsz.," *Imago Mundi* 6 (1949): 48 – 66.

整整一代海员。但对海图，布劳非常清楚"普通平面海图很多时候在一些地方是不真实的，尤其是那些远离赤道的重大航程：但这里经常使用的东方和西方的航海所使用的海图，它们是很真实的，或者说它们的错误很小，以至于它们不会造成任何阻滞：它们是海上使用的最适合的仪器"。他激烈地批评了领航员们普遍认为的观点："手写的地图更好，更完美"，他说，"他们指的是那些经常被人制造出来的、每天都在修改的、永远不会被印刷出来的手写地图"。布劳解释说，绘本海图并不会更好，"因为单人的成本很高，但所有的人相继耗费最少的劳动来复制，这样的人做许多次，就会导致得不到太多知识，甚至得不到知识"。[195]

　　布劳出版的最早海图是科内利斯·杜松的两张欧洲海图。在 1605 年出版的最早的海图中，布劳在他对读者的献词中解释说，地图显示了"所有地方的新信息，努力地纠正了埃丹的科内利斯·杜松，并得到了很大的改进"。[196] 这张海图的出版表明，布劳成功地克服了科内利斯·克拉松的竞争，他也能够获得并发表最好的手稿材料。

　　由布劳出版的另一幅杜松制作的欧洲地图仅在一年后就已出现，这幅地图向北部和东部覆1423 盖了比更早的地图更广阔的地区（图 45.19）。[197] 它没有标题，但地图内容清楚地解释给读者：

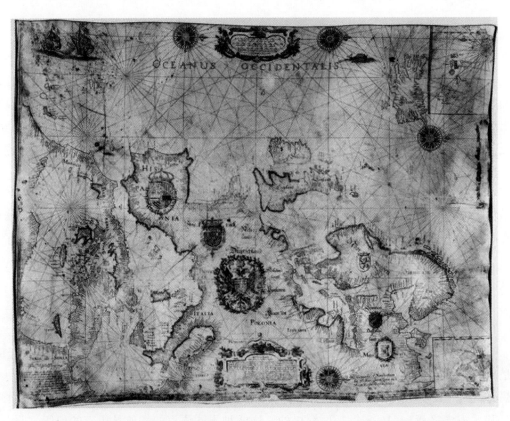

图 45.19　科内利斯·杜松的欧洲海图，由布劳出版，1606 年。这是目前已知的唯一一幅副本

原图尺寸：60.5×76.5 厘米。由 Royal Geographical Society, London（Sign. Europe G99）提供照片。

---

⑲⑤　Blaeu, *Light of Navigation*, fol. F2r-v.

⑲⑥　*Generale pascaerte vande gheheele oostersche westersche ende een groot deel va（n）de Middelantsche Zeevaert . . .* 唯一已知的副本在 BNF（Rés. Ge D 2427）。请参阅 *MCN*, 4：37-38。

⑲⑦　请参阅 Günter Schilder, "Willem Janszoon Blaeu's Map of Europe（1606）, a Recent Discovery in England," *Imago Mundi* 28（1976）：9-20, 以及 *MCN*, 4：42-43。

　　威廉·扬松（Willem Ianszoon）致喜欢这部作品的读者。关于（喜欢）这幅海图（的观众），你得到了埃丹的科内利斯·杜松极其完美绘制的所有欧洲的海洋海岸，它们拥有完美的真实的纬度，唯一例外的是地中海，在那里作者故意地无视了纬度（从马耳他向东），而只是根据我们普通的德意志罗盘观察了其所拥有的，围绕克里特和塞浦路斯，是指向西北的半个点。这一点通过下列事实得以显示：马耳他、克里特的南部海岸以及塞浦路斯的纬度都是 36 度，但不能通过向东或向西的航程中从一地航行到另一地，正如我们可以凭借双眼在这幅地图上看到的那样。

　　因为布劳还想把黎凡特岛纳入地图上，他把它搬到了北非内部的一个插图中。地图从 25°20′向北延伸到 75°20′，向北包括了熊岛（Bear Island）和冰岛、向西南包括了完整的加那利群岛，以及向东的新地岛，在那里，国会授予的特许权以简略的形式打印出来。当一个人把地图的内容与他著名的前任卢卡斯·扬松·瓦赫纳的地图相比较时，他的总体工艺和海岸线的描述都有了明显的改善。

　　这张欧洲海图肯定是在航运圈中得到了认可，并且由于第二版的出版而获得了良好的销售业绩。[198] 科内利斯·杜松已经去世，所以布劳独自负责更新地图。原来的铜版在两个地方得到了改进，其中最明显的改变是取消了新地岛的西海岸，取而代之的是一幅斯匹次卑尔根岛的插页地图。扬马延岛也被加到了地图上。这两方面的变化并不令人惊讶，因为在 1614 年北方公司（Noordsche Compagnie）成立后，这个地方成为尼德兰最重要的捕鲸基地。

1424

　　1608 年，凭借其新领航员指南《航海之光》（*Het licht der zee-vaert*），布劳开始对克拉松的主导地位进行了成功的攻击。克拉松在接下来的一年里用瓦赫纳的新版本的《新海图宝藏》（*Nieuwe thresoor der zee-vaert*）进行了反击，其中包含了新的地图。然而，克拉松在同年去世，使布劳可以在海洋活动领域任意驰骋。1608 年的《航海之光》的地图在当时是否可以单独使用，还不清楚，但是这些领航员指南的重要性在于结合地图和详细的文本描述，地图的个人出版不是优先考虑的。[199]

　　我们确定知道，布劳的第三卷的前两幅地图是分别出版的，而在犊皮纸上的两个例子是已知的。这些犊皮纸板已经安装在三块木板上，这些木板与铁铰链相连，这是尼德兰海洋地图绘制的一个独特的例子。[200] 布劳似乎已经在使用伦敦的呢绒商公司的成员们使用的格式：犊皮纸海图不需要卷起来存在圆筒里，而要用木板保护起来，这样水手或商人就很容易使用。

　　1623 年，布劳发表了一份全新的领航员指南，《海洋之镜》，可能部分原因是扬松尼乌斯剽窃了他的《航海之光》。其中包括了在《海洋之镜》的一幅图："东海海图"（*Pascaert vande*

---

　　⑱　有三份副本是已知的：Helsinki University Library（Helsingin Yliopiston Kirjasto），Nordenskiöld Collection（K 106）；BNF（Rés. GeC 2347）；以及 Universiteitsbibliotheek Utrecht，Collection of the Faculty of Geosciences（Ⅷ. N. d. 2）。

　　⑲　然而，第二张地图，*Pascaarte van Hollandt，Zeelandt ende Vlaenderen*，以及第 20 张地图，显示了弗里斯兰和格罗宁根的海岸，在 1608 年之前就已经出现了，这样的可能性依然存在；这些是仅有的完整的地图，上面提到了布劳在 1621 年之前使用的名字，威廉·扬松（Willem Janszoon），一幅的日期是 1607 年。

　　⑳　Hamburg，Universitätsbibliothek，以及法国私人收藏。请参阅 *MCN*，4：90 – 91。

Oost-zee)，是单独出现的：这样被印在犊皮纸上的一份副本就为人所知。[201] 大致与此同时，布劳出版了一幅比斯开湾的犊皮纸地图，证明了布劳的领航员指南中没有包括更小的总海图。[202]

在 17 世纪 20 年代中期，威廉·扬松·布劳用纸和犊皮纸发表了一份欧洲的新海图。与早期的 1605 年和 1606 年的海图（以及 1606 年海图的第二个版本）相比，这幅海图覆盖了向北和向西延伸的区域（因此不需要斯匹次卑尔根岛或亚速尔群岛的插图），也包括了格陵兰。[203] 将这幅地图与欧洲早期的海图进行对比，可以发现许多地方的海岸线的绘制都有相当大的改善，比如爱尔兰、冰岛、波罗的海的丹齐格海湾以及芬兰的海湾。然而，在新地图上，对白海和卡宁（Kanin）半岛的描绘实际上远不如 1606 年的海图准确。

布劳的欧洲以外地区的导航用海图

威廉·扬松·布劳为欧洲以外水域的航行制作了单独的海图。他的《几内亚、巴西和西印度海图》（*Paskaart van Guinea，Brasilien en West-Indien*），是一幅重要的大西洋航海图，展示了从纽芬兰到里约热内卢的东部海岸，以及在同一纬度地区的欧洲和非洲的西海岸。[204] 这种为跨大西洋航行而设计的通用地图的想法并不新奇，它已经被迪耶普学派和 16 世纪末北荷兰的海图制图师学派的成员使用过了。然而，布劳的贡献在于，他的海图是大西洋第一部印刷的"远程测绘海图"（overzeiler），而地图的内容反映了尼德兰人最新的发现和在美洲的探险结果。

因为这是一张总图，布劳被迫限制自己，只包含那些最重要的元素。尽管如此，这张地图还是构成了新尼德兰的印刷地图绘制的起点，而且在印刷地图上第一次发现了新尼德兰（Nieuw Nederland）之名。哈得孙河（Hudson River），在这里被命名为毛里求斯河（Mauritius Rivier），被显示为远到内陆的这一区域的第一个定居点拿骚港（Fort Nassau）。曼哈顿岛第一次出现在印刷地图上，尽管它没有标注名称。

大西洋的另一幅非常引人注目的海图是布劳的《西印度海图》（*West Indische paskaert*），

1425

---

[201]　London，National Maritime Museum（G 313：1；ex collection Mensing）．请参阅 *MCN*，4：102。

[202]　一份副本收藏在 BL〔Maps C. 22. b. 16；购自 *Catalogue* 22〔London，Robert Douwma，1979），no. 15〕。请参阅 *MCN*，4：91 – 92。

[203]　*Pascaarte van alle de zècusten van Evropa* . . . ；请参阅插图，见 Klaus Stopp and Herbert Langel，*Katalog der alten Landkarten in der Badischen Landesbibliothek Karlsruhe*（Karlsruhe：G. Braun，1974），pl. Ⅵ；Schilder，"Blaeu's Map of Europe，" 17；以及 *MCN*，4：100 – 102，其中列出了已知的副本。

[204]　除了维德尔提到由 Phelps Stokes 收藏的唯一一份已知的副本（现在收藏在 New York Public Library，New York）之外，还发现其他三份副本收藏在 The Hague，Paris，and Weimar（犊皮纸印刷）。请参阅 Stokes，*Iconography of Manhattan Island*，2：78 – 82，137，and pl. 25；Wieder，*Monumenta Cartographica*，3：70，no. 41；Johannes Keuning，*Willem Jansz. Blaeu: A Biography and History of His Work as a Cartographer and Publisher*，rev. and ed. Y. Marijke Donkersloot-De Vrij（Amsterdam：Theatrum Orbis Terrarum，1973），72 – 73；Marcel Destombes，"Quelques rares cartes nautiques néerlandaises du XⅦ^e siècle，" *Imago Mundi* 30（1978）：56 – 70，esp. 64，66 – 67，and 69，重印于 Günter Schilder，Peter van der Krogt，and Steven de Clercq，eds.，*Marcel Destombes*（1905 – 1983）：*Contributions sélectionnées à l'histoire de la cartographie et des instruments scientifiques*（Utrecht：HES，1987），513 – 527；*MCN*，4：97 – 99；以及 Philip Burden，*The Mapping of North America: A List of Printed Maps*，1511 – 1670（Rickmansworth，Eng.：Raleigh，1996），239 – 241（no. 194）。

问世于 1630 年，并按照墨卡托的投影所绘制（图 45.20）。[205] 它是墨卡托投影最早的实际应用之一，这一投影方式在航运圈中慢慢被接受。海图的标题表明，这种"远程测绘地图"是为了航行到非洲和美洲的贸易地区而设计的，而在 1621 年成立的西印度公司的地区享有垄断地位。布劳在这一地区的手稿材料和辅助材料的帮助下，制作了自己的海图，这些材料是由在这些线路航行上的领航员提供的。最新的地理位置是由 1623—1626 年的海军上将雅克·埃尔米特的远征所命名的。这幅小地图主要是为航行中的跨大西洋部分设计的。一旦海岸出现，就可以继续使用该地区的领航员指南，比如迪里克·吕伊特尔斯（Dierick Ruijters）的《航海火炬》（*Toortse der zee-vaert*）（1623 年）和更大比例尺的绘本海图。

1426

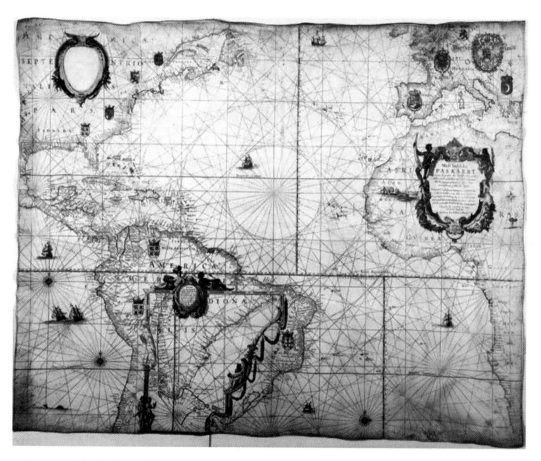

图 45.20　威廉·扬松·布劳的《西印度航海图》，约 1630 年。犊皮纸印本。其所绘制的地区从北方的爱尔兰和纽芬兰地区延伸到南方的好望角和拉普拉塔河，从西方的墨西哥湾延伸到东方的希腊。在南美洲的内部，有大陆南部的一部分的插图，这部分远至合恩角，无法在主图上显示出来

原图尺寸：78×97.5 厘米。由 Badische Landesbibliothek，Karlsruhe［D 40（R）］提供照片。

---

[205]　*West Indische paskaert waerin de graden der breedde over wederzijden vande middellijn wassende soo vergrooten dat die geproportioneert sijn tegen hunne nevenstaende graden der lengde ...* 有两部副本：Brussels，Royal Library of Belgium（Ⅲ 9359），and Karlsruhe，Badische Landesbibliothek［D 4（R）］。更多的细节，见 Marcel Destombes and Désiré Gernez，"La 'West Indische paskaert de Willem Jansz. Blaeu' de la Bibliothèque Royale，" *Mededeelingen*，*Academie van Marine van België = Communications*，*Académie de Marine de Belgique* 4（1947 – 1949）：35 – 50，重印于 Marcel Destombes（1905 – 1983），23 – 40；*MCN*，4：114 – 117；以及 Burden，*Mapping of North America*，288 – 291（no. 233）。

　　毫无疑问，布劳能够用他制作的《西印度海图》填补市场上的缺口。尽管这张海图可能是大量印刷的，但今天我们只知道两个例子，都是印刷在犊皮纸上。1634 年 2 月 11 日，在扬·范希尔滕的《意大利新闻》（*Courante uit Italië*）上，布劳宣布了即将出版的一部四种语言的世界地图集，然而，只有德语版在那一年出版。为了及时出版，布劳采取了捷径。在其中美洲地图上，他只使用了自己的《西印度海图》的西北部分，覆盖了图版的其余部分来进行印刷。地图的标题印在一张纸上，然后粘在《西印度海图》的部分剩余的旋涡纹上。[206] 布劳的铜版在 17 世纪被各种各样的阿姆斯特丹出版商持续使用：首先是雅各布·罗拜因，然后是彼得·戈斯和约翰内斯·洛茨的版本。布劳的铜版寿命很长，这是安东尼·雅各布松、亨德里克·东克尔、于斯特斯·丹克尔茨（Justus Danckerts）、胡戈·阿拉德和约翰内斯·范科伊伦等其他阿姆斯特丹出版公司出版的地图的基础。

　　布劳出版了一本关于《西印度海图》的指南小册子，但没有一例保存下来。比伦斯·德哈恩（Bierens de Haan）在 1883 年提到了这一点，但不幸的是，他没有发现它在哪里，[207] 可能是他引用了 1659 年的一个消息来源：“而且因为……这一纬度增加的海图与平面海图的测量并无共同之处，我们想推荐给我们的读者来咨询一本被称作西印度测量海图做指导与使用的小册子，附有威廉·扬松·布劳出版和描绘的增加的纬度。”[208] 总的来说，布劳的《西印度海图》代表了尼德兰人对 17 世纪水文学史最重要的贡献之一。

　　对于总海图，特别是在高纬度地区来说，平面海图是不合适的。布劳不得不应对他的《西方海域海图》（*Paskaarte van de westersche zee*）中的这些问题，以及更高的纬度——以消除更大的经度上的比例尺。对于格陵兰有双重的代表方式，一种是描述为从设得兰群岛（Shetland Islands）驶来的船只，一种是描述为从纽芬兰岛航行的船只。[209] 这个图例解释了这样的原因：“因为在平面海图中，三个位置形成一个三角形，不能根据它们真实的相对位置、距离和纬度来描述。”

　　除了在非洲和美洲水域航行的地图活动之外，布劳还为海洋地图学的发展做出了贡献，在他生命的最后六年（1633—1638 年），他在荷兰东印度公司的水文局里活跃起来。[210] 他的权利、义务，以及作为荷兰东印度公司的阿姆斯特丹办公室的海图制图师的任务，在本卷的第 46 章中进行了探讨。

---

　　[206] *Insulae Americanae in Oceano Septentrionali*, *cum tertia adiacentibus*. 关于副本，请参阅 Tony Campbell, “One Map, Two Purposes：Willem Blaeu's Second ‘West Indische paskaart' of 1630,” *Map Collector* 30 （1985）：36 – 38, 以及 *MCN*, 4：115 – 116。

　　[207] David Bierens de Haan, *Bibliographie Néerlandaise historiquescientifique*：*Des ouvrages importants dont les auteurs sont nés aux* 16ᵉ, 17ᵉ, *et* 18ᵉ *siècle*, *sur les sciences mathématiques et physiques*, *avec leurs applications* （Rome, 1883；reprinted Nieuwkoop：B. de Graaf, 1965）, 27 （no. 9）. 我们不知道比伦茨·德哈恩是否真的看到了一份副本。

　　[208] E. de Decker, *Practyck vande groote Zee-vaert ende nu op nieuws verrijckt met twee Aenhange* （Rotterdam, 1659）, 7.

　　[209] *Paskaarte van de westersche zee vertonende de custen van Nederlandt*, *Vrancrijck*, *Engelandt*, *Spangien en Barbarien* … 已知有两份副本：Paris, Bibliothèque de la Sorbonne, and Universiteitsbibliotheek Utrecht, Collection of the Faculty of Geosciences （Ⅷ N. b. 2）. 请参阅 Wieder, *Monumenta Cartographica*, 3：70 （no. 43）；Désiré Gernez, “Quatre curieuses cartes marines néerlandaises du XVIIᵉ siècle,” *Mededeelingen*, *Academie van Marine van België = Communications*, *Académie de Marine de Belgique* 7 （1953）：157 – 163；Destombes, “Quelques rares cartes,” 64, 66 – 67, and 69；以及 *MCN*, 4：99 – 100。

　　[210] Günter Schilder, “Organization and Evolution of the Dutch East India Company's Hydrographic Office in the Seventeenth Century,” *Imago Mundi* 28 （1976）：61 – 78, 以及 *MCN*, 4：341 – 443 （appendix Ⅵ）.

黑塞尔·赫里松的海图

　　黑塞尔·赫里松对海洋地图绘制最早的贡献是爱尔兰的绘本海图，装订进他为阿姆斯特丹海军部所制作的一份爱尔兰领航员指南《爱尔兰海岸与港口图》（*Beschrijvinghe van de zeecusten ende Havenen van Yerlandt*）（阿姆斯特丹，1612 年）的副本中。这本指南的作者是来自普利茅斯的一名领航员，名叫约翰·亨特（John Hunte）。在前言中，赫里松解释说，他翻译了英语文本，并添加了爱尔兰的一种小型的航海图（paskaart）。根据赫里松的说法，他已经感恩地接受了下列领航员指南中的更多的细节：来自都柏林的迪尔克·赫里松，来自英格兰的领航员韦克斯福德的莱里［Lery of Westford（Wexford）］，以及来自卢卡斯·扬松·瓦赫纳。赫里松纳入了他们的表现和图绘，并附有约翰·亨特的文本，以及他在 1612 年 11 月 24 日从阿姆斯特丹海军部收到的款项。爱尔兰的领航员指南和相配的手稿地图，是赫里松应阿姆斯特丹的一个特殊的要求印刷的。人们认为，荷兰文的这一领航员指南将给军舰提供急需的航海辅助，以帮助那些经常在许多爱尔兰港湾和港口避难的英格兰海盗船。[211]

　　赫里松对北极地区也很感兴趣。在他的小册子《被称为"斯匹次卑尔根"的这个国家的历史》（*Histoire du pays nomme Spitsberghe*）（阿姆斯特丹，1613 年）中，他向读者介绍了　1427 尼德兰人在斯匹次卑尔根岛附近海域的第一次捕鲸活动。[212] 在这场争论中，赫里松为早些时候尼德兰的权利进行了辩护，反对英格兰人侵入斯匹次卑尔根岛。正如赫里松自己所写的那样，这幅地图的一部分是基于 1612 年由约翰丹尼尔在伦敦制作的一幅遗失的绘本地图。[213] 地图上的内容描绘了与威廉·巴伦支的极地地图中相同的海岸部分（参见图 45.13）；然而，海岸已经被更详细地绘制了，而且有一些英文地名。

　　另一幅赫里松的北极水域地图是他的 1625 年的绘本（图 45.21），表现了英格兰和荷兰到哈德逊湾、戴维斯海峡和斯匹次卑尔根岛的探险航行、贸易和捕鲸的航行。[214] 拉布拉多和格陵兰西海岸地区的大量荷兰语的名称（从 1616—1625 年）提供了尼德兰人对西北地区经　1428 略的印象，以及对稀少的书面资源的补充。[215] 在斯匹次卑尔根岛的海岸以西，所有的地名都是荷兰语，毫无例外，而在斯托尔湖（Stor Fjord）的东部，只能找到英语的地名——已经

---

　　[211] 这位领航员指南保存在 Göttingen，Niedersächsische Staats-und Universitätsbibliothek。请参阅 W. Voorbeijtel Cannenburg，"An Unknown 'Pilot' by Hessel Gerritsz，Dating from 1612，" *Imago Mundi* 1（1935）：49 - 51。一幅犊皮纸上的法文绘本海图的作者也一定是黑塞尔·赫里松。关于图绘的风格和罗经盘的风格的证据；请参阅 BNF，Service Hydrographique（Pf. 32 - 35）。另请参阅 Marcel Destombes，"An Unknown Chart Attributed to Hessel Gerritsz，about 1628，" *Imago Mundi* 6（1949）：14。

　　[212] S. P. L'Honoré Naber，*Hessel Gerritsz.*：*Beschryvinghe van der Samoyeden Landt en histoire du pays nommé Spitsberghe*（The Hague：Martinus Nijhoff，1924）。

　　[213] "La cognaissance doncques que nouvellement nous este faite，de ceste terre nommeé Spitsberque，avons exprimé dans la Carte cy devant mis，& avons suivy pour la plus grand part les annotations des Angloys，tirée d'une carte de Iohn Daniel，escrit a Londres，l'An 1612"。请参阅 L'Honoré Naber，*Hessel Gerritsz.*，87。

　　[214] 请参阅 Michel Mollat du Jourdin and Monique de La Roncière，*Sea Charts of the Early Explorers 13th to 17th Century*，trans. L. le R. Dethan（New York：Thames and Hudson，1984）中的描述和阐释，pl. 79。

　　[215] Günter Schilder，"Development and Achievements of Dutch Northern and Arctic Cartography in the Sixteenth and Seventeenth Centuries，" *Arctic* 37（1984）：493 - 514。

被托马斯·埃奇（Thomas Edge）（1625 年）从地图上移走。(216)

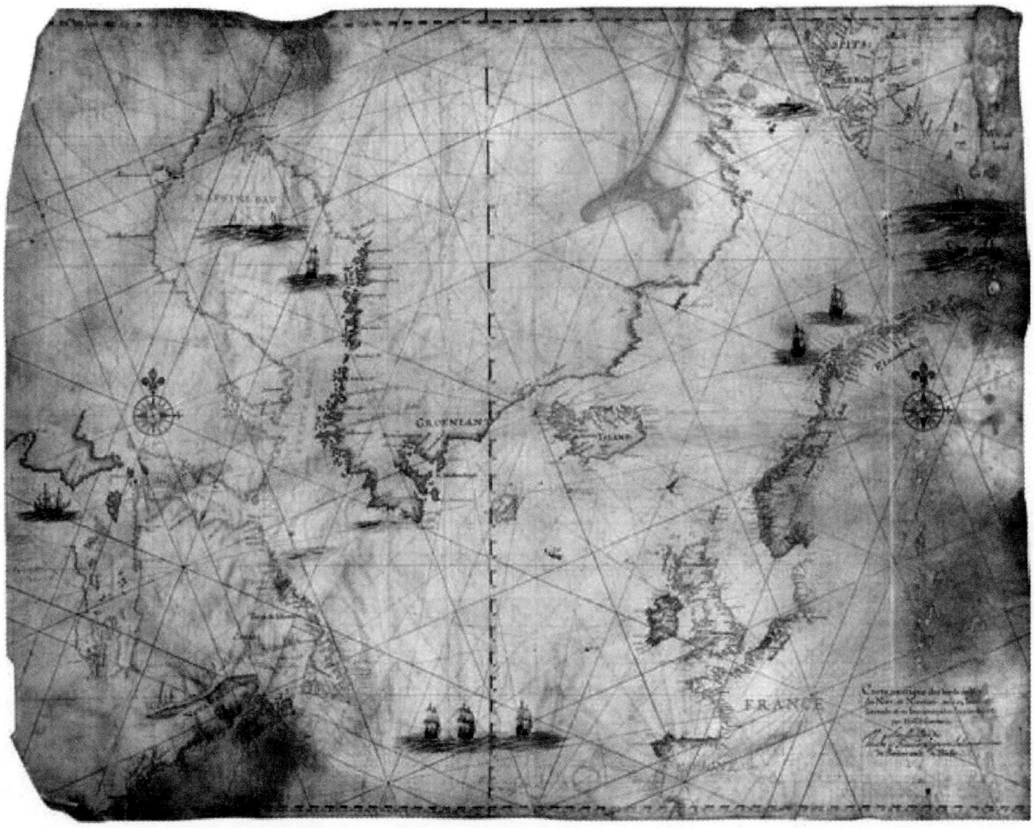

图 45.21 黑塞尔·赫里松的《根据风向的北部海边和西北部边界、经度、纬度及其道路的海图》（*CARTE NAUTIQUE DES BORDS DE MER DU NORT, ET NOROUEST MIS EN LONGITUDE, LATITUDE ET EN LEUR ROUTE, SELON LES RINS DE VENT*），1625 年

原图尺寸：87×112 厘米。由 BNF［Res. Ge DD 2987（no. 9648）］提供照片。

一幅相似的北极区域的图像，描绘了当时英格兰和尼德兰航行的成果，在一幅赫里松绘制的优秀绘本海图中，他使用了一种方位角投影。(217) 尤其引人注目的是东北和西北通道的清晰图画。这张海图还提供了有关气候学的进一步的事实；例如，画出了浮冰的边缘，它从埃季岛（Edgeøya）向北延伸，远至新地岛的北角。

总结评论

低地国家海洋地图学在很大程度上是商业地图学的一个独立分支。在 16 和 17 世纪期

(216) Günter Schilder, "Spitsbergen in de spiegel van de kartografie: Een verkenning van de ontdekking en kartering," in *Walvisvaart in de Gouden Eeuw: Opgravingen op Spitsbergen*, exhibition catalog (Amsterdam: De Bataafsche Leeuw, 1988), 30 – 48.

(217) *Carte geographique des costes et bords de Mer, iusques a present descouvert en la zone frigide boreale* ... Paris, Bibliothèque de l' Institut de France. 关于插图阐释，请参阅 Schilder, "Development and Achievements," 504。

间，领航员指南、海图集和地图的出版主要局限于低地国家北部，而低地国家南部从未出现过这样的传统。就像在大学城里一样，有一个消费市场供科学研究，在阿姆斯特丹和鹿特丹这样的港口城市，人们需要商店出售航海著作、海图和海图集。

尼德兰海洋地图学的一项创新是卢卡斯·扬松·瓦赫纳1584—1585年的《航海之镜》。正是在那里，海洋地图以书籍的形式出版，并首次与航海指南一起出版。进入17世纪，《航海之镜》对其他的开本领航员指南是有影响的。

低地国家北部领航员指南和地图集贸易的黄金时代是在1620—1700年。就像在地图、地图集和地球仪的交易中一样，各种出版商之间存在着激烈的竞争。然而，17世纪下半叶几乎没有什么创新。直到1680年前后，范科伊伦公司才参与了海洋制图学，这一原始材料才再次出现在市场上。

广义的航海地图贸易开始于16世纪的前半期。阿姆斯特丹的科内利斯·安东尼松是这一领域的先驱。由于16世纪下半叶尼德兰海上贸易的快速发展，航海地图的需求也在不断增加。低地国家北部的航海地图制造商，在须得海沿岸的埃丹和恩克赫伊曾制作了两种绘本地图：在船上使用的航海地图和用来装饰船长和商人办公室的地图。

在16世纪末，科内利斯·克拉松是海洋地图出版最重要的人物。他发表了一些航海地图原本，但他也接手了绘本和第三方的出版权。黑塞尔·赫里松和威廉·扬松·布劳在17世纪的过程中举起了火炬。尤其是布劳，他最终在单幅航海地图上取得了最大的商业优势。

附录45.1 　　　　　　**荷兰印本航海手册，1532—1594年** 　　　　　　　　　　1429

年份	印刷商/出版商	标题	附注
1532	扬·塞费尔松	[*De kaert va（n）der zee*]	Brussels, Royal Library of Belgium（Kostbare Werken II 28. 584A）
1540/1541	扬·雅各布松	*Dit is die van dye Suyd zee/ Dit caerte vander zee om oost ende west te zeylen*	塞费尔松航海手册的修订版本。Amsterdam, Universiteits-bibliotheek（UBM: Ned. Inc. 151a）
（约1544）	科内利斯·安东尼松	（*Caerte van die Oosterse Zee*）	波罗的海水域的描述。无已知副本
（约1551）	科内利斯·安东尼松	（*Caerte van die Oosterse Zee*）	波罗的海水域的描述。无已知副本
1551	？	（*Leeskaartboek van Wisbuy*）	西方和东方航行。无已知副本
1558	扬·埃沃松	*Caerte van die Oosterse Zee*	科内利斯·安东尼松的航海手册。长方格式，带有沿岸侧面图。Cambridge, Harvard University, Houghton Library（NC5. An866. 544oc）
1561	扬·埃沃松	*Dits die caerte vander see*	西方和东方航行。Munich, Bayerische Staatsbibliothek（Rar. 554）
1566	扬·鲁兰茨	*Dit is die caerte vander see om oost ende west te seylen*	1551年版本的重印。Copenhagen, Det Kongelige Bibliotek（130; 76）

续表

年份	印刷商/出版商	标题	附注
1579/1580	哈尔门·扬松·穆勒	De caerte vander zee, om oost ende west te seylen/Dits die caerte vander Suyder Zee / Dit is dat hoochste ende dat outste Waeter recht	1561 年版本的重印。Amsterdam, Scheepvaartmuseum〔A Ⅲ 2 – 1；Inv. S 584（1）/ A Ⅲ 2 – 2a；Inv. S 584（2）/N 1；Inv. S 584（3）〕
（16 世纪 80 年代）	科内利斯·克拉松	*Graetboecxken naden nieuwen stijl*	偏差表。Rotterdam, Maritiem Museum（W. A. Engelbrecht Collection, 4 A 35）. 较早版本的残片，在 Amsterdam, Universiteitsbibliotheek（UBM：1804. F. 43）
（16 世纪 80 年代）	科内利斯·克拉松	*Graetboeck nae den ouden stijl*	偏差表。Emden, Gesellschaft für bildende Kunst und vater-ländische Altertümer（3158）；Rotterdam, Maritiem Museum（W. A. Engelbrecht Collection, 4 A 31）
1587	科内利斯·克拉松	*Dit is de caerte vander Zuyder Zee*	须得海的航行指南。Amsterdam, Universiteitsbibliotheek〔1804 F 4（4）〕
1587	科内利斯·克拉松	*Dit is dat hoochste endedat oudste water-recht*	海事法。Amsterdam, Universiteitsbibliotheek〔1804 F 4（2）〕
（1587/1588）	科内利斯·克拉松	*De caerte vander zee, om oost ende west te seylen*	西方和东方航海，由霍弗特·威廉松·范霍莱斯洛特添加注释。Amsterdam, Universiteitsbibliotheek〔1804 F 4（1）〕
1588	科内利斯·克拉松	*Dit is dat hoochste ende dat oudste water-recht*	1587 年版本的重印。Copenhagen, Det Kongelige Bibliotek（A 6905 8°；之前保存在 University Library）
1588	科内利斯·克拉松	*Dit is de caerte vander Zuyder Zee*	1587 年版本的重印。New Haven, Yale University（Taylor Collection no. 186）
1588	科内利斯·克拉松	*De caerte vander zee, om oost ende west te seylen*	安东尼松航海手册的副本。Göttingen, Niedersächsische Staats-und Universitätsbibliothek
1588	彼得·扬松/科内利斯·克拉松	*Die caerte va〔n〕de oost ende west Zee*	霍弗特·威廉松·范霍莱斯洛特制作的航海手册。Amsterdam, Universiteitsbibliot-heek（UBM：1803 D 2）；Emden, Gesellschaft für bildende Kunst und vaterländische Alter-tümer（no. 3158）；Göttingen, Nie-dersächsische Staats-und Universitätsbibliothek；Rotterdam, Maritiem Museum（A 27）
1588	科内利斯·克拉松	*De zeevaert ende onderwijsinge der gantscher oostersche ende westersche zee-vaerwater*	阿德里安·赫里松制作的航海手册。The Hague, Nationaal Archief（VEL E）；Lunds Universitets Bibliotek（Fol. Utl. Sjöv）
1590	科内利斯·克拉松	*Dit is dat hoochste ende dat oudste water-recht*	海事法。Amsterdam, Scheepvaartmuseum〔A 2684（N 164）〕
1593	科内利斯·克拉松	*Dit is die caerte vander Zuyder Zee*	只有书名页。大英图书馆
1594	彼得·扬松／科内利斯·克拉松	*Die caerte va〔n〕de oost ende west Zee*	霍弗特·威廉松·范霍莱斯洛特制作的航海手册。Amsterdam, Nederlands Scheepvaartmuseum（A Ⅲ – 2 – 173）；Copenhagen, Marinens Bibliotek

资料来源：根据 MCN, 7：25 – 46。

1430

附录 45.2　　　　　　　在尼德兰出版的领航员指南，1584—1681 年

第一版的年份	印刷商/出版商	标题
1584	卢卡斯·扬松	*Spieghel der zeevaerdt*，part 1
1585	卢卡斯·扬松	*Spieghel der zeevaerdt*，part 2
1585	阿尔贝尔特·哈延	*Amstelredamsche zee-caerten*
1592	卢卡斯·扬松·瓦赫纳	*Thresoor der zeevaert*
1595	威廉·巴伦支	*Nieuwe beschryvinghe ende caertboeck vande Midlandtsche Zee*
1596	卢卡斯·扬松·瓦赫纳	*Den nieuwen spieghel der zeevaert*
1598	卢卡斯·扬松·瓦赫纳	*Enchuyser zee-caert-boeck*
1603	卢卡斯·扬松·瓦赫纳	*Den groten dobbelden nieuwen Spiegel der zeevaert*
1608	威廉·扬松·布劳	*Het licht der zee-vaert*
1609	科内利斯·克拉松	*Nieuwe thresoor der zeevaert*
1612	威廉·扬松·布劳	*The Light of Navigation*
1618	威廉·扬松·布劳	*'t Derde deel van't licht der zee-vaert*
1619	威廉·扬松·布劳	*Le flambeau de la navigation*
1620	约翰内斯·扬松尼乌斯	*Het licht der zee-vaert*
1623	威廉·扬松·布劳	*Zeespiegel*
1625	威廉·扬松·布劳	*Sea Mirrour*
1627	约翰内斯·扬松尼乌斯	*'t Derde deel van't licht der zee-vaert*
1632	雅各布·阿尔松·科洛姆	*De vyerighe colom*
1633	雅各布·阿尔松·科洛姆	*L' ardante ou flamboyante colomne de la mer*
1633	雅各布·阿尔松·科洛姆	*The Fierie Sea Columne*
1634	威廉·扬松·布劳	*Havenwyser van de oostersche，noordsche en westersche zeen*
1634	威廉·扬松·布劳	*Het nieuwe licht der zeevaert*
1634	约翰内斯·扬松尼乌斯和约里斯·卡罗吕斯	*Het nieuw vermeerde licht，ghenaemt de sleutel van't tresoor，spiegel，gesicht，ende vierighe colom des grooten zeevaerts*
1635	约翰内斯·扬松尼乌斯和约里斯·卡罗吕斯	*Le nouveau phalot de la mer*
1638	威廉·扬松·布劳	*Het vierde deel der zeespiegel*
1643	威廉·扬松·布劳	*The Sea Beacon*
1644	安东尼·雅各布松/约翰内斯·扬松尼乌斯	*De lichtende columne ofte zeespiegel*
1648	安东尼·雅各布松和雅各布·特尼松·洛茨曼	*'t Nieuw groot straetsboeck*
1648	雅各布·阿尔松·科洛姆	*. Oprecht fyrie colomne*
1650	彼得·戈斯	*De lichtende columne ofte zeespiegel*
1650	路易斯·弗拉斯布卢姆	*Nieuwe ende klaere beschrijvinge van de Middellantsche Zee*

续表

第一版的年份	印刷商/出版商	标题
1650	约翰内斯·扬松尼乌斯和扬·范隆	*Le nouveau flambeau de la mer*
1651	雅各布·阿尔松·科洛姆	*Groote lichtende ofte vyerighe colom*
1652	安东尼·雅各布松的遗孀	*'t Nieuwe en vergroote zeeboeck*
1655	亨德里克·东克尔	*De lichtende columne ofte zeespiegel*
1655	约翰·布劳	*De groote zeespiegel*
1656	路易斯·弗拉斯布卢姆	*Claare beschrijvinge vande zeecusten* ...
1656	路易斯·弗拉斯布卢姆	*The North Zea* ...
1662	彼得·范阿尔芬	*A New Shining Light* ...
1662	雅各布·特尼松·洛茨曼	*Nieuw' en groote Loots-mans zee-spiegel*
1662	彼得·戈斯	*Nieuwe groote zee-spiegel inhoudende het straetsboeck*
1664	亨德里克·东克尔	*Nieuw groot stuurmans zeespiegel*
1675	彼得·戈斯和阿伦特·罗赫芬	*Het brandende veen*，第一部分（第二部分由雅各布·罗拜因于 1685 年出版）
1680	雅各布·罗拜因	*Nieuwe groote zeespiegel*
1681	约翰内斯·范克伦	*De nieuwe groote lichtende zee-fakkel*，第一和第二部分

资料来源：根据 *AN*，vol. 4. 1432。

1432　附录 45.3　　　　**在尼德兰出版的海洋地图集，1650—1680 年**

第一版的年份	出版商/印刷商	标题
1650	约翰内斯·扬松尼乌斯	《水域世界》（*Water-weereld*）或大地图集第五部分，海面（Atlantis majoris quinta pars，orbem maritimum）（文字用荷兰文、法文、德文和西班牙文）
1651	雅各布·阿尔松·科洛姆	强光或火柱
1654	阿诺尔德·科洛姆	《航海地图集中的海岸和世界》（*Ora maritima orbis universi sive atlas marinus*）[其荷兰文版本《海图集或水域世界》（*Zeeatlas ofte waterwereldt*）出版于 1658 年]
1658	路易斯·弗拉斯布卢姆	《基督教世界或欧洲海》（*Christianus orbis sive Europae marina*）
1659	亨德里克·东克尔	《海图集或水域世界》（*De zee-atlas of water-waereld*）（文本用荷兰文、法文、英文和西班牙文）
1660	彼得·范阿尔芬	《新海图集或水域世界》（*Nieuwe zee-atlas of water-werelt*）（文本用荷兰文、英文和西班牙文）
1661	扬·范隆	《清楚闪烁的北方恒星或海洋地图集》
1663	雅各布·阿尔松·科洛姆	《世界水域部分地图集》（*Atlas of werelts-water-deel*）（文本用荷兰文、拉丁文、法文、西班牙文和葡萄牙文）

续表

第一版的年份	出版商/印刷商	标题
1666	彼得·戈斯	《海图集或水域世界》（*De zee-atlas of water-waereld*）（文本用荷兰文、英文、法文和西班牙文）
1666	安东尼·雅各布松，雅各布·特尼松·洛茨曼和卡斯帕吕斯（特尼松）·洛茨曼	《新海图集或水域世界》（*Nieuwe zee-atlas of water-werelt*）（文本用荷兰文、英文和法文）
1680	约翰内斯·范克伦	《新出大型海图集或水域世界》（*De groote nieuw vermeerderde zee-atlas ofte waterwerelt*）（文本用和荷兰文、法文、英文和西班牙文）

资料来源：根据 Peter van der Krogt，"Commercial Cartography in the Netherlands，with Particular Reference to Atlas Production（16th – 18th Centuries），" in *La cartografia dels Paisos Baixos*（Barcelona：Institut Cartografic de Catalunya，1995），126，and *AN*，vol. 4。

第四十六章　17 世纪对尼德兰海外世界的绘制[*]

克斯·赞德弗利特（Kees Zandvliet）

1602 年，由尼德兰国会授予荷兰东印度公司（Verenigde Oostindische Compagnie，缩写为 VOC）特许经营权，对好望角以东和麦哲伦海峡以西进行贸易垄断。17 年后，1619 年，该公司从国会处获得了一项与地图有关的特许权。[①] 该特许权规定，要公布该公司特许地区的任何地理信息，都必须得到该公司董事会——十七绅士理事会（Heren XVII）的明确许可。当董事们要求这种特权时，他们强调了荷兰东印度公司雇员们每天掌握地理知识的重要性：绘制海洋、海峡和海岸线的地图，并编制关于荷兰东印度公司交易区域的论文。巴达维亚（Batavia）总部的荷兰东印度公司专门人员用他们的地图和报告来制作总图和说明。一名荷兰东印度公司的官方制图师，在助手的帮助下，在阿姆斯特丹更新并修正了该公司的地图。

荷兰东印度公司在大西洋的同行——荷兰西印度公司（WIC）同样对地图感兴趣，该公司成立于 1621 年，旨在控制西非和美洲沿海地区的贸易。在其成立后不久，它买下了尼德兰海外地图绘制的已故"开国之父"——彼得勒斯·普兰西乌斯的所有地图，后者曾获得了葡萄牙在这个地区作业的导航信息和海图。

1602—1795 年间，当这些特许公司存在的时候，由数百名制图师绘制了尼德兰海外领地的地形图，并绘制往返这些地区的海图。一些制图师的基地设在尼德兰，而另一些则在海外领地工作。

本章分析了在尼德兰海外扩张的第一个世纪中，荷兰东印度公司和荷兰西印度公司的地图和地图绘制者的角色，这是从 19 世纪就一直在研究的主题。最早的研究起源于 17 世纪尼德兰共和国对历史上的古文物和档案资料的兴趣的复兴，这些古老的地图和景观图被认为是重要的图像。1925—1933 年，弗雷德里克·卡斯帕·维德尔（Frederik Caspar Wieder）发表了对关于在尼德兰的海外扩张中尼德兰人的地图绘制的完美研究。他的《古旧地图集》（*Monumenta Cartographica*）旨在通过复制和描述尼德兰人绘制的最重要的地图，展示这些地图在探险中所扮演的角色。[②] 因此，它主要集中在 17 世纪上半叶的尼德兰地理大发现航海

---

[*] 本章所使用的缩写包括：NA 代表 Nationaal Archief, The Hague。

① NA, Archief Staten-Generaal inv. nr. 12302, *Akteboeken* 1617 – 1623, fol. 104v, 12 February 1619.

② F. C. Wieder, ed., *Monumenta Cartographica*: *Reproductions of Unique and Rare Maps*, *Plans and Views in the Actual Size of the Originals*, 5 vols. (The Hague: Martinus Nijhoff, 1925 – 1933).

时期的地图上。这项工作使得收藏家劳伦斯·范德赫姆（Laurens van der Hem）的地图集中的绘本地图和平面图，以及约安内斯·芬邦斯（Joannes Vingboons）的重要的水彩画被更多的人看到。人们对与航海史、地理发现史和目录学史有关的地图和海图的兴趣依然浓厚，这一趋势在科伊宁（Keuning）、库曼（Koeman）和席尔德（Schilder）等学者最近的研究中得到清晰的表达。③ 对这些公司的地图绘制的研究通常仅限于航海图的制作；而对海外的城镇平面图、土地调查和军事地图方面的研究则很少。④

荷兰东印度公司和荷兰西印度
公司地图绘制的历史背景

1434

尼德兰在海外世界的地图绘制并不是在真空中运作的，也不是从一张白纸开始的。西班牙和葡萄牙的海外扩张，以及他们的地图绘制组织，都直接或间接地对尼德兰的地图绘制活动产生了深远的影响。

在葡萄牙和西班牙，海外扩张是由王权控制的。政府机构，如几内亚与印度公司（Armazém da Guiné e Índia）和西印度交易所（Casa de la Contratación）等，都发挥了核心作用。地图和海图的制作是由政府高层领导的。在葡萄牙，宇宙志学者（cosmógrafo-mor）指导了所有的地图信息活动，包括海外领航员的工作以及在里斯本的制图师。除了里斯本以外，果阿（Goa）在16世纪发展成为海外制图中心，军事工程师、建筑师和水文学者都在

---

③ 例如，Johannes Keuning, *Petrus Plancius, theoloog en geograaf*, 1552 – 1622（Amsterdam：Van Kampen, 1946）；idem, "Hessel Gerritsz.," *Imago Mundi* 6（1949）：48 – 66；C. Koeman, *Atlantes Neerlandici：Bibliography of Terrestrial, Maritime and Celestial Atlases and Pilot Books*, *Published in the Netherlands up to* 1880, 6 vols.（Amsterdam：Theatrum Orbis Terrarum, 1967 – 1985）；idem, "The Dutch West India Company and the Charting of the Coasts of the Americas," in *Vice-Almirante A. Teixeira da Mota in memoriam*, 2 vols.（Lisbon：Academia de Marinha, Instituto de Investigação Científica Tropical, 1987 – 1989）, 1：305 – 317；C. Koeman, ed., *Links with the Past：The History of the Cartography of Suriname*, 1500 – 1971（Amsterdam：Theatrum Orbis Terrarum, 1973）；Günter Schilder, *Monumenta cartographica Neerlandica*（Alphen aan den Rijn：Canaletto, 1986 – ）；idem, "Organization and Evolution of the Dutch East India Company's Hydrographic Office in the Seventeenth Century," *Imago Mundi* 28（1976）：61 – 78；idem, *Australia Unveiled：The Share of the Dutch Navigators in the Discovery of Australia*, trans. Olaf Richter（Amsterdam：Theatrum Orbis Terrarum, 1976）；and idem, "De Noordhollandse cartografenschool," in *Lucas Jansz. Waghenaer van Enckhuysen：De maritieme cartografie in de Nederlanden in de zestiende en het begin van de zeventiende eeuw*（Enkhuizen：Vereniging "Vrienden van het Zuiderzeemuseum," 1984）, 47 – 72。

④ 本章根据我的研究和出版物 *Mapping for Money：Maps, Plans, and Topographic Paintings and Their Role in Dutch Overseas Expansion during the 16th and 17th Centuries*（Amsterdam：Batavian Lion International, 1998；reprinted 2002），读者可以拿来参考以求更多详细的信息。从1998—2002年，若干研究已经出版，应该提及，尤其是那些关于城镇规划和军事建筑构造的主题：Ron van Oers, *Dutch Town Planning Overseas During VOC and WIC Rule*（1600 – 1800）（Zutphen：Walburg Pers, 2000）；C. L. Temminck Groll and W. van Alphen, *The Dutch Overseas：Architectural Survey, Mutual Heritage of Four Centuries in Three Continents*（Zwolle：Waanders, 2002）；Frans Westra, "Lost and Found：Crijn Fredericx—A New York Founder," *De Halve Maen* 71（1998）：7 – 16；and K. Zandvliet, "Vestingbouw in de Oost," in *De Verenigde Oost-Indische Compagnie：Tussen oorlog en diplomatie*, ed. Gerrit Knaap and Ger Teitler（Leiden：KITLV Uitgeverij, 2002）, 151 – 180。

关于荷兰海外世界地图的意识方面，请参阅 Benjamin Schmidt, "Mapping an Empire：Cartographic and Colonial Rivalry in Seventeenth-Century Dutch and English North America," *William and Mary Quarterly*, 3d ser., 54（1997）：549 – 578, and idem, *Innocence Abroad：The Dutch Imagination and the New World*, 1570 – 1670（Cambridge：Cambridge University Press, 2001）。

那里。西班牙的情况在很多方面与葡萄牙相似。

　　认为地图是在一个封闭的官方环境中绘制出来的这种印象，往往来自关于该主题的大多数文献。但是，很明显的是，西班牙和葡萄牙的地图绘制并不是完全由政府控制的。制图师并不是领取俸禄的政府官员，而是多多少少独立的工匠。在西北欧洲和伊比利亚半岛之间，地图知识和关于地图绘制行为组织的信息的交流相对来说是开放的。那些为葡萄牙人处理关于伊比利亚半岛或海外事务的尼德兰人，诸如林索登，都有机会获得地图信息。诸如亚伯拉罕·奥特柳斯和赫拉尔杜斯·墨卡托等佛兰德制图师处于特别有利的地位——他们不仅仅与英格兰和伊比利亚的制图师保持个人的联系，而且哈布斯堡宫廷也支持他们制作更好的球仪和印本地图。

　　16世纪70年代，当安特卫普的商人吉勒斯（Gilles，又作Egidius）开始海外探险时，为实现自己的利益，他实行了各种的伊比利亚地图绘制行为。他采取了措施来训练领航员，在奥特柳斯的帮助下收集了地图，并指示他的领航员在航行过程中收集地图信息。伊比利亚的机构是低地国家一些主要参与者的榜样。其中一个结果是，尽管许多不同的公司和商人都发起了航海活动，但在短时间内，普兰西乌斯在尼德兰所起到的作用可以与葡萄牙的宇宙志学者相媲美。

　　16世纪80年代和90年代早期，海外航行是由低地国家北部的港口组织起来的，并由商人和制图师根据佛兰德发展的实践建立了起来。这在一定程度上是可能的，因为从地图学的角度来看，哈布斯堡帝国和七省联合共和国之间的边界仍然是开放的。科内利斯·克拉松（Cornelis Claesz.）是最著名的地图出版商和销售商，他在安特卫普的商业伙伴是奥特柳斯的继任者约翰·巴普蒂斯塔·弗林茨，通过其所需要的地图和海图，他可以帮助感兴趣的大众和进行实践活动的商人与领航员。

　　16世纪晚期，地图和海图的绘制由私营部门进行。早期的海图制作中心是埃丹，那里是许多海洋领航员的家乡。16世纪90年代，埃丹的制图师通过克拉松在阿姆斯特丹的商店里出售他们的海图。1602年，与亚洲进行贸易的不同公司都并入荷兰东印度公司，阿姆斯特丹成为制作、印刷和销售地图及海图的中心。1602年前后，著名的地图和海图的供应商奥许斯泰因·罗巴尔特（Augustijn Robaert）从埃丹搬到了阿姆斯特丹。在导航和地图绘制领域的许多其他的著名人物，包括老约道库斯·洪迪厄斯，以及英格兰的制图师和雕刻师加布里埃尔·塔顿（Gabriel Tatton）与本杰明·赖特（Benjamin Wright），也被吸引到共和国，尤其是阿姆斯特丹。

海洋领航员、土地测量师和军事工程师的教育与地位

　　1600年以后，对为公司工作的海洋领航员的教育是相当标准化的。考生可以到学校使用标准的课本进行学习，然后参加考试以进入荷兰东印度公司工作，并在1621年以后，可以参加考试进入荷兰西印度公司。最初，这样的培训学校只在阿姆斯特丹（1586年）和弗卢辛（Flushing）（1609年之前）有。1610年之后，荷兰和泽兰的主要港口都有了私立学校，领航员在那里接受培训。其中一些学校是由经验丰富的领航员进行管理的，他们中的大多数都担任了公司的领航员、公司领航员的检查员、制图师或军事工程师。学校的理论训练与专业领航员的实际训练相辅相成。

1600 年，莱顿大学设立了工程学院，这是对土地测量师和军事工程师进行制度化训练的重要一步。⑤ 这所学校的课程，由奥兰治亲王毛里茨·范拿骚（Maurits van Nassau）最器重的著名数学家西蒙·斯泰芬（Simon Stevin）进行设计，包括下列主题：欧几里得的《几何原本》（Elements）的选本、直尺和指南针的基本结构和被称作"数据转化"的基本结构、应用于"测量实践"的三角法，以及立体几何学（尤其是如何计算体积），以及防御工事的技艺。⑥ 课程的讲授，没有使用大学的语言——拉丁语，而是使用荷兰语。这些课程不是针对科学的训练和学习，而是为了科学知识的实际应用。在这方面，工程学院可能受到了由腓力二世于 1582 年创立的西班牙数学学院的启发而产生灵感。这个学院的课程是由王室宇宙学家、建筑师、军事工程师和制图师进行讲授，旨在为宫廷提供在数学科学领域受过教育的从业者，并为朝臣们提供教育。⑦

因此，联省自治共和国有许多符合数学科学要求的专业人士。所以，对于海外工作，这些公司并不仅仅依赖于从欧洲引进的测量师和工程师。当需要的测量师超过一名时，助理可以由他的上级来培训，并且，在中国台湾、巴达维亚，特别是锡兰，都能找到这样的学徒制的例子。⑧

这些数学专业人士的地位和收入并不高，但比工匠要高。在海外的测量师的情况也是如此。1707 年（但也与 17 世纪的实践相关），荷兰东印度公司保留了其工作人员的前三个等级，分别为总督、总干事和印度议会的九名成员。在第四等级的三十四人中，分别是装备师（码头的主管，海图制图师的检查员）和代理人（工匠和奴隶的管理者），他们分别指导了海图制图师和土地测量师的工作。在这五个等级的三十二人中，有首席海图制图师和首席土地测量师。这八十七人处于最高的等级，同时有 2695 人则被划分为较低的等级。⑨

在 17 世纪，尼德兰的教育体系在一定程度上将活跃于防御工事修建、城市建设和土木工程等领域的尼德兰工程师输出到斯堪的纳维亚、德意志、波兰、英格兰和意大利的工程中。⑩ 工程师和测量师也被派往荷兰的海外领土，设计城镇的布局，建造防御工事，并对疆

---

⑤ Johannes Arnoldus van Maanen, *Facets of Seventeenth Century Mathematics in the Netherlands* (Utrecht: Drukkerij Elinkwijk, 1987), 1 – 41; Frans Westra, *Nederlandse ingenieurs en de fortificatiewerken in het eerste tijdperk van de Tachtigjarige Oorlog*, 1573 – 1604 (Alphen aan den Rijn: Canaletto, 1992); and P. J. van Winter, *Hoger beroepsonderwijs avant-la-lettre: Bemoeiingen met de vorming van landmeters en ingenieurs bij de Nederlandse universiteiten van de 17e en 18e eeuw* (Amsterdam: Noord-Hollandsche Uitgevers Maatschappij, 1988).

⑥ Van Maanen, *Seventeenth Century Mathematics*, 16 – 17.

⑦ 该学院在 1600 年以后衰落，但课程由其他机构接管，比如马德里的耶稣会帝国学院和各城市的军事学校；Brigitte Byloos, "Nederlands vernuft in Spaanse dienst: Technologische bijdragen uit de Nederlanden voor het Spaanse Rijk, 1550 – 1700" (Ph. D. diss., Katholieke Universiteit, Leuven, 1986), 33 – 35。

⑧ Zandvliet, *Mapping for Money*, 77 and 273 – 274.

⑨ Leiden, Koninklijk Instituut voor Taal-, Land-en Volkenkunde, Collection Van Hoorn H 55.

⑩ 请参阅 F. Dekker, *Voortrekkers van Oud Nederland: Uit Nederland's geschiedenis buiten de grenzen* (The Hague: L. J. C. Boucher, 1938); Ed Taverne, *In't land van belofte: in de Nieue stadt: Ideaal en werkelijkheid van de stadsuitleg in de Republiek*, 1580 – 1680 (Maarssen: Gary Schwartz, 1978), 81 – 109; Juliette Roding, *Christiaan IV van Denemarken* (1588 – 1648): *Architectuur en stedebouw van een Luthers vorst* (Alkmaar: Cantina Architectura, 1991); 以及 Lucia Thijssen, 1000 jaar Polen en Nederland (Zutphen: Walburg Pers, 1992)。另请参阅 Juliette Roding, "The North Sea Coasts, an Architectural Unity?" in *The North Sea and Culture* (1550 – 1800): *Proceedings of the International Conference Held at Leiden*, 21 – 22 April 1995, ed. Juliette Roding and Lex Heerma van Voss (Hilversum: Verloren, 1996), 96 – 106, and quote on p. 101: "'Dutch' must have symbolized modern government, modern welfare, modern trade and industry. From Holland (to Denmark) came the many engineers who laid out new towns and fortifications".

域进行组织管理。在 1602—1700 年，我们知道 126 名为荷兰东印度公司和荷兰西印度公司服务的在海外工作的土地测量师和军事工程师的名字；实际的数字可能要高一些。[11]

海外调查实践和规则

由于荷兰东印度公司和荷兰西印度公司的行政和贸易垄断，在美洲、非洲和亚洲的荷兰领地，在测量规则和程序方面的统一性比在共和国更高。例如，在海外使用了一种标准的测量方法："莱茵兰杆"（Rijnlandse roede，相当于 377.7 厘米）。土地测量师用一种长度为 5.5 个莱茵兰杆的链条来测量地面上的距离，很快就成了标准的测量方法，距离被记录为一定数量的链条。为了管理土地或建设公共工程，必须记录准确的野外测量数据（当需要快速的地图，而并不强调精确性的时候，距离是用步数来测量的）。不仅记录陆地表面要求精确性，水深方面也是如此，如领航手册中所见到的。地形起伏的测量对于定位火炮和规划防御工事非常重要。例如，在巴西的城市奥林达（Olinda）被占领后，就进行了一项调查。

在海外，法律的一致程度也比在尼德兰高。1642 的《巴达维亚法典》（*Bataviasche Statuten*）涵盖了荷兰东印度公司的全部特许领土。[12] 管理人员制定了城市规划的原则，其中包括禁止修建那些超过指定建筑线（rooilijn）的小巷和房屋的规定。[13] 这些规则中隐含了使用地图对建筑进行系统的检查。在法规中，包括了对建筑检查员或工程书记员（rooimeester）的指示。因为这一书记员的工作与特许土地测量师非常类似，有时这两项任务是由同一名官员执行。通过共和国和海外政府董事对建筑活动的统治，促进了实践的一致性。在开始建设之前，地方的长官必须将其平面图呈递给巴达维亚和共和国的上级与专家。

技术官僚

土地测量师和工程师充当了土地管理员、城镇建设师和建筑师。海外的董事们也认为他们训练有素，可以负责承担更大责任的高级管理岗位。由于海外殖民地非常需要具有技术能力的行政管理人员，所以，共和国的广泛技术培训可以部分地为培养未来的殖民官员做准备工作。这样的"技术官僚"很可能在海外获得比在共和国更高的行政职位。亨德里克·鲁斯（Hendrick Ruse）在其 1654 年关于修筑要塞技艺的手册中，指出了总督们对修筑防御工事的重要性及其基础学科——几何学的重要性。[14] 到 1654 年，鲁斯可能已经考虑到一些著名的海外总督的人选，如前总督和数学家劳伦斯·雷阿尔（Laurens Reael），以及两个最近结束海外工作归来的人：约翰·毛里茨·范拿骚，以及著名数学家、荷属巴西和库拉索岛

⑪ Zandvliet, *Mapping for Money*, 273 – 274.

⑫ J. van Kan, "De Bataviasche statuten en de buitencomptoiren," *Bijdragen tot de Taal-*, *Land-en Volkenkunde van Neder-landsch-Indië* 100 （1941）: 255 – 282.

⑬ Jacobus Anne van der Chijs, *Nederlandsch-Indisch plakaatboek*, 1602 – 1811, 17 vols. （Batavia: Landsdrukkerij, 1885 – 1900）, 1: 561.

⑭ Hendrik Ruse, *Versterckte vesting: Uytgevonden in velerley voorvallen, en geobserveert in dese laetste oorloogen, soo in de Vereenigde Nederlanden, als in Vranckryck, Duyts-Lant, Italien, Dalmatien, Albanien en die daer aengelegen landen* （Amsterdam: Ioan Blaeu, 1654）, introduction.

（Curaçao）的行政官约翰内斯·范瓦尔贝克（Johannes van Walbeeck）。[15]

尽管土地测量师和工程师们都接受过培训，使他们可以得到高薪的工作，但除了教育和薪水之外，其他因素在这些官员的职业决策中起着重要作用。疾病和死亡的风险使得低地国家的测量师和工程师们对于出国心存疑虑。然而，一些人很乐意获得不做艰苦工作的高薪职位工作的机会。许多测量师成为地主和/或种植园主，或者只是做地主，把繁重的工作留给仆从和奴隶。威廉·莫格（Willem Mogge）是苏里南（Surinam）的第一个测量师，他在抵达多巴哥岛（Tobago）和苏里南后不久就拥有了种植园。[16] 他在巴达维亚的同事，马托伊斯·杜谢内（Mattheus du Chesne），在城市内外都有大片土地。[17]

很明显，16世纪后期尼德兰海外扩张的突破，伴随良好的教育体系。到1600年，尼德兰的海洋领航员数量就已经足够了。同时，引入了新的程序，影响了海图的维护。领航员现在开始保存航海日志，包括沿海的概况和河口及岛屿的草图，他们还使用带有预先绘制的指南针的纸张绘制了侦察图。军事工程师和土地测量师在教育方面也取得了同样的突破。对于荷兰东印度公司和荷兰西印度公司来说，招募训练有素的数学家是相对容易的。海外领土的组织比尼德兰共和国更加严格，这也导致了调查实践和规则的一致性。

荷兰东印度公司

尼德兰共和国的荷兰东印度公司地图组织

1602年，当荷兰东印度公司成立的时候，公司向亚洲的航行和与亚洲之间的贸易都需要可靠的地图信息。到那时，共和国的专家已经能够从葡萄牙的资料来源中获取航海信息。彼得鲁斯·普兰奇乌斯出版了葡萄牙制图师巴尔托洛梅乌·拉索（Bartolomeu Lasso）的海图，他还撰写了几份关于领航指南的备忘录，并就公海上的航行对领航员进行指导。普兰西乌斯在旧公司（在1602年之前的第一个，也是最著名的与亚洲进行贸易的公司）中的地位与葡萄牙的宇宙志学者类似，因此，可以假设，普兰西乌斯和尼德兰共和国的精英商人都熟知为宇宙志学者、领航员和制图师编写的指示说明。即便这些指示说明是用来塑造旧公司的组织，但并没有完全采用葡萄牙的模式，该模式最后逐渐消失。到17世纪早期，不再由荷兰的类似于宇宙志学者的角色来指示领航员。

从1602年开始，荷兰东印度公司的船只装配了导航仪器，如指南针、信号旗、象限仪和原型海图，提供这些仪器的供应商数量相对不多。尽管这些船上都有公司的地图，但是在

1437

---

⑮　从1652年开始，鲁斯担任阿姆斯特丹的军事工程师，将其职业生涯的第二个阶段归功于约翰·毛里茨·范拿骚的赞助。勃兰登堡的大选侯弗里德里希·威廉（Friedrich Wilhelm），听从了约翰·毛里茨的建议，雇用了鲁斯。请参阅 Taverne, *In't land van belofte*, 66, and P. J. Bouman, *Johan Maurits van Nassau, de Braziliaan* (Utrecht: A. Oosthoek, 1947), 117. 关于其在德意志的工作，请参阅 Ed Taverne, "Henrick Ruse und die 'Verstärkte Festung' von Kalkar," in *Soweit der Erdkreis reicht: Johann Moritz von Nassau-Siegen, 1604 – 1679*, ed. Guido de Werd, exhibition catalog (Kleve: Das Museum, 1980), 151 – 158。

⑯　Jeannette Dora Black's *Commentary*, vol. 2 of *The Blathwayt Atlas*, by William Blathwayt, 2 vols., ed. Jeannette Dora Black [Providence: Brown University Press, (1970 – 1975)], 205.

⑰　Bea Brommer and Dirk de Vries, *Batavia*, vol. 4 in *Historische plattegronden van Nederlandse steden* (Alphen aan den Rijn: Canaletto, 1992), 76 and 79. 1650年，他和他的妻子萨拉在城外拥有超过五十二摩根（117英亩）的土地。

最初，没有一个制作和管理海图的正式组织，也不存在领薪水的制图师或者领航员的检查员（examinateur der stuurluyden），但是在二十年内，一种制度化的地图制造新形式已经发展起来了。在 1614—1619 年间，这样一个地图绘制机构的关键步骤正式建立起来了，这反映了荷兰东印度公司那些年的政策，这些政策的目标是依托地理资源和关键的商业知识和政治知识，对亚洲的重要部分进行军事控制。

阿姆斯特丹地图制作机构的创建

由于荷兰东印度公司的船只覆盖了新的领地，尼德兰获得了新的地图信息。这些船只的领航员经受过培训，受命在海图和航海日志中记录他们的发现。这种对地图和海图的重要性的认识使扬·彼得斯·库恩（Jan Pietersz. Coen，1619—1623 和 1627—1629 年间任总督）和亨德里克·布劳沃（Hendrik Brouwer，1632—1636 年间任总督）在荷兰东印度公司的范围内发起了有组织的地图制作活动。

1616 年 6 月，布劳沃从东印度群岛返回故土，他在东方生活已经将近 10 年了。[18] 回到荷兰后，他开始在荷兰东印度公司地图制作的组织中发挥重要作用，1617 年的春天，他被任命为阿姆斯特丹商会的主任，其作用得到了正式承认。布劳沃在地图和地图应用上有丰富的经验。[19] 1611 年，他证明了自己是航海方面的大师。根据西风在南半球的纬度和北半球的纬度相同的理论，布劳沃从好望角向南航行。在西风盛行的地区，他航行经过印度洋，通过这条南部航线，他成功地将自己的航行时间缩短了几个月。从 1616 年，所有的荷兰东印度公司船只都得到指示使用布劳沃的路线。[20] 它的使用也导致了澳大利亚西海岸的发现。[21]

1616 年，荷兰东印度公司的董事们正式开始了一项行政程序，以获取地图信息来更新海图，这一程序改变了制图专家的地位。1617 年，人们还可以提到阿姆斯特丹的一家地图制作公司，1619 年，黑塞尔·赫里松宣誓担任具有特别指示的官方制图师，而科内利斯·扬松·拉斯特曼（Cornelis Jansz. Lastman）则被任命为领航员的检查员。总而言之：

---

[18] 关于布劳沃的信息，主要取自 J. W. IJzerman's contribution to Cornelis Buijsero, *Cornelis Buijsero te Bantam*, 1616 – 1618：*Zijn brieven en journaal*, ed. J. W. I. Jzerman (The Hague：M. Nijhoff, 1923), 174 – 179, 以及 J. E. Heeres, "De Gouverneur-Generaal Hendrik Brouwer," *Oud-Holland* 25 (1907)：174 – 196 and 217 – 241。

[19] 1612 年 5 月 4 日，布劳沃借助一幅班达（Banda）群岛的地图，解释了 1610 年 9 月 10 日十七绅士董事会的指示。1612—1613 年，他前往幕府将军的宫廷，在那里他赠送了约翰·毛里茨·范拿骚亲王的信件和礼物。1615 年 3 月，他参加了对阿依岛（Pulo Ay）的侦察，这里后被英国人所占领，后来荷兰人对此发动攻击，但没有成功，1615 年 5 月，他被派往东爪哇的加帕拉（Japara）去建筑一个设防的据点，尽管这个任务没有完成。

[20] 《航海规则》（*zeynbrief*）中对这套路线进行了描述。最早的一种保存在 NA，VOC 313，fols. 58—61 的手稿中（在多年后的手稿副本中）。船长们的动力是节省低地国家和爪哇之间的航行时间以得到这样的好处：那些在 7 个月内到达万丹（Bantam）的人得到了 600 荷兰盾，而如果用了 8 个月和 9 个月的时间，那么奖金分别是 300 和 150 荷兰盾；NA，VOC 147，十七绅士董事会 1617 年 8 月决议，第 25 点。

[21] 7 月 16 日，亚洲总督雷阿尔（Reael）发送给低地国家一幅北摩鹿加群岛的大比例尺地图，并解释了济罗罗岛（Gilolo）和万丹之间穿越布顿海峡（Strait Bouton）的航行路线是如何探索出来的。在同一封信中，他承诺，在未来要对安波那（Amboina）、班达群岛、从万丹到南摩鹿加群岛的路线以及好望角和未知的南方大陆之间的路线进行探索；请参阅雷萨尔于 1616 年 7 月 18 日写给董事们的信，见 W. Philippus Coolhaas, ed., *Generale missiven van gouverneurs-generaal en raden aan Heren XVII der Verenigde Oostindische Compagnie* (The Hague：Martinus Nijhoff, 1960 –   ), 1：63 – 67, esp. 65。

他已经开始制作的与亚洲航行有关的所有地方、区域、岛屿和港口的航海手册，将要得到生产和改进；他已经收到的和从现在起通过董事们收到的日志将要收贮在（位于阿姆斯特丹的）东印度公司大厦中；他会保留一份日志的完整目录，每六个月更新一次；只有在得到董事的批准后，他才会订正标准海图；在他去世之后，他的遗孀或继承人将交出他拥有的全部文件，董事有权检查他的财物，并索取他们认为与之有关的东西，不得有任何阻碍；荷兰东印度公司的所有海图应该由值得信赖的人，根据其命令，尽可能在其家中执行；任何海图都不应送到城外，或在城外制作；他应该每六个月报告一次工作进展情况；未经董事许可，他不得发表任何内容；他应当保守其工作的秘密；除了海图本身的费用外，他还将获得300荷兰盾的年薪。[22]

1438

赫里松的指示表明，东印度公司大厦被认为是一个水文地理的资料库，类似于葡萄牙的几内亚和印度公司与西班牙的西印度交易所。

1619年2月，荷兰东印度公司的董事们收到了一封来自国会的公开信，其内容是关于荷兰东印度公司控制区域的所有地图、描述和（航行指导）的特许权。[23] 早期的与荷兰东印度公司控制地区相关的地图和地理描述的特许权（如赫里松的）被撤销了。从1619年开始，未经董事们明确同意，任何人不得出版或复制有关此特许权地区的地图或描述。潜在的违规者被高达6000荷兰盾的巨额罚金吓退了。1619年这一特许权的措辞，以及对保密的关注，很好地表明了在1619年之前，存在着一种相当自由的制图知识的交换行为。

为什么尼德兰人在这些年里改变了他们对地图信息自由流动的态度？答案可以在海外的情况中找到。葡萄牙、西班牙、英格兰和尼德兰都卷入了一场争夺海外商业控制权而进行的军事斗争，每一幅地图都被视作一种可以获利的工具。垄断地图信息，肯定会有助于这场斗争。

对地理信息态度的转变并没有被忽视。甚至还遭到了一些荷兰东印度公司董事的批评，其中最直言不讳的是位于乌得勒支省的阿姆斯特丹商会的主任阿尔瑙特·范布谢尔［Aernoud（Aernout）van Buchell］。范布谢尔很清楚，尼德兰共和国的组织方式使得保密至少在结构上是很难付诸实践的（他问道，如果总督雷阿尔在国会的会议上报道了印度群岛的情况，会发生什么？当然，范布谢尔知道答案：他的报告几乎立即就会被数百名在尼德兰共和国内外的感兴趣的人所了解）。[24]

除了他为荷兰东印度公司、荷兰西印度公司（从1621年开始）、其他公司以及海军部

[22] Pieter van Dam, *Beschryvinge van de Oostindische Compagnie*, 4 vols., ed. Frederik Willem Stapel and Carel Wessel Theodorus Boetzelaer van Dubbeldam（The Hague: Martinus Nijhoff, 1927 – 1954），1: 414 – 415.

[23] NA, VOC 7344, 十七绅士董事会1619年1月29日决议，决定申请这样一份特许权；1619年2月来函，荷兰东印度公司总督书记员进行修正的信件文本；NA, Archief Staten-Generaal inv. nr. 12302, Akteboeken 1617 – 1623, fol. 104v, 1619年2月12日，该日授予的特许权的文本。关于该文本的抄本，请参阅 K. Zandvliet, *De groote waereld in't kleen geschildert: Nederlandse kartografie tussen de middeleeuwen en de industriële revolutie*（Alphen aan den Rijn: Canaletto, 1985），177 – 178。

[24] 雷阿尔1620年报告的发表，见 Margot E. van Opstall, ed., *Laurens Reael in de Staten-Generaal: Het verslag van Reael over de toestand in Oost-Indië anno 1620*（The Hague, 1979）。另请参阅 Aernoud van Buchell, *Diarium van Arend van Buchell*, ed. Gisbert Brom and L. A. van Langeraad（Amsterdam: J. Muller, 1907）。

而制作的作品外，威廉·扬松·布劳雕刻和出版了肖像、寓言版画、新闻地图、小册子和无数地图，有时是与赫里松合作，他的大部分技能都是在赫里松的工作室里学到的。[25] 荷兰东印度公司的地图和商业印刷的地图集之间的联系需要更全面的阐明。赫里松的传记作者并没有提到，1630 年前后，赫里松在雕刻荷兰东印度公司领地的商业地图。[26] 可能他在与布劳进行密切合作工作，后者当时在出版他的第一部地图集《对地图集的补充，或第二部分，世界各地地图》（*Atlantis appendix, sive pars altera, continens tab: Geographicas diversarum orbis regionum*，第一版，1630 年），并在与亨里克斯·洪迪厄斯和约翰内斯·扬松尼乌斯进行竞争，后者正在出版不断扩充的墨卡托地图集。[27] 在三个已知的版本中的地图《东印度与相邻岛屿》（*India quæ orientalis dicitur et insvlæ adiacentes*）中，完美地阐明了荷兰东印度公司的海图是如何被转变成商业地图的。[28] 第一个版本，一定是赫里松的作品，它所显示的只是海岸线和河流（图 46.1），而第三个版本则有装饰性的罗经盘、船只和旋涡纹（图 46.2）。通过对山脉的描述，第三个版本设法给人以地理地图的印象，但这只是一个错觉，它所提供的实质性信息并不比第一个版本更多。

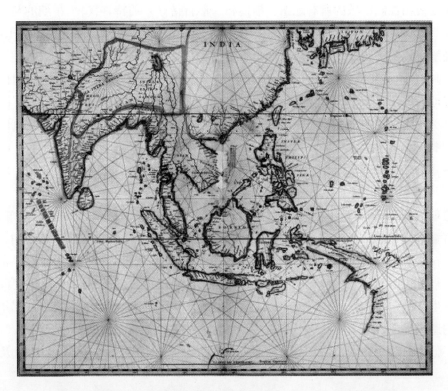

图 46.1　黑塞尔·赫里松的印度和东南亚地图的第一版，1632 年或稍早绘制

此图的这一版本没有标题或装饰品。

原图尺寸：42×51 厘米。由 National Library of Australia, Canberra（Map T 221）提供照片。

[25]　集自其西班牙地图（1612 年）的图例；请参阅 Keuning, "Hessel Gerritsz.," 51-52。

[26]　科伊宁在他的文章 "Hessel Gerritsz." 中没有提到这些地图。

[27]　1630 年 3 月，洪迪厄斯和扬松尼乌斯在随后的 21 个月中预定了雕刻 36 张新地图；请参阅在 Zandvliet, *De groote waereld*，179-180 中详细引用的事实。关于地图集，请参阅 Koeman, *Atlantes Neerlandici*, vols. 1 and 2。

[28]　描述与阐释见 Schilder, *Monumenta cartographica Neerlandica*, 4: 24-25。

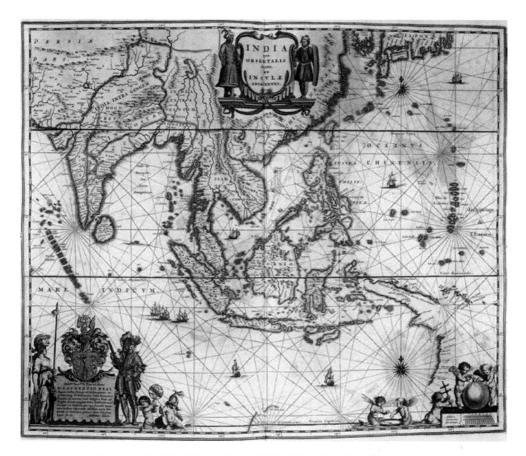

图46.2　赫里松的《印度和东南亚地图》的第三版，《东印度与相邻岛屿》

这一版献给劳伦斯·雷阿尔，精心装饰着旋涡纹、标题、罗盘玫瑰和船舶，出版于布劳的 1635 年地图集。

原图尺寸：42×51 厘米。由 NA（AKF 2）提供照片。

在赫里松的生命的最后几年，以及他去世后不久，通过早期的布劳地图集，大量关于荷兰东印度公司的地图信息提供给公众。到 1635 年，在 1619 年之前就已经存在的对地图信息的自由主义态度已经恢复了。

布劳家族

1617 年，由于政治宗教的形势对其不利，具有自由思想的荷兰改革派威廉·扬松·布劳不可能成为荷兰东印度公司的制图师，而他的前任助手赫里松则被授予了这份工作。当赫里松于 1632 年去世时，形势发生了变化：加尔文主义者的强硬派在阿姆斯特丹被取代，普兰西乌斯已经去世（1622 年）。对非加尔文主义者的更宽容的政策和一定程度的新闻自由随之而来。

当荷兰东印度公司要求布劳以与赫里松同样的条件担任其制图师时，他一定感到很荣幸。他毫不犹豫地接受了这一职位，并在 1633 年 1 月 3 日得到正式任命；赫里松的合同只

1439

是简单地照搬而来。[29] 通过规定布劳雇用赫里松的四位助手——这四位助手也通过劳伦斯·雷阿尔（阿姆斯特丹商会主任）的办公室收到了来自赫里松家里所有的荷兰东印度公司的文件和地图——进一步地保证了荷兰东印度公司地图制作的延续性。[30]

人们对布劳作为荷兰东印度公司制图师的活动知之甚少。目前尚未知道他所签署的绘本海图，但是他一定一直从事荷兰东印度公司海图的工作。这一实践始于 17 世纪 20 年代的赫里松，在那时，阿姆斯特丹的制图师还为荷兰东印度公司的其他商会提供海图，这种现象一直继续。[31] 即使是最倾向于按自己的方式行事的泽兰商会，也从阿姆斯特丹订购了一些海图。[32]

布劳于 1638 年去世后，他的儿子约翰是否会继承他，还不能确定。一开始，威廉家里的荷兰东印度公司的地图和文件如何处理，甚至没有和约翰商量，而是找的约翰的叔叔。[33] 但是约翰很快就为荷兰东印度公司服务，并得到了任命。[34] 他的父亲及其前任赫里松的文件都被存放在了东印度大厦里。约翰·布劳还受命将他的海图（这些海图是在船上使用的原本的副本）定期带到东印度大厦里。因此，从 1638 年开始，东印度大厦就有两套地图藏品：一是船舶使用海图的贮藏——在所谓的"舵手房间"（stuurmanskamer）中，二是地图和平面图的档案收藏。第一批藏品实际上是要分配给外航的航海人员的库存。布劳用自己海图的新绘本副本，以及那些乘坐返程船只抵达的职员归还的海图补充了这一贮藏。海图的分类和数量是定期进行记录的。[35]

来自布劳工场的 1647 年苏门答腊和马六甲海峡的海图显示了被称为"登记"（leggers）的标准或海图原本的副本是如何绘制而成的（图 46.3）。[36] 这一过程的描述可以在 18 世纪的约翰·沃尔夫冈特的书中找到，他观察到了巴达维亚的机构是如何完成这一工作的。[37]

约翰·布劳在阿姆斯特丹的市长面前宣誓担任荷兰东印度公司的制图师。他的誓言要求他做一名忠诚的仆人，遵守威廉·扬松·布劳和赫里松的合同中规定的保密规则。然而，布劳并没有像他的合同所规定的那样保守秘密，而是利用了从其亚洲和南非的各种商业项目中不断涌入的丰富地图资源。每幅海图，荷兰东印度公司付给他 5—9 个荷兰盾。在每艘船上，

㉙　NA，VOC 231，阿姆斯特丹商会 1632 年 12 月 30 日决议和 1633 年 1 月 3 日决议。

㉚　NA，VOC 231，阿姆斯特丹商会 1634 年 2 月 6 日决议和 1634 年 3 月 6 日决议。因为有大量的材料，董事们把所有的东西都给了布劳，无论有没有编目。

㉛　荷兰东印度公司被组织成被称作"商会"（Kamers）的区域性的各部门：泽兰、鹿特丹、代尔夫特、阿姆斯特丹和诺德夸蒂尔（Noorderkwartier，恩克赫伊曾和霍恩）。这些部门有各自的董事会，并向总董事会（十七绅士董事会）提交代表，在总董事会中，有一种微妙的实力平衡。总之，区域部门多多少少独立地做了很多事。

㉜　NA，VOC 7294，一封 10 月 17 日的从泽兰到阿姆斯特丹的信，要求两个带导航设备的柜子，没有星盘，但包括常用的海图。另外，还额外要求了三幅印度洋海图、三幅苏门答腊和马六甲海峡的海图。

㉝　NA，VOC 232，阿姆斯特丹商会 1638 年 11 月 4 日决议。

㉞　NA，VOC 232，阿姆斯特丹商会 1638 年 11 月 8 日决议。

㉟　NA，Hudde 3（list 50）. 1683 年，胡德描述说登记簿保存在不同的仓库和码头中。关于仓库，他提到了"一部登记册，里面记录了购买了哪些货物，发送了哪些船只，除了一部单独的登记簿中保存的海图和导航仪器"。

㊱　除"legger"之外，也使用了术语"origineele"和"slaper"：Van der Chijs，*Nederlandsch-Indisch plakkaatboek*，vol. 6，decree of 15 January 1753。

㊲　Johann Wolfgang Heydt，*Allerneuester geographisch-und topographischer Schau-Platz von Africa und Ost-Indien*（Willhermsdorff：Gedruckt bey J. C. Tetschner，1744），44.

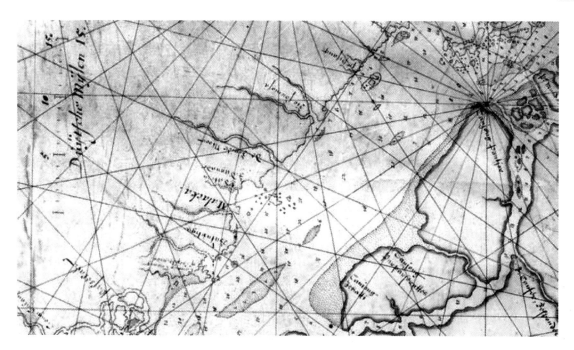

图46.3 苏门答腊和马六甲海峡的荷兰东印度公司官方海图的细部，1647年

这是在布劳的工场中作为模板来制作新海图所使用的羊皮纸地图。一旦用针均匀地在模板地图的海岸线上扎孔，绘制新的海图就相对简单了。把模板地图蒙在一张空白的羊皮纸上，在海岸线上撒上一小包煤灰。煤灰透过模板地图上的孔，就会在空白的纸上形成图案。将模板地图小心地从羊皮纸上移走之后，就可以通过连接煤灰形成的斑点来勾勒出海岸的轮廓。荷兰东印度公司通常使用羊皮纸来保证海图的耐用。

完整原图的尺寸：68×85厘米。由NA（VELH 163）提供照片。

船长、首席领航员和初级领航员都收到了一套完整的阿姆斯特丹—巴达维亚航线的九幅海图，而第三守望员则收到了一套有限的五幅海图。每艘船总共有至少32张绘在羊皮纸上的海图，荷兰东印度公司配备每艘船要花费228荷兰盾。如果将布劳海图的价格与科内利斯·克拉松出售的绘本海图的价格相比较，那么我们可以估算出科内利斯·克拉松的成本不高于每张海图2荷兰盾。如果这是真的，那么布劳就因完整配备每艘船而获得164荷兰盾的利润，这还不包括他通过每艘船上的额外的地图、手册、球仪和海图赚取的利润——其中一艘船的利润超过了70%！[38]

因此，荷兰东印度公司制图师的职位对布劳来说是非常有利可图的。1668年，他提交了21135盾的发票。[39] 如果我们同意他的利润率为72%，那么1688一年，荷兰东印度公司就使得布劳增加了16000荷兰盾的利润；从1638—1673年，荷兰东印度公司的收入必然会有助于为布劳的其他事业提供资金，比如雄心勃勃和高风险的《大地图集》。

荷兰东印度公司尽最大努力地削减从这位非常昂贵的制图师之处订购海图的数量，一部分措施是对那些在到达目的港时没有上交海图的航海人员处以罚款（1620年，每一幅没有交还的海图都要收取5—9个荷兰盾的费用）。1655和1670年，关于这一点的规

1440

[38] 额外的地图包括北海、欧洲海岸、澳大利亚的印本海图和南非的大比例尺海图。

[39] NA，VOC 4456，海牙委员会（Haags Besogne）的报告，以及十七绅士董事会的1669年6月4日关于检查图书的报告。讨论的原因是布劳在1668年提出的过多的法案。

定变得更加严格：职员必须在他们收到的海图和印刷出的分发海图的清单上签字，职员们被告知，如果不交还海图，他们必须支付双倍的价格。[40]

海图和航海手册直到 18 世纪中期才印刷出来。荷兰东印度公司和布劳没有就印刷海图和航海手册达成协议，部分原因可能是这样会损害布劳的利益：印刷的海图将转走他标准绘本海图的大部分收入。布劳的地位足以阻止海图的这种复制活动。

当时，布劳的主要兴趣肯定是他有关亚洲的主要地图作品，以及他的《大地图集》的扩大版。例如，耶稣会学者卫匡国（Martinus Martini）把他使用来自北京的中国资料来源编辑而成的绘本中国地图集带到巴达维亚，在那里将其翻译成荷兰语。从巴达维亚，卫匡国免费搭乘一艘荷兰东印度公司的船回到共和国。1655 年，他在阿姆斯特丹遇见了布劳，布劳急切地想把卫匡国的地图集作为《大地图集》新的一卷出版。

布劳在地图制作领域最重要的合作伙伴是约安内斯·芬邦斯，后者的名字与大约 200 幅手绘的原型地图、海图、景观图和平面图有关，其中一些仍然被装订到地图集中。因为每一幅原型的副本通常都被保存下来，所以现在所知的芬邦斯的画作超过了 450 幅。芬邦斯系列具有某种程度上混合的特点：包括旧的和当前印本地图的副本，[41] 作为绘本的微缩副本和原始的、当前的荷兰西印度公司和荷兰东印度公司的海图及地图的副本。这些混合地图集是布劳和芬邦斯为独家市场所做的专门的汇编；其中一些也为《大地图集》新的卷帙提供了模型。

在芬邦斯兄弟（约翰内斯、彼得和菲利普）中，布劳找到了合作伙伴，可以帮助他创作美学上不朽的地图杰作，比如巨大的手工球仪、壁挂地图、绘本地图集，以及在他的《大地图集》各卷中出现的雕版模本。布劳与芬邦斯家族的合作，是解释芬邦斯地图集的本质以及布劳提交给荷兰东印度公司的巨额发票的关键。尽管荷兰东印度公司的董事们在 17 世纪 60 年代末抱怨布劳的账单，并对后者提出的荷兰东印度公司海洋地图集犹豫不决，但各位董事和布劳仍然从这一安排中获益。布劳凭借自己的标准海图得到了荷兰东印度公司的大笔酬劳，但他也以其地图杰作作为补偿，他的这些作品在欧洲和亚洲被用作礼物，作为补偿的还有芬邦斯的画作和绘本地图集，这些董事将其带回，供私人使用和欣赏。所以，布劳与荷兰东印度公司之间的立场某种程度上是混合型的——他是一名职员，但基本上是一位独立的企业家。这种方法并不特殊，因为荷兰东印度公司的董事们在公司的范围外都有很多的事业。

1441

1442

---

　　⑩　NA，VOC 345，在十七绅士董事会 1654 年 9 月 24 日最初裁决之后的阿姆斯特丹商会 1654 年 10 月 15 日决议，协议 20。另请参阅 NA，VOC 221，十七绅士董事会致巴达维亚，1655 年 4 月 16 日、1670 年 8 月 30 日、1670 年 9 月 5 日以及 1675 年 9 月 24 日。

　　⑪　果阿、安格拉和莫桑比克的水彩画（NA，VELH 619，subnrs. 53，106 and 107）是扬·惠更·范林索登的《航海旅程》印本的副本。芬邦斯复制了 Cornelis Bastiaensz. Golyath（Goliath）的累西腓（Recife）的印本平面图，而且从 Caspar van Baerle 关于荷属巴西的约翰·毛里茨·范拿骚时期历史的书（*Casparis Barlæi，rervm per octennivm in Brasilia et alibi nuper gestarum*，1647）中复制了数量众多的印本；J. van Bracht，introduction to the *Atlas van kaarten en aanzichten van de VOC en WIC，genoemd Vingboons-Atlas，in het Algemeen Rijksarchief te 's-Gravenhage*（Haarlem：Fibula-Van Dishoeck，1981），（5）。

亚洲的海道服务

在17世纪10年代末期，荷兰东印度公司修建了巴达维亚堡垒，成为在亚洲主要的政府和贸易中心。这一选择影响了地图制作的组织，这一组织肇始于创建一个海道测量局，以及于1620年任命彼得·巴伦德松（Pieter Barendtsz.）为装备师（equipagemeester）。[42] 同年，领航员和船长被告知，在他们抵达东方的时候，他们要把所有在亚洲水域航行不再需要的海图都交给巴伦德松，在接下来的几年里，关于海图和日志都重申了这一指令。在这样做的情况下，阿姆斯特丹商会希望能减轻在未来向亚洲发送如此多有价值的海图所带来的负担。[43]

1632年，随着亨德里克·布劳沃被任命为总督，装备师的责任扩大到涵盖了装备船只，以及在航行问题上与尼德兰的商会进行协调。这类装备是由印度委员会的一名成员或航海技术专家协助完成的。[44]

在布劳沃的任期内，他雇用了有经验的地图制图师和海图制图师在巴达维亚工作，他们中的大多数人一定与阿姆斯特丹的制图师有过专业的接触。黑塞尔·赫里松的儿子赫里特·黑塞尔（Gerrit Hessel），在1632年之前为该公司在亚洲服务。这些年来的其他制图师，比如马托伊斯·杜谢内和皮埃尔·杜博伊斯（Pierre du Bois），似乎把这一职位和测量师结合在了一起。

1640年或稍后，在巴达维亚创立了航海主管这个职位。由专家承担这一职位的责任，如1644年的梅尔滕·赫里松·德弗里斯（Maerten Gerritsz. de Vries）和1644—1645年的埃布尔·扬松·塔斯曼等，[45] 其责任包括担任司法委员会航海领域的专家，撰写航行指南，并监督海图的制作。其他著名的航海和探索领域的人物，如马泰斯·亨德里克斯·夸斯特（Matthijs Hendricksz Quast）和弗兰斯·雅各布松·菲斯海尔（Frans Jacobsz Visscher），他们在巴达维亚的位置影响了海道测量局的产出。夸斯特是1640—1641年间的装备师，菲斯海尔在巴达维亚的时候，撰写了几套航海指南。[46]

另一位在巴达维亚工作的专业海图制图师约翰·内塞尔（Joan Nessel）是第一个被认为

1443

---

[42] NA, VOC 7343, 十七绅士董事会1618年8月8日和28日的决议，包含了这一职位的三位候选人［莱纳尔特·雅各布松（Lenaert Jacobsz.）、威廉·扬松（来自阿默斯福特）与彼得·巴伦德松］。董事们对其新官员的指示是在1618年10月2日。这些指令的唯一副本见NA, VOC 313, fols. 326–327。在其中，对行政管理和建设好仓库的需要给予了高度重视。委任了巴伦德松，巴达维亚1620年1月4日决议，引用于 Van der Chijs, *Nederlandsch-Indisch plakaatboek*, 1：599。1620年年底，由于伤势严重，他回到了尼德兰。

[43] NA, VOC 345, 十七绅士董事会发到亚洲的信件：1620年5月13日、1621年6月12日和1670年9月5日，以及Schilder, "Hydrographic Office," 72, n. 36, letter of 1620 of the Heren XVII to Coen。

[44] 请参阅 Pieter Mijer, ed., *Verzameling van instructiën, ordonnanciën en reglementen voor de regering van Nederlandsch Indië, vastgesteld in de jaren* 1609, 1617, 1632, 1650, 1807, 1815, 1818, 1827, 1830 en 1836, *met de ontwerpen der Staats-Commissie van* 1803 *en historische aanteekeningen* (Batavia：Ter Lands-Drukkerij, 1848), 52–53; Van der Chijs, *Nederlandsch-Indisch plakaatboek*, 1：266–267; and Van Dam, *Beschryvinge*, 3：172–273。

[45] *Dagregister Batavia*, 1644年2月6日（德弗里斯的任命）和1644年11月2日（塔斯曼的任命）。

[46] 关于夸斯特生平的细节，请参阅 Jan Verseput, ed., *De reis van Mathijs Hendriksz. Quast en Abel Jansz. Tasman ter ontdekking van de goud-en zilvereilanden*, 1639 (The Hague：M. Nijhoff, 1954), esp. LXIV and LXVI, 关于其担任司法委员会（1639年1月4日）和装备师（1640年1月9日—1641年6月18日）。夸斯特是斯豪滕的下任，后者于1639年底回国。

可以确定的相当数量的地图的作者：他的海图和地图有超过 35 幅今天尚存。[47] 这些文件的制作时间在 1650—1660 年，这清楚地表明，内塞尔既是一位有能力的水道测量师，也是一位熟练的绘图员，说明他在尼德兰接受了这一领域的教育。除了他的地图之外，我们没有任何关于他的个人信息——这表明他可能在巴达维亚的职位不高，而且除了制图师以外，他没有从事任何其他职业。

当内塞尔于 1660 年去世时，巴塔维亚需要一个新的制图师。在很短的一段时间里，这个职位由初级领航员和制图师扬·亨德里克斯·蒂姆 [Jan Hendricksz Thim（Tim）] 所担任，他根据自己的侦测，制作了一幅新的巽他海峡的海图。[48] 蒂姆的海图目前尚存，被认为是在接下来的几十年里一种新的标准海图的模本。就像他的前任们一样，蒂姆的作品展示了巴达维亚和阿姆斯特丹的地图是如何相互依存的。在巴达维亚工作的制图师在尼德兰接受培训，通常是在阿姆斯特丹，或者模仿阿姆斯特丹的工作方式，而阿姆斯特丹的制图师则依赖巴达维亚来校正海图和新模本。[49]

在巴达维亚，许多有能力的领航员和船长来来去去，这些都既刺激又阻碍了专业地图制作机构的发展。用于修改海图和设计新原型的新的地图信息刺激了它。然而，制图师的工作和地位并不像领航员和船长那样有吸引力，于是对招聘产生了阻碍。从 1620 年开始，巴达维亚的制作师受雇，并得到薪酬来复制由收入更高的船长和领航员所编制的海图。在 1660 年之前，一个有能力的地图制造商，如内塞尔，一定会感到收入过低。[50] 这种情况只能通过任命一位有地位、专业知识和兴趣的人担任装备师，或者任命一位地位接近于阿姆斯特丹的同行和与一位与船长或领航员的薪水相当的人，才能改善。

与此同时，阿姆斯特丹的制图师还没有被在巴达维亚的制图师们抛弃。他拥有更高的地位和收入，他容易接触到董事，以及他在学术和印刷领域的卓越地位，足以保证他不会被推翻，而是能够将他在巴达维亚的同事作为一流的地图信息供应者。

地理、土地管理和荷兰东印度公司

荷兰东印度公司成立于 1602 年，是为了结束商人与当地私人伙伴的合作，为他们在东部的探险提供合作，并加强商人与国会之间的军事和行政联系。国会对荷兰东印度公司可能

[47] 内塞尔的地图和景观图中，只有少数有签名。然而，由于相当于签名的其特有的风玫瑰，以及他特有的书法，还有许多其他的痕迹可以确定是他所作；NA, Verzameling buitenlandse kaarten, U. VEL 291, 308, 361, 446, 503, 504, 506, 508, 942, 997, 1127, 1174, 1180, 1288 - 1292, 1310, 1313, 1314, 1321 - 1323, 1327, 1332, 1333, 1339, 1352, 1371, 以及可能是 895, 991, 1108, 1109, 1181, 1231, 以及 Supplement-Verzameling buitenlandse kaarten U. VELH 131 和 132。

[48] 关于蒂姆，请参阅 Schilder, "Hydrographic Office," and K. Zandvliet, "Joan Blaeu's *Boeck vol kaerten en beschrijvingen van de Oostindische Compagnie：Met schetsen van drie kaarttekenaars, Zacharias Wagenaer, Jan Hendricksz. Thim en Johannes Vingboons,*" in *Het Kunstbedrijf van de familie Vingboons：Schilders, architecten en kaartmakers in de gouden eeuw*, ed. Jacobine E. Huisken and Friso Lammertse, exhibition catalog [（Maarssen）：Gary Schwartz,（1989）], 59 - 95, esp. 68 - 71。

[49] Marcel Destombes 写道：蒂姆海图的风格类似于 1647—1655 年期间布劳的海图风格；请参阅其 *Catalogue des cartes nautiques, manuscrites sur parchemin*, 1300 - 1700：*Cartes hollandaises. La cartographie de la Compagnie des Indes Orientales, 1593 - 1743*（Saigon, 1941）, 49, entry 56。

[50] Van Dam, *Beschryvinge*, 1：555 - 557 and 6：239 - 250。

获得的任何海外领土都授予了行政管理许可。最初，就像在波罗的海和地中海所发生的那样，贸易仅限于有储存设施的办公室。在亚洲的大部分地区——阿拉伯、波斯、泰国、中国和日本——直到1799年解散，荷兰东印度公司一直局限于这样的办公室，在那里，制图师和内部的地图绘制的作用可以忽略不计。

然而，对领土扩张和对行政控制的需求很快在其他地区发挥了重要作用。在亚洲，荷兰东印度公司与欧洲和亚洲的贸易商展开竞争，该公司通过积极的、必要的军事对抗来扩大其在贸易中的份额，与葡萄牙和英国进行对抗，其对抗主要针对较弱的葡萄牙人。因此，在东方出现了欧洲式的围城实践，特别是在贸易网络中它所涉及的基本节点，如马六甲、科伦坡和马卡萨（Macassar）。为了这样的围城战，雇用了军事工程师。

领土扩张往往受益于对某些作物最大限度的控制和垄断，以及实际的殖民。注意，“殖民”一词指的是由荷兰东印度公司实施的行政控制，考虑到在某些地区［马拉巴尔（Malabar）、锡兰和爪哇］，农业留给了土著居民，而在其他地区，则由移民——来自欧洲［好望角、爪哇和马鲁古群岛（Moluccas）］和中国（台湾和爪哇）——进行农业生产。[51]

领土扩张只发生在缺乏强大中央政府的地区；因此，荷兰东印度公司无法扩张进入中国、日本或莫卧儿帝国。在印度尼西亚群岛，荷兰东印度公司能够通过军事对抗和契约来扩大其控制的区域，牺牲了当地统治者的利益。

在很大程度上，荷兰东印度公司的扩张是以牺牲葡萄牙的贸易和设施为代价的。通过复制葡萄牙的地图，荷兰东印度公司间接地获得了当地的知识，同时还设法获得了葡萄牙人的属地的城镇平面图。其中一个例子是大约1627年的荷兰东印度公司的绘本锡兰地图集（有24幅地图），这是在印度总督弗朗西斯科·达伽马（Francisco da Gama）的要求下，于1606年编制的一部地图集的副本，今已亡佚。无论是原本还是副本，都落入了尼德兰人的手中，而荷兰东印度公司将其进行翻译，并复制了地图，可能是由赫里松执行的。[52] 其他源自葡萄牙的详细城镇平面图，无论是复制还是编辑，都可以在荷兰东印度公司档案和其他收藏中找到。[53]

荷兰东印度公司非常重视地图与在其管理或交易范围内及其相关领地的描述。可以将锡兰的地图绘制作为一个例子来说明他们如何看待地图绘制。1645年，尼德兰和葡萄牙划分了它们在锡兰的领地的界线。由于尼德兰人对这一地区的地理知识了解有限，他们觉得有必

[51] 关于荷兰共和国和竞争的国家及公司的历史背景中的荷兰东印度公司历史的概要英语调查和参考书目，请参阅 J. R. Bruijn, F. S. Gaastra, and Ivo Schöffer, eds. , *Dutch-Asiatic Shipping in the 17th and 18th Centuries*, 3 vols. （The Hague：Nijhoff, 1979 – 1987）, and Jonathan Irvine Israel, *Dutch Primacy in World Trade*, 1585 – 1740 （Oxford：Clarendon Press, 1989）。

[52] Armando Cortesão and A. Teixeira da Mota, *Portugaliae monumenta cartographica*, 6 vols. （Lisbon, 1960；重印版附有 Alfredo Pinheiro Marques 的一篇引言和附录, Lisbon：Imprensa Nacional-Casa de Moeda, 1987）, 5：117 and pl. 610b, and NA, Verzameling buitenlandse kaarten 928。

[53] 例如，在 NA, Verzameling buitenlandse kaarten, Supplement-Verzameling buitenlandse kaarten 中的邻近埃雷迪亚、贾夫纳、澳门和马尼拉的班达群岛的地图，以及芬邦斯和布劳—范德赫姆地图集。另请参阅 1660 年前后 João Teixeira Albernaz II 绘制的系列城镇平面图，藏于 Dionysus Paulusz. file, BL, Add. MS. 5027A。

要加入一项特别条款，免除其合同义务，以防备葡萄牙人关于当地情况欺骗他们。[54] 这种缺乏知识的问题很快就得到了纠正。当州长约安·马曲克尔（Joan Maetsuycker）在 1650 年被提拔为总督之职时，他指示其继任者要改善锡兰的地图，这是遵从赖克洛夫·范根斯 [Rycklof（Rijcklof）van Goens]（1678—1681 年任总督）的建议。[55]

1670 年，十七绅士理事会对公司所有商人所做的通则指令详细地说明了后者应如何通过使用地图和报告来描述他们的地区。[56] 这些说明对于理解这一时期的地图是非常重要的，因为这一文本是对 17 世纪早期发展起来的实践的系统性总结。[57] 1670 年的指令清楚地表明，地图被视为有助于对政治、军事、经济、文化和行政等方面特殊性的澄清，以便做出正确的决定。到此时，有关领土的描述和地图绘制的详细说明开始在其他国家出现。例如，罗伯特·博伊莱（Robert Boyle）在 1665—1666 年间做出了类似的指令。[58]

荷兰东印度公司行使行政控制或保持密集和扩大的贸易联系的每一块领地，都有地图和报告为其制作。尽管这些地图发挥了重要作用，但保存下来的样本数量相对较少。这在一定程度上是因为这些地图时时进行修订，修订之后，旧的地图被认为是过时的，遭到废弃。

到内陆的旅行为地理地图提供了另一个重要的来源。在若干较大的地区，侦察队会制作路线地图，但是由于涉及成本和风险，这些探险活动的数量是有限的。在路线地图中，可以包括提供路边交易站和客栈信息的地图。[59] 在亚洲大陆以及日本和爪哇岛，荷兰东印度公司的商人成群结队转移到内陆的宫廷和贸易中心。他们的路线地图一部分是基于他们自己的观察，但是应该主要被看作对当地知识和地图的解释。对于波斯、印度、中国和日本的路线地图来说，这一限制无疑是正确的。布劳、扬松尼乌斯和其他人的地图集中所出版的许多亚洲国家的地图，都显示了荷兰东印度公司的商业使节所经行的路线，以及在他们前往当地统治

---

[54] J. E. Heeres and Frederik Willem Stapel, eds., *Corpus Diplomaticum Neerlando-Indicum verzameling van politieke contracten en verdere verdragen door de Nederlanders in het Oosten gesloten, van privilegebrieven aan hen verleend*, 6 vols. (The Hague: Martinus Nijhoff, 1907 – 1955), 1: 444 – 447.

[55] Sophia Pieters, trans., *Instructions from the Governor-General and Council of India to the Governor of Ceylon, 1656 to 1665* (Colombo: H. C. Cottle, Govt. Printer, 1908), 66.

[56] 关于完整的文本，请参阅 Van der Chijs, *Nederlandsch-Indisch plakaatboek*, 3: 530, or Zandvliet, "Joan Blaeu's Boeck," 85 – 86。

[57] Francisco Pelsaert 在其 1627 年的描述中使用了类似的系统性结构；请参阅 Francisco Pelsaert, *De geschriften van Francisco Pelsaert over Mughal Indië*, 1627: *Kroniek en remonstrantie*, ed. D. H. A. Kolff and H. W. van Santen (The Hague: Nijhoff, 1979), 53 – 58。另请参阅 "Grondig verhaal van Amboina" of 1621, 由 Artus Gijsels 撰写, 以及 "Vertoog van de gelegenheid des koninkrijk van Siam"（尼德兰 1622 年收），二者皆发表于 *Kroniek van het Historisch Genootschap te Utrecht* 27, 6th ser., pt. 2 (1872): 348 – 444 and 450 – 494, and 279 – 318。类似的方法还可以在 Philip Lucasz. 1636 年发布给 François Caron 的指令中找到，这为 Caron 关于日本的描述奠定了基础；François Caron and Joost Schouten, *A True Description of the Mighty Kingdoms of Japan & Siam*, ed. C. R. Boxer (London: Argonaut Press, 1935), xxxvii。

[58] Robert Boyle, "General Heads for a Natural History of a Countrey, Great or Small," *Philosophical Transactions of the Royal Society of London* 1 (1665 – 1666): 186 – 189; 请参阅 Margaret T. Hodgen, *Early Anthropology in the Sixteenth and Seventeenth Centuries* (Philadelphia: University of Pennsylvania Press, 1964), 188 – 189。

[59] 请参阅地图集的地图中穿越莫卧儿帝国（印度）、中国和日本的路线：布劳的《大地图集》中的 *Magni Mogolis Imperium*, 和 Joan Nieuhof 的广州与北京之间，以及长崎与东京（江户）之间的路线地图。保留行程的一个早期的陆路旅程的例子是 1615 年 Pieter van Ravesteyn 在印度。他从默苏利珀德姆（Masulipatnam）到苏拉特（Surrate）；Heert Terpstra, *De opkomst der westerkwartieren der Oost-Indische Compagnie (Surratte, Arabie, Perzie)* (The Hague: M. Nijhoff, 1918), 35 – 54。

1445

者宫廷途中所经过的城市。

标准化定居点的大比例尺地图和平面图

大比例尺的地图和绘图的制作是由两项活动催生的：军事和民用工程的创建和维护，以及商业化作物的开发和管理（主要是与土地管理和税收有关）。在海外，防御工事和城镇的设计结合了标准特征，但考虑到它们将要修建或铺设的实际情况，对其进行了修改。海外定居点的核心是城堡，它和其他防御工事组合在一起，可以用来抵御来自外界的攻击，但也可以单独进行防御，包括防御来自定居点内部的攻击。[60] 为了保证从城堡向定居点开火，在城堡的堡墙和第一道房屋之间留下了空地。这个空间被称作"空地"，被用作校场、花园，或者市场广场。

城堡是殖民和军事管理的中心。由于它极其重要，所以它处于中心位置，并且以这样一种方式，来自外界的供给可以很容易地到达它那里。在海外的实践中，这一需求意味着海岸线上的一个位置，或者是在河畔的位于距离河口最近的一个定居点。荷兰东印度公司，本质上是一种海上强权，通过这种方式，它有效地将海上的力量和对领地要塞的控制结合起来。

在海外定居点的规划通常是要经过一个标准的程序。在选址之后，用地图绘制其当地情况。在这张地图上，确立了一个或多个城堡的位置，并将一个居民点的图案投影到与（一个或多个）城堡有关的地图之上。这一程序催生出明确的平面图，在其上，所有要修建的土方工程和建筑都被标出。凭借罗盘（winkelkruis）、测量师的链条（或绳子）以及带有风向标的杆，在现场对平面图进行标记，显示出防御工事和街道的建筑线。

在许多由荷兰东印度公司控制的城市里，这些防御工事由于预算原因被彻底改造，使它们能够抵御来自欧洲的敌人的攻击。一位匿名的英国观察者写下了关于科尚（Cochin）的以下文字："但是，1662年，那些促使这个城市向他们投降的尼德兰人立即拆除了房屋和所有教堂，只剩下一座，以把它变成一个更加狭窄的罗盘，并使他们的防御工事更加标准，而且他们已经使得它几乎是坚不可摧了，而他们拆下来的教堂的石头对此贡献极大。"[61]

关于巴达维亚、开普敦和讷加帕塔姆（Negapatam），以及中国台湾和锡兰的诸城市的设计和讨论，都揭示了地图和平面图是荷兰东印度公司管理者绝对统治的强有力的表达。然而，把它们过分当真地看作现实的反映是不明智的，因为许多设计从来没有实施过。[62]

从1620年，也就是总督扬·彼得松·库恩的任期开始，荷兰东印度公司就努力垄断贵重作物的生产和贸易，以及生产中心的主权。无法纳入荷兰东印度公司管理下的竞争性生产中心被摧毁掉。在若干地区使用了地籍地图，如锡兰、爪哇、中国台湾和班达群岛。

1446

---

[60] Adam Freitag, *Architectura militaris nova et aucta*, *oder newe vermehrte fortification*, *von regular vestungen*, *von irregular vestungen und aussen werken* (Leiden: Bey Bonaventura and Abraham Elzeviers, 1631).

[61] Geographical description of Asia, eighteenth-century manuscript, Chicago, Newberry Library, Ayer Collection no. 1302. Description in Ruth Lapham Butler, comp., *A Check List of Manuscripts in the Edward E. Ayer Collection* (Chicago: Newberry Library, 1937).

[62] 例如，请参阅巴达维亚及周边地区地图，印刷于 Joan Nieuhof, *Joan Nieuhofs gedekwaerdige zee en lantreize*, *door de voornaemste landschappen van West en Oostindien* (Amsterdam: By de Weduwe van Jacob van Meurs, 1682)。这幅地图基于这座城镇附近的防御工事和军事道路的修建的平面图。一幅原本的平面图收藏于 the NA, Verzameling buitenlandse kaarten 1181。关于不同的副本，请参阅 Vienna, Österreichische Nationalbibliothek, Atlas Blaeu-Van der Hem, xxxix-24。

在锡兰，土地登记系统是从葡萄牙人那里照搬过来的，葡萄牙人是在现有的僧伽罗系统基础上登记注册的。葡萄牙人的土地登记没有使用任何地图。在两个独立的登记系统中，所谓的"地产清册"（tombos）、土地所有者和地块都包括在内，每一个都有各自的财产所有权。直到 17 世纪晚期，地图才被添加到"地产清册"中，以定位未登记注册的地块，来减轻那些负担过重税收的贫困农民的负担，提高税收总额，并获得该公司所管辖区域的精确地图。[63]

在爪哇，该公司不能依赖当地的土地登记系统，从 17 世纪 20 年代开始，该公司则使用地图组织了一套土地登记系统，尽管在巴达维亚的最初几年里，该公司只使用分类账簿来处理土地登记。[64] 这一系统由垂直于河流、海岸、水道或堤坝的深层地段构成，它允许人们在无须穿过其他人的地产的情况下获得补给和运输。[65] 一个例子是弗朗斯·弗洛里松·范贝尔肯罗德（Frans Florisz. Van Berckenrode）在 1627 年绘制的一块授予劳伦斯·纳伊斯（Laurens Nuyts）的地段的平面图。[66]

在班达群岛，海岸线被用作土地分配的方位的基点。[67] 所分配地块的规模与业主安排的劳动生产力有关。[68] 每个业主最初都得到了足够 25 个"奴隶"（zielen）耕作的配额。每个奴隶都要耕种 50 平方杆，这样就可以用 50 平方杆乘以主人的奴隶数量来计算其地块的面积（图 46.4 和 46.5）。

在中国台湾，荷兰东印度公司管理着一个在中国农民的影响下迅速发展的农业区。由于明朝和满族军队争夺权力所导致的中国大陆的政治动荡，这些农民非常愿意定居。在普罗民遮城（Providentia），即今天的台南，1657 年的耕地面积为 68 平方公里，是 12 年前的两倍多。土地测量师编制了登记册和专题地图，记录了各种各样的农作物——主要是稻米和甘蔗——的概况，以及基础设施和地块的布局。荷兰东印度公司对中国农民

1447

---

[63] NA, VOC 1604, fol. 565；请参阅 L. Hovy, *Ceylonees plakkaatboek：Plakkaten en andere wetten uitgevaardigd door het Nederlandse bestuur op Ceylon*, 1638 – 1796, 2 vols. （Hilversum：Verloren, 1991）, xcii, and the laws on the *tombos* for Jaffna, entry 117（19 April 1675）and 177（9 January 1690）。另请参阅 Richard Leslie Brohier and J. H. O. Paulusz, *Land, Maps & Surveys*, vol. 2 of *Descriptive Catalogue of Historical Maps in the Surveyor General's Office, Colombo*（Colombo：Printed at the Ceylon Govt. Press, 1951）。关于 18 世纪在锡兰的测量员的叙述，请参阅 E. Muller and K. Zandvliet, eds., *Admissies als landmeter in Nederland voor 1811：Bronnen voor de geschiedenis van de landmeetkunde en haar toepassing in administratie, architectuur, kartografie en vesting-en waterbouwkunde*（Alphen aan den Rijn：Canaletto, 1987）, 238 – 240。

[64] Frederik de Haan, *Priangan：De Preanger-regentschappen onder het Nederlandsch bestuur tot* 1811, 4 vols. ［（Batavia）：Bataviaasch Genootschap van Kunsten en Wetenschappen, 1910 – 1912］, 3：9. 另请参阅 J. G. Janssen, "Grondregistratie Jacatra, Batavia, Djakarta"（Master's thesis, Delft University of Technology, 1952）。关于 17 世纪，这篇论文的信息量比较少。

[65] Simon van Leeuwen, *Het Rooms-Hollands-regt, waar in de Roomse wetten, met huydendaagse Neerlands regt*（Amsterdam：H. en D. Boom, 1678）, 443. 由于同一原因，这一系统也应用于苏里南；A. J. A. Quintus Bosz, *Drie eeuwen grondpolitiek in Suriname：Een historische studie van de achtergrond en de ontwikkeling van de Surinaamse rechten op de grond*（Assen：Van Gorcum, 1954）, 34 – 35。

[66] Zandvliet, *Mapping for Money*, 153 – 154。

[67] Vienna, Österreichische Nationalbibliothek, Atlas Blaeu-Van der Hem, vol. xl – 16, and BL, Add. MS. 34184. Illustrated in C. R. Boxer, *The Dutch Seaborne Empire*, 1600 – 1800（London：Hutchinson, 1965）, fig. 13a, facing p. 230.

[68] 土地被授予或出售给欧洲殖民者，在荷兰西印度公司的特许领地中，土地经常会租给殖民者。根据雅各布的观点，作为主权拥有者的荷兰东印度公司不需要封建制度；Eduard Herman's Jacob, *Landsdomein en adatrecht* ［Utrecht：Kemink en zoon N. V., （1945）］。

进行了这样的安置，使他们几乎没有接触到当地少数民族的土地。推行族群隔离的原则，以限制汉族和当地少数民族之间的冲突，但也为了阻止这两个群体可能会结成联盟来对抗尼德兰人。⑥

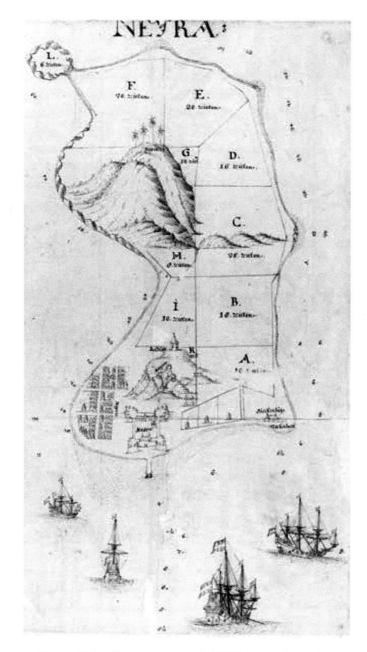

图46.4 班达内拉（Banda Neyra）的地籍图细部，17 世纪30 年代

地图表现了边界，并显示出每个地块的奴隶（"zielen"）的数目。

原图尺寸：47 × 63 厘米；此细部尺寸：约 47 × 33.5 厘米。由 Badische Landesbibliothek，Karlsruhe（Gijsels Collection，K 477，fol. 63）提供照片。

---

⑥ Zandvliet, *Mapping for Money*, 154 – 159.

图 46.5 班达内拉，1662 或 1663 年

由芬邦（Vingboon）的工作室绘制，这是一系列海外城市和要塞的油彩绘画之一，以前是在十七绅士理事会的会议室和东印度大楼的其他房间中。还有位于相同位置的水彩画，表明有一个原型经常使用。

原图尺寸：97×140 厘米，由 Rijksmuseum Amsterdam（SK‐A‐4476）提供照片。

应用罗马网格系统的实验

荷兰东印度公司经常面临在新的、不熟悉的环境中快速建立定居点的问题，每一处环境都具有独特的特征，而荷兰专家则援引罗马的范例。1600 年前后，尼德兰的学术界对罗马的土地测量师的工作很熟悉。来自莱顿的语言学家彼得鲁斯·斯克里费利乌斯（Petrus Scriverius）拥有《罗马土地测量文集》（*Corpus agrimensorum Romanorum*）的一部副本。[70] 在战争事务的推动下，斯克里费利乌斯制作了维吉提乌斯（Vegetius）的《军事论》（*De re militari*）的一份近代版本（1607 年），并在这一著作中增加了弗龙蒂努斯（Frontinus）对测量技艺的研究。[71] 在这部书的前言中，斯克里费利乌斯承诺在以后的版本中对弗龙蒂努斯的

---

[70] Hans Butzmann, ed., *Corpus agrimensorum Romanorum*: *Codex Arcerianus A der Herzog-August-Bibliothek zu Wolfenbuttel* (*Cod. Guelf.* 36. 23*A*) (Leiden: A. W. Sijthoff, 1970). 其原本在斯克里费利乌斯去世后出售，自此后收藏于 Herzog August Bibliothek in Wolfenbüttel。

[71] P. Tuynman, "Petrus Scriverius, 12 January 1576–1530 April 1660," *Quærendo* 7 (1977): 4–45.

文本进行修订，但把这个任务留给了律师威廉·胡斯（Willem Goes），后者经过多年的准备，于 1674 年出版了他的《土地立法及立法者》（*Rei agrariæ auctores legesque variæ*），这是一部评论弗龙蒂努斯和其他人关于土地分配著作的批评版本（图 46.6）。[72]

1448

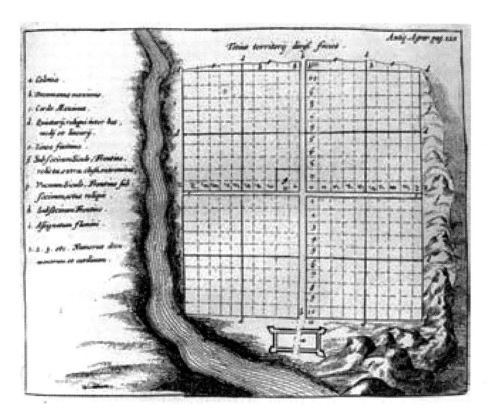

图 46.6　罗马土地划分的范例

此图出现在威廉·胡斯的《土地立法及立法者》（*Amsterdam*：*Apud Joannen Janssonium à Waesberge*，1674）中。
原图尺寸：15×16.5 厘米。由 Beinecke Rare Book and Manuscript Library，Yale University，New Haven 提供版权。

西蒙·斯泰芬在他的《罗马军营规划》（*Castrametatio*）（1617 年）中整合了罗马和尼德兰的理念，解释了如何在单独的"扑克牌"上画出建筑物的街区，然后在网格上移动。这一网格的线条允许宽 50 英尺的街道和宽 300 英尺的建筑物的正方形街区；如果有必要，这些街区可以调整得更窄或更宽。这种灵活的方法影响了欧洲军营建设的实践，并可能影响了尼德兰殖民地的布局。[73] 戴维·德索利姆内（David de Solemne）是一位使用罗马理念设计军事营地的专业设计师，他从 1630 年开始为荷兰东印度公司工作。

---

⑦　胡斯从斯克里费利乌斯手中接管了一份土地测量员的手稿，该手稿现藏于 BL，Add. MS. 47679。胡斯是莱顿诗人兼图书管理员 Daniël Heinsius 的女婿；Theodoor Herman Lunsingh Scheurleer and G. H. M. Posthumus Meyjes，*Leiden University in the Seventeenth Century*：*An Exchange of Learning*（Leiden：Brill，1975），458，n. 313。通过建筑学，胡斯也表达了他对数学的兴趣。他在海牙的房子是用一种朴素的古典主义风格建造的；J. J. Terwen and Koen Ottenheym，*Pieter Post*（1608－1669）：*Architect*（Zutphen：Walburg Pers，1993），123。

⑦　Charles van den Heuvel，"De huysbou，de crychconst en de wysentijt：Stevins teksten over architectuur，stede-en vestigbouw in het licht van zijn wetenschappelijk oeuvre，" in *Spiegheling en daet*：*Simon Stevin van Brugghe*（1548－1620）（Bruges，1995－1996），51－53。

尼德兰的殖民理念受到了罗马作家在法律和数学领域的研究的影响。这些想法在很短的时间里，在锡兰和开普角得到了严格的应用。1657 年，在好望角，赖克洛夫·范根斯（Rycklof van Goens）下令根据罗马系统进行土地划分（rooiing）和分配。[74] 测量师在长方形地块的四角上放置标记，并在地图上记录下这些地段的分布情况。[75] 这些地块的侧边是北南走向和西东走向。然而，这种土地分配方法的一个缺点是没有考虑到当地的情况。然而，范根斯认为，一个重要的优势是，通过遵循严格的数学设计，将可以避免在边界的方向方面的分歧。在 1656 年占领科伦坡之后，将城镇周围的土地进行了分配，但没有考虑到地形。范根斯的想法很可能是从尼德兰学术界的朋友那里得到的。

从 1648—1654 年，胡斯是在阿姆斯特丹的荷兰东印度公司的董事之一。[76] 范根斯在这一领域的知识和兴趣可能大部分都要归功于胡斯和约翰内斯·胡德（Johannes Hudde，1679—1704 年担任董事），[77] 他可能在 1655 年 9 月到 1656 年 11 月在尼德兰共和国休假期间遇到了他们。[78] 17 世纪 40 年代末和 17 世纪 50 年代早期，包括政治家约翰·德威特（Johan de Witt）、胡德和胡斯在内的一群人，讨论了城市的常规布局、耕地的景观和罗马网格的应用等主题。他们的想法启发了海外的管理人员，其中范根斯是最醉心于罗马传统的人。总之，我们应该得出的结论是，罗马的土地组织体系在东方，在其最严格的形式下，只有局部的、短暂的影响。[79]

1449

勘测地图的一般方法则恰恰相反。将土地管理与勘测和勘测地图结合起来是一项惯例。荷兰东印度公司将带有农作物和城镇规划的主题信息的调查作为管理和规划的基本工具。就像在尼德兰一样，经过认证的土地测量师使用账簿和账簿地图（地籍地图之前使用的地图）对土地所有权进行注册。从城市内部和周边的地形开始，账簿地图服务于各种各样的需求：管理、维护、税收、控制和法律安全。这一地块式的登记系统在 18 世纪最终成形，荷兰东

---

[74]　范根斯对 Jan van Riebeeck 的指示，1657 年 4 月 16 日；请参阅 R. Fisher，"Pieter Potter of Amsterdam, the First South African Land Surveyor," in *Proceedings of the Conference of Southern African Surveyors*（Johannesburg, 1982），1–14, esp. 5, and I. D. West, "Pieter Potter— The First Surveyor of the Cape," *South African Survey Journal* 13, no. 77（1971）：22–27, esp. 24。

[75]　对拿掉标记物进行了处罚；*Kaapse Plakkaatboek*, 6 vols., ed. M. K. Jeffreys, S. D. Naudé, and P. J. Venter（Kaapstad, 1944–1951），1：47–48, 7/9 February 1659。

[76]　List of Directors, NA, Aanw. 938（1902 XXVI 94）.

[77]　Muller and Zandvliet, *Admissies als landmeter*, 26. 在 1679—1704 年，胡德可能被认为是荷兰东印度公司的数学专家，仅次于维岑；请参阅 Bruijn, Gaastra, and Schöffer, *Dutch-Asiatic Shipping*。关于胡德及其对数学和自然科学的兴趣，请参阅 Peter Burke, *Venice and Amsterdam：A Study of Seventeenth-Century Elites*, 2d ed.（Cambridge, Mass.：Polity Press, 1994），74–77；Van Maanen, *Seventeenth Century Mathematics*, 19 and 50–52；Johannes Mac Lean, "De nagelaten papieren van Johannes Hudde," *Scientiarum Historia* 13（1971）：144–162; and R. H. Vermij, "Bijdrage tot de bio-bibliografie van Johannes Hudde," *Gewina* 18（1995）：25–35。

[78]　后来有迹象表明，范根斯与胡德的政治圈子关系密切。在 1676 年可能写给 Gillis Valckenier 的一封信中，范根斯称其为"我的赞助人"。范根斯告知 Valckenier 关于亚洲事务的情况，并告诉他自己对许多高级官员的看法。他请求 Valckenier 在看完之后烧掉这封信。而这位 Valckenier 显然没有这么做；他把一份副本给了他的侄子和政治伙伴胡德。请参阅 F. S. Gaastra, *Bewind en beleid bij de VOC：De financiële en commerciële politiek van de bewindhebbers*, 1672–1702 [（Zutphen）：Walburg Pers, 1989]，39 and 123–136。

[79]　关于网格模式在英格兰和西班牙的殖民地的总体应用和作为权力执行的网格，请参阅 Samuel Y. Edgerton, "From Mental Matrix to *Mappamundi* to Christian Empire：The Heritage of Ptolemaic Cartography in the Renaissance," in *Art and Cartography：Six Historical Essays*, ed. David Woodward（Chicago：University of Chicago Press, 1987），10–50。

印度公司与共和国的实践有所不同，在后者，直到 1800 年才有国家或省级的登记系统出现。

荷兰西印度公司

从 1621 年开始，尼德兰在大西洋的贸易就由荷兰西印度公司（WIC）管辖，该公司在共和国国内和海外雇用制图师、土地测量师和工程师。但是，在 1621 年之后，荷兰西印度公司的建立并没有使大西洋像亚洲的某些地区一样，成为该公司的专属区域。大西洋对国际航运的相对开放使得荷兰西印度公司的地图制作机构在制作海图的过程中面临着激烈的竞争。海图制作仍然主要由私营部门进行；然而，在 1621 年之后，开始了制度化的地图绘制的步骤。

在 1600 年之前，几乎没有第一手的尼德兰信息。向非洲和美洲航行的尼德兰船长和领航员在为哈布斯堡帝国或西班牙、葡萄牙或英国服务的时候，获得了这些路线的知识。1600 年被证实在某种程度上是一个分水岭。到此时，来自尼德兰以外的大部分信息已经被整合到汇编中，或者只是进行了翻译。例如，在 17 世纪早期，为建立荷兰西印度公司而采取的重大举措，催生了吉罗拉莫·本佐尼（Girolamo Benzoni）关于新世界的著作（1565 年）的译著，此书由画家和艺术历史学家卡雷尔·范曼德（Carel van Mander）翻译，于 1610 年在哈勒姆出版，标题为《新世界史》（*Historie van de Nieuwe Werelt*）。新的海事和地理信息已经可以获得。文本、地图、城镇平面图和景观图——通常是结合起来的，有时是印刷出来的——给商人和船长提供了有效的贸易和航海的必要后勤信息。尼德兰商人在每个地区收集有关当地历史、居民、植物、动物、矿产、地点、可获得程度、气候和防御工事的信息。最有可能的是，从 16 世纪下半叶开始，西班牙人关于殖民地领地的《地理关系》（*relaciones geográficas*）就成了范本。尼德兰人早期出版的地理描述是由彼得·德马雷斯（Pieter de Marees）所制作的，他在 1602 年的作品中加入了巴普蒂斯塔·范多特屈姆雕刻的几内亚地图，其所根据的原作者是葡萄牙制图师路易斯·特谢拉（Luís Teixeira）。[80] 这一时期的另外两种地理描述值得一提。1612 年，彼得·范登布鲁克（Pieter van den Broecke）发表了一份关于卢安果（Loango）的描述，几年后，该公司的一位贸易代理人约斯特·赫里松·林班（Joost Gerritsz. Lijnbaen）写出了这一地区的一篇描述，收入尼古拉斯·范瓦森纳尔（Nicolaas van Wassenaer）的《历史故事》（*Historisch verhael*）中。[81] 基于对贸易代理人和侦察员（uytlopers）的调查报告也接踵而至。

荷兰政府对出版商、雕刻师和写作者进行支持，授予他们特许权，以保护其地图免受非法印刷。在 1600 年前后的几十年里，国会倾向于向那些刺激了共和国的海外扩张的出版物提供补贴和奖励。例如，在 17 世纪的头几十年里，在羊皮纸上绘制的海图和地图，是科内

---

[80]　请参阅 Pieter de Marees, *Beschryvinghe ende historische verhael van het Gout Koninckrijck van Gunea anders de Gout-Custe de Mina genaemt liggende in het deel van Africa*, ed. S. P. L'Honoré Naber（The Hague：M. Nijhoff, 1912）。

[81]　请参阅 Pieter van den Broecke, *Reizen naar West-Afrika*, 1604 – 1614, ed. K. Ratelband（The Hague, M. Nijhoff, 1950）, introduction, and Nicolaas van Wassenaer and Barent Lampe, *Historisch verhael alder ghedenck-weerdichste geschiedenisse (n) die hier en daer in Europa*, 21 vols.（Amsterdam：Bij Ian Evertss. Cloppenburgh, Op't Water, 1622 – 1635）, October 1624。

利斯·克拉松和威廉·扬松·布劳的商店中海事清单的一部分。在克拉松和布劳的商店里，那些与那些精美的插图地图一起出售的严肃的、实用的在海上使用的海图，很少保存下来。保存下来的是少量由埃丹的地图清绘员（caertschrijvers）所制作的海图，这些海图用一种矫揉造作的风格来装饰家庭和办公室内部。

水道测量和荷兰西印度公司
阿姆斯特丹的地图绘制机构

1450 　　与荷兰东印度公司一样，荷兰西印度公司并没有将有关海洋问题的信息收集和编辑工作全部依赖于船长和出版商的主动性。船长和领航员受命制作锚地、海岸和港口的地图，并将这些地图交给公司的十九绅士董事会（Heren XIX），否则将被处以 3 个月工资的罚款。[82] 此外，荷兰西印度公司拥有自己的制图师，或者更准确地说，它拥有自己的独家地图供应商。从 1621 年到其去世的 1632 年之间，黑塞尔·赫里松是荷兰西印度公司的地图供应商。荷兰西印度公司的地图制作组织几乎与荷兰东印度公司相同。在为这两家公司服务的同时，这位制图师仍然以其私人名义非常活跃，他使用公司的名声来抬高自己的声誉。

　　尽管尼德兰人在 17 世纪早期对大西洋沿岸地区就很熟悉了，但 1621 年荷兰西印度公司的成立，还是为外国人所编写著作的翻译和出版提供了新的推动力。不久之后，尼德兰关于大西洋的原创作品紧随而来。最早的一篇是由来自泽兰的一位船长迪里克·雷特斯（Dierick Ruijters）撰写的，他自己编著了一份前往南大西洋地区航行的导航手册；他的《航海火炬》（*Toortse der zee-vaert*）于 1623 年问世。雷特斯的一个重要资料来源是葡萄牙领航员审查员曼努埃拉·德菲格雷多（Manuel de Figueiredo）所写的手册，其版本出现于 1609 年和 1614 年。[83] 然而，葡萄牙人的著作只是为《航海火炬》提供了基础，凭借雷特斯和他的荷兰同事们的观察对其做了广泛的注释和扩充，到那时，他们已经根据他们的经验了解了大西洋地区。

　　1627 年，赫里松开始编著一份带有详细地图和沿岸景观图的导航手册。他首先对外国人的海外信息进行了评估——这是一份英文的抄本航海手册，他在东印度大厦的海军上将保卢斯·范卡尔登（Paulus van Caerden）的文件中找到，以及一份由西班牙的米格尔·德拉维雷斯（Miguel de Ravires）于 1621 年所编写的航海手册。此外，他一定使用了扬·许根·范林索登、理查德·哈克卢特（Richard Hakluyt）和德菲格雷多所发表的航海手册。然后，他根据荷兰西印度公司和荷兰西印度公司的档案中可用的期刊、沿海景观图和地图进行了批判性的编辑。[84] 他与几十名甚至数百名船长和领航员进行了交谈，其中包括迪里克·雷特斯。

---

[82] NA, Library 57 H 9: *West-Indische Compagnie. Articulen met approbatie vande Hoogh Moghende Heeren Staten Generael der Vereenichde Nederlanden provisionelijck beraement by Bewinthebberen vande Generale West-Indische Compagnie*（Middelburg, 1637）, Article 104.

[83] S. P. L' Honoré Naber, ed. , *Toortse der Zee-vaert*, door Dierick Ruiters（1623）, *Samuel Brun's Schiffarten*（1624）（The Hague: M. Nijhoff, 1913）, introduction.

[84] 赫里松小心翼翼地提到了他的 *roteiros* 中的资料来源。他还运用了从普兰西乌斯的财产中获得的文件；E. J. Bondam, "Journaux et Nouvelles tirées de la bouche de marins Hollandais et Portugais de la navigation aux Antilles et sur les Cotes du Brésil: Manuscrit de Hessel Gerritsz traduit pour la Bibliotheque Nationale de Rio de Janeiro," *Annaes da Bibliotheca Nacional do Rio de Janeiro* 29（1907）: 99 – 179, esp. 177。

赫里松在一本名为《抗议宗的书》（*remonstrantieboek*）中直接记录了返航的领航员的观察，这些记录册页可以在荷兰西印度公司的地图档案中找到。[85]

所以，鉴于荷兰人在16世纪末在地图信息拥有方面落后于西班牙和葡萄牙，1632年，一位荷兰西印度公司官员自豪地宣布他们已经赶上："所有的港口对我们来说都是已知的，他（西班牙敌人）不能改变或掩饰他的路线，如果不是我们发现它的话。"[86] 事实上，一年前，西班牙当局就已经下令将尼德兰的航海技艺的书籍翻译成西班牙语。[87] 这些新获得的详细信息随后被制作用于长途海洋航行的雕版小型海图，即所谓的"远洋海图"（overzeilers）。

巴西的水道测量办公室，1630—1654年

在1630年被尼德兰人占领后，巴西的累西腓成为荷兰西印度公司的海外行政中心，以协调军事和考察性的探险以及水文调查。鉴于装备师和总督在巴达维亚指挥地图绘制工作，由海军上将负责巴西的水道测量工作。约翰内斯·范瓦尔贝克是第一批在那里工作的海军上将之一，他从1630年春开始的两年里，参与了各种各样的地图活动，包括协调对巴西海岸的调查等。1631年10月，在一幅巴西海岸的海图上，范瓦尔贝克对领航员做出了以下指示："指挥官将乘小舟离开港口，取道格兰德河（Rio Grande），保持靠岸航行，派遣快艇与其共同航行，后者更适合海运，并在所有的通道、入口、港口和海湾处尽可能地进行检查，收集所有相关的信息，而且每天晚上日落时分落碇停泊，到了黎明再开始继续航行。"[88]

1632年之后，在海军上将扬·科内利松·利赫塔尔特（Jan Cornelisz. Lichthart）的指导下，经过为期7年的调查之后，绘制出一幅新的更详细的巴西沿岸海图。[89] 这幅由约安内斯·芬邦斯制作的海图的几份绘本副本保存了下来。[90] 其中一份副本的标题提到，它是由1637年抵达累西腓的总督约翰·毛里茨·范拿骚寄到尼德兰的。

1451

1633年之后尼德兰共和国制作的大西洋地区海图

1631年，黑塞尔·赫里松完成了一套两张的加勒比海和大西洋的海图，会合于南美洲北海岸的拿骚角（Cape Nassau）。他去世之后，1632年，由芬邦斯兄弟：约翰内斯和菲利普

---

[85] 另一幅附有赫里松撰写的丰富文字的地图记录了 Bouwen Heyns（Hendricksz.）于1627年夏天在巴西沿岸地区的发现。这些文字开篇是解释了接下来是 Heyns 本人于1627年10月的一份声明；NA，Verzameling buitenlandse kaarten 682。

[86] 引用自 J. H. J. Hamelberg, *Documenten behoorende bij "De Nederlanders op de West-Indische Eilanden,"* 1：*Curaçao*, *Bonaire*, *Aruba*（Amsterdam：J. H. de Bussy, 1901），10-11。

[87] Maurice van Durme, *Les archives générales de Simancas et l'histoire de la Belgique*（IXe-XIXe siècles），4 vols.（Brussels：Académie Royale de Belgique, Commission Royale d'Histoire, 1964-1990），2：60。

[88] NA, WIC 49, fol. 166, 对领航员 Albert Smient 和 Colster 的指示，1631年10月。

[89] Joannes de Laet, *Iaerlyck verhael van de Verrichtinghen der Geoctroyeerde West-Indische Compagnie in derthien boecken*, 4 vols., ed. S. P. L'Honoré Naber（The Hague：Martinus Nijhoff, 1931-1937），4：58 and 68。德拉埃特提到1634年，由利赫塔尔特指挥的一支舰队对累西腓南部海岸的侦察，也提到了同一年对帕拉伊巴（Paraiba）海岸的另一次侦察。

[90] Wieder, *Monumenta Cartographica*, 4：113-114, pls. 85 and 86, 重制了梵蒂冈的《克里斯蒂娜地图集》册页，4：129，描述在累西腓的芬邦斯地图集的第44页，其标题中有利赫塔尔特的名字。

出版了大西洋海图，表现了从非洲到巴西的跨洋形式。⑨ 这幅《巴西海图》（*Brasilysche pas-kaert*）（1637 年）为领航员提供了各种季节中的盛行风和洋流的信息（图 46.7）。在从非洲海岸穿越时，船长不仅利用风，还利用了东西向的洋流。从非洲出发的船只，目标是在南美洲最东边的奥古斯丁角（洋流在那里分为西南和西北方向），然后从那里出发，前往北方几英里远的累西腓，同时还能安全的到达海岸。⑨ 在返航途中，他们利用了向西北方向流动的海流，有时还会在加勒比海停留。

1452

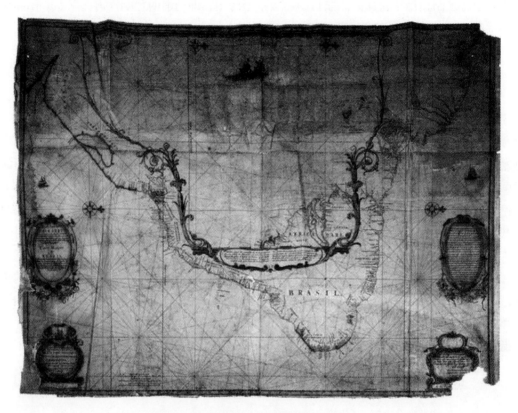

图 46.7　赫里松的《巴西海图》，1637 年

这幅海图于 1631 年完成，但在赫里松于 1637 年去世后，由菲利普斯和约翰内斯·芬邦斯出版，它表现了从非洲穿越大海到巴西，其中大西洋的很大部分画在南美洲内；以西为上方。

Bibliothèque de l'Institut de France, Paris（MS. 1288, fol. 23）. 由 Bridgeman – Giraudon /Art Resource, New York 提供照片。

在很长一段时间里，《巴西海图》是最先进的海图。⑨ 它是约翰·布劳于 1642 年首次出

---

⑨　M. Bouteron and J. Tremblot, *Catalogue général des manuscrits des bibliothèques publiques de France*（Paris：Librairie Plon, 1928）, 246 – 247, entry 1288.

⑨　后来的海军上将 Michiel de Ruyter 可能在 1641 年使用了他从非洲到奥古斯汀角的海图。根据 De Ruyter 的说法，这幅海图是不正确的；根据海图，在他真正看到海岸之前，他已经"沿着陆地航行了 78 英里"。NA, De Ruyter archives 171, fols. 32 – 33。

⑨　Johan Radermacher（泽兰的荷兰西印度公司董事），在他由 Pieter Nason 于 1670 年前后绘制的画像中（目前的位置未知），在他的右手中有一幅部分卷起来的海图，看起来像《巴西海图》。除了这幅海图，在背景中还有一架球仪、一本书（也许是出自 De Laet 之手）和一艘船，突出了他作为一名荷兰西印度公司董事的角色。这幅画于 1948 年在阿姆斯特丹的 Kunsthandel Fetter 上出售（一份照片复制品在荷兰国立博物馆的绘画文献系统中，Rijksmuseum, Amsterdam）。

版的地图集中巴西地图的基础。⑭ 1637 年之后，尼德兰的水文制图中几乎没有什么新东西，主要是因为 1637—1644 年，巴西的水道图和陆地地图被合并在一起，形成了一幅总图。有迹象表明，约翰·布劳和约安内斯·芬邦斯在海军上将扬·科内利松·利赫塔尔特的指挥下一起工作，共同制作了在累西腓编辑的巴西海岸新海图（1639 年前后）的大比例尺原型。⑮

大西洋和整个加勒比海地区的海图非常受欢迎，并被多次重印。布劳的父亲在 1629 年前后首次出版，并由布劳于 1639 年重印的《西印度海图》（*West-Indische paskaert*），⑯ 进入 18 世纪之后，此书得以修订和重印，参与的出版商有：雅各布·阿尔松·科洛姆（Jacob Aertsz. Colom）、安东尼［Anthonie，特尼斯（Theunis）］·雅各布松［Jacobsz.，洛茨曼（Lootsman）］、大亨德里克·东克尔、彼得·戈斯、约翰内斯·范科伊伦一世、胡戈·阿拉德［Hugo（Huych）Allard］、雅各布·鲁宾（Jacob Robijn）和约翰内斯·洛茨。

荷兰西印度公司的主任塞缪尔·布洛马特（Samuel Blommaert）是一位超群的地理专家。⑰ 他写到，他比其他人更小心地获取"在荷兰西印度公司特许状的限制范围内发生的任何事情的详细信息，以及不断从该地区的任何人那里获取信息"。⑱ 布洛马特对地理的兴趣和他作为荷兰西印度公司的董事和瑞典代理人的双重活动，催生了保存在梵蒂冈的约安内斯·芬邦斯的不朽的三卷绘本巨著。这部地图集曾经属于瑞典女王克里斯蒂娜，与瑞典的海外活动有关，这些活动与 1635 年之后在北美和非洲海岸发展起来的瑞典海外活动有关。地图集中的许多地图提供了关于瑞典殖民的细节。⑲

《克里斯蒂娜地图集》给人留下了关于该世纪中叶荷兰西印度公司的水文知识水平的良好印象。这一图集包括了 56 份手稿的集合，这些海图共同构成了大西洋的荷兰西印度公司的"王室登记"（padrón real），以及整个特许地区的小比例尺索引海图（图 46.8）。⑳ 赫里松和芬邦斯收集的所有信息都是用来制作这部王室登记的，唯一一份完整的版本收在《克

⑭ 请参阅献给荷兰西印度公司在巴西的波兰部队指挥官 Arciszewski 的 *Brasilia*，见 Koeman，*Atlantes Neerlandici*，1：144。

⑮ 利赫塔尔特海图的一幅绘本副本保存在 Instituto Archeólogico, Histórique e Geógrafico Pernambucano（Wieder，*Monumenta Cartographica*，4：129）。利赫塔尔特的海图也通过布劳的工坊传播。同一海图的手写标题保存在布劳的助手 Dionysus Paulusz. 的档案中；BL，Add. MS. 5027A。

⑯ C. A. Davids，*Zeewezen en wetenschap*：*De wetenschap en de ontwikkeling van de navigatietechniek in Nederland tussen* 1585 *en* 1815［Amsterdam：Bataafsche Leeuw，(1985)］，96. 另请参阅拍品目录，见 Frederik Muller，*Catalogue de manuscrits et de livres provenant des collections*：*Baron Van den Bogaerde de Heeswijk*；*Jhr. Dr. J. P. Six*，*à Amsterdam*；*M*［*onsieur*］*L. Hardenberg*，*à La Haye*；*M*［*onsieur*］*A. J. Lamme*，*ancien directeur du Musée Boymans à Rotterdam*，2 vols.［Amsterdam：Frederik Muller，(1901)］，2：42 – 43，entry 1421。

⑰ 1622—1629 年、1636—1642 年和 1645—1654 年期间，布洛马特担任主管之职；根据 G. W. Kernkamp，"Brieven van Samuel Blommaert aan den Zweedschen rijkskanselier Axel Oxenstierna，1635 – 1641，" *Bijdragen en Mededeelingen van het Historisch Genootschap* 29（1908）：3 – 196，esp. 21 – 22。

⑱ 这句话摘自 Kernkamp 的一封信中，此信发表于 Kernkamp，"Brieven van Samuel Blommaert，" 39 – 40 and 123。

⑲ 该地图集的内容表明其绘制时间可能在大约 1650 年之前，或者比维德尔给出的普遍接受的日期提前 15 年。这部地图集是专门为克里斯蒂娜制作的，这表明它应该被称为克里斯蒂娜地图集，而不是梵蒂冈地图集。请参阅 Zandvliet，*Mapping for Money*，179。

⑳ 之所以使用"padrón real"这个词，是因为，就像在西班牙的案例中一样，我们必须想象赫里松和芬邦斯在一段时间内修改了一套大比例尺海图。从这些主图中，他们可以制作特殊的海图，或者像《克里斯蒂娜地图集》一样，是整个集合的复制品，覆盖了整个荷兰西印度公司的特许区域。

里斯蒂娜地图集》中。

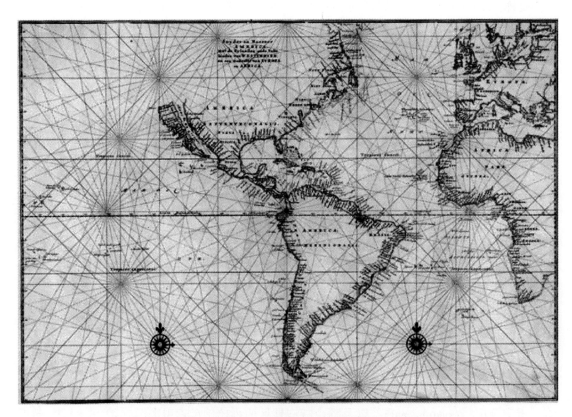

图 46.8 约翰内斯·芬邦斯的《克里斯蒂娜地图集》的索引地图，约 1650 年

在一个小比例尺内显示包含大比例尺地图的地区。

原图尺寸：50.5×76.5 厘米。由 Biblioteca Apostolica Vaticana，Vatican City（Reg. Lat. 2105，fol. 1r）提供照片。

　　所有 56 张构成这张"王室登记"的海图都是按照相同的比例绘制的（1∶500000），如果连接起来，将形成一张长度超过 8 米的总图。[⑩]"王室登记"提供了北美洲和南美洲海岸的形象：从纽芬兰到东部海岸，穿过麦哲伦海峡，再到西海岸，一直向北到加利福尼亚的最南点；它还提供了从塞内加尔到好望角的非洲西海岸的图像（图版 56）。这些地图也可以被认为是领航手册的模型，威廉·扬松·布劳早在 1608 年就向公众承诺过这种手册，而约翰·布劳对其也有很高的期望。出于各种原因，布劳/芬邦斯的手册从未实现过；而约翰·布劳可能想要一本宏大的手册，但荷兰西印度公司并没有打算为如此昂贵的书提供资金。

　　1650 年之后不久，荷兰西印度公司失去了其海图制作的主导地位。几乎没有迹象表明，船长们仍然遵守指示，将对该公司进行新探索的地图移交给该公司。1674 年，在第一次破产之后，第二次荷兰西印度公司建立，荷兰西印度公司撤出了海洋地图制作领域。尼德兰人在大西洋上的航运自由化了。然后，私人制图师完全接管了这一地图制作任务，回到了 1621 年之前的状况。

　　米德尔堡（Middelburg）的荷兰西印度公司办公室雇用了当地的地图制造商阿伦特·罗

1453

⑩　Koeman，"Dutch West India Company，" 1：305－317.

赫芬（Arent Roggeveen）着手继续绘制自己的大西洋地图，而不是等待布劳或其他阿姆斯特丹的地图制造商。1668 年，罗赫芬获得了特许权，以荷兰语、英语、法语和西班牙语出版《燃烧的泥煤》［Burning Fen（Het brandende veen）］。《燃烧的泥煤》是一个重要的突破：它是第一本有大比例尺海图的印刷手册，附带了沿海侧面图和对整个大西洋地区的描述，并打入了一个广阔的国际市场。

1680 年，阿姆斯特丹出版商范科伊伦和他的搭档克拉斯·扬松·福赫特获得了与它们竞争的领航手册《海洋火炬》（Zee-fakkel）的特许权，这是一部商业产品，很适合 1674 年自由贸易区的创建，就在 1674 年，荷兰西印度公司解体了，又创建了另一家范围更有限的荷兰西印度公司。范科伊伦的《海洋火炬》提供了整个大西洋地区的详细信息，并以荷兰文、意大利文和西班牙文出版；计划中的英文版从未问世。《海洋火炬》的第 4 和第 5 卷于 1683—1684 年间实现，其覆盖范围是欧洲之外的大西洋区域，在其主要竞争对手雅各布·罗宾的《燃烧的泥煤》的第二部分完成之前。范科伊伦的作品与尼德兰和外国竞争对手的作品不同，其大量的沿海景观、放大的河口，以及密集的阴影，都展示了海岸的地形。

荷兰西印度公司的地理和土地管理

与海图制作者不同的是，地理地图的制作者们准备使用非地图资源，而这种做法并不局限于海外地区。我们从 1628 年的赫里松的信中得知，他结合了地图和书面描述，绘制了斯堪的纳维亚的地图。[102] 这并不是荷兰人的发明，例如，葡萄牙地图定位了居住在非洲东北部的国家——埃塞俄比亚的牧师国王普雷斯特·约翰（Prester John）的土地——显然是通过当地的线人的帮助编纂而来的。[103] 在美洲和非洲的海岸上，荷兰商人很大程度上依赖于当地人民，他们在沿海地区发展良好的关系是很重要的，可以了解贸易产品、地形和内陆人口。

在尼德兰地图上，我们可以看到原住民的知识是如何被整合的。在可能是由赫里松编汇的尼德兰的绘本和印刷地图上，人们看到了印第安群体的位置。赫里松主要基于 1616 年的科内利斯·亨德里克松的观察，提供了关于地图图例的罕见的例证（图 46.9），这一地图显示了他如何认真地把来自尼德兰的侦察兵（uytlopers）和印第安人的信息结合在一起：

> 这是克莱因泰因（Kleyntjen）的一个尼德兰探险家和他的同伴向我表明的河流的位置，和他们在从马夸亚（Maquaas）沿着新河到内陆地区，再到奥格哈格［Ogehage（Oglala?）］的行程，上面提到过的北方国家的敌人，在这一点上，我到目前只能找到两份部分完成的地图草稿。当我推测这和其他的草案应该如何结合的时候，我得出结论说，塞内卡斯（Sennecas）、哈霍斯（Gachoos）、卡皮塔纳塞斯（Capitanasses）和耶内卡斯（Jennecas）等国家应

----

102 致 Theodor Rodenburg 的信，用荷兰文誊写，见 Zandvliet, De groote waereld, 178 – 179。

103 关于这幅葡萄牙地图的绘本副本，请参阅 Dionysus Paulusz. 的文件，收藏在 BL, Add. MS. 5027A。Paulusz. 复制了耶稣会制图师 Manoel de Almeida 在 17 世纪 40 年代绘制的一幅地图。Almeida 的地图发表于 Manoel de Almeida, História geral de Etiópia a alta ... , ed. Balthazar Telles（Coimbra, 1660）；请参阅图 38.28。

1454

该被进一步地向西画。[104]

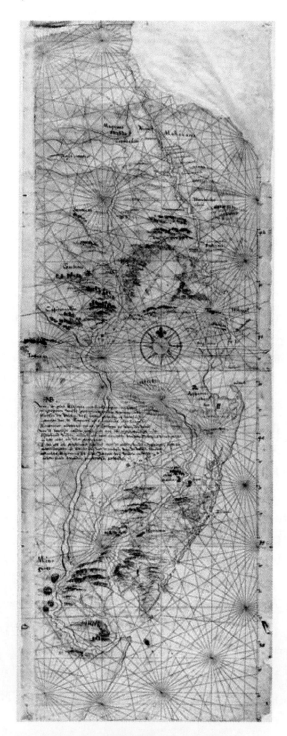

图 46.9 赫里松编辑的《新尼德兰》

原图尺寸：约 104×39 厘米。由 NA（VEL 519B）提供照片。

---

[104] 在我看来，这涉及稍晚些时候对赫里松的评论。我认为赫里松可能是对新尼德兰的公司做了这些观察。在赫里松的观察结果中，他以第三人的立场谈到了他的线人，这是他严谨的工作方式。

从这个北美的例子可以看出，外交上的考虑起到了重要的作用。尼德兰的各公司对一个特定的土著国家是否与英语、西班牙语或其他土著国家友好相处进行了研究，并在决定是否与这些国家进行贸易时考虑了这一点。不仅是这些国家的政治态度与尼德兰有关，还包括它们作为有利可图的贸易伙伴的潜力。

通过与当地人交往的积累，尼德兰人对未开发地区的了解有时通过间谍活动和使用武力获得。例如，一名提瓜尔人（Tiguar）的成员——彼得·波蒂（Pieter Potty）被绑架并被带到阿姆斯特丹。在赫里松的一部航海手册中，1628 年 3 月，董事基利安·范伦塞拉尔（Kiliaen van Rensselaer）在阿姆斯特丹对几个巴西人（通常被称为"提瓜尔"）进行了采访。[105] 提瓜尔人住在乡村（aldeias）里，被认为是可以被转化为基督教的人。[106] 其中一些"基督教化"的民族是葡萄牙人的敌人，也是潜在的盟友。13 名提瓜尔人被带到荷兰，并接受了教育，且担任了翻译，在 17 世纪 30 年代早期，他们在巴西被雇用。[107] 塔普亚人（Tarairiu）是葡萄牙人在巴西的敌人。因为在 1629/1630 年，当尼德兰人准备袭击累西腓的时候，关于塔普亚人友好态度的信息非常重要，而在 1630 年前后，赫里松设计的巴西东北海岸的海图显示了提瓜尔、塔帕拉等地的居民区。该信息被扩展到超过 20 个印第安部落。1630 年之后，"塔普亚人"被证明是忠实的盟友。他们的特殊地位在格奥尔格·马尔克格拉夫（Georg Marcgraf，Margraff；Marggravius）的地图上得到了证实，这幅地图由布劳于 1647 年出版（图 46.10）。在这张地图上，正如传说中所解释的那样，不同的符号被用于塔普亚人的村庄（尼德兰人的朋友）和"印第安人"（塔普亚人以外的印第安人：敌人或者不值得信任的群体）。

1455

1456

间谍和情报活动

对于一般的地形和经济地图，间谍活动是不必要的，因为需要的信息通常是现成的。但在为军事行动准备地图时，情况并非如此。在大西洋地区，大比例尺的地图在每一次军事行动中都起着重要的作用。在 17 世纪的头几十年里，尼德兰人的扩张主要是针对西班牙和葡萄牙占领的领土，现实的军事地图信息很重要，但很难维持，因为敌人通过建造新的防御工事来回应荷兰人的行动。

对于 16 世纪 30 年代在巴西为荷兰西印度公司工作的军事工程师来说，对葡萄牙要塞的侦察是一件例行公事：在发起攻击之前，他们通常会绘制一张地图来通知指挥官。[108] 这类地图通常是基于估计而非调查测量的侦察调查。在欧洲、地中海和大西洋海域航行的荷兰海军舰队也有军事工程师在场。

---

[105] Bondam，"Journaux et Nouvelles，" 171.

[106] John Carter Brown Library，Codex Du 1，fols. 9 – 11，关于提瓜尔的报告，在一份同时代荷兰语手稿中。另请参阅 E. van den Boogaart，"Infernal Allies：The Dutch West India Company and the Tarairiu，1631 – 1654，" in *Johan Maurits van Nassau-Siegen*，1604 – 1679：*A Humanist Prince in Europe and Brazil*，ed. E. van den Boogaart（The Hague：Johan Maurits van Nassau Stichting，1979），519 – 538，esp. 521 – 522。

[107] Van den Boogaart，"Infernal Allies，" 522 – 527.

[108] 工程师 Pieter van Buren 在 1631 年秋天重新建造了帕拉伊巴（Paraiba）的堡垒；NA，WIC 49，7 October and 2 November 1631。这幅地图保存在 NA，Verzameling buitenlandse kaarten 698。Golyath 于 1638 年去监视 Bahia de Todos los Sanctos 的葡萄牙要塞。地图原本收藏在 NA，Verzameling buitenlandse kaarten 718。

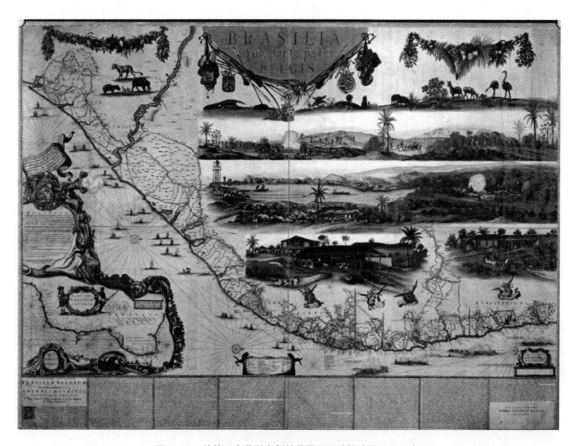

图 46.10　约翰·布劳所出版的荷属巴西壁挂地图，1647 年

　　根据格奥尔格·马克格拉夫（Georg Marcgraf）的 1643 年地图，该地图包含新信息，包括 1640 年和 1643 年内部重要探险的成果。图例包含 18 个符号——包括四种类型的糖厂和两种不同的印第安人村落（"普通的"和"同盟的"）。

　　原图尺寸：101×160 厘米。由 Universitats – und Landesbibliothek，Darmstadt（O 3051/480）提供照片。

城镇和堡垒建设

　　正如我们在南非和亚洲所看到的那样，城堡（Citadels）是海外定居点的中心，在那里，最明显的是把长期预算削减的政策和强大的城堡结合起来。在美洲，十九绅士董事会管理的地区在战略上更容易受到来自欧洲的敌人的反抗和攻击。加强整个定居点的建设成本非常高昂，而建造一个通常位于海岸或河口的城堡来防御来自土著居民、内部叛乱或欧洲敌人的攻击，这被证明是最有效的。新阿姆斯特丹（纽约）和苏里南的帕拉马里博（paramaribo）这样的定居点是这样组织起来的。[109]

　　在新阿姆斯特丹，为了维护军队和其他公共工程以及财产的登记，时不时地绘制了大比例尺的地图。当局在新阿姆斯特丹也鼓励这样做，因为他们在控制城市的发展方面有困难，

---

[109]　根据 F. C. Wieder，*De stichting van New York in juli* 1625：*Reconstructies en nieuwe gegevens ontleend aan de van Rappard documenten*（The Hague：M. Nijhoff，1925）。另请参阅 P. Meurs，"Nieuw-Amsterdam op Manhatan，1625 – 1660，" *Vestingbouwkundige bijdragen* 4（1996）：19 – 31。

正如他们在 1647 年 7 月 25 日为试图解决这个问题而做出的决定的措辞所表明的那样："我们已经看到，迄今为止，现在每天进行的房屋建造和架设，将地段远远延长出它们的界限，在公共道路和街道上搭建猪圈和私人房屋，忽视授权地块的耕种等，总干事彼得勒斯·施托伊弗桑特（Petrus Stuyvesant）和理事会认为最好决定任命三名测量师。"[110]

农业和土地的组织

海外地图绘制在建成区外的农业和土地组织中起着重要作用。1667 年，苏里南的殖民地被荷兰人控制。当分配地块时，会授予种植园主地契（grondbrieven，也被称为 warrands，这是早期英国管理员使用的术语）。许多人的登记和转让都必须在殖民地的办公室里进行。未开垦的领土仍保留在该理事会的手中。荒野的部分地区被无偿地交给了种植园主，其前提是他们必须开垦耕种。许多土地从未完全成为殖民者的财产：董事会维持着最终的合法所有权，因此当种植园主未能按照规定的要求进行耕种时，所有权就归政府所有。[111]

土地测量师决定了土地分配的模式。殖民地的建立和土地的测绘，在土地分配之前或者是在土地分配的时候。因此，土地测量师从一开始就在诸如巴巴多斯（Barbados）这样的荷兰殖民地中扮演了重要的角色。[112]

尼德兰的土地分配实践

与河岸垂直分布的长条地块分配制度起源于 11 世纪的低地国家，[113] 而当时在尼德兰创造的地块仍然可以在今天的景观中看到。在 17 世纪，法律学者胡戈·赫罗齐厄斯（Hugo Grotius）仍然提到了同样的方法，这是土地分配的正常模式。

共和国的土地复垦工程的分配制度经历了 16、17 世纪的变化。通常，这个系统包括一个设计在绘图桌上的模型，显示出要在短期内完成的地块、道路和沟渠，很少有人注意到现有的小溪的流路。在这些项目中，土地勘测员扮演了水利工程师和土地组织者的主导角色；最初的景观对运河、道路和地块的布局几乎没有影响。在农业领域，无论是在国内还是在国外，尼德兰人都应用了中世纪和近代的系统。

在荷兰西印度公司的授权区域中，也将整个殖民地按农场主的地块组织起来，任何想要建立殖民地的人都会获得大量的土地。在 1629 年的一份荷兰西印度公司特许状中，这项政策制定如下："（殖民地的创始人）可以将他们地块的范围沿着海岸或航海河流延伸 4 英里；

1457

---

[110]　Berthold Fernow, ed., *The Records of New Amsterdam from* 1653 *to* 1674 *anno Domini*, 7 vols.（New York：Knickerbocker Press，1897），1：4.

[111]　请参阅 1688 年 9 月的法令，见 Jacob Adriaan Schiltkamp and Jacobus Thomas de Smidt, eds., *Plakaten, ordonnantiën en andere wetten, uitgevaardigd in Suriname*, 1667 – 1816, 2 vols.（Amsterdam：S. Emmering，1973），1：180 – 181。

[112]　F. C. Innes, "The Pre-Sugar Era of European Settlement in Barbados," *Journal of Caribbean History* 1（1970）：1 – 22, esp. 13. 关于与荷兰实践的比较，请参阅 Charles T. Gehring, ed. and trans., *Land Papers*（Baltimore：Genealogical Publishing，1980），and R. J. P. Kain and Elizabeth Baigent, *The Cadastral Map in the Service of the State：A History of Property Mapping*（Chicago：University of Chicago Press，1992），265。

[113]　Hendrik van der Linden, *De cope：Bijdrage tot de rechtsgeschiedenis van de openlegging der Hollands-Utrechtse laagvlakte*（Assen：Van Gorcum，1956）.

或者沿着河流的两岸延伸 2 英里，向内陆远至占有者允许他们可以占有的距离。"⑭ 与农场主地块的分配一样，这种在尼德兰殖民地分配土地的方法意味着必须使用该地区的地图表示法作为基础。

地籍地图

为了监督分配的土地，殖民地的管理员需要小比例尺的地籍地图，在其上可以用一般的方式记录大量的地块和河流。除了法律要求之外，地籍地图作为征收土地税（*akkergeld*）的基础也很重要。地籍地图在风格上可以与地产地图和水利委员会地图 *waterschaps-kaarten* 相提并论，⑮ 它是通过按比例缩小每个单独地块的地图，把它们合并到一个地图上，并强调水文情况。从苏里南、埃塞奎博（Essequibo）、德梅拉拉（Demerara）和伯比斯（Berbice）的第一批定居点开始，"地籍地图"被制作出来并定期更新。有时，需要提醒种植园主注册自己的土地，尊重地块的边界，并加以维护，这样它们才能保持可见状态。在 17 世纪晚期和 18 世纪，这些来自殖民地的地图以印本的形式出现在印刷品上，以符合印刷商和种植园主的利益。在地图上的图例或随附的登记簿上，记录了糖料种植园的主人和位置。

"地籍地图"是早期的尼德兰在美洲的殖民地制作的，比如格奥尔格·马尔克格拉夫（Teorg Marcgraf）的巴西和奥古斯廷·海尔曼［Augustijn Heerman（Herrman）］的新尼德兰。约翰·布劳和约翰内斯·扬松尼乌斯分别发表了这些地图。尽管在巴西和新尼德兰的地图上没有这些地产的边界，但它们确实出现在了后来的圭亚那殖民地的荷兰地图上。

当新总督科内利斯·范埃森·范索梅尔斯迪克（Cornelis van Aerssen van Sommelsdijc）在 1683 年来到苏里南时，殖民地的测绘工作被列为优先考虑事项。1684 年，他下令对所有种植园进行一项新的调查，并对边界的划分进行了改进。这项调查是由科内利斯·布格特（Cornelis Boogaert）完成的，他在完成这项工作后，退休回到他的种植园了。

1688 年夏天，出版商弗雷德里克·维特在阿姆斯特丹雕刻了一幅苏里南的地籍地图。在这幅地图上，很多地块都是第一次被正确地定位，按比例缩小，并以适当的彼此关系进行描绘（图 46.11）。在这幅地图和后来的地图上，人们可以看到，所描述的土地分配系统在总体上定义了耕地的景观。然而，我们也看到了许多例外，例如以长边沿着河流的地块，或者是一条河流穿过的地块。尽管如此，1688 年的地图证实了海外土地测量师使用了中世纪尼德兰开发的土地分配方法。

在 1640—1685 年间，土地注册办公室制作了不同殖民地（荷属巴西、新尼德兰和苏里南）的中等规模的地籍地图。这些地图概述了各个时期的地缘政治利益：它们包含关于原住民人群的信息、他们的经济重要性，及其政治和军事倾向；在河口或沿海地区建立带有城

---

⑭　G. J. van Grol, *De grondpolitiek in het West-Indische domein der Generaliteit*：*Een historische studie*, 3 vols.（The Hague：Algemeene Landsdrukkerij, 1934 – 1947）, 2：266, art. V, and Oliver A. Rink, *Holland on the Hudson*：*An Economic and Social History of Dutch New York*（Ithaca：Cornell University Press, 1986）, 94 – 116. 这种做法的例子也可以在葡萄牙的殖民地中找到。巴西以长地块的形式划分为各行省（Capitanias），如路易斯·特谢拉 1586 年前后的绘本地图所示，本卷图版 33 版。另请参阅 Max Justo Guedes and José Manuel Garcia, *Tesouros da cartografia Portuguesa*, exhibition catalog（Lisbon：CNCDP, 1997）, 94。

⑮　关于 16 和 17 世纪荷兰地籍地图的英文介绍，请参阅 Kain and Baigent, *Cadastral Map*, 11 – 38。

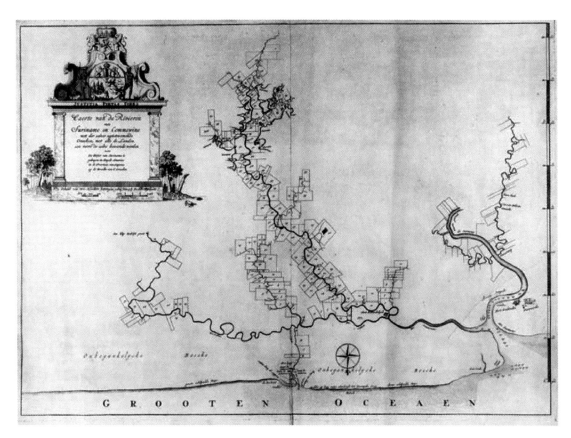

图 46.11　苏里南殖民地的土地测量地图，1688 年

由土地测量员科内利斯·布格特与其他人绘制，由弗雷德里克·德威特奉西印度公司之命在阿姆斯特丹雕版、出版。
原图尺寸：50×69 厘米。由 NA（CVEL 1670A）提供照片。

堡的定居点；建立由测量师标出数学轮廓的农业地区；在公正的政府、可达性和数学原理之间寻求平衡，催生了很长的地块。

公司地图的装饰作用

　　这些公司的贸易活动是高风险的，但利润相当丰厚。这些风险是由控制海外地图绘制的一群精英集团所承担的。他们不仅需要地图和海图来有效地进行导航和有效地规划堡垒，而且他们还认为地图和地形画是有效的工具，用来促进他们的活动并建立起他们的历史角色。在大西洋概观中，表现了地点、种植园和河流的参考地图被用来吸引殖民者。半官方的新闻地图得以出版，以获得对海外战争的支持和筹集资金。在印刷之前，荷兰西印度公司的董事们对这些新闻地图的内容进行了控制。

　　热爱艺术的技术官僚和商人从一小群艺术家手中订购了绘本地图、壁挂地图和风景画，这些艺术家擅长绘制将数学技巧与审美愉悦相结合的绘画和地图，这一组合反驳了现代的观点，即地图绘制和艺术是彼此独立的技能或学科。通常，这些艺术家从未到过他们的景观画或地图所描绘的地方，而是使用当地的仆人制作的景观图、平面图和地图作为来源。在艺术史和地图学文献中，这些艺术家被称作海洋或风景画家或制图师。

在公司的办公室和总督的宫殿里都可以找到装饰有亚洲和大西洋的壁挂地图和地形图的内饰（图 46.12）。在 17 世纪 60 年代，人们可以推测在尼德兰的荷兰东印度公司和荷兰西印度公司的每一间办公室都装饰了 10—60 幅画和壁挂地图。在总督腓特烈·亨利（Frederick Henry）的宫殿中，至少用 30 幅带有海外主题的地形画进行装饰。[⑩] 这些画作和壁挂地图有很多都是同一个原型的变体，但同时已经存在不少于 80—100 个不同的原型。今天，只

1459

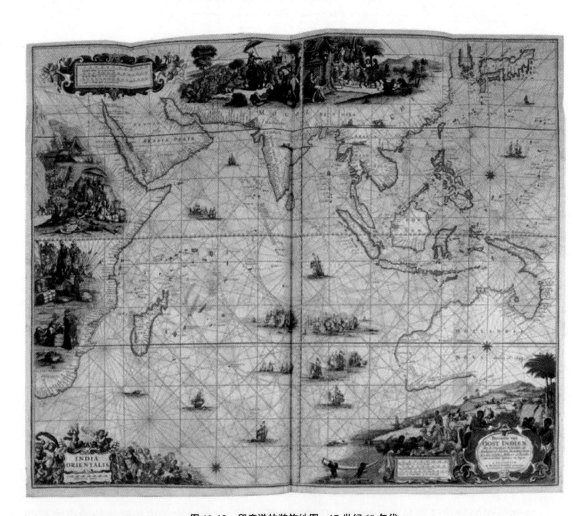

图 46.12 印度洋的装饰地图，17 世纪 60 年代

这幅海图适用于装框和悬挂，由大亨德里克·东克尔（Hendrik Doncker the elder）出版。

由 Museum Meermanno - Westreenianum, The Hague（MMW 24 C 5）提供照片。

有少数几幅真正的地形图作为绘画形式存在，但我们可以从其他版本中了解到它们的外观。现存的绘画和文献资料表明，绘画的素材库与大量存在的水彩类型有很大的关系。在不同的芬邦斯系列中，我们发现了大约 180 种水平景观图（图 46.13 和 46.14）、透视（scenographic）

---

⑩ 荷兰东印度公司的估计是基于档案来源的；荷兰西印度公司的数据更为粗略，但仍有书面证据支持（Zandvliet, *Mapping for Money*, 227）。关于腓特烈·亨利展示的地形画，请参阅 C. W. Fock, "The Princes of Orange as Patrons of Art in the Seventeenth Century," *Apollo* 110（1979）: 466 – 475。

景观图、正交平面图和地图的原型，布劳－范德赫姆地图集中的许多其他原型对其进行补充。这些水彩画中有许多也曾经以油画的形式存在。画家们使用布劳/芬邦斯的档案来获得他们绘画的模型。

图 46.13　芬邦斯绘制的被称作苏拉特（Surat）的城市的水彩景观图

　　这幅景观图奉科西莫·德美第奇三世之命绘制于 17 世纪 60 年代。它很可能是苏拉特上游的城市比贾布尔（Bijapur）的一幅景观图。

　　与图 46.14 对比。

　　原图尺寸：35.5×57 厘米。Biblioteca Medicea Laurenziana, Florence（Carta di castello 58；在该馆作为 Villa Castello 收藏的一部分编目，可能仍被认为系一幅苏拉特景观图）. the Ministero per i Beni e le Attività Culturali 特许使用。

　　这些公司和总督都把壁挂地图和地形画看作他们时代的海外历史的精确而不朽的纪念品。这些作品都很自豪地向参观者展示，其中的一些人，比如科西莫·德美第奇三世（Cosimo Ⅲ de'Medici），以及萨克森选侯腓特烈·奥古斯都一世（Frederick Augustus Ⅰ），都留下了深刻的印象，并订购了这些系列的复制品来装饰他们自己的宫殿。[⑰]

　　17 世纪早期，这些地图制作的纪念品时常引发激烈的辩论。如阿尔诺德·范布谢尔（Aernoud van Buchell）等温和的董事，认为专门献给坚定的加尔文主义者弗雷德里克·德豪特曼（Frederik de Houtman）的那幅安波那（Amboina）着色地图是对安波那的征服者史蒂文·范德哈亨（Steven van der Haghen）的一种冒犯行为。这样的冲突可能激发了董事和芬

1460

⑰　Zandvliet, *Mapping for Money*, 271, 基于 Wieder, *Monumenta Cartographica*, 4：130－133, and the entry, "Schilderijen behoorende aan de oostindische comp[e]," *De Navorscher* 14（1864）：211。

邦斯家族对海外地区的更中立的描绘。

图46.14 文布恩斯绘制的比贾布尔（Bijapur）的水彩景观图，17世纪60年代。与图46.13对比。一幅比贾布尔的油画，与此城市的水彩画类似，在东印度大楼中作为装饰

　　原图尺寸：44×59厘米。由NA（VELH 619-105）提供照片。

结　论

　　在尼德兰共和国，海图绘制从未成为荷兰东印度公司组织的独有专属事务。黑塞尔·赫里松和他的继任者们仍然是独立的制图师和出版商。继承了赫里松的布劳家族利用了他们在荷兰东印度公司的垄断地位，在一定程度上在荷兰西印度公司的范围内，加强了他们自己的商业活动。布劳家族的位置让他们可以获得来自世界各地的地图信息，他们交给公司的海图为其提供了可观的利润。他们几乎没有受到保密政策的阻碍，而这一政策在1620年之后很快就失去了意义。

　　布劳的荷兰东印度公司海图、约安内斯·芬邦斯的绘本地图集，以及布劳—范德赫姆地

图中的绘本图幅，大部分是在 17 世纪中期和后半期绘制的，都被视为"秘密地图"。¹¹⁸由于有限的文献资料，学者们对鲜为人知的荷兰东印度公司的决议给予了太多的重视，认为在赫里松的 1619 年合同中的荷兰东印度公司保密条款在整个 17 世纪都是有效的。而其他的决议，例如关于归还借来的海图，也被认为是保密的证据，而不是简单地出于经济方面的理由。然而，在一艘船返回后，要求其提交海图和仪器的指令，与其说是出于保密考虑，不如说是为了提高效率，并保证对昂贵的物资进行有效的重复利用。

学者也试图将保密制度与由劳伦斯·范德赫姆和其他人收集的相对大量的绘本地图联系起来，推测这样的地图是被心怀妒意的收藏家所拥有的，他们以某种方式，通过约翰·布劳和约安内斯·芬邦斯，非法地从荷兰东印度公司（和荷兰西印度公司）的档案中获得了这些绘本，只有对非常信任的人才会展示。¹¹⁹接受这样的观点，也就是这些地图是独家的，而非秘密的，这更有意义。绘本海图和地图几乎总是比印本地图和海图发行量少；它们的数量更少，价格更高昂。作为独家藏品，它们被收藏起来并倍加珍视。

这些地图和海图，无论是印刷的还是手绘的，都反映了荷兰东印度公司和荷兰西印度公司管辖地区内的不同情况。在海外，立法和方法比在尼德兰共和国要统一得多。从更务实的城镇建设、土地组织和基于西蒙·斯泰芬等科学家（他们反过来又受到了罗马和意大利思想的影响）的理念的建设中，可以明显地看出对合理的海外规划的强调。城市规划的一种"灵活的预制"方法，允许在理想的、标准化的方法和当地的环境之间做出妥协。在地图中，整个地籍系统使用了一种测量标准——莱茵兰杆。这些公司把地籍地图和城镇平面图作为管理和规划的基本工具。

直到 17 世纪中期，荷兰西印度公司的地图制造商约翰·布劳和约安内斯·芬邦斯在大西洋地区的功能性和装饰性方面的地图绘制上都占据了主导地位。令人印象深刻的是他们的地图知识和技能，包括新尼德兰和巴西的印刷地形图，以及 1650 年前后《克里斯蒂娜地图集》中的绘本地图。

虽然海外领土可用的地图资料库相对丰富，但画作的数量却极低，给人一种有偏见的印象，即地图和绘画的混合和相对功能。除了少数几张曾经在荷兰东印度公司和荷兰西印度公司船舶上使用过的海图，在海外制作和使用的大部分大比例尺地图都已经亡佚了。当尼德兰共和国成为法兰西帝国的一部分时，这些前公司的大部分地图材料被搬到了法国，只有一小部分归还给了尼德兰。

尽管如此，一些关于已经亡佚的海图的知识可以从办公室的装饰、地形图和亡佚画作的副本中收集而来。剩下的几件艺术品让我们得以部分地重建和理解曾经存在的资料库。¹²⁰

---

⑱　关于范德赫姆及其地图集，请参阅 Roelof van Gelder，"Een wereldreiziger op papier：De atlas van Laurens van der Hem（1621 – 1678），" in *Een wereldreiziger op papier：De atlas van Laurens van der Hem*（1621 – 1678），exhibition catalog [（Amsterdam）：Stichting Koninklijk Paleis te Amsterdam，Snoeck-Ducaju and Zoon，（1992）]，9 – 21。关于针对保密制度与海图、芬邦斯地图集和布劳 – 范德赫姆之间关系的争论，请参阅 Wieder，*Monumenta Cartographica*，5：145 – 152；Schilder，"Hydrographic Office，" 61；and Van Bracht's introduction to *Atlas van kaarten*，4 – 5。

⑲　Schilder，"Hydrographic Office，" 70。

⑳　最重要的收藏可以在 NA 中找到。

法国

第四十七章 16 世纪法国的地图和对世界的描绘

弗朗克·莱斯特兰冈（Frank Lestringant）和

莫妮克·佩尔蒂埃（Monique Pelletier）

审读人：黄艳红

在 16 世纪的法国，王国和世界的地图表现似乎是建立在君权所需的基础之上——安德烈·特韦（André Thevet）和尼古拉·德尼古拉（Nicolas de Nicolay）所拥有的"王室地理学家"（géographe du roi）或"王室宇宙学家"（cosmographe du roi）的头衔暗示了这一联系，而且，从王室委托牧师让·若利韦（Jean Jolivet）、地理学家尼古拉，可能还包括弗朗索瓦·德拉吉约蒂埃（François de La Guilliotière）这些人的绘制法兰西地图的任务来看，这一联系非常明显。[①] 然而，根据当时的需求，王室对地图制作的要求也发生了变化，这些需求随着变化莫测的政治局势而变化。而法兰西新地图的计划——比如拉吉约蒂埃所绘制的——可能是对改革王国行政的渴求的产物，这一时期的内战既阻碍了制图师的工作，也破坏了他们享受到的任何保护（取决于他们支持哪一方）。

传统上，16 世纪被分为两个时期。"美丽时代"（beau siècle）与弗朗索瓦一世（1515—1547 年在位）和亨利二世（1547—1559 年在位）的统治相符，随之而来的是一个内部冲突时期，被称作"宗教战争"（实际上，它不仅涉及宗教问题，而且是团体和宗族之间相互冲突的野心和争夺）。尽管这种冲突并不过度干扰法国地图工作的创造力量——这一点可以由奥龙斯·菲内（Oronce Fine）、尼古拉、纪尧姆·波斯特尔（Guillaume Postel）、特韦和拉·吉约蒂埃得到确认——但的确影响了他们工作的传播，我们可以从特韦《大岛与航行》（ *Le grand insulaire et pilotage* ）和拉·吉约蒂埃的《法兰西地图》（ *Charte de la France* ）的命运看出这一点。在当时不稳定的社会背景下，雕刻师、印刷商和书商无法满足制图师自身的需求。因此，我们可能会在 16 世纪法国地图业的最后产品——莫里斯·布格罗（Maurice Bouguereau）1594 年出版的《法兰西概观》（ *Le theatre francoys* ）中，可以看到一种特定的象征意义，这是一项独立的事业，它汇集了法国所有省份的地图，从而表现出亨利四世（1589—1610 年在位）所完成的国家统一的成就。

16 世纪上半叶的战争和后半段的动乱显然不利于法国的殖民扩张，在这一时期内，法国的殖民扩张被打上了非常短暂的冒险活动的标签。1524 年，乔瓦尼·达韦拉扎诺（Giovanni da Verrazzano）——他出生于一个于 15 世纪定居到里昂的佛罗伦萨家庭——承担了北

---

① 请参阅本卷 pp. 1483 – 1487 和 pp. 1493 – 1495。

美洲东海岸的侦查任务，从佛罗里达到新斯科舍。这标志着四次航行的开端，其中最后两次由韦拉扎诺的兄弟吉罗拉莫（Girolamo）带领，这将导致从 1529 年开始的法国与南美洲之间的正常关系。1534 年 5 月 10 日，雅克·卡蒂埃（Jacques Cartier）到达纽芬兰，在那里他进入了圣劳伦斯湾，但没有越过安蒂科斯蒂（Anticosti）岛。在第二次航行期间（1535—1536 年），他沿着河流航行，最远到达蒙特利尔。接踵而来的是尼古拉·迪朗·德比列加尼翁（Nicolas Durand de Villegagnon）的航行，他是短暂存在过的南方法兰西（France Antarctique）（1555—1560 年）以及 1562—1565 年间由里博（Ribaut, Ribault）和勒内·古莱纳·德洛东尼埃（René Goulaine de Laudonniere）领导的佛罗里达探险的创始人，这也是在殖民扩张中的单独奋斗事件。然而，虽然法国王庭并没有从这些措施中得到什么，但它的宇宙学家的想象力得到了刺激，正如在迪耶普的水道测量师的实际工作中，或诸如菲内、特韦和波斯特尔一类的博学宇宙学者的著作中所看到的那样。这难道不是意欲利用物质空间做实验的绘制地图的行为，从而可以通过给现世以方向来塑造未来吗？

当我们讨论 16 世纪法国所制作的世界地图的时候，这一章集中在三个问题：菲内绘制的两幅世界地图（1531 年和 1534/1536 年）、王室宇宙学家的实际角色，以及法国与其意大利和佛兰德邻居之间的交换。然而，关于这些要点的讨论应该放在法国制作的克劳迪乌斯·托勒密《地理学指南》的版本中的若干文字之后。第一个出版的带有法国边界的版本于 1535 年在里昂制作，之后是在多菲内（Dauphiné）的维埃纳（Vienne）印刷了第二个版本。[2] 这一事业背后的驱动力来自梅尔基奥尔（Melchior）和加斯帕尔·特雷什塞尔（Gaspard Trechsel）兄弟，他们是里昂的印刷商和书商，已经从印刷商约翰·格吕宁格尔（Johann Grüninger）那里购买了国外制作的 1525 年斯特拉斯堡版本的木刻版。在里昂版本的地图内容中没有创新的部分；尽管他们增强了由洛伦茨·弗里斯（Lorenz Fries）为 1522 年的斯特拉斯堡版本所制作的地理和装饰的细节，但实际上，大多数格吕宁格尔地图是马丁·瓦尔德泽米勒为著名的 1513 年斯特拉斯堡版本所制作的地图的缩小版。菲内的世界地图在内容上更具原创性。

1464

奥龙斯·菲内和托勒密传统

奥龙斯·菲内于 1494 年出生在布里扬松（Briançon），是一位对天文学感兴趣的医生的儿子，他的爷爷也是医生。[3] 奥龙斯前往巴黎，以完成其在纳瓦尔学院（Collège de Navarre）的学业，然后我们听说他于 1524 年被捕入狱，但原因尚不清楚。有人宣称，意大利战争期

---

② Mireille Pastoureau, *Les atlas francais*, *XVIe-XVIIe siècles*: *Répertoire bibliographique et étude*（Paris: Bibliotheque Nationale, Departement des Cartes et Plans, 1984），380–385.

③ 关于奥龙斯·菲内的这些部分是根据 Monique Pelletier, "Die herzförmigen Weltkarten von Oronce Fine," *Cartographica Helvetica* 12（1995）: 27–37. 原本的法文文本附在同年由《瑞士地图学》（*Cartographica Helvetica*）出版的心形世界地图的摹写本中，基于现在收藏在 BNF（cf. note 11）中的副本。菲内被特韦称为 "Finé"，将他的名字与多芬尼山（Dauphiné）押韵；历史学者在他们的 "Finaeus" 的翻译上加上了口音。然而，在菲内关于几何正方形的手稿（BNF, Manuscrits, francais 1334, fol. 17）中所附的一首诗中的与法语 "doctrine"，与 "Fine" 是押韵的。关于菲内的基本著作，仍然是 Lucien Gallois, *De Orontio Finæo gallico geographo*（Paris: E. Leroux, 1890）.

间，他因试图在提契诺河（Ticino）上修建一座桥而被捕；其他人则声称他做了一些不受欢迎的预言，或者仅仅是巴黎大学反对不久前法国国王和教皇之间签订的协定的受害者。然而，我们知道，1531 年，他凭借自己的数学讲师（lecteur de mathematiques）的工作收到了150 埃居（écus）。作为今天法兰西公学院的遥远前身，这些王室讲师（lecteurs royaux）的制度，是弗朗索瓦一世在纪尧姆·比代（Guillaume Budé）建议下做的决定。国王想要创建一门教育课程，与索邦神学院（Sorbonne，它被认为太过保守）截然不同，有很多直接依靠他的教师。这些课程的学生来自全部社会阶层，同样的讲堂被描述为包含了"各种类型的人，他们的举止、文化、民族和习惯都各不相同"。④ 这些讲师教授的课程很快得到了认可，他们的课程包括拉丁文、希腊文、希伯来文、数学和外科学，甚至还吸引了王室宫廷的成员。⑤

菲内的作品

在关于菲内"行星钟"（planetary clock）的文章中，希拉德（Hillard）和普勒（Poulle）回顾了这位学者所制作或发表的全部作品，制作了一个包括 103 则标题的目录。⑥ 早在 1515 年，菲内就出版了格奥尔格·冯·波伊尔巴赫（Georg von Peuerbach）的《理论新网络》（*Theoricarum novarum textus*），后者是匈牙利国王拉迪斯劳斯（Ladislaus）五世的天文学家，他在维也纳大学教授天文学、数学计算和古典文学。接下来的一年，菲内编辑了约翰内斯·德萨克罗博斯科（Johannes de Sacrobosco）的《地球小论》（*Mundialis sphere opusculum*），这部著作是 13 世纪早期在巴黎写作的。在托勒密的《天文学大成》和其后的阿拉伯文批注的基础上，这篇简短的论著将自己定位在进入天文学和宇宙学的基本真理的"新手"开始任务上——尤其是地球和天堂的球体形式。菲内发表的第一部作品于 1526 年出版，是一部关于行星定位仪（équatoire）的拉丁文论著，这是一种可以用来根据托勒密所制作的模式来确定行星的位置的仪器。⑦ 更多的关于其他仪器的论著将会接踵而来：关于新的象限仪（1527 年）、星座图（meteoroscope）（1543 年）、天文环（1557 年），以及星盘（astrolabe）。人们还相信菲内制作了圣日内维耶（Sainte-Geneviève）图书馆（巴黎）的时钟，这个时钟显示了行星的位置。然而，数学家只负责更换表盘中的两个（星盘和钟面自身）。

中世纪以来，天文学被划分为两个截然不同的研究领域：天空的每日运行和行星的运行。在前一个领域，要使用星盘和相关的仪器（比如新的象限仪），而在后一个领域，则是使用诸如行星定位仪一类的仪器。

在一个受到中世纪遗产重大影响的转折时期——这时天文学和占星学密不可分，菲内并

---

④　被引用于 André Chastel, *Culture et demeures en France au XVIe siècle*（Paris：Julliard, 1989），33。另请参阅 Marc Fumaroli, ed., *Les origines du Collège de France*（1500 – 1560）：*Actes du Colloque international*（*Paris, décembre* 1995）（Paris：Collège de France and Klincksieck, 1998）。

⑤　Chastel, *Culture et demeures en France*, 36.

⑥　Denise Hillard and Emmanuel Poulle, "Oronce Fine et l'horloge planétaire de la Bibliothèque Sainte-Geneviève," *Bibliothèque d'Humanisme et Renaissance*：*Travaux et Documents* 33（1971）：311 – 351.

⑦　Emmanuel Poulle, *Les instruments de la théorie des planètes selon Ptolémée*：*Équatoires et horlogerie planétaire du XIIIe au XVIe siècle*, 2 vols.（Geneva：Droz, 1980），1：89 – 93, 179 – 183, and 249 – 253.

不是天文学领域的革新者。例如，他拥有一份托勒密《四论》（*Liber quadripartiti*）的副本，这是一项重要的占星学著作，其用意是来展示群星是如何影响人类的命运的。那个时代，这样的占星术在受过教育的公众中很受欢迎，菲内本人则凭借《关于被称为星历表的通用年历的使用和实践的经典与非常丰富的文件》（*Les canons et documens très amples touchant l'usaige et la practique des communs almanachz que l'on nomme éphémérides*）（1543 年，图 47.1）从事这一工作，以及他关于天堂大厦和小时的不均等（1553 年）的讨论。在几何学和算术方面，菲内也制作了大量不是原创的作品。他最重要的作品《数学元论》（*Protomathesis*）献给弗朗索瓦一世，概述了他在算术、几何、宇宙学以及格言著作方面教育的基本内容；作者用木刻来装饰其作品。菲内还对人文科学感兴趣，尤其是音乐；他被认为是发展了一种琵琶演奏的方法。

1465

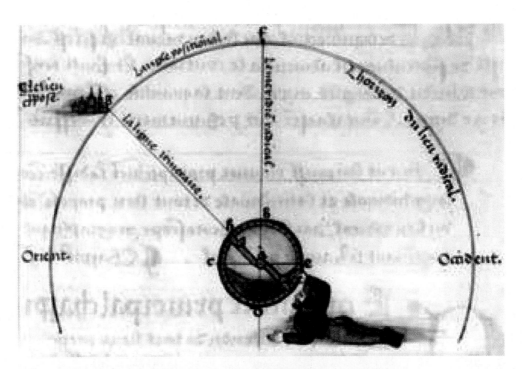

图 47.1　奥龙斯·菲内：《一种地理投影仪或平面天体图的构成与应用》（*LA COMPOSITION ET USAIGE D'UN SINGU-LIER MéTHéOROSCOPE GéO GRAPHIQUE*），1543 年。以穿过巴黎的绘线为本初子午线

原图尺寸：8.3×12.7 厘米。由 BNF（Manuscrits，francais 1337，fol. 19）提供照片。

法国人的宇宙观从本质上讲来自亚里士多德和托勒密：确定的天堂被吸收在一个球体的模型中，转入围绕一个完全贯穿的轴线的统一运动，在这个天球的中心，是呈不动状态的球体大地。然而，与此同时，勇敢的航海家们也到达了新大陆。在他的两幅世界地图——1531 年的双心形和 1534/1536 年的心形地图中——菲内着手描绘了这些新世界，既包括那些已经发现的，也包括那些尚待探索的。

菲内的世界地图

正是在地图学领域，菲内很好地证明了自己是最原创的，其作品超越了他最初模仿对象托勒密的作品。例如，在他 1530 年《宇宙志》（*De cosmographia*）（此书与 1532 年《数学元论》一起出版）中，这位学者给出了欧洲主要城市的坐标，与托勒密和诸如弗朗西斯科·贝林吉耶里（Francesco Berlinghieri）、马丁·瓦尔德泽米勒以及彼得·阿庇安等门徒所给出的坐标不同。事实上，菲内利用最新发明的地理学星盘，进行了新的地理坐标的测量，这是一种通过添加罗盘进行改进的星盘。⑧ 至于对经度的计算，他建议基于对月球的轨迹和运动的观察，而不是偶尔的月食。

在菲内的 1531 年和 1534/1536 年两张世界地图之前，他展示了自己的法兰西新地图——《高卢全境新图》（*Nova totivs Galliae descriptio*），在 1525 年由西蒙·德科利纳（Simon de Colines）制作，在巴黎印刷的第一个版本中，其作品所使用的方法在他的《宇宙志》中得到了描述。⑨ 菲内从图上已知的点开始，然后运用水道测量的技术进行绘制，完成了这一带有浮雕和海岸线的工作。后来，在他的两幅世界地图中，包括了这一高卢—法兰西：首先，在双心形投影版中，标题为《最新世界全图》（*Nova, et integra vniversi orbis descriptio*），于 1531 年，由克雷蒂安·弗舍尔（Chretien Wechel）（现在我们已知的印本是插在书中的；图 47.2）在巴黎印刷；⑩ 第二版，使用心形投影（1534/1536 年），标题为《最近世界全图》（*Recens et integra orbis descriptio*）（图版 57）。⑪

这两幅地图是一套 18 幅世界地图的一部分，这些世界地图出版于 1511—1566 年，心形投影。⑫ 这些地图中的第一批——托勒密的《地理学指南》（*Liber geographiae*）的 1511 年威尼斯双色印刷版——编辑贝尔纳多·西尔瓦诺（Bernardo Silvano）的灵感得自这位希腊地理学家所描述的两个类型的投影之一：这种拥有弧形子午线的投影已经由尼古劳斯·格尔曼努斯用在乌尔姆出版的《地理学指南》1482 年版本中。若阿内斯·维尔纳（Johannes Werner）在他的《略论在同一平面表现四个世界》（*Libellus de quatuor terrarum orbis in plano figurationibus*）（纽伦堡，1514 年）中，系统性地概述了正确的心形投影，在其中，他提出了三种可能的变体。⑬ 这些地图中的第一批在经度上覆盖了 180°，而第二批则覆盖了整个地球，在中央子午线和赤道上做了相同的延伸。彼得·阿庇安用在他的 1530 年英戈尔施塔特地图上的

1466

---

⑧ "La composition et usaige d'un singulier méthéoroscope géographique"，1543 年，在两部手稿中：BNF，Manuscrits，français 1337（manuscript dedicated to François I），fols. 15 – 22，and français 14760。在两部手稿中，"La composition" 在 "L'Art et la manière de trouver certainement la longitude de tous les lieux proposez sur la terre par le cours et le mouvement de la lune" 之后。在《Quadratura circuli》之后，这一论著于 1544 年用拉丁文出版。

⑨ 请参阅本卷 pp. 1480—1483。

⑩ Pomponius Mela，*De orbis situ libri tres*（Paris：C. Wechel，1530 and 1540），and Simon Grynaeus，comp.，*Novus orbis regionum ac insularum veteribus incognitarum*（Paris：A. Augereau for J. Petit and G. Du Pré，1532）。

⑪ 已知的两份副本，其中一份在 BNF，Cartes et Plans，Res. Ge DD 2987（63）。另一份副本则是在 Germanisches Nationalmuseum，Nuremberg，使我们可以确定存在巴黎的副本的日期。实际上，它有两个日期：一个——约 1534 年 5 月 1 日——左下角，在文字的末尾；另一是在地图右面的地址中——*Hiero. Gormontius curabat Imprimi Lutetiae Parisiorum Anno Christi MDXXXVI*（Paris：Jérôme de Gourmont，1536）。请注意菲内说他在 15 年前就已经为弗朗索瓦一世用心的形状绘制了这幅地图，但是他必须为出版而进行更新。请参阅 Pelletier，"Die herzförmigen Weltkarten von Oronce Fine."。

⑫ George Kish，"The Cosmographic Heart：Cordiform Maps of the 16th Century," *Imago Mundi* 19（1965）：13 – 21. Also Rodney W. Shirley，*The Mapping of the World：Early Printed World Maps*，1472 – 1700，4th ed.（Riverside，Conn.：Early World，2001），72 – 73（no. 66）and 77（no. 69 and illustrated as book frontispiece）.

⑬ Johannes Keuning，"The History of Geographical Map Projections until 1600," *Imago Mundi* 12（1955）：1 – 24，esp. 11 – 13.

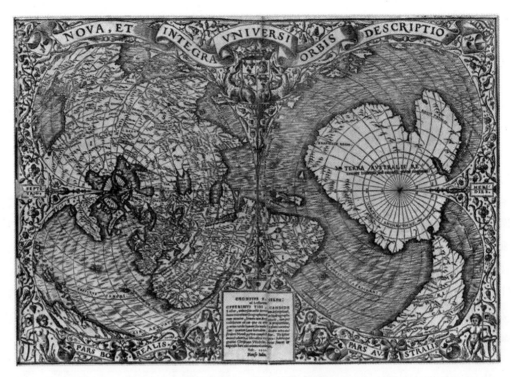

图47.2 奥龙斯·菲内:《最新世界全图》，1531年。摘自西蒙·格里诺伊斯（Simon Grynaeus）编撰:《前人未知的地域和岛屿新世界》（*Novus orbis regionum ac insularum veteribus incognitarum*）（巴黎，1532年）

原图尺寸: 29×42厘米。由BNF（Cartes et Plans, Res. Ge D 6440）提供照片。

正是第二种投影（参见图42.14），菲内用在他的双心形地图上的（这是一幅比阿庇安的还要详细、和谐的作品），也是第二种投影。法国人制作的第二幅世界地图采用了第三种心形投影，在其上，赤道上的度数延伸比中央子午线上的度数延伸略大一点。维尔纳用圆弧描绘了赤道，圆弧的中心在北极（用推测的半径的相同距离外显示出南极）。小的圆圈——全部以北极为中心——与平行线相符，子午线由从贯穿两极的弧线组成，与平行线相交，将它们分割成一个圆圈的弧线，与相应的球体弧线相称。然而，维尔纳不应该被认为是投影文本的真正作者，因为它们反映了他从约翰内斯·斯塔比乌斯身上学到的东西。但是，加卢瓦（Gallois）认为这两个人都不知道《地理学指南》1511年威尼斯版本，他们一定直接根据托勒密的文本本身工作。[14]

除了其在地图投影上的应用，从15世纪中叶开始，心形已经成为欧洲图释中经常出现的图像。在书商的商标中应用得很早，它成为世俗和神圣之爱的象征，这是一种相对较晚的时尚，也许可以用心态上向更大的个人主义和内在的虔诚的变化来解释。[15] 在安德烈亚·阿尔恰蒂（Andrea Alciati）于1531年发表的著名的《雕刻装饰小论》（*Emblematum libellus*）

---

[14] 请参阅 Lucien Gallois, *Les géographes allemands de la Renaissance*（Paris: E. Leroux, 1890），118-1130, esp. 128。

[15] Anne Sauvy, *Le miroir du coeur: Quatre siècles d'images savantes et populaires*（Paris: Éditions du Cerf, 1989），48-49. See also Giorgio Mangani, *Il "mondo" di Abramo Ortelio: Misticismo, geografia e collezionismo nel Rinascimento dei Paesi Bassi*（Modena: Franco Cosimo Panini, 1998），and idem, "Abraham Ortelius and the Hermetic Meaning of the Cordiform Projection," *Imago Mundi* 50（1998）: 59-83.

中，心形甚至没有在其所描绘的符号中出现过。然而，它确实在纪尧姆·德拉皮耶尔 1467
（Guillaume de la Perriere）1539 年的《优良装备概观》（*Theatre des bons engins*）中出现过，
是其中的第八个符号，展示一个吃自己心脏的人。更有趣的是，在同一个作者的《愚人的
智慧》（*Morosophie*）（1553 年出版）中，有一个符号，其中智慧树根植于一个人的心中，从
他的嘴里爆发出来。

　　就像埃尔韦（Hervé）所展示的那样，菲内的世界地图是那一批地图与地球仪的一部
分，这些地图与地球仪是由费迪南·麦哲伦（Ferdinand Magellan）和朱昂·塞巴斯蒂安·德
尔卡诺（Juan Sebastian del Cano）的世界探险与埃尔南·科尔特斯（Hernán Cortés）对墨西
哥的征服所引发的。⑯ 这一批作品中最古老的据说是由僧侣弗朗西斯·蒙纳楚斯（Franciscus
Monachus）［弗朗索瓦·德马里内斯（François de Malines）］所制作的地球仪，在其上东亚
（蒙古、上印度）与美洲新发现的地区连在一起，还有一篇关于巨大的南方大陆的描述。尽
管这位地理学家的球仪没有保留下来，但有两篇作品完美地阐释了他的论著《世界形势与
说明》（*De orbis situ ac descriptione*）（安特卫普，1526/1527 年）：斯图加特图书馆的大型铜
雕版贴面条带，和现在法国国家图书馆（BNF）（据埃尔韦研究后，不再被认为是约翰内斯·
舍纳所制作）的镀金球仪。在对尼德兰球仪的研究中，范德克罗赫特强调了蒙纳楚斯的重
要性，他的作品足以与舍纳相伴，后者是 16 世纪 20 年代唯一一位在南德意志制作印刷地球
仪的地理学家。⑰ 甚至在受了舍纳《最卓越的世界全图》［*Luculentissima quaeda（m）terrae
totius descriptio*］（1515 年）和阿庇安的 1524 年的《宇宙志》（*Cosmographicus liber*）的影响
下，蒙纳楚纳似乎已经制作了一部有一些原创性的作品，这部作品他请加斯帕尔·范德海登
（Gaspard van der Heyden）制作雕版。菲内对非洲的描述一部分来自托勒密，这也可以解释
北部地区地名的丰富。然而，这一轮廓的确显示法国人认可了葡萄牙人的探险。于是，菲内
的非洲与镀金球仪和球仪贴面条带的描述非常接近。

　　然而，菲内所使用的这两种不同的投影提供了关于世界的不同视角。双心形的投影强调
了对两极的描述，而南方大陆则包括两个区域，菲内认为是巴西地区（Brasielie）和帕塔拉
地区（Regio patalis）（这些地名出现在舍纳的《最卓越的世界全图》上）。这两幅地图之间
的另一个区别是中央子午线的选择以及所引起的"切割"，这不可避免地影响了朝向地图边
缘所显示的区域。在 1531 年的地图上，非洲、欧洲、亚洲和今天南美洲的一部分（菲内称
作美洲）被清楚地看到。但这与今天的北美洲无关，后者被菲内与亚洲连在一起。然而，
在 1534/1536 年地图上，非洲和北美洲被最清楚地放在地图上，而亚洲则延伸到上面部分，
从墨西哥湾到东印度群岛。

作为绘图员和雕刻师的菲内

　　就像文艺复兴时代出现的许多其他学者一样，菲内既是艺术家，又是学者。《数学元

---

　　⑯　Roger Hervé，"Essai de classement d'ensemble, par type géographique, des cartes générales du monde—mappe-
mondes, globes terrestres, grands planisphères nautiques—pendant la période des grandes découvertes（1487 – 1644），" *Der Glo-
busfreund* 25 – 27（1978）：63 – 75.

　　⑰　Peter van der Krogt，*Globi Neerlandici：The Production of Globes in the Low Countries*（Utrecht：HES，1993），40 – 48.

论》的优雅书名页诠释得非常清楚："这位作者在没有其他人帮助的情况下自己绘制了这幅图。"在 1543 年《寻找经度的技艺和方法》（*L'art et manière de trouver certainement la longitude*）的手稿文字中也发现了同样的艺术品质，这幅作品献给弗朗索瓦一世，并装饰了引人注目的插图。[18] 当我们将封装这两幅世界地图的装饰外框与相似的同时代作品相比较，再一次看到了创新的特定符号。围绕 1531 年的地图的叶子图案包含了小型的心形叶片，这是菲内在他的作品中始终不明显使用的东西。至于在 1534/1536 年世界地图中所使用的建筑结构，它让人想起了《数学元论》的书名页。正如他的法兰西地图一样，这两幅作品都是木刻版，这是那个时代法国出版的大部分地图的惯例。

菲内的地图绘制是其广泛而多样化的作品的一部分，通过确认那些由最近的地理发现所揭示的土地，以及在古典和中世纪被认为存在的地区，它揭示了一种协调过去和现在的尝试。在一个数学结构中，这位学者试图给那些不仅不同，而且还彼此矛盾的事实以和谐的表达。他的目标是给国王、赞助人和他的王室学院学生提供新的地理知识，因此，他试图给自己配置必需的教具，比如地图和科学仪器。最终的结果是产生了吸引人的地图作品，这些作品显示了数学家—地理学家对形式之美的敏锐欣赏力。

安德烈·特韦和尼古拉·德尼古拉：王室宇宙学

特韦：作为生命使命的宇宙志

安德烈·特韦是位于昂古莱姆（Angoulême）的一个理发师—外科医生家庭的最小的孩子，1526 年，当他十岁的时候，尽管不愿意，还是被送到这座城市里的方济各修道院中。然而，他逃离了修道院，到处游历，尤其是在意大利和黎凡特（Levant），在那里他从 1549 年居留到 1552 年，以前往耶路撒冷的传统朝圣之旅，并去土耳其宫廷执行一项外交使命。在特韦回到法国之后，他于 1554 年在里昂出版了自己的第一部作品，《黎凡特宇宙志》（*Cosmographie de Levant*），在其中，他去中东的旅程成为关于道德和好政府的老生常谈的托词，与最多样化的考古学的、植物学的和动物学的奇怪的东西混合在一起。[19]

接下来的一年，特韦成为由尼古拉·迪朗·德比列加尼翁领导的探险队的一员，后者是马耳他的一名骑士，对宗教改革持同情态度，他正在着手创建法兰西南方大陆的短命的巴西殖民地。特韦本人只在美洲的大地上停留了 10 个星期，从 1555 年 11 月中旬到 1556 年 1 月中旬，他从来没有离开里约热内卢海湾入口的那个小岛，比列加尼翁在那里建立了自己的要塞基地——科里尼（Coligny）堡。最后，特韦乘坐那艘载着他到美洲的船回到了法国，在船上他病倒了。虽然逗留短暂，但没有妨碍《法兰西南方大陆（也被称作亚美利加）的独有特征》（*Les singularitez de la France antarctique*，*autrement nommée Amerique*）在 1557 年后期出版，这是特韦最具代表性的作品，一种类似于《黎凡特宇宙志》的汇编作品。由一名捉刀写手、学者和希腊学者马蒂兰·埃雷（Mathurin Héret）所绘制的《法兰西南方大陆的独

---

[18] BNF, Manuscrits, français 1337. 请参阅 p. 1465，注释 8。

[19] Frank Lestringant, *André Thevet: Cosmographe des derniers Valois* (Geneva: Droz, 1991), 259–299.

有特征》（*Les singularitez de la France antarctique*）提供了关于图皮南巴（Tupinambá）印第安人的第一部完整的民族志描述，当时他们居住在巴西海岸。这部书在人文主义大众中取得了成功，部分是由于书中精美的木刻版插图。

特韦自己要求被释放了出来（1559 年 1 月），他在宗教范围内获得了支持。于是，他得到了最不妥协的天主教徒——总检察长吉勒·布尔丹（Gilles Bourdin）和王室宰相米歇尔·德洛皮塔尔（Michel de L'Hospital）开明的赞助，后者是推动天主教和新教阵营达成某种协议的人物之一。现在，特韦住在巴黎［在拉丁区的比耶夫尔街（Rue de Bièvre）］，1560 年，他成为"王室宇宙学家"（cosmographe du roi），至迟到 1576 年初，他成为凯瑟琳·德美第奇（Catherine de'Medici）的一名牧师。高等级的赞助使得他可以支撑非常昂贵的出版项目，诸如《通用宇宙学》（*La cosmographie vniverselle*）（1575 年），这是一部世界四大部分的地理著作，以及《名人传记及肖像图》（*Les vrais pourtraits et vies des hommes illustres*）（1584 年），这是一部普鲁塔克式的传记作品，其主要优点是展示了现代探险家和美洲土著君主——阿塔瓦尔帕（Atahualpa）、蒙特祖玛（Moctezuma）和"食人族海角之王"纳科尔－阿布苏（Nacol-Absou），——以及古典时代的伟大军事领袖。

作为一名自学成才的学者的局限和逐渐增长的对地理知识垄断的要求，特韦招惹来更多的嘲笑，他看到全欧洲的学者联合起来形成一个反对他的"阴谋"。此外，他还因支持西班牙而受到批评，因为在这个时代，欧洲北部的新教徒强国——英格兰和尼德兰——都在试图将自己的帝国推进到海洋中。1592 年，这位王室宇宙学家最终病逝于巴黎，一个由天主教联盟统治的城市——他公开支持一个极端天主教联盟——没能完成最后的项目：其巴西航行和《大岛与航行》的最终版本，此项目本应包括所有已知世界的全部岛屿的描述和地图。

尼古拉和特韦：竞争对手

在特韦之前，宇宙学的角色似乎在法国没有出现过。也许是他自己创造的，把西班牙和葡萄牙的同行作为自己的榜样。当然，以他的情况，任务并不明确，酬金也不规律。他从来也没有成为航海科学的大师，能与伊比利亚半岛的君主们所高度赞赏的那些大师相侔，他也不知道国家秘密，这些国家秘密可以换来实际上相当于国王大臣或智囊的地位。在这一时期中，因为没有连续的海洋政策——由海军上将、新教徒领袖加斯帕尔·德科利尼（Gaspard de Coligny）或天主教徒领袖吉斯（Guise）家族所激发的项目——特韦从来没有扮演过中央重要角色。尽管以他在国王和凯瑟琳·德美第奇宫廷中的位置，他是可以收集到关于去加拿大、巴西和佛罗里达探险的第一手信息，但他从未显露出对王室政策的直接影响。更重要的是，在他职责的执行中，有一个明显的对手：制图师和军事工程师尼古拉·德尼古拉，他的能力更强、效率更高。[20]

在《名人传记及肖像图》1584 年大型对开版的书名页中，特韦被描述为"第一位王室宇宙学者"——他的卓越地位既不是因为他的晋升，也不是重新获得亨利三世（1574—

---

[20]　关于 16 世纪的宇宙学以及特韦在其中的原始角色，请参阅 Frank Lestringant, *L'atelier du cosmographe ou l'image du monde à la Renaissance*（Paris：Albin Michel, 1991），and idem, "Le déclin d'un savoir：La crise de la cosmographie à la fin de la Renaissance," *Annales*：*Économies*，*Sociétés*，*Civilisations*（1991）：239-260。

1589 年在位）的支持，而纯粹是因为运气的垂青。在 1583 年的 6 月 25 日，尼古拉去世了，一种碎石导致的慢性病（肾结石）毁掉了他的健康。因此，特韦可以得到对他的竞争对手的一种死后检验的胜利。然而，这只是一种纯粹象征性的胜利，因为没有证据表明尼古拉的竞争对手得到过支付给他的 1200 图尔里弗的年薪。[21]

　　作为一个退休人物，尼古拉的判断增强了他的政治影响力，在他人生的后半段，与巴黎保持了距离，避免了特韦曾炫耀过的那些实际上是别人劳动成果的境地。从 1561 年 10 月开始，他将王国中心附近的穆兰（Moulins）的王室别墅（城堡）作为自己的基地。在那里，他开始了一项重要的地形和统计研究项目。[22] 1570 年 1 月 22 日，尼古拉接受了"首席宇宙学家"（premier cosmographe）和"国王侍卫官"（valet de chambre du roy）的头衔。[23]

1469

　　在 1562—1563 年的第一次宗教战争中，在前方济各修士和谨慎的地理学者之间的第一次对比变得清晰起来，当时特韦发行了几份活页，庆祝天主教在布尔日、鲁昂和德勒等地，以及 1568 年圣丹尼战役的胜利。尼古拉的法国各省的《总图》（generales descriptions），作为国王和他最亲近随员的手稿，实际上是作为疆域控制的工具，是 1564—1566 年王室对全国进行视察的巡行的补充。与特韦不同，尼古拉很少发表作品，而且倾向于忽视公众对于印刷作品的巨大需求。他的《航海和东方旅程的前四本书》（Les quatre premiers livres des navigations et peregrinations orientales）等了 10 多年，才在 1568 年由里昂的印刷商纪尧姆·鲁伊莱（Guillaume Rouille）出版。[24]《苏格兰国王詹姆士五世的航行》（Navigation du Roy d'Escosse Jacques cinquiesme du nom）尽管在 1547 年就完成了，但直到尼古拉去世的 1583 年才出版。在两种情况下，标题明显的"平庸"掩饰了一项包含重要战略信息的工作，因此，在国王自己的命令下，由于国家原因，出版工作被耽搁了很久。《东方航行与旅程》（Navigations et peregrinations orientales）描述了一次出使土耳其的实地调查，尼古拉给出了关于福门特拉岛要塞、阿尔及尔、波尼、马耳他和达达尼尔海峡以及君士坦丁堡的精准信息。《苏格兰国王詹姆士五世的航行》是一部关于尼古拉计划在英国获得的航海手册（rutter）的珍贵书籍（图 47.3）。考虑到瓦卢瓦王朝对苏格兰的兴趣，它在政治上非常重要。

　　这位地理学家最初的出版物之一（1554 年）是佩德罗·德梅迪纳（Pedro de Medina）《航海技艺》（Arte de nauegar）的译著。这本献给亨利二世的书是为那些在海洋上航行的人所用的技术著作，尤其是那些为王权而远航的人。[25]

　　尼古拉显示出对航海技术和军事工程需求的同等要求。是后一种能力使得他在职业生涯

㉑　根据"L'Etat des pensionnaires du Roy en son espargne pour 1578"（BNF, Manuscrits, Dupuy 852, fol. 66），特韦的名字并没有在其局部的列表中出现。尼古拉 1578 年津贴的记录保存至今。

㉒　请参阅本卷 p. 1485。

㉓　由查理九世于 1570 年 1 月 22 日发给各总督、各市政当局、王室司机和财务官员的专利证书的摹写本，命令向这位地理学家敞开所有的大门，请参阅 Nicolas de Nicolay, Description générale de la ville de Lyon et des anciennes provinces du Lyonnais & du Beaujolais, ed. Victor Advielle（Lyons: Imprimerie Mougin-Rusand, 1881）, 279–280。

㉔　尼古拉·德尼古拉的《航海和东方航程的前四本书》重印于 Marie-Christine Gomez-Géraud and Stefanos Yerasimos, Dans l'empire de Soliman le Magnifique（Paris: Presses du CNRS, 1989）。

㉕　Pedro de Medina, L'art de naviguer par Pedro de Medina, trans. Nicolas de Nicolay（Lyons: Guillaume Rouille, 1554）, fol. *2v°. 出版的许可证的日期是"1550 年 9 月 11 日"。第一版印刷完成的日期是"1554 年 3 月 2 日，复活节前"（新历法中的 1554 年）。

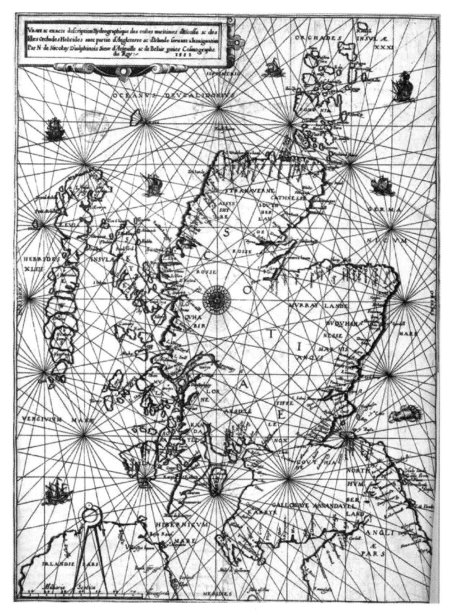

图47.3　尼古拉·德尼古拉:《苏格兰与赫布里底群岛海岸真实水文详图》(*VRAYE & EXACTE DESCRIPTION HYDROGRAPHIQUE DES COSTES MARITIMES D' ESCOSSE&DES ISLES ORCHADES HEBRIDES*),1583年。这幅地图根据亚历山大·林赛的素描图,出现在尼古拉的《苏格兰国王詹姆士五世的航行》,1583年于巴黎出版

原图尺寸:39×28厘米。由BNF(Cartes et Plans, Res. Ge D 4930)提供照片。

早期对不同种类的军事行动都做出了重要的贡献,包括1542年佩皮尼昂(Perpignan)之围和1549年收复英控布洛涅(Boulogne)之役,他进行了一次防御工事的调查勘测,并开始绘制其布洛涅区域地图《布洛涅地区新图》(*Nouvelle description du pais de Boulonnois*)。然而,他充分地证明了自己作为苏格兰战争期间的一名军事工程师和一名信息收集员的能力。当他于1547年6月到1547年春天在英格兰期间,他设法赢得了伟大的英格兰海军上将约翰·达德利(John Dudley)勋爵的信任,知晓了对苏格兰远征的秘密信息,并得到了领航员亚历山大·林赛(Alexander Lindsay)所撰写的航海指南书籍。随后,尼古拉以自己的名义发表了这部书。这一航海手册使得莱昂内·斯特罗齐（Leone Strozzi）的部队能够夺取圣安德鲁城堡，并将当时被关押在那里的年轻的苏格兰女王玛丽带走。[26] 尼古拉相信这样的宣称：拉科斯特（Lacoste）在后来将使得宇宙学"首先服务于战争"。[27]

拉科斯特应用于当时地理学的有争议但令人振奋的区别之一是，有一种军事地理和政治强权的地理学，首先且具备直接的操作性，也存在一种学术地理学，它宣称是中立的，不受政治考虑的影响。16 世纪，这两种地理学彼此忽视，或者至少试图显得它们如此——正如特韦和尼古拉显示出彼此无视。例如，在尼古拉的《东方航行与旅程》的序言《对旅行和外国土地观察的赞美》中，尼古拉称赞了通向黎凡特的路线方面的不同先驱们——纪尧姆·波斯特尔、皮埃尔·吉勒·达尔比（Pierre Gille d'Albi）和皮埃尔·贝隆·迪芒（Pierre Belon du Mans）——但却没有提及特韦。然而，关于这样的遗漏，没什么可奇怪的，考虑到特韦发表的第一部论著与实用地理学的著作相距甚远：他的《黎凡特宇宙学》仅仅列举了从普林尼（Pliny）、希罗多德（Herodotus）或近代有关中东地区的编撰人，从古典时代以来，已得到很丰富的描述。[28] 在很大程度上，除了对里约热内卢的图皮南巴（Tupinamba）人的第一手叙述之外，《法兰西南方大陆的独有特征》（*Les singularitez de la France antarctique*）属于同样的类型：以令人愉悦的笔触和华丽的插图汇编而成，这是为富裕和半学术的公众而绘制，这些人几乎不需要其他的东西。

尼古拉和特韦非常容易陷入这种区别，因为他们两人都需要在工作中保持正确的"比例"。如果特韦试图过分接近一种比例，他看起来像是一个剽窃者和骗子；如果尼古拉以普遍的观点为目标，他以在并不专长的领域内游荡而结束。[29] 某种意义上，这种智力上的任务的区分也呼应了社会和政治的分离。尼古拉的作品首先是为凯瑟琳·德美第奇和她的儿子国王的咨询所准备，而特韦则与其有明显的不同，他是为被排除在国家机密之外的更大范围的宫廷人员制作作品。尼古拉在瓦卢瓦王朝末期的苦难岁月中，一直是王室的忠实仆人，而特韦在他的稍后的年代中，拒绝了他的王室主人，并将自己的命运与天主教联盟联系在一起。

然而，尽管特韦的宫廷生涯受到很多限制，但他的确赢得了一个决定性的地位。宇宙学比地理学价值更高，因为它包含了一个更广泛的区域——最广泛的那个。含蓄地说，尼古拉似乎已经同意了这一观点，因为他对于一个头衔紧抓不放，这个头衔早先对他几乎没有任何重要性。而且，正如特韦，尼古拉在他生命终结时期看到了他所探究的领域，既包含大尺度的区域描述，也包含非常小尺度的海洋导航阐述。与贝里和波旁以及里昂地区的详细地方志

1471

⑯　Roger Hervé, "L'oeuvre cartographique de Nicolas de Nicolay et d'Antoine de Laval (1544 – 1619)," *Bulletin de la Section de Géographie du Comité des Travaux Historiques et Scientifiques* 68（1955）：223 – 263, esp. 227.

⑰　请参阅 Yves Lacoste, *La géographie, çà sert, d'abord, à faire la guerre*, rev. ed.（Paris：Editions La Découverte, 1985），19。

⑱　André Thevet, *Cosmographie de Levant*（Lyons：I. de Tovrnes and G. Gazeav, 1554；rev. ed., 1556），是混杂的一堆借来的东西。关于这一来自一系列资料来源的多少令人不安的汇编之作，请参阅其批评版本，来自 Frank Lestringant, *Cosmographie de Levant*（Geneva：Librairie Droz, 1985）。

⑲　这一遥远的观点对于 16 世纪的宇宙学者和现代的人类学家来说是非常常见的。请参阅 Claude Lévi-Strauss, *Le regard éloigné*（Paris：Plon, 1983）。

一样，尼古拉还将其注意力倾注到"英格兰船长德拉科"（Drach）［德雷克（Drake）］㉚——喜欢西班牙文化的特韦对此完全不赞成㉛——在他的"第一位王室宇宙学家多费内人尼古拉·达尔弗耶（Nicolay d'Arfeuille）的非凡观察"中，还包括了从巴约讷（Bayonne）到波罗的海的贸易网络的描述。

特韦"大岛"中的新方向

特韦也会逐渐开始向另一个方向转移。汇编制作了休闲的篇幅，并借此出名之后，他成为一名殖民地的地理学家。关于比列加尼翁、卡蒂埃（Cartier）和让·弗朗索瓦·德拉罗克·德罗贝瓦尔（Jean-Francois de la Rocque de Roberval）的回忆，以及洛东尼埃对佛罗里达的描述和诸如安德烈斯·德奥尔莫斯等诸西班牙传教士对墨西哥的记述的绘制，㉜特韦《法兰西南方大陆的独有特征》的中间部分，以及更为如此的，《通用宇宙学》的最后一卷［立即吸引了马丁·弗罗比歇（Martin Frobisher）和汉弗莱·吉尔伯特（Humphrey Gilbert）爵士的注意］，将采取更为实用的方法，因此在内容上变得更加政治化。正是在他最后的作品《王室宇宙学家安德烈·特韦·昂古莱姆辛的历史，及其两次南印度群岛和西印度群岛之旅》（Histoire d'André Thevet Angoumoisin, Cosmographe du Roy, de deux voyages par luy fait aux Indes australes, et occidentales），尤其是《大岛与航行》中，特韦达到了尼古拉在《东方航行与旅程》中所达到的相同类型的融合：将人文主义传统与新发现知识、技术信息的实用利益与好奇心导致的审美乐趣结合起来。将《两次航行》假定的叙述和《大岛与航海》的冗长的目录与航海手册和易洛魁语—法语或俄语—法语短语手册结合起来，㉝特韦创制了一些作品，不可否认，这些作品是零散的，但证明了尼古拉所支持的实际地理理念。为做到这些，他从让·阿方斯·德圣东日［Jean Alfonse de Saintonge，若昂·阿丰索（João Afonso）］所绘制的《宇宙学》未刊本和迪耶普的让·绍瓦热（Jean Sauvage）对其俄罗斯航程的叙述中，随意地剽窃。㉞同样的，他从墨西哥的《典籍》（codices）和洛多尼埃和罗贝瓦尔绘制的叙述中大量地借鉴（小心翼翼地不向其读者提及这些作品的存在）。因此，特韦向 1472

㉚　Nicolas de Nicolay, "Extrait des observations de Nicolay d'Arfeuille, Daulphinois, premier cosmographe du Roy, faictes durant ses navigations, touchant la divérsite des navires, galleres et autres vaisseaux de mer," manuscript dated in Paris, 8 July 1582（BNF, Manuscrits, francais 20008）, 7.

㉛　关于特韦对弗朗西斯·德雷克爵士的批评，请参阅 Frank Lestringant, *Le huguenot et le sauvage: l'Amérique et la controverse coloniale, en France, au temps des Guerres de Religion*, 3d ed.（Geneva: Droz, 2004）, 336 – 344。

㉜　"L'histoyre du mechique"（BNF, Manuscrits, français 19031）, Édouard de Jonghe 认为其作者为 Friar Andrés de Olmos，见 Andrés de Olmos, *Histoyre du mechique: Manuscrit français inédit du XVIᵉ siècle publié*, trans. André Thevet, ed. Édouard de Jonghe（Paris: Société des Americanistes de Paris, 1905）, 4，被特韦用于绘制《通用宇宙学》的第22册。

㉝　André Thevet, "Le grand insulaire et pilotage," vol. 1（BNF, Manuscrits, français 15452）, fol. 158r-v:（"Langage des habitans des terres neuves"）, and vol. 2（français 15453）, fols. 213 – 224:（"Dictionnaire en langue moscovite"）.

㉞　BNF 有两部来自绍瓦热航海的手稿；请参阅 Manuscrits, francais 704, fols. 89 – 93, and Dupuy 844, fols. 416 – 417。后面那部手稿，"La routte et saison qu'il faut prendre pour faire le voyage de St Nicolas pays de Moscovie par le Nord"，日期为1586年。让·绍瓦热的航海发生在1586年的六月。于是这部手稿实际上与这次航海同步，正如特韦在其《几个群岛的描述》（francais 17174, fols. 1r-3v and 45r-48r）中制作的经常是草率的副本，这是其未完成的"大岛"的部分精美副本。关于这部"俄罗斯"资料集的研究，请参阅 Paul Jean Marie Boyer, *Un vocabulaire français-russe de la fin du XVIᵉ siècle; extrait du Grand insulaire d'André Thevet, manuscrit de la Bibliothèque Nationale*（Paris: E. Leroux, 1905）。

费夫尔所称的"开放空气宇宙论"前进。[35] 他自己也没有进行新的航行（他太老了无法进行），但是他借鉴了那些在那个时代通常被历史学家忽视的材料。在职业生涯的晚期，他完成了 1575 年信中为自己设置的实践任务，这封信是写给国王，要他为《通用宇宙学》作序。[36]

正如在 1586 年写给亚伯拉罕·奥特柳斯的信中所描述的那样，[37] 特韦的《大岛和航海》将会成为 16 世纪晚期地图学最重要的成就之一，因为它被认为基本上包含大约已知世界所有岛屿的 350 幅地图。[38] 在上面提及的这封信之前所写，《两次航行》显示是作者沉浸在其新项目的兴奋之中，他说道"我从四大洲的各个地方收集到的 500 个岛屿"。[39] 然而，现在的手稿只有 263 个章节的标题，这使得人们得出结论：这项工作还远未完成（图版 58）。在这 263 个章节中，只有 131 幅铜版地图为人所知，其中的 84 幅被粘到两卷绘本上。[40]

对于这一不完整的状态，可能有多种解释。除此之外，这个国家还受到政治不稳定的困扰。1588 年 5 月，国王亨利三世因"街垒日"事件而逃离巴黎，而天主教联盟的首脑亨利·德洛兰·吉斯（Henri de Lorraine Guise）获得了权力。特韦没有跟随国王去图尔，而是留在了首都，但即使是获胜的吉斯的保护，也不足以保证这一规模的出版事业的完成。巴黎的书商和印刷商都忙于制作政治和宗教宣传的作品，而在《大岛与航海》规模上，科学投影是无法完成的。而且，特韦已经"非常老迈"，周期性地生病，没有代笔人的协助，没有能力工作。之前他不定期地给代笔人支付薪水，但可能是在 1588 年的危机中失踪了。然而，他在这一时期遇到的困难并不新鲜。1587 年 6 月，由于破产，他的研究被扣押并被封存起来，所以他不得查阅自己的论著和那些正在等待制作的伟大作品的铜雕版。[41]

---

[35] Lucien Febvre, *Le problème de l'incroyance au XVIe siècle：La religion de Rabelais*, rev. ed. （Paris：A. Michel, 1968），357. Lestringant, *L' atelier du cosmographe*, 27 – 35.

[36] André Thevet, *La cosmographie vniverselle*, 2 vols. （Paris：Chez Pierre L' Huillier, 1575），vol. 1, fol. a ij recto.

[37] 在 Lestringant, *André Thevet*, 357 –358 中，发表了这封信，并进行了评论。

[38] André Thevet, "Le grand insulaire et pilotage," BNF, Manuscrits, francais 15452 –15453. 关于对这一两卷本的手稿的描述，请参阅 Frank Lestringant, "Thevet, André," in *Les atlas français, XVIe- XVIIe siècles：Répertoire bibliographique et étude*, by Mireille Pastoureau （Paris：Bibliothèque Nationale, Département des Cartes et Plans, 1984），481 –495。在 Lestringant, *Andrè Thevet*, 386 –391 中，可以找到补充的评论。另请参阅 Robert W. Karrow, *Mapmakers of the Sixteenth Century and Their Maps：Bio-Bibliographies of the Cartographers of Abraham Ortelius*, 1570 （Chicago：Published for The Newberry Library by Speculum Orbis Press, 1993），536 –545。

[39] André Thevet, "Histoire d'André Thevet Angoumoisin, Cosmographe du Roy, de deux voyages par luy faits aux Indes australes, et occidentales," BNF, Manuscrits, français 15454, fol. 135v.

[40] 最近的，也是最重要的发现之一，是菲利普·伯登（Philip Burden）在加利福尼亚圣马力诺的亨廷顿图书馆（the Huntington Library, San Marino, California）找到的。北美洲和南美洲的岛屿的 19 幅地图，其中 12 幅曾是未知的，收在一部复合地图集中，这部地图集被认为是亨里克斯·洪迪厄斯的作品，绘在两页或三页上。它们是 Lestringant's "Thevet, André" 中的连续的数字：58 –62, 65, 67, 68, 70, 71, 78, 80, 83, 86, 92, 96, 101, 104 and 111。这一发现增加了用来研究《大岛与航行》的已知地图的数量，从 119 到 131——是手稿中所有章节的一小半。加拿大群岛的描述现在已经基本完整了。请参阅 Philip D. Burden, "A Dozen Lost Sixteenth-Century Maps of America Found," *Map Collector* 74 （1996）：30 –32, and idem, *The Mapping of North America：A List of Printed Maps*, 1511 –1670 （Rickmansworth：Raleigh Publications, 1996），73 –77, figs. 58 –62。

[41] Enea Balmas, "Documenti inediti su André Thevet," in *Studi di letteratura, storia e filosofia in onore di Bruno Revel* （Florence：L. S. Olschki, 1965），33 –66. See, in particular, the third document, dated 18 June 1587, from the Minutier Central des Notaires de Paris, now in the Archives Nationales, 60 –66. Enea Balmas, "Documenti inediti su Andre Thevet," in *Studi di letteratura, storia e filosofia in onore di Bruno Revel* （Florence：L. S. Olschki, 1965），33 –66. 尤其，请参阅 1587 年 6 月 18 日的第三份档案，取自 the Minutier Central des Notaires de Paris, now in the Archives Nationales, 60 –66。

《大岛与航海》的项目早于 1584 年出版的《名人传记及真像相图》。然而，这一工作的部分汇编以"几个群岛的描述"的标题流传至今，可以追溯到 1588 年，包含 51 章，覆盖了北海、英吉利海峡和大西洋的岛屿。[42] 现存的数量众多的特韦绘本没有包含 1588 年以后的日期。四年以后，特韦于 1592 年 11 月 23 日去世，享年 76 岁，正好是在亨利四世公开放弃新教，重返巴黎之前。

《大岛与航海》既可以看作是机遇情况的产物，也可以看作是决心的产物。这种决心可以从特韦的表达中看出，他希望在他死后能留下"一部彻底完成的宇宙学"。[43]《通用宇宙学》（1575 年）主要局限于四个已知大陆的描述上：最新的——也是最细微的——美洲部分，"世界的第四部分，在我们的时代已经真相大白了"。[44] 在后来的项目里，旧世界和新世界的关系是颠倒的；海洋包含了全新的地平线的完整范围，现在占据了首要的位置。很清楚，《大岛与航海》是确定为完成更早的宇宙学著作的至高无上的光荣。

在这一时期，传统上，世界地理描述都是将岛屿与大陆分开的。特韦依据不同的元素来解释这一决定。大陆地理本身与土元素有关，而航海地理（包括对岛屿的描述）则与水元素有关——或者从特韦的话来说，"交织"和"水与土地的混合"。[45] 一种错误的当代词源，拉丁文单词 insula（岛屿）从 in 和 salo（在海洋中）而来，这是特韦对其主旨的定义所证实的字面暗示。因此，《大岛与航海》使得地球上的水陆两种成分结合到一起，以恢复世界的统一，是可能的。如果没有对岛屿的描述，按特韦自己的话说，他的著作的主题就会被"打败、充满了涂抹和半未完成"。[46] 矛盾之处在于，他实现完美的宇宙论的尝试导致了其碎片化：著作的主题无疑是完整的，但以碎片的方式分散在不同的各个部分。更重要的是，《大岛与航海》是一部副本：它是由特韦之前的书籍的材料制成的。对世界的描述也提及大陆的疆土。例如，对加拿大的描绘可能会从纽芬兰为起点（图 47.4），假设的岛屿（卡蒂埃给安蒂科斯蒂岛起的名字），或者甚至是在拉布拉多海岸外的小小的未开发岛屿。即使是一个简单的悬崖或者无人居住的礁石都可能成为大陆评论的起点。但特韦的描述远未达到陆地旅程的连贯性和持续性。

维西埃（Vissière）最近披露的取自图阿尔（Thouars）房地产契据册的一系列从前未发表的文件，揭示了特韦是如何着手绘制《大岛与航海》的。在整理《真相图》的时候，他从周围的人那里寻求材料。他与巴黎议会的律师，也是拉特雷穆瓦勒（La Tremoille）公爵夫人让娜·德蒙莫朗西（Jeanne de Montmorency）的商业代理人让·鲁埃（Jean Rouhet）之间的通信，揭示了他的信件可能是责备和永恒的荣耀的承诺的混合物。[47] 事实上，鲁埃对于推迟满足特韦的请求是内疚的，正如我们可以从拉特雷穆瓦勒夫人于 1588 年 1 月 31 日写给

1473

---

[42] André Thevet, "Description de plusieurs isles," BNF, Manuscrits, français 17174 (fonds Séguier-Coislin; Saint-Germain français 655).

[43] Thevet, "Le grand insulaire et pilotage," vol. 1, fol. 6r.

[44] Thevet, *La cosmographie vniverselle*, vol. 2, "tome quatrieme," fol. 903r.

[45] Thevet, "Le grand insulaire et pilotage," vol. 1, fol. 6v.

[46] Thevet, "Le grand insulaire et pilotage," vol. 1, fol. 6r.

[47] Paris, Archives Nationales, 1 AP 636, doss. A. Thevet; 1 AP 284; 1 AP 632, doss. Ogier. Dossier transcribed and commented upon in Laurent Vissière, "André Thevet et Jean Rouhet: Fragments d'une correspondance (1584 – 1588)," *Bibliothèque d'Humanisme et Renaissance: Travaux et Documents* 61 (1999): 109 – 137.

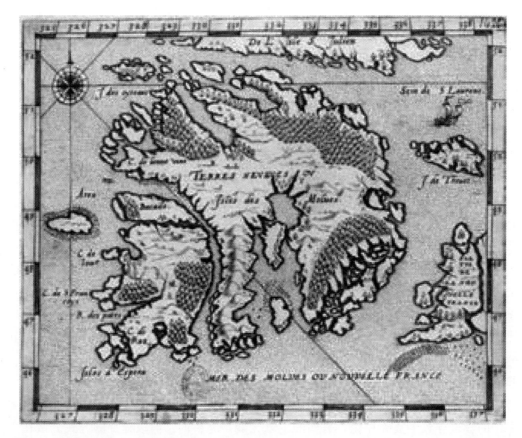

图47.4　安德烈·特韦："马勒斯群岛新土地图"（TERRES NEVEVES OV ISLES DES MOLUES）。摘自《大岛与航海》，雕版。岛屿被横向翻转

　　原图尺寸：14.8×18.1厘米。由BNF（Manuscrits，francais 15452，fol. 142 bis）提供照片。

他的商业代理人信中看到这一点：至于他（特韦）需要的属于我们家族的岛屿的平面图或肖像画，正如你所言，很难在那里找到艺术家。在这个季节更加温和的时候，不得不采用这种方法。[48] 事实上，拉特雷穆瓦勒家族是雷岛（Ré）和努马尔穆捷岛（Noirmoutier）的主人，他们在大西洋沿岸的其他岛屿上也拥有利益［尤其是在约岛（Yeu）和奥莱龙岛（Oleron）］，但他们没有自己地财产地图。[49] 公爵夫人提到的恶劣天气可能只是一个托词。她不愿意满足特韦的请求的真正原因当然是非常麻烦的政治局势。另外，作为一名学者，特韦的名声谈不上很好，他的带着大量自我满足式的谄媚的持续的要求，足以让大多数人感到不快。此外，宗教也发挥了作用。拉特雷莫伊勒家族是新教教徒，因此，也不是很愿意满足天主教徒宇宙学家的要求（尤其是当时雷岛和奥莱龙岛是两方冲突的战场之一）。

　　特韦的最后一部著作并不是对世界的系统性描述，而是由一个非常松散的框架内的一批个别部分组成。《大岛与航海》的整体结构，并不比《真相图》要完备，在这个世界上几乎没有尽头的岛屿上，从点到点之间变化。这一结构上的不足反映了一种相当无计划的工作方式，通过将随机积累的材料聚集到一起，并要求来自不同来源的帮助。特韦没有总体的计

48　Vissière，"André Thevet et Jean Rouhet，" 132. 重点是我们的。

49　Vissière，"André Thevet et Jean Rouhet，" 121.

划，只是随意地从他在宫廷、巴黎和不同的港口的联系中收集东西。他的整个计划就是一个很好的例子，说明他很固执，没有什么计划或者系统性的想法。

1474

这些拼凑而成的作品很快成为讽刺评论的对象。例如，据说特韦只是根据自己的意愿，简单地画出了自己的岛屿，根据当时的突发奇想，选择了简单的形状三角形、圆圈或方块。一位天文学家和人文主义者尼古拉 – 克劳德法布里·德佩雷斯克（Nicolas-Claude Fabri de Peiresc），对他进行了如此讽刺的观察。他说，为了保持这项运动，特韦不断调整他的地图，这是由于这样的耻辱：如果"绘出的轮廓并不悦目，如果它的形状略微圆一些或者方一些，或者更像一个三角形抑或五角星，它会更好看一些；他（特韦）会立即改变一切，天真地按照指示调整其图绘"。⑤

然而，在他的年代，特韦并不是唯一的程序化地绘制岛屿的人。正如沃什伯恩（Washburn）指出的那样，这是制图师的普遍做法。欧几里得几何对于描绘岛屿起到了主要的影响，它们通常被表现为简单的轮廓。⑤ 然而，这一惯例的主要规则不是美学式的，而是象征性的：这些岛屿是按照基本的和可互换的形式来描述的。

地方法官和历史学家雅克 – 奥古斯特·德图（Jacques-Auguste de Thou）又非常气愤地对特韦提出了另一种批评，这是因为他使用了一些没有价值的资料：路线指南和航海手册，这些资料据说在真正学者的图书馆中是没有位置的。⑤ 当然，这种类型的材料现在激发了当代学者对特韦的兴趣。

从其总标题的第二部分可以看出，《大岛与航海》也旨在成为一部航海指南，或者航海手册。他的被称作"船舶图书馆"的残存物表明，特韦收集了航海手册。除了安东尼奥·皮加费塔（Antonio Pigafetta）的著作之外，曼努埃尔·阿尔瓦雷斯（Manuel Álvares）的《前往印度的航行、领航和锚地图》（*Roteiro de navegacam daqui pera y India*；*Le grant routtier*，*pillotage et encrage de mer*），由皮埃尔·加尔谢［（Pierre Garcie），又作费兰德（Ferrande）］；让·阿方斯·德圣东日（Jean de Saintonge Alfonse）《航行先锋》（*Voyages avantureux*）的两份副本；奥利维耶·比塞兰（Olivier Bisselin）的《日偏角或日距晨昏线的距离表》（*Tables de la declinaison ou esloignement que fait le soleil de la ligne equinoctiale*）；以及米歇尔·夸涅（Michel Coignet）的《关于航海技艺的最优秀和最必要的要点的新指导》（*Instruction nouvelle des poincts plus excellents et necessaires touchant l'art de naviguer*）。⑤ 特韦在这些作品上手写的注释通常都是狂热而激烈的。他不断地嗅出他的前辈们的"可笑的错误"和"白痴一样的错误"，当他提及岛屿时，他总是会彻底强迫症一样地在书的页边把岛屿定义为"Isl（e）s"。毫无疑问，在他的位于比耶夫尔街的书房里，他第一次开始搜寻岛屿，正

---

⑤ Nicolas-Claude Fabri de Peiresc, *Lettres*, ed. Philippe Tamizey de Larroque, 7 vols. （Paris：Imprimerie Nationale，1888 – 1898），5：304，letter XVI to Lucas Holstenius（Holstein）. 关于这些谣言的内容，请参阅 Lestringant, *André Thevet*, 306，n. 19。

⑤ Wilcomb E. Washburn， "The Form of Islands in Fifteenth, Sixteenth and Seventeenth-Century Cartography," in *Géographie du monde au Moyen Âge et à la Renaissance*, ed. Monique Pelletier（Paris：Éditions du C. T. H. S.，1989），201 – 206.

⑤ Lestringant, *L'atelier du cosmographe*, 154.

⑤ 请参阅 Lestringant, *André Thevet*, 397 – 400 中所列出的地理和航海著作的目录。

如强迫性地在这些印刷品和手稿的边缘空白处批注。

　　加上这一点和那一点，特韦的航海指南对船员实际的好处是什么呢？一些岛屿被横向倒转（例如，纽芬兰和马略卡岛），而另一些岛屿的方向则很不好，或者没有可行的比例尺。此外，没有完整的地图可以使合成不同的部分成为可能。尽管特韦在其他的序言中明确提到制作这样的地图"四张地图为世界上所有的地图服务"，但他只制作了两幅："北方部分"（图47.5）和"世界的南方部分"，它描绘了极投影的两个半球。其他两幅总图——一幅"旨在理解大地和海洋地图，以及整座地球的尺寸的地图"（可能是一幅世界地图）以及一幅"风恒向线的地图"［他认为在四幅中这幅是最难的，可能摘自托马索·波尔卡奇（Tommaso Porcacchi）的著作］——并没有配上手稿，我们不知道是否曾经制作过它们。[54]

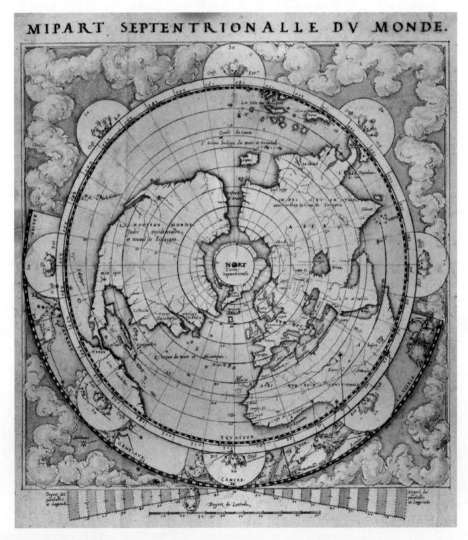

图47.5　安德烈·特韦："世界的北半部"（MIPART SEPTENTRIONALLE DV MONDE）

摘自《大岛与航海》，绘本。

原图尺寸：23×22.9厘米。由BNF（Manuscrits, francais 15452, fol. 3 v10）提供照片。

54　Thevet, "Le grand insulaire et pilotage," vol. 1, fol. 9r.

尽管如此，人们不应该很快就对特韦的《航海指南》不屑一顾。尽管这些作品不精确，但它们确实有其用途（它们可能不像我们所看到的那样）。通常，那些参考这一著作的人的聪明才智会弥补这份文件质量的不足。使用我们认为非常不充分的地图，人们可能会得出非常重要的发现。特韦的《大岛》是建立在林赛（通过尼古拉的作品得知）、皮加费塔和阿方斯·德圣东日标绘的航行指南的基础上的。仅仅是《大岛与航海》应该对那些真正旅行过的人有一定的用处。如果法国没有经历一场似乎在其全部历史上经常发生的暴力动荡，这无疑是事实。这一动荡的结果是，现代早期最不寻常的地理事业之一几乎化为乌有。

与意大利和佛兰德的接触

在意大利和佛兰德边境的印刷地图上的双向交流对法国的地图制作产生了巨大的影响。这意味着国家的地图制作在国外被人们所熟知，同时也受到国外引进的模型的影响。例如，1538 年，菲内的双心形的投影被赫拉尔杜斯·墨卡托模仿，后者反过来又被意大利人安东尼奥·萨拉曼卡（Antonio Salamanca）和安东尼奥·拉夫雷里（Antonio Lafreri，又作 Antoine Lafréry）模仿。事实上，直到 1587 年，菲内的心形世界地图在意大利北部一直被复制；第一批——打算在中东地区发行的——副本是 1559 年在威尼斯制作的完整品，并附有土耳其文本。作为基督博爱的象征，菲内地图的心形使其成为宗教宣传的载体。曼加尼（Mangani）认为，作为巴黎和威尼斯之间的中间人，菲内在王室学院的同事纪尧姆·波斯特尔可能在这一作品的转变中起到了自己的作用。[55]

1476

纪尧姆·波斯特尔

尽管纪尧姆·波斯特尔在地图学的领域没有菲内名气大，但他也同样重要。[56] 像菲内一样，波斯特尔先后公布了 1570 年的法国地图，《法兰西王国及其疆域的准确全图》（*La vraye et entiere description dv royavlme de France, et ses confins*）并将其献给查理九世，[57] 和一幅大型世界地图，《使用极投影的新版世界地图》（*Polo aptata nova charta universi*），其首版（今已不存）的日期是 1578 年。这两份文件都是木刻版。世界地图的木刻版是由让·德古尔蒙二世（Jean II de Gourmont）雕刻的，[58] 他是一位雕刻师和印刷商，偶尔为克里斯托弗尔·普兰迪因工作。在路易十三的统治时期，尼古拉斯·德马托尼埃（Nicolas de Mathonière）再次获得了这些印版，他继续着他的父亲丹尼斯的工作（这解释了 1621 年出版的一幅地图上的首字母交织为 DDM 的存在）。波斯特尔的世界地图由极投影的两个半球组成。北半球很大，南半球则较小，被划分为两个部分，并被相反地显示，就像是从地球内部来审视（图 47.6）。该地图极其（尽管不均匀）详细，在北半球有 2170 个地名，在南半球的

㊄ Mangani, "Abraham Ortelius".

㊅ Marcel Destombes, "Guillaume Postel cartographe," in *Guillaume Postel 1581 – 1981: Actes du colloque international d'Avranches*, 5 – 9 *septembre* 1981 (Paris: Editions de la Maisnie, 1985), 361 – 371.

㊆ 请参阅本卷图 48.5。

㊇ 关于古尔蒙家族，请参阅 Maxime Preaud et al., *Dictionnaire des éditeurs d'estampes à Paris sous l'Ancien Régime* (Paris: Promodis, 1987), 142 – 145, and chapter 53 in this volume, esp. pp. 1574 – 1575。

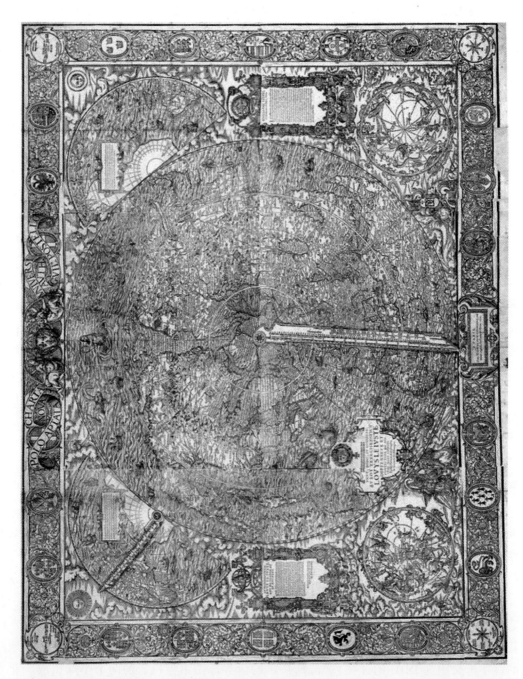

图 47.6 纪尧姆·波斯特尔:《使用极投影的新版世界地图》。巴黎:尼古拉斯·德马托尼埃,1621 年

原图尺寸:97×122 厘米。由 Service Historique de la Defense, Departement Marine, Vincennes（Recueil 1, map no. 10）提供照片。

两个区域有 540 个。波斯特尔还提供了大约 30 个拉丁文和法文的图例。所有这些元素都放在一个精心设计的框架内。北半球的中央子午线经过了巴黎,"因为,在这个地方博学的人比别的地方多得多,而且越来越多,"一个指针在北极附近。两个半球的不平等,表达出波斯特尔在他的《全书》（*De Universitäte liber*）（巴黎,1552 年）中重新提出的旧理论。在创世的第三天，"上帝说，天下的水要聚到一处"，他把陆地的部分从水里分离提升出来。造物主的意图是："几乎所有的陆地都应该向北，几乎所有的海洋都向南。"波斯特尔将把这一理论进行调整以适应新的地理发现。在南半球（主要是海洋），确实存在对陆地面积的轻微压缩，但这是为了补偿北半球某些海域的存在。[59]

波斯特尔也有一个地上的天堂的确切位置：在北半球的中心——极点。在其 1553 年的《世界奇观和印度与新大陆的主要特产》（*Des merveilles du monde, et principalement des admirables choses des Indes et du Nouveau Monde*）中，他表达了自己对世界的整体看法。世界地图的目的是为了给人一个直观的关于救赎计划的视觉描述。在整个世界中，上帝已经分布下各种各样的奇迹，作为对宇宙构造法则的可解性的提示。因此，人们可以看到波斯特尔的作品和文艺复兴时期的其他地理研究之间的区别，后者更关注的是不可思议的东西，这是一种不寻常的、令人惊叹的东西。

在 16 世纪 70 年代的世界地图中，波斯特尔大量地借用了奥特柳斯的 1564 年世界地图和墨卡托的作品。尽管波斯特尔不能被认为是发明了极投影——在瓦尔特·吕德（Walter Lud，又作 Gautier Ludd）绘制的图表中使用了极投影，这一表格是由格雷戈尔·赖施（Gregor Reisch）汇总的 1512 年汇编《哲学撷珍》（*Margarita philosophica*）的一部分——他是第一位在大型单幅地图中使用这一技术的人。至于他在描绘南半球的时候所使用的倒置，它被用于一幅世界地图［勒阿弗尔的领航员纪尧姆·勒泰斯蒂（Guillaume Le Testu）的作品］中，这幅地图介绍了极好的手稿地图集——《根据古今导航指南的通用宇宙学》（*Cosmographie universelle selon les navigateurs tant anciens que modernes*）（1556 年）。[60] 他自己也根据极投影来制作两个半球，这两个半球是在《大岛与航海》的手稿的开篇中出现的。[61]

就像菲内一样，在法国之外也有人模仿波斯特尔。波斯特尔被安特卫普学派的地图学家高度欣赏，1581—1587 年间，他的世界地图被用来制作地球仪的雕版贴面条带。[62]

墨卡托和奥特柳斯的副本

奥特柳斯的 1570 年世界地图所取得的成功对法国的地图绘制工作产生了巨大的影响。因为他的世界地图和其上的大陆地图经常被复制，制图师和出版商可以自由地投入其他更原创的地图作品。这就是由弗朗索瓦·德贝勒福雷（François de Belleforest）制作的《通用宇宙志》（*La cosmographie vniverselle de tovt le monde*）的样子，他是特韦雇用的前抄写员或代写者。[63] 贝勒福雷的《通用宇宙志》出版于 1575 年，与特韦的《宇宙学》同年出版，它是改编自塞巴斯蒂安·明斯特尔的著作，在其中试图让历史学的荣耀压倒地理学，[64] 两位巴黎的

1478

---

[59] Frank Lestringant, "Cosmologie et mirabilia à la Renaissance: L'exemple de Guillaume Postel," *Journal of Medieval and Renaissance Studies* 16 (1986): 253–279.

[60] 关于勒泰斯蒂的更多信息，请参阅本卷第 52 章。

[61] Thevet, "Le grand insulaire et pilotage," vol. 1, fols. 3v–4r.

[62] Marcel Destombes, "An Antwerp *Unicum*: An Unpublished Terrestrial Globe of the 16th Century in the Bibliotheque Nationale, Paris," *Imago Mundi* 24 (1970): 85–94.

[63] Pastoureau, *Les atlas français*, 55.

[64] Lestringant, *André Thevet*, 189–230. 与特韦和尼古拉不同，弗朗索瓦·德贝勒福雷从未担任过王室宇宙学家。

书商——尼古拉·谢诺（Nicolas Chesneau）和米歇尔·索尼乌斯（Michel Sonnius）将其出版，他们于 1577 年买下了普兰迪因在巴黎的店铺。因为他们想要用法文出版明斯特尔的作品，谢诺和索尼乌斯转向了贝勒福雷，他是一个多面手的、多产的作家，参与了法国的官方历史。正如人们所想象的那样，特韦并没有对这个转变为由助手转型而成的竞争对手高看一眼。在《名人传记和真像图》中，他写道："贝勒福雷是不谦虚的，他的目标是重新把明斯特尔的作品写出来，从他的作品中剪出一些片段，所以他的大书是由一些东西组成的。"[65]"贝勒福雷的作品中最原创的部分无疑是法国城市的景观图和地图（其中一些以前没有出版过）。"在这部分作品的制作过程中，书商们向王国的所有主要城市发出了通知，委托他们制作一幅透视平面图和一份简短的描述。[66]谢诺和索尼乌斯也利用了奥特柳斯的地图，以原本的格式复制了他们的地图（那些太大的卷帙，被装成折叠的图页）。这些复制品包括世界和欧洲、法国和撒丁岛、科孚岛、克里特岛、塞浦路斯和马耳他岛的地图。特韦是基于墨卡托的 1569 年世界地图制作了他的《通用宇宙学》中的四幅地图，并在《大岛与航海》中使用了奥特柳斯的地图集的 1583 年版中的同样的地图。[67]

1570 年的奥特利斯世界地图也被让·古尔蒙二世的第一张地图所使用，这是世界上第一张愚人脑袋形状的地图，其日期是在 1575 年前后。[68]这张其上带有图案"幸福只在死后才出现"的地图，描绘了一个与宇宙没有任何可比性的地球，因为它只是"世界上的一个点"。于 1582 年出版的《三个世界》（Les trois mondes）中，加斯科涅的胡格诺派历史学家德拉波珀利尼埃先生（sieur de La Popelinière）亨利·朗瑟洛·瓦赞（Henri Lancelot Voisin）也复制了奥特柳斯来说明他所主张的关于 1/3 的世界——由佛兰德地图学家（他们的知识将使新旧大陆的知识完整）表示的"迄今为止尚未知的南方大陆"（Terra australis nondum）。[69]这项工作是对探索的一种鼓励，因为"还有比我们现代人目前所发现的更多的世界去学习"。拉波珀利尼埃更喜欢奥特柳斯给出的轮廓，胜过由诺曼底的水道测量师在还没有出版的作品中所创作的，而且这些他可能不熟悉。尽管如此，诺曼底人已经想象在世界的尽头有像大爪哇岛（Java-la-Grande）这样的土地存在，他们把大爪哇岛和南方大陆联系了起来。[70]

与奥特柳斯相符合

法国和佛兰德地图学之间的关系可能导致了相当不成功的剽窃行为，但也促进了地理学家之间的成果丰富的交流。在他对西北航道的描述中，特韦对奥特柳斯和一系列现代和古代的权威（从麦哲伦到明斯特尔和阿庇安）进行了批评，他说他们"没有像我一样，在大洋中乘风破浪或者航行"。[71]然而，大约 1586 年，他写了一封信给"天主教国王的地理学家和

---

[65] 引用于 Pastoureau, *Les atlas français*, 55。

[66] 关于这一观点，请参阅 Michel Simonin, "Les élites chorographes ou de la 'Description de la France' dans la *Cosmographie universelle* de Belleforest," in *Voyager à la Renaissance*：*Actes du colloque de Tours*, 30 *juin* – 13 *juillet* 1983, ed. Jean Céard and Jean-Claude Margolin（Paris：Maisonneuve et Larose, 1987）, 433 – 451 and pl. 7。

[67] Lestringant, *L'atelier du cosmographe*, 239, n. 63。

[68] 请参阅本卷图 53.4。

[69] Shirley, *Mapping of the World*, 171（no. 148）.

[70] 请参阅本卷图版 62。

[71] 引用于 Lestringant, *André Thevet*, 15。

宇宙学家"，他在信中表达了他的遗憾，因为他不能把《大岛与航海》中的"350块铜版"送给奥特柳斯。[72] 也许，当波斯特尔在编绘其1578年世界地图时，就写信给奥特柳斯，感谢他的亚洲地图，并讨论了尼日尔河流路的绘制和摩鹿加群岛位置。[73] 到目前为止，波斯特尔还没有对信息的缺乏进行谴责。波斯特尔的信件经常提到宗教问题，这一点也不奇怪。在1579年写给奥特柳斯的信中，波斯特尔建立了世界的表现方式和上帝的荣耀之间的联系，他说，奥特柳斯绘制的地图集是自圣经以来最重要的作品。[74] 在早些时候的一封信中，波斯特尔请求奥特柳斯转达他对克里斯托弗尔·普兰迪因的问候，并告诉他，他与"爱之家族"的主要成员们相识，这个组织的巴黎分部是由普兰迪因的亲密朋友（他们称对方为"兄弟"）皮埃尔·波雷（Pierre Porret）领导的。[75]

结 论

1479

从本章所描述的各种模型的包罗万象的宇宙志——其具象化表现，既包括奥龙斯·菲内式的数学性的严格，也包括纪尧姆·波斯特尔式的宗教视角，抑或安德烈·特韦的知识分子式的尝试——出发，16世纪法国的地理学家倾向于更具实用形式的知识生产，诸如尼古拉·德尼古拉的《国王詹姆士五世的航行》或安德烈·特韦梦想中但未完成的《大岛与航海》等著作。16世纪末，佛兰德斯的雕刻师开始逃离宗教迫害，他们对铜版雕刻技术的掌握被运用在《大岛与航海》中（与《通用宇宙学》中木刻本的比较，图47.7和47.8）。然而，由于国内的政治问题而严重恶化，导致法国印刷业的困难，这样就鼓励了引进尼德兰地图，以及最终使法国公众非常欣赏的地图集。

从定义上看，地图集提供了一个包罗万象的世界图景，对于一个整体的视角来说是不可或缺的，另外还提供了大量的地图，这些地图为那些对特定地形感兴趣的人提供了必要的知识。但法国制图师在制作这种工具时却落在了后面，这需要大量的知识和财力投入。直到1658年，法国才目睹了"王室常任地理学家"尼古拉斯·桑松·达布维布一世（Nicolas I I Sanson d'Abbeville）制作的《世界所有部分的总图》（*Les cartes generales de toutes les parties du monde*）的出版。在这本书迟迟出版之前，人们曾试图将世界和国家的地图描绘结合起来。例如，1634年，克里斯托夫·塔桑开启了他的法兰西地图集《法兰西所有省份的总图》（*Les cartes generales de toutes les provinces de France*），并附有一幅小约道库斯·洪迪厄斯的世界地图，和彼得鲁斯·贝蒂乌斯的四幅大洲地图，贝蒂乌斯是一位佛兰德移民，他于1618年被路易十三委任为王室宇宙学家。实际上，塔桑的目标是出版可以用来巩固王国边界的地图。因此，我们回到了那种功利主义的地图学，它可能会获得一位心怀感激的君主的奖赏。

---

[72] 引用于 Lestringant, *André Thevet*, 357 – 358。

[73] Abraham Ortelius, *Abrahami Ortelii（geographi antverpiensis）et virorvm ervditorvm ad evndem et ad Jacobvm Colivm Ortelianvm ... Epistvlae ...*（1524 – 1628）, ed. Jan Hendrik Hessels, Ecclesiae Londino-Batavae Archivum, vol. 1（1887; reprinted Osnabrück; Otto Zeller, 1969）, 42 – 46. 这封信的日期是在1567年4月9日。

[74] Ortelius, *Epistvlae*, 186 – 192.

[75] Ortelius, *Epistvlae*, 46 – 49. 这封信的日期为1567年4月24日。另参见 Mangani, *Il "mondo" di Abramo Ortelio*, 90 – 94。

图 47.7　"尼萨罗的加卢埃"及其"小船发动机"（LE "CALOIER DE NISARE" AND ITS "ENGIN À BARQU-EROTTES"）。木刻版，摘自安德烈·特韦：《通用宇宙学》第一卷（巴黎，1575 年）。不同历史的主题，这一拥有陡峭山坡的岛屿由 Bartolommeo dalli Sonetti（威尼斯，1485 年）进行表现。它将成为地中海"群岛"的必要部分

原图尺寸：13.5×16 厘米。由 BNF（Cartes et Plans, Ge DD 1397, fol. 217 v_）提供照片。

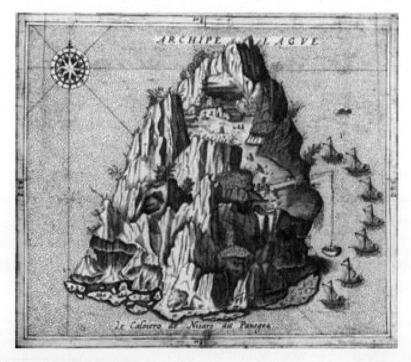

图 47.8　"尼萨罗的加卢埃及其指示盘"（LE CALOIERO DE NISARO DIT PANEGEA）。摘自安德烈·特韦：《大岛与航海》。是先前木刻版的雕版版本

原图尺寸：14.9×17.9 厘米。由 BNF（Manuscrits, français 15453, fol. 56 bis）提供照片。

第四十八章　大约 1650 年前法国的全国与区域地图绘制

莫妮克·佩列蒂耶（Monique Pelletier）

审读人：黄艳红

从奥龙斯·菲内到纪尧姆·波斯特尔之间的全国地图绘制（1525—1570 年）：菲内、若利韦、尼古拉和波斯特尔

法国民族主义者对地理的理解受到了 1485 年罗贝尔·加甘（Robert Gaguin）对凯撒的《高卢战记》（*La guerre des Gaules*）的文艺复兴式翻译的刺激。[1] 当加甘用拉丁语写作时，他交替地使用了"高卢"（Gallia）和"法兰西"（Francia）或"高卢"（Gallus）和"法兰西"（Francus）等字眼，因为对他来说，在高卢（Gaul）和他的时代的法国之间存在着连续性。[2] 法国的地理学者们认为，法兰西"继承"了高卢，他们将其研究置于"奥古斯都皇帝所引入，并由训练最佳的古文物地理学者所遵循的区划"。[3] 在他们的新地图中，用一种对行政实体比地形现实更敏感的语言来描述高卢—法兰西。

早期的法国地图是现代地图，它们对托勒密的《地理学指南》做了补充［例如：1482 年乌尔姆版本中的法兰西（Frantia）地图、弗朗切斯科·贝林吉耶里于 1482 年在佛罗伦萨出版的《新高卢》（*Gallia novella*），抑或是 1513 年的斯特拉斯堡的《高卢现代图》（*Moderna tabula Galliae*）］。基于由莱茵河、阿尔卑斯山脉（Alps）和比利牛斯山脉（Pyrenees）所围绕的法国——这一地区大大超过了文艺复兴时期法国的边界，这类地图提供了新的地理轮廓，并取代了高卢的古老地区的行省的新名称。它们是基于取自航海图中的海岸线，并预示着这一国家开始制作全国总图。

16 世纪的国家地图绘制工作催生了三份主要的地图文件：奥龙斯·菲内的地图，最初出版于 1525 年；让·若利韦（Jean Jolivet）基于菲内模型的作品，于 1560 年出版；以及 1570 年的纪尧姆·波斯特尔地图。这些成就中一定要加上尼古拉·德尼古拉的失败努力，

---

① Daniel Nordman, *Frontières de France*：*De l'espace au territoire*，XVIe - XIXe siècle（Paris：Gallimard，1998），46 – 47. 关于 16 世纪的法国地图，请参阅 Mireille Pastoureau，"Entre Gaule et France，la 'Gallia，'" in *Gérard Mercator cosmographe*：*Le temps et l'espace*，ed. Marcel Watelet（Antwerp：Fonds Mercator Paribas，1994），316 – 333，and Monique Pelletier，"La cartographie de la France aux XVe et XVIe siècles：Entre passé，présent et futur," *Le Monde des Cartes* 182（2004）：7 – 22。

② Nordman，*Frontières de France*，48.

③ Philippe Labbe，*La géographie royale* ...（Paris：M. Henault，1646），Ⅷ. 这部出版物献给路易十四。

尽管其中只绘制了两个省份的地图。

这三幅国家地图所覆盖的地理范围与托勒密地图不同。法国地图延伸到意大利北部，包括威尼斯、亚得里亚海，甚至罗马；它们上面覆盖有"大德意志"（la Grande Allemaigne）的旋涡纹，而这只是在若利韦的地图上进行了详细的描绘。它们扩大的范围在一定程度上反映了法国国王对阿尔卑斯山脉和意大利领土的野心，1559 年卡托康布雷西（Cateau-Cambrésis）条约限制了它们在这些地区的扩张，但它们仍在凯瑟琳·德美第奇和她的孩子们的梦想中（关于涵盖了本部分所有章节的法国参考地图，请参阅图48.1）。

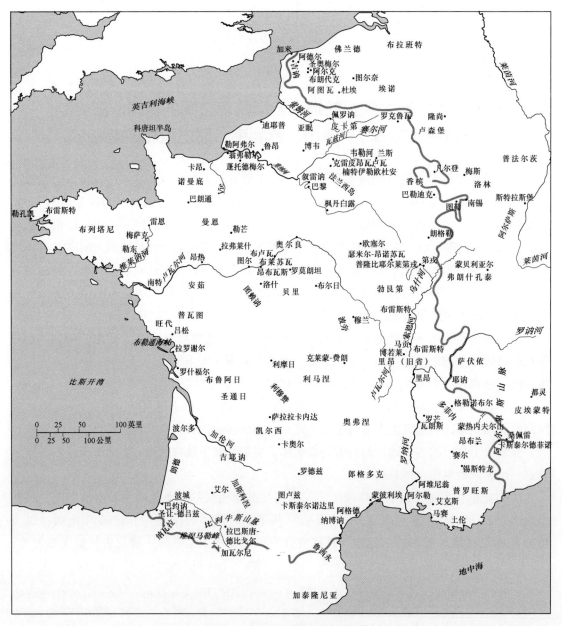

图 48.1 法国参考地图，约 1610 年

菲内、若利韦和波斯特尔的地图都标明了纬度和经度的度数，这一点与托勒密《地理

学指南》版本中所包含的现代地图不同。这些国家地图使用了梯形投影，纬度和经度都各不相同。只有菲内的地图保留了在托勒密原本地图上找到的气候和昼长的划分。菲内也同样关注地图的历史意义，这使得他给出了古今的地名，这符合文艺复兴的历史意识，它称颂高卢为"一个拥有天下最好的边界的国家"，④并诋毁虔诚者路易帝国的中世纪式的分散。

奥龙斯·菲内（1494—1555 年）

历史记录表明，菲内的《高卢全境新图》（*Nova totivs Galliae descriptio*）是在 1525 年由巴黎大学的印刷商和书商西蒙·德科利纳首次出版的，这本书的最终版本是 1557 年由阿兰·德马托尼埃（Alain de Mathoniere）出版的，他是一位印刷商，后来于 1565 年成为书商。⑤然而，这两种版本都没有保存下来。这些现存的例子，比例尺大约为 1 : 1750000，可能是根据最初版本的四块木刻版中发行的过渡印本。其日期为 1538 年、1546 年和 1554 年，由热罗姆·德古尔蒙（Jérôme de Gourmont）出版，他出自巴黎著名书商和印刷商家族，这个家族似乎是专门从事地图出版的。⑥

这幅地图的作者将其作为该国的基本地图绘制而提出：其旋涡纹上部分写道："我们的主要目的是缩微高卢全境以满足几个好人的需要，建立和修改主要地方、海岸、河流和最著名山脉的纬度和经度，这样这幅地图在未来可以得以随意放大和纠正。"（图 48.2）菲内将重点集中在阿尔卑斯山以北的高卢，而非位于阿尔卑斯山边界之外的阿尔卑斯山以南的高卢地区。作为法国的高卢图像与各种罗马式的"高卢"不同，对于后者，作者引用了"比利时高卢"（Gallia belgica）、"凯尔特"、"纳尔榜"和"山南高卢"等地名来指代。

菲内的地图学成就，基于由托勒密的《地图学》所体现坐标的汇编，并得到了弗朗索瓦一世的支持，后者创建了皇家学院［现在的法国公学院（Collège de France）］，并授予菲内"皇家数学家"（regius mathematicus）的头衔。⑦菲内接受了数学地理学的训练，他感兴趣的是对纬度和经度的计算以及构建新的投影。作为一名地理学家，他根据观察或估算，确定了世界上不同地点的坐标，从而延续并改进了托勒密的工作。他的工作与测量师截然不同，后者只测量短距离。菲内提议使用一个修改过的星盘，将其组装到他自己的罗盘上，通过月球

1481

1482

---

④　André Thevet, *La cosmographie vniverselle*, 2 vols. （Paris：Chez Pierre L'Huillier, 1575），vol. 2, fol. 506v.

⑤　François Grude, sieur de La Croix du Maine and Antoine Du Verdier, *Les bibliothèques francoises*, 6 vols. （1772 – 1773；reprinted Graz：Akademische Druck, 1969），2：213. *Les bibliothèques françoises* 的第一卷于 1584 年问世；这部作品于 18 世纪重新发行，有 6 卷。1528 年，Simon de Colines 还发行了 Jean Fenel 的 *Ioannis Fernelii Ambianatis Cosmotheoria*, *libros duos complexa*，在这部书中，Fernel 提供了一系列基于经过巴黎的子午线的坐标（fol. 43v）。Fernel 确定的纬度与菲内构建的非常相似，但其经度却差别很大。

⑥　这些版本现存的有：1538, Öffentliche Bibliothek der Universität, Basel ［（重制于 Lucien Gallois, *De Orontio Finæo gallico geographo* （Paris：E. Leroux, 1890）］；1546, Universiteitsbibliotheek Leiden；and 1554, BNF, Cartes et Plans, Rés. Ge B 1475. 关于古尔蒙家族，请参阅 Robert W. Karrow, *Mapmakers of the Sixteenth Century and Their Maps*：*Bio-Bibliographies of the Cartographers of Abraham Ortelius*, 1570 （Chicago：For the Newberry Library by Speculum Orbis Press, 1993），364, 以及本卷的 pp. 1574—1575。

⑦　关于菲内的生平，请参阅本卷 p. 1464。关于菲内的法国地图的参考文献，见 Karrow, *Mapmakers of the Sixteenth Century*, 176 – 177, 以及 Denise Hillard and Emmanuel Poulle, "Oronce Fine et l'horloge planétaire de la Bibliothèque Sainte-Geneviève," *Bibliothèque d'Humanisme et Renaissance*：*Travaux et Documents* 33 （1971）：311 – 351. 关于菲内的法国地图和之后的地图，请参阅 Lucien Gallois, "Les origines de la carte de France：La carte d'Oronce Fine," *Bulletin de Geographie Historique et Descriptive* 4 （1891）：18 – 34；idem, "La grande carte de France d'Oronce Fine," *Annales de Geographie* 44 （1935）：337 – 348；and Francois de Dainville, "How Did Oronce Fine Draw His Large Map of France?" *Imago Mundi* 24 （1970）：49 – 55。

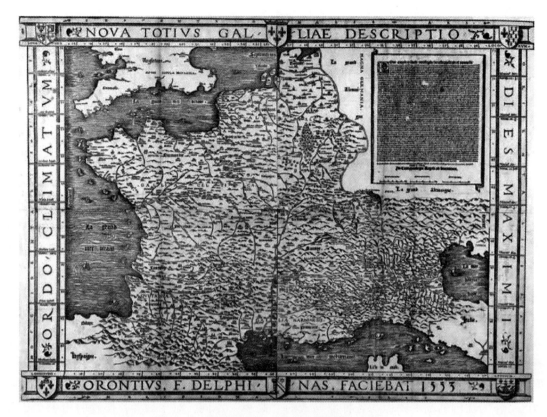

图 48.2　奥龙斯·菲内：《高卢全境新图》，1553 年

菲内地图的第四版（保存下来的第三版），绘在 4 图幅上，木刻版。由热罗姆·德·古尔蒙在巴黎出版。这是唯一的一例。
原图尺寸：69×94.5 厘米。由 BNF（Cartes et Plans, Res. Ge B 1475）提供照片。

的轨道和运动来确定经度；他将其命名为"地理星盘"（méthéoroscope géographique）。

菲内在《宇宙学》（*De cosmographia*）中列出了一个纬度和经度的列表［1530 年，1532
年作为其《数学元论》（*Protomathesis*）的第 3 部分］，⑧ 使用了与托勒密相同的本初子午线，
但他的计算结果，如里昂、图卢兹（Toulouse）、阿维尼翁（Avignon）和马赛（Marseilles）
等地的经度，与托勒密不同。他的名单包括欧洲的主要城市，但其坐标（124）超过一半是
法国城市。这位皇家数学家的著作是基于对托勒密和其他古典权威作者工作的参考、修订和
扩充，以及自己的观察或评估。因此，这部著作将古代的权威和作者的个人经验结合起来。
根据菲内在《宇宙学》中提出的制图方法，他首先将点置于通过天文和几何方法确定的位
置上，然后添加了河流，然后通过增加地形和海岸来得出结论——从确定海岬开始。

在一篇关于计算圆形面积的论文［《圆形求积》（*Quadratura circuli*），1544 年由科利纳
出版］中，菲内指出他献给弗朗索瓦一世一幅多菲内（Dauphiné）、萨伏伊和皮埃蒙特
（Piedmont）的地图。这幅 1543 年的绘本地图只有一幅缩减的印刷版本保存下来，收入《世
界球体》（*Sphaera mundi*）（1551 年）中，在该书中，它取代了早期版本中的小型法国地
图。菲内一定想要丰富自己出生的省份——多菲内的地图学知识——超越法国地图上已经呈

---

⑧　Oronce Fine, *Orontii Finei Delphinatis, liberalivm disciplinarvm professoris regii, Protomathesis: Opus varium, ac scitu
non minus utile quam iucundum...*（Paris: Gerardi Morrhij et Ioannis Petri, 1532）, fol. 147.

现的内容。这幅地图获得了相当大的成功：塞巴斯蒂安·明斯特尔将其简化，并挪用在其托勒密《地理学指南》的 1540 年版本及其著名的《宇宙学》中，而且，它还在意大利流传广泛，尤其是 1536 年在威尼斯人乔瓦尼·安德烈亚·瓦尔瓦索雷（Giovanni Andrea Valvassore）的四幅图版本。⑨

让·若利韦（卒于 1553 年）

让·若利韦的法国地图与菲内的非常相似。它是用四块木刻版印刷而成，1560 年，由奥利维耶·特吕斯谢（Olivier Truschet）和里夏尔·布勒通（Richard Breton）在巴黎出版，标题是《高卢新地图及与德意志、意大利的边界》（*Nouvelle description des Gaules，avec les confins Dalemaigne，et Italye*）。第一个版本之后，1565 年，又出版了第二版。⑩ 然而，这两种版本都没有一例保存下来，而现存的最早的版本，是在 1570 年之前，由马克·迪谢内（Marc Du Chesne）用另一个标题出版的：《高卢及与德意志、意大利接壤真实地图》（*Vraie description des Gaules，avec les confins d'Allemaigne，& Italye*）（图 48.3）。第三版，以 1 : 2300000 的比例绘制，比菲内的《高卢》（*Galliae*）的比例尺要小。地图上为读者所写的注释中提到了一项皇家的命令，从加来到马赛，从富恩特拉维亚（Fontarabie）到都灵（Turin），"造访各王国和各省，包括比利时、凯尔特和阿基坦高卢（Aquitaine Gauls）"。罗马高卢人的空间分布起到一幅现代地图的框架的作用，从理论上讲，这是通过对各省的考察绘制的。此外，若利韦还建议，旅行者可以在他的地图上测量距离，确定直接路线的长度，如果需要绕路避开溪流、河流、沼泽、山脉和森林的话，则可以增加距离。若利韦的地图可以补充夏尔·艾蒂安（Charles Estienne）的《法国道路指南》（*Guide des chemins de France*）（1552 年），这是一份缺乏地图的文字描述。由于讨厌若利韦的地图，所以在 1578 年出版的版本中，采用了第一个版本的标题，但没有标出任何出版商的名字，而且增加了大量的内容。这是一份经过彻底修改的作品，在它原作者去世后很久才问世，其去世根据新的信息是在 1553 年。⑪ 若利韦的地图经常以各种形式复制，使得它非常出名。1560—1565 年间，这幅地图在墙上被放大，画在艾蒂安·杜佩拉克（Etienne Du Pérac）为梵蒂冈的第三回廊绘制的作品中。⑫ 在 1570—1612 年间的亚伯拉罕·奥特柳斯《寰宇概观》的各个版本中有一幅缩减的版本；在弗朗索瓦·德贝勒福雷的《通用宇宙志》（*La cosmographie vniverselle*）（1575 年）中和在莫里斯·布格罗（Maurice Bouguereau）的《法兰西概观》（*Le theatre francoys*）（1594 年）中都对其进行了复制。

正如若利韦的法国地图上所标注的，他成为官方制图师，这一职位得到了其来自利摩

---

⑨　Leo Bagrow，*Giovanni Andreas di Vavassore：A Venetian Cartographer of the 16th Century：A Descriptive List of His Maps*（Jenkintown，Pa.：George H. Beans Library，1939），no. 3.

⑩　关于若利韦的著作，请参阅 Karrow，*Mapmakers of the Sixteenth Century*，321 – 323。1560 年地图唯一已知一例，保存在 Stadtbibliothek，Breslau，被毁掉了。第二版的描述见 La Croix du Maine and Du Verdier，*Les bibliothèques françoises*，1：522。

⑪　Eliane Carouge，"Les chanoines de Notre-Dame de Paris aux XVᵉ-XVIᵉ siècles"（Thesis，Ecole nationale des chartes，Paris，1970）.

⑫　请参阅本卷第 816—818 页第三回廊上的残片。关于法国地图，请参阅 Roberto Almagià，*Monumenta cartographica Vaticana*，4 vols.（Vatican City：Biblioteca Apostolica Vaticana，1944 – 1955），4：9 – 11。

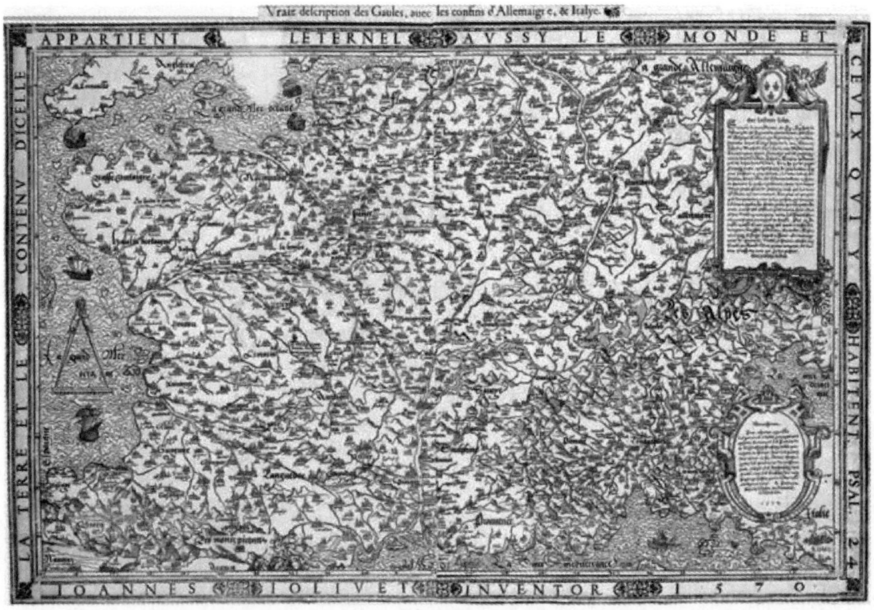

图 48.3　让·若利韦：《高卢及与德意志、意大利接壤真实地图》，1570 年。第三版（保存下来的第一版），4 图幅木刻版。由马克·杜·谢内（Marc du Chesne）在巴黎出版。这是唯一的范例

原图尺寸：56.6×84 厘米。由 BNF（Cartes et Plans，Res. Ge C 4877）提供照片。

日的地理学者的定义的证实："地方志或描述行省或国家方面的卓越人才之一。"拉克鲁瓦·迪迈内（La Croix du Maine）和杜韦迪耶（Du Verdier）声称，"他按照亨利二世的命令，描述了法国的许多省份和国家，这些都没有被印刷出来，而在他死后，由其他人将其印刷发行，他们像剽窃者一样，宣称它们自己是作者，在上面印上自己的名字，根本没有提及若利韦"。[13]《新编传记大全》（Nouvelle biographie générale）将若利韦担任官方职务的时间列为弗朗索瓦一世统治时期（1515—1547 年在位），[14] 这一点由法国地图之前的两幅 1545 年区域地图所证实。

首先是一幅由六块铜版印制而成的贝里（Berry）地图；它是为了教育弗朗索瓦一世的姐姐、贝里女公爵玛格丽特·德纳瓦尔（Marguerite de Navarre）而制作的。它包括布尔日（Bourges）教区的界限、贝里公国领地的边界，以及布尔日的税区（élection），在下面提到："牧师 M. Joh. Jolivet 制作于布尔日。"作者自称为一位牧师，也观察到地图的方向的选择是为了反映最有利的观察点，并引用了一幅圣地地图作为例证 ［地图的作者被认为是博纳旺蒂尔·布罗沙尔（Bonaventure Brochard），若利韦在其贝里地图上声称自己才是该图的作者］。[15] 据称，贝里地图与学术性的地理学有联系，[16] 但其上并无地理坐标的

1484

---

[13]　La Croix du Maine and Du Verdier, Les bibliothèques françoises, 1：522.

[14]　Nouvelle biographie générale, depuis les temps les plus reculés jusqu'à nos jours, 46 vols.（Paris：Firmin Didot, 1853 – 1866），26：847.

[15]　Antoine Vacher, "La carte du Berry par Jean Jolivet," Bulletin de Géographie Historique et Descriptive 22（1907）：258 – 267, and idem, Le Berry：Contribution à l'étude gèographique d'une règion française（Paris：A. Colin, 1908），71 – 101. 这张地图已知的唯一一例似乎已经亡佚了。

[16]　人们可以在图例中读道："在第六气候末期，贝里的所有国家都在从北极标高从 46 度到 47 度。"

痕迹，而是一种描述性地理的产物。其作者很可能在其所描绘的省份内游历过，对其农业资源仔细地进行了标注。

第二幅地图的问世年份与贝里地图相同：若利韦在一幅羊皮纸诺曼底长幅地图上署名，区分了纬度和经度，并绘有弗朗索瓦一世、多芬（Dauphin）太子、诺曼底总督以及该省的名字和纹章（图版59）。[17] 在海上绘出了大帆船和军舰组成的一个舰队，表示1545年海军集结起来入侵不列颠。

第三幅是皮卡第的区域地图，1559—1560年间的木刻版，明显也是由一位名叫若利韦的人绘制的。它的日期与若利韦法国地图的第一版很接近，出版商也是同一个。[18] 地图的出版商奥利维耶·特吕斯谢（Olivier Truschet）指出，作者是土生土长的"下皮卡第人"，这与一般认为的若利韦出生在利穆赞（Limousin）的说法相冲突。[19] 但是，利摩日（Limoges）或其教区似乎是若利韦担任牧师的地方，而不是他的出生地。此外，有一位来自利摩日主教教区的名叫若利韦的牧师于1546年被任命为巴黎的教士，于1553年去世。[20] 他在杜尔当（Dourdan）森林平面图上署了自己的名字，[21] 并可以与这位著名的制图师相符。

人们可能会质疑若利韦的法国地图和他设计的各省地图之间的确切关系。为什么在区域地图上的诺曼底海岸画得比后来的法国地图上更好呢？这两幅地图似乎来自不同的地图绘制传统：国家的和区域的。只要区域地图的覆盖范围不完整也不统一，就不容易挑战源自菲内地图的王国图像。

1485

尼古拉·德尼古拉（1517—1583年）

在欧洲各地游历之后，1555年，在亨利二世（Henri Ⅱ）统治期间，尼古拉·德尼古拉被任命为"国王近侍和地理学家"（valet de chambre et géographe ordinaire du roi）（顺便说一下，这可能意味着若利韦在之前不久去世了）。当亨利的妻子凯瑟琳·德美第奇在1560年为她的儿子查理九世（Charles Ⅸ）摄政的时候，他作为地理学家的职责更重了。王后的佛罗伦萨血统在其对地图图像爱好方面得以体现：在其1570年得到的巴黎宅邸的沙龙里，悬挂了24张欧洲各国、非洲、印度和亚洲的大型地图。她对地图的兴趣也体现在查理九世与其来自奥地利的新娘伊丽莎白（Elizabeth）在位于巴黎的皇家大门处的装饰上。在其上，凯瑟琳的雕像手里持着一幅法国地图，这幅地图的象征意义大于其地理表现。法兰西王国的地图可能让这位王太后想起她在全国各地巡行，试图阻止宗教战争。[22]

---

[17]　E. Le Parquier, "Note sur la carte générale du pays de Normandie," *Sociètè Normande de Géographie*, *Bulletin* 22 (1900): 141 – 144, and Myriem Foncin, "La collection de cartes d'un château bourguignon, le château de Bontin," in *Actes du 95ᵉ Congrès national des sociétés savantes*, *Reims* 1970, *section de gèographie* (Paris: Bibliothèque Nationale, 1973), 43 – 75.

[18]　Gabriel Marcel, "Une carte de Picardie inconnue et le gèographe Jean Jolivet," *Bulletin de Géographie Historique et Descriptive* 17 (1902): 176 – 183.

[19]　关于来自利摩日的让·若利韦，请参阅 La Croix du Maine and Du Verdier, *Les bibliothèques françoises*, 1: 522。

[20]　Carouge, "Les chanoines de Notre-Dame de Paris".

[21]　"Figure au vray des lieux, terres et héritaiges contiguz … de la forest de Dourdan appartenant aux doyen, chanoine et chapitre de l'Eglise Notre-Dame de Paris," 由 J. Jolivet 和 Michel Marteau 署名，1549年，Paris, Archives Nationales de France, N Ⅱ Seine-et-Oise 161。

[22]　关于凯瑟琳·德美第奇，请参阅 Ivan Cloulas, *Catherine de Médicis* (Paris: Fayard, 1979). For biographical information about Nicolay, 另请参阅本卷第1468—1671页。

1561 年，女王委托尼古拉"巡回全国，并对王国进行了整体与详细的描绘"。[23] 尼古拉从他在穆兰（Moulins）城堡的基地出发，试图完成雄心勃勃的王室计划，"缩小比例，并放置在每个省份的羊皮纸地图和地理描述"。[24] 尼古拉所撰写的文字提供了准确的地理、历史、经济和行政方面的信息。1570 年 1 月 22 日的官方文件[25]下令将这位王室地理学家晋升为"首席宇宙学家和国王近侍"（premier cosmographe et valet de chambre du roi），以"查看、探访、测量、命名和描绘"，让他可以进入尖塔、塔楼和所有高点，以便其"更容易地思考地形，测量与描绘地方之间的距离"。他的土地测量是通过对登记簿、名册和其他文献的档案研究来完成的，来根据行政用途来对王国进行"更真实、更忠实地描绘和命名"，而不是遵循地方的发音。

尼古拉的地图绘制工作在实际上仅限于贝里和波旁（Bourbonnais），而且它并没有实现其赞助人的希望。[26] 尼古拉复制了若利韦的 6 幅绘本贝里地图（1567 年），并笨拙地试图将其更新。他对波旁的详细描述只包含了整个省份的总图：这位地理学家迅速地穿越了这个国家，但除了最重要的地方之外，他没有在其他任何地方停留。尽管如此，他还是成功地在穆兰收集了一组地图，但在 1755 年城堡被大火烧毁后，这些地图几乎全部亡佚了。

尼古拉的印本文字、图像和地图确保其享有盛名。作为一名"画家和地理学家"，他在 1544 年出版了一幅波特兰海图风格的铜雕版欧洲地图。[27] 奥特柳斯提到，这张地图是在安特卫普印刷的。随后有几段文字；它们是由纪尧姆·鲁耶（Guillaume Rouillé）出版的，他是里昂的一名博学的书商，与意大利的圈子保持着密切的联系。鲁耶急于扩充自己的目录：他发表了一封信，描述了对布洛奈（Boulonnais）的重新征服（1550 年），由"皇家地理学家尼古拉·尼科莱"（Nicolas Nicolai）署名；佩德罗·德梅迪纳（Pedro de Medina）的《航海技艺》（*Arte de navegar*）的尼古拉译本，其中包括一幅铜版雕刻的《新世界地图》（*Nouveau monde*）（1554 年）；以及尼古拉所进行的在东方的航行和游历的故事（1568 年），其中包括几幅由"L. D."雕刻的"现场写生像"（portraits au vif）。[28] 在其去世的 1583 年，尼古拉在

---

[23]　1561 年 10 月 14 日凯瑟琳·德美第奇致费拉拉公爵夫人的信，引用于 Jean Boutier, Alain Dewerpe, and Daniel Nordman, *Un tour de France royal: Le voyage de Charles IX* (1564 – 1566) (Paris: Aubier, 1984), 48。另请参阅 Robert Barroux, "Nicolaï d'Arfeuille agent secret, géographe et dessinateur (1517 – 1583)," *Revue d'Histoire Diplomatique* 51 (1937): 88 – 109。

[24]　Nicolas de Nicolay, *Description générale du païs et duché de Berry et diocese de Bourges ...*, ed. A. Aupetit (Châteauroux: A. Aupetit, 1883), 1 (letter to the queen).

[25]　信件出版于 Nicolas de Nicolay, *Description générale de la ville de Lyon et des anciennes provinces du Lyonnais and du Beaujolais*, ed. Victor Advielle (Lyons: Imprimerie Mougin-Rusand, 1881), 279 – 280。

[26]　Roger Hervé, "L'oeuvre cartographique de Nicolas de Nicolay et d'Antoine de Laval (1544 – 1619)," *Bulletin de la Section de Géographie du Comité des Travaux Historiques et Scientifiques* 68 (1955): 223 – 263。

[27]　*Nova et exquisita descriptio navigationum ad praecipuas Mundi partes*, 1544, 4 sheets, BNF, Cartes et Plans, Rés. Ge C 9224.

[28]　在 1558 年布洛奈地图上的旋涡纹和海洋装饰上签署了同样的 L. D.。最初认为其作者是里昂的雕刻师 Louis Danet，但这些首字母是一位来自枫丹白露学校的雕刻师 Lyon Davent。这位姓氏也是 Davent（Archives Municipales de Lyon）的雕刻师可能绘制了 16 世纪中期铜雕版大型里昂平面图上的旋涡纹，这幅平面图的作者可能是尼古拉，他对这座城市非常熟悉，因为他在那里接受了部分教育。这一假设可能还需要更深入的研究。无论如何，1555 年 11 月 28 日，L. Davent 与尼古拉签订了一份合同，来为《*Les quatre premiers livres des navigations et peregrinations orientales*》绘制插图，它一定是在这位地理学家位于圣日耳曼德佩区（Saint-Germain-des-Prés）的宅邸进行的，直到 1568 年才得以出版。请参阅 Catherine Grodecki, "Le graveur Lyon Davent, illustrateur de Nicolas de Nicolay," *Bibliothèque d'Humanisme et Renaissance: Travaux et Documents* 36 (1974): 347 – 351。

巴黎出版了亚历山大·林赛的《航海旅程》（*maritime itinerary*）的译本，这本书是他于1547年在英国游历期间收集到的；其文字附有一幅地图。在制图师之中，尼古拉以其标题为《布洛涅乡村、圭吉斯领地、瓦伊地区和加来城新图》（*Novvelle description dv pais de Bovlonnois，comte de Gvines，terre d'Oye et ville de Calais*）的地图（1558年）而最为著名，此图铜版印刷，四幅，有一篇致亨利二世的献词（图48.4）。这幅地图复制于奥特柳斯（1570

图48.4 尼古拉·德尼古拉：《布洛涅乡村、圭吉斯领地、瓦伊地区和加来城新图》，1558年

这是这幅地图的唯一一例，用4图幅绘制，并有8处用刻刀蚀刻的带子；其装饰是由 L. D. ［利翁·达文特（Lyon Davent）］雕刻的。

原图尺寸：95×77.5厘米。由BNF（Cartes et Plans，Res. Ge B 8814）提供照片。

年）、墨卡托（1585 年）和布罗格（Bouguereau）（1594 年）的地图集中。将这些副本与原图进行比较，我们可以发现大部分的信息都得以保留——包括地名、水文网络、森林和城市的图像——但只有可能是因为军事目的所绘制的尼古拉原图包括了地上的道路和海上的斜航线。尽管受到了王权的推动，但若利韦和尼古拉的行省测量还是太慢了；耽搁了法兰西王国的总图的制作，这幅总图本可以真正改进菲内的模型。

纪尧姆·波斯特尔（1510—1581 年）

鉴于尼古拉远谈不上走遍整个王国，纪尧姆·波斯特尔于1570 年出版了一幅法国地图，其比例尺为大约 1 : 2500000，标题为：《法兰西王国全图，含其边界、各条大道及王国各省所标城市之间的距离》[*La vraye et entiere description dv royavlme de France，et ses confins，auec l'addresse des chemins & dista（n）ces aux villes inscriptes es prouinces d'iceluy*]，此图他献给查理九世（图 48.5）。作者是一位"宇宙学者"，宣称他的作品与之前的菲内、若利韦和保罗·福拉尼（Paolo Forlani）（威尼斯，1566 年）等人的地图相比，起码没有那么"不完美"，并声称其与"许多数学方面博学的人合作，无论是法国人还是外国人"。尽管波斯特尔的作品是"室内绘图"（cartographie de cabinet）的产物，但还是为旅行者所设计的，而且它的标题显示出是附有书面文字的。[29] 将波斯特尔的地图和他所引用的菲内的地图（图 48.6）进行

1488

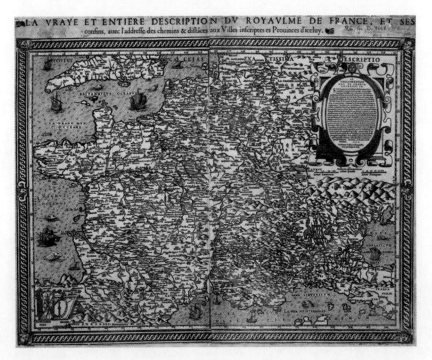

图48.5　纪尧姆·波斯特尔：《法兰西王国全图，含其边界、各条大道及王国各省所标城市之间的距离》，1570 年
这是该地图的唯一一例，2 图幅，木刻版。献给法国国王查理九世，并于 1570 年 10 月出版于巴黎。
原图尺寸：50 × 67 厘米。由 BNF（Rés. Ge D 7668）提供照片。

㉙　Marcel Destombes，"Guillaume Postel cartographe，" in *Guillaume Postel*，1581 – 1981：*Actes du colloque international d'Avranches*，5 – 9 *September* 1981（Paris：Editions de la Maisnie，1985），361 – 371，esp. 364 – 366.

比较，是很有启发性的，因为它的格式、旋涡纹、它们几乎所有更具装饰性的特征，比如鱼和船，以及地图的东半部几乎是一样的。1537—1560 年，波斯特尔频繁地在威尼斯出现，这使得他更容易接触到这座城市中所制作的地图，这可能有利于这种复制行为。但是关于波斯特尔的地图上西半部分的改变——这部分可能是由福拉尼（Forlani）简单地从菲内的地图上复制而来的——特别是科唐坦半岛（Cotentin）和布列塔尼的改进了的轮廓，可能要从波斯特尔来自诺曼底［他出生在巴朗通（Barenton）］来解释了。波斯特尔继续运用木刻技术来制作他的法国地图及其极地活动星图（polar planisphere），他的木刻版是由让·德古尔蒙二世镂刻的。

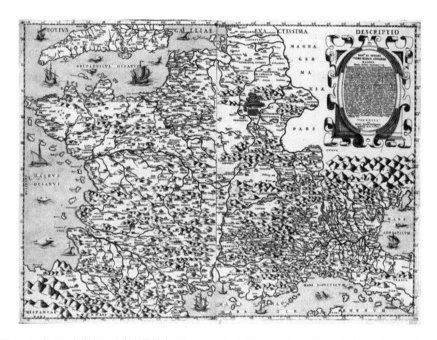

图 48.6　保罗·福拉尼:《高卢最精全图》（*TOTIVS GALLIAE EXACTISSIMA DESCRIPTIO*），1566 年

这幅地图由博洛尼诺·扎尔蒂耶里（Bolognino Zaltieri）在威尼斯出版，由 2 图幅组成，铜版雕刻。

原图尺寸：46×63 厘米。由 BNF（Ge D 14 830）提供照片。

地区地图制作和第一幅法国地图集，1539—1594 年，由莫里斯·布格罗编辑

1489

16 世纪法国的大部分地区地图是由不同的教育和背景的人为不同的目的制作的，而并不是为了覆盖整个王国。它们的兼职制图师通常研究数学，在某些情况下还受到军事和航海地图绘制的影响。

目前已知最古老的教区地图，是勒芒教区的地图（1539 年），由位于勒芒（Le Mans）的阿尔当医院（hôpital des Ardents）的主任马塞·奥吉耶（Macé Ogier）和一位对有关教区行政管理的信息感兴趣的牧师绘制。这幅地图是由建筑师和雕刻师雅克·安德鲁埃·迪塞尔

索（Jacques Androuet du Cerceau）雕刻而成的，他在从 1530—1534 年在意大利生活之后，蚀刻了几幅里昂和巴黎的景观图。尽管如此，地图还是在当地制作的，1539 年在勒芒印刷，1565 年在其去世后出版。㉚ 奥吉耶去世后，一份基于他的笔记和行程的关于教区的书面描述在 1558 年和 1559 年出版。㉛ 这幅地图只有派生版本才得以保存下来，包括在下列著作中的印本地图：布格罗的《法兰西概观》（1594 年，地图日期在 1591 年 6 月之前）、赫拉德·德约德的《世界之镜》（1593 年，由科内利斯·德约德），以及奥特柳斯的 1595 年《寰宇概观》。㉜

　　在一篇关于由萨拉特（Sarlat）教区的总牧师让·塔尔德（Jean Tarde）所制作地图的文字中，阐明了教区地图的目标和形式，地图发表为：《萨拉特教区地理的真实精图》（*Sarlatensis diocesis geographica delineatio vera & exacta*）（图 48.7）。㉝ 塔尔德表示：“在对教区探访的过程中，我绘制了该地点的地图和地理描述，以便述及的主教及其继任者可以通过一幅地图审视这个他们有责任培育的地区，这个地区的图像后来被刻在铜版上，印行于世，并放大画在主教大厅的巨大面板上。”㉞ 这一声明表明这幅雕版地图可能会附有一幅彩绘的壁画。塔尔德曾与神父克里斯托夫·克拉维于斯（Christoph Clavius）一起在罗马学院（Collegio Romano）中学习数学，并描述了自己在《磁性四分仪用法》（*Les vsages dv qvadrant à l'esgville aymantée*）（1621 年）中运用的方法。㉟ 他从一个视野中地平线最清晰的暴露的地点固定的位置沿着子午线，绘制了现场的地图，“就像军需官（maréchaux de camp）为军队的住房进行绘制一样”。然后，他在其图上确定了这个最初位置周围的地点：在确定了它们的方向之后，他根据当地居民所估计的距离对它们进行定位。要覆盖一块大地区，他从几个位置进行了三角测量，“因为只从一个位置制作的地理地图总是并不精确的”。最后，他将自己现场测量过的详细地图组合起来，完成了工作。塔尔德被当地人认为是一位优秀专家，1606 年，在卡奥尔（Cahors）主教的要求下，他绘制了一幅凯尔西（Quercy）的地图：《凯尔西地区及教区图》（*Description du pais et diocese de Quercy*）。

　　历史的著作不仅可以用法国总图做插图进行阐释，区域地图也可以起到类似的作用。于 1550—1560 年生活在里昂的佛罗伦萨人加布里埃莱·西梅奥尼（Gabriele Simeoni）翻译了纪尧姆·迪舒尔（Guillaume Du Choul）关于罗马军营的著作，并应主教纪尧姆·迪普拉（Guillaume Duprat）的邀请来到克莱蒙–费朗（Clermont-Ferrand）。西梅奥尼参与了格尔戈

　　㉚ François de Dainville, *Cartes anciennes de l'Église de France : Historique, répertoire, guide d'usage* (Paris : J. Vrin, 1956), 11 – 15.

　　㉛ René-Jean-Francois Lottin and M. Lassus, *Recueil de documents inèdits ou rares sur la topographie et les monuments historiques de l'ancienne province du Maine* (Le Mans : M. Pesche, 1851).

　　㉜ François de Dainville, "Le premier atlas de France : *Le Théatre francoys* de M. Bouguereau—1594," in *Actes du 85e Congrès National des Sociétés Savantes, Chambéry-Annecy 1960, section de géographie* (Paris : Imprimerie Nationale, 1961), 3 – 50, esp. 34 – 35.

　　㉝ 这幅地图是由 Jean Leclerc 在《*Theatre geographiqve du royavme de France*》的 1626 年版（Paris : Jean Leclerc, 1626）中复制的，第 48 张地图。

　　㉞ Jean Tarde, *Les chroniques de Jean Tarde*, ed. Gaston de Gerard and Gabriel Tarde (Paris : H. Oudin, 1887), 324 – 325.

　　㉟ Jean Tarde, *Les vsages dv qvadrant à l'esgville aymantée* (Paris : Iean Gesselin, 1621), 78 – 84, esp. 78 – 81.

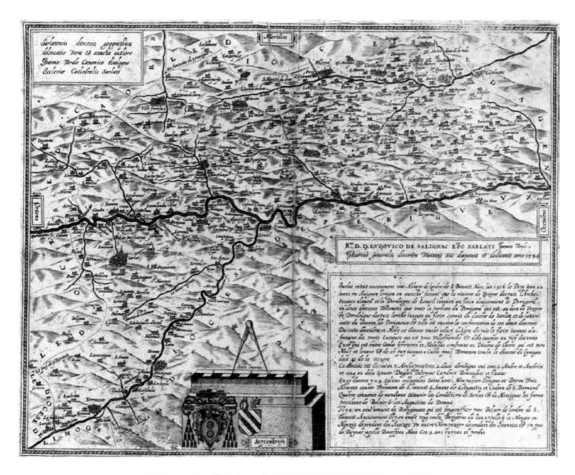

图 48.7　让·塔尔德：《萨拉特教区地理的真实精图》，1594 年

这幅地图是献给萨拉（Sarlat）的主教路易·德·萨利尼亚克（Louis de Salignac）的。

原图尺寸：37.6×49 厘米。Centre Historique des Archives Nationales，Paris（NN 371/1）。由 Atelier Photographique du Centre Historique des Archives Nationales，Paris 提供照片。

维亚（Gergovia）的罗马阵营（在克莱蒙–费朗附近）位置的确定，并在他的道德哲学著作《虔诚与冥想的对话》（*Dialogo pio et specvlativo*）（里昂，1560 年、1561 年被翻译成法语）中，根据凯撒的《高卢战记》提出了其第一个可靠的认定。[36] 在《虔诚与冥想的对话》中，附有一幅标题为《奥利维亚图》（*Limagna d' Overnia*），西梅奥尼将其献给了凯瑟琳·德美第奇，并将凯撒与维钦托利科斯（Vercingetorix）之间战役的不同阶段在图上绘出。[37] 西梅奥尼致凯瑟琳的献词提醒我们，他应聘担任其随侍的占星家。

　　历史地图的范畴还包括《现在叫布列塔尼的阿摩立卡地区图》（*Description dv pays armoriqve a present Bretaigne*）（图 48.8）。这幅铜版雕刻的地图是由法学家贝尔特拉姆·达阿

---

[36]　Gabriele Simeoni，*Description de la Limagne d' Auvergne*，trans. Antoine Chappuys，ed. Toussaint Renucci（1561；reprinted Paris：Didier，1943）.

[37]　Marie-Antoinette Vannereau，"Les cartes d' Auvergne du XVIe au XVIIIe siècle," in *Actes du 88e Congrès national des sociétés savantes*，*Clermont-Ferrand 1963*，*section de géographie*（Paris：Bibliothèque Nationale，1964），233–245.

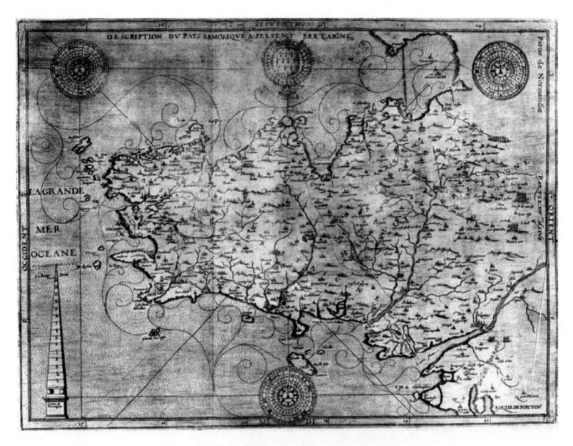

图 48.8　《现在叫布列塔尼的阿摩立卡地区图》，1588 年

这幅地图是贝尔特拉姆·达阿尔让特雷的两卷本《布列塔尼史》（*L'Histoire de Bretaigne*）（Paris：J. du Puys，1588）的插图。

原图尺寸：约 35×46.5 厘米。由 BNF（Rés. fol. Lk2 446）提供照片。

尔让特雷（Bertrand d'Argentré）绘制的，是受布列塔尼（Bretagne）领地的委托而编写的历史的一部分，于 1583 年在巴黎印刷。[38] 这本书被抄没了，因为该作品表达了一种布列塔尼的特殊论，被认为是对"国王、王国和法兰西的尊严"的冒犯。[39] 直到 1587 年 7 月，才授予第二版以王室的特许权。从 1583 年开始印刷的布列塔尼的地图，遵循了达阿尔让特雷的说明，他似乎已经纠正了它的证据，但直到 1588 年第二版才出现。根据皮诺（Pinot）的说法，这幅地图是由孔凯（Conquet）的水文学家根据由海上和陆地的行程补充的几幅海图而绘制的。[40] 因此，在地图的最重要的目标——也就是引导读者（习惯于阅读长达 1000 页的作品的知识分子）来关注布列塔尼的历史——与作者所使用的信息之间存在差异。因此，

1490

㊳　Jean-Pierre Pinot，"L'adaptation d'une carte à de nouveaux utilisateurs：La carte de Bretagne de Bertrand d'Argentré（1582），" in *L'œil du cartographe et la représentation géographique du Moyen Âge à nos jours*，under the direction of Catherine Bousquet-Bressolier（Paris：Comité des Travaux Historiques et Scientifiques，1995），223–231，and idem，"Les origines de la carte incluse dans *l'Histoire de Bretagne* de Bertrand d'Argentré，" *Kreiz* 1（1992）：195–227.

㊴　Ieuan E. Jones，*D'Argentré's History of Britanny and Its Maps*（Birmingham：University of Birmingham，1987），esp. 12.

㊵　Pinot，"L'adaptation d'une carte".

文字中的某些重要地点（例如，许多修道院）并没有出现在地图上，这就不足为奇了。此外，这幅地图以海图的样式指向地磁北极，但也包括了子午线和平行线的一小部分，这说明它是以地理北极为正方向的。虽然这幅地图并不完整，但却很有价值，它被布格罗再次用在《法兰西概观》（1594 年）中。贝尔特拉姆·达阿尔让特雷的铜版后来被用在《布列塔尼史》（*L'histoire de Bretaigne*）（1618 年，由贝尔特拉姆·达阿尔让特雷的儿子出版）的第三版中，尽管佛兰德的雕刻师加布里埃尔一世·塔韦尼耶（Gabriel I Tavernier）已经弄坏了几处地名。

区域地图的作者来自各行各业——牧师、总牧师、水文测量师，还有律师、医生和建筑师。他们的地图见证了他们对地区的感情和对科学的好奇心。例如，律师让·迪唐（Jean Du Temps），他是1590 年《布莱苏瓦地区图》（*Description du pais Blaisois*）的作者，此图于1591 年为布格罗雕刻，迪唐于1555 年在布卢瓦（Blois）出生，精通于占星术和数学。[41] 他 1491 的地图标出了纬度和经度，除了地球的周长（9000 里格）之外，他还给出了这一行省的大小（经度25 里格，纬度40 里格）。在其兄弟亚当的帮助下，迪唐可能已经绘制了这幅地图。

让·法延（Jean Fayen）医生绘制了一幅1594 年的利摩日（Limoges）教区的地图，并出现在布格罗的《法兰西概观》中（图48.9）。[42] 法延于16 世纪末参与了利摩日的文化生活：他进行信件和科学方面的实践，并试图纠正一个没有地图的省份，该省"从其丰富的出产……众多的著名城镇、为其补充水分并为其增光添彩的闻名遐迩的河流，以及出生于斯的人们才华出众，博学多才"而著名。尽管法延的出版商将他称作"优秀的数学家和地理学家"，但他却构建了一幅忽略了纬度和经度的地图。[43] 地图上丰富的地名反映了当地的发音。这幅地图的视野的世俗色彩甚于宗教色彩，因为它没能标出几个修道院。作者几乎没有提及城堡，只是标出了它们最近遭到的破坏，因为该一区域仍然忠于亨利四世。[44] 法延的努力得到了回报：他后来"因为熟稔自己的家乡城市、省份及其地图"而被称为"利摩日的阿基米德"。[45] 1492

建筑师伊萨克·弗朗索瓦（Isaac François）绘制了一幅图赖讷（Touraine）公国的地形图：《图赖讷公国地形图》（*Topographie Aug. Turon. Ducatus*），献给了图尔（Tours）的市长。在这座城市的防御工事方面，弗朗索瓦发挥了积极的作用，1592 年，他被任命为"总管"（directeur général）。地图上提及他为"图赖讷皇家道路的总管"（voyer pour le roi en Touraine），我们认识到弗朗索瓦对卢瓦尔河（Loire）的桥梁和岛屿给予了特别的关注。[46]

对法国各省一些制图师的概述，凸显了由布格罗汇编并于1594 年出版的《法兰西概

　　[41]　关于Jean du Temps，请参阅Peter H. Meurer, *Fontes cartographici Orteliani*: *Das "Theatrum orbis terrarum" von Abraham Ortelius und seine Kartenquellen*（Weinheim: VCH, 1991），254。

　　[42]　Ludovic Drapeyron, "Jean Fayen et la première carte du Limousin 1594," *Bulletin de la Société Archéologique et Historique du Limousin* 42（1894）: 61－105. 关于1594 年地图的不同版本，请参阅Camille-Marcel-Léon Martignon, "Procés-verbaux de séances" 中的评论，*Bulletin de la Société Archéologique et Historique du Limousin* 84（1952）: 117－144，esp. 128－130。

　　[43]　Drapeyron, "Jean Fayen," 68－69.

　　[44]　Dainville, "Le premier atlas de France," 42.

　　[45]　根据16 世纪利穆赞（Limousin）的诗人J. Blanchon; Drapeyron, "Jean Fayen," 70。

　　[46]　Bernard Toulier, "Cartes de Touraine et d'Indre-et-Loire（des origines à 1850），" *Bulletin Trimestriel de la Société Archéologique de Touraine* 38（1977）: 499－536，esp. 502－504.

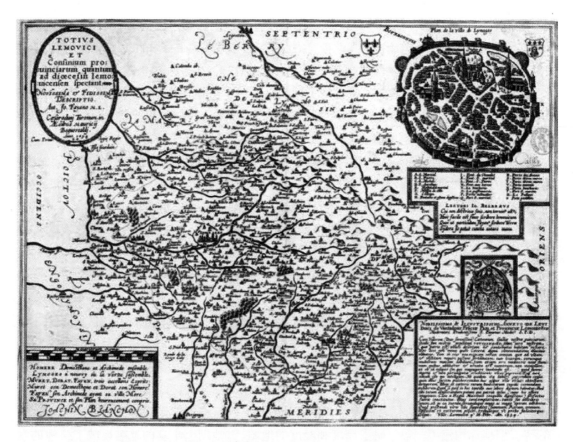

图48.9 让·法延：《利摩日全境……》（*TOTIVS LEMOVICI...*），1594 年

　　这幅地图是献给旺塔杜尔（Ventadour）公爵阿内·德莱维（Annet de Lévi）的，1594 年，由莫里斯·布格罗在图尔出版于《法兰西概观》中。

　　原图尺寸：35.5×48.2 厘米。由 BNF（Ge D 15 016）提供照片。

观》的重要性和潜力。如果凯瑟琳·德美第奇整合汇编法国各省地图的计划得以实现，布格罗的地图就没有必要了，但它却填补了一个空白。1594 年，在法国出版的第一部王国地图集被呈给亨利四世，"就像人们向他献上巴黎的钥匙一样"。[47] 这部地图集既是一种象征，也是加强国家边境安全、内部商业安全和国内旅行的基本工具。安托万·德拉瓦尔（Antoine de Laval）在亨利四世的葬礼致辞中提到，"他不喜欢长篇大论的演讲……他热忱地喜爱地方（区域）地图，以及涉及数学科学的所有东西"。[48]

　　这部地图集只包括三幅此前没有发表过的地图，但它有可能促进地理学家的兴趣和模拟，这些地理学家对于通过图像和文字揭示自己所在省份的独特特征非常感兴趣。[49] 然而，《法兰西概观》的后继者却很少。后来，它被让·勒克莱尔三世（Jean III Leclerc）和让·勒克莱尔四世（Jean IV Leclerc）用于他们的《法兰西王国地理概观》（*Theatre geographiqve*

---

[47]　Dainville, "Le premier atlas de France," 19.

[48]　Antoine de Laval, *Desseins de professions nobles et publiqués, contenans plusieurs traictès divers et rares et, entre autres, l'histoire de la maison de Bourbon ...*, 2d ed. (Paris：Abel L'Angelier, 1612), fol. 187.

[49]　关于布格罗的文字，请参阅 Tom Conley 给出的分析，*The Self-Made Map：Cartographic Writing in Early Modern France*（Minneapolis：University of Minnesota Press, 1996），222–237。

du royavme de France) 中，从 1619—1632 年，出现了 7 个版本，最后一个版本由让·勒克莱 1493
尔五世出版。勒克莱尔家族往布罗格的地图集中增加了新的地图，其中半数是从墨卡托和洪
迪厄斯的地图集中复制而来的。⑩ 1632 年，梅尔基奥尔·塔韦尼耶二世（Melchior Ⅱ Tavern-
ier）出版了另一部地图集，其中收录了布格罗和勒克莱尔家族的作品（与勒克莱尔家族作
品的标题相同）。这部地图集比它之前的地图集更加完整，包括了那些为亨里克斯·洪迪厄斯
和小约道库斯·洪迪厄斯在阿姆斯特丹雕刻的图版，所以它是其他的法国地图集所无法比拟
的，因为对于出版商来说，找到有才华的雕刻师并不容易。

国家地图制作的新趋势：弗朗索瓦·德拉居洛蒂埃 和克里斯托夫·塔桑

由弗朗索瓦·德拉居洛蒂埃制作的大型木刻法国地图标志了对依赖区域描绘的早期模式
的一次突破，使得其比之前菲内、若利韦和波斯特尔等人绘制的地图（图 48.10）要丰富得
多。这一方法得到了凯瑟琳·德美第奇的鼓励，1561 年，她在尼古拉·德尼古拉的支持下，
试图改革法国政府，但尼古拉的工作并未完成，停留在绘本状态。20 年后，德拉居洛蒂埃
似乎已经继续并完成了这一项目，但他的法国地图直到 1613 年才印行于世，那时他已经去
世很久了。

我们对拉居洛蒂埃的了解，主要是通过他遗嘱的受益人皮埃尔·皮图（Pierre Pithou），
他来自加里亚的一个律师家庭，并组建了一个图书馆，里面有拉居洛蒂埃遗赠给他的大量手
稿和地图："一些非常漂亮且书法很好的文献。"⑪ 在皮图于 1596 年去世之时，他仍拥有拉
居洛蒂埃的《法兰西地图》的木刻版和校稿。⑫ 它们的刊刻过程一定是既漫长又艰难；从现
存的印本的外观缺乏同质性来看——这一点非常明显，皮图的图幅和可能是在其后刊刻的图
幅之间最为显著——这些印本是由几位雕刻师合作完成的。一封于 1595 年 10 月 27 日由亚
当·德拉普朗什（Adam de la Planche）写给奥特柳斯的信表明"在曾经订购上述印版的第
一位出版商和死者（弗朗索瓦·德拉居洛蒂埃）之间关于印刷和铭文（可能是标题和献词）
方面有争端"。⑬ 首次印刷的版本是在 1613 年献给路易十三的，我们可以辨认出这一点，因
为出版商标注了王室的年代，是卡佩王朝（Capetiens）626 年。

---

⑩　François de Dainville, "L'évolution de l'atlas de France sous Louis ⅩⅢ: *Théâtre géographique du royaume de France* des Leclerc
(1619 – 1632)," in *Actes du 87e Congrès national des sociétés savantes*, *Poitiers* 1962（Paris: Imprimerie Nationale, 1963），9 – 57. 关于
勒克莱尔家族，请参阅 *Dictionnaire des éditeurs d'estampes à Paris sous l'Ancien régime*（Paris: Promodis, 1987），208 – 212，以及本
卷第 53 章。

⑪　见 Abraham Ortelius, *Abrahami Ortelii（geographi antverpiensis）et virorvm ervditorvm ad evndem et ad Jacobvm Colivm Or-
telianvm ... Epistvlae ...*（1524 – 1628），ed. Jan Hendrik Hessels, Ecclesiae Londino-Batavae Archivum, vol. 1（1887; reprin-
ted Osnabruck: Otto Zeller, 1969），668。

⑫　这幅大型地图几乎从来没有被研究过。关于这一问题，我们应该参考 Numa Broc 在 1987 年巴黎地图学史第十二
届国际会议上提出的研究报告，至今仍未出版："La France de La Guillotière（1613）。"拉居洛蒂埃的生平仍然是未知的。
有一位 Robert Ribaudeau 或 Rivaudeau sieur de La Guillotiere（1570 年去世），是一位新教徒和亨利二世的近侍，可能是我们
这位地理学家的父亲，但是弗朗索瓦并未包括在他的七个孩子之列，这一名单是由 Eugène Haag 和 Émile Haag 给出的，见
其 *La France protestante*, 10 vols.（Paris: J. Cherbuliez, 1846 – 1859），8: 428 – 429。

⑬　Ortelius, *Epistvlae*, 666 – 670, esp. 668.

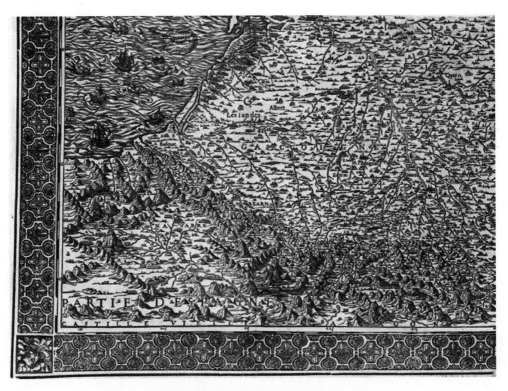

图48.10 弗朗索瓦·德拉居洛蒂埃：《法兰西地图》，1632年（细部）

这幅地图为木刻版，由让·勒克莱尔四世的遗孀在巴黎出版。这是9图幅中的第7张。

细部尺寸：38.5×52厘米。由BNF［Ge DD 2987（388，7）］提供照片。

　　《法兰西文库》（*Les Bibliothèques francoises*）提及，1584年，拉居洛蒂埃"的手上已经拥有了当时所有的法国地图和描述，他希望尽快将其付梓，他是用地方志的方式构建的，他是我们时代最精通于此，而且拥有最好的绘画技巧的人物"。[54] 很有可能，拉居洛蒂埃开启的绘制法国地图的伟大事业在这一时期是为了阐明对法兰西国家的调查，亨利三世于1583年等待这一调查的成果。拉居洛蒂埃的法国地图的地理覆盖范围与其前辈相同；然而，其1：100000的大比例尺使得可以插入超过30000个地名，这些地名的密度因区域不同而有所差异。作者修正了地理格局，尤其是布列塔尼和科唐坦半岛的海岸线，以及国家的水文网络，尽管卢瓦尔河的大弯还没有呈现出来。朗德（Landes）的海岸线获得了一种倾斜的特征，在《修订版法兰西地图》（*Carte de France corrigée*）于1693年出版之前，这一点一直是法国地图和尼德兰地图的区别之处。非常可能，拉居洛蒂埃使用了他能接触到的那些行省地图。有人认为，在阿尔卑斯山的例子中，他从军事工程师让·德拜因斯的地图中得到了启发，[55] 但这是不可能的，因为亨利四世的工程师德拜因斯的第一批地图的日期是1598年，

[54] La Croix du Maine and Du Verdier, *Les bibliothèques françoises*, 1：222 – 223.

[55] Marc Antoine de Lavis-Trafford, *L'évolution de la cartographie de la région du Mont-Cenis et de ses abords aux XVe et XVIe siècles：Étude critique des méthodes de travail des grand cartographes du XVIe siècle：Fine, Gastaldi, Ortelius, Mercator, La Guillotière et Magini, ainsi que de Jacques Signot et de Boileau de Boullon*（Chambéry：Librairie Dardel, 1950），91 – 96, esp. 96.

在拉居洛蒂埃去世之后。⑤ 有人对拉居洛蒂埃的《法兰西地图》上的比利牛斯山的外观进行研究，认为作者曾在现场工作，遵循了一些行程和作为一位训练有素的地志学者对景观的表现特征元素会做的事：维涅马勒峰（Vignemale）沿着波城（Pau）的山间溪流、南比戈尔峰（Midi de Bigorre）的山巅，巴涅尔－德比戈尔（Bagneres-de-Bigorre）和康庞（Campan）以南的加瓦尔尼火山口（Cirque de Gavarnie）。⑤ 作者当然很熟悉比利牛斯山脉区域，也可能熟悉朗格多克（Languedoc），因为他提供了那个地区 16 世纪最精确和最详细的地图。⑤

　　为什么拉居洛蒂埃的法国地图迟迟没有出版，有几个原因可以进行解释：他的宗教地位、他与亨利三世关系的变化、在木版上刊刻如此细密地图的困难，以及最后一点：他的去世。尽管有这样大的拖延，但 1613 年、1615 年和 1620 年由让·勒克莱尔四世出版的版本，以及由勒克莱尔的遗孀弗雷曼·里夏尔（Frémine Richard）于 1624 年、1632 年和 1640 年出版的版本都证明了这一事业的成功。⑤ 在这一著名地图得以印制的同时，让·勒克莱尔继承了布格罗，出版了一部法国地图集，标题为《法兰西王国地理概观》（*Theatre geographiqve du royavme de France*）（出版自 1619 年）。⑥ 这部地图集开始于彼得鲁斯·普兰齐乌斯的《高卢》（*Gallia*），在 1622 年的版本（由弗雷曼·里夏尔出版）中，用 1600 年老约道库斯·洪迪厄斯的《法兰西》（*France*）取代了这幅图，而波斯特尔的《高卢》则在 1626 年和 1641 年的版本中被引介。让·勒克莱尔四世并没有采用拉居洛蒂埃地图的简化版本，可能是因为在简化过程中会丧失过多的信息。

　　通过拉居洛蒂埃与皮图和安德烈·特韦之间的相识，我们了解到了他的其他地图。1595 年，皮图把拉居洛蒂埃的法兰西岛地图作为一份礼物，送给了自己的朋友亚伯拉罕·奥特柳斯，以在《寰宇概观》中出版。⑥ 它将作者的出生地定为 "Biturix viv"。拉居洛蒂埃出生在波尔多（Bordeaux），而不是布尔日，尽管这两个城市在罗马时代都由 "比蒂里格人"（biturige）所居住。他来自波尔多也在 1584 年由拉克鲁瓦·迪迈内所证实，他报告了拉居洛蒂埃本人的证词。

　　在 1589 年特韦的遗嘱中，拉居洛蒂埃被任命为 "他的书和为其岛屿大书而制作的铜印版的继承人，期望他会下令印刷"。⑥ 拉居洛蒂埃属于一个源自莱茵—佛兰德的宗教运动：

1494

1495

⑤　François de Dainville, *Le Dauphiné et ses confins vus par l'ingénieur d'Henri Ⅳ, Jean de Beins*（Geneva：Librairie Droz, 1968）, 7.

⑤　Monique Pelletier, "Les Pyrénées sur les cartes générales de France du ⅩⅤ° au ⅩⅧ° siècle," *Bulletin du Comité Français de Cartographie* 146 – 147（1995 – 1996）：190 – 199.

⑤　François de Dainville, *Cartes anciennes du Languedoc, ⅩⅥ°- ⅩⅧ° s.*（Montpellier：Société Languedocienne de Géographie, 1961）, 16 – 17.

⑤　关于这个版本，第一个版本中剩余的印本被重复使用。事实上，在 BNF 的例子中，除了在列出出版商地址的那张纸上，蓝铅笔编辑标记重新出现了。

⑥　Mireille Pastoureau, *Les atlas français, ⅩⅥ°- ⅩⅧ° siècles：Répertoire bibliographique et étude*（Paris：Bibliothèque Nationale, Département des Cartes et Plans, 1984）, 295 – 301.

⑥　Ortelius, *Epistvlae*, 666 – 670.

⑥　特韦的遗嘱发表于 Jean Baudry, *Documents inédits sur André Thevet, cosmographe du roi*（Paris：Musée-galerie de la Seita, 1982）。关于特韦和拉居洛蒂埃，请参阅 Frank Lestringant, *André Thevet：Cosmographe des derniers Valois*（Geneva：Droz, 1991）, 157 n. 10, 162 n. 36, 297 and 319 n. 51。

"爱之家族"——再洗礼派的一个宗教支派——它可以充当一个在商业领域相互帮助的社团。[63] 这一运动在巴黎的分支是由克里斯托弗尔·普兰迪因的亲密朋友皮埃尔·波雷（Pierre Porret）领导的，他把自己的论著留给了"非常博学的地理学家"拉居洛蒂埃。波斯特尔本人也赞成这一宗教运动，但他更关注自己的信仰理论，他试图说服自己的朋友奥特柳斯。爱之家族——在1579—1589年间，它获得了特殊的发展——与亨利二世的第四个儿子安茹公爵的官邸之间的亲密关系发展起来，1582年，安茹公爵成为布拉班特公爵，两年后，他的去世使得纳瓦拉的亨利继承了王位。[64]

在《通用宇宙学》（*La cosmographie vniverselle*）（1575年）的第二卷中，特韦还认为奥地利和特兰西瓦尼亚的地图是拉居洛蒂埃绘制的。拉居洛蒂埃在制作这一地图的过程中，"正如他在去年制作波兰君主的地图一样"。特韦也高度地评价拉居洛蒂埃：他"精通数学、透视法、建筑学的知识，他的笔法极为顺畅，能够给出天空和地球的度数和规模，都使他当之无愧地跻身于本世纪最卓越及最有价值的地理学家之列"。[65] 拉克鲁瓦·迪迈内重复了这一信息，并且补充道：由让·勒克莱尔于1573年印刷于巴黎的《波兰王国全图》（*Description de tout le Royaume de Pologne*），指的是让·勒克莱尔二世（去世于1581年）或让·勒克莱尔三世（去世于1599年）。[66] 这幅专题地图对应了法国未来的亨利三世被选为波兰国王，就像在1570年法国国王路易九世和奥地利皇帝马克西米利安二世的女儿伊丽莎白结婚之后的奥地利的地图一样。这两幅地图似乎都没有一例保存下来。

拉居洛蒂埃的法国地图对克里斯托夫·塔桑所绘制的《法兰西各省总图》（*Les cartes generales de toutes les provinces de France*）（1634年）将法国作为整体的表现方法，产生了很大的影响。然而，如果塔桑的地图集中的第六幅地图《法国地图》（*Carte de France*），与拉居洛蒂埃地图非常相似，之后的法国全部各省的地图（图48.11）所构成的地图集，与布罗格于1594年出版的和让·勒克莱尔四世于1619年出版的地图集并不相似。其差异之处在于塔桑关于军事工程师著作的了解：1631年，他担任战争常任委员（commissaire ordinaire）和王室地理学家。他通过雕刻地图，从与军方的关系中获得好处，与此同时，他通过5家书商出版了这些地图。1644年，他把自己的铜版卖给了两家印刷品经销商。[67]

关于收入今《法兰西各省总图》中的各省地图，阿克曼（Akerman）和比塞勒（Buisseret）已经确定了三个主要来源：来自15世纪那些（出版于布格罗地图集）表现没有军事价值的区域的地图、在亨利四世统治时期由皇家工程师或负责军队营房建设的军事官员绘制的地图，以及得自皇家工程师的更近的材料。[68] 塔桑缩写了《法国地图》（*Carte de France*）

[63] J. -F. Maillard, "Christophe Plantin et la Famille de la charitè en France: Documents et hypothèses," in *Melanges sur la littérature de la Renaissance à la mémoire de V. -L. Saulnier* (Geneva: Droz, 1984), 235 – 253. 关于奥特柳斯和爱之家族，请参阅 Giorgio Mangani, *Il "mondo" di Abramo Ortelio: Misticismo, geografia e collezionismo nel Rinascimento dei Paesi Bassi* (Modena: Franco Cosimo Panini, 1998), 90 – 94。

[64] Mangani, *Il "mondo" di Abramo Ortelio*, 217 – 221.

[65] Thevet, *La cosmographie vniverselle*, vol. 2, fols. 911 – 912.

[66] La Croix du Maine and Du Verdier, *Les bibliothèques françoises*, 1: 222 – 223.

[67] Pastoureau, *Les atlas français*, 437.

[68] James Akerman 和 David Buisseret, "L'État comme patron invisible: Étude sur *Les cartes générales de toutes les provinces de France par Christophe Tassin*", 第十二届国际会议上提交的未发表的演讲，巴黎，1987年。

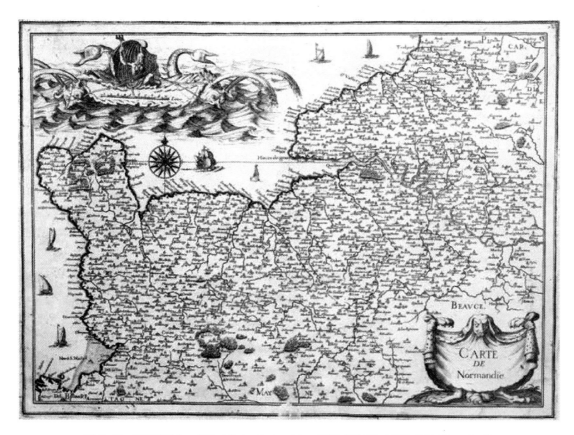

图48.11　克里斯托夫·塔桑（Christophe Tassin）：《诺曼底地图》（*NORMANDIE*），1634年

这幅地图出现在1634年出版的塔桑的《法兰西各省总图》中。这幅地图的总体轮廓或多或少是由尼古拉·桑松在大约20年以后进行了精确的复制。

原图尺寸：27×50.5厘米。由BNF（Cartes et Plans, Rés. Ge DD 3479, fol. 18）提供照片。

（置于地图集中的世界地图和大洲地图之后）中的意大利附录，并立即在其后放置对各省的表现。他从那些对皇家工程师有重要战略意义的外围省份开始：皮卡第与阿图瓦（Artois）、香槟（Champagne）、勃艮第（Burgundy）、布雷斯（Bresse）、里昂与博若莱（Beaujolais）、多菲内（Dauphiné）、普罗旺斯（Provence）、朗格多克、吉耶讷（Guyenne）、普瓦图、布列塔尼，以及诺曼底，这些地方提供了一个虚拟的"环绕法国"。在法国各省地图之后，他转向邻近国家：洛林公国和巴尔（Bar）公国、弗朗什孔泰（Franche-Comté）和蒙贝里亚尔（Montbéliard）公国、低地国家、佛兰德、阿图瓦和埃诺（Hainaut）、卢森堡，阿尔萨斯和普法尔茨（Palatinate）。塔桑的地图集在为巩固法国的疆域边界做准备，但继续提供了对意大利各地的描绘：米兰公国和皮埃蒙特（Piedmont）侯国、热那亚和尼斯、曼托瓦（Mantua）、费拉拉（Ferrara）和威尼斯、佛罗伦萨和罗马。塔桑《法兰西各省总图》的1637年版包括了一幅与拉居洛蒂埃地图相当的9页的法国地图。然而，使用精细的铜版刻字使得塔桑得以增加地名的数量，并在它们之间引入明显的等级区分。

1496

　　塔桑所有的地图的来源都不为人所知，正如他的另一部地图集中所示：《法国大西洋及地中海沿岸总图及专图》（*Cartes generale et particulieres de toutes les costes de France tant de la mer oceane que mediterranée*）（1634 年）。这部水道地图集中的总图是一幅索引图，这与《法兰西各省总图》中的法国总图完全不同，这也使用于其他地图，比如普罗旺斯的海岸地带。在行省地图集（《法兰西各省总图》）中，塔桑在三张图幅上复制了标题为"普罗旺斯沿岸海图"（La coste maritime de Provvence）的绘本地图。这幅地图完成于 1633 年，是应阿尔芒·让·迪普莱西（Armand Jean du Plessis）—即红衣主教黎塞留（路易十三的大臣）的要求，由亨利·德塞居兰（Henri de Séguiran）进行的海岸防御体系视察期间所进行的测量。它的作者雅克·马雷特兹（Jacques Maretz），是艾克斯（Aix）的数学教授，得到了画家奥吉耶（Augier）和弗卢尔（Flour）的帮助。[69] 这幅绘本地图由两排表示 20 个港口的微型地图组成。马雷特兹（他的主要目标是绘制海岸线的地图）的作品为以后的普罗旺斯海岸的表现留下持久的印记。此外，它由塔桑和其他工程师在一本地图集《普罗旺斯沿海及岛屿总图及专图》（*Description generale et particuliere des costes et isles de Provence*）中完成，这是一部现在保存在艾克斯的马雷特兹图书馆（Bibliothèque Méjanes）中的绘本地图集。

亨利四世、路易十三和路易十四统治时期的军事地图绘制的发展，源于他们想要巩固在里昂（1601 年）、明斯特尔（1648 年）和比利牛斯山脉（1659 年）的条约中确立的国家边界。通过地图，塔桑能够建立与黎塞留（Richelieu）和皇家权力的紧密关系。作为一个出版商，他试图使自己的作品多样化，并将其添加进自己的水道地图集中，在其中，他主要关注的是海岸防御，通过运用的军事地形学家的作品——比如，克洛德·沙蒂永（Claude Chastillon）的《拉罗谢尔的海岸地图》（*Carte de la coste de la Rochelle*）启发了《欧尼斯海岸》（*Coste d'Aunis*）。[70] 此外，塔桑的《法国全部主要城市和地方的平面图和侧面图》（*Les plans et profils de toutes les principales villes et lieux considerables de France*）（1634 年），也包括了"督军辖区"（gouvernements）的地图（16 世纪时期变得众多的军事部门）。在实施这样一种空间的行政划分方面，塔桑的工作预言了尼古拉·桑松（Nicolas Sanson）著作的到来。

1497

尼古拉·桑松的行政地图绘制（1600—1667 年）

尼古拉·桑松·达布维尔一世及其家族的工作，促进了路易十三和路易十四的统治时期，国内地图绘制在行政和教育方面的应用。桑松的地图绘制受惠于早期地理学家的努力，他使用了他们的地图作品，并在书面文献的基础上加以丰富，这使得他能够追踪复杂的行政区划的边界。他能够为君主提供更加完备的国家知识，并对国家调查加以补充，比如 1630 年由安托万·达埃菲亚（Antoine d'Effiat）总管所主持的国家调查。

以塔桑的方式，桑松努力实现君权的愿望，那就是拥有一幅法国全境的地图，并将其制

---

⑥⑨ Myriem Foncin and Monique de La Roncière, "Jacques Maretz et la cartographie des côtes de Provence au XVIIe siècle," in *Actes du 90e Congrès national des sociétés savantes*, *Nice 1965*, *séction de gèographie*（Paris：Bibliothèque Nationale, 1966）, 9 - 28.

⑦⓪ Charles Passerat, *Étude sur les cartes des côtes de Poitou et de Saintonge antérieures aux levés du XIXe siècle*（Niort：Imprimerie Nouvelle G. Clouzot, 1910）, 76 - 77.

作成各省的详细地图。⑦ 他之所以能够这样做，是因为他与路易十三、路易十四及其诸大臣
建立起紧密的联系，以及他通过法国主教而获得了帮助。1627 年，桑松制作了他的第一幅
雕版地图，这幅地图在 6 图幅上以 1：410000 的比例尺显示了历史时期的高卢，引起了黎塞
留的关注，他向年轻的国王介绍了这位制图师。桑松最终教导路易十三学习地理，并被任命
为"国王地理学工程师"（ingenieur geographe du roi），这是一个领取薪俸的头衔。

　　桑松在亚眠接受了耶稣会士的训练，并于 1635 年之前不久，他在皮卡第担任"地理学
工程师"（ingénieur géographe），在现场工作，他成了一名伟大近侍地理学家和著名的地理
教师。在王权的荫蔽下工作，他享受着免费获得最好的行政资源的权利。他早期的主要作品
是由黎塞留下令绘制的一幅 30 图幅组成的法国地图，上面绘出了将军辖区（gouvernements
généraux）的边界，地图在 1643 年之后完成；这幅地图现在已经不存。在 1648 年写给大臣
皮埃尔·塞吉耶（Pierre Séguier）的一份备忘录中，桑松提议再次启动这项任务，绘出财政
区（généralités）——路易十四所支持的财政区划——的边界来取代重要性已经降低的将军
辖区的界线。⑫ 这一项目的第一部分包括了一幅出版于 1652—1653 年间的大型法国地图，
它可能取自桑松已经为黎塞留绘制的地图。这幅王国全境的总图可以拆分为 250 幅地方地
图，但是这个项目从来没有完成，起码在这一框架下没有完成。早在 1645 年，桑松向神职
人员大会提议草绘详细的教区地图，配以他们圣俸（pouillés）的名单。他既需要备忘录，
也需要资金来实现这样一个庞大的项目，在其中他只会承担地图绘制方面的很大一部分。

　　帕斯图罗（Pastoureau）认为收录在《司法改革委员会备忘录》（*Mémoires de MM. du
Conseil pour la réformation de la justice*）中的《绘制王国地图和统计数据必要性的备忘录》
（*Mémoire sur la nécessité de dresser des cartes et statistiques du royaume*）的作者是尼古拉·桑松，
这一回忆录是于 1665 年献给路易十四的。这一备忘录的作者打算根据"书写整洁、清晰、
格式正确"的行政记录来纠正现存的地图：拼写错误和错误的定位导致大部分地图"被认
为是最有用的于是通过，但实际上几乎毫无价值"。备忘录的作者设想将训练有素的人送到
特定的地点，这样他们可以执行必要的测量，并指出了他们需要遵循的方法。他还暗示他自
己绘制了新的地图，"拥有成功所需的部分必备知识以及适当的登记簿和表格"，这份声明
适合桑松和他所收集到的文献。⑬ 但是，这位皇家地理学家，近侍地理学家中毫无争议的大
师，会接受这样一项质疑他之前工作的项目吗？在让·巴蒂斯特·科尔贝（Jean Baptiste
Colbert）与 1663 年 9 月到 1664 年 2 月之间写给由国王派到各省的代表（maitres des re-
quetes）的备忘录中，已经指定桑松为专家，他将知道如何根据代表收集到的记录纠正并完
成各省的地图。⑭

---

　　⑦　关于尼古拉·桑松，请参阅 Mireille Pastoureau, "Les Sanson: Cent ans de cartographie française (1630–1730)" (The-
sis, Université de Paris Ⅳ, 1982); idem, *Les atlas français*, 387–436; "Sanson, Kartographenfamilie," in *Lexikon zur Geschichte
der Kartographie*, 2 vols., ed. Ingrid Kretschmer, Johannes Dörflinger, and Franz Wawrik (Vienna: F. Deuticke, 1986), 2: 699–
701; and Nicolas Sanson, *Atlas du monde*, 1665, ed. Mireille Pastoureau (Paris: Sand et Conti, 1988), 13–46。

　　⑫　Pastoureau, "Les Sanson," 149–150.

　　⑬　BNF, MS., Clairambault 613, 845–855; Pastoureau, "Les Sanson," 510–516; and Louis Trénard, *Les mémoires
des intendants pour l'instruction du duc de Bourgogne* (1698): *Introduction générale* (Paris: Bibliothèque Nationale, 1975),
83–88.

　　⑭　BNF, MS., Clairambault 892, 1–18. Trénard, *Les mémoires des intendants*, 69–82, esp. 69–70.

　　1652—1653 年，桑松发表了一幅大型的地图，取代了拉居洛蒂埃的《法兰西地图》。
《非常高贵、强大和信奉基督教的法兰西王国的地图和总图》（*Carte et description generale dv*
tres-havt，*tres-pvissant*，*et treschrestien royavme de France*）（图 48.12）以 1∶880000 的比例尺
雕刻而成。其作者希望编绘更详细的税区（élections）地图，在其上"会表现所有教区和不
同的地方"，将这一作品"置于最困难的事业之中"，其中国家地图会作为一种"总结"来
使用，绘出了主要的财政区划，也就是"财政区"（généralités）。桑松的《地图和总图》并
没有到达亚得里亚海，但在东方覆盖得很好，因为正如桑松自己所写道："似乎莱茵河以外
的所有地区都想要回归这一王国，或至少没有它的保护，它们无法生存。"[75]

图 48.12　尼古拉·桑松：《非常高贵、强大和信奉基督教的法兰西王国的地图和总图》，1652—1653 年

这幅地图由作者于 1652—1653 年间在巴黎出版，献给路易十四。

原图尺寸：171×179 厘米。由 BNF（Cartes et Plans，Ge A 592）提供照片。

---

[75]　Nicolas Sanson，*Description de la France*（Paris：M. Tavernier，1639）．

与此同时，桑松的《地图和总图》也印行于世，皮埃尔·马里耶特一世（Pierre Ⅰ Mariette）出版了桑松设计的"军辖区地图"，这些地图的比例尺约为 1∶800000，与王国的大型地图相同。但桑松的教区地图则详细得多，因为大多数地图的比例尺都是 1∶234000。地图绘制到达了古高卢的边界，包括 218 页图幅（图 48.13）。将近一半的地图都是由桑松和他的继承人起草和出版的，至少有 54 份仍是绘本状态。尼古拉·桑松的儿子纪尧姆·桑松（Guillaume Sanson）在他的《地理学概论》（*Introduction à la géographie*）（乌得勒支，1692 年）中解释了如何使用颜色来描绘宗教或民政区划的边界，使得同样的雕刻地图可以满足不同的客户。[76] 诸如菲利普·拉贝（Philippe Labbe）等 17 世纪中叶的地理学家将法国描绘为一系列的省份，每个省份都是独特的，在国王的权威下得到统一："除了唯一的君

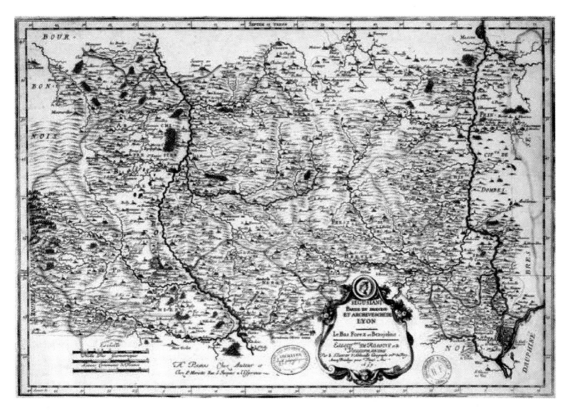

图 48.13　尼古拉·桑松：《塞居西阿、里昂大主教区和主教区：下佛雷兹和博若莱、罗亚恩税区》（*SEGUSIANI, PARTIE DU DIOECESE ET ARCHEVESCHE DE LYON: LE BAS FOREZ ET BEAUJOLOIS, ESLECTOINS DE ROANNE ET DE VILLEFRANCHE*），1659 年

　　这幅地图由作者和皮埃尔·马里耶特二世（Pierre Ⅱ Mariette）于 1659 年在巴黎出版。这幅地图对应四种类型的区划。它覆盖了塞居西阿的疆域、法国里昂的人民。地图表现了一部分里昂主教区的界限，并指出了"Lyonnais"和"Bas Forez"的位置所在，以及 1531 年重新归于王权之下的诸行省。它涉及里昂财政区（总共包含 5 个）的两个税区：即罗阿讷（Roanne）和维勒弗朗什（Villefranche）。

　　原图尺寸：36×53 厘米。由 BNF［Cartes et Plans, Ge DD 2987（242）］提供照片。

---

　　[76]　引用于 Catherine Hofmann，"L'enluminure des cartes et des atlas imprimes（en France），XVIe - XVIIIe siècle," *Bulletin du Comité Français de Cartographie* 159（March 1999）：35 - 46，esp. 40。

主，法国不承认或遵守任何权力，君主是完全绝对的统治者，尽管法国被划分为不同的省份。"⑰ 桑松的地图提供了一个让人放心的愿景：驯服与合理的地图，它们的边界似乎环绕着人民，并给予他们安全。他写道：法国是"世界上最美丽最繁荣的王国，并不因为它的广阔幅员……而是因为其国王的公正和幸福，其贵族的勇气和正义，以及其人民数量众多，广蓄财产"。⑱ 但是政区边界非常复杂，地图的质量和规模仍然远未达到其预期的精确度。

1500   尼古拉和纪尧姆·桑松的作品显示了近侍制图师的局限性。它的不精确性催生了一种由科尔贝在 1666 年创立的科学研究院支持的新的法国地图。这些著名的制图师的活动和他们的工作范围使他们无法进行第一手的地形观测活动，因此他们必须使用收集到的质量各异的信息。他们所使用的地图的统一风格掩盖了他们所使用的材料的异质性。此外，这些来源还不足以在教区地图的尺度下提供对王国的覆盖；1665 年，尼古拉·桑松提出的备忘录指出，需要对制图师不了解的地区进行测量。我们对法国地图制作的兴趣，不应减少对外国作品的关注，这些外国作品从法国地图出版的弱点中获益，佛兰德和尼德兰的地图集的成功证明了这一点，它们所附的文字被翻译成法语。因为拉居洛蒂埃的地图使奥特柳斯受益，梅尔希奥·塔韦尼耶二世将尼德兰的材料带到法国，与桑松合作。这两种信息的双向流动对于编纂第一部佛兰德语或法语的地图集是必要的。

行程与地图（1515—1645 年）

到目前为止，我已经展示了省域地图和国家地图之间的联系，以及它们的作者可能与王室的赞助之间的联系。但是，我也必须注意那些出现在同一时期，并且能够证明文艺复兴时期的"地图文化"的任何类型的文本，牢记使用地名并不一定意味着地图绘制材料的咨询。⑲

有时，文本和图像之间存在着有意的互补，而文本则弥补了地图上细节的缺乏。查理八世委托绘制的意大利半岛地图展示了这一互补性，这幅地图于 1515 年以参加过意大利战争的法国工程师雅克·西尼奥（Jacques Signot）的名义发表。地图上标出了阿尔卑斯山脉的 10 个隘口，其中有 7 个位于法国的边境上，所附的文字指出蒙特热纳埃（Montgenèvre）是"最适合于炮兵通行和运用的"（图 48.14；见第 725 页）。在德朗（Dérens）对巴黎地图 [这幅地图由热尔曼·瓦约（Germain Hoyau）（约 1525—1583 年）草绘，他是一名印刷品制造师（imagier en papier）兼画师；由奥利维耶·特吕斯谢（Olivier Truschet）刻版] 的研究中，构建了这幅 1550 年地图（显示了 287 条街道和小巷、104 座教堂和修道院，以及 49 所学院）与吉勒·科尔罗泽（Gilles Corrozet）所撰写的巴黎指南：《巴黎，法兰西王国首都、高贵的大学城的古迹名胜概览》（Fleur des antiquitez, singularitez & excellences de la noble ville, cité & universite de Paris, capitalle du royaulme de France）之间的联系。⑳ 这部指南出版于

---

⑰　Labbe, La géographie royalle, 132.

⑱　Sanson, Description de la France.

⑲　Conley, Self-Made Map 对这种文化进行了分析。

⑳　请参阅 Jean Dérens, Le plan de Paris par Truschet et Hoyau, 1550, dit plan de Bâle（1980；reprinted Paris：Rotonde de la Villette, 1986）中的评论，and Gilles Corrozet, La fleur des antiquitez de Paris（Paris：Aux Éditions de l'Ibis, 1945）。

1532 年，有多个版本，获得了巨大的成功。1543 年，它更加精确，提供了街道的走向和沿途的主要名胜。但是，7 年以后，它被一个新版本所取代：《法兰西王国首都巴黎的历史古迹名胜》（*Les antiquitez*，*histoires et singularitez de Paris*，*ville capitale du Royaume de France*），这是一部比较简略的指南，因为根据德朗的说法，特吕舍—瓦约的地图在同年问世，指出一些包括在之前的《概览》概览中的信息是无用的。这幅巴黎地图和《概览》在一起出售，特奥多雷·茨温格（Theodore Zwinger）在他的《远游图》（*Methodus apodemica*）（巴塞尔，1577 年）中的联合使用证实了这一点。

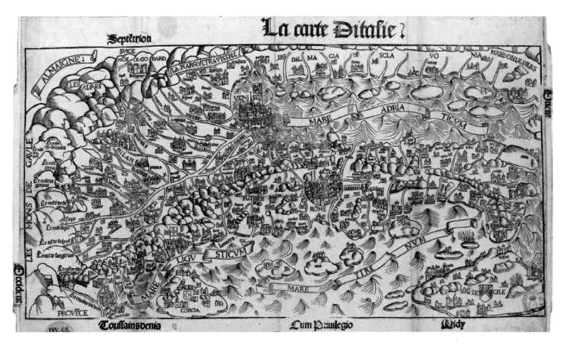

图 48.14　雅克·西尼奥：《意大利地图》（*LA CARTE DITALIE*）

　　雅克·西尼奥的意大利半岛地图，从阿尔卑斯山到西西里岛，表现了城镇、山脉、河流和主要关隘。这幅地图由图桑·德尼［Toussaint Denis（Denys）］于巴黎出版。

　　原图尺寸：35×50 厘米。由 BNF（Cartes et Plans，Res. Ge D 7687）提供照片。

　　文本和地图之间的关系最好是在旅行的背景下进行研究。尽管书面指南和旅行地图在后来变得不可分割，但在文艺复兴时期，地图的出现似乎相对较晚，而且最初只局限于涉及固定阶段的行程路线的示意图。只有在 18 世纪期间，文本和地图才会彼此补充，指南手册也才呈现出它们现在的样子。但即使是到了那个时候，它们的文字也受到了 200 多年前的第一部印本该王国指南——《法国路线指南》（*La guide des chemins de France*）的影响，这部书由内科医生、学者和考古学家夏尔·艾蒂安（Charles Estienne）于 1552 年出版。[81]

　　艾蒂安根据旅行者、商人和朝圣者的口头报告中发展了《法国路线指南》。这部著作得到了公众的热切盼望，越来越受到公众的欢迎，使得 1553 年开始，巴黎和各省的仿制品数

---

[81]　请参阅 Bonnerot 在 Charles Estienne，*La guide des chemins de France de* 1553，2 vols.，ed 的摹写本中所做的注释。Jean Bonnerot（1936；reprinted Geneva：Slatkine，1978）。

量不断增加。福特汉姆（Fordham）描述了艾蒂安在 1552 和 1553 年短短两年内出版的三个版本。1553—1658 年出版的其他版本都是由不同的书商在没有得到艾蒂安的同意下出版的。泰奥多尔·德马延·蒂尔凯（Théodore de Mayerne Turquet）模仿了《法国路线指南》，他是日内瓦（Geneva）的一名医生，出版了：《穿越各省去这四个区域（即法国、德意志、意大利和西班牙）的最著名城市的道路指南》（*La guide des chemins pour aller & venir par les provinces & aux villes plus renommees de ces quatre régions*），这部著作广受欢迎，以至于到 1653 年就被重印。[82]

尽管艾蒂安的《法国路线指南》中没有附带地图，但它却非常精确，很明显是为制图师提供了基础。通过对让·布瓦索（Jean Boisseau）的《高卢地理图》（*Tableau géographique des Gaules*）的分析，这部指南的这种用法非常清楚。这幅地图的日期是 1645 年，被插入《高卢简图或法兰西王国的新图》（*Tableau portatif des Gaules ou Description nouvelle du royaume de France*）之中，这是一部同样由布瓦索撰写的书，于 1646 年出版，他称自己为"王室地理地图画师"（enlumineur du roi pour les cartes géographiques）。布瓦索还印刷了克洛德·沙蒂永的《法兰西地形》（*Topographie francoise*）。为其《地理图》，布瓦索使用了拉居洛蒂埃的《法兰西地图》，插入了艾蒂安所描述的道路，用两条平行线来表现，并用破折号来分割，使得使用者可以计算分割各驿站（relais）的邮路里格（lieues de poste）的数量；活动站点用箭头标出。[83] 与《指南》不同的是，《简图》中的地图所附的文字并没有描述行程；它列出并描述了地图上所表现的城镇，注出它们在皇家行政体系中的角色，并给出了它们的地理坐标。布瓦索的演讲对象是旅行者和军人读者——负责军队营房和食品供应的军需官——，以及"外国人和没有地理知识的人"，换句话说，是那些不了解地方位置的人。

1632 年，在布瓦索的《地理图》之前，尼古拉·桑松的《穿越法国的邮政地理图》（*Carte geographicque des postes qui traversent la France*）是由雕刻师—出版商梅尔希奥·塔韦尼耶二世出版的。桑松只画了带有为国王的邮件服务的中继站的邮路（routes de poste）。他的地图使用了最简单的符号——用破折线表示行程，用圆圈表示中继站，而它的地名几乎只局限于驿站的地名，这让它易于阅读。[84] 就像艾蒂安的《指南》和它的模仿者一样，这幅地图迅速流行起来，并导致了几项相互竞争的地图事业，但它仍然是路易十四统治时期的标准邮政地图：桑松享有盛名，他的方法可能比布瓦索所使用的方法更有效。

从 1553 年开始，《法国路线指南》中就收录了一份关于法国河流的书面描述［"法兰西王国的河流"（Fleuves du royaume de France）］，这份描述并不完美，这体现了法国的水文网络很少为人所了解，尽管大家经常使用这一网络。1634 年，尼古拉·桑松的《法国河流探奇地图》（*Carte des rivieres de la France cvrievsement recherchee*）（图 48.15）由梅尔基奥尔·塔

1501

1502

---

[82] Herbert George Fordham, *Les routes de France：Étude bibliographique sur les cartes routieres et les itinéraires et guides routiers de France* (1929; reprinted Geneva：Slatkine-Megariotis Reprints, 1975), 5 – 8 and 46 – 49.

[83] Guy Arbellot, *Autour des routes de poste：Les premières cartes routieres de la France, XVIIe - XIXe siècle* (Paris：Bibliothe-que Nationale de France/Musee de la Poste, 1992), 40.

[84] Guy Arbellot, "Le réseau des routes de poste, objet des premières cartes thématiques de la France moderne," in *Actes du 104e Congrès national des sociétés savantes, Bordeaux 1979, section d' histoire moderne et contemporaine*, vol. 1, *Les transports de 1610 à nos jours* (Paris：Bibliothèque Nationale de France, 1980), 97 – 115, esp. 97 – 99.

韦尼耶二世首次出版，意在改善这方面的认识。它的主要目标是在空间允许的前提下，尽可能制作出河流名称的完整清单。事实上，他所列出的名称比其他地图上要多得多。拉居洛蒂埃的《法兰西地图》中挤满了城镇和乡村的名称，但只标出了主要河流的名称。在 1641 年版本中，他甚至提供了主要河流流域的边界，呈现出只是根据自然地理的区划，这在后来由菲利普·布歇（Philippe Buache）在 18 世纪期间进行了改善。由于忽略了城镇，桑松的地图对于人口或商品的流通没有什么用处，但不如说其是一份地理目录。[85] 作为一系列地理条目的地图表现，它预示着桑松未来的表格，将倾向于详尽而具体的列表，适用于任何种类的区划，与地图不可分割。河流最有用的地图表现还停留在绘本状态，并为改进特定区域的河流航行做准备。

图 48.15　尼古拉·桑松：《法国河流探奇地图》，1641 年

这幅地图由皮埃尔·马里耶特一世于巴黎出版，是1634年首次出版的原版的第二版。

原图尺寸：41×51 厘米。由 BNF［Cartes et Plans, Ge CC 1244（XIX）］提供照片。

结　论

　　在这一章中，笔者试图展示在 16 世纪和 17 世纪早期的法国，有几种类型的地图是如何彼此联系的。与讨论相关的主题是，制作一幅王国的统一的图像和对小区域的大比例尺战术

---

⑧⑤　François de Dainville，*La géographie des humanistes*（Paris：Beauchesne et Ses Fils，1940），280 – 281.

1503 地图的渴望之间的潜在张力。这两种地图使用了两种不同的制图方法：一种是自上而下的方法，其工作是从整体到部分，运用在托勒密的《地理学指南》中所揭示的经度和纬度的定位位置的理念；另一种是自下而上的方法，其工作是从部分到整体，以亨利四世及其大臣苏利（Sully）统治时期所发展起来的地方军事测量为例。第一种方法由近侍地图学家［现代法文词汇是："扶手椅地理学家"（arm-chair geographer）］所采用，他们衡量地图或文本形式的不同的绘本和印本的地理信息资源，并编绘成一份单独的文件。第二种则依赖第一手观测和实地测量，尽管是近似的。

直到 18 世纪晚期，这两种方法才协调起来，在那个时候，进行了一次以 1∶86400 的更大的比例尺创建一幅国家地图的有系统的尝试，但是在我们所讨论的这个时期，已经进行了几个创建这两种方法的试验性项目。如果一个人能在大革命之前的法国说"国家地图"这个词语的话，那么"国家地图"的理想是由奥龙斯·菲内使用托勒密的原理来开创的。整个 16 世纪，菲内法国地图的 1∶750000 的比例尺都保持不变，它被让·若利韦和纪尧姆·波斯特尔所复制与修订，但没有被取代。此类法国及其各省的地图更经常是王室对王国地图图像控制的一种表现。宫廷委托制作地图，其制图师处于政治和外交目的绘制地图，而不太关注商业市场的反应。尼古拉·德尼古拉在凯瑟琳·德美第奇赞助下所进行的努力被中断了，导致只绘制了两个行省的地图。弗朗索瓦·德拉居洛蒂埃所绘制的《法兰西地图》，在其去世后 20 年前后得以印行，就像菲内的地图一样，是其他制图师的模板，但它的作者可以接触到一些大规模省域调查。将这些国家地图上的地图标记的不同重点进行比较，是很有意义的：它显示出行政信息的重要性。在其致读者的注记中，菲内提供了一份图例，区分了主教辖区、大主教辖区、其他乡村和特权城镇（bonnes villes），而若利韦的地图则用新月表示高等法院（parlements）、用双十字架表示大主教区，进而进行区分。波斯特尔使用现有的符号，并没有进行解释，读者应该知道这些符号的意义。因为他使用的符号和地名非常多样，拉居洛蒂埃的地图非常难以读懂；可能他的过早去世使得他无法对地图的这方面进行改进。在所有这些文献中，地形地貌和其他自然地理（比如河流和海岸）的细节的表现方法是非常近似的。由于书面证据和档案记录非常稀少，那些对 16 世纪和 17 世纪的法国地图学做出过最大贡献的地图学家，关于他们的训练、资料和工作方法，我们知之甚少。

诸如在亨利四世统治时期发展起来的省域地图绘制，主要集中在脆弱的东部和东北部边境地区。亨利四世统治时期负责防御工事和财政的苏利，他在穆兰，把很多时间花在一座城堡上，在那里，尼古拉和他的女婿与继任者安托万·德拉瓦尔收集或绘制了很多省域地图。莫里斯·布罗格绘制的地图集也收入了这一省域数据的一部分，并出版发行。后来，克里斯托夫·塔桑，一位训练有素的军事工程师，根据军事工程师的地图，编绘了一系列省份、城镇和沿海地区的地图集。

到 17 世纪早期，尼古拉·桑松雄心勃勃的创新改进了法国小比例尺地图的制作。它变得更有特色，而且在特点上也更加相似，尽管正规的实地调查仍然很少，因为只有军事人员才有技能和机会去进行测量。到目前为止，绘制地图的商业动机已经变得更加强大。为了绘制一组能够与阿姆斯特丹的制图师约翰·布劳相媲美的地图，桑松不得不依赖于几种可疑的原始资料。他仍然是一位"扶手椅地理学家"，有着这一方法所具有的一切局限性。但是，他对自然地理的强调——例如，在桑松的许多地图中，河流比城镇表现得更加突出——这使他赢得了一个创新的角色，并预示着半个世纪后的菲利普·布歇的地图。17世纪晚期，桑松对道路的关注也催生了标准的邮政路线地图。尽管在法国科学院的早期阶段，已经测试了一种可行的方法，将使用天文定义的坐标的托勒密的原理与地方测量方法结合起来，但是在18世纪下半叶之前，没有在法国推行完整的新的调查。塞萨尔-弗朗索瓦·卡西尼·德图里（César-François Cassini de Thury）根据这些调查绘制的大型法国地图，将成为法国的基本地图，就像两个世纪前菲内的情况一样。但是卡西尼是在野外用三角测量法进行的调查。在法国大革命期间，卡西尼的地图描绘取代了之前的旧省（provincè）的各新省（département）的基础地图，标志着法国从王国到共和国的行政变革。

第四十九章　法国地图绘制：国王工程师，1500—1650 年

戴维·布塞雷（David Buisseret）
审读人：黄艳红

引言：16 世纪

无论是拉丁语中的 ingeniator，还是古法语中的 engigneor，抑或是中古英语中的 engigne-or，"工程师"这个头衔在中世纪都非常有名。但这类人主要关心的是那些"发动机"，类似于用来投掷导弹或沟渠的那些机械。当时，大型城镇任用那些在英语中被称为"工事大师"的官员来负责修建自己的防御工事。15 世纪晚期，在法国，当路易十一在勃艮第建立了一条连贯的防线，而查理八世接手了吉耶讷的防御，这一责任开始发生变化。[1] 到 1510 年，国王近侍（valet de chambre du roy）让·德科洛涅（Jean de Cologne），可能受命报告巴约讷（Bayonne）的防御工事，在 1520 年，他被描述为"这一区域和吉耶讷公国防御工事和修葺方面的总指挥"。[2]

从 15 世纪晚期开始，一项防御工事的轮廓开始浮现出来。但在当时，官员们致力于发展的是中世纪式的防御工事，包括许多高高的护墙和圆塔楼。似乎是"意大利轨迹"（trace italienne）的来临，给了行政机构朝着正式组织的方向一个决定性的推动，这是一种用相互交错的城墙和堡垒来保卫城镇和据点，以抵抗新势力的火炮的方法。[3] 为了把这些结构布置开来，法国国王不得不雇用在意大利接受过培训的专家，我们发现，从 16 世纪 50 年代开始，这些意大利人就在为法国王室服务。起初，他们有着各种各样的头衔，但从大约 1550 年开始，他们就经常被称为"国王工程师"（ingénieur du roi）。[4]

在 16 世纪，直到 1589 年亨利四世即位，我们对大约 30 名意大利工程师及其一两名

---

① Henri Drouot, *Mayenne et la Bourgogne：Étude sur la Ligue* (1587 – 1596), 2 vols. (Paris：Auguste Picard, Éditeur, 1937), 1：7；and Paul Roudié, "Documents sur la fortification de places fortes de Guyenne au début du XVIᵉ siècle," *Annales du Midi* 72 (1960)：43 – 57.

② 引用于 Roudié, "Documents," 44 – 45。

③ Christopher Duffy 进行了很好的描述，见 *Siege Warfare：The Fortress in the Early Modern World*，1494 – 1660 (London：Routledge and Kegan Paul, 1979), 23 – 42。

④ 请参阅 David Buisseret, *Ingénieurs et fortifications avant Vauban：L'organisation d'un service royal aux XVIᵉ-XVIIᵉ siècles* (Paris：Éditions du C. T. H. S., 2002)。我想要对承担防御工事工作的成员进行叙述，故意省略了一些次要的人物，比如皮埃尔·布瓦耶（Pierre Boyer）、迪帕克（du Parc）、于格·科尼耶（Hugues Cosnier）和亚当·德克拉蓬（Adam de Crappone）。

法国同事有所了解。但是，这些人的名字仅仅是通过参考文献而已；我们只是对他们当中十几个人的生活和工作略知一二。在亨利四世统治时期，这一数字稍微增加到了 30 名，从 1610—1650 年，又增加到 50 人左右；其中大部分是法国人。唉！我们对这些技术人员的培训方式所知太少。我们可以推测，在那不勒斯（Naples）、博洛尼亚（Bologna）、都灵（Turin）、锡耶纳（Siena）、乌尔比诺（Urbino）和威尼斯这样的城市里，都有足够的学校，尽管在每一个案例中，工程师的最终培养都是通过亲身实践的学徒制完成的。法国工程师的情况也是基本相同。17 世纪时，许多人是在那些强调应用数学的耶稣会高中里涌现出来的，但在那个时代，并没有一个所有人都会去的中心学校的概念；一直到 18 世纪早期，这个想法才出现。他们对国王来说地位大致等同于建筑师、地理学家、数学家和地形学家。没有人读过任何类似于中央技术学校这样的地方，所有的人都是由国王任命的，他们希望能善用自己王国中的这类人才。

　　"意大利轨迹"的安置不仅需要技能熟练的工程师，因此，他们也开始形成基本的防御工事服务，而且还需要全新的技术。尤其是，为了确保防御工事可以从前线和棱堡的每一个角度覆盖火力，并考虑到可用的防御武器的范围，必须对整个系统进行绘图。沃尔费（Wolfe）已经详细描述了一个这样的堡垒是如何建造的，并展示了工程师和泥瓦工依赖于三种书面平面图的方式：（文字）描述、（草绘）图以及（完成的、手绘的）手绘图（pourraict）。前两种是工作文件，而手绘图是为王室或市政当局设计的"一种展示品"。[5] 我们可以效仿 16 世纪对吉耶讷、普罗旺斯、勃艮第、香槟、皮卡第和诺曼底等省份所进行的此类工程的方式。[6]

1505

　　例如，1540 年，吉罗拉莫·贝尔阿尔马托（Girolamo Bell'Armato）［热罗姆·贝拉尔马托（Jérôme Bellarmato）］，"一位意大利绅士、工程师"，得到了一大笔钱，"据估计，他已经受命修葺不同城镇的防御工事"，这些设备肯定要配以工事的视觉表现。[7] 同样的，1550 年，他被召到巴黎，与国王和市长商议，将城市向东南方向扩展。在此情况下，市长接到指示，要求"我们可靠和广受爱戴的热罗姆·贝拉尔马托，我们的工程师之一，来咨询、建议和考虑这个计划和估算"。在咨询结束之后，贝尔阿尔马托必须"制作绘图，列出并标记扩展的限制"，然后将所有内容集合在一起，"仔细记下，并与地图联系到一起"。[8]

　　很明显，国王聘用贝尔阿尔马托不只是来评估之前的手绘图，并在地面上设置边界，而且是随后还编制了一份计划工作的地图。请注意，国王将他称作" 朕的工程师中的一员"（l'ung de noz ingenyeulx），显然，在这段时间里，他是众多被分配到边疆省份工作的工程师中的一员。不幸的是，找到这些工程师所构建的地图的参考资料，比查出那些幸存的例子要容易得多。这种缺少是很奇怪的，因为在英格兰，可以找到许多亨利八世的工程师们制作

---

⑤　Michael Wolfe, "Building a Bastion in Early Modern History," *Proceedings of the Western Society for French History* 25 (1998): 36 – 48, esp. 40.

⑥　即使在 16 世纪期间，对于每一个省份，我们也经常可以确定一个专门指定的国王工程师。

⑦　*Collection des ordonnances des rois de France*: *Catalogue des actes de François Ier*, 10 vols. (Paris: Imprimerie Nationale, 1887 – 1908), 4: 104.

⑧　Gaston Bardet, *Paris*: *Naissance et méconnaissance de l'urbanisme* (Paris: S. A. B. R. I., 1951), 127 – 128.

的类似的边疆防御工事的地图。[9] 我们可能会推测，那些由意大利工程师为法国国王绘制的地图的设计风格非常相似，也许可能在法国传播了用比例尺绘制地图的概念，就像他们可能在英格兰所做的那样。但在目前，引导我们得出这个结论的都只是萨伏依公爵所建立的收藏。[10]

亨利二世于 1559 年死后，为王室提供的服务普遍陷入了随之而来的无政府状态。但即使是在这个时候，我们也可以追踪工程师的活动，有时还会发现他们的地图绘制工作。例如，1573 年，意大利工程师希皮奥内·韦尔加诺（Scipione Vergano）在围攻拉罗谢尔（La Rochelle）的皇家军队中服役。绘制于当时的一幅拉罗谢尔地图似乎很有可能是他的作品，或者是其同事、佩萨罗（Pesaro）的阿戈斯蒂诺·拉梅利（Agostino Ramelli）的作品。[11] 拉梅利仍然为法国国王服务，与其大部分同事一样，但一些意大利工程师却逍遥得引人注目。其中一个是 J. -B. 圭里尼（J. -B. Guerini），他出生于 1525 年，在 1535 年陪同他的父亲参加了皇帝查理五世的突尼斯远征。[12] 1542 年，他来到法国，先是为弗朗索瓦一世，之后是为亨利二世效力。当后者在 1559 年去世后，现在被称为罗奇·格林（Roche Guerin）的圭里尼皈依了新教，并为勃兰登堡的选侯约翰·乔治（John George）效力。1578 年，他修筑了位于柏林郊外的施潘道（Spandau）堡垒。他画出了这个堡垒最精确、最详细的平面图，在这幅平面图中，他把鳞次栉比的实用画作转化为一件艺术品。[13] 莱纳（Lyanr）伯爵圭里尼（Guerini）——后来以罗胡斯·瓜里尼（Rochus Guarini）名世——于 1596 年去世。

在 16 世纪的法国，有很多的国王工程师，即使他们的行为仍然相当不正式，而且他们的地图也似乎很少能保存下来。他们中的大多数人把自己建筑活动局限在防御工事领域，尽管他们通常是博学的人，他们也能建造机器，进行数学计算，设计桥梁。在 16 世纪，他们几乎都是意大利人，并曾在意大利接受过培训，而这些课程并不为人所知。从与他们同时代的人在意大利、西班牙和德意志所绘制的地图中可以看出，他们擅长绘制小区域的地图，尽管在当时，他们还没有表现出下一代工程师承担的更大的地图绘制项目的迹象。[14]

---

⑨　例如，请参阅 R. A. Skelton and John Newenham Summerson, *A Description of Maps and Architectural Drawings in the Collection Made by William Cecil, First Baron Burghley, Now at Hatfield House* (Oxford: Roxburghe Club, 1971), 和 Marcus Merriman, "Italian Military Engineers in Britain in the 1540s," in *English Map-Making, 1500 – 1650: Historical Essays*, ed. Sarah Tyacke (London: British Library, 1983), 57 – 67。

⑩　请参阅 Corradino Astengo, "Piante e vedute di città (Una raccolta inedita dell' Archivio di Stato di Torino)," *Studi e Ricerche di Geografia* 6 (1983): 1 – 77。

⑪　BNF, Cartes et Plans, Rés. Ge A 1113, "Plan of the siege of La Rochelle".

⑫　Thomas Biller, "Architektur und Politik des 16. Jhs. in Sachsen und Brandenburg: Leben und Werk von Rochus Guerini Graf zu Lynar (1525 – 1596)," in *Architetti e ingegneri militari italiani all' estero dal XV al XVIII secolo*, ed. Marino Viganò (Rome: Sillabe, 1994), 183 – 205.

⑬　复制于 Buisseret, *ingénieur et fortifications*, 45 – 46。

⑭　Girolamo Bell' Armato 是一个例外，他的 *Chorographia Tvsciae* (1536) 在奥特柳斯的《寰宇概观》的所有版本中都有；请参阅 Robert W. Karrow, *Mapmakers of the Sixteenth Century and Their Maps: Bio-Bibliographies of the Cartographers of Abraham Ortelius, 1570* (Chicago: For the Newberry Library by Speculum Orbis Press, 1993), 78 – 80。

亨利四世的工程师（1589—1610 年）

许多在亨利四世统治时期变得声名显赫的"国王工程师"都曾与他为争夺法国王位而长期并肩作战（1589—1598 年）。其中最著名的可能是巴勒迪克（Bar-le-Duc）的让·埃拉尔（Jean Errard）。[15] 他早年在洛林度过，可能在菲利普·埃拉尔（Philippe Errard）的指导下跟他学习手艺，也许是在热罗姆·奇托尼（Jérôme Citoni）的领导下修建南锡（Nancy）的防御工事。到1595 年，他为亨利四世效力，后者命令他参加在皮卡第的亚眠防御工事的修建工作。埃拉尔很快就绘制出了一项旧防御工事的平面图，在其上他表明了自己所提议的新的防御工事。这幅平面图根本不起眼，但它确实显示了埃拉尔的确精通测量和描绘一个相当大的区域。[16] 事实上，亚眠很快就落入西班牙人手中（1597 年 3 月），但在经过一次艰难的围攻之后，亨利四世于 11 月将其收复。埃拉尔在围城的工程工作中扮演了主导的角色，当该城被收复之后，他绘制出了一幅新的防御工事平面图，包括一个非常大的全新的城堡。这幅作品很快就完成了，一直保存到今天，仍然和他在 1597 年画的差不多，图上以埃拉尔的特有的风格（棱堡与相邻的墙面呈锐角）绘制出了棱堡。[17]

埃拉尔随后成为皮卡第的国王工程师，在 1610 年去世之前，他一直担任这个职位。在他负责这个省份的防御工事的同时，还将绘画大师（conducteur des dessins）让·马尔泰利耶（Jean Martellier）纳入其指挥之下，而后者实际上是他的制图师。他们一起绘制了关于皮卡第的一份卓越的地图清单，以一种完全原创的方式描绘皮卡第的省份，应用了成对的城镇平面图和地方地图。[18] 例如，对于加来来说，有一幅"加来平面图"（Plan de Calais），展示了城镇和工程（图 49.1），以及"加来督军辖区光复国土地图"（La carte dv govvernement de Calais et Pais reconqvis），展示了相邻乡村的主要特征（图 49.2；gouvernement 是 16 世纪大量存在的军事分支部门）。直到 17 世纪早期，法国一直按传统的省份绘制地图，就像莫里斯·布格罗的《法兰西概观》（图尔，1594 年）中那样。目前还不清楚是什么导致了埃拉尔和马尔泰利耶采用了这样新颖的覆盖范围，但我们可以猜测，这是最好的方式，不仅展示了修筑防御工事的地方，而且也展示了需要防御敌人的周边地区。当然，在编制"督军辖区"地图的过程中，制图师们展示了超出军事兴趣以外的特征。

最终，"督军辖区"地图彻底覆盖了皮卡第（图 49.3），最后允许工程师绘制出了整个省份的地图，比到当时为止所绘制的任何一幅地图都要更加详细和准确（图 49.4）。埃拉尔

1506

---

⑮　关于其生平，请参阅 Marcel Lallemend and Alfred Boinette, *Jean Errard de Bar-le-Duc*, "*premier ingenievr dv tres Chrestien roy de France et de Navarre Henry IV*": *Sa vie, ses oeuvres, sa fortification*（*Lettres inedites de Henri IV et de Sully*）（Paris: Ernest Thorin, Libraire, 1884）。

⑯　BNF, Cartes et Plans, Rés. Ge C 5129；复制于 David Buisseret, "Les ingénieurs du roi au temps de Henri IV," *Bulletin de la Section de Geographie* 77（1964）: 13 – 84, esp. 24。

⑰　这是埃拉尔独家绘制的十四幅皮卡第地区城镇平面图之一，在绘本地图集中，收藏在 BL, Add. MS. 21117, fol. 26r；关于一份复制品，请参阅 Buisseret, "Les ingénieurs du roi," 26；关于完整目录，请参阅 82 – 83（fols. 21r – 29r）。

⑱　目前，在地图集中保存有四份手绘副本的原本：一份在 BL（Add. MS. 21117），两份在 Chantilly, Musée Condé（MS. 1325 and 1326），最后一份在 BNF（Picardie 107）；请参阅其目录，见 Buisseret, "Les ingénieurs du roi," 82（fols. 3r – 20v）。

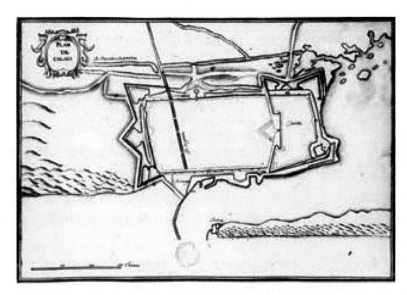

图49.1 让·马尔泰利耶:《加来平面图》

这幅画作用墨水绘于纸面,源自马尔泰利耶的一幅平面图,他是为巴勒迪克的让·埃拉尔服务的绘画大师。这种风格的相似例子在图49.6、49.8、49.11、49.17和49.19中也可以看到;尽管这些地图现在广泛地分散在各个档案馆中,但它们一定是曾经在同一个绘图室内完成的。

由BNF(MS. Picardie 107,fol. 10)提供照片。

图49.2 让·马尔泰利耶:"加来和新收复地区督军辖区图"

马尔泰利耶的这幅绘本地图绘制于1602年,用以巩固东北边界的防御工程项目。这位艺术家展示了陆地上的树林和水文特征,但也无法遏制地勾勒了大量的各种各样的商船和战船。

原图尺寸:33×42.8厘米。由BL(Add. MS. 21117,fol. 3v)提供照片。

的活动并不局限于皮卡第，因为他是法国著名的专家，同时也是《防御工事技艺》（*La forti-fication réduicte en art et démonstrée*）的作者（巴黎，1600 年），他受召在巴约讷、朗格勒和凡尔登工作。但是他所画的这些地方的平面图并没有保存下来，它们也不太可能标志着在皮卡第的工作有任何特别的进展。

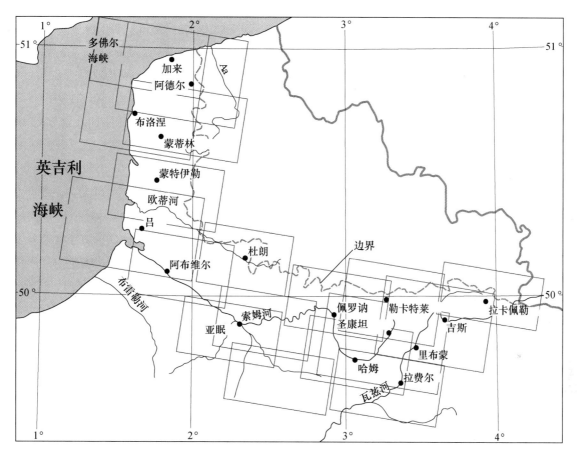

图 49.3　皮卡第督军辖区地图的近似覆盖范围，藏于 BL，ADD. MS. 21117

　　埃拉尔南面的邻居是克洛德·沙蒂永，在 1591 年被命名为"国王的地形学家"（to-pographe du roi）。[19] 和埃拉尔一样，他在 1589 年之后的动荡岁月中为亨利四世效力，到 1599 年的时候，国王对他非常信任。因为在那一年，我们发现国王写了一封信，他想要沙蒂永来参加一个会议，"把我所有的边境城镇的平面图都带出来，这样我就能看到哪里需要进行工作"。[20] 这些平面图不大可能早在 1598 年就出现，但正如我们将看到的，统治时期的成就之一就是把它们画出来。目前还不清楚沙蒂永首先是一名地形学家还是一名工程师，但他可能是两者兼备，同时也是一名建筑师。可以肯定的是，他最终获得了香槟省的"国王工程师"

　　[19]　请参阅 Josette Proust-Perrault 长篇且饱受争议的文章："Claude Chastillon，ingénieur et topographe du Roi（v. 1559 – 1616）：Notice biographique et étude de sa bibliothèque parisiènne，" *Cahiers de la Rotonde* 19（1998）：115 – 144。

　　[20]　BNF，Manuscrits，Dupuy 407，fol. 45v，1599 年 5 月 11 日由国王寄给苏利，负责防御工事。

图 49.4　让·马尔泰利耶：《皮卡第、布洛涅、阿图瓦和新征服地区图》（*CARTE DE LA PROVINCE DE PICARDIE，BOVLONOIS，ARTOIS ET PAIS RECONQVIS*）

　　据推测，马尔泰利耶的这幅省域地图是根据皮卡第的督军辖区地图中所生成的信息而绘制的；它提供了原型，克里斯托夫·塔桑根据此原型绘出了自己的几幅行省地图。

　　原图尺寸：30×38.5 厘米。由 BL（Add. MS. 21117, fol. 3r）提供照片。

的头衔，包括梅斯（Metz）、图勒（Toul）和凡尔登（Verdun）的疆域。[21] 关于沙蒂永作为香槟省国王工程师的制图活动，我们没有精确的文字记录，但大英图书馆拥有一套这一省份的地图，精确地匹配了法国国家图书馆中保存的那批皮卡第地图，显示了一系列大约 20 幅

1507　城镇平面图和"督军辖区"地图中的地形。[22] 很明显，这一系列的大规模平面图覆盖了这一省份的大部分地区（图 49.5），并允许作者——大概是沙蒂永——应用与为皮卡第所做的同样的督军辖区细部来绘制出一幅非常准确的总图（图 49.6）。作为他在香槟的工作的一部分，沙蒂永还对法兰西王国和神圣罗马帝国之间的边界进行了一丝不苟的调查，在地图上绘

1508　制了之前只有通过口头描述才能知道的东西。[23]

　　[21]　Proust-Perrault, "Claude Chastillon," 119.

　　[22]　这些地图和平面图分散在国王的地形图收藏的几卷中；请参阅 David Buisseret, "The Manuscript Sources of Christophe Tassin's Maps of France：The 'Military School'" 中的目录，来自 *Mèlanges Lisette Danckaert*。一些材料复制于 Michel Desbrière, *Champagne septentrionale：Cartes et mémoires à l'usage des militaires*, 1544 – 1659（Charleville-Mézières：Société d'Études Ardennaises, 1995），79 – 96。

　　[23]　请参阅 David Buisseret, "The Cartographic Definition of France's Eastern Boundary in the Early Seventeenth Century," *Imago Mundi* 36（1984）：72 – 80。

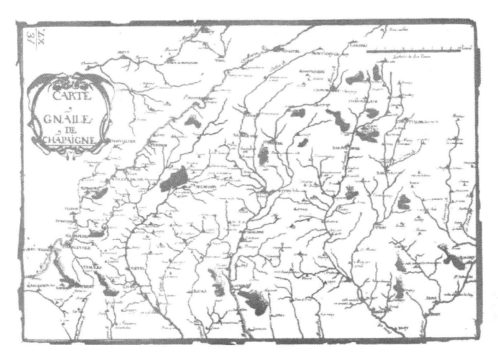

图 49.5　收藏在 BL，KING'S TOPOGRAPHICAL COLLECTION 中的香槟地区督军辖区地图的大致覆盖范围

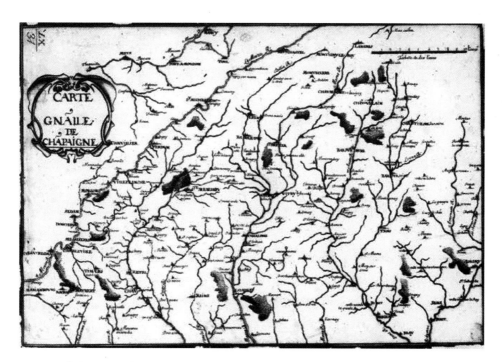

图 49.6　克洛代尔·沙蒂永：《香槟地区总图》［*CARTE G（E）N（ER）ALLE DE CHA（M）PAIGNE*］
这幅地图是图 49.5 的地图，使用了香槟省工程师沙蒂永的原图。
原图尺寸：23×36 厘米。由 BL（Maps K. Top. 60.31）提供照片。

　　沙蒂永并没有把他的工作局限在香槟地区。他似乎经常咨询水利问题，因此，1606 年，他绘制了一幅维莱鲁瓦（Villeroy）和兰斯（Reims）之间的韦勒河（Vesle）运河网的平面 1509

图（这幅平面图现在已经亡佚）。1615 年，出于军事和卫生的原因，他绘制了一幅地图，提出了一条引导到巴黎周围的运河的道路。[24] 最后，该计划没有被采纳，但它显示了沙蒂永如何使地图绘制适应当前的需求。[25] 他的许多手稿已经亡佚，包括 1608 年在鲁昂（Rouen）建一座桥的计划。但是他的 "几何学与机械学文集"（Recueil de géométrie et de mécanique），包括装甲车辆和移动桥梁在内的许多军用设备的图解，仍然保存了下来。他的许多画作也在《法兰西地形》中保存了下来，此书于 1641 年出版，当时他已经去世了很久。这些精确的透视雕刻，构成了法国北部主要建筑的一种清单，使我们深入 17 世纪早期建筑的视觉世界。它们展示了沙蒂永如何使用各种各样的形象——地图、平面图、绘画和建筑草图——来重建他生活和行动的世界。[26]

在勃艮第，国王工程师沙托·迪布瓦（Chateau Duboys）似乎相对看来并不活跃；我们对他的出身和生平一无所知。但来自更遥远的南方多菲内的让·德拜因斯（Jean de Beins）也是一名国王工程师，他也是宗教战争后期的老兵。起初，他在雷蒙·德博纳丰（Raymond de Bonnefons）的领导下工作，后者也对普罗旺斯非常关心。但是，在博纳丰于 1606 年去世后，拜因斯在多菲内成为 "国王工程师和地理学家"（ingénieur et géographe du roi）。同年早些时候，拜因斯绘制了多菲内和布雷斯（Bresse）的地图，并呈送给国王，这些地图现在很可能保存在大英图书馆内。[27] 在该区域地图绘制的内容证明了他可能通过各种令人眼花缭乱的比例尺和方向来描绘这个国家，他通常用山谷构成其图像的框架。[28] 图 49.7 显示了他的 1606 年 "塞瑟尔和米沙耶河谷地图"（Carte des vallees de Seissel et la Michaille）。它大致以北为正方向，非常详细与准确地表现了地形、森林、河流和定居点。正如丹维尔（Dainville）所观察到的，在对拜因斯的地图进行了详细的研究后，他为多菲内的地图理解奠定了基础，这一理解将会持续一个半世纪。[29]

在我所描述的收藏于大英图书馆的多菲内地图与皮卡第和香槟地图相比，并未像后者那样进行组织。这些多菲内并没有将城镇平面图和地方地图配合成对，而是起了各种标题，包括平面图、侧面图和地图等。与其他省份的作品更加类似的是另一部匿名的绘本地图集，也是收藏于大英图书馆中。[30] 这部作品由大概 20 幅多菲内的 "督军辖区" 地图构成，其尺寸和风格与前面讨论过的各部地图集中的皮卡第和香槟地图相同。图 49.8 显示了格勒诺布尔（Grenoble）的 "督军辖区" 地图。很难拒绝这样的结论：这幅地图是在类似的情况下，可能是由让·德拜因斯所绘制的，因为所描绘的地方落在他的管辖范围内。这一收藏中的总图汇集了众多的信息，与让·德拜因斯所绘制的印本《多菲内地图》（Carte de Dauphiné）非

1510

---

[24] 复制于 Hilary Ballon, *The Paris of Henri Ⅳ: Architecture and Urbanism* (Cambridge, Mass.: MIT Press, 1991), 205。

[25] BNF, Estampes, 1a2, fols. 384 – 388。

[26] 关于最近一份对其表现技巧的评估，请参阅 Ballon, *Paris of Henri Ⅳ*, 244 – 247。几乎没有关于《法兰西地形》的研究，实际上，它值得做一份经过仔细编辑的摹写本。

[27] Add. MS. 21117, fols. 30 – 81，列于 Buisseret, "Les ingénieurs du roi," 83 – 84；请参阅 François de Dainville 对拜因斯作品的评价，*Le Dauphiné et ses confins vus par l'ingénieur d'Henri Ⅳ, Jean de Beins* (Geneva: Librairie Droz, 1968)。

[28] *Tableau d'assemblage des cartes de Jean de Beins*, insert before plate 1, in Dainville, *Le Dauphiné*。

[29] Dainville, *Le Dauphiné*, 89 – 90。

[30] 请参阅列于 Buisseret, "Manuscript Sources" 中的 Harley MS. 4864 中的地图。

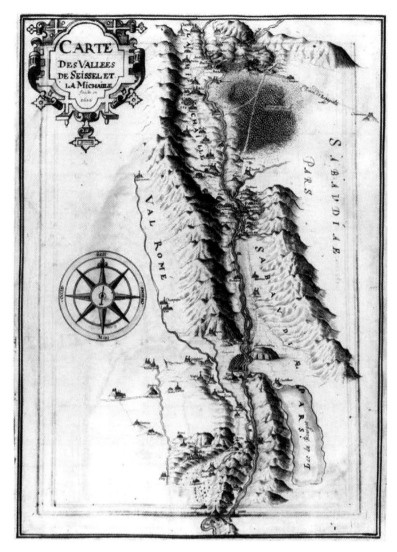

图 49.7　让·德拜因斯：《塞瑟尔和米沙耶河谷地图》，1606 年

　　这份手稿地图展示了拜因斯非凡的表现地形的技巧。他使用了一种介于平面图和透视图之间的风格，以显示罗讷河向南流向耶讷。自里昂条约（1601 年）以来，其西的土地属于法国国王，其东的土地属于萨瓦伊公爵。

　　原图尺寸：44.5×31.3 厘米。由 BL（Add. MS. 21117, fol. 34v）提供照片。

常相似。

　　拜因斯不仅在多菲内工作，也在普罗旺斯，有时在意大利的潜在的敌对地区，绘制了丰特斯（Fuentes）要塞［在科莫湖（Lake Como）附近］和米兰城市的平面图。除了是一名优秀的工程师兼制图师，他还是一名经验丰富的艺术家。在德莱斯吉埃（de Lesdiguières）公爵——弗朗索瓦·德邦内（François de Bonne）的指导下，他的"格勒诺布尔风景"（Paisage de Grenoble）不仅展示了修筑了其设计的棱堡的城市，还提供了德拉克河（Drac）［伊泽尔河（Isère）支流］平原的引人注目的图景——他试图控制这条河流动荡的流路。[31] 无怪

_____

　　[31]　复制于 Dainville, *Le Dauphiné*, pl. IX。

图 49.8　让·德拜因斯：《格勒诺布尔督军辖区图》[*GOVVERNE（MENT）DE GRENOBLE*]

这幅绘本地图与图 49.1、49.6、49.11、49.17 和 49.19 的风格相同，几乎可以肯定是来自拜因斯，他关于此区域的作品奠定了未来几十年的地图发展的主线。

原图尺寸：26.8×35.1 厘米。由 BL（Harl. MS. 4864, fol. 18r）提供照片。

乎德莱斯吉埃公爵聘请他为自己位于格勒诺布尔郊外的维济耶（Vizille）城堡设计战争场面（保存至今）；他拥有非常广泛的表现技巧。㉜

　　当拜因斯开始在多菲内工作时，他一直在雷蒙·德博纳丰的指导下，这位工程师是普罗旺斯的一个名副其实的王朝的创始人。㉝ 在这个省份，博纳丰采取了一种稍微不同的方法来表现防御工事，即通过对 7 个地点中的每一个都绘制了一幅传统式样的平面图和一幅景观图（vue），其所覆盖的这一地点附近的区域范围比北方的"督军辖区"地区要小。就像拜因斯一样，为博纳丰工作的"绘图家"（conducteur des dessins）是一名相当杰出的艺术家，正如其很好地安置在贝尔潟湖（Etang de Berre）河口处的"布克塔"（Tour de Bouc）的图像所显示的那样。㉞ 对于土伦（Toulon），在"苏利文件"（Papiers de Sully）中保存有一幅额外的小平面图。㉟ 这幅看起来很有效的地图在他的手中被添加了注释，并引导土伦从 1609 年之后发展成为一座伟大的海军基地。1606 年，雷蒙·德博纳丰在一场火炮爆炸中死去，他

1512

　　㉜　这八幅由拜因斯绘制而成，由 Antoine Schanaert 彩绘的 8 幅大型油画中的 2 幅，复制于 Archives Nationales catalog, *Henri IV et la reconstruction du royaume*, exhibition catalog（Paris：Editions de la Reunion des Musées Nationaux et Archives Nationales, 1989），111。

　　㉝　他们的工作描述于 Buisseret, *Ingénieurs et fortifications*, esp. 56 – 63 and 91 – 93。

　　㉞　复制于 Buisseret, "Les ingénieurs du roi," 71。

　　㉟　Paris, Archives Nationales, 120 AP 48, fol. 75；请参阅 Robert-Henri Bautier and Aline Vallée-Karcher, *Les papiers de Sully aux Archives Nationales：Inventaire*（Paris, 1959），76 and pl. Ⅱ。

的儿子让继承了他的事业，他的地图并无已知保存下来的。另一位更进一步的博纳丰——奥诺雷（Honoré），他在路易十三的统治时期，是一名很活跃的制图师，他可能也是一名工程师。㊱

在朗格多克（Languedoc），工程师让·多纳（Jean Donnat）的活动受到了省级地产者的反对，这些人坚定地抵制了该省的王室企业，长期以来，这些企业一直是半独立的。可能是由于这种反对，多纳似乎没有绘制地图。在北方的吉耶讷，在 1609—1614 年，由工程师贝内迪特·德瓦萨利厄·迪特·尼古拉（Benedit de Vassallieu dit Nicolay）负责。他是战争后期阶段的另一名老兵，1585 年，他第一次以身为国王工程师而闻名，并绘制了各类不同的地图。㊲ 他似乎在 16 世纪 90 年代末造访过低地国家，并以传统的方式绘制了一套六幅佛兰德城堡平面图。毫无疑问，1614 年，作为他在吉耶讷担任工程师职责的一部分，他绘制了一幅精美的圣让 – 德吕兹（Saint-Jean-de-Luz）的港口和城镇地图。㊳ 然而，他描绘城市的才华远远超过其传统绘图师的技能，前者在其 1609 年巴黎平面图中得以展示。在此图中，他完全重新塑造了我们对这座城市的印象，把它从一个静态的自西向东的视角转变为以河流作为中心轴，从而将其重塑为一个修筑有棱堡的首都的生动版本，所有主要的建筑——巴士底狱、卢浮宫、皇家广场——都准确地进行了定位。㊴ 瓦萨利厄似乎有着非凡的视觉天赋，因为他作为法国的"炮兵常任工程师" 1513（ingénieur ordinaire de l'artillerie），也运用了自己的天赋，制作了一部关于野战装置构建和操作的插图手册。这部炮兵手稿，"炮兵命令和实操一般规定集"，提供了大量的展示了所有火炮部件的图纸，以高度视觉化的术语解释火炮的工作原理；这一手稿现在保存有两份副本。㊵

瓦萨利厄也有可能负责绘制一幅布列塔尼（Brittany）要塞的地图集。1604 年 6 月，苏利的公爵和亨利四世的首席部长——马克西米利安·德贝蒂纳（Maximilien de Béthune），负责财政和炮兵的其他事务，要瓦萨利厄和"布瓦"（Bois）对普瓦图（Poitou）和诺曼底之间的海岸进行调查。根据 1607 年"给他和艾蒂安的小伙子们、勒阿弗尔·德格拉斯（Le Havre de Grace）的船长"的付款，"因其……从巴黎沿着诺曼底和布列塔尼海岸以造访和勘测所提到国家的港口的情况"，他按时完成了这一委托。㊶ 看起来，在 1607 年由亨利四世寄给叙利的一封信中提到的布列塔尼地图和平面图很可能是这次旅程的成果，㊷ 甚至现在保存在巴黎的阿塞纳尔图书馆（Bibliothèque de l'Arsenal）中的一部绘本地图集中就可能包含了这一作品。㊸ 关于这部地图集，其中地图的尺寸和风格与本章所描述的其他地图集中皮卡第、香槟和多菲内中地

㊱ 他的许多地图都保存在著名的地图集中，收藏于 the Bibliotheque du Génie of the Service Historique de l'Armée de Terre at Vincennes；Atlas cfA2 France。

㊲ 请参阅 Ballon, *Paris of Henri IV*, 220 – 233。

㊳ "Le havre de Soccova et les bovrgs de St Iean de Lvz et de Sibovle," preserved in the BNF, Cartes et Plans, Ge. C 1758, and reproduced in Buisseret, *Ingénieurs et fortifications*, 53。

㊴ Ballon, *Paris of Henri IV*, 222 – 223（fig. 151）。

㊵ 在 BNF and BL；关于这些画作其中部分的复制，请参阅 David Buisseret, "Henri IV et l'art militaire," in *Henri IV: Le roi et la reconstruction du royaume*（Pau：Association Henri IV 1989；J & D Editions, 1990），333 – 352, esp. 339 – 344。

㊶ Paris, Archives Nationales, 120 AP 5, fol. 102r。

㊷ *Nouvelle collection des mémoires relatifs à l'histoire de France depuis le XIIIᵉ siècle jusqu'à la fin du XVIIIᵉ siècle*, 34 vols., e- d. Joseph Fr. Michaud and Jean-Joseph-François Poujoulat（Paris：Didier, 1857），17：199 – 200。

㊸ Arsenal manuscrit 3921；这一手稿描绘于 Buisseret, "Manuscript Sources."。

图非常类似，包含了一系列平面图、景观图和覆盖了瓦萨列厄旅程的"督军辖区"（图49.9），催生了一幅布列塔尼总图（图49.10）。关于对这一时期布列塔尼探险的地图绘制，我们没有任何记录，似乎很有可能这部地图集是为亨利四世和叙利的信息而编撰的另一部。图49.11显示了南特（Nantes）的"督军辖区"，其对河流、树林和城镇的表现方式，与此处所提到的其他地图集非常类似。

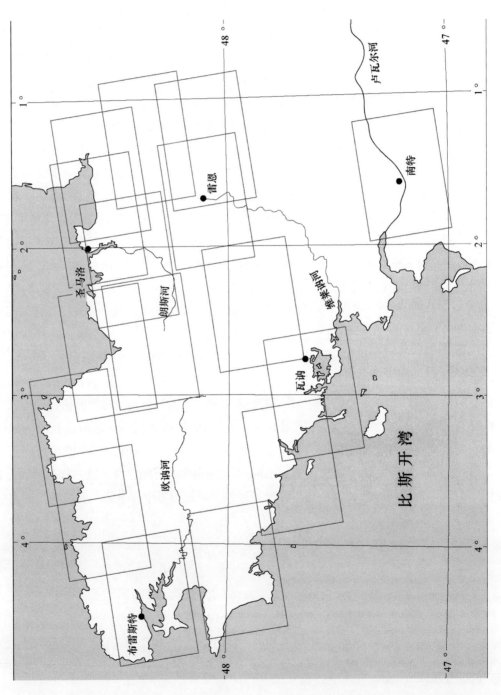

图49.9　收藏于BIBLIOTHEQUE DE L'ARSENAL, MS. 3921的布列塔尼督军辖区图的近似覆盖范围

图 49.10 《布列塔尼总图》

这幅布列塔尼省地图可能是来自图 49.9 中所列的各种大比例尺研究

它是克里斯托夫·塔桑在其几部出版物中所遵循的描绘。

原图尺寸：20×28 厘米。由 BNF，Bibliotheque de l'Arsenal，Paris（MS. 3921，fol. 1）提供照片。

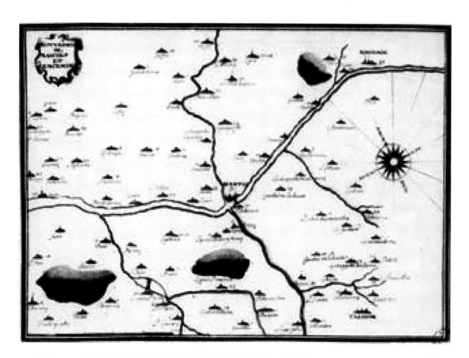

图 49.11 "南特和昂赛尼督军辖区图" [*GOVVERNE（MENT）DE NANTES ET ENCEN*IX]

这幅绘本地图几乎是贝内迪特·德瓦萨利厄·迪特·尼古拉 1607 年的布列塔尼之行的成果，他还绘制了圣让 – 德吕兹（Saint Jean de Luz）和尼德兰要塞的重要地图。

原图尺寸：22.5×30.5 厘米。由 BNF，Bibliotheque de l'Arsenal，Paris（MS. 3921，fol. 3）提供照片。

亨利四世统治时期，国王工程师所做的地图绘制工作，比 16 世纪的工程师们更具多样性，后者主要局限于对设防地区的描绘。新一代的工程师可以绘制大面积的乡村地图，就像在"督军辖区"集中所看到的那样。这些都影响了许多法国人"看到"他们的国家的方式。一些人，比如瓦萨利厄和沙蒂永，既能制作出现有的地方，也能制作出筹备项目的华丽的透视景观图；拜因斯则将其同样的天赋主要地运用到阿尔卑斯山脉地区乡村的图像上去。他们的视觉感受蔓延到了其他领域；埃拉尔和沙蒂永编撰了关于战争机器的使用手册——比如装甲战车、移动桥梁和爆炸装置——在这些手册中，插图很突出，瓦萨利厄也为火炮操作做了同样的工作。他们的地图绘制活动得到了国王和叙利的鼓励，他们两人都主要是从视觉出发的，当信息用视觉的方式向其表达时，他们往往会最好地获取信息。[44] 到 1610 年，这些工程师的工作为法国的地图绘制的加强奠定了基础。

1514

路易斯十三统治期间（1610—1643 年）的国王工程师

在这段时间里，尽管国王工程师们还没有组成正式的组织机构的一部分，没有标准化的培训，晋升，等等，但是他们的数量仍然在稳步增长。[45] 在这三十多年的时间里，我们可以识别出大约 50 名工程师，他们经常为 12 个最重要的省份绘制地图。然而，这种地图绘制的产出并没有形成我曾研究过的在之前的统治时期内的"督军辖区"那样的广泛覆盖范围。相反，组成它的，是那些为特定目的去努力弥合各种鸿沟并绘制专门地图的个别的人。据我们所知，只有一份保存下来的工程师委任状，它是让·巴舍利耶（Jehan Bachelier）的，他在 1613 年被派往诺曼底。这份文件明确地列出了工程师的地图绘制职责，他要"密切关注正在进行的工作，绘制其平面图并制作各种图纸"。[46]

在皮卡第，让·埃拉尔的第一位继任者是雅克·阿洛姆（Jacques Alleaume，又作 Aleaume），他至少在巴黎的一个城市项目中与克洛德·沙蒂永有过联系。阿洛姆制作了一幅很精美的地图，描绘了皮卡第的边境城镇，但它在本质上是过去行为的延续，使国王得以保持在加强防御工事的进程中了解最新进展。[47] 阿洛姆更引人注目的是他对人类知觉理论的兴趣，他撰写了一部名为《透视法的推理与实践》（*La perspective spéculative et pratique*）的著作，以及另一种关于《比例指南针》（*Compas de proportion*）的著作。[48]

在这段时间里，有 8 名左右的工程师被派往皮卡第，其中最著名的是皮埃尔·德孔蒂

---

[44] Dainville, *Le Dauphiné*, 8.

[45] 这一最终的转变由 Anne Blanchard 进行了描述，见其 *Les ingénieurs du roy de Louis XIV à Louis XVI: Étude du corps des fortifications*（Montpellier: Université Paul-Valéry, 1979），33 – 70。

[46] BNF, Manuscrits, manuscrits français 4014, fols. 84 – 85, "Provision de maitre ingenieur en Normandie"。

[47] 请参阅其关于 "Plans des villes frontieres de Picardie pour M. le duc de Longueville gouverneur de la province" 的收藏，BNF, Estampes Id27。

[48] 请参阅 "Aleaume（Jacques），" in *Dictionnaire de biographie française*（Paris: Letouzey et Ané, 1933 –   ），vol. 1, col. 1371；以及 "Alléaume ou Allaume（Jacques），" in *Nouveau dictionnaire biographique et critique des architectes français*, by Charles Bauchal（Paris: André, Daly fils, 1887），5。

（Pierre de Conty），德拉莫特·达尔让库尔特（de La Mothe d'Argencourt）阁下。[49] 他起初是一名新教徒，但在 17 世纪 20 年代改变了宗教信仰，之后在法国的东部和南部边疆参加了多次战斗。他修建了许多堡垒，并绘制了许多平面图，其中一些很好的例子在大英图书馆中幸存下来，但他的工作虽然清晰且准确，却没有做出任何新的贡献。更有创新的是勒拉斯莱（Le Rasle）和莱宁［Lenin，或勒纳安（Le Nain）］的地图绘制，他们两人都活跃于皮卡第。[50] 例如，1639 年 7 月，勒拉斯莱为阿尔芒·让·迪普莱西，即红衣主教黎塞留制作了"一幅非常特别的地图……关于在阿德尔（Ardres）周围所有被征服的土地及其附近地区"。当时，黎塞留担任路易十三的首席部长，负责军事事务，这幅地图他借给法国战地指挥官、元帅夏尔·德拉梅耶雷（Charles de La Meilleraye，又作 La Meilleraie），它非常详细地显示了河流和堤坝，如果法国需要依赖加来，那么这幅地图将会非常有用。[51] 很明显，勒拉斯莱已经为当前的军事局势绘制了一份特别的地图。他继续在这一领域工作，1637 年，他制作了一份印刷的平面图——《科尔比城市和位置平面图》（*Plan au vray de la ville et siege de Corbie*），由梅尔基奥尔·塔韦尼耶二世雕刻于巴黎。

　　莱宁阁下是勒拉斯莱在皮卡第的同事之一，并参加过 17 世纪 30 年代在东北边境的战争，他在 1644 年受委任编写了一份关于防御索姆河的可能性的报告，从其源头到入海大约长 125 英里。因此，他制作了一份"通道地图集"，在 43 幅地图中，列出了每座桥、浅滩和十字路口，并附加上了相应的评论。[52] 这部地图集包含了统一尺寸但比例尺不同的地图，它足够详细，让我们可以在特定的十字路口辨认出单个的建筑（图版 60）；这是一个为高度特定目的而量身定做的地图描绘的绝佳案例。

1515

　　勒拉斯莱在皮卡第的另一位同事是皮埃尔·勒米埃（Pierre Le Muet），他拥有相当不同的技能。1623 年，他被描述为皮卡第防御工事的"常任国王建筑师"（architecte ordinaire du roi）和"绘图家"（conducteur des dessins）。[53] 他写了很多关于建筑的书，1616 年，他为建筑师萨洛蒙·德布罗斯（Salomon de Brosse）（也是一位国王工程师）制作了一份新建成的卢森堡宫殿的模型。很明显，在这个时候，在专门的工程兵团的时代之前，工程师们包括了多种多样的人才和能力。

　　克洛德·沙蒂永在 1616 年去世于香槟，但他的儿子于格（Hugues）和皮埃尔（Pierre）继承了他的工作。除了他们在香槟的防御工事工作之外，皮埃尔似乎在 1627 年前往拉罗谢尔，在那里他制作了一些关于围城和该地区的很普通的地图。将这个地区作为一个整体进行

---

　　[49]　请参阅"Argencourt（Pierre de Conty，seigneur de La Mothe d'）"的详细条目，见 *Dictionnaire de biographie française*（Paris：Letouzey et Ané，1933 –　），vol. 3，cols. 518 – 520。

　　[50]　关于 Le Rasle，请参阅他的"Mémoire des places frontieres de Champagne donné par M. le Rasle ingenieur en febvrier 1644，"Paris，Archives Nationales，KK 1069，fol. 86；关于 Lenin，请参阅"Royal instruction to le sieur Lenin，"25 May 1639，Vincennes，Service Historique de l'Armee de Terre，A152，fol. 243。

　　[51]　Armand Jean du Plessis，duc du Richelieu，*Lettres*，*instructions diplomatiques et papiers d'état du Cardinal de Richelieu*，8 vols.，ed. Denis Louis Martial Avenel（Paris：Imprimerie Imperiale，1853 – 1877），6：448 – 450，esp. 449.

　　[52]　请参阅 Wilbert Stroeve and David Buisseret 的文章，"A French Engineer's Atlas of the River Somme，1644：Commentary on a Newberry Manuscript，"*Mapline* 77（1995）：1 – 10。

　　[53]　请参阅"Le Muet（Pierre），"in *Nouveau dictionnaire biographique et critique des architectes français*，by Charles Bauchal（Paris：André，Daly fils，1887），359 – 360。

地图绘制的传统，似乎已经在这段时间里传递给了一个平民——让·瑞布里安（Jean Jubrien）。[54]

正如我们所看到的，在亨利四世统治期间，还没有将勃艮第与其他东部省份一起绘制地图，从1638年的那部宏伟的地图集来看，似乎黎塞留有意地试图纠正这一疏漏，在地图集的封面上有他的纹章。[55] 然而，这部地图集只覆盖了主要的防御工事的位置，并没有试图以督军辖区平面图的方式来描绘周围的乡村。

与勃艮第一样，里昂和里昂地区在16世纪90年代一直抗拒亨利四世，也许正是因为这个原因，该地在他统治时期没有被描绘出来。然而，从大约1630年开始，工程师西蒙·莫潘（Simon Maupin）在那里很活跃，最终在1650年绘制出了一种详细的、准确的"里昂地区总图"（Carte generalle du pais de Lionnois）。[56] 莫潘还描绘了诸如阿莱兹（Alez）的围攻之类的交战的素描，以及一幅卓越的《里昂城市图》（*Description de la Ville de Lion*）（里昂，1635年）。[57] 他的生平并不为人所知，但他是一名多才多艺的制图师，可以使用多种比例尺进行工作。

让·德拜因斯继续在多菲内工作，他一直生活到国王统治终结，然后正如我们所见到的，继续从事为我们对这一地区的地图知识奠定了基础的工作。他的儿子劳伦（Laurent）接替他担任国王工程师兼地理学家。在南方，我们把普罗旺斯留到了让·德博纳丰（Jean de Bonnefons）的手中，但在17世纪30年代，是奥诺雷·德博纳丰（Honoré de Bonnefons）（他的兄弟？）在描述防御工事及其周围的环境方面最为活跃。[58] 过了一阵子（1651年），整个地区都由皮埃尔·布隆代尔（Pierre Blondel）精心地绘制出来，他的"普罗旺斯海洋广场平面图、侧面图及估算"，现存两份副本。[59] 尽管在不同类型的工程师之间还没有明确的制度区别，但布隆代尔仍以"海事工程师"而闻名。

在亨利四世时期，朗格多克被忽视了，但在黎塞留主政时期，它成了反对新教徒的军事行动过程中密集绘制地图的目标。让·德拜因斯参与了这项活动，安托万·塞尔卡马南（Antoine Sercamanen）也是如此，后者在1628年制作了一份广泛而原创的《塞汶地区图》（*Carte des Sevennes*），展示了一个直到那时尚几乎无人知晓的地区。[60] 资深的让·法布雷（Jean Fabre）也制作了一幅《塞汶地区图》（*Carte des Sévenes*），于1629年由梅尔基奥二世出版；在17世纪20年代的战争中，这一地区的地图绘制兴盛一时。[61]

另一位活跃在该地区的工程师是让·卡瓦利耶（Jean Cavalier），他显然是阿格德（Ag-

---

　　[54]　请参阅 Michel Desbrière 的作品，*Jean Jubrien, cartographe de la Champagne* (*v.* 1570 – 1641) (Charleville-Meziérès: Société d'Études Ardennaises, 1991)。

　　[55]　BNF, Cartes et Plans, Ge DD 2662.

　　[56]　BNF, Cartes et Plans, Ge C 2042.

　　[57]　BNF, Cartes et Plans, Ge DD 960.

　　[58]　请参阅 p. 1512，注释 36。

　　[59]　Vincennes, Service Historique de la Marine (SH 86), and BL (Harley MS. 4421)，两处馆藏标题和年份相同。关于这些地图集是如何落入敌对势力手中的，进行了全面的研究。

　　[60]　Francois de Dainville, *Cartes anciennes du Languedoc, XVI*ᵉ*- XVIII*ᵉ *s.* (Montpellier: Société Languedocienne de Géographie, 1961), 27 – 30.

　　[61]　Dainville, *Cartes anciennes du Languedoc*, 30 – 34.

de) 本地人。他的一些工作包括绘制防御工事的平面图,但是他也受朗格多克的地产委托,担任国王工程师,来绘制整个省份的地图。⑫ 毫无疑问,他绘制的小型地图有助于这幅总图的制作:像覆盖了从纳博讷(Narbonne)到卡斯泰尔诺达里(Castelnaudary)的"伟大驿路"的长卷式作品,或"鲁西永伯爵领地图"(Carte particvliere de la comté de Roussillon)(图49.12)。后一幅地图很好地体现了他独特的风格,并展示了他如何像让·德拜因斯一样,能够将很广大的多山乡村地区独有的特色展示出来。

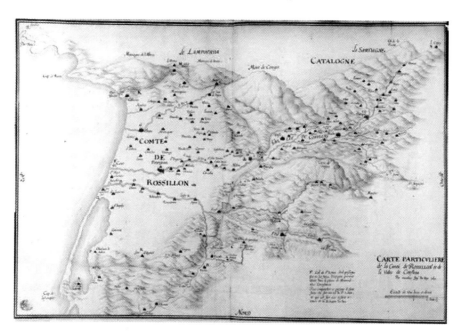

图49.12　让·卡瓦利耶:《鲁西永伯爵领和贡弗朗山谷专图》(CARTE PARTICVLIERE DE LA COMTÉ DE ROSSILLON ET DE LA VALLEE DE CONFLENS),1635 年

这幅绘本地图由卡瓦利耶绘制,他是为朗格多克省服务的工程师。他的风格与让·德拜因斯的非常相似,他关注的是地形和文化特征——河流、城镇和山脉——很显然是着眼于军事行动。

原图尺寸:46×71 厘米。由 BL(Maps K. Top. 70.70)提供照片。

就在朗格多克的南部,加泰罗尼亚是1640—1642 年的军事行动的战场,在此期间,黎塞留善用了塞巴斯蒂安·德蓬托尔·德博利厄(Sebastien de Pontault de Beaulieu)的地图绘制技巧。后者参与了路易十三统治时期的许多战役,并绘制了许多仍停留在绘本状态的地图。⑬ 他在1644 年受了重伤,在那之后,他制作了大量的印本地图,收入覆盖了法国 14 个省份的地图集"小博利厄"(petits Beaulieu)中,以及收入名为《路易大王的光荣征服》(Les glorieuses conquestes de Louis le Grand)的地图集中。后者直到1694 年才得以付梓问世,而前者则是在1670 年。但"小博利厄"非常重要,因为它包含了由国王工程师们在17 世纪上半叶制作的众多材料。正如克里斯托夫·塔桑一样(我将在下面讨论他的著作),博利厄

1516

　　⑫　Archives Départementales de la Haute-Garonne, C2303, fol. 67, deliberations of the Estates.

　　⑬　例如,请参阅其1643 年前后的地图集:"Plans, cartes et profiles … de Catalogne, Cerdaigne et Roussillon"。保存于 Bibliotheque Municipale, Perpignan,另外还有很多资料收藏在 BNF 的众多部门。

引起了非常广泛的公共对地图的关注，否则这些地图就会被忽视掉。

在路易十三统治的早期，吉耶讷和普瓦图是许多军事活动的地点，尤其是在新教据点周边，这些新教据点中的最主要的是拉罗谢尔。许多国王工程师都关注 1628 年的大围攻，比如 N. 迪卡洛（N. Du Carlo），他是该地区的国王工程师和普通地理学家。也许他最有趣的地图是 1625 年完成的小比例尺调查，展示了从科唐坦半岛到西班牙边境的法国西海岸（图49.13）。这是一部细致的著作，标明了方向和比例尺，而且似乎已经是为了让国王了解到

图49.13 N. 迪·卡洛：《布列塔尼、基耶讷和西班牙部分地区海岸水文图》（*CARTE HIDROGRAPHIQUE DES COSTES DE BRETAIGNE，GUIENNE，ET DE PARTIE DE LESPAGNE*），约 1625 年

1625 年前后，杜·卡洛阁下绘制了这幅法国西海岸的地图，不仅仔细地为黎塞留展示了在布雷斯特的未来海军基地的位置，还表现了在拉罗谢尔的新教要塞周边的地区，三年后，黎塞留将对这座要塞发动围攻。

由 BNF（Cartes et Plans，Ge D 13855）提供照片。

对抗新教徒的战争即将在该地区打响而绘制的。在 17 世纪 20 年代,迪卡洛参与了布鲁阿日
(Brouage) 的防御工事建设,并绘制了几幅该地的平面图。⑭ 然而,一旦拉罗谢尔失陷,工
程和地图绘制活动就不再集中在这一地区。

　　黎塞留的海外野心促使他将目光投向了布雷斯特(Brest) 地区,他希望在那里建立一
个大型的海军基地。因此,1639 年,他让他的表兄弟夏尔·德孔布(Charles de Combout)
前往由因夫雷维尔(Infréville) 领主路易·勒鲁(Louis le Roux) 的报告确定的一个地点去
工作。直到 1621 年,布列塔尼防御工事的负责人一直是夏尔·埃拉尔一世(Charles Ⅰ Erra-
rd),但在那一年,这位画家和建筑师——很明显与让·埃拉尔有关——被其女婿热罗姆·　1517
巴肖[Jérôme (Hierosme) Bachot] 所取代。巴肖的父亲安布鲁瓦兹(Ambroise) 曾是一名著
名的工程师,而埃拉尔 – 巴肖联盟是旧政体下非常常见的诸多此类王朝联合体中的一个。热
罗姆·巴肖是布列塔尼的国王工程师,他绘制了许多布列塔尼城镇的地图。⑮ 1624 年,毫无
疑问,预料到黎塞留对布雷斯特地点的兴趣,他绘制了一幅勒孔凯(Le Conquest) 的地图
(图 49.14)。尽管没有进行调查,但它还是显示了勒孔凯的城镇是如何控制港口的入口处
的,以及东部的城镇和西侧的"小要塞"。这种有比例尺的、精确的绘图对于黎塞留和国王
来说是无价的,帮助他们确定主要港口需要开发之处以及如何进行防御。

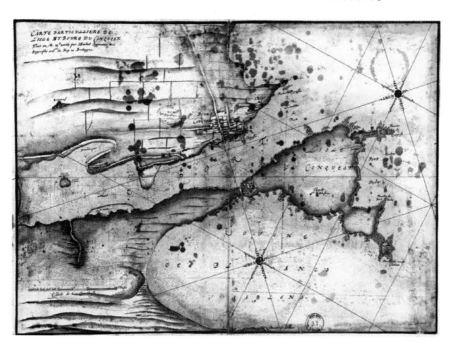

图 49.14　热罗姆·巴肖:《勒孔凯岛屿和城镇专图》(*CARTE PARTICULLIERE DE L' ISLE ET BOURG DV CON-QUEST*),1625 年

　　这幅勒孔凯周边地区的相当粗略的绘本地图由巴肖绘制,以便黎塞留了解布雷斯特的未来的海军基地。黎塞留似乎在委托制作战略位置地图方面已经相对熟稔。

　　由 BNF[Cartes et Plans,Ge DD 2987B (1151A)]。

---

　　⑭　例如,请参阅 BNF,Cartes et Plans,Rés. Ge D 13849 and D 4226。

　　⑮　请参阅 "Bachot (Hiérosme)," in *Nouveau dictionnaire biographique et critique des architectes français*, by Charles Bauchal (Paris:André, Daly fils, 1887), 25。

1639 年，因为布鲁阿日渐趋淤塞，黎塞留决定着手处理大西洋海军港口最佳选址的整体问题。他任命了一个由四人组成的委员会，其中一名委员是丹夫雷维尔（d'Infreville），他是海军的总代表。另一个是雷尼尔·詹森（延森）[Regnier Janssen（Jenssen）]，他是另一位同名的工程师的儿子，也许本来的名字叫"Janszoon"。詹森的工作是绘制各种各样地点的地图，这些地图最终的数量是 14 份，平面图保留下来两份副本。[66] 它们附有一份激烈争议的评论，使人们可以合理选择地址。[67] 最终，这些选择主要落在勒阿弗尔和布雷斯特，它们获得了巨额的资金，使自己能够被改造成为该区域的主要商业港口和海军港口。

尽管大多数的工程师都被分配到各个不同省份，而且大部分时间都在那里工作，但他们中的许多人似乎都是以巴黎为根据地。萨洛蒙·德科（Salomon de Caus）就是其中之一，他的才华即使在那个年代也是非常出色的。他出生于法国，曾任职于布鲁塞尔、怀特霍尔（Whitehall）和海德堡的宫廷，编写过有关机械、透视、音乐和园林的书籍，并经常把他的理论付诸实践。[68] 1619 年前后，他回到法国，被任命为"国王工程师"；毫无疑问，凭借自己的能力，他在 1624 年创作了一幅意大利地图。这幅地图构成了一部很明显属于黎塞留的地图集的一部分，很可能包含了从政治角度来看最重要的地区的地图。[69] 另一位活跃于巴黎的工程师是雅克·贡布斯（Jacques Gomboust）。16 世纪 40 年代末，他似乎一直在编纂包括巴黎的法国北部城市的平面图，并在 1650 年前后出版了其中的 7 幅。[70] 他的作品以其优雅、精确和详细而引人注目，但我们对他的生平或其工作环境一无所知。

我们对另一位国王工程师和地理学家克里斯托夫·塔桑的生平也同样不了解。[71] 当然，我们对他的出版物确实了解很多，但他实际上是工程师印刷形式的作品的主要扩散者。1633年和 1634 年，他出版了两部覆盖法国各省的地图集，每一部地图集中都有大约 60 幅地图，还有一套地图集，书名为"《法国主要城市和地方的平面图和侧面图》"，覆盖了 17 个省份，地图总数超过了 400 幅。正是《法国主要城市和地方的平面图和侧面图》最清楚地表明了它们源自亨利四世统治时期国王工程师的工作，尤其是在皮卡第、布列塔尼、香槟、洛林和多菲内——总共有 186 幅地图。

在这里不可能提供完整的比较，但我将从三个省份中取六个例子。图 49.15 展示了摘自让·埃拉尔的皮卡第地方和"督军辖区"地图集中的佩罗讷（Péronne）城镇。请注意，它与《法国主要城市和地方的平面图和侧面图》中的塔桑的雕版"佩罗讷"（Péronne）非常类似（图 49.16）。塔桑的艺术家已经添加了一个鱼堰（也发现于一份绘本的副本中），并取消了一些

1518（左侧页边数字）

---

　　⑥　BNF, Manuscrits, manuscrits français 8024, and Vincennes, Service Historique de la Marine, SH 81.

　　⑦　这些地图其中的一幅公布在 David Buisseret, "Monarchs, Ministers, and Maps in France before the Accession of Louis XIV," in Monarchs, Ministers, and Maps: The Emergence of Cartography as a Tool of Government in Early Modern Europe, ed. David Buisseret（Chicago: University of Chicago Press, 1992）, 99 – 123, esp. 118（fig. 4. 12）。

　　⑧　请参阅 "Caus（Salomon de），" in Dictionnaire de biographie française（Paris: Letouzey et Ané, 1933 –　　　）, vol. 7, cols. 1467 – 1468。

　　⑨　关于这幅地图的复制和地图集的描述，请参阅 Buisseret,　　"Monarchs, Ministers, and Maps," 113 and 114（fig. 4. 9）。

　　⑩　也许最完整的评论，见 Jean-Marc Léri, "Le Marais" par Jacques Gomboust, 1652（Paris, 1983）。

　　⑪　关于其几乎不被人所知，请参见 Mireille Pastoureau, Les atlas français, XVIᵉ - XVIIᵉ siècles: Répertoire bibliographique et étude（Paris: Bibliothèque Nationale, Département des Cartes et Plans, 1984）, 437 – 468。

细节，但他的作品实际上是埃拉尔，或者更可能是让·马尔泰利耶（Jean Martellier）的副本。

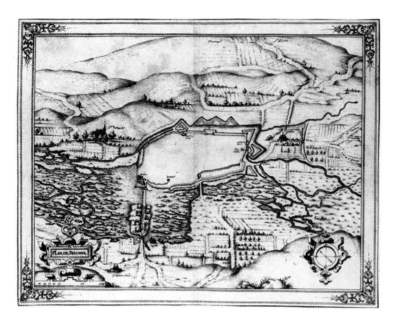

图 49.15　让·马尔泰利耶：《佩罗讷平面图》（*PLAN DE PERONNE*），约 1602 年

这幅绘本地图是马尔泰利耶在对皮卡第所有要塞和督军辖区的调查过程中绘制的。它比图 49.16 更精确，后者是塔桑对同一地点进行的雕版。其雕版显然来自绘本地图，但更为概括化。

原图尺寸：32.8×42.3 厘米。由 BL（Add. MS. 21117, fol. 13r）提供照片。

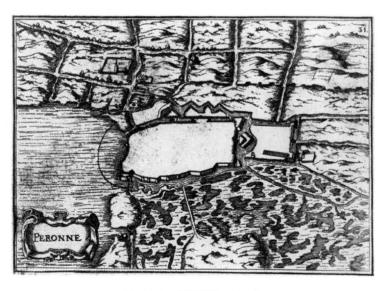

图 49.16　《佩罗讷》，1634 年

这幅雕版地图来自克里斯托夫·塔桑于 1634 年在巴黎出版的系列《法国主要城市和地方的平面图和侧面图》（*Les plans et profils de toutes les principales villes et lieux considerables de France*）。很显然，它已经复制了图 49.15 的绘本版本，并在城镇以西的水域（塞纳河）中添加了一道相当奇怪的鱼栅。

由 Newberry Library, Chicago 提供照片。

我们发现在阿塞纳尔（Arsenal）的绘本（图49.17）中的雷恩（Rennes）督军辖区地图和塔桑的《法国主要城市和地方的平面图和侧面图》中的版本（图49.18）之间存在相似之处。这两幅图像覆盖了几乎完全相同的区域（尽管在这里，这是常有的事，印刷的版本省略了一些手绘版本上显示的地图），并以一个非常相似的方式来显示特征；特别是对树林的描绘，印刷版本严格地遵循了绘本。同理见对布列塔尼的"地方"的显示，但我从香槟中得到了第三个例子。

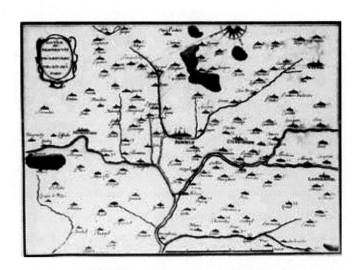

图49.17 《雷恩督军辖区地图》［GOVVER（NEMENT）DE RENNES］

毫无疑问，这幅地图来自贝内迪·德瓦萨利厄·迪特·尼古拉于1606年前后所开展的调查。这位制图师仔细地表现了主要的城镇和乡村，以及主要的树林和河流。

原图尺寸：22.5×30.5厘米。由BNF，Bibliotheque de l'Arsenal，Paris（MS. 3921，fol. 25）提供照片。

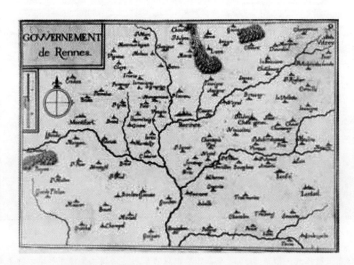

图49.18 《雷恩督军辖区地图》（GOVVERNEMENT DE RENNES），1634年

这幅雕版地图由克里斯托夫·塔桑在其1634年的《法国主要城市和地方的平面图和侧面图》中出版，可以用来和图49.17进行比较。塔桑摹绘树林的方式特别引人注目，证明了雕版地图是衍生品。

由Newberry Library，Chicago提供照片。

"朗格勒平面图"（Plan de Langres）（图 49.19）很明显地激发了塔桑的《朗格勒》（*Langres*）（图 49.20）。周边山丘的轮廓，河流的流路，外部的道路，以及城镇的街道都非常接近。当我们考虑到在亨利四世统治时期编纂的地图集中的皮卡第、香槟、布列塔尼、洛林和多菲内的绘本地图——尽管现在散落在伦敦和巴黎的不同图书馆内——尺寸都相同，而且被按地方和"督军辖区"的新颖排列来编辑，很清晰，它们形成了一个总计划的一部分。同样很明显的是，塔桑可以使用已经组装好的地图集，这使得他可以普及他的同志们的工作。[72]

1519

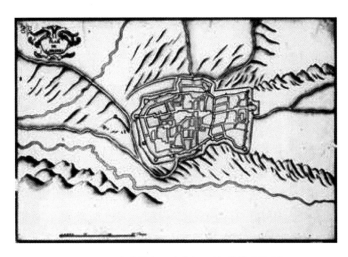

图 49.19　克洛代尔·沙蒂永:《朗格勒平面图》

　　这幅绘本平面图几乎可以肯定是取自由沙蒂永制作的覆盖香槟省的一套地图，他曾担任该省的王室工程师。他不仅尽心竭力地绘制出复杂的街道分布形态，而且还煞费苦心地描绘出这座城镇位于悬崖巅峰的地形格局。

　　原图尺寸:23×33 厘米。由 BL（Maps K. Top. 60. 80）提供照片。

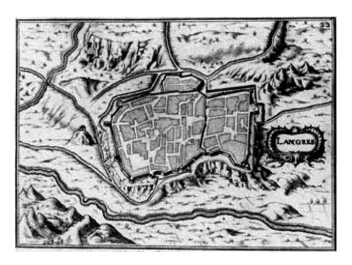

图 49.20　《朗格勒》，1634 年

　　这张地图是此系列中的第三张，将工程师的绘本作品与克里斯托夫·塔桑在《法国主要城市和地方平面图和侧面图》中的雕版进行了比较。这一次，这位雕刻师忠实地复制了沙蒂永的地图，但在地形方面有了"改进"，并引入了通用的透视景观元素。

　　由 Newberry Library, Chicago 提供照片。

---

⑦2　Pastoureau, *Les atlas français*, 437.

另一个令人好奇的事实证实了这样的一种印象，也就是塔桑在工程师的工作过程中获得了一些主要的地图资源。克洛德·沙蒂永已经编辑了大量的法国城镇和其他地址的绘本图像（大约 400 幅）。这一资料库直到 1641 年才以沙蒂永的名义出版，当时《法兰西地形》的第一个版本已经问世，但塔桑已经在其 1634 年的《平面图和侧面图》中包含了其中一些景观图。显然，他有机会接触到各种各样的绘本材料。

结　论

"工程师"在 16 世纪早期涌现，在当时，主要负责防御工事的规划。在亨利四世统治时期，他们的数量有所增长，并承担了种类更多的地图项目，如城市景观图和城市平面图。不过，最值得注意的是，利用"督军辖区"和城镇平面图的拼合系统，他们也开始绘制更
1521 大规模的法国地图。路易十三的工程师们通过承担特殊项目，扩展了他们的地图绘制活动，我已经指出詹森、勒拉斯莱和莱宁都承担了这类特殊项目。但是，最重要的是，在路易十三的统治时期，早期的工程师们的工作开始进入法国的地图印刷系统。

考虑到帕斯图罗在她的《法兰西地图集》中所确认的制图师，实在令人吃惊。在 1610—1640 年期间的 6 项运作中，有两个是工程师：塞巴斯蒂安·德彭托尔·德博利厄和克洛德·沙蒂永。另外两个人，彼得鲁斯·贝尔蒂乌斯和让·勒克莱尔四世，似乎都是继承了布格罗开启的民间传统，并没有与军事工程师建立联系。但在其他两个人中，塔桑从他的同事那里借鉴了很多，还有，帕斯图罗指出，梅尔希奥·塔韦尼耶二世的第一批作者是一群大约六名军事工程师团体。[73] 塔桑和塔韦尼耶的工作可能是当时在法国的所有地图出版物中传播得最广泛的，因此，工程师的工作间接地影响了整整一代法国地图读者。

---

[73] Pastoureau, *Les atlas français*, 13 – 54 （Beaulieu）；98 – 124 （Chastillon）；65 – 66 （Bertius）；295 – 301 （Leclerc）；437 – 468 （Tassin）；and 469 – 480, esp. 469 （Tavernier）.

第五十章 文艺复兴时期法国画家、工程师和土地测量员对领土的表现

莫妮克·佩尔蒂埃（Monique Pelletier）

审读人：黄艳红

已知最早的带有地形元素的法国图像是在 15 世纪的时候，在当时，以景观图、肖像、地形、油画和模型而为人所熟知。[①] 正如在它们之前更早的英格兰地图一样，每幅地图都是通过头脑中的实际和具体的目标而绘制出来的。[②] 它们散落在国家和地方的公共收藏中。在本章中，我们将关注来自这些图像的不同类别的实例。它们的使用者是不能亲临争议领土的法官和规划河流、运河或城市的发展的决策制定者。在每种情况下，图像都必须是栩栩如生的描述，反映并唤起现实，以避免引发新的争端。在诉讼中使用的或负责项目的工程师的图像，似乎已经被接受并广泛使用，并没有明显的困难。这一普遍的接受同样适用于城市的透视景观图（portraits 或 pourtraits），它们既美化了城市，又成为城市规划者不可或缺的工具。地产平面图并没有成功地演进，也许是因为土地测量员的数量不足，而且当然也是因为他们的工作质量很差。

如同在英国一样，15 世纪和 16 世纪，正是画家和土木工程师、军事工程师一起经历了图像、肖像和地图的演化历程。16 世纪的制图师有时被称为画家：尼古拉·德尼古拉在他的第一部作品——1544 年欧洲地图上被认定是一名画家和地理学家。弗朗索瓦·德拉居洛蒂埃的同时代人对他笔法的柔顺及其高超的绘画天赋进行了高度的评价。[③] 在接下来的一个世纪里，用便携式的画架、纸张和颜料作画的画家，被土地测量师取代。到了 17 世纪中叶，土地测量员的职责之一就是绘制地产地图，来补充早在 14 世纪就已经发展起来的领地或土地描绘。

---

* 这一章的缩写包括：ANF 代表 Archives Nationales de France，Paris。

① François de Dainville, *Le langage des géographes*：*Termes，signes，couleurs des cartes anciennes*，1500 – 1800（Paris：A. et J. Picard，1964）.

② R. A. Skelton and P. D. A. Harvey，eds.，*Local Maps and Plans from Medieval England*（Oxford：Clarendon Press，1986），5.

③ 关于法国和各省的地图，请参阅本卷第 48 章。

与纠纷相关的地图和平面图

　　1970 年，丹维尔（Dainville）把人们的注意力拉到一种长期被遗忘的地图上，那就是用来解决纠纷的地图。这些地图试图记录划定土地地块的线性边界，并在地面上相应地用标记物——诸如石块、十字架或其他标记物——进行记录，除非他们与道路或河流的路线相吻合。④ 这些地图与文字档案相关联，每一幅都呈现了土地的图像，但这是一种特殊的图像，只包含了澄清或解决冲突所需要的信息。已知最早的图像可以追溯到 15 世纪初，是关于多凡城堡 ［Château-Dauphin（Casteldelfino）］ 山谷的绘制精美的景观图，现在收藏在伊泽尔（Isère）的部门档案中。这些景观图让人们看到了 1420 年，太子查理（Dauphin Charles）和萨卢佐（Saluzzo）侯爵关于多凡城堡和桑佩雷 ［Sampeyre（Sampeire）］ 之间界线的争论。在多凡的公证人的要求下，这些景观图是由一位在现场工作的画家完成的，他画出了一幅详细的风景画，旁边还有一些拉丁文的地名和注释。

　　一些 15 世纪的文件仅仅是一个地方的简单草图；其他的则是平面几何和用高程绘制的建筑的结合，诸如由马蒂厄·托马桑（Mathieu Tomassin）于 1436 年绘制的划分多菲内和萨伏伊两地之间边界的地图，托马桑是多菲内的审计法庭（Chambre des Comptes）的成员，也是一位委员，受委任来确定这两地之间的边界。⑤ 文件上的符号反映了争端的要点：1282 年边界确定后界石被破坏了、有争议的牧场的质量，以及多菲内边界附近的树林的战略重要性。

　　不仅是国王和王子，而且个人和组织都可以使用上述各种风格的地图来支持自己的主张。根据丹维尔的说法，有一种新的传统发展起来，源自这样一种实践：在诉讼被传唤到省级法院（parlements）和国王的法律顾问那里之前，起草富含比喻性的文件。⑥ 14 世纪末，让·布蒂利耶（Jean Boutillier）的 "索姆（Somme）乡村" 以手稿的形式问世，描述了法国的民事法律实践。此书证明了在递交给法庭的案件中使用地图。这部作品发表于 15 世纪末期，有很多版本，包括 1611 年的巴黎版本，这一版本仍然要求制作书面文件，用以向法庭提供 "形象的例证和肖像"，"尽可能给出遗产的位置"，使得法官可以得到其地址更好的心理图景，更好地了解具体问题。⑦ 1563 年，负责丰特奈 – 勒 – 孔特（Fontenay-le-Comte）的王室席位的刑事事务的地方法官让·安贝尔（Jean Imbert）评论道，"几位法官和代表在绘制这些图像时犯了错误"，而且有必要重新将其绘出。因此，他建议法官选择一名可靠的画家，并让他宣誓将准确而忠实地描绘出所要求的形象。法官应向他展示该地区，并确保诉

1523

----

④ François de Dainville, "Cartes et contestations au XVᵉ siècle," *Imago Mundi* 24（1970）：99 – 121；复制于同上，*La cartographie reflet de l'histoire*（Geneva：Slatkine, 1986），177 – 199。丹维尔的例子被 P. D. A. Harvey 使用于 "Local and Regional Cartography in Medieval Europe," in *HC* 1：464 – 501, esp. 486 – 493。另请参阅 Monique Pelletier, "Vision rapprochee des limites les cartes et 'figures' des XVᵉ et XVIᵉ siècles," *Le Monde des Cartes* 187（2006）：15 – 25。

⑤ Dainville, "Cartes et contestations au XVᵉ siècle," 105 – 107。

⑥ Dainville, "Cartes et contestations au XVᵉ siècle," 117。

⑦ Jean Boutillier, *Somme rvral*；*ov*, *Le grand covstvmier general de practiqve civil et canon*（Paris：Chez Barthelemy Mace, 1611），208。布蒂利耶于 1325—1345 年生于阿图瓦的佩尔内什（Pernes），他于 1395 年或 1396 年去世。

讼当事人同意画家所绘出的形象。这幅图像，"连同其构建的官方报告"，[8]将在诉讼过程中发挥重要的作用，替代可能离法官或近或远的土地。当经济利益高的时候，诉讼当事人愿意付钱给一位优秀的画家来加强他们的诉求。丹维尔编辑了一部重要的资料集（非地方化的，至今尚未出版），收录了16世纪由勃艮第、阿维尼翁和皮卡第最好的画家创作的图像，以供在司法案件中使用。有一幅超过三米长的地图可能对这一资料库进行了补充，此图是为在15世纪末的一场诉讼绘制的（图版61）。这幅地图表现了位于圣奥梅尔河（Saint-Omer）和布朗代克（Blendecques）上游的圣多西修道院之间的阿河（Aa）。圣奥梅尔河的表现方式说明这幅画是由画家或微型画画家完成的。同样的风格在巴黎圣安东尼修道院的建筑和围墙的透视图中也可以看到，这幅地图绘制于1481年，在18世纪被复制。[9]

　　一些为诉讼而制作的图像被称为"台伯"（tibériades），正如来自第戎（Dijon）的一位作家艾蒂安·塔布罗·德阿科（Etienne Tabourot des Accords）在《德阿科大人杂集：第四卷》（*Les bigarrures du seigneur des Accords, quatriesme livre*）（1585年）中所解释的那样。在赞扬了宇宙学对历史的理解和记忆事件有所裨益之后，他写道："这就是为什么法律专家说，最令人信服的证据是通过对地址的检查来证明的。"如果这些专家不能亲临这些有争议的土地，他们就会有一些地形和图片或模型，我们称之为台伯，之所以这样命名，是因为巴托莱（Bartole）是第一位在作品中包含图像的法律专家，就像他在其《台伯》书中所做的那样。他写这部著作是为了让那些位于河流沿岸并容易堆积土地的人来使用，也就是台伯河（Tiber）沿岸的居民。[10]塔布罗所引用的作者是巴尔托洛·达萨索费拉托（Bartolo da Sassoferrato），他是佩鲁贾（Perugia）的一名律师，在1355年撰写了《河流或台伯》（*De fluminibus seu tiberiadis*），以有助于解决实际问题。[11]在其兄弟吉多·德珀吕西奥（Guido de Perusio）的帮助下，他画出了几何图形，这些例子出现于14世纪末和15世纪初的手稿"河流或台伯"的手稿中。[12]早在1460年，勃艮第的司法法院就使用了"台伯"这个名称，来称呼为诉讼而绘制的图像，而杜埃（Douai）法院在16世纪就遵循了这个范例。

　　这些"台伯"的其中一种是16世纪中叶由让·多兰二世[13]［他负责尚普莫尔（Champmol）的加尔都西会修道院的玻璃窗户］为第戎的一名僧侣绘制的，这位僧侣曾卷入与苏瓦朗（Soirans）的领主的一起诉讼中（图50.1）。这份文件在其他的诉讼中被重复使用，特别是在第戎市和加尔都西会之间的诉讼，这也解释了它在该城市的市政档案中的存在。这份精心制作的文件描绘了乌什河（Ouche）河谷，以及连接第戎和普隆比耶尔莱第戎（Plombières-lès-Dijon）之间的路线，包括一幅塔兰（Talant）的沙托（Château）的画作，以及在河畔与河流周边的活动。

---

⑧　Jean Imbert, *Institutions forenses, ou Practique judiciaire*（Poitiers：Enguilbert de Marnef, 1563），214 – 215.

⑨　ANF, N Ⅲ Seine 730.

⑩　Etienne［Estienne］Tabourot, *Le quatriesme des Bigarrures*（Paris：J. Richer, 1614），fol. 7v.

⑪　关于巴尔托洛·达萨索费拉托，请参阅 Pierre Legendre, "La France et Bartole," in *Bartolo da Sassoferrato：Studi e documenti per il Ⅵcentenario*, 2 vols. , ed. Danilo Segolini（Milan：Giuffrè, 1962），1：133 – 172。

⑫　Dainville, "Cartes et contestations au XVᵉ siècle," 118.

⑬　Eugène Fyot, "Les verrières et verriers d'autrefois à Dijon," *Bulletin Archéologique du Comité des Travaux Historiques et Scientifiques*（1930 – 1931）：571 – 585, esp. 582.

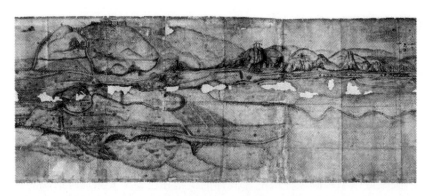

图50.1　由让·多兰二世为一次诉讼而绘制的《表现乌什河谷的"台伯"》，约1567年

纸本手绘地图。诉讼当事人是第戎的加尔都西会僧侣和苏瓦朗的领主。这一细部展示了乌什河谷和塔朗的城堡。

完整原图尺寸：140×360厘米。由François Jay. Permission courtesy of the Archives Municipales de Dijon（C 25）提供照片。

　　画家们心甘情愿地将自己的才智运用到司法服务上。贝尔纳·帕利西（Bernard Palissy）通过解释他的困难，说明了其原因，以及他是如何处理这些困难的："我没有很多资产。……但我的意思是，你不需要——我在地形制图（*la pourtraiture*）方面很擅长。我们国家的人们认为我对绘画艺术的了解比实际的要多，因此，他们经常要求我为诉讼绘制图像。当我得到这些委托时，给我的报酬很丰厚，让我能在很长一段时间内维持这些玻璃制品。"[14]

　　画家们使用了各种各样的表现方法。一些艺术家把自己定位于他们所表现区域的中心，观察其周围的海拔高度（图50.2）。这一方法运用于1530年绘制的，由画家弗朗索瓦·迪布瓦（François Dubois）署名的一幅地图上，这幅地图揭示了洛奈（Launay）的指挥官和桑斯（Sens）队长弗朗索瓦·勒克莱尔（François Leclerc）之间的一场争论。[15] 其他的地图则是从一名位于该地区之外的观察者的向内审视视角所构建的。皮科维尔（Picauville）领地的地图，是于1581年由画家让·布鲁瓦尔（Jan Brouault）和帕里斯·亚历山大（Paris Alexandre）为位于诺曼底的圣礼拜堂而绘制的（图50.3），他们通过将有争议的沼泽的道路引向皮科维尔，从而来支持客户的观点。[16] 总而言之，文件中最精心制作的部分是建筑的图纸，因为当时通过透视法来表现建筑物的方法正在发展。[17] 景观由符号来代表（用树木表现

⑭　Bernard Palissy, *De l' art de terre*, *de son utilité*, *des esmaux et du feu*, in *Œuvres complètes*, 2 vols., ed. Keith Cameron et al., under the direction of Marie-Madeleine Fragonard（Mont-de-Marsan：Editions Interuniversitaires, 1996）, 2：285 – 314, esp. 291.

⑮　François Dubois, "Plan des terres des seignereries de Launay et Fleurigny," ANF, N I Yonne 11. 对于构建不使用符号只标明日期为1520年的地图的方法，Mireille Mousnier进行了研究，见"A propos d' un plan figure de 1521：Paysages agraires et passages sur la Garonne," *Annales du Midi* 98, no. 175（1986）：517 – 528。

⑯　Catherine Bousquet-Bressolier, "Le territoire mis en perspective," in *Couleurs de la terre：Des mappemondes medievales aux images satellitales*, ed. Monique Pelletier, exhibition catalog（Paris：Seuil /Bibliotheque Nationale de France, 1998）, 104 – 109, esp. 104 – 105.

⑰　绘制建筑平面图的传统可以追溯到中世纪，正如建筑工程师 Villard de Honnecourt 的绘图手册所展示的，他工作于1225—1235年，那是哥特风格的黄金时代。在这个时候，综合运用圆规、直角尺、格尺，有时是简单的瞄准装置的体积表示法与平面表示法结合起来。请参阅 Villard de Honnecourt, *Carnet*, ed. Alain Erlande-Brandenburg（Paris：Stock, 1986）。

森林）或被强烈程式化（由平行线代表河流）。边境和边界被认为是必不可少的基本要素。步行者或骑马者的道路有时用一些特征标记来表现：绞架、十字架和自然特征，比如岩石。17 世纪初，画家们仍然在工作。1619 年，路易十三统治时期最著名的艺术家之一乔治·拉勒芒（Georges Lallemant）绘制了一幅位于巴黎附近的隆尚（Longchamp）和叙雷讷（Suresnes）村庄的全景图画，用于隆尚女修道院院长和村民之间关于如何分配一口泉眼的水的诉讼。[18]

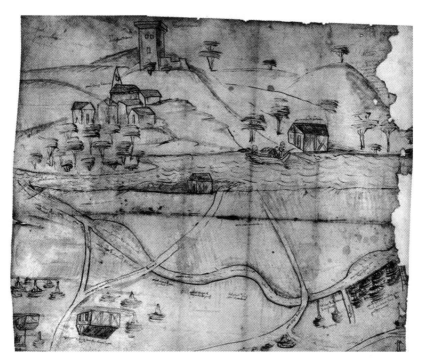

图 50.2　格兰赛尔夫修道院和马格雷涅—格兰赛尔夫—喇沙之间的争议土地的图画式景观图，1521 年

绘本。这张图是一个范例，体现出后世所推测的艺术家置身于场景中心，并绘制了他或她周围的环境，正如他们从那个有利位置出现的那样。

原图尺寸：55×65 厘米。由 Archives Departmentales de la Haute-Garonne, Toulouse（108 H 37）提供照片。

地图也可以绘制出来以支持一份请愿书，就像巴塞·奥弗涅（Basse Auvergne）的地图一样，绘制成以支持安贝尔关于特权城市（bonne ville）地位主张的案例。该候选资格首先是向该区域的特权城市的代表宣布，他们对此并不信服，因此向国王的私人顾问提出了上诉。绘制于羊皮纸上的绘本地图，在一张超过三米长的长卷的卷首位置，可能是一幅更大的地图的小尺寸版本，其上的数字给出了特权城市之间的距离。[19] 这幅地图是由画家雅克·比松（Jacques Buysson）复制的，大约有 15 名证人证明了"这幅图像的注记、注释和书写"

---

⑱　Panoramic drawing of Longchamp and the village and hills of Suresnes, 10 December 1619, ANF, N Ⅲ Seine-et-Oise 479（1）. 复制与评论见：*Espace francais：Vision et amenagement*, *XVIe-XIXe siècle*, exhibition catalog（Paris：Archives Nationales, 1987），20-21。此展览组织者是 the Direction des Archives de France, ANF, 时间为 1987 年 9 月—1988 年 1 月。

⑲　Bibliothèque Municipale de Clermont-Ferrand, MS. 978.

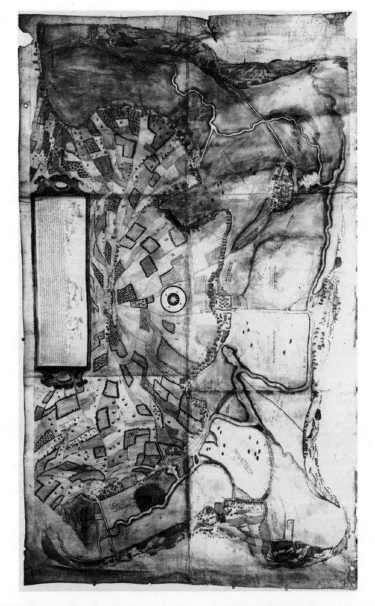

图50.3　让·布鲁瓦尔和帕里斯·亚历山大：皮科维尔领地疆域平面图，1581 年

　　这张画在羊皮纸上的绘本地图是由两位画家在诺曼底为巴黎圣礼拜堂而绘制的。皮科维尔的教士和居民之间的诉讼涉及位于教士地产边缘的沼泽地，教士对其的所有权已得到国王的确认。绘制该领地的地图是为了支持教士，他们试图获得王室决定的执行。皮科维尔位于山顶，周围环绕着田野和果园。在地图的下半部分（南部）可以看到杜夫河（Douve）两岸的草地和沼泽地。圆形透视并不常见。

　　原图尺寸：110×182 厘米。Centre Historique des ANF（N Ⅱ Manche 1）。由 Atelier Photographique du Centre Historique des ANF 提供照片。

1525　都是"真实的"。[20]城市的平面图也用于法律诉讼中：1496 年，罗德兹（Rodez）的一幅平面

---

　　[20]　Roger Sève，"Une carte de Basse Auvergne de 1544 – 1545 et la demande d'agrégation aux bonnes villes présentée par Ambert，" in *Mélanges géographiques offerts à Ph. Arbos*，2 vols.（Paris：Les Belles Lettres，1953），1：165 – 171.

图绘出，用于要求城市治安官与当地居民就举办城市集市的案件进行法律诉讼。[21]

地产地图的诞生

在封建主义的历史中，书面的地籍簿与使用成文法律省份的公证行业的实践相一致。[22]
这些地籍簿最早出现于 14 世纪，是由公证人认证的，包括由佃户支付的金额，以及对领主
的财产的描述。然而，要创造一种精确的类型，是不可能的，因为它们的内容取决于领主的
意愿和当地的风俗习惯；在法国北部和南部的地籍簿之间存在着很大的差异。较早期的文
件——税账（censiers）与地籍簿不同，因为它们没有由司法人员进行公证，尽管二者都记
录了采邑内的佃户必须支付给地主的税（不管是以金钱还是以实物形式）。

最初的地籍簿和税账并不包括任何地图。事实上，15 世纪早期的一篇文章——《展示
的科学》（*La siensa de destrar*），由阿尔勒（Arles）的土地测量员贝特朗·比塞（Bertrand
Boysset）用普罗旺斯语写就，他在其中提出了解决测量问题的方法，但没有提到绘制地图
的必要性。要调查"茂密而密集的树林"，比塞并不建议绘制一幅图像，而是把森林的外部
尺寸记录在附近的一些空白的、平坦的土地上。[23] 直到 16 世纪，才出现了庄园和年贡土地
（censive）的地图（图 50.4）。这些地图补充了对税帐和领地的文字描述，这些文字描述几
乎总是提供有关邻近地产边界的详细信息，而很少提及土地测量师所测量的地表面积。

1527

森林地图构成一些最古老的边界地图，它们是在 16 世纪由森林的王室所有者发展起来
的，他们正在进行改革以增加收入。这些地图不仅是由土地测量师绘制的，也是画家们的艺
术才华的产物。例如，1609 年，克雷皮昂瓦卢瓦（Crépy-en-Valois）的画家 J. 蒙纳尔耶
（J. Monnerye）在一幅边界地图上署名，这幅地图是楠特伊勒欧杜安（Nanteuil-le-Haudouin）
的"森林管区"［gruerie，由一名负责水域和森林的官员（gruyer）所监察的森林］的具象
景观图（图 50.5）。然而，1555—1575 年 2 月的王室法令相继要求，在每一个"司法管区"
（bailliage）中，都要雇用 4—6 名"土地、林地、水域和森林的测量员和勘测员"，[24] 在一名
监督其招募工作的主要常规测量员的管理下工作。在亨利二世统治时期，所记录的第一条法
令的目的是设置职位，以便加快对王室森林的检查。这两项法令抱怨了不称职的土地测量师
的工作：他们既不知道如何读书，也不知道如何书写，而且对几何学和算术的艺术和实践一
无所知，尽管如此，他们还是进行了测量和区划。1555 年和 1575 年，土地测量师职位的确
立及时地确定了查理九世对王室森林进行全面调查的决定。一些地图绘制材料与诺曼底森林
相关，如布勒特伊（Breteuil）森林（1566 年）[25] 和博尔（Bord）、布鲁东纳（Brotonne）和

㉑　引用于 Pierre Lavedan and Jeanne Hugueney, *L'urbanisme au Moyen Âge*（Paris：Arts et Métiers Graphiques, 1974），
162。

㉒　关于 terriers 和 censiers 的定义和演变，笔者要感谢 Valentine Weiss, curator in the Département des Manuscrits of the
BNF 的馆长；和 Cécile Souchon, director of Cartes et Plans at the ANF。

㉓　Bertrand Boysset, *La siensa de destrar, ou Le savoir-faire d'un arpénteur arlesien au XIVᵉ siécle*, 翻译自 the Provençal,
notes and commentary by M. Motte（Toulouse：Ecole Nationale du Cadastre, 1988），17 – 18。

㉔　BNF, Livres imprimés, F 46 812（4）and F 23 610（361）。

㉕　"Procès-verbal d'arpentage de la forêt de Breteuil," 于 1566 年在 Jean Thioult 的指导下，由宣誓土地测量师 Simon
Houet 和 Guillaume Gautier 完成，BNF, MS. français 11938（maps at fols. 109bis and 123）。

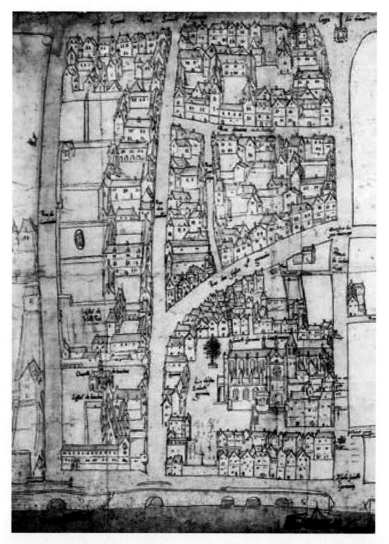

图50.4 巴黎罗浮宫和城堡之间的圣日耳曼奥塞尔（Saint – German – L'Auxerrois）教堂的征税地亩图，16世纪

墨水绘本。在对巴黎这一部分的描绘中，作者将街道布局的平面图与位于必须向该修道院付款的地产中的建筑物的透视图相结合。

完整原图尺寸：59×162 厘米；细部尺寸：约 59×41.7 厘米。Centre Historique des ANF (N Ⅲ Seine 63/12)。由 Atelier Photographique du Centre Historique des ANF 提供照片。

隆伯（Longboël）等森林（1566—1567年）。㉖ 但是，1549年的边界地图是关于杜尔当（Dourdan）的王室森林改革历史的一部分，它证明了在1565年之前，对一座可能是其他森林的管理进行了改革。这幅地图的署名是"一位宣誓画家"米歇尔·马尔托（Michel Marteau），和巴黎圣母院分会的教士让·若利韦（Jean Jolivet），后者被认为是法国的著名地图的作者。㉗

㉖ ANF, KK 946 – 948.

㉗ "Figure au vray des lieulx, terres et héritaiges contiguz ... de la forest de Dourdan appartenant aux doyen, chanoine et chapitre de l'Eglise Notre-Dame de Paris," 由 J. Jolivet 和 Michel Marteau 署名，1549年，N Ⅱ Seine-et-Oise 161。包括若利韦的法兰西地图，请参阅本卷 pp. 1483—1485。

图 50.5　J. 蒙纳尔耶·楠特伊莱欧杜安的苑囿地图，1609 年

这幅绘于羊皮纸上的绘本地图是由来自克雷皮昂瓦卢瓦（Crépyen – Valois）的画家 J. 蒙纳尔耶和国会的国王顾问 J. 吉约（J. Guillot）和 P. 迪佩（P. Dupay）制作的。它是绘制边界标记的边界图，其边界用红色表示。熟悉该地区的艺术家表现了几个村庄，用颜色来区分墙壁和屋顶所用的材料。他表现了池塘和泉源，勾画了小路，标示出了主要的参考点，如岩石、树木和绞刑树。

原图尺寸：194×123 厘米。Centre Historique des ANF（N Ⅱ Oise 10）。由 Atelier Photographique du Centre Historique des ANF 提供照片。

　　因此，土地测量这一职业似乎是在 16 世纪发展起来的，但并非没有困难，就像圣通日（Saintonge）的埃利·维内（Élie Vinet）于 1577 年所明确指出的，他把蒙田（Michel de Montaigne）算作自己的学生。在维内笔下，土地测量员的形象很不好。他写到，大部分测量员不知道如何阅读和书写，甚至不知道如何计算，除了"用心记，有时用记号"。维内给出了详细建议，以解决测量员有时会面对的困难问题，他对"如何绘制森林和城市的地图，以及如何在无法测量的情况下在纸上对它们进行调查"感兴趣。[28] 这一评论表明，绘制调查地图的做法逐渐变得势在必行。查阅档案清单，就可以看出，在 17 世纪中期，土地调查地图变得更加普遍，同时，总体而言，地图也成为一种更广泛使用的工具。在为前塞纳 – 瓦兹省（Seine-et-Oise）的档案馆所编辑的一份特别的地图清单（这是这一时期最有趣的此类清单之一）中，没有一幅地图的日期早于 1650 年。然而，作者将这些目录的一些地图追溯到 17 世纪，而没有提供进一步的细节。[29] 清单中所列出的地图，在 18 世纪绘制的数量最多；

⑳　Élie Vinet, *L' arpanterie d' Élie Vinet, livre de géométrie, enseignant à mezurer les champs, & pluzieurs autres chozes*（Bordeaux：Imprimerie de S. Millanges, 1577），livre 6.

⑳　Henri Lemoine, *Les plans parcellaires de l'ancien régime en Seineet-Oise*（Versailles：La Gutenberg, 1939）.

也许它们取代了早期的地图，而这些早期地图没有保存下来。17 世纪的地图的形式多种多样，包括地图集，其中可能附有土地测量文件，也可能没有，或者是用于展示目的而绘制的大型地产地图。[30] 地产地图是由具有土地测量师或王室测量师头衔的人按比例绘制的，不太具有描述性。

军事工程师们当然没有忽视勘测地图绘制所催生的新机遇。他们在这项任务中运用了一种技巧，把测量的精确性和地形制图的艺术结合在一起。1648 年的小普瓦图（Petit-Poitou）的绘本地图就是一个有趣的例子，即使它看起来有点特殊（图 50.6）。其作者是勒内·谢特（René Siette），他是"侍从、顾问、国王的工程师和地理学家，以及多菲内和布雷斯的防御工事的总监",[31] 他参与了沼泽地的排水工作。其制图能力曾表现在其 1619 年的图尔和昂布瓦斯（Amboise）的绘本地图中。[32]

图 50.6　勒内·谢特：《小普瓦图地区排干的沼泽区及该区划分详图》（*PLAN ET DESCRIPTION PARTICULIERE DES MARAITS DESSEICHES DU PETIT POICTOU AVECQ LE PARTAIGE SUR ICELLUY*），1648 年 8 月 6 日

这项沼泽调查是一份真实的地籍文件，用数字显示为排水而划分的土地地块；城镇和村庄以平面图方式表示，并且系统地显示出小路和排水沟渠。

原图尺寸：47×67 厘米。由 BNF［Carte et Plans，Ge DD 2987（1323）B］提供照片。

---

[30]　关于领地地图的功能，请参阅 Paola Sereno's article："I cabrei," in *L' Europa delle carte：Dal XV al XIX secolo, autoritratti di un continente*，ed. Marica Milanesi（Milan：G. Mazzotta，1990），58 – 61。

[31]　关于这幅地图，请参阅 Charles Passerat，*Étude sur les cartes des côtes de Poitou et de Saintonge antérieures aux levés du XIXe siècle*（Niort：Imprimerie Nouvelle G. Clouzot，1910），84 – 85。

[32]　BNF，Cartes et Plans，Ge DD 2987（1192 and 1195）。勒内·谢特应该与他的兄弟皮埃尔（Pierre）区分开来，后者也参与了沼泽地的排水工作。请参阅 Louis Edouard Marie Hippolyte Dienne，*Histoire du desséchement des lacs et marais en France avant 1789*（Paris：H. Champion and Guillaumin，1891）。关于勒内·谢特，请参阅 Anne Blanchard，*Les ingénieurs du roy de Louis XIV à Louis XVI：Étude du corps des fortifications*（Montpellier：Université Paul-Valery，1979），455，和 Mireille Pastoureau，*Les atlas français，XVIe - XVIIe siécles：Répertoire bibliographique èt etude*（Paris：Bibliothèque Nationale，Département des Cartes et Plans，1984），469。关于谢特兄弟，另请参阅 David Buisseret，*Ingénieurs et fortifications avant Vauban：L' organisation d' un service royal aux XVIe - XVIIe siècles*（Paris：Éditions du C. T. H. S.，2002），120。

地图在区域和国家发展中的作用

在法国，负责防御工事的工程师位于最先提出将地图用作规划工具的专家之列。在民用领域，最古老的地图（大多绘制于 16 世纪下半叶）显示出改善河流交通的努力。这些项目包括建造船闸和纤道、疏浚河渠和治理溪流，甚至是在吕松（Luçon）和大海之间修建一条运河。1485 年，亚眠市延请画家让·伯吉耶（Jean Beugier）画出索姆河的支流塞勒河（Selle）的流路。㉝ 1517 年开始为弗朗索瓦一世效力的莱奥纳尔多·达芬奇（Leonardo da Vinci）设想在法国中部的罗莫朗坦（Romorantin）建造一座新的皇家城堡，但这个项目从未变成现实。这项工作涉及城堡、城市本身、河流的改进，以及运河和其他交通线的建设，这样一来，达芬奇所设想的城市将会成功地实现其对外界开放的首都的作用。他的平面图和地图给了我们有关这个项目的范围的印象。㉞

制图文件的创作是为了让人们相信项目的有用性，或者为要完成的工作提供财务估算，如下面两个例子所示。第一个例子涉及改善在雷恩和勒东（Redon）之间的维莱讷河（Vilaine），这一项目由弗朗索瓦一世于 1539 年 8 月 1 日批准。该项目的一份文件是 1543 年的画在羊皮纸上的绘本地图集（图 50.7）。这名身份不明的作者可能是雷恩的一位画家，从 1567 年受命执行类似任务的人的类型判断，其中包括对河流的描绘、造访该地址的报告，以及“在皮纸上书写和绘制的阐释地图”。1543 年的地图集是用伟大的艺术才能绘制而成的。在此之前，在平面图和透视图中都显示了一个双门闸坝，旨在取代现有的单门闸坝。这部地图集以勒东的景观图开始，其中绘出三个人（也许是表现布列塔尼），并附有负责这个项目的工程师，在景观图中，他们表现了河流的河口，那里是商业的最终点，并会受到提议转变的影响。该地图的作者运用了所有的透视力量，详细地介绍了梅萨克（Messac）与雷恩之间的路线的困难之处，并努力说服观众了解沿着维莱讷河进行改进的好处。作为一位优秀的观察者，他知道如何忠实地呈现所计划的工作将要发生的景观要素。㉟

另一个不那么精细的例子是 1542 年由让－巴蒂斯特·弗洛朗坦（Jean-Baptiste Floren-tin）绘制的一幅长达 5 米的画作，他很可能是一位意大利工程师。这幅画献给赞助人——阿普勒蒙（Apremont）男爵让·德布罗斯（Jean de Brosse），是为了从他的城堡到大海的一条位于旺代（Vendée）的名为维河（Vie）的河流的发展项目而制作的。弗洛朗坦引发读者关注他计划在工厂附近修建的船闸，包括测量和对文件本身提供的工作的估计。这一项目似乎比维莱讷河的发展要好得多，但它永远也不会完成：达阿普勒蒙男爵花了相当多的钱来组

㉝　Georges Durand, *L' art de la Picardie*（Paris：Fontemoing, 1913），46 – 47.

㉞　Carlo Pedretti, *Leonardo da Vinci：The Royal Palace at Romorantin*（Cambridge, Mass.：Belknap Press of Harvard University Press, 1972）.

㉟　关于这一文件，请参阅 Lucien Scheler, "La navigabilite de la Vilaine au XVIe siècle," in *Bibliothèque d' Humanisme et Renaissance：Travaux et Documents* 7（1945）：76 – 94, and Michel Mauger, ed., *En passant par la Vilaine：De Redon à Rennes en* 1543（Rennes：Apogée, 1997），附有维莱纳地图集图幅的研究和着色复制。

图 50.7 描述勒东和雷恩之间的维莱讷河的绘本地图集，1543 年

绘在犊皮纸上的插页地图。这是地图集的第 15 幅插图页，显示了从吉尚（Glanret）到布克西埃（Bouxière）之间的地区。这幅维莱讷河的透视图显示出河流受到磨坊和渔场的阻碍，单门的闸坝使航行非常危险，并且无法给水手提供保护。在河里有三艘小船，其中两艘被一根拴在树上的绳子挡住，把这根绳子系那里，是为了给水手提供帮助。

原图尺寸：38.5×25 厘米。由 BNF（Cartes et Plans, Res. Ge EE 146）提供照片。

织盛大的庆典活动，于是发现自己陷入了财政困境。[36] 维莱讷河和维河的地图，通过详细列出所有的航行障碍，凸显了对河流交通的危害，以及计划改进的好处，很明显，这些改进由于财务问题和技术困难而被推迟了。在这些情况下，地图所起到的作用当然不容忽视。

地图文件还可以说明已经完成的项目，正如"喷泉之书"（Livre des fontaines）为鲁昂

---

[36] BNF, Cartes et Plans, Rés. Ge A 364. 请参阅 Henri Renaud, *Saint Gilles*, *Croix-de-Vie et environs*, new ed.（Croix-de-Vie, 1937），150－152。

市所做的那样。㊲ 1525 年 1 月 30 日，雅克·勒利厄尔（Jacques Le Lieur）将这份绘本隆重地授予这座城市的六位代表，勒利厄尔是一名资产阶级人文主义者，是国王的公证人和秘书，他曾四次担任鲁昂的议员。这份作品包括一篇文字和四页大图幅，其中包括三张长条状的羊皮纸，它们循着供应这座城市喷泉的三道泉水的管道（图 50.8）。与表示管道的线相垂直的断续线使得可以计算它们的长度。勒利厄尔亲自进行了测量，并绘制了地图，他表现出了这些建筑物的高度，正如它们在其旅途中出现的那样。"喷泉之书"是对那些为鲁昂的美学带来进步的人的颂扬，他们就是 1510 年去世的红衣主教乔治·德昂布瓦兹（Georges d'Amboise）和他的外甥乔治二世。

1531

1532

图 50.8　雅克·勒利厄尔："喷泉之书"，1525 年

绘于羊皮纸上的绘本地图。这一细部表现了在雅克·勒利厄尔和圣马丁教堂的监督之下，由鲁兰·勒鲁（Rouland Le Roux）修建的利雪（Lisieux）喷泉，这是一个用以阐释已完成的工程而绘制的地图的范例。

Thierry Ascencio - Parvy 拍摄。Collectionsdela Bibliothèque Municipale, Rouen（inv. MS. G3［supplément742］）许可使用。

㊲　请参阅 Jules Adeline, *Rouen au XVIe siècle d'après le manuscrit de Jacques Le Lieur*（1525）（Rouen：A. Lestringant, 1892），and A. Cerné, *Les anciennes sources et fontaines de Rouen：Leur histoire à travers les siècles*（Rouen：Impr. J. Lecerf fils, 1930），esp. 22 - 27 and 349 - 357。这部精心制作的地图集可以与 15 世纪中期的一幅示意性较强的英文地图相比较；请参阅 D. Knowles 的评论："Clerkenwell and Islington, Middlesex, Mid-15th Century," in *Local Maps and Plans from Medieval England*, ed. R. A. Skelton and P. D. A. Harvey（Oxford：Clarendon Press, 1986），221 - 228。

城市的表现：全景图、透视景观图和侧面图

在文艺复兴时期，城市成为各区域的象征，这些区域的经济因其活力而获益。城市的实力基于其遗迹古物、位于该地的服务的影响力，以及其防御工事的强度。支持这种城市意识形态的元素必须由一名画家在城市景观图或地图上表现出来。通过重大项目的改进，这座城市见证了其赞助人的伟大。例如，1609 年，弗朗索瓦·凯内尔（François Quesnel）的巴黎地图展示了亨利四世国王的成就。[38]

安托万·迪皮内（Antoine Du Pinet）将宇宙学的地图与城市的表现进行了对比，根据他的主张，城市的景观图属于"地图编制术"的领域："地图编制术是用于以生动的方式表现特定的地方，而不受测量、比例、经度、纬度或其他任何其他的宇宙距离的干扰。地图编制术将自己局限在尽可能生动地视觉显示其所描绘的地方的形状、情况和周边环境……如果一个人不是画家，那么他不可能成为一名优秀的地图绘制者。"[39]

全景图

为方便起见，此处将对城市的表现分成三种类型：全景图、透视景观图和侧面图。（在本卷的第二十七章中，提供了更全面的城市景观图和术语指南的类型。）"全景图"这个词有点不合时宜，它是在 18 世纪晚期发明出来的，指在观察者周围的曲面上的一个延伸的视野。在这里，它被用于从远处看到的城镇建筑和其他特征的广阔概观的意义。透视景观图，也被称为图形景观图（figurative view，这里的"figurative"被用于直接表现或栩栩如生的意义上）和"肖像"，假设视点足够高，就可以确定街道的总体模式。侧面图是严格从（立面中的）侧面审视城市的视图，因其基于方位的测量和突出特征的高度而与全景图有所不同。

14 世纪和 15 世纪，对城市的表现是由菲利普·德马泽罗勒（Philippe de Mazerolles，14 世纪）、林堡（Limbourg）兄弟（14 世纪末）、布锡考特（Boucicaut）的总管（15 世纪初）和让·富凯（Jean Fouquet，15 世纪）等微型画画家运用全景图来实现的。这些全景图描绘了城市景观和建筑风景，并可作为历史叙事的场景。[40] 这些全景画有时会被收集成册，比如"纹章书"（Armorial）中所收的一幅，这是由先驱纪尧姆·雷韦尔（Guillaume Revel）在 15 世纪中期编辑的一份手稿。[41] 在这一卷帙中，纹章附在城堡、修道院和属于波旁公爵查理、

---

[38] BNF, Estampes et Photographie, Rés. AA 3. 关于城市的表现方式的当前研究首先基于 Jean Boutier 和 Line Teisseyre-Sallmann 的未出版作品："Du plan cavalier au plan géométrique: Les mutations de la cartographie urbaine en Europe occidentale du XVIe au XVIIIe siècle," 发表于 1984 年由 Maison des sciences de l'homme 在巴黎组织的一次会议上。另请参阅 Jean Boutier, "Cartographies urbaines dans l'Europe de la Renaissance," in Le plan de Lyon vers 1550 （Lyons: Archives Municipales de Lyon, 1990）, 25 – 27, and idem, Les plans de Paris des origines （1493） a la fin du XVIIIe siècle: Étude, carto-bibliographie et catalogue collectif, with the collaboration of Jean-Yves Sarazin and Marine Sibille （Paris: Bibliotheque Nationale de France, 2002）。

[39] Antoine Du Pinet, Plantz, povrtraits et descriptions de plvsieurs villes et forteresses, tant de l'Evrope, Asie, Afrique que des Indes, & terres neuues （Lyons: Ian d' Ogerolles, 1564）, XIV.

[40] Pierre Lavedan, Représentation des villes dans l'art du Moyen Âge （Paris: Vanoest, 1954）, 26 – 27.

[41] BNF, MS. francais 22297. 请参阅 Gabriel Fournier, Châteaux, villages et villes d'Auvergne au XVe siècle d'apres l'armorial de Guillaume Revel （Paris: Arts et Métiers Graphiques, 1973）。

奥弗涅（Auvergne）公爵以及福雷山（Forez）伯爵的城市的现场画上（图50.9）。

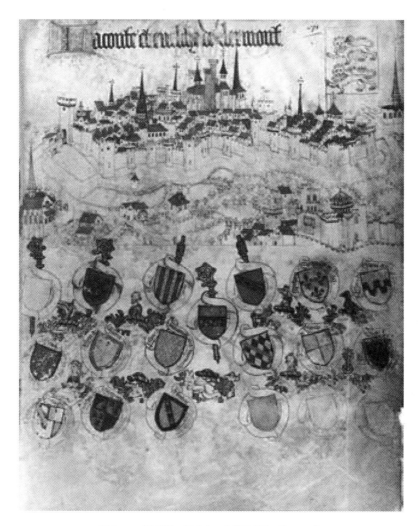

图 50.9　纪尧姆·雷韦尔："纹章书"，约 1450 年

绘本。图版表现了："蒙费朗（Montferrand）的市镇和城堡"。

原图尺寸：约 25×20 厘米。由 BNF（Manuscrits，français 22297，fol. 71）提供照片。

透视景观图

　　城市的透视景观图以直接观察为基础，并从整体来表现城市，给出了城市的形态、街道的布局，以及建筑的外观和高度。除了由城市全景图所提供的这些方面之外，透视景观图给人一种深度的感觉，并展示了城市的街道在一排排房屋之间穿行。[42] 透视景观图的作者，是处于全景图与正交或几何平面图中间，创造了一种单一视点的错觉，给城市提供了一个全面的视角，但现实却更为复杂。作者独创地从不同的视角来构造各种各样的部分，并将其构成

---

[42]　Lavedan, *Représentation des villes*, 38.

要素组合在一起。㊸ 有一些有用的规则，在诸如画家让·古尚（Jean Cousin）的《透视书》
（*Livre de perspectiue*）这样优雅的卷帙中发表出来（1560 年），其主要涉及建筑设计和与透
视平面图不同的"几何"（即"正交"）平面图。在他的《要塞书》（*Livre de pourtraic-
ture*）（1571 年）中，古尚详细地用"地图和图像"描述了人体的各个部分。这位画家
参与了各种各样的活动，他受命绘制一个村庄的防御工事的平面图，并被桑斯的地方执
1533　行官选中，来绘制一幅用于诉讼的地图。㊹

　　尼古拉·谢诺（Nicolas Chesneau）和米歇尔·索尼乌斯（Michel Sonnius）这两位巴黎
的出版商收集了法国城市的透视景观图，用于弗朗索瓦·德贝勒福雷的《通用宇宙志》。㊺
不可否认，出版商们重新使用了塞巴斯蒂安·明斯特尔的《宇宙学》（1544 年出版于巴塞
尔）和安托万·迪皮内的《地图、图解和说明》（*Plantz*，*povrtraits et descriptions*）（里昂，
1564 年）中的景观图，但他们也在搜寻新的来源。透视景观图，通常被称为"肖像"（por-
traict）或"真实肖像"（vray portrait），通常属于相同类型：它表现了街道和壁垒，分别展
示图例中标识的主要建筑，并以一排一排的房屋来象征性地描绘建成区域。其方向经常被
标出。

　　这些城市"肖像"的作者很少有人知道。只有一幅图上有绘制它的画家的名字：第戎
的画像是由埃夫拉尔·布勒丹（Evrard Bredin）署名的，他是该城市的建筑师，在 1557 年
被第戎画家和玻璃制造商协会所接纳。㊻《第戎市真实肖像》（*Le vray portraict de la ville de
Diion*）（图 50.10）是包含比例尺的《通用宇宙志》中罕见的透视图之一。

　　比例尺的存在表明，除了象征性的作用外，这幅肖像还可以让观察者计算城市的某些测
量值，尤其是其周边的测量值。1469 年，画家里基耶·奥罗耶（Riquier Hauroye）测量并绘
制了一幅关于亚眠的旧城墙和新城墙的景观图。㊼ 这些措施是为了改善城市的防御，但也被
用来控制可能会威胁到当地居民安全的无序增长。许多地图都与快速发展的城市扩张有关。
例如，1550 年，亨利二世聘请意大利工程师吉罗拉莫·贝尔阿尔马托（Girolamo
Bell'Armato，Jérôme Bellarmato）来设计和定位巴黎未来拓展的边界。㊽ 因为这样的地图不仅
对于保护城市有用，而且也有助于规划攻击，因此付出了重大的努力来获得这些地图。例
如，亨利二世的贴身仆人尼古拉·德尼佐（Nicolas Denisot）在表面上被派到加来担任英格
兰总督的孩子们的家庭教师，但他真正的任务是绘制一项防御工事的平面图。㊾

　　㊸　Lucia Nuti，"Cultures，manières de voir et de représenter l'espace urbain，"in *Le paysage des cartes*，*genèse d'une codifica-
tion*：*Actes de la 3e journée d'ètude du Musée des plans-reliefs*，under the direction of Catherine Bousquet-Bressolier（Paris：Musée des
Plans-Reliefs，1999），65 – 80.

　　㊹　Ambroise Firmin-Didot，*Étude sur Jean Cousin*：*Suivie de notices sur Jean Leclerc et Pierre Woeiriot*（1872；reprinted Ge-
neva：Slatkine Reprints，1971），108.

　　㊺　Pastoureau，*Les atlas francais*，55 – 57 关于贝勒福雷，请参阅 "Vies des poètes gascons，"ed. Philippe Tamizey de
Larroque，*Revue de Gascogne* 6（1865）：555 – 574。

　　㊻　1581 年，布勒丹研究了乌什河的运河建设，并于 1588—1593 年在乌什郊区修建了防御工事。请参阅 *Dictionnaire
de biographie francaise*（Paris：Letouzey et Ane，1933　），vol. 7，col. 193. Durand，*L'art de la Picardie*，47。

　　㊼　Durand，*L'art de la Picardie*，47.

　　㊽　Buisseret，*Ingénieurs et fortifications*，26.

　　㊾　Jean Adhémar，"Notes sur les plans de villes de France au XVIᵉ siècle，"in *Urbanisme et architecture*：*Études ecrites et
publiées en l'honneur de Pierre Lavedan*（Paris：H. Laurens，1954），17 – 19.

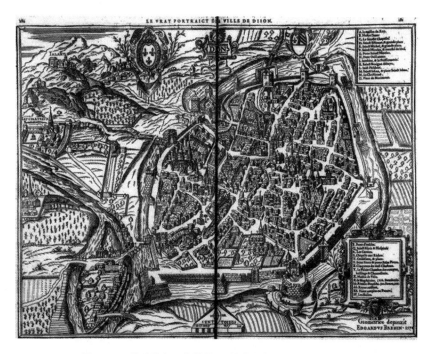

图 50.10　埃夫拉尔·布勒丹:《第戎市真实肖像》, 1575 年

布勒丹的第戎透视景观图是 16 世纪发展起来的将城市作为整体进行表现的一个范例, 详细显示了街道、建筑物、城墙和周围的环境。

原图尺寸: 30 × 40 厘米。摘自 François de Belleforest, *La cosmographie vniverselle de tovt le monde* (Paris: Chez N. Chesneau, 1575), 1: 280 – 281。由 BNF (Impr. G 448) 提供照片。

16 世纪中期, 两个主要城市——巴黎和里昂的两幅大型透视景观图都完成了, 这些景观图遵循了和贝勒福雷的《通用宇宙志》中的肖像画相同的原则。第一幅被称为《巴塞尔平面图》(因为已知的唯一一幅印本收藏在巴塞尔大学的图书馆中), 学者们一直在对其进行研究, 试图建立这一时期绘制或雕刻的地图的谱系。《巴黎的城市、城区、大学和郊区的真实自然肖像》(*Le vray pourtraist naturel de la ville, cite, vniversite et faubourgz de Paris*) (图 50.11) 是一幅印在 8 图幅上的木刻版, 由奥利维耶·特吕斯谢和热尔曼·瓦约出版。地图用颜色进行强调, 展示了巴黎城市的盾徽, 以及亨利二世的交织在一起的三个新月。[50] 这幅巴黎地图可能被旅行者作为地图信息使用, 但它也是在流行的图像背景下绘制出的一幅很好的装饰地图, 巧妙地运用了彩色的木刻技法。

里昂的景观图比巴黎的大得多, 用 25 块铜版雕刻而成 (图 50.12)。[51] 从 1548—1554 年, 它似乎经历了几个发展阶段。这一景观图是从东方审视的, 这是唯一可以让读者能够"捕捉"到半岛和在背景中的群山的方向。与同一时期的其他城市景观图相同, 里昂的"肖

1534

---

[50]　Jean Dérens, *Le plan de Paris par Truschet et Hoyau*, 1550, *dit plan de Bâle* (1980; reprinted Paris: Rotonde de la Villette, 1986), 55 – 65.

[51]　一份摹写本是用它制成的, 并附有几项尚未成功解开其起源之谜的研究。请参阅 Jacques Rossiaud, "Du réel à l'imaginaire: La représentation de l'espace urbain dans le plan de Lyon de 1550," in *Le plan de Lyon vers* 1550 (Lyons: Archives Municipales de Lyon, 1990), 29 – 45。

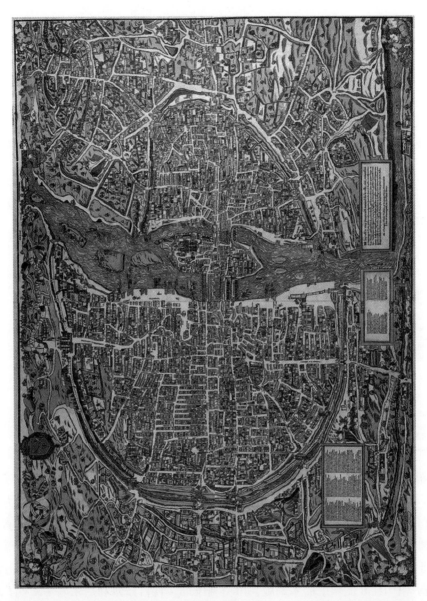

图 50.11   奥利维耶·特吕斯谢和热尔曼·瓦约:《巴黎的城市、城区、大学和郊区的真实自然肖像》,约 1553 年

原图尺寸:96×135厘米。由 Öffentliche Bibliothek der Universitat, Basel (Kartensammlung AA 124) 提供照片。

像"描绘了街道的布局,并提供了主要建筑的透视景观图。对于其他的建筑物,这幅景观图的作者似乎使用了一份现存的清单。如果我们将里昂的景观图与清单进行比较,显然,这种景观图在房屋的数量及其密度方面与清单是一致的,尽管它不允许我们对细节进行识别。里昂的景观图可能是一部适用于亨利二世的作品,也许是由一位未来的国王地理学家制作的,比如尼古拉·德尼古拉,或者是一位艺术雕刻师,可能来自枫丹白露(Fontainebleau)学校,比如利翁·达旺(Lyon Davent)。[52] 这些假设将受益于额外的研究。

---

[52]   请参阅 pp. 1487—1488,注释 28。

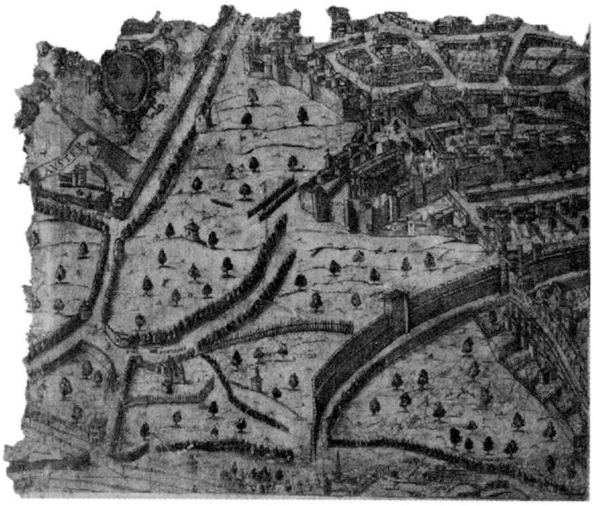

图 50.12　里昂的透视景观图，圣瑞斯特（Saint - Just）图幅，（1548—1554 年）

这幅由 25 图幅组成的铜版地图以北方为右。这幅最早的图幅表现了圣瑞斯特，这一教士男爵的设防城市，以及附有圣瑞斯特大门的里昂壁垒。

完整原图尺寸：170×220 厘米，装裱；25 图幅，每幅 34×44 厘米。由 J. Gastineau，courtesy of the Archives Municipales，Lyons（2 S Atlas 3 Reserve）提供照片。

侧面图

侧面图与附在航海指南中的沿海侧面图类似，被军事工程师用来表现一个没有必要进入其中的城市。(53) 此外，侧面图的优势在于揭示了主要建筑物的相对高度。亨利四世的工程师让·德拜因斯绘出了将城市置于群山环绕的环境中的“景观”，也绘制出了“侧面图”。(54)通过仔细选择这些术语，他解释了自己所描述的主题的不同角度。克里斯托夫·塔桑推广了他的工程师同事的工作，使得《法国全部主要城市和地方的平面图和侧面图》（1634 年，图 50.13）中的“侧面图”十分出名，此书是一系列的小型地图集，把防御工事的示意性平面图和通常用侧面视角的景观图结合起来。(55) 通过这种方式，侧面图可能会成为军事工程师的一种技术，他们负责令君主统治的光荣事件不朽。那些经历过值得关注的围城战的城市成了平面图的主题，甚至是那些雕刻和印刷的平面图，用以让更多的观众了解战争的不同阶段。1642 年，塞巴斯蒂安·德蓬托尔·德博利厄的雕版开始印刷，它结合了精湛的工艺和不同的表现方式，正如在其杰作之一：1643 年 5 月 19 日罗克鲁瓦（Rocroi）战斗平面图中所看到的，它包括了被西班牙人包围的城市的一幅侧面图。(56)

1536

---

(53) 另请参阅 David Watkins Waters，*The Rutters of the Sea*：*The Sailing Directions of Pierre Garcie*：*A Study of the First English and French Printed Sailing Directions*（New Haven：Yale University Press，1967），28，199－203，and 205。

(54) 关于军事工程师，请参阅本卷第 49 章。Profiles of Embrun，Valence，Romans，Sisteron，and Serres are reproduced in François de Dainville，*Le Dauphiné et ses confins vus par l'ingénieur d'Henri Ⅳ*，*Jean de Beins*（Geneva：Librairie Droz，1968），pls. XXX，XXXIX，XLⅢ，XLIX，and XLⅦ.

(55) 关于塔桑，请参阅本卷第 48 章和第 49 章。

(56) *Rocroy*，由 Sébastian de Pontault de Beaulieu 创作，Stefano della Bella 绘制，François Collignon 雕刻，约 1643 年，2 幅图幅。

图 50.13　拉罗谢尔：克里斯托夫·塔桑根据克洛代尔·沙蒂永而绘制的景观图

沙蒂永的版本包括用于识别说明中的各种地名的字母。有关工程师制作的其他绘本地图的示例，后来在塔桑的《法国全部主要城市和地方的平面图和侧面图》中进行了雕版和出版，请参阅本卷图 49.15 – 49.20。

原图尺寸：10.4 × 15.1 厘米。Christophe Tassin, *Plans et profilz des principales villes de la province de Poictou* (Paris：M. Tavernier, 1634), pl. 6. 由 BNF（Ge FF 4476 bis）提供照片。

结　论

对各种地形表现方法的研究表明，在涉及边界和诉讼的讨论中，它们很快成了实际地点的不可或缺的替代品。这些图像只有与现实相似的情况下才有用，而这些文件的作者以满足客户利益的方式呈现了这种现实。画家参与到地形表现领域，可能延迟了更加抽象的地图的出现，但它提供了具有城市美学特征的具象的地图和肖像，这些特征自然吸引人们使用它们。如上所述，画家有时会参与不同的活动，他们对地图制作的干预并不意味着他们自己也成了制图师，尽管也有例外的情况。可以说，他们利用这个机会增加了收入。

其他欧洲国家的影响体现在与外国人的合作中，比如意大利和尼德兰的工程师，他们在军事和民用工程设计和建设方面表现卓越。另外，邻近的欧洲国家也参与了大型的出版项目，包括法国的材料，如格奥尔格·布劳恩和弗兰斯·霍亨贝赫的《世界城市图》（1572—1617 年）。法国和外国地图集中各种地图文献的出版在法国地图学的发展中发挥了重要的作用。它激发了参与者——作者或者是这些文献的提供者——之间的模仿，为制图师和雕刻师提供了模型，正如在贝勒福雷的《通用宇宙志》中的例子所看到的那样。

第五十一章　萨米埃尔·德尚普兰的地图绘制，1603—1635 年

康拉德·E. 海登赖希（Conrad E. Heidenreich）
审读人：黄艳红

萨米埃尔·德尚普兰（Samuel de Champlain）的地图绘制标志着对这样一个地区进行详细的地图绘制：从楠塔基特海峡（Nantucket Sound）以北大西洋沿岸地区，进入圣劳伦斯河（St. Lawrence River）河谷，并以一个更为粗略的方式，到达了五大湖（Great Lakes）东部区域。之前的地图是基于 16 世纪早期到中期的快速船上侦察调查，尤其是在雅克·卡蒂埃（Jacques Cartier）和德罗贝瓦尔（de Roberval）阁下（1534—1543 年）让 - 弗朗索瓦·德拉罗克（Jean-François de La Rocque）的探险中。这些地图所传达的信息并未超出一条程式化的海岸线的存在。卡蒂埃 - 罗贝瓦尔探险的直接导致法国失去了对北美的兴趣，只剩下东北海岸外的捕鱼业。他们认为原住居民是贫穷的、充满敌意的，没有快速可得的财富，而且冬天之残酷使得法国人怀疑欧洲人到底是否能在那里生活。到了 16 世纪 80 年代，法国人对圣劳伦斯 - 阿卡迪亚（St. Lawrence-Acadia）地区的兴趣开始复苏，因为他们意识到，通过与原住居民建立友好的联系，就可以获得上好的皮草。[①] 在新的、零星的航行中，贸易商们开始在阿卡迪亚海岸和圣劳伦斯湾地区经营小型的船舶夏季毛皮交易。这些贸易商不是探险家，也不是殖民者，而且如果他们绘制地图，没有一幅保存下来。

16 世纪晚期，法国国王亨利四世要求在新法兰西地区经营的商人尝试在那里建立一个定居点。然而，贸易商之间的竞争使得利润十分菲薄，这使得建立定居点的成本变得极其高昂，除非那些试图经营这种企业的人获得了贸易垄断权。在经历了最初的几次失败——很大程度是由于漫长而寒冷的冬天和坏血病所导致的死亡——之后，旧的疑窦重新浮出水面：欧洲人是否可以在加拿大定居。

关于尚普兰早期的职业生涯和训练，人们知之甚少。他于 1567—1570 年出生在一个航海世家，其家庭位于布鲁阿日（Brouage）的一个小港口，在今天的滨海夏朗德地区（Char-

---

① Conrad E. Heidenreich, "History of the St. Lawrence-Great Lakes Area to A. D. *1650*," in *The Archaeology of Southern Ontario to A. D. 1650*, ed. Chris J. Ellis and Neal Ferris (London, Ont. : London Chapter, Ontario Archaeological Society, 1990), 475 –492.

ente-Maritime，圣通日）的罗什福尔（*Rochefort*）的西南。② 他的父亲安托万（Antoine）有多种多样的称呼："布鲁瓦日的领航员"和"海军船长"；他的舅舅纪尧姆·阿莱内（Guillaume Alléne）也是一名船长，在其晚年为西班牙服役期间，担任过"总领航员"（pilote général）。③ 1593—1598 年，尚普兰在亨利四世的军队中服役，在 1595 年的军队发饷花名册中，他被列为一名中士（fourier）和军需官（maréchal de logis）的助手，似乎达到了军官的位阶。④ 同样是这份发饷名单，表明他在 1595 年为国王执行了一项被认为很重要的秘密任务。在其西印度航行（1601 年）和最初的两次加拿大航行（1603 年和 1607 年）之后，他向亨利四世（Henri Ⅳ）提交了一份"特别报告"。这些报告似乎表明，尚普兰与亨利四世之间存在某种私人关系，这可能可以解释为什么国王在 1603 年之前授予他一笔津贴。⑤ 战争结束后，尚普兰到他舅舅的船上工作，即承载 500 人的"圣于连号"（Saint-Julien），他们在西班牙的加勒比地区服役。⑥ 1601 年 6 月，在加的斯，尚普兰见证了他舅舅的临终遗嘱，留给他在拉罗谢尔附近的一个大庄园，以及在西班牙的大量投资。⑦ 两年之后，尚普兰会见了迪耶普的地方长官艾马·德沙斯特（Aymar de Chaste），看看是否可以为他服务。⑧ 很有可能，他们之前在亨利四世的军队中就认识了。

　　1603 年，当尚普兰加入艾马·德沙斯特的队伍去圣劳伦斯河探险时，他被赋予了一个任务："去看看这个国家，以及殖民者在那里的成就。"⑨ 他必须解决的问题是，加拿大是否有建立定居点的合适物质条件。在探险队出发前，国王发布了一份支持尚普兰的真相调查任务的命令，并要求他在返程后向国王本人汇报。1604—1607 年，尚普兰在大西洋海岸完成了同样的任务。1607 年之后，他受雇去魁北克建立定居点，并开始向内陆探险。在他的职业生涯中，他绘制和出版的许多地图都反映了由其雇主所设定的任务：为建立定居点而进行的资源调查、为航行安全而绘制的其所航行过的沿岸海图，以及为寻找通往中国的路线而绘制的内陆地图。这些地图构成了他所撰写和出版的图书的必要部分。在他提交给上级和国王的口头和书面报告中，也使用了这些地图，作为法国探险和领土主张的依据。

　　尚普兰的著作表明，他所接受的是实用的教育，而不是古典式的。他记录下了自己的见闻，而没有征引经典，也没有沉迷于推测。他的关于航海的论著——《论航海》（*Traitté de la marine*）同样显示出其实际的背景知识——通过观察和实践进行学习，而不是通过学校教

1539

---

　　② 有很多关于尚普兰的传记。也许最好的是 Marcel Trudel, "Champlain, Samuel de," in *Dictionary of Canadian Biography*, ed. George W. Brown（Toronto：University of Toronto Press, 1966 – ?）, 1：186 – 199, and Morris Bishop, *Champlain：The Life of Fortitude*（New York：A. A. Knopf, 1948）。

　　③ Samuel de Champlain, *The Works of Samuel de Champlain*, 6 vols., ed. Henry P. Biggar（Toronto：Champlain Society, 1922 – 1936）, 2：315 and 1：4.

　　④ Champlain, *Works*, 1：3, and Robert Le Blant and René Baudry, eds., *Nouveaux Documents sur Champlain et son époque*（Ottawa：Publications des Archives publiques du Canada, 1967 –　）, 1：17 – 18.

　　⑤ Champlain, *Works*, 3：315.

　　⑥ Champlain, *Works*, 1：5.

　　⑦ Joe C. W. Armstrong, *Champlain*（Toronto：Macmillan of Canada, 1987）, 274 – 281.

　　⑧ Champlain, *Works*, 3：314 – 315.

　　⑨ Champlain, *Works*, 3：315 – 318, esp. 315.

育。⑩ 他对导航和测量的数学原理几乎一无所知，但使用了基本的导航和测量程序。由于他只引用了西班牙语的文字，并且只使用了西班牙的航海里格（league），所以很可能他的大部分航海和测绘知识都是在他舅舅的船上学到的。他有着军需官所应拥有的敏锐的观察能力，负责管理一支曾经远离陆地生活的军队的食宿。虽然他拥有王家海军上尉（capitaine ordinaire pour le roy en la marine）的军阶，但是没有证据表明他在舰船上指挥过或担任过领航员。⑪ 他善于观察，敏于学习，充满自信，对自己的上司完全忠诚与诚实。尽管其他人可能有更好的理论训练来评估新土地是否适于定居与绘制地图，但尚普兰给这些任务带来了一种充满活力的实用性，带来了尽其所能为他所服务的人提供最好的工作的决心。

探险和地图绘制

1603 年，在弗朗索瓦·格拉韦·迪蓬［François Gravé du Pont，又名蓬格拉韦（Pontgravé）］的指挥下，尚普兰航行前往圣劳伦斯河，为艾马·德沙斯特的公司探查这个地区是否适合居住。到了夏季要结束的时候，他确定了在新法兰西地区探险的方式，收集了当地的信息和地图，使得他能够推测出哈得孙湾（Hudson Bay）的存在，以及通往伊利湖（Lake Erie）的路线。⑫ 回到法国后，他出版了自己的第一部书：《蛮荒之地》（Des sauvages），并向其上级和国王呈递了自己的报告和地图。⑬ 这幅地图目前尚未发现。

1604 年，由皮埃尔·迪居阿·德蒙（Pierre Du Gua de Monts）率领的商人的行动从圣劳伦斯地区向南转移到阿卡迪亚，他们相信那里比圣劳伦斯地区更适合建立定居点。尚普兰被授予了继续其资源调查和地图测绘的任务。⑭ 到 1606 年 8 月，他绘出了从拉阿沃（La Have）、新斯科舍（Nova Scotia）到楠塔基特海峡的海岸线的海图。⑮ 在此过程中，他对 14 个潜在的港口进行了调查，并绘制了两幅图画式的平面图。1607 年 5 月，探险队的成员得知他们失去了其垄断地位，不得不返航，放弃了他们在罗亚尔港（Port Royal）的定居点。在回程的旅途中，尚普兰绘制了从拉阿沃到坎索（Canso）的海岸地图。⑯ 当他抵达法国后，交给了德蒙和国王一幅地图和一份报告。⑰ 很有可能，这就是他的绘本地图《依据子午线绘

⑩　Conrad E. Heidenreich, *Explorations and Mapping of Samuel de Champlain*, 1603 – 1632 （Toronto：B. V. Gutsell, 1976），126.《论航海》收入 Champlain, *Works*, 6：253 – 346。

⑪　方济各会的传教士 Chrestien Le Clercq 说，尚普兰是一位"王室地理学家"，但没有确凿的证据证明他拥有这一头衔。请参阅 Chrestien Le Clercq, *First Establishment of the Faith in New France*, 2 vols. , trans. John Gilmary Shea （New York：J. G. Shea, 1881），1：63 – 64。

⑫　Conrad E. Heidenreich, "The Beginning of French Exploration out of the St. Lawrence Valley：Motives, Methods, and Changing Attitudes towards Native People," in *Decentring the Renaissance：Canada and Europe in Multidisciplinary Perspective*, 1500 – 1700, ed. Germaine Warkentin and Carolyn Podruchny （Toronto：University of Toronto Press, 2001），236 – 251. 关于描述尚普兰对原住民地理信息和地图使用情况的尝试，请参阅 Heidenreich, *Explorations and Mapping*。

⑬　Champlain, *Works*, 3：317 – 318 and 6：189. 关于《蛮荒之地》，请参阅 1：81 – 189。

⑭　Champlain, *Works*, 1：207 – 208 and 3：321 – 323.

⑮　Champlain, *Works*, 1：391.

⑯　Champlain, *Works*, 1：459.

⑰　Champlain, *Works*, 2：3 and 4：37.

制的新法兰西海岸和港口图》，这是一幅就其绘制的年代和环境来说不可思议的海图（图51.1）。[18] 拉阿沃以北海岸的第二幅地图似乎已经不复存在了。这14幅海图和两幅图画式的平面图都发表在其1613年的《航程》（*Les voyages*）第一部中。[19]

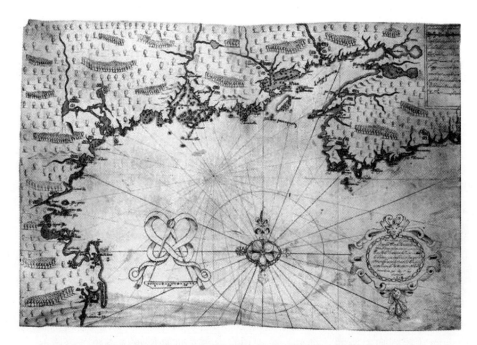

图51.1　尚普兰的绘本海图《依据子午线绘制的新法兰西海岸和港口图》，1607年

1604年，尚普兰于拉阿沃开始其调查活动，并于1606年在楠塔基特海峡结束。当年八月，他完成了这幅海图。次年，他将日期改为1607年

原图尺寸：37×54.5厘米。由Geography and Map Division, Library of Congress, Washington, D. C.（Vellum Chart Collection #15）提供照片。

在尚普兰的敦促下，德蒙寻求并获得了在圣劳伦斯河地区从事皮毛贸易的专卖权。尚普兰被任命为德蒙的副手，其使命是建立一个定居点，并开始对内陆进行探险，同时，蓬格拉韦也参与了交易。[20] 接下来的三年，尚普兰绘制了一幅塔斯萨克（Tadoussac）（图51.2）和蒙特利尔与魁北克周围地区的海图，以及三幅图画式的平面图：魁北克的定居点和1609年及1610年与易洛魁人（Iroquois）的战争。这些都发表在《航程》的第二部中。

1611年秋天和1612年全年，尚普兰都在法国度过，试图把圣劳伦斯的事业放置到一个更加坚实的基础上，并看到了《航程》的出版。为了配合这一卷，他绘制了大型的《新法兰西地理图》（*Carte geographiqve de la Novvelle Franse*），这幅地图是他为那些使用尚未纠正

[18]　标题的拼写好像是：descrpsion des costs / p［or］ts rades Illes de la nouuelle / france faict selon son vray meridien / avec la declinaison de le［y］ment / de plussieurs endrois selon que le / Sieur de casteslefranc ledemontre / en son liure de la mecometrie de le［y］m［a］nt / faict et observe par Le S^r de / Champlain / 1607。这幅地图于1606年完成（Champlain, *Works*, 1：391），本来就是如此标注日期。翌年，尚普兰将日期改为1607年。

[19]　Champlain, *Works*, 1：203–469, constitutes book 1 of *Les voyages dv sievr de Champlain xaintongeois*, *capitaine ordinaire pour le Roy*, *en la marine.*

[20]　Champlain, *Works*, 2：4 and 4：31–32。

图 51.2　塔斯萨克海图，由尚普兰于 1608 年绘制，1613 年出版

此图是尚普兰于 1604—1611 年所绘制的 17 幅大比例尺海图的代表。

原图尺寸：16×16 厘米。由 Library and Archives Canada, Ottawa（AMICUS No. 4700723）提供照片。

偏差的法国罗盘的领航员而绘制的（图 51.3）。㉑ 很有可能，这幅地图包括了从圣劳伦斯河和拉阿沃到坎索的海岸的已经亡佚的海图中得到的海岸地理。后来在 1612 年，尚普兰获得了黑塞尔·赫里松出版的亨利·哈得孙（Henry Hudson）航行的海图。㉒ 当他开始将这幅地图与自己的探险进行组合的时候，收到了一条消息：他的一个下属尼古拉·德维尼奥（Nicolas de Vignau）沿着渥太华河向北抵达了已经发现的哈得孙湾，在那里，德维尼奥看到了一艘英格兰船只的残骸。㉓ 大约在同一时间，尚普兰被任命为新法兰西地区新总督（viceroy）孔代（Condé）亲王亨利·德波旁二世（Henri Ⅱ de Bourbon）的副官，但他拥有总督（governor）的权力。由德维尼奥做向导，带着德维尼奥为他绘制的地图、他自己的地图，以

㉑　*Carte geographiqve de la Novvelle Franse faictte par le sievr de Champlain Saint Tongois cappitaine ordinaire povr le Roy en la marine*（1612）。在蒙特利尔以西的圣劳伦斯河和湖泊，基于尚普兰在 1603 年 7 月初从三个不同的阿尔贡金人群体那里请教而来的地图和口头叙述。在这三份叙述中，尚普兰似乎把给他的草图当作第二份叙述。请参阅 Champlain, *Works*, 1：153 – 165。

㉒　Conrad E. Heidenreich and Edward H. Dahl, "The Two States of Champlain's Carte Geographique," *Canadian Cartographer* 16, no. 1（1979）：1 – 16。

㉓　Champlain, *Works*, 2：255 – 256。

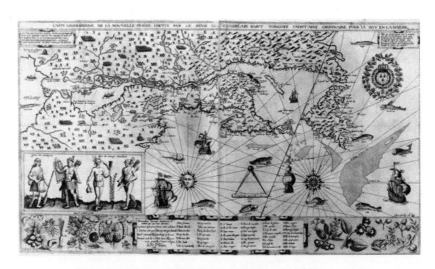

图 51.3 尚普兰的第一幅出版地图:《新法兰西地理图》, 1612 年

该地图结合了 1611 年之前尚普兰的探险和地图绘制。倾斜子午线和百合花之间的角度差异表明地图朝向磁极取向, 因罗盘未经修正。该地图包含 1607 年的海图, 可能也包含已经亡佚的圣劳伦斯河(1603 年)和拉阿沃以西到卡索的海岸地图(1607 年)。

原图尺寸: 43×76 厘米。由 Library and Archives Canada, Ottawa(AMICUS No. 4700723)提供照片。

1541 及赫里松的地图, 尚普兰于 1613 年回到新法兰西, 向北进行探险。他沿着渥太华河走了一段路, 之后基舍西皮里尼(Kichesipirini)阿尔冈昆人(Algonquins)曾指责德维尼奥是一个骗子, 并说服远征队折返。[24] 夏季的末期, 他回到法国, 重新制作了自己一直在制作的合成地图的图版, 撰写了一篇图例, 印在地图的下面, 并以《第四次航程》(Quatriesme voyage)之标题写下了他的 1613 年航行。然而, 印刷工已经根据未完成和未标日期(1612 年)的图版印刷了地图, 此时印刷了重新制作的 1613 年版本, 导致其著作《航程》的一些副本包含了未标注日期(1612 年)的最初版本和标注 1613 年的第二版本, 以及对渥太华河下游的最新探索成果。因为《航程》已经排印, 所以《第四次航程》被设定为一部单独的著作, 但与《航程》结合起来。尽管整部书的日期标注为 1613 年, 但这本书直到下一年才出现。于是, 1614 年, 尚普兰所有的著作和地图最终全部印刷出版。[25]

1614 年以后, 尚普兰逐渐向一名行政官员发展。他的最后一次探险之旅是在 1615 年, 目的地是休伦湖 [Lake Huron, 又作 Lac Attigouautan 或淡水海(Mer douce)]。从休伦族地出发, 他参与了一场针对安大略湖 [Lake Ontario, 又作圣路易斯湖(Lac St. Louis)] 东南的易洛魁人的袭击, 在战斗中受伤, 在休伦地区的一个村子度过了冬天。1619 年, 他出版

[24] 尚普兰甚至让他的翻译将德维尼奥为他绘制的地图解释为是阿尔贡金人绘制的, 而他们宣称德维尼奥是一个骗子。Champlain, *Works*, 2: 291–296.

[25] 这幅地图的两个版本的印刷历史已经由 Heidenreich 和 Dahl 讨论过: "Two States"。1612 年开始的未注明日期的版本有一个名为 "*Carte geographique de la Nouelle franse en sonvraymoridia*" 的标题。这幅地图的修改印板的日期为 1613 年, 它的标题是 "*Carte geographique de la Nouelle franse en son vraymeridiein*"。关于 "*Les voyages de sieur de Champlain*" 的第 2 册, 请参阅 Champlain, *Works*, 2: xiii–236。"*Qvatriesme voyage dv s[r] de Champlain...*" 被附加到 "*Les voyages*" 中, 并出现在 Champlain, *Works*, 2: 237–311。

了自己的第三本书《航行和发现》（*Voyages et descovvertvres*）。㉖ 尽管书中没有提及地图，但很明显，有一幅已经绘制了平面图。一幅没有标题的地图，但包含文字标注"由尚普兰制作——1616 年"的两个印本是为人所知存在的。㉗ 这幅地图的未完成图版由皮埃尔·杜瓦尔（Pierre Duval）于 1653 年放大并出版，到 1677 年又有了 4 个更进一步的版本。㉘ 尚普兰的未完成地图是首次根据欧洲的经验来显示大湖区的部分地区。

1629 年，新法兰西被路易斯·柯克（Louis Kirke）率领下的英格兰军队攻陷。作为投降协议的一部分，尚普兰绘制了一幅地图，显示了法国进行探险和宣示主权的地区。最初的投降协议草案和那幅地图都被尚普兰移交给法国驻伦敦大使。㉙ 在这两者中，我们已经知道的只有投降协议的条款。

尚普兰于 1635 年 12 月 25 日去世，在此前 3 年，他出版了自己最后一本书《新法兰西旅程》（*Les voyages de la Novvelle France*）。这一卷的长度与其他 3 卷合起来一样，总结了尚普兰在新法兰西的事业生涯。它包含了尚普兰最后一幅也是最著名的地图《新法兰西地图》（*Carte de la nouuelle france*），以及他的《论航海》。㉚ 这幅地图有两种略微不同的版本。㉛

为地图而进行的数据收集

尚普兰获得那些组成其地图基础的观察报告的方法，可以从他的著作中收集到，尤其是《论航海》。和他那个时代一些更好的地图一样，尚普兰的地图基于对距离的估算、对纬度的计算和罗盘方位。㉜

尚普兰引用了两种方法来估算海上的距离。最常见的，也是在沿海水域中使用的，是"航位推算法"（dead reckoning），即根据不同航行情况下船只的速度进行距离估算。他推荐隔两个小时进行一次估算，并记录在航行日志中。㉝ 另一种方法则在远海上使用，就是用所谓"升起或放下原则"测量纬度距离。㉞ 这一原则基于平面航法原则（航海三角），直角三角形的斜边是船的航线，另两条边是所穿越的纬度和经度距离。由于经度和纬度的直线相交

㉖　关于 *Voyages et descovvertvres faites en la Novvelle France*，*depuis l'annee 1615 iusques à la fin de l'année 1618*，请参阅 Champlain，*Works*，3：1–230。

㉗　这些印本收藏在 the John Carter Brown Library，Providence，Rhode Island，和 the Rossiyskaya Natsional'naya Biblioteka（Russian National Library），St. Petersburg。

㉘　*Le Canada / faict par le Sr de Champlain / ou sont / la Nouvelle France / la Nouvelle Angleterre / la Nouvelle Holande / la Nouvelle Svede / la Virginie & c.... P. Du Val / Geographe du Roy ...* 1653. 其他的版本上记载的日期有 1664 年、1669 年、1677 年，有一个版本上没有日期。

㉙　Champlain，*Works*，6：147，投降协议在 6：353–354。

㉚　关于 *Les voyages de la Novvelle France occidentale*，*dicte Canada*，*faits par le s^r de Champlain*（1632），请参阅 Champlain，*Works*，3：233–418，4：1–371，5：1–329，and 6：1–220。在书的末尾附有图例，诠释 the *Carte de la nouuelle france*，and the *Traitté de la marine et dv devoir d'vn bon marinier*，Champlain，*Works*，6：224–252 and 6：253–346。

㉛　*Carte de la nouuelle france*，*augmentée depuis la derniere*，*seruant a la nauigation faicte en son vray meridien*，1632. 这两个版本的主要区别似乎是在第一个版本上，布里顿岛角（Cape Breton Island）的布拉多尔湖（Bras d'Or Lake）大致上是东北到西南的，而在第二个版本上，它被错误地改造为东向西。

㉜　关于尚普兰的数据收集和地图绘制技术的更详细的解释，请参阅 Heidenreich，*Explorations and Mapping*。

㉝　Champlain，*Works*，6：264，295，300–301，314.

㉞　Champlain，*Works*，6：323–329，345–346.

为直角，船只的方位可以用罗盘来确定，所以航海三角的三个内角都可知。另外，观察者需要知道的就是一边的长度。尽管三角形的斜边是根据航位推测法来估算的，但像大多数水手一样，尚普兰更倾向于相信自己的仪器。因此，他用一把天体测量仪或直角器计算出了穿过的纬度距离；1 纬度是 17.5 西班牙航海里格。尚普兰使用一个每个点为 11.25°的八分标准罗盘，并对纬度进行了观测，他避免了所有的数学计算。他可以简单地在印刷在任何标准航海文本中的表格中找到自己的方位，而且，只要在航程中停留超过一段纬度距离，他就能读出自己的航程距离和偏差（经度位置）。于是，航程距离的表格结果可以用来与用航位推测法估算出的距离进行比较。如果一定要做出调整，尚普兰就会进行，以有利于表格中列出的清单和自己的仪器观察结果。

在尚普兰所有的论著中，都透露出他对几何学和三角法一无所知。1632 年 8 月，在魁北克，耶稣会教士保罗·勒热纳（Paul Le Jeune）试图用球形三角法计算魁北克和迪耶普之间的经度差，这是一种对于尚普兰来说尚不了解的数学形式。他的答案是 91°38′，偏差了 19°，这是因为他使用的大圆距离只是一些水手估算出来的，但他的数学方法是完美无缺的。[35]

1543

尚普兰所有的小比例尺地图都包含了以西班牙航海里格为单位的比例尺。[36] 在他的《论航海》中，他从头到尾使用了西班牙的里格，以及佩德罗·德梅迪纳的《航海技艺》，这表明他在 1598—1601 年在他舅舅船上为西班牙服役期间，接受了基本的航海训练。[37] 他记录下来的对距离的估算的检查表明他使用的里格的长度有很大的变化。在对远海和圣劳伦斯湾的长期估算中，他使用的 1 西班牙里格长度接近 3.45 法定英里，而在对圣劳伦斯河进行估算时，则下跌至 2.5—2.8 法定英里，在内陆地区，则下跌至 2.1 法定英里。这些观测结果的标准偏差的范围表明，他的估算前后并不一致。很有可能，他在地图上使用了不止一种里格的长度单位；在远海上使用西班牙航海里格，在圣劳伦斯河使用法国通用里格（2.43 法定英里），以及在内陆地区使用法国陆地里格（2.13 法定英里）。[38]

在《论航海》中，尚普兰描述了英格兰的航海日志和路线，并指出如何使用这些来计算海上的距离（图 51.4）。[39] 然而，没有证据表明他使用过这一设备。很有可能，他是在 1629 年当了俘虏，被一艘英格兰船从新法兰西送回来，才了解到这些的。

在通过太阳观察纬度方面，尚普兰懂得如何使用天体测量仪和直角器。这些观察结果因为偏差被调整了，但是我们不知道他用的是什么表格——可能是德梅迪纳的著作，这是尚普兰提到过的唯一一种航海文献。关于观察北极星方面，尚普兰建议使用十字测天仪，并指出测量必须为极距进行调整。[40] 他发表的大部分观测结果，每 1 度大概让出了 1/4 或 1/3，这表明他觉得观测自己的仪器，起码要让出 15 分的弧才是安全的。他发表的 62 篇观察报告中

[35] Conrad E. Heidenreich, "Early French Exploration in the North American Interior," in *North American Exploration*, 3 vols., ed. John Logan Allén (Lincoln: University of Nebraska Press, 1997), 2: 65 – 148, esp. 93 and 405, n. 74.

[36] Heidenreich, *Explorations and Mapping*, 43.

[37] Champlain, *Works*, 6: 322.

[38] Heidenreich, *Explorations and Mapping*, 43 – 50.

[39] Champlain, *Works*, 6: 338 – 343.

[40] Champlain, *Works*, 6: 272 – 273.

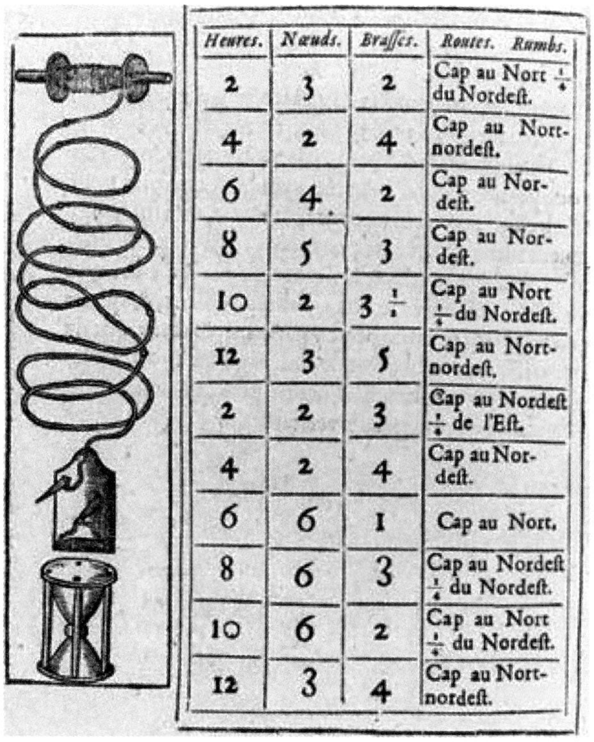

Heures.	Nœuds.	Brasses.	Routes. Rumbs.
2	3	2	Cap au Nort ¼ du Nordest.
4	2	4	Cap au Nort-nordest.
6	4	2	Cap au Nordest.
8	5	3	Cap au Nordest.
10	2	3½	Cap au Nort ¼ du Nordest.
12	3	5	Cap au Nort-nordest.
2	2	3	Cap au Nordest ¼ de l'Est.
4	2	4	Cap au Nordest.
6	6	1	Cap au Nort.
8	6	3	Cap au Nordest ¼ du Nordest.
10	6	2	Cap au Nort ¼ du Nordest.
12	3	4	Cap au Nort-nordest.

图51.4　尚普兰的英式测速日志、测速线、半分镜和测速轴

　　左边的设备是每隔7个英寻（42 英尺）打一个结的线。在线的末端是一个海锚。日志的左列是把24 小时分成每两小时的间隔。最后三列显示典型的日志条目：例如，第一行表示在凌晨2点之后的前30秒，该船在北偏东方向（一点或北偏东11°15′）上航行三节和两英寻。因此，这30 秒的船速为3.13 英里/小时。这个日志实际上是在24 小时内航行六分的范例。在这个范例中，这艘船将在24 小时内行驶93.4 英里。引自萨米埃尔·德尚普兰《新法兰西旅程》（*Paris：Chez Pierre Le-Mur*，1632），52。由 Library and Archives Canada，Ottawa（AMICUS No. 10416396）提供照片。

的平均错误是16.6′，正误差主要是在他对大西洋沿岸的调查（1604—1607 年），负误差主要是在内陆，1608 年后在圣劳伦斯河。这些系统的正误差和负误差可能是由于使用不同的仪器造成的，例如在海岸上地平线是可见的，就可以使用十字测天仪，如果在内陆，地平线不可见，则使用天体测量仪。或者，尚普兰可能使用了具有系统误差的不同的偏差表格。在他的地图中，大型的1607 年和1612 年地图在纬度上的误差最小，分别是9.7′和11.1′，实际上要比他发表的观察结果误差要小。这表明，这些地图更多是基于观察结果，而不是仅仅依靠那些记录在它日记上的，而且其中的一些观察结果比发表在期刊上的更加优秀。［1612年］或1613 年、1616 年和1632 年的小比例尺地图可能是它们不太精确的纬度网格的原因。⑪

1544

　　关于1867 年在安大略的科布登（Cobden）附近发现的小型海洋天体测量仪，作了很多工作。⑫尽管被称作"尚普兰的天体测量仪"，但这很大程度上是根据它们的发现地点和上

---

　　⑪　Heidenreich，*Explorations and Mapping*，50 – 55.

　　⑫　星盘现在收藏于 the Canadian Museum of Civilization，Ottawa. Randall C. Brooks，"A Problem of Provenance：A Technical Analysis of the 'Champlain' Astrolabe," *Cartographica* 36，no. 3（1999）：1 – 16. 3（1999）：1 – 16。

面贴着的 1603 年的日期，没有确凿的证据证明它们曾属于尚普兰。考虑到这个天体测量仪尺寸很小（直径为 127 毫米）和表示度数的分区非常细微（平均每度 1.1 毫米），几乎不可能把这一仪器的精确度提高到半度以上。[43]

在大多数情况下，尚普兰使用了一种标准的水手罗盘，罗盘上有一张卡，分成 32 个点，每个点代表 11°15′。[44] 为了获得真实的方位，他强调了对所探访的地方的磁偏角（一个地方的磁极方位和真北之间的角度）进行频繁的计算的必要性。像他那个时代的大多数航海家一样，他对年际变化一无所知。为了纠正自己罗盘的偏差，他在正午的时候根据太阳的影子确定了真北的方位，将他的罗盘边缘沿着由日影投射的直线对齐，并记录了日影和他的罗盘指针之间的角度差。[45] 在他的日记中和 1607 年与 1612 年的地图上，记录了 9 个偏差的观察结果，都是在最近的一分内，人们必须得出这样的结论：为了这个，尚普兰使用了一个罗盘卡，分成度数和分钟，而不是分为分数。随着时间的推移，地球磁场也逐渐变化，不可能确定他的观察结果的精确度。尽管尚普兰对那些没有纠正他们罗盘的水手来说持批评态度，但他意识到这还不是一种标准的做法。出于这个原因，他使用未纠正的法国罗盘，绘制了大型的 1612 年地图，这就造成了其独特的方位。[46]

尚普兰还频繁地观察磁偏角，因为他相信这样做对确定经度是有用的。[47] 当时有一种假设：地球被一个对称的磁经线网络环绕，磁经线从磁极向外辐射。通过了解自己的纬度和磁经线与其交叉穿过的角度（磁偏角），就可以在一组表格中查到自己的经度。尚普兰使用的这些表格是由纪尧姆·德诺托涅尔（Guillaume de Nautonier）出版的。[48] 这一方案的主要子午线是零磁偏线（磁偏角为 0°），在当时这条子午线是经过亚速尔群岛（Azores），位于法亚尔群岛（Fayal）和科尔武岛（Corvo）之间。尚普兰似乎已经使用了德诺托涅尔的数据，但在 1612 年/1613 年的地图上将自己的子午线向东调整到了亚速尔群岛中的皮库岛（Pico）上。[49] 1632 年地图上的子午线更加复杂。至于圣劳伦斯湾，他使用了德诺托涅尔的子午线，然而新斯科舍和新英格兰的大西洋海岸则使用了其 1612 年/1613 年地图上相同的子午线。这是一个很大的错误，在很大程度上导致了 1632 年地图上大西洋海岸和圣劳伦斯河谷之间的距离过短。根据尚普兰的评论，很明显他使用了德诺托涅尔的子午线来修正北美洲海岸线的经度。一个有趣的事实浮出水面：尚普兰与德诺托涅尔保持了联系，给他提供了关于偏角的观察结果，并订正了德诺托涅尔著作第二版中的地图。[50] 在德诺托涅尔的文本中提到了圣克鲁瓦（Ste. Croix，于 1604 年建立），在地图上绘出了罗亚尔港（于 1605 年建立）的位置，这显示在 1605 年以后，德诺托涅尔收到了尚普兰的信息，尽管这本书本身标注的日期是

---

[43] Heidenreich, *Explorations and Mapping*, 54–55.

[44] Champlain, *Works*, 6: 274–276, 287.

[45] Champlain, *Works*, 2: 229–230.

[46] Champlain, *Works*, 2: 224–229.

[47] Champlain, *Works*, 6: 276.

[48] Champlain, *Works*, 2: 222, 6: 275–276, 293–294.

[49] Heidenreich, *Explorations and Mapping*, 55–67.

[50] Guillaume de Nautonier, *Mecometrie de leymant c est a dire la maniere de mesvrer les longitudes par le moyen de l'eymant*, 3 vols. (Toulouse and Venes: Raimond Colomies & Antoine de Courtneful, 1603–1604). *Mecometrie* 的第一个版本由作者于 1603 年印刷于 Venes。

1603—1604 年。德诺托涅尔地图的第二个版本《世界概要》（*Orbis terrae Compendiosa*）是尚普兰绘制北美洲东北部地区地图的影响力的最初例子。[51]

正如 1607 年地图和他关于潜在的港口和河口的海图中所显示的那样，尚普兰的沿海调查，都是基于罗盘方位和距离估算的粗略的勘测调查。用来进行短距离调查的船是一艘小舟——一艘敞篷的长船，装备着桨、可拆卸的桅杆以及一个大三角风帆。在更长的沿海调查中，尚普兰使用了一艘不到 15 桶（tun）的小一点的中型艇，由多达 10 名水手驾驶。

这项调查会从一个突出的海角开始，取得下一个海角的方位，组成了调查的第一条"腿"或"步"（图 51.5）。[52] 接下来，沿着海岸，得出一系列的具有突出特征的方位，这些都会表现在地图上。当这艘船航行到下一个海角时，会通过半分钟的沙漏确定船行的速度，从而仔细估算航行经过的距离。当到达新的地点后，从之前的锚地对观测的地理特征进行一系列的后视，然后对新的一系列地理特征和新的一步的方位进行前视。经过实践，即使船在一次测量的开始和结尾时不固定，也可以使用这种方法。当然，这一程序是一种粗略的三角测量形式，在这一过程中，航行的距离是一系列在海岸上地理特征的三角形的基础，这些特征的方位组成了三角形的两个内角，因此确定了另外两条边的长度。如果尚普兰懂得三角学，他就可以计算出他的三角形的另一条边的长度。相反，他保持了一幅连续的海图，配有一个以西班牙航海里格为单位的条形比例尺。所有的方位都用一个量角器来布置，配以用带有比例规的条形比例尺确定的船只航行的估算距离。海湾、河口、丘陵、浅滩以及其他没有进行三角测量的地理特征只是简单地勾勒出来。

1545

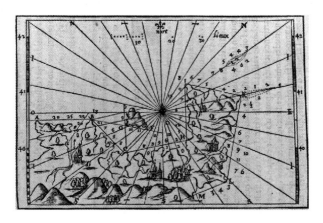

图 51.5　尚普兰说明沿海地区调查的海图

线条 A-B、B-C、C-H 等是沿假设海岸进行调查的连续的边。仔细测算沿着每条边的距离，并用指南针测量其方位。沿着每条边和重要的浅滩进行水深探测。图中给出了对 B-C 的边进行三角测量的范例，从 B 和 C 向 D、G 和 F 审视。在图表顶部和真北给出了 10 里格间隔的条形比例尺。将比例尺与纬度进行比较，表明尚普兰使用了西班牙航海里格，每度 17.5 里格。

摘自 Samuel de Champlain, *Les voyages de la Nouvelle France...*（Paris：Chez Pierre Le-Mur, 1632），23。由 Library and Archives Canada, Ottawa（AMICUS No. 10416396）提供照片。

51　*Orbis terrae compendiosa descriptio ex peritissimorvm to / tivs orbis gaeographorvm tabvlis . . . de Nautonier*（no date）. National Archives of Canada, NMC 84681. 这两个版本的主要区别似乎是在第二版本上重新改造的北大西洋海岸。

52　Champlain, *Works*, 6：287 – 292.

尚普兰的海湾、河口和潜在港口的大比例尺海图也通过三角测量法进行了勘测。他在两个锚地之间以突阿斯（toises，法国制的水深单位，大概 6.5 英尺）为单位设置一个基线，并对沿着海岸的显著地理特征进行三角测量。这样的地理特征的数目取决于他所拥有的时间。土著的定居点被画入草图，而且，沿着进入河口的最佳路线、围绕一处锚地，或沿着他的基线，进行了深度勘测。根据太阳的能见度，他会取得这些地方的磁偏角和纬度。

在尚普兰第一次到达新法兰西的几天内，他通过翻译向当地土著咨询了内陆地理的问题。(53) 当他到达拉欣（Lachine）急流时，他要求他们为自己绘制地图。尚普兰对内陆地图的绘制工作开始于一个粗略的轮廓，基于土著口头的描述和地图，开始了实践工作，在所有晚于他的法国探险家之前。他的日记表明，当他在 1609 年、1613 年和 1615—1616 年到内陆旅行时，他在日记中所记的比他发表的记录要更加全面。很明显，他记录了其旅行的方向和距离。他也可能绘制了其路线周围的河流和湖岸的基本走向的小型草图。很有可能，他主要关注的是记录他旅途经行的河流系统。在大西洋海岸，他更关心资源的地理位置，寻找好的港口和定居地，这些对于绘制地图来说是很费力的工作。除了他所见过的地方之外，他还信任原住居民的地图绘制，并将其添加到自己的地图中，这是第一个这样做的欧洲人。(54)

在他的《论航海》中，尚普兰详细描述了他绘制地图所使用的方法。首先，在一张纸的合适地方上，他画了一个或更多的罗盘盘面，每个分成 32 个点，从每一个点，都画了向外放射的线。(55) 其次，他在纸张的左右边缘各放置了一个刻度，表示了地图的纬度范围。在每个罗盘上，他都在画在地图上的地点上标注了磁偏角，以及一个 10 里格为单位的条形比例尺，每纬度使用 17.5 西班牙里格。在地图上，用一套比例规测出小船或中型艇所经过的路线，并修正了方位的偏差。最后，使用一把量角器——尽管尚普兰写成了“罗盘”——画上了沿着海岸的地理特征的方位，其余的海岸线都是根据回忆或补充材料完成的。

他于 1612 年和 1612 年/1613 年印刷的地图都是有双重用途的，起码他是这样认为的。大型的 1612 年地图是用来传达他所探索的新法兰西的部分，为使用未纠正的罗盘的航海家提供一份海图。地图上的倾斜的子午线的方向与罗盘盘面上的鸢尾纹章之间的区别显示了磁偏角。1612 年/1613 年地图同样打算为航海家所使用，这一次是修正了罗盘。(56) 这是尚普兰
1547 制作的第一张包括了来自其他来源的信息的地图：哈得孙的地图《航海地图》，由黑塞尔·赫里松所编绘与雕版。不幸的是，尚普兰从来没有完成过 1616 年地图，但它的比例尺阻止了它成为任何其他东西，而是一幅显示了他进入大湖区进行探险的拓展的总图。除了通常的原住民信息和赫里松所呈现的哈得孙的数据，它还包括了来自约翰·史密斯的《弗吉尼亚》

(53) Heidenreich, “Beginning of French Exploration,” 238 - 239.

(54) 1605 年 7 月 16 日，尚普兰测试了原住民的地图绘制，为一群原住民绘制了他刚刚到安海角（Cape Ann）探索的海岸线。然后他让他们在地图上加上他即将向南探索的海岸线。他们为他画的是马萨诸塞湾、梅里马克（Merrimac）河的河口，并用鹅卵石将他会遇到的部落（peuplade）的数量进行了标示。第二天，他写道：“我在这个海湾里认出了在岛岬（安海角）的印第安人为我画了的所有内容，” Champlain, Works, 1: 335 - 336 and esp. 340。

(55) Champlain, Works, 6: 287 - 292.

(56) Champlain, *Works*, 2: 223 - 224.

（1612 年）中的切萨皮克湾地区（图 51.6）。㊗ 1632 年地图是为了《旅程》的 1632 年版，作为北美洲东北部地区的地理总结绘制的。

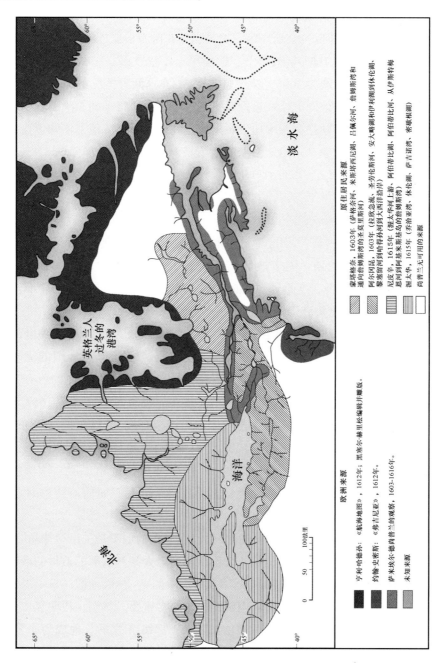

图 51.6　对尚普兰 1616 年未完成地图的资料来源的分析

　　由于在杜瓦尔版本上面的标题"加拿大"（Le Canada），这幅地图显示出尚普兰对他履及之外的地区的原住居民地图绘制的依赖，以及基于赫德森和原著居民的描述对两个詹姆斯湾的表现。

　　㊗　这是第一幅基于欧洲人探险活动的五大湖任何地区的地图。法兰西河（"R. de reuillon"）河口以西的地区基于一幅由一位渥太华人酋长"用木炭在一块书皮上"绘制的地图。尚普兰为这幅地图给了酋长一把短柄小斧头（Champlain, *Works*, 3∶44）。请注意，詹姆斯湾（James Bay）在图上出现了两次。东湾根据赫德森－赫里松的地图，其上的从北到西詹姆斯湾的河流体系可能是从尼皮辛人那里得到的，尚普兰和尼皮辛人一起待了两天（Champlain, *Works*, 3∶39 – 41）。

1612 年/1613 年和 1632 年地图都有经度刻度。根据尚普兰的说法，这些地图上的大西洋海岸的位置与 1607 年海图都是基于德诺托涅尔表格提取计算的。[58] 因为 1607 年地图上没有经度网格，所以目前还不清楚在这种情况下德诺托涅尔是如何使用的。在 1612 年/1613 年地图和 1632 年地图上，尚普兰必须决定一种投影。在前者上，他使用了一种以北纬 45° 为中心的等量矩形投影。而在 1632 年地图上，他使用了正弦投影，平行直线平均排列，子午线汇集到北极点，中央子午线为 309°，穿过魁北克。[59] 在这两种情况下，在纬线网格画上之后，经线网格必须被放置在地图上。在追踪赫里松所呈现的哈得孙的探险的过程中，尚普兰似乎没有意识到这张地图是建立在墨卡托投影上的。完全有可能，他并不知道这个投影的属性，也可能他自己使用它为绘制画给航海家的地图。

结　论

1630 年，尚普兰写了一篇关于北美洲东北部地区探险的短文，以证明 1629 年被柯克的远征军俘虏后，从圣劳伦斯—阿卡迪亚地区回到法国是正确的。"每个人"，他写道，"都意识到了（法国的宣称），这是通过德尚普兰先生的《旅程》，这部书中有尚普兰先生绘制的关于所有的海岸的码头和港湾的地图——这些地图应用到一半领域，也可以为全球和世界地图使用"。[60] 直到 1650 年和 1656 年，尼古拉·桑松·达博维尔一世的地图出现之前，尚普兰的地图一直是新法兰西地区无可争议的权威（尚普兰地图的完整清单，见附录 51.1）。在尚普兰的地图的荷兰语、法语和英语版本出版之后，他的所有地图的摘录开始出现了。他的 1616 年未完成地图的图版由皮埃尔·杜瓦尔补充并于 1653 年出版，然后于 1664 年、1669 年和 1677 年出版了进一步的版本。1632 年地图被让·布瓦索复制，并于 1643 年在未经承认的情况下出版。1669 年，雕版师/地理学家尼古拉·德费尔进一步剽窃发行了一张地图，这张地图来自尚普兰的 1632 年地图的第二版，图版有轻微的改变，其上所有引用尚普兰的地方都被删除了。不过，无论人们如何看待这种行为，剽窃和复制至少是对原始资料的一种致敬。

尚普兰对于 17 世纪北美的地图绘制的重要性，在于他的地图是关于科德角（Capa Cod）以北的大西洋沿岸最早的准确地图，也是圣劳伦斯河通向大湖区东部的最早的准确地图，更是结合了英国人的北极探险和法国人向南探险的最早的地图。他的地图还显示了对土著地理信息的欣赏，这些信息对于法国人对大陆内部的探险非常重要。然而，很明显，尚普兰首先并不是一名制图师。他最初的任务是资源评估与勘探；1616 年之后，他成为一名行政官员，负责皮毛贸易的顺利运作和新法兰西地区的定居和治理。尽管在今天他的地图和著作的质量在学者当中很高，但对于普通大众，至少是在加拿大，他最出名的是在他们的国家确立了法

---

　　[58]　关于 1607 年海图，请参阅标题。关于 1612 年/1613 年地图，请参阅 Champlain, *Works*, 2：222。关于 1632 年地图，请参阅 *Les voyages* 的书名页，见 Champlain, *Works*, 3：232。

　　[59]　尽管一般来说认为正弦投影是后来才发明的，但 1632 年的尚普兰地图证明了情况并非如此。可能早在 1570 年，在世界和大陆地图上就已经使用了。请参阅 Mark Monmonier, *Drawing the Line：Tales of Maps and Cartocontroversy*（New York：Henry Holt, 1995），14。

　　[60]　Champlain, *Works*, 6：188 – 189。

兰西的存在，这是一个永久的特征，给了这个国家一些与众不同的特性。

附录 51.1　　　　　　　　　　**萨米埃尔·德尚普兰绘制的地图**　　　　　　　　　　1548

小比例尺地图				
标题	日期	形制	尺寸（厘米）（高×宽）	保存地点
"*descrpsion des costs p〔or〕ts rades Illes de la nouuelle france …*"（fig. 51. 1）	1607 年；根据 1606 年尚普兰版本修订	绘本；皮纸墨绘	37×54.5	Library of Congress, Washington, D. C.
Carte geographiqve de la Novelle Franse faictte par le sievr de Champlain Saint Tongois cappitaine ordinaire povr le Roy en la marine（fig. 51. 3）	1612 年	雕版印本	43×76	*Les voyages dv sievr de Champlain xaintongeois, capitaine ordinaire pour le Roy, en la marine*（Paris：Iean Berjon, 1613）
Carte geographique de la Nouelle franse en sonvraymoridia	未标日期；可能是 1612 年	雕版印本	25.5×33.5	
Carte geographique de la Nouelle franse en son vraymeridiein faictte par le Sʳ Champlain Cappiⁿᵉ por le Roy en la marine	1613 年	雕版印本	25.5×33.5	
None given〔La Nouvelle France〕	1616 年	Engraved	34.5×53.7	John Carter Brown Library, Providence, R. I.
Carte de la nouuelle france, augmentée depuis la derniere, seruant a la nauigation faicte en son vray meridien, par le Sʳ de Champlain …	1632 年；已知两份版本	雕版印本	86.4×52.7	*Les voyages de la Novelle France occidentale, dicte Canada …*（Paris：Clavde Collet, 1632）

大比例尺地图和平面图		
标题	日期	保存地点
Port de La heue〔Green Bay and mouth of the La Have River, Nova Scotia〕	1604 年 5 月	*Les voyages dv sievr deChamplain xaintonge-ois, capitai-ne o-rdinaire pour le Roy, en la marine*（Paris：Iean Berjon, 1613），8
Por du Rossÿnol〔Liverpool Bay, Nova Scotia〕	1604 年 5 月	*Les voyages*, 9
port au mouton〔Port Mouton, Nova Scotia〕	1604 年 5 月	*Les voyages*, 17
port Royal〔Annapolis Basin, Nova Scotia〕	1604 年 6 月	*Les voyages, facing* 22
Port des mines〔Advocate Harbour, Nova Scotia〕	1604 年 6 月	*Les voyages*, 26
R. St. Iehan〔mouth of St. John River, New Br-unswick〕	1604 年 6 月	*Les voyages*, 30

续表

大比例尺地图和平面图		
标题	日期	保存地点
Isle de sainte Croix［Do-chet Island and surroundings, Maine and New Brunswick］	1604 年 7 月	Les voyages, 35
habitasion de lisle stte croix［picture plan of the settlement of Dochet Island］	1604—1605 年	Les voyages, 38
qui ni be quy［mouth of the Kennebec River, Maine］	1605 年 7 月	Les voyages, 64
Chaoacoit R［Saco Bay and mouth of the Saco River, Maine］	1605 年 7 月	Les voyages, 70
Port St Louis［Plymouth Harbor, Massachusetts］	1605 年 7 月	Les voyages, 80
Malle-Barre［Nauset Harbor, Massachusetts］	1605 年 7 月	Les voyages, facing 88
abitasion du port royal［picture plan of the settlement at Port Royal］	1605—1606 年	Les voyages, 99
Le Beau port［Gloucester Harbor, Massachusetts］	1606 年 9 月	Les voyages, 118
port. fortuné［Stage Harbor and surroundings, Massachusetts］	1606 年 10 月	Les voyages, 132
None［picture plan of the attack by a group of natives on de Poutrin-court's men at Stage Harbor on 15 October 1606］	1606 年 10 月	Les voyages, facing 136
port de tadoucac［mouth of the Saguenay River and Tadoussac］ (fig.51.2)	1608 年 6 月	Les voyages, 172
Quebec［Quebec and surroundings］	1608 年	Les voyages, 176
Abitation De Qvebecq［picture plan of the settlement at Quebec］	1608 年	Les voyages, 187
Deffaite des Yroquois au Lac de Champlain［picture plan of Huron-Montagnais-Algonquian and French attack on an Iroquois encampment on 29 July 1609］	1609 年	Les voyages, facing 232

续表

大比例尺地图和平面图		
标题	日期	保存地点
Fort des Yroquois [*dra-wing of the-Montagnais-Algonquian-French at-tack on an Iroquois encampment near the mo-uth of the Richelieu River on 19 June 1610*]	1610 年	*Les voyages*, *facing* 254
le grand sautl stlouis [*southeast sideof Montreal Island and opposite shore from Ile Ronde to the Lachine Canal*]	1611 年 6 月	*Les voyages*, 293
None [*picture plan of an Iroquoisvil-lage attacked by a Huron-Algon-quian-French force on 10 October 1615*]	1615—1616 年	*Voyages et descouvertvres fa-ites en la Novvelle France*, *de-puis l'année 1615 iusques à lafin de l'année 1618*, *par le sieur de Champlain*, *cap-pitaine ordinaire pour le Roy en la Mer du Ponant* （*Pa-ris*：*Clavde Col-let*, *1619*）, *between 43v and 44*

第五十二章 文艺复兴时期法国的
海图绘制与航海

萨拉·图卢兹（Sarah Toulouse）
审读人：黄艳红

文艺复兴时期的诺曼底：一个面向海洋的省份

西班牙人和葡萄牙人在 15 世纪和 16 世纪开辟了宏大的大洋航线，17 世纪，英格兰人和尼德兰人紧随其后，他们的大型贸易公司将在海洋中占据统治地位。然而，尽管法国在这一时期并没有被列为一个主要的海上强国——这在部分上是由于法兰西王权确立对主要的沿海省份的统治相对较晚[①]——从 15 世纪开始，法国的航海家穿越大洋，法国的商人赞助探险和建立舰队，试图与欧洲其他国家的探险和舰队进行竞争。特别是，诺曼底是航海贸易发展的中心：鲁昂在当时是法国第三大城市（仅次于巴黎和里昂），1517 年，弗朗索瓦一世创建了勒阿弗尔（Le Havre）城。1480—1500 年这段时间，诺曼底人开始对地中海、非洲海岸、印度以及美洲进行大量的贸易考察。西班牙人和葡萄牙人希望把与遥远土地之间的贸易往来保持在自己手中，诺曼底人与他们进行了长期的争斗，他们——尤其是迪耶普（Dieppe）的船主们，把他们的船送到了遥远的马鲁古群岛、巴西和纽芬兰岛。

但是，除了推进他们自己的探险，诺曼底人也为其他人做出了贡献。他们为 1524—1526 年乔瓦尼·达韦拉扎诺（Giovanni da Verrazzano）前往佛罗里达的航海、为雅克·卡蒂埃 [Jacques Cartier，以及后来的罗贝瓦尔（Roberval）领主让 – 弗朗索瓦·德拉罗克（Jean-François de La Rocque）] 1534—1542 年的加拿大航行提供了一些资金。后来，在 1586 年，巴黎、马赛和诺曼底的商人们组织起来第一支奔赴白海的法国远征队。1589 年，来自迪耶普的人跟随拉波珀利尼埃（La Popelinière）领主亨利·郎瑟洛·瓦赞（Henri Lancelot Voisin），进行了法国历史上第一次对南方大陆的远征，来自圣通日的萨米埃尔·德尚普兰带着诺曼底的水手在 17 世纪初期在新法兰西航行，当时，在诺曼底和其他地区，有大量贸易公司成立起来，带着组织贸易航路并进行财务管理的目的。[②]

---

① 诺曼底于 1468 年，阿基坦（Aquitaine）于 1472 年，普罗旺斯于 1481 年，布列塔尼于 1532 年。

② 关于 16 世纪和 17 世纪的诺曼底人的探险和航海，请参阅 Charles de La Roncière, *Histoire de la marine française*, 6 vols. (Paris: E. Plon, Nourrit, 1899 – 1932), esp. vol. 3, *Les guerres d'Italie*, *liberte des mers*, and vol. 4, *En quête d'un empire colonial*, *Richelieu*, and Gérard Mauduech, *Normandie et Nouvelle France d'Amerique du Nord*, *1508 – 1658* (Rouen: CRDP, 1978)。关于尚普兰，请参阅本卷第 51 章。

所有这些活动并没有把法国的航海水平提高到与那些海上强国相同的程度；而且，当意识到了这一点，1626 年，红衣主教黎塞留获得了这样的头衔："法兰西的大总管、航海和商业的主管和总负责人"，与此同时，他试图把水文学的教学放置在一个坚实的基础上（在 1629 年的米绍法典中）。他还着手收集法国海岸的地图，并委托进行调查。这些努力的持续结果之一是乔治·富尼耶（Georges Fournier）的《水文地理学》（*Hydrographie*），这是一部名副其实的当代航海科学的百科全书，如实地反映了 17 世纪中期欧洲的导航技术。③

一个航海地图学学派

诺曼底作为一个沿海省份蓬勃发展，导致当地涌现出一个航海地图学学派，从 15 世纪末到 17 世纪中期，是这一学派的兴盛期。在这里，"学派"这个词指的是一群制图师，他们在一起工作，使用相同的技术和资源，他们的海图彼此之间非常相似。尽管没有可以追溯到 1542 年以前的现存海图，④ 但是有证据表明，制图师和水文工作者在那个世纪一开始就在诺曼底工作；⑤ 只要该地区的港口依然保持活跃，它的船舶领航员就继续创作导航的著作和航海地图绘制的著作。事实上，在 17 世纪期间，诺曼底作为海上贸易中心的衰落也标志着诺曼底在法国海图绘制领域统治地位的终结，目前已知最后一幅由诺曼底人绘制的海图可以追溯到 1635 年。⑥

1551

诺曼底水文工作者和制图师

诺曼底水文学家的地位得到了他们同时代人的认可：在《法兰西文库》（*Les bibliothèques françoises*）中提到了他们其中的几个人，⑦ 而且，在他 1643 年的论文《水文地理学》中，最后的一位诺曼底水文学家富尼耶，向他的前辈们致以敬意。正如我们可以从当地的迪耶普编年史中看到的那样，人们仍保存着对他们成就的记忆。⑧ 然而，直到 12 世纪早期，凭借昂蒂阿奥梅（Anthiaume）的著作，才对诺曼底的地图学有了一项全面的研究。⑨ 随后，对某一特定的制图

---

③ Georges Fournier, *Hydrographie contenant la theorie et la practique de tovtes les parties de la navigation* (Paris: Michel Soly, 1643)。有另一份几乎完全相同的版本，日期为 1667 年，有一份它的摹写本于 1973 年出版于格勒诺布尔。

④ 现存最古老的诺曼底地图学作品是让·罗茨（Jean Rotz）的地图集，其标题为"Boke of Idrography"（BL, Royal MS. 20 E Ⅸ）。另请参阅罗泽地图集的 Wallis 的摹写本：*The Maps and Text of the Boke of Idrography Presented by Jean Rotz to Henry Ⅷ*, ed. Helen Wallis, (Oxford: Oxford University Press for the Roxburghe Club, 1981)，和 Monique de La Roncière and Michel Mollat, *Les portulans: Cartes marines du Ⅻ au ⅩⅦ siècle* (Paris: Nathan, 1984)，以及英文版本 *Sea Charts of the Early Explorers: 13th to 17th Century* (New York: Thames and Hudson, 1984)。

⑤ 1529 年，Pierre Crignon 提及 Jean Parmentier 绘制了几幅海图。请参阅 Jean Parmentier et al., *Discours de la navigation de Jean et Raoul Parmentier de Dieppe*, ed. Charles Henri Auguste Schefer (Paris: E. Leroux, 1883)，Ⅸ的 19 世纪版本。

⑥ 这是一部 Jean Guérard 制作的地图集，最近由 Thomas Goodrich 确定其位置在伊斯坦布尔；请参阅附录 52.1，第 37 条。

⑦ 《法兰西文库》的最初版本分别于 1584 年和 1585 年出版于巴黎和里昂。这部作品在 1772—1773 年再次发行，但有一些错误和遗漏。请参阅 François Grude de La Croix du Maine and Antoine Du Verdier, *Les bibliothèques françoises*, 6 vols. (1772-1773; reprinted Graz: Akademishe Druck, 1969)。

⑧ David Asseline, *Les antiquitez et chroniques de la ville de Dieppe*, 2 vols. (Dieppe: A. Marais, 1874) （一部日期为 17 世纪末的稿本著作），and Jean-Antoine-Samson Desmarquets, *Mémoires chronologiques pour servir à l'histoire de Dieppe et à celle de la navigation françoise*, 2 vols. (1785; reprinted Luneray: Bertout, 1976)。

⑨ Albert Anthiaume, *Cartes marines, constructions navales, voyages de decouverte chez les Normands, 1500-1650*, 2 vols. (Paris: E. Dumont, 1916), and idem, *Evolution et enseignement de la science nautique en France, et principalement chez les Normands*, 2 vols. (Paris: E. Dumont, 1920).

师或某一特定的作品进行了专门的研究。⑩ 我们目前的知识程度使得我们可以诺曼底学派包含 11 名制图师，他们总共绘制了 31 种现存的作品，根据风格上的考虑，我们必须添加另外 6 种佚名的海图或地图集（见附录 52.1）。⑪

总体而言，我们对这些人知之甚少，尽管我们确实知道他们大多数是来自迪耶普（1694 年，遭到英格兰—尼德兰联合舰队的海上轰炸，这座城市被严重摧毁了）。其中一些制图师在市镇的编年史中得以提及，而在其他档案材料中则是一些特征；但，与尼古拉·德利安（Nicolas Desliens）、让·科森（Jean Cossin）、雅克·德沃·德克莱（Jacques de Vau de Claye），以及让·杜邦（Jean Dupont）一样，这些人物，我们只能通过他们现存的作品才能知道。⑫

其他的制图师留下了他们更多的记录。在 16 世纪他们那些更有名的著作中，皮埃尔·德塞利耶（Pierre Desceliers）被他的同胞们认为是"法兰西水文学之父"⑬——这是一个可能有些夸张的头衔，即使德塞利耶确实留下了三幅极好的大型绘本世界海图，制作于 1546 年（图 52.1）、1550 年和 1553 年。⑭ 这些作品上的签名——与昂蒂阿奥梅在该世纪初进一

图 52.1　皮埃尔·德塞利耶：《世界海图》，1546 年

这是阿尔克牧师皮埃尔·德塞利耶留下的巨型绘本世界海图的现存最早一例，是诺曼底地图绘制早期的典型代表：没有特定的方向，陆地被详细表现，大多数地名都是葡萄牙语（虽然大陆和海洋的名称用法语表示）。注意图上纬度和经度的比例尺，可以确定这是一幅矩形平面海图（10 度纬度＝80 毫米；10 度经度＝84 毫米）。绘在羊皮纸上的绘本地图。

原图尺寸：128 × 254 厘米（去除边框：119.5 × 244 厘米）。由 University Librarian and Director, John Rylands University Library, University of Manchester（Bibliotheca Lindesiana, French MS. 15）重制。

---

⑩　阿尔贝·昂蒂阿奥梅（Albert Anthiaume）关于德塞利耶撰写了：*Pierre Desceliers, père de l'hydrographie et de la cartographie françaises*（Rouen：Imprimerie Le Cerf, 1926），关于勒泰斯蒂："Un pilote et cartographe havrais au XVIᵉ siècle, Guillaume Le Testu," *Bulletin de Géographie Historique et Descriptive*（1911）：135 – 202. 另请参阅 the *Boke of Idrography* 的 Wallis 版本以及 La Roncière and Mollat, *Les portulans cartes marines*, and *Sea Charts*。

⑪　这 31 部作品包括 24 幅海图、5 部地图集以及 2 部水道测量学论著，附有海图作为插图。

⑫　关于他们现存的著作，请参阅附录 52.1。

⑬　Asseline, *Les antiquitez*, 2：325：至于海图，我要说——和达布隆先生（Monsieur Dablon）一样——阿尔克的牧师塞利耶先生（Monsieur des Cheliers）荣幸地成为法国第一个绘制海图的人。然而，我们也必须警惕那些唱赞歌的历史学家；他们还认为德塞利耶是第一个发现地球是圆形的人。

⑭　附录 52.1，第 5、第 7 和第 8 条；1553 年版本已经被毁掉了，只能通过一份摹写本来为人所知：Pierre Desceliers, *Die Weltkarte des Pierre Desceliers von* 1553, ed. Eugen Oberhummer［Vienna：（Geographische Gesellschaft in Wien），1924］。

步发掘的档案材料一起——表明德塞利耶在 1537—1553 年这段时间在阿尔克（Arques）担任牧师，以及，基于一个铜制印章（现在收藏于迪耶普博物馆），他也被确信在 16 世纪 60 年代成为第一位皇家水文学家。

最著名的迪耶普制图师——或者至少说在现存的档案文件中出现的那个人——是让·罗茨［Jean Rotz（Roze）］。根据他自己的叙述，他在 1505 年前后出生于迪耶普的一个苏格兰裔家庭；后来，他成为一艘船的主人，16 世纪 30 年代，他去了几内亚和巴西。他也担任过水道测量师；1542 年，不知道什么原因，他为英格兰国王服役——带着"他的小团队和妻子儿女"[15]——向亨利八世展示了一本华丽的地图集[16]和《论磁针罗盘偏差》（*Traicté des differences du compas aymanté*）。[17] 在担任英格兰国王的水道测量师的时候，他继续作为商人进行活动，而且，在亨利八世去世（1547 年 1 月 8 日）之后，法国客卿在英格兰宫廷的状况恶化，罗茨回到法国，进行了一系列的长途贸易航行。后来，他在 1559—1560 年的苏格兰事务中扮演了一个重要的角色，但此后再也没有提及他的记录（他去世的日期已不可知）。

另一位著名的 16 世纪诺曼底制图师是纪尧姆·勒泰斯蒂（*Guillaume Le Testu*），在他的《通用宇宙学》（Cosmographie universelle）中，他称呼自己是"西海的领航员、格雷斯（Grace）的法国城市本地人"。[18] 关于勒泰斯蒂的主要信息来源是一位方济各僧侣安德烈·特韦的著作，他作为一名制图师参与了同一次探险。他告诉我们，勒泰斯蒂曾多次航行前往美洲和非洲，包括维尔加尼翁（Villegagnon）骑士尼古拉·迪朗（Nicolas Durand），于 1555 年穿越大洋前往巴西建立新教殖民地。[19] 1572 年，勒泰斯蒂在穿越大洋前往墨西哥的途中，遭到西班牙黄金护卫舰队的袭击而死。

在 1517 年弗朗索瓦一世建立勒阿弗尔城之后不久，德沃（de Vaulx）家庭（最初是蓬·托德梅尔）就在此定居下来，并培养了两名制图师：雅克（Jacques）和他的弟弟皮埃尔（Pierre）。[20] 兄弟两人在他们所绘制的海图上的签名显示出他们是国王的海军船只的领航员。雅克·德沃是一份绘本水道测量著作的作者，这份著作的标题是《雅克·德沃的第一部作品》[21]——实际上，这部作品是关于海道航海的同时代的作品的汇编——以及一幅 1584 年的美洲海岸海图（图 52.2）。皮埃尔·德沃唯一现存的作品是 1613 年的大西洋海图。[22] 这幅地图被装饰得非常丰富，延续了像德塞利耶所绘制地图的那些 16 世纪诺曼底海图的传统。雅克·德沃于 1597 年去世，他的弟弟皮埃尔去世于 1619 年前后。

诺曼底制图师中最博学的无疑是纪尧姆·勒瓦瑟（Guillaume Le Vasseur）。他现存的海

1552

---

[15]　请参阅 Wallis 所撰写的 *Boke of Idrography* 的引言。

[16]　请参阅附录 52.1，第 1 条。

[17]　BL，Royal MS. 20. B. Ⅶ.

[18]　请参阅附录 52.1，第 10 条。16 世纪时期，勒阿弗尔城市的完整名称是 Le Havre de Grace。

[19]　特韦在几部著作中都对勒泰斯蒂进行了讨论，这几部著作中的大部分都仍处于手稿状态。特别需要参阅 "Histoire d'Andre Thevet Angoumoisin，cosmographe du roy，de deux voyages par lui faits aux Indes australes et occidentales"（BNF，MSS. fr. 15454）。

[20]　请参阅 Anthiaume，*Evolution et enseignement*。昂蒂阿奥梅给出的关于德沃兄弟的大部分信息是来自其家族档案。

[21]　附录 52.1，第 18 条。

[22]　附录 52.1，第 22 条。

图 52.2　雅克·德沃：美洲海岸海图，1584 年

最初这张画在羊皮纸上的绘本海图一定是表现了整个大西洋。雅克·德沃的作品标志着诺曼地图绘制的转折点，巨大的世界海图和丰富的插图地图集让位给功能性更强的海图。17 世纪的诺曼底制图师描绘了他们自己航行的海洋：他们所有人都留下了大西洋的海图。

原图尺寸：81 × 58 厘米。由 BNF（Cartes et Plans, Rés. Ge C 4052）提供照片。

道测量作品是 1601 年的一张单幅的大西洋海图，还有两篇论文，一篇大约写成于 1608 年，另一篇（附有一张世界海图）大约写成于 1630 年。[23] 然而，我们也有他写的关于数学正弦和防御工事的论著。[24] 和他的前辈一样，他也是一名船只的领航员：在 1629 年 10 月 25 日的

㉓　请参阅附录 52.1，第 21、31 条。未附有海图的 1608 年论著，其标题为 "Traicté de la geodrographie ou art de naviguer"（BNF, Cartes et Plans, MS. fr. 19112）。

㉔　BNF, MSS. fr. 19059–19063 and 19109.

一份薪酬记录表中，他被列在"拥有长期经验，会对海岸和岛屿的高度进行绘制的老领航员"标题下。㉕

1554

最后，还有让·盖拉尔（Jean Guérard），这位诺曼底的绘图师，留下了现存的作品：8幅海图，还有一部地图集上实际上有他的签名，另一部未签名的地图也通常被认为是他绘制的。㉖16世纪90年代，他已经是一艘船的船长，在17世纪初期，他受雇于西部海军，担任领航员。他还为黎塞留工作：1635年的一份海军的开支清单提到他收到了"一笔500里弗的费用，酬答他遵从红衣主教阁下的命令，为陛下效劳所进行的一次以侦查海岸为目的的航行"。㉗当他于1640年去世时，没有人能接替他，因此他的去世标志着诺曼底海洋地图学的终结。

为了完成这一时期诺曼底航海科学的图景，我们还应该提到那些现存的著作中有论文但没有海图的水文测量师。迪耶普人让·杜瓦尔（Jean Du Val）是《平面星体论》（*Traité de la plaine sphère*）的作者，这部书基本上涉及的是宇宙论的问题。㉘奥格地区皮托（Putot-en-Auge）人图桑·德贝萨尔（Toussaint de Bessard）是一艘船的领航员和数学家，1574年，他在鲁汶发表了《东经和西经的对话》（*Dialogue de la longitude est-ouest*）。让·德塞维尔（Jean de Séville），是鲁汶的一位医生、数学家、地理学家和皇家水道测量师，著有《日历和永久年历手册》（*Compost manuel, calendrier et almanach perpetuel*），于1586年发表于鲁汶，还有一部较短的论著，书名为《根据日历改革后的每年太阳偏角》（*La declinaison du soleil par chacun an selon la reformation du calendrier*），于1595年发表于同一个城市。按日历改革后的每年太阳偏角，船舶的领航员和水道测量员让·莱特列尔（Jean Le Telier），于1631年在他的家乡迪耶普发表了其作品《迪耶普人让·莱特列尔前往东印度的旅途，他绘制图表，以便通过磁针的变化确定经度》（*Voyage faict aux Indes orientalles par Jean Le Telier, natif de Dieppe, reduict par luy en tables pour enseigner a trouver par la variation de l'aymant la longitude*）。然而，诺曼底水道测量员中最著名的，也是最后一位：乔治·富尼耶，他于1595年出生于卡昂（Caen），1619年在图尔奈开始担任耶稣会的见习修士。后来，他在自己的家乡及稍后在拉弗莱什（La Flèche）教授美文（belles lettres）和数学。17世纪30年代，他成为国王海军中的牧师，在亚洲的海岸四处游历，最后退休回到拉弗莱什，并于1652年在该地去世。他发表了大量的科学著作，其中最著名的是他的《水文地理学》（*Hydrographie*）（第一版，1643年）。这是当代唯一的一部作品，在一篇论文中汇集了来自海军航行和商船航行的大量知识；在很大程度上，它确定了"水文地理学"一词在17世纪和18世纪的广泛范围。事实上，富尼耶提供了17世纪中期欧洲的水文地理学知识的该书，包括对最新的发现的引用。他的论著被复制与重新发行了好几次。

邻近的布列塔尼和遥远的马赛

在大西洋/海峡海岸的唯一一个提供海图绘制员的其他法国省份，是布列塔尼。然而，

㉕　引用 Anthiaume, *Cartes marines, constructions navales*, 1：183。付薪的登记表现存于海军部的档案馆中。

㉖　Appendix 52.1, nos. 26-30 and 33-37.

㉗　BNF, MS. fr. 6409, fol. 179.

㉘　这部论著发表于1552—1572年的某时；印刷地点并未给出。

这些海图绘制员——邻近布雷斯特的勒孔凯当地人——和他们的诺曼底同侪一样，鲜为人
知。㉙ 绘图师纪尧姆·布鲁斯孔（Guillaume Brouscon）（活跃于 1543—1548 年）和让·特罗
阿代克（Jean Troadec）（活跃于约 1576—1600 年）仅有的痕迹是受洗和婚姻的登记册，以
及基本关于木刻版的小书。这些书，或者是航海指南——在图片中总结出那些对船舶的领航
员有用的概念——包含日历、一系列的用来计算潮汐的刻度和海图（图 52.3）。除了一个例

图 52.3　纪尧姆·布鲁斯孔：航海指南中的一页

由 the Huntington Library, San Marino（HM 46, fol. 5v）提供照片。

㉙　Hubert Michea, "Les cartographes du Conquet et le début de l'imprimerie: Guillaume Brouscon, une vie pleine de mystère," *Bulletin de la Société Archéologique du Finistère* 115 (1986): 329 – 347, and Louis Dujardin-Troadec, *Les cartographes bretons du Conquet: La navigation en images, 1543 – 1650* (Brest: Imprimerie Commerciale et Administrative, 1966).

外，㉚ 这些都是欧洲海岸线的小型地图，这些地图是为沿海航行而设计的，因此更像路线地图而非正统的航海图。因此，我们不可能真正讨论位于勒孔凯的地图学派。在法国的另一端，在马赛，还有另一个海洋地图学的学派在17世纪发展起来。然而，与诺曼底学派相比，它的产出更少，它总是把自己局限于地中海式的传统表现方法。㉛

制图师的影响

第一批诺曼底制图师受到葡萄牙人的直接影响。要看到这一点，我们只需要看看16世纪诺曼底海图中出现的葡萄牙地名的数量（甚至在那些覆盖诺曼底本地的海图）。然而，葡萄牙人的影响超越了地图的范畴，也可以在海岸线的绘制方式中找到——例如，将苏格兰绘制为一个岛屿［在瓦拉尔（Vallard）和里昂的地图集中］，或者在各种地图集中对地中海的描绘。

自16世纪初以来，西班牙船舶的领航员一直为法国工作，1538年前后，弗朗索瓦一世任命"一位西班牙海事专家"若昂·帕谢科（João Pacheco）为自己的王室宇宙学家。㉜ 这个国家也目睹了葡萄牙制图师的来临，最著名的无疑就是若昂·阿方索（João Afonso）。历史学家经常被误导，认为阿方索是法国人，因为他的名字被称作让·丰特诺（Jean Fonteneau），以阿方斯（Alfonse）为人所知，他通常被描述为"来自圣通日"。㉝ 可以确信，这些葡萄牙制图师很可能在诺曼底工作过，把他们的知识、地图绘制风格、地名和海岸线轮廓传授给他们的诺曼底同行们。㉞

从16世纪末期开始，尼德兰的影响也可以在诺曼底感受到，尤其是在水道测量师所使用的符号，和尼德兰船只经常到达的北欧地区的地图表现方式上。例如，让·盖拉尔的1628年对斯匹次卑尔根岛的描绘㉟与威廉·扬松·布劳地图中的非常相似——甚至包括用圆点组成的螺旋来标绘挪威西部大陆海岸。㊱

然而，诺曼底的海图也包括了独一无二的特征，尤其是关于北美的海岸。例如，拉布拉多（Labrador）被表现为一大块出露的陆地，向东延伸，终结为一个点，并由圣劳伦斯河以北的一块深刻的压痕与大陆的其他部分分割开来。其他独有的特征包括将纽芬兰描绘为一个

㉚　航海指南中的纪尧姆·布鲁斯孔1543年世界地图现在收藏于 the Huntington Library, San Marino, California, HM 46。由于其清晰的首字母"G. B."，这幅海图有时会错误地被认为是 Giovanni Benedetto 的作品；从其风格和轮廓来看，它与诺曼底的海图非常接近。

㉛　请参阅本卷第232—235页。

㉜　Luís de Matos, *Les Portugais en France au XVIe siècle: Etudes et documents* (Coimbra: Por Ordem da Universidade, 1952), 18.

㉝　Matos, *Les Portugais en France au XVIe siècle*, 35 – 77.

㉞　这是由科尔特桑和特谢拉·达莫塔提出的理论，关于他们讨论的三部"葡-法"地图集——海牙、瓦拉尔和罗泽地图集。请参阅 Armando Cortesão and A. Teixeira da Mota, *Portugaliae monumenta cartographica*, 6 vols. (Lisbon: 1960; reprinted with an introduction and supplement by Alfredo Pinheiro Marques, Lisbon: Imprensa Nacional-Casa da Moeda, 1987), 5: 132 – 136。

㉟　附录52.1，第30条。

㊱　F. C. Wieder, *The Dutch Discovery and Mapping of Spitsbergen* (1596 – 1829) (Amsterdam: Netherland Ministry of Foreign Affairs and Royal Dutch Geographical Society, 1919), esp. 36 and pl. 12.

群岛，以及新斯科舍南部海岸的诺朗伯居（*Norambegue*）海湾的轮廓。㊲

诺曼底海图最本源的特征是在他们对太平洋的描绘中发现的，在那里它们展示了一个巨大的大爪哇（Java-la-Grande），从印度尼西亚南部向南方大陆延伸（图版62）。这个名字来自马可·波罗的"大爪哇"（Java Major），实际上也就是爪哇岛本身（诺曼底人有时会表述为"小爪哇"）。大爪哇的特殊尺寸和位置（这些只在诺曼底海图和布列塔尼制图师纪尧姆·布鲁斯孔的世界地图上找得到）引发了各种理论——从诺曼底人宣称对澳大利亚的了解到他们粗暴地复制越南的轮廓的暗示。㊳ 我们现在对可用的来源资料的知识似乎支持这样一个观点，即这个大的海岬与南方大陆的其他部分一样是虚构的。事实上，诺曼底制图师将这些地图称为"并未完全发现的土地"，在勒泰斯蒂的《通用宇宙学》中，他甚至对这一问题更加清楚，当他说他包括了假想的土地，以提醒航海家在这些未知的海域存在潜在的危险。㊴然而，谜团依然存在——尤其是在这一虚构的海岸上的一些地名是来自葡萄牙语的，但是没有一幅已知的葡萄牙地图是如此表现大爪哇。

投影：罗盘方位和恒向线

像欧洲其他国家的同行一样，16世纪的诺曼底水道测量师在他们的海图中加入了一个罗盘网格，这一网格与罗盘上的32个方位相对应，被认为是用来指示恒定的罗盘方位。然而，由它们的纬度和经度的特殊规模所显示的，这些作品都是平面海图。

在16世纪，像佩德罗·尼纳（Pedro Nunes）［努涅斯（Nuñez）］这样的数学家研究了一个平面上的恒定线的表现问题，揭示了水手们犯的错误，并试图解决这些错误（例如，通过使用弯曲的罗盘方位）。㊵ 我们从它们的论文中可以看出，诺曼底的水道测量员们都知道他们的调查，但他们继续绘制他们传统的直线罗盘方位网格的平面海图。㊶ 第一个使用扩展的一组纬度的诺曼底制图师是纪尧姆·勒瓦瑟，在他的1601年大西洋海图中，他也给出了正确的解释，并在他1608年关于水道测量学的论文中对其使用进行了解释。㊷ 没有像昂蒂阿奥梅那样——他相信他是"削减版"地图（reduite，在那个时候应用于使用扩展的纬度带的地图）的发明人——人们可以很笃定，是勒瓦瑟使得这一技术更加广泛地应用于诺曼底制图师中。

然而，在17世纪这一区域绘制出的这种类型的投影并不一定是规范的。皮埃尔·德沃

㊲　关于所有的这些点，请参阅 Henry Harrisse, *Découverte et evolution cartographique de Terre Neuve et des pays circonvoisins*, 1497 – 1501 – 1769（Paris：H. Welter, 1900），esp. 145 – 148。

㊳　关于提出的不同理论，尤其请参阅 Roger Herve, *Découverte fortuite de l'Australie et de la Nouvelle-Zelande par des navigateurs portugais et espagnols entre* 1521 *et* 1528（Paris：Bibliothèque Nationale, 1982），esp. 15 – 27, and W. A. R. Richardson, "What's In a Name?" in *The Mahogany Ship：Relic or Legend*? ed. Bill Potter（Warrnambool［Australia］, 1987），21 – 32。

㊴　"这块土地是所谓的我们尚不了解的南方大陆的一部分，因为关于这一主题所忽视的都只不过是想象和无根据的观点的工作。" Guillaume Le Testu, "Cosmographie universelle," fol. 34.

㊵　Pedro Nunes, *Tratado da sphera*（Lisbon, 1537）.

㊶　Toussaint de Bessard, *Dialogue de la longitude est-ouest*（Rouen, 1574），89, 它提及奥龙斯·菲内和杰玛·弗里西斯（并质疑其是否为作者）；或 Jacques de Vaulx, "Premières œuvres"（1583），fol. 8, 它复制了一份图表，此图表是在 Oronce Fine's *L'Esphère du monde* 中，1552年出版。

㊷　勒瓦瑟清楚地知道爱德华·赖特的著作：*Certaine Errors in Navigation . . .*（London：Valentine Sims, 1599）。

和让·杜邦似乎并没有意识到这一点，反之，让·盖拉尔只为他的 1625 年和 1634 年世界地图以及他的大西洋海图（图 52.4）使用了它，回到了他对小区域进行表现的平面海图。[43] 制图师似乎在这两种类型的投影之间犹豫不定：他们很清楚地意识到对墨卡托投影的兴趣，但是也知道水手们更喜欢平面海图，因为这样令他们测量距离更加容易。

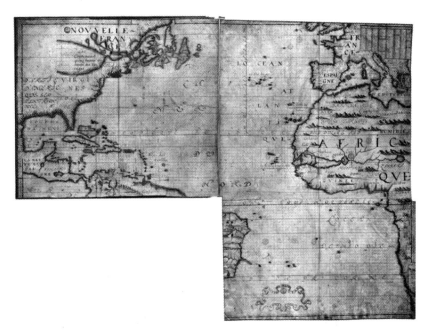

图 52.4　让·盖拉尔：大西洋海图，1631 年

在 17 世纪上半叶，诺曼底制图师倾向于放弃装饰华丽的波特兰海图的形式，转向那些可以作为名副其实的工具使用的海图。这些科学导航仪器具有适当调整的投影（扩展了纬度带），并包括其他技术信息（纬度和经度、磁偏角）。尽管如此，让·盖拉还在他的海图中肆意发挥了自己富有想象力的幻想，他将标记陆地海岸位置的点，组成了图形，甚至是他自己的首字母。画在羊皮纸上的绘本地图。

原图尺寸：116 × 158 厘米。由 BNF（Cartes et Plans, S. H. Archives n°14）提供照片。

尽管诺曼底制图师是实际操作人员，但他们也是训练有素的数学家，因为很明显，他们使用了更多的地图投影学术方法。例如，在让·罗茨的 1542 年地图集中，包括了一幅球形的——所谓的尼科洛西（Nicolosi）——投影的《世界地图》（mappamundi）；勒泰斯蒂的 1556 年《通用宇宙学》揭示出他已经掌握了心形和星形投影，以及透视、球状、极地和赤道的情况。其他的例子包括让·科森的海图，这幅海图使用了正弦投影［后来被称为桑松（Sanson）或弗拉姆斯蒂德（Flamsteed）投影］；雅克·德沃在自己的"首部著作"中，杂耍般地使用各种各样的立体投影；以及纪尧姆·勒瓦瑟在他的 1630 年论文《水道测量学开端》（Commencements de L'hidrographie）中，所使用的四波段星形投影。

磁偏角

诺曼底人主要的工作是担任船舶的领航员，所以他们很清楚磁偏角的现象及其对航海的

---

[43]　例如，他的 1633 年中美洲海图（附录 52.1，第 32 条）。

重要性。和葡萄牙人一样，他们试图通过引入纽芬兰地区的纬度的辅助比例尺来平衡这一现象。[44] 这些地图是根据估计的纬度线来绘制的，真实的纬度是在第二个比例尺上显示（图52.5）。但是，这一系统很快就被抛弃了，因为制图师们更倾向于根据实际的纬度来显示地图上的点，并以其他方式测量磁偏角，以便在描绘路线时做出必要的调整。然而，直到纪尧姆·勒瓦瑟的1601年地图，一位诺曼底制图师才纠正了地中海和北美描绘中的传统倾向。实际上，从理论知识到实践工具和仪器的实际修正，是一个漫长的过程。

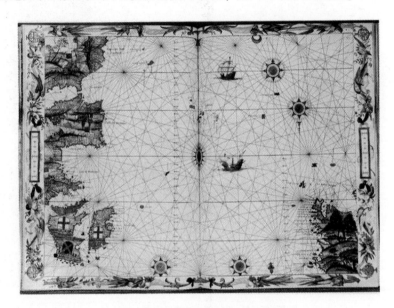

图52.5 摘自《海牙地图集》的海图

这幅画在羊皮纸上的北大西洋绘本地图大约在1545年前后制作，有两个纬度比例尺，彼此相差5°。其中一个是实际纬度的比例尺，另一个是由未校正的罗盘测量的纬度。这种双倍的纬度比例尺是对该区域中相当大的磁偏角的首次描述之一。

原图尺寸：43 × 62 厘米（无边框尺寸：39.5 × 54.5 厘米）。由 Koninklijke Bibliotheek, The Hague（MS. 129 A 24, fols. 21v – 22）提供照片。

16世纪，人们提出了各种各样的理论来解释磁偏角的现象，这一现象很明显是那个时代水手们非常关心的一个问题，因为这意味着他们不能完全相信自己的罗盘。诺曼底的水道测量师们参与了这些争论，最终他们采纳了与英格兰制图师相同的线，后者已经显示罗盘的差异是一种不规则的现象。[45] 结果，他们在自己的海图上表现了不同地方的磁偏角的价值，比如，让·杜邦的1625年加斯科涅湾（Bay of Gascogne）海图或让·盖拉尔的1631年大西洋海图。杜邦画了一根针，以指示磁北的方向，反之，盖拉尔则倾向于用数字进行表示（无疑的，这些数字是他自己在各种航行中进行测量的结果）。

---

④ 例如，请参阅让·罗茨和纪尧姆·勒泰斯蒂和瓦拉尔地图集。请参阅 Désiré Gernez, "Les cartes avec echelle de latitudes auxiliaire pour la région de Terre-Neuve," *Mededeelingen*, *Academie van Marine van België = Communications*, *Académie de Marine de Belgique* 6 (1952): 93 – 117。

⑤ 第一部是 Robert Norman, *The Newe Attractive* (1581; reprinted Amsterdam: Theatrum Orbis Terrarum, 1974)。关于这些问题，请参阅 David Watkins Waters, *The Art of Navigation in England in Elizabethan and Early Stuart Times* (London: Hollis and Carter, 1958), esp. pt. 2, 和 J. B. Hewson, *A History of the Practice of Navigation*, 2d rev. ed. (Glasgow: Brown, Son and Ferguson, 1983), esp. 51 – 55。

海图的制作

中世纪的波特兰海图是如何制作的，我们一无所知。在马丁·科尔特斯（Martín Cortés）1551 年的《航海技艺》（*Arte de navegar*）之前，没有现存的关于这个问题的文本讨论，哪怕仅仅是指复制一幅已经存在的海图的作品。[46] 我们对制作流程的无知也延伸到了 16 世纪，在这一时期，由于使用了新的投影法，这些流程变得更加复杂。然而，16 世纪晚期和 17 世纪的各种诺曼底文献都涉及了地图绘制的主题，包含了平面海图和地图学的新"精简"著作。

纪尧姆·勒瓦瑟的"地水学"（Geodrographie）的一部分是通过使用罗盘方位方格和纬度刻度来构建海图。[47] 根据勒瓦瑟的说法，制图师必须首先追踪他的罗盘方位，然后把纬度刻度填上去（记住他想要绘制地图的地区的最后部分的纬度）。然后，他应该加上距离的尺度，最后，绘图的实际绘制可以开始：制图师必须选择一个参考点，然后再添加上其他的点，这些点与第一个点之间的精确纬度和位置（或者与第一个点之间的距离）是已知的。考虑到这一时期的碎片化知识，反过来说，每一个新添加上的点都可以成为参考点。[48] 但是，由于地理坐标或者地球上所有不同的点之间的相对距离在那个时候是未知的，勒瓦瑟建议在海图上标出主要的点，然后使用一个好的"特定的"（区域）地图来复制不同的点之间的海岸的轮廓。在这个阶段之后，应该在海岸涂上颜色，绘上岛屿，并填上名称和风向图；最后应该是"尽可能小，尽可能精致，尽可能美丽，尽可能方便地放置，这样他们才不会阻碍路线的绘制"。[49]

这一艰巨的工作催生了一张海图的母本，当时可以使用碳纸或描图纸将母本转绘到羊皮纸上，可以根据需要转绘多次。在富尼耶后来的《水文地理学》，他还提到了碳纸的使用。然而，这样的母本并未留下痕迹；然而，从现存的诺曼底海图本身中收集的证据证实了它的使用。例如，在某些海图的图缘，我们可以看到暗淡断续的海岸线轮廓，看起来就像涂了铅一样。[50] 毫无疑问，这些是通过碳纸摹描时留下的线条（由于制图师无法看到他所摹绘的底纸的边界，他摹描这条线有点过长了）。

无疑，这一流程也解释了德塞利耶的世界海图中的各种可见的修订之处。第一处，发现于 1546 年，并没有显示出亚马逊河。这条河流在 1550 年和 1553 年的海图中出现过；然而，当我们认真观察河口的话，会发现它出现在最初被一条完整延展的海岸线所占据的空间里。这位制图师用碳纸复原了他最初的模型，并在他的修订版中用钢笔画出。

在几份一致的副本中，存在一些诺曼底绘本海图，进一步证明了这种摹写的做法。德塞

1559

---

[46]　请参阅本卷第 1099—1101 页，以及 Tony Campbell, "Portolan Charts from the Late Thirteenth Century to 1500," in *HC*, 1：370–458, esp. 390–391。

[47]　"De l'ordre que l'on a tenu a la description des premières quartes," in Le Vasseur, "Geodrographie," fols. 85–86.

[48]　关于这一碎片信息的来源可能包括路线地图、船舶日志、航海记录、个人笔记、素描草图、沿海勘测或其他地图。由于 1694 年摧毁了迪耶普城市的那场大火，这些与诺曼底制图师相关的资料都没有保存下来。然而，1643 年，乔治·富尼耶写道："在迪耶普，他在旧领航员日志中已经看到了很多，描述得非常简单，非常谨慎小心；没有一个大港口不具有大量的类似资料的。" Fournier, *Hydrographie*, 519。

[49]　Le Vasseur, "Geodrographie," fol. 86.

[50]　勒泰斯蒂地图集中的第 8、9、32、36 和 53 号海图边缘上最为显著。

利耶的世界海图和德利安世界海图的三份副本（1566 年、1567 年和 1568 年），它们有着相同的比例尺和轮廓，是这一做法的最明显的例子。但是，我们也可以在地图集中找到非常相似的海图：例如，在瓦拉尔和海牙地图集中的爱琴海和亚得里亚海的海图彼此非常类似，在勒泰斯蒂和帕斯特罗（Pasterot）地图集中，也有许多此类的海图（图 52.6）。[51]（在后面的

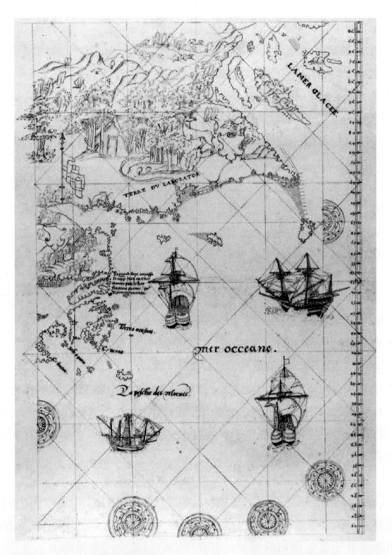

图 52.6 摘自《帕斯特罗地图集》（*Pasterot Atlas*）的美洲东北部地区，约 1587 年

所谓的《帕斯特罗海上领航手册》（*Livre de la marine du pilote Pasterot*），是最奇异的诺曼底地图集之一。这个地图集以其后人推定的所有者命名，包括 78 幅海图。然而，似乎只有一幅完全制成，其余的都是不完整的，没有比例尺、风玫瑰、插画，或者如此例中那样，没有地名。在这部地图集中找到了同一地区的几幅海图（均处于完成中的不同阶段），并且其整体编排看不出有任何顺序。画在纸张上的绘本地图。

原图尺寸：56 × 40 厘米。由 BL（Eg. MS. 1513, chart 7）提供照片。

---

[51] 关于古怪的帕斯特罗地图集，请参阅托尼·坎贝尔（Tony Campbell）的 "Egerton MS 1513：A Remarkable Display of Cartographic Invention," *Imago Mundi* 48（1996）：93 – 102。坎贝尔认为这部地图集实际上是为各种不同的地图集而制作的未完成的海图的集合。

地图集中，我们甚至可以找到不同完成阶段的相同海图的不同副本，例如纽芬兰地区，其中一幅没有填满细节和地名。）

诺曼底的水文测量师也意识到了，在海图建构中的地理坐标的使用——雅克·德沃在他的 1583 年《首部著作》（*Premières œuvres*）中所概述的一项技术。然而，在那个时代，很难确定某一特定点的经度（而且，在船上几乎不可能做到这一点）。事实上，16 世纪的海图（包括雅克·德沃画的那些）从来没有给出过对经度的表现。

在 17 世纪，随着纬度和经度的扩展（加上偶尔省略了罗盘方位的网格），海图的出现揭示了地图绘制的明确发展。摹描海图轮廓的原始框架的复杂性超越了带有罗盘方位的平面海图范畴：实际上，制图师必须摹描 1°、5°，或 10°的平行线（根据所需要精确度的规模），随着线移动远离赤道，逐渐增加它们之间的距离（以保持纬度和经度的真正比例）。尽管同时代尼德兰和英格兰的数学家对斜航法和三角学进行了研究，[52] 但从勒瓦瑟到富尼耶的诺曼底水道测量师们建议在绘制平行线和建立长度刻度方面都使用形象技术。

为了在"精简的"地图上建立长度的尺度，勒瓦瑟推荐绘制 5°的平行线，在第一子午线的一条平行线上进行标记，然后把两条平行线之间的空间划分为 7 个相等的部分，每个相等的部分都代表 12.5 个里格（诺曼底长度尺度的传统分配方式）。[53] 于是，其中的 8 份将构成 100 个里格。

富尼耶提及了这一方法，并提出了两种其他的方法。其中一种是画出一条斜线，与子午线之间有 29°的角度，因为 29°的割线是由两条平行线之间的距离所组成的单元的 8/7。所以，在这条斜线上，两条平行的 5°之间的距离等于 100 里格。第一种方法是画一系列的直线线段，代表不同平行线的 100 里格，这些不同平行线的长度可以通过画图来计算或测量。其结果是一个长度尺度的梯形表示。至于海岸线的描绘，从一个时期到另一个时期的方法并没有太大的不同：制图师首先绘出主要的点，这些点的坐标是已知的，然后参考其他的地图来探寻它们之间的联系。

海图的使用：测绘位置

在船舶上是否有海图，或者使用了海图，几乎没有证据；然而，雅克·德沃确实说过，"在航海所必需的所有仪器中，包括了海图，因为没有它们，就不能进行长途航行"。[54] 船只的领航员使用了可能被称为航位推算航行的海图。从出发的纬度开始，他会猜出经行的距离，然后通过观察在地图上的路线来估算船的位置。他的估算可能会时不时地通过与位置的实际读数（如果可能的话）进行对比，或者至少与纬度的读数进行对比。

关于航海的各种诺曼底的论文都是与"测绘"海图的问题有关，也就是指出船只位置 1561 的海图。[55] 如果领航员经常改变路线，他就会用方向和经过的距离来计算他的位置。当经行距离很大（因此很难估算）的时候，领航员会使用其遵循的路线和按照他当前位置测量的

---

[52]　请参阅 Raymond d'Hollander，"Historique de la loxodromie，" in *Géographie du monde au Moyen Age et a la Renaissance*，ed. Monique Pelletier（Paris：Éditions du C. T. H. S.，1989），133 – 148。

[53]　这些是航海里格——也就是说，1 纬度等于 17.5 里格（如此，每里格等于大约 6350 里）。

[54]　De Vaulx，"Premières œuvres，" fol. 7v.

[55]　Bessard，*Dialogue de longitude est-ouest*；Le Vasseur，"Geodrographie"；and Fournier，*Hydrographie*.

纬度。

考虑到测量（关于时间、距离、纬度等）的不精确和磁偏角的影响，这些操作中误差的概率非常大。更重要的是，在平面海图（16世纪中唯一使用的，也是17世纪依然最常用的）上，正确的位置测绘是不可能的，因为遵循的路线从来没有表现为一条直线。然而，尽管存在这些因素，海图对于长途航行的圆满结束是不可或缺的。似乎水道测量师没有被平面海图中隐含的障碍特别地扰乱，因为即使是那些分析与此类著作相关问题的测量师，当解释领航员如何测绘其位置时，还是建议使用纬度扩展带的海图，将平面海图作为他们的模型。确立起来的事件似乎已经战胜了理论知识，即使是那些最博学的水道测量师的知识。

诺曼底海图的使用

当我们检查诺曼底制图师留下的现存作品时，非常明显，它们不能作为导航的工具，因为海图和地图集通常都处于非常好的状态。更重要的是，形式和规格都会导致这些作品中的大多数不适合在海上使用；例如，16世纪中期的绘本世界地图的最大尺寸会导致在船上参考它们时，显得非常笨拙，而那些小一些的世界海图，比如德利安和盖拉尔制作的那些对于船舶的领航员的实际使用来说尺寸太小（当然，要记得，如果为实操使用而制作的海图并未保存下来的话，仅有的几幅现存地图完全不具备代表性，我们并不知道船舶使用的海图究竟是什么样子）。更详细的地图集和海图会令人更加满意，因为它们没有更大的海图那样笨拙，也比更小的海图更有用。但是，在几幅不同的海图上描绘出一条路线非常困难，因为在两幅不同的海图上，没有任何平行线和子午线的框架，以明确地确定相同的点。富尼耶建议船舶的领航员要有一幅比例尺尽量大的海图，但也要包括出发和抵达的地点。领航员还应该在遇到暴风或暴风雨的情况下，使用包含不同港口的各种更详细的地图。[56] 后者的需求可能会被同时代的地图集所满足。

最后，为实际航海所使用的现存诺曼底海图的不适宜性的另一个表现是它们的装饰程度。[57] 事实上，其大部分都是在内陆地区和边境地区发现的，所以不会影响领航员绘制路线的工作。然而，装饰的程度使得这些诺曼底海图和地图集设计得非常华丽，更像是为放在图书馆里，而不是放在船舶的海图桌上。勒瓦瑟自己说过，"所有的世界地图更多地是为了装饰，像画一样，而不是为了指示和信息"。[58]

所以，毫无疑问，诺曼底海图的主要功能是装饰。虽然如此，它们也可以为向那些不熟悉地球真实面貌的人揭示地球表面提供非常有用的功能。实际上，在一幅世界地图上描绘地球，是在描述一个人自己的宇宙观，并勾勒出他自己关于世界的哲学观点。所以，例如，描绘出南半球的虚构大陆可能是警告那些到那里去探险的领航员，那些海域"根本没有发现"，但它也意味着可以为集中在地球表面上的陆地的分布提出一个和谐的解释。

大部分现存的诺曼底海图包含王室的纹章或装饰。就像其他科学或文学作品的作者一

56　Fournier, *Hydrographie*, 549.

57　关于诺曼底海图的装饰，请参阅 Sarah Toulouse, "L'Hydrographie normande," in *Couleurs de la Terre：Des mappe-mondes medievales aux images satellites*, ed. Monique Pelletier（Paris：Seuil／Bibliotheque Nationale de France, 1998）, 52－55.

58　Le Vasseur, "Geodrographie," fol. 86v.

样，水道测量师们可能已经做出了此类献词以获得某种经济酬劳，而在其他情况下，这些工作其实可能是受委托而进行的。当然，这些奉献的对象并不是随便选择的；他们都是对航海具有一定的知识或实践上感兴趣的人。例如，罗茨把他的作品献给了亨利八世，而亨利二世的纹章则发现于几幅地图档案上;[59] 两个君主都关注各自的海军建设。几幅作品是献给海军上将的：德塞利耶的 1550 年世界海图包含有克洛德·达内博特（Claude d'Annebaut）的盾徽，他于 1544—1552 年担任法国的海军上将；勒泰斯蒂的地图集献给了加斯帕尔·德科利尼（Gaspard de Coligny），他从 1553—1572 年担任海军上将，勒泰斯蒂的 1556 年《世界地图》包含了科利尼和海军中将夏尔·德拉梅耶雷（Charles de La Meilleraye）的纹章；雅克·德沃把他的《首部著作》献给了阿内－茹瓦约斯（Anne Joyeuse）公爵，他于 1582 年被任命为西部海军上将；盖拉尔的 1634 年《世界地图》包含了黎塞留的纹章，他从 1626 年开始总管法国的海军事务。

　　这些海图为君主和海军将领们计划征服和准备远征提供了帮助；在雅克·德沃·德克莱的两幅现存海图中，这一军事角色尤其明显。1579 年，这些海图表现了巴西海岸和里约热内卢的海湾，它们的图例中的信息很明显地是符合军事需要（例如，指出哪里增加军队，以及进攻的最佳地点）。更重要的是，巴西海岸的海图上包含了菲利波·斯特罗齐（Filippo Strozzi）的纹章，这意味着这些作品一定是为了凯瑟琳·德美第奇和斯特罗齐攻陷里约的远征而绘制的，斯特罗齐是卡特琳的表兄。[60]

　　海图并不总是反映实际；它们可能是政治野心或征服梦想的表现。这一现象的例子可以在雅克·德沃（1584 年）、纪尧姆·勒瓦瑟（1601 年）和皮埃尔·德沃（1613 年）的海图中找到。这些包括如《新法兰西》（在北美洲）和《南极法兰西》（在南美洲）等铭文，并附以法国的纹章。毫无疑问，法国的航海家经常来到这些区域（诺曼底人是最早这样做的群体之一），但是殖民计划依然只是如此，从 1584—1613 年所做的各种尝试都没有建立起这些海图所显示的那种永久定居点。[61]

　　在那个时代，海洋航行和殖民尝试的首要目的是发展商业，这在海图自身中得以反映。在众多陆地上所装饰的特征以及伴随海图的评注经常是经济性的，描述了在某一特定区域发现的各种产品。最引人注目的例子是大量的插画，显示了巴西的红杉——它们用于染色，或者是中美洲的金矿。实际上，选择区域绘图与当时存在的贸易路线有关。例如，诺曼底航运并不经常在地中海地区活动，而且只有一幅诺曼底海图保留至今，由盖拉尔制作于 1633 年（受黎塞留委托制作），详细地描绘了这片海域。[62] 然而，对纽芬兰、巴西和西非的海岸，诺曼底人进行了许多次探险，这三个地区经常出现在诺曼底人的大西洋海图上。与此类似，17

[59]　《德塞利耶世界海图》、《海牙地图集》和《哈利父子（Harleian）海图》。

[60]　关于此次发生在 1582 年的远征，请参阅 La Roncière, *Histoire de la marine française*, 4：168 – 192。

[61]　其中有维勒加尼翁骑士尼古拉·迪朗在里约地区的行动队（1555—1560 年）、让·里博（Jean Ribault）和勒内·古莱纳·德洛东尼埃（René Goulaine de Laudonnière）向佛罗里达的探险（大约 1562—1565 年）、凯瑟琳·德美第奇和菲利波·斯特罗齐（Filippo Strozzi）的征服里约计划（1579—1582 年）、17 世纪初萨米埃尔·德尚普兰向新斯科舍的航行，以及 1612 年丹尼尔·德拉图什·德拉瓦迪埃（Daniel de La Touche de La Ravardiere）和弗朗索瓦·德拉齐利（François de Razilly）的巴西探险。请参阅 La Ronciere, *Histoire de la marine française*, vol. 4。

[62]　附录 52.1，第 35 条。

世纪初，诺曼底航海家开始把他们的兴趣转向遥远的北方，建立了一个于斯匹次卑尔根地区进行贸易的商业公司，[63] 这一转变也在诺曼底制图师的作品中得到体现。[64] 最终，1633 年，盖拉尔绘制出中美洲的海图，这一年，法国对安的列斯群岛（Antilles）产生了浓厚的兴趣。[65]

停留在绘本状态的海图

虽然诺曼底的制图师们没有太多的创新，但他们遵循了当时的发展趋势，跟上了最新的技术和地理发现的步伐，把这些融入他们的工作中。然而，在 1635 年以后，关于诺曼底就再也没有制作过海图。造成这一现象，一部分是因为宗教战争，它对这一地区产生了特别可怕的影响，导致其港口的交通严重衰退（1630 年之后，这一进程加速，鲁汶、迪耶普和翁弗勒尔被拉罗谢尔和波尔多取代）。但是，诺曼底地图学的终结，也是因为其制作产品的发行量非常有限。诺曼底的海图依然停留在绘本地图层面，所以无法与印刷的地图集竞争，荷兰人凭借印刷地图集，在 16 世纪晚期开始涌入市场，这些作品能够以较低的成本快速获得。一直到 17 世纪末期，让－巴蒂斯特·科尔贝（Jean-Baptiste Colbert）的出现，法国的水文学教学才得以建立在坚实的基础上，海洋地图学经历了一次复兴，其中最著名的例子就是《法兰西海神》（*Le neptune françois*）的印刷出版。[66]

1563   附录 52.1   诺曼底海图和地图集

作者、日期、标题	格式、尺寸（厘米）	描述	地点
1. 让·罗茨，地图集，1542 年，"*The Boke of Idrography, John Rotz*"	羊皮纸绘本，32 对开页，59×39	最开始的 6 图幅是关于航海科学的文字叙述。其余的绘本是一部 11 个地区的海图的地图集，覆盖了全世界，以及一幅世界地图。放在一起，区域海图可以组成一幅 213.5×396.5 厘米的世界地图	BL, MSS., Royal MS. 20. E. Ⅸ
2. 让·罗茨（被认为是），海峡地图，约 1542 年，无签名，无地点、日期，65-66.	纸本绘本，2 幅组装，44×91		BL, MSS., Cotton MS Aug. I, vol. Ⅱ
3. 哈利父子海图，约 1545 年，佚名，无地点、日期	羊皮纸绘本，6 幅组装，118×246	表现世界上所有陆地，北美洲的中西部海岸除外。未表现太平洋	BL, Add. MS. 5413
4. 海牙地图集，约 1545 年，佚名，无地点、日期	羊皮纸绘本，32 对开页，62×43	包括 14 幅区域海图，表现欧洲、非洲、美洲，以及一些海洋科学的概念	The Hague, Koninklijke Bibliotheek,（见图 52.5）.MS. 129 A 24

---

63 La Roncière, *Histoire de la marine française*, 4：675-680.

64 杜邦的大西洋海图（1625 年）和盖拉尔的北欧和斯匹次卑尔根岛海图（1628 年）（附录 52.1，第 24 和 30 条）。

65 La Roncière, *Histoire de la marine française*, 4：649-667.

66 最初的版本年份为 1693 年。

续表

作者、日期、标题	格式、尺寸（厘米）	描述	地点
5. 皮埃尔·德塞利耶，世界海图，1546 年，"*Faicte a Arques par*［*Pierre Desceliers, presbtre*］*, 1546*"	羊皮纸绘本，4 幅组装，128×254	海图表现全世界的陆地，北美洲的中西部海岸除外。太平洋未表现（参见图 52.1）	Manchester, John Rylands University Library, Biblio – 1546" theca Lindesiana, French MS. 15
6. 瓦拉尔地图集，1547 年，佚名，迪耶普	羊皮纸绘本，34 对开页，39×28.5	最先的 4 对开页是关于航海科学的文字学术。其余的绘本是 15 幅区域地图组成的地图集，描绘了整个世界，北欧、亚洲和美洲西海岸除外（参见图版 62）	San Marino, Huntington Library, MS. HM 29
7. 皮埃尔·德塞利耶，世界海图，1546 年，"*Faicte a Arques par Pierre Desceliers, presbtre, l'an 1550*"	羊皮纸绘本，4 幅组装，139×219	表现了全世界的陆地，北美中西部海岸除外。太平洋未被表现	BL, Add. MS. 24065
8. 皮埃尔·德塞利耶，世界海图，1546 年，"*Faicte a Arques par Pierre Desceliers, presbtre, 1553*"	羊皮纸绘本，4 幅组装，126.5×210	海图表现了全世界的陆地，北美洲的中西部海岸除外。太平洋没有表现	从前属于汉斯·维尔切克（Hans Wilczek），居住在奥地利的 Kreuzenstein，1915 年 4 月 24 日，该地被火灾摧毁。1901 年，维也纳 Geographische Gesellschaft 的爱德华·西格尔（Eduard Sieger）制作了一部副本
9. 尼古拉·德利安（Nicolas Desliens）（被认为）地图集，约 1555 年，无签名，无地点、日期	羊皮纸绘本，12 对开页，32.5×26	6 幅海图，覆盖了整个世界，北美洲的西部海岸除外	New York, Pierpont Morgan Library, M 506
10. 纪尧姆·勒泰斯蒂地图集，约 1556 年，"*Cosmographie universelle selon les navigateurs tant anciens que modernes, par Guillaume Le Testu, pillotte en la mer du Ponent de la ville françoyse de Grace*," *Le Havre, 1555*（*i. e., 1556*）	纸本绘本，59 对开页，53.5×38	6 幅世界地图和 50 幅区域地图，覆盖了全世界	Vincennes（France），Bibliothèque du Service Historique de l'Armée de Terre，Bibl. MS. 607
11. 尼古拉·德利安，世界海图，1561 年，"*Faicte a Dieppe par Nicolas Desliens, 1541*"（*sic for 1561*）	羊皮纸绘本，单幅，57.5×104	海图表现了全世界。太平洋未表现。这幅海图被认为已经毁掉。尽管它遭遇 1945 年德累斯顿轰炸之后的水灾，颜色褪去，羊皮纸皱折，但这幅海图确实依然存在。有一幅 1903 年制作的副本，与一幅比原图稍小的副本（53×96.5 厘米）。参见 Viktor Hantzsch and Ludwig Schmidt, eds., *Kartographische Denkmäler zur Entdeckungsgeschichte von A-merika, Asien, Australien und Afrika*（Leipzig：W. Hiersmann, 1903），Ⅱ-Ⅳ	Dresden, Sächsische Landesbibliothek, Geogr. A 52 m

1564

作者、日期、标题	格式、尺寸（厘米）	描述	地点
12. 尼古拉·德利安，世界海图，1566 年，"A Dieppe, par Nicolas Desliens, 1566"	羊皮纸绘本，单幅，27×45	海图表现了全世界的陆地，北美洲中西部海岸除外。太平洋未表现。这幅海图的 1567 年副本，几乎完全相同，但略大（28×46 厘米），收藏于伦敦的国家航海博物馆（National Maritime Museum），MS. 35－9936C/P2（G 201：1/51）。它也由德利安签名。第三幅副本绘制于 1568 年，无签名［被认为是皮埃尔·哈莫（Pierre Hamon）］，28.5×45 厘米，也收藏于伦敦的国家航海博物馆，MS. 35－9935C/P1（G 201：1/52）。在哈莫的论著中找到这一副本，哈莫是查理九世（Charles IX）的写作教师，于 1569 年被绞死。把著作权归于哈莫是由马格斯（Maggs）兄弟的销售目录提出的，与一幅 1568 年法国地图相比较而得出，后者有他的签名（现在收藏于 the Pierpont Morgan Library，M 980）	BNF, Cartes et Plans, Rés. Ge D 7895
13. 纪尧姆·勒泰斯蒂，世界海图，1566 年，"Ceste carte fut pourtraicte en toute perfection tant de latitude que longitude par moy, Guillaume Le Testu, pillotte royal natif de la ville françoyse de Grace, [...] et fut achevé le 23e jour de may 1566."	羊皮纸绘本，单幅，79×118	两半球的世界海图，一些地区未确定（北欧、拉布拉多、加利福尼亚）	BNF, Cartes et Plans, Rés. Ge AA 625
14. 让·科森，世界海图，1570 年，"Carte cosmografique ou Universelle decription du monde avec le vrai traict des vens. Faict en Dieppe par Jehan Cossin, marinnier, en l'an 1570."	羊皮纸绘本，单幅，25.5×45	世界海图	BNF, Cartes et Plans, Rés. Ge D 7896
15. 雅克·德沃·德克莱，巴西海岸海图，1579 年，"Jacquesde Vau de Claye m'a faict en Dieppe l'an 1579"	羊皮纸绘本，单幅，45×59	从赤道到里亚雷奥尔（Rio Real）的巴西海岸海图	BNF, Cartes et Plans, Rés. Ge D 13871

1565

续表

作者、日期、标题	格式、尺寸（厘米）	描述	地点
16. 雅克·德沃·德克莱，里约热内卢湾海图，1579年，"Le vrai pourtraict de Genevre et du cap de Frie. Jacques de Vau de Claye" [Dieppe, 1579]	羊皮纸绘本，单幅，66.5×50	里约热内卢湾［瓜纳巴拉（Guanabara）湾］海图，从卡布弗里乌（Cabo Frio）到糖面包山（Pot a beure）	BNF, Cartes et Plans, Rés. Ge C 5007
17. 里昂地图集，1580年前后，匿名，无位置和日期	羊皮纸绘本，34 对开页，38×29	一幅世界地图和 11 幅区域海图，覆盖了除美洲西海岸和亚洲北部之外的整个世界	Lyons, Bibliothèque MS. 176
18. 雅克·德沃·德克莱，论著，1583年，"Les premières œuvres de Jacques de Vaulx, pillote en la marine, contenantz plusieurs demonstrations, reigles praticques, segrez et enseignemntz très necessaires pour bien et seurement naviguer par le monde …," Le Havre 1566	羊皮纸绘本，单幅，45×59	10 幅海图，既有世界性的，也有区域性的	BNF, Manuscrits, MS. fr. 150. Another example of this treatise, written in 1584 but almost identical, is kept under the call number MS. fr. 9175
19. 雅克·德沃·德克莱，美洲入口的海岸海图，1584年，"Ceste carte a esté faicte par Jacques de Vaulx, pilote entretenu pour le roy en la Maryne, au Havre, 1584."	羊皮纸绘本，单幅，81×58	东海岸从拉布拉多到南纬42°左右，西海岸从加利福尼亚海湾［拉特里尼泰（La Trinité）］到智利。这幅海图原本是一幅大西洋海图的西部（请参阅图52.2）	BNF, Cartes et Plans, Rés. Ge C 4052
20. 无署名的地图集，以帕斯特罗（Pasterot）闻名，16 世纪下半叶，匿名，"Le livre de la marine du pilote Pasterot," 约 1587 年	羊皮纸绘本，单幅，74.5×99	78 幅区域海图，有一些没有完成，覆盖了除北欧和东北亚之外的全世界。有一些区域表现了好几次：这些海图可能是为编制几部地图集而绘制的，但并未完成，装在一起，没有按照连贯的顺序（请参阅图52.6）	BL, Eg. MS. 1513
21. 纪尧姆·勒瓦瑟，大西洋海图，1601年，"1601, A Dieppe, par Guillaume Le Vasseur, le 12 de juillet"		从汉堡（Hamburg）到马塔潘角（Cape Matapan）之间的欧洲海岸、从昔兰尼（Cyrene）到好望角的非洲海岸、从拉布拉多到拉普拉塔河（Rio de la Plata）的美洲东海岸以及从尼加拉瓜到康赛普西翁（Conceptión）的美洲西海岸	BNF, Cartes et Plans, S. H. Archives n°5

1566

1566

续表

作者、日期、标题	格式、尺寸（厘米）	描述	地点
22. 雅克·德沃·德克莱，大西洋海图，1613 年，"*Ceste carte a esté faicte au havre de Grace par Pierre de Vaulx, pilote geographe pour le roi, l'an 1613.*"	羊皮纸绘本，单幅，68×95.5	从埃斯科河（L'Escau）斯海尔德河（the Schelde River）到达尔马提亚（Dalmatia）海岸的欧洲海岸、从利比亚到福里亚（Fria）角（在纳米比亚）的非洲海岸、从拉布拉多到雅内鲁河（Rio de Janeiro）的美洲东海岸，以及从阿卡普尔科（Acapulco）到智利阿内加德点（Anegade point）的美洲西海岸	BNF, Cartes et Plans, S. H. Archives n°6
23. 让·杜邦，北大西洋和北冰洋海图，1625 年，"*Faicte par Jean Dupont de Diepe, 1625*"	羊皮纸绘本，单幅，58.5×60	从卡南（Kanen）到波尔多的欧洲海岸、大不列颠和爱尔兰、冰岛的北部海岸、格陵兰和斯匹次卑尔根的海岸	BNF, Cartes et Plans, S. H. Archives n°8
24. 让·杜邦，大西洋海图，1625 年，"*Par Jean Dupont de Diepe, 1625*"	羊皮纸绘本，双页，曾组装过，77×107	从埃斯科河（斯海尔德河）到热那亚（Genoa）的欧洲海岸、从突尼斯到好望角的非洲海岸、从圣劳伦斯河到拉普拉塔河的美洲东海岸	BNF, Cartes et Plans, S. H. Archives n°9
25. 让·杜邦，加斯科涅湾（Golfe de Gascogne）海图，1625 年，"*Ce plan fait par Jan Dupont de Diepe, pillotte experimente en la marinne, 1625*"	羊皮纸绘本，单幅，73.5×56.5	从拉兹角（Pointe du Raz）到圣让 – 德吕兹（Saint-Jean-de-Luz）的法国海岸	BNF, Cartes et Plans, S. H. Port. 48 Div. 0 pièce 1
26. 让·盖拉尔，世界海图，1625 年，"*Nouvelle description hydrographicque de tout le monde, carte faitte en Dieppe par Jean Guérard l'an 1625*"	羊皮纸绘本，单幅，51×75	世界海图，在西北角有一幅迪耶普平面图	BNF, Cartes et Plans, S. H. Archives n°10
27. 让·盖拉尔，法国海岸海图，1627 年，"*Description hidrografique des costes, ports, havres et rades du roiaume de France. Carte faitte en Dieppe par Jean Guérard, 1627.*"	羊皮纸绘本，两页装订，135×80	*海峡和大西洋海岸*：从泰晤士河到加的夫（Cardiff）的英国海岸、从布洛涅到纳维亚（Navia）的法国和西班牙海岸	BNF, Cartes et Plans, S. H. Archives n°11
28. 让·盖拉尔，法国海岸海图，1627 年，"*Description hidrographique de la France. Carte faitte en Dieppe par Jean Guérard, 1627.*"	羊皮纸绘本，两页装订，119.5×80	*海峡和大西洋海岸*：从伦敦到康沃尔（Cornwall）的英国海岸、从奥斯坦德（Oostende）到里瓦德奥（Ribadeo）的法国和西班牙海岸	BNF, Cartes et Plans, S. H. Archives n°12

1567

续表

作者、日期、标题	格式、尺寸（厘米）	描述	地点
29.（被认为是）让·盖拉尔，法国海岸地图，1627 年前后，无署名，"Description générale de la coste maritime du royaume de France en la mer Occeane"	羊皮纸绘本，17 张对开页，38×30	包括 1 幅总图和 14 幅海峡和大西洋海岸海图	BL，Add. MS. 48021 A
30. 让·盖拉尔，北欧海图，1628 年，"Carte faitte en Dieppe par Jean Guérard, l'an 1628"	羊皮纸绘本，两页装订，北部有两幅小图，86×118	从新地岛（Novaya Zemlya）到挪威卑尔根（Bergen）的北欧海岸，以及斯匹次卑尔根岛。在 7 个旋涡纹中详细描绘了：科拉河（Kola River）、瓦尔德（Vardø）、基利金岛（Kil'den Island）、阿尔汉格尔斯克（Arkhangelsk）以及类似的地方	BNF，Cartes et Plans，S. H. Archives n°39
31.（被认为是）纪尧姆·勒瓦瑟，论著，1630 年前后，无署名，"Des commancemens de l'hidrographie ou Art de naviger"	羊皮纸绘本，22 张对开页，33×27.5	包括 1 幅世界海图的论著	有两部副本已知：Dieppe Public Library，MS. 294，以及 Harvard CollegeLibrary，Department of Printing and Graphic Arts，MS. typ 33（此例完全相同，但尺寸上小得多，165×170 毫米）。它最初被认为出自盖拉尔之手。1568 年
32. 斯匹次卑尔根岛海图，1630 年前后，匿名，无位置与日期	羊皮纸绘本，46×63.5	海图描绘了斯匹次卑尔根岛的西海岸。可能是一部地图集的一部分，而且与 E. T. Hamy 描述过的一部已经亡佚的诺曼底海图非常接近，见其 "Les Français au Spitzberg au XVIIᵉ siècle,"Bulletin de Géograp-hie Historique et Descriptive，1895，159 – 182，但肯定不是同一幅。最近由亨廷顿图书馆（Huntington Library）的馆长威廉·弗兰克（William Frank）进行过鉴定	San Marino，Huntington Library，MS. HM 47
33. 让·盖拉尔，大西洋海图，1631 年，"Carte faitte en Dieppe par Jean Guérard, 1631"	羊皮纸绘本，三页装订，在东南部有一幅小图（这幅海图的 1/4，也就是需要完成的第四页，已经亡佚了）	从鹿特丹到君士坦丁堡的欧洲海岸、从利比亚到好望角的非洲海岸、从圣劳伦斯河到雅内鲁河的美洲海岸，以及从新西班牙（La Neuve Espaigne，危地马拉）到巴拿马湾的美洲西海岸（请参阅图 52.4）	BNF，Cartes et Plans，S. H. Archives n°14
34. 让·盖拉尔，中美洲海图，1633 年，"Carte faitte a Dieppe par Jean Guérard, 1633"	羊皮纸绘本，100×75	中美洲和安的列斯群岛（Antilles）	Dieppe，Château-Mus-ée，Inv. 889.23.1

1568

作者、日期、标题	格式、尺寸（厘米）	描述	地点
35. 让·盖拉尔，地中海海图，1633 年，"*Carte faitte en Dieppe par Jean Guérard, 1633*"	羊皮纸绘本，六页装订，86×212	地中海和黑海，以及从韦桑岛（Ouessant, Île d'Ouessant）到圣克罗伊岛（Sainte Croix）的大西洋海岸。旋涡纹中有 9 个港口的平面图 [马赛（Marseilles）、厄勒斯（Eres）、威尼斯（Venice）、布林迪西（Brindisi）、罗维尼（Rovigno）、圣佩德罗（San Pedro）、卡塔罗（Catarro）、加利波利（Gallipoli）、阿尔梅里亚（Almería）]	Paris, Service Hydro-graphique et Oceano-graphique de la Marine, Port. 63, piece 14
36. 让·盖拉尔，世界海图，1634，"*Carte universelle hydrographique, faitte par Jean Guérard, l'an 1634*"	羊皮纸绘本，单幅，37×48	世界海图	BNF, Cartes et Plans, S. H. Archives n°15
37. 让·盖拉尔，地图集，1635 年	羊皮纸绘本，四卷，35×48	2 卷包括 9 幅和 14 幅海图，覆盖了欧洲、亚洲和非洲	Istanbul, Harbiye, Askeri Muze, MSS. 1727 and 1828
		1 卷包括 7 幅海图，覆盖美洲西部	Istanbul, Topkapi Sarayi Müzesi, Inv. A 3714
		1 卷包括 7 幅海图，覆盖美洲东部	Vienna, Österr-eichische Nation-albiblio-thek, catalogue n° 7474

第五十三章 法国的出版与地图贸易，1470—1670 年

卡特琳·奥夫曼（Catherine Hofmann）
审读人：黄艳红

  1470—1670 年，地图出版在法国缓慢而蹒跚地发展。在这一阶段的早期，出版地图的尝试很稀少，在地理上也很分散；到 1650 年，在巴黎出现了一种相对繁荣和集中的活动，它们被一个小型网络所激发，这个网络由稍微专业的地理学家和有必要的工具和能力出版地图的出版商所组成。市场也足够大，可以保证在出版方面的投资是有利可图的。法国进入欧洲市场比较晚，与其说是缺少能力足够的制图师，还不如说是糟糕的出版设施、缓慢的技术进步，还有就是法国大众对地图图像缺乏兴趣所导致的。所以，法国地图学的专业化发展得比较晚，在该国的这一时期，人们不能把地图出版与图书和印刷品世界中所见到的普遍进步分开。

  我们可以基于地理、技术和企业的发展来区分这一时期的三个阶段。在第一阶段，从 1480 年到大约 1580 年，木刻版技术主导了法国的印刷工艺。生产中心也比较分散：斯特拉斯堡、里昂、巴黎，以及勒芒、普瓦捷（Poitiers）和图尔。在极大程度上，这些影响是意大利和莱茵式的。排字印刷和图像印刷之间的分离还没有产生——出版的地图和平面图最初经常是由排字印刷的印刷——书商所制造，就像它是从印刷的图像出版商而来一样。16 世纪末前后，当铜版雕版取代木刻雕版技术的时候，这两种商业之间发展出一种竞争关系。印刷工人很早就组织起来，形成了行会，而木刻师和铜版雕工仍然从他们"自由贸易"的地位中获益，而且决心保住这一地位。第二阶段感受到了佛兰德和阿姆斯特丹的压倒性优势：尼德兰地图被巴黎出版商引进、仿造或抄袭，长达半个世纪（1580—1630 年）。直到 1630—1670 年的第三阶段，法国的独立地图出版业才开始生产数量众多、质量不错，在法国构思并完成的作品。①

---

  ① 本章主要基于 Mireille Pastoureau 的著作：*Les atlas français, XVIe - XVIIe siècles: Répertoire bibliographique et étude*（Paris: Bibliothèque Nationale, Département des Cartes et Plans, 1984），and Marianne Grivel, *Le commerce de l'estampe à Paris au XVIIe siècle*（Geneva: Droz, 1986）。

尝试与错误的一个世纪，1480—1580年

除了塞维尔的伊西多尔（Isidore of Seville）的《词源》（*Etymologies*）（斯特拉斯堡，约1473年；巴黎，1499年）、《历史之海》（*La mer des hystoires*）[《新知概说》（*Rudimentum novitiorum*）的法文译本，巴黎，1488年；里昂，1491年]，[②] 以及《保罗·奥罗修斯的历史》（*Les histoires de Paul Orose*）（巴黎，1491年），在法国出版的唯一一部地图学古版本是贝尔纳德·冯·布赖登巴赫（Bernard von Breydenbach）的《圣地朝圣》（*Peregrinatio in Terram Sanctam*），由两名德意志人米歇尔·托皮（Michel Topie）和雅克·黑伦贝尔克（Jacques Heremberck）在1488年印刷于里昂。它包括了刻在铜版上的七幅城市景观图系列，这是这一流程在法国的第一个例子。最后一幅景观图，就是耶路撒冷，展现于一张巴勒斯坦地图中（图53.1）。[③]《圣地朝圣》（1489年）的法文第二版使用了1486年美因茨刊刻的木刻版原图。

图 53.1   《耶路撒冷和圣地地图》的细部

铜版印刷，根据贝尔纳德·冯·布赖登巴赫《圣地朝圣》（Lyons: Michel Topie and Jacques Heremberck, 1488）铜版雕刻。

完整原图尺寸：26.5×125 厘米。由 BNF（Réserve des livres rares et precieux, Res. J. 155, between 36 and 37）提供照片。

我们对法国印刷木刻版和铜版的引入的理解——在勃艮第王国的外围地带、佛兰德和上莱

---

② Tony Campbell, *The Earliest Printed Maps*, 1472–1500（London: British Library, 1987）. *La mer des hystoires* also contains a map of Palestine.

③ Pastoureau, *Les atlas français*, 85–87.

茵——遭遇了档案文件和在现存印刷品上的精确刻印的缺乏。④ 在 16 世纪时流通的大多数印刷品的消失，类似单页，使我们对法国地图制造产生了误解，而在整个世纪中，这种术语的模糊性导致档案研究变得困难。没有在经过证实的文件中加入"在纸上"的表述，已经不清楚类似"imagier"（图像制作师）或"tailleur d'histoires"（字面意思是故事刻工）之类的术语是指木刻版、铜版，还是雕刻。至于"graveur"（雕刻师）这个词，直到 16 世纪七八十年代，才不再指金属雕版师、木刻师，或印章的雕刻师；"graveur en taille douce"（精密铜版雕刻师）这一表述意味着用雕刻刀来工作，直到 17 世纪才推广开来。地图的木刻版或铜雕版还没有被认为是一种独立的特殊贸易。1594 年，法国的第一部地图集《法兰西概观》（*Le theatre francoys*）出版之前，很少有木刻师或雕刻师专门从事地图工作。所有的地图都是由一位来自佛兰德的铜版师加布里埃尔·塔韦尼耶一世（Gabriel Ⅰ Tavernier）制作的。

1570

里昂的先锋角色

在 16 世纪上半叶，木刻师和雕刻师分散在法国各外省，并不是集中在巴黎，因为那里的宫廷还没有稳定下来。第一幅法国区域地图——勒芒教区地图，由马赛·奥吉耶（Macé Ogier）于 1539 年在勒芒出版；皮埃尔·加谢尔（Pierre Garcie）的作品［《大路》（*Le grant routtier*），1520—1521 年和 1541—1542 年］与埃利·维内（Elie Vinet）的作品［《波尔多的古物》（*L'antiquite de Bourdeaus*），1565 年］由书商昂吉尔贝尔（Enguilbert）和让·德马尔内夫（Jean de Marnef）于普瓦捷出版。与吉姆纳塞·德圣-迪耶（Gymnase de Saint-Dié）的活动相关，地图、论文和托勒密《地理学指南》的几种版本在斯特拉斯堡出版。⑤ 里昂是除巴黎和斯特拉斯堡之外，无可置疑的法国出版最活跃的城市，在德意志文化影响的这一时期仍然崛起。

里昂位于王国的东部边境，对来自德意志和意大利的创新敞开大门，1470 年前后，是法国首批拥有印刷机的城市之一。⑥ 由于没有相互宣誓的手工业或贸易行会（métiers jurés），印刷作坊的数量得以增加，并吸引了来自法国和欧洲不同地区的合格劳动力。里昂还利用其举办的四次年度博览会，促进了交易和信贷。1494—1540 年，由于法兰西王室对意大利的野心，里昂占据了高度的战略和军事地位，成为实际的首都，而直到 16 世纪末和 17 世纪初，巴黎才脱颖而出。

1571

里昂的第一批出版物受到了德国模式的强烈启发。例如布赖登巴赫的《圣地朝圣》和托勒密《地理学指南》的 1535 年版本，这些出版社重新使用了这些地图及其图缘装饰的 1522 年和 1525 年斯特拉斯堡版本的木刻版，还有一些不太重要的变化。⑦ 由著名出版商巴

---

④ 请参阅 Marianne Grivel，"Les graveurs en France au XVIe siécle," in *La gravure française à la Renaissance à la Bibliothèque nationale de France*，exhibition catalog（Los Angeles：Grunwald Center for the Graphic Arts，University of California，Los Angeles，1994），33 – 57，and idem，"La reglementation du travail des graveurs en France au XVIème siècle," in *Le livre et l'image en France au XVIe siècle*（Paris：Presses de l'Ecole Normale Superieure，1989），9 – 27。

⑤ Pastoureau，*Les atlas français*，371 – 380。

⑥ 关于里昂的出版，请参阅 Natalie Zemon Davis，"Le monde de l'imprimerie humaniste：Lyon," in *Histoire de l'édition française*，under the direction of Henri Jean Martin and Roger Chartier（Paris：Promodis，1982 –　），1：254 – 277。

⑦ Pastoureau，*Les atlas français*，85 and 380 – 385。

尔塔扎尔·阿尔努莱（Balthazar Arnoullet）出版的《欧洲的缩影》（*Epitome de la corographie de l'Europ*），也受到了德意志方面的直接启发：塞巴斯蒂安·明斯特尔的《宇宙学》。阿尔努莱在1550年获得了一项"描述欧洲"的委托。为了完成这一工作，他在他的姐夫，新教徒纪尧姆·盖鲁（Guillaume Guéroult）的陪伴下，收集了一些城市的木刻版景观图。第一版问世于1552年，配有2幅地图和7幅城市平面图，接着是1553年的一幅更完整的版本，配有2幅地图和19幅平面图及景观图，但是这项工作依然并未完成。第二版的地图和景观图在格式与风格上各有不同，是匿名的。它们可能是出自不同的木刻师之手，比如贝纳德·萨洛蒙（Bernard Salomon），里昂和蒂沃利（Tivoli）的景观图（也许包括图尔和巴黎）可能是由其所制作。⑧

阿尔努莱所制作的21幅木刻版地图，其中有12幅从明斯特尔《宇宙学》而来，在《诸城市与要塞的平面图、肖像图和地图》（*Plantz, povrtraitz et descriptions de plvsievrs villes et forteresses …*）中再次出现，此书由书商—出版商让·多热罗莱（Jean d'Ogerolles）于1564年出版，配有安托万·杜皮内（Antoine Du Pinet）所著文本。对这一集群而言，多热罗莱补充了未出版的从阿尔努莱收藏而来的地图和景观图（如普瓦捷、波尔多和蒙彼利埃）、一些直接从明斯特尔《宇宙学》中翻刻［包括阿科（Acre）和耶路撒冷］，以及来自不同来源的木刻版，比如杰玛·弗里修斯从彼得·阿庇安《宇宙志》翻刻而来的世界地图。⑨ 总体而言，此项工作包含了42幅木刻地图。

图尔当地人纪尧姆·鲁伊莱（Guillaume Rouille）曾受训于威尼斯出版商加布里埃莱·焦利托（Gabriele Giolito），他成功地在里昂的书商—出版商群体中建立了自己的名气，这有赖于一种独创的编辑策略：使用当地的方言。他所出版的有1/3是法语、意大利语或西班牙语。其主题的范围非常巨大：除了非古典的诗歌和寓言画册，他还出版了历史学家和当时旅行者的作品，对插图尤其注意。1560年，他出版了佛罗伦萨的加布里埃莱·西梅奥尼（Gabriele Simeoni）的一部箴言书《简明要语》（*Le sententiose imprese*），并附以用对话体写作的奥福涅（Auvergne）的描述：《虔诚的思辩对话》（*Dialogo pio et specvlativo*）⑩，《虔诚的思辨对话》附有一幅利马涅（Limagne）木刻版地图，正如在次年的法文译本中的那样。鲁伊莱还出版了尼古拉·德尼古拉的几幅作品，包括他所著的佩德罗·德梅迪纳（Pedro de Medina）的《航海技艺》（*L'art de naviguer*，1553年）的译本，补以一幅大西洋铜版地图，以及尼古拉的《航海和东方旅程》（*Navigations et peregrinations orientales*，1568年），这是一部关于其土耳其之旅的作品，经过了美化，正如书名页所述，有很多"逼真的图片"。⑪

类似多热罗莱和鲁伊莱这样的书商—出版商，以及像阿尔努莱这样的印刷—出版商，主动印刷这些里昂的主要木刻版地图和平面图，将它们视为书籍的插图。在17世纪的独立印刷地图中，很少有幸存下来的。里昂的一个稀有例子是1550年前后的铜刻版透视景观图。有了令人印象深刻的尺寸（25幅，170×220厘米），仍然不知道地图是由何人以及为何人

---

⑧　Pastoureau，*Les atlas français*，225–227.

⑨　Pastoureau，*Les atlas français*，131–133.

⑩　Robert W. Karrow，*Mapmakers of the Sixteenth Century and Their Maps*：*Bio-Bibliographies of the Cartographers of Abraham Ortelius*，1570（Chicago：For the Newberry Library by Speculum Orbis Press, 1993），527.

⑪　Karrow，*Mapmakers of the Sixteenth Century*，435–443.

而绘制的。[12]

巴黎市场的出现

16 世纪末，巴黎印刷产品的轨迹在两块截然不同的街区之间发生了转移。在这一世纪的上半叶，大多数木刻师和雕刻师居住在塞纳河南、左岸，靠近大学书商。1550—1560 年，一群图像制作师集中在巴黎大堂附近的右岸，主要是在蒙托格伊街（rue Montorguel），那里变得非常繁荣。1576 年，安特卫普被劫掠后，大批的佛兰德雕刻师来到巴黎，导致了右岸图像制作师的逐渐衰落。这些有才华的佛兰德铜版雕工在左岸定居，邻近圣雅克街的书商，这些书商很快被制作插图的铜版雕刻吸引住了。

蒙托格伊街的图像制作师，1550—1600 年

蒙托格伊街和周边地区的大部分图像制作师都源自左岸大学附近的印刷商圈子。1575 年，一个由 50 多名木刻师组成的移民社区逐渐出现在蒙托格伊一带，这个社区由婚姻、宗教、或伙伴关系联系到一起。他们包括热尔曼·瓦约（Germain Hoyau）、阿兰·德马托尼埃（Alain de Mathonière）、弗朗索瓦·德古尔蒙（François de Gourmont）和皮埃尔·布西（Pierre Boussy）。[13] 他们的工作是专门制作单独出版的木刻版地图，无论是作为制图人、刻版工，抑或仅仅作为印刷商；他们通常把这三种功能结合到一起。根据保存下来的少数作品，这些来自蒙托格伊街的图像质量各不相同，似乎处理了各种各样的主题——《圣经》、古代历史、当代政治、日常生活图景和地图。

除了著名的 8 图幅的巴黎平面图——由奥利维耶·特吕斯谢（Olivier Truschet）和热尔曼·瓦约于 1553 年前后出版（参见图 50.11）——之外，很少有源自蒙托格伊街的地图图像的痕迹。特吕斯谢出版的其他三幅地图是在已知制图师作品例子之后刊刻：除了从尼古拉·德尼古拉的绘本复制而成的圭内斯（Guînes）城市地图（约 1559 年）之外，特吕谢还出版了《上下皮卡第图》（*Description de la haulte et basse Picardye*）（约 1559—1560 年）——此图被认为是由让·若利韦制作，以及若利韦制作的《高卢新地图》（*Nouvelle description des Gaules*）（1560 年）。[14] 只有一幅地图已知是由"蒙托格伊街的埃皮纳特（Epinette）的纸上图像制作师"尼古拉·勒菲弗所绘制的，1555 年的《里昂，富庶之城》（*Lyon，cité opulente*）。大型的《拉罗谢尔肖像》（*Pourtrait de la Rochelle*）是弗朗索瓦·德普雷（François Desprez）唯一保存至今的作品，他是一名印刷出版商，在 1570 年前后非常活跃。作为会计和金融管理员（*maître boursier*），德普雷与瓦约和马蒂兰·尼古拉（Mathurin Nicolas）在蒙托格伊街成立了出版社，以"好牧人"（au Bon Pasteur）为标识。[15]

从现存的公证文件来评断，这些轨迹并没有完美地反映出蒙托格伊街的地图印刷。1552

---

[12] *Le plan de Lyon vers* 1550（Lyons：Archives Municipales de Lyon，1990）.

[13] Jean Adhémar，"La rue Montorgueil et la formation d'un groupe d'imagiers parisiens au XVIe siècle," *Bulletin de la Société Archéologique，Historique，et Artistique，Le Vieux Papier*，facs. 167（1954）：25 – 34.

[14] Karrow，*Mapmakers of the Sixteenth Century*，438 – 439 and 322.

[15] Maxime Préaud et al.，*Dictionnaire des editeurs d'estampes a Paris sous l'Ancien Regime*（Paris：Promodis，1987），105 – 106.

年，尼古拉·勒菲弗（Nicolas Lefebvre）——只因他，里昂的景观图才为人所知——与托马·特谢尔（Thomas Texier）签订了一份合同，《历史与图像裁剪人》（*tailleur d'histoires et figures*），圣雅克街，内容是木刻 9 幅图像：罗马、巴黎、那不勒斯、君士坦丁堡、维也纳、法兰克福、日内瓦、安特卫普以及里昂。[16] 就是这位勒菲弗，联合瓦约和尼古拉，于 1560 年 3 月 15 日获得了绘制罗德岛、克里特、马达加斯加等地地图的特许权。[17]

1598 年，德尼·德马托尼埃（Denis de Mathonière）去世后所制的清单提供了很多信息。[18] 阿兰·德马托尼埃的儿子——奥龙斯·菲内法国地图（1557 年）最后一版的出版人——德尼·德马托尼埃无疑是 1580 年以后蒙托格伊街最活跃的图像制作师。去世的时候，他从总计 94 套木版中获得了 11 幅地图的刻版。这一清单指定了用于每幅地图的刻版的数目及其估计价值。这些刻版的价格似乎不高，从每块波斯特尔世界地图的印版 10 里弗，到欧洲河流的小块刻本 5 苏（或 1/4 里弗）。[19] 8 幅地图附有各自的手绘版本，也就是刻版工用作模板（*patron*）的绘图。其中 3 幅地图——纪尧姆·波斯特尔的《世界地图》、《巴勒斯坦地图》以及《巴黎地图》——的印本上标出了价格。

《世界地图》的作者——纪尧姆·波斯特尔，是提到的唯一一位作者。这份 6 图幅的木刻版地图，1578 年由让·德古尔蒙二世刻版，现存只有一份印版，日期为 1621 年，并有德尼·德马托尼埃的地址。[20] 至于清单上提到的 8 图幅的巴黎地图，很可能是奥利维耶·特吕谢和热尔曼·瓦约于 1553 年刻版的那份。这两份地图附有他们的手绘版本。这是否意味着德马托尼埃拥有原始的绘图，或者是他已经完成了绘本的复制工作？世界地图和巴黎地图来自不同的地方，这说明随着蒙托格伊街的活动在 16 世纪末减少，德尼·德马托尼埃可以通过他的公司引导他的同事们的地图的刻版和出版。

大学附近的书商

巴黎的图书出版商，选址在大学附近，老师和学生都是他们的主要客户，很少制作地图，除了他们作品中的插图。[21] 例如，1517 年，书商—出版商雷吉纳尔德·肖迪耶（Reginald Chaudier）请求奥龙斯·菲内制作一份耶路撒冷地图，作为布赖登巴赫《圣地朝圣之

1573

---

⑯ Paris, Archives Nationale, Minutier central, LXXIII – 18, 30 June 1552。引用于 Grivel，"Les graveurs en France," 44. Amount of the contract：thirty livres tournois.

⑰ Adhemar 提到了这一特许权，见："La rue Montorgueil," 29。

⑱ Georges Wildenstein and Jean Adhemar，"Les images de Denis de Mathonière d'apres son inventaire（1598），" *Arts et Traditions Populaires* 8（1960）：150 – 157. The inventory is in Paris, Archives Nationale, Minutier central, XV, 48.

⑲ "由波斯特尔先生" 制作的世界地图（6 块印版，60 里弗）、巴黎城市（8 块印版，30 里弗）、巴勒斯坦（8 块印板，15 里弗）、法国地图（4 块印版，6 里弗）、非洲地图（4 块印版，3 里弗）、皮埃蒙特（Piedmont）地图（8 块印版、4 里弗）、英格兰和苏格兰地图（4 块印版，3 里弗）、红海（4 块印版，6 里弗）、英格兰和苏格兰地图（2 块印版，20 苏图尔）、比利时地图（2 块印版，20 苏图尔）、非洲（2 块印版，20 苏图尔），以及欧洲河流（4 小块印版，20 苏图尔）。

⑳ 请参阅图 47.6 和 Rodney W. Shirley, *The Mapping of the World*：*Early Printed World Maps*, 1472 – 1700, 4th ed.（Riverside, Conn.：Early World, 2001），166 – 167（no. 144）。

㉑ 关于 16 世纪的巴黎印刷工场，请参阅 Annie Charon-Parent，"Le monde de l'imprimerie humaniste：Paris," in *Histoire de l'édition française*, under the direction of Henri Jean Martin and Roger Chartier（Paris：Promodis, 1982 – ），1：236 – 253。

旅》新版本的插图。[22] 弗朗索瓦·德贝勒福雷和安德烈·特韦作品于 1575 年出版,都以 1574
《通用宇宙学》(*Cosmographie vniverselle*)为题,都是受塞巴斯蒂安·明斯特尔的《宇宙学》
启发而来,标志着地图学兴趣的转变。

德贝勒福雷《通用宇宙学》出版源自尼古拉·谢诺(Nicolas Chesneau)和米歇尔·松
尼乌斯(Michel Sonnius),他们都是巴黎大学的附属书商(libraires jurés),根据 1572 年 5
月 22 日的特许权,旨在为法国市场改编明斯特尔的著作,并完成里昂出版商的工作。[23] 为
了做到这些,他们寻找法国城市新的信息来源,并编辑、制作木刻或铜雕的新地图,投入了
大量的资金。

图 53.2 《拉罗谢尔及其堡垒的图景,在那里因疾疫引发了叛乱》

由弗朗索瓦·德普雷在巴黎出版并获得特许权(1543 年)。来自蒙托格伊街,这幅木刻版平面图于 1573 年 2 月在拉
罗谢尔被围攻之际出版。它由一系列小插图完成,展示了在拉罗谢尔前的皇家军队和一则名为"虔诚与正义"(*Piete et
ivstice*)的短文,以劝导对方服从。这份平面图的原件由位于海牙的荷兰皇家图书馆(Koninklijke Bibliotheek)获得,被
发现附在里昂雕刻师让·佩里森(Jean Perrissin)的续集中,标题为《关于近年来法国发生的战争,屠杀和动乱令人难忘
的四十幅画作或各种故事……》(约 1570 年)。木雕版。

此影印件的尺寸:57×56 厘米。由 BNF(Cartes et Plans,Ge C 22 500)提供照片。

德贝勒福雷的《通用宇宙学》包括 163 张地图和景观图,其中 59 幅是表现法国的,这

---

[22] Karrow,*Mapmakers of the Sixteenth Century*,170.

[23] Pastoureau,*Les atlas français*,55 – 64.

其中有大约40幅第一次出现。其他的刻版基本上都是从明斯特尔的《宇宙学》（49份）、格奥尔格·布朗和弗朗斯·霍亨贝尔格的《世界城市图》、亚伯拉罕·奥特柳斯的《寰宇概观》（13份），以及安托万·杜皮内的《诸城市与要塞的平面图、肖像图和地图》（17份）而来。除去意大利的三部作品，所有的作品都是木刻版的，而且有两幅上有名称。四幅地图包含了雷蒙·朗屈雷尔（Raymond Rancurel）［奥尔良（Orléans）、博韦（Beauvais）、索恩河畔沙隆（Chalon-sur-Saône）以及马孔（Mâcon）］的名字；其他三幅被认为作者是他们［洛什（Loches）、奥塞尔（Auxerre）和安热（Angers）］。巴黎地图上有皮埃尔·埃斯克里什（Pierre Eskrich）的名字［或"克吕什（Cruche）"］。埃斯克里什不是木刻版的新手，他制作过一幅日内瓦地图、三幅圣地地图（16世纪60年代，为《圣经》的不同法国版本制作，出版于里昂和巴黎），以及著名的《新版教宗世界地图》（*Mappe-monde novvelle Papistique*），于1566—1567年绘制于日内瓦，在一位意大利新教徒——让-巴蒂斯特·特伦托（Jean-Baptiste Trento）的指导下制作（参见图11.5）。[24] 城市平面图的当地作者们都是匿名的，除了瑟米尔-昂诺苏瓦（Semur-en-Auxois）地图的作者菲利贝尔·埃斯皮亚（Philibert Espiard）和第戎地图的作者埃夫拉尔·布勒丹（Evrard Bredin）（参见图50.10）。

德贝勒福雷《宇宙论》的两位出版商中，尼古拉·谢诺似乎是参与地图出版最多的。在1575年之前，他已经出版了两种地图。第一种是莫东［Modon，梅东（Methone）］和纳瓦林［Navarin，皮洛斯（Pylos）］之围（1572年），作为单幅地图印刷，并附有谢诺的地址——"绿橡树"（Au Chesne Verd）并且在彼得罗·比扎里（Pietro Bizzari）的维也纳与土耳其战史中也有此图。[25] 第二种是亚当·旺德朗（Adam Vandellant）制作的昂热（Angers）地图，于1575年，为安茹（Anjou）地图而制作，但后者并未出版。

古尔蒙家族

古尔蒙家族（图53.3）的第一代，最初是于16世纪初在从科唐坦迁来，在巴黎稳定下来，他们的图书贸易和印刷贸易被分开发展。[26] 这个家族的第二代展示了大学附近的书商和蒙托格伊街的图像制作师之间的联系。最著名的家庭成员，吉勒·德古尔蒙（Gilles de Gourmont）于1507年获得了成为一名书商的许可，并先是在圣让·德拉特兰街［rue Saint-Jean de Latran，现在的埃科莱街（rue des Ecoles）］，然后在圣雅克街定居下来。他属于法国人文主义印刷商—书商的群体，是第一个用希伯来文和希腊文印刷的人。他的弟弟，让·德古尔蒙一世，于1508年成为一名印刷大师，并把自己的大部分精力投入印刷艺术中。他因大约50件用一把雕刀雕刻而成的作品而知名。

家族第二代和第三代的两名成员在地图出版方面获得了声望。第一位是热罗姆·德古尔

㉔　请参阅 Frank Lestringant，"Une cartographie iconoclaste：'La mappemonde nouvelle papistique' de Pierre Eskrich et Jean-Baptiste Trento（1566–1567），" in *Géographie du monde au Moyen Âge et à la Renaissance*，ed. Monique Pelletier（Paris：Éditions du C. T. H. S.，1989），99–120，esp. 107–109。

㉕　BNF，Cartes et Plans，Ge D 17227。

㉖　关于古尔蒙家族，请参阅 Préaud et al.，*Dictionnaire des éditeurs d'estampes*，142–145；André Linzeler and Jean Adhèmar，*Inventaire du fonds français：Graveurs du seizième siècle*，2 vols.（Paris，1932–1938），1：436–446；and *Dictionnaire de biographie française*（Paris：Letouzey et Ané，1933–　），vol. 16，col. 807–809。

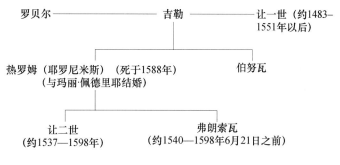

图 53.3 古尔蒙家族

蒙(Jérôme de Gourmont),是吉勒·德古尔蒙的继任者,可能是他的儿子出版了奥龙斯·菲内的 3 幅地图:一幅心形的世界地图(1536 年)、一幅圣保罗的旅程地图(1536 年),还有第一批法国地图的一幅(1538 年)。[27] 另外,热罗姆还出版了马丁·布里翁的巴勒斯坦地图,3 幅佚名地图[意大利(1537 年)、德国(1545 年)以及英格兰(1548 年)],以及《海图》的冰岛部分。[28] 古尔蒙家族中杰出的第三代是让·德古尔蒙二世,他很可能是吉勒·德古尔蒙的孙子。他是图像制作师和木刻师,1581 年,成为书商。可以确认的是,从 1571 年开始,他的地址是在枯树区(Arbre Sec)的圣雅克·德拉特兰街。在地图出版领域,他因两幅重要的木刻版地图而知名:其一是一幅大约 1575 年出版的傻瓜的头形状的世界地图(图 53.4),另一是纪尧姆·波斯特尔的 6 图幅世界地图。[29] 这幅地图的刻版成了德尼·德马托尼埃的财产。让二世的兄弟弗朗索瓦·德古尔蒙也是一位图像制作师和讲古人(imagier et tailleur d'histoires),在 16 世纪 50 年代定居在蒙托格伊街,在那里,他通过宗教与尼古拉·勒菲弗和瓦约家族建立了联系。16 世纪 70 年代末,弗朗索瓦可能与他在圣让·德拉特兰街的兄弟重新联合,于 1587 年成为书商。在地图学领域,尽管说一个古尔蒙王朝有点夸张,但这很少的几幅地图却见证了这个家族对地图学的真正兴趣,也见证了书商和图像制作师二者之间的关系。

1575

里昂与巴黎的关系

里昂和巴黎之间的互动似乎是很频繁的,尤其是在"借用"主题的问题上,无论是否愿意。巴尔塔扎尔·阿尔努莱抄袭了塞巴斯蒂安·明斯特尔,但也害怕成为被别人假冒的受害者,正如他在纪尧姆·盖鲁《欧洲的缩影》(1553 年)第二版给读者的信中所表示的那样:"如果没有某些剽窃我们劳动的行为……我就会为现在的作品配上更多的图像,但是我只能在整部作品完成后才加上去。"他的担心并非没有根据。1552 年,图像制作师尼古拉·勒菲弗与木刻师托马·特谢尔在巴黎签署的一份合同中,涉及 9 份"城市图像"的草图,[30] 其中 7 份已经在同年由阿尔努莱在《欧洲的缩影》的第一版中出版了。《欧洲的缩影》的第一

[27] Karrow, *Mapmakers of the Sixteenth Century*, 171, 183, and 176.

[28] Karrow, *Mapmakers of the Sixteenth Century*, 94(巴勒斯坦地图现在已无任何已知副本)and 364。

[29] Shirley, *Mapping of the World*, 157 – 158(no. 134), and p. 1572, note 20.

[30] 请参阅第 p. 1572 页,注释 16。

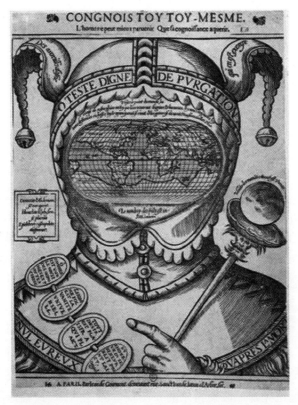

图 53.4　让·德古尔蒙二世：《认识你自己》（*CONGNOIS TOY TOYMESME*），巴黎，约 1575 年

这幅小丑头颅形状的木刻世界地图摘自亚伯拉罕·奥特柳斯的 1570 年世界地图。一系列法语的警句谴责了人类的愚蠢，并引发人们关注这个世界的浮华。衬衫领子上的座右铭是："除了死后，没有人幸福。"

原图尺寸：19×15 厘米。由 BNF（Estampes, Faceties et Pieces de Bouffonnerie, vol. I, T. f. 1 Res.）提供照片。

版收录了一幅由 1545 年由热罗姆·德古尔蒙在巴黎刻版的德国地图。三十年之后，德贝勒福雷《通用宇宙学》的 1575 年巴黎版本的印刷商使用了加布里埃莱·西梅奥尼的《立马涅》（*Limagne*）的同样一块刻版，这块刻版在纪尧姆·鲁伊莱最初的里昂版本中使用过。在那个时候，似乎里昂的印刷更经常被巴黎的印刷商剽窃，而不是相反。

低地国家的影响，1580—1630 年

在巴黎的佛兰德雕刻师

16 世纪末期是法国地图和印刷出版的转变时期。直到 16 世纪 80 年代，除了枫丹白露时期和里昂的极少数例子以外，图书插图和独立印刷的主要技术都是木刻。[31] 然而，在 1575—1785 年的十年间，许多来自佛兰德，尤其是安特卫普的铜雕师，被卷入了宗教纷争，于是被巴黎的市场（大约 35 万居民）吸引。带着精心磨砺的铜雕技艺，他们在圣日耳曼德佩区（Saint-Germaindes-Prés）定居，这是查理九世（1560—1574 年在位）时期开始的一个

---

[31]　Grivel, "Les graveurs en France."

授权地区，而且很快引起了出版商和巴黎公众的注意。

安德烈·特韦的著作见证了这一决定性的转折点。[32] 他的《通用宇宙学》中收录有大约 200 幅木刻图像，其中有 35 幅是地图。这本书是由书商皮埃尔·吕利耶（Pierre L'Huilier）在 1575 年出版的。不到十年后，他就雇用了一名佛兰德的铜雕师托马·德莱（Thomasde Leu）为他的《名人传记及肖像图》（巴黎，1584 年）制作图像。这是第一部在法国出版的铜雕肖像书籍。特韦的《大岛与航行》的 84 幅小型地图还没有完成，由托马·德莱于 1586 年雕刻在了铜版上。

木刻版技术的衰落与铜版雕刻的中心转移到圣雅克街，可以由两个因素来解释：由新教移民引导的铜版雕刻的新口味，和木刻版图像制作师在政治上的错误计算，这些图像制作师的讽刺性的图像显示出他们对联盟的同情；天主教反胡格诺运动。随着宗教战争的结束、联盟的失败、亨利四世王权的介入（1589 年），以及之后编入南特法令（1598 年）中的对新教徒的宽容，意味着蒙托格伊街图像制作师工作市场的衰落。一些出版商搬到左岸的圣日耳曼地区，包括弗朗索瓦·德古尔蒙、让·勒克莱尔三世以及让·勒克莱尔四世，这一事实，是这一转变的证据（图 53.5）。

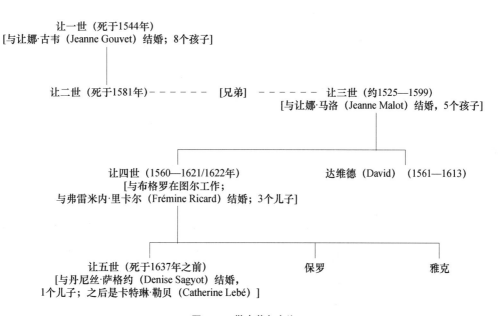

图 53.5　勒克莱尔家族

在地图学领域，法国出版的第一部"国家地图集"《法兰西概观》可能是这一变化的最显著的例子（图 53.6）。[33] 趁新国王、宫廷和国会（立法议会）于 1590—1594 年迁徙到图

---

[32]　Karrow, *Mapmakers of the Sixteenth Century*, 529–546, and Frank Lestringant, "Thevet, André," in *Les atlas français, XVIe - XVIIe siècles: Répertoire bibliographique et étude*, by Mireille Pastoureau (Paris: Bibliothéque Nationale, Département des Cartes et Plans, 1984), 481–495.

[33]　Pastoureau, *Les atlas français*, 81–83, and François de Dainville, "Le premier atlas de France: Le Théatre francoys de M. Bouguereau – 1594," in *La cartographie reflet de l'histoire: Recueil d'articles*, by François de Dainville (Geneva: Slatkine, 1986), 293–342.

尔的机会，图尔的一位书商莫里斯·布格罗，着手开展《法兰西概观》的出版工作。他把
雕刻铜版的任务交给了一名佛兰德的铜版雕刻师，加布里埃尔·塔韦尼耶一世，他从 1573
年开始逃难到巴黎，在 1590 年也重新定居于图尔。尽管《法兰西概观》是被出版商构思成
为一个重新统一王国的象征，但它只覆盖了一部分领土，而且地图中只有 1/3（18 幅中的 6
幅）是法国的。其中有三种是以前未曾出版的：让·迪唐绘制的《布莱苏瓦》、伊萨克·弗
朗索瓦绘制的《图赖讷》；以及让·法延（Jean Fayen）绘制的《利穆赞》（Limousin）。另
外三种出版得更早：纪尧姆·波斯特尔中的《法兰西地图》；马赛·奥吉耶（Macé Ogier）
绘制的《曼恩》（Maine）；取自贝特朗·德阿尔让特雷的《布列塔尼史》（*Histoire de la Bret-*
agne）（1588 年）中的《布列塔尼》。其他 12 幅地图都从佛兰德来源中复制而来：奥特柳斯
的《寰宇概观》（8 幅地图）和赫拉尔杜斯·墨卡托的《高卢地图》（*Galliae tabulae*）（4 幅
地图）。

1577

图 53.6　《法兰西概观》的书名页

　　上面的文字继续写道："莫里斯·布格罗在图尔制作，此人是一位书商，其书店位于加鲁瓦·德波尔内（Carroy de
Beaulne）的小喷泉。拥有国王授予的特许权，[1594 年]。"作为第一部在法国印刷并专门致力于表现法国的地图集，布
格罗将这一作品视为王国统一的象征，并将其献给了亨利四世。地图的书名页包括法国和纳瓦拉的纹章，在右边（标尺、
直角和指南针），装饰有几何学的寓言，在左边装饰了另一种几何学的寓言（六分仪和地图）。

　　由 BNF（Réserve des livres rares, Rés. Fol. Lk7 2）提供照片。

来自低地国家的地图：进口、伪造和模仿

《法兰西概观》出版后的半个世纪里，法国的地图出版受到了尼德兰的直接影响。影响的主要渠道有两个：在法国销售的尼德兰出版的地图和尼德兰地图的法国仿制品，或者是伪造的（保留了原作者的名字），或者是剽窃的（复制了原图内容，但作者的名字被删掉或改掉）。

尼德兰地图在巴黎的传播

加布里埃尔·塔韦尼耶一世的孙子梅尔基奥尔·塔韦尼耶二世与尼德兰保持着紧密的联系，那里是他家族发源之地（图53.7）。[34] 1628 年，他在巴黎出版了彼得鲁斯·贝尔蒂乌斯（Petrus Bertius，又作 Pierre Bert）制作的《旧地理概观》，彼得鲁斯是莱顿州立大学董事，这所大学是新教的一个学术中心。彼得鲁斯作为一名新教难民来到了法国，并于 1618 年被任命为"国王的地理学家"。[35] 塔韦尼耶还请求一位来自阿姆斯特丹的熟练铜版雕刻师科内利斯·丹克尔茨（Cornelis Danckerts）于 1637 年雕刻了一份 24 图幅的法兰西地图。[36] 他的活动的一个重要组成部分是把约道库斯和亨里克斯·洪迪厄斯的地图从阿姆斯特丹转卖到巴黎，正如这些 1622 年的地图上所标注的："也由王国的宫殿岛的梅尔基奥尔·塔韦尼耶出售。" 1632 年，塔韦尼耶出版了一本名为《法兰西王国地理概观》（*Theatre geographiqve du royavme de France*）的地图集，完全是从 1621 年约翰内斯·扬松尼乌斯出版的《高卢概观》（*Theatrum universae Galliae*）中复制而来。在 62 幅地图中，只有 9 幅是由塔韦尼耶在巴黎出版的；48 幅是从《高卢概观》中翻刻而来，28 幅甚至包含了约道库斯或亨里克斯·洪迪厄斯的戳记。[37] 塔韦尼耶还传播了威廉·扬松·布劳的地图。1638 年，在他的妻子萨拉·皮滕

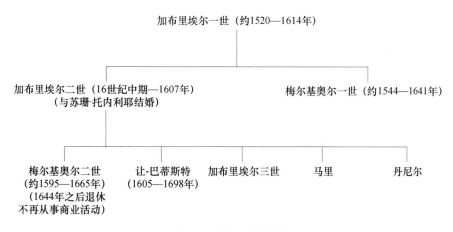

图 53.7　塔韦尔尼耶家族

---

　　[34]　关于塔韦尼耶家族，请参阅 Grivel, *Le commerce de l'estampe*, 377 – 379；Préaud et al., *Dictionnaire des éditeurs d'estampes*, 288 – 290；and Pastoureau, *Les atlas français*, 469 – 480。很难区分梅尔基奥尔一世及其侄子梅尔基奥尔二世；本章的一些鉴定中使用了 a（?）。

　　[35]　Pastoureau, *Les atlas français*, 65 – 66.

　　[36]　Marie Antoinette Fleury, *Documents du Minutier central concernant les peintres, les sculpteurs et les graveurs au XVIIᵉ siècle* (1600 – 1650)（Paris：S. E. V. P. E. N., 1969），670；由 Pastoureau, *Les atlas français*, 469 引用。

　　[37]　Pastoureau, *Les atlas français*, 471 – 480.

（Sarah Pitten）去世之后所编制的清单中，在债权人名单中有两位阿姆斯特丹的商人："亨利·洪迪厄斯先生"（M. Henri Hondieux）500 里弗，而"［纪尧姆·］布莱［布劳］先生"［sieur（Guillaume）Bles（Blaeu）］1000 里弗。⑧

其他的巴黎商人也进口与销售尼德兰地图，而且法国和低地国家之间的贸易在整个 17世纪一直在延续。来自尼德兰的货物出现了大印刷品出版商的收集中，如尼古拉·朗格卢瓦一世（Nicolas Ⅰ Langlois）、皮埃尔·马里耶特一世和二世，以及那些不太重要的专业地图出版商，如尼古拉·拜赖耶一世。在拜赖耶去世之后的 1665 年的清单中，提到了"装满几种来自尼德兰的副本的公文包，这些副本是多图幅的地图……世界四部分的 54 种副本……附有文字，在尼德兰印刷"。⑨

对尼德兰地图的伪造和剽窃

不管作者或出版商同意与否，巴黎生产的许多地图与 17 世纪上半叶尼德兰制作的地图非常相似。在尼德兰的地图中，洪迪厄斯和扬松尼乌斯的作品是最经常被仿制的，与尼古拉斯一世（Nicolaas Ⅰ）、尼古拉斯·菲斯海尔二世、彼得鲁斯·贝尔蒂乌斯、布劳家族以及其他的人一样。

勒布－拉罗克（Loeb-Larocque）对 17 世纪巴黎的地图出版的研究，特别关注了对约道库斯·洪迪厄斯 1617 年的双半球地图的各种伪造。⑩ 这幅地图在巴黎出版，至少有 5 种不同的版本：1625 年雅克·霍内尔沃格特（Jacques Honervogt）（一名来自科隆的铜版雕工）制作版本（图 53.8）；梅尔基奥尔·塔韦尼耶二世（？）制作版本，他于 1625—1638 年重印了5 次（塔韦尼耶已经从霍内尔沃格特处收到了铜版）；1636 年米海尔·范洛霍姆（Michel van Lochom）制作版本；1641 年尼古拉·拜赖耶一世制作版本；1655 年赫拉德·约莱因（Gérard Jollain）制作版本（在此使用霍内尔沃格特的铜版）。被复制的并不仅仅限于一些重要的地图，如世界地图和大洲地图，这些地图对于制作地图集是不可或缺的。一套地图的全部或部分都被仿制。1643 年，让·布瓦索（Jean Boisseau）出版了一部小型世界地图集《地图珍品》（*Trésor des cartes géographiques*），其中除了两幅以外的所有地图（38 幅地图中的 36幅）都是忠实地从墨卡托—洪迪厄斯的《袖珍地图集》（*Atlas minor*）（1628 年）中复制而来的。⑪ 剽窃印刷品或地图的行为在 17 世纪似乎是司空见惯的事情，它看起来并不丢人：例如，由 1646 年尼古拉·桑松·达布维尔一世的外甥皮埃尔·杜瓦尔（Pierre Duval）制作，皮埃尔·马里耶特一世出版的尼德兰地图副本。⑫

1578

⑧　Fleury, *Documents du Minutier central*, 663；由 Pastoureau, *Les atlas français*, 469 引用。

⑨　Grivel, *Le commerce de l'estampe*, 170.

⑩　Louis Loeb-Larocque, "Ces hollandaisés habillées à Paris, ou L'exploitation de la cartographie hollandaise par les éditeurs parisiens au XVIIᵉ siècle," in *Theatrum orbis librorum*：*Liber Amicorum Presented to Nico Israel on the Occasion of His Seventieth Birthday*, ed. Ton Croiset van Uchelen, Koert van der Horst, and Günter Schilder（Utrecht：HES, 1989）, 15 – 30.

⑪　Pastoureau, *Les atlas français*, 497 – 500.

⑫　Pastoureau, *Les atlas français*, 135. 在印刷领域中，格里韦尔在 *Le commerce de l'estampe*, 105, 也给出了斯特凡诺·德拉贝拉所制作的 8 个水手印刷的范例，它被雕刻师 François Collignon 应 François Langlois 的要求剽窃了，显然，这无论如何都没有影响这位艺术家和剽窃他的人的关系。似乎，格里韦尔下了这样的结论：这种剽窃的行为也是成名的一种代价，而没有指责这是不正当的行为。

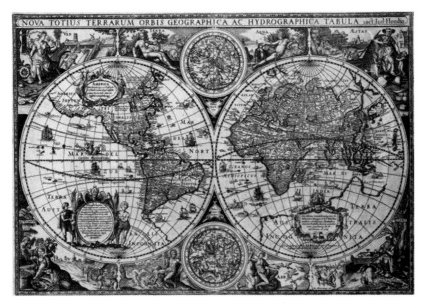

图 53.8　约道库斯·洪迪厄斯:《新地理与水文全图》,1625 年

这幅地图为铜版雕刻,按照约道库斯·洪迪厄斯的 1617 年双半球世界地图复制而成,只是不知是否经过作者的允许。发现了带有梅尔基奥尔·塔韦尼耶二世(?)(从 1625—1638 年有 5 幅印本)和 1655 年热拉尔·若兰的印记的相同的铜雕版地图也已经被发现。1636 年米歇尔·范洛克姆(由亨利·勒罗伊雕版)和 1641 年尼古拉一世(由于格·皮卡尔雕版)印制了一些略有不同的版本。

原图尺寸:39×55.5 厘米。由 BNF(Cartes et Plans, Rés. Ge C 24992)提供照片。

独立的时代,1630—1670 年

创造出一个市场

法国公众对地图文件的熟稔非常缓慢:1564 年,安托万·迪皮内抱怨到,对于很多没有受过教育的人来说,世界地图更多地用作装饰图像和墙上挂件,而不是知识说明。[43] 1609 年,鲁昂的海关官员也有同样的困惑,他们认为一个地球仪和航海地图是"便宜的商品和壁纸",很不公正地要求巴黎的书商交税,而书商的商品通常是免税的。[44] 后来,甚至更令人惊讶的是,加布里埃尔·诺德(Gabriel Naudé),这位朱尔·马萨林(Jules Mazarin)主教的著名图书馆馆长,在他一本关于建立图书馆的书中,除了装饰的章节之外,没有提到

1579

---

[43] Antoine Du Pinet, *Plantz, povrtraitz et descriptions de plvsievrs villes et forteresses, tant de l'Evrope, Asie, Afrique que des Indes, & Terres Neuves* (Lyon: Ian d'Ogerolles, 1564),有一段给 François d'Agoult 的献词:"诚然,因为科学最大的敌人是懦夫,或是无知的人,但还是有足够的人并不关注故事,也不关注普遍的或详细的宇宙学的地图,甚至对城市的平面图和模型以及对它们地理情况的描述亦不在意,因为似乎对他们来说,这些事物只是为了取乐。但是,在占星术中,球体、星盘和其他天文学仪器对于那些不懂它们的人来说似乎是微不足道的;而那些有学问的人则懂得星体的运行规律。同样的道理,宇宙图似乎更多地用于某些棋盘类游戏和挂在墙上,而不是用于数学。"

[44] BNF, Manuscrits, MS. fr. 22113, piece 30.

地图。[45]

然而，17 世纪上半叶，大众对地图制作的兴趣被刺激起来。正如弗朗索瓦·德丹维尔（François de Dainville）所描述的，耶稣会在这一发展过程中扮演了重要的角色。[46] 作为传教士，他们既是地图的作者也是使用者。作为教育工作者，他们也热衷于在年轻人中普及地理知识。一位耶稣会士，菲利普·布里耶（Philippe Briet）神父，为他的《平行地理》（Parallela geographiae）（1648—1649 年）制作了完整的一系列古典与近代地图，这些地图被用在大学的地理教学中。

三十年战争也导致公众对地图越来越感兴趣，尤其是在 17 世纪 30 年代，法兰西卷入了冲突，最初是秘密的，在 1635 年之后则公开了。正是在这 10 年中，法国军事工程师们的工作成果才开始得以出版。路易十四的战争只是提高了这一趋势。根据国王于 1668 年 4 月 7 日所颁布的关于地图市场的条款与情况的法令所指出的，军事官员成为地图的主要买家。[47]

1650 年前后，对地理学和地图学的兴趣扩大到专家和学者——比如尼古拉–克洛德法布里·德佩雷斯克（Nicolas-Claude Fabri de Peiresc）和马兰·梅森（Marin Mersenne）等——的圈子之外，法国的上流社会开始非常迷恋：新闻由新兴的出版社传播开来［例如，《法兰西信使报》（Mercure François）］，使得地理问题的重要性日益增长；旅行者和传教士的报告在沙龙中得以阅读和讨论，由尼古拉·桑松（Nicolas Sanson）这样的专家讲授地理课实际上成为一种时尚。[48] 作为日益增长的热情的证据，地理学和地图学甚至开始在虚构的文学作品中扮演重要角色。这一时期大概有 20 种寓言地图已经得到鉴定，其中最著名的是《当代地图》（Carte de Tendre）。在马德莱娜·德斯屈代里（Madeleine de Scudéry）的小说《克莉亚，罗曼史》（Clélie, histoire romaine）中，[49] 地图显示了爱人的心可以进行的许多可能的航行。

在 17 世纪下半叶，开始编纂大型地图集成，比如路易十三的兄弟，奥尔良公爵加斯东（Gaston d'Orléans）。它一共有 12 卷，包含了大概两千种地图，1660 年，奥尔良公爵去世后，将它们留给了国王。[50] 同样由大印刷藏家们，比如弗朗索瓦–罗歇·德盖尼埃（François-Roger de Gaignières）（王室儿童的教师）收集了几个大型的地形作品（地图、平面图和景观图）系列，他与地理相关的 272 卷中的 117 卷，以及修道院院长米歇尔·德马罗勒（Michel

[45] Gabriel Naudé, *Advis povr dresser vne bibliotheqve* (Paris: F. Targa, 1627).

[46] François de Dainville, *La geographie des humanistes* (Paris: Beauchesne et Ses Fils, 1940).

[47] 关于销售情况，请参阅第 1587—1588 页。

[48] Dainville, *La géographie des humanistes*, 359 – 375.

[49] Enid P. Mayberry-Senter, "Les cartes allégoriques romanesques du XVIIe siècle: Aperçu des gravures créés autour de l'apparition de la 'Carte de Tendre' de la 'Clélie' en 1654," *Gazette des Beaux-Arts* 89 (April 1977): 133 – 144; "Cartes allegoriques: Le Pays de Tendre," *Magasin Pittoresque* 13 (1845): 60 – 62; Franz Reitinger, "Mapping Relationships: Allegory, Gender and the Cartographical Image in Eighteenth-Century France and England," *Imago Mundi* 51 (1999): 106 – 130; idem, "The Persuasiveness of Cartography: Michel Le Nobletz (1577 – 1652) and the School of Le Conquet (France)," *Cartographica* 40, no. 3 (2005): 79 – 103; Jeffrey N. Peters, " 'Sçavoir la carte': Allegorical Maps and the Cartographics of Culture in Seventeenth-Century France" (Ph. D. diss., University of Michigan, 1996); and idem, *Mapping Discord: Allegorical Cartography in Early Modern French Writing* (Newark: University of Delaware Press, 2004).

[50] Charles Du Bus, "Gaston d'Orléans et ses collections topographiques," *Bulletin de la Section de Géographie* 55 (1940): 1 – 35.

de Marolles）的藏品。[51] 对地图的喜爱现在在社会上传播得更加广泛，超越了贵族沙龙的界限，进入资产阶级的领域，如果我们特别凭借皮埃尔·勒穆瓦纳（Pierre Le Moyne）做出的建议进行评判的话，他用这些术语提醒年轻女士她们的婚姻职责："一个女人没有必要放弃她的家务，与丈夫离婚，放弃诚实的快乐和公民社会，把自己关在一个挂着地图并装饰有地球仪和星盘的房间里。"[52]

法国独立印刷地图业的出现

1580

两个人在法国独立印刷地图业的出现中扮演了关键的角色：铜雕版出版商梅尔基奥尔·塔韦尼耶二世和工程师—出版商克里斯托夫·塔桑。从 17 世纪 20 年代开始，在进口和复制荷兰地图的同时，塔韦尼耶出版了几位军事工程师的作品，包括勒内·谢特（René Siette）[《克雷拉克城市肖像》（Portrait de la ville de Cleyrac）] 和热罗姆·巴肖（Jérôme Bachot）[《欧尼斯》（Aunis）]。1638 年，在他的意大利和西班牙地图的献词中，他向红衣主教黎塞留表达了想要发展真正法兰西地图业的愿望："我们可以在法国生产现在外国人提供给我们的和仅仅因为他们而拥有的东西。"他强调为实现这一目标所进行的努力："要知道目前法国还没有人做出努力，没有人愿意做出必须的付出以雕刻地图，也没有人愿意花费这一工作需要的时间，其回报非常微小与不重要；然而，我一直没有停止尽全力时不时地为公众提供一些地理作品。"[53] 实际上，在寻找新的人才方面，塔韦尼耶"发现"了年轻的尼古拉·桑松，并出版了他第一批地图。尽管他们的合作在持续时间（1632—1643 年）和出版地图数量（大概 20 种）方面都是有限的，但对于桑松的职业生涯来说却是决定性的，促使他最终在巴黎定居，并使自己得以全心投入地图生产中。

另一个人，克里斯托夫·塔桑，他担任国王的工程师和地理学家（ingénieur et géographe du roi），与出版界发展了密切的关系。[54] 早在 1630 年，他成为梅尔基奥尔·塔韦尼耶一个女儿的教父。与许多工程师不同，他的作品并不限于制作绘本地图。1631 年，他获得了一份 10 年期的专有权以出版他涵盖了法国各外省的地图集，1633—1635 年，他将其专有权转让给 5 名书商和印刷商：塞巴斯蒂安·克拉穆瓦西（Sébastien Cramoisy）、马丁·戈贝尔（Martin Gobert）、梅尔基奥尔·塔韦尼耶二世［?］、让·梅萨热（Jean Messager）以及米海尔·范洛霍姆，这些人合作出版了他大部分作品（7 部地图集）。[55] 通过把军事工程师的作品聚拢到一起——通常完全是原创的——塔桑推动了他的工程师同事们的作品在大众中的普及化，大众对地图的好奇心在整个三十年战争期间逐渐增长。塔桑的地图集出版了几种版本，其商业成功是这一增长的兴趣的明证。

---

[51] Grivel, *Le commerce de l'estampe*, 207 – 214.

[52] *Gallerie des femmes fortes*（1663），pt. 2，p. 49，丹维尔对其进行了引用：*La géographie des humanistes*，370。另请参阅一位利摩日（Limoges）居民在其于 1679 年去世之后的资产清单中所提及的两幅地图，见 Louis Guibert, "Les archives de famille des Péconnet de Limoges," *Bulletin de la Société Archéologique et Historique du Limousin* 46（1898）：262 – 300, esp. 277 – 284.

[53] Pastoureau, *Les atlas français*，469；西班牙和意大利地图列在 471（4）和（7）中。

[54] Pastoureau, *Les atlas français*，437 – 468.

[55] 关于塔桑，另请参阅本卷第 48 和 49 章。

17 世纪巴黎的地图出版组织

在 17 世纪的最初几十年中，巴黎的地图出版市场更加壮大。当一些工程师和地理学家开始提供原始资料的时候，公众对地图学的兴趣变得越来越普遍。但是地图是如何从地理学家手中转移到感兴趣的公众那里的呢？为了更好地理解这一点，我们有必要研究一下地图出版的立法和法律框架，看是谁参与进去，并了解地图商业化的条款和条件。

地图出版业得益于规范印刷产业的立法。(56) 作为一个长期存在等级制度的社会中的一种新的工艺、一种最新的发展，图像印刷仍然是一种开放的交易，尽管在 17 世纪上半叶，不同的人尝试将它建成一个行会。与图书贸易（书商、印刷商和装订商）形成对照，图像印刷并不是由公司章程所控制的，公司章程要求其成员们去当学徒，创作一件杰作，并支付费用以获得大师的地位。1660 年 5 月 26 日，这种无序的状态被强有力并明确地由政变委员会在圣让·德吕兹（Saint-Jean-de-Luz）签署的一项法令重新确定：作为一种与娱乐相关而不是必需的艺术，从想象和天赋中产生，印刷图像对任何有能力的人都是开放的，包括外国艺术家。

尽管如此，它仍受到严密的监督。从 1586 年开始，专利保护倾向于减少每个图像制造师的印刷机的数量。为了避免混淆不同的流派，专利保护也确保了印刷机上装备有大型的衬垫来印刷图像，而不是文本。其目标是迫使图像制作师依靠活字印刷机来印制印刷品的图例或标题，尤其是阻止印刷商侵占书商的垄断权，仅仅通过允许印刷商出版包含比文字更多的图像的书（livresà figures）。直到 1650 年，两种职业之间的对抗变得更加尖锐，每一方都在努力让自己获得压倒对方的特权。1618 年 6 月，图书和出版产业的新规定授权图书产业的理事访问图像制作师，监督（即审查）它们的产品以核实他们所拥有的印刷机的类型。在接下来的几年中，两个让梅尔基奥尔·塔韦尼耶一世卷入与图书产业理事的冲突的事件，诠
1581 释了斗争的痛苦。(57) 直到 1650 年，一份明确的法律文本才终结了这些紧张关系，重申了书商们对排印的垄断权：图像制作师被禁止出售超过 6 条印刷线的图像，或背面有文本的图像；而对违规行为的处罚是 400 巴黎里弗。(58)

建立在国王的名义下，以专利特许的形式，并要在大约一个月的时间内由最高法院注册，这一特许权有两个截然不同的功能：印刷许可和暂时的印刷与发行的垄断。这种分配特权，持续了平均 10—20 年，在王国的疆界内是有效的。触犯者被处以毁版的处罚（如果涉及印刷品或地图），图版被没收，或判处一大笔罚款。(59) 应出版商、商人、木刻师或铜版师或作者（涉及地图，应该是地理学家）的要求而获得，特许权是一种可以转让的权利，附

(56) 有关雕刻的立法背景演变的详细内容，请参阅 Grivel，*Le commerce de l'estampe*，83 - 122。

(57) 请参阅 Grivel，*Le commerce de l'estampe*，87—88。1618 年和 1620 年，主管图书贸易的官员从梅尔基奥尔·塔韦尼耶一世手中收缴了一些图书，后者是一位雕刻师和印刷商，而非书商。尽管第一次没收是文学作品，例如 Michel de Montaigne's *Essais* and Blaise de Lasseran-Massencome Montluc's *Commentaries*，在第二个案例中，所收缴的有插图的书籍显然属于铜版印刷商的领域，而非书商。在第一次审判结束时，塔韦尼耶收到谴责并被要求遵守规定。第二次审判的结果并不清楚，我们只有塔韦尼耶的强烈请求。

(58) Grivel，*Le commerce de l'estampe*，89 - 90.

(59) Grivel，*Le commerce de l'estampe*，104 - 112，esp. 106.

加到对象上,而不是一个人身上,因此,它可以由原持有者转移到另一个人手中。

对于木刻师或铜雕师或版画商来说,特许权只是一种防止他们的作品被伪造的方式。像印刷品一样,地图并不一定要遵守特许规则,但是,到了17世纪,地图文件要求特许权。来自低地国家的出版商,诸如洪迪厄斯家族和布劳家族,毫不犹豫地要求法兰西国王来保护他们的产品在法兰西王国境内免遭不正当发行。到18世纪初,地理学家对保护自己知识产权的担忧和当局对于可以控制潜在的敏感作品(边界地图、军事区域的平面图以及航海地图)的兴趣导致获得印刷任何地图的特权的法律义务。⑩

尽管伪造和剽窃的作品似乎司空见惯,而且这些地图在没有任何特许权的情况下被印出来,但我们只知道一些关于这方面的诉讼。1653 年,尼古拉·桑松与他的出版商皮埃尔·马里耶特一世一起,打赢了一场针对皮埃尔·圣东(Pierre Sainton)的诉讼。圣东是一位位于圣·塞弗兰(Saint-Séverin)教堂附近的一位不太出名的着色插画师(enlumineur),他仿造了由原告在两年前出版的一幅双半球地图(图53.9 和53.10)。⑪ 这些文件不仅详细叙述了侵权行为,还详细说了这句话。圣东被判毁掉其铜版,没收其出版物,以保护桑松的利益,但这幅地图的一个版本却保存至今,现保存于巴黎。⑫

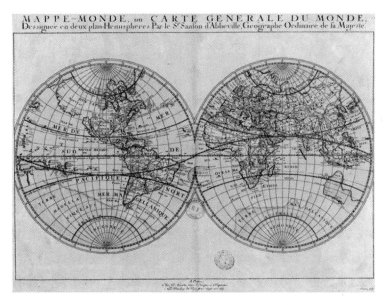

图53.9 尼古拉·桑松:《设计为两个平面半球的世界地图》(*MAPPE – MONDE*, *OU CARTE GENERALE DU MONDE DESSIGNéE EN DEUX PLAN-HEMISPHERES*),1651 年

这幅地图由皮埃尔·马里耶特一世在巴黎的圣雅克·埃斯佩兰斯街(rue Saint – Jacques a l'Espérance)进行铜版雕刻、插图并出版,"经国王授权20 年"(在地图底部)。请参阅图53.10。

原图尺寸:35.5 × 53 厘米。由BNF [Cartes et Plans, Ge DD 2987(76)] 提供照片。

---

⑩ 国王顾问的1704 年12 月16 日法令(BNF, MS. fr. 22119, f° 165 – 169)。请参阅 Mireille Pastoureau, "Contrefaçon et plagiat des cartes de géographie et des atlas français de la fin du XVI° au début du XVIII° siécle," in *La contrefacon du livre*(*XVI e- XIXe siècles*), ed. François Moureau(Paris: Aux Amateurs de Livres, 1988), 275 – 302。

⑪ Pastoureau, "Contrefaçon et plagiat," 283, and Shirley, *Mapping of the World*, 435 – 436(no. 413)。

⑫ 关于此次审判的文件收藏在 Paris, Archives Nationales, Y 8735。

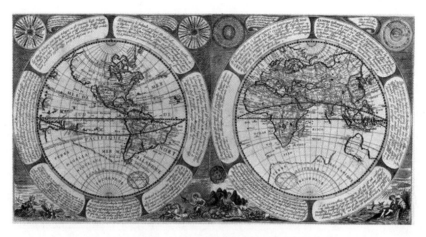

图 53.10 皮埃尔·圣东:《新地理与水文全图》, 1653 年

由皮埃尔·圣东在巴黎用铜版雕刻、插画并出版。这是对桑松的双半球世界地图 (图 53.9 的一种模仿)。此图用风玫瑰图、四种元素的寓言小插画、日历和关于不同国家的短文对桑松地图的简朴外观进行了美化。

原图尺寸: 35.5×69 厘米。由 BNF [Cartes et Plans, Ge DD 2987 (76) B] 提供照片。

参与者

由于工会的垄断,地图出版从印刷商—书商手中丢掉,被那些制作木刻版、铜雕版、出版和出售印刷品的商人控制。只有他们拥有设备、技艺和自由来雕刻图像。这一变化有明显的结果:因为铜雕师被禁止用活字印刷机印刷文字,地图只附有很少的印刷评注,因为这需要书商和印刷—出版商之间彼此联系。因此,法国出版的大多数地图集都只包含地图,与在尼德兰印刷的地图不同,那里的地图和文字紧密相连,一般是在同一张纸上。

如果铜雕师和印刷—出版商组成了一个相对同质的群体,通过合同、婚姻和宗教联系在一起,他们之间依然存在着重要的经济差异。可以分为三组:主要的出版商,诸如梅尔基奥尔·塔韦尼耶二世、皮埃尔·马里耶特一世和二世以及弗朗索瓦和尼古拉·朗格卢瓦,他们主导了市场,却没有必要给地图业一个突出的地位;中等的地图专业出版商,诸如让布瓦索、尼古拉·拜赖耶一世与二世;大量的不出名的铜雕师—出版商,他们偶尔出版一些地图,诸如雅克·拉涅 (Jacques Lagnet)、米海尔和皮埃尔·范洛霍姆、艾蒂安·武耶蒙 (Etienne Vouillemont)、巴尔塔扎尔·蒙科尔内 (Balthazar Moncornet)、路易·布瓦塞万 (Louis Boissevin) 以及让·梅萨热。[63]

主要的印刷—出版商

在最成功的印刷出版商中,梅尔基奥尔·塔韦尼耶二世属于一个与地图出版相关的传统的家族。他们于 1638 年开始的标识 "皇家球体" (Àla Sphère Royale),见证了这一传统。然而,1644 年,梅尔基奥尔二世退出了业务,并把他的库存卖给自己的两个主要竞争对手,皮埃尔·马里耶特二世和弗朗索瓦·朗洛卢瓦,他们出版了更多的地形主题的作品,却没有

---

[63] Grivel, *Le commerce de l'estampe*, 区分了主要的、中型的和小型的出版商 (161—181),并提供了每个出版商的详细信息 (275—386)。

将其作为自己的专业范围。

1582

弗朗索瓦·朗洛卢瓦是一位画家、出版商、版画商和书商,他住在圣雅克街的"大力神柱子旁"。1637 年,他的库存只有 5% 是由地形铜版或木刻版组成的。其他的部分则是由装饰性的雕刻(43%)、风景(23%)、神话场景(10%)、宗教雕刻(8%)、肖像(7%)和战争场景(3%)构成。1644 年,他购买了塔韦尼耶的部分库存。1655 年,朗洛卢瓦去世 8 年后,他的儿子尼古拉一世持有他的地形印刷品库存的 11%。在 1701 年他妻子去世之后,他的财产清单显示,与建筑和地形相关的铜版和木刻版的数量已经明显增加到业务的 26%,或者和宗教图像一样多。朗洛卢瓦发行了法国地理学家的地图,如塔桑、桑松和杜瓦尔(Duval),以及一些国外制图师的作品,如尼古拉斯·菲斯海尔和温琴佐·科罗内利(Vincenzo Coronelli)等。[64] 但是,朗洛卢瓦家族从来没有参与过任何主要的出版项目,这一点与马里耶特家族不同,1648—1671 年,他们是桑松家族的常规出版商。

马里耶特家族的例子特别有意义。[65] 作为一名巴黎资产阶级的儿子,皮埃尔·马里耶特一世在宫殿岛于 1632 年凭借"鳗鱼店"(à l'Anguille)确立了自己作为出版商和印刷品销售商的地位,然后在圣雅克街,先是"大象店"(à l'Elephant)(1633 年),最终是"希望店"(à l'Esperance)(1637 年)。1637 年,他的儿子皮埃尔二世在同样的地址继承了他的企业,并于 1644 年买下了塔韦尼耶的大部分藏品。一份在 1644 年,他的妻子马德莱娜·科莱蒙(Madeleine Colemont)去世之后的完整库存清单现存于世。[66]

1583

与朗洛卢瓦一样,马里耶特没有将地图出版作为他的主要业务。在他的阁楼里,有 5 架印刷机,他印刷了他所在时代的主要铜雕师的作品:让·拉贝尔(Jean Rabel)、伊斯拉埃尔·西尔韦斯特(Israël Silvestre)、斯特凡诺·德拉贝拉(Stefano Della Bella)以及其他人。但是,他在地图印刷领域中扮演了积极的角色:他拥有多达 304 个地图的铜版,估计价值13000 里弗。除了他出版的桑松地图集,马里耶特还发行了《法兰西地理概观》(*Le théatre géographique de France*)(60 幅地图,1650—1653 年),这是一个出版商之间分享或买卖图版的众所周知的例子。这部地图集的核心是 26 幅塔桑的地图,加上由马里耶特亲自印刷的 17 幅地图、米海尔·范洛霍姆印刷的 10 幅地图,以及塔韦尼耶、布瓦索、勒克莱尔和其他人印刷的地图,甚至是尼德兰地图的副本。马里耶特还做了他同时代人(比如塔桑)的地图和尼德兰出版商,比如布劳的巴黎经销商。

专营地图的媒体出版商

关于让·布瓦索的生平信息,我们几乎一无所知,他的作品是《国王的地图》(*enlumineur du Roy pour les cartes géographiques*)。[67] 他的名字出现在 1631 年的巴黎档案中,因为他向梅尔基奥尔·塔韦尼耶二世借了一笔钱。他迅速地在地图领域发展了自己的专业,同时还出版了关于纹章学、系谱学和年代学的书籍。1635 年前后,他出版了一些地图〔尼德兰、阿尔萨斯和

---

[64] Grivel, *Le commerce de l'estampe*, 175 – 181.

[65] Pastoureau, *Les atlas français*, 345 – 349, and Préaud et al., *Dictionnaire des éditeurs d'estampes*, 228 – 234.

[66] Paris, Archives Nationales, Minutier central, CIX – 217.

[67] Pastoureau, *Les atlas français*, 67 – 73; Préaud et al., *Dictionnaire des éditeurs d'estampes*, 56 – 57.

艾尔（Aire）教区]，但在 1640 年以后，他的确完成了自己的大部分作品，这全靠他买下了已经刻好的铜版和他复制的外国地图的铜版。1641 年，布瓦索出版了克洛德·沙蒂永的《法兰西地形》（*Topographie Françoise*），后者是一位王室工程师，于 1616 年去世（图 53.11）。虽然我们不知道布瓦索是如何拥有这部著作中的 550 幅铜雕版地图（军事场景、房屋和城堡的景观图、城市平面图），毫无疑问，其中一些已经刻好（其中 45 幅上面的戳记不是布瓦索的），但是他无疑担任了出版人。一年之后，他出版了《法兰西王国地理概观》的新版本，此书是由让·勒克莱尔二世（莫里斯·布格罗的继任者）制作，原标题为《高卢概观》（Théâtre des Gaules）。[68] 1643 年，他重新发行了之前提到的《地图珍品》，这是墨卡托—洪迪厄斯的《袖珍地图集》的部分复制品，1648 年，他出版了《城市概观》（*Théâtre des citez*），这是一卷景观图和侧面图，部分来自老马陶斯·梅里安的图版。1650 年以后，路易·布瓦塞万接手了他的一部分业务（《地图珍品》和《法兰西地形》的重新发行），[69] 1657 年获得雕版和印刷一份纹章和一部关于行政地理的书的许可之后，布瓦索消失了，没有任何痕迹。

1584

图 53.11　克洛代尔·沙蒂永：《法兰西地形》的书名页，1641 年

　　由让·布瓦索在巴黎出版，他重新使用了莱昂纳尔·戈蒂埃的《法兰西王国地理大观》的雕版卷首页，这部书是由让·勒克莱尔四世的遗孀出版的，布瓦索从其手中购买了图版。其标题被亨利四世和路易十三的肖像画包围，亨利四世被描绘为手持地球仪的法国式大力神，路易十三被描绘成太阳神阿波罗的形象。在他们的脚下，展开了一幅巴黎的地图。在此页的顶端，是另一个加冕的地球仪，其中一边被法国地图所覆盖。

　　由 BNF（Cartes et Plans, Res. Ge DD 4871）提供照片。

　㊽　Pastoureau, *Les atlas français*, 97 – 120.

　㊾　Préaud et al., *Dictionnaire des editeurs d'estampes*, 57.

尼古拉·拜赖耶一世和他的儿子尼古拉二世分别于 1665 年和 1667 年去世，他们也是擅长地图制作的出版商。[70] 1635 年，来自香槟的一位装饰画师尼古拉一世娶了雅克利娜·德玛谢（Jacqueline Demache），她是图像制作师雅各·德拉皮埃尔（Jacques de Lapierre）的遗孀。德玛谢带来了从她第一任丈夫那里获得遗产的 75%。1639 年，拜赖耶创设了标志"双球"（Aux deux globes），从此展现了他在地图制作方面的专长。1644 年，另一位印刷商，安托万·德费尔（Antoine de Fer），以 3500 里弗的价格获得了克里斯托夫·塔桑的铜版。1646 年，拜赖耶的妻子去世后，财产清单显示当时他库存的性质：除了宗教铜版、儿童游戏和装饰灯罩窗屏之外，他的库存还包括一些带插图的书（地理、透视图、建筑学和军事防御），尤其是一套地图和地形景观图，包括拜赖耶从塔桑处购买来的铜版的份额。[71]

他们于 1665 年和 1667 年去世之后的清单证实了拜赖耶的兴趣。[72] 当时印刷品的常见主题是礼品（景观、肖像、宗教主题和大师的绘画）和插图书籍（例如装饰的《圣经》和天文学、纹章学以及徽章的图书）。但是，地理主题构成了清单的主要部分：由塔桑、博利厄（Beaulieu）、桑松和低地国家作者［奥特柳斯、墨卡托以及布朗（Braun）和霍亨贝赫］制作的地图和地形景观（铜版和印刷品），包装好的天球仪和地球仪，以及贴面条带（通常从低地国家进口），以及数学仪器（比如罗盘、星盘和分度盘）。当阿历克西·于贝尔·雅伊洛（Alexis-Hubert Jaillot）继承了他们的时候，拜赖耶的企业无疑是首都最丰富的地图绘制机构，虽然这并不一定意味着它做了大量的出版工作。除了塔桑地图集的重新发行和 1651 年小型欧洲地图集《皇家地理通用地图》［*Carte géneralle de la geograrhie（sic）royalle*］（15 幅地图）的出版，并被认为是塔桑所制作，[73] 拜赖耶家族没有冒从事那些超越他们能力范围的出版活动的风险。

地理学家的出版机构

希望出版自己著作的地理学家可以为出版商工作，也可以自己做出版商，或者获得特许权，与一位或几位出版商合作，支付铜雕和印刷的费用。尼古拉·桑松和他的外甥皮埃尔·杜瓦尔是两位地理学家，他们持续地探索这些选择的优点和缺点。

在一个地理学家职业生涯的初始阶段，第一种解决方案会自然出现在他面前。17 世纪 30 年代，尼古拉·桑松还是一位阿布维尔（Abbeville）的工程师，他同意供给梅尔基奥尔·塔韦尼耶二世大约 20 幅地图的绘本，其中包括一幅法国的邮政路线地图（1632 年）、一幅显示法国河流的地图（1634 年）、一幅古希腊地图（1636 年）和一幅罗马帝国地图（1637 年）。这一方案的风险是会失去地图的著作权和所有权。事实上，面对塔韦尼耶的不明智之举，1643 年，桑松结束了双方的伙伴关系。然后，他在巴黎定居，并在 1643—1648 年出版

1585

⑩　Grivel, *Le commerce de l'estampe*, 167 – 171.

⑪　Grivel, *Le commerce de l'estampe*, 168 – 169. 根据 Pastoureau, *Les atlas français*, 437 – 468 的统计，塔桑七世和塔桑八世的铜版雕刻有 232 件（第 451—467 页），68 件来自塔桑三世（第 442—444 页），塔桑四世的雕版有 36 件（第 446—450 页），有 50 种大型铜雕，可能来自塔桑二世（第 439—441 页），这些不同的标题（除了塔桑六世）都由尼古拉·拜赖耶于 1644 年、1648 年或 1652 年重新出版。剩下的铜雕版落入安托万·德费尔之手，他也将其重新出版。

⑫　Paris, Archives Nationale, Minutier central, XI –201, 3 July 1665, and VI –531, 16 December 1667.

⑬　Pastoureau, *Les atlas français*, 438 – 439.

了自己的作品。他出版了著名的《地理表》，提出了与一个国家或一组国家相关的地理名称的一个层级体系。这本书对他的名声有很大的贡献。他还独立出版了四大洲的四开本地图集：欧洲（1647年）、亚洲（1652年）、非洲（1656年）和美洲（1657年）。[74]

1646年，通过为皮埃尔·马里耶特一世改编低地国家的地图，皮埃尔·杜瓦尔开始了他的地图制作生涯，但是，1650年，在获得国王地理学家这样一个头衔（还有一份350里弗的年薪）之后，作为第二种解决方案的范例，他开始出版自己的作品。1654—1672年，他发行了大概10部小型的地图集，这些都紧密地遵循军事战场或针对教育市场。与此同时，他继续为各类出版商提供绘本：拜赖耶家族、尼古拉·朗洛卢瓦和安托万·德费尔（Antoine de Fer）。1672年，他成为法国第一个出版作品目录的地理学家。[75]

最后一种解决方案是与专业出版商分担成本与风险。尼古拉·桑松从他与梅尔基奥尔·塔韦尼耶二世合作的经历中吸取了最初的经验，现在他作为一名地理学家享有极佳的声誉，1648—1657年，他以非常有利的条件，与皮埃尔·马里耶特一世签订了4则合同。作为分享这一特许权，并提供地图绘本的交换，桑松要求拥有铜版的一半所有权。马里耶特同意自己担负雕版和印刷地图的费用。这个体系非常巧妙：如果拿不到伙伴手中的铜版，他们谁都不能卖出一部完整的地图集，而且地图上也有马里耶特或桑松的地址。但是，因为桑松不精通商业操作，于是逐渐把自己的那份铜版存放在马里耶特的店铺中，授予他发行印刷地图的职责。1671年，纪尧姆·桑松在其父亲去世后，将皮埃尔·马里耶特二世讼至法庭，指控他在其父地图销售上的不正当行为。

地图销售的条款和条件

地图在哪里出售

从16世纪的最后一个季度开始，印刷品贸易再次集中在圣雅克街和大学附近。17世纪的主要出版商和版画商，诸如马里耶特和朗洛卢瓦在那一带开有店铺，但在周边也有店铺：圣日耳曼德佩区附近、圣婴（Saints-Innocents）公墓、卢浮宫的画廊、西岱岛、沿着塞纳河的码头和桥梁。1650年前后，甚至在17世纪最后301年的时候，出现了一种变化，导致地理学家和地图出版商向宫廷岛的钟表堤岸（quai de l'Horloge）集中；[76] 于是，他们迁往离科学仪器的销售商以及重要客户——法律专业更近的地方，这一迁徙的例子包括1638年梅尔基奥尔·塔韦尼耶二世搬到钟表河堤，和1664年皮埃尔·杜瓦尔搬到可以俯瞰这座码头的一套公寓里。

出售地图的地方有不同的类型。[77] 最兴盛的商人有自己的店铺；例如，尼古拉·拜赖耶

[74] 关于桑松，请参阅 Pastoureau, *Les atlas français*, 387–436, and Nicolas Sanson, *Atlas du monde*, 1665, ed. Mireille Pastoureau（Paris：Sand et Conti, 1988）。

[75] Liste des cartes, des livres et autres oeuvres de géographie que P. Du Val geographe ordinaire du Roy a fait graver et imprimer jusqu'à l'année 1672 et qu'il fait distribuer chez lui（BNF, Impr. 8°Q pièce 315）。关于杜瓦尔，请参阅 Pastoureau, *Les atlas français*, 135–166。

[76] Mary Sponberg Pedley, "The Map Trade in Paris, 1650–1825," *Imago Mundi* 33（1981）：33–45.

[77] Grivel, *Le commerce de l'estampe*, 33–38.

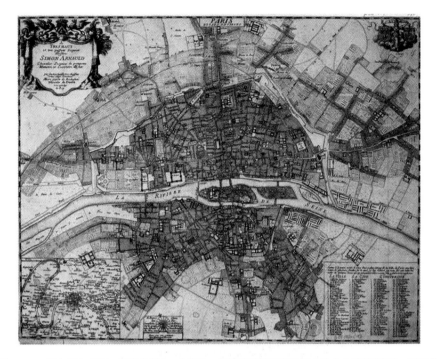

图 53.12 阿尔贝·茹万·德罗什福尔:"来自一幅巴黎及其周边地图中的中央巴黎细部",1676 年

这幅地图由铜版刻印，由尼古拉·德费尔在巴黎时钟码头的宫殿岛出版，拥有国王授予的 20 年特许权。地图出版的主要中心是蒙托格伊街和塞纳河右岸的卢浮宫画廊、左岸的大学街区（特别是圣雅克街和奥古斯丁码头），以及巴黎时钟堤岸的宫殿岛。

原图尺寸：54.5×69.5 厘米。由 BNF（Cartes et Plans, Ge CC 1270［15］B）提供照片。

一世和二世租赁了一间小铺子——前面提到过的能唤起人们回忆的标牌"双球"——在奥斯定河堤（quai des Augustins），每年 1060 里弗。尼古拉·拜赖耶二世去世后，清单（1668年）简要地描述了这家店铺。店面很狭小，组织得很差，店铺的一扇窗户开向街道。后面有一间小房间，充当厨房和储藏室。商店上方的一个小壁橱被用作一间卧室，庭院后面的一间储藏室为供给提供了庇护。印刷机被安装在阁楼上，而铜版则放置在一间独立的储藏室里，这间储藏室在另一间储藏室的上面，印刷品被储存在后者中。[78] 在 1681 年的雕版上，我们有幸看到了这家店铺，当时它属于拜赖耶家族的继任者阿历克西·于贝尔·雅伊洛（图 53.13）。

许多地图卖家都满足于一套公寓和在街上的一个简单的标识。皮埃尔·杜瓦尔的一连串地址表明，他很难找到一个稳定的、令人满意的位置。1664 年，当他搬到钟表堤岸的时候，他没有店铺，但能够与他的妻子和两个女儿拥有一栋房子的三楼的两个房间、四楼的三个房间，在那里能够看到码头，他就很满意了。[79] 在阁楼上有一个房间，盛放他的印刷机和资料，而他的铜版和绘本则被仔细地保存在一个牢固的盒子里。桑松一家的住址远离其他地理学家和铜雕师，这是个特殊的例子。当尼古拉·桑松抵达巴黎时，他首先在右岸的阿莱

1586

---

78 Pastoureau, *Les atlas français*, 229.

79 Pastoureau, *Les atlas français*, 136–137.

图 53.13　1681 年年历:《奥古斯丁码头的新来者》（*ES NOUVELISTES DU QUAY DES AUGUSTINS*）的细部

在门的右边是阿历克西－于贝尔·雅伊洛（Alexis–Hubert Jaillot）的店铺:"两种地球仪。"亚伊洛特是尼古拉·拜赖伊一世、二世父子二人的共同继承人。

由 BNF（Estampes, Collection Hennin, t. 59, 5127）提供照片。

（Halles）附近住下，邻近圣犹斯塔什（Saint-Eustache）教堂［普鲁维尔街（rue des Prouvaires）］。1651 年，他搬到卢浮宫附近，距离塞纳河和左岸更近，然后他住在枯树街（rue de l'Arbre-Sec），位于圣日耳曼奥塞尔（Saint-Germain l'Auxerrois）回廊。当他于 1667 年去世时，他的儿子纪尧姆因为其国王地理学家的职位，被允许住在卢浮宫的大画廊里，这是亨利四世曾经建造的，用来容纳王国最好的工匠和艺术家。

印刷品以及后来的地图也由街边小贩出售，他们把商品放在特殊位置（回廊、皇家宫廷的画廊）的栈桥和画架上，或者干脆放在街上。在圣日耳曼德佩区的大集市上，还有一个专门为画家、书商和印刷商预留的地方，我们知道加布里埃尔·塔韦尼耶一世在那里有一个摊位。最后，通过让销售员每年几次来到巴黎补充库存的办法，印刷业还找到了进入乡村的方式。

1587

销售条件

关于这一时期印刷品和地图的价格，我们只有间接的资料来源，比如铜雕师和出版商签订的合同，以及遗嘱的清单，这些都是可能低估其价值的财务原因。因此，在这一时期，我们对地图铜版雕刻的市场所知甚少：1668 年，铜雕师勒内·米绍尔（René Michault）受雇为皮埃尔·马里耶特二世按照王室版式（50×65 厘米）雕刻 7 幅地图，价格为 510 里弗，或者每幅地图 30 里弗。[80] 马德莱娜·克莱蒙的清单为 1664 年马里耶特的货物提供了有价值的细节：一块铜版的价格似乎不只是基于其版式，还基于地理学者的名望。其实，尼古拉·桑松的铜版雕刻地图是马里耶特货物中最受欢迎的部分：104 块铜版的估价是 8000 里弗，或者大概每块 80 里弗，而皮埃尔·杜瓦尔或菲利普·德拉吕埃（Philippe de La Rue）的铜版雕刻地图每块只值 20—27 里弗。至于其他的单幅地图，铜版雕刻的价格为 12—25 里弗不等；至于某些双图幅地图，每幅铜版雕刻的价格上升到 50 里弗。

要确定一幅印刷地图的价格就更加困难了。皮埃尔·杜瓦尔去世（1683 年）后的清单阐明了，通过提供版块的价格（例如，"101 块大型地图版块……价值 5000 里弗"或大约每块 50 里弗），和估计印刷地图的价格：未着色地图（en blanc）售价每幅图 3 苏，而那些单独的，也就是说，用水彩突出了边界的，售价 4 苏。[81] 与之相比，在那个时代，一磅黄油要 8 苏，一磅蜡烛要 7 苏。[82]

要获得关于印刷运作的信息也很困难。印刷副本的数量随着预计的发行而变化。有可能一次只印了不到 500 幅地图。格里韦尔（Grivel）给出了一份有关地图副本制作数目的例子：1686 年，让－巴蒂斯特·诺兰（Jean-Baptiste Nolin）受雇为温琴佐·科罗内利雕刻 26 块铜版，每块铜版提供 400 幅印本，不包括额外的（这方面的数字没有给出），这部分他可以为自己印刷。[83] 在第二种印刷的情况下，诺兰必须为科罗内利提供 200 幅印本。

这些地图的发行，有些是单幅，有些是合在一起的。当按幅购买的时候，可以把他们安装在帆布上、缎子上或丝绸上，并装在木杆上，用来展示，或折叠起来，放到一个书套中，方便旅行者或值班的士兵使用。将地图捆绑合集销售，似乎是更有利可图的做法。一些出版商利用他们的垄断地位，售卖他们出版的地图，比如马里耶特家族之于桑松，通过向客户施压，要他们购买整部合集。地图的主要买家——国王军队的军官们对此作出抱怨之后，1668 年 4 月 7 日，颁布了一项王室法令，禁止这种行为，并强制零售单幅地图。这一法令缓和了对地图销售商的打击，他们提出了一项财政折中方案——他们有权以这种方式出售地图，价格翻倍。[84]

正如杜瓦尔的清单所显示的那样，出售的地图有未着色的，也有彩色的。如果是彩色的，它们的价格就会高出 30%。和其他流行的印刷品（日历、时装图样）一样，地图也经

1588

---

[80]　格里韦尔给出了例子，见其 *Le commerce de l'estampe*，220。合同提供了有关地图的详细信息：1 幅法国地图、11 幅法国诸省地图（安茹、朗格多克、多菲内、普罗旺斯、诺曼底、布列塔尼、奥尔良、法兰西岛、香槟、勃艮第、里昂、吉耶讷，以及加斯科涅）、3 幅临近地区的地图：西班牙、瑞士和布拉班特（Paris，Archives Nationale，Minutier central，XLⅢ-126，19 January 1668）。

[81]　Pastoureau，*Les atlas français*，136。

[82]　Grivel，*Le commerce de l'estampe*，231。

[83]　Grivel，*Le commerce de l'estampe*，233。

[84]　Grivel，*Le commerce de l'estampe*，101-102 and 200（BNF，Manuscrits，Collection Delamare，MS. fr. 21558，pièce 145，and MS fr. 21733 fols. 57-58）。

常加上色彩，但我们对彩图绘制者的贸易所知不多，他们在家里工作。[85] 色彩是用颜料混合上水和阿拉伯树胶制作而成。它们被应用到印刷品上，这些印刷品已涂上涂料，以防止油墨散开。最后，在颜料上再涂上一层亮光漆，使其有光泽。[86]

尽管我们知道让·布瓦索凭借"王室地图插画师"（enlumineur du Roy pour les cartes géographiques）的头衔而受到尊重，但在地图绘制领域的专业地位可能是一个例外。在 17 世纪的法国，地图通常是在轮廓线上着色：政治和行政区划加上色彩的线；城市优势会用红色下划线，而要塞则用绿色下划线，进行强调；装饰镜板和其他装饰元素一般不加颜色。[87] 关于色彩的决定并没有使色彩画家心血来潮：制图师提供了模板，正如我们在皮埃尔·杜瓦尔去世后的清单中所看到的，其中列举道："杜瓦尔先生的 79 张单幅地图，用来作为模板……7 里弗。"没有审美方面的担忧，着色遵循了增强地图意义的精确说明原则。在这一时期，着色一般是为了突出与区分一个国家、一个行政区划或一个司法辖区的边界；因此，着色地图被称作"分区图"（divisée）。当不同的司法辖区在同一个区域重叠时，建议在同一幅地图的几个印次进行着色，每一次都不同，正如纪尧姆·桑松在《地理学导言》（Introduction à la géographie）中所使用的表示法。[88] 在极少数情况下，颜色被用来关联属于同一实体的不同元素，以及标注敌对的政治实体（例如，在一张德意志地图上，使用颜色来识别汉萨同盟的城市，将它们与帝国城市区分开来）。[89]

地图的国际贸易

地图的外贸是存在的，但信息很难找到。主要的流动来自荷兰，毫无疑问，是通过鲁昂港，[90] 在那里，地图和地球仪被列入书商的名目下，由于国王在 1603 年 9 月的专利证书，而被免除征收所有的进口税。这一进口贸易似乎非常广泛，而且持续到 17 世纪末，但数量、条款和情况都难以确定。

有赖于弗勒里（Fleury）出版的一套公证文件，我们知道在这个世纪初期，蒙托格伊尔街上的专精装饰图像画的木刻版工（dominotiers）把他们的很多印刷产品送到了西班牙。[91] 循着这一路线，木刻版地图也出口到西班牙，正如我们通过贸易商和巴黎的木刻版工所签订的两份协议所见到的那样。1605 年 7 月 27 日，弗朗索瓦·特朗布莱（François Tremblay）从让·勒克莱尔和托马·德莱于那里买到了 4 打西班牙地图，还有几千份祷告图像；同年的

⑧⑤ Grivel, *Le commerce de l'estampe*, 28 – 30.

⑧⑥ Hubert Gautier, *L'art de laver*；ou，*Nouvelle manière de peindre sur le papier*，*suivant le coloris des desseins qu'on envoye à la cour*（Lyons：T. Amaulry, 1687；reprinted Portland, Oreg.：Collegium Graphicum, 1972），28 – 30："阐释的真正规则"的解释，此技术与用于水彩画的技术不同。

⑧⑦ Catherine Hofmann, "L'enluminure des cartes et des atlas imprimés［en France］, XVIe-XVIIIe siècle," *Bulletin du Comité Français de Cartographie* 159（1999）：35 – 47.

⑧⑧ ［Guillaume Sanson］, *Introduction à la géographie*（Utrecht, 1692），85.

⑧⑨ Pastoureau, *Les atlas français*, 470, 梅尔基奥尔·塔韦尼耶二世［？］地图集中颜色的应用，标题为 Tavernier's atlas，titled *Theatre contenant la description de la carte generale de tout le monde*（Paris, 1640）。

⑨⓪ 请参阅 p. 1579，注释 44。

⑨① 巴黎商人作证说：他们认识那些商人，他们向那些商人交付了标记好的物品，款项合理，这些物品要出口到西班牙。请参阅 Fleury, *Documents du Minutier central*, 763 – 784。关于出口到西班牙的印刷品，请参阅 Grivel, *Le commerce de l'estampe*, 257 – 260。

11 月 26 日，勒克莱尔为一位贸易商，托马·戈万（Thomas Gauvin）提供了 4 打半西班牙和其他地区的地图。[92]

　　到了 17 世纪 50 年代，法国的地图市场已经发展到这样的程度：一位地理学家——尼古拉·桑松和一位印刷品出版商——皮埃尔·马里耶特一世和二世，足以出版一部独立编纂的世界地图集，和新编绘的地图，没有以任何方式从尼德兰绘制地图中复制。这部地图集标题为《世界各部分总图》（*Cartes générales de toutes les parties du monde*），于 1658 年出版，其中包含 113 幅地图。1670 年前后，开拓者的一代（塔韦尼耶、桑松、拜赖耶家族）结束了，新一代的地图和地图集出版人，雅伊洛和德费尔，接管了这一事业，他们比前辈们更有雄心壮志。随着法国科学院于 1666 年诞生，以及它所激发的地图绘制活动，法国地图学进入了一个新的时代，为新的出版商带来了好处。在我们这个时代的肇始阶段，法国的地图学很大程度上扮演着尼德兰生产地图的抄袭者这一角色。而现在，法国出版的地图很快就要反过来被其他人抄袭了。

---

[92]　Grivel，*Le commerce de l'estampe*，259.